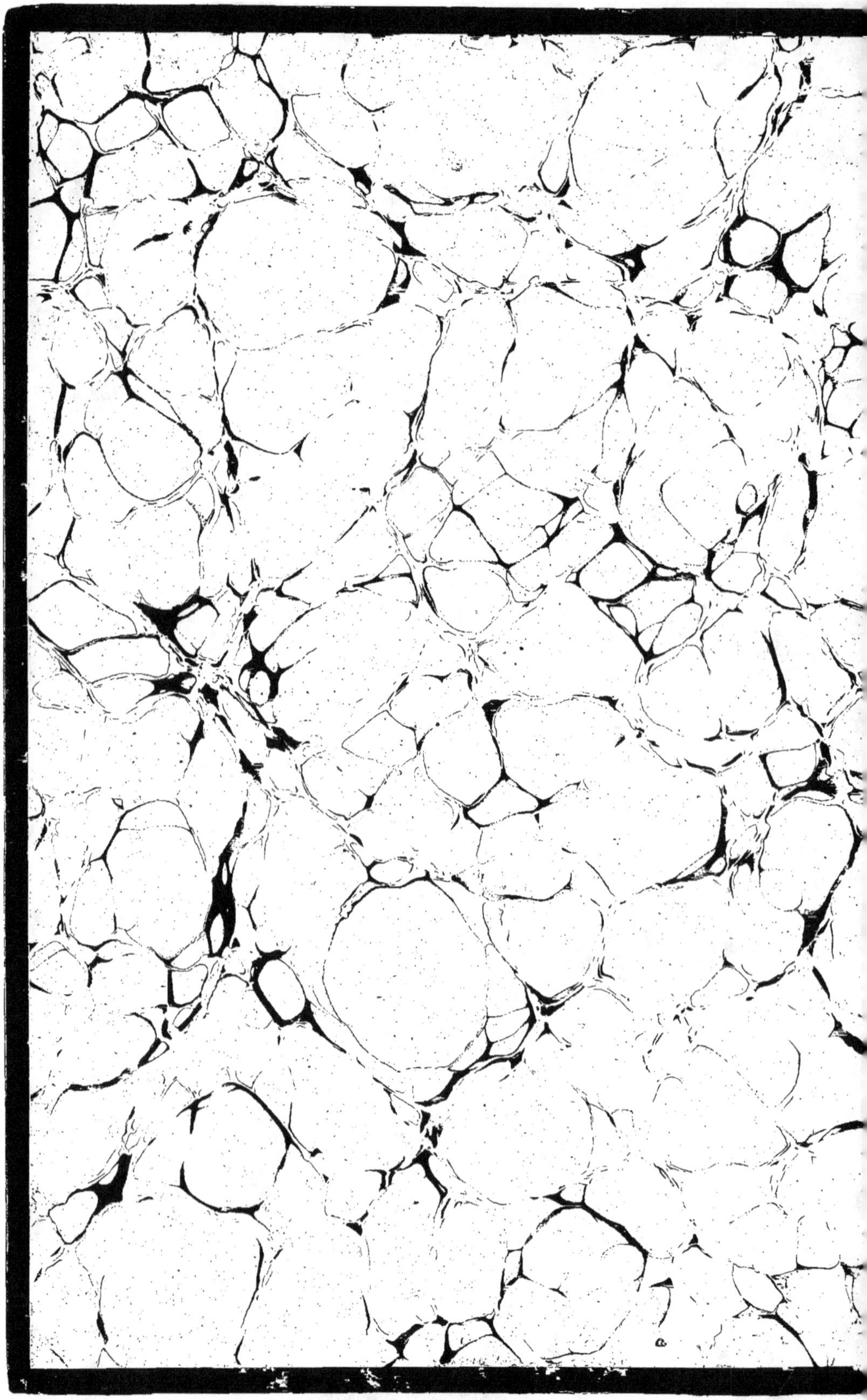

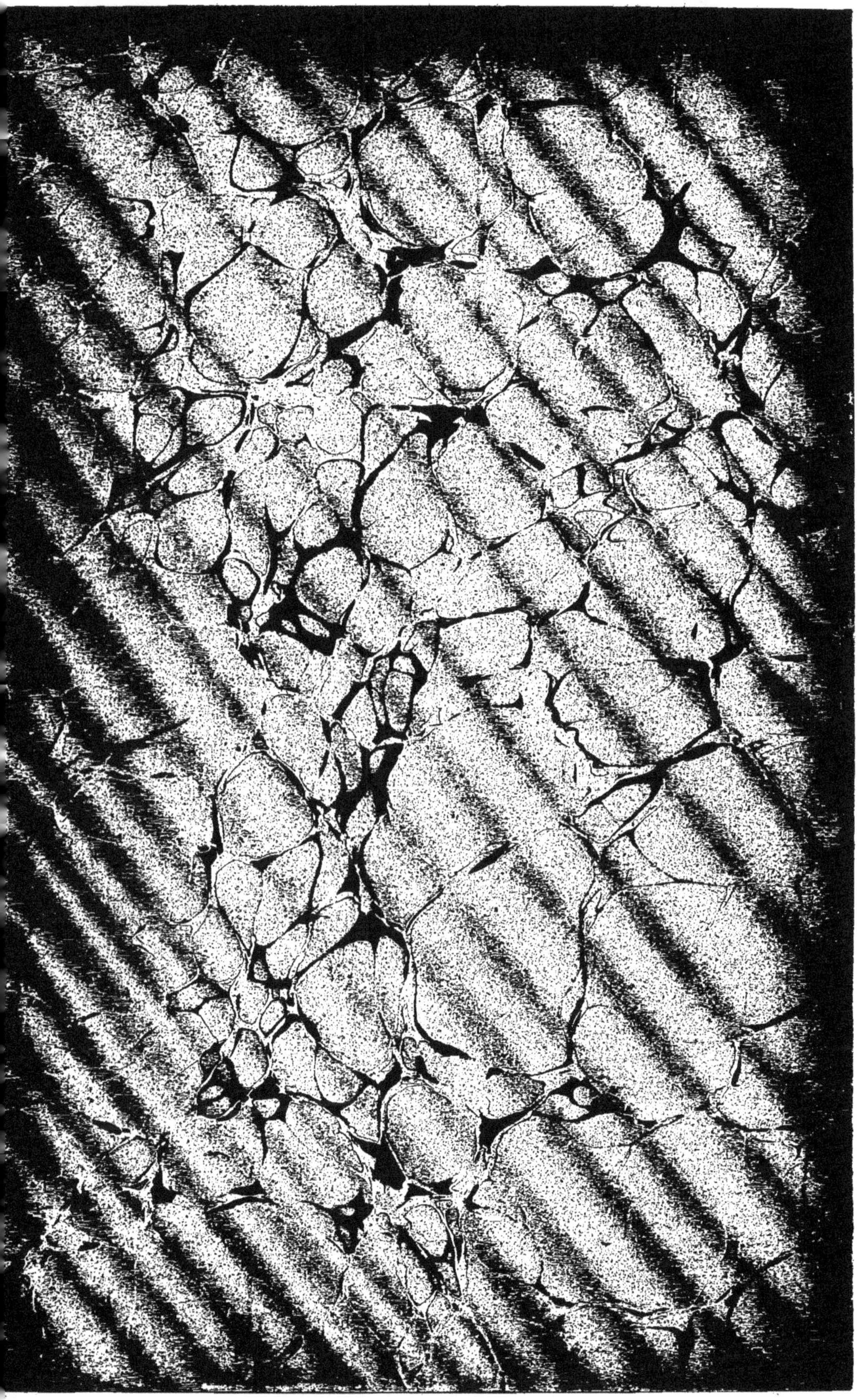

L. FÉLIX HENNEGUY

PROFESSEUR D'EMBRYOGÉNIE COMPARÉE AU COLLÈGE DE FRANCE

Les Insectes

Morphologie — Reproduction
Embryogénie

LEÇONS RECUEILLIES PAR

A. LÉCAILLON & G. POIRAULT

Docteurs ès sciences.

Avec 622 figures en noir et 4 planches en couleur hors texte

PARIS

MASSON ET Cie, ÉDITEURS

LIBRAIRES DE L'ACADÉMIE DE MÉDECINE

120, BOULEVARD SAINT-GERMAIN (VIe)

1904

LES INSECTES

MORPHOLOGIE — REPRODUCTION — EMBRYOGÉNIE

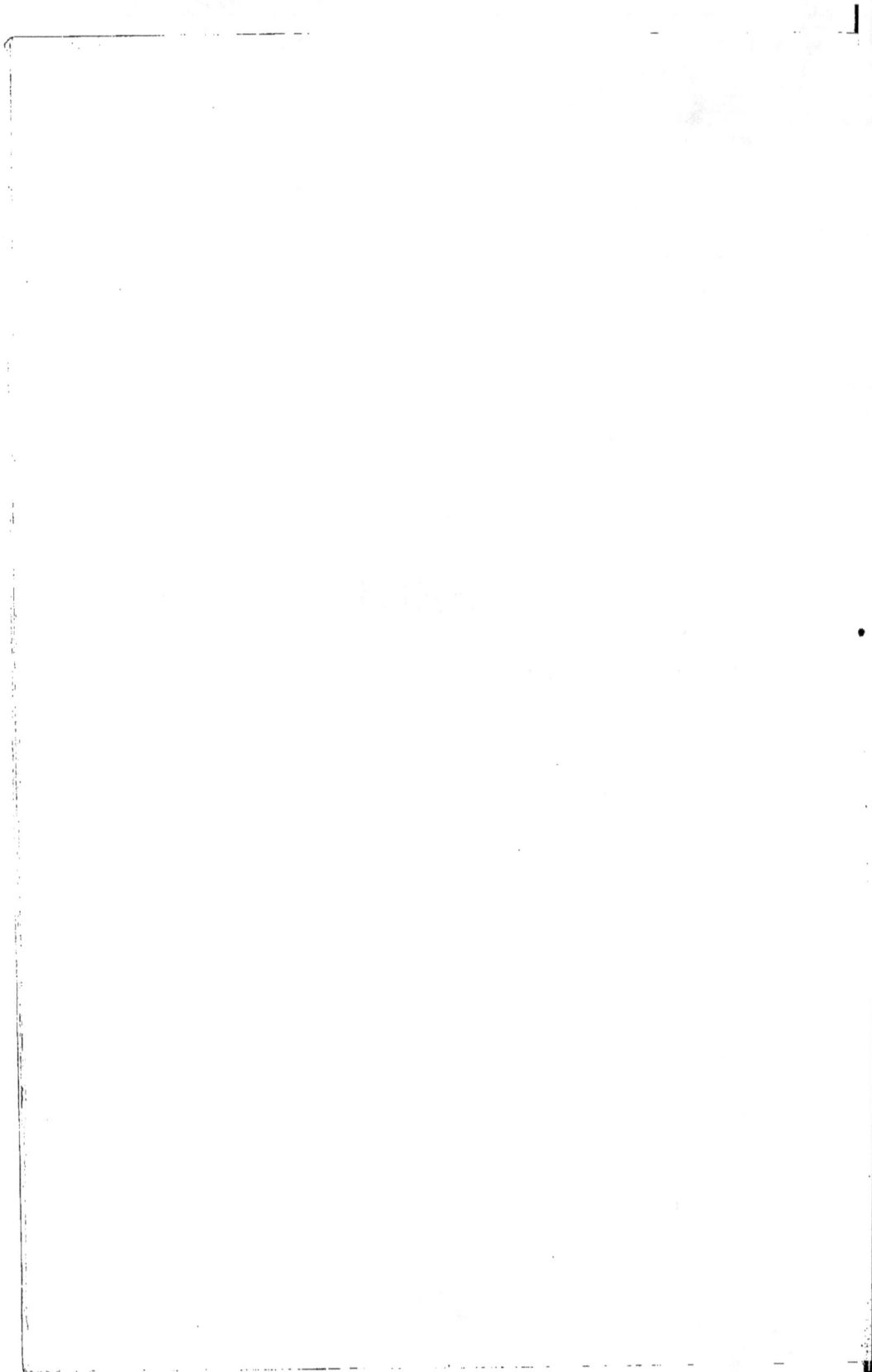

Les

Insectes

Morphologie — Reproduction
Embryogénie

PAR

L. FÉLIX HENNEGUY

PROFESSEUR D'EMBRYOGÉNIE COMPARÉE AU COLLÈGE DE FRANCE

LEÇONS RECUEILLIES PAR

A. LÉCAILLON & G. POIRAULT

Docteurs ès sciences.

Avec 622 figures en noir et 4 planches en couleur hors texte

PARIS

MASSON ET Cie, ÉDITEURS

LIBRAIRES DE L'ACADÉMIE DE MÉDECINE

120, BOULEVARD SAINT-GERMAIN (VIe)

1904

AVANT-PROPOS

L'entomologie est peut-être la branche de la zoologie qui compte le plus d'adeptes ; la prospérité des Sociétés entomologiques et la volumineuse bibliographie relative aux Insectes, relevée chaque année par le *Zoological Record* et le *Zoologischer Anzeiger*, en font foi.

Les ouvrages dans lesquels les débutants en entomologie peuvent puiser les premières notions générales, indispensables à la connaissance de la constitution des Insectes sont déjà nombreux. Sans compter les traités classiques de zoologie et d'anatomie comparée, ainsi que les ouvrages anciens de Kirby et Spence (*Introduction to Entomology*), de H. Burmeister (*Handbuch der Entomologie*), de Wetswood (*An Introduction to the modern classification of Insects*), de Lacordaire (*Introduction à l'Entomologie*), nous possédons des traités spéciaux récents tels que ceux de Graber (*Die Insecten*), de Kolbe (*Einführung in die Kenntnis der Insecten*), de Packard (*A Text-Book of Entomology*), de Sharp (*Insecta*) et enfin la monographie de Miall et Denny (*The Structure and Life-history of the Cockroach*). Ces excellents ouvrages sont écrits, sauf celui de Lacordaire, en anglais ou en allemand, ce qui est un inconvénient pour les jeunes entomologistes français trop souvent ignorants des langues étrangères ; de plus ils sont pour la plupart incomplets, certaines parties, telles que celles relatives à la reproduction, à l'embryologie, aux métamorphoses, y étant exposées d'une manière insuffisante ou même n'y figurant pas du tout.

Ayant traité, à différentes reprises, dans mon cours du Collège de France, de la reproduction et du développement des Insectes, j'ai pensé qu'il pourrait être utile de réunir en un volume un certain nombre de mes leçons en y ajoutant quelques chapitres, dans lesquels seraient brièvement résumés les traits principaux de l'organisation des Insectes, en insistant particulièrement sur les données récemment acquises, celles relatives à la structure des centres nerveux par exemple.

Ce volume constitue donc une sorte d'introduction aux études entomologiques et est, pour ainsi dire, le complément des traités de Kolbe et de Packard, dans lesquels les sujets que j'ai développés spécialement font défaut ou sont très écourtés.

Les ouvrages généraux de zoologie et d'entomologie ne donnent que peu de renseignements sur la morphologie externe et interne des larves et des nymphes. J'ai essayé de combler cette lacune en réunissant les données se rapportant à l'anatomie des formes larvaires qui sont disséminées dans des mémoires spéciaux. J'ai résumé aussi ce qu'on sait relativement au phénomène de la mue, à l'influence de la nourriture et des agents physiques sur les couleurs de la larve et de l'adulte, ainsi que sur la détermination du sexe; de même pour les nymphes.

Dans les parties qui traitent de la reproduction et du développement, je me suis efforcé d'être au courant, aussi bien des travaux anciens que des recherches les plus récentes. Mais il ne suffit pas d'exposer les travaux des autres, il faut être à même de les juger et de les critiquer; chaque fois que j'ai pu me procurer les matériaux nécessaires, j'ai étudié les questions controversées afin de pouvoir me faire une opinion personnelle.

La rédaction de mon ouvrage était terminée et tous les chapitres relatifs à la morphologie, à la reproduction et au développement embryonnaire étaient déjà imprimés, lorsque parurent une série de travaux importants sur les phénomènes intimes de la métamorphose chez les Insectes. J'ai été entraîné à examiner de plus près certaines questions, soulevées par les auteurs de ces travaux, et à refaire complètement à nouveau la rédaction des derniers chapitres. Il est résulté de cette interruption durant l'impression que je n'ai pu tenir compte, pour l'exposé de la morphologie et de la reproduction, des travaux parus depuis 1900. Cet inconvénient n'a pas trop nui cependant à l'unité de l'ouvrage, peu de mémoires importants ayant été publiés durant cette période.

Mes leçons ont été recueillies et rédigées par MM. A. Lécaillon et G. Poirault. Je tiens à leur témoigner publiquement toute ma gratitude pour le soin qu'ils ont apporté à s'acquitter de cette tâche ingrate; sans leur précieux concours, je n'aurais probablement pas entrepris cette publication. Je remercie MM. J. Anglas, Ch. Janet, J. Künckel d'Herculais et Ch. Pérez des dessins et des clichés qu'ils ont bien voulu me prêter et qui sont venus augmenter le nombre des figures originales ou empruntées à divers auteurs, fidèlement et artistiquement dessinées par M. O. Cassas.

L. F. H.

Le Croisic, septembre 1903.

TABLE DES MATIÈRES

INTRODUCTION. — HISTORIQUE DE NOS CONNAISSANCES SUR LES INSECTES

CHAPITRE PREMIER. — MORPHOLOGIE EXTERNE

CHAPITRE II. — FONCTIONS DE NUTRITION

CHAPITRE III. — FONCTIONS DE RELATION

CHAPITRE IV. — FONCTIONS DE REPRODUCTION

CHAPITRE V. — FONCTIONS DE REPRODUCTION

CHAPITRE VI. — MODES DE REPRODUCTION

CHAPITRE VII. — REPRODUCTION SEXUÉE

CHAPITRE VIII. — REPRODUCTION SEXUÉE

CHAPITRE IX. — EMBRYOGÉNIE

CHAPITRE X. — EMBRYOGÉNIE (*suite*).

APPENDICE

CHAPITRE XI. — EMBRYOGÉNIE *(suite)*.

CHAPITRE XII. — DÉVELOPPEMENT POSTEMBRYONNAIRE

CHAPITRE XIII. — DÉVELOPPEMENT POSTEMBRYONNAIRE (*suite*).

CHAPITRE XII. — DÉVELOPPEMENT POSTEMBRYONNAIRE

CHAPITRE XIII. — DÉVELOPPEMENT POSTEMBRYONNAIRE (*suite*).

TISSU MUSCULAIRE

TISSU ADIPEUX

APPAREIL RESPIRATOIRE

APPAREIL DE LA CIRCULATION

SYSTÈME NERVEUX

CHAPITRE XVI. — DÉVELOPPEMENT POSTEMBRYONNAIRE (*suite*).

Organes reproducteurs.

OOGENÈSE

SPERMATOGENÈSE

CHAPITRE XVII. — DÉVELOPPEMENT POSTEMBRYONNAIRE (*suite*).

ERRATA

Pages.	Lignes.	*Au lieu de :*	*Lire :*
21	31 (1re colonne)	Mellophages	Mallophages
40	7	labre	labium
53	2	Guénin	Guérin
—	12	Jourdain (1886)	Jourdain (1888)
74	37	Rengel (1897)	Rengel (1898)
80	12	après : Les tubes de Malpighi manquent chez... ;	ajouter : les Pucerons
81	26	*Attagenes pellio*	*Attagenus pellio*
81	34	Brongnatelli	Brugnatelli[1]
81	35	Reuggen	Rengger
120	9	Ditl	Dietl
122	12	Walther	Walter
—	13	E. Hartmann	E. Hermann
—	15	Freude	Freud
126	— explication de la fig. ligne 1	*al.* lobe tritocérébral	*tl.* lobe tritocérébral
138	32	Sagepin	Sazepin
146	2	Hydrochores	Hydrocores
161	33	Hermann Mayer	Hermann Meyer
174	1	*Coreas*	*Coreus*
197	16	*Golofa Portieri*	*Golofa Porteri*
198	fig. 241 et 242	*Golofa Portieri*	*Golofa Porteri*
209	11	Schæfer	J.-Ch. Schæffer
211	18	Della Torre	Dalla Torre
225	33	Kessel	Kessler
229	Note 2. 1	Asa Fisch	Asa Fitch
254	25	Pérez (1890)	Pérez (1895)
261	26	$f + a > f$	$g + a > f$
—	27	$f + a$	$g + a$
270	10	Levander (1895)	Levander (1894)
278	17	Duchamp (1879)	Duchamp (1878)
282	17	Epiale	Hépiale
282	38	Régimbart (1865)	Régimbart (1877)
296	28	Leuckart (1875)	Leuckart (1855)
300	19	Von Grimm	O. Grimm
302	7	*Leuconia*	*Leucoma*
348	18	*Orchelinum*	*Orchelimun*
372	13	Redikorgew	Redikorzew
385	4	Schæfer	C. Shæffer
426	1	Parrotet	Perrotet
—	1 et 2	Gianelli di Fardo	Gianelli di Faido
431	3	Warneburg (1854)	Werneburg (1864)
438	25	Vayssière (1878)	Vayssière (1890)
446	Note	Parker	Packard
452	12	*Hemerobia*	*Hemerobius*
497	3	Marlat	Marlatt
498	35	Vlacowitz	Vlacovich
508	30	Bessels (1861)	Bessels (1867)
509	24	*Eurepia caja*	*Euprepia caja*
511	34	Berce (1887)	Berce (1867)
514	19	*Eurepia caja*	*Euprepia caja*
609	23	*Limnophila*	*Limnophilus*
658	Note 1. 2	*Roselli*	*Rœselii*

LES INSECTES

MORPHOLOGIE — REPRODUCTION — EMBRYOGÉNIE

INTRODUCTION

HISTORIQUE DE NOS CONNAISSANCES SUR LES INSECTES

Définition du terme « Insecte ». — La grande classe des Insectes ou Hexapodes qui, avec celles des Crustacés, des Arachnides, des Onychophores et des Myriapodes, constitue l'embranchement des Arthropodes, renferme des animaux aujourd'hui nettement définis et caractérisés par leur respiration trachéenne, leur corps divisé en trois parties : tête, thorax et abdomen ; la tête portant une paire d'antennes, le thorax trois paires de pattes et généralement deux paires d'ailes, tandis que l'abdomen est dépourvu d'appendices locomoteurs.

Cette définition de l'Insecte, admise par tous les naturalistes modernes, est toute récente. Les auteurs anciens, auxquels nous devons cependant un grand nombre d'observations précises sur les animaux qui doivent nous occuper, n'avaient du type Insecte qu'une notion des plus vagues. Il est intéressant de voir comment petit à petit le terme d'*Insecte*, qui servait autrefois à désigner une foule d'animaux les plus dissemblables, a pris une acception de plus en plus précise et est arrivé à ne s'appliquer qu'aux Arthropodes hexapodes.

Bien que les Insectes aient été connus de tout temps, que nous les voyions représentés sur les plus anciens monuments égyptiens et que nous trouvions souvent mentionnés un certain nombre d'entre eux dans la Bible, ce n'est que dans Aristote (384-322 av. J.-C.), dont les écrits doivent être considérés comme l'encyclopédie de tout ce qui était connu de son temps en histoire naturelle, que nous devons chercher l'idée que les anciens se faisaient des Insectes.

Sous le nom d'ἔντομα, d'où est venu *entomologie*, Aristote comprend les animaux ayant le corps divisé par des incisions plus ou moins profondes, visibles sur toute la surface du corps ou sur le dos seulement. Les *Entoma* font partie des *Aneima*, animaux dépourvus de sang, qui comprennent en outre les *Malachia* ou Céphalopodes, les *Malacostraca* ou Crustacés, et les *Ortracaderma* ou Mollusques. Les Entoma d'Aristote renferment donc les Insectes proprement dits, les Arachnides et les Myriapodes. Quant aux Vers, dont le grand naturaliste ne parle que fort peu, ce sont les *Apoda* et ils doivent être exclus des Entoma.

PLINE, dans le livre XI de son *Historia naturalis*, donne des Insectes la même définition qu'ARISTOTE et suit la classification de ce dernier.

Les rares auteurs, tels qu'ALBERT LE GRAND (1193-1280), qui, pendant la longue période du moyen âge, ont laissé des écrits sur l'histoire naturelle, n'ont fait que copier ARISTOTE. Il en fut encore de même jusqu'au dix-septième siècle. Cependant, à partir de la Renaissance, les savants, tout en s'inspirant encore des œuvres du grand maître de l'antiquité, ont déjà une tendance très marquée à classer les objets dont ils s'occupent. C'est ainsi qu'ALDROVANDE (1552-1605), dans son ouvrage intitulé *De animalibus insectis*, paru en 1602, divise les Insectes d'après leur vie terrestre ou aquatique, le nombre de leurs pieds et la nature de leurs ailes. Dans les Insectes terrestres d'ALDROVANDE, on trouve le Cloporte, le Lombric, la Limace ; dans ses Insectes aquatiques, l'Hippocampe, les Annélides et l'Étoile de mer.

Un siècle plus tard, en 1705, un grand naturaliste anglais, RAY (1627-1707), se basant sur les magnifiques recherches de SWAMMERDAM, publia un système entomologique fondé sur les métamorphoses, mais qui comprend, outre les Hexapodes, les Arachnides, les Myriapodes, les Crustacés et les Annélides.

Ainsi, 2000 ans après ARISTOTE, les naturalistes, malgré les travaux d'anatomie de MALPIGHI et de SWAMMERDAM, n'avaient du type Insecte qu'une notion encore plus imparfaite que celle qu'on trouve dans l'*Histoire des animaux* de l'illustre philosophe, puisque celui-ci séparait déjà des Insectes les Vers et les Crustacés.

Dans la première ébauche de son *Systema naturæ*, paru en 1735, LINNÉ (1707-1778), tout en excluant les Annélides des Insectes, donne un système entomologique encore inférieur à celui de RAY, car il est basé uniquement sur les organes du vol. Son ordre des Aptères renferme, en effet, les Myriapodes, les Arachnides et les Crustacés.

A la même époque, l'un des savants qui ont le plus contribué à faire connaître les mœurs et la reproduction des Insectes, le célèbre RÉAUMUR (1683-1757), à la page 57 du tome I de ses *Mémoires*, expose l'idée qu'il se fait des Insectes de la manière suivante :

« Les anneaux dont le corps d'une infinité de petits animaux est composé, les espèces d'incisions qui se trouvent à la jonction de deux anneaux, leur ont fait apparemment donner le nom d'Insectes, qui aujourd'hui n'est plus restreint à ceux qui ont de pareilles incisions. On n'hésite pas à mettre une Limace dans la classe des Insectes, quoiqu'elle n'ait point d'anneaux distincts. »

Puis Réaumur se demande si l'on peut donner un autre nom aux Étoiles de mer, aux Orties de mer, etc. De ce qu'une Limace est un Insecte, il en conclut que le Limaçon en est un aussi, qui est couvert d'une coquille ; et alors l'histoire des coquillages ne lui semble être qu'une partie de l'histoire des Insectes.

Enfin, plus loin, Réaumur ajoute : « J'accorderais volontiers à la classe des Insectes tous les animaux que leur forme ne permet pas de placer dans la classe des Quadrupèdes ordinaires, dans celle des Oiseaux et dans celle des Poissons. La grandeur d'un animal ne doit pas suffire pour l'ôter du nombre des Insectes.... Un Crocodile serait un furieux Insecte, je n'aurais cependant aucune peine à lui donner ce nom. Tous les Reptiles appartiennent à la classe des Insectes par les mêmes raisons que les Vers de terre lui appartiennent. »

Ainsi il ne répugne pas à Réaumur de ranger le Crocodile parmi les Insectes, et c'est par le raisonnement qu'il arrive à formuler une aussi étonnante conclusion. Elle n'est certes pas à son honneur, mais elle montre combien, au commencement du dix-huitième siècle, l'anatomie comparée était peu avancée, puisque des naturalistes aussi distingués n'avaient encore aucune notion des types organiques et pouvaient placer dans un même groupe des êtres aussi différents que des Mollusques, des Insectes et des Vertébrés. Heureusement Réaumur s'est donné un démenti à lui-même en consacrant les six gros volumes de ses *Mémoires* aux véritables Insectes, tels que nous les comprenons aujourd'hui.

Fabricius (1748-1808), en 1798, dans la seconde édition de son *Entomologie systématique*, prenant pour base de sa classification les caractères tirés des pièces de la bouche, divise les Insectes en treize ordres dont six renferment les Crustacés, les Arachnides et les Myriapodes.

L'année même où paraissait l'ouvrage de Fabricius, Cuvier (1769-1832), dans son *Traité élémentaire de l'histoire naturelle des animaux*, indiquait que les Crustacés devaient être séparés des Insectes. Il effectuait cette séparation deux ans plus tard, en 1800, dans son cours du Collège de France, et dans son *Traité d'Anatomie comparée*, publié de 1803 à 1805.

A la même époque, Lamarck (1744-1829), dans son cours au Muséum de l'année 1801, séparait des Insectes la classe des Arachnides, à laquelle il joignait les Myriapodes et les Thysanoures.

Ce n'est donc qu'au commencement de ce siècle que l'expression d'Insecte s'applique uniquement aux Arthropodes à six pieds. Cependant les Myriapodes furent encore rangés parmi les Insectes par quelques auteurs jusqu'en 1817, époque à laquelle LEACH, en Angleterre, créa pour ces animaux une classe de même valeur que celle des Insectes. LATREILLE (1762-1833) adopta la classification de LEACH, et publia, en 1832, dans son Cours d'entomologie, une division des Articulés de

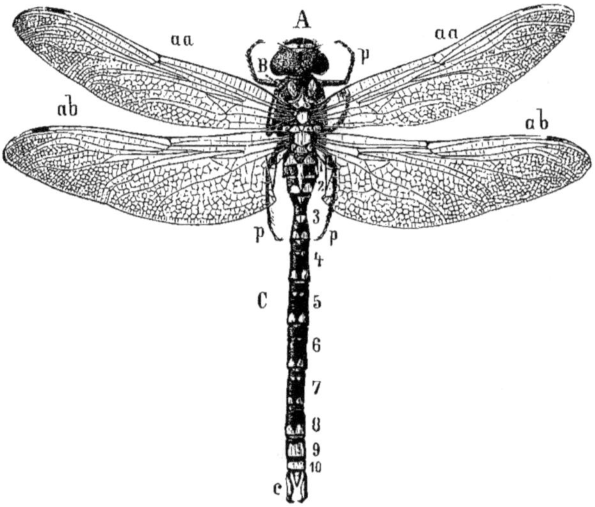

Fig. 1. — Type d'Insecte (*Æschna cyanea* : Libellulide).
A, tête ; — B, thorax, portant trois paires de pattes *p* et deux paires d'ailes *aa*, *ab* ; — C, abdomen formé de dix segments 1-10 ; *c*, appendices du dernier segment. (Fig. originale de KOLBE.)

CUVIER en quatre classes, *Crustacés*, *Arachnides*, *Myriapodes* et *Insectes*, division qui depuis a été adoptée par le plus grand nombre des zoologistes.

Certains auteurs, entre autres LEUCKART et AGASSIZ, ont bien essayé, depuis LATREILLE, de réserver le terme d'Insecte pour désigner les Arthropodes à respiration trachéenne par opposition aux Crustacés, Arthropodes à respiration branchiale, et d'appeler *Hexapodes* les Insectes proprement dits, mais cette tentative a heureusement échoué.

Actuellement tous les zoologistes ne considèrent comme Insectes, que les Arthropodes à respiration trachéenne ayant six pattes à l'état adulte.

Connaissances des Anciens sur les Insectes.

Après avoir défini les animaux dont l'ensemble constitue la classe des Insectes, il est intéressant d'examiner rapidement les phases par lesquelles a passé l'histoire de la morphologie, de la reproduction et du développement de ces êtres.

Je ne m'occuperai ici que des travaux anciens les plus importants, de ceux qu'on ne consulte plus guère malheureusement, et qui cependant ont contribué pour une très large part à faire progresser non seulement cette partie spéciale de la science, mais encore la biologie tout entière.

C'est encore à Aristote que nous devons remonter pour trouver les premières données précises sur l'anatomie et la reproduction des Insectes. Nous les trouvons dans son *Histoire des animaux* et dans son *Traité de la génération des animaux*.

Aristote avait reconnu la sexualité des Insectes. Les femelles ont deux matrices, c'est ainsi qu'il désigne les ovaires; par contre, les mâles sont dépourvus de canaux prolifiques et probablement de semence. Aussi, pendant l'accouplement, la femelle, généralement plus grosse que le mâle, introduit ses appareils génitaux dans le mâle. « L'action que le sperme exerce sur la femelle, chez les animaux qui émettent du sperme, est remplacé pour les Insectes par la chaleur et la force qui est dans l'animal lui-même; la femelle introduisant dans le mâle l'organe qui peut recueillir l'excrétion, de là vient que chez ces animaux l'accouplement dure longtemps. Ils restent accouplés jusqu'à ce qu'il se forme une action pareille à celle de la liqueur séminale. Le mâle donne le principe du mouvement tandis que la femelle donne la matière. »

On sait que c'est là la doctrine aristotélique sur la génération. Tout ce que dit Aristote relativement à l'accouplement des Insectes, et il revient souvent sur ce sujet dans ses ouvrages, est absolument erroné. Ses observations sur le développement de ces animaux méritent d'être signalées.

Les Insectes naissent en général au printemps; ils pondent presque aussitôt après l'accouplement. De la ponte, vers ou larves, il sort des êtres comparables à ceux qui les ont produits.

Au chapitre XVIII du livre V de son *Histoire des animaux*, il décrit ainsi le développement des Papillons :

« Les Papillons proviennent de chenilles. C'est d'abord moins qu'un grain de millet, ensuite un petit ver qui grossit et qui, au bout de trois jours, est une petite chenille. Quand ces chenilles ont acquis leur croissance, elles perdent le mouvement et changent de forme. On les appelle alors chrysalides. Elles sont enveloppées d'un étui ferme. Cependant lorsqu'on les touche, elles remuent. Les chrysalides sont enfermées dans des cavités faites d'une matière qui ressemble aux fils d'Araignées. Elles n'ont pas de bouche ni d'autres parties distinctes. Peu de temps après, l'étui se rompt et il en sort un animal volant que nous nommons Papillon. Dans son premier état, celui de chenille, il mangeait et rendait des excréments : devenu chrysalide, il ne prend et ne rend rien. Il en est de même de tous les animaux qui viennent des vers. »

L'idée qu'Aristote se fait des métamorphoses est des plus remarquables. Il avait pour ainsi dire pressenti les découvertes modernes sur les phénomènes intimes de l'histolyse dont la nymphe est le siège. Il dit, en effet, dans son livre III du *Traité de la génération*, ch. VIII, § 5 :

« Avec le temps et en grossissant, tous les fœtus qui ont forme de larves finissent par devenir une sorte d'œuf. L'enveloppe qui les revêt durcit et pendant toute cette période ils sont immobiles. C'est ce qu'on peut bien voir dans les larves des Abeilles, des Guêpes et des Chenilles. On dirait que la nature a fait en quelque sorte un œuf prématurément, tant cet œuf a d'imperfection, et que la larve n'est qu'un œuf, mais qui a encore beaucoup à croître... L'œuf grossit et prend de la nourriture jusqu'à ce qu'il soit devenu un œuf complet. Quand l'enveloppe de la larve s'est desséchée, l'animal sort en la brisant, comme s'il sortait d'un œuf ; il est alors tout formé ; il en est à sa troisième métamorphose. »

Ainsi d'après Aristote, le développement embryonnaire se poursuit depuis l'éclosion jusqu'à la transformation en adulte ; la larve revient pour ainsi dire à l'état d'œuf dans la nymphe et l'adulte sort de la nymphe comme d'un œuf.

Nous retrouvons une manière de voir tout à fait semblable et encore plus explicite dans le traité *De generatione animalium* de Harvey (paru en 1651).

Pour Harvey, l'œuf des Insectes n'ayant pas en soi une réserve nutritive suffisante, l'embryon le quitte dans un état imparfait et sans avoir pu atteindre son développement complet, c'est-à-dire à l'état de larve. Cette dernière se met en quête de nourriture et, quand elle a suffisamment amassé de matériaux nutritifs, elle revient à l'état d'œuf. La nymphe est cet œuf secondaire qui se développe en Insecte parfait.

A côté de faits si bien observés nous trouvons dans Aristote l'expression des croyances partagées par tous les naturalistes de son temps. Tous les Insectes ne proviennent pas d'un accouplement : il en est qui naissent spontanément dans des matières putrides et encore dans d'autres conditions, soit à la suite d'une pluie ou d'une rosée, soit dans l'eau, dans les bois verts ou secs et même dans les lainages de nos vêtements. Une fois formés, ces Insectes subissent les mêmes métamorphoses que ceux qui proviennent de génération sexuée.

On attribue généralement à Aristote la découverte de la parthénogenèse des Abeilles. Lorsqu'on lit avec soin le chap. ix du livre III de son *Traité de la génération*, chapitre exclusivement consacré à l'histoire des Abeilles, on constate que le grand naturaliste n'avait en réalité, comme tous les anciens, que des notions très vagues sur la reproduction de ces Insectes.

On savait déjà à cette époque que dans une ruche il y a trois sortes d'individus, des Rois (reines), des Abeilles (ouvrières) et des Bourdons (mâles ou faux-Bourdons). Après avoir passé en revue toutes les hypothèses possibles pour expliquer l'origine du couvain et des trois sortes d'individus, Aristote déclare qu'il n'y a pas de mâles chez les Abeilles, que les Rois doivent s'engendrer eux-mêmes; qu'ils engendrent ensuite les Abeilles et que celles-ci engendrent les Bourdons, qui ne produisent rien du tout. Il se rattache à cette hypothèse parce qu'elle lui paraît la seule admissible, et il ajoute : « Voilà donc ce que le raisonnement et les faits observés sur les Abeilles nous apprennent de leur génération ; mais on n'a pas encore assez bien observé les faits et, quand on les aura tous recueillis, il vaudra toujours mieux s'en rapporter à l'observation sensible plutôt qu'au raisonnement ; on ne devra ajouter foi aux théories que si elles sont d'accord avec les faits observés. » Réflexion éminemment sage et que devraient méditer beaucoup de nos savants contemporains.

Aristote avait donc soupçonné la reproduction virginale des Abeilles, mais il n'avait pas reconnu sa véritable nature et il s'était complètement mépris sur le rôle des ouvrières et des faux-Bourdons dans la reproduction.

Après Aristote, on ne trouve plus dans les auteurs anciens rien de précis sur la reproduction des Insectes. L'épisode du berger Aristée, racontée par Virgile dans ses *Géorgiques*, prouve qu'à cette époque on admettait la génération spontanée des Abeilles et qu'on était encore moins avancé que du temps d'Aristote. Du reste, la théorie de la génération spontanée appliquée aux Insectes, aussi bien qu'à beaucoup d'autres animaux, régna sans conteste dans la science jusqu'au dix-septième siècle. En 1599, en effet, Olivier de Serre enseignait que pour se procurer des Vers à soie il faut laisser pourrir un jeune Veau nourri pendant vingt jours avec des feuilles de Mûrier, et Christophe Isnard, en 1665, reproduisait la même recette dans ses écrits.

Si Aristote fut l'un des premiers et des plus éminents observateurs des choses de la nature, Redi (1626-1697) doit être considéré comme ayant le premier introduit la méthode expérimentale en histoire naturelle.

Francesco Redi fit connaître, en 1668, le résultat de ses recherches sur la génération des Insectes. Il eut l'idée que les vers qui fourmillent dans les viandes corrompues et qui donnent bientôt naissance à des Mouches pourraient bien provenir d'œufs déposés par les femelles. Afin de vérifier son hypothèse, il institua une série d'expériences ; grâce aux ressources que lui offrait la ménagerie du grand duc de Toscane, il prit de la chair des animaux les plus variés, de Lion, de Tigre, d'Oiseaux, de Reptiles, de Poissons. De chacune de ces viandes il fit deux parts, l'une qu'il mit dans des vases ouverts à l'air libre, l'autre qu'il enferma dans des vases recouverts d'une toile. Dans les vases découverts il vit les Mouches venir pondre, des vers sortir de leurs œufs et prendre en 24 heures un accroissement de poids de 150 à 210 fois le poids initial. Sur les vases couverts, les Mouches venaient se poser, et essayaient d'introduire l'extrémité de leur abdomen à travers les mailles du réseau. La chair recouverte se corrompait, mais sans engendrer de vers.

Redi réfuta en même temps l'opinion commune sur la destruction des cadavres par les vers. Il montra que les cadavres enfouis en terre se corrompent lentement, mais sans être la proie d'aucun ver. Enfin il établit que les Insectes qui sortent des galles des plantes proviennent également du dehors. Il formula les conclusions de ses recherches de la manière suivante : « Je suis porté à croire que tous les vers nés dans les putréfactions s'engendrent de semence paternelle et que les chairs, les herbes, les ordures de toute espèce ne font que préparer la génération des Insectes et leur apporter un lieu et un nid où tous les animaux sont portés à déposer leurs œufs ou autre semence de vers, qui, une fois nés, trouvent dans ce nid un élément suffisant pour se nourrir, mais si la mère ne porte rien, rien n'y peut naître ».

A la même époque, Harvey (1578-1657) étendait la conclusion de Redi à tous les êtres vivants en émettant son célèbre aphorisme : *Omne vivum ex ovo*.

Quelques années plus tard, un disciple de Redi, Vallisneri (1661-1730) complétait les études de son maître en montrant que les Insectes qui vivent en parasites internes dans le tube digestif des animaux, les Œstres, proviennent aussi d'œufs pondus par des Mouches. Il reconnut aussi que les vers qui se développent dans les fruits sont des larves d'Insectes et résultent d'œufs déposés par les femelles.

Travaux de Malpighi et de Swammerdam.

Si la forme extérieure d'un certain nombre d'Insectes avait été décrite et figurée au siècle précédent par plusieurs auteurs, entre autres par Conrad Gesner et par Aldrovande, on ne savait encore rien ou presque rien sur l'anatomie interne de ces animaux et en particulier sur la constitution de leurs organes génitaux. Deux savants illustres, Malpighi et Swammerdam, mettant à profit la découverte des instruments grossissants, de la loupe et du microscope, entreprirent cette étude et leurs travaux d'entomologie ont immortalisé leurs noms.

Marcello Malpighi, né à Crevalcore, près Bologne, en 1628, mort en 1694, était fils de simples paysans. Médecin et professeur tour à tour à Pise, à Bologne, à Messine, puis de nouveau à Bologne, il était déjà célèbre par ses recherches d'anatomie humaine, sur le rein, le foie, le poumon, la peau, etc., lorsqu'en 1668, à l'instigation d'Oldembourg, secrétaire de la Société royale de Londres, il se mit à étudier l'anatomie du Ver à soie, du Bombyx du Mûrier.

Son *Traité du Ver à soie*, publié l'année suivante aux frais de la Société royale de Londres, n'est, selon l'expression de Réaumur, « qu'un tissu de découvertes où l'on peut prendre plus de connaissances sur l'admirable composition des Insectes que dans tous les ouvrages ensemble qui l'ont précédé ». Malpighi montre, en effet, que la respiration des Insectes se fait par des trachées aboutissant aux stigmates ; il décrit le système nerveux, le vaisseau dorsal, les tubes auxquels on a donné son nom, les glandes séricigènes ; il étudie l'apparition des organes génitaux après la métamorphose avec la transformation simultanée des systèmes digestif et nerveux. Enfin il ne se borne pas à suivre toutes les phases de l'évolution de cette espèce, il en compare les parties les plus importantes avec les organes correspondants des autres Insectes.

En 1669, la même année où était publié le *Traité du Ver à soie* de Malpighi, paraissent les *Observations sur les métamorphoses des Insectes* du savant hollandais Swammerdam. La publication de ce dernier précéda même celle de Malpighi.

« Jean Swammerdam (1637-1680) naquit, dit Michelet, dans un cabinet d'histoire naturelle. Cela fit sa destinée. Ce cabinet, formé par son père, apothicaire d'Amsterdam, était un pêle-mêle, un chaos. L'enfant voulut le ranger et en faire un catalogue. Cette modeste ambition le mena de proche en proche à devenir le plus grand naturaliste du siècle. »

Bien qu'ayant obtenu le grade de docteur en médecine, Swammerdam, au lieu d'exercer la médecine, se livra à l'étude de l'anatomie et à l'observation des animaux inférieurs. Son père, mécontent de le voir abandonner la pratique pour des études purement spéculatives, lui ferma sa porte et lui retira toute assistance. Sans foyer, sans fortune, malade, il n'en continua pas moins ses belles recherches. Sa vie fut un long martyre. Il mourut en 1680, à l'âge de quarante-trois ans, de misère et de chagrin. Son principal ouvrage : sa *Biblia naturæ*, ne fut publié que longtemps après sa mort, en 1737, par Boerhave.

Parmi les travaux les plus importants de Swammerdam relatifs aux Insectes, il faut citer son anatomie de la Mouche Asile, celle de l'Éphémère, de la Libellule, du Pou, le développement de la Vanesse, ses observations sur les Abeilles, dont il reconnut les trois états sexuels ; il découvrit les ovaires de la reine, les organes génitaux des faux-Bourdons, l'aiguillon et les pièces buccales des Abeilles, etc. Mais ce sont surtout ses recherches sur les métamorphoses qui doivent attirer notre attention.

On avait cru jusqu'alors que la chenille se transforme brusquement en chrysalide, puis en Papillon. Swammerdam montra que le Papillon est contenu dans la chrysalide et que les organes de celle-ci sont renfermés dans la chenille. La chenille, dit-il, est le Papillon même revêtu d'une membrane qui nous cachait tous ses membres. Les nymphes sont cachées dans le ver ou plutôt sous la peau, de la même manière qu'une fleur tendre est renfermée dans un bouton. Dans la métamorphose il n'y a pas transformation, mais simplement mise au dehors de formes préexistantes. Ainsi dans les larves d'Insectes sans pieds, telles que les larves de Mouches, « les pieds, les ailes, les antennes, enfin tous les membres, qui, après la métamorphose des vers, paraissent autour du thorax de la nymphe, ne sont point produits subitement à l'instant de cette transformation, mais ils sont cachés sous la peau du ver où ils prennent leur accroissement par degrés avec le ver lui-même, de sorte que lorsque la peau s'ouvre sur la tête ou sur le dos du ver, tous ses membres se manifestent et l'Insecte quittant sa dépouille paraît sous forme de nymphe ».

Swammerdam distingua aussi les métamorphoses vraies des simples changements de peau et établit les bases d'une classification naturelle des Insectes.

Toutes ces données sont parfaitement exactes ; malheureusement Swammerdam quittant le domaine de l'observation, admit que le Papillon est déjà tout formé dans l'œuf. Il fut ainsi conduit en partant de faits réels, à formuler une théorie erronée, dite de l'*évolution* ou de la *préformation*, qui fut funeste à l'embryogénie et en arrêta les progrès pendant un siècle.

D'après cette théorie, le germe renferme en miniature le rudiment de tous les organes du futur individu. Pendant l'évolution ces organes ne font que se développer, s'accroître, et aucun organe nouveau ne prend naissance. Il suit naturellement de cette manière de voir que chaque individu, animal ou végétal, renferme en lui-même les organes de tous ses descendants ; c'est ce qui constitue la théorie de l'*emboîtement des germes*, corollaire nécessaire de la théorie de la préformation.

On ne doit pas se montrer trop sévère envers SWAMMERDAM, si, après tant de belles découvertes, il s'est laissé entraîner à formuler une théorie fausse et même nuisible au progrès de la science, lorsque nous voyons de nos jours les plus jeunes savants, dans leur premier mémoire, ne pas craindre d'émettre des théories générales les plus hasardées, basées sur un fait unique qu'ils ont plus ou moins bien observé. La théorie de la préformation a disparu, combattue victorieusement par GASPARD-FRÉDÉRIC WOLFF. Les faits établis par SWAMMERDAM sont restés et n'ont pu qu'être complétés par la science moderne.

SWAMMERDAM ne s'est pas borné à étudier les Insectes ; ses recherches ont porté aussi sur les Mollusques, sur la Grenouille, sur les végétaux. On peut le considérer comme le créateur de l'embryogénie comparée, car c'est lui le premier qui chercha à démontrer une identité pareille dans le développement de tous les animaux. Établissant un parallèle entre le développement des Insectes, de la Grenouille et des végétaux, il s'exprime, en effet, ainsi : « En examinant attentivement le développement des Insectes, des animaux qui ont du sang et des végétaux, on reconnaît que tous ces êtres croissent et se développent suivant une même loi et l'on sent combien est fausse l'opinion de la génération spontanée qui attribue à des causes fortuites des effets si réguliers et si constants. »

Il faut noter en passant qu'une des opinions que SWAMMERDAM a le plus à cœur de combattre est celle de la génération spontanée. Ce n'est pas là un de ses moindres titres de gloire.

Enfin le grand naturaliste a encore droit à notre reconnaissance pour avoir introduit les méthodes techniques de recherche dans les sciences naturelles.

On sait que c'est lui qui imagina, pour faciliter l'étude des vaisseaux, de les remplir par injection, méthode qui fut perfectionnée par RUYSCH. Il excellait dans l'art de préparer les Insectes, surtout les chenilles, par insufflation. Le premier il fit usage des réactifs fixateurs et durcissants pour étudier les parties molles internes des animaux ; il fixait ses larves et ses nymphes par l'eau chaude, l'alcool, le vinaigre, et il employait différents réactifs, entre autres l'essence de térébenthine pour éclaircir et dissoudre la graisse. C'est évidemment à l'usage du microscope et à sa technique qu'il dut de pouvoir réaliser ses importantes découvertes.

De Swammerdam à nos jours.

Trois ans à peine après la mort du grand SWAMMERDAM, naissait à la Rochelle, en 1683, RENÉ-ANTOINE FERCHAULD, seigneur de RÉAUMUR. Mathématicien, physicien, naturaliste, RÉAUMUR fut un encyclopédiste. Il s'occupa de tout et avec succès ; ses travaux sur la métallurgie, la fabrication du verre et de la porcelaine ; la physique appliquée, la suspension des voitures, la fabrication des câbles, etc., ont agrandi considérablement le cercle des procédés industriels. Parmi ses travaux d'histoire naturelle, ses *Mémoires pour servir à l'histoire des Insectes* l'ont placé au rang des plus illustres entomologistes.

Il ne fut pas seulement l'observateur le plus patient et le plus sagace, il fut aussi un ingénieux expérimentateur. Il s'attacha à suivre les mœurs et l'évolution des Insectes et à déterminer les conditions de leur existence. Il étudia avec soin leurs métamorphoses et appliqua à cette étude la méthode expérimentale. Il montra, en effet, que l'ablation des pattes écailleuses des chenilles entraînait l'absence des pattes homologues chez l'adulte ; il vit aussi que, pendant la métamorphose, les appareils organiques subissent seulement des modifications de forme et restent réellement les mêmes.

RÉAUMUR employa le premier les ruches de verre pour suivre les mœurs des Abeilles et il établit nettement le rôle des trois sortes d'individus.

Le seul reproche qu'on puisse faire à RÉAUMUR c'est d'avoir trop dédaigné la systématique. Dans ses mémoires, il désigne souvent d'une manière très vague les animaux dont il s'occupe, de sorte que quelques-unes de ses observations sont devenues inutiles parce qu'on ne sait plus à quelles espèces elles se rapportent.

A partir de la publication des mémoires de RÉAUMUR, les travaux d'observations et les recherches anatomiques sur les Insectes deviennent de plus en plus nombreux pendant la seconde moitié du dix-huitième siècle et établissent petit à petit nos connaissances actuelles relatives à ces animaux. Je ne puis citer ici que les principaux.

CHARLES BONNET (1720-1793), de Genève, après avoir lu les travaux de RÉAUMUR, se met à étudier lui-même les Insectes dès l'âge de seize ans et, quatre ans plus tard, il communique à RÉAUMUR sa belle découverte de la parthénogenèse des Pucerons. Après avoir isolé un Puceron du Plantain, il le voit se reproduire sans accouplement jusqu'à la dixième génération. Cette découverte conduisait naturellement BONNET à devenir l'un des plus ardents défenseurs de la théorie de l'emboîtement des germes.

A la même époque, CHARLES DE GEER (1720-1778), compatriote de LINNÉ, anatomiste, physiologiste et auteur systématique, publiait, de 1752 à 1778, sept gros volumes de *Mémoires pour servir à l'histoire des Insectes* qui ne peuvent être comparés pour la richesse des observations qu'à ceux de RÉAUMUR.

RŒSEL VON ROSENHOF faisait paraître, de 1746 à 1761, ses bulletins mensuels d'entomologie qui constituent un riche trésor de découvertes sur les mœurs et les métamorphoses des Insectes et des animaux inférieurs.

Enfin, en 1760, PIERRE LYONNET (1707-1789), de Maëstricht, donnait son célèbre *Traité anatomique de la chenille du Saule* (*Cossus ligniperda*), l'un des plus admirables travaux qui aient jamais paru sur l'anatomie des animaux et dont les planches, exécutées par l'auteur lui-même, sont des chefs-d'œuvre de gravure. Le Traité de LYONNET nous intéresse tout particulièrement parce que nous y trouvons indiqués pour la première fois les corps qu'on désigne aujourd'hui sous le nom de *disques imaginaux* ou d'*histoblastes*, et qui jouent un rôle très important pendant la métamorphose.

Je me bornerai à signaler, en terminant ce court historique des progrès de nos connaissances sur les Insectes depuis l'antiquité jusqu'à ce siècle, les noms de GEOFFROY, de Paris, et de FABRICIUS, de Kiel, qui, le premier en faisant usage du nombre des articles des tarses pour classer les Coléoptères, le second en prenant pour base de la classification des Insectes les caractères tirés de la conformation des pièces buccales, ont le plus contribué à établir la systématique entomologique.

A partir du commencement de ce siècle, les travaux d'anatomie relatifs à l'organisation des Insectes se multiplient tellement qu'on ne peut que signaler le nom des auteurs les plus importants. Nous aurons du reste à revenir sur ces travaux à propos des différentes questions qui seront traitées dans ce cours.

Il convient de placer en première ligne JULES-CÉSAR LELORGNE DE SAVIGNY, qui fit partie de la commission scientifique qui accompagna, en 1799, l'armée française en Égypte. Cet habile observateur doit être considéré, avec GŒTHE et GEOFFROY SAINT-HILAIRE, comme l'un des fondateurs de l'anatomie philosophique. Dans le premier fascicule de ses *Mémoires sur les animaux sans vertèbres*, paru en 1816, il établit que chez tous les Insectes, quel que soit leur régime, la bouche est pourvue d'un même ensemble de membres articulés ou appendices, qui, par suite de changements introduits dans la forme et les dispositions accessoires de ces parties, constituent tantôt des appareils de mastication, tantôt des appareils de succion, tantôt des appareils à lécher. Cette théorie, connue aujourd'hui sous le nom de *Théorie de Savigny*, a été entièrement confirmée par tous les travaux les plus modernes.

Puis viennent les recherches de Hérold (1815) sur les transformations des divers appareils, entre autres du système nerveux et des organes génitaux pendant le développement postembryonnaire des Lépidoptères ; celles de Newport (1832-34) sur les modifications que subit le système nerveux pendant le passage de l'état larvaire à l'état de nymphe et à l'état adulte ; les innombrables mémoires de Léon Dufour sur l'anatomie et les métamorphoses des différents ordres d'Insectes ; la belle monographie du Hanneton de Straus-Dürckheim ; les observations de François et Jean-Pierre Huber sur les Abeilles et les Fourmis ; les recherches de Siebold et de Dzierzon sur la parthénogenèse ; le travail de Stein sur les organes reproducteurs ; les études sur les organes des sens de J. Müller, de Gottsche, de Will, de Leydig, de Siebold, de Leuckart ; sur la circulation et la respiration de Carus et de Blanchard ; sur les organes d'excrétion de H. Meckel, qui découvrit les glandes unicellulaires ; les travaux variés de Treviranus, de Brandt et Ratzeburg, de H. et L. Landois, Graber, etc.

Toutes ces recherches ont trait à l'anatomie, à l'histologie et à la physiologie des Insectes, soit adultes, soit à l'état de larve ou de nymphe, mais on ne savait encore à peu près rien sur le développement embryonnaire proprement dit, c'est-à-dire sur la formation de la larve dans l'œuf.

Les premières recherches de Rathke sur le développement de la Blatte, en 1832, et sur celui de la Courtilière, en 1844, se rapportent à des embryons déjà très avancés et ne nous apprennent rien relativement aux premières phases de l'embryogénie de ces animaux.

Kölliker, le premier, en 1842, constata, dans l'œuf du *Chironomus*, l'existence d'un blastoderme et suivit la formation des différents organes de la larve.

Zaddach, en 1855, étudia l'embryogénie des Phryganes et chercha à établir que les Insectes se développent de la même manière que les Vertébrés ; il commit plusieurs erreurs dues aux méthodes imparfaites d'observation qu'il employait.

Puis viennent les travaux de Charles Robin, de Leuckart, de Weismann, de Melnikow, de Metchnikoff, de Balbiani, dans lesquels ces auteurs, se contentant d'étudier les œufs par transparence ou par dilacération, ne peuvent arriver le plus souvent qu'à des résultats incomplets.

C'est à Kowalevsky que revient le mérite d'avoir appliqué pour la première fois, en 1871, la méthode des coupes à l'étude de l'embryogénie des Insectes. KOWALEVSKY put suivre la formation des feuillets embryonnaires et établir l'homologie de ces feuillets avec ceux des Vertébrés. Ses recherches sur l'embryologie de l'Hydrophile ont servi de modèle pour les travaux qui depuis cette époque ont paru sur l'embryogénie des Insectes. Ces travaux sont déjà nombreux et nous aurons à les exposer avec détails : je ne m'en occuperai donc pas dans cet historique sommaire.

Tandis que dans ces trente dernières années l'histoire de la formation de l'embryon des Insectes dans l'œuf faisait de rapides progrès, celle de la génération et du développement postembryonnaire de ces mêmes animaux s'enrichissait également de faits nouveaux et très importants.

Un entomologiste des plus distingués, que ses études sur la biologie d'un grand nombre d'Insectes placent à côté des RÉAUMUR et des DE GEER, HENRI FABRE, d'Avignon, découvre en 1857, chez les Cantharides, un mode de métamorphose inattendu, dans lequel la larve avant de se transformer en nymphe, passe successivement par l'état de larve carnassière, de larve mellivore et de pseudonymphe, phénomène qui a été désigné sous le nom d'*hypermétamorphose*.

En 1863, un naturaliste russe, NICOLAS WAGNER, constate que certaines larves de Diptères, appartenant au groupe des Cécidomyies, peuvent se reproduire et mettre au jour de jeunes larves semblables à elles-mêmes. C'était la première fois qu'on voyait un Insecte capable de se reproduire avant d'être arrivé à l'état adulte. La découverte de WAGNER, confirmée par PAGENSTECKER, GRIMM et METCHNIKOFF, constitue la reproduction par *pædogenèse*.

A la même époque, WEISMANN, étudiant la métamorphose des Diptères, faisait connaître les curieuses modifications que subissent les tissus de la larve, au moment de sa transformation en nymphe. Beaucoup de tissus disparaissent par dégénération, par *histolyse*, comme dit WEISMANN, et se reconstituent plus tard à nouveau. Le même auteur suivait en même temps l'évolution des disques imaginaux, entrevus par LYONNET, PICTET et LÉON DUFOUR et montrait leur importance pour la constitution de la nymphe. Les recherches de KÜNCKEL D'HERCULAIS, GANIN, VIALLANES, KOWALEVSKY, VAN REES, ont confirmé et étendu les observations de WEISMANN. Nous devrons nous arrêter assez longuement sur ces faits, car ils présentent le plus grand intérêt tant au point de vue de l'embryogénie des Insectes qu'au point de vue de l'embryogénie générale.

Malgré les nombreuses lacunes qu'elle présente encore, l'étude de la reproduction et du développement des Insectes est assez avancée aujourd'hui pour qu'on puisse chercher à grouper les principales données acquises à la science, et à tracer un tableau de l'état de nos connaissances à ce sujet.

A cette étude se rattachent non seulement tous les problèmes que soulève la grande fonction de reproduction, envisagée d'une manière générale chez tous les êtres organisés, mais encore un grand nombre de questions pratiques telles que la séricicultnre, l'apiculture, la destruction des plus grands ennemis de l'agriculture, etc. Malgré tout l'intérêt qu'elles présentent, ces questions ne doivent pas nous occuper. Cependant, tout en restant sur le terrain scientifique, je me ferai un devoir chaque fois que l'occasion s'en présentera, d'attirer l'attention sur les conséquences pratiques des faits que j'exposerai.

Bien que le savant, lorsqu'il étudie une question, ne doive avoir qu'un seul but, celui de faire progresser la science dont il s'occupe, il lui est permis d'envisager de temps en temps le point de vue utilitaire et de signaler tout au moins les applications auxquelles peuvent donner lieu ses découvertes et qui doivent concourir à augmenter la prospérité de l'humanité.

CHAPITRE PREMIER

MORPHOLOGIE EXTERNE

Caractères généraux des Insectes.

Les Insectes constituent un groupe zoologique très homogène dans lequel les traits généraux et fondamentaux de l'organisation subissent le moins de variation ; à part quelques types parasites, fortement modifiés, ils présentent entre eux les plus étroites affinités.

Au point de vue des caractères généraux de ce groupe, on peut distinguer ceux qui appartiennent à tout l'embranchement des Arthropodes et ceux qui sont spéciaux à la classe des Insectes. Parmi les premiers il faut signaler : l'existence d'appendices locomoteurs formés de segments ou articles juxtaposés, la présence d'un tégument plus ou moins rigide, constitué par une substance dure, peu altérable, la chitine, l'absence de cils vibratiles à tous les stades de développement, et enfin l'existence exclusive de muscles striés. Il convient cependant de faire des réserves au sujet des deux derniers caractères, qui ne sont peut-être pas tout à fait absolus.

Protentomon. — Quant aux caractères propres à la classe des Insectes, ils ont été précisés par PAUL MAYER (1875) dans son travail sur la phylogénie de ces animaux. Cet auteur désigne sous le nom de *Protentomon* le type ancestral des Hexapodes et lui attribue les caractères suivants qui, sauf modifications secondaires, sont ceux des autres Insectes :

I. Le corps est divisé en trois régions : la *tête*, le *thorax* et l'*abdomen*. La tête, non segmentée à l'état adulte, porte une paire d'antennes, trois paires d'appendices buccaux, une paire d'yeux composés et trois yeux simples ou *ocelles*. Le thorax, constitué par trois métamères (*prothorax*, *mésothorax* et *métathorax*), porte une paire d'appendices locomoteurs à la partie ventrale de chacun de ces métamères et une paire d'ailes à la partie dorsale de chacun des deux derniers. L'abdomen est formé de

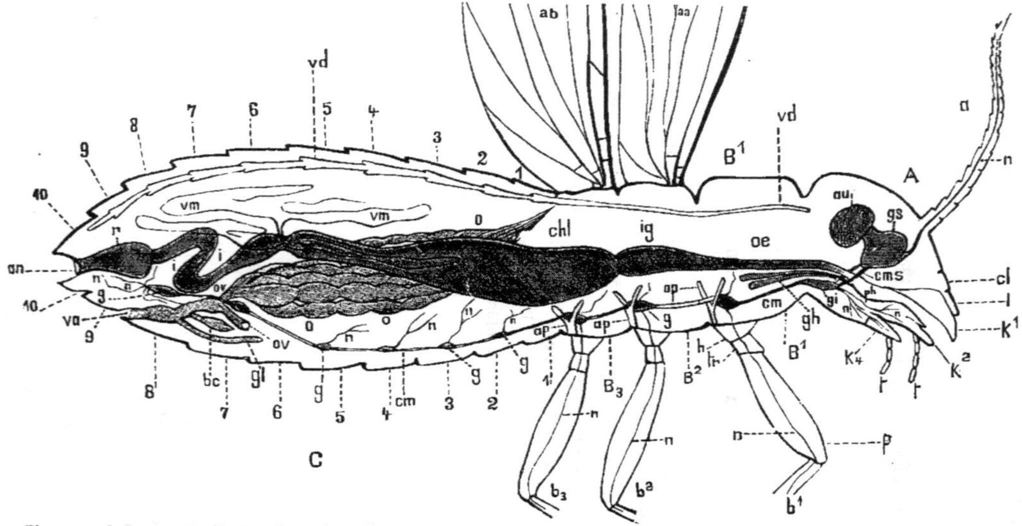

Fig. 2. — Coupe longitudinale schématique d'un Insecte femelle, montrant la situation et les rapports des principaux organes. Les ailes et les pattes sont raccourcies. (Figure empruntée à Kolbe.)

A, tête ; *a*, antenne ; *au*, œil ; *cl*, bouclier céphalique ; *l*, labre ; k_1 mandibule ; k_2, mâchoire ; k_4, lèvre inférieure ; *t*, palpes.
B^1, B^2, B^3, thorax (B^1, pro ; B^2, méso ; B^3, métathorax) ; b_1, b_2, b_3, pattes antérieure, moyenne et postérieure ; *h*, hanche ; *tr*, trochanter ; *p*, cuisse ; *n*, nerfs.
C, abdomen ; 1-10, ses dix segments.

Le *tube digestif* s'étend de la bouche (*ph*) à l'anus (*an*), situé à l'extrémité du dernier anneau du corps. Il comprend : l'œsophage (*æ*), le jabot (*ig*), l'estomac (*chl*), l'intestin grêle (*ii*), le gros intestin ou rectum (*r*). Les tubes de Malpighi (*vm*) s'ouvrent dans la partie antérieure de l'intestin grêle. Les glandes salivaires (*gh*) débouchent dans la cavité buccale.

Le *vaisseau dorsal* (*vd*) s'étend sur la ligne médiane de la région dorsale.

Le *système nerveux central* comprend : 1° les ganglions cérébroïdes ou cerveau (*gs*) réunis aux ganglions sous-œsophagiens (*gi*) par deux connectifs (*cms*) formant le collier œsophagien ; 2° la chaîne ventrale constituée par une série de ganglions (*g*), d'où partent des nerfs (*n*) et réunis entre eux par des connectifs. La chaîne ventrale est soutenue dans la région thoracique par des apodèmes chitineux, *ap*.

Les *organes génitaux*, situés dans l'abdomen de chaque côté du tube digestif, se composent : des ovaires (*o*), dont le gauche seul a été représenté ; des oviductes (*ov*), du vagin (*va*), de la poche copulatrice (*bc*), de glandes accessoires (*gl*).

onze anneaux ne portant pas d'appendices locomoteurs ni d'ailes. Chez les Insectes actuels, les onze anneaux abdominaux se retrouvent quelquefois, mais, le plus souvent, ils sont en nombre moindre. Les appendices locomoteurs sont des prolongements en forme de tubes creux des parois du corps ; ils sont égaux entre eux et constitués de cinq segments. Les ailes, égales entre elles, sont des vésicules transparentes aplaties dont la surface externe est une lamelle de chitine homogène.

II. La couche externe du corps est une enveloppe chitineuse qui se sépare des cellules hypodermiques sous forme d'une production particulière partout où se trouve un véritable hypoderme. La musculature, là où il y a des appendices locomoteurs, est bien différenciée.

III. Le tube digestif, qui s'étend depuis la bouche placée à la partie inférieure de la tête jusqu'à l'anus, situé à l'autre extrémité du corps, sur le dernier anneau abdominal, comprend trois régions : l'intestin antérieur ou stomodæum, l'intestin moyen ou mésentéron et l'intestin postérieur ou proctodæum. L'intestin moyen est d'origine endodermique, tandis que l'intestin antérieur et l'intestin postérieur sont d'origine ectodermique et tapissés, comme l'ectoderme, par une membrane chitineuse (1). A la partie antérieure du stomodæum, une paire de culs-de-sac constitue deux glandes salivaires, tandis qu'à la partie antérieure du proctodæum deux paires de tubes constituent les organes excréteurs ou tubes de Malpighi. Il n'y a pas de foie.

IV. Le système nerveux consiste en une masse ganglionnaire susœsophagienne ou masse cérébroïde, unie par un collier à une masse ganglionnaire sous-œsophagienne ; celle-ci est unie elle-même à une chaîne ganglionnaire ventrale, comprenant trois ganglions thoraciques et onze ganglions abdominaux, réunis entre eux par deux connectifs longitudinaux. Chez les Insectes actuels, le nombre des ganglions abdominaux peut se trouver plus ou moins réduit.

V. L'appareil circulatoire (vaisseau dorsal) est un tube placé dans la région dorsale, au-dessus du tube digestif, divisé métamériquement en chambres dans la région abdominale, mais non segmenté dans sa partie antérieure où il constitue une sorte d'aorte.

VI. L'appareil respiratoire ou trachéen résulte d'invaginations ectodermiques restant en relation avec l'extérieur par des ouvertures ou stigmates, et se ramifiant à l'intérieur du corps et dans les divers organes. On trouve une paire de stigmates sur neuf des segments abdominaux,

(1) Cette différence d'origine pour l'intestin moyen et les portions antérieure et postérieure du tube digestif qui existait vraisemblablement chez les Insectes primitifs, ne se retrouve plus dans la majorité des Insectes actuels où tout l'intestin dérive très probablement de l'ectoderme.

peut-être sur les onze, et sur chacun des deux segments thoraciques postérieurs. La tête et le prothorax sont dépourvus de stigmates. Les troncs trachéens transversaux, qui naissent des stigmates, sont ordinairement réunis par un tronc longitudinal de chaque côté du corps. La structure des stigmates thoraciques diffère de celle des stigmates abdominaux.

VII. La cavité viscérale est remplie en partie par le corps adipeux, dans les lacunes duquel circule le sang.

VIII. Les organes génitaux sont constitués par une paire de glandes ayant chacune leur conduit propre venant s'ouvrir entre le 8e et le 9e anneau de l'abdomen (1).

Les parties accessoires des organes génitaux comprennent sans doute chez le *Protentomon* une paire de glandes annexes.

IX. Les organes génitaux externes, constituant les caractères sexuels primaires externes, consistent en un pénis chitineux chez le mâle, et une vulve chitineuse chez la femelle.

Les caractères sexuels secondaires manquent probablement.

Classification.

On peut, avec Brauer, diviser les Insectes en deux grands groupes : les Aptérygotes, *Insecta spuria*, chez lesquels les ailes manquent toujours (Thysanoures, Collemboles), et les Ptérygotes, *Insecta genuina*, chez lesquels les ailes ne manquent qu'exceptionnellement.

A ne considérer que les classifications les plus récentes, on constate que les zoologistes ne sont pas d'accord sur le nombre d'ordres à établir dans la classe des Insectes. Claus en admet 13, Lang 16, Perrier 11 et Sharp seulement 10. Cette division en ordres est basée sur le nombre et la nature des ailes, sur la constitution des pièces buccales et sur la nature des métamorphoses (Insectes métaboliques à métamorphoses complètes et Insectes amétaboliques à métamorphoses graduelles).

Nous reproduisons ici les classifications les plus généralement adoptées qu'on trouve dans les ouvrages classiques.

---

(1) Chez les Insectes actuels, sauf les Éphémérides, les conduits génitaux s'unissent en un canal commun et il n'y a qu'un seul orifice sexuel. Mais chez les larves on retrouve souvent la disposition primitive, ancestrale. Chez les femelles des Strepsiptères, l'orifice sexuel est exceptionnellement situé sur le dos.

CLASSIFICATION DE BRAUER (1885)

Apterygogenea.

Thysanura (Campodea, Japyx, Machilis, Lepisma).
Collembola (Podura, Smynthurus).

Pterygogenea.

Homomorpha (amétaboliques):
Dermaptera (Forficula).
Ephemeridæ.
Odonata (Libellulidæ).
Plecoptera (Perlidæ).
Orthoptera genuina (Blattidæ, Phasmidæ, Mantidæ, Saltatoria).

Homomorpha (amétaboliques):
Corrodentia (Termitidæ, Psocidæ, Mellophaga).
Thysanoptera (Physopoda, Thrips).
Rhynchota.

Heteromorpha (métaboliques):
Neuroptera (Sialidæ, Megaloptera).
Panorpatæ.
Trichoptera (Phryganea).
Lepidoptera.
Diptera.
Siphonaptera.
Coleoptera.
Hymenoptera.

CLASSIFICATION DE CLAUS (1888)

I. **Thysanura.**
II. **Orthoptera.**
Cursoria.
Gressoria.
Saltatoria.
III. **Pseudoneuroptera.**
1. *Physopoda* (Thrips).
2. *Corrodentia* (Termitides, Psocides).
3. *Amphibiotica* (Perlides, Éphémérides, Libellulides).
IV. **Neuroptera.**
V. **Trichoptera.**
VI. **Strepsiptera.**
VII. **Aptera** (Pédiculides, Mellophages).
VIII. **Rhynchota** (Hemiptera).
1. *Phytopthires.*
2. *Homoptera* (Cicadaires).
3. *Hemiptera.*
IX. **Diptera.**
1. *Brachycera.*
Muscaria.
Pupipara.
Tanystomata.
2. *Nemocera.*
X. **Aphaniptera.**
XI. **Lepidoptera.**
1. *Microlepidoptera.*
2. *Geometrina.*
3. *Noctuina.*
4. *Bombycina.*
5. *Sphingina.*
6. *Rhopalocera.*
XII. **Coleoptera.**
Cryptotetramera.
Cryptopentamera.
Heteromera.
Pentamera.
XIII. **Hymenoptera.**
1. *Terebrantia.*
Phytophaga.
Gallicola.
Entomophaga.
2. *Aculeata.*

CLASSIFICATION DE LANG (1889)

Apterygota.

I. **Thysanura.**

II. **Collembola.**

Pterygota.

III. **Dermaptera.**

IV. **Orthoptera** (Blattidæ, Mantidæ, Phasmidæ, Saltatoria).

V. **Ephemeridea.**

VI. **Odonata.**

VII. **Plecoptera.**

VIII. **Corrodentia.**

IX. **Thysanoptera** ou **Physopoda.**

X. **Rhynchota.**
1. *Phytopthires.*
2. *Pediculidæ.*
3. *Heteroptera.*
4. *Homoptera.*

XI. **Nevroptera.**

XII. **Panorpata.**

XIII. **Trichoptera.**

XIV. **Siphonaptera.**

XV. **Coleoptera.**
1. *Cryptotetramera.*
2. *Cryptopentamera.*
3. *Heteromera.*
4. *Pentamera.*

XVI. **Lepidoptera.**
1. *Microlepidoptera.*
2. *Geometrina.*
3. *Noctuina.*
4. *Bombycina.*
5. *Sphingina.*
6. *Rhopalocera.*

XVII. **Hymenoptera.**
1. *Terebrantia.*
2. *Aculeata.*

XVIII. **Diptera.**
1. *Pupipara.*
2. *Brachycera.*
3. *Nemocera.*

CLASSIFICATION DE ED. PERRIER (1894)

I. **Thysanoura** (Aptères).

II. **Pseudo-nevroptera.**
1. *Physopoda* (Thripsidæ).
2. *Corrodentia.*
3. *Amphibiotica* (Perlidæ, Ephemeridæ).
4. *Odonata.*

III. **Orthoptera.**

IV. **Coleoptera.**

V. **Strepsiptera.**

VI. **Neuroptera.**

VII. **Hymenoptera.**
1. *Terebrantia.*
2. *Aculeata.*

VIII. **Lepidoptera.**

IX. **Hemiptera.**
1. *Homoptera.*
2. *Heteroptera.*
3. *Sternorhyncha* (Psyllidæ, Aphididæ, Coccidæ).

X. **Parasita** (Mallophaga, Pediculidæ).

XI. **Diptera.**
1. *Brachycera.*
2. *Hypocera* (Phoridæ).
3. *Nematocera.*
4. *Pupipara.*
5. *Aphaniptera.*

CLASSIFICATION DE SHARP (1895-99)

ORDRES.	SOUS-ORDRES.	PRINCIPALES FAMILLES.
1. **Aptera**	*Thysanura*	Campodeidæ, Japygidæ, Machilidæ, Lepismidæ.
	Collembola	Lipuridæ, Poduridæ, Smynthuridæ.

ORDRES.	SOUS-ORDRES.	PRINCIPALES FAMILLES.
2. **Orthoptera**	*Orthoptera cursoria*	Forficulidæ, Hemimeridæ, Blattidæ, Mantidæ, Phasmidæ.
	Orthoptera saltatoria	Acridiidæ, Locustidæ, Gryllidæ.
3. **Neuroptera**	*Mallophaga.*	
	Pseudo-neuroptera	Embiidæ, Termitidæ, Psocidæ.
	Neuroptera amphibiotica.	Odonata, Perlidæ, Ephemeridæ.
	Neuroptera planipennia	Sialidæ, Panorpidæ, Hemerobiidæ.
	Trichoptera	Phryganeidæ.
4. **Hymenoptera.**	*Hymenoptera sessileventres.*	Siricidæ, Tenthredinidæ.
	Hymenoptera petiolata	Cynipidæ, Chalcididæ, Ichneumonidæ, Braconidæ, Evanidæ.
	Hymenoptera tubulifera.	Chrysididæ.
	Hymenoptera aculeata	Apidæ, Diploptera, Scoliidæ, Pompilidæ, Sphegidæ, Formicidæ.
5. **Coleoptera**	*Lamellicornia*	Lucanidæ, Scarabæidæ.
	Adephaga (Caraboidea)	Cicindelidæ, Carabidæ, Dytiscidæ.
	Polymorpha	Hydrophilidæ, Silphidæ, Staphylinidæ, Histeridæ, Coccinellidæ, Dermestidæ, Bostrichidæ, Malacodermidæ, Cleridæ, Elateridæ, Buprestidæ.
	Heteromera	Tenebrionidæ, Cistelidæ, Pyrochroidæ, Œdemeridæ, Cantharidæ.
	Phytophaga	Bruchidæ, Chrysomelidæ, Cerambycidæ.
	Rhynchophora	Curculionidæ, Scolytidæ.
	Strepsiptera	Stylopidæ.
6. **Lepidoptera**	*Rhopalocera*	Nymphalidæ, Lycænidæ, Pieridæ, Papilionidæ, Hesperidæ.
	Heterocera	Saturniidæ, Bombycidæ, Sphingidæ, Notodontidæ, Sesiidæ, Zygænidæ, Psychidæ, Cossidæ, Hepialidæ, Drepanidæ, Lasiocampidæ, Arctiidæ, Geometridæ, Noctuidæ, Uraniidæ, Pyralidæ, Pterophoridæ, Alucitidæ, Tortricidæ, Tineidæ, Micropterygidæ.

ORDRES.	SOUS-ORDRES.		PRINCIPALES FAMILLES.
7. **Diptera**	*Orthorrapha Nemocera*		Cecidomyiidæ, Culicidæ, Chironomidæ, Tipulidæ, Bibionidæ, Simuliidæ.
	Orthorrapha Brachycera		Stratiomyidæ, Leptidæ, Tabanidæ, Nemestrinidæ, Bombyliidæ, Asilidæ, Empidæ, Dolichopidæ.
	Cyclorrapha Aschiza		Platypezidæ, Conopidæ, Syrphidæ.
	Cyclorrapha Schizophora		Muscidæ acalyptratæ, Anthomyiidæ, Tachinidæ, Sarcophagidæ, Muscidæ, Œstridæ.
	Pupipara		Hippoboscidæ, Braulidæ, Nycteribiidæ.
8. **Aphaniptera**			Pulicidæ.
9. **Thysanoptera**	*Terebrantia.* *Tubulifera.*		
10. **Hemiptera**	*Heteroptera*	Gymnocerata.	Pentatomidæ. Coreidæ. Pyrrhocoridæ. Tingidæ. Reduviidæ. Cimicidæ. Capsidæ. Saldidæ.
		Cryptocerata.	Nepidæ. Naucoridæ. Notonectidæ. Corixidæ.
	Homoptera	Trimera.	Cicadidæ. Fulgoridæ. Membracidæ. Cercopidæ. Jassidæ.
		Dimera.	Psyllidæ. Aphidæ. Aleurodidæ.
		Monomera.	Coccidæ.
	Anoplura		Pediculidæ.

Nous ne discuterons pas la valeur de ces classifications dans lesquelles les ordres, d'importance souvent très inégale, sont disposés en série linéaire et se trouvent groupés sans tenir compte, la plupart du temps, des affinités naturelles et des données phylogéniques fournies par la paléontologie.

Bien qu'il existe de nombreuses lacunes dans les documents paléontologiques concernant les Arthropodes terrestres, on peut dire que les Insectes amétaboliques ont apparu avant les Insectes métaboliques, quoique certains de ces derniers se rencontrent déjà dans les terrains anciens et paraissent avoir précédé un groupe important d'amétaboliques, les Hémiptères.

Dans le Carbonifère et le Permien on trouve en abondance des Orthoptères (Blattes, Mantes, Phasmes) et des Pseudonévroptères (Termites, Éphémères). Les Coléoptères apparaissent dans le Trias ; on trouve des Libellules dans le Lias inférieur ; des Névroptères (Panorpes, Hémérobies) et des Hémiptères (Coréides) dans le Lias supérieur ; des Hémiptères (Aphidiens, Cigales, Hydromètres) dans le Jurassique et le Wealdien. Les Insectes les plus différenciés, les Diptères, les Hyménoptères et les Lépidoptères, n'apparaissent que dans le Wealdien et surtout le Tertiaire.

Squelette externe.

Chitine. — Les téguments des Insectes sont constitués par une substance albuminoïde, ressemblant à la corne, à laquelle ODIER (1821) a donné le nom de *chitine* (1). Elle diffère de la kératine par l'ensemble de ses caractères. Elle brûle sans se déformer et n'est pas altérée par les alcalis ni par les acides dilués. L'acide sulfurique concentré et chaud la dissout et la dédouble en glucose et produits azotés, surtout ammoniacaux. Elle ne contient pas de soufre, tandis que la kératine en renferme. Sous l'influence des hypochlorites, la chitine se ramollit sans se dissoudre ; cette propriété a été utilisée en technique pour faciliter les coupes à travers les téguments des Insectes.

Les auteurs ne sont pas d'accord sur la formule qui convient à la chitine ; on en a donné plusieurs parmi lesquelles les suivantes :

$C^{15} H^{26} Az^2 O^{10}$ (KRUKENBERG).
$C^{18} H^{15} Az O^{12}$ (STÆDLER, LEHMANN et SCHMIDT).
$C^{15} H^{24} Az^2 O^2$ (GAUTIER).

et

$$C^{60} H^{100} Az^8 O^{38} + n H^2O.$$

Cette dernière formule a été donnée récemment par SUNDWICK ; n pourrait varier de 7 à 4. Pour ce chimiste, la chitine serait un dérivé amide d'un hydrate de carbone de la série $(C^6 H^{10} O^5) n$. Du reste,

(1) ODIER a appelé *chitine* la substance organique qui constitue en grande partie le squelette des Crustacés et qui est identique à celle qui forme le système tégumentaire des Insectes.

KRAWKOW (1892) a montré que la composition chimique de la chitine est très variable suivant les animaux.

ZANDER (1897), qui a étudié les réactions de la chitine de divers Arthropodes, Crustacés, Myriapodes, Arachnides, Insectes, et de quelques autres Invertébrés, Seiche, Plumatelle, etc., admet que cette substance se rapproche beaucoup du glycogène. Dans les téguments épais, formés de deux couches, on distingue, quand on les traite par l'iode en présence du chlorure de zinc et de l'eau, une couche externe homogène brune et une couche profonde, constituée par des zones concentriques, se colorant en violet.

La chitine est produite par les cellules ectodermiques suivant un procédé encore obscur et qui sera discuté plus loin. On s'est demandé si les cellules ayant une origine mésodermique ou une origine endodermique étaient également capables de produire de la chitine. Or, les œufs des Insectes sont entourés d'un chorion que l'on considère habituellement comme de nature chitineuse ; les cellules d'origine mésodermique sécréteraient donc aussi de la chitine, puisque l'on admet généralement que les cellules folliculaires qui produisent le chorion de l'œuf chez les Insectes sont d'origine mésodermique. Toutefois VERSON et TICHOMIROFF ont indiqué récemment que les œufs du *Bombyx mori* avaient un chorion soluble dans la potasse et de nature non chitineuse, mais kératineuse. D'un autre côté, il n'est pas hors de doute que les cellules folliculaires soient toujours d'origine mésodermique.

Il n'est pas possible par suite, actuellement, de conclure que les cellules ectodermiques seules soient susceptibles de former de la chitine ; cela paraît tout au plus probable.

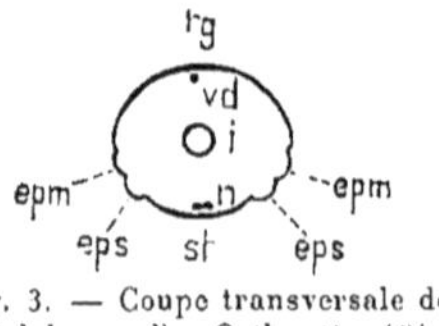

Fig. 3. — Coupe transversale de l'abdomen d'un Orthoptère (*Platycleis*).

tg, tergum ; *st*, sternum ; *epm*, épimère ; *eps*, épisternum ; *i*, intestin ; *n*, système nerveux ; *vd*, vaisseau dorsal. (Fig. originale de KOLBE.)

Sclérites. — La chitine ne recouvre pas uniformément toute la surface de l'ectoderme, mais elle est répartie sous forme de plaques rigides, *tegmites*, *sclérodermites* ou *sclérites*, distribuées régulièrement à la surface des anneaux du corps et séparées par des espaces où la couche chitineuse reste plus mince et moins dure. AUDOUIN (1824), qui a cherché à découvrir dans les squelettes tégumentaires des Insectes un plan commun d'organisation, a admis que dans un métamère ou zoonite, ayant atteint son complet développement typique, tel qu'un anneau du thorax, il existe des pièces chitineuses dorsales ou *tergites*, dont l'ensemble constitue le *tergum*, des pièces ventrales ou *sternites*, constituant le *sternum*, et des pièces latérales formant les *flancs* ou *pleuræ* (fig. 3).

Le tergum peut comprendre quatre pièces qui sont d'avant en arrière : le *præscutum,* le *scutum*, le *scutellum* et le *postscutellum*.

Le sternum n'est constitué que par une seule pièce résultant de la soudure de deux sternites. Chacun des flancs est formé de deux pièces : en avant, l'*épisternum*, et en arrière, l'*épimère*, auxquelles s'ajoutent, dans les métamères portant les ailes, le *paraptère*, qui recouvre la base de l'aile.

Les pattes s'insèrent entre les épimères et les épisternites des trois

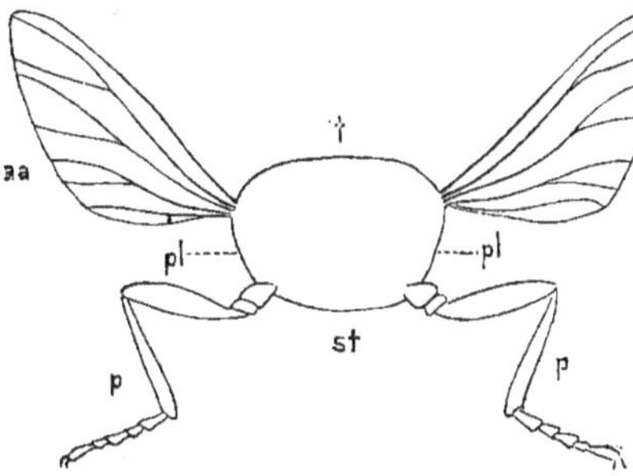

Fig. 4. — Coupe transversale schématique à travers le mésothorax d'un Insecte.

t, région dorsale ou notum ; *pl*, régions latérales ou pleuræ ; *st*, région ventrale ou sternum ; *aa*, ailes ; *p*, pattes. (Fig. empruntée à Kolbe.)

anneaux thoraciques, et les ailes entre les épimères et les tergites des deux anneaux thoraciques postérieurs (fig. 4).

Des prolongements du tégument chitineux pénètrent dans le corps, surtout dans la région sternale ; ce sont les *apodèmes* qui servent à l'insertion de muscles et parfois à abriter le système nerveux ou le tube digestif (Courtilière).

Les pièces chitineuses ou sclérites qui constituent un métamère thoracique sont plus ou moins nettes, plus ou moins développées, suivant les Insectes.

Chez les Aptères ou chez les Ptérygotes à l'état de nymphe, les tergites ne sont pas différenciés. Souvent le scutum et le scutellum existent seuls dans la région dorsale, ou bien le præscutum et le postscutellum sont rudimentaires. Le nombre des tergites paraît être en rapport avec le développement des muscles des ailes.

Tête. — La tête des Insectes adultes a la forme d'une capsule ne permettant de voir aucune segmentation en métamères ; l'embryologie seule permet d'y reconnaître un certain nombre d'anneaux. Nous verrons, en étudiant le développement de l'embryon, que les auteurs ne sont pas d'accord sur le nombre des métamères céphaliques. On admet généralement, à la surface supérieure de la capsule céphalique, l'existence de plusieurs pièces chitineuses entièrement soudées, qui sont d'avant en arrière : l'*épistome* (*chaperon* ou *clypæus*), le *postépistome* et l'*épicrâne*; et à la face inférieure et ventrale : la *pièce basilaire* et la *pièce prébasilaire*. Enfin les entomologistes descripteurs distinguent dans l'épicrâne des régions conventionnelles mal délimitées, le *front*, le *vertex*, l'*occiput*, les *tempes* et les *joues*.

La tête est, en général, largement unie au premier anneau du thorax; mais, chez un certain nombre d'Insectes (Diptères, Odonates, Mantides, etc.), elle est rattachée au thorax par une partie membraneuse, annulaire, plus ou moins rétrécie, qui constitue un véritable cou.

Dans l'intérieur de la capsule céphalique, il existe des pièces chitineuses de forme et de développement variables, dont l'ensemble forme le *tentorium* qui donne insertion à des muscles et supporte en partie le cerveau.

Thorax. — Le thorax, comme nous l'avons dit à propos du Protentonome, est formé de trois segments, le *prothorax*, le *mésothorax* et le *métathorax*. Les pièces chitineuses qui constituent ces anneaux ont généralement leurs bords repliés à l'intérieur du corps; ceux-ci, en s'accolant par leur partie basilaire aux lames analogues des pièces contiguës, forment avec elles de doubles lames qui font saillie dans chaque anneau et constituent les *apodèmes* (1). L'ensemble de ces entosclérites a été désigné par Audouin sous le nom d'*entothorax*.

Chez les Insectes, tels que les Coléoptères, pourvus d'ailes antérieures fortement chitinisées, qui, à l'état de repos, recouvrent la totalité de la région dorsale du métathorax et la majeure partie du mésothorax, les sclérites des segments ainsi protégés par les ailes ont une consistance beaucoup plus molle que celle du prothorax et de la partie du mésothorax qui demeure à découvert. On appelle alors *corselet* le prothorax et *écusson* la région découverte du mésothorax, située entre la base des deux ailes antérieures ou *élytres* (2).

---

(1) Kleuker (1883) a proposé de réserver le terme d'*apodèmes* pour les invaginations squelettiques des pièces pleurales, d'appeler *apophyses* les invaginations des pièces sternales, et *phragma* celles des pièces tergales.

Janet (1898) appelle *apophyse* une éminence saillante quelconque du squelette, et *apodème* une saillie endosquelettique formée par accolement des deux faces d'un repli invaginé ou par l'épaississement d'une lame ou nervure saillante vers l'intérieur du corps.

Kirby et Spence (1823) désignent sous le nom de *ante*—, *medi*—, et *post-furca*, les grands apodèmes de la région sagittale des arceaux sternaux du thorax.

(2) On appelle aussi généralement, mais à tort suivant nous, *corselet* le thorax tout entier des Hyménoptères et de quelques autres Insectes.

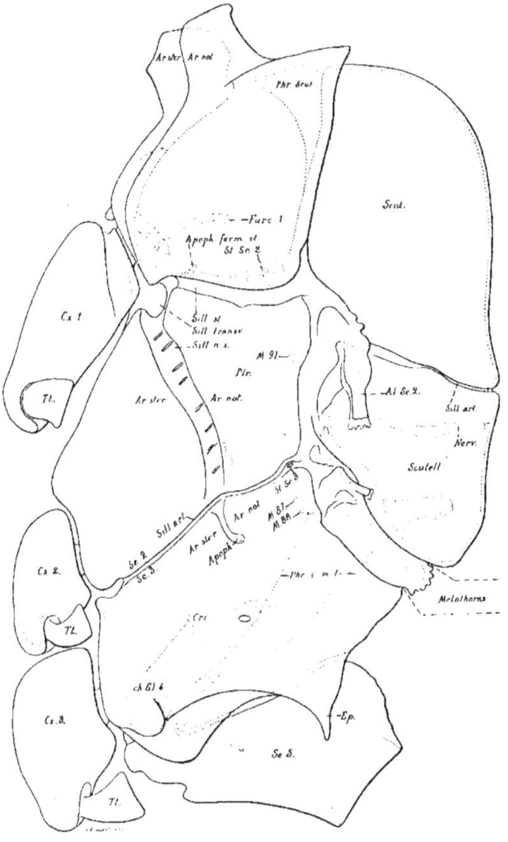

Fig. 5. — *Myrmica rubra* reine. Thorax vu de côté. Gross. 50.

*Al.Sc.*2, aile mésothoracique ; *Apoph*, apophyse ; *Apophferm. st*, apophyse d'insertion du muscle de fermeture du stigmate mésothoracique ; *Ar.not*, arceau notal : *Ar.ster*, arceau sternal ; *ch.Gl.*4, chambre aérifère de la glande de l'anneau médian ; *Cri*, cribellum ; *Cx.*1, *Cx.*2, *Cx.*3, coxa des 1re, 2e et 3e paires de pattes ; *Ep*, épine du dos de l'anneau médian ; *Furc.* 1, furca prothoracique ; M.91, insertion du muscle mésothoracique dorso-ventral ; *Nerv*, nervure ; *phr.i.m.l*, phragma d'insertion de la partie inférieure des muscles vibrateurs longitudinaux du vol ; *Phr. scut*, phragma situé à la partie supérieure du scutum et fournissant une partie de l'insertion supérieure du muscle vibrateur longitudinal du vol ; *plr*, pleuræ ; *scut*, scutum, partie médiane antérieure du mésonotum, située en avant de la charnière des vibrations du vol ; *scutell*, scutellum ; *Sc.*2, mésothorax ; *Sc.*3, métathorax ; *Se.*5, premier nœud du pétiole ; *Sill.n.s*, sillon dorso-ventral ; *Sill. st*, sillon stigmatique ; *Sill.transv*, sillon transversal ; *St.Sc.*2, stigmate mésothoracique ou premier stigmate ; *St.Sc.*3, stigmate métathoracique ; *Tt.* trochanter. (Fig. originale de Janet.)

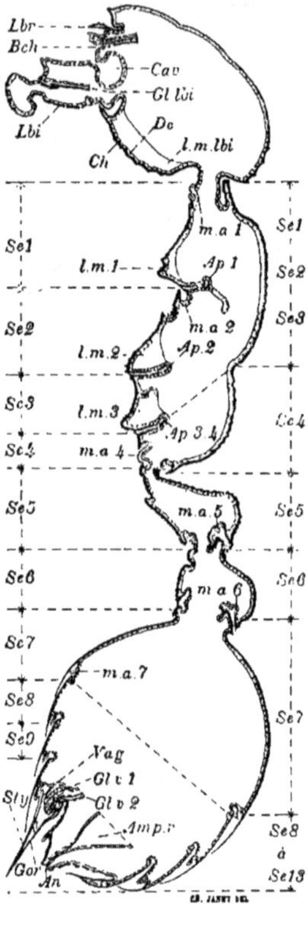

Fig. 6. — *Myrmica rubra* ouvrière. Coupe sagittale du tégument. Gros. 25.

An, anus ; *amp. r*, ampoule rectale ; *Ap.*1, apodème sternal prothoracique ; *Ap.*2, apodème sternal mésothoracique ; *Ap.*3.4, apodème formé aux dépens du métathorax et de l'anneau médian ; *Bch*, bouche ; *Cav*, cavité servant, chez les Fourmis et chez les Guêpes, au moulage des corpuscules formés des particules solides et des détritus provenant du nettoyage du corps ; *Ch*, cuticule chitineuse ; *De*, hypoderme ; *Gl.lbi*, glande labiale ; *Gl.v.*1, glande accessoire de l'appareil à venin ; *Gl.v.*2, glande à venin ; *Gor*, gorgeret de l'aiguillon, à la partie supérieure duquel s'ouvrent les deux glandes de l'appareil vénénifique ; *l.m.lbi*, *l.m.*1, *l.m.*2, *l.m.*3, lames sagittales céphalique, prothoracique, mésothoracique, métathoracique ; *Lbi*, labium ; *Lbr*, labre ; *m.a.*1, *m.a.*2, membranes articulaires (antérieures) du pro et du mésothorax ; *m.a.*4 à *m.a.*10 membranes articulaires (postérieures) des segments posthoraciques *Se*4 à *Se*10 ; *Se*1, prothorax ; *Se*2, mésothorax ; *Se*3, métathorax ; *Se*4, anneau médian ; *Se*5, premier nœud du pétiole ; *Se*6, deuxième nœud du pétiole ; *Se*7 à *Se*13, segments abdominaux ; *Sty*, un des deux stylets de l'aiguillon avec ses deux lamelles de refoulement du venin ; *Vag*, vagin. (Fig. originale de Janet.)

Le thorax de la majorité des Hyménoptères présente une particularité remarquable ; il possède un anneau de plus que celui des autres Insectes. C'est le premier anneau abdominal qui s'est uni secondairement au métathorax. LATREILLE (1825) a désigné cet anneau supplémentaire sous le nom de *segment médian*, et GERSTÄCKER (1867) a montré qu'il n'existe que chez les Hyménoptères porte-aiguillon et térébrants, tandis qu'il redevient premier anneau de l'abdomen chez les Hyménoptères phytophages.

JANET (1898) a fait une étude approfondie de la constitution du thorax chez les Fourmis, les Guêpes et les Abeilles ; les figures 5 et 6 montrent en vue latérale et en coupe les rapports de l'anneau médian, *Se.4*, avec les autres segments du thorax et de l'abdomen chez la *Myrmica rubra*.

Le quatrième anneau du thorax est articulé avec l'arceau dorsal du métathorax, mais soudé avec l'anneau ventral de ce segment ; il porte une paire de stigmates et une vaste cavité s'ouvrant à l'extérieur par une fente étroite (fig. 5, *ch.Gl.4*).

Le thorax est généralement largement uni à l'abdomen ; mais, chez les Hyménoptères à l'abdomen pédonculé, il existe entre ces deux parties du corps un étranglement très prononcé qui constitue le *pédoncule*. En outre, chez les Fourmis, les deux premiers anneaux de l'abdomen sont contractés en un *pétiole*, dont le but est d'assurer à l'abdomen des mouvements variés et d'une grande amplitude (fig. 6, *Se.5* et *Se.6*).

Abdomen. — Le nombre primitif des segments abdominaux (*uromères* de PACKARD), qui paraît être de 11 chez la plupart des embryons (1), est rarement atteint chez l'adulte, surtout parmi les Insectes à métamorphoses complètes, où souvent on n'en compte que 8 et même 5, 4 ou 3 (Chrysidides), les derniers segments étant réduits et invaginés télescopiquement dans l'intérieur du corps. Chacun de ces segments ne se compose le plus souvent que de deux pièces chitineuses, l'une tergale, l'autre sternale, réunies par une lame membraneuse. La réduction du nombre des uromères est généralement en rapport avec l'existence d'une armure génitale dont la constitution sera étudiée plus loin.

(1) Nous exposerons, à propos du développement de l'embryon, les diverses manières de voir des auteurs sur le nombre primitif des segments abdominaux.

Appendices.

Chez les Insectes adultes, on trouve des appendices sur la tête, sur le thorax et exceptionnellement sur l'abdomen. Ces appendices sont moins nombreux que chez les Crustacés, mais ils sont adaptés à des fonctions plus étroitement délimitées que chez ces derniers animaux, où les pattes locomotrices ont pour ainsi dire gardé la structure typique des appendices locomoteurs des Arthropodes ancestraux. Boas (1883) a indiqué la structure typique de l'appendice locomoteur des Crustacés et

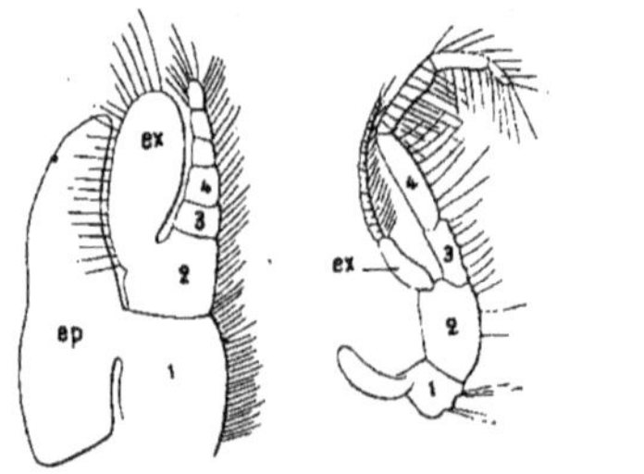

A B

Fig. 7. — Schémas de la constitution des membres des Crustacés.

A, patte du tronc de *Nebalia* ; — B, dernière patte-mâchoire de larve de Squille; 1-7, articles de la tige ; *ex*, exopodite ; *ep*, épipodite. (D'après Boas.)

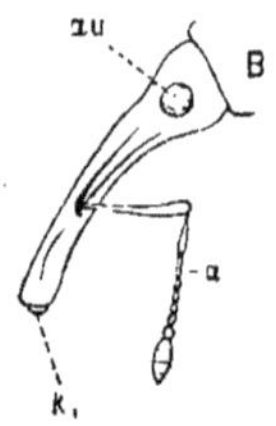

Fig. 8. — Tête de Charançon.

Au, yeux ; *a*, antenne dont le premier article, le scape, peut se loger dans une rainure, le scrobe, creusée sur les côtés de la tête ; — K, mandibule ; — B, portion antérieure du prothorax. (Fig. empruntée à Kolbe.)

a cherché à établir l'homologie des segments des divers appendices des Arthropodes avec les différentes parties de cet organe locomoteur typique.

Ce dernier, d'après Boas, a la composition suivante :

Il est constitué par un *axe principal* divisé en articles pouvant porter des ramifications latérales simples ou divisées elles-mêmes en articles.

A la base de l'axe principal, une première région ou *protopodite* (1), que l'on peut appeler de préférence *sympodite* (Perrier), est formé de deux articles, le *coxopodite* et le *basipodite*. A la suite du sympodite vient une partie qui en forme le prolongement direct, c'est l'*endopodite* et une autre partie, externe par rapport à l'endopodite, mais portée aussi par le basipodite, l'*exopodite* (fig. 7).

Le coxopodite porte souvent un rameau externe, l'*épipodite*. Certains articles de l'endopodite peuvent présenter des expansions foliacées latérales, *lames*, *lacinia* ou *kaulades* des auteurs allemands.

(1) Le terme de protopodite, proposé par Huxley et Claus, avait été employé antérieurement par Milne-Edwards pour désigner la première paire de pattes thoraciques.

APPENDICES CÉPHALIQUES

Les appendices portés par la tête des Insectes sont les antennes et les pièces buccales, comprenant le *labre*, les *mandibules*, les *premières maxilles* ou *mâchoires* et les *deuxièmes maxilles* ou *lèvre inférieure (labium)*.

Antennes. — Les antennes correspondent au sympodite et à l'endopodite du type primitif.

Au nombre de deux, une de chaque côté de la tête, elles ne manquent jamais. Elles sont constituées par un nombre variable de segments égaux

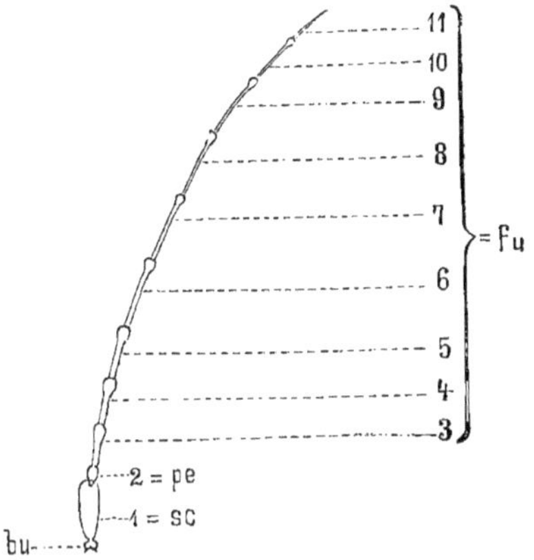

Fig. 9. — Antenne de *Cerambyx*.

1er segment, *sc*, scape ; *bu*, sa partie basilaire en forme de bulbe ; — 2e segment, *pe*, pédicelle ; 3-11, segments constituant par leur ensemble le funicule, *fu*, ou fouet. (Fig. originale de KOLBE).

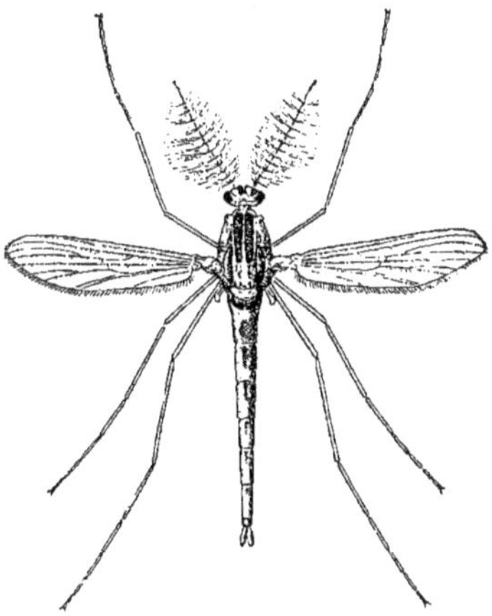

Fig. 10. — *Corethra plumicornis*, mâle ; montrant les antennes plumeuses et les balanciers qui occupent la place de la seconde paire d'ailes. (Fig. empruntée à MIALL.)

ou inégaux, placés bout à bout. On distingue, en général, dans l'antenne trois parties : le premier article ou *scape*, le deuxième article ou *pédicelle*, et l'ensemble des autres articles constituant le *funicule* ou *flagellum*. Le nombre total des articles de l'antenne varie beaucoup suivant les Insectes. On en compte de 20 à 40 chez certains Orthoptères, et seulement 2 chez les *Paussus* et l'*Andranes cæcus* ; l'antenne peut même se réduire à un article unique chez un Clavigéride (*Articerus*). Les articles d'une même antenne peuvent être inégalement développés, et présenter souvent des dents ou des expansions latérales, ce qui donne à l'ensemble de l'organe un aspect particulier. La forme des antennes est importante à considérer au point de vue de la systématique, car elle caractérise souvent des familles entières qui doivent leur nom à la constitution de leurs antennes,

Fig. 11.

Fig. 12.

Fig. 13.

Fig. 14.

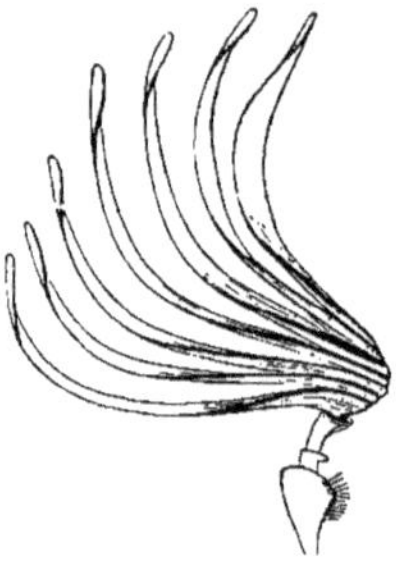

Fig. 15.

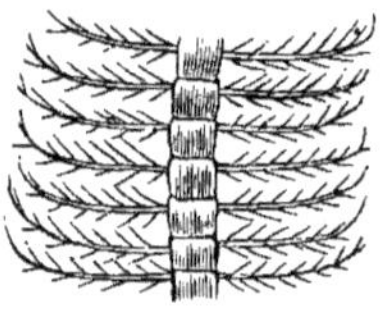

Fig. 16.

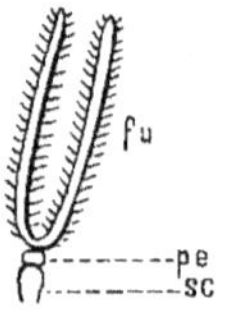

Fig. 17.

Fig. 18.

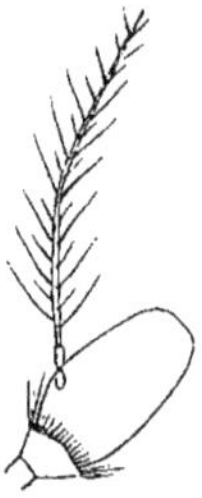

Fig. 19.

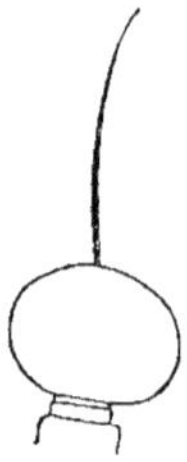

Fig. 20.

Fig. 11. — Antenne serriforme d'un Capricorne du genre *Anacolus*. (D'après Kolbe.)
Fig. 12. — Antenne serriforme d'un Coléoptère, *Labidostomis Lacordairei*. (D'après Lefèvre.)
Fig. 13. — Antenne en éventail d'un Élatéride brésilien du genre *Amydetes*. (D'après Westwood.)
Fig. 14. — Antenne bipectinée d'un Tipulide mâle du genre *Ctenophora*. (D'après Westwood.)
Fig. 15. — Antenne foliacée d'un mâle de Lamellicorne, *Polyphylla fullo*. (D'après Kolbe.)
Fig. 16. — Fragment très grossi pris dans le milieu d'une antenne plumeuse d'un Microlépidoptère, *Tortrix gerningana*. (D'après Peyerimoff.)
Fig. 17. — Antenne fourchue d'une Tenthrède. *Schizocerus furcatus*. (D'après Westwood.)
Fig. 18. — Antenne irrégulière d'un mâle de *Stylops*, présentant un troisième article foliacé. (D'après Westwood, fig. empruntée à Kolbe.)
Fig. 19. — Antenne d'une Mouche *Helomyza tuberivora*. (Fig. originale de Kolb.)
Fig. 20. — Antenne d'une espèce de *Fulgora* du Brésil. (Fig. originale de Kolbe.)

comme par exemple les Lamellicornes, les Clavicornes, les Pectinicornes, les Longicornes, etc.

Chez les Hydrocorises, groupe d'Hémiptères hétéroptères que Schiödte a désigné sous le nom de *Cryptocerata*, les antennes ne sont pas visibles; chacune d'elles est logée dans une dépression spéciale située de chaque côté de la tête, près des yeux.

Pièces buccales. — Pour les appendices buccaux, il convient de chercher à établir l'homologie de la mâchoire des Insectes broyeurs avec le type primitif, parce que c'est la mâchoire des broyeurs qui est l'appendice buccal le plus complexe et que la théorie de Savigny permet à son tour de faire dériver les autres appendices buccaux de la mâchoire des Insectes broyeurs.

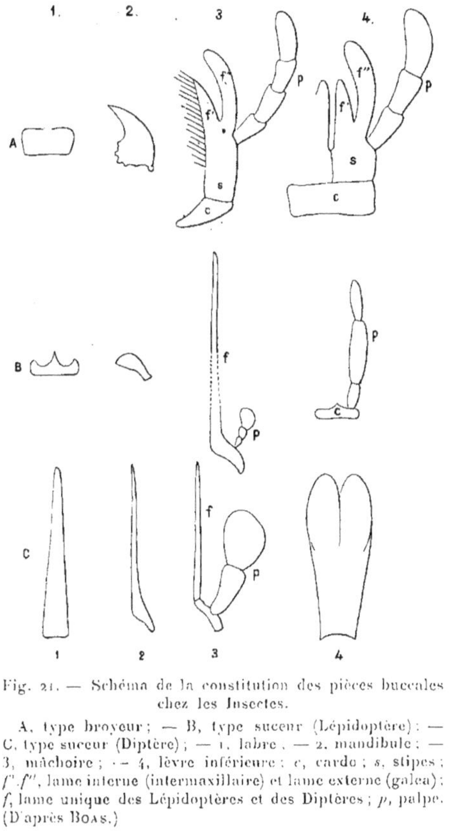

Fig. 21. — Schéma de la constitution des pièces buccales chez les Insectes.

A, type broyeur ; — B, type suceur (Lépidoptère) : — C, type suceur (Diptère) ; — 1, labre ; — 2, mandibule ; — 3, mâchoire ; — 4, lèvre inférieure ; *c*, cardo ; *s*, stipes ; *f'*-*f''*, lame interne (intermaxillaire) et lame externe (galea) ; *f*, lame unique des Lépidoptères et des Diptères ; *p*, palpe. (D'après Boas.)

Dans une mâchoire de broyeur on trouve successivement les pièces suivantes :

Pièce basilaire, *cardo* ou *sous-maxillaire*, correspondant au coxopodite ;

Tige, *stipes* ou *maxillaire*, correspondant au basipodite et présentant un article externe écailleux, le *palpigère*.

Palpe maxillaire, correspondant à l'exopodite ;

Sous-galea, correspondant au premier article de l'endopodite qui s'élargit en une *lame masticatrice*, *lame interne* ou *intermaxillaire*, attachée à la partie interne de la galea ;

Galea ou *lame externe*, correspondant au deuxième article de l'endopodite.

Chez les Coléoptères carnassiers, Cicindélides, Carabiques, Dytiscides, la lame masticatrice, ou intermaxillaire, est indépendante de la galea ; celle-ci est remplacée par plusieurs articles constituant le *palpe interne* (fig. 22, *me*).

Dans les mandibules, l'exopodite a disparu et l'endopodite est très réduit.

Dans le labium ou lèvre inférieure, on retrouve facilement les caractères de deux mâchoires rapprochées sur la ligne médiane.

Les sous-maxillaires sont soudés en une pièce unique, le *submentum* ; les maxillaires, également soudés, forment le *menton* ou *mentum* ; les autres pièces distales de l'endopodite peuvent se réunir sur la ligne médiane en une pièce unique constituant la *ligule*, ou demeurer indépendantes ; les intermaxillaires accolés donnent alors la *languette*, et

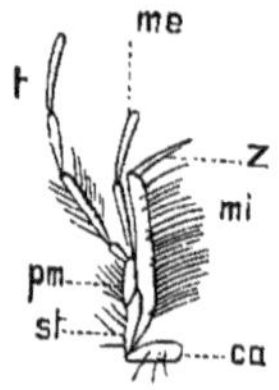

Fig. 22. — Mâchoire de *Cicindela hybrida*.

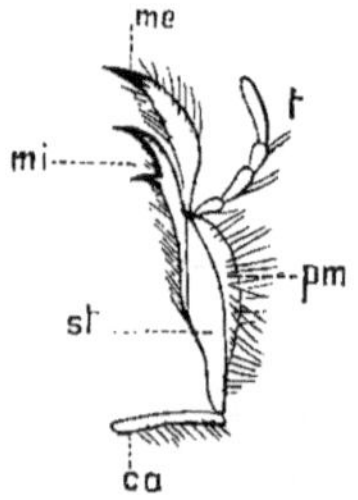

Fig. 23. — Mâchoire de *Passalus cornutus*.

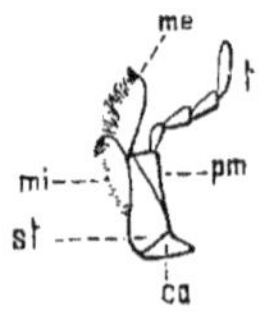

Fig. 24. — Mâchoire de *Hister quadrimaculatus*.

Ca, cardo ; *st*, stipes ; *pm*, palpigère ; *me*, galea formant un second palpe interne ; *t*, palpe ; *mi*, lame interne avec extrémité mobile, *z*. (Figures originales de Kolbe.)

les deux galea restées libres portent le nom de *paraglosses*. Les deux exopodites ou *palpes labiaux* sont toujours indépendants.

Quant au labre, le développement montre que c'est une pièce impaire, médiane, ne pouvant être assimilée aux autres appendices buccaux.

Fig. 25. — Mandibule de *Cantharis vesicatoria*. (D'après Beauregard.)

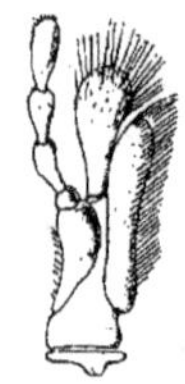

Fig. 26. — Mâchoire de *Sitaris humeralis*. (D'après Beauregard.)

Fig. 27. — Mâchoire de *Cerocoma Wahlii*. (D'après Beauregard.)

Les appendices buccaux des Insectes broyeurs, comparés à ceux des autres Insectes, présentent avec eux, à première vue, des différences considérables. C'est qu'en effet le genre de vie des divers Insectes est très variable, et que les appendices buccaux sont adaptés étroitement à des fonctions différentes.

Savigny, dans une théorie que les recherches ultérieures n'ont fait que confirmer, a, le premier, montré l'homologie complète des diverses pièces buccales des différents Insectes, quel que soit leur régime alimentaire. Les travaux de nombreux observateurs parmi lesquels ceux de Kirby et Spence, Latreille, Straus-Dürkheim, Audouin, Brullé, J. Chatin, Meinert, Brauer, Kräplin, Breitenbach, ont donné des résultats concordant avec la théorie de Savigny.

Outre le *type broyeur*, présenté par les Insectes qui se nourrissent de matières dures, coriaces, ayant besoin d'être finement divisées avant leur introduction dans le tube digestif, on peut distinguer le *type lécheur*

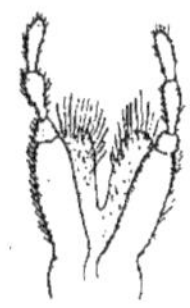

Fig. 29. — Lèvre inférieure de *Sitaris humeralis*. (D'après Beauregard.)

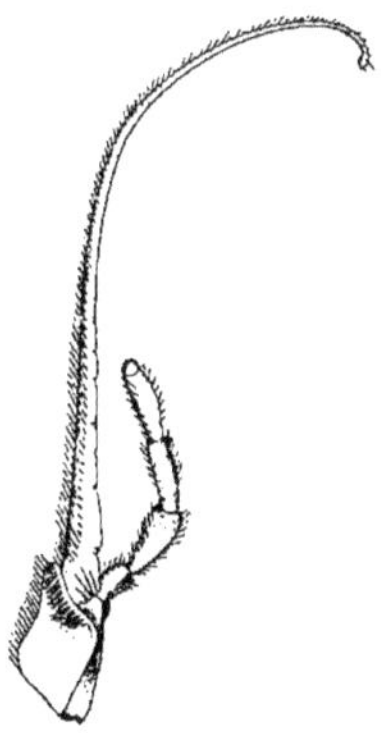

Fig. 28. — Mâchoire de *Nemognatha lutea*. (D'après Beauregard.)

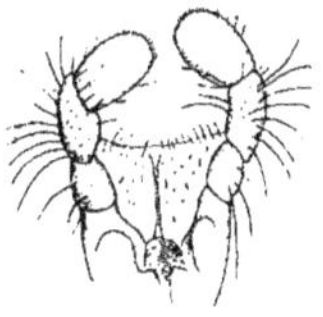

Fig. 30. — Lèvre inférieure de *Mylabris cichorii*. (D'après Beauregard.)

offert par les Insectes qui vivent de substances molles, plus ou moins fluides, et le *type suceur* présenté par les Insectes qui absorbent des matières franchement liquides. Les Coléoptères, les Névroptères, les Orthoptères, les larves des Lépidoptères appartiennent au type broyeur et les Hyménoptères au type lécheur. Quant au type suceur, il se présente chez les Lépidoptères qui s'alimentent de matières déjà épanchées au dehors ou faciles à atteindre ; chez les Hémiptères, qui doivent perforer les tissus des animaux ou des végétaux ; et chez les Diptères, qui se nourrissent d'une façon assez analogue à celle des Hémiptères. A ces trois groupes d'Insectes correspondent trois formes différentes de l'appareil suceur.

Type broyeur. — Comme il a déjà été indiqué ci-dessus, les pièces buccales des Insectes broyeurs comprennent outre le labre, pièce impaire et médiane placée à la partie antérieure de l'ouverture buccale, une paire de mandibules, une paire de mâchoires portant un palpe maxillaire multiarticulé, et un labium constitué par deux appendices, les secondes maxilles, rapprochés et soudés sur la ligne médiane du corps. Les deux palpes labiaux correspondent par suite aux deux palpes maxillaires des mâchoires. Toutes ces pièces sont à peu près également développées ; elles sont courtes, trapues, résistantes et recouvertes d'une épaisse couche de chitine (fig. 31 et 33).

Type lécheur. — Chez les Hyménoptères (fig. 32 et 34), le labre et les

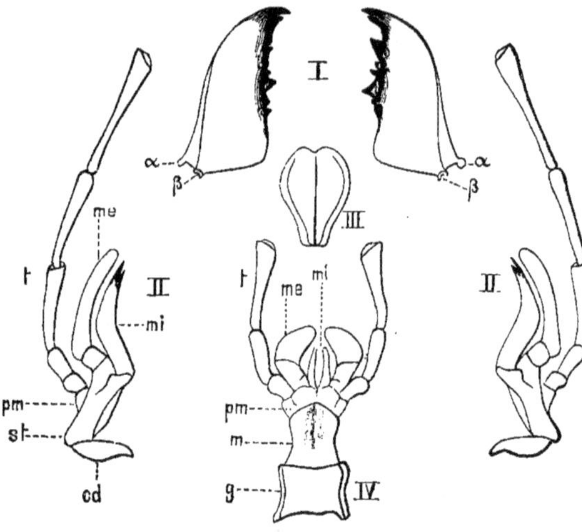

Fig. 31. — Pièces buccales broyeuses de *Locusta viridissima*. (Fig. originale de KOLBE.)

I, mandibules ; — α et β, apophyses articulaires.

II, mâchoires (premières maxilles) ; *cd*, cardo ; *st*, stipes ; *me*, lame externe ou galea ; *mi*, lame interne ; *t*, palpe ; *pm*, palpigère.

III, lèvre interne, langue ou endolabium ou hypopharynx.

IV, lèvre inférieure (deuxièmes maxilles), labium ou ectolabium ; *g*, submentum ; *m*, mentum ; *me*, galea ; *mi*, lame interne ; *t*, palpe ; *pm*, palpigère.

mandibules n'offrent pas de différences saillantes avec les pièces correspondantes des Insectes broyeurs ; les mandibules, toutefois, sont souvent moins développées et ne servent plus, généralement, à broyer les aliments, mais à couper et à transporter des matériaux divers destinés à construire les nids ou à nourrir les larves. Ce sont les mâchoires et le labium qui sont modifiés et constituent l'appareil lécheur. Les mâchoires sont allongées plus ou moins et forment une sorte d'étui lorsqu'elles se rapprochent sur la ligne médiane, de façon à abriter le labium qui est de son côté considérablement allongé. Dans les mâchoires, ce sont surtout l'intermaxillaire et la galea qui sont très développés ; les palpes maxillaires persistent, mais sont rudimentaires. Dans le labium, le basipodite (menton) s'allonge beaucoup ainsi que l'endopodite qui se compose d'une partie centrale (languette) et de deux lobes latéraux (paraglosses).

Les palpes labiaux (exopodites) sont eux-mêmes très allongés.

1° *Type suceur.* — Chez les Lépidoptères (fig. 35), le labre et les

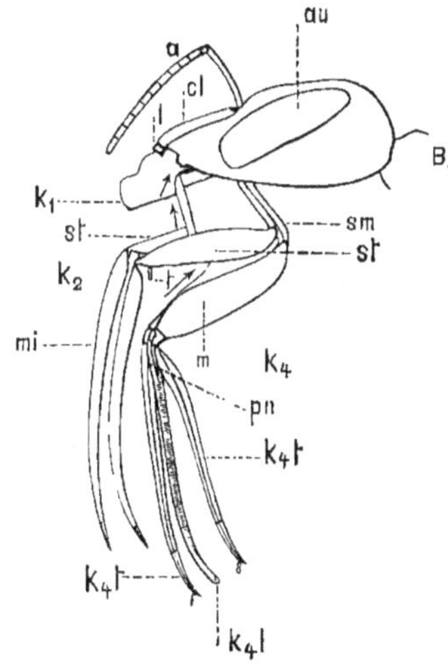

Fig. 32. — Tête de Bourdon vue de côté, montrant les pièces buccales écartées.

k_1, mandibule gauche (la droite a été enlevée); k_2, les deux mâchoires (*st*, leurs tiges : *mi*, leurs lames internes en forme de sabre : *t*, le palpe maxillaire réduit à deux articles) ; k_4, lèvre inférieure (k_4l, sa partie médiane, creusée antérieurement d'une cavité ; k_4t, ses palpes formés de quatre articles ; *pn*, une des deux paraglosses ; *m*, mentum ; *sm*, submentum); *l*, labre ; *cl*, clypæus ; *a*, antenne ; *au*, œil composé ; B_1, premier segment du thorax. (Fig. originale de Kolbe.)

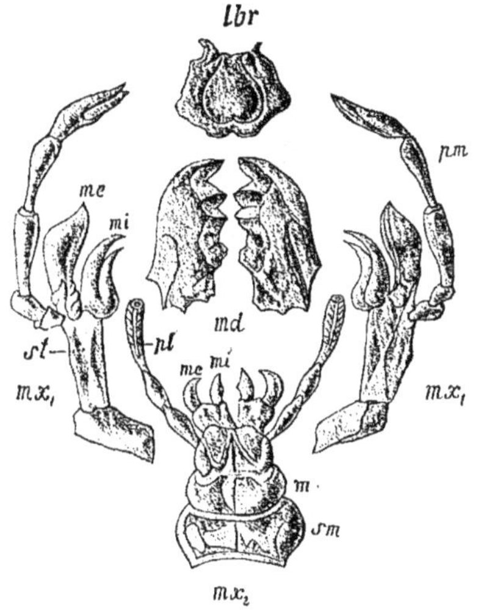

Fig. 33. — Pièces buccales d'Orthoptère (Blatte).

lbr, labre ; *md*, mandibules ; mx_1, paire antérieure de maxilles (mâchoires) ; mx_2, paire postérieure de maxilles formant la lèvre inférieure ou labium : *st*, tiges (stipes) ; *m*, menton (mentum) ; *sm*, gorge (submentum) ; *mi*, *me*, lames ou joues interne et externe (mala interna et externa) ; *pm*, palpe maxillaire appartenant à la première paire de maxilles ; *pl*, palpe labial appartenant à la seconde paire. (D'après Savigny, fig. empruntée à Lang.)

mandibules sont réduits à de petites pièces chitineuses sans rôle appréciable ; il en est de même du labium qui porte cependant encore deux petits palpes labiaux. Les mâchoires sont par contre considérablement allongées ; elles sont en outre incurvées sur leur face interne et soudées sur la ligne médiane, formant ainsi un tube aspirateur ou *spiritrompe*, s'enroulant sur lui-même pendant l'état de repos. Il existe à la base de la spiritrompe deux palpes rudimentaires. Sur la spiritrompe se trouvent des épines ou des dents pouvant déchirer les tissus des nectaires ou même quelquefois percer l'écorce des fruits.

2° Chez les Hémiptères (fig. 36), le labre ne subit pas de modification; les mandibules et les mâchoires s'allongent pour former des stylets; les palpes maxillaires sont atrophiés. Le labium est allongé et transformé en une gouttière qui engaine les stylets et sert à aspirer les liquides après que les tissus de l'hôte ont été perforés. L'ensemble des

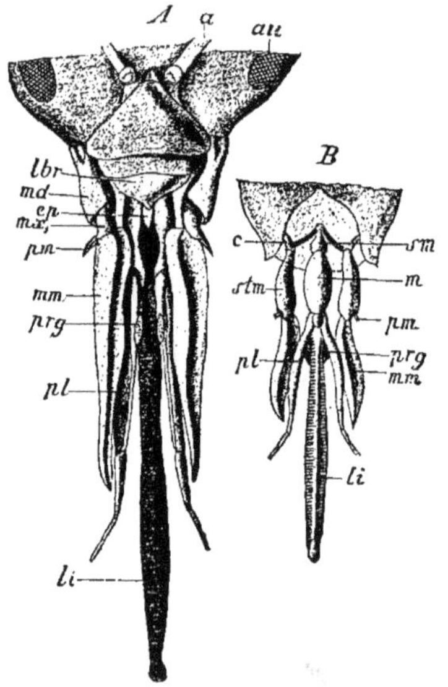

Fig. 34. — A, pièces buccales d'Hyménoptères (*Apis mellifica*); — B, les deux paires de maxilles isolées. — *a*, antennes; *au*, yeux à facettes; *lbr*, labre; *md*, mandibules; *ep*, épipharynx; mx_1, maxilles antérieures; *pm*, leur palpe; *mm*, lames de ces maxilles soudées ensemble; *prg*, paraglosses, lames externes de la paire postérieure de maxilles ou labium; *li*, langue (glosse), lames internes des maxilles postérieures; *c*, cardo ou base; *sm*, submentum; *m*, menton; *stm*, pédoncule des maxilles antérieurs. (D'après Lang.)

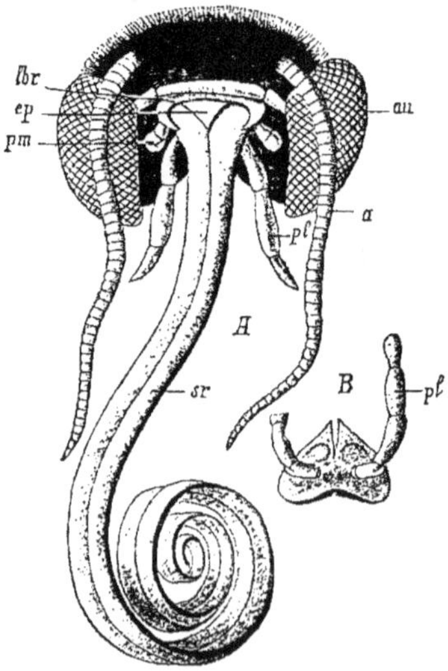

Fig. 35. — A, pièces buccales de Microlépidoptère; — B, lèvre inférieure (deuxième paire de maxilles). — *a*, antennes; *au*, yeux à facettes; *lbr*, labre; *ep*, épipharynx; *pm*, palpes maxillaires; *sr*, trompe formée par le rapprochement des lames de la première paire de maxilles (mâchoires); *pl*, palpes labiaux. (D'après Lang.)

stylets et du labre constitue le *rostrum* : il peut se replier sous la tête de l'Insecte. Les palpes labiaux ont généralement aussi disparu.

3° Chez les Diptères (fig. 37), l'appareil succur offre des variations assez nombreuses. Le labre peut s'allonger pour constituer une lamelle perforante (Taon). Le labium s'allonge et se recourbe sur lui-même longitudinalement, de façon à former un tube contenant un certain nombre de stylets. Ces stylets peuvent être au maximum au nombre de six, et alors deux correspondent aux mandibules, deux aux mâchoires et deux à deux pièces impaires, ordinairement rudimentaires chez les autres Insectes, l'*épipharynx* et l'*hypopharynx*. Chez les Diptères, ces deux pièces se développent au contraire beaucoup.

L'appareil buccal des Diptères porte le nom de *trompe*, et celle-ci est dite hexachète lorsqu'elle contient 6 stylets (Tabanides, Culicides).

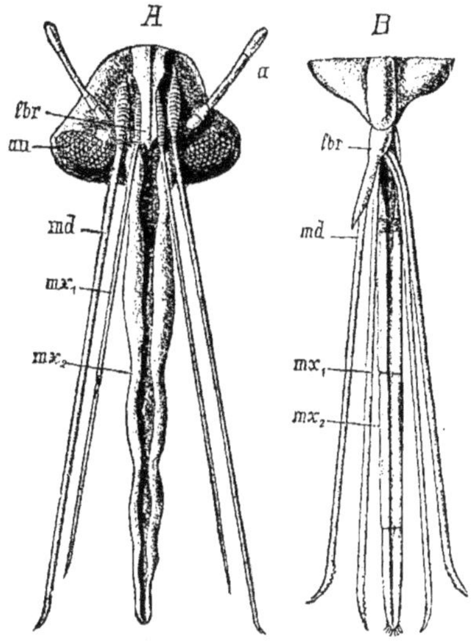

Fig. 36. — Pièces buccales d'Hémiptères.
A, de *Pentatomum*; — B, de *Pyrrhocoris*; mêmes lettres que les fig. 33 et 34. (D'après LANG.)

Quelquefois les mandibules et les mâchoires s'atrophient simultanément ou séparément, tandis que les stylets représentant l'épipharynx et l'hypopharynx existent toujours; la trompe est dite dichète dans le premier cas (Muscides) et tétrachète dans le second (Syrphides).

L'extrémité du labium s'épaissit en outre et constitue un organe bilobé formé par les paraglosses. Cet organe est charnu, creusé de gouttières et représente une sorte de ventouse.

Les palpes maxillaires et les palpes labiaux ont disparu ou sont peu développés.

Épipharynx et Hypopharynx. — Il y a lieu de rechercher quelle est la signification des deux pièces impaires, épipharynx et hypopharynx, qui, chez les Diptères, viennent jouer un rôle prépondérant dans la constitution de l'appareil buccal. Chez beaucoup d'Insectes, ils se présentent simplement comme deux replis cutanés recouverts de chitine et placés l'un à la partie supérieure, l'autre à la partie inférieure du pharynx. Chez l'*Hemimerus talpoides* (1), l'épipharynx et l'hypopharynx se composent au contraire d'une masse bilobée, avec un appendice articulé de chaque côté, appendice qui serait assimilable à un palpe ou exopodite (fig. 38).

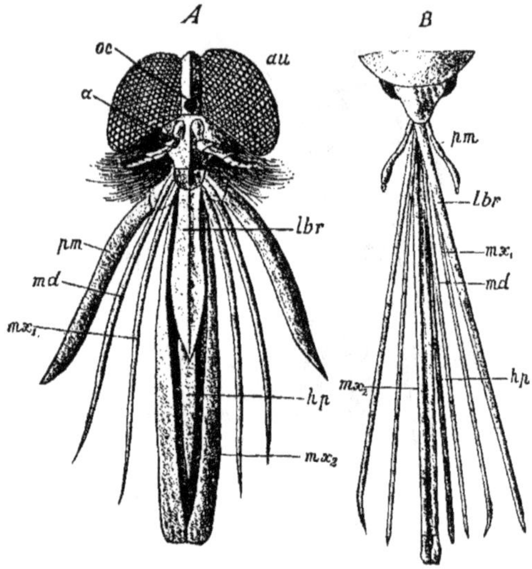

Fig. 37. — Pièces buccales de Diptères.
A, de *Tabanus*; — B, de *Culex*; *a*, antennes; *au*, yeux à facettes; *oc*, ocelle; les autres lettres ont la même signification que dans la fig. 33. (D'après Lang.)

D'après Oudemans (1888), l'épipharynx du *Machilis maritima* ne porte plus de palpes, mais il est également très développé et formé de deux parties accolées dont chacune est constituée par deux pièces très nettes. Chez l'*Hemimerus talpoides* et chez le *Machilis maritima*, l'épipharynx peut être comparé à une sorte de patte-mâchoire; pour les autres Insectes, il aurait donc, ainsi que l'hypopharynx, la même signification; seulement, sauf dans les Diptères, ces organes seraient réduits à l'état d'ébauches.

Certains Insectes ne présentent pas nettement l'un des types décrits précédemment, mais peuvent être considérés comme des termes de passage entre deux types différents. Les Phryganides par exemple qui, en tant que Névroptères, devraient offrir le type broyeur, ont en réalité des appendices buccaux rappelant ceux des Insectes suceurs;

(1) L'*Hemimerus talpoides* est un Insecte trouvé par Walker (1871) dans l'ouest de l'Afrique et rapporté aux Gryllotalpides. De Saussure (1879) en fait un groupe à part.

les mâchoires et le labium s'allongent pour constituer une sorte de trompe. Certains Insectes, à l'état adulte, ont les pièces buccales atrophiées ou absentes (Œstrides, sexués des Phylloxérides), ou présentent une asymétrie très remarquable (Thysanoptères, mandibules de *Mylabris varians*).

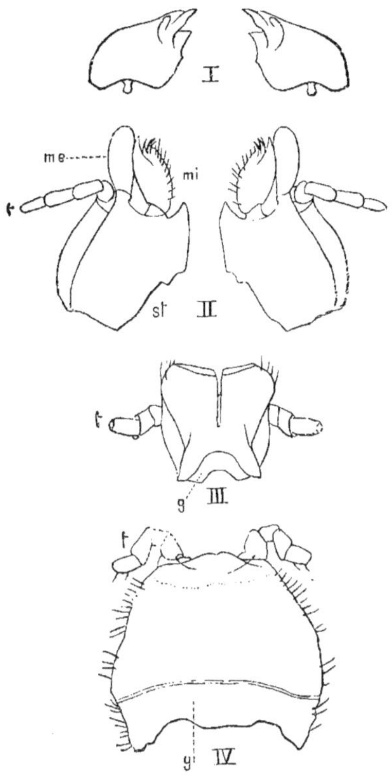

Fig. 38. — Pièces buccales d'*Hemimerus talpoides*. (D'après DE SAUSSURE.)

I, mandibules ; — II, mâchoires ; *me*, lame externe (mala externa) ; *mi*, lame interne (mala interna) ; *st*, tiges (stipes) ; *t*, palpe ; — III, lèvre intérieure, hypopharynx (endolabium) ; *t*, palpe ; *g*, pièce basilaire ; — IV, lèvre inférieure (ectolabium) ; *t*, palpe ; *g*, pièce basilaire. (Fig. empruntée à KOLBE.)

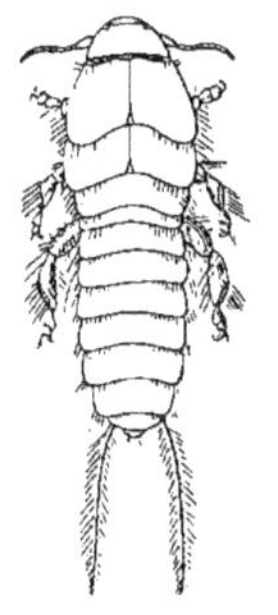

Fig. 39. — *Hemimerus Hanseni*. (D'après HANSEN.)

Direction des pièces buccales. — BRAUER, en 1885, a fait remarquer que, chez certains Insectes, les pièces buccales sont dirigées en avant, tandis que chez les autres elles sont dirigées de haut en bas ; en se plaçant à ce point de vue, on peut diviser les Insectes en deux groupes : les *prognathes* et les *hypognathes* (1). Parmi les premiers se placent les Insectes chasseurs, excepté ceux qui ravissent leur proie avec leurs pattes ; parmi les seconds se placent les herbivores et un grand nombre d'autres Insectes. Cette division ne peut être prise évidemment comme base

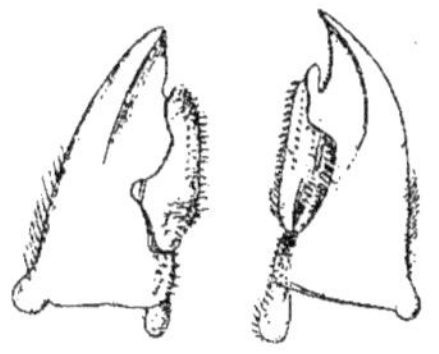

Fig. 40. — Mandibules dissemblables gauche et droite de *Mylabris varians*. (D'après BEAUREGARD.)

---

(1) INSECTES PROGNATHES : *Campodea*, Dermaptères, Agrionides et Caloptérygides, Perlides, soldats des Termites, Sialides, Pupipares, Carabiques et Malacodermes.

INSECTES HYPOGNATHES : Aptérygotes, Éphémères, Odonates, Orthoptères corrodants (Termites), Thysanoptères, Névroptères, Panorpiens, Trichoptères, Hémiptères, Lépidoptères, Diptères (excepté les Pupipares), Hyménoptères, Lamellicornes, Cérambycides, Curculionides.

de classification, car des individus très voisins peuvent être, les uns prognathes, les autres hypognathes, suivant leur genre de vie.

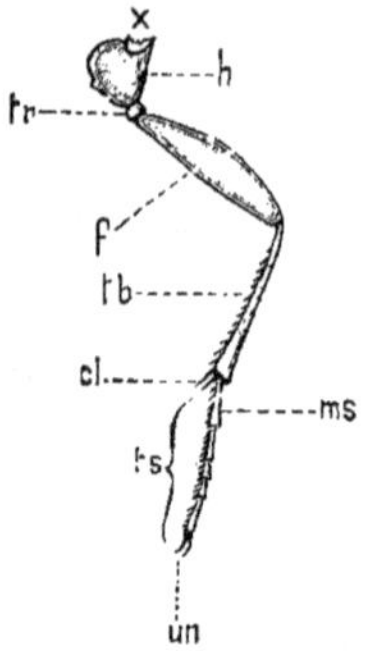

Fig. 41. — Patte moyenne de *Carabus violaceus*.

h, hanche; *x*, point d'attache de celle-ci; *f*, cuisse ou fémur; *tb*, jambe ou tibia; *cl*, les deux éperons du tibia; *ts*, pied ou tarse, composé de cinq articles, dont le premier est le talon; *un*, ongles. (Fig. originale de KOLBE.)

APPENDICES THORACIQUES

Pattes. — Les appendices thoraciques des Insectes comprennent les pattes et les ailes. Les pattes sont formées d'un certain nombre d'articles dont il est facile d'établir l'homologie avec les différentes parties de l'appendice locomoteur typique des crustacés. Ces articles sont les suivants :

La *hanche* ou *coxa*, article basilaire correspondant au coxopodite;

Le *trochanter*, peu développé, double quelquefois (Ichneumonides) (fig. 42), correspondant au basipodite;

La *cuisse* ou *fémur*, très développée, correspondant au premier article de l'endopodite;

La *jambe* ou *tibia*, également très développée, correspondant au deuxième article de l'endopodite;

Enfin le *tarse*, comprenant de un à cinq articles, correspondant au reste de l'endopodite.

Le nombre des articles du tarse peut être le même pour les trois paires de pattes ou il peut être variable; dans le premier cas les Insectes sont homomères, dans le second ils sont hétéromères.

Les Insectes *homomères* comprennent :

1° Les *Pentamères*, ayant 5 articles aux tarses: Lépidoptères (excepté aux pattes antérieures de plusieurs diurnes), Diptères, Hyménoptères (excepté les Proctotrupides et les Chalcidides), Coléoptères et Éphémérides *pro parte*, Blattides, Mantides, Phasmides, Névroptères, Trichoptères et Panorpides, enfin le groupe des *Cryptopentamères* où le quatrième article est caché par le troisième (Cérambycides, Chrysomélides et autres);

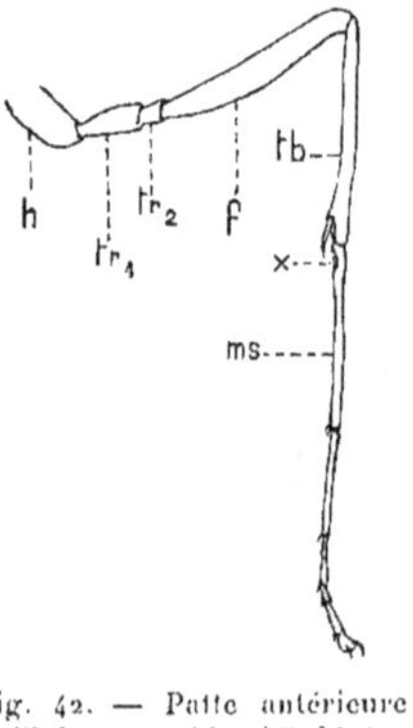

Fig. 42. — Patte antérieure d'Ichneumonide (*Ephialtes manifestator*).

h, hanche; tr_1 et tr_2, les deux trochanters; *f*, cuisse; *tb*, jambe; *ms*, talon; *x*, appareil servant à nettoyer les antennes. (Fig. originale de KOLBE.)

2° Les *Tétramères*, ayant 4 articles aux tarses : Termites, Locustides, une partie des Éphémérides et des Coléoptères, Strepsiptères et le groupe des *Cryptotétramères* (Coccinellides);

3° Les *Trimères* ayant 3 articles aux tarses : Gryllides, Acridides, Embiides, Forficulides, Perlides, Lépismes, Hémiptères hétéroptères en général, Cicadelles et Cicadellides, Odonates, quelques Coléoptères (Psélaphides, Lathriides, Sphæriides, etc.);

4° Les *Dimères*, n'ayant que 2 articles aux tarses : Hydrométrides, Psyllides, Aphides, la plupart des Psocides et des Physopodes, quelques Thysanoures (*Nicoletia*, *Machilis*, *Lepismina*), quelques Strepsiptères et les Mallophages;

5° Les *Monomères*, n'ayant plus qu'un seul article aux tarses: ce groupe comprend les Podurides, les Pédiculides, les Coccides, les *Campodea Japyx*, *Nepa*, *Ranatra*, *Corisa*, *Naucoris*, etc.

Les Insectes *hétéromères* n'ont pas le même nombre d'articles à tous les tarses et on peut rencontrer les quatre combinaisons suivantes :

1° 5 articles aux deux pattes antérieures et 4 à la patte postérieure.

Ex. : Ténébrionides, Vésicants.

2° 5 articles à la première patte et 4 aux deux dernières.

Ex. : *Colenis* (Silphide).

3° 4 articles aux deux pattes antérieures et 5 à la dernière.

4° 4 articles à la première patte et 5 aux deux dernières.

Ex. : quelques Aléocharines (Staphylinides).

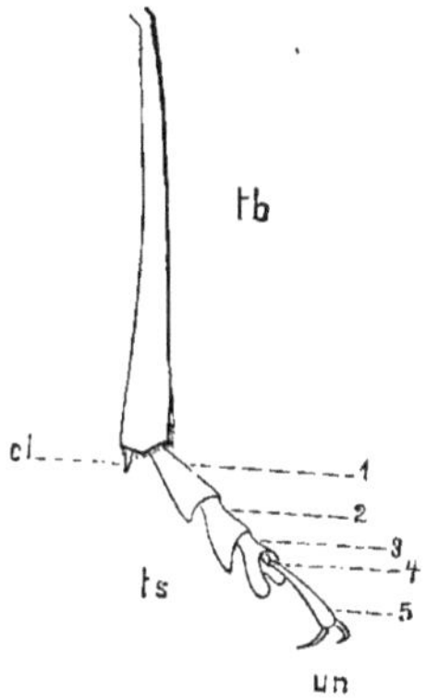

Fig. 43. — Extrémité de la patte postérieure de *Cerambyx*.

tb, tibia; *cl*, éperon; *ts*, tarse; 1-5, les cinq articles du tarse; *un*, ongles. (Fig. originale de Kolbe.)

Enfin chez plusieurs Lépidoptères diurnes (Danaïdes, Héliconides, Nymphalides, Satyrides, etc.), par suite de l'atrophie de la paire de pattes antérieures, celle-ci n'a qu'un article au tarse, tandis que les deux autres paires en ont cinq.

Comme on le voit, les pattes thoraciques des Insectes ne sont formées que du sympodite et de l'endopodite. Chez le *Machilis* on trouve à la partie externe de chaque patte thoracique un petit appendice constitué par deux articles et porté par la hanche. Jourdain (1888) le considère comme un exopodite, mais il correspond évidemment à l'épipodite puisqu'il n'est pas porté par le basipodite, mais par le coxopodite. Cet épipodite a été retrouvé par Haase (1886) chez certaines espèces de Blattes.

Les pattes de certains Insectes subissent des transformations par suite de l'usage qu'elles doivent remplir à cause du genre de vie spécial de ces Insectes. Ce sont surtout les pattes antérieures et les pattes postérieures qui subissent ces modifications; ainsi les premières deviennent ravisseuses chez les Mantes et fouisseuses chez la Taupe-grillon (fig. 43), tandis que les pattes postérieures servent au saut chez les Locustes et à la natation chez l'Hydrophile. On observe également des modifications des pattes suivant les sexes (voir : caractères sexuels secondaires).

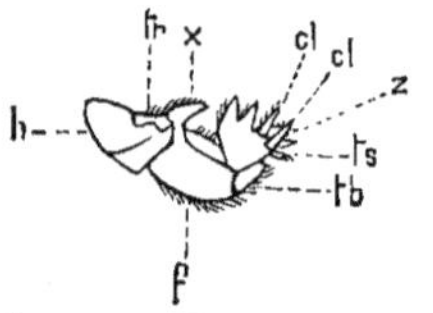

Fig. 44. — Patte antérieure d'une Courtilière japonaise (*Gryllotalpa*).

h, hanche; *tr*, trochanter; *f*, cuisse; *x*, dent interne de la cuisse; *tb*, jambe; *cl*, *cl*, les deux éperons terminaux de la jambe; *ts*, tarse en partie visible; *z*, les deux premiers articles du tarse élargis en forme de dents. (Fig. originale de Kolbe.)

Ailes. — Les ailes ne sont pas assimilables aux pattes; ce sont des expansions cutanées, aplaties, se produisant entre les tergites et les épimères des deux derniers anneaux thoraciques.

Le prothorax des Insectes actuels ne porte, en effet, jamais d'ailes; mais certains Insectes fossiles avaient des ailes prothoraciques.

Woodward (1876) a décrit un Orthoptère du Carbonifère d'Écosse, *Lithomantis carbonaria*, portant sur le prothorax des appendices lamelleux, parcourus par des nervures. Ch. Brongniart (1890) a décrit une autre espèce, *Lithomantis Woodwardi*, découverte dans les houillères de Commentry, ayant des ailes au prothorax. Il a trouvé aussi des Névroptères (*Scudderia spinosa* et *Sc. lobata*) qui offrent la même disposition.

Cholodkovsky (1886) a signalé chez *Geometra papilionaria* et quelques autres Lépidoptères (*Vanessa*) des prolongements lamelleux du prothorax, connus sous le nom de *patagia*, qu'il considère comme homologues des ailes normales (fig. 45 et 46). Haase (1886), toutefois, dénie à ces appendices la valeur que Cholodkovsky leur accorde et prétend que ce ne sont que des appendices analogues à ceux décrits par Kirby et Spence sous le nom de *tegulæ*, chez *Saturnia pavonia*, et qui existent au mésothorax d'autres Lépidoptères (*Agrotis pronuba*) (1).

Les ailes sont constituées par deux lames minces de chitine, appliquées l'une contre l'autre et présentant des lignes saillantes, *nervures*, de con-

(1) Lacordaire avait décrit des formations semblables chez les mâles de *Lobophora* (Géomètre) au-dessus des ailes antérieures. On en trouve également chez les Fulgorides et les Trichoptères et quelques Hyménoptères.

sistance plus grande, dont les plus développées sont creusées de cavités où pénètrent du sang, des trachées et des nerfs. Ces nervures sont disposées suivant certaines règles pouvant servir dans la classification des Insectes.

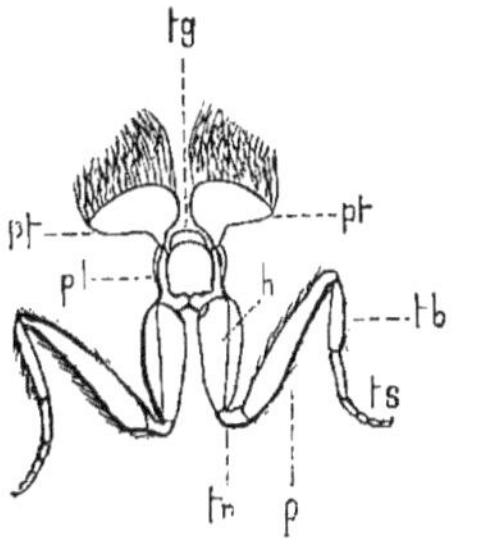

Fig. 45. — Prothorax de Noctuelle (*Agrotis pronuba*).

tg, pronotum ; *pl*, pleuræ ; *pt*, patagia ; *h*, hanche ; *tr*, trochanter ; *f*, cuisse ; *tb*, jambes ; *ts*, tarse. (Fig. originale de KOLBE.)

ADOLPH a distingué dans les ailes, deux sortes de nervures, les *nervures convexes* beaucoup plus saillantes et plus résistantes que les autres, qu'il a désignées sous le nom de *nervures concaves*. Les trachées qui existent dans les ailes des nymphes persistent à l'état d'adulte dans les premières et disparaissent dans les secondes. Les deux sortes de nervures alternent régulièrement dans les ailes postérieures des Orthoptères et dans les ailes des Éphémérides et sont reliées entre elles par de petites nervures transversales (fig. 47). Chez les Coléoptères, les Hyménoptères et les Lépidoptères, la plupart des nervures concaves disparaissent et sont remplacées par de simples lignes.

Les principales nervures ont reçu des noms particuliers. Dans l'aile antérieure d'un Lépidoptère, par exemple (fig. 48), on trouve en allant du bord antérieur de l'aile au bord postérieur, et en désignant par les chiffres impairs les nervures convexes et par les chiffres pairs les nervures concaves : I, la nervure *costale* (*costa*) ; III, la nervure *humérale* ou *brachiale* (*brachialis*) ; V, la nervure *médiane* (*mediana*) ; VII, la nervure *cubitale antérieure* (*cubitus anterior*) ; IX, la nervure *cubitale postérieure* (*cubitus posterior*) ; XI, XIII, etc., les nervures *anales convexes*. Les nervures concaves sont : II, la nervure *subcostale* (*subcosta*) ; VIII, la nervure *intercubitale* (*intercubitus*) ; X, XII, etc., les nervures *anales concaves*. Les nervures IV et VI n'existent généralement pas.

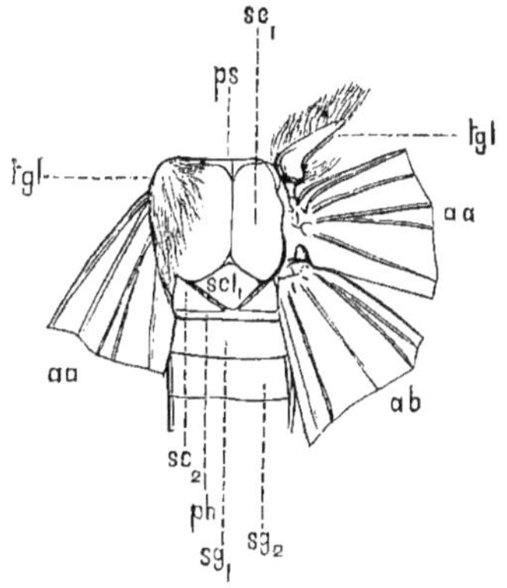

Fig. 46. — Méso et métathorax d'une Noctuelle (*Agrotis pronuba*).

ps, præscutum ; *sc*, mesoscutum ; sc_1, scutellum ; *tgl*, tegulæ, dont la gauche est dans sa situation naturelle, la droite est soulevée ; sc_2, metascutum ; *ph*, métaphragme ; sg_1 et sg_2, les deux premiers anneaux de l'abdomen ; *aa*, *ab*, partie basilaire des ailes. (Fig. originale de KOLBE.)

Entre les nervures sont comprises les surfaces alaires que l'on désigne sous le nom de *cellules*, *champs* ou *area*. Ce sont : la cellule *costale* (*area costalis*) entre les nervures I et III ; la nervure *humérale* (*area brachialis*) entre III et V ; la cellule *médiane* (*area mediana*) entre V et VII ; la cellule *cubitale antérieure* (*area antecubitalis*) entre VII et IX ; la cellule *cubitale postérieure* (*area postcubitalis*) entre IX et XI ; et la cellule *anale* (*area analis*) entre XI et le bord postérieur de l'aile.

A l'extrémité des cellules I et III de l'aile des Libellules, des Mantispes et de plusieurs Hyménoptères, il existe une petite cellule tranchant par sa couleur foncée sur le reste de l'aile, et qu'on désigne sous le nom de *stigma* ou *prostigma*.

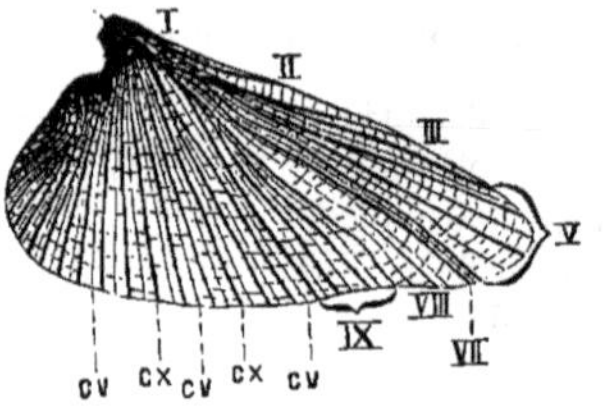

Fig. 47. — Aile postérieure de *Gryllotalpa vulgaris*.

I, nervure costale ; — II, n. subcostale ; — III, n. humérale ; — V, n. médiane ramifiée ; — VII, n. cubitale antérieure ; — VIII, n. intercubitale ; — IX, n. cubitale postérieure ramifiée ; les autres nervures sont les n. anales ; *cx*, nervures convexes ; *cv*, nervures concaves. (Fig. originale de KOLBE.)

Les ailes antérieures d'un grand nombre d'Insectes peuvent prendre un épaississement considérable et constituent alors des *élytres* (Coléoptères, etc.) Chez les Hémiptères hétéroptères, la partie basilaire de l'aile antérieure (*corie*) seule s'épaissit et l'aile devient une *hémélytre*.

Les ailes postérieures peuvent être rudimentaires, comme chez les Diptères et les mâles des Coccides, où elles constituent de petits appendices filiformes, *haltères* ou *balanciers*. Ailleurs elles peuvent être atrophiées complètement (certains Carabides et Curculionides). Enfin, certains Insectes ptérigotes peuvent être complètement aptères.

Les deux paires d'ailes sont souvent inégalement développées. Les ailes postérieures sont plus longues et plus larges que les antérieures chez les Coléoptères et les Orthoptères ; lorsqu'elles sont au repos, elles sont repliées ou plissées pour être logées sous les ailes antérieures. Les ailes postérieures des mâles des Strepsiptères sont beaucoup plus développées que les ailes antérieures à peu près rudimentaires. Enfin quelquefois, comme chez les Sphinx et les Éphémères, les ailes antérieures sont plus grandes que les ailes postérieures.

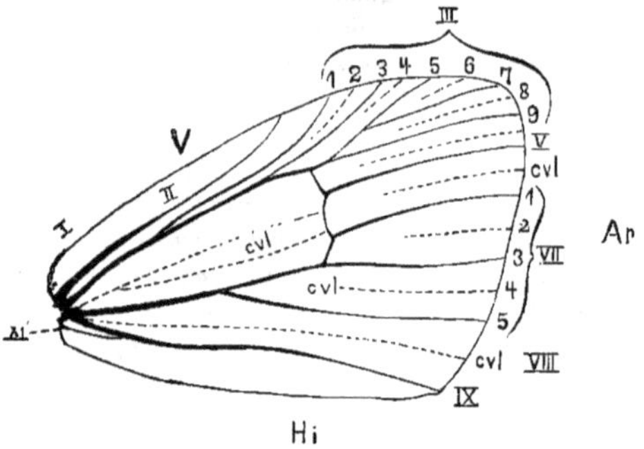

Fig. 48. — Schéma de l'aile antérieure de Lépidoptère diurne.

I, nervure costale ; — II, n. sous-costale ; - - III, n. humérale ramifiée : 1.3.5.7.9, ses ramifications : 2.4.6.8, plis linéaires sans nervures ; — V, n. médiane raccourcie ; — VII, n. cubitale antérieure avec ses ramifications, 1.3.5 et les plis sans nervures, 2.4 ; — VIII (*cvl*), pli linéaire sans nervure, trace de la nervure intercubitale ; — IX, n. cubitale postérieure ; — XI, courte nervure anale réunie à la n. IX ; — *cvl*, plis linéaires sans nervures ; — *V*, bord antérieur de l'aile ; — *Ar*, bord externe ; — *Hi*, bord postérieur. (Fig. empruntée à KOLBE.)

Beaucoup de Lépidoptères nocturnes ont les deux paires d'ailes rendues solidaires dans leurs mouvements au moyen d'un filament rigide émanant des ailes postérieures et fixé dans une sorte d'anneau à la partie

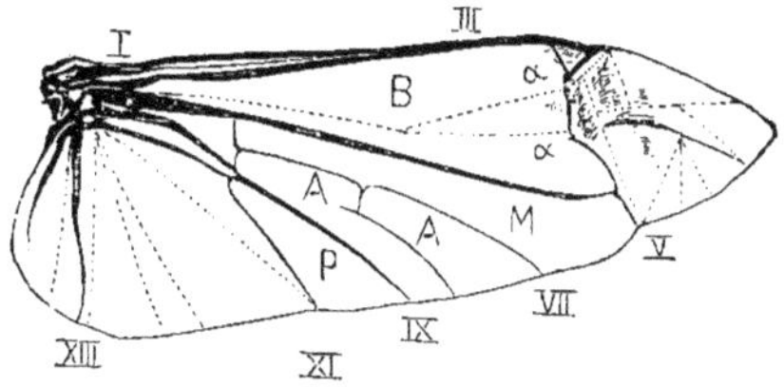

Fig. 49. — Aile de Coléoptère (*Cerambyx cerdo*).
I à XIII, nervures convexes ; — B, cellule humérale ; — M, cellule médiane ; — A, cellule cubitale antérieure ; — P, cellule cubitale postérieure. Les lignes ponctuées indiquent les plis de l'aile à l'état de repos. Près de αα, articulation permettant à l'extrémité de l'aile de se replier. (Fig. originale de KOLBE.)

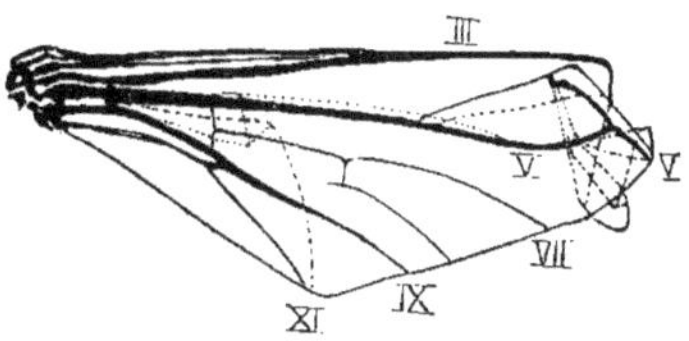

Fig. 50. — La même aile que dans la fig. 49, à l'état de repos sous l'élytre.
Les lignes ponctuées indiquent les limites des parties de l'aile pliées, par rapport à la surface alaire. (Fig. originale de KOLBE.)

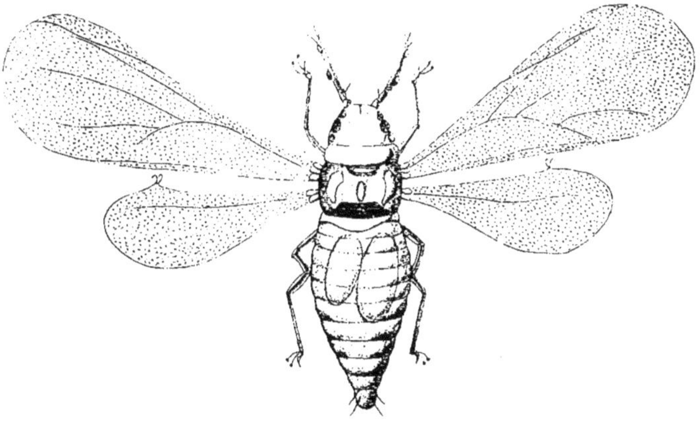

Fig. 51. — Femelle ailée de *Phylloxera vastatrix*.
On voit sur le bord antérieur des ailes postérieures deux petits crochets chitineux qui se fixent sur le rebord postérieur, saillant de l'aile antérieure. (Fig. originale.)

postérieure des ailes antérieures : cette disposition constitue le *frein* ; chez les Hyménoptères, les Phylloxérides, etc., les deux paires d'ailes sont rendues solidaires par des petits crochets portés par l'aile postérieure.

APPENDICES ABDOMINAUX

Membres rudimentaires. — L'abdomen des Insectes actuels est ordinairement privé de toute trace d'appendices locomoteurs. Chez les embryons, par contre, on trouve fréquemment des pattes sur les anneaux abdominaux, mais ces appendices ne persistent pas. On en peut déduire cependant que les types ancestraux des Insectes présentaient probablement des pattes abdominales. D'ailleurs, dans le groupe de Aptérygotes,

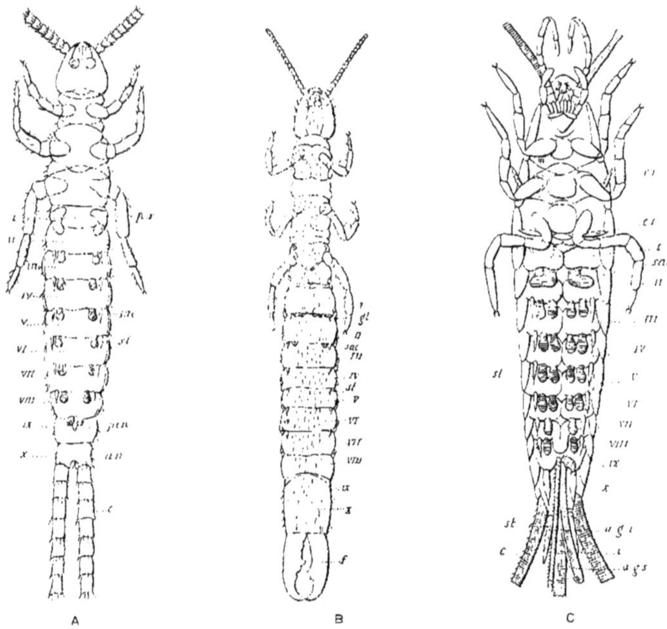

Fig. 52. — A, *Campodea staphylinus*; — B, *Japyx gigas*; — C. *Machilis maritima*, vus par la face inférieure. Les antennes et les cerques ont été coupés chez *Campodea* et *Machilis*.

I à X, segments abdominaux; *an*, anus; *c*, cerques; *pr*, pattes rudimentaires; *pen*, tube pénial; *sac*, appendices sacciformes; *st*, styles abdominaux; *f*, fourchette terminale; *gl*, masses glandulaires du premier segment; *agi*, apophyses génitales inférieures; *ags*, apophyses génitales supérieures; *cr*, crochets des pattes thoraciques; *i*, prolongement impair postérieur du dixième segment. (D'après Haase, fig. empruntée à Busquet.)

Insectes considérés généralement comme les plus voisins du type primitif, ces appendices abdominaux sont assez répandus et ont été signalés depuis longtemps.

Le *Campodea* présente sur le premier anneau de l'abdomen une paire d'appendices latéraux, occupant la même position que les membres thoraciques et montrant une division peu nette en deux ou trois segments. Sur le deuxième anneau, au lieu de cette paire d'ébauches ambulatoires, il existe de chaque côté une sorte de stylet mobile, non segmenté, à la partie interne duquel se trouve une poche membraneuse, tapissée de grandes cellules hypodermiques. Cette poche peut se dévaginer et constituer à côté de chaque stylet un sac faisant saillie en dehors de l'abdomen, sous forme d'un petit mamelon. Ces appendices, stylets et mamelons, se retrouvent dans la même position réciproque jusqu'au septième anneau. Au huitième anneau, les stylets manquent; les sacs membraneux se rapprochent de la ligne médiane et sont situés au-devant de l'ouverture des organes sexuels. Le neuvième anneau est dépourvu d'appendices, et le dixième porte deux longs appendices formés de segments nombreux, placés bout à bout : ce sont les *cerques* (fig. 52 A).

Chez le *Japyx gigas*, le premier segment abdominal possède de chaque côté une masse de cellules d'aspect glandulaire présentant des nerfs et des muscles;

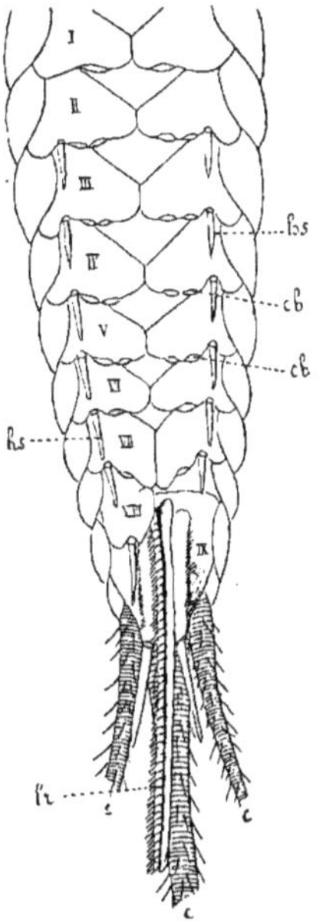

Fig. 53. — Face ventrale de l'abdomen du *Machilis maritima*.

I à IX, segments abdominaux; — *c*, cerques du 10e segment; *cb*, vésicules évaginables, dont on ne voit que les orifices; *hs*, crochets, appendices mobiles (rudiments de membres abdominaux). (D'après OUDEMANS, fig. empruntée à LANG.)

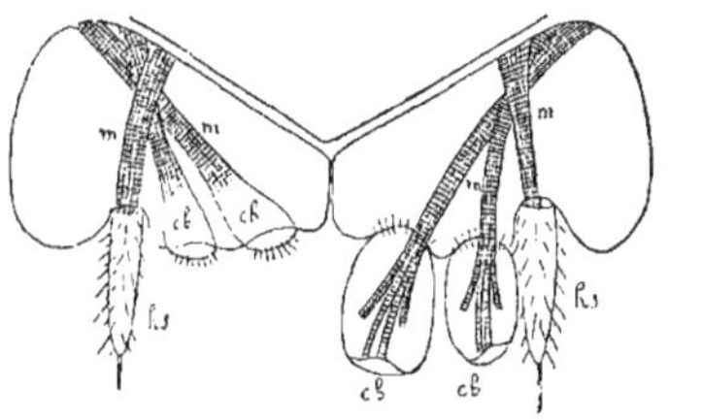

Fig. 54. — Région ventrale du *Machilis maritima* en coupe.

Deux vésicules dévaginables (*cb*) de chaque côté. A gauche, les vésicules sont rétractées et, au contraire, dévaginées à droite; *hs*, appendices mobiles et éperons coxaux; *m*, muscles qui les desservent ainsi que les vésicules. (Fig. empruntée à LANG.)

le deuxième segment porte une paire de sacs ventraux; les autres anneaux de l'abdomen en sont dépourvus; mais les stylets ventraux externes se rencontrent à raison d'une paire par segment, du premier anneau abdominal au huitième. Le dixième anneau se termine par une pince semblable à celle des Forficules, constituée par deux forts appendices non segmentés (fig. 52 B).

Dans le *Machilis maritima*, sur le premier anneau de l'abdomen, il n'existe qu'une seule paire de poches membraneuses évaginables. Les quatre anneaux suivants ont chacun deux paires de poches membraneuses; le sixième et le septième n'en ont qu'une seule paire. Du deuxième au neuvième anneau, il existe une paire de stylets mobiles, situés en dehors des sacs membraneux, comme chez *Campodea* et *Japyx*.

Les stylets du *Machilis* sont constitués par deux pièces, l'une basilaire très courte, l'autre portant un article beaucoup plus long terminé par une petite griffe. Ceux du neuvième anneau abdominal ont la même constitution, mais les deux articles sont beaucoup plus développés. La pièce basilaire et le deuxième article sont repliés l'un contre l'autre et, en se détendant brusquement, permettent à l'animal de sauter. Le dixième anneau porte deux styles plus allongés, uniarticulés, et le onzième un style impair résultant probablement de la soudure de deux parties accolées (fig. 52 C, 53 et 54).

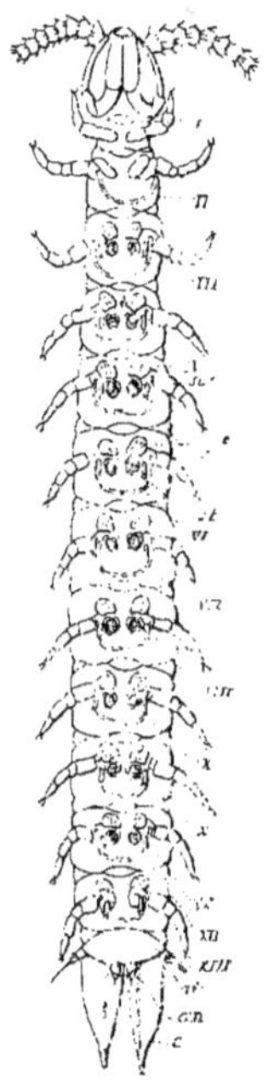

Fig. 55. — *Scolopendrella immaculata*, vue par sa face ventrale.

I à XIII, segments du corps; *an*, anus; *c*, cerques; *e*, bouclier épisternal; *og*, orifice des organes génitaux; *sac*, appendices sacciformes; *st*, griffes coxales; *v*, stylets du 13° segment. (D'après HAASE, fig. empruntée à BUSQUET.)

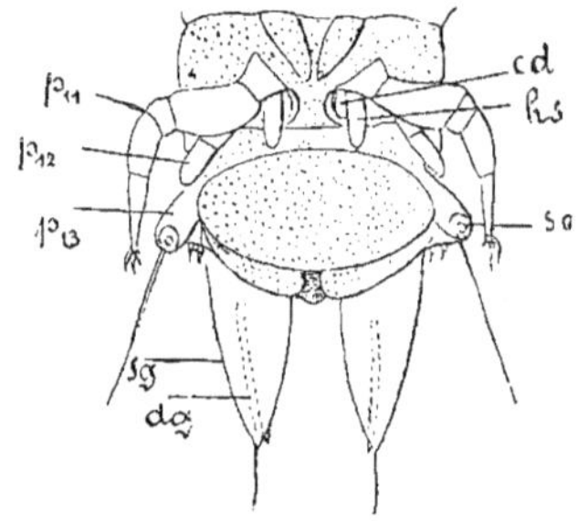

Fig. 56. — Extrémité postérieure de la *Scolopendrella immaculata*, vue par la face ventrale.

p_{11}, p_{12}, p_{13}, pattes, la seconde non encore développée, la troisième transformée et portant un appareil tactile (*so*); *sg*, griffes avec filières; *dg*, canal excréteur des glandes filières; *cd*, glande coxale; *hs*, éperon de la 11° paire de pattes. (D'après LATZEL, fig. empruntée à LANG.)

Les stylets abdominaux servent à la progression. Dans le Lépisme, les sacs ventraux n'existent pas, mais les stylets se retrouvent du septième segment abdominal au neuvième.

Gervais regardait les appendices abdominaux en forme de stylets du *Machilis* comme des branchies; Guénin et Latreille comme des membres. Jourdain les considère comme des exopodites de membres dont l'endopodite aurait avorté; Grassi comme de véritables membres. Haase (1889) pense que ce sont des stylets tactiles.

Quant aux paires de petites poches, qui peuvent se dévaginer au dehors et former alors des vésicules saillantes *(vésicules abdominales)*, on les a comparées aux glandes coxales des *Peripatus*. Nicolet et Grassi les considèrent comme des branchies; elles sont cependant dépourvues de trachées. Mais Lubbock ayant constaté que, chez les jeunes larves, les branchies sont dépourvues de trachées, on pourrait admettre que les vésicules abdominales sont des branchies restées à l'état embryonnaire.

Jourdain (1886) et Oudemans (1887) ont remarqué, que, chez *Machilis*, les vésicules se dévaginent et font saillie lorsque l'animal est mis à l'humidité. Ces organes sont constitués par une cuticule transparente et résistante, doublée intérieurement de cellules nettement délimitées; au fond du sac s'insèrent des muscles striés, qui déterminent par leur contraction la rentrée du sac, lorsqu'il s'est dévaginé sous l'influence de la pression sanguine.

Il est intéressant de rapprocher les vésicules abdominales et les stylets ventraux des Aptérygotes de formations semblables qui existent chez certains Myriapodes, entre autres les Symphyles. La *Scolopendrella*, en effet, du deuxième au onzième anneau, porte de chaque côté, à la base des pattes ambulatoires, un petit bouclier épisternal derrière lequel sont de véritables sacs coxaux de même constitution que les vésicules dévaginables des Thysanoures. Au bord externe de chacun de ceux-ci se trouve un stylet dont la longueur augmente, à la région postérieure du corps, jusqu'au douzième segment. Ces stylets sont des prolongements des articles coxaux des pattes. Il est donc très probable, comme l'admet Lang, que les vésicules évaginables et les appendices styliformes des Aptérygotes ne sont que des restes d'organes appartenant aux articles coxaux de membres abdominaux disparus.

Styles et Cerques. — L'extrémité de l'abdomen des Insectes supérieurs adultes peut présenter des appendices plus ou moins développés de nature différente. Les uns, appelés *styles*, sont des filaments mobiles non segmentés, le plus souvent recouverts de poils. D'après Peytoureau (1895), ils s'insèrent toujours au bord postérieur du neuvième sternite chez les Orthoptères et chez beaucoup d'Hyménoptères des deux sexes. Dans quelques espèces de Coléoptères femelles, telles que l'*Hydrophilus piceus*, ils sont placés par exception au bord postérieur du septième, et on en compte deux paires. Les styles paraissent répondre morphologiquement aux appendices styliformes du bord postérieur des anneaux abdominaux des Thysanoures; leur rôle physiologique est peu connu : ils peuvent, dans certains cas, servir à la progression de l'animal, ou fonctionner probablement comme organes sensitifs.

Les *cerques* sont des appendices quelquefois très longs, portés toujours par le dixième tergite (Berlese, Verhœff, Peytoureau). Kolbe regarde les cerques comme des appendices du onzième segment. Lang les rattache, suivant les groupes, tantôt au dixième, tantôt au onzième tergite. Pour Heymons (1896), les cerques des Orthoptères appartiennent toujours au onzième segment de l'abdomen, qui comprend primitivement douze anneaux. Ils sont tantôt articulés et constitués souvent par un grand nombre de segments, tantôt non articulés.

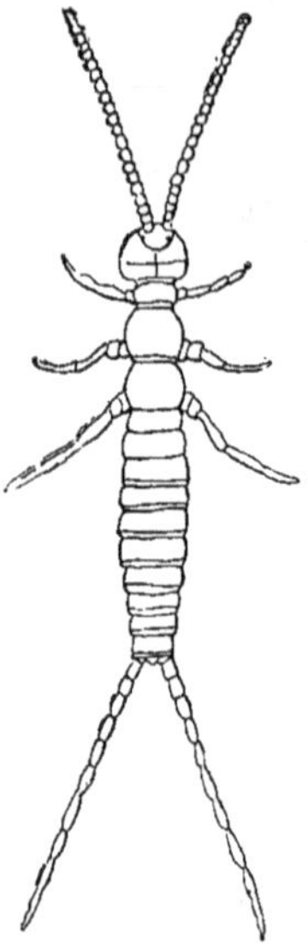

Fig. 57. — *Campodea staphylinus*, sans les poils ni les soies, montrant les cerques. (D'après Lubbock, fig. empruntée à Lang.)

Les cerques articulés se trouvent chez la plupart des Thysanoures (*Lepisma*, *Machilis*, *Campodea*), une partie des Orthoptères (Mantides, Blattides, beaucoup de Gryllides), les Éphémérides et les Perlides. Les cerques des Embiides sont formés de deux segments; dans ceux des Termitides, les deux articles sont peu nets. Les femelles de quelques Coléoptères (*Cerambyx*, *Rhynchophorus*, *Drilus*, etc.) et celles des Panorpes possèdent une paire de petits cerques courts et segmentés.

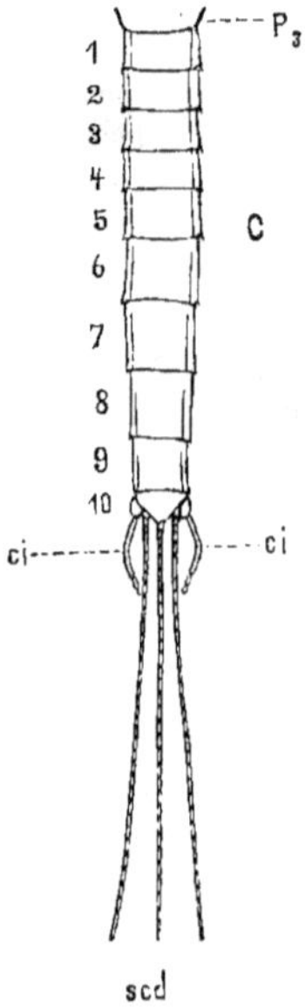

Fig. 58. — Abdomen d'Éphémère mâle (*Ephemera vulgata*), vu par sa partie supérieure. 1-10, segments abdominaux; — P_3, partie postérieure du métathorax; *ci*, les deux styles; *scd*, les trois cerques, qui ont été raccourcis sur la figure. (Fig. originale de Kolbe.)

Les cerques inarticulés existent chez beaucoup d'Orthoptères (Locustides, Acridides, Phasmides et une partie des Gryllides), les Odonates, les Dermaptères, où ils constituent la pince, et chez le *Japyx*.

Les Éphémérides et les *Machilis*, outre la paire de cerques latéraux, présentent un filament médian, impair, qui paraît être un prolongement supra-anal du dixième tergite (fig. 58, 52 C et 53).

La signification morphologique des cerques a donné lieu à de nombreuses discussions : on les a considérés comme des antennes postérieures (Haase); d'après Heymons, qui a suivi leur développement, les cerques sont des organes homologues des styles et doivent être regardés comme des rudiments ou des restes d'appendices qui existaient autrefois sur l'abdomen des Insectes.

Enfin, dans le voisinage de l'ouverture génitale de beaucoup d'Insectes, il existe d'autres appendices désignés sous le nom général de *gonapophyses*, dont l'ensemble constitue chez la femelle un appareil destiné à la ponte des œufs, l'*oviscapte* ou la *tarière*, et chez le mâle un organe copulateur. Nous étudierons ces appendices à propos des organes génitaux externes.

Appendices abdominaux des Collemboles. — Les Collemboles présentent à la face inférieure deux sortes d'appendices très curieux, l'*appareil du saut* et le *tube ventral*. L'appareil saltatoire (fig. 59) consiste en une pièce basilaire portant deux appendices styliformes, qui constituent une sorte de fourche. Il est situé à la partie postérieure de l'abdomen et fixé au dernier ou à l'avant-dernier anneau. A l'état de repos, il est

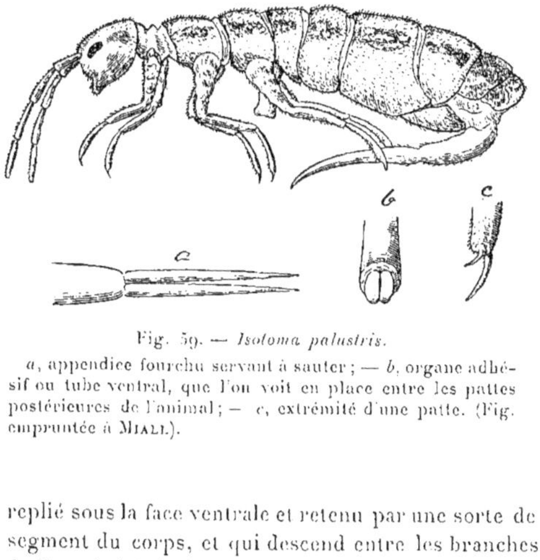

Fig. 59. — *Isotoma palustris.*
a, appendice fourchu servant à sauter ; — *b*, organe adhésif ou tube ventral, que l'on voit en place entre les pattes postérieures de l'animal ; — *c*, extrémité d'une patte. (Fig. empruntée à MIALL.)

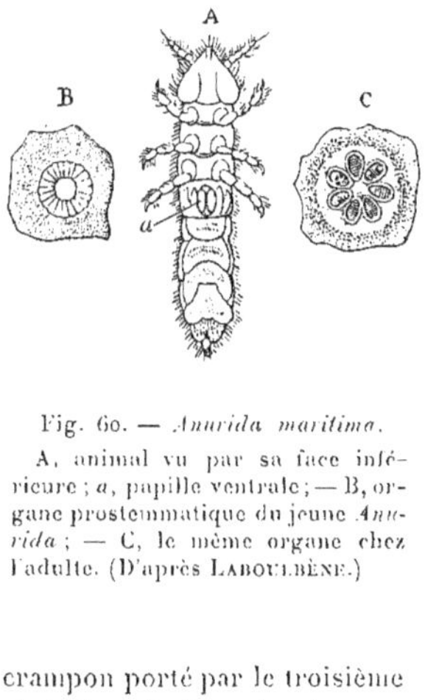

Fig. 60. — *Anurida maritima.*
A, animal vu par sa face inférieure ; *a*, papille ventrale ; — B, organe prostemmatique du jeune *Anurida* ; — C, le même organe chez l'adulte. (D'après LABOULBÈNE.)

replié sous la face ventrale et retenu par une sorte de crampon porté par le troisième segment du corps, et qui descend entre les branches de la fourche jusqu'au-dessous de l'extrémité de la pièce basilaire ; ce crampon n'existe que dans certains genres. Le saut est produit par la détente brusque de la fourche qui est projetée en arrière de l'animal.

Le tube ventral (fig. 59) est un organe impair, situé à la base de l'abdomen. Chez les *Anurida*, c'est une simple papille divisée en deux parties par une fissure longitudinale (fig. 60). Chez les Smynthurides, il est beaucoup plus développé et il renferme deux longs tubes membraneux évaginables. La structure interne du tube est encore mal connue et paraît assez compliquée. Cet appareil a été considéré soit comme un organe adhésif, servant à fixer l'animal sur les corps étrangers, soit comme un organe hygroscopique ou respiratoire. Sa fonction n'a pas encore été bien déterminée : il paraît être homologue des poches ventrales des Thysanoures.

D'après WILLEM et SABBE (1897), la partie terminale de la portion évaginable du tube est recouverte d'une masse visqueuse ayant une fonction adhésive. Cette masse visqueuse, comme l'ont décrite FERNALD, TULLBERG et NASSONOW, proviendrait de deux glandes situées dans la tête et coulerait le long d'une gouttière médiane de la face inférieure du corps jusqu'à la base du tube, et le long de celui-ci jusqu'à son extrémité.

Téguments.

Hypoderme. — Les téguments des Insectes sont constitués par une couche de chitine au-dessous de laquelle se trouve une assise cellulaire qui a reçu le nom de *chorion* et aussi celui, très impropre, d'*hypoderme.* La chitine se présente sous forme de couches stratifiées souvent traversées par des canalicules, découverts par VALENTIN, remplis d'air dans certains cas (*Hydrometra paludum*) et donnant alors à la peau une coloration blanchâtre. Le chorion (*couche molle celluleuse* ou *matrix* de LEYDIG, *couche chitinogène* de HÆCKEL) est constitué par des cellules ectodermiques qui souvent sont limitées intérieurement par une membrane basale très nette.

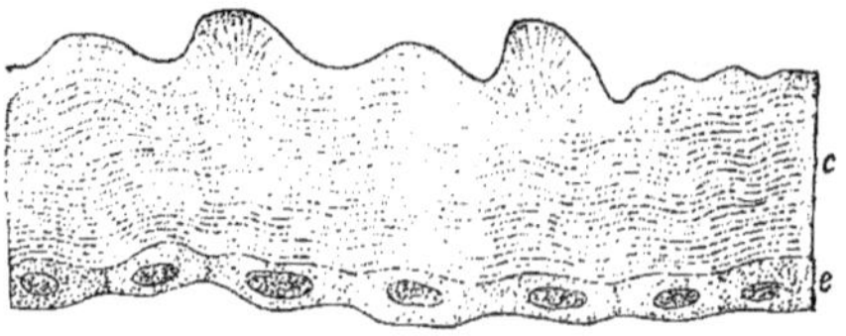

Fig. 61. — Coupe à travers les téguments du *Cimbex coronatus.*

c. couche de chitine stratifiée; — *e.* hypoderme. (D'après R. HERTWIG, fig. empruntée à O. HERTWIG.)

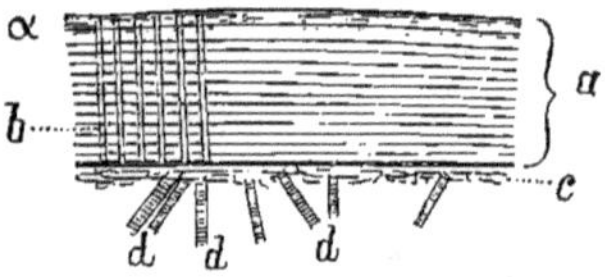

Fig. 62. — Coupe à travers les téguments de l'*Oryctes rhinoceros.*

α. couche de chitine; — *a.* zone externe sombre; — *b.* quelques-uns des nombreux canalicules poreux; — *c.* reste des cellules hypodermiques; — *d.* fibrilles musculaires. (Fig. originale de KOLBE.)

Les histologistes ne sont pas d'accord sur le processus de formation de la chitine. La plupart des auteurs s'accordent à la considérer comme un produit de sécrétion du protoplasma. Mais ANTON SCHNEIDER (1877) et J. CHATIN (1892) pensent qu'elle résulte d'une sorte de différenciation périphérique et non d'une véritable sécrétion. D'après ce dernier auteur, quand on observe des cellules épidermiques d'une jeune larve de Libellule, on voit qu'elles renferment des filaments protoplasmiques rayonnant autour du noyau. Peu à peu ces filaments s'orientent parallèlement à la surface libre de la cellule et se fusionnent entre eux de cellule à cellule. Cette partie protoplasmique filamenteuse se différencierait progressivement en couche chitineuse ou cuticulaire. Sur les nombreuses coupes d'Insectes que nous avons étudiées, nous avons toujours vu les cellules épidermiques conserver leur indépendance sur toute leur hauteur et ne jamais se fusionner au-dessous de la couche de chitine. Nous ne pouvons donc nous prononcer sur le véritable mode de formation de la chitine. Mais cependant un certain nombre de faits, que nous avons exposés dans nos *Leçons sur la cellule* (voir p. 215), nous portent à penser que les productions chitineuses, comme la cellulose des végétaux, doivent être considérées comme des produits d'excrétion. Telle est aussi l'opinion de QUERTON (1899).

La formation de la chitine n'est pas limitée à la surface externe du corps, elle se montre partout où se trouvent des cellules ectodermiques. Chez la plupart des Insectes, l'ectoderme s'invagine en certains points de la tête, du thorax et de l'abdomen, en formant des replis dans l'intérieur desquels la chitine se dépose. C'est ainsi que se forment les apodèmes parfois très compliqués sur lesquels viennent s'insérer des muscles, ou qui entourent parfois le système nerveux.

La peau du Lampyre offre au point de vue des formations cuticulaires un intérêt particulier (fig. 63). De la couche superficielle de chitine

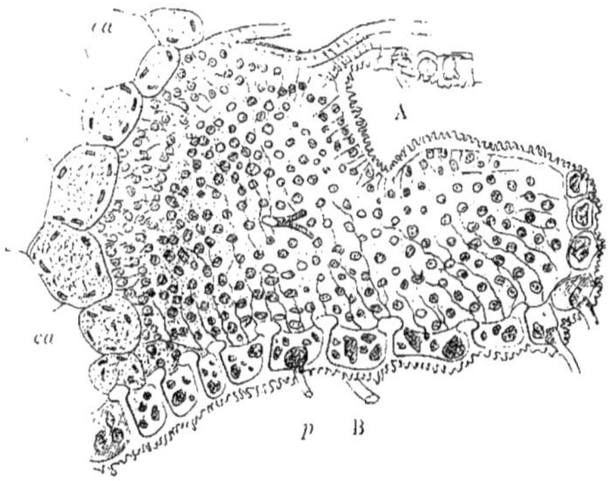

Fig. 63. — Coupe à travers l'organe lumineux d'un Lampyre.
A, face supérieure et postérieure de l'anneau abdominal; — B, face inférieure; *ca*, cellule du corps adipeux; *p*, couche hypodermique avec prolongements de la couche de chitine.

partent des travées qui descendent perpendiculairement à la surface, et vont rejoindre une couche chitineuse profonde plus ou moins discontinue. La peau se trouve ainsi divisée en une série de compartiments rectangulaires dont les faces internes sont tapissées de petites cellules, la partie centrale étant occupée par des cellules plus grosses. Nous avons donc là une différenciation de cellules ectodermiques dont une partie seulement est chitinogène.

Janet (1898) a étudié avec soin la constitution et le mode de formation des membranes articulaires qui relient entre eux les anneaux du corps. Chez la Fourmi (*Myrmica rubra*),

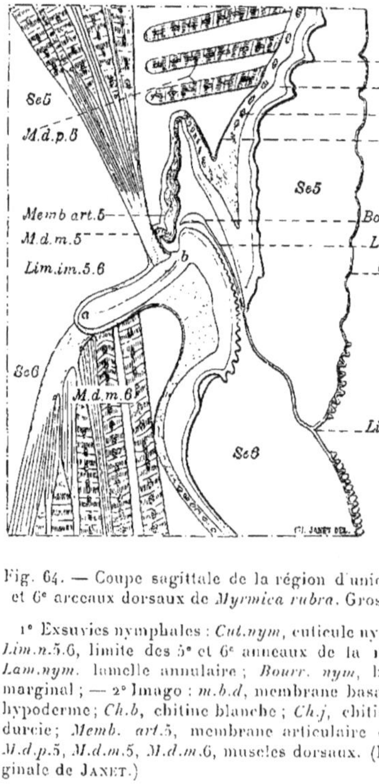

Fig. 64. — Coupe sagittale de la région d'union des 5e et 6e arceaux dorsaux de *Myrmica rubra*. Gross. 250.

1° Exsuvies nymphales : *Cut.nym*, cuticule nymphale ; *Lim.n.5.6*, limite des 5e et 6e anneaux de la nymphe ; *Lam.nym.* lamelle annulaire ; *Bourr. nym*, bourrelet marginal ; — 2° Imago : *m.b.d*, membrane basale ; *De.* hypoderme ; *Ch.b*, chitine blanche ; *Ch.j*, chitine jaune durcie ; *Memb. art.5*, membrane articulaire de *Se5* ; *M.d.p.5*, *M.d.m.5*, *M.d.m.6*, muscles dorsaux. (Fig. originale de Janet.)

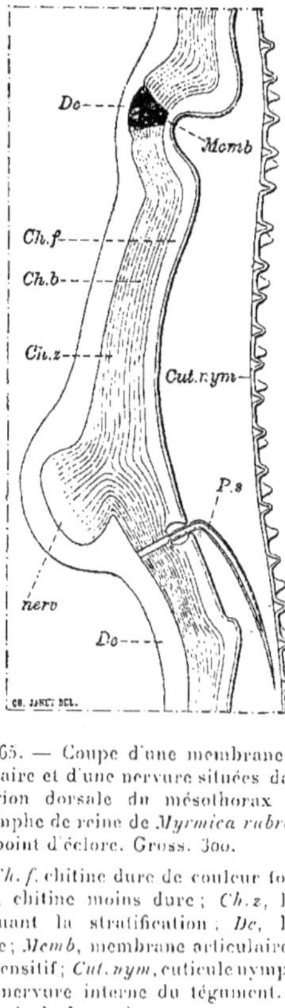

Fig. 65. — Coupe d'une membrane articulaire et d'une nervure situées dans la région dorsale du mésothorax d'une nymphe de reine de *Myrmica rubra*, sur le point d'éclore. Gross. 300.

Ch.f, chitine dure de couleur foncée ; *Ch.b*, chitine moins dure ; *Ch.z*, lignes indiquant la stratification ; *De*, hypoderme ; *Memb*, membrane articulaire ; *Ps*, poil sensitif ; *Cut.nym*, cuticule nymphale ; *nerv*, nervure interne du tégument. (Fig. originale de Janet.)

pendant la période larvaire, l'animal est recouvert de cuticules minces qui se forment successivement et sont rejetées au moment des mues. Ces cuticules n'envoient au niveau des sillons interannulaires aucun prolongement vers l'intérieur du corps. Dans la cuticule nymphale, il se produit au niveau de ces sillons interannulaires un repli de l'hypoderme. Les deux feuillets de ce repli restent accolés. Ils produisent une lame annulaire dont les strates supérieures appartiennent au zoonite précédent et les strates inférieures au zoonite suivant (1). Cette lame annulaire est bordée d'un bourrelet marginal.

A la période suivante, l'hypoderme se détache de la cuticule nymphale et se trouve pourvu sur tout son pourtour, à l'emplacement de la lame annulaire, d'un sillon très profond. C'est au fond de ce sillon que se trouve la limite morphologique des deux anneaux et que se forme la membrane articulaire constituée par une chitine relativement molle. A la partie tout à fait supérieure de l'anneau *Se6* (fig. 64), il se forme, dans les premières strates de la cuticule naissante, un repli hypodermique, dont les faces, en contact suivant la ligne *ab*, produisent vers l'intérieur du corps une forte nervure de raidissage qui est une formation définitive du squelette tégumentaire de l'adulte et qui donne insertion à des muscles.

Fig. 66. — Poil d'Insecte. (Figure empruntée à Kolbe.)

Poils et Écailles. — Les poils, de forme et de structure si variées qu'on peut observer à la surface des téguments des Insectes, sont essentiellement constitués par des cellules ectodermiques plus grandes que celles qui sécrètent les couches chitineuses, et qui s'enfoncent assez profondément dans le tissu sous-jacent. Ces grosses cellules piligènes sont pyriformes; leur extrémité effilée s'engage dans un gros canalicule du revêtement chitineux qui se trouve aussi coiffé d'une calotte de forme variable constituant à proprement parler le poil (fig. 67).

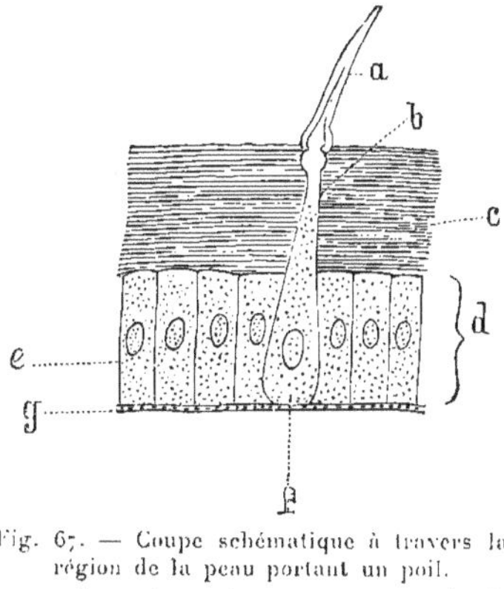

Fig. 67. — Coupe schématique à travers la région de la peau portant un poil.

a, poil; — *b*, canal poreux; — *c*, couche de chitine; — *d*, hypoderme; — *e*, cellules hypodermiques; — *f*, cellule formative du poil; — *g*, membrane conjonctive. (Fig. empruntée à Kolbe.)

La forme de ces poils est extrêmement variable : ils sont généralement simples, quelquefois aussi ramifiés (*Megachile*, *Colletes*). Les écailles des Lépidoptères, des Phryganides, des Lépismes, bien que plus compliquées dans leur structure, ne représentent, en somme, qu'une catégorie spéciale de poils. Leur structure et leur mode de développement ont été étudiés par Semper (1857), Landois (1871), Weismann (1878), Van Bemmelen (1889), Gonin (1894), Spuler (1895), A.-G. Mayer (1896).

(1) L'animal est supposé placé verticalement, la tête en haut et l'extrémité postérieure du corps en bas.

L'étude de la structure de ces productions ne pouvant être séparée de leur développement, et celui-ci devant prendre place au chapitre de la métamorphose, nous renverrons le lecteur à cette partie du volume.

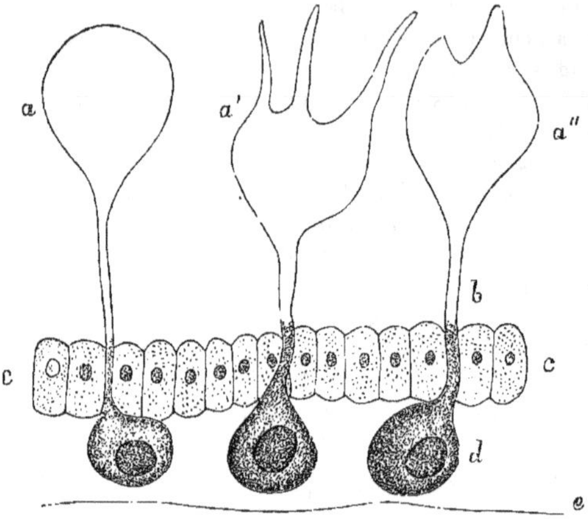

Fig. 68. — Développement des écailles de l'aile du *Sphinx pinastri*. Coupe d'une partie de la membrane alaire de la chrysalide. (D'après SEMPER.)

a, première ébauche de l'écaille ; — *a'* et *a''*, écailles à un stade plus avancé ; — *b*, pédicule de l'écaille ; — *c*, cellules hypodermiques ; — *d*, cellules formatives des écailles ; *e*, membrane basale de l'hypoderme alaire. (Fig. empruntée à KOLBE.)

Le rôle de ces poils est fort variable suivant les espèces considérées.

Si dans beaucoup de cas leur rôle dans la biologie spéciale de l'être paraît assez obscur, il en est d'autres où ces productions correspondent manifestement à une fonction spéciale. Ce sont des poils sensitifs, de sensibilité tactile ou de sensibilité spéciale (olfaction, gustation), et qu'à ce titre nous étudierons à propos des organes des sens.

Glandes cutanées. — En dehors des cellules ectodermiques différenciées qui sont l'origine des poils, on trouve encore, dans la peau des Insectes, des cellules glandulaires spéciales dont les produits de sécrétion sont très variables. Ces sécrétions jouent un rôle important dans la biologie de l'animal et servent généralement à sa défense. On les trouve dans différentes parties du corps. Elles ont été principalement étudiées chez les Hémiptères par LÉON DUFOUR (1833), LANDOIS (1868), PAUL MAYER (1874) et KÜNCKEL D'HERCULAIS (1886). Chez les Punaises adultes (Pentatomides, Lygæides, Corréides), LÉON DUFOUR a

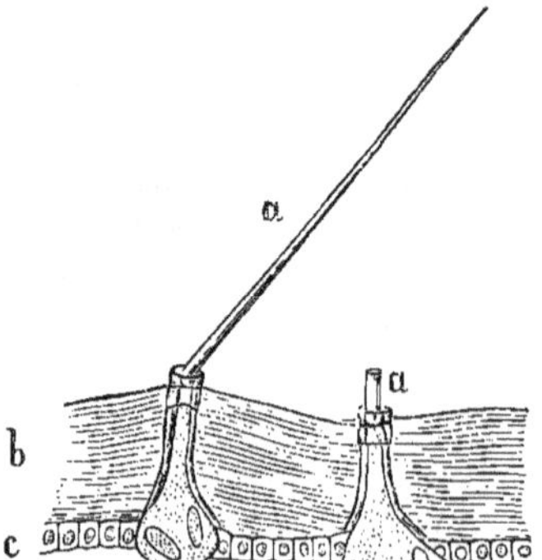

Fig. 69. — Cuticule et hypoderme d'une chenille de *Gastropacha* avec deux glandes à venin. (D'après CLAUS.)

a, poil urticant ; — *b*, cuticule ; — *c*, hypoderme ; — *d*, glandes à venin. (Fig. empruntée à KOLBE.)

trouvé, à la partie inférieure du corps, un sac glandulaire s'ouvrant au dehors, dans le métathorax, par deux ostioles au niveau de la dernière paire de pattes. KÜNCKEL a signalé, chez des jeunes individus, à la partie supérieure de l'abdomen deux glandes présentant les mêmes caractères que la glande inférieure de l'adulte. En outre de ces glandes, il a constaté chez les jeunes *Cimex* la présence de trois glandes odorifiques occupant la partie médiane dorsale des trois premiers segments abdominaux. Ces trois glandes persistent jusqu'à la dernière mue, après quoi elles s'atrophient et sont remplacées par les glandes thoraciques.

PAUL MAYER, chez de jeunes *Pyrrhocoris*, a trouvé également trois paires de glandes dorsales du deuxième au cinquième segment abdominal. Ces glandes s'atrophient chez l'adulte. MEINERT (1863) et VOSSLER (1890) ont décrit sur les troisième et quatrième segments abdominaux de la Forficule des vésicules chitineuses, tapissées de petites cellules et renfermant à leur intérieur des cellules plus volumineuses pourvues chacune d'un canal excréteur et sécrétant un liquide odorant. Ces vésicules sont recouvertes par un repli chitineux et entourées de muscles spéciaux qui, par leur contraction, déterminent l'expulsion du produit. LEYDIG et PLATEAU ont fait connaître, chez le Dytique, l'existence sur le prothorax de glandes sécrétant un liquide blanchâtre fétide. Chez nombre de Papillons, principalement chez les Sphingides, il existe des glandes odoriférantes en rapport avec des bouquets de poils sur lesquels la sécrétion se déverse et s'évapore. Ces glandes peuvent siéger à la face inférieure de l'abdomen ou sur les pattes.

JANET (1898), après MEINERT (1860) et BORDAS (1894), a étudié spécialement, chez les Fourmis, la distribution des glandes cutanées qui, disséminées généralement chez les autres Insectes, semblent avoir plus de tendance à se grouper chez les Hyménoptères. Ces glandes tégumentaires sont constituées par de grosses cellules isolées les unes des autres ou réunies en paquets plus ou moins volumineux. Chaque cellule a un conduit excréteur propre qui aboutit séparément à un cribellum, ou se réunit à des conduits voisins pour former un canal commun. Chez *Myrmica rubra*, les glandes tégumentaires sont (fig. 70) : 1° un groupe pair appartenant à la région ventrale du segment antennaire ; 2° un groupe pair appartenant à la région ventrale du segment mandibulaire ; 3° un groupe pair appartenant à la région ventrale du segment maxillaire ; 4° un groupe pair appartenant à la région ventrale du segment labial ; 5° un groupe pair appartenant au segment médian ; 6° les deux glandes de l'appareil vénénifique, appartenant à l'anneau du gorgeret ; 7° un groupe pair appartenant à la région ventrale de l'anneau du gorgeret ; 8° un groupe pair appartenant à la région dorsale du segment *Sc* 9.

La glande antennaire est formée de cellules isolées dont les conduits s'ouvrent dans une petite fossette à la base de l'antenne. La glande mandibulaire, très développée (fig. 71, *gl. md.*), a des cellules également isolées dont les canaux excréteurs

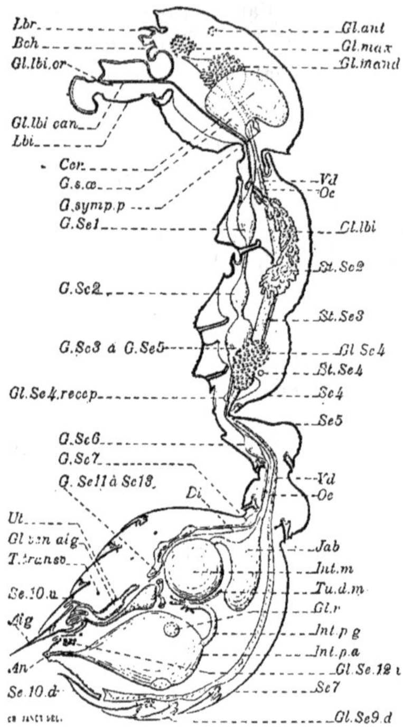

Fig. 70. — *Myrmica rubra* ouvrière. Ensemble du système glandulaire tégumentaire. Gross. 25.

Aig, aiguillon ; *An*, anus ; *Bch*, bouche ; *Cer*, cerveau ; *G.s.œ*, masse ganglionnaire sous-œsophagienne ; *G.se.1*, ganglion prothoracique ; *G.se.2*, ganglion mésothoracique ; *G.se.* 3 à 5, ensemble des ganglions innervant les anneaux *Se.*3, *Se.*4 et *Se.*5 ; *G.se.*6, ganglion du 2e nœud ; *G.se.*7, ganglion du 1er anneau de l'abdomen ; *G.se.*11 à 13, masse ganglionnaire terminale de la chaîne nerveuse ; *G.sym.p*, ganglions situés à l'origine du système nerveux viscéral pair ; *Gl.ant*, glande antennaire ; *Gl.lbi*, glande labiale ; *Gl.lbi.can*, canal excréteur de la glande labiale ; *Gl.lbi.or*, orifice de la glande labiale ; *Gl.mand*, glande mandibulaire ; *Gl.max*, glande maxillaire ; *Gl.r*, glande rectale ; *Gl.Se.*4, glande de l'anneau médiaire ; *Gl.Se.4.recep*, réceptacle de la glande de l'anneau médiaire ; *Gl.Se.9.d*, glande de l'arceau dorsal du 9e segment postcéphalique ; *Gl.se.12.v*, glande de l'anneau ventral du 12e segment (segment du gorgeret chez les femelles, segment du pénis chez le mâle) ; *Gl.ven.aig*, glande à venin de l'aiguillon ; *Se.10.d*, partie dorsale du 10e segment postcéphalique ; *Int.m*, intestin moyen (estomac) ; *Int.p.a*, ampoule rectale ; *Int.p.g*, intestin grêle ; *Jab*, jabot ; *Lbi*, labium ; *Lbr*, labre ; *Œ*, œsophage ; *Se.*4, anneau médiaire ; *Se.*5, premier nœud du pétiole ; *St.Se.*2, stigmate mésothoracique ; *St.Se.*4, troisième stigmate ; *T.transv*, tronc trachéen transversal ; *Tu.d.m*, tubes de Malpighi ; *Ut*, utérus ; *Vd*, vaisseau dorsal. (Fig. originale de Janet.)

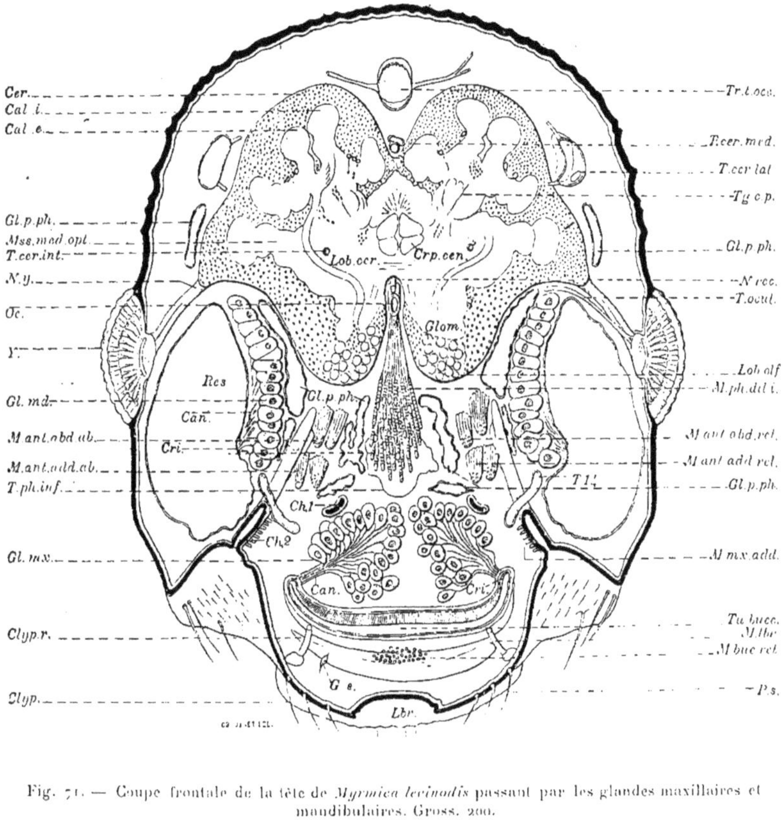

Fig. 71. — Coupe frontale de la tête de *Myrmica levinodis* passant par les glandes maxillaires et mandibulaires. Gross. 200.

Cal.e, calices externes du cerveau; *Cal.i*, calices internes; *Can*, canaux excréteurs; *Cer*, cerveau; *Ch.1*, lame chitineuse du cadre antennaire; *Ch.2*, grandes traverses du squelette interne de la tête; *Clyp*, clypeus; *Clyp.r*, repli du clypeus pour l'articulation du labre; *Cri*, cribellum; *Crp.cen*, corps central; *G.s*, ganglion sensitif; *Gl.md*, glande mandibulaire; *Gl.mx*, glande maxillaire; *Gl.p.ph*, glandes postpharyngiennes; *Glom*, glomérules; *Lob.cer*, lobes cérébraux; *Lob.olf*, lobes olfactifs; *M.ant.abd.ab*, muscles antennaires abducteurs-abaisseurs du scape; *M.ant. abd.rel*, muscles antennaires abducteurs-releveurs du scape; *M.buc.ret*, muscle rétracteur du tube buccal; *M.lb.r*, muscle abducteur du labre; *M.ph.dil.i*, muscle dilatateur inférieur du pharynx; *Mss.med.opt*, masses médullaires des ganglions optiques; *N.rec*, nerf récurrent; *N.y*, nerf des yeux composés; *Oc*, œsophage; *P.s*, poil sensitif; *T.cer.lat*, trachée cérébrale latérale; *T.cer.med*, trachée cérébrale médiane; *T.ocul*, trachée des yeux; *T.ph.inf*, trachée sous-pharyngienne; *T.transv*, tronc trachéen transversal; *T.14*, tronc trachéen; *T.g.c.p*, tige du corps pédonculé; *Tr.t.occ*, tronc trachéen occipital; *Tu.bcc*, tube buccal; *y*, yeux composés. (Fig. originale de Janet.)

aboutissent à un cribellum situé sur le côté interne d'un vaste réservoir s'ouvrant à la base de la mandibule.

La glande maxillaire déverse ses produits sur les côtés du tube buccal. La glande labiale, qui dérive de la glande séricigène de la larve, est située dans le thorax ; les conduits des deux glandes labiales se réunissent en un tronc commun impair venant déboucher dans la lèvre inférieure. La glande de l'anneau médiaire possède de nombreux canalicules qui s'ouvrent séparément en haut d'une vaste chambre remplie d'air et formée par une invagination du squelette chitineux.

Toutes les glandes tégumentaires des Fourmis, la glande à venin acide exceptée, sécrètent des produits alcalins. Suivant Janet, cette alcalinité constituerait un moyen de défense contre l'action du venin, aussi bien pour le cas où ce venin a été projeté sur l'Insecte par une Fourmi ennemie, que dans celui où il serait mouillé par son propre venin. La glande de l'anneau médiaire, qui déverse son produit dans une chambre à parois rigides, présentant de nombreux sillons et remplie d'air, jouerait probablement un rôle important dans la reconnaissance des Fourmis d'un même nid. La sécrétion de la glande, en s'étalant sur les sillons des chambres à air du corselet, fixerait l'odeur caractéristique du nid et la conserverait pendant un certain temps. Quant aux glandes mandibulaires, très développées chez *Lasius fuliginosus*, elles fourniraient la matière agglutinante servant à la construction des nids (au moyen de grains de terre ou de carton) ou à faire adhérer ensemble les œufs pondus isolément, afin de faciliter leur transport. Cette matière agglutinante pourrait être aussi sécrétée par les glandes de la région buccale.

Glandes cirières. — Une autre catégorie de glandes cutanées dont le rôle est très important et qui sont très répandues dans certains groupes (Hémiptères homoptères, Apides), est celle des glandes cirières. Les Aphidiens (*Aphis*, *Pemphigus*, *Schizoneura*, *Chermes*) portent sur les faces dorsale et latérales du corps de petites éminences disposées sérialement et sur lesquelles viennent déboucher les conduits excréteurs de glandes cirières unicellulaires. Chacun de ces orifices glandulaires est entouré d'un anneau saillant chitineux. Tel est le schéma général de la disposition de ces orifices. Ce qui varie c'est leur mode de distribution sur les éminences, la forme et la structure des anneaux chitineux, le nombre et l'arrangement des éminences sur les segments du corps. La sécrétion se présente tantôt sous forme d'une couche continue couvrant le corps de l'animal d'un enduit pruineux et résultant de la coalescence des produits des divers îlots glandulaires, tantôt sous la forme de très fins filaments creux et réunis en faisceaux, dont chacun correspond à un massif sécréteur. Quand ils ont atteint une certaine longueur, ces faisceaux se dissocient, recouvrant tout le corps d'une masse blanche laineuse, comme chez le Puceron lanigère.

Les glandes cirières sont également très développées chez les Coccides (*Lecanium*, *Aspidiotus*, *Orthezia*, etc.); on les trouve également chez les Fulgorides et les Cicadides. Chez l'*Orthesia insignis* les marges du corps sont munies de longues lames aplaties dont chacune a à peu près la largeur du segment correspondant ; on les retrouve aussi, moins développées, de chaque côté de la ligne médiane dorsale ; mais c'est dans la région anale que ces formations atteignent le développement le plus considérable et la disposition la plus singulière. Quand on examine l'animal à plat, on voit le corps prolongé postérieurement par un long appendice blanchâtre, pouvant atteindre deux fois la longueur du corps. Cela constitue une sorte de tube aplati, résultant de la juxtaposition de faisceaux de filaments émanés des glandes cirières postérieures. Ce tube est en réalité constitué par deux valves, dont l'inférieure concave reçoit la supérieure aplatie et sensiblement plus courte ; il est rempli des œufs pondus par la femelle qui les transporte avec elle jusqu'à l'éclosion des jeunes.

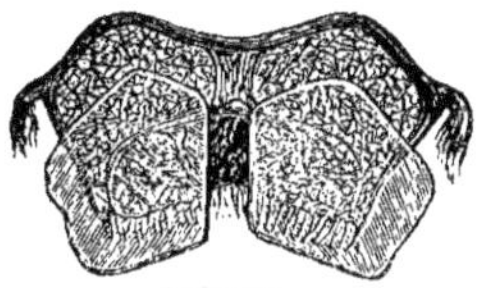

Fig. 72. — Glande cirière d'Abeille avec plaques de cire sécrétée. (Fig. empruntée à HOMMEL.)

Chez les Psyllides, il existe dans le voisinage de l'anus des glandes cirières réunies par groupe de deux à trois. Les filaments qu'elles sécrètent servent à entourer d'une gaine protectrice imperméable les excréments semi-liquides de l'animal, qui ainsi ne risque pas d'être souillé par les fèces. Signalons en terminant les glandes cirières très développées qu'on trouve sur la face ventrale des quatre derniers anneaux de l'abdomen des Abeilles et qui sécrètent la cire sous forme de petites lamelles (fig. 72).

Un grand nombre d'Aphides présentent de chaque côté du corps, près de l'extrémité de l'abdomen et sur la face dorsale, un appendice tubuleux. Ces appendices, désignés sous le nom de *cornicules*, sont des tubes cuticulaires en rapport avec une glande hypodermique unicellulaire. On les a considérés pendant longtemps comme sécrétant une matière sucrée, le miellat, que les Pucerons répandent sur les végétaux, et dont les Fourmis sont très friandes. WITLACZIL (1882) a soutenu encore cette opinion et décrit dans la cornicule un muscle pouvant la redresser et en faire sortir le contenu par compression. Mais BÜSGEN (1891) a montré que la substance sécrétée par les cornicules est une matière cireuse très fluide, ne contenant pas de sucre, et que le miellat est expulsé par l'anus du Puceron, comme RÉAUMUR l'avait déjà, du reste, constaté. Les tubes dorsaux avec leur produit de sécrétion serviraient aux Pucerons à se défendre contre leurs ennemis, tels que les larves de Chrysopes et de Coccinelles.

Couleurs des Insectes. — Les téguments des Insectes peuvent présenter les couleurs les plus variées, depuis le blanc le plus pur jusqu'au noir, en passant par toutes les nuances du spectre. Il faut distinguer la coloration propre des téguments, ou *couleur naturelle*, de la coloration due aux phénomènes d'interférence de la lumière, ou *couleur optique*, résultant de la structure de ces téguments.

Hagen divise les couleurs naturelles en couleurs dermiques ou cuticulaires et en couleurs hypodermiques. Les couleurs dermiques, rouge, brun, noir, bleu, vert, et couleurs métalliques, bronzée, cuivrée, argentée, dorée, seraient dues à un dépôt de pigment, sous forme de petits noyaux, dans la couche de chitine; ces couleurs seraient persistantes et ne changeraient pas après la mort. Les couleurs hypodermiques résulteraient d'un processus chimique produisant ces matières aux dépens de substances spéciales contenues dans le corps de l'animal; ces couleurs seraient facilement altérables et disparaîtraient ou changeraient souvent après la mort; tels seraient certains bleus et verts, le jaune, l'orangé et les nuances pâles.

Malgré les recherches de Krukenberg, Coste, Urech, Hopkins, A.-G. Mayer, etc., la nature et le mode de formation des pigments et autres substances colorantes des Insectes sont encore très mal connus. Notons cependant que Becquerel et Brongniart (1894) ont pu extraire de la chlorophylle des téguments des Phyllies.

Les couleurs optiques produites par interférence de la lumière, soit à la surface de lamelles minces superposées, soit sur des surfaces finement striées ou présentant de petites dépressions très rapprochées, jouent surtout un rôle important dans la coloration des ailes des Lépidoptères, des Diptères, des Libellules et de beaucoup de Névroptères.

CHAPITRE II

FONCTIONS DE NUTRITION

Appareil digestif.

Tube digestif. — Le tube digestif des Insectes, qui s'étend de la bouche à l'anus, présente un développement variable selon le régime de l'animal ; il comprend trois régions distinctes :

1° L'*intestin antérieur, préintestin* ou *stomodæum*, dans lequel on distingue le pharynx, l'œsophage, le jabot et le gésier; il résulte d'une invagination ectodermique se produisant à la partie antérieure du corps ;

2° L'*intestin moyen, médiintestin* ou *mésentéron*, comprenant souvent une région antérieure renflée ou ventricule chylifique et une région postérieure intestiniforme ; on le considérait jusque dans ces dernières années comme ayant une origine endodermique, mais il semble aujourd'hui bien démontré que, pour la majorité des Insectes, l'intestin moyen est d'origine ectodermique et que par conséquent tout le tube digestif dérive du feuillet externe (voir : développement) ;

3° L'*intestin postérieur, postintestin* ou *proctodæum*, présentant généralement une portion antérieure de faible calibre et une portion terminale plus large ou rectum. Il résulte d'une invagination ectodermique se produisant à la partie postérieure du corps.

La limite de l'intestin antérieur et de l'intestin moyen est marquée à l'intérieur par un renflement plissé de la muqueuse constituant la *valvule cardiaque*. La limite de l'intestin moyen et de l'intestin postérieur est indiquée extérieurement par l'insertion des tubes de Malpighi qui appartiennent à l'extrémité antérieure de l'intestin postérieur.

La longueur totale de l'intestin et la longueur respective des trois régions qui le composent sont extrêmement variables et liées en général au régime alimentaire des diverses espèces. Chez les Insectes carnivores, la longueur totale est beaucoup plus faible que chez les Insectes herbivores et surtout que chez les espèces coprophages. Chez les Lamellicornes coprophages, par exemple, la longueur du tube digestif est en moyenne 10,19 fois celle du corps, tandis qu'elle n'est que 3,7 fois celle du corps chez les Lamellicornes phytophages.

Chez *Scarabæus semipunctatus*, pour une longueur totale de 14,80 du tube digestif, l'œsophage a une longueur de 0,55, l'intestin moyen de 12,75 et l'intestin postérieur de 1,5 (Mingazzini 1889). Chez d'autres Insectes les proportions peuvent être totalement renversées.

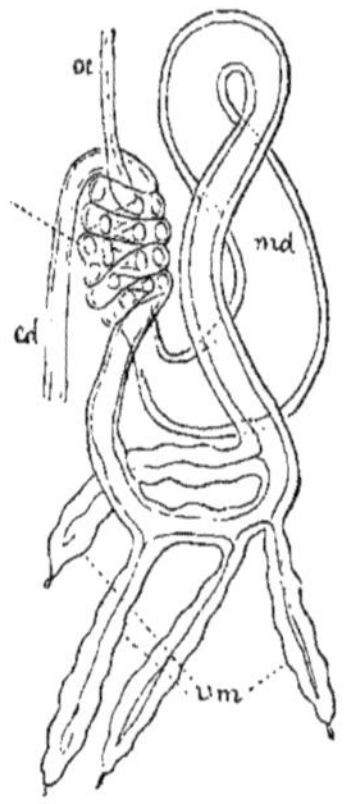

Fig. 73. – Tube digestif de *Psyllopsis fraxinicola*.

œ, œsophage ; *md*, intestin moyen ; *ed*, intestin terminal ; *vm*, tubes de Malpighi ; *s*, point où l'intestin terminal s'enroule autour de la région antérieure de l'intestin moyen. (D'après Witlaczil, fig. empruntée à Lang.)

Le tube digestif des Cicadides présente une soudure de l'Intestin postérieur avec l'intestin moyen. Chez les Psylles, l'intestin postérieur va s'enrouler plusieurs fois autour de l'œsophage (fig. 73). Pour se rendre compte de ces particularités, il faudrait suivre le développement du tube digestif chez les espèces où elles se présentent.

INTESTIN ANTÉRIEUR

Pharynx. — Le pharynx est une région généralement mal délimitée formant le passage de la bouche à l'œsophage. Cependant chez les Insectes suceurs cette première partie du tube digestif se renfle en un sac, rattaché aux parois de la tête par des muscles, qui devient un appareil d'aspiration. Signalé par Graber chez les Hémiptères, ce sac pharyngien a été bien étudié par Burgess (1880) chez un Lépidoptère (*Danais archippus*) ; par Meinert (1881) et Dimmock (1881) dans différents types de Diptères ; par Becker (1882-1883) également chez des Diptères et chez *Vanessa Io*. A l'entrée du pharynx des Lépidoptères, il existe un repli de la muqueuse dirigé d'avant en arrière, qui constitue une valvule fermant ou ouvrant l'entrée du tube digestif suivant que les muscles dilatateurs sont relâchés ou contractés. La dilatation du sac pharyngien détermine l'aspiration des liquides par le canal de la trompe ; sa contraction chasse ensuite ces liquides dans l'œsophage.

Œsophage. — L'œsophage, entouré par le collier nerveux œsophagien qui relie les ganglions cérébroïdes aux ganglions sous-œsophagiens, présente une longueur variable et un diamètre plus grand chez les Insectes qui se nourrissent de matières solides que chez ceux qui n'ingèrent que des liquides. Il a un trajet rectiligne et se termine au jabot, ou, lorsque celui-ci fait défaut, au gésier ou au ventricule chylifique.

Jabot. — Le jabot n'est souvent que la partie terminale de l'œsophage

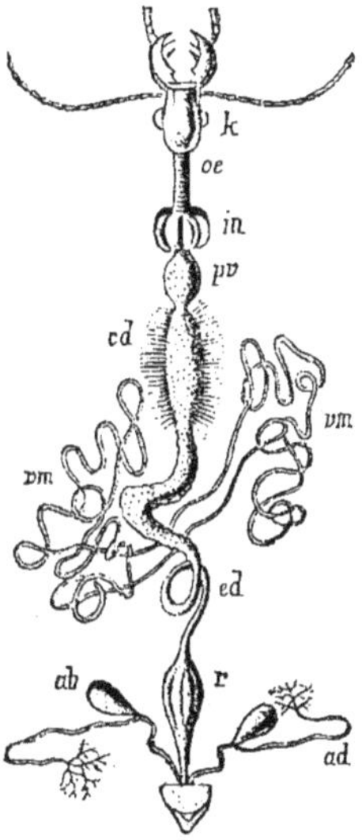

Fig. 74. — Appareil digestif du *Carabus auratus*.

k, tête avec pièces buccales ; *œ*, œsophage ; *in*, jabot ; *pv*, gésier ; *cd*, ventricule chylifique ; *vm*, tubes de Malpighi ; *ed*, intestin terminal (ileum) ; *r*, rectum ; *ad*, glandes anales avec réservoir musculeux *ab*. (D'après LÉON DUFOUR, fig. empruntée à LANG.)

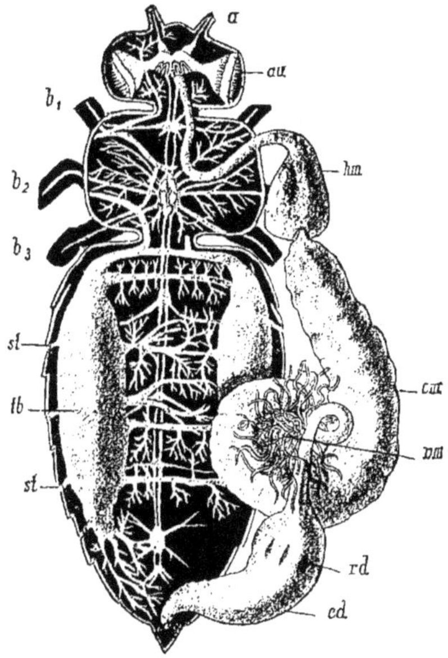

Fig. 75 — Systèmes nerveux, trachéen et digestif de l'Abeille. Seuls les gros troncs trachéens sont représentés. A droite, l'appareil trachéen est en partie supprimé.

au, œil à facettes ; *a*, antenne ; $b_1b_2b_3$, les trois paires de pattes ; *tb*, portion du tronc trachéen longitudinal renflé en vésicule ; *st*, stigmates ; *hm*, œsophage et jabot ; *cm*, ventricule chylifique ; *vm*, tubes de Malpighi ; *rd*, glandes rectales ; *ed*, intestin terminal. (D'après LEUCKART, fig. empruntée à LANG.)

élargie. Il est surtout développé dans certains Insectes broyeurs (Locustides et autres Orthoptères, Dermaptères et beaucoup de Coléoptères), où il fonctionne comme réservoir servant à emmagasiner les aliments. Il en est de même chez les Apiens dont le jabot devient le réservoir dans lequel le nectar recueilli dans les fleurs se transforme en miel.

Chez certains Névroptères (Myrméléonides, Hémérobides), le jabot est une poche située sur un seul côté de l'œsophage, généralement du côté droit. Cette disposition s'accentue dans la plupart des Insectes suceurs, où le jabot constitue alors un appendice du tube digestif, sous la forme d'une poche reliée à la partie postérieure de l'œsophage par un canal étroit et plus ou moins long ; on lui donne alors le nom d'*estomac suceur*, mais il n'est en réalité, comme Graber l'a montré, qu'un réservoir alimentaire. Ce diverticulum du tube digestif est très développé chez les Lépidoptères et beaucoup de Diptères ; généralement celui des Lépidoptères ne contient que de l'air.

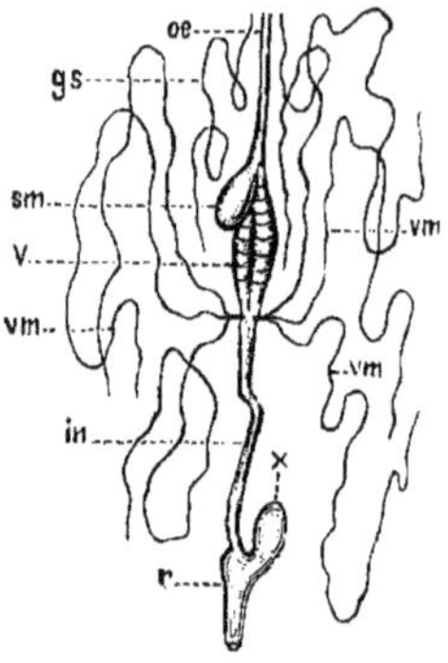

Fig. 76. — Tube digestif de Lépidoptère (*Pieris brassicæ*).

Gs, glandes salivaires ; *œ*, œsophage ; *sm*, estomac suceur, jabot ; *v*, ventricule chylifique ; *vm*, tubes de Malpighi ; *in*, intestin postérieur ; *r*, côlon ou rectum ; *x*, cæcum. (D'après Hérold, fig. empruntée à Kolbe.)

Gésier. — Le gésier, ou proventricule, est surtout développé chez les Insectes qui vivent d'aliments durs (Locustides, Gryllides, Mantides, Carabides, Dytiscides, Scolytides, etc.). On l'a longtemps comparé au gésier des Oiseaux et considéré comme un appareil masticateur interne, car il contient des formations chitineuses dentelées, souvent très développées et très nombreuses, ou réduites au nombre de six.

Plateau a montré que les aliments n'étaient pas triturés dans le gésier, mais y étaient simplement arrêtés pendant un certain temps, de façon à mieux s'imbiber de liquides digestifs. Pour lui, le gésier est un appareil valvulaire.

Chez les Coléoptères carnassiers et les Locustides où il est bien développé, les aliments qui l'ont traversé se retrouvent ensuite dans l'estomac en parcelles de même forme et de même volume.

INTESTINS MOYEN ET POSTÉRIEUR

Ventricule chylifique. — L'intestin moyen ou ventricule chylifique, est très développé dans les Lamellicornes et les Méloés où il occupe presque entièrement la cavité du corps ; il est au contraire très petit chez les Longicornes et les Lépidoptères. Sa partie antérieure présente deux ou plusieurs grands cæcums (Blattides, Gryllides) ou de nombreux petits culs-de-sac glandulaires qui rendent sa surface externe villeuse (Carabides, Dytiscides).

Ileum et Rectum. — L'intestin postérieur commence au point d'insertion des tubes de Malpighi sur le tube digestif. Les anatomistes y distinguent une partie étroite ou *ileum*, et une partie terminale élargie ou *rectum*. L'iléum est très long chez plusieurs carnassiers (Dytiscides, Nécrophores), mais il est court chez les Cicindélides et les Carabides ainsi que chez les Diptères; il manque chez les Odonates, les Éphémères et plusieurs Hémiptères. Au niveau de l'union de l'iléum avec le rectum, l'intestin de certains Insectes (*Dytiscus, Silpha, Necrophorus, Nepa*, etc., et Lépidoptères diurnes) présente un diverticulum plus ou moins développé constituant un cæcum (fig. 76 *x*). Le rectum, qui se termine à l'anus, reçoit les conduits des glandes anales quand elles existent.

Structure du tube digestif. — L'histologie du tube digestif des Insectes a été étudiée par de nombreux auteurs : Leydig (1857), Sirodot (1858), Plateau (1874), Frenzel (1882-85), Beauregard (1886), Faussek (1887), Oudemans (1887), Ant. Schneider (1887), etc.

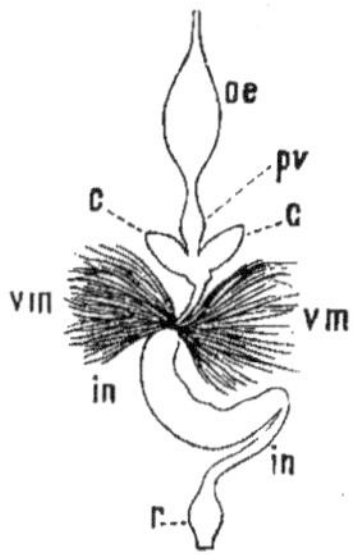

Fig. 77. — Tube digestif de Grillon (*Gryllus campestris*). *œ*, œsophage; *pv*, gésier; *c*, appendices cæcaux de l'estomac; *vm*, tubes de Malpighi; *in*, intestin postérieur; *r*, rectum. (Fig. empruntée à Kolbe.)

Les parois du tube digestif sont constituées par trois tuniques, qui sont, de l'intérieur à l'extérieur : la tunique muqueuse, la tunique musculaire et la tunique conjonctive ou péritonéale. Cette dernière est plus ou moins nette et en tous cas très mince.

La tunique musculaire a une structure différente suivant qu'on la considère dans l'intestin antérieur, dans l'intestin moyen et dans l'intestin postérieur. Dans l'intestin antérieur, il y a des fibres musculaires longitudinales à l'intérieur et des fibres circulaires à l'extérieur. Dans l'intestin moyen la disposition est inverse. Enfin dans l'intestin postérieur il y a une couche de fibres longitudinales comprise entre deux couches de fibres annulaires.

Balbiani a montré, chez le *Cryptops* (Myriapode), comment se comportent les fibres longitudinales pour passer de la tunique musculaire de l'intestin antérieur à la tunique musculaire de l'intestin moyen ; elles s'insinuent brusquement et séparément, à des niveaux voisins mais différents, entre les fibres musculaires annulaires et passent ainsi de l'intérieur à l'extérieur de la tunique (fig. 78).

Quant au passage de la région moyenne à la région postérieure de la tunique musculaire, il se fait simplement par l'apparition d'une couche de fibres annulaires à l'extérieur de la couche longitudinale qui se prolonge directement.

On admet généralement que les fibres musculaires qui entrent dans la constitution du tube digestif des Insectes sont uniquement des fibres musculaires striées. Certains auteurs cependant, FREY, LEUCKART, SIRODOT, MINOT, LIST, prétendent qu'il s'y trouve également des fibres musculaires lisses. Pour MINGAZZINI, il y aurait bien des fibres musculaires lisses, mais seulement chez les larves.

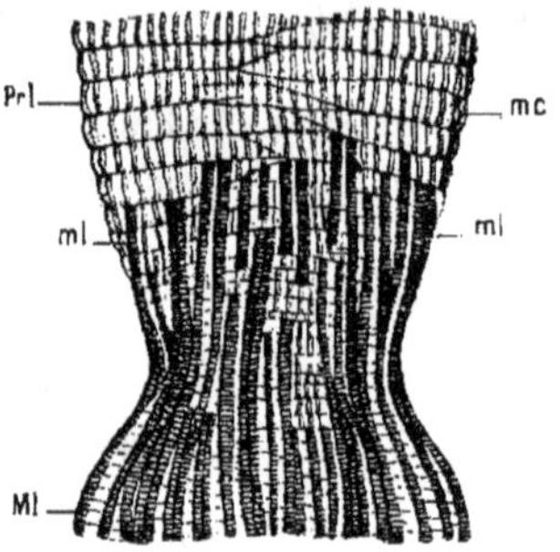

Fig. 78. — Fragment du tube digestif de *Cryptops*, vu en surface et montrant le passage des fibres musculaires longitudinales *ml* à travers les fibres circulaires *mc*; *Prl*, intestin antérieur. Ml, intestin moyen. (D'après BALBIANI.)

Les caractères de la tunique muqueuse diffèrent également suivant que l'on considère l'intestin antérieur, l'intestin moyen ou l'intestin postérieur. Cette muqueuse est partout revêtue d'une cuticule, mais cette cuticule est chitineuse dans l'intestin antérieur et dans l'intestin postérieur qui sont d'origine ectodermique, tandis qu'elle n'est probablement pas chitineuse dans l'intestin moyen.

Dans l'intestin antérieur, la muqueuse est peu épaisse; elle est constituée par une seule assise de cellules, de sorte que sa présence a été niée par certains auteurs qui n'ont vu que la couche chitineuse. D'autres savants, A. SCHNEIDER, SCHIEMENZ, RASCHKE, l'ont considérée, à tort, comme offrant la structure d'un syncytium. A la limite de l'intestin antérieur et de l'intestin moyen, elle prend une épaisseur beaucoup plus grande et se plisse sur une assez grande longueur pour constituer la *valvule cardiaque* ou mieux *valvule œsophagienne*. Le nombre des plis que l'on trouve au niveau de cette valvule, paraît être, en général, de huit, dont quatre plis plus grands alternant régulièrement avec quatre plis plus petits. Ces replis sont souvent recouverts d'une couche épaisse de chitine (fig. 79). La valvule cardiaque peut s'invaginer en partie dans l'intestin moyen pour former ce qu'ANTON SCHNEIDER a appelé *la trompe* (*Rüssel*), qu'il ne faut pas confondre avec l'entonnoir.

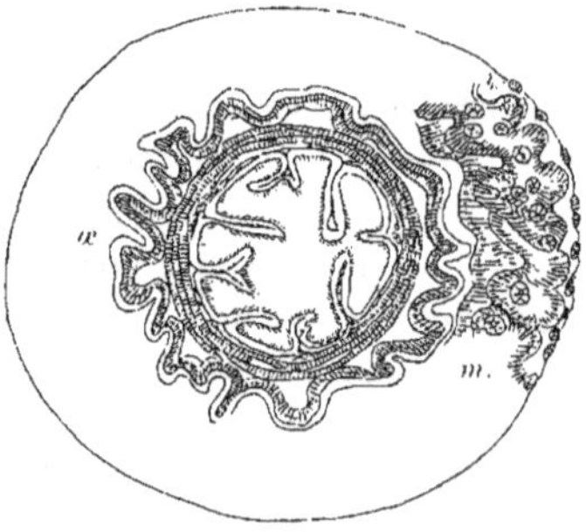

Fig. 79. — Coupe transversale de la valvule cardiaque d'une Cantharide.

œ, œsophage avec ses replis et ses muscles, pénétrant dans l'estomac dont une partie de la muqueuse est représentée en *m*. (Fig. originale de BEAUREGARD.)

Entonnoir. — La couche chitineuse de l'intestin antérieur offre au niveau du gésier un développement plus marqué et présente des prolongements dentiformes. Celle qui est au niveau de la valvule cardiaque présente une particularité très remarquable : elle se prolonge au delà de la valvule à l'intérieur même de l'intestin moyen et même de l'intestin postérieur jusqu'à l'anus; elle croît continuellement et est à mesure expulsée par segments à son extrémité rectale en même temps que les résidus de la digestion (fig. 80 et 81). ANTON SCHNEIDER a donné le nom d'*entonnoir* (*Trichter*) à ce tube chitineux envoyé par l'intestin antérieur dans le reste du tube digestif; les parois en sont très minces et paraissent destinées à protéger les cellules épithéliales du mésentéron contre les particules alimentaires trop dures. Cet entonnoir est surtout développé chez les Insectes broyeurs, mais il peut exister cependant aussi chez les Diptères et chez les Lépidoptères. Il paraît manquer chez les Hémiptères et chez les Hyménoptères. Il existe d'ailleurs en dehors du groupe des Insectes; c'est ainsi qu'on le rencontre chez les Myriapodes (*Julus*), chez des Crustacés (Daphnie), chez des Mollusques (*Helix*, Limace, Lymnée).

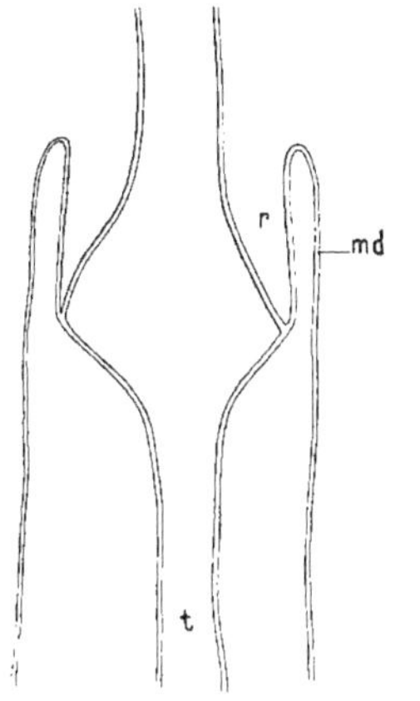

Fig. 80. — Membrane chitineuse de l'intestin de la larve de *Chironomus plumosus*, isolée par macération dans une solution alcaline.

md, intestin moyen; *r*, trompe; *t*, entonnoir. (D'après A. SCHNEIDER.)

Membrane péritrophique. — Les auteurs ont parfois confondu l'entonnoir chitineux d'ANTON SCHNEIDER avec une formation plus ou moins analogue que l'on trouve dans l'intestin moyen de certains Insectes. Chez le Ver à soie par exemple, les parois du mésentéron sont tapissées d'une cuticule résistante, paraissant aussi jouer un rôle protecteur vis-à-vis des cellules épithéliales. BALBIANI a donné le nom de *membrane péritrophique* à cette cuticule; comme elle est produite par des cellules du mésentéron sa nature chitineuse est douteuse. Chez le Ver à soie, la membrane péritrophique se laisse facilement traverser par les corpuscules de la Pébrine, tandis que chez

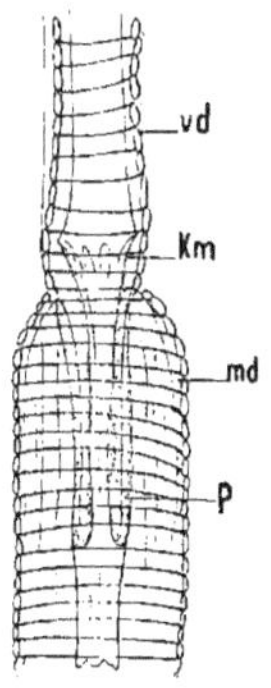

Fig. 81. — Partie de l'intestin de *Blatta germanica*.

vd, intestin antérieur; *Km*, replis chitineux; *md*, intestin moyen; *p*, trompe. (D'après A. SCHNEIDER.)

d'autres chenilles, comme celles du *Liparis chrysorrhea*, elle s'oppose à leur passage. Dans la flacherie du Ver à soie, elle s'épaissit considérablement, jusqu'à atteindre 10 ou 14 fois son épaisseur normale, et c'est dans son intérieur que se développent les microbes.

Pour Balbiani, la membrane péritrophique représente la cuticule des cellules épithéliales du mésentéron; pour Verson et Quajat également. Van Gehuchten et Cuénot (1895), au contraire, prétendent qu'elle est sécrétée par certaines cellules spéciales situées au bord antérieur du mésentéron (fig. 82 et 83).

Dans l'intestin moyen, les cellules épithéliales diffèrent beaucoup de celles de l'intestin antérieur où elles restent petites; les unes sont très allongées et les autres beaucoup plus petites; les grandes sont groupées en faisceaux séparés les uns des autres par des nids de petites cellules. On a attribué des rôles différents à ces deux sortes de cellules; pour Basch (1858), d'après ses observations chez la Blatte, et Frenzel (1887), chez la Blatte, l'Abeille et le Bourdon, les grandes serviraient à l'absorption, tandis que les amas de petites seraient des glandes. Les grandes cellules se multiplieraient par amitose et les petites par karyokinèse.

Faussek (1887) a adopté la manière de voir de Frenzel. Schiemenz (1884), chez l'Abeille, admet une seule sorte de cellules, celles qui se trouvent sur le rebord des plis sont absorbantes, celles qui occupent le fond des plis, moins développées que les précédentes, sont sécrétantes.

Sirodot (1858), Beauregard (1886), Mingazzini (1889), pensent également qu'il existe aussi dans l'intestin des follicules glandulaires.

Van Gehuchten (1890), chez *Ptychoptera contaminata*, décrit des cellules sécrétantes et des cellules absorbantes.

Pour Balbiani (1890), Miall, Denny et Oudemans, les petites cellules sont simplement des cellules jeunes destinées à remplacer les grandes cellules après leur destruction.

Bizzozero (1892) a constaté que l'intestin moyen de l'Hydrophile adulte subit une mue tous les deux ou trois jours environ. Au-dessous de l'épithélium cylindrique se trouve une lamelle chitineuse, distincte de la membrane basale, qui sépare cet épithélium de culs-de-sac glandulaires faisant hernie dans la couche musculaire. L'épithélium se détache avec sa lamelle chitineuse; il se résorbe dans l'intestin et la lamelle est expulsée avec les matières fécales. C'est aux dépens des cellules glandulaires que se régénère l'épithélium. Rengel (1897) a confirmé l'observation de Bizzozero chez plusieurs espèces d'Hydrophilides.

Mingazzini admet que, sur tout le pourtour du tube digestif, se trouve une couche de petites cellules, ou cellules de matrice, destinées à remplacer les cellules plus grandes.

Chez beaucoup d'Insectes, on trouve, mélangées aux autres cellules, des cellules caliciformes ou à mucus. Elles existent, par exemple, chez les larves de Lépidoptères, la *Cetonia aurata*, le *Gryllotalpa*, les

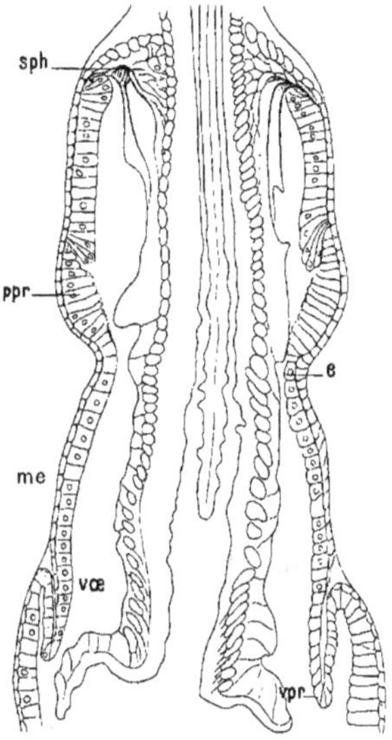

Fig. 82. — Région du proventricule de la larve de *Ptychoptera contaminata* en coupe longitudinale.

sph, sphincter œsophagien; *ppr*, paroi propre du proventricule: *e*, étranglement circulaire divisant en deux la cavité du proventricule; *vpr*, repli circulaire de la paroi de l'intestin moyen formant la valvule proventriculaire; *vœ*, valvule œsophagienne; *me*, couche musculaire formée de fibres circulaires. La valvule œsophagienne traverse tout le proventricule et vient s'ouvrir dans le ventricule chylifique, au delà de la valvule proventriculaire. (D'après Van Gehuchten.)

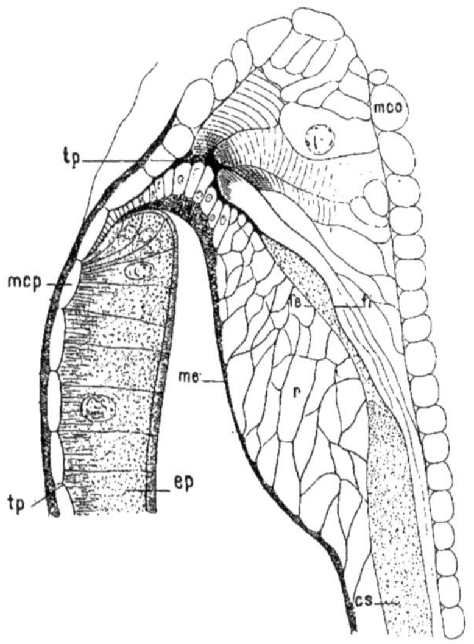

Fig. 83. — Le sphincter œsophagien et la partie de la valvule œsophagienne de la larve de *Ptychoptera contaminata*.

Les fibres musculaires du sphincter s'insèrent sur la lame conjonctive épaissie de la tunique propre *tp*; *mcp*, muscles circulaires appartenant à la paroi du proventricule; *mco*, muscles circulaires de l'œsophage; *ep*, épithélium de la paroi propre du proventricule; *cs*, partie supérieure de la cavité sanguine; *fi* et *fe*, feuillets de dédoublement interne et externe de la lame conjonctive; *me*, membrane épithéliale sur laquelle s'insèrent les trabécules du réseau *r* de trabécules conjonctives. (D'après Van Gehuchten.)

Éphémères, l'*Eschna*. Balbiani les a décrites chez les Myriapodes.

Le plateau des cellules épithéliales de l'intestin moyen est à considérer. Frenzel (1885) a constaté qu'il était formé par la réunion de nombreux petits bâtonnets. Mingazzini (1890) a observé, chez des larves de Lamellicornes, des cils rigides se mouvant lentement et pouvant servir à faire progresser les aliments. Si ces faits étaient confirmés, il faudrait évidemment ne plus considérer l'embranchement des Arthropodes comme ne présentant jamais de cils vibratiles (voir plus loin : tubes de Malpighi).

D'après Anton Schneider, les cellules épithéliales présenteraient à leur base une membrane anhyste de nature chitineuse; Mingazzini de son côté affirme que cette membrane est soluble dans la potasse et dans les acides, elle ne serait pas par suite formée de chitine.

Au niveau du passage de l'intestin moyen à l'intestin postérieur, il existe généralement un repli de la muqueuse, analogue à celui qui constitue la valvule cardiaque, mais moins marqué; c'est la *valvule pylorique* ou *rectale*.

Dans l'intestin postérieur, l'épithélium se comporte comme dans l'intestin antérieur: on trouve un certain nombre de replis de la muqueuse; ce nombre a été trouvé égal à 6 chez les Thysanoures (Grassi), les Orthoptères (Minot), les Pseudonévroptères (Faussek), les Coléoptères (Mingazzini), et il paraît être constant pour tous les Insectes. Miall et Denny, rapprochant ce chiffre du nombre de pièces que l'on trouve dans le squelette externe de chaque métamère et faisant remarquer qu'il est naturel qu'il en soit ainsi puisque l'intestin postérieur résulte d'une invagination de l'ectoderme, concluent que ce nombre de six replis dans la muqueuse de l'intestin postérieur est un caractère primordial des Insectes.

L'intestin postérieur de certains Insectes (Mouches, Abeilles, *Locusta viridissima*, *Gryllus*, *Forficula*, *Sphinx populi*) présente dans sa lumière de nombreuses papilles riches en trachées, semblables aux papilles respiratoires des larves de Libellules (voir : larves).

Malgré les recherches de Plateau (1875-1877), de Jousset de Bellesme (1877-1878), de Krukenberg (1880), etc., la physiologie de la digestion des Insectes est encore peu connue. Les liquides sécrétés par le tube digestif paraissent avoir une réaction alcaline ou neutre, excepté dans la partie postérieure de l'intestin moyen. Ces liquides agissent sur les matières amylacées pour les transformer en glucose, sur les matières albuminoïdes qu'ils rendent solubles et assimilables à l'état de peptones, et, chez certains Insectes, ils émulsionnent énergiquement les graisses. La digestion paraît donc se faire comme chez les Vertébrés, mais on n'a pu jusqu'ici isoler les ferments digestifs.

ANNEXES DU TUBE DIGESTIF

L'appareil digestif des Insectes présente un certain nombre d'organes annexés soit à l'intestin antérieur, soit à l'intestin moyen, soit à l'intestin postérieur.

Glandes salivaires. — L'intestin antérieur offre comme organes annexes les *glandes salivaires*. Ces glandes ont été étudiées par un certain nombre d'auteurs parmi lesquels : Leydig (1859-83), Kupffer (1875), Schiemenz (1883), Knüppel (1887), Hofer (1887), Bordas (1894).

Les glandes salivaires n'existent pas chez tous les Insectes; elles man-

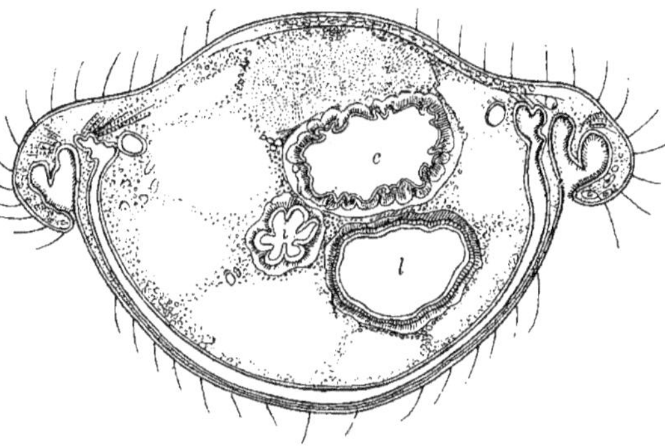

Fig. 84. — Coupe transversale de Cantharide.
c, estomac; *i*, intestin postérieur avec ses six replis; *l*, région lisse de l'intestin.
(Fig. originale de Beauregard.)

quent, par exemple, chez beaucoup de Coléoptères pentamères. Elles sont au contraire très développées chez les Orthoptères, les Hémiptères et les Hyménoptères. Celles des Orthoptères sont des glandes en grappe très ramifiées, avec un réservoir salivaire.

Il y en a ordinairement une seule paire, mais il peut y en avoir plus.

Chez l'Abeille et chez le Bourdon, par exemple, il y en aurait quatre paires, plus une glande impaire, d'après Knüppel et Schiemenz : une paire dans la tête constituée par des glandes unicellulaires dont les conduits débouchent dans un canal fortement chitinisé s'ouvrant dans le pharynx; une seconde paire céphalique, formée de glandes acineuses dont le canal s'unit à celui de la troisième paire; une paire thoracique acineuse; une paire à la base des mâchoires en forme de petits sacs tapissés de cellules; une glande impaire formée par un groupe de glandes unicellulaires dans la trompe.

Chez les Hyménoptères, d'après Bordas, on peut compter de cinq à dix paires de glandes salivaires occupant des positions diverses (glandes thoraciques, postcérébrales, supracérébrales, latéropharyngéales, mandibulaires, internomandibulaires, sublinguales, linguales, paraglossales et maxillaires) (fig. 87).

La disposition histologique des glandes salivaires des Insectes est très variable: tantôt les cellules glandulaires sont isolées et ont chacune un conduit distinct; tantôt elles sont disposées en tubes simples (fig. 85) ou en forme de sac avec une grande cavité centrale; tantôt enfin, elles sont en culs-de-sac arrondis et gorgés de cellules, ce sont les glandes acineuses (fig. 86).

Il n'y a jamais de couche musculaire autour des acini glandulaires, mais les nerfs sécréteurs qui s'y rendent ont été décrits depuis longtemps par Pflüger, chez la Blatte. Le canal excréteur renferme souvent dans son intérieur un filament chitineux, enroulé en spirale comme dans les trachées.

Quant aux fonctions des liquides sécrétés par ces glandes, elles sont peu connues.

D'après Plateau, le liquide salivaire

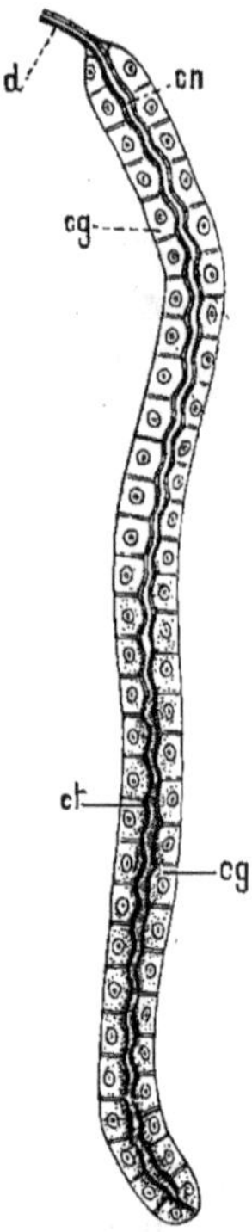

Fig. 85. — Glande salivaire tubuleuse de Psoque (*Cæcilius Burmeisteri*).

d, canal excréteur; *cn*, canal glandulaire; *cg*, cellules sécrétantes; *ct*, contenu de la glande. (Fig. originale de Kolbe.)

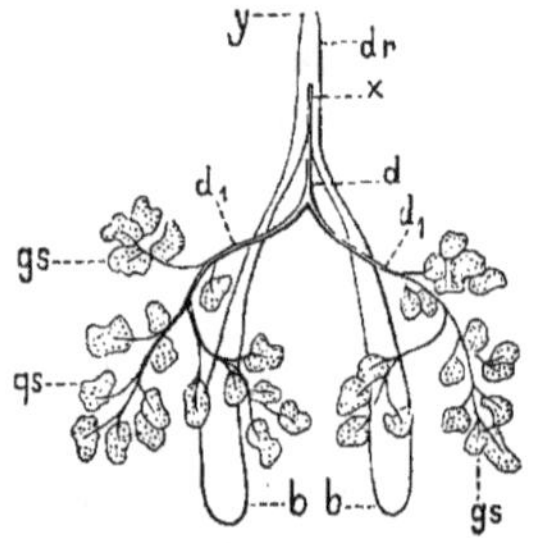

Fig. 86. — Glandes salivaires de Blatte.

gs, glandes acineuses; *d*, conduit excréteur résultant de la réunion des deux canaux $d_1 d_1$; *bb*, réservoirs salivaires dont le conduit commun reçoit, en *x*, le canal excréteur; *y*, ouverture du conduit sous la langue. (Fig. empruntée à Kolbe.)

des Insectes broyeurs aurait une réaction alcaline et aurait la même propriété que la salive des Vertébrés; il transformerait les matières amylacées en dextrine, puis en glucose.

On doit considérer comme équivalentes des glandes salivaires des cellules isolées que l'on trouve chez beaucoup d'Insectes privés de glandes salivaires agglomérées, et qui sont situées dans les parois mêmes de l'œsophage. Ces cellules ont été signalées dans de nombreux cas. SIRODOT (1858) en a décrit chez le *Melolontha vulgaris*, la *Cetonia aurata* et l'*Oryctes;* elles sont situées sous les cellules épithéliales de la muqueuse œsophagienne et ont chacune un conduit qui traverse la muqueuse pour venir déboucher dans le canal œsophagien.

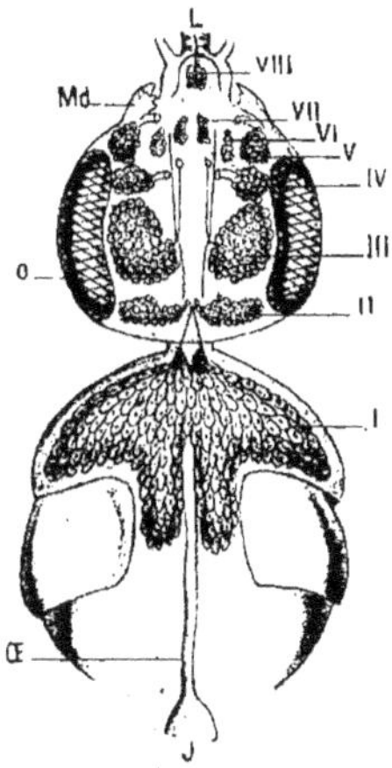

Fig. 87. — Glandes salivaires d'Andrène.

I, glandes thoraciques; — II, gl. postcérébrales ; — III, gl. supracérébrales ; — IV, gl. latéropharyngéales ; — V, gl. mandibulaires ; — VI, gl. interno-mandibulaires ; — VII, gl. sublinguales ; — VIII, gl. linguale ; *md*, mandibules ; *l*, langue ; *o*, yeux ; *œ*, œsophage ; *j*, jabot. (D'après BORDAS.)

GAZAGNAIRE (1886) a signalé des cellules analogues chez l'Hydrophile, dans la lèvre inférieure; mais MINGAZZINI les considère comme des cellules glandulaires tégumentaires, semblables à celles décrites, par LEYDIG, dans les téguments de Coléoptères aquatiques.

MINGAZZINI (1889) a signalé ces cellules œsophagiennes chez beaucoup d'Insectes, et elles sont situées tantôt en dedans, tantôt en dehors de la couche musculaire (1). Elles sont de grande taille et présentent un noyau bien net et une grosse vésicule claire d'où part un canalicule chitineux allant déboucher dans le tube œsophagien. Chez les Lamellicornes, la structure des cellules est la même, mais on trouve des stries rayonnant autour de la vésicule.

Les glandes salivaires peuvent quelquefois être adaptées à des fonctions spéciales ; c'est ainsi que chez les chenilles elles peuvent sécréter de la soie et chez les Hémiptères et Diptères un liquide venimeux.

De chaque côté du pharynx des Fourmis se trouve une grosse glande tubulaire, dont la forme est comparable à celle d'un gant qui serait pourvu d'un très grand nombre de doigts. Ces tubes digitiformes s'étalent devant le cerveau et au-dessus de lui. JANET (1894) a trouvé que ces tubes servent d'habitat, chez certaines Fourmis (*Formica*, *Lasius*), à des larves de Nématodes (*Pelodera Janeti*).

Cæcums gastriques. — L'intestin moyen porte des tubes plus ou moins développés, s'ouvrant dans son intérieur et fermés à leur bout libre : ce sont les *cæcums gastriques* ou *glandes gastriques*. Ces cæcums sont très

(1) Chez *Scarabæus*, ces grosses cellules sont en dehors de la tunique musculaire ; chez *Oryctes*, elles sont au-dessous de la couche hypodermique ; chez *Anoxia*, elles sont situées au milieu des cellules basilaires de l'hypoderme.

nombreux chez les Coléoptères; chez la Blatte il n'y en a qu'une dizaine et chez le *Gryllotalpa* et les Locustiens deux seulement; six chez les Acridiens. Leur structure est exactement celle de l'intestin moyen dont ils ne sont pour ainsi dire que des diverticules ; on y retrouve les faisceaux des cellules allongées séparés par les groupes de petites cellules.

Les recherches de Hope Seyler, Krukenberg et Plateau ont montré que les liquides sécrétés par ces cæcums exercent une action qui se rapproche de celle du suc pancréatique des Vertébrés.

Tubes de Malpighi. — A l'intestin terminal appartiennent les organes connus sous le nom de *tubes de Malpighi*, ainsi que des glandes désignées sous le nom de *glandes anales*.

Les tubes de Malpighi manquent chez les *Japyx* et les *Collembola*; chez les *Campodea* ils manquent aussi, mais on trouve, à la limite de l'intestin moyen et de l'intestin postérieur, un anneau de 16 cellules sécrétantes spéciales, à l'endroit où s'ouvrent ordinairement dans l'intestin les tubes de Malpighi, et que l'on regarde comme les représentants de ceux-ci. Chez tous les autres Insectes, il existe des tubes bien développés s'ouvrant dans l'intestin et fermés à leur autre extrémité. Le nombre de ces tubes varie beaucoup ; il y en a quatre chez les Diptères et la plupart des Hémiptères, six chez les Coléoptères et les Lépidoptères (quelquefois deux ou quatre), quatre à huit chez beaucoup de Névroptères, une trentaine ou une cinquantaine chez les Perlides, les Odonates et les Orthoptères et une centaine chez les Hyménoptères. D'une manière générale leur longueur varie en raison inverse de leur nombre. Ils demeurent isolés ou se réunissent en faisceaux et alors le canal commun peut présenter un renflement ou vessie (*Pentatoma*, *Cimex*, *Velia*, *Gerris*, *Haltica*, *Donacia*).

Au point de vue histologique, les tubes de Malpighi sont formés de l'intérieur à l'extérieur par une couche épithéliale, une membrane basale et une membrane chitineuse. On n'y a pas vu de fibres musculaires; cependant, Grandis (1890) a observé dans les tubes de Malpighi examinés à l'état vivant des mouvements de diastole et de systole, et Marchal, en observant dans l'eau salée des tubes de Malpighi de *Timarcha* et de *Locusta*, y a constaté des mouvements vermiculaires et a remarqué à leur surface une sorte de réseau, qu'il considère comme formé d'éléments musculaires. Les cellules épithéliales sont grosses, avec un noyau volumineux et des stries protoplasmiques dans la partie de la cellule tournée vers la lumière du tube, rappelant les cellules rénales des Vertébrés supérieurs.

Léger et Hagenmüller (1899) ont décrit récemment une structure spéciale des tubes de Malpighi chez certains Ténébrionides (*Scaurus*, *Blaps*, *Asida*). L'élément sécréteur de ces tubes ne serait pas constitué par des cellules distinctes, mais par un syncytium dans lequel se voient de gros noyaux ovoïdes non ramifiés, en face desquels la couche protoplasmique, plus épaisse, forme des mamelons saillants dans la lumière du tube. La couche protoplasmique mamelonnée est recouverte de prolongements ciliformes très fins, transparents, immobiles, mais pouvant onduler lorsqu'un courant vient à s'établir dans le tube.

Léger et Duboscq (1899) ont étudié avec soin les mouvements des tubes de Malpighi des Gryllides (*Gryllus*, *Gryllomorpha*, *Gryllotalpa*). Quand on examine ces tubes vivants dans l'eau salée à 0,75 °/₀, on les voit se tordre et se contourner avec la plus grande activité. Les mouvements, en apparence complexes, peuvent se ramener, en un point considéré du tube, à une torsion suivie d'une détente brusque; la complexité des mouvements d'un tube entier résulte de la discordance des contractions qui s'effectuent en même temps dans ses différentes régions. La tunique d'enveloppe du tube est une membrane hyaline très mince avec de petits faisceaux de fibres élastiques. En dedans de la tunique se trouvent des fibres musculaires striées, enroulées en spirale autour du tube, en sens inverse des trachées. Dans les *Gryllus* et les *Gryllomorpha*, il n'y a que deux fibres musculaires pour chaque tube; dans le *Gryllotalpa*, entre les deux grandes fibres, on en trouve trois autres plus petites; chez certains Locustides, il n'y a qu'une seule fibre décrivant une spire à très grand angle. L'arrangement des fibres musculaires explique bien les mouvements de torsion et de détorsion des tubes. Les tubes de Malpighi de l'Hydrophile seraient entourés d'un réseau complexe de fines fibrilles très délicates (1).

D'après Giard, la mobilité des tubes de Malpighi existe surtout chez les Insectes dont la vie à l'état adulte se prolonge assez longtemps.

J'ai pu vérifier en partie les observations de Léger et Hagenmüller sur des larves de *Tenebrio molitor*, de *Chironomus* et d'*Attagenus pellio*. A l'état frais, dans l'eau salée à 6 p. 1000, j'ai pu voir nettement les prolongements ciliformes immobiles, mais ceux-ci disparaissent au bout de quelque temps en rentrant dans la cellule. Dans l'eau salée, les limites des cellules n'étaient pas distinctes et on pouvait croire à l'existence d'un syncytium; cependant après l'action d'un réactif fixateur, ces limites apparaissent nettement.

Le rôle des tubes de Malpighi a été très discuté. On les considéra d'abord comme des organes hépatiques : telle était l'opinion de Cuvier, Ramdhor, Treviranus, Carus, Léon Dufour, Lacordaire. Brongnatelli (1816) y trouva de l'acide urique et Reuggen (1817) de l'urate d'ammoniaque : ce dernier soupçonna le premier en eux des organes urinaires. Plus tard, différents auteurs, en particulier J. Müller, Meckel, Plateau, Sirodot, Jousset de Bellesme, adoptaient cette manière de voir. Straus-Dürkheim, Leydig, Blanchard, Fabre, pensaient que certains tubes étaient urinifères et d'autres hépatiques. Les recherches récentes de Plateau et de Schindler (1878) ont montré que le rôle hépatique n'existe

(1) L'extrémité des tubes de Malpighi des Grillons porte un groupe de cellules conjonctives globuleuses, saillantes, que Léger et Duboscq seraient portés à considérer comme un foyer de formation de globules sanguins.

jamais et que tous les tubes de Malpighi doivent être considérés comme urinaires et excrètent des oxalates, des urates, de la leucine et de la taurine. On verra plus loin, à propos du développement des tubes de Malpighi, quelle est leur signification au point de vue phylogénétique.

Glandes anales. — Les glandes anales existent chez beaucoup d'Insectes et peuvent sécréter les matières les plus diverses. On les trouve, par exemple, chez les Carabides, les Staphylins, etc. Elles ont des canaux excréteurs pouvant présenter des réservoirs. GILSON a bien étudié leur structure; au point de vue histologique, elles ressemblent beaucoup aux glandes salivaires : elles sont surtout acineuses ou constituées de cellules glandulaires isolées, ayant chacune leur conduit excréteur propre. Chez les Carabes, le liquide sécrété contient surtout de l'acide butyrique, pouvant se volatiliser avec explosion chez les Brachins.

Outre les glandes anales on peut trouver d'autres glandes d'excrétion chez les Insectes; telles sont, par exemple, les glandes à venin des Hyménoptères (voir : organes reproducteurs) et les glandes à soie des larves de Névroptères. Ces glandes sont encore acineuses ou constituées par des cellules isolées se comportant comme les cellules glandulaires indiquées plus haut.

BORDAS et DIERCKX (1899) ont étudié récemment la disposition et la structure des glandes anales de certains Carabides (*Carabus nemoralis*, *Brachinus crepitans*). Chez le Brachin, chaque glande se compose d'une partie sécrétante, d'un canal collecteur et d'un réservoir. Les cellules sécrétantes sont constituées, comme GILSON l'a vu chez *Blaps mortisaga* et différents Coléoptères, par une masse cytoplasmique renfermant, outre le noyau, une vésicule pyriforme radiée en rapport avec un filament canaliculé s'ouvrant dans un canal commun aux différentes cellules d'un même lobe de la glande (fig. 88). Le canal collecteur est formé de deux tubes emboîtés dont l'intérieur est maintenu béant par une série de disques cuticulaires hyalins. Le réservoir a la forme d'une besace dont le côté convexe est tourné vers l'axe du corps; le canal collecteur y débouche dans la dépression concave. Le réservoir s'ouvre par deux pores à la pointe du pygidium, un peu au-devant de l'anus.

Le liquide excrété est incolore, limpide, d'une odeur caractéristique, très volatil, bouillant à une température voisine de $+9^{\circ}$ C., à la pression de 760^{mm}. Lorsque l'Insecte est inquiété, le liquide du réservoir est projeté sur des peignes chitineux situés dans les pores de décharge, qui fonctionnent comme pulvérisateurs.

Appareil de la circulation.

Sang. — Le liquide sanguin est contenu dans la cavité générale du corps, entre tous les organes, et pénètre dans les appendices locomoteurs et dans les ailes ; il est incolore ou faiblement teinté en jaune ou en vert et noircit au contact de l'air. On doit distinguer dans le sang des Insectes le plasma qui est liquide et auquel est due la coloration, et les amibocytes ou cellules sanguines. Ces dernières ont été étudiées par CUÉNOT (1895), chez les Orthoptères; cet auteur en a distingué plusieurs sortes : 1° des

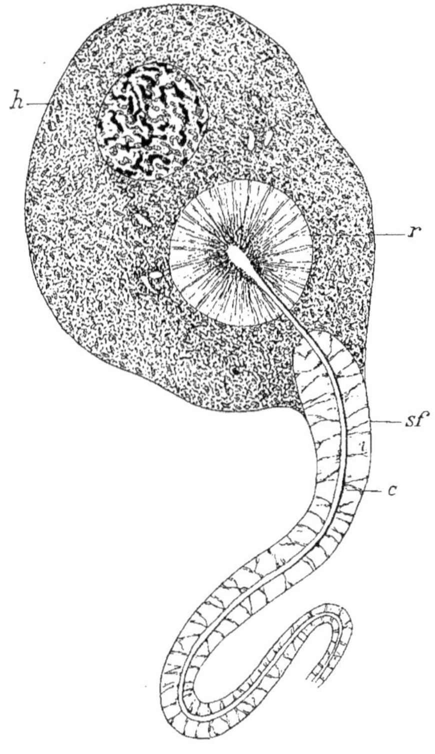

Fig. 88. — Cellule de l'appareil excréteur anal du *Blaps mortisaga*, obtenue par dissociation dans le vert de méthyle osmiqué.
h, noyau; *r*, vésicule radiée; *c*, conduit excréteur; *sf*, gaine du conduit excréteur. (D'après GILSON.)

amibocytes de petite taille, à gros noyau, à protoplasma peu abondant, et se reproduisant par mitose : ce sont les éléments jeunes; 2° des amibocytes de plus grande taille, à protoplasma très abondant autour d'un noyau relativement plus petit : ce sont les éléments adultes; quand ils se multiplient, ce qui arrive rarement, c'est par division directe, et on peut trouver à la suite de cette division des amas protoplasmiques contenant plusieurs noyaux; 3° d'autres éléments ayant subi un commencement de dégénérescence et présentant dans leur protoplasma des granulations acidophiles; 4° des cellules dont la dégénérescence est plus avancée, dont le protoplasma se colore fortement et contient de nombreux débris chromatiques provenant de la chromatolyse du noyau.

Vaisseau dorsal ou cœur. — Le sang est mis en mouvement par les contractions rythmiques d'un tube contractile, le *vaisseau dorsal* ou *cœur*.

Le vaisseau dorsal s'étend dans toute la longueur du corps de l'Insecte particulièrement dans la région abdominale, car sa partie antérieure peut être considérée comme une sorte d'aorte prolongeant le cœur proprement dit; il est placé dans la région dorsale du corps. Il a été découvert par MALPIGHI et à peu près en même temps par SWAMMERDAM qui méconnurent son rôle. CARUS (1827) découvrit les contractions du cœur et STRAUS-DÜRKHEIM (1828) établit nettement son rôle.

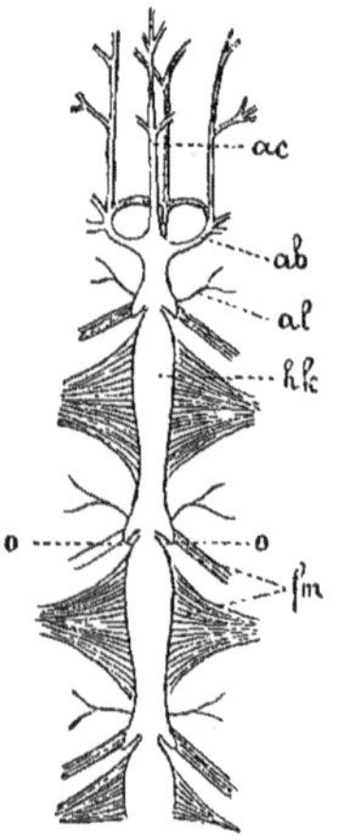

Fig. 89. — Extrémité antérieure du cœur de Scolopendre.

ac, aorte céphalique; *ab*, arc artériel; *al*, artères latérales; *hk*, chambres cardiaques; *o*, ouvertures; *fm*, muscles alaires. (D'après NEWPORT, fig. empruntée à LANG.)

Il est formé d'une série de chambres séparées par des étranglements en même nombre à peu près que les anneaux abdominaux. Les chambres cardiaques ou *ventriculites* communiquent entre elles par des orifices présentant des replis valvulaires dirigés d'arrière en avant. Dans ces replis, de chaque côté, on trouve un orifice, appelé *ostiole*, non pourvu de valvules, faisant communiquer les chambres avec la cavité générale. Pendant la diastole, les ostioles et les valvules s'ouvrent et le sang pénètre par ces orifices dans la chambre correspondante. Lors de la systole, les valvules et les ostioles se ferment et le sang est chassé graduellement de chambre en chambre, d'arrière en avant.

Le cœur est terminé en cul-de-sac à sa partie postérieure. Dans le thorax et la tête, le vaisseau dorsal est simplement tubuleux et constitue l'aorte, qui déverse, par son extrémité antérieure ouverte, le sang dans les lacunes interorganiques de la tête. Chez quelques Insectes, l'aorte peut se ramifier et donner quelques vaisseaux céphaliques. Certains Lépidoptères présentent une aorte qui décrit dans le thorax une courbe à convexité supérieure portant en son milieu un renflement vésiculeux (fig. 90). POLETAJEWA (1886) a décrit chez les *Bombus* un cœur constitué de cinq chambres successives, mais séparées complètement les unes des autres; ces chambres se contracteraient successivement d'arrière en avant, comme cela a lieu pour le cœur des autres Insectes.

D'après GRABER (1873-76), le tube cardiaque est constitué, au point de vue histologique, par une tunique externe de tissu conjonctif, une tunique

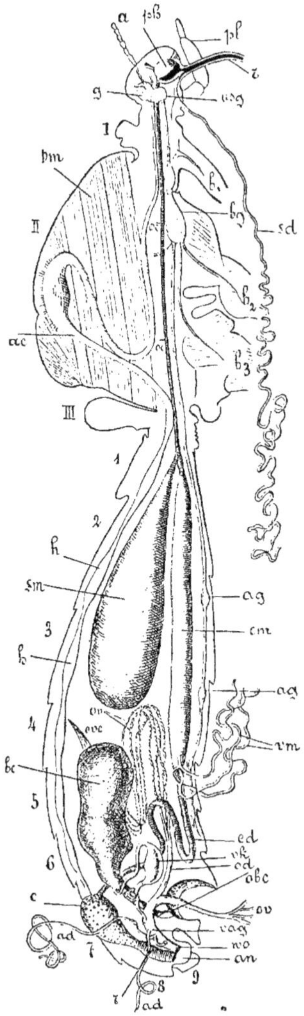

Fig. 90. — *Danais archippus* femelle, en coupe longitudinale ; la moitié droite du corps est enlevée, la partie gauche est vue par la face de section.

Tête : *a*, antenne ; *ph*. pharynx ; *pl*. palpe labial ; *t*, trompe ; *g*. cerveau ; *usg*. ganglion sous-œsophagien. — *Thorax* : I, II, III, segments thoraciques ; $b_1b_2b_3$. articles coxaux des trois paires de pattes ; *bm*, muscles ; *ac*, aorte céphalique et son renflement ; *œ*, œsophage ; *bg*, renflement ganglionnaire thoracique ; *sd*, glandes salivaires d'un seul côté : celles de l'autre côté sont sectionnées non loin du point où elles débouchent dans le canal excréteur commun. — *Abdomen* : 1-9, segments abdominaux ; *h*, cœur ; *sm*, estomac suceur ou jabot ; *cm*, intestin moyen ; *ag*, ganglions abdominaux ; *ed*, intestin terminal avec côlon (*c*) et rectum (*r*) ; *vm*. tubes de Malpighi ; *ov*. gaines ovariques : celles de droite sont sectionnées ; *ovc*, filaments terminaux de l'ovaire ; *bc*, poche copulatrice ; *obc*, son orifice extérieur ; *od*, oviducte ; *vag*. vagin ; *vo*, son orifice extérieur ; *ad*, glandes annexes du vagin en partie sectionnées ; *ck*, canal réunissant le vagin à la poche copulatrice, avec un renflement qui est le réceptacle séminal ; *an*, anus. (D'après BURGESS, fig. empruntée à LANG.)

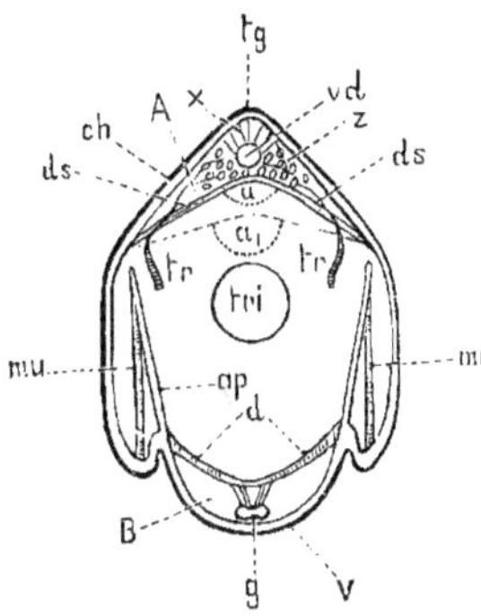

Fig. 91. — Coupe transversale de l'abdomen d'un Acridien.

tg, région dorsale ; *v*, région ventrale ; — A. sinus sanguin dorsal (chambre dorsale) : *z*, cellules péricardiques ; *tr*, trachées s'ouvrant dans ces cellules ; *vd*, cœur ; *x*, muscles rattachant le cœur à la paroi dorsale ; *ds*, diaphragme séparant le sinus dorsal de la cavité du corps ; *a*, position du diaphragme pendant le rétrécissement du sinus dorsal ; a_1, sa position pendant l'élargissement du sinus : — B. sinus sanguin ventral (chambre ventrale) ; *d*, diaphragme séparant le sinus de la cavité générale du corps ; *g*, chaîne nerveuse ; *ap*, apodèmes donnant insertion aux muscles (*mu*) qui servent à la dilatation de l'abdomen pendant la respiration ; *tri*, intestin. (D'après GRABER, fig. empruntée à KOLBE.)

moyenne de fibres musculaires striées annulaires et une cuticule interne très mince. C'est cette cuticule interne qui forme les replis interventriculaires.

Sinus péricardique. — Le vaisseau dorsal est relié aux parois dorsales du corps par des éléments conjonctifs. En outre, d'après GRABER, on trouve immédiatement au-dessous du cœur un diaphragme conjonctivo-musculaire, isolant la cavité qui entoure le cœur, ou *sinus péricardique*, de la région périviscérale. A la partie inférieure du corps un diaphragme semblable sépare un espace, analogue au sinus péricardique, du reste de la cavité générale. Celle-ci se trouve donc divisée par les deux diaphragmes en trois cavités superposées (fig. 91). Les deux diaphragmes sont concaves sur leur face dirigée vers l'axe du corps et convexes sur leur face opposée. Ils présentent çà et là, dans leur épaisseur, des lacunes faisant communiquer ensemble les trois régions de la cavité générale. Quand le diaphragme supérieur se tend, le sang passe de la cavité périviscérale dans le sinus péricardique, et de là il peut pénétrer dans les chambres cardiaques pendant leur diastole. Les éléments musculaires du diaphragme s'arrêtent en général au niveau du cœur, et constituent ce que l'on désigne sous le nom d'*ailes du cœur ;* dans d'autres cas, les fibres contractiles s'étendent dans toute la largeur du diaphragme (Hyménoptères), ou bien celles de l'un des côtés du diaphragme s'unissent à celles de l'autre côté par une bande de tissu conjonctif, formant une sorte de sangle au-dessous du vaisseau dorsal (Coléoptères, Locustides). Les contractions du diaphragme ventral, comme celles du diaphragme dorsal, activeraient le cours du sang dans la région inférieure du corps.

KOWALEVSKY (1894) a repris les travaux de GRABER et étudié l'appareil circulatoire des Orthoptères, en particulier des Locustides et des Acridides (*Pachytilus migratorius*, *Caloptenus italicus*, *Locusta viridissima*, *Thamnotrizon*). Il a constaté que le diaphragme supérieur ne présente pas de lacunes et que le sinus péricardique ne peut communiquer qu'en avant et en arrière avec la cavité périviscérale. Quant au cœur, il repose, chez les Locustides, sur le diaphragme, cinq chambres cardiaques abdominales communiquant directement avec la cavité périviscérale par des ouvertures propres, *ouvertures cardio-cœlomiques*, placées à la face inférieure du diaphragme, au sommet de mamelons constitués par un tissu particulier d'aspect spongieux. Chaque chambre possède en outre des ouvertures latérales, *cardio-péricardiales*, communiquant avec la cavité péricardique. Chez les Acridides, la disposition est semblable, mais les orifices cardio-cœlomiques sont continués par des tubes allongés et venant s'ouvrir sur les côtés du corps, dans la cavité générale (1). De plus, chez la Locuste et chez *Pachytilus*, les tubes de Malpighi pénètrent par

(1) Chez *Thamnotrizon*, il y a une seule paire d'orifices cardio-cœlomiques dans le quatrième segment abdominal.

les orifices cardio-cœlomiques dans le vaisseau dorsal et en sortent sur les côtés, par les ouvertures latérales des chambres cardiaques, pour aller se terminer dans le sinus péricardique.

Ampoules pulsatiles. — VAYSSIÈRE (1882) chez les Éphémères, BURGESS (1881) et SELVATICO (1887) chez les Lépidoptères, PAWLOWA (1895) chez beaucoup d'Orthoptères ont décrit, comme dépendance du système circulatoire, des ampoules pulsatiles à la base des antennes. Ces ampoules peuvent se voir à l'état vivant chez les Blattes, sous forme d'un petit renflement clair, jaunâtre, à la base de chaque antenne (fig. 92). Chaque ampoule possède une ouverture munie de valvules communiquant avec le sinus sanguin de la tête, et un orifice dépourvu de valvule à la base du vaisseau antennaire. Les deux ampoules sont réunies par un muscle puissant. Leurs parois sont formées par la membrane basilaire de l'hypoderme et par une membrane anhiste en rapport avec les muscles; entre les deux se trouve une couche de cellules fusiformes striées. Le vaisseau antennaire est percé d'orifices ne pouvant laisser sortir qu'un seul globule à la fois; le sang sorti du vaisseau redescend par des lacunes dans la base de l'antenne. Le nombre des pulsations des ampoules est de 30 à 40 par minute.

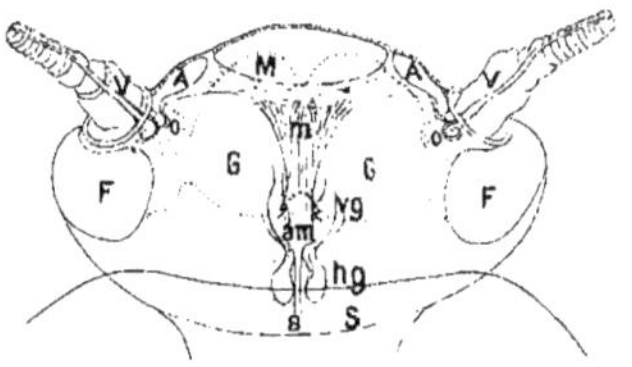

Fig. 92. — Appareil de la circulation dans la tête de la Blatte vu par sa face supérieure.

A, ampoule ; *v*, vaisseau antennaire ; — M, *m*, faisceaux musculaires; *am*, ouverture de l'aorte (*a*); *vg*, ganglion nerveux viscéral antérieur ; *hg*, ganglion postérieur ; — FF, yeux à facettes : *oo*, vestiges des ocelles ; GG, cerveau ; — S, œsophage. (D'après PAWLOWA.)

BEHN (1835) et LOCY (1884) ont également observé des organes pulsatiles dans les pattes des Hémiptères aquatiques (*Nepa*, *Notonecta*, *Gerris*, *Corixa*, *Ranatra*), au niveau de l'articulation du tibia et du fémur, ou du tarse avec le tibia.

Corps graisseux.

Cellules graisseuses. — Le corps adipeux des Insectes est constitué par des amas de cellules arrondies ou polyédriques suivant qu'elles sont plus ou moins serrées les unes contre les autres. Ces amas ont la forme de lames, de cordons, de réseaux bordant de nombreuses lacunes et se trouvent en différents points du corps, en particulier sous la peau et autour des organes. Les cellules adipeuses sont surtout abondantes chez les larves; elles présentent un noyau et une masse protoplasmique contenant de nombreuses gouttelettes graisseuses et des concrétions réfringentes, particulièrement des sels uriques. On trouve ordinairement au voisinage des amas adipeux de nombreuses trachées.

Le corps adipeux paraît jouer un rôle important dans les phénomènes de nutrition des organes. Il est très développé chez les larves et souvent très réduit chez l'adulte. Dans certains Insectes qui présentent encore après la métamorphose un corps graisseux abondant, celui-ci est rapidement résorbé lors du développement des œufs dans l'ovaire, quelque temps avant la ponte.

La présence de nombreuses trachées a fait attribuer au corps adipeux une intervention dans le phénomène de l'hématose. FABRE lui assigna, à cause de la présence des urates dans ses cellules, le rôle de rein d'accumulation; une partie des matières excrémentitielles accumulées auraient ensuite été rejetées par les mues et par les tubes de Malpighi. LANDOIS (1865), se basant sur la richesse en trachées du corps adipeux, le considérait comme un organe respiratoire. MARCHAL (1889), de même que FABRE, le regarde comme le lieu de formation des urates et l'assimile à un appareil excréteur.

Les cellules du corps adipeux renferment quelquefois de petits corps bactérioïdes, trouvés pour la première fois par BLOCHMANN, en 1884, dans les œufs de certains Insectes et qu'on peut observer aussi, chez les mêmes animaux, dans d'autres cellules. Ces petits corps, désignés sous le nom de « corpuscules de BLOCHMANN », ont été trouvés, par exemple, dans les cellules adipeuses des larves de *Pieris* par KORSCHELT, dans le corps adipeux de *Phyllodromia* par BLOCHMANN, de l'*Ectobia* par CUÉNOT et chez d'autres Insectes. BLOCHMANN considère ces corps comme des Bactéries symbiotiques; ils se multiplient par division et résistent à la potasse à chaud comme les Bactéries. Mais on n'a pu réussir à les cultiver. Ces corps que j'ai observés moi-même chez la Blatte, dans l'œuf et dans l'embryon, se retrouvent également dans les grandes cellules colorées du corps adipeux des Aphidiens; ils me paraissent pouvoir être rapprochés de certains cristalloïdes qu'on observe quelquefois en grande quantité dans les tubes de Malpighi des Blattes, où ils sont beaucoup plus volumineux, mais où ils présentent la même forme et les mêmes réactions.

Parmi les cellules qui constituent le corps adipeux de la larve de *Phytomyza chrysanthemi*, j'ai remarqué certaines cellules spéciales renfermant des corps non signalés jusqu'ici chez les Insectes, mais connus chez d'autres animaux sous le nom de *calcosphérites*. Ces cellules ont un diamètre au moins double de celui des cellules adipeuses voisines; les corps qu'elles renferment sont formés de couches concentriques d'une matière qui se dissout dans les acides avec dégagement de gaz, laissant à sa place des parties membraneuses également concentriques. Ces corps, examinés à la lumière polarisée, donnent une croix noire fort nette. Les calcosphérites disparaissent pendant la nymphose, car on ne les retrouve pas chez l'adulte. GIARD a retrouvé ces calcosphérites dans une autre espèce de *Phytomyza*.

Des travaux récents, dus particulièrement à GRABER, BALBIANI, WIELOWIEJSKI, WHEELER, GRANDIS, KOWALEVSKY et CUÉNOT, ont montré que l'on devait séparer du corps adipeux proprement dit plusieurs groupes de cellules ayant des rôles physiologiques entièrement différents, et auxquelles on a donné les noms de *cellules péricardiques*, d'*œnocytes* et de *rate*.

Cellules péricardiques. — Graber a, le premier, signalé sous le nom de cellules péricardiques des cellules ordinairement colorées en rouge, vert ou jaune, situées dans le sinus péricardique de chaque côté du vaisseau dorsal. Ces cellules ont deux ou plusieurs noyaux et des prolongements multiples qui les unissent aux parois du cœur et à celles du diaphragme sous-cardiaque. De nombreuses trachées viennent se terminer parmi ces cellules et Graber avait conclu de ce fait que les cellules péricardiques étaient le siège de l'hématose.

En 1886, Balbiani montra que si l'on injecte du carmin en poudre

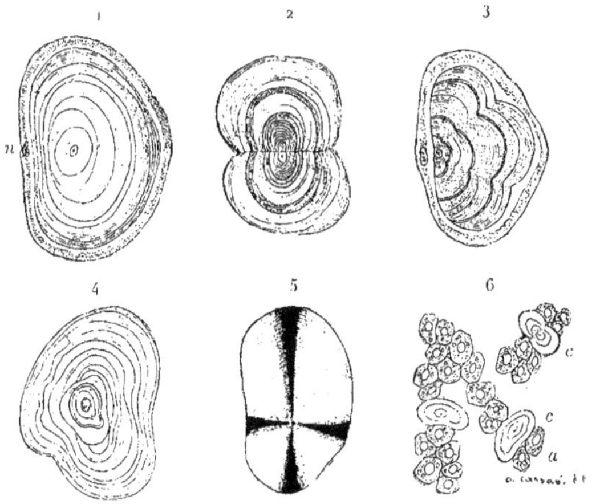

Fig. 93. — Calcosphérites du corps graisseux de la larve de *Phytomyza chrysanthemi*.

1, Calcosphérite examiné à l'état frais, contenu dans une cellule dont le protoplasma est réduit à une mince couche périphérique contenant le noyau, *n* ; — 2, Calcosphérite en forme de bissac ; — 3, Calcosphérite trilobé vu de trois quarts ; les lignes concentriques entourent le hile dans la partie cachée ; — 4, Calcosphérite traité par le liquide de Ripart et Petit ; — 5, Calcosphérite examiné dans la lumière polarisée ; — 6. Fragment du corps adipeux montrant des cellules normales *a* et des cellules renfermant des calcosphérites *c*. (Fig. originale.)

dans le corps d'un Insecte, il s'accumule dans la région des cellules péricardiques, le long du vaisseau dorsal ; il en conclut qu'il y avait là des cellules jouant un rôle phagocytaire vis-à-vis du carmin.

Grandis (1890), en injectant dans le corps des Insectes du carmin d'indigo et du carminate d'ammoniaque, vit que l'indigo est excrété par les tubes de Malpighi tandis que le carminate d'ammoniaque l'est par les cellules péricardiques. Or, comme on le sait, d'après les recherches de Kowalevsky sur les divers groupes d'animaux, il y a lieu de distinguer dans les cellules excrétrices des *éléments à réaction acide*, caractérisés par la faculté d'excréter le carminate d'ammoniaque, et des *éléments* à *réaction alcaline*, caractérisés par la faculté d'excréter le carmin d'indigo. Ainsi, les néphridies des Annélides, les parties des glandes antennaires des Crustacés désignées sous les noms de saccule et de labyrinthe, les glomérules de Malpighi des Vertébrés, la glande péricardique des Mollusques sont des organes excréteurs acides ; la région tubulaire et terminale des glandes antennaires des Crustacés et l'organe de Bojanus des Mollusques sont au contraire des organes excréteurs alcalins. On doit conclure de l'expérience de Grandis que, chez les Insectes, les tubes de Malpighi sont des organes d'excrétion alcalins tandis que les cellules péricardiques sont des organes excréteurs acides. On peut d'ailleurs prouver directement que les cellules des tubes de Malpighi ont une réaction alcaline en les traitant, sur l'Insecte vivant, par le vert d'iode ; celui-ci donne au protoplasma cellulaire une teinte violacée, absolument semblable à celle que prend le même vert d'iode quand on le traite par les alcalis; en les traitant par le sulfo-indigotate de soude, comme l'a fait Grandis, la solution se décolore en traversant les cellules, puis redevient bleue après qu'elle a été rejetée dans le conduit des tubes. Quant aux cellules péricardiques, qui, dans l'expérience de Grandis, excrètent le carmin d'indigo et se comportent comme éléments excréteurs acides, elles n'absorbent pas le carmin en grains, et, dans l'expérience de Balbiani, ce sont les leucocytes mélangés aux cellules péricardiques qui englobent dans leur propre masse les grains de carmin. Seul le carmin dissous se rassemble dans les cellules péricardiques.

Organes spléniques. — Kowalevsky, dans un travail assez récent, a nettement séparé du corps adipeux proprement dit et des cellules péricardiques des groupes cellulaires, auxquels il donne le nom de *rate* et qui n'ont été étudiés que chez les Orthoptères. Il remarqua que si l'on injecte, comme l'avait fait Balbiani, du carmin en poudre ou aussi de l'encre de Chine et des Bactéries dans le corps des Insectes, les granulations se localisent en certains points fixes, dans des cellules particulières, non situées forcément le long du vaisseau dorsal avec les cellules péricardiques ordinaires; ce sont ces cellules que Kowalevsky désigne sous le nom de rate. Chez les *Caloptenus*, par exemple, on trouve deux bandes de ces cellules reposant immédiatement contre la face concave du diaphragme sous-cardiaque. Les deux bandes sont placées symétriquement par rapport au plan de bilatéralité du corps ; chacune d'elles est formée de 3 à 6 assises cellulaires et va en s'amincissant sur ses deux bords latéraux. Ces cellules ont un caractère amiboïde marqué. Chez le *Gryllus*, elles ne s'étendent plus tout le long du corps, mais se retrouvent seulement au niveau des deux premiers segments abdominaux; un prolongement du cœur pénètre au milieu de ces cellules. Chez le *Truxalis*, elles n'existent qu'au niveau du premier segment abdominal.

Cuénot (1895) a étudié également le rôle et la distribution des divers organes excréteurs des Orthoptères. Il vérifia d'abord la réaction alcaline des tubes de Malpighi, en montrant que leurs cellules décolorent la fuschine acide ainsi que l'indigo. Pour distinguer les cellules péricardiques des cellules de la rate, il injecta dans les Insectes un mélange de carminate d'ammoniaque et d'encre de Chine. Le carmin est pris par les cellules péricardiques, tandis que les grains en suspension dans l'encre de Chine sont incorporés par les cellules de la rate. Il constata alors que, chez le *Gryllus*, les amas de cellules péricardiques et les amas de cellules de la rate se trouvent sous forme de bandes triangulaires alternant régulièrement, et au nombre d'une bande de chaque nature dans chaque anneau abdominal. Ces bandes sont dirigées dans le sens transversal, celle des cellules péricardiques étant située en avant et ayant sa pointe vers le vaisseau dorsal et sa base vers le bord du corps ; la bande de cellules de la rate est située derrière la précédente et a une disposition inverse. Chez le *Gryllotalpa*, la disposition est la même, mais les cellules de la rate ne se trouvent que dans les quatre premiers segments abdominaux (fig. 94, A). Chez les Acridides, les deux zones de cellules sont superposées, la zone des cellules de la rate étant sous le diaphragme tandis que celle des cellules péricardiques est au-dessus (fig. 94, B). Chez la Forficule, on trouve une zone de cellules de la rate comprise entre deux zones de cellules péricardiques. La zone supérieure de cellules péricardiques a la forme de deux bandes situées dans le sinus péricardique, une de chaque côté du cœur ; la zone de cellules de la rate et la zone inférieure de cellules péricardiques sont sous le diaphragme cardiaque et sous forme de deux bandes, qui correspondent à chacune des bandes péricardiques. Cette disposition montre que les cellules dites péricardiques peuvent se trouver en dehors du péricarde. Quant aux relations du cœur avec les cellules de la rate, Cuénot les a retrouvées, chez le *Gryllus*, telles que Kowalevsky les avait indiquées, mais il ne les a pas observées dans d'autres types. Cuénot considère les cellules constituant la rate de Kowalevsky comme de simples amas phagocytaires, c'est-à-dire comme des amas de globules sanguins jeunes, ayant pour rôle d'extraire du sang les matières étrangères comme les microbes, ou les particules solides qui peuvent y être introduites.

Œnocytes. — Outre les cellules dont il vient d'être question, on en a signalé d'autres, nommées *œnocytes* par Wielowiejski, qui les découvrit chez les larves de *Chironomus* et de *Corethra*. Chez ces larves, le corps adipeux est formé par deux cordons de cellules de chaque côté du corps ; un cordon externe, riche en globules graisseux et en cristaux, et un cordon interne où les globules graisseux sont rares. On trouve, au niveau de chaque métamère, un groupe de cinq cellules fortement colorées en rouge vineux, dépourvues de granulations et unies par des prolongements aux cordons graisseux externes; ces cellules sont les œnocytes de WIELOWIEJSKI. Elles ont été retrouvées par GRABER et surtout par WHEELER, chez beaucoup d'Orthoptères, les Éphémérides, les Perlides, les Phryganes, les Lépidoptères, les Diptères, c'est-à-dire à peu près

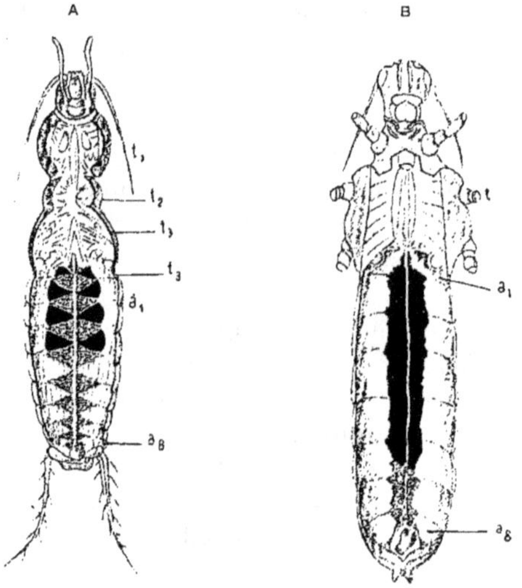

Fig. 94. — Orthoptères ouverts par la face ventrale et dessinés d'après nature, après injection préalable d'encre de Chine broyée dans du carminate d'ammoniaque; les organes phagocytaires, bourrés d'encre de Chine, sont d'un noir intense; les cellules péricardiques ont éliminé le carminate d'ammoniaque et sont représentées en noir plus clair.

A, *Gryllotalpa vulgaris* ♀, un jour après injection cœlomique d'encre de Chine et de picrocarminate d'ammoniaque; $t_1 t_2 t_3$, thorax; a_1, a_8, premier et huitième segments abdominaux; — B, *Acridium ægyptium* ♂, trois jours après injection cœlomique d'encre de Chine et de picrocarminate d'ammoniaque: t, thorax, a_1, premier segment abdominal portant les organes auditifs; a_8, huitième segment abdominal. (D'après CUÉNOT.)

partout. Ces auteurs ont montré, en outre, que les œnocytes sont d'origine ectodermique et qu'ils naissent au niveau des stigmates, soit par délamination de l'ectoderme, soit par la migration de cellules ectodermiques dans l'intérieur du corps; après leur séparation de l'ectoderme ils grossissent encore mais cessent de se diviser. Leur rôle n'est pas connu.

Organes lumineux. — Enfin, on doit rapprocher du corps adipeux les organes phosphorescents de certains Insectes. Ces organes se trouvent surtout développés dans quelques genres appartenant aux familles des Malacodermes et des Élatérides. Chez les Lampyrides, ils se trouvent à la face inférieure des derniers anneaux abdominaux, tandis que chez les Élatérides ils sont situés à la face supérieure des anneaux thoraciques.

Parmi les Malacodermes, les organes lumineux ont été observés dans les genres *Lampyris*, *Pyrolampis*, *Luciola*, *Photuris*, *Megalophthalmus*, *Phosphænus*, *Phosphænopterus*, *Lamprorhisa*, *Amydetes*, *Lamprophorus*, *Photinus*, *Lucidota*, *Lucernula*, *Aspidosoma*, *Cratomorphus*, *Pelania*, *Cladodes*, *Lamprocera*, etc.; parmi les Téléphorides, dans les genres *Phengodes* et *Zarhipis*; parmi les Élatérides, dans les genres *Pyrophorus* et *Photophorus*. On les a signalés également chez quelques Carabides (*Physodera noctiluca*, *Ph. Dejeani* et *Nebria cursor* (?). Enfin quelques observateurs ont indiqué certains Insectes, appartenant à d'autres ordres que les Coléoptères, comme étant phosphorescents, tels seraient deux Éphémérides (*Cænis* et *Teloganodes*), quelques chenilles de Lépidoptères (*Agrotis occulta*, *Mamestra oleracea*), des larves de Diptères (*Culex*, *Chironomus*, *Thyreophora*), etc. Il est probable que ces Insectes lumineux accidentellement devaient leur luminosité à des microbes phosphorescents situés à la surface ou dans l'intérieur de leur corps. R. Dubois a observé nettement la phosphorescence d'une petite Podurelle (*Lipura noctiluca*). Latreille avait indiqué un Bupreste de l'Inde (*B. occllata*) comme présentant des

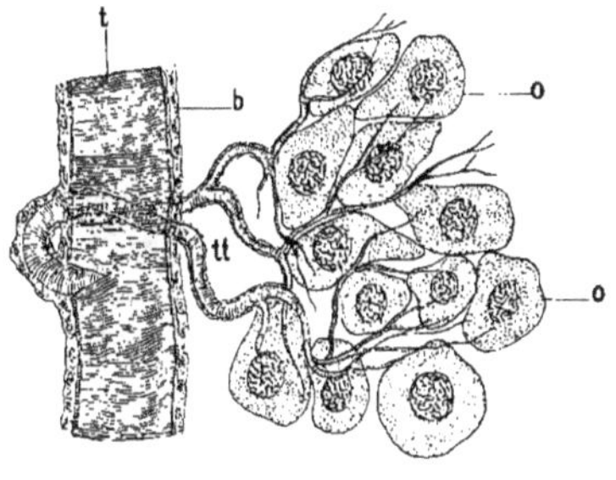

Fig. 95. — Amas d'œnocytes d'une larve avancée de Phrygane.
oo, œnocytes ; *t*, gros tronc trachéen ; *tt*, ramifications trachéennes ; *b*, hypoderme trachéal. (D'après Wheeler.)

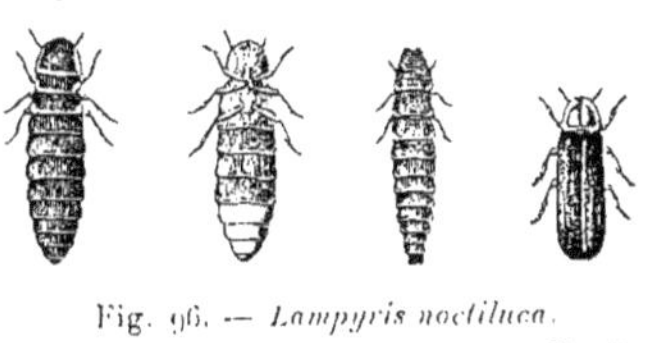

Fig. 96. — *Lampyris noctiluca*.
1, femelle (face dorsale) ; — 2, femelle (face ventrale) ; — 3, larve (face dorsale) ; — 4, mâle (face dorsale) (grandeur naturelle).

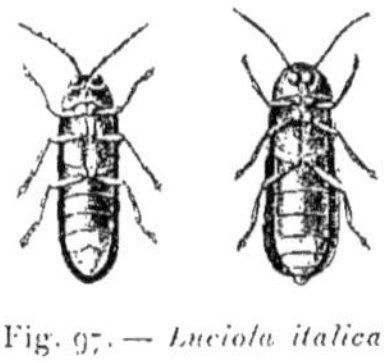

Fig. 97. — *Luciola italica*.
M, mâle ; — F, femelle.

taches lumineuses sur les élytres, et Sibille Mérian (1726) avait décrit le prolongement vésiculaire qui surmonte la tête d'un Hémiptère de Surinam (*Fulgora laternaria*) comme très phosphorescent. Ces faits n'ont pas été confirmés par plusieurs voyageurs et savants qui ont pu observer ces animaux à l'état vivant.

Peters (1841), Kölliker (1857), Max Schultze (1864), Wielowiejski (1882-1889), Emery (1884-85), Dubois (1886), Heinemann (1886), Wheeler (1892), etc., ont étudié la disposition et la structure histologique des organes phosphorescents des Insectes. On les considère généralement comme constitués par des amas de cellules ayant les caractères des cellules graisseuses. Chez le Lampyre, par exemple, on peut distinguer deux couches de cellules dans les amas phosphorescents : une couche dorsale à cellules bourrées de graisse, contenant de l'urate de soude et de la guanine, et une couche ventrale à cellules sans granulations ; de

Fig. 98. — *Photuris transversa.*

Fig. 99. — *Photuris villosa.*

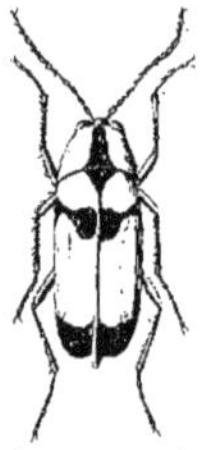

Fig. 100. — *Photuris alternans.*

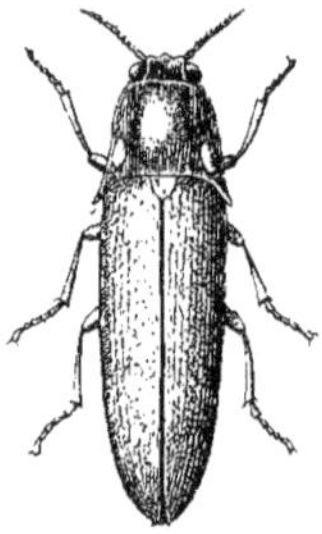

Fig. 101. — *Pyrophorus noctilucus* montrant ses deux lanternes prothoraciques (grandeur naturelle d'un individu de forte taille).

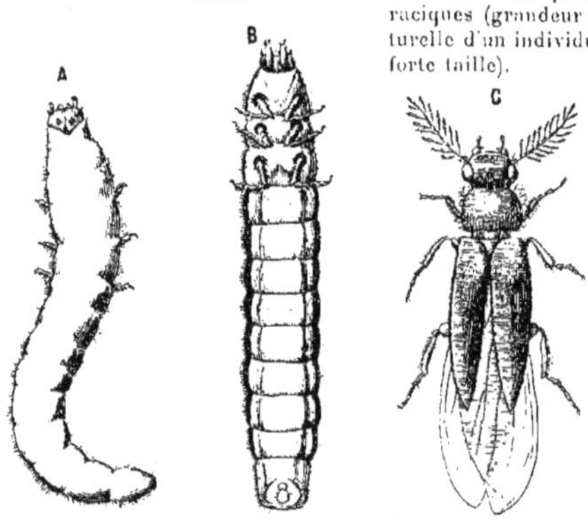

Fig. 103. — *Phengodes laticollis.*
A, larve ; — B, nymphe ; — C, Insecte adulte.

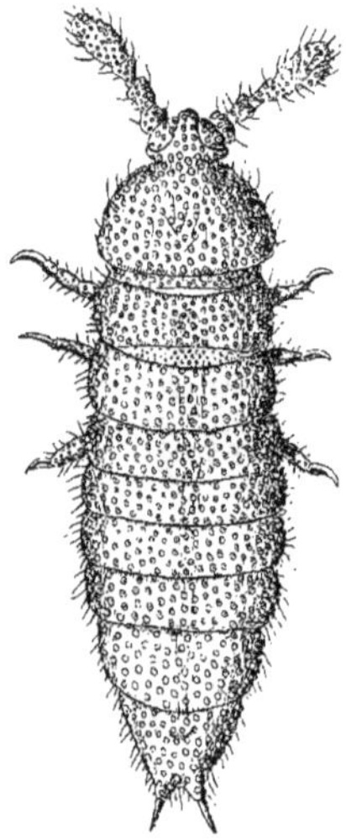

Fig. 102. — *Lipura noctiluca.*

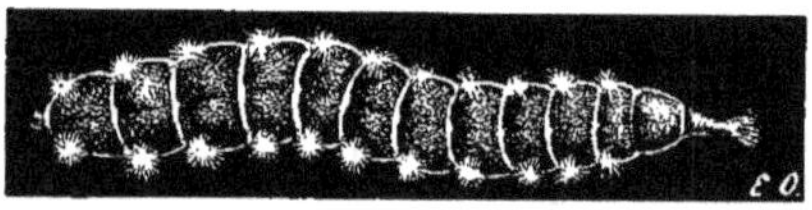

Fig. 104. — Nymphe femelle du *Phengodes laticollis* montrant ses foyers lumineux (gros. 3 fois).

nombreuses trachées arrivent dans cette deuxième couche et paraissent se terminer dans de grandes cellules de forme irrégulière. On n'a pas encore donné d'explication satisfaisante sur la manière dont se produit la phosphorescence.

Suivant R. Dubois, la production de la lumière chez les êtres vivants

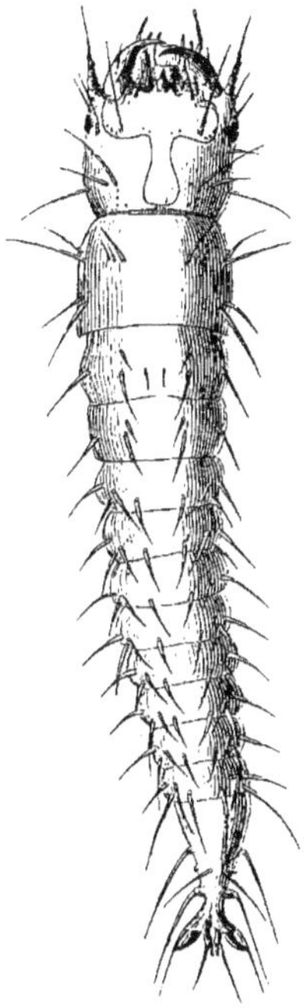

Fig. 105. — Larve de *Pyrophorus noctilucus* au sortir de l'œuf, très grossie.

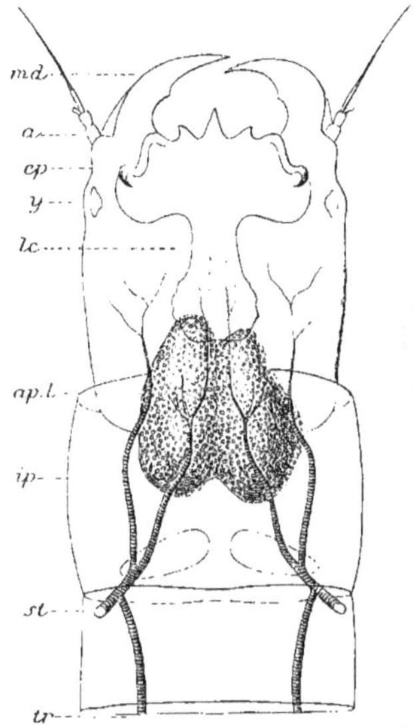

Fig. 106. — Larve de Pyrophore au sortir de l'œuf, appareil lumineux.

md, mandibules ; *a*, antenne ; *cp*, épistome ; *y*, œil ; *lc*, ligne claire ; *apl*, appareil lumineux ; *ip*, insertion de la première paire de pattes ; *st*, niveau du premier stigmate ; *tr*, trachées.

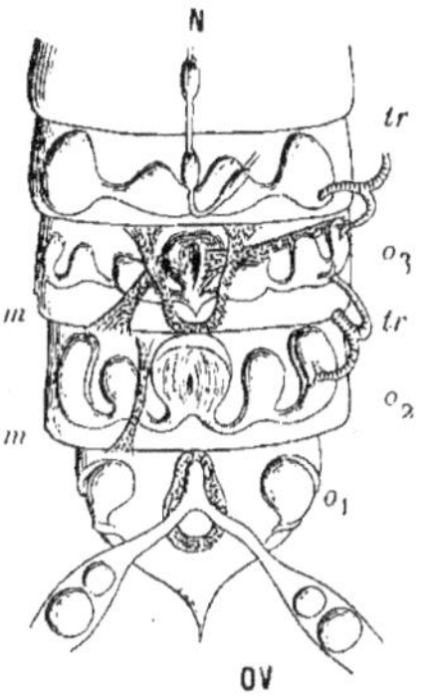

Fig. 107. — Organes lumineux de la femelle du *Lampyris noctiluca*.

N, chaîne nerveuse sympathique, dont l'extrémité inférieure est brisée et relevée ; — OV, ovaires rabattus en arrière ; *tr*, *tr*, trachées ; *m*, *m*, muscles ; o_1, organe lumineux larvaire ; o_2, o_3, organes lumineux femelles.

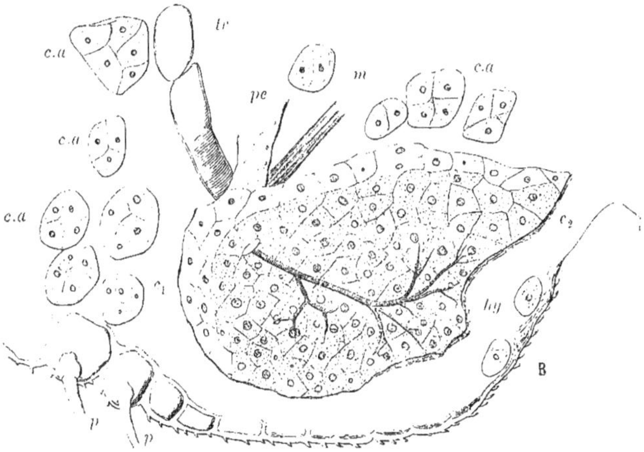

Fig. 108. — Coupe à travers l'un des organes phosphorescents d'une larve de *Lampyris noctiluca*.

B, face inférieure de l'avant-dernier anneau ; *hy*, cellules hypodermiques ; *ca*, *ca*, *ca*, cellules du corps adipeux ; *tr*, tronc trachéen pénétrant dans l'organe et dont la branche principale reparaît avec ses arborisations au milieu de la coupe ; *pe*, pédicule ; *m*, petit muscle moteur de l'organe ; c_1, couche de cellules transparentes ; c_2, masse de cellules granuleuses ; *p*, *p*, poils. (Voir : fig. 63, p. 57.)

résulterait de l'action de deux substances, la *luciférine* et la *luciférase*, qui entrent en conflit en présence de l'eau avec fixation d'oxygène. La luciférine ne serait pas une substance vivante, car elle supporte des températures qui ne sont pas compatibles avec la vie. La luciférase, ayant de nombreuses propriétés communes avec les zymases, pourrait être considérée comme constituée par d'infiniment petites granulations vivantes. Les organes lumineux seraient des glandes internes, issues de l'hypoderme, et dont les éléments subissent une dégénérescence granuleuse suivie de fonte, comme les éléments des glandes ordinaires. A l'état de repos, d'extinction, le sang ne pénètre pas dans l'organe ; au moment où il y entre, la lumière se produit.

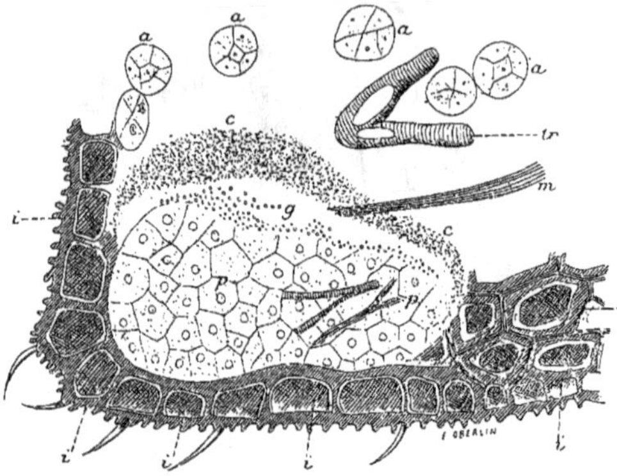

Fig. 109. — Coupe à travers l'organe phosphorescent d'un mâle du *Lampyris noctiluca*.

aa, cellules du corps adipeux ; *tr*, trachée ; *m*, faisceau musculaire ; *c*, couche crayeuse ou radiocristalline ; *g*, granulations libres ; *pp*, couche parenchymateuse ; *ii*, hypoderme avec cloisons chitineuses.

La fonction photogénique s'observe aussi dans l'œuf du Lampyre et du Pyrophore pendant tout son développement. Elle se manifeste même dans les œufs ovariens non fécondés, et paraît avoir pour siège le protoplasma ovulaire et non le vitellus nutritif. Après la formation du blastoderme, ce sont les cellules blastodermiques qui sont le siège de la luminosité.

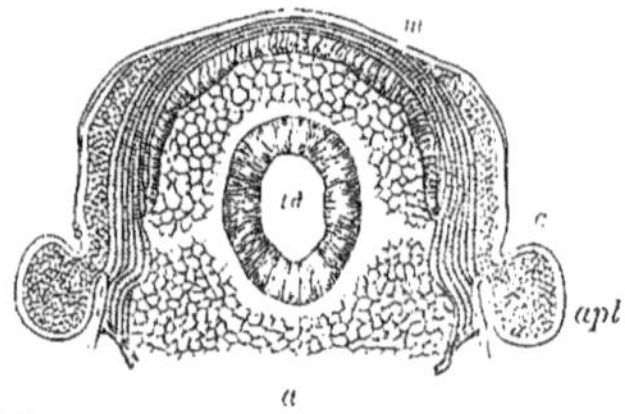

Fig. 110. — Coupe transversale d'un des anneaux abdominaux de la larve du Pyrophore du second âge.

m, masses musculaires ; *apl*, appareil lumineux ; *c*, cuticule ; *a*, tissu adipeux ; *td*, tube digestif.

Il résulte des faits précédents que, même en mettant à part les organes phosphorescents, on doit distinguer dans l'ancien corps adipeux des auteurs au moins quatre sortes de cellules : les cellules adipeuses proprement dites, les cellules péricardiques excrétant les matières dissoutes comme le carmin et se comportant comme un organe excréteur acide, les cellules de la rate qui jouent un rôle phagocytaire et sont sans doute des globules sanguins jeunes, et les œnocytes dont le rôle est inconnu.

Appareil respiratoire.

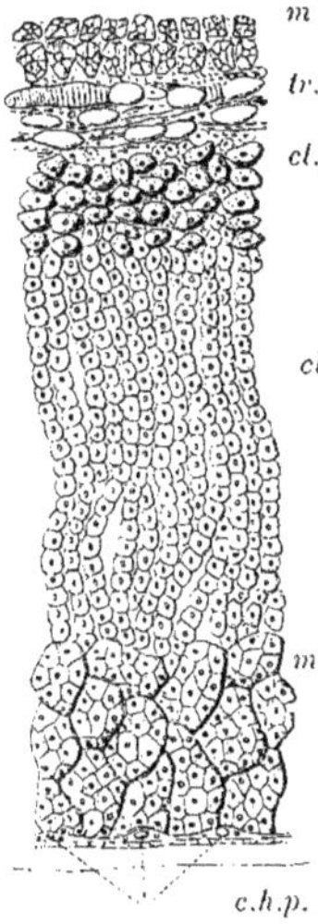

Fig. 111. — Coupe un peu schématisée de l'organe lumineux ventral d'une larve de Pyrophore.

m, masses musculaires; *tr.cc*, couche trachéenne et crayeuse ; *cl.g*, cellules granuleuses de la couche parenchymateuse ; *cl.j*, mêmes cellules plus jeunes ; *m*¹, masses muriformes de jeunes cellules ; *c.h.p*, cellules hypodermiques.

Les premiers observateurs étaient arrivés à cette conclusion que les Insectes ne respiraient pas. C'était l'opinion d'Aristote qui eut cours pendant le moyen âge. Cette manière de voir erronée reposait sur ce fait que beaucoup de ces animaux présentent à l'asphyxie une résistance considérable, et qu'on peut les conserver fort longtemps vivants dans un milieu dépourvu d'oxygène. Malpighi (1669) montra que les Insectes ne se comportaient pas autrement que les autres êtres vivants et présentaient, comme eux, les mêmes exigences vis-à-vis de la fonction respiratoire. Cet habile anatomiste découvrit, chez le Ver à soie, des canaux très nombreux et très ramifiés, tranchant par leur couleur blanche sur les tissus dans lesquels ils sont plongés : ce sont les *trachées*. Elles sont remplies d'air et communiquent avec l'extérieur par des orifices, *stigmates*, disposés sur les côtés du corps. Malpighi, par une série d'expériences, prouva que l'air pénètre bien dans ces trachées et s'assura que, en bouchant les stigmates au moyen d'un corps gras appliqué sur ces orifices, on détermine rapidement l'asphyxie des Insectes.

Ce qui différencie le système respiratoire des Insectes de celui de tous les autres animaux, c'est, comme l'a justement fait remarquer Cuvier, que le sang ne va pas chercher l'air dans des organes spéciaux, mais que, au contraire, c'est l'air qui va à la rencontre du sang dans les différents organes.

Les dispositions du système trachéen, la forme et l'emplacement des stigmates sont très variables, suivant les divers groupes d'Insectes.

Stigmates. — Les stigmates peuvent se trouver sur tous les segments du corps, sauf, chez l'adulte, sur la tête et les deux derniers segments abdominaux.

Ils sont situés sur les parties latérales du corps, dans la partie molle des téguments qui réunit la plaque chitineuse dorsale à la plaque ventrale. Chez les Coléoptères et la plupart des autres Insectes, ils sont plus rapprochés de la face ventrale dans le thorax, et plus rapprochés de la face dorsale dans l'abdomen. En général, les stigmates ont une position intersegmentaire, c'est-à-dire qu'ils se trouvent dans la membrane réunissant deux segments du corps; mais cette situation peut changer par suite de modifications apportées au rapport des pièces squelettiques, dont quelques-unes, surtout dans le thorax, peuvent prendre un grand développement.

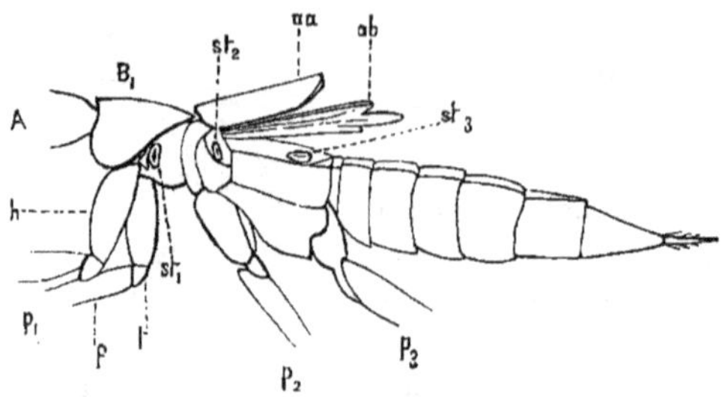

Fig. 112. — *Staphylinus nebulosus*. La tête et les pattes sont coupées.

A, base de la tête; — B_1, prothorax; st_1, st_2, st_3, stigmates; *aa*, élytres; *ab*, ailes postérieures; p_1, p_2, p_3, pattes; *h*, hanche; *f*, trochanter. (Fig. originale de Kolbe.)

Le nombre des stigmates chez la plupart des Insectes est de dix paires. Ce nombre n'est jamais dépassé, excepté peut-être chez le *Japyx*, qui, d'après Grassi, en aurait onze paires; on compte deux ou trois paires sur le thorax, six ou sept paires sur l'abdomen. Mais par suite du raccourcissement de l'abdomen, beaucoup d'Insectes ont moins de dix paires de stigmates.

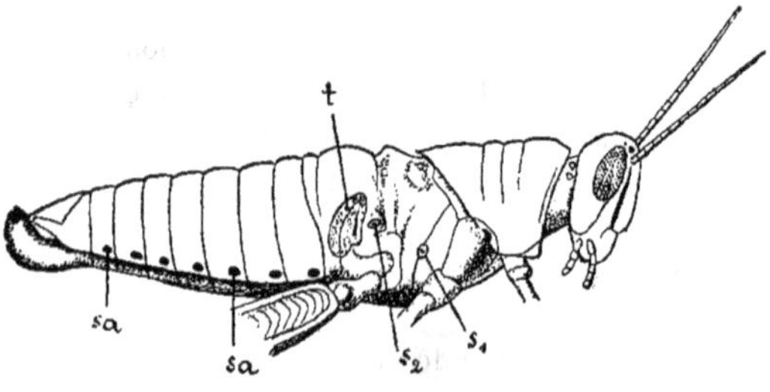

Fig. 113. — *Acridium tartaricum*. Les ailes sont enlevées et les pattes sont coupées.

s_1, stigmate du mésothorax; s_2, stigmate du métathorax; *sa*, stigmates de l'abdomen; *t*, membrane hypodermique de l'organe auditif. (D'après Fischer, fig. empruntée à Lang.)

Trachées. — On peut distinguer deux modes principaux de distribution des trachées. Dans un premier type, de chaque stigmate part un petit tronc qui se réduit bientôt en un grand nombre de trachées de plus en plus fines, se rendant dans les divers organes (Méloïdes, Pentatomides, *Machilis*, etc.). Dans un second type, de beaucoup le plus répandu, les troncs naissant des stigmates sont reliés entre eux par deux grands troncs longitudinaux (communiquant parfois l'un avec l'autre par des anastomoses transversales) desquels se détachent des troncs trachéens secondaires qui se résolvent, comme précédemment, en fines trachées.

Les troncs trachéens peuvent, chez certains Insectes (Lamellicornes), se renfler en vésicules de forme et de volume variables ou même subir

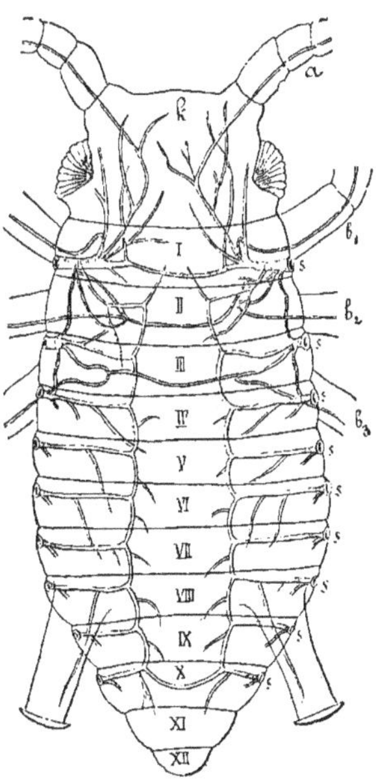

Fig. 114. — Larve à demi développée d'une femelle agame et aptère d'*Aphis pelargonii*. Appareil trachéen vu par la face dorsale.

k, tête ; *a*, antennes ; — I, II, III, segments thoraciques ; — IV à XII, segments abdominaux ; b_1, b_2, b_3, les trois paires de pattes ; *s*, stigmates. (D'après WITLACZIL, fig. empruntée à LANG.)

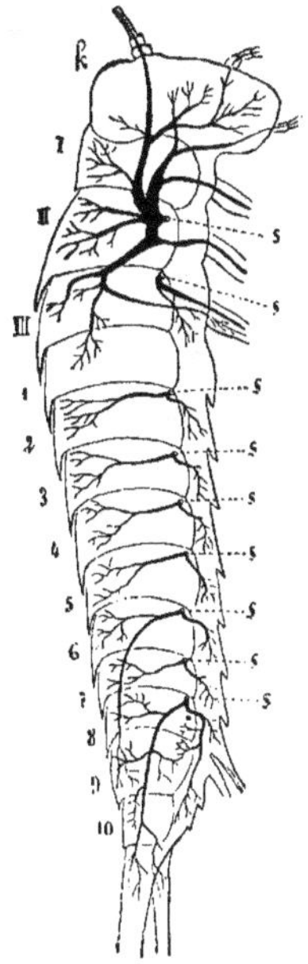

Fig. 115. — Appareil trachéen de *Machilis maritima*, vu de profil ; la partie droite est seule représentée.

k, tête ; — I, II, III, segments thoraciques ; 1 à 10, segments abdominaux ; *s*, stigmates. (D'après OUDEMANS, fig. empruntée à LANG.)

une dilatation considérable qui les transforme en véritables sacs aériens (Mouches, Hyménoptères, Lépidoptères).

Structure des trachées. — La structure des trachées a été étudiée par un grand nombre d'auteurs. On y peut distinguer trois couches : une couche interne, chitineuse, très mince (*intima*) ; une couche moyenne cellulaire (*couche chitinogène*), et une cuticule externe (*membrane basale*). Le caractère le plus saillant des trachées, celui qui saute aux yeux quand on examine ces organes même à un faible grossissement, c'est leur structure spiralée : leur aspect rappelle celui des trachées des végétaux. Cette apparence est due à un épaississement spiral de la couche interne. Le fil spiral n'est d'ailleurs pas spécial aux trachées ; on le retrouve souvent dans les canaux excréteurs des glandes salivaires.

Cette structure ne caractérise que les troncs trachéens d'un certain diamètre ; dans les fines terminaisons, l'épaississement spiral a disparu et la trachée paraît se réduire à son intima. Quant au mode intime de terminaison des trachées, les auteurs ne sont pas d'accord. Les uns, Kupffer (1873), Leydig (1885), pensent qu'elles se terminent librement dans le hyaloplasma même des éléments histologiques. Kölliker, Emery, Wielowiejski admettent au contraire que ces terminaisons s'anastomosent en un réseau intercellulaire. C'est aussi l'opinion de l'un des derniers auteurs qui aient étudié la question, C. W. Wistinghausen (1890), qui n'a pu cependant réussir à injecter ce réseau. Ramon y Cajal (1890), en employant la méthode de Golgi, a vu que, dans les muscles fibrillaires,

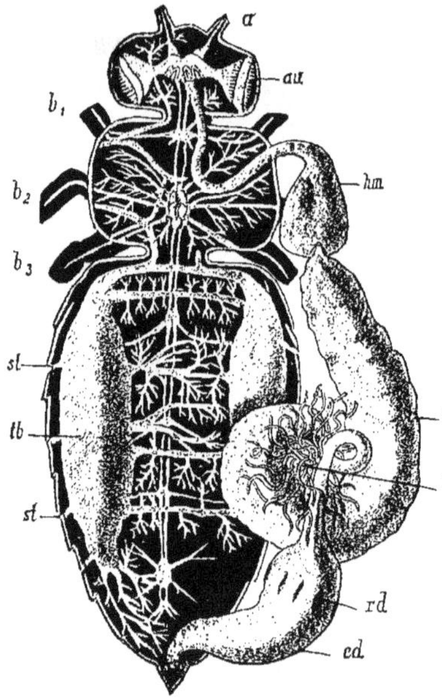

Fig. 116. — Systèmes nerveux, trachéen et digestif de l'Abeille. Seuls les gros troncs trachéens sont représentés. A droite, l'appareil trachéen est en partie supprimé.

Au, œil à facettes ; *a*, antenne ; b_1, b_2, b_3, les trois paires de pattes ; *tb*, portion du tronc trachéen longitudinal renflé en vésicule ; *st*, stigmates ; *hm*, œsophage et jabot ; *cm*, ventricule chylifique ; *vm*, tubes de Malpighi ; *rd*, glandes rectales ; *ed*, intestin terminal. (D'après Leuckart, fig. empruntée à Lang.)

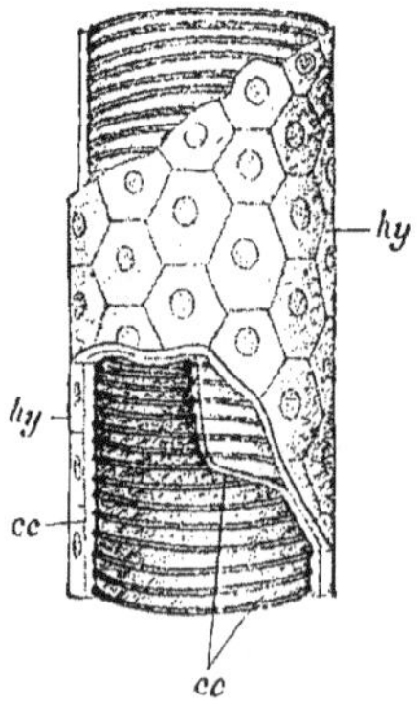

Fig. 117. — Schéma de la structure d'une trachée. On a enlevé en haut et en bas une partie de l'épithélium de la trachée. En bas on peut voir une région où la cuticule est enlevée.

hy, épithélium trachéen ou hypoderme, couche génératrice de la cuticule, *cc*, dont l'épaississement en spirale forme le filament spiralaire trachéen. (Fig. empruntée à Lang.)

il existe un réseau capillaire formé de ramifications trachéennes, tandis que, dans les autres muscles, on trouve des terminaisons libres. On ne sait si ces dernières terminaisons trachéennes renferment de l'air ou sont remplies de liquide. [Voir : HOLMGREN (1896)].

JOANNY MARTIN (1893), en injectant de l'indigo blanc à diverses larves vivantes de Diptères, de Lépidoptères et à des larves de Libellules, a pu constater, après avoir tué les animaux dans de l'eau bien purgée d'air et maintenue à la température de 75°-80° C., que l'indigo était réduit et passait à l'état d'indigo bleu, uniquement autour du réseau des terminaisons trachéennes. Ce qui prouve que les échanges gazeux ne se font qu'à ce niveau. On pourrait peut-être objecter que l'oxydation de l'indigo est sous la dépendance d'une de ces oxydases dont l'existence dans les tissus animaux et végétaux a été montrée à maintes reprises.

PRENANT (1899) a recherché le mode de terminaison des trachées dans des cellules adipeuses modifiées, qui occupent la partie postérieure du corps graisseux des larves de l'Œstre du Cheval; il a désigné ces éléments sous le nom de *cellules trachéales*. Chacun d'eux est une cellule bipolaire recevant par un de ses pôles un ou plusieurs troncs trachéens qui se ramifient dans son intérieur; il présente en son centre un noyau entouré d'une zone protoplasmique striée souvent radiairement, et à peu près dépourvue de filaments trachéens. Au delà de cette zone, le protoplasma forme, dans le reste du corps cellulaire, une masse réticulée ou alvéolaire à mailles plus ou moins fines. Les trachées les plus fines, celles qui ne présentent plus de double contour, se poursuivent dans les travées même du réticulum cytoplasmique; il n'y a entre elles et ces travées aucune ligne nette de démarcation; on ne sait véritablement où finissent les trachées et où commence le cytoplasma.

Appareil de fermeture des stigmates. — Les stigmates des Insectes présentent souvent une constitution assez complexe qui a été étudiée d'abord par STRAUS-DÜRKHEIM (1828), par LANDOIS et THELEN (1866-67) et depuis par KRANCHER (1881), VERSON, CARLET, etc.

Dans un grand nombre d'Insectes, Punaises, Coléoptères, Diptères (dans ces deux cas sur l'abdomen), l'orifice stigmatique est simplement entouré d'un anneau chitineux rond ou elliptique (*péritrème*). Chez d'autres (Orthoptères, Libellulides), en dedans de cet anneau se trouvent des sortes de lèvres chitineuses munies de poils peu abondants.

Beaucoup de Coléoptères et de Papillons ont les lèvres stigmatiques plus ou moins repliées en dedans et munies de poils de formes variables, simples ou ramifiés, isolés ou enchevêtrés les uns dans les autres de façon à constituer un feutrage servant à arrêter les poussières, lors de la pénétration de l'air dans les trachées. En arrière du stigmate se trouve un appareil d'occlusion dont la disposition est très variable, mais qui peut se ramener au schéma suivant (fig. 118). Il se compose de trois pièces chitineuses, articulées entre elles, entourant le tronc trachéen comme un anneau et pouvant le comprimer en se rapprochant. De ces trois pièces, l'une, en forme de demi-anneau, embrasse la moitié de la trachée ; la seconde, de forme triangulaire, s'articule par l'un de ses angles avec la première : l'un de ses côtés repose sur la trachée; l'autre, perpendiculaire à la surface du tronc trachéen, donne insertion à un muscle dont les fibres s'insèrent par leur extrémité opposée sur la troisième pièce chitineuse, en forme de baguette, qui complète l'anneau en s'articulant

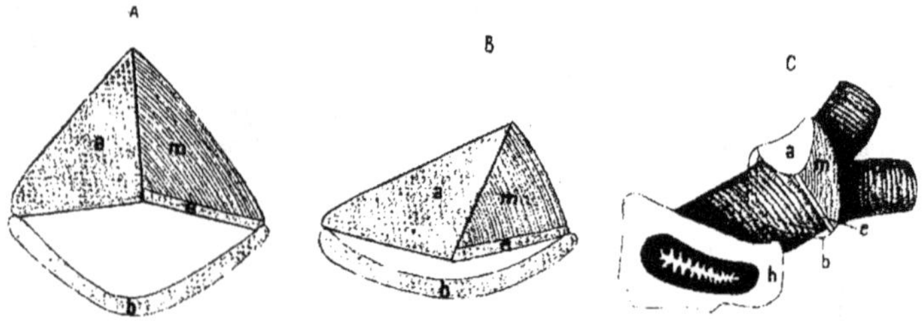

Fig. 118. — Schéma de l'appareil de fermeture des trachées.

A, appareil de fermeture ouvert ; — B, le même fermé ; — C, trachée avec son appareil. L'appareil consiste en trois pièces chitineuses *a*, *b*, *e*, formant un anneau autour de la trachée ; l'une des pièces, *b*, est aussi longue que les deux autres ensemble; *a*, pièce triangulaire ; *b*, pièce en arc de cercle ; *e*, pièce en bâtonnet ; *m*, muscle ; *h*, stigmate. (D'après Judeich et Nitsche.)

d'un côté avec la pièce triangulaire, de l'autre avec la pièce semi-annulaire. Quand le muscle se contracte (fig. 118, B), les deux pièces qu'il réunit basculent et se rapprochent de la concavité de la pièce semi-annulaire, comprimant ainsi le tronc trachéen, dont la lumière se trouve plus ou moins oblitérée.

La présence de cet appareil obturateur explique la résistance à l'asphyxie signalée depuis longtemps chez les Insectes. Lorsque l'animal se trouve dans un milieu délétère, il ferme ses stigmates et peut rester longtemps sans respirer. C'est ainsi que le Hanneton peut demeurer immergé dans l'eau trois jours et même davantage, tomber en état de mort apparente et revenir assez rapidement à la vie lorsqu'il est sorti de l'eau. On a remarqué que pour tuer des Insectes avec un gaz toxique, ce gaz ne doit se trouver qu'en petite quantité, sans quoi, si l'air renferme une trop grande proportion de gaz irrespirable, les animaux, fermant complètement leurs stigmates, cessent de respirer. L'occlusion des orifices stigmatiques n'est pas seulement un moyen de défense contre des gaz irrespirables, il joue également un rôle important dans la respiration normale. On sait depuis longtemps, et surtout depuis les recherches de Plateau, que c'est à la suite de contractions périodiques des muscles abdominaux, amenant une diminution des diamètres transversal et vertical de l'abdomen, que l'air est expulsé des trachées. L'inspiration est au contraire passive et résulte du relâchement desdits muscles. Pour que l'air pénètre

jusque dans les dernières terminaisons trachéennes, il faut que les stigmates se ferment au début de l'expiration afin que la pression exercée sur les gros troncs aériens puisse vaincre la résistance des fines ramifications trachéennes. Les grandes vésicules aériennes, si développées chez certains Insectes (Hyménoptères), jouent un rôle pendant l'accouplement. La pression de l'air dans ces vésicules, après la fermeture des stigmates, en agissant sur les viscères abdominaux, favorise l'évagination du canal éjaculateur.

Respiration des Insectes aquatiques. — Un assez grand nombre d'Insectes mènent une vie aquatique, soit à la fois à l'état larvaire et à l'état adulte, soit seulement à l'état larvaire. Il faut distinguer parmi eux deux catégories : 1° ceux qui respirent l'air en nature ; 2° ceux qui respirent l'air dissous dans l'eau, comme le font la grande majorité des animaux aquatiques. Aucun Insecte adulte n'appartient à cette dernière catégorie qui ne comprend que des formes larvaires, possédant un appareil respiratoire spécial, de véritables organes branchiaux, que nous étudierons avec la morphologie des larves. Nous ne considérerons ici que les Insectes adultes aquatiques. Ceux-ci, comme les Mammifères amphibies, sont obligés de venir respirer de temps en temps à la surface de l'eau : tels sont les Dytiscides, les Gyrinides, les Hydrophilides, les Parnides, les Punaises aquatiques, etc. Les Coléoptères aquatiques emportent généralement sous l'eau une provision d'air, sous forme d'une couche étendue entre les élytres et le dos, ou retenue sur la face ventrale par un revêtement de poils très fins ; c'est dans cette couche d'air que s'ouvrent les stigmates, et l'animal respire alors comme il le ferait à l'air libre. Les Nèpes et les Ranâtres, outre leurs stigmates latéraux, possèdent à l'extrémité de l'abdomen une paire de stigmates s'ouvrant à la base d'un tube formé par deux longs appendices creusés en gouttières et accolés : l'Insecte amène l'extrémité de ce tube à la surface de l'eau pour respirer.

Sharp (1878) a déterminé, pour un certain nombre de Coléoptères aquatiques, le temps moyen pendant lequel ils restent immergés dans l'eau, celui pendant lequel ils demeurent à la surface de l'eau pour effectuer leur provision d'air, et il a établi le rapport de la durée de l'immersion à celle de la prise d'air. Voici quelques-uns des résultats qu'il a obtenus :

Pelobius Hermanni : durée de l'immersion, 21 3/4 minutes, durée de la prise d'air, de 1 à 20 secondes : en général, 3 secondes. Rapport de la durée de la prise d'air à celle de l'immersion : 1 : 375.

Hyphydrus ovatus : immersion, 14 1/6 minutes; prise d'air, 1 à 25 secondes. Rapport : 1 : 111,5.

Hydroporus pictus : immersion, 30 2/3 minutes; prise d'air, 2 secondes. Rapport : 1 : 1577.

Hydroporus Gyllenhali : immersion, 12 minutes; prise d'air, 1 à 32 secondes. Rapport : 1 : 97,25.

Noterus sparsus : immersion, 10 1/2 minutes; prise d'air, 1 à 22 secondes. Rapport : 1 : 76 1/3.

Laccophilus obscurus : immersion, 6 2/3 minutes; prise d'air, 40 2/3 secondes. Rapport : 1 : 9 5/6.

Agabus bipustulatus : immersion, 13 1/3 minutes; prise d'air, 47 2/3 secondes. Rapport : 1 : 19,1.

Acilius sulcatus : immersion, 2 3/4 minutes; prise d'air, 12 1/4 secondes (le plus long intervalle entre deux prises d'air a été de 6 minutes et la plus longue prise d'air de 50 secondes). Rapport : 1 : 13 2/3.

Dytiscus marginalis : immersion, 8 1/3 minutes; prise d'air, 54 secondes. Rapport : 1 : 9 1/3. Pour le Dytique femelle le rapport est 1 : 13 4/5.

Sharp a constaté, dans toutes les espèces qu'il a examinées, que la respiration est plus active chez le mâle que chez la femelle.

Insectes marins. — Beaucoup d'Insectes à respiration aérienne, sans être adaptés à la vie aquatique comme les animaux indiqués ci-dessus, habitent cependant le bord des eaux douces ou salées et peuvent passer une partie de leur existence immergés. Les plus intéressants à ce point de vue sont ceux qu'on rencontre au bord de la mer. Plateau (1890) a dressé une liste assez complète de ces Insectes à laquelle nous empruntons l'énumération des espèces marines :

Coléoptères : Carabides; plusieurs espèces de *Pogonus* et de *Perileptus; Aëpus Robini* (1), *marinus, gracilicornis; Thalassobius testaceus;* plusieurs espèces de *Dyschirius* et de *Bembidium; Cillenum laterale; Tachys scutellaris.*

Hydrophilides : *Ochthebius marinus.*

Staphylinides : *Bledius tricornis, spectabilis; Micralymma brevipenne* (2), *Dicksoni; Philonthus; Aleochara; Diglossa.*

Ténébrionides : *Trachyscelis aphodioïdes; Phaleria cadaverina.*

Chrysomélides : *Hæmonia zosteræ, Gyllenhali.*

Hémiptères : Hétéroptères : *Aëpophilus Bonnairei.*

Coccides : *Ripersia maritima; Chionaspis spartinæ.*

Diptères : *Actora æstuum; Chironomus marinus.*

Thysanoures : *Anurida maritima; Lipura debilis; Isotoma crassicauda* (*Actaletes Neptuni* Giard), *Is. littoralis, maritima; Xenilla maritima; Machilis maritima; Campo-*

---

(1) L'*Aëpus Robini* présente, dans la constitution de son appareil respiratoire, une particularité remarquable. A l'extrémité de l'abdomen, il a deux sacs aériens en rapport avec les stigmates ; de ces sacs partent les troncs trachéens (fig. 120). Cette disposition permet probablement à l'animal de faire une certaine provision d'air qui lui sert pendant sa submersion, en outre de la couche d'air qui adhère aux poils recouvrant la surface du corps.

(2) Laboulbène a constaté que cet Insecte résiste pendant cinq jours à l'immersion dans l'eau de mer et que, contrairement à l'opinion reçue, la couche d'air qui le revêt d'habitude ne lui est pas indispensable. En supprimant cette couche d'air par le brossage à l'aide d'un pinceau, l'animal peut rester sous l'eau pendant très longtemps.

dea staphylinus; ces deux dernières espèces habitent une zone supérieure rarement baignée par la mer.

Cette liste est loin d'être complète. Ainsi que l'a fait remarquer PLATEAU, les Coléoptères d'eau douce peuvent résister indéfiniment dans l'eau de mer; il en est de même d'autres Insectes, tels que les Diptères à l'état larvaire. On trouve, en effet, dans les marais salants, dont l'eau dans certains compartiments est saturée de sels, une faune entomologique très variée, renfermant plusieurs espèces de Gyrinides, des larves de Diptères nombreuses, entre autres des larves de *Stratiomys*, quelquefois en quantité considérable; ces larves vivent dans les eaux à tous les degrés de salure.

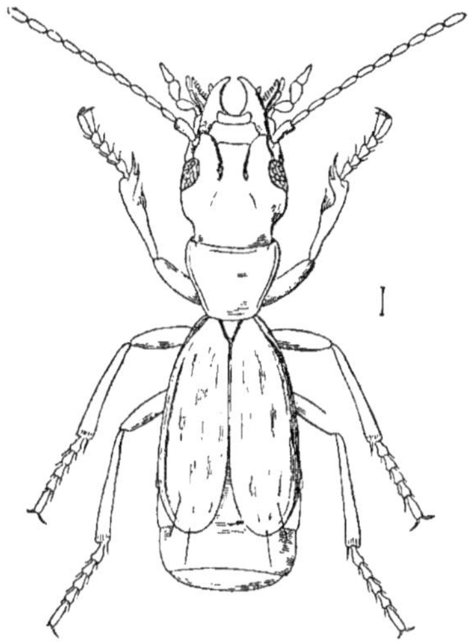

Fig. 119. — *Aëpus Robini.* (Fig. empruntée à MIALL.)

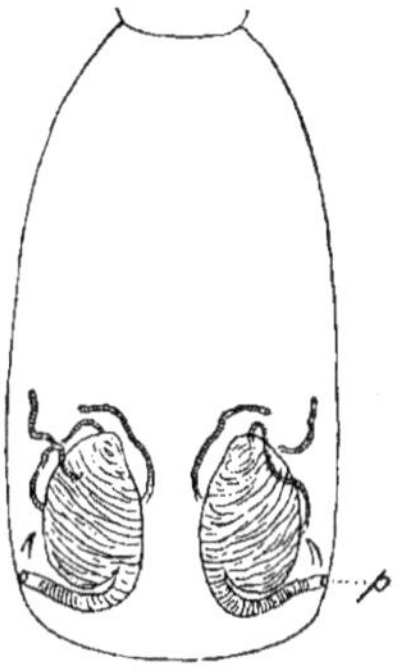

Fig. — 120. Sacs aériens abdominaux de l'*Aëpus Robini.* (Fig. empruntée à MIALL.)

Résistance à l'asphyxie par submersion. — PLATEAU (1872) a déterminé la résistance à l'asphyxie par submersion pour un certain nombre d'Insectes à vie aérienne et à vie aquatique. Les résistances *maxima* qu'il a observées ont été :

INSECTES AÉRIENS

Aphodius fimentarius	50 h	30
Melolontha vulgaris	63	
Carabus auratus	71	36
Agelastica alni	72	
Hylobius abietis	96	
Oryctes nasicornis	96	
Geotrupes stercorarius	96	

INSECTES AQUATIQUES

Gyrinus natator	3 h	
Agabus bipustulatus	6	10
Haliplus elevatus	11	5
Hydroporus palustris	15	30
Hyphydrus ovatus	21	
Dytiscus marginalis	65	30

Les Insectes aquatiques résistent moins à la submersion que les terrestres. Cette différence paraît tenir à ce que les premiers, maintenus artificiellement sous l'eau, se donnent beaucoup de mouvement, étant pourvus d'organes de natation. Cette activité doit être accompagnée d'une grande dépense du côté respiratoire. L'Insecte aérien, maintenu au contraire dans l'eau, demeure immobile.

Vestiges de branchies chez les Insectes adultes. — Bien que les Insectes adultes ne respirent que l'air en nature par leurs stigmates, et que la respiration branchiale ne s'observe que chez les larves, on trouve cependant des vestiges de branchies chez certains Insectes adultes dont les larves sont aquatiques. Cette intéressante découverte est due à Newport qui, en 1844, trouva sur une espèce de Perlide du Canada, le *Pteronarcys regalis*, treize paires de petites houppes filamenteuses siégeant à la face inférieure du thorax et des deux premiers segments de l'abdomen. En 1851, il fit connaître d'autres espèces de *Pteronarcys (P. biloba, puteus, californica, frigida)* de l'Amérique du Nord, et une espèce de Sibérie *(P. reticulata)*, présentant la même particularité.

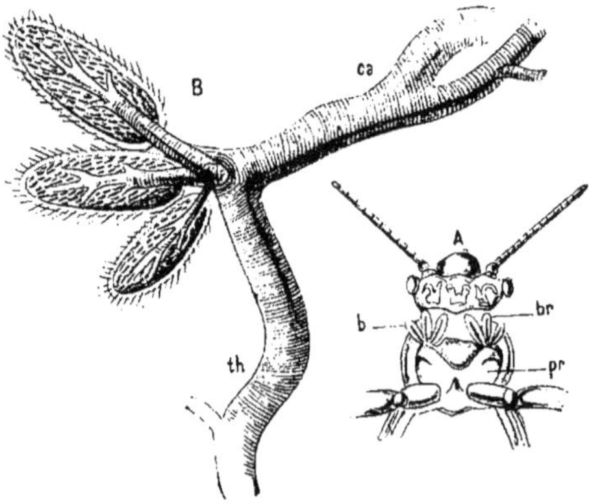

Fig. 121.

A, partie antérieure du corps du *Nemoura lateralis*, vue par la face inférieure; *pr*, prosternum; *b*, *br*, appendices branchiaux; — B, les trois appendices branchiaux de l'un des côtés du corps, isolés du thorax et en rapport avec une trachée *th*, venant du thorax et se rendant à la tête *ca*. (D'après Gerstäcker.)

Gerstäcker (1873), dans un travail sur les Pseudorthoptères amphibiotiques, signala de nouveaux Insectes présentant des rudiments de branchies à l'état d'imago. Une Perlide du Chili, *Diamphipnoa lichenalis*, présente, sur les quatre premiers anneaux de l'abdomen, quatre paires de branchies, en forme de petites masses à cinq lobes. Chaque lobe est constitué par des filaments spongieux, mous, recevant un tronc trachéen. L'Insecte possède en même temps trois paires de stigmates sur le thorax et des stigmates abdominaux, sauf sur les segments qui portent les branchies. Parmi les Perlides d'Europe, abondantes dans les régions montagneuses où il existe des cascades près desquelles l'eau est réduite en poussière, Gerstäcker a trouvé quelques espèces pourvues de branchies; chez le *Nemoura lateralis* et le *N. cinerea*, il existe à la face ventrale du premier segment thoracique deux paires de trois vésicules en forme de boudins, renfermant un tissu cellulaire riche en terminaisons trachéennes; l'animal est muni également de stigmates. Chez *Perla marginata* et *cephalotes*, à la partie postérieure des six stigmates thoraciques, on trouve trois petites plaques chitineuses portant à leur face inférieure et sur leurs bords de nombreux petits filaments très courts.

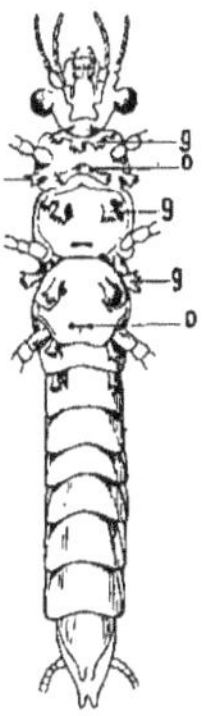

Fig. 122. — Face inférieure du corps du *Pteronarcys regalis* adulte.
g, houppes branchiales; *o*, orifices sternaux. (D'après Newport.)

Hagen (1880) a décrit chez une autre Perlide, *Dictyopteryx signata*, une paire de tubes branchiaux à la partie inférieure de la tête et une autre paire entre la tête et le prothorax. Des espèces d'*Euphæa*, Odonates des Indes, dont les larves portent des branchies latérales sur l'abdomen, conservent les branchies à l'état adulte.

Palmen (1877) a montré que les adultes de quelques Hydropsychides conservent des rudiments des filaments branchiaux larvaires. Le même auteur a fait observer que les branchies internes du rectum des larves d'*Æschna* persistent chez l'adulte, mais ne servent plus à la respiration.

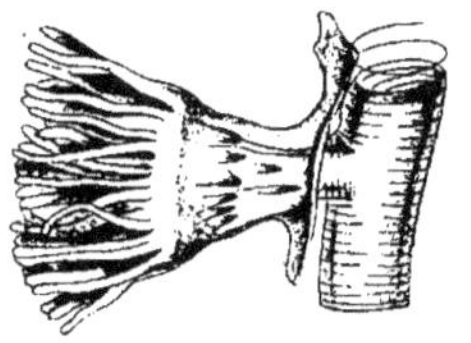

Fig. 123. — Branchie isolée et en rapport avec un tronc trachéen de *Pteronarcys regalis*. (D'après Newport.)

Enfin Murray (1866) et Wood-Mason (1878) ont vu que chez certaines Prisopines, de la famille des Phasmides (Orthoptères), qui vivent dans l'eau, *Cotylosoma dipneusticum*, il existe, près des stigmates du mésothorax, de petites lamelles qui fonctionnent probablement comme branchies, quand les stigmates sont fermés pendant que l'Insecte est sous l'eau. Le *Prisopus flabelliformis* du Brésil, qui se tient durant le jour sous l'eau, a des pattes aplaties et garnies de franges qui serviraient à la respiration.

Il est probable que les appareils branchiaux, rudimentaires, observés chez les Insectes adultes que nous venons d'énumérer, ne sont que des restes d'organes larvaires, ne servant pas, en général, chez l'adulte, à la respiration. Ils sont comparables aux branchies externes de certains Tritons adultes des lacs froids de la Suisse, observés par DE FILIPPI, qui existent en même temps que les poumons, mais qui ont perdu leur rôle physiologique.

CHAPITRE III

FONCTIONS DE RELATION

Système musculaire.

Disposition des muscles — Le système musculaire des Insectes est très développé et sa disposition générale correspond à la segmentation du corps. Chaque métamère est relié à celui qui le précède et à celui qui le suit par un système pair dorsal et un autre ventral de faisceaux musculaires intersegmentaires. Les organes passifs du mouvement, pièces chitineuses rigides qui constituent le squelette, étant, à l'inverse de ce qui existe chez les Vertébrés, à la surface externe du corps et représentant des segments de tube, c'est dans l'intérieur de ces tubes que sont situés les muscles. Malgré cette différence d'insertion des fibres musculaires, les mouvements des diverses pièces squelettiques, les unes par rapport aux autres, s'effectuent de la même manière que chez les Vertébrés, par la contraction et le relâchement simultanés des muscles antagonistes.

Le système musculaire présente une disposition plus simple et plus primitive dans les larves que dans les adultes, chaque segment du corps possédant à peu près les mêmes faisceaux musculaires. Lyonnet, dans la chenille du *Cossus ligniperda*, a compté 1 646 faisceaux musculaires pour l'ensemble des anneaux du corps, non compris les muscles de la tête et ceux du dernier segment. Chez l'adulte, par suite du développement des ailes, les muscles des segments thoraciques perdent leur arrangement primitif et il existe des muscles spéciaux pour les mouvements des ailes et des pattes.

Structure des muscles. — Les muscles des ailes sont opaques et de couleur jaunâtre, gris-jaunâtre ou brune ; ceux des membres et ceux des autres parties du corps sont transparents et d'aspect gélatineux.

La structure histologique des muscles des Insectes mérite que nous

nous y arrêtions. Ces éléments peuvent se rapporter à deux types. Un premier, de beaucoup le plus répandu, réalisé dans tous les muscles du corps, à l'exception de ceux des ailes, reproduit dans ses traits essentiels, la structure des muscles des Vertébrés. Chaque faisceau musculaire est entouré d'un sarcolemme à la surface duquel se ramifient les trachées. Il est constitué par un cylindre de fibrilles contractiles, striées transversalement, et d'un canal central rempli de protoplasma plus ou moins granuleux renfermant des noyaux. Dans le second type, qui est spécial aux ailes des Insectes volants (Diptères, Hyménoptères, Lépidoptères, Névroptères, Éphémérides, Hémiptères, nombreux Orthoptères et Coléoptères), les faisceaux musculaires sont dépourvus de sarcolemme et les fibrilles extrêmement fines se groupent en petits faisceaux entre lesquels pénètrent les trachées et séparés les uns des autres par de très

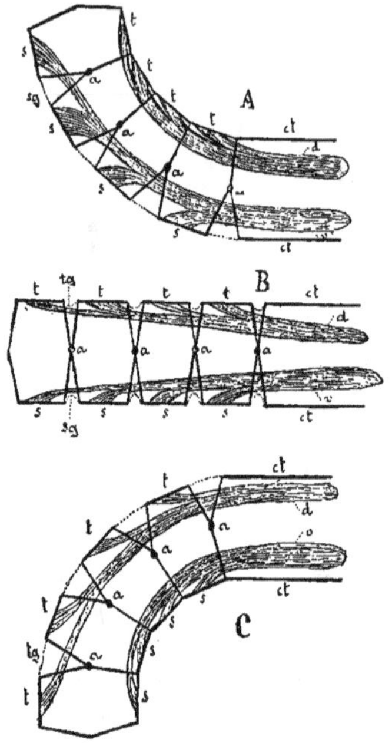

Fig. 124. — Schéma destiné à démontrer le mécanisme des mouvements du corps segmenté d'un Arthropode, formé d'un grand segment (*ct*) et de quatre petits. Les lignes pleines indiquent les limites de l'exosquelette ; les membranes interarticulaires sont représentées par des lignes ponctuées.

a, articulation de deux segments connectifs ; *t*, pièce tergale de l'exosquelette ; *s*, pièce sternale ; *d*, muscles dorsaux longitudinaux extenseurs (et fléchisseurs dans le sens opposé) ; *v*, muscles longitudinaux ventraux fléchisseurs ; *tg*, membranes interarticulaires dorsales ; *sg*, membranes sternales. — En B, les segments sont en ligne droite : état de repos. — En A, extension de la partie mobile du corps par suite de la contraction des muscles longitudinaux-dorsaux. — En C, flexion par suite de la contraction des muscles ventraux. (Fig. empruntée à Lang.)

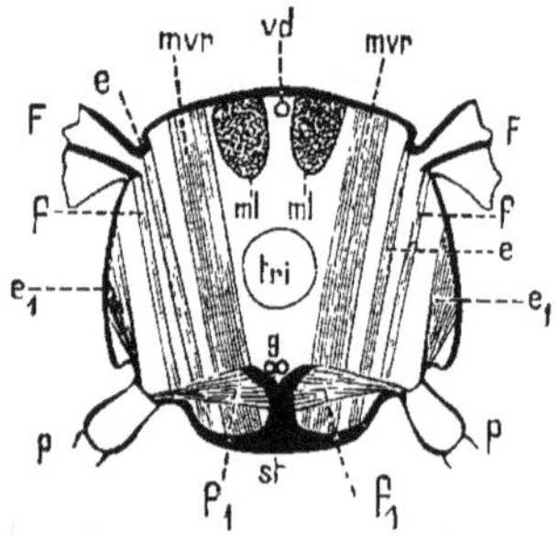

Fig. 125. — Coupe schématique à travers le thorax d'un Insecte.

F, ailes (la partie basilaire est seule représentée) ; *st*, sternum avec son apodème fourchu supportant le système nerveux (*g*) ; *vd*, vaisseau dorsal ; *tri*, intestin ; *mvr*, muscles indirects du vol, longitudinaux ; *e*, extenseurs des ailes ; *f*, fléchisseurs des ailes ; *p*, pattes (partie basilaire) ; e_1, extenseurs des pattes ; *f*, fléchisseurs des pattes. (D'après Graber, fig. empruntée à Kolbe.)

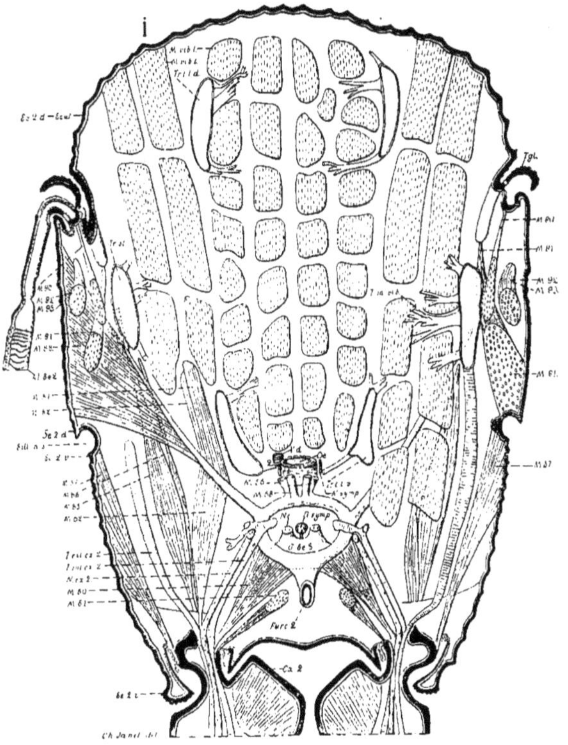

Fig. 126. — *Myrmica rubra* (reine). Tranche passant par l'articulation de l'aile et par l'articulation de la coxa du mésothorax, comprenant l'anneau formé de la pièce mésothoracique et montrant la disposition des muscles dans cette région.

Al.sc.2, aile mésothoracique; *Cx.2*, coxa de la 2ᵉ paire de pattes; *Furc.2*, furca mésothoracique; *G.symp*, ganglion sympathique; *M.vib.l*, muscle vibrateur longitudinal; *M.vib.t*, muscle vibrateur transversal; *M.57* à *M.93*, muscles; *Nc*, connectif de la chaine nerveuse; *N.symp*, nerf sympathique; *Œ*, œsophage; *Scut*, scutum; *Sc.2*, mésothorax; *S.M.n.s*, sillon dorsoventral; *I.ext.cx* et *I.int.cx*, trachées externe et interne d'une coxa; *T.st*, trachée stigmatique; *Tr.t.l.d* et *Tr.t.l.v*, troncs trachéens longitudinaux dorsal et ventral; *Vd*, vaisseau dorsal. (Fig. originale de Janet.)

fines granulations réfringentes, plongées dans une substance interstitielle homogène.

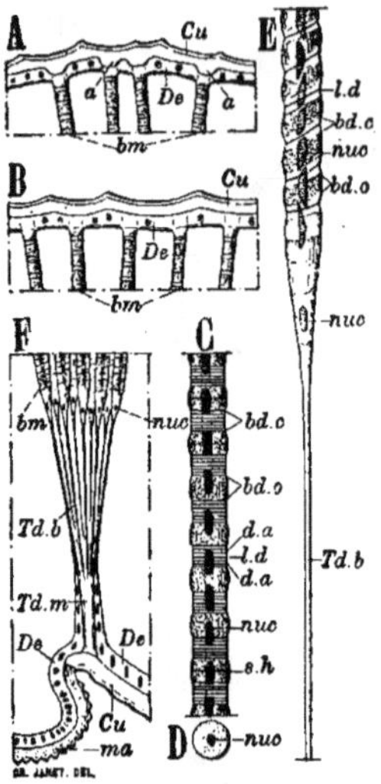

Fig. 127. — *Myrmica rubra*. A, B, F, gr. 200 ; C, D, E, gr. 400.

A, B, insertions, sur la cuticule chitineuse du squelette tégumentaire, de fibres musculaires divergentes ; — C, fragment d'une fibre musculaire fixée et colorée ; — D, coupe transversale d'une fibre musculaire, vue à un faible grossissement ; — E, tendon d'une fibre musculaire ; — F, tendon d'un muscle.

Explication des lettres communes aux figures 127, 128, 130, 131 : *a*, tubercule faisant saillie à la face interne de la cuticule, au droit de l'insertion d'une fibre musculaire ; *bm*, fibre musculaire ; *bd.c*, bande claire ; *bd.o*, bande obscure ; *Cu*, cuticule chitineuse du squelette tégumentaire ; *De*, hypoderme ; *d.a*, disques accessoires ; *l.d*, ligne de Dobie correspondant à un étage de filaments rayonnants ; *ma*, membrane articulaire à surface chagrinée ; *nuc*, noyaux musculaires ; *sh*, strie de Hansen, souvent absente ; *Td.b*, tendon d'une fibre musculaire ; *Td.m*, tendon d'un muscle ; *Sarc*, sarcolemme ; — N, nerf ; — T, trachée. (Fig. originale de Janet.)

L'étude de la structure intime des fibres musculaires a été faite avec beaucoup de soin par Ranvier (1880), Van Gehuchten (1886), Janet (1895), etc.

« Chez les Fourmis, les Guêpes et les Abeilles, d'après Janet, chaque muscle est formé d'un groupe de fibres divergentes partant d'un tendon. La cavité de ce tendon et l'hypoderme qui le recouvre témoignent de son mode de formation par invagination du tégument. Le tendon se divise en fines tigelles terminées chacune par une cupule dans laquelle vient s'insérer une fibre. Quelquefois les cupules sont sessiles (fig. 128).

« Chaque fibre doit être considérée comme étant une cellule à nombreux noyaux. Le sarcolemme de la fibre représente la membrane cellulaire. Le tube formé par le sarcolemme est gonflé par une substance de remplissage, qui consiste en une masse semi-fluide, hyaline, homogène, riche en myosine, fortement biréfringente et dans laquelle sont plongés les filaments longitudinaux et les filaments rayonnants qui constituent la partie structuée de la fibre.

« Les *filaments longitudinaux* sont continus et disposés régulièrement les uns à côté des autres, parallèlement à l'axe de la fibre (fig. 129). Les *filaments rayonnants* sont disposés suivant des surfaces régulièrement espacées (réseau transversal de Van Gehuchten), dont la tranche sur les fibres vues de côté correspond à la ligne décrite par Dobie. Les filaments rayonnants relient entre eux les filaments longitudinaux, puis vont s'attacher au sarcolemme et produisent sur lui une traction qui se

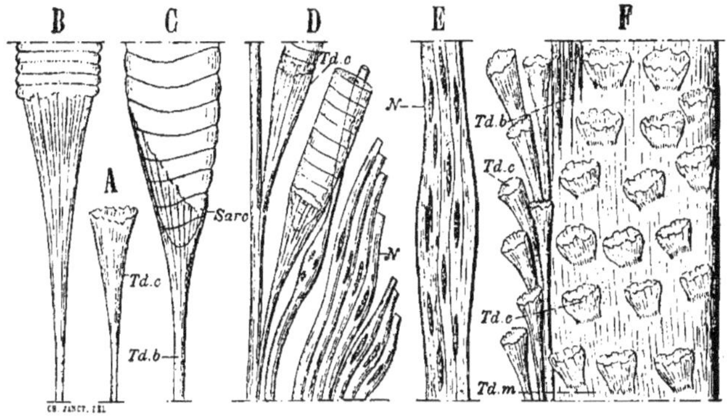

Fig. 128. — *Vespa crabro*, ouvrière, fixée par la chaleur et l'alcool quelques heures après son éclosion. Muscle adducteur des mandibules.

A à E, gross. 425; — F, gross. 212; — A, cupule terminale du tendon d'une fibre; — B, C, union de fibres avec leur tendon; — D, branche du tendon d'un muscle émettant, sur ses côtés, des tendons de fibres. Cette branche est accompagnée de nombreuses ramifications nerveuses; — E, fragment du nerf qui fournit les ramifications de la fig. D; — F, fragment du tendon du muscle adducteur des mandibules. On voit, à gauche, des cupules terminales de tendons de fibres; à droite, sur le corps du tendon, des cupules sessiles, dont chacune forme l'attache d'une fibre. Les fibres musculaires n'ont pas été représentées pour ne pas surcharger la figure. (Fig. originale de JANET.)

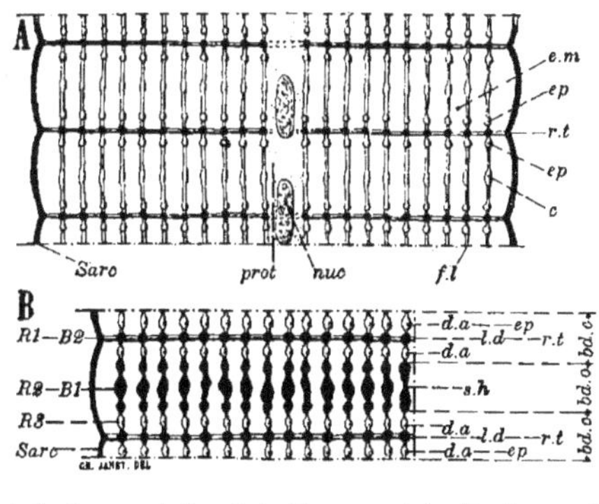

Fig. 129. — Schéma de la structure intime de la fibre musculaire d'un Insecte (Voir Van Gehuchten).

A, tronçon de fibre à l'état naturel; *Sarc*, sarcolemme; *fl*, filaments longitudinaux; *rt*, réseau transversal produisant en coupe optique la ligne de Dobie (*l.d*); *ep*, épaississements des filaments longitudinaux, voisins du réseau transversal et correspondant à ce que l'on appelle disques accessoires (*da*); [*c*, épaississements exceptionnels de la partie moyenne des trabécules longitudinales]; *em*, enchylème; *nuc*, noyaux multiples de la fibre musculaire; *prot*, protoplasma entourant les noyaux; — B, tronçon après traitement par l'eau chaude, l'alcool et l'hématoxyline: *bdo*, bande obscure; *bdc*, bande claire; *sh*, strie de Hansen, souvent plus foncée, parfois plus claire que les parties voisines; R_1, R_2, R_3, réseaux de 1er, de 2e et de 3e ordres de Retzius; B_1, B_2, réseaux de 1er et de 2e ordres de Bremer. (Fig. originale de JANET.)

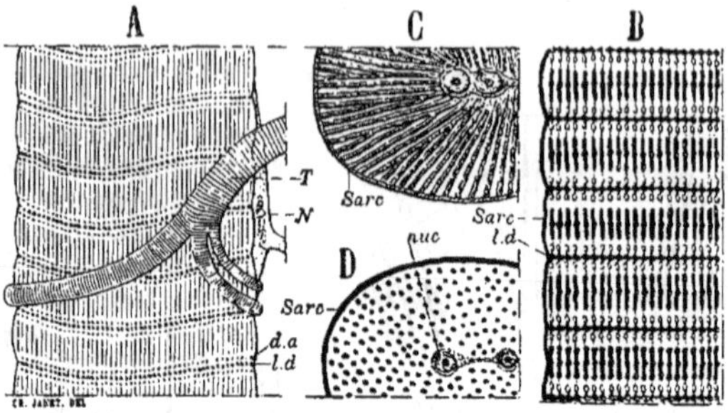

Fig. 130. — *Vespa crabro*, ouvrière, fixée par la chaleur et l'alcool quelques heures après son éclosion.

A, gross. 425 ; — B à D, gross. 850 : — A, fibre musculaire des muscles moteurs des mandibules, traitée pendant dix minutes par la potasse à 1 p. c. ; — B, fibre du même muscle, non traitée par la potasse, colorée à l'hématoxyline ; — C, vue, à plat, d'un disque, la mise au point étant faite au niveau d'un étage de filaments rayonnants ; — D, vue, à plat, d'un disque, la mise au point étant faite au niveau des bâtonnets. (Fig. originale de JANET.)

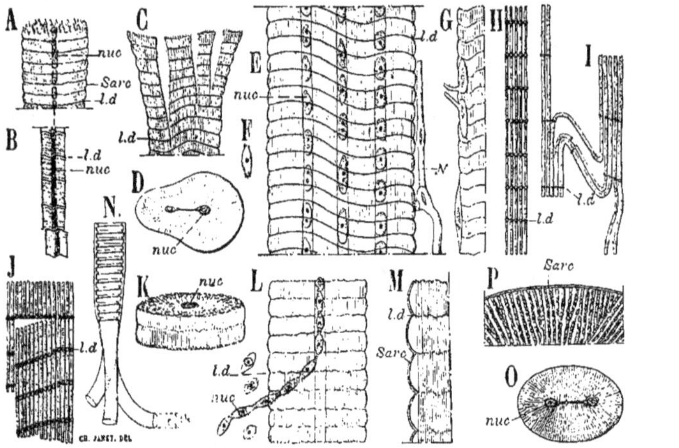

Fig. 131. — *Vespa crabro*, ouvrière, peu après son éclosion ; fixation par la chaleur, durcissement par l'alcool, coloration par l'hématoxyline ; — I, N, P, gross. 1700 fois ; — H, J, M, gross. 850 fois ; les autres figures gross. 425 fois.

A à C, muscles moteurs du scape de l'antenne ; — D à P, muscles moteurs de la 3ᵉ cuisse ; — A et B, les deux extrémités, à des états de contraction bien différents, d'une même fibre. D'un côté les stries transversales sont rapprochées, de l'autre elles sont très écartées ; — C, cassure écrasée d'un brin présentant un aspect fibreux par suite de la rupture des filaments rayonnants et de la dissociation des filaments longitudinaux ; — D, disque musculaire, à deux files de noyaux, vu à plat ; — E, brin musculaire à trois files de noyaux ; — F, un noyau accompagné de protoplasma coagulé, sorti d'une cassure du brin musculaire précédent ; — G, terminaisons nerveuses, très rapprochées les unes des autres, sur un même brin musculaire ; — H, filaments longitudinaux régulièrement recouverts de substance coagulée, et formant, dans toute la masse de la fibre, des filaments continus ; — I, filaments fortement dissociés ; — J, filaments longitudinaux montrant le commencement d'une des ruptures transversales qui isolent des disques ; — K, vue oblique d'un disque, obtenu par dissociation, d'un brin à section circulaire, à une file axiale de noyaux. Ce fragment comprend trois étages de filaments rayonnants ; — L, brin musculaire à une file de noyaux. A la partie inférieure les noyaux sont sortis par une fente longitudinale de la fibre et sont restés reliés en chaîne ; — M, bordure d'un brin musculaire dans lequel il y a un espace clair assez large entre le sarcolemme et les bâtonnets ; — N, passage de la partie annelée des trachées aux capillaires à cuticule lisse ; — O, disque elliptique provenant d'une fibre à deux files de noyaux et montrant un étage de filaments rayonnants ; — P, fragment très fortement grossi du bord d'un disque vu à plat. (Fig. originale de JANET.)

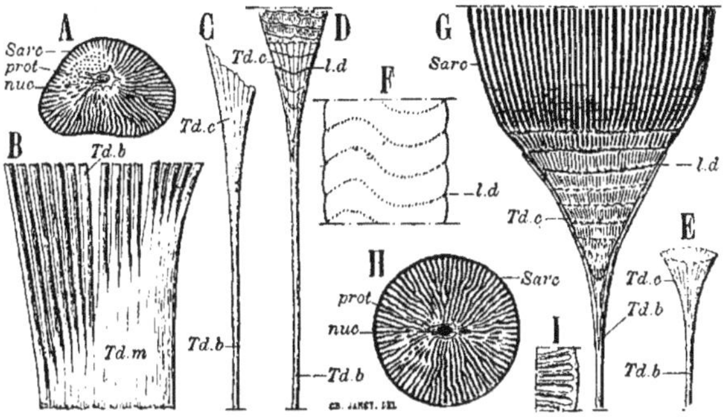

Fig. 132. — *Camponotus ligniperdus*, ouvrière à grosse tête, muscle adducteur des mandibules. Gross. 500.

A, fibre fixée, *in situ* dans l'animal, par l'eau chaude et l'alcool. Un disque isolé, vu à plat, montrant un réseau transversal et, en une place, des filaments longitudinaux vus en bout ; — B à F, muscle traité par la potasse à 1 p. c. pendant 10 m. ; — B, fragment du grand tendon ; — C, D, E, cornets terminaux des tendons des fibres ; — F, fragment de fibre ne laissant voir que son sarcolemme et les granulations des réseaux transversaux ; — G à I, fibres traitées par l'eau chaude, l'alcool et l'hématoxyline, *in situ* dans l'animal ; — G, onde de contraction au contact du cornet terminal du tendon. Sauf au voisinage immédiat de ce dernier, la striation transversale est devenue tout à fait invisible, tandis qu'on voit une striation longitudinale très nette ; — H, disque circulaire, vu à plat ; — I, fragment, plus grossi (Gross. 1000), de la bordure d'un disque. *Nuc*, noyaux de la fibre ; *Td.m*, tendon du muscle ; *Td.b*, tendons des fibres ; *Td.c*, cornets terminaux ; *Sarc*, sarcolemme ; *prot*, protoplasma ; *l.d*, ligne de Dobie. (Fig. originale de Janet.)

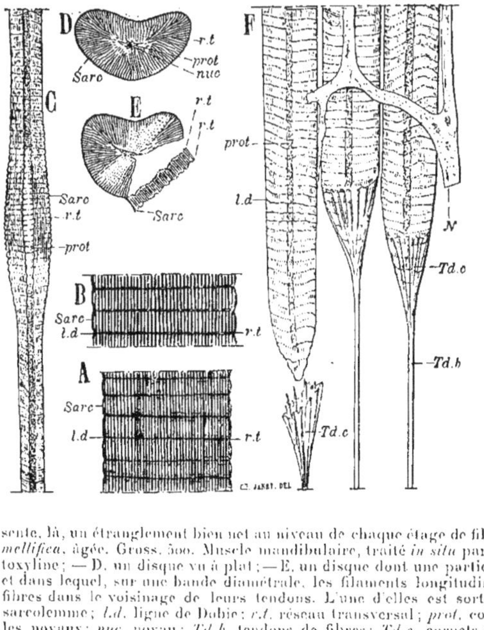

Fig. 133. — A et B, *Xylocopa violacea*, femelle, fixée par l'alcool. Gross. 500.

Fragments de muscles montrant les filaments longitudinaux régulièrement épaissis par suite de la coagulation ; — C, *Apis mellifica*, sur le point d'éclore, fixée par la chaleur et l'alcool, non colorée, gross. 250. Une fibre présentant une onde de contraction. Les noyaux de la fibre ne sont pas nettement distincts, mais la colonne protoplasmique dans laquelle ils sont logés et qui est dilatée au droit de l'onde, présente, là, un étranglement bien net au niveau de chaque étage de filaments rayonnants ; — D à F, *Apis mellifica*, âgée. Gross. 500. Muscle mandibulaire, traité *in situ* par l'eau chaude, l'alcool et l'hématoxyline ; — D, un disque vu à plat ; — E, un disque dont une partie rompue se montre par la tranche et dans lequel, sur une bande diamétrale, les filaments longitudinaux sont vus en bout ; — F, trois fibres dans le voisinage de leurs tendons. L'une d'elles est sortie de son cornet d'attache ; *Sarc*, sarcolemme ; *l.d*, ligne de Dobie ; *r.t*, réseau transversal ; *prot*, colonne protoplasmique renfermant les noyaux ; *nuc*, noyau ; *Td.b*, tendons de fibres ; *Td.c*, cornets terminaux ; — N, nerf musculaire. (Fig. originale de Janet.)

traduit fréquemment par des sillons annulaires. La substance de remplissage joue un rôle nutritif pour les filaments longitudinaux et rayonnants qui y baignent.

« Les filaments longitudinaux sont contractiles sous l'influence de l'excitation nerveuse. Sous l'influence de cette excitation, ils se contractent localement sur eux-mêmes, rapprochent les unes des autres les surfaces correspondantes aux lignes de Dobie et compriment la substance de

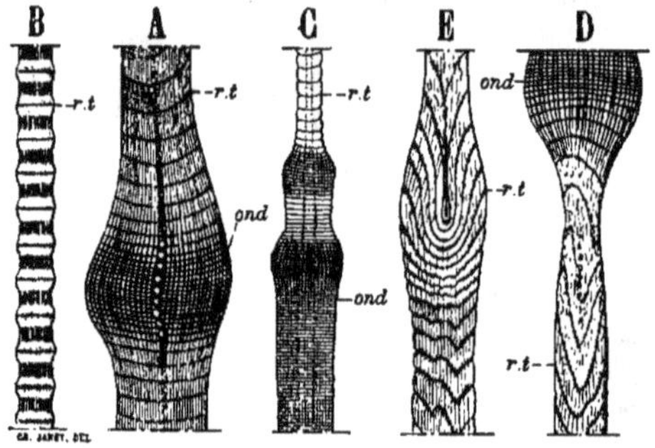

Fig. 134. — *Vespa crabro*, reine âgée, fixée à la fin de son agonie par l'eau chaude et l'alcool. Muscle mandibulaire. Fibres présentant, malgré la cessation de tout mouvement apparent de l'animal, de nombreuses ondes de contraction ; — C, gross. 125, les autres figures gross. 250.

A, onde très courte ; — B, une fibre extrêmement étirée par suite de l'existence, en d'autres points de son parcours, de longues ondes de contraction. Par suite de l'étirement, la fibre est cylindrique dans les zones obscures formées par les bâtonnets, et renflée dans les zones claires au milieu desquelles on voit le réseau transversal *r.t* ; — C, succession de deux ondes contiguës ; — D, une onde progressant de haut en bas et produisant un étirage extrêmement considérable de la partie vers laquelle elle s'avance ; — E, étirage, analogue à celui de la figure précédente, dans la région vers laquelle arrive une onde ; *r.t*, réseaux transversaux (Dobie's Linie) ; *ond*, ondes au niveau desquelles la fibre prend toujours un aspect de striation longitudinale qui peut aller jusqu'à faire disparaître toute apparence de striation transversale. (Fig. originale de Janet.)

remplissage qui gonfle latéralement le sarcolemme. Il en résulte une sorte de contraction qui progresse en s'éloignant du point qui a reçu l'excitation et attire violemment vers elle les filaments à la région qu'elle va atteindre.

« Les filaments rayonnants, formés d'une substance extraordinairement élastique, servent à maintenir les filaments longitudinaux, à leur transmettre l'excitation nerveuse et à les ramener à leur place lorsque, après s'être contractés, ils ont repris la longueur qu'ils ont au repos.

« Sur la fibre vivante, vue de côté, les filaments longitudinaux sont peu visibles, mais l'ensemble des filaments rayonnants et des renflements qui constituent les disques accessoires forme une accumulation de substance monoréfringente qui, par une sorte d'irradiation, produit de minces bandes claires au travers de la fibre à laquelle la substance de remplissage, formée d'une substance biréfringente, donne un aspect sombre (Van Gehuchten). Les filaments rayonnants et les nœuds de rencontre décrivent au milieu des bandes claires des lignes granuleuses (lignes de Dobie) (1). »

Système nerveux.

Système nerveux central. — Le système nerveux des Insectes est constitué sur le même type que celui des autres Arthropodes, c'est-à-dire qu'il consiste en une *chaîne ganglionnaire ventrale* en rapport avec un *collier* ou *anneau œsophagien*. Dans ce collier, on distingue une partie située au-dessus du tube digestif, *cerveau* ou *ganglions cérébroïdes*, réunie par des commissures latérales aux *ganglions sous-œsophagiens*.

Théoriquement, la chaîne nerveuse est double. Elle comprend une paire de ganglions par métamère, les ganglions d'une même paire étant réunis transversalement par deux *commissures* et les paires de ganglions étant reliées entre elles dans le sens longitudinal par des *connectifs*. Cette disposition primitive est très nette chez l'embryon (fig. 136). Mais la duplicité de la chaîne s'efface presque complètement chez la plupart des Insectes par suite de la disparition des commissures, résultant de la fusion des ganglions d'une même paire. En outre, le nombre des paires de ganglions de la chaîne est presque toujours inférieur à celui des métamères, parce qu'il se produit une coalescence d'un certain nombre de ces ganglions dans le sens longitudinal. Le système nerveux des larves, comme nous le verrons plus loin, est en général plus voisin du type primitif que celui des Insectes adultes. Ainsi on retrouve la double chaîne nerveuse dans la larve du *Timarcha*.

La coalescence longitudinale des ganglions porte sur certaines parties de la chaîne plus communément que sur d'autres. Presque toujours les ganglions correspondant aux deux ou trois derniers segments de l'abdomen sont confondus en une seule masse ou très rapprochés les uns des autres. Très souvent, les trois paires de ganglions thoraciques sont fusionnées en une masse nerveuse volumineuse dans le mésothorax (Diptères, Lépidoptères, Hyménoptères, Névroptères et beaucoup de Coléoptères). On observe de nombreuses variations dans la disposition des ganglions abdominaux, variations qui ont été bien étudiées par Blanchard et Ed. Brandt (1875-1879). On peut trouver tous les intermédiaires

(1) L'existence de fibres musculaires lisses chez les Insectes est encore controversée ; Hagen (1880) a signalé des muscles lisses dans les branchies caudales des larves de certains Odonates (*Euphæa*). Vosseler (1891) a décrit, chez plusieurs Insectes, principalement dans le tube digestif, des muscles incomplètement striés ; il a constaté, de même que Eimer (1888), que les muscles inactifs peuvent perdre leur striation.

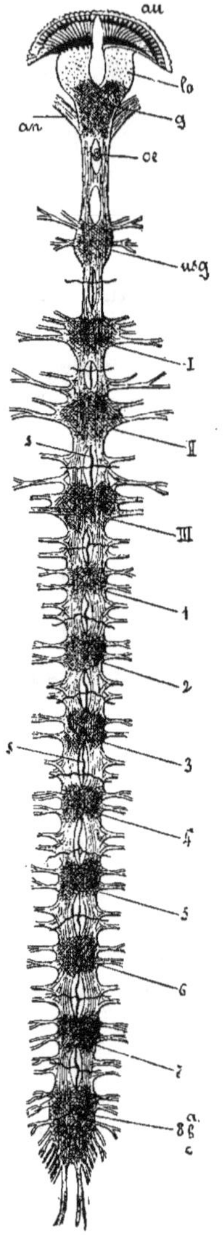

Fig. 135. — Système nerveux central de *Machilis maritima*.

au, œil ; *lo*, lobe optique ; *g*, cerveau ; *an*, nerf antennaire ; *œ*, œsophage ; *usg*, ganglions sous-œsophagiens ; — I à III, ganglions thoraciques ; 1 à 8, ganglions abdominaux, le dernier (8) étant formé de la soudure de trois ganglions *a*, *b*, *c* ; *s*, système nerveux sympathique accolé à la chaîne. (D'après Oudemans, fig. empruntée à Lang.)

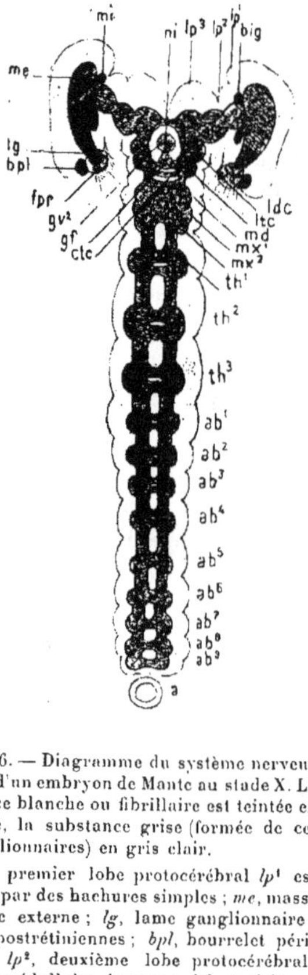

Fig. 136. — Diagramme du système nerveux central d'un embryon de Mante au stade X. La substance blanche ou fibrillaire est teintée en gris foncé, la substance grise (formée de cellules ganglionnaires) en gris clair.

Le premier lobe protocérébral lp^1 est distingué par des hachures simples ; *me*, masse médullaire externe ; *lg*, lame ganglionnaire ; *fpr*, fibres postrétiniennes ; *bpl*, bourrelet périlaminaire ; lp^2, deuxième lobe protocérébral ; *mi*, masse médullaire interne ; lp^3, troisième lobe protocérébral ; *ldc*, lobe deutocérébral ; *ltc*, lobe tritocérébral ; *ctc*, commissure tritocérébrale ; *gf*, ganglion frontal ; gv^2, deuxième ganglion viscéral impair ; *ni*, nerf viscéral impair sectionné ; *md*, ganglion mandibulaire ; mx^1, ganglion de la mâchoire ; mx^2, ganglion de la lèvre inférieure ou deuxième mâchoire ; th^1, th^2, th^3, premier, deuxième, troisième ganglions thoraciques ; ab^1, ab^2, ab^3, ab^4, ab^5, ab^6, ab^7, ab^8, ab^9, premier, deuxième, troisième, quatrième, cinquième, sixième, septième, huitième, neuvième ganglions abdominaux ; *a*, anus ; *big*, bourrelet intraganglionnaire. (D'après Viallanes.)

entre un type élémentaire à ganglions distincts (Éphémères) et un type concentré tel que celui qu'on observe chez le *Rhizotrogus solstitialis*, où tous les ganglions, même les ganglions sous-œsophagiens, sont situés dans le thorax.

Brandt (1876) a vu que le mode de fusion des ganglions abdominaux peut varier suivant le sexe chez certains Hyménoptères. Ainsi il existe six ganglions abdominaux chez les femelles et les ouvrières des Bour-

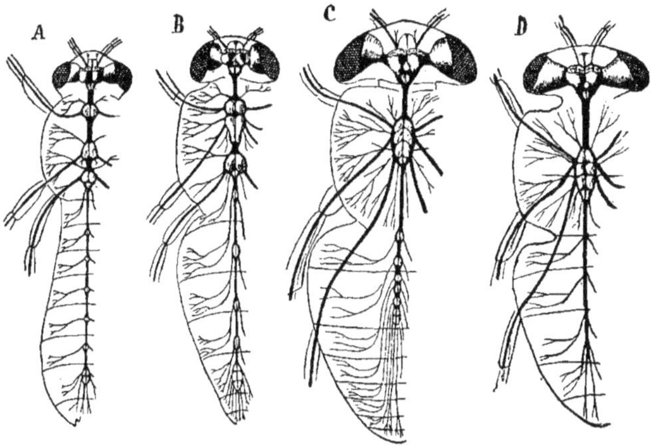

Fig. 137. — Quatre types de système nerveux de Diptères montrant les variations dans la concentration de cet appareil.

A, système nerveux non concentré (*Chironomus plumosus*) : 3 ganglions thoraciques et 6 abdominaux ; — B, système nerveux de l'*Empis stercorea* : 2 ganglions thoraciques et 5 abdominaux ; — C, système nerveux de *Tabanus bovinus* : 1 seul ganglion thoracique et 5 ganglions abdominaux très rapprochés les uns des autres ; — D, système nerveux de *Sarcophaga carnaria* : tous les ganglions de la chaîne nerveuse sont fusionnés en une seule masse thoracique, sauf le ganglion sous-œsophagien qui reste toujours séparé. (D'après E. Brandt, fig. empruntée à Lang.)

dons, les mâles et les femelles des Guêpes, cinq chez le mâle des Bourdons, les ouvrières des Guêpes, les femelles des Mégachiles et les ouvrières des Abeilles, quatre chez le mâle et la femelle des Abeilles et chez le mâle des Mégachiles.

Les ganglions cérébroïdes des Insectes ont, relativement au volume du corps, un développement plus considérable que chez les autres Arthropodes et ils sont en même temps plus développés par rapport aux ganglions sous-œsophagiens. Les ganglions cérébroïdes sont réunis aux ganglions sous-œsophagiens par deux connectifs embrassant l'œsophage. Cependant, chez certains Insectes (Lépidoptères et Diptères, *Cicada*, *Pentatoma*, *Notonecta*, *Naucoris*, larves de Tenthrèdes et de Guêpe), ces ganglions peuvent être réunis en une masse unique, traversée par l'œsophage.

Au-dessous de l'œsophage, entre les deux connectifs, AUDOUIN et MILNE-EDWARDS ont signalé chez les Crustacés une commissure transversale. Cette commissure avait déjà été décrite et figurée par LYONNET, en 1762, chez le *Cossus ligniperda*; elle fut retrouvée par STRAUS-DÜRKHEIM (1828) chez la *Locusta viridissima* et le *Buprestis gigas*, puis par NEWPORT

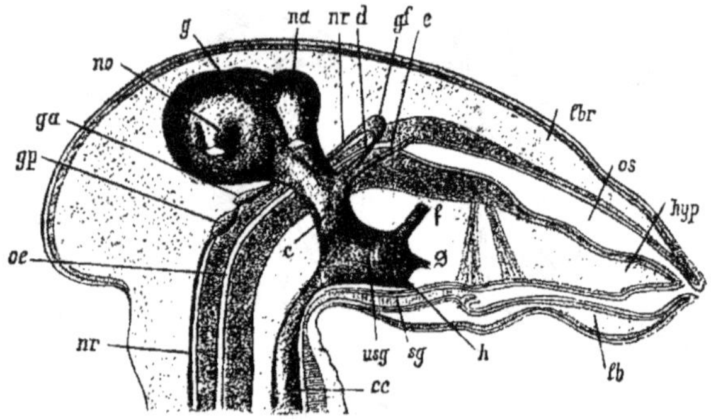

Fig. 138. — Section longitudinale médiane à travers la tête de la *Blatta orientalis*.

hyp, hypopharynx ; *os*, cavité buccale ; *lbr*, labre ; *gf*, ganglion frontal ; *g*, cerveau ; *na*, racine du nerf antennaire ; *no*, racine du nerf optique ; *ga*, ganglion antérieur ; *gp*, ganglion postérieur du système sympathique pair ; *œ*, œsophage ; *c*, connectif œsophagien ; *usg*, ganglion sous-œsophagien : *cc*, connectifs longitudinaux allant de ce ganglion au premier ganglion thoracique ; *sg*, canal excréteur commun des glandes salivaires ; *lb*, lèvre inférieure ; *nr*, nerf récurrent ; *d*, nerf réunissant le ganglion frontal au connectif œsophagien ; *e*, nerf partant de ce connectif pour aller à la lèvre supérieure ; *f*, nerf allant du ganglion sous-œsophagien à la mandibule, *g* à la maxille, et *h*, à la lèvre inférieure. (D'après BRUNO HOFER, fig. empruntée à LANG.)

(1869) chez *Locusta*; par BLANCHARD (1846) chez le Dytique et *Otiorhynchus ligustici*, LEYDIG (1864) chez la *Locusta* et le *Telephorus*, DITL (1876) chez le *Gryllotalpa*. LIÉNARD (1880) a constaté l'existence de cette commissure chez une soixantaine de genres d'Insectes. Elle doit se retrouver chez d'autres, mais elle est très difficile à disséquer et à mettre en évidence. LEYDIG et LIÉNARD ont montré que cette commissure provient de fibres venant du cerveau. VIALLANES, comme nous le verrons plus loin, a bien étudié la disposition et l'origine de ces fibres.

Les ganglions de la chaîne ventrale donnent naissance à des nerfs qui vont se distribuer aux muscles des différents segments du corps et des appendices. Le nombre des nerfs partant de chaque ganglion n'est pas le même chez tous les Insectes : tantôt le ganglion n'émet qu'un nerf, tantôt il est le point de départ de deux ou trois filets nerveux.

Des ganglions cérébroïdes partent les nerfs se rendant aux organes des sens (nerf antennaire, nerf optique) et ceux qui innervent le labre. Les ganglions sous-œsophagiens fournissent les nerfs des pièces buccales.

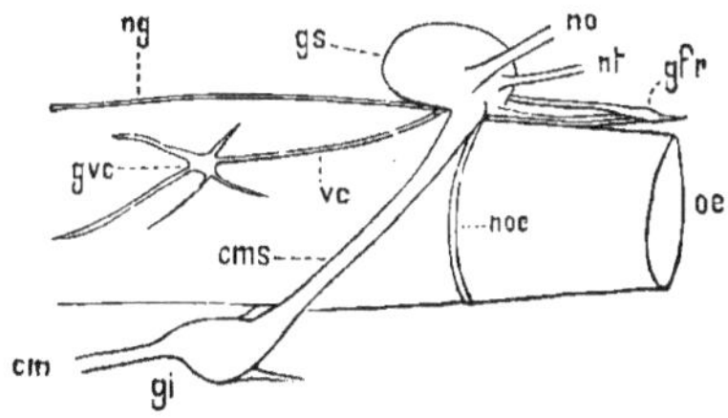

Fig. 139. — Anneau œsophagien d'une chenille de Papillon.

gs, ganglions cérébroïdes; *gi*, ganglions sous-œsophagiens; *cms*, connectifs reliant les deux paires de ganglions; *noc*, commissure transversale; *no*, nerf optique; *nt*, nerf antennaire; *ng*, système sympathique impair; *gfr*, ganglion frontal; *vc*, cordon droit du système sympathique pair; *gvc*, ganglion de ce système; *cm*, connectif entre le ganglion sous-œsophagien et le 1er thoracique; *œ*, œsophage. (Fig. schématique d'après LIÉNARD, empruntée à KOLBE.)

Système nerveux viscéral. — De même que chez les autres Arthropodes, il existe, chez les Insectes, un système nerveux viscéral, découvert en partie par SWAMMERDAM, puis étudié par LYONNET et, contrairement aux assertions de CUVIER, retrouvé par NEWPORT, BLANCHARD, etc.; son étude a été reprise récemment par BRANDT et par Mlle PAWLOWA. L'appareil nerveux viscéral est constitué: 1° par un système impair naissant des ganglions cérébroïdes, à la base des nerfs antennaires, par deux nerfs qui aboutissent à un petit ganglion (*ganglion frontal* de LYONNET). De ce ganglion se détache le *nerf récurrent*, qui passe entre le cerveau et l'œsophage et descend sur la face supérieure du tube digestif en présentant sur son trajet un ou plusieurs petits ganglions ventriculaires. Ce système innerve l'intestin moyen et les glandes salivaires (HOFER); 2° un système pair qui, partant des côtés du cerveau, est formé de deux nerfs qui traversent deux ganglions dont le premier (*ganglion angéien*) innerve l'aorte et le vaisseau dorsal et le second (*ganglion trachéen*) envoie des filets aux trachées de la tête; ce système est relié au précédent par des anastomoses; 3° un système impair ou *sympathique* provenant de la chaîne ventrale et essentiellement constitué comme il suit : de chaque masse ganglionnaire ventrale part un nerf qui, descendant entre les deux connectifs, se bifurque au niveau du ganglion situé immédiatement en arrière. Chacune des branches résultant de cette bifurcation se renfle bientôt en un ganglion allongé d'où part un nerf très grêle qui, suivant quelque temps le nerf viscéral, vient aboutir à l'appareil obturateur des stigmates.

ANATOMIE MICROSCOPIQUE DES CENTRES NERVEUX

Structure d'un ganglion abdominal. — REMAK (1843) a étudié l'un des premiers la structure du système nerveux des Invertébrés, mais c'est

Leydig (1862) qui a bien distingué les différents éléments qui entrent dans la constitution d'un ganglion. Outre les fibres et les cellules nerveuses, il a décrit une substance constituée par un lacis de très fines fibrilles qui, sur les coupes, se présente sous la forme de points, d'où le nom de *substance ponctuée* (*Punktsubstanz*) qu'il lui a attribué. C'est dans cette substance que se terminent les prolongements des cellules nerveuses et que prennent naissance les nerfs périphériques. Les cellules nerveuses forment des groupes autour de la substance ponctuée qui occupe le centre du ganglion. Les travaux de Walther (1863), de Waldeyer (1863), de E. Hartmann (1875), de Yung (1878), de Hans Schultze (1879), de Vignal (1883), de Freude (1882), de Nansen (1887), de Michels (1880), qui ont porté tant sur le système nerveux des Insectes que sur celui des Crustacés et de différents Vers, n'ont pas fait faire de progrès bien décisif à la question qui nous occupe. A. Binet (1894) a examiné un certain nombre de types appartenant à l'ordre des Coléoptères (*Dytiscus*, *Melolontha*, *Rhizotrogus*, *Lucanus*, *Geotrupes*, *Carabus*, *Blaps*, *Timarcha*), à l'ordre des Orthoptères (*Gryllus*, *Gryllotalpa*, *Blatta*), une Muscide (*Mesembryna meridiana*) et un Homoptère (*Cicada orni*). Il a en outre étudié comparativement au point de vue cytologique quelques Crustacés.

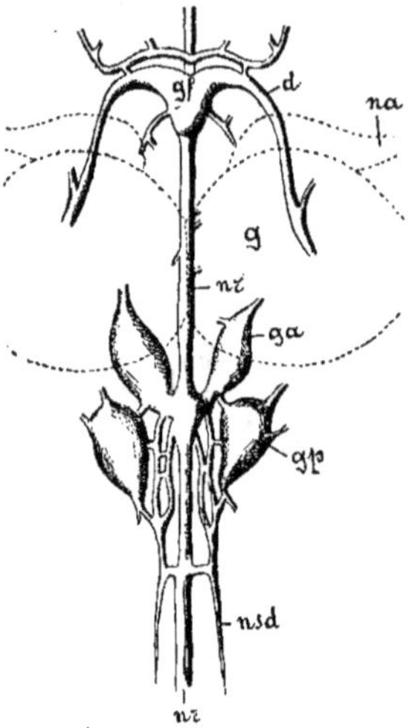

Fig. 140. — Région antérieure du système nerveux sympathique de la *Blatta orientalis* vu de haut.

Les contours du cerveau (*g*) et les origines des nerfs antennaires (*na*) qui recouvrent une partie de ce système sont ponctués. Même signification des lettres que dans la fig. 138. *nsd*, nerf des glandes salivaires. Le nerf récurrent (*nr*) pénètre en arrière dans un ganglion stomacal impair. (D'après Bruno Hofer.)

La majorité des cellules nerveuses ganglionnaires sont pyriformes, unipolaires et émettent un prolongement d'un calibre régulier, d'où partent latéralement des branches fines qui se ramifient. Parfois le prolongement primitif se divise en deux prolongements secondaires, placés symétriquement. Le prolongement primitif des cellules de grandes dimensions, qui peut être suivi dans un certain nombre de cas, se continue dans les nerfs périphériques ou dans les connectifs. Chez les Crustacés, grâce à une technique spéciale permettant d'obtenir une coloration du protoplasma différente de celle du cylindre-axe, Binet a pu constater que des fibrilles nerveuses n'entrent pas en relation avec le noyau comme l'ont admis plusieurs auteurs. Dans certaines cellules, ces fibrilles restent réunies en faisceaux et décrivent une spire autour du noyau avant de se séparer (cylindre-axe intercellulaire). Dans d'autres cellules, ces fibrilles s'écartent régulièrement les unes des autres dès leur pénétration dans

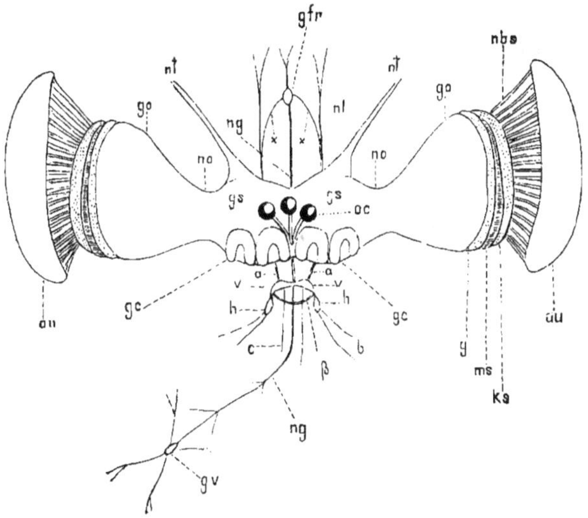

Fig. 141. — Cerveau d'un Insecte avec la partie du système nerveux sympathique qui en dépend. *gs*, les deux lobes cérébraux ; *gc*, les calices ; *oc*, les ocelles avec les nerfs ocellaires ; *no*, nerf ou pédoncule optique ; *go*, ganglion optique ; *g*, couche de cellules nerveuses ; *ms*, couche granuleuse ; *ks*, couche grossièrement granuleuse ; *nbs*, fibres postrétiniennes ; *au*, œil à facettes ; *nt*, nerf antennaire ; *nl*, nerf du labre ; *gfr*, ganglion frontal ; *ng*, nerf stomatogastrique ; *gv*, ganglion de l'estomac ; *aa*, racines du ganglion œsophagien du système pair ; *vv*, ganglions œsophagiens antérieurs ; *h.h*, ganglions postérieurs ; *c*, nerf de l'aorte ; *b*, nerfs trachéens céphaliques ; β, nerf commissural. (Fig. schématique d'après Ed. Brandt et Berger, empruntée à Kolbe.)

la cellule et décrivent des lignes spirales dans les couches les plus superficielles corticales du protoplasma.

Les ganglions de la chaîne sous-intestinale sont construits d'après le même plan que les ganglions cérébroïdes dont nous nous occupons plus loin.

Chaque ganglion présente à peu de chose près la même disposition intérieure. On peut y distinguer deux colonnes ventrales et un lobule ventral inférieur, formés d'une substance fibrillaire (substance ponctuée) très dense et très fine, et un lobe dorsal, constitué par une substance fibrillaire plus clairsemée et plus grossière, traversé par trois groupes de connectifs dorsaux. Autour de ces masses de substance fibrillaire se trouvent les groupes de cellules nerveuses. Le nerf abdominal a trois racines dont l'une est dorsale et les deux autres se rendent dans la colonne ventrale et le lobule ventral inférieur.

Un ganglion thoracique n'est autre chose, considéré dans son ensemble, qu'un ganglion abdominal auquel se surajoutent latéralement deux lobes cruraux. Le nerf crural se compose de deux genres de fibres : des fibres très fines noircissant sous l'influence de l'acide osmique et ne se colorant pas par le carmin après fixation par le sublimé, et des fibres plus épaisses se colorant par le carmin. Les premières de ces fibres se rendent dans la partie ventrale du ganglion et les secondes dans la partie dorsale.

Le nerf alaire a deux racines principales, une dorsale qui contourne la face dorsale du ganglion et s'y perd, et une ventrale qui aboutit à la colonne ventrale. Chez les espèces aptésiques, c'est-à-dire qui ont perdu la faculté de voler (*Blaps mortisaga*, *Timarcha tenebricosa*, *Carabus auratus*), dont les élytres sont immobiles et les ailes membraneuses atrophiées, il se produit une réduction : la racine ventrale du nerf alaire du second ganglion thoracique persiste seule. On peut en conclure que c'est là une racine sensitive. Le nerf alaire correspondant à l'aile atrophiée est représenté par un nerf frêle à deux racines, l'une ventrale, l'autre dorsale supérieure. Ce nerf devient alors un nerf pariétal du type des nerfs abdominaux. De même, dans l'état larvaire, le nerf alaire est représenté par un nerf du type abdomidal.

Chez les Diptères, où les ailes postérieures sont remplacées par des balanciers, le nerf volumineux qui part de ces balanciers traverse la masse des ganglions thoraciques et se rend dans les ganglions de la tête. Binet le considère pour cette raison comme un nerf de sensibilité spéciale.

Dans le premier ganglion abdominal de la Cigale, il existe un lobe particulier, lobe vocal, qui paraît être uniquement moteur.

Le ganglion sous-œsophagien résulte de la coalescence de trois ganglions (ganglion mandibulaire, ganglion maxillaire, ganglion labial) qui, de même que pour les cérébroïdes, sont soudés et fusionnés aussi bien chez la larve que chez l'adulte. On ne trouve pas dans le système nerveux des Insectes les tubes géants qui parcourent les ganglions et les connectifs des Crustacés et des Vers. Par une série d'expériences physiologiques, Binet a confirmé les données déjà anciennes de Dugès, Yersin, Newport et Faivre, à savoir que chaque ganglion de la chaîne sous-intestinale réunit à la fois les fonctions motrices et sensitives et que, dans chacun d'eux, le lobe ventral est sensible tandis que le lobe dorsal est moteur.

Benedicenti (1895) a étudié les ganglions du *Bombyx mori*, au moyen du bleu de méthylène. Dans chaque connectif il a trouvé deux grosses fibres se colorant les premières en violet, puis en bleu en prenant un aspect moniliforme. Elles correspondraient donc aux tubes géants des Crustacés dont BINET n'a pu constater l'existence : ces fibres traversent le ganglion d'une extrémité à l'autre. Puis se colorent des fibres plus fines, tortueuses se perdant dans la substance ponctuée en s'arrêtant à la périphérie du ganglion; le ganglion ne fixe le bleu de méthylène qu'après les connectifs. C'est d'abord la substance ponctuée qui se colore, puis les cellules. Les grosses cellules occupent la périphérie du ganglion et plus profondément se trouvent de petites cellules, plus nombreuses, présentant un prolongement qui bientôt se divise.

Corde de Leydig. — LEYDIG (1862) a décrit autour de la chaîne ventrale du *Sphinx convolvuli*, un cordon qu'il compare à la corde dorsale des Vertébrés, et de chaque côté duquel s'insèrent des muscles aliformes. Cette formation a été désignée sous le nom de *corde de Leydig*, bien que TREVIRANUS l'ait le premier signalée, ou encore sous le nom de *vaisseau ventral*, quelques auteurs l'ayant considérée comme un tube creux. BURGER (1876-1877) et CATTIE (1881) ont reconnu que ce cordon est formé par un tissu conjonctif de consistance gélatineuse, et qu'il n'est pas constant chez les Lépidoptères. EISIG l'a regardé comme un organe de soutien. J. NUSBAUM (1884) a étudié cet organe chez le *Bombyx mori* et a reconnu qu'il est l'homologue du diaphragme abdominal décrit par GRABER chez d'autres Insectes.

Structure des ganglions cérébroïdes. — DUJARDIN, le premier (1850), en examinant le cerveau des Hyménoptères sociaux, reconnut une disposition complexe des parties internes. Il y découvrit un corps de forme compliquée, le *pédoncule*. LEYDIG (1864), éclaircissant par la potasse des cerveaux d'Insectes, compléta la description de DUJARDIN et reconnut l'existence des lobes olfactifs, du corps central et des commissures. RABL-RÜCKHARD (1875) étudia avec plus de soin le cerveau des Fourmis et constata que, chez les Insectes aveugles, le ganglion optique disparaît, mais que le corps pédonculé persiste. DIETL (1876) publia un travail qui marque une période importante dans l'histoire de la question qui nous occupe. En appliquant, le premier, à l'étude du cerveau des Insectes la méthode des coupes en séries, il reconnut, chez des Hyménoptères, des Orthoptères, des Coléoptères, l'existence de noyaux de substance ponctuée qui avaient échappé à ses prédécesseurs. FLÖGEL (1878) donna une description détaillée du cerveau de la Blatte et de quelques autres Insectes appartenant à différents ordres. Il s'attacha surtout à suivre le trajet des fibres nerveuses dans les ganglions. BERGER (1878) s'occupa principalement de la structure des ganglions optiques, du lobe olfactif et de l'origine des nerfs et des commissures. Les travaux un peu postérieurs de NEWTON (1879) sur le cerveau de la Blatte, de PACKARD (1880) sur le Criquet, de BELLONCI (1882-1886) sur la Blatte et la Mouche, où il a étudié les relations entre le ganglion optique et le cerveau, n'ont pas sensiblement modifié les résultats des travaux de leurs prédécesseurs. C'est à VIALLANES, qui, de 1883 à 1892, a publié une série de remarquables monographies sur les centres nerveux céphaliques de la Langouste, de la Libellule, des larves de Diptères, de la Guêpe, du Criquet et de la Mante, que nous devons nos connaissances les plus précises sur le cerveau des Insectes. Comme type de cette étude, nous ne prendrons que le Criquet.

Aspect extérieur du cerveau. — VIALLANES désigne sous le nom de *cérébron* l'ensemble des masses nerveuses situées au-dessus de l'œso-

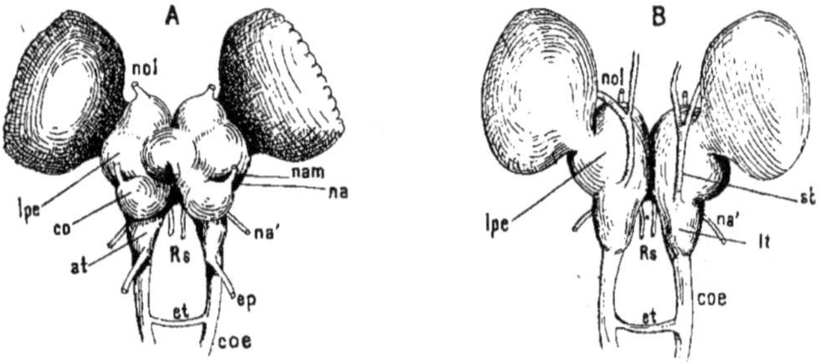

Fig. 142. — Cerveau du criquet (*Œdipoda cærulescens*).

A, face ventrale ou antérieure ; *lpe*, lobe protocérébral ; *co*, lobe olfactif ; *at*, lobe tritocérébral ; *coe*, connectifs œsophagiens ; *et*, commissure transverse de l'anneau œsophagien ; *ep*, racine labro-frontale ; *na'*, nerf antennaire accessoire ; *na*, nerf antennaire ; *rs*, racines du ganglion stomatogastrique ; *nol*, nerf ocellaire latéral ; *nam*, nerf ocellaire médian (le tiret *nam* doit être prolongé jusqu'à la ligne médiane, point d'émergence du nerf) ; — B, face dorsale ou postérieure du cerveau ; *lpe*, lobe protocérébral ; *ld*, lobe dorsal du deutocérébron ; *coe*, connectifs œsophagiens ; *et*, commissure transverse de l'anneau œsophagien ; *nol*, nerf ocellaire latéral ; *st*, nerf tégumentaire ; *na'*, nerf antennaire accessoire ; *rs*, racines du ganglion stomatogastrique. (D'après VIALLANES.)

phage. Examiné par sa face antérieure (fig. 142, A), le cérébron présente une partie centrale portant latéralement deux grosses masses (*ganglions optiques* des auteurs). C'est cet ensemble qui constitue le *protocérébron* ou ganglion du premier métamère. La masse médiane se termine supérieurement par une paire de gros renflements arrondis, séparés par une scissure médiane profonde, ce sont les deux *calices*. De la région moyenne naît le *nerf ocellaire médian*.

De la partie supérieure de chaque calice se détache le nerf de l'ocelle latéral correspondant. Immédiatement au-dessus du protocérébron se trouve une paire de grosses masses globuleuses très saillantes, les *lobes olfactifs*, desquelles se détachent latéralement les nerfs antennaires. Un peu en arrière du nerf antennaire, naît un filet nerveux très grêle (*nerf antennaire accessoire*) qui se rend probablement aux muscles de l'antenne. Les lobes olfactifs constituent le *deutocérébron*.

Enfin, au-dessous de chaque lobe olfactif se trouve un renflement pyriforme. Ces deux renflements, qui paraissent n'avoir entre eux aucune connexion fibreuse directe, constituent la troisième région cérébrale ou *tritocérébron*. Dans la partie inférieure de chacun des renflements tritocérébraux naît le nerf *labro-frontal*, qui se divise en deux branches dont l'une remonte vers le ganglion frontal de Lyonnet dont elle est l'origine.

Examiné sur sa face postérieure (fig. 142, B), le protocérébron ne présente aucune racine nerveuse. Chaque moitié du deutocérébron, séparée par un sillon peu profond et peu marqué d'avec le protocérébron, donne naissance à un nerf assez volumineux qui se dirige vers les téguments céphaliques; c'est le *nerf tégumentaire*. Sur la face postérieure, le tritocérébron n'est pas visible, car il est tout entier situé en avant du connectif œsophagien. En arrière, au point de séparation des deux parties du deutocérébron, on voit deux petits nerfs grêles qui se portent en arrière et en bas, et constituent les racines du ganglion stomatogastrique pair. Les deux connectifs œsophagiens, très longs chez le Criquet, sont unis l'un à l'autre immédiatement au-dessus de l'œsophage par un tractus nerveux qui est la commissure transverse de l'anneau, dont nous avons parlé plus haut.

Telle est, dans ses grandes lignes, la morphologie externe du cerveau du Criquet. Ces mêmes parties se retrouvent dans les divers groupes d'Insectes, mais avec un développement relatif différent, d'où il résulte que l'aspect général n'est plus le même. C'est ainsi que, chez le Frelon, les calices et le protocérébron prennent un développement beaucoup plus grand que chez le Criquet; que le ganglion sous-œsophagien étant réuni directement au cérébron, sans connectifs apparents, le tritocérébron peu développé est complètement masqué.

Structure intime du cerveau. — Nous étudierons successivement la structure des ganglions optiques, de la masse centrale du protocérébron et celle des deux autres segments du cerveau.

I. ***Protocérébron***. A. *Ganglion optique*. — Le ganglion optique se présente, chez tous les Insectes, avec les mêmes parties constituantes fondamentales; mais ces parties peuvent être plus ou moins condensées; aussi prendrons-nous de préférence, comme type de cette description, le ganglion optique de la Libellule, étudié spécialement par Viallanes et dans lequel les différents groupes de substance ponctuée et de fibres nerveuses sont plus distincts les uns des autres, en raison de l'allongement du ganglion et du grand développement des yeux chez cet animal. Immédiatement au-dessous des ommatides (yeux élémentaires des yeux composés à facettes) se trouve la couche appelée par VIALLANES *couche des fibres post-rétiniennes*, qui n'est, en définitive, que l'ensemble

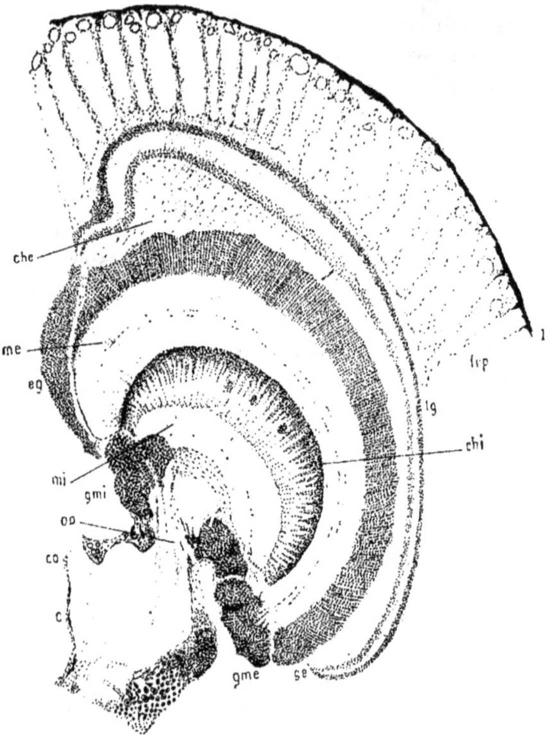

Fig. 143. — Ganglion optique d'une jeune larve de Libellule. Coupe frontale.

l, limitante interne de l'œil ; *frp*, couche des fibres postrétiniennes ; *lg*, lame ganglionnaire : on remarque qu'à sa partie supérieure elle est encore mince et peu développée ; *che*, chiasma externe ; *eg* et *ge*, couronne ganglionnaire ; *gme*, masse ganglionnaire antérieure, annexée à la masse médullaire externe ; *me*, masse médullaire externe ; *chi*, chiasma interne et masse ganglionnaire interne, annexée à la masse médullaire externe ; *mi*, masse médullaire interne ; *gmi*, masses ganglionnaires annexées à la masse médullaire interne ; *no*, faisceau inférieur du nerf optique : immédiatement à droite de celui-ci on voit le faisceau supérieur sectionné à la moitié de sa longueur ; *c*, cerveau ; *co*, commissure œsophagienne. (D'après VIALLANES.)

des fibres émanées des cellules ganglionnaires et qui représente en réalité un nerf optique très court et très étalé en surface.

Nous allons décrire, en allant de l'extérieur vers l'intérieur, les différentes parties du ganglion. En dedans de la couche des fibres post-rétiniennes se trouvent :

1° La *lame ganglionnaire* (*périopticon* de HICKSON) composée de trois couches : *a*) Une *couche externe à noyaux* formée de petites cellules à noyaux arrondis et très pauvres en protoplasma. *b*) La *couche moléculaire* formée de petits prismes étroits normalement orientés par rapport à la courbure de la lame. Chaque prisme est constitué par de la substance ponctuée très dense et est séparé de ses voisins par de la substance ponctuée plus lâche. *c*) La *couche interne* composée de cellules semblables à celles de la couche externe. Cette couche n'est pas constante; bien développée chez la Libellule, d'autres Insectes et les Crustacés, elle manque chez le Criquet.

2° La lame ganglionnaire se continue par sa face interne avec le *chiasma externe*. Ce chiasma est formé par des faisceaux de fibres nées de la moitié antérieure de la lame s'entrecroisant avec ceux sortis de la moitié postérieure.

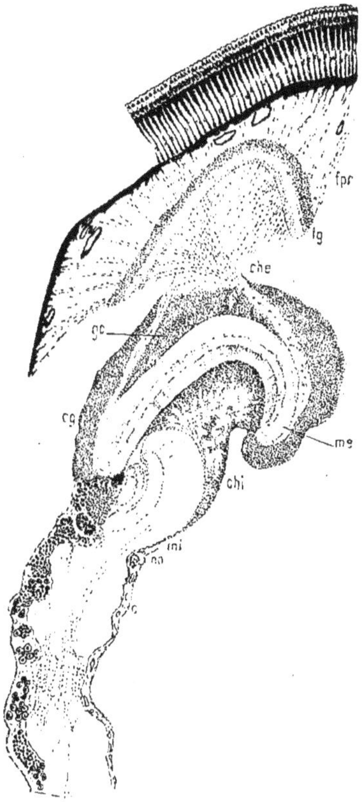

Fig. 144. — Ganglion optique droit d'une larve de Libellule ayant presque atteint ses dimensions définitives. Coupe frontale comprenant le ganglion et la moitié correspondante du cerveau.

fpr, fibres postrétiniennes; *lg*, lame ganglionnaire; *che*, chiasma externe; *gc*, ganglion en coin; *cg*, couronne ganglionnaire; *chi*, chiasma interne; *me*, masse médullaire externe; *mi*, masse médullaire interne; *no*, faisceau inférieur du nerf optique; *c*, cerveau. (D'après VIALLANES.)

3° Ces fibres se rendent à une grosse masse constituée uniquement par de la substance ponctuée, *masse médullaire externe* (*épiopticon* de HICKSON) comprenant trois zones, dont deux noircissant par l'acide osmique et séparées par une zone moyenne plus claire. Le chiasma externe et la masse médullaire externe sont en partie ou complètement entourés d'amas de cellules nerveuses, parmi lesquelles VIALLANES distingue : la *couronne ganglionnaire*, amas situé à la partie externe et postérieure; le *ganglion en coin*, placé entre les fibres du chiasma et la substance externe de la masse médullaire externe; les *masses ganglionnaires antérieure* et *interne*, formées de cellules nerveuses plus grosses que celles des masses précédentes.

4° En dedans de la partie interne de la masse ganglionnaire externe se détachent des faisceaux de fibres nerveuses entrecroisées, formant le *chiasma interne*. Ces fibres se rendent à :

5° La *masse médullaire interne* (*opticon* de HICKSON) où l'on peut distinguer trois capsules emboîtées et constituées par des fibres rayonnantes ou parallèles. De cette masse médullaire interne partent plusieurs faisceaux de fibres : l'un, le *faisceau optique supérieur*, se rend à la face antérieure du cerveau ; l'autre, le *faisceau optique inférieur*, se porte à la région moyenne et inférieure du bord interne du cerveau ; les deux autres unissent la masse médullaire externe à la masse médullaire interne. La surface antérieure de la masse médullaire interne est recouverte d'une couche de cellules ganglionnaires se continuant avec la masse ganglionnaire antérieure.

Chez le Criquet, les diverses parties que nous venons de décrire sont extrêmement serrées les unes contre les autres ; aussi avons-nous cru devoir, pour mieux faire saisir leurs rapports, prendre comme type la Libellule. Pour les autres parties qui nous restent à décrire, c'est le cerveau du Criquet qui nous servira de type.

B. *Lobe protocérébral*. — Le lobe protocérébral est la partie la plus volumineuse entrant dans la constitution du cerveau ; il est formé de substance ponctuée entourée d'une couche de petites cellules. En dehors, il s'unit à la masse médullaire interne ; en dedans, il se soude à son congénère en avant et en arrière, circonscrivant ainsi une loge dans laquelle se trouve une partie du protocérébron moyen. Dans la soudure postérieure des deux lobes protocérébraux se trouve un *cordon commissural* unissant la masse médullaire interne d'un ganglion optique à celle de l'autre ganglion. Au-dessus de la soudure antérieure il existe un tractus fibreux, *commissure protocérébrale supérieure*.

Les deux lobes protocérébraux sont encore unis l'un à l'autre par une bandelette de substance ponctuée en forme de fer à cheval et située au-dessus de la soudure postérieure ; c'est le *pont des lobes cérébraux*.

Au protocérébron sont annexés les *ganglions ocellaires* au nombre de trois, un au-dessous de chaque ocelle. Les nerfs ocellaires latéraux pénètrent dans la partie supérieure et postérieure des lobes protocérébraux correspondants. Le nerf ocellaire médian se divise à sa base en deux branches dont chacune s'unit au nerf latéral correspondant.

Dans chaque lobe protocérébral se trouve partiellement inclus un gros cordon de fibres nerveuses, le *corps pédonculé*. Celui-ci comprend le *calice*, la *tige*, le *tubercule antérieur* et le *tubercule interne*. Sur la surface du lobe protocérébral repose le calice. C'est une sorte de coupe hémisphérique formée de substance fibrillaire dont toute la surface libre est revêtue d'une couche épaisse de petites cellules ganglionnaires, dites *cellules chromatiques*, caractérisées par leur gros noyau et leur corps protoplasmique très réduit. Du fond du calice naît la tige, gros faisceau cylindrique de fibrilles nerveuses qui s'enfoncent verticalement dans la substance même du lobe protocérébral. La tige, après un certain trajet, se divise en deux branches : le tubercule antérieur, qui se porte en haut et en avant et vient se terminer par un renflement à la surface du lobe protocérébral; le tubercule interne, qui se porte en bas et en dedans et se termine de la même manière, c'est-à-dire à la surface du lobe protocérébral.

Dans la loge comprise entre les deux lobes protocérébraux, et au-dessus d'eux, se trouve le *protocérébron moyen* qui se divise en quatre parties : deux médianes dont l'une est supérieure, le *corps central*; l'autre inférieure, le *lobe médian*; et deux latérales, les *lobes latéraux*. Le corps central est divisé en deux zones ou capsules, formées de tissu fibrillaire très serré. La zone qui sépare les deux capsules est constituée par une trame moins dense. Les lobes latéraux et le lobe médian, situés au-dessous du corps central, sont distincts et séparés en arrière, mais réunis tous les trois en avant et en même temps unis à la capsule supérieure du corps central. Des tractus fibreux unissent en outre les lobes latéraux entre eux au-dessus et au-dessous du lobe médian. D'autres fibres les rattachent à la capsule inférieure du corps central, et enfin de semblables tractus unissent les lobes protocérébraux aux lobes latéraux en arrière et au corps central en avant. Les cellules ganglionnaires du protocérébron envoient des fibres dans la partie supérieure du corps central.

II. **Deutocérébron.** — Il est composé de deux paires de masses nerveuses : l'une dorsale ou postérieure, *lobes dorsaux* du deutocérébron ; l'autre ventrale ou antérieure, *lobes olfactifs*.

Les deux lobes dorsaux se soudent supérieurement et sont en outre réunis par deux commissures transverses. Chaque lobe dorsal se soude en partie au lobe protocérébral correspondant. Il est uni en outre au lobe latéral et au lobe médian. A la surface des lobes protocérébraux, de chaque côté de la ligne médiane, on observe un groupe distinct de cellules. De chacun de ces groupes part un faisceau (*cordon chiasmatique*) qui passe entre le lobe protocérébral et le protocérébron moyen, s'entrecroise avec celui du côté opposé et se rend dans le lobe dorsal du deutocérébron. D'autres faisceaux chiasmatiques, prenant naissance dans l'intérieur des lobes protocérébraux, se rendent au deutocérébron et au tritocérébron du côté opposé.

Le lobe olfactif est une masse sphérique située en avant de chaque lobe dorsal du deutocérébron. Il est constitué par une couche corticale

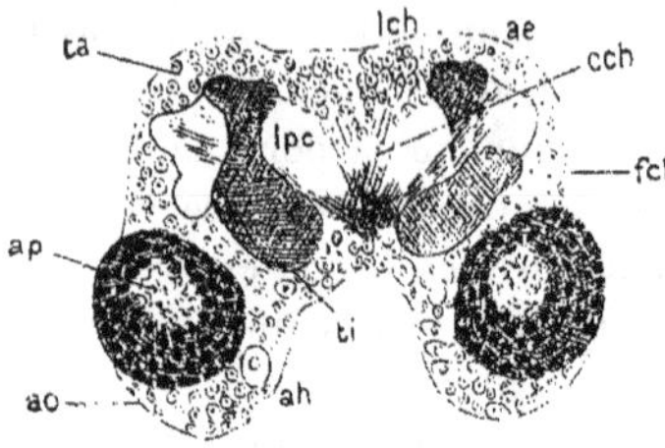

Fig. 145.

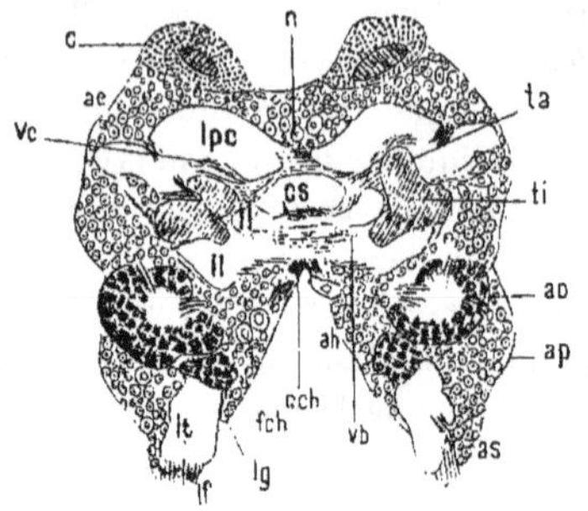

Fig. 146.

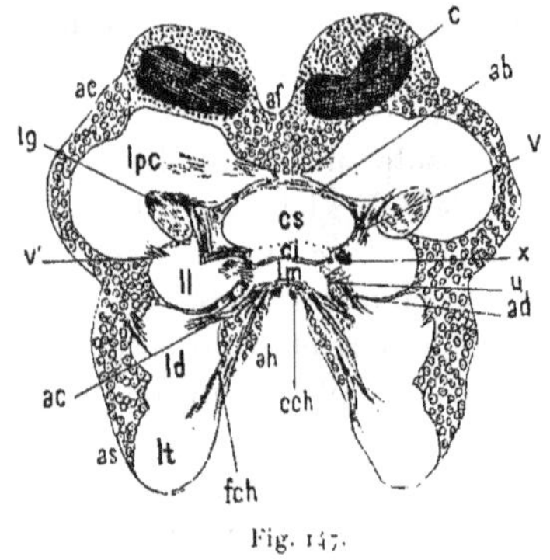

Fig. 147.

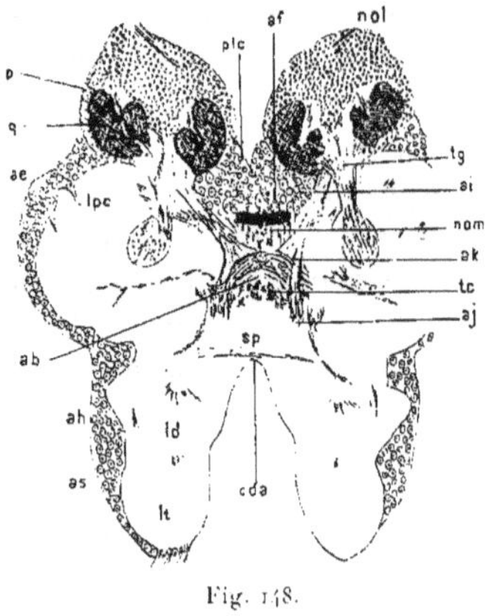

Fig. 148.

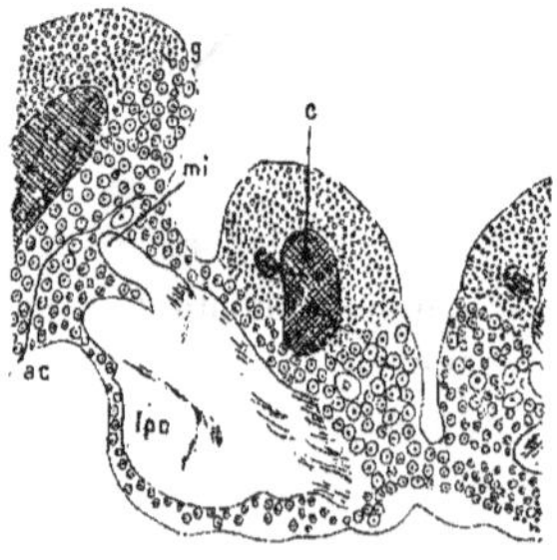

Fig. 149.

Fig. 145 à 149. — Coupes frontales du cerveau du Criquet rangées dans leur ordre naturel, la figure 145 représentant une coupe antérieure et la fig. 149 une coupe postérieure. (Pour la signification des lettres, voir p. 134). (D'après VIALLANES.)

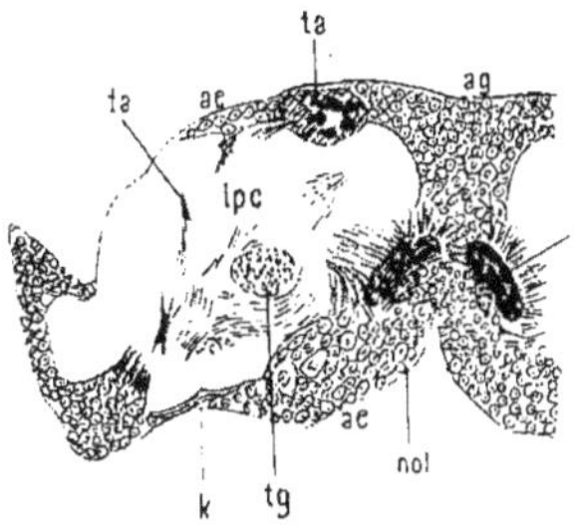

Fig. 150.

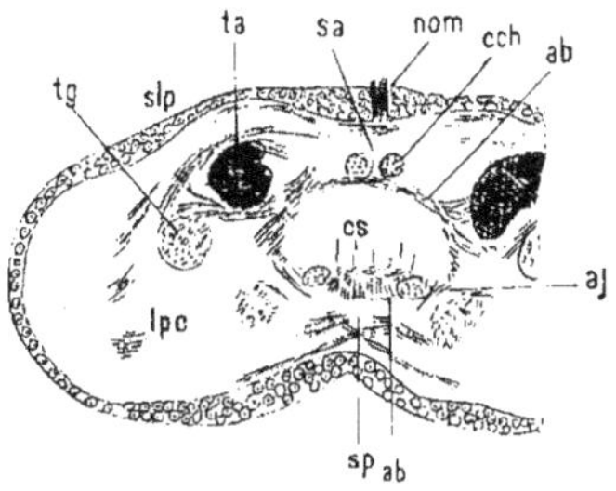

Fig. 151.

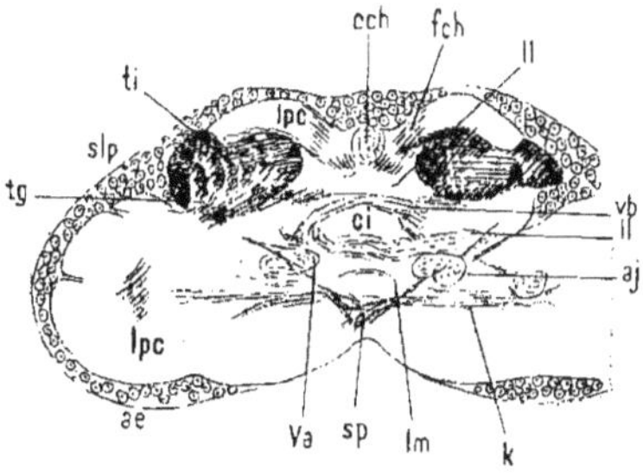

Fig. 152.

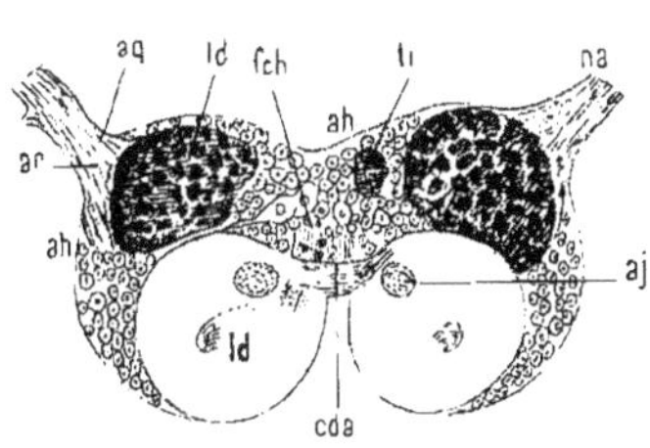

Fig. 153.

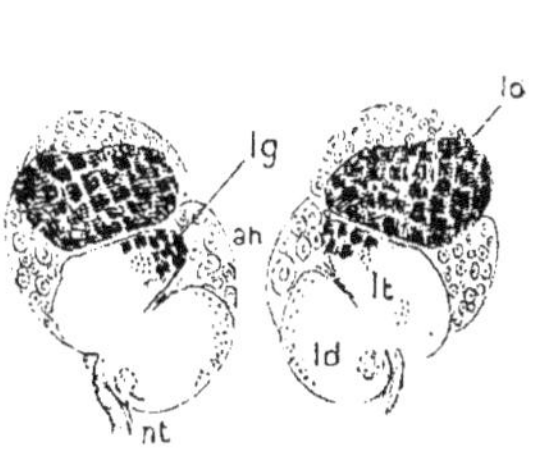

Fig. 154.

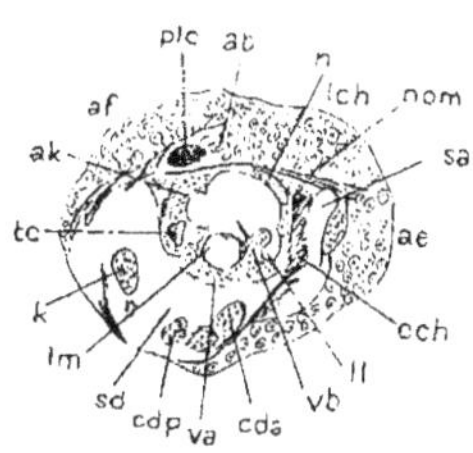

Fig. 155.

Fig. 150 à 154. — Coupes horizontales du cerveau du Criquet rangées dans leur ordre naturel, la figure 150 représentant une coupe supérieure et la figure 154 une coupe inférieure. — Fig. 155. Coupe sagittale du cerveau du Criquet passant presque exactement par le plan médian. (Pour la signification des lettres, voir p. 134). (D'après VIALLANES.)

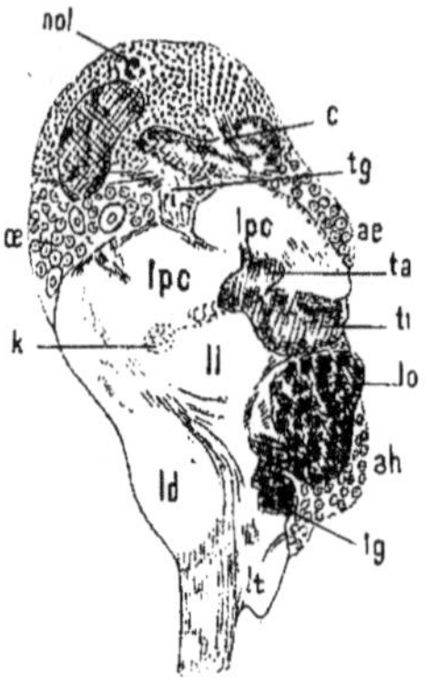

Fig. 156.

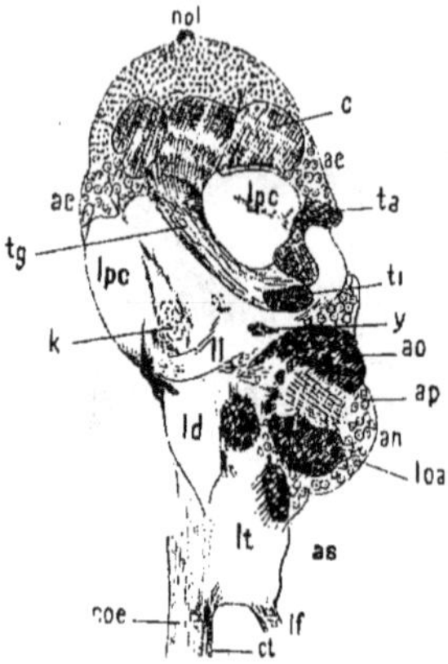

Fig. 157.

Fig. 156 et 157. — Coupes sagittales du cerveau du Criquet. La fig. 156 représente une coupe pratiquée en dehors de celle représentée fig. 155 et en dedans de celle représentée fig. 157. (D'après VIALLANES.)

EXPLICATION DES LETTRES DES FIGURES 145 A 157.

ab, atmosphère fibreuse du corps central; *ac*, fibres unissant le lobe médian du protocérébron moyen au lobe dorsal du deutocérébron ; *ad*, fibres réunissant le lobe latéral du protocérébron moyen au lobe dorsal du deutocérébron ; *ae*, écorce ganglionnaire du lobe protocérébral ; *af*, cellules ganglionnaires envoyant leurs prolongements à l'atmosphère fibreuse du corps central; *ag*, cellules ganglionnaires envoyant leurs prolongements au pont des lobes protocérébraux; *ah*, écorce ganglionnaire du lobe dorsal du deutocérébron; *ai*, faisceau supérieur du chiasma optico-olfactif; *aj*, faisceau descendant du chiasma optico-olfactif; *ak*, faisceau transverse du chiasma optico-olfactif; *al*, fibres allant du faisceau supérieur du chiasma optico-olfactif au corps central ; *am*, fibres allant du corps central au faisceau descendant du chiasma optico-olfactif ; *an*, écorce ganglionnaire du lobe olfactif; *ao*, couche corticale du lobe olfactif; *ap*, masse centrale du lobe olfactif; *aq*, racine antérieure du nerf antennaire ; *ar*, racine postérieure du nerf antennaire ; *as*, écorce ganglionnaire du lobe tritocérébral ; *c*, calice du corps pédonculé ; *cc*, corps central ; *cch*, cordon chiasmatique ; *cda*, commissure antérieure des lobes dorsaux du deutocérébron ; *cdp*, commissure postérieure des lobes dorsaux du deutocérébron ; *che*, chiasma externe ; *chi*, chiasma interne ; *ci*, capsule inférieure du corps central ; *cœ*, connectif œsophagien ; *cs*, capsule supérieure du corps central ; *ct*, commissure transverse de l'anneau œsophagien ; *d*, couronne ganglionnaire ; *df*, masse ganglionnaire antérieure de la masse médullaire externe ; *fch*, faisceaux chiasmatiques ; *g*, masse ganglionnaire antérieure de la masse médullaire interne ; *h*, capsule postérieure de la masse médullaire interne ; *i*, capsule moyenne de la masse médullaire interne ; *j*, capsule antérieure de la masse médullaire interne ; *k*, cordon commissural ; *l*, faisceau optique inféro-antérieur ; *lch*, lobule ganglionnaire du cordon chiasmatique ; *ld*, lobe dorsal du deutocérébron ; *lg*, lobe glomérulé du tritocérébron ; *lf*, racine labro-frontale ; *ll*, lobe latéral du protocérébron moyen ; *lm*, lobe médian du protocérébron moyen ; *lo*, lobe olfactif ; *loa*, lobe olfactif accessoire ; *lpc*, lobe protocérébral ; *lt*, lobe tritocérébral ; *m*, écorce ganglionnaire de la masse médullaire interne ; *me*, masse médullaire externe ; *mi*, masse médullaire interne ; *n*, commissure protocérébrale supérieure ; *na*, nerf antennaire ; *nol*, nerf de l'ocelle latéral ; *nom*, nerf de l'ocelle médian ; *nt*, nerf tégumentaire ; *o*, revêtement cellulaire des calices ; *p*, partie supérieure de la paroi du calice ; *plc*, pont des lobes protocérébraux ; *q*, partie inférieure de la paroi du calice ; *r*, tubercule ocellaire ; *rs*, racine du ganglion stomatogastrique ; *s*, fibres unissant le calice au lobe protocérébral ; *sa*, soudure antérieure des lobes protocérébraux ; *sd*, soudure des lobes dorsaux du deutocérébron ; *slp*, sillon latéral du lobe protocérébral ; *sp*, soudure postérieure des lobes protocérébraux ; *ta*, tubercule antérieur du corps pédonculé ; *tc*, tubercule du corps central ; *tg*, tige du corps pédonculé ; *ti*, tubercule interne du corps pédonculé ; *to*, tubercule optique ; *u*, fibres unissant les lobes latéral et médian du protocérébron moyen ; *v* et *v'*, fibres unissant le lobe protocérébral au lobe latéral du protocérébron moyen ; *va*, commissure inférieure des lobes latéraux du protocérébron moyen ; *vb*, commissure supérieure des lobes latéraux du protocérébron moyen ; *vc*, fibres antérieures unissant le lobe protocérébral au protocérébron moyen ; *x*, *y*, lobules de substance ponctuée.

très dense montrant sur des coupes des points où la structure fibrillaire est encore plus serrée (*glomérules*) et d'une partie centrale formée par un faisceau de fibres en connexion d'un côté avec la surface, de l'autre avec le lobe dorsal. Le lobe olfactif est revêtu de grandes cellules ganglionnaires. Il est mis en rapport avec le corps pédonculé et le corps central par un *chiasma optico-olfactif*. De chaque moitié du deutocérébron se détachent : 1° le *nerf antennaire* ayant deux racines, l'une dans le lobe dorsal, l'autre dans le lobe olfactif ; 2° le *nerf antennaire accessoire* très grêle venant du lobe olfactif ; 3° le *nerf tégumentaire* et la racine du ganglion stomatogastrique provenant du lobe dorsal.

III. **Tritocérébron.** — Ses deux lobes sont réunis entre eux par la commissure transverse de l'anneau œsophagien, située au-dessous de l'œsophage. Dans la partie supérieure de chacun d'eux on trouve le *lobe glomérulé* ayant la même structure que le lobe olfactif. Chaque lobe du tritocérébron est soudé au lobe dorsal du deutocérébron et en reçoit des fibres. Il est également uni au lobe protocérébral opposé par le *faisceau chiasmatique* et reçoit des fibres du lobe latéral correspondant. Le tritocérébron est recouvert de cellules ganglionnaires. Chaque lobe tritocérébral donne naissance à un tronc nerveux, *nerf labro-frontal*, qui se divise bientôt en deux branches : le *nerf du labre* et la racine du ganglion frontal. Les fibres de chaque connectif œsophagien proviennent de la moitié correspondante des masses nerveuses constitutives du cerveau.

Résumé. — En résumé, on voit que le cerveau des Insectes est constitué par une écorce de cellules ganglionnaires en rapport avec des tractus de fibres nerveuses qui se rendent à des amas de substance ponctuée. Ces amas sont unis entre eux par de nombreuses anastomoses transversales, longitudinales directes et longitudinales croisées. Les nerfs des sens spéciaux (nerf optique et nerf antennaire) sont en rapport avec des masses ganglionnaires particulières (ganglions optiques et lobes olfactifs). Il ne paraît pas exister de centre spécial pour l'audition. Ce cerveau est absolument compact et on ne trouve rien de comparable à des ventricules. Le cérébron correspond au cerveau proprement dit des Vertébrés. Le protocérébron innerve les yeux et il est le siège des perceptions visuelles. Le corps pédonculé et le corps central, où convergent des fibres venant de tous les points du cerveau, paraissent être le siège des fonctions psychiques : le deutocérébron innerve les antennes et est le centre des perceptions olfactives. Le tritocérébron innerve le labre et une partie spéciale du tube digestif : c'est le centre gustatif.

D'après Viallanes, les deux premiers segments du cérébron (proto et deutocérébron) sont pré-œsophagiens. Ils ont leurs commissures en avant de l'œsophage. Le tritocérébron au contraire, dont la commissure est sous-œsophagienne, appartiendrait aux ganglions œsophagiens. Les ganglions sous-œsophagiens, qui fournissent les nerfs masticateurs, sont l'équivalent du bulbe rachidien et d'une partie de la protubérance annulaire. Ils sont, en effet, d'après les recherches de Faivre et de Binet, le centre de la coordination de la marche.

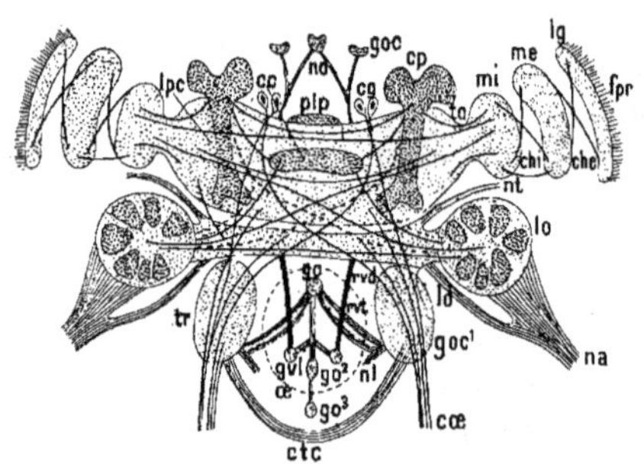

Fig. 158. — Diagramme d'un cerveau d'Insecte.
cc, corps central; *cg*, cellules ganglionnaires; *che*, chiasma externe; *chi*, chiasma interne; *cœ*, connectifs œsophagiens; *cp*, corps pédonculé; *ctc*, commissure tritocérébrale; *fpr*, fibres postrétiniennes; *goc*, ganglion ocellaire; *goc*¹, ganglion œsophagien; *go*, *go*², *go*³, ganglions viscéraux impairs; *gvl*, ganglion viscéral latéral; *ld*, lobe dorsal du deutocérébron; *lg*, lame ganglionnaire; *lo*, lobe olfactif; *lpc*, lobe protocérébral; *me*, masse médullaire externe; *mi*, masse médullaire interne; *na*, nerf olfactif ou antennaire; *nl*, nerf du labre; *no*, nerfs ocellaires; *nt*, nerf tégumentaire; *œ*, œsophage; *plp*, pont des lobes protocérébraux; *rvd*, racine viscérale venant du deutocérébron; *tr*, tritocérébron; *to*, tractus optique. (D'après Viallanes.)

Saint-Rémy (1890) a montré que le cerveau des Myriapodes et celui des *Peripatus* présentent la même organisation que celui des Insectes.

Kenyon (1896-1897) a étudié par la méthode de Golgi le cerveau des Insectes; il a confirmé les résultats de Viallanes et décrit des détails intéressants de structure interne des corps pédonculés.

La comparaison entre le cerveau des Insectes et celui des Crustacés présente quelque difficulté. Krieger (1880), Bellonci (1881) et Viallanes ne sont pas d'accord sur les homologations. Ce dernier auteur, qui a fait une étude spéciale du centre nerveux de la Langouste et de la Limule, arrive aux conclusions suivantes : « Le protocérébron et le deutocérébron ont la même constitution chez les Insectes et les Crustacés. Chez les Insectes et les Myriapodes, le troisième zoonite de la tête est dépourvu d'appendices et ne porte que le labre. Chez les Crustacés, il porte la deuxième paire d'antennes. Dans le cerveau de ces derniers animaux, il y a des lobes antennaires intercalés entre les ganglions œsophagiens tritocérébraux et le deutocérébron. Les fibres commissurales de ces lobes antennaires passent par la commissure transverse de l'anneau œsophagien. Ces lobes donnent naissance aux nerfs des secondes antennes, à des nerfs tégumentaires et au nerf moteur du pédoncule oculifère. Le nerf de l'antenne des Crustacés n'est pas représenté chez l'Insecte et celui de l'antennule est l'homologue du nerf antennaire de l'Insecte.

« Chez la Limule et les Arachnides il n'existerait qu'un proto et un deutocérébron avec commissures pré-œsophagiennes. Le deutocérébron innerve les chélicères qui sont des appendices tactiles. Il n'y a pas de tritocérébron et la première paire de pattes-mâchoires ou mandibules est innervée par le ganglion sous-œsophagien. »

Nous exposerons plus tard, à propos du développement, les conclusions tirées par Viallanes de ses recherches sur les centres nerveux relativement à la morphologie du squelette céphalique.

Organes des sens.

Ces fenêtres ouvertes sur le monde extérieur, suivant l'expression de John Lubbock, sont, chez les Insectes, nombreuses et variées. Ces animaux sont en effet pourvus à la fois d'organes tactiles, d'organes de l'odorat, d'organes gustatifs, d'organes visuels et d'organes auditifs.

Comme chez tous les Arthropodes, les cellules ectodermiques (hypodermiques) sont recouvertes d'une couche plus ou moins épaisse de chitine qui empêcherait la surface du corps de recevoir les impressions extérieures, n'était la présence de poils sensitifs. C'est d'ailleurs la forme sous laquelle se présentent non seulement les organes tactiles proprement dits, mais aussi la plupart des organes sensoriels.

ORGANES DU TACT

On peut, avec Lubbock, distinguer chez les Insectes deux catégories de poils : 1° les poils de surface, immobiles, au-dessous desquels le tégument chitineux reste continu ; ces poils peuvent être simples ou plumeux, ainsi que nous l'avons déjà vu ; 2° des poils au-dessous desquels le tégument chitineux est perforé et qui reçoivent une fibre nerveuse à leur base : ce sont des poils sensitifs. Ces poils peuvent être eux-mêmes divisés en plusieurs catégories : les poils solides à attaches raides, ce sont les organes du tact proprement dit, et les poils creux, fermés à leur extrémité par une membrane délicate, en rapport avec les sensations gustatives et olfactives. A la base de chaque poil sensitif se trouve d'ordinaire un petit ganglion nerveux ou une cellule nerveuse bipolaire.

Rina Monti (1894) et Holmgren (1892-1896) ont étudié récemment la distribution des nerfs cutanés chez les Insectes. Chez la chenille du *Sphinx ligustri* traitée par le bleu de méthylène, on voit les nerfs périphériques se dichotomiser et s'anastomoser pour former une sorte de plexus. Leurs terminaisons sont en rapport avec une cellule nerveuse bipolaire située à la base d'un poil, ou bien se terminent librement entre les cellules hypodermiques. Généralement il n'y a à la base du poil qu'une seule cellule nerveuse, rarement deux. Holmgren n'a pas vu de ganglions comme on en trouve chez les Crustacés, mais, chez l'Insecte adulte, les cellules nerveuses peuvent former au-dessous de l'hypoderme de petits groupes comparables à des ganglions. On trouve aussi dans la peau des cellules multipolaires dont les prolongements s'anastomosent en plexus, et qui sont peut-être des centres trophiques ou sécrétoires. Holmgren admet l'anastomose des neurones, et les terminaisons libres que l'on peut observer seraient dues à une coloration incomplète.

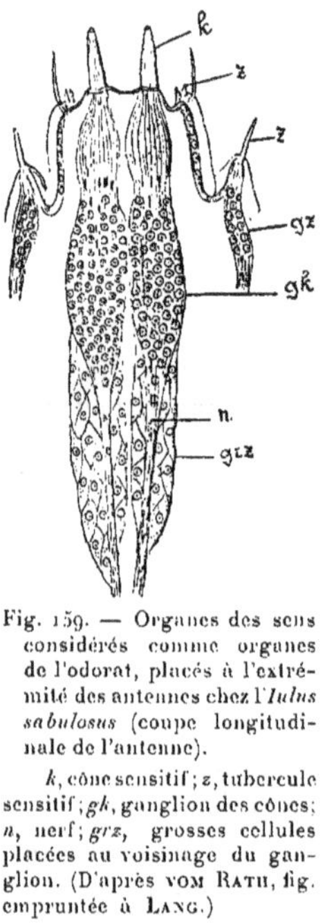

Fig. 159. — Organes des sens considérés comme organes de l'odorat, placés à l'extrémité des antennes chez l'*Iulus sabulosus* (coupe longitudinale de l'antenne).

k, cône sensitif; *z*, tubercule sensitif; *gk*, ganglion des cônes; *n*, nerf; *grz*, grosses cellules placées au voisinage du ganglion. (D'après vom Rath, fig. empruntée à Lang.)

ORGANES DE L'ODORAT ET DU GOUT

L'organe de l'odorat est très probablement localisé sur les antennes et les palpes buccaux. D'après Nagel (1894), le sens olfactif manquerait chez les Insectes aquatiques. Il aurait pour siège les antennes, chez les Insectes qui perçoivent les odeurs à de grandes distances, et les palpes buccaux, chez ceux qui ne les perçoivent que de près. Il est difficile de distinguer par le simple examen histologique les organes olfactifs des organes gustatifs. Tous deux sont constitués à peu près de la même manière, par des poils saillants et résistants, et, d'autre part, par des poils très délicats situés au fond de fossettes qui les mettent à l'abri des actions mécaniques extérieures et dans lesquelles peuvent séjourner les gaz ou les liquides. Ces organes ont été étudiés par Hicks (1857), Leydig (1860), Hauser (1880), Kræpelin (1883), Sagepin (1884), Forel (1885), Ruland (1888), vom Rath 1888), Lubbock (1891), Nagel (1894) etc.

A la surface des antennes on observe de nombreuses petites dépressions en forme de sacs ; Hicks en a compté 17 000 dans une antenne de Mouche.

Les expériences variées de Balbiani, de Hauser et de Forel, ont montré que chez certains Insectes au moins, et peut-être dans l'ensemble du groupe, c'est bien dans les antennes que siège l'odorat (voir au chapitre de l'*accouplement* la relation des expériences de BALBIANI sur le rôle des antennes dans l'accouplement du *Bombyx mori*).

Le sens olfactif de l'Insecte au repos est moins développé que chez l'animal en mouvement; il s'exagère pendant le vol, surtout chez ceux qui ont des organes en fossette (Lépidoptères et Muscides). C'est ce qui explique les mouvements actifs des antennes des Ichneumonides qui, tout en restant immobiles, se placent ainsi dans des conditions favorables à l'olfaction.

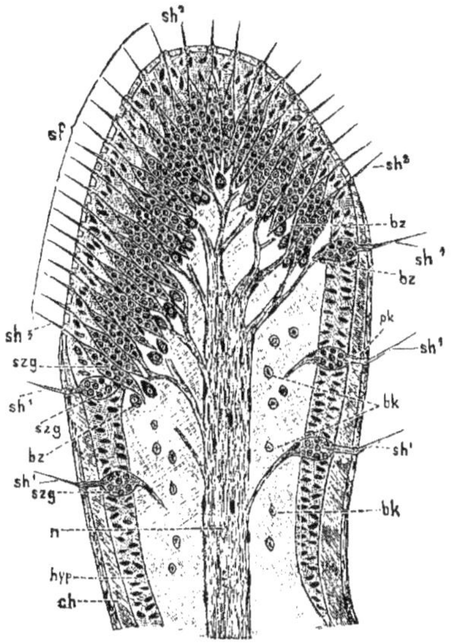

Fig. 160. — Coupe longitudinale de l'extrémité d'un palpe labial de *Locusta viridissima*.

sh^1, longs poils sensitifs; *sh^2*, poils sensitifs plus courts; *sf*, champ sensoriel; *pk*, canalicule poreux; *szg*, ganglion nerveux; *bz*, cellules satellites; *hyp*, hypoderme; *n*, nerf avec ses ramifications; *bk*, cellules sanguines; *ch*, couche de chitine. (D'après VOM RATH, fig. empruntée à KOLBE.)

ORGANES VOCAUX ET ORGANES AUDITIFS

Pendant longtemps le siège de l'audition chez les Insectes est resté inconnu des naturalistes. D'ailleurs, tous les Insectes ne paraissent pas également sensibles aux vibrations sonores. Beaucoup d'entre eux, qui sont pourvus (les mâles surtout) d'organes producteurs du son, perçoivent évidemment ces impressions et chez eux on a effectivement reconnu l'existence d'organes spéciaux affectés à la réception des ondes sonores. Les Insectes dépourvus de semblables organes possèdent cependant des appareils particuliers beaucoup plus simples, qui paraissent être en relation avec la perception des vibrations correspondant soit à des sons, soit à l'ébranlement du support sur lequel ils se trouvent. Avant de décrire ces organes, nous rappellerons en quelques mots les divers moyens par lesquels les Insectes peuvent émettre des sons.

Organes vocaux. — La production intentionnelle de bruits chez les Insectes paraît être en rapport avec l'activité de la fonction génitale. Ces bruits des Insectes sont, en effet, dans la plupart des cas des appels d'amour du mâle. C'est ainsi que l'*Anobium pertinax* produit un son en frottant avec sa tête les parois de la galerie creusée dans le bois. Généralement, les sons sont dus au frottement de certaines parties squelettiques les unes sur les autres. Landois (1867) a bien étudié les appareils producteurs de son. Chez les Locustides, par exemple, une des nervures située à la base de la face inférieure de la pseudo-élytre gauche est finement dentelée et produit une stridulation par son frottement contre les nervures saillantes de la face antérieure de la pseudo-élytre du côté opposé. Chez les Acridiens, la surface interne du fémur porte une rangée longitudinale de petites dents en forme de lancettes élastiques qui, en frottant sur les nervures saillantes des pseudo-élytres, les font entrer en vibration (fig. 161). Le Nécrophore possède sur la face du cinquième segment de l'abdomen deux petites râpes parallèles contre lesquelles viennent frotter les bords postérieurs des élytres. Les *Crioceris* et le *Clythra quadripunctata* produisent des sons de la même manière, mais la râpe occupe une autre situation. Dans une Cicadelle (*Delphax*), la stridulation est produite par le frottement des hanches les unes contre les autres. Les Géotrupes ont sur la cuisse de chaque patte postérieure une petite râpe qui frotte sur un appendice du troisième segment abdominal, etc.

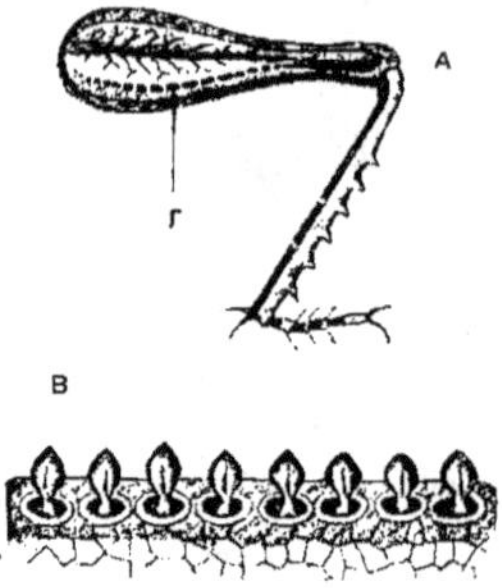

Fig. 161.
A, patte postérieure de *Stenobothrus pratorum*; *r*, rebord stridulant; — B, dents formant ce rebord, très grossies. (D'après Landois.)

Les Insectes bourdonnants peuvent émettre différents sons : des sons graves produits par la vibration rapide des ailes pendant le vol; un son plus élevé dû aux vibrations des anneaux de l'abdomen, et un son plus aigu résultant du passage de l'air par des stigmates munis de membranes vibrantes. En dedans du stigmate, se trouve une vésicule trachéenne qui a pour effet de renforcer le son produit par la vibration de deux lamelles chitineuses qui peuvent être plus ou moins tendues par des muscles spéciaux, s'insérant à l'une de leurs extrémités. Chez le Bourdon, le plus sonore des Hyménoptères, il y a sept paires de semblables stigmates, et par conséquent quatorze appareils vocaux. Landois et Marey (1868) ont cherché à déterminer la hauteur des sons produits par certains Insectes. Ils sont arrivés pour les mêmes espèces à des résultats différents, divergence tenant évidemment aux méthodes de recherches. Landois, par les moyens ordinaires de l'acoustique, a trouvé que, pour une Abeille vigoureuse, le son produit était la_4 et mi_4 lorsqu'elle est fatiguée. Le son stigmatique chez l'Abeille serait si_5.

Marey, en enregistrant les battements de l'aile, n'a trouvé pour l'Abeille que 190 vibrations et 240 pour le Bourdon, nombres bien inférieurs à ceux obtenus par Landois.

Enfin, chez les Cigales, il existe chez le mâle un appareil tout à fait spécial dont Aristote avait déjà reconnu la fonction et qui produit une stridulation plus forte que celle de tout autre Insecte. Cet appareil a été bien étudié par Landois et par Carlet. L'appareil musical est situé à la base de l'abdomen et entouré de deux paires d'organes protecteurs : les uns (opercules) en forme de volets ventraux; les autres (cavernes) constituant deux cavités latérales. Sur la paroi interne de chaque caverne se trouve une membrane (timbale) comparable à la peau d'un tambour dont la caisse est une énorme cavité thoraco-abdominale. Celle-ci communique avec l'extérieur par une paire de gros stigmates latéraux. Chaque timbale est mise en mouvement par un gros muscle qui s'insère sur le bord interne de la cavité et d'un autre côté sur la face interne de la timbale par un fort tendon. C'est la contraction brusque du muscle qui détermine la vibration de la timbale. Celle-ci revient sur elle-même par élasticité à chaque relâchement du muscle.

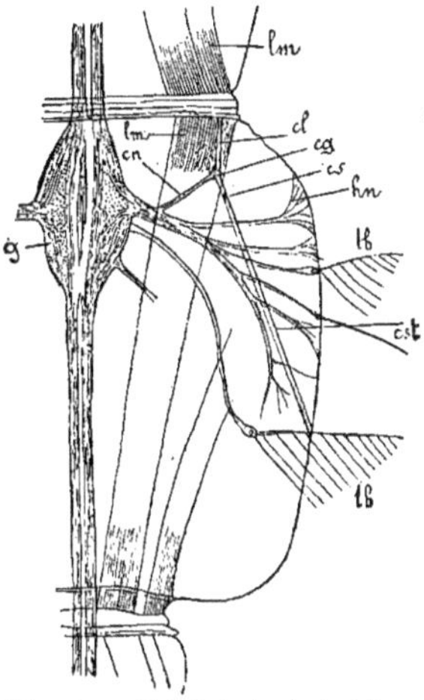

Fig. 162. — Moitié droite du huitième segment du corps chez une larve déjà âgée de *Corethra plumicornis*. *g*, ganglion de la chaîne nerveuse; *lm*, muscles longitudinaux; *cn*, nerf chordotonal; *cl*, ligament chordotonal; *cs*, cheville de l'organe chordotonal; *cst*, partie terminale de l'organe; *tb*, soies tactiles; *hn*, fibres nerveuses cutanées. (D'après Graber, fig. empruntée à Lang.)

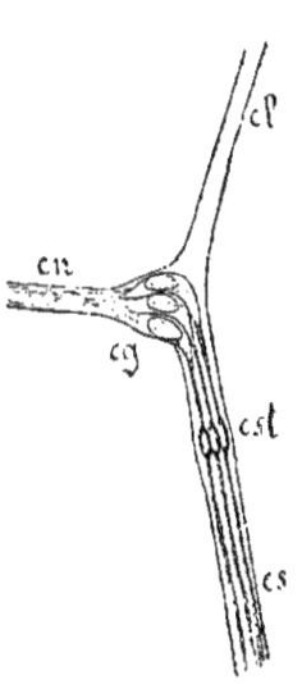

Fig. 163. — Organe chordotonal de la fig. 162, isolé et fortement grossi. *cl*, ligament chordotonal; *cn*, nerf chordotonal; *cg*, ganglion chordotonal; *cst*, chevilles de l'appareil; *cs*, tube terminal. (Fig. empruntée à Lang.)

Organes auditifs. — Découverts d'abord chez les Orthoptères, ils ont été étudiés depuis longtemps par Leydig et Siebold. Outre ces organes bien différenciés que nous décrirons plus loin, Graber (1881) a trouvé chez un certain nombre d'Insectes des appareils spéciaux qu'il a appelés *organes chordotonaux* et qui peuvent être considérés comme les appareils les plus simples de réception pour les vibrations sonores ou autres.

Ces organes chordotonaux, qu'on peut étudier à l'état frais par transparence dans les larves de Diptères (*Corethra*, *Culex*, *Chironomus*), sont situés sous les téguments (fig. 162). Ils sont constitués essentiellement d'une cellule nerveuse se prolongeant en un filament sur le trajet duquel est un noyau; au-dessus de ce noyau le filament se renfle en une fibre terminale renfermant un *clou scolopal*. Celui-ci est une formation cunéiforme à extrémité distale élargie et creuse, à paroi élastique, réfringente et de nature chitineuse. L'extrémité de la fibre du clou scolopal est contenue dans un tube, *scolopophore*, dont la gaine terminale est fixée au tégument (fig. 163). D'un autre côté, la cellule nerveuse est également rattachée au tégument par un ligament. L'organe chordotonal, par suite de

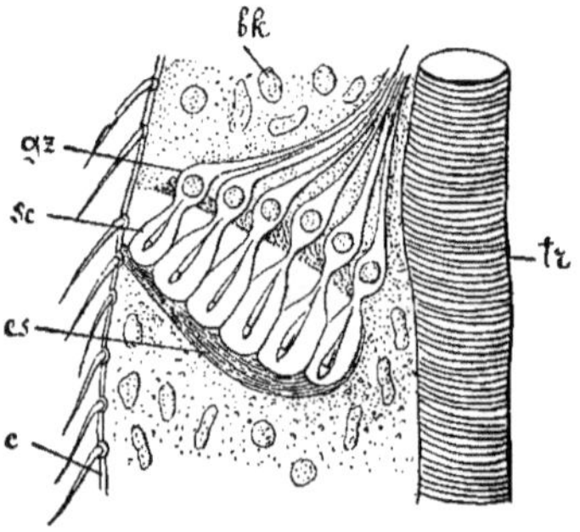

Fig. 164. — Organe chordotonal de la deuxième paire de pattes de l'*Isopteryx apicalis* (Perlide).

tr, trachée; *bk*, corpuscules sanguins; *gz*, cellules nerveuses; *sc*, scolopophores avec leurs clous ou chevilles; *es*, ligament terminal allant à la peau (*c*). (D'après GRABER, fig. empruntée à LANG.)

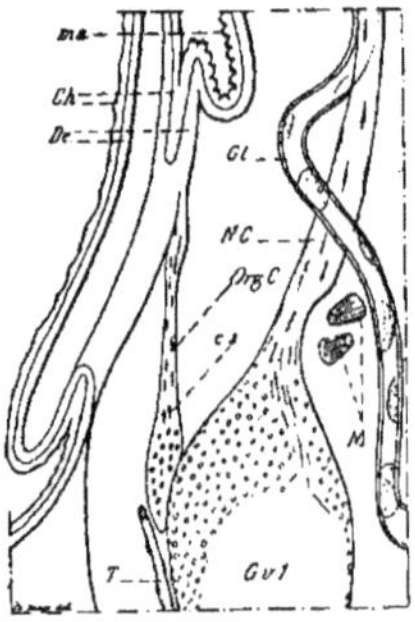

Fig. 165. — *Myrmica rubra*. Tranche comprise entre deux coupes parallèles au plan sagittal et contenant l'un des deux organes chordotonaux du prothorax. Gross. 160.

Org.C, organe chordotonal; *cs*, corpuscules scolopaux; *G*v1, ganglion prothoracique; *NC*, connectif; *Ch*, chitine; *De*, épiderme; *ma*, membrane articulaire de la tête; *Gl*. glande du labium; *T*, trachée; *M*. muscles croisés. (Fig. originale de JANET.)

cette disposition, est donc tendu comme une corde dans une cavité. Chaque organe appartient toujours à un même segment et n'a pas les deux points d'insertion sur des segments différents. Généralement plusieurs organes chordotonaux sont réunis ensemble et en rapport avec un petit ganglion nerveux. De semblables organes, avec quelques variations, se retrouvent dans tous les ordres d'Insectes et dans différentes parties du corps. Les organes chordotonaux sont métamériques chez les larves de *Dytiscus, Nematus, Tortrix, Corethra, Ptychoptera, Culex, Chironomus, Tabanus, Syrphus*. Chez les Insectes parfaits, on en a trouvé dans les antennes de *Dytiscus* et de *Telephorus* et des Formicides (fig. 166); dans les palpes maxillaires de *Dytiscus*, dans la lèvre inférieure et les palpes labiaux (*Dytiscus*); dans les pattes (*Phyllodromia*, Gryllides, Locustides, Acridides, *Isopteryx* (fig. 164), Pédiculides,

Dytiscus, *Melolontha*; dans le thorax des Formicides (fig. 165), etc.); dans les ailes (*Dytiscus*, *Acilius*, *Clytus*, *Eristalis*).

GRABER, LEYDIG, LUBBOCK les considèrent comme des organes auditifs : tendus comme des cordes, ils entreraient en vibration sous l'influence des ondes sonores frappant sur les téguments. Les organes auditifs proprement dits, anciennement connus chez les Orthoptères, ne sont en réalité que des localisations d'organes chordotonaux dans une région déterminée du corps et spécialement disposée pour loger ces

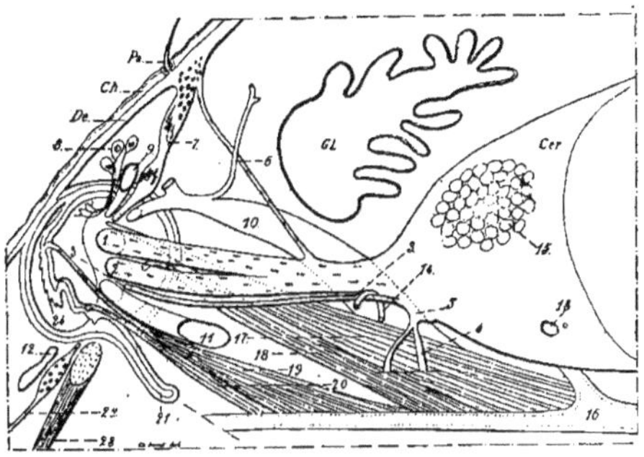

Fig. 166. — *Myrmica rubra*. Tranche comprise entre deux coupes parallèles au plan sagittal et contenant les nerfs de l'antenne droite. Gross. 160.

Cer, cerveau; *Gl*, glande pharyngienne; *Dc*, épiderme; *Ch*, squelette chitineux; *Ps*, poil sensitif; 1, nerf sensitif supéro-externe; 2, nerf sensitif inféro-interne; 3, nerf moteur des muscles du funicule; 4, nerfs moteurs des muscles du scape; 5, point d'émergence des nerfs moteurs; 6, nerf de l'organe préantennaire (organe chordotonal); 7, organe préantennaire; 8, cellules glandulaires; 9, prolongement du sac frontal; 10 à 14, trachées; 15, glomérules olfactifs; 16, endosquelette; 17 à 20, muscles du scape; 21, apodème; 22, nerf du labre; 23, muscle adducteur du labre; 24, base du scape. (Fig. originale de JANET.)

organes. Chez les Locustides, l'organe de l'ouïe (*organe tympanal*) est situé sur le tibia des pattes antérieures (fig. 167 et 168). Il est constitué par une membrane fine (tympan) tendue sur un cadre chitineux de forme elliptique. Dans la plupart des espèces, on observe de chaque côté du tibia deux tympans, deux disques semblables se correspondant; dans d'autres, il n'y en a qu'un. Entre les deux tympans se trouvent deux vésicules trachéennes. Le nerf de la patte, après son entrée dans le tibia, se divise en deux branches dont l'une donne le ganglion tympanal et l'autre un ganglion aplati sur la trachée antérieure. De ce dernier ganglion partent des fibres qui se rendent à une série de vésicules ou organes chordotonaux, qui vont en diminuant de taille de haut en bas, comme les arcs de l'organe de Corti dans l'oreille des Vertébrés supérieurs. Le ganglion tympanal est également en rapport avec une série de vésicules réunies en un faisceau qui va s'insérer à la partie interne du tibia. L'organe tympanique des Acridides siège sur le premier anneau de l'abdomen quelquefois excavé en forme d'oreille (fig. 167). Les organes chordotonaux se trouvent à la face interne du tympan.

Fig. 167. — Patte antérieure de *Locusta viridissima* montrant les deux organes tympaniques (*a*). (Fig. originale de Kolbe.)

Hicks (1857) a découvert à la base des balanciers de la *Rhingia rostrata* une plaque allongée portant une série de vésicules transparentes en rapport avec des nerfs; il crut que cette plaque porifère était un organe olfactif. Leydig (1860) retrouva une semblable disposition chez *Eristalis* et assigna à cette plaque une fonction auditive. Graber (1882) arriva aux mêmes conclusions; mais Bolles Lee (1885), reprenant l'étude de cette plaque porifère, chez *Musca vomitoria*, a vu que, s'il existe des organes chordotonaux à la base du balancier, les vésicules de la plaque renferment des poils sensitifs à terminaisons libres rappelant beaucoup les organes olfactifs. Il incline donc, comme l'avait fait Lowne (1870), à considérer cet organe comme un appareil sensitif destiné à recueillir les impressions olfactives.

Child (1894) a étudié la structure d'un organe découvert par Johnston, en 1855, dans le deuxième segment de l'antenne des Culicides et qu'il considère, avec Hurst (1890), comme un organe auditif. Le deuxième segment antennal est sphérique

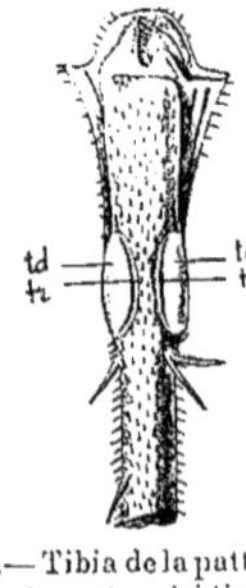

Fig. 168. — Tibia de la patte antérieure de *Locusta viridissima*.

td, opercule recouvrant la membrane tympanique ; *tr*, fente étroite séparant la membrane et son couvercle. (D'après Graber, fig. empr. à Lang.)

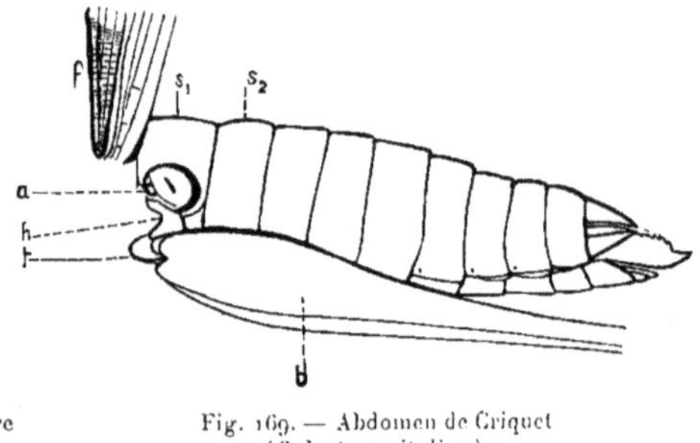

Fig. 169. — Abdomen de Criquet (*Caloptenus italicus*).

a, organe tympanique du premier segment abdominal s_1; *h*, hanche ; *p*, trochanter ; *b*, cuisse ; *f*, aile postérieure. (Fig. originale de Kolbe.)

et séparé du troisième par une fossette; il renferme de nombreux éléments nerveux sous forme de bâtonnets insérés dans la couche hypodermique et se dirigeant radiairement vers un ganglion nerveux formé de deux ou plusieurs couches de cellules.

Cet organe est plus développé chez le mâle que chez la femelle. On le retrouve plus réduit chez d'autres Insectes, *Tabanus*, *Musca*, *Formica*, *Vespa*, *Bombus*, *Melolontha*, *Aphis*, Phryganes, *Panorpa*, *Sialis*, *Libellula*. Chez les Orthoptères, à la même place, on observe de grosses cellules dans un pore chitineux. Les impressions sonores et sensitives seraient reçues par les poils des antennes, transmises à la membrane articulaire comme à la membrane du tympan et recueillies par les extrémités nerveuses de l'organe de Johnston. D'après A. M. Mayer, cet organe serait un appareil auditif renseignant l'animal sur la direction et l'intensité des vibrations sonores. Chez la majorité des Insectes c'est un simple organe de palpation qui, chez les Chironomides et les Culicides, partage ces fonctions avec les fonctions auditives. En effet, chez les autres Insectes, les bâtonnets en rapport avec les cellules nerveuses se terminent librement dans des pores chitineux.

Enfin Graber (1879) a découvert dans le dernier article de l'antenne de certains Diptères (*Sicus ferrugineus*, *Helomyza*, *Syrphus balteatus*) une vésicule chitineuse garnie intérieurement de prolongements ciliformes, qu'il considère comme un otocyste dépourvu d'otolithe.

ORGANES VISUELS

Ces organes manquent rarement chez les Insectes adultes, sauf cependant chez les espèces cavernicoles appartenant à différents genres, les commensaux des Fourmis (Clavigérides et Psélaphides), le *Braula cæca*, les ouvriers et soldats des Termites, certaines formes d'ouvrières de Fourmis, certains mâles de *Blastophaga* (Chalcidiens), quelques Pédiculides et Mallophages.

Il existe deux sortes d'organes visuels : les yeux simples, *ocelles* ou *stemmates* et les yeux composés, *yeux à facettes*.

Ces deux sortes d'organes peuvent se trouver réunis ou au contraire exister séparément. Les Insectes pourvus à la fois d'ocelles et d'yeux à facettes sont les Hyménoptères, les Névroptères, les Acridides et quelques autres Orthoptères, beaucoup de Lépidoptères, de Dipteres et d'Hémiptères (fig. 170). Tous ces Insectes ont trois ocelles.

On trouve des yeux composés et deux ocelles seulement chez quelques Coléoptères, les Phryganides, certains Lépidoptères et quelques Diptères.

Les Insectes qui possèdent seulement des yeux à facettes sont les Dermaptères, les Locustides, les Hydrochores, les Géomètres et les Rhopalocères ; ceux qui n'ont que des ocelles sont les Podurides (fig. 171), les Pulicides, les Pédiculides, les femelles des Coccides et les Strepsiptères.

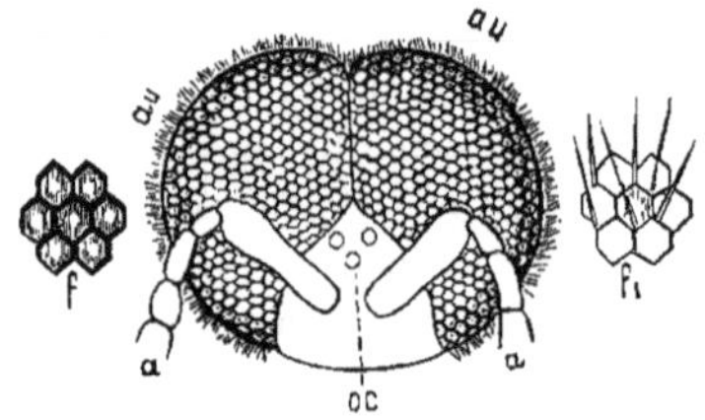

Fig. 170. — Tête d'un mâle d'Abeille (*Apis mellifica*) vue par sa partie supérieure.

a, antennes ; *au*, yeux composés ; *f*, sept facettes plus grossies ; f_1 les mêmes montrant les poils qui sont insérés entre elles ; *oc*, les trois ocelles. (D'après Gerstäcker, fig. empruntée à Kolbe.)

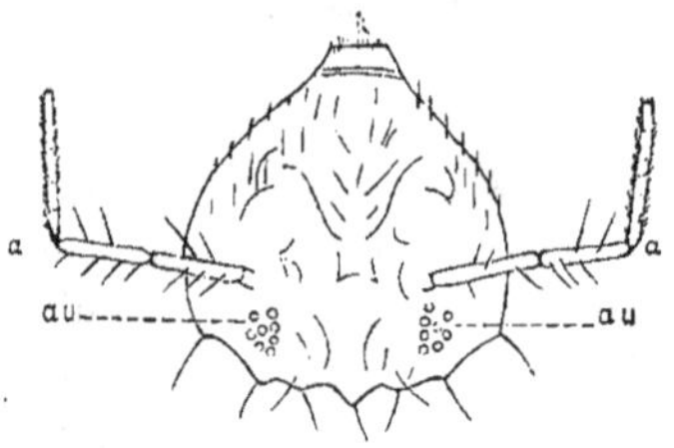

Fig. 171. — Tête de *Smynthurus fuscus* vue par sa partie supérieure.

a, antennes ; *au*, yeux ; *k*, région buccale. (D'après Tullberg, fig. empruntée à Kolbe.)

Les yeux à facettes sont plus ou moins développés suivant les Insectes ; ils ont une forme arrondie ou elliptique. Les Longicornes et quelques Coléoptères ont leurs yeux réniformes, plus ou moins échancrés pour loger la base des antennes ; exceptionnellement chaque œil composé peut être séparé en deux parties bien distinctes (*Tetrops*, *Eucomatocera* de la famille des Lamiides (fig. 172), quelques autres Longicornes, quelques Ténébrionides, Trogositides, Tomicides et Gyrinides). Chez le mâle du *Cloëon dipterum* (Éphéméride), il y a quatre yeux composés : deux yeux à facettes sessiles comme chez les autres Insectes et deux yeux assez longuement pédiculés placés en avant de ceux-ci (fig. 173) ; cet Insecte possède en outre trois ocelles situés sur le sommet de la

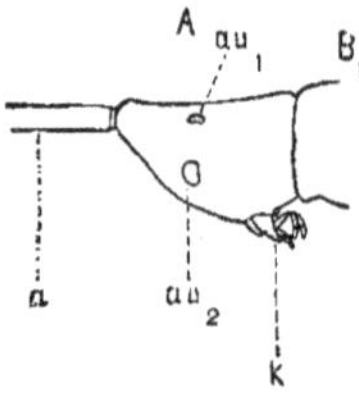

Fig. 172. — Tête d'un Coléoptère appartenant au genre *Eucomatocera*.

A, tête ; au_1, partie supérieure de l'œil du côté gauche ; au_2, partie inférieure du même œil ; *k*, pièces buccales ; *a*, base de l'antenne ; — B_1, prothorax. (Fig. originale de Kolbe.)

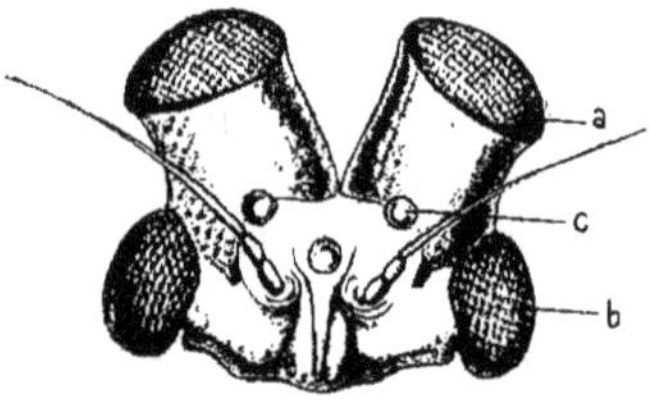

Fig. 173. — Partie antérieure de la tête d'un *Cloëon* mâle.

a, œil composé pédiculé ; — *b*, œil composé sessile ; — *c*, ocelle. (D'après Sharp.)

tête. Le *Bibio hortulanus* mâle présente deux gros yeux à facettes au-dessus desquels on voit deux petits yeux également à facettes qui existent seuls chez la femelle. La réunion des deux yeux composés en un seul peut s'observer accidentellement tératologiquement; LUCAS (1868) l'a signalée chez l'Abeille.

La structure des organes de la vision chez les Insectes a donné lieu à un assez grand nombre de travaux parmi lesquels nous citerons ceux de LEYDIG (1864), MAX SCHULTZE (1868), GRENACHER (1879), CARRIÈRE (1885), HICKSON (1885), PATTEN (1886) et VIALLANES (1891).

Œil à facettes. — Examiné par sa surface externe convexe, il se montre constitué par un très grand nombre de petites facettes hexagonales ou *cornéules* ; le nombre de ces facettes est très variable. On peut en compter depuis une centaine jusqu'à 25000 environ ; cependant, chez certaines ouvrières des Fourmis, le nombre des facettes peut être réduit et n'être plus que d'une quinzaine ou même se réduire à un (*Eciton*).

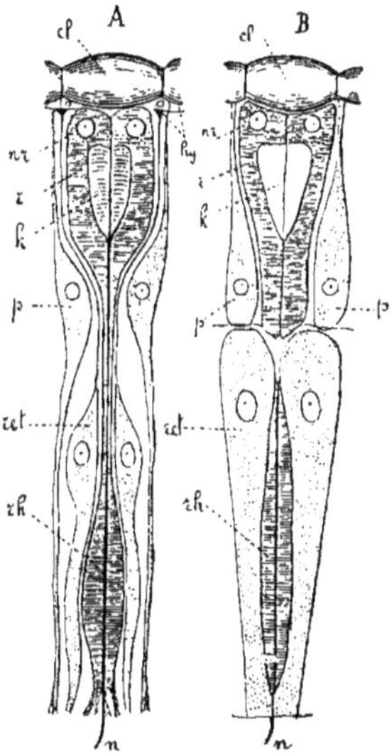

Fig. 174. — Structure d'une ommatidie dans un œil à facettes. — A, d'après la théorie de PATTEN ; — B, d'après celle de GRENACHER.

cl, lentille cuticulaire cornéenne ; *hy*, cellules hypodermiques des lentilles cuticulaires ; *r*, rétinophores ou cellules cristalliniennes ; *nr*, leurs noyaux ; *k*, cônes cristalliniens ; *p*, cellules pigmentaires ; *ret*, rétinules ; *rh*, rhabdomes ; *n*, nerf. D'après PATTEN, l'ommatidie serait, si l'on fait abstraction de l'hypoderme cornéen, formée par une seule couche de cellules, parce que tous les éléments constitutifs de cette ommatidie s'étendraient de la base de celle-ci jusqu'aux lentilles cornéennes et cela grâce à de fins prolongements. D'après GRENACHER, l'ommatidie serait en réalité formée de deux couches. (Fig. empruntée à LANG.)

Un œil à facettes est considéré comme la réunion d'yeux simples ou élémentaires (*ommatidies*). D'après GRENACHER (fig. 174, B), chaque ommatidie se compose, en allant de la périphérie vers le centre, d'une cornéule transparente au-dessous de laquelle se trouvent quatre cellules disposées en croix (*noyaux de* SEMPER) qui sécrètent la cornéule, ce sont les *cellules cristalliniennes*. Elles reposent sur le *cône cristallinien* qui surmonte un corps fusiforme allongé, ou bâtonnet (*rhabdome* de GRENACHER) entouré de cellules. Le cône serait sécrété par les cellules cristalliniennes de même que la cornéule. Il est formé de quatre segments accolés suivant l'axe de l'ommatidie. La cornéule, les cellules cristalliniennes et le cône cristallinien constituent l'appareil dioptrique. L'appareil sensitif, ou *rétinule*, a la forme d'une colonne en contact par son

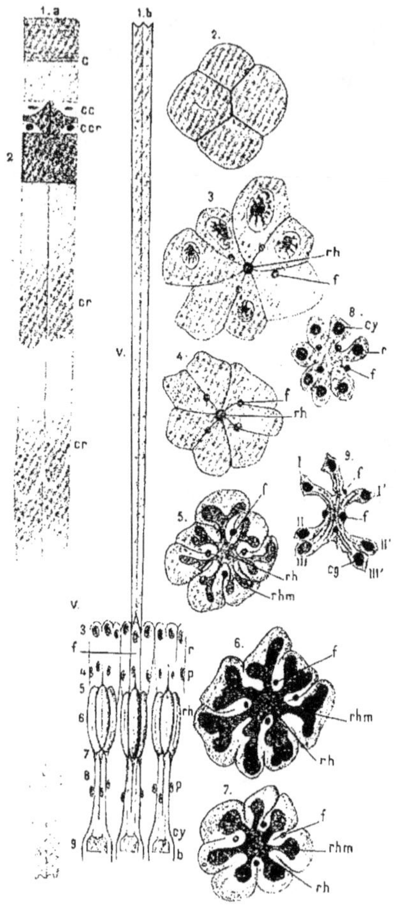

Fig. 175. — Structure de l'œil de la Langouste.

1*a*, 1*b*, coupe longitudinale d'une ommatidie après dépigmentation : la partie 1*a* devrait être au-dessus de 1*b*, la partie vitrée du cône étant supposée brisée vers son milieu ; *c*, cornéule ; *cc*, cellules cornéagènes ; *ccr*, cellules cristalliniennes ; *cr*, portion cristalline du cône ; *v*, portion vitrée du cône ; *f*, filaments terminaux du cône ; *r*, cellules rétiniennes ; *rh*, rhabdome ; *rhm*, rhabdomères ; *cy*, *cy*, cylindre-axes se rendant aux rhabdomères après avoir percé la basale ; *p*, cellules pigmentaires ; *b*, membrane basale. Les chiffres 2, 3, 4, 5, 6, 7, 8, 9, indiquent les niveaux auxquels ont été pratiquées les coupes transversales portant ces mêmes numéros. 2, coupe transversale de la partie externe du cristallin ; 3, coupe transversale de la partie externe de la rétinule ; les sept cellules rétiniennes entourent l'extrémité terminale du rhabdome ; 4, 5, 6, coupes transversales pratiquées peu en dedans ; 7, coupe transversale pratiquée vers l'extrémité proximale des rhabdomères ; 8, coupe transversale pratiquée entre l'extrémité proximale du rhabdome et la basale ; 9, coupe transversale pratiquée aussi près que possible de la basale. Le protoplasma des sept cellules rétiniennes s'est fusionné en une masse commune qui englobe les cylindre-axes, *cy* ; *a*, cylindre-axe impair ; — I', II', III', 1er, 2e, 3e cylindre-axes de droite ; — I, II, III, 1er, 2e, 3e cylindre-axes de gauche. (D'après VIALLANES.)

extrémité distale avec la pointe du cône, et s'appuyant par son extrémité proximale sur la membrane basale. La rétinule comprend le rhabdome et les cellules rétiniennes.

Le rhabdome, dont nous avons déjà parlé, est un corps fusiforme très allongé, réfringent, formé de sept segments ou *rhabdomères* soudés suivant l'axe de l'ommatidie. La surface libre de chaque rhabdomère est revêtue par une cellule allongée chargée de pigment (*cellule rétinienne*). La rétinule et une portion plus ou moins étendue du cône sont revêtues extérieurement de cellules pigmentaires. Suivant GRENACHER, chaque rhabdomère est un produit de différenciation du protoplasma de la cellule rétinienne correspondante. Ce même auteur distingue trois sortes d'yeux composés : 1° les *yeux acones*, sans cristallin ; les cellules cristalliniennes reposent directement sur le rhabdome (Tipulides, Hémiptères hétéroptères, Dermaptères, Coléoptères tétramères et trimères) ; 2° les *yeux pseudocones* : au milieu des cellules cristalliniennes se trouve une substance transparente de forme conique (Mouche) ; 3° les *yeux eucones* présentant un cône cristallinien bien développé (Lépidoptères, Hyménoptères, Orthoptères, Névroptères, Cicadides, Coléoptères pentamères).

La manière dont PATTEN comprend la structure de l'œil à facettes est très différente de celle de GRENACHER. D'après lui (fig. 174 A), l'œil à facettes correspondrait à un œil unique, se distinguant de l'œil simple ou ocelle par une fragmentation de la lentille cornéenne en une série de petites cornées lenticulaires. Les cornéules seraient sécrétées non par les cellules cristalliniennes, mais par deux petites cellules minces, aplaties, *cellules cornéagènes*, correspondant aux cellules hypodermiques. Au-dessous de chaque cornéule se trouve un groupe de quatre cellules très allongées, accolées suivant l'axe et s'étendant depuis les cellules cornéagènes jusqu'à la membrane basale : ce sont les *rétinophores*. Ceux-ci sont renflés à leur partie distale en cône cristallinien (*calice* de PATTEN), amincis dans leur partie moyenne (*style*) et de nouveau renflés à leur base (*rhabdome* ou *pédicelle*). La colonne transparente constituée par les rétinophores est entourée de deux ou trois cycles de cellules pigmentaires. Un filament nerveux axial provenant du nerf optique pénètre entre les rétinophores et se ramifie en filaments très grêles, dont les uns se terminent autour du cône cristallinien, les autres dans son intérieur (*rétinidies*). Le cône cristallinien, d'après PATTEN, ne serait donc pas un organe de réfraction, mais un organe récepteur sensible à la lumière. PATTEN a établi ses conceptions de l'œil composé d'après ses recherches sur l'œil des Crustacés et des Insectes. PARKER (1890-1891), en reprenant l'étude de l'œil du Homard et de différents autres Crustacés, a réduit à néant la théorie de cet auteur en montrant que le cône cristallinien va s'attacher à la membrane basale et que les nerfs ne dépassent pas le rhabdome.

Viallanes (1891) est arrivé au même résultat, en étudiant l'œil de la Langouste (fig. 175) et de l'Hydrophile. Au-dessous de chaque cornéule, il a confirmé l'existence de deux cellules cornéagènes transparentes, découvertes par Patten, reposant sur les quatre cellules cristalliniennes, transparentes, disposées en croix, plus épaisses dans leur partie axiale et s'enfonçant comme un coin entre les cellules cornéagènes. Le cône cristallinien renferme trois parties : une partie cristalline distale, formée de quatre segments accolés et possédant un indice de réfraction très élevé; une portion moyenne (partie vitrée ou calice) demi-fluide, formée également de quatre segments moins réfringents que le cristallin; une partie proximale, terminale, constituée par quatre filaments grêles qui s'insinuent entre les cellules rétiniennes pour venir s'attacher à la membrane basale. Les rétinules, qui par leur ensemble constituent la troisième zone de l'œil composé, sont formées chacune par le rhabdome et par sept cellules rétiniennes qui enveloppent celui-ci. Le rhabdome, coloré sur le vivant en rose par l'érythropsine, est un corps terminé à son extrémité distale par une pointe effilée. Sa surface porte sept côtes longitudinales très saillantes qui sont les rhabdomères bifurqués à leur partie moyenne. La membrane basale est percée de trous livrant passage aux tubes nerveux qui se rendent aux ommatidies. Dans chaque ommatidie pénètrent sept cylindre-axes qui, en traversant la basale, se dépouillent de leur gaine. Chacun d'eux s'enfonce dans le protoplasma d'une des cellules rétiniennes pour aller s'unir au rhabdomère correspondant, avec la substance duquel il se fusionne. Les cellules cornéagènes et cristalliniennes ainsi que le cristallin sont revêtus par une gaine de pigment noir.

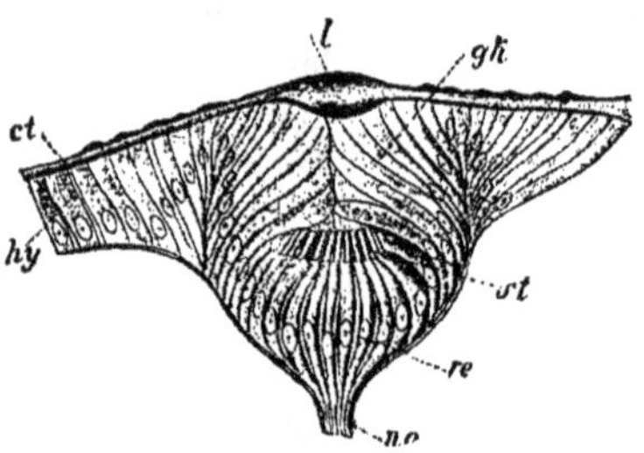

Fig. 176. — Coupe transversale d'un ocelle de jeune larve de Dytique.
ct, cuticule chitineuse ; *l*, lentille cuticulaire; *gk*, cellules du corps vitré; *hy*, hypoderme; *st*, bâtonnets; *re*, cellules rétiniennes; *no*, nerf optique. (D'après Grenacher, fig. empruntée à Lang.)

La zone moyenne de l'œil, partie vitrée du cône, n'est pas entourée de pigment. Entre les rétinules, il existe des cellules pigmentaires analogues aux cellules du tapis de l'œil des Mammifères. La partie interne des cellules rétiniennes elles-mêmes est chargée de pigment brun dont la distribution varie suivant l'éclairement, comme Mlle STEPHANOVSKA l'a constaté.

CIACCIO (1880-1884), CARRIÈRE (1893) et ZIMMER (1897) ont étudié la structure des yeux composés des Éphémérides, qui, comme le *Cloëon dipterum*, ont quatre yeux chez le mâle. Les yeux des femelles et les yeux latéraux des mâles ont la structure des yeux à facettes des autres Insectes ; mais dans les yeux frontaux des mâles la partie dioptrique, constituée par les cornéules et les cônes cristalliniens, est séparée des rhabdomes et des cellules rétiniennes par un espace rempli de liquide homogène ou d'une gelée très fluide, traversé par de longs filaments qui réunissent la partie externe de l'œil à la partie interne ; en outre, les cellules pigmentaires manquent et les rétinules sont à peu près dépourvues de pigment (*Cloë fuscata* et *Potamanthus brunneus*). Cette disposition serait en rapport avec la vision dans l'obscurité et la perception des mouvements, spécialement ceux de la femelle, au moment de l'accouplement, celui-ci ayant lieu pendant le vol, et le mâle étant au-dessous de la femelle.

Ocelle. — La structure des ocelles des Insectes adultes a été peu étudiée ; les histologistes ont fait surtout porter leurs recherches sur les stemmates des larves, ou sur les yeux des Myriapodes et des Arachnides. Suivant PATTEN, un ocelle serait une ommatidie isolée ou une association de quelques ommatidies ayant une cornée commune. La surface externe de l'ocelle est constituée par un épaississement de chitine transparente, formant une lentille cornéenne, au-dessous de laquelle se trouvent des cellules hypodermiques transparentes, qui sécrètent cette lentille et dont l'ensemble constitue une sorte de corps vitré. Celui-ci recouvre des cellules sensitives, cellules rétiniennes ou rétinophores, dont le nombre est variable et qui sont disposées de telle sorte qu'elles convergent plus ou moins vers l'axe optique. Chaque cellule rétinienne est terminée par un bâtonnet réfringent et entourée de cellules pigmentaires ; elle est en rapport par son extrémité proximale avec une fibre nerveuse dont les filaments axiaux aboutissent au bâtonnet. PATTEN ayant donné un schéma de l'ocelle en rapport avec sa conception de l'ommatidie de l'œil composé, conception qui a été démontrée fausse par PARKER et VIALLANES, il y aurait lieu de reprendre l'étude de la constitution des ocelles en se basant sur les résultats auxquels sont arrivés ces deux derniers auteurs pour les yeux composés.

La théorie de la vision, chez les Insectes, a donné lieu à de nombreuses discussions que nous ne pouvons exposer ici et qu'on trouvera dans les travaux de J. MÜLLER, GOTTSCHE, DOR, LUBBOCK, PLATEAU, EXNER, etc. Nous nous bornerons à reproduire les conclusions auxquelles VIALLANES est arrivé d'après ses expériences sur les yeux composés des Crustacés et de l'Hydrophile.

« Dans chaque ommatidie se forme une image rétinienne réelle et renversée des corps extérieurs ; cette image est assez étendue, car elle embrasse un angle d'environ 45°. En raison de la brièveté du foyer des milieux réfringents cette image est très petite bien que très nette. L'image rétinienne se forme sur la face interne du cône, c'est-à-dire au contact de celui-ci avec la rétinule. Le lieu de formation de l'image rétinienne semble rester le même quelle que soit la distance des objets extérieurs qui la produisent ; ce qui s'explique par l'extrême étroitesse d'ouverture des milieux réfringents, qui ne dépasse pas quelques centièmes de millimètre. Les ommatidies sont complètement séparées les unes des autres par des gaines pigmentées. L'œil composé peut donc être considéré comme une association de petites chambres noires pourvues d'objectifs à foyer très court et constant. » Viallanes pense que l'œil composé est mal disposé pour la perception des objets de petites dimensions et peu lumineux, mais que, en revanche, il est bien approprié à la perception du relief et du mouvement des corps.

Quant aux ocelles, on ignore encore leur fonctionnement. D'après Plateau, ils auraient une utilité à peu près nulle pour la vision chez les Insectes adultes.

CHAPITRE IV

FONCTIONS DE REPRODUCTION

Organes génitaux.

Comme chez les autres Arthropodes, les organes génitaux des Insectes sont constitués fondamentalement par deux tubes plus ou moins ramifiés, pouvant se fusionner à la base pour former un conduit évacuateur unique. Il y a toujours continuité entre la partie glandulaire proprement dite et la partie vectrice, de sorte que les produits sexuels sont conduits directement au dehors sans jamais tomber dans la cavité générale.

Sauf dans des cas accidentels, comme il s'en rencontre dans tous les groupes du règne animal, les sexes sont séparés chez les Insectes et il existe souvent un dimorphisme sexuel très marqué (1). Quelquefois les organes génitaux subissent un arrêt de développement et les Insectes adultes sont dits *neutres;* c'est ce qui s'observe chez les espèces vivant en société comme les Termites, les Fourmis, les Abeilles, les Guêpes.

Les organes génitaux des Insectes, toujours placés dans la cavité abdominale, comprennent des parties essentielles, *glandes sexuelles* et *conduits vecteurs*, et des parties accessoires qui sont des réservoirs pour

(1) On rencontre souvent des Insectes présentant à la fois les caractères extérieurs propres au sexe mâle et au sexe femelle; on en a conclu que ces Insectes étaient hermaphrodites; mais, dans la plupart des cas, on n'a pas examiné les organes internes. OCHSENHEIMER (1821) a réuni un grand nombre d'observations de ce genre, relatives à des Lépidoptères dont les caractères sexuels étaient plus ou moins complètement différents dans les deux moitiés du corps. RUDOLPHI (1825) a décrit un *Gastropacha quercifolia* dont le côté gauche et toute la portion terminale étaient mâles, tandis qu'à droite le testicule était remplacé par un ovaire. HAGEN (1861) a dressé un relevé de 99 cas d'hermaphrodisme chez les Papillons. SIEBOLD (1864) et LEUCKART (1865) ont décrit des Abeilles présentant les caractères extérieurs qui, normalement, appartiennent les uns aux mâles, les autres aux femelles; mais ces particularités n'étaient pas toujours en harmonie avec les anomalies existant dans les organes reproducteurs.

la liqueur séminale, *poche copulatrice* et *réservoir séminal*, des *glandes* ayant des rôles spéciaux, et des appendices destinés à faciliter la copulation.

Les caractères tirés de la constitution des organes essentiels et des organes accessoires de la reproduction, qui sont différents dans les deux sexes, constituent les *caractères sexuels primaires*. Il peut, en outre, y avoir entre le mâle et la femelle des différences non liées très directement à la reproduction et dont l'ensemble constitue les *caractères sexuels*

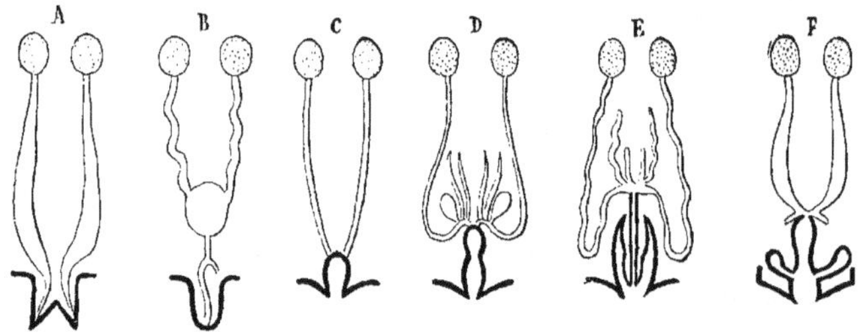

Fig. 177. — Schéma de la disposition des organes génitaux chez divers Insectes.

A à E, organes mâles ; — F, organes femelles. Les lignes noires épaisses représentent ce qui a été formé par invagination de la peau ; — A. Éphéméride ; — B. *Forficula auricularia* ; — C. larve d'Orthoptère ; — D, *Œdipoda* (Acridien) ; — E, *Cetonia aurata* ; — F, *Æschna* (Libellulide). (D'après PALMEN, fig. empruntée à LANG.)

secondaires. C'est ainsi qu'il peut y avoir des différences dans la taille, la coloration, le développement des ailes, etc.

Les caractères sexuels secondaires seront étudiés dans un chapitre spécial.

Organes reproducteurs femelles.

Les parties essentielles des organes génitaux de la femelle comprennent un nombre variable de *tubes* ou *gaines ovariques* situés de chaque côté du corps et venant déboucher dans un conduit vecteur, ou *trompe*. La trompe est souvent très élargie dans la partie où débouchent les gaines ovariques : cette partie plus large est appelée *calice*. Les deux trompes s'unissent ordinairement à leur extrémité terminale pour constituer un tube unique, ou *vagin*. Celui-ci s'ouvre au dehors par un orifice médian et ventral, la *vulve*, placé en avant de l'anus.

Exceptionnellement, l'orifice génital des femelles de Strepsiptères est situé sur la partie dorsale du corps. Chez les Éphémérides et le Lépisme, les deux trompes ne s'unissent pas et il y a deux ouvertures sexuelles séparées.

Ovaires. — Le plus souvent les gaines ovariques sont prolongées à leur extrémité antérieure par des filaments grêles qui s'unissent les uns aux autres d'un même côté du corps; puis les deux cordons qui en résultent se rejoignent sur la ligne médiane pour former un ligament qui va s'attacher, dans la région thoracique, au diaphragme musculo-conjonctif, placé sous le vaisseau dorsal. Ce ligament maintient en place les masses ovariques. Il fait défaut chez les Mouches, le Lucane cerf-volant, les Coccides, le Phylloxéra et peut-être chez d'autres Insectes; les gaines ovariques se terminent alors librement dans la cavité du corps.

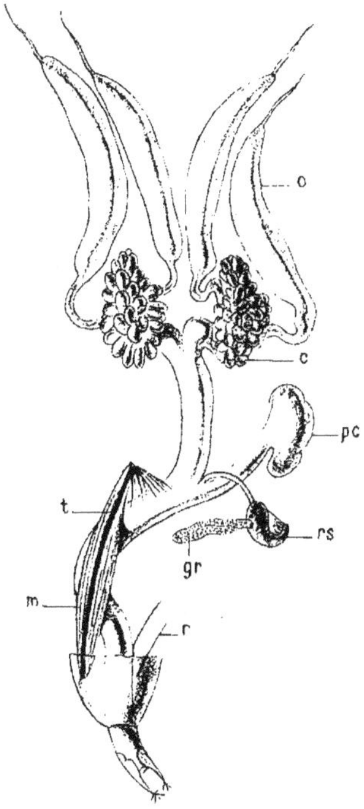

Fig. 178. — Organes génitaux femelles d'*Anthonomus pomorum*.

c, calice; *gr*, glande du réceptacle séminal; *m*, muscle dont la contraction fait saillir au dehors le vagin; *o*, gaine ovarique; *pc*, poche copulatrice; *r*, rectum; *rs*, réceptacle séminal; *t*, tige chitineuse, élastique agissant comme organe rétracteur du vagin. (Fig. originale.)

Müller, Wagner et Blanchard pensaient que les filaments terminaux des gaines ovariques, par suite de leur connexion avec le cœur, jouaient un rôle dans la nutrition de l'ovaire, et étaient des vaisseaux sanguins. Stein (1847) décrivit, dans ces filaments, des trachées et des fibres musculaires, et les considéra, ainsi que Kramer et Dufour, comme de simples ligaments suspenseurs, destinés à maintenir les ovaires en place. Leydig (1866) démontra que l'intérieur des filaments renferme des cellules épithéliales de même nature que celles des gaines ovariques; il vit également que les gaines ovariques s'anastomosent quelquefois deux à deux par leurs extrémités antérieures (*Osmia bicornis*, *Musca domestica*). Al. Brandt (1878) reconnut deux sortes de filaments : les uns contenant des prolongements cellulaires des tubes ovariques, les autres purement conjonctifs. Plus récemment, Korschelt (1886), qui a étudié la structure des ovaires d'un assez grand nombre d'Insectes, a vu que le cordon cellulaire en relation avec l'extrémité de la gaine ovarique, s'étend plus ou moins loin dans le filament terminal suivant les espèces; souvent à la place des cellules on ne trouve plus que quelques petits noyaux, les limites des cellules ayant disparu.

Que les filaments terminaux renferment ou non des cellules semblables à celles qui constituent l'extrémité antérieure des gaines ovariques, on peut admettre avec Korschelt et Heymons que ces filaments ne jouent aucun rôle dans la production et le développement des œufs et sont des ligaments suspenseurs.

Quelquefois les gaines ovariques sont réunies ensemble par une membrane de tissu conjonctif et forment une masse plus ou moins compacte.

Le nombre des gaines ovariques est excessivement variable. Primitivement elles avaient sans doute une disposition métamérique régulière.

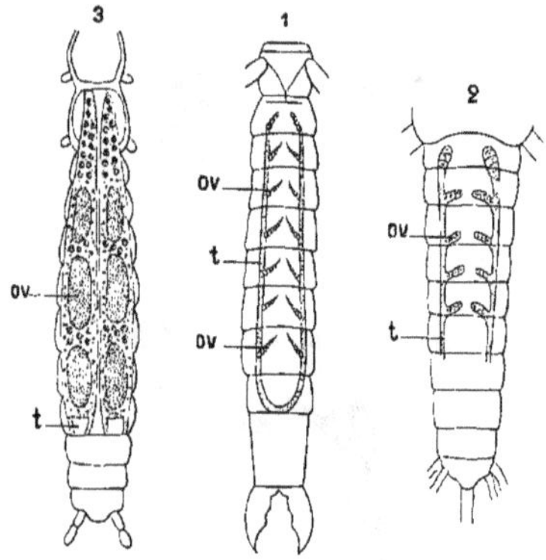

Fig. 179.
Appareil génital femelle des Thysanoures.

1. Jeune *Japyx* ; — 2. Jeune *Lepisma* ; — 3. *Campodea* ; *ov*, ovaires ; *t*, oviductes. (D'après GRASSI.)

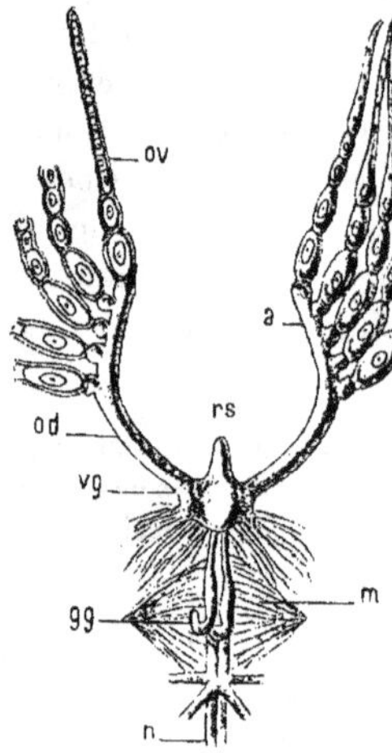

Fig. 180. — Appareil génital femelle de *Lepisma saccharina* adulte.

ov, ovaire ; *a*, partie de l'oviducte correspondant au calice des autres Insectes ; *od*, oviducte ; *vg*, vagin ; *rs*, poche copulatrice ; *gg*, glandes annexes ; *m*, muscles ; *n*, chaine nerveuse. (D'après NASSONOW.)

L'étude du développement des organes génitaux montre, en effet, qu'à un moment donné, dans l'embryon, les deux ébauches génitales sont constituées par des masses de cellules disposées très régulièrement dans les métamères abdominaux.

Chez les Insectes adultes considérés comme les plus voisins des Insectes primitifs, les Thysanoures, on peut retrouver d'ailleurs une disposition semblable. Ainsi, chez le *Japyx*, il y a de chaque côté du corps une gaine ovarique par anneau ; ces gaines viennent déboucher isolément dans le conduit génital, au niveau de chaque métamère. Les deux conduits vecteurs s'unissent tout à fait près du pore génital (fig. 179, 1). Dans le *Machilis* cette disposition régulière n'existe déjà plus ; les gaines ovariques manquent au niveau des derniers métamères et se trouvent rassemblées en avant. Chez le *Campodea*, il ne reste qu'une seule gaine ovarique de chaque côté et cette gaine représente en quelque sorte l'extrémité dilatée du conduit excréteur (fig. 179, 3). Il en est de même dans l'*Anurida maritima* d'après CLAYPOLE (1898).

Chez les autres Insectes, la répartition métamérique n'existe plus du

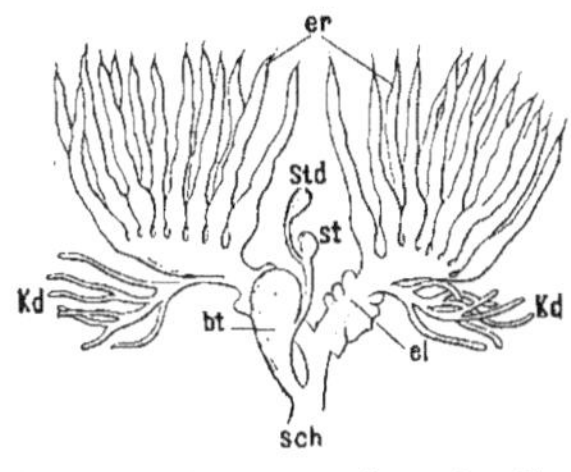

Fig. 181. — Organes génitaux femelles de Dytique.

er, gaines ovariques; *el*, oviducte avec paroi glandulaire; *bt*, poche copulatrice; *st*, réceptacle séminal; *std*, glande du réceptacle séminal; *kd*, glandes sébifiques; *sch*, vagin. (D'après STEIN.)

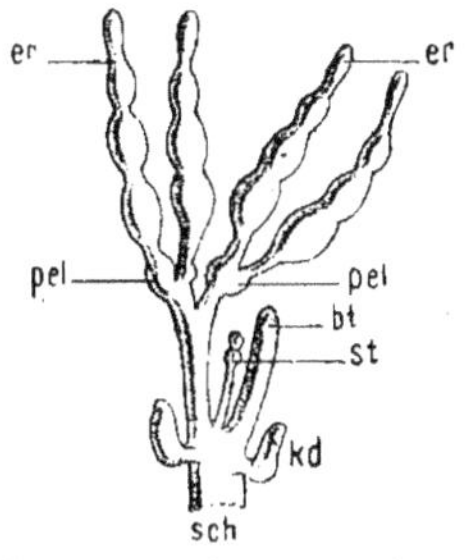

Fig. 182. — Organes génitaux femelles de Scolyte.

er, gaines ovariques; *pel*, oviductes; *bt*, poche copulatrice; *st*, réceptacle séminal; *kd*, glandes sébifiques; *sch*, vagin. (D'après LINDEMANN.)

tout; la disposition et le nombre des gaines y sont des plus variables.

Dans l'Hippobosque, d'après LÉON DUFOUR, il n'y aurait, comme chez le *Campodea*, qu'une seule gaine ovarique de chaque côté. On en compte

Fig. 183. — Organes génitaux femelles de *Mylabris geminata*.

o, ovaires; *c*, poche copulatrice; *s*, réceptacle séminal; *v*, vagin. (D'après BEAUREGARD.)

Fig. 184. — Organes génitaux femelles de *Cantharis vesicatoria*.

o, ovaires; *c*, poche copulatrice; *s*, réceptacle séminal. (D'après BEAUREGARD.)

deux dans l'Anthonome, les Mélophages et quelques autres Insectes (*Lixus*, *Scolytus*); trois chez certains Hyménoptères (Anthidies, Scolies, Sphex) et quelques Coléoptères (*Latridius porcatus*, *Staphylinus olens*, etc.); quatre chez les Bourdons, les Anthophores, les Chrysis, les Élatérides et la plupart des Lépidoptères (1); six chez les Psychées et le Hanneton; quatre à sept chez les Hémiptères hétéroptères; douze chez la Sésie; une trentaine chez le Dytique et chez le Blaps, cent cinquante environ chez l'Abeille et jusqu'à deux mille ou trois mille chez les Termites.

Les gaines des Cantharides sont excessivement courtes et les ovaires ont un aspect muriforme; celles des Lépidoptères sont au contraire

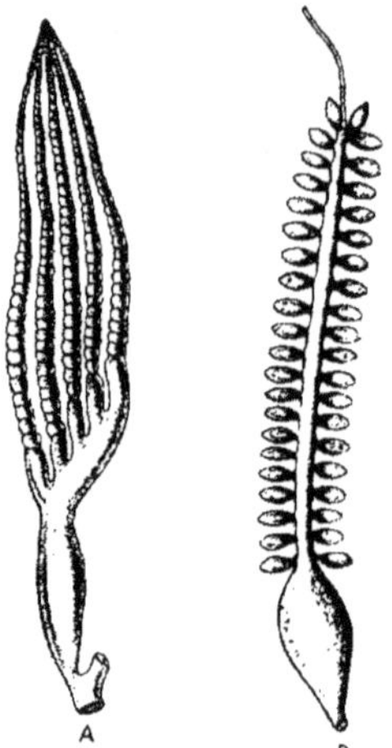

Fig. 185.
A, ovaire de *Labidura riparia*; — B, ovaires de *Forficula auricularia*. (D'après Dufour.)

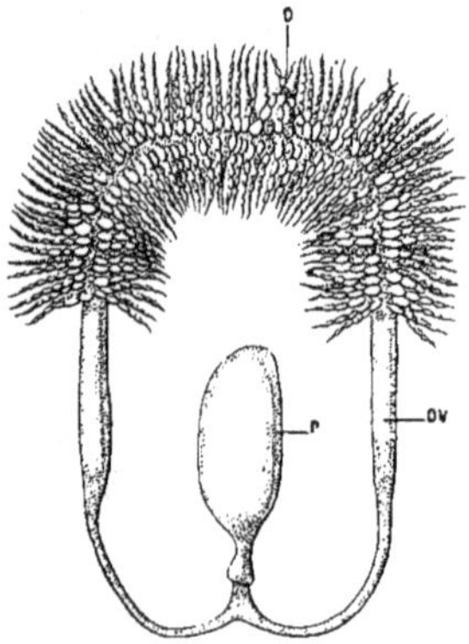

Fig. 186. — Organes génitaux femelles de *Perla maxima*.
Les deux ovaires sont réunis et portent de nombreuses gaines ovariques *o*; *ov*, oviductes; *r*, réceptacle séminal cachant l'orifice génital et une glande accessoire. (D'après Sharp.)

très longues et flexueuses, ou même enroulées en crosse à leur extrémité (*Bombyx mori*) (fig. 192). Chez les Forficules il y a trois rangées de gaines sur chaque conduit génital, tandis que chez les *Labidura*, qui en sont très voisins, il y a de chaque côté cinq gaines disposées en une seule rangée le long du côté externe des conduits (fig. 185). Chez les Perlides, les deux conduits vecteurs s'unissent par leur extrémité antérieure et forment un tube annulaire portant les gaines ovariques insérées sur son bord externe et sur son bord interne (fig. 186). Cette disposition rappelle celle qu'on trouve dans beaucoup d'Arachnides.

Le nombre de gaines des Pucerons varie suivant les individus dans

(1) Chez la *Sesia scoliiformis*, chaque ovaire est formé de 14 gaines ovariques (Brandt). Chez les *Nematois metallicus*, Cholodkovsky (1885) a trouvé de 12 à 20 gaines pour chaque ovaire; cette espèce présente aussi cette particularité que la poche copulatrice y est peu développée et est dépourvue de canal spécial pour l'accouplement ainsi que d'un canal de communication avec le vagin, comme chez les autres Lépidoptères.

une même espèce et, chez un individu, d'après l'époque de la reproduction ; pendant l'été, lors de la reproduction parthénogénésique, on peut trouver une douzaine de gaines de chaque côté, tandis qu'en automne, au moment de la reproduction sexuée, le nombre des gaines est très réduit. Dans le Phylloxéra sexué, par exemple, on ne trouve plus qu'une seule gaine de chaque côté, et même l'une d'elles est très réduite et sert uniquement à recevoir la liqueur séminale lors de la copulation.

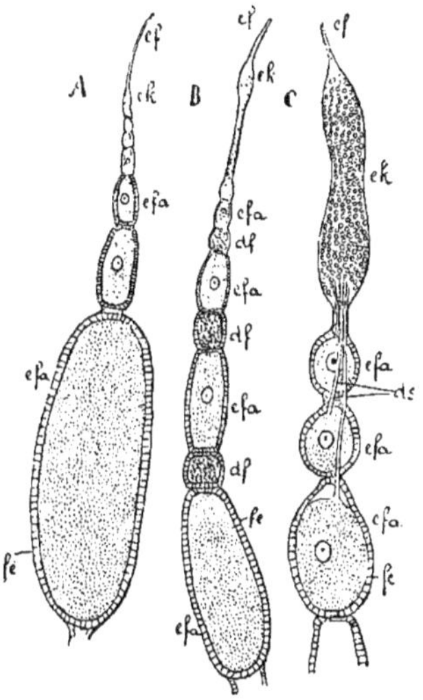

Fig. 187. — Schéma de divers types de tubes ovariens.

A, tube ovarien sans cellules nutritives ; — B, tube ovarien avec groupes de cellules nutritives alternant avec les ovules ; — C, tube ovarien avec chambre terminale, *ck*, où se trouvent toutes les cellules nutritives : les ovules sont en rapport avec cette chambre par l'intermédiaire de prolongements *ds* ; *cf*, filaments terminaux ; *ck*, chambre terminale ; *cfa*, chambres ovulaires ; *fe*, épithélium folliculaire ; *df*, chambre à cellules nutritives ou vitellogènes. (Fig. empruntée à Lang.)

Au point de vue histologique, les gaines ovariques sont constituées d'abord par une tunique péritonéale très mince, située extérieurement, puis par une tunique musculaire formée de fibres striées et ordinairement anastomosées. Cette couche musculaire est surtout développée à la base et manque souvent au sommet des gaines, mais quelquefois elle existe même jusque dans le ligament suspenseur des ovaires. Enfin on trouve une lame anhiste très mince, sorte de membrane basale, et des éléments cellulaires qui sont la partie essentielle des ovaires. Ces éléments cellulaires sont de plusieurs sortes : des *cellules germinatives*, des *cellules épithéliales*, des *cellules vitellogènes* et des *ovules* ou *œufs ovariens*. Relativement à la répartition de ces diverses cellules, on doit distinguer, dans toute gaine ovarique, une région antérieure ou *chambre germinative* (*germigène*), où les cellules ne sont pas différenciées, et une région postérieure, caractérisée surtout par la présence de cellules épithéliales et de cellules ovulaires, ces dernières étant placées les unes derrière les autres avec des dimensions croissant régulièrement d'avant en arrière. Les cellules épithéliales sont disposées autour des ovules qu'elles entourent complètement, formant ainsi autour d'eux de véritables follicules. On donne le nom de *chambres ovulaires* à ces parties successives de la région postérieure des gaines ovariques. Chez certains Insectes, on ne trouve pas dans les chambres ovulaires d'autres éléments qu'un ovule entouré de son follicule ; c'est la disposition présentée par les Aphidiens, les Coccides et les autres Hémiptères, les Orthoptères (excepté les Dermaptères), les Pseudonévroptères, les Puces et beaucoup de Coléoptères. Chez d'autres, au contraire, on trouve à la partie supérieure de chaque chambre ovulaire un certain nombre de cellules dites cellules vitellogènes, dont la signification est très discutée. Tantôt il n'y a aucune différence extérieure entre la partie qui contient l'œuf et celle qui renferme les cellules vitellogènes (Diptères, Dermaptères), de telle sorte que chaque renflement de la gaine correspond à un œuf avec ses cellules vitellogènes. Tantôt le groupe des cellules vitellogènes est séparé de l'œuf par étranglement de la gaine; celle-ci a la forme d'un chapelet dans lequel les amas de cellules vitellogènes et les ovules alternent régulièrement (Hyménoptères, Névroptères, Lépidoptères, Carabides, Hydrophilides).

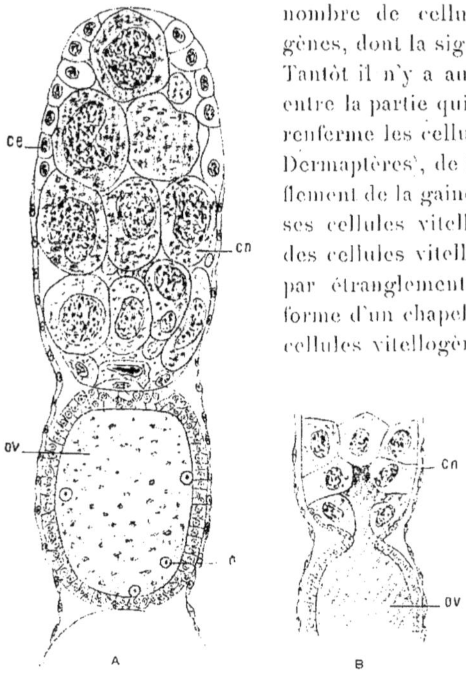

Fig. 188. — Fragments de coupes longitudinales de gaines ovariques de l'Abeille reine.

A, chambre à cellules vitellogènes *cn*, suivie d'une chambre ovulaire; *ce*, cellules épithéliales se transformant en cellules vitellogènes; *ov*, ovule; *n*, noyaux de Blochmann; — B, figure montrant le pédicule de l'œuf *ov*, pénétrant au milieu des cellules vitellogènes. (Fig. originale.)

Dans le cas où l'on ne trouve pas de cellules vitellogènes dans chaque chambre ovulaire, ces cellules existent cependant ; mais elles sont toutes placées en une seule masse située à l'extrémité antérieure de la chambre germinative et elles interviennent alors dans la nutrition de tous les ovules de la gaine. Ce cas est très net par exemple chez les Pucerons, le *Pyrrhocoris* et d'autres Hémiptères.

Les cellules épithéliales, qui sont cylindriques au niveau des ovules, sont encore distinctes dans les chambres ovulaires au niveau des cellules vitellogènes, mais elles ont une forme aplatie.

Les cellules vitellogènes, d'après Korschelt, ont un noyau très volumineux contenant un réseau chromatique très fin. Nous reviendrons plus loin sur le rôle qu'elles jouent dans la nutrition de l'ovule.

Les œufs ovariens, lorsqu'ils commencent à se différencier des cellules voisines, renferment un noyau et du protoplasma dépourvu de granulations vitellines. Mais si on les prend de plus en plus éloignés du sommet de la gaine ovarique, on les trouve de plus en plus volumineux et de plus en plus abondamment pourvus de granulations vitellines. Ces granulations consistent surtout en globules graisseux et albumineux, en glycogène et souvent en corpuscules de Blochmann, dont il a déjà été parlé précédemment.

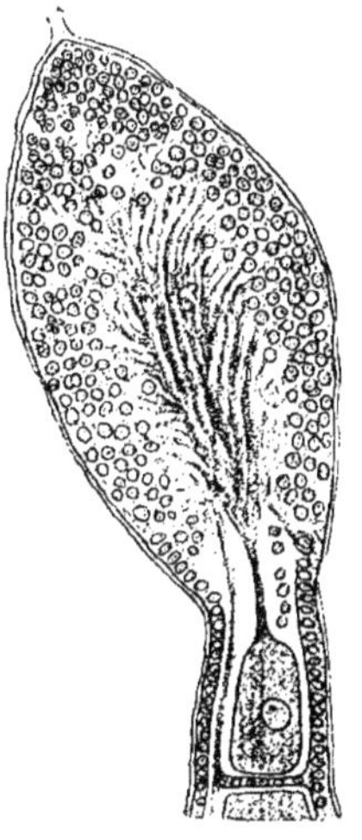

Fig. 189. — Chambre germinative d'une gaine ovarique de *Pyrrhocoris apterus* montrant les rapports du pédicule de l'œuf avec les cellules de la chambre. (Fig. originale.)

Huxley (1858) remarqua que, chez les Aphidiens ovipares, l'œuf ovarien envoie dans la chambre terminale, où se trouvent des cellules vitellogènes, un prolongement qu'il considéra comme un canal chargé de conduire à l'œuf les granulations de réserve fabriquées par les cellules vitellogènes. Lubbock (1859) et Claus (1864) partagèrent cette opinion. Mais Balbiani (1870) montra que ce prolongement était un cordon plein, protoplasmique, rattachant l'œuf à une cellule à laquelle les cellules vitellogènes voisines étaient elles-mêmes unies par un pédicule. Les ovules plus développés, situés dans la partie distale de la gaine ovarique sont, comme le plus jeune, en connexion par un long cordon protoplasmique avec cette même cellule centrale. Balbiani considéra par suite cette cellule centrale de la chambre terminale de la gaine comme la cellule mère des ovules et des cellules vitellogènes. Ces dernières peuvent donc, d'après Balbiani, être regardées comme des ovules abortifs, servant, ainsi que cela se présente dans d'autres groupes d'animaux, à la nutrition des vrais ovules. Cette opinion avait déjà été émise, en 1849, par Hermann Mayer. Wielowiejski (1885) a décrit chez le *Pyrrhocoris apterus* des filaments protoplasmiques se rendant des ovules dans la loge terminale ; là ces filaments se ramifient et leurs divisions aboutissent aux nombreuses petites cellules vitellogènes qui remplissent cette loge. J'ai pu vérifier l'exactitude de son observation et constater que la loge terminale de la gaine ne renferme aucune cellule centrale (fig 189).

Ces prolongements ovulaires vers les cellules vitellogènes ont été vus chez beaucoup d'autres Insectes et paraissent exister généralement.

Brandt (1874) a divisé les Insectes, au point de vue de la constitution des gaines ovariques, en deux groupes : 1° les Insectes à *ovaire panoïstique*, dans lequel il n'y a pas de cellules nutritives, et 2° les Insectes à *ovaire méroïstique* dont les gaines renferment à la fois des ovules et des cellules nutritives.

Wielowiejski (1886) fait rentrer les ovaires des Insectes dans trois catégories distinctes :

1° Gaines dont les extrémités, dans les premiers stades du développement, renferment des cellules embryonnaires qui se différencient en ovules, cellules vitellogènes et cellules épithéliales (Diptères, Hyménoptères, Lépidoptères, Coléoptères géodéphages et hydradéphages, Orthoptères).

2° Gaines dont les extrémités présentent au-dessus des ovules, à tous les stades de développement, un amas plus ou moins volumineux de grosses cellules, n'ayant aucun rapport avec les ovules (Coléoptères, excepté les Géodéphages et les Hydradéphages, et une partie des Aphidiens).

3° Gaines dont les extrémités présentent au-dessus des ovules des amas de cellules fonctionnant comme organes de formation du vitellus et en relation avec les ovules, pendant leur période d'accroissement, au moyen de prolongements (Hémiptères).

de Bruyne (1897-99) donne pour l'organisation de l'ovaire des Insectes le tableau synoptique suivant :

I. **Ovaires sans cellules nutritives** (Ovaires panoïstiques de Brandt).	
a. Les *Aptérygogènes* (formes primitives).	Amétabolie.
b. Les *Archiptères*.	B. Hémimétabolie ou Amétabolie acquise de Lang.
c. Les *Orthoptères*.	
II. **Ovaires à cellules nutritives** (Ovaires méroïstiques de Brandt).	
A. Les cellules nutritives ne quittent pas le germigène.	
1. Un pédicule unit l'ovule aux cellules nutritives. Les *Rhynchotes-Homoptères*.	
2. Il n'y a pas de pédicules unissant.	
a. Les *Rhynchotes-Hémiptères*.	
b. Certains *Coléoptères*.	C. Holométabolie.
B. Les cellules nutritives accompagnent dans son trajet l'ovule auquel elles sont destinées.	
1. Les logettes nutritives sont séparées de leur follicule ovarique par un étranglement de la gaine.	
a. Les autres *Coléoptères*.	
b. Les *Névroptères*.	
c. Les *Hyménoptères*.	
2. Cet étranglement de la gaine n'existe pas.	
a. Les *Diptères*.	
b. Les *Lépidoptères*.	

de Bruyne établit une relation entre la structure des gaines ovariques, le mode de formation de l'œuf et l'absence ou la nature de la métamorphose. Nous aurons à exposer son opinion au sujet de l'ovogenèse et des métamorphoses ; nous voulons seulement, pour l'instant, montrer que son tableau est inexact. Grassi (1885) a décrit dans l'ovaire de *Campodea*, des cellules situées entre les chambres ovulaires et pouvant être assimilées à des cellules nutritives. Claypole (1899), chez *Anurida maritima*, a constaté que les deux tubes ovariens renferment des groupes cellulaires dans lesquels il faut distinguer un ovule en voie de développement entouré en partie de cellules présentant tous les caractères de cellules nutritives. Le même auteur a retrouvé des cellules nutritives dans l'ovaire d'un autre Thysanoure (*Tomocerus sp.?*). Lécaillon, qui poursuit actuellement des recherches sur l'histologie des Thysanoures, m'a montré des coupes de *Degeeria corticalis* dans lesquelles les tubes ovariens présentaient la même structure que chez *Anurida*. Il a retrouvé également des cellules vitellogènes très nettes chez *Campodea*. Il est donc impossible de dire aujourd'hui que les cellules nutritives ou vitellogènes manquent chez les Aptérygotes. De même, de Bruyne range dans sa première division tous les Orthoptères; or, chez les Forficules, d'après les recherches de Korschelt, confirmées par mes propres observations, chaque œuf est accompagné d'une grosse cellule nutritive, par conséquent les Dermaptères, au point de vue de la constitution des gaines ovariques, doivent être placés à côté des Diptères et des Lépidoptères,

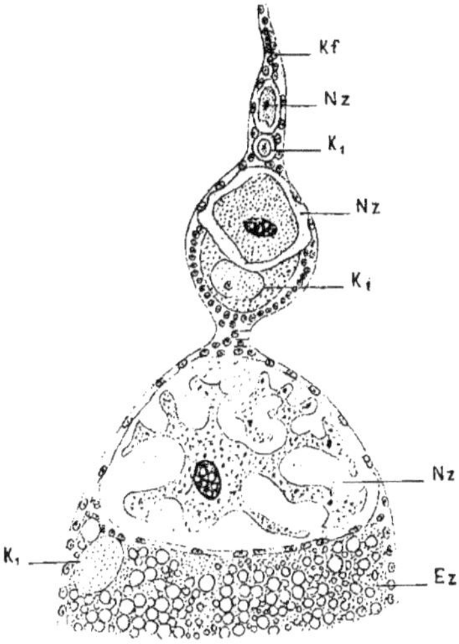

Fig. 190. — Coupe longitudinale de l'extrémité antérieure d'une gaine ovarique de *Forficula auricularia*.

Ez, œuf; *Kf*, chambre germinative; K_1, vésicule germinative; *Nz*, cellule vitellogène (d'après Korschelt.)

Insectes essentiellement holométaboliques. Enfin les Rhynchotes-Hémiptères ne peuvent être séparés des Rhynchotes-Homoptères, car dans les deux groupes, les jeunes ovules sont rattachés à la chambre germinative (germigène); la seule différence entre les Hémiptères et les Homoptères est que, chez les premiers, les cellules nutritives sont très nombreuses et de petites dimensions, tandis que chez les seconds, elles sont, en général, très volumineuses et en petit nombre. Les mêmes observations s'appliquent à la classification de Wielowiejski, encore plus défectueuse que celle de de Bruyne.

Les ovaires de quelques Insectes (Ichneumonides, Culicides, Cécidomyides et peut-être de quelques autres groupes mal étudiés) présentent une disposition spéciale différente de celle de la majorité des autres Hexapodes. Balbiani (1) a bien étudié cette structure, et j'ai pu vérifier sa

(1) M. Balbiani a bien voulu me communiquer son observation et ses dessins, qui n'ont pas été publiés.

description, chez un *Aphidius* parasite des Pucerons du Rosier. Chaque ovaire est constitué par une poche unique se continuant avec l'oviducte.

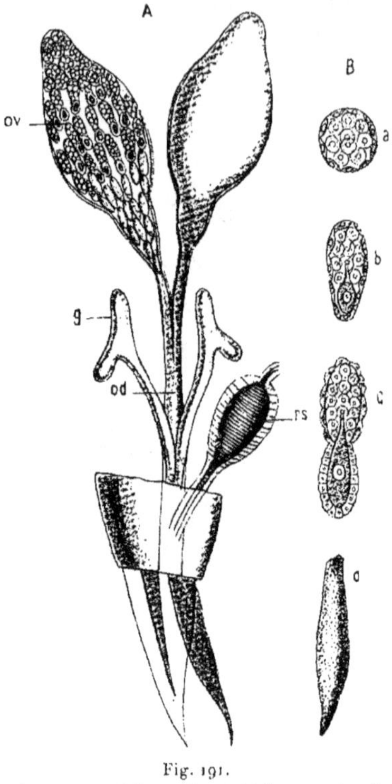

Fig. 191.
A, organes génitaux d'un *Aphidius* parasite des Pucerons du Rosier : *ov*, ovaires ; celui de gauche est représenté vu par transparence ; *od*, oviducte ; *g*, glandes collétériques ; *rs*, réceptacle séminal ; — B, Follicules ovariens à divers états de développement, *a*, *b*, *c* ; *d*, œuf arrivé à maturité. (D'après un dessin inédit de Balbiani.)

Cette poche contient dans son intérieur un certain nombre de follicules libres (fig. 191) ; les jeunes follicules occupant la partie terminale de la poche sont arrondis. Ils sont formés par une paroi de cellules épithéliales aplaties et de cellules toutes semblables entre elles. Les follicules plus avancés dans leur développement sont ovoïdes et présentent, à l'une de leurs extrémités, une cellule plus grosse qui est le jeune ovule différencié ; les autres cellules représentent les éléments vitellogènes. Vers la partie moyenne de la poche ovarique, les follicules ont la forme d'un bissac, dont l'une des moitiés contient les cellules vitellogènes et l'autre renferme l'œuf rattaché par un pédicule à ses cellules vitellogènes. Enfin, à la partie postérieure de l'ovaire, ou dans toute l'étendue de la poche, chez les femelles prêtes à pondre, on ne trouve plus que des œufs allongés, entourés encore d'une mince couche épithéliale ; les cellules vitellogènes ont disparu ou il en reste encore quelques traces.

Chez les *Chironomus* et les Cousins, la poche ovarique renferme aussi de nombreux follicules libres contenant chacun un ovule et de grosses cellules vitellogènes, comme dans les autres Diptères. Metchnikoff (1866) avait déjà vu que, dans les larves pædogénésiques des Cécidomyies, l'ovaire est une poche renfermant des œufs libres.

Les ovaires, examinés chez les larves et les nymphes, ont la forme de sacs allongés, présentant dans leur intérieur un axe central, creusé d'un canal en continuité avec l'oviducte, et autour duquel sont insérées de nombreuses petites gaines ovariques, disposées en verticilles (1). A un stade plus avancé, l'axe central se résorbe et les gaines ovariques deviennent libres dans le sac. Chaque gaine comprend d'abord plusieurs chambres ovulaires qui renferment un ovule et des cellules vitellogènes; mais une seule de ces chambres, celle qui était la plus voisine de l'axe, se développe et finalement on trouve la même disposition que chez l'*Aphidius*. Il est possible que dans l'ovaire de l'*Aphidius* il existe aussi primitivement un axe central, qui disparaît par résorption. Cette disposition de l'ovaire est probablement primitive et dérive sans doute de celle qui existe chez *Anurida maritima* et quelques autres Thysanoures, dans lesquels le tube ovarique contient des groupes cellulaires à divers états de développement, chacun de ces groupes renfermant un ovule et plusieurs cellules vitellogènes.

Oviductes. — Le calice, quand il existe, est une cavité assez vaste pouvant recevoir un certain nombre d'œufs après que ceux-ci ont quitté les gaines ovariques. Chez l'Anthonome, par exemple, il a une forme renflée et ses parois présentent des boursouflures qui peuvent s'effacer de façon à augmenter sa capacité (fig. 178). Chez les Acridiens, il a la forme d'un cæcum où les œufs ne pénètrent pas, mais qui sécrète, en revanche, un liquide visqueux entourant les œufs : c'est une adaptation spéciale du calice.

Les deux oviductes, ou trompes, constitués par une tunique musculaire et un revêtement épithélial interne, ne présentent rien de particulier. Ils se réunissent en un canal commun, le vagin, plus ou moins long, suivant que les deux trompes restent indépendantes plus ou moins loin de l'orifice sexuel ; quelquefois, comme chez les Diptères vivipares, le vagin se renfle et constitue un *réservoir ovolarvigère* (Dufour) pouvant abriter les œufs et les larves (2) ; dans l'*Echinomyia*, ce réservoir est enroulé en spirale. Chez les Éphémérides, les deux trompes ne s'unissant pas, le vagin fait défaut. Cette disposition est probablement primitive et indique l'ancienneté de ces Insectes. Elle se retrouve à l'état larvaire pour la plupart des Hexapodes. Le vagin se forme tardivement par l'invagination de la partie ectodermique située entre les deux orifices sexuels, ce qui a pour effet de repousser à l'intérieur les orifices des trompes. Le vagin a donc une origine différente de celle du reste des conduits génitaux.

---

(1) Miall et Shelford (1897) ont décrit et figuré cette disposition dans une larve de Tipulide (*Phalacrocera replicata*), mais ils n'ont pas suivi la transformation de l'ovaire chez l'adulte.

(2) Voir le travail de Pratt sur l'anatomie des organes femelles des Pupipares dans *Zeitschr. f. wiss. Zoologie*. Bd. LXVI. 1 H. 1899.

Poche copulatrice et réceptacle séminal. — Les organes accessoires annexés aux organes génitaux femelles comprennent la poche copulatrice, le réceptacle séminal avec sa glande accessoire et les glandes sébifiques. Les deux premiers organes sont les plus intéressants à considérer en raison du rôle qu'ils jouent dans la fécondation. L'accouplement et la ponte des œufs ne se suivant presque jamais immédiatement et ces deux actes étant souvent séparés par un intervalle considérable, de plus l'accouplement n'ayant lieu qu'une seule fois pour chaque femelle, tandis que la ponte peut se répéter plusieurs fois dans une même année ou même plusieurs années consécutives (Abeille), le réceptacle séminal et la poche copulatrice fonctionnent comme des réservoirs dans lesquels la semence du mâle conserve sa vitalité pendant longtemps ; généralement la semence, après avoir été déposée dans la poche copulatrice, passe ensuite dans le réceptacle séminal où elle s'emmagasine. Ces organes se trouvent presque toujours placés à la partie dorsale du vagin et y débouchent quelquefois séparément ; souvent aussi, particulièrement dans certains Coléoptères, le réceptacle séminal est greffé sur la poche copulatrice et celle-ci débouche seule dans le vagin (1).

Poche copulatrice. — La poche copulatrice peut souvent manquer (Hyménoptères, Diptères, Hémiptères, excepté les Cicadides), et alors le réceptacle séminal fonctionne en même temps comme poche copulatrice ; quand celle-ci existe, elle possède la même structure que le vagin, c'est-à-dire une couche épithéliale interne, une couche musculaire moyenne et une tunique péritonéale à la surface externe. Chez les Cantharidiens, d'après Beauregard, l'épithélium de la partie renflée de la poche copulatrice est formé de cellules volumineuses, hyalines, pourvues d'un gros noyau et constituant des amas irréguliers qui font saillie à la surface externe. Ces cellules sécrètent un liquide muqueux renfermant de la cantharidine ; cette substance, qui existe dans le sang, se retrouve aussi dans les gaines ovariques. Chez le mâle, c'est également, comme on le verra plus loin, dans une glande annexe de l'appareil génital qu'on trouve la cantharidine en plus grande abondance.

Les Lépidoptères présentent une disposition spéciale de la poche

(1) Chez les Coléoptères, il est souvent difficile de préciser ce qu'il faut considérer comme poche copulatrice. Audouin appelait ainsi la dilatation vésiculeuse postérieure de l'oviducte, destinée à recevoir le pénis du mâle pendant l'accouplement. Pour Siebold et Stein, cette partie dilatée est le vagin, et Siebold appelle poche copulatrice (*bursa copulatrix*) une dilatation ou un diverticulum du vagin. Selon Stein, la poche copulatrice est l'extrémité antérieure du vagin toutes les fois que celle-ci a subi une modification assez importante de structure histologique pour être considérée comme une portion distincte du vagin, remplissant des fonctions spéciales dans l'acte de l'accouplement.

copulatrice dont l'importance a été établie particulièrement chez le *Bombyx mori* par Balbiani (1869). Le réceptacle séminal et la poche copulatrice s'ouvrent séparément dans le vagin et, en outre, la poche copulatrice communique au dehors par un canal propre ou *canal copulateur* (fig. 192). La poche copulatrice est ovoïde ou pyriforme; elle est constituée par une membrane anhiste, épaisse et résistante, tapissée intérieurement d'une couche de cellules aplaties; elle ne présente pas trace de tunique musculaire. Le canal séminifère, qui fait communiquer la poche avec le vagin, possède au contraire une couche de fibres annulaires striées qui, par leur contraction, peuvent oblitérer sa lumière. Lors de l'accouplement, les spermatozoïdes sont introduits dans la poche copulatrice par le canal copulateur; à ce moment, le canal séminifère est fermé. Plus tard seulement ce canal s'ouvre, les spermatozoïdes traversent le vagin et se rendent dans le réceptacle séminal. Or, Crivelli avait remarqué que, chez le *Bombyx mori*, des mâles atteints de la Pébrine peuvent, pourvu qu'ils s'accouplent avec des femelles saines, féconder les œufs sans leur communiquer les corpuscules de la maladie. Cornalia expliquait ce fait en supposant que le micropyle de l'œuf était trop étroit pour livrer passage aux corpuscules. Balbiani a montré que le diamètre du micropyle est suffisant pour laisser passer les corpuscules de la Pébrine, mais que ceux-ci restent dans la poche copulatrice et que les spermatozoïdes seuls se rendent dans le réceptacle séminal. Ce fait est dû à ce que la poche copulatrice est dépourvue de tunique musculaire et que c'est de leur propre mouvement que les spermatozoïdes sains passent dans le

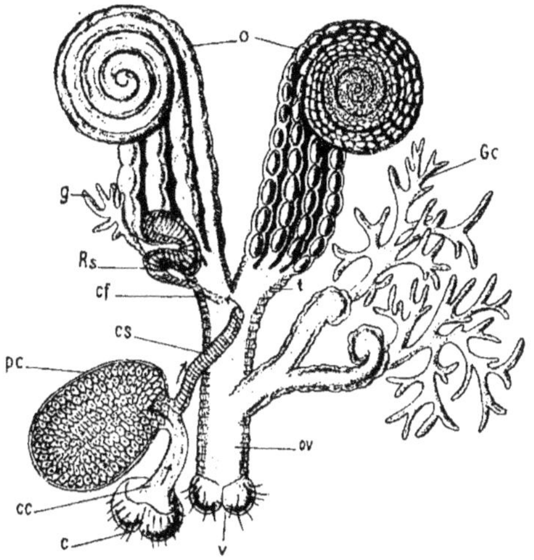

Fig. 192. — Organes génitaux femelles du *Bombyx mori*.

o, ovaires; *t*, oviductes; *ov*, vagin; *v*, orifice externe servant à la ponte; *Gc*, glandes collétériques; *c*, orifice servant à la copulation; *cc*, canal copulateur; *pc*, poche copulatrice; *cs*, canal faisant communiquer la poche copulatrice avec le vagin; *Rs*, réceptacle séminal; *g*, glande du réceptacle séminal; *cf*, canal du réceptacle séminal. Les flèches indiquent le trajet suivi par les spermatozoïdes. (D'après un dessin inédit de Balbiani.)

réceptacle séminal. Quant aux corpuscules de la Pébrine, la poche copulatrice joue vis-à-vis d'eux le rôle d'un organe de rétention.

La découverte de BALBIANI présente un grand intérêt pratique. Elle montre que dans la sélection de la graine du Ver à soie, par le procédé de grainage cellulaire indiqué par PASTEUR, il suffit d'examiner le corps de la femelle pour y rechercher les corpuscules de la Pébrine, puisque le mâle ne peut infester les œufs.

Les femelles de beaucoup d'Orthoptères possèdent en arrière et au-dessus de l'orifice vulvaire une poche copulatrice en cul-de-sac dans laquelle sont déposés les spermatozoïdes au moment de l'accouplement.

Réceptacle séminal. — Les réceptacles séminaux ont été bien décrits par STEIN (1847) dans un travail important relatif surtout aux Coléoptères; cet anatomiste y distingue trois parties : la capsule séminale proprement dite; son conduit (cond. fécondateur) et une glande annexe ou appendiculaire qui n'est pas constante. Chez l'Anthonome, dont j'ai étudié spécialement les organes génitaux, le réceptacle séminal a la forme d'une petite vésicule recourbée en crochet à son extrémité libre; il est en relation par un conduit assez long avec la base de la poche copulatrice et reçoit le produit d'une glande accessoire (fig. 178). L'intérieur de la vésicule est garni d'une couche chitineuse épaisse. Entre la base de la vésicule et l'extrémité du crochet se trouvent des fibres musculaires qui, par leur contraction, peuvent comprimer la paroi résistante du réceptacle et favoriser sans doute la sortie des spermatozoïdes lors de la fécondation des œufs. Une glande accessoire, ayant la forme d'une ampoule allongée, se continue par un canal qui vient déboucher dans le réceptacle séminal, près du point où celui-ci est en relation avec son canal propre; des cellules glandulaires sont disposées régulièrement le long de l'axe de la glande occupé par la lumière de l'ampoule et viennent déverser leur produit de sécrétion dans celle-ci; chacune de ces cellules présente, comme dans les glandes analogues déjà rencontrées et décrites précédemment, un noyau, un protoplasma abondant et un petit canal propre

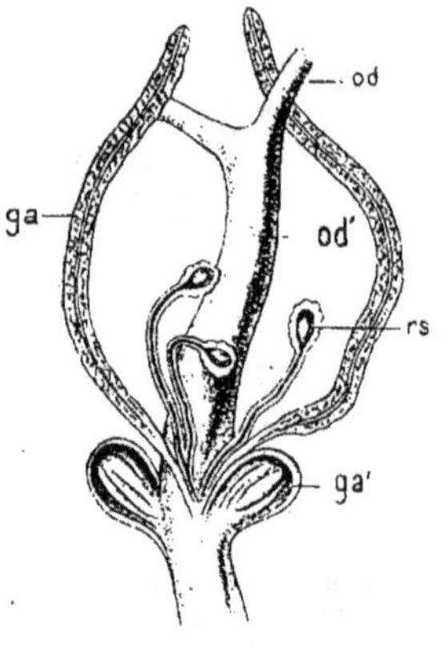

Fig. 193. — Partie postérieure des organes génitaux femelles de la *Musca domestica*.

od, oviductes; *od'*, canal commun résultant de la réunion des oviductes; *rs*, réceptacles séminaux; *ga*, glandes annexes du vagin; *ga'*, poches copulatrices (?). (D'après STEIN.)

partant d'une vésicule intracellulaire. L'activité de ces cellules ne se manifeste qu'à l'époque de la reproduction et leur aspect se modifie au moment de cette activité.

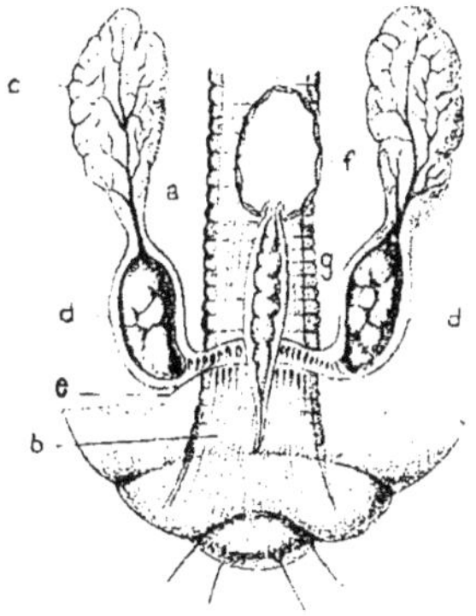

Fig. 194. — Organes accessoires femelles d'une pondeuse aptère radicicole de *Phylloxera vastatrix*, vus par la face dorsale.

a, oviducte avec sa partie vaginale *b*; *c*, glande sébifique avec son réservoir *d*, suivi de son canal excréteur *e*; *f*, réceptacle séminal avec son canal renflé dans sa partie moyenne *g*. (D'après BALBIANI.)

Dans l'*Hydroporus inæqualis*, outre le canal allant du vagin au réceptacle séminal et servant au passage des spermatozoïdes de la poche copulatrice au réceptacle, on en trouve un second réunissant le réceptacle à la base des oviductes : c'est le canal fécondateur par lequel les éléments mâles arrivent au contact des œufs.

Chez certains Orthoptères et les Cicadides, on trouve deux réceptacles séminaux; les Mouches, les Tipules et quelques Coléoptères (*Agriotes, Pyrophorus*) en possèdent trois ayant la forme de poches brunâtres (fig, 193); on n'a décrit aucun muscle autour de ces poches.

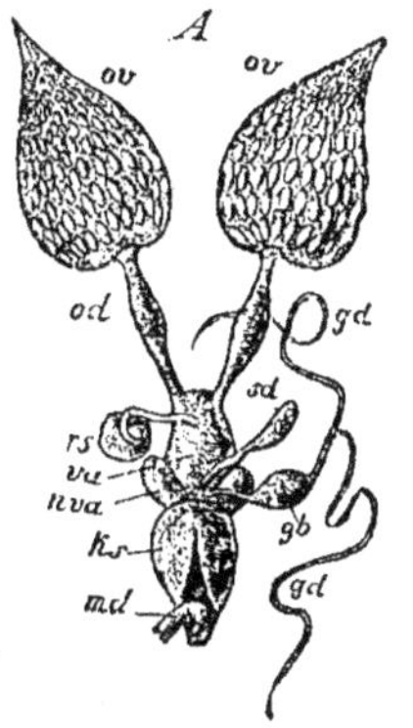

Fig. 195. — Appareil génital femelle de l'Abeille reine.

ov, ovaires formés de nombreux tubes divisés en chambres; *od*, oviducte; *rs*, réceptacle séminal; *va*, vagin; *nva*, poches annexes; *ks*, réceptacle de l'aiguillon; *md*, intestin postérieur rejeté en arrière et sectionné; *sd*, glandes collétériques; *gd*, glandes à venin; *gb*, réservoir du venin. (D'après LEUCKART, fig. empruntée à LANG.)

Le réceptacle séminal manque chez les Pucerons vivipares, mais il existe dans les Pucerons ovipares.

Certaines espèces parthénogénésiques, comme les Psychées, ont une poche copulatrice et un réceptacle séminal; d'autres, comme les Cynips, les Chermès, le Phylloxéra, n'ont qu'un réceptacle séminal. Dans la femelle sexuée du Phylloxéra, bien que le réceptacle séminal existe, il est atrophié et ne fonctionne pas; au moment de l'accouplement, ainsi que nous l'avons déjà dit, les spermatozoïdes s'accumulent dans la branche atrophiée de l'ovaire, une seule gaine ovarique se développant.

Le réceptacle séminal de l'Abeille présente un intérêt particulier en raison de son rôle dans la reproduction parthénogénésique de cet Insecte (voir : chapitre VI). SWAMMERDAM en avait donné une excellente figure dans la pl. XIX de sa *Biblia naturæ*, il a été depuis décrit par BRANDT et RATZEBURG (1835), SIEBOLD (1843),

Leuckart (1858), Leydig (1859-1866), Cheshire (1885). Bien développé chez la femelle fertile ou reine, il existe également, mais plus ou moins atrophié, chez les femelles stériles ou ouvrières. Dans la reine, lorsqu'il est rempli de semence, il se présente sous la forme d'un globule blanchâtre porté par un pédoncule et surmonté d'une glande annexe bifurquée Il est constitué par une tunique externe péritonéale supportant un réseau de trachées, extrêmement riche et serré, déjà parfaitement décrit par Swammerdam; par une couche moyenne de cellules épithéliales cubiques; et enfin par une tunique interne, *intima*, qui n'est autre chose qu'une cuticule chitinisée.

Les auteurs ne sont pas d'accord sur l'existence de fibres musculaires dans les parois du réceptacle séminal. Siebold indique très vaguement des fibres musculaires placées dans le voisinage du réceptacle. Leuckart parle de fibres pâles et délicates superposées au réseau trachéen de la tunique externe, et difficiles à observer; plus tard (1860), il ne signale de couche musculaire qu'autour du conduit du réceptacle. Leydig a combattu l'assertion de Leuckart relativement à la présence d'une couche contractile dans la paroi du réceptacle, mais il a vu des fibres transversales striées dans le conduit. Plus récemment, Cheshire, dans un travail sur le réceptacle séminal de l'Abeille et de la Guêpe, a décrit une particularité qui aurait échappé à ses devanciers. Suivant lui, le canal du réceptacle séminal se bifurquerait pour déboucher dans le vagin; l'une des branches servirait à l'emmagasinement des spermatozoïdes dans le réceptacle au moment de la copulation; l'autre servirait au contraire de voie de retour aux spermatozoïdes se dirigeant en sens inverse au moment de la fertilisation de l'œuf.

Marchal (1894), qui a disséqué plusieurs reines de Guêpe, a toujours trouvé le canal entièrement simple, et débouchant dans le vagin par une partie dilatée en entonnoir. En pratiquant des coupes minces à travers le réceptacle séminal de *Vespa germanica*, il a trouvé que les cellules qui constituent la couche épithéliale présentent une striation transversale très nette dans leur partie située immédiatement au-dessous de la couche chitineuse interne; cette striation correspond à des éléments fibrillaires longitudinaux qui composent la cellule; elle serait due à des disques alternativement clairs et sombres superposés, dont les seconds, qui sont les plus étroits, se colorent par l'hématoxyline. Ces éléments cellulaires seraient des cellules musculaires, dont les noyaux ne se sont pas multipliés, et rappelant, à certains points de vue, les cellules musculaires embryonnaires; mais ces cellules se seraient en même temps différenciées dans leur forme et leur agencement de façon à constituer un épithélium auquel Marchal propose de donner le nom d'*épithélium musculaire*. Enfin la couche externe du réceptacle serait également formée, en grande partie, d'éléments musculaires à striation incomplète ou atypique, semblables à ceux décrits, chez divers Arthropodes, par Mingazzini et Vosseler.

Les spermatozoïdes, déposés dans le vagin, sont emmagasinés avec une grande rapidité dans le réceptacle une à deux heures après l'accouplement. Marchal pense, avec Siebold, que la semence est aspirée par la contraction des cylindres épithélio-musculaires qui augmente la capacité du réceptacle.

Glandes annexes. — Les glandes dites *sébifiques* ou *collétériques*, au nombre de une ou deux paires, déversent le produit de leur sécrétion dans la région terminale du vagin; elles paraissent exister d'une façon normale chez les Insectes et n'être que très rarement absentes, comme cela a lieu, par exemple, chez les Pucerons vivipares ; ces glandes sont constituées par des tubes simples ou ramifiés ne contenant pas dans leur paroi d'éléments musculaires. La matière sécrétée par les glandes sébifiques n'est pas une matière grasse, comme le pensait Dufour, mais une substance spéciale, visqueuse, insoluble dans l'eau, dans l'alcool et dans l'éther, se colorant en brun par l'iode ; elle entoure les œufs comme d'un vernis et sert souvent à les fixer sur les objets où ils sont pondus. Chez les Blattes, les glandes collétériques sécrètent la substance qui forme l'oothèque ; c'est un liquide visqueux soluble dans la potasse, différent par conséquent de la chitine, mais qui devient insoluble dans le même réactif lorsqu'il s'est durci au contact de l'air (Wheeler).

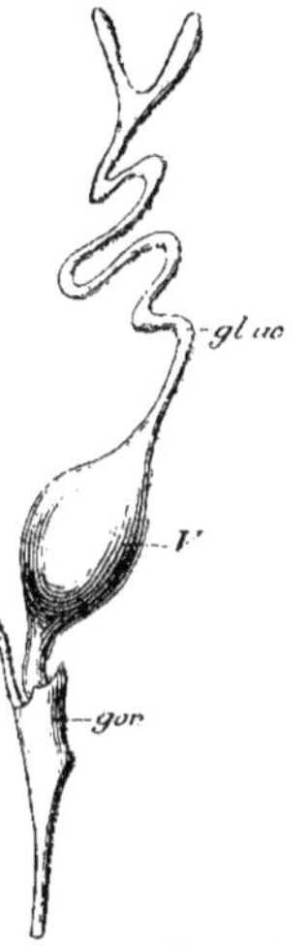

Fig. 196. — Appareil à venin de l'Abeille.

gl. ac, glande acide et ses deux branches ; *V*, vésicule ; *gl. al*, glande alcaline ; *gor*, gorgeret. (D'après Carlet, fig. empruntée à Hommel.)

Glandes à venin. — Les glandes à venin des Hyménoptères paraissent être assimilables, au point de vue morphologique, aux glandes collétériques des autres Insectes. Elles ont été étudiées récemment avec soin par Carlet (1890), Bordas (1894-97), Janet (1898) et Seurat (1898). Le premier de ces auteurs a montré que l'appareil venimeux des Apides et des Vespides était composé de deux glandes distinctes ; l'une, connue depuis longtemps, en forme de tube fourchu à son extrémité proximale, aboutissant à une vésicule débouchant elle-même à la base de l'aiguillon : c'est la *glande acide* sécrétant de l'acide formique ; l'autre, beaucoup plus petite, est un simple cul-de-sac venant s'ouvrir à la base de l'aiguillon : c'est la *glande alcaline*. Carlet a établi que le venin qui résulte du mélange des deux liquides sécrétés par les glandes acide et alcaline est toujours acide. Ce venin ne produit son action ordinaire qu'autant qu'il

Fig. 197. — Intérieur du gorgeret de l'Abeille, vu par sa partie postérieure.

cv, chambre à venin ; *gor*, gorgeret ; *st*, stylet ; *ca*, calotte du piston. Entre les deux stylets on voit la fente *fa*, par laquelle l'air peut pénétrer dans la chambre à air, *cai*. (D'après Carlet, fig. empruntée à Hommel.)

contient ses deux liquides constituants. Chez quelques Hyménoptères, dont le venin agit simplement comme anesthésique (Sphégides), la glande alcaline est rudimentaire ou nulle. BORDAS a retrouvé dans les Ichneumonides et les Porte-scie une glande acide multifide avec réservoir à venin, une glande alcaline tubuleuse beaucoup plus développée que dans les Apides, et entre les deux une petite glande accessoire qui n'est pas constante.

Organes reproducteurs mâles.

Les parties essentielles des organes génitaux mâles comprennent les testicules, les conduits déférents et le canal éjaculateur; elles correspondent absolument aux parties essentielles des organes femelles.

Testicules. — Les testicules sont formés de tubes aveugles plus ou moins longs et plus ou moins nombreux, suivant les différentes espèces. Dans les Thysanoures et les embryons des autres Insectes on trouve une disposition métamérique rappelant celle des gaines ovariques chez les mêmes êtres. Ainsi, chez le Lépisme, il y a de chaque côté du corps trois paires de testicules; chaque paire est bilobée et les deux lobes de chaque glande se trouvent dans deux anneaux successifs. Les conduits vecteurs ne s'unissent que très près de l'ouverture génitale et il n'y a pour ainsi dire pas de canal éjaculateur. Dans le *Machilis*, on trouve encore trois paires de tubes, mais ceux-ci sont simples et il y en a une paire dans un anneau et deux dans l'anneau suivant. Le *Japyx* et le *Campodea* n'ont qu'un seul tube testiculaire de chaque côté et les conduits déférents sont les prolongements directs des tubes testiculaires. Chez les Strepsiptères, les Névroptères et les Diptères, il n'y a aussi qu'un seul tube testiculaire de chaque côté; chez les Carabides et les Élatérides, ce tube est long,

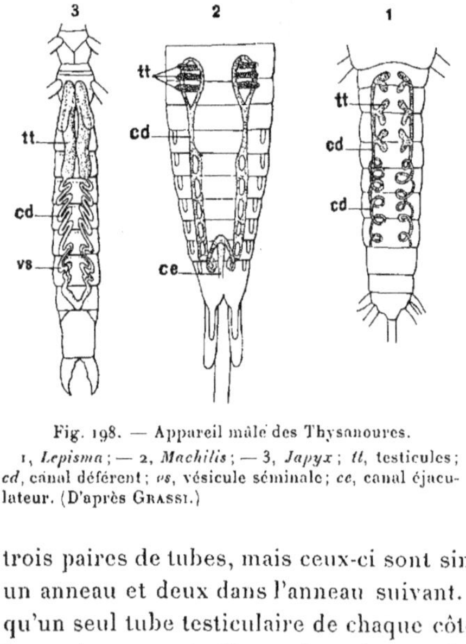

Fig. 198. — Appareil mâle des Thysanoures.
1, *Lepisma*; — 2, *Machilis*; — 3, *Japyx*; *tt*, testicules; *cd*, canal déférent; *vs*, vésicule séminale; *ce*, canal éjaculateur. (D'après GRASSI.)

pelotonné sur lui-même et forme une masse arrondie, entourée d'une enveloppe péritonéale. Ailleurs, les tubes testiculaires sont nombreux, plus ou moins longs, disposés en éventail (Hémiptères) ou souvent agglomérés de façon à offrir l'apparence d'une masse arrondie plus ou moins volumineuse (Méloïdes, Orthoptères). Chez les Scarabéides, les Curculionides, les Cérambycides, les testicules sont séparés en plusieurs masses distinctes ayant chacune son canal propre aboutissant au canal déférent. Dans l'Anthonome et d'autres espèces, la membrane péritonéale qui enveloppe les tubes testiculaires est très épaisse et constitue une véritable capsule. Chez les Lépidoptères, il arrive souvent que les deux ébauches testiculaires se rapprochent pendant la nymphose et constituent alors chez l'adulte une masse unique sur la ligne médiane du corps. Deux espèces de Coléoptères (*Galeruca tanaceti* et *Galeruca lusitanica*), le *Gryllotalpa*, l'*Ephippiger* et quelques Hyménoptères (*Scolia*, *Pompilus*, *Crabro*, etc.) offrent la même disposition. Dans les Perlides, la constitution des testicules rappelle absolument celle des ovaires : les deux conduits déférents sont unis par leurs sommets et les tubes testiculaires répartis sur le bord convexe et sur le bord concave de l'anneau qui en résulte. Il en est de même pour certains Pucerons (*Aphis padi*, *Schizoneura corni*, etc.), chez lesquels les deux canaux déférents sont réunis à leur extrémité antérieure par une anastomose transversale qui porte des tubes testiculaires ou une poche unique, presque sphérique.

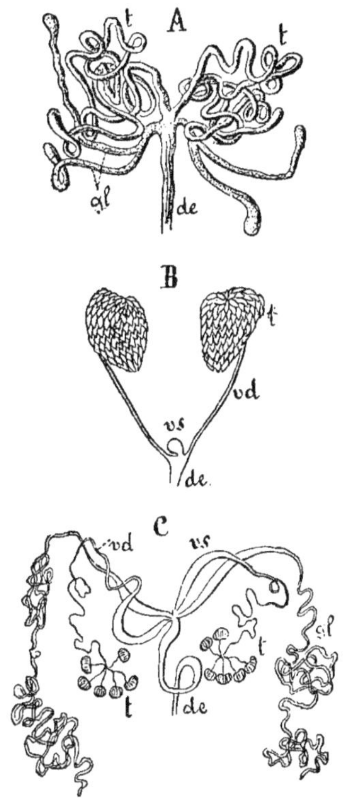

Fig. 199. — Organes génitaux mâle. A, de *Melophagus ovinus*; — B, d'*Acheta campestris*; — C, de *Melolontha vulgaris*; *t*, testicules ; *vd*, canaux déférents ; *vs*, vésicule séminale ; *de*, canal éjaculateur ; *gl*, glandes accessoires. (D'après Carus et Gegenbaur, fig. empruntée à Lang.)

Souvent la membrane qui entoure les testicules est fortement colorée en rouge cramoisi (*Arginis*, *Hipparchia*, *Pontia*, *Liparis*), en vert (*Lycœna*, *Chrysopa*), en brun violet (*Sphinx*), en orange (*Decticus, Coreas, Pentatoma dissimilis*), en jaune foncé (*Naucoris aptera*), en jaune brun (*Locusta*), etc.

Chez la Mouche à viande (*Calliphora vomitoria*), les testicules, d'après Brüel (1897), ont quatre enveloppes : en dehors une couche de cellules graisseuses, puis une enveloppe de couleur rouge dérivant de cellules graisseuses dans lesquelles s'est déposé du pigment; en dedans une membrane très mince avec des noyaux à peine visibles, et enfin un épithélium qui revêt aussi les cloisons testiculaires. Ces deux dernières enveloppes se continuent également dans les parois des canaux déférents, et l'épithélium envoie dans la lumière de ces canaux un réseau de fins filaments. Les deux canaux déférents débouchent au sommet d'une papille dans la partie initiale du canal éjaculateur, et là aussi s'ouvrent les conduits de deux glandes accessoires, munis d'un sphincter avant leur terminaison.

Les testicules sont rattachés aux parois du corps et aux organes voisins seulement par du tissu adipeux, des nerfs et des trachées; jamais on n'observe de filaments terminaux comparables à ceux que l'on trouve presque toujours dans les ovaires. Cependant Landois (1863) a signalé chez la chenille d'*Orgyia pudibonda* deux filaments rattachant les testicules au vaisseau dorsal; mais le fait demande à être vérifié.

Nous indiquerons la structure histologique des tubes testiculaires au chapitre de la spermatogenèse.

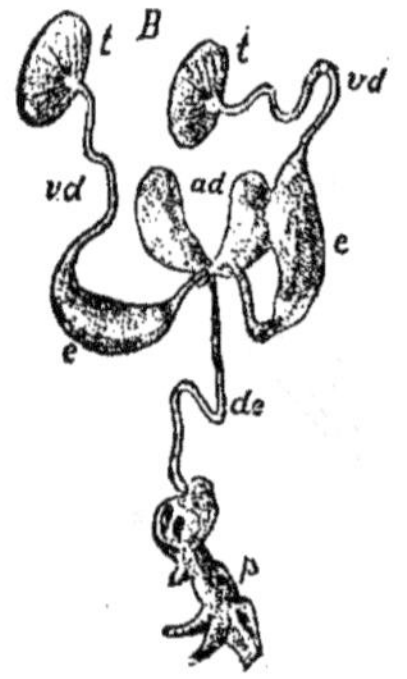

Fig. 200. — Appareil génital mâle de l'Abeille.
t, testicules; *vd*, canaux déférents; *e*, partie élargie du canal; *de*, canal éjaculateur; *ad*, glandes annexes; *p*, pénis. (D'après Leuckart, fig. empruntée à Lang.)

Canaux déférents. — Les différents tubes testiculaires dans lesquels se développent les spermatozoïdes se réunissent de chaque côté du corps en un canal déférent unique.

Les canaux déférents offrent de grandes variations quant à leur longueur; ils sont très courts chez beaucoup de Diptères et d'Hyménoptères. Ailleurs ils peuvent être très longs; dans la Cigale ils ont dix à quatorze fois la longueur du corps, et dans la *Cetonia aurata* ils peuvent atteindre jusqu'à trente fois cette même longueur. A leur partie terminale ils offrent souvent une région plus ou moins élargie, désignée sous le nom de *vésicule séminale* (fig. 200). Au point de vue histologique, ils présentent une couche péritonéale externe, une tunique musculaire moyenne et un épithélium interne. La couche musculaire est constituée surtout de fibres annulaires. Les cellules épithéliales sont plus ou moins cylindriques.

Canal éjaculateur. — Le canal éjaculateur est formé par l'union des deux conduits déférents; il manque chez les Éphémérides, où les conduits déférents s'ouvrent séparément à l'extérieur; dans les Thysanoures il est très court. Dans les Lépidoptères il est très long et au repos il s'enroule sur lui-même à l'intérieur du corps. Le canal éjaculateur contient une tunique musculaire très développée et formée d'une couche externe de fibres annulaires et d'une couche interne de fibres longitudinales. L'épithélium interne peut donner naissance, dans la partie distale du canal, à un revêtement chitineux très développé, présentant des soies ou des dents jouant le rôle de crampons pour maintenir le pénis dans le vagin lors de la copulation. L'extrémité du canal éjaculateur peut, en effet, se dévaginer au dehors pour constituer l'organe d'accouplement désigné sous le nom de *pénis*.

Glandes annexes. — Les organes génitaux mâles des Insectes ne présentent, comme parties accessoires, que des glandes annexées à la partie terminale de l'appareil évacuateur et sécrétant des liquides destinés soit à dissocier les faisceaux de spermatozoïdes lors de la copulation, soit à entourer les faisceaux d'une substance qui, en se coagulant, forme une capsule, le *spermatophore* (voir : accouplement). Ces glandes peuvent être au nombre d'une, deux ou trois paires; ce sont des tubes allongés, souvent enroulés sur eux-mêmes, ou des groupes de nombreux cæcums. Elles viennent déboucher soit dans les conduits déférents, soit dans le canal éjaculateur, soit le plus souvent au point de réunion de ces canaux. Elles ont été peu étudiées jusqu'ici. Beauregard (1890) a décrit avec soin celles des Vésicants; elles sont au nombre de trois paires et viennent déboucher à l'origine du canal éjaculateur (fig. 203).

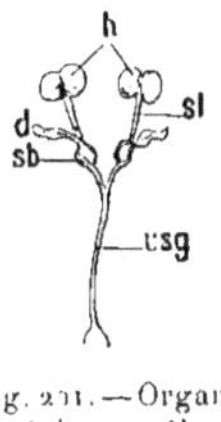

Fig. 201. — Organes génitaux mâles de *Tomicus typographus*.

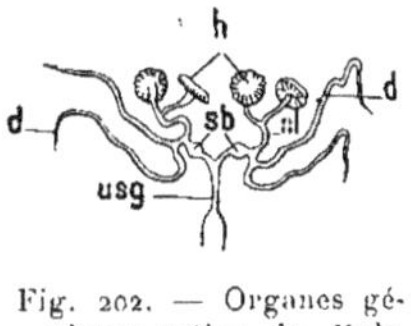

Fig. 202. — Organes génitaux mâles de *Hylobius abietis*.

h, testicules; *sl*, canaux déférents; *d*, glandes muqueuses; *sb*, vésicules séminales; *usg*, canal éjaculateur. (D'après Judeich et Nitsche.)

La première paire est constituée par deux tubes grêles enroulés en crosse à leur extrémité libre, d'où le nom de *glandes scorpioïdes* que Beauregard leur donne; la paroi de ces tubes possède une tunique conjonctive externe, une tunique musculaire très développée, constituée par une ou deux couches de fibres longitudinales internes et une couche de fibres annulaires externes, et un épithélium polyédrique à l'intérieur, reposant sur une membrane hyaline épaisse. L'épithélium est constitué par des cellules cylindriques courtes, mais présente deux bourrelets formés de cellules allongées. Les bourrelets décrivent une spire dans l'intérieur de la glande et exercent probablement une influence sur l'enroulement de celle-ci. Parmi les cellules allongées du bourrelet, il y en a en voie de régression. Le canal de la glande est rempli par un cordon muqueux, élastique, sécrété par les bourrelets et entouré d'une couche de substance granuleuse, sécrétée par les cellules courtes. Les produits de sécrétion contiennent de nombreux cristaux en prismes hexaédriques, insolubles dans l'eau, le chloroforme et l'éther, gonflant quand ils sont traités par les alcalis, se dissolvant sans effervescence dans les acides forts, et présentant une assez grande affinité pour les matières colorantes. Ces corps présentent les réactions des cristalloïdes et doivent être assimilés à ceux qu'on rencontre souvent dans l'intestin et les tubes de Malpighi de la Blatte, mais qui offrent des contours arrondis et qu'on pourrait prendre pour des Sporozoaires.

Cette première paire de glandes ne renferme pas de cantharidine.

La deuxième paire de glandes, insérée un peu en arrière et en dehors de la première, est formée de deux courts cæcums cylindriques embrassant la base des canaux déférents : les cæcums ne possèdent pas de tunique musculaire et renferment un épithélium polyédrique à cellules allongées, qui sécrètent un liquide muqueux ne contenant pas de cantharidine.

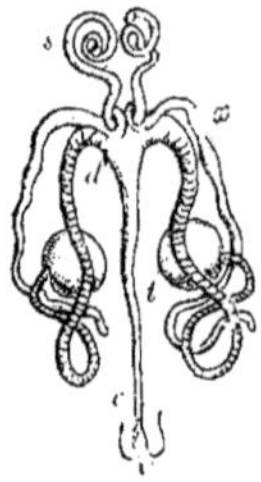

Fig. 203. — Organes génitaux mâles de la Cantharide.

t, testicule ; *d*, canal déférent ; *c*, canal éjaculateur ; *s*, glandes scorpioïdes ; *x*, tubes à cantharidine. (D'après Beauregard.)

La troisième paire de glandes annexes comprend deux tubes très longs, d'aspect moniliforme et renflés en massue à leur extrémité libre ; ils sont appliqués contre la face inférieure des canaux déférents et s'enroulent de chaque côté du tube digestif en replis irréguliers au voisinage des testicules qu'ils cachent en partie. Ces tubes, à parois minces et transparentes, ont une tunique musculaire assez développée, formée de fibres longitudinales et annulaires, qui sont dissociées au niveau des renflements de la glande. En dedans de la tunique musculaire se trouve une couche conjonctive constituée par des cellules étoilées en réseau, sur laquelle repose un épithélium polyédrique, qui, dans la région moyenne et terminale de la glande, renferme de nombreuses cellules caliciformes. La lumière des tubes de la troisième paire de glandes contient des spermatozoïdes surtout dans la partie renflée en massue, et un liquide muqueux hyalin, très riche en cantharidine. En traitant ce liquide par un acide (acétique, nitrique ou sulfurique) on obtient des cristaux en aiguilles ou en lamelles rectangulaires, solubles dans le chloroforme. La cantharidine est un acide qui existe dans les tissus à l'état de cantharidate et est mis en liberté quand il se trouve en présence d'acides plus forts.

Il résulte des recherches de Beauregard que la cantharidine, chez les Vésicants, est uniquement localisée dans le sang, dans les ovaires et la poche copulatrice de la femelle et dans la troisième paire de glandes accessoires du mâle.

Escherich (1894) a distingué, dans les formations glandulaires annexes des organes mâles des Insectes, celles qui sont d'origine mésodermique et qu'il désigne sous le nom de *mésadénies* et celles qui se développent aux dépens de l'ectoderme, les *ectadénies*. Chez les Coléoptères, il admet : 1° une *vésicule séminale*, dilatation du canal déférent ; 2° des glandes accessoires formées par évagination du canal déférent (mésadénies); 3° des glandes accessoires formées par évagination du canal éjaculateur (ecta-

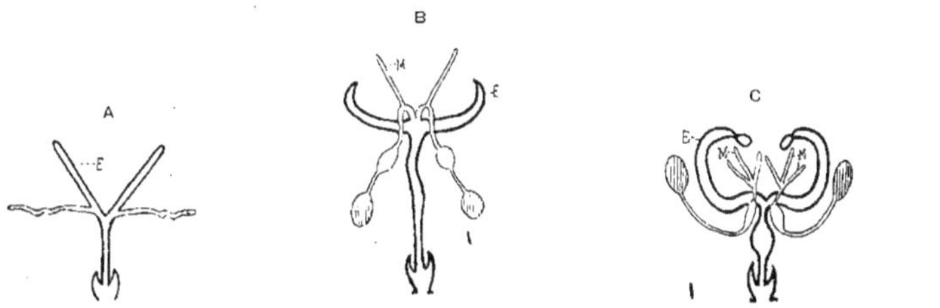

Fig. 204. — Système génital mâle.

A, du *Carabus*; — B, du *Blaps*; — C, de l'*Hydrophilus*. Figures schématiques mettant en regard les parties homologues chez ces trois Coléoptères. Les traits forts indiquent les organes d'origine ectodermique. — *M*, mésadénies: *E*, ectadénies. (D'après Escherich, fig. empruntée à Blatter.)

dénies). Blatter (1897) a étudié spécialement la disposition et la structure de ces différentes parties chez l'Hydrophile.

L'appareil génital de l'Hydrophile mâle (fig. 205) se compose de deux testicules de forme cylindro-conique et de coloration blanche. De chaque testicule part un canal déférent grêle, flexueux, qui, au bout de son parcours, présente un renflement ovoïde, K, la vésicule séminale. Celle-ci débouche dans la glande accessoire qui lui correspond, C, par un col mince. Près de son embouchure, chaque vésicule séminale reçoit un groupe de glandes accessoires représenté par trois longs tubes aveugles, H, E, E′, E″, qui, après avoir décrit plusieurs inflexions, s'unissent en un tronc commun pour aboutir dans la vésicule séminale; ces glandes sont les mésadénies.

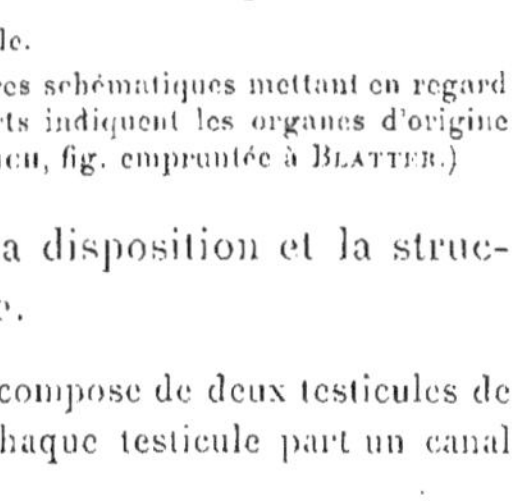

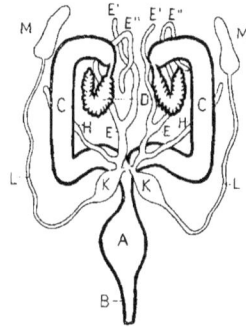

Fig. 205. — Appareil génital mâle de l'Hydrophile; figure demi-schématique. Les traits forts indiquent les organes d'origine ectodermique.

A, renflement ovoïde ou ampoule éjaculatoire; B, canal éjaculateur; C, ectadénie cylindroïde; D, ectadénie vésiculaire; E, E′, E″, H, mésadénies; K, vésicules séminales; L, canaux déférents; M, testicules. (Fig. empruntée à Blatter.)

Les deux ectadénies sont des tubes épais, contournés en corne de Bélier, portant, à leur extrémité libre, une petite glande accessoire, D, recourbée en avant sur elle-même et d'une configuration fort élégante; cette glande n'est qu'une portion différenciée de l'ectadénie. Par leur confluence, les ectadénies constituent le canal éjaculateur, qui, cylindrique à son origine, se dilate ensuite en un renflement ovoïde, A, puis reprend de nouveau son diamètre primitif pour aboutir à l'armure génitale.

Les canaux déférents et les vésicules séminales sont constitués par une couche musculaire à fibres circulaires et longitudinales, reposant sur une membrane propre très mince, laquelle est tapissée intérieurement par un épithélium à cellules courtes, cubiques.

Les mésadénies, qui ressemblent à la troisième paire de glandes des Cantharides, sont formées d'une couche musculaire doublée intérieurement d'une fine membrane propre supportant un épithélium cylindrique, qui change considérablement d'aspect quand ces glandes entrent en activité, au moment de la reproduction. A cette époque, on trouve sur des coupes transversales, des groupes de cellules courtes alternant régulièrement avec des groupes de cellules longues à protoplasma granuleux et vacuolaire, qui expulsent leur contenu dans la lumière du tube glandulaire, sous forme d'une substance muqueuse.

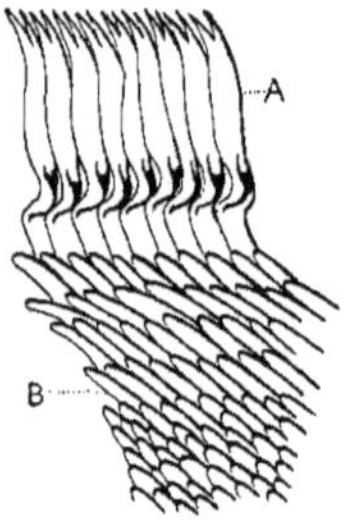

Fig. 206. — Substance sécrétée par l'ectadénie cylindroïde de l'Hydrophile, coagulée par l'alcool et constituant un moulage interne de la glande. Vue de profil.
A, lamelles muqueuses pénétrant entre des replis épithéliaux; B, cylindres muqueux engagés dans les culs-de-sac glandulaires placés sur les parois latérales de l'ectadénie. (Fig. empruntée à BLATTER.)

La partie cylindrique des ectadénies, ou ectadénies cylindroïdes, présente extérieurement une couche de fibres musculaires longitudinales, accompagnées par places de fibres annulaires, et intérieurement de longs tubes glandulaires disposés radialement autour de la cavité centrale de l'organe. Ces tubes glandulaires sont tapissés de cellules cylindriques, gorgées, au moment de la reproduction, de globules colloïdes, qui tombent dans la lumière du canal et se fusionnent en une substance homogène, hyaline, élastique, soluble dans la potasse à chaud, à 30 p. 100.

La partie vésiculeuse des ectadénies, ou ectadénies vésiculeuses, offre un épithélium spécial, formé de longues cellules claviformes, dont les extrémités renflées se détachent et se désagrègent pour donner un liquide granuleux, fluide, bien différent de celui sécrété par l'ectadénie cylindroïde.

Le canal éjaculateur présente une musculature très puissante comprenant une couche externe de fibres circulaires, qui entoure des muscles longitudinaux disposés en cinq faisceaux triangulaires à base tournée en dehors. Cette disposition donne à la lumière du canal, examinée en coupe transversale, l'aspect d'une étoile à cinq branches. L'épithélium interne, composé de cellules cylindriques, est recouvert d'une membrane épaisse, hérissée de dents très fines et fortement chitinisées dans la partie terminale du canal.

Armure génitale.

L'ensemble des organes génitaux externes constitue l'*armure copulatrice* (LÉON DUFOUR) ou l'*armure génitale* (LACAZE-DUTHIERS).

Cette armure génitale est formée de pièces squelettiques (sclérodermites) modifiées pour différents usages. Chez le mâle, elle sert à l'accouplement, à saisir la femelle et à introduire dans ses voies génitales la partie du canal éjaculateur évaginée qui joue le rôle de pénis. Chez la femelle, l'armure sert à la ponte des œufs, perforant ou incisant les corps durs dans lesquels ces œufs sont déposés : elle porte alors le nom de *tarière* ou d'*oviscapte* ; ou, dans certains cas, elle devient un organe spécial de défense, l'*aiguillon*.

La constitution de l'armure génitale a été étudiée par un grand nombre d'auteurs : BURMEISTER (1832), L. DUFOUR (1827-57), WESTWOOD (1839) chez les Hyménoptères, DOYÈRE (1857) chez la Cigale, STEIN (1847) chez les Coléoptères, LACAZE-DUTHIERS (1849-55), PACKARD (1866), KRÄPLIN (1873) chez les Hyménoptères porte-aiguillon, DEWITZ (1874-82), BRUNNER VON WATTENWYL (1876) chez les Orthoptères, CARLET (1884-90) chez les Mellifères, KOLBE (1893), VERHOEFF (1893-94), ESCHERICH (1893-94), PEYTOUREAU (1895) chez différents Insectes, JANET (1898) chez les Formicides, BRÜEL (1897) chez les Diptères, SEURAT (1899) chez les Ichneumonides et les Braconides. Malgré ces recherches multiples, on est loin d'être fixé sur la morphologie de cette armure et surtout sur l'homologie des pièces squelettiques qui la constituent dans les divers types d'Insectes, chez le mâle et chez la femelle. Nous exposerons ici brièvement les conclusions des travaux de DE LACAZE-DUTHIERS et de PEYTOUREAU.

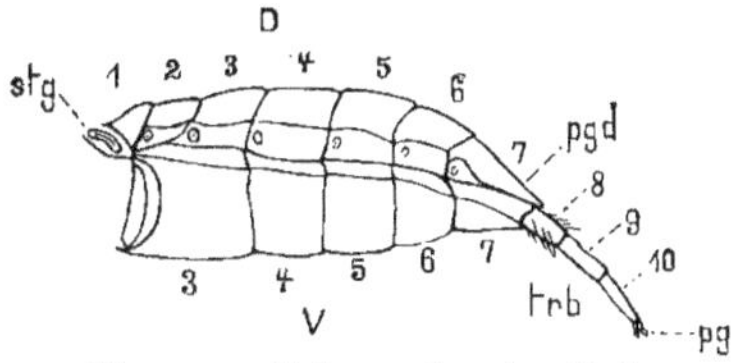

Fig. 207. — Abdomen d'une femelle de *Cerambyx cerdo*.

D, région dorsale ; V, région ventrale ; 1-10, les dix segments de l'abdomen dont les trois derniers forment l'oviscapte, *trb* ; *pg*, palpes génitaux ; *pgd*, pygidium ; *stg*, grand stigmate situé entre le troisième segment du thorax et le premier segment abdominal. (Fig. originale de KOLBE.)

ARMURE GÉNITALE FEMELLE

Le nombre des anneaux de l'abdomen étant en général de onze et l'anus s'ouvrant dans le dernier anneau, ce sont les pièces chitineuses du neuvième anneau abdominal (neuvième urite) qui se modifient pour former l'armure. La vulve s'ouvre entre le huitième et le neuvième urites, en avant de l'armure ; il y a donc trois urites entre l'anus et la vulve.

Lorsque le nombre des urites visibles à l'extérieur est inférieur à onze, les derniers sont invaginés dans l'abdomen, entièrement ou seulement par leur portion sternale (Blatte-Éristale). L'urite qui donne l'armure génitale varie, suivant les Insectes, d'après le nombre des segments abdominaux, mais c'est toujours aux dépens d'un seul et même urite que se développe cette armure (DE LACAZE-DUTHIERS).

L'urite génital est constitué par une pièce dorsale, *tergite*, deux *épimérites*, deux *épisternites* et un *sternite* ventral. Les épimérites portent chacun un stylet inarticulé, *tergorhabdite* (de τέργος, dos et ῥάβδος, baguette) ; les épisternites portent également chacun un *sternorhabdite*.

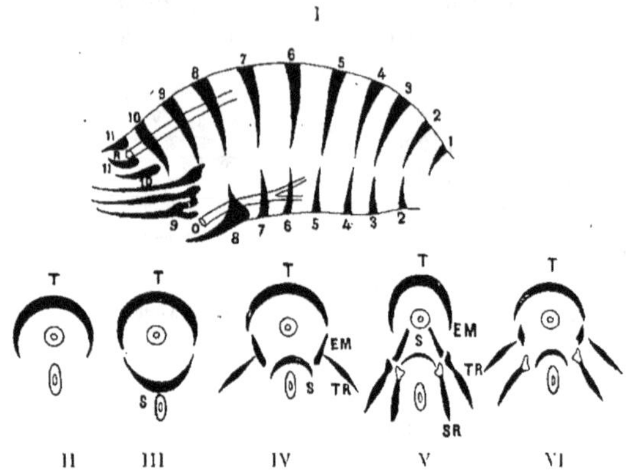

Fig. 208. — Schéma de la constitution de l'armure génitale femelle des Orthoptères.

I, abdomen de *Decticus verrucivorus*, vu latéralement ; R, anus ; O, orifice génital ; les chiffres indiquent les pièces tergales et sternales des segments ; — II à VI, coupes transversales de la région de l'armure génitale ; T, tergite ; S, sternite ; EM, épimérite ; TR, tergorhabdite ; SR, sternorhabdite ; les deux petits cercles concentriques correspondent au rectum et les deux ellipses concentriques au conduit génital ; — II, *Forficula* ; — III, *Gryllotalpa* ; — IV, *Gryllus* ; — V, *Acridium* ; — VI, *Locusta*. (D'après DE LACAZE-DUTHIERS.)

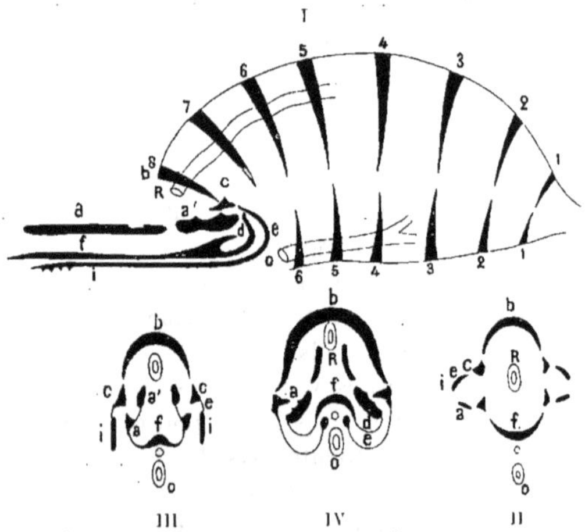

Fig. 209. — Schéma de la constitution de l'armure génitale femelle des Hyménoptères.

I, abdomen vu latéralement ; *b*8, écaille anale formée par le huitième tergite ; *c*, épimérite ; *aa'*, valve formée par le sternorhabdite ; *df*, gorgeret formé par le sternite ; *i*, stylet formé par le tergorhabdite avec son support *e* ; R, rectum ; O, conduit génital ; les chiffres indiquent les segments abdominaux ; — II, diagramme théorique des pièces entrant dans la constitution de l'armure génitale ; — III, diagramme un peu moins théorique que le précédent ; — IV, coupe transversale de l'armure génitale femelle d'un Hyménoptère. (D'après DE LACAZE-DUTHIERS.)

Les rhabdites sont des pièces appendiculaires surajoutées aux pièces

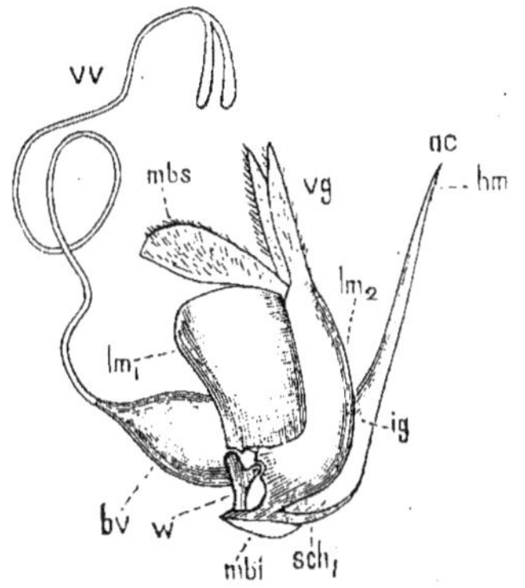

Fig. 210. — Aiguillon et appareil à venin de l'Abeille ouvrière.

ac, aiguillon; *hm*, dents de la partie terminale des stylets; *ig*, *sch₁*, arc du gorgeret; *lm₁*, plaque carrée; *lm₂*, plaque oblongue; *w*, pièce fourchue; *vg*, gaine de l'aiguillon le recouvrant à l'état de repos; *mbs*, membrane tectiforme réunissant les deux valves de la gaine; *mbi*, membrane unissant les arcs de l'aiguillon à la région sternale; *bv*, réservoir du venin; *vv*, glande à venin. (Fig. empruntée à KOLBE.)

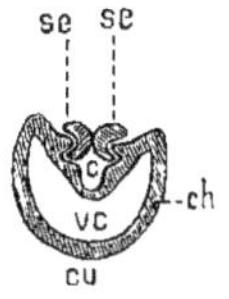

Fig. 211. — Coupe transversale de l'aiguillon de l'Abeille.

se, *se*, les deux stylets; *cu*, gorgeret; *vc*, cavité du gorgeret entourée par une épaisse couche de chitine; *c*, gouttière par laquelle s'écoule le venin, comprise entre les stylets et le gorgeret. (D'après FENGER.)

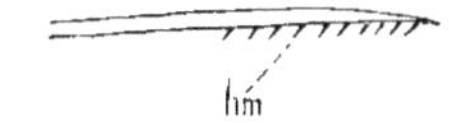

Fig. 212. — Extrémité de l'un des stylets de l'aiguillon de l'Abeille, montrant les dentelures *hm*.

du squelette et qui se développent aux dépens de l'hypoderme par des disques imaginaux, comme les membres.

Appliquant cette théorie aux Orthoptères, DE LACAZE-DUTHIERS distingue chez ces Insectes cinq types d'armures génitales femelles :

1° Armure complète des Locustides, en forme de sonde dilatable, constituée par cinq pièces principales, le sternite (gorgeret), fendu dans la plus grande partie de sa longueur, de façon à paraître double, les tergorhabdites et les sternorhabdites, allongés en appendices lamelleux pour constituer autant de valves recouvrant le gorgeret (fig. 208, VI).

2° Armure des Acridiens, ayant la même constitution que celle des Locustiens; mais les épimérites et les tergorhabdites chevauchent sur les autres parties et en changent les rapports (fig. 208, V).

3° Armure des Gryllides, dans laquelle manquent les épisternites et les sternorhabdites (fig. 208, IV).

4° Armure de la Courtilière, constituée uniquement par le tergite et le sternite (fig. 208, III).

5° Armure de la Forficule, formée par le tergite seul, les autres pièces ayant avorté (fig. 208, II).

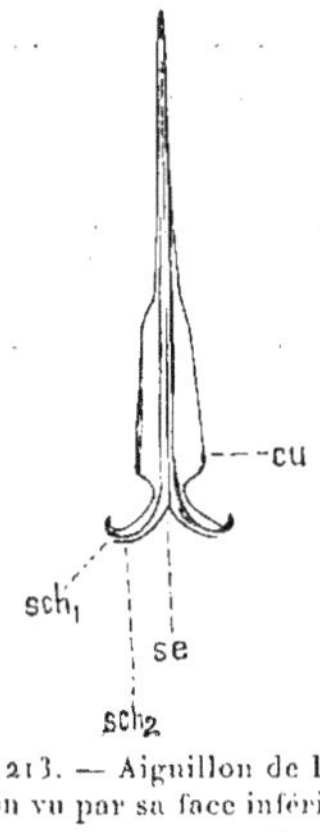

Fig. 213. — Aiguillon de Bourdon vu par sa face inférieure.

cu, gorgeret; *se*, les deux stylets; *sch₁* et *sch₂*, arcs du gorgeret et des stylets raccourcis. (Fig. originale de KOLBE.)

Dans les Hyménoptères porte-aiguillon, le dard aurait la constitution suivante :

le tergite forme l'écaille anale recouvrant l'anus; le sternite s'allonge en une gouttière à concavité inférieure et devient le gorgeret : sa base se divise en deux branches venant s'insérer aux épisternites (écailles latérales). Entre les écailles latérales et l'écaille anale, se trouvent deux pièces triangulaires, les épimérites. Les tergorhabdites deviennent deux longs stylets, barbelés à leur extrémité postérieure et logés dans la concavité du gorgeret. Les sternorhabdites forment à la suite des épimérites une double valve entourant tout l'appareil. C'est à la base du gorgeret que débouche le canal excréteur de la glande à venin.

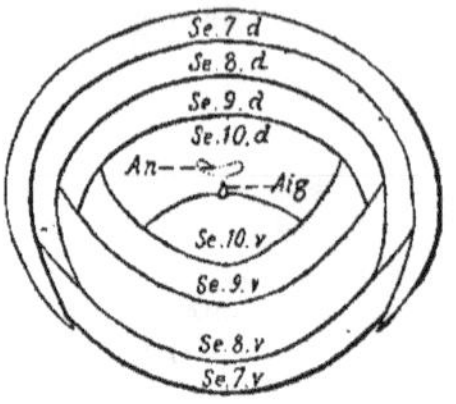

Fig. 214.— *Myrmica rubra* reine.

Abdomen vu en bout, de l'extérieur. Les lettres ont la même signification que dans la figure 215. (Fig. originale de Janet.)

L'armure génitale des Tenthrédinides est constituée sur le même type que celle des Hyménoptères porte-aiguillon. Ici le gorgeret est aplati latéralement et forme une rainure sur les bords de laquelle glissent les stylets à extrémité fortement dentée et dont la partie supérieure excavée embrasse le bord du gorgeret. Quand l'Insecte applique son armure sur un corps dur, les stylets, plus aigus, pénètrent avant le gorgeret; ils sont animés de mouvements de va-et-vient et scient par leurs dents situées sur le bord inférieur. Pendant que l'un est retiré et agrandit la plaie, l'autre reste fixé par ses dentelures et joue le rôle de grappin. Le gorgeret également denté joue aussi le rôle de grappin; à mesure qu'il avance, il reste fixé et se comporte comme une sonde cannelée dirigeant la pointe d'un bistouri.

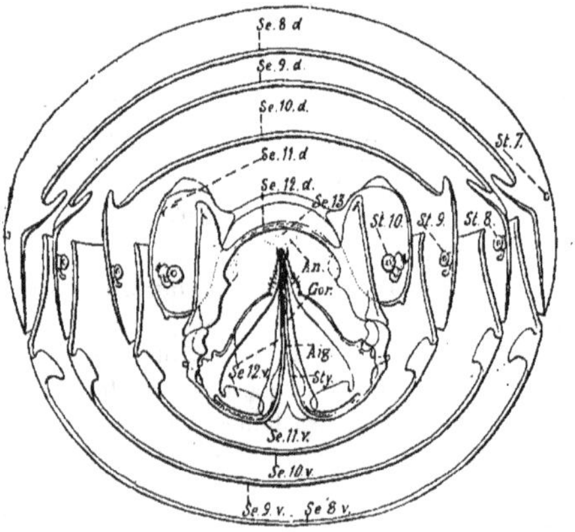

Fig. 215.— *Myrmica rubra*, reine. Squelette de la partie postérieure de l'abdomen, vu en bout de l'intérieur, grossi 50.

Aig, aiguillon; *an*, anus; *gor*, gorgeret; *se* 8 *d* à *se* 12 *d*, arceaux dorsaux des segments abdominaux; *se* 8 *v* à *se* 12 *v*, arceaux ventraux; *st* 7 à *st* 10, stigmates; *sty*, stylets. (Fig. originale de Janet.)

Packard, Dewitz et Verhoeff considèrent les pièces de l'armure génitale comme des membres abdominaux transformés. Le dernier de ces auteurs admet que les membres d'une même paire se dédoublent comme chez les Crustacés, les hanches portant une partie externe (gonapophyse latérale) et une partie interne (gonapophyse médiane).

Peytoureau (1895), dans ses recherches récentes, est arrivé aux conclusions suivantes :

L'armure génitale femelle, quand elle existe, paraît constituée d'après un type unique, sauf chez les Coléoptères. Rudimentaire dans les Thy-

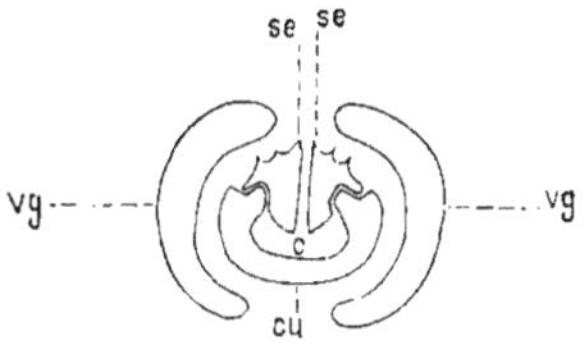

Fig. 216. — Coupe transversale de la tarière du *Sirex juvencus.*

se, *se*, les deux stylets; *cu*, gorgeret; *vg*, *vg*, valve de la gaine de la tarière. (D'après TASCHENBERG, fig. empruntée à KOLBE.)

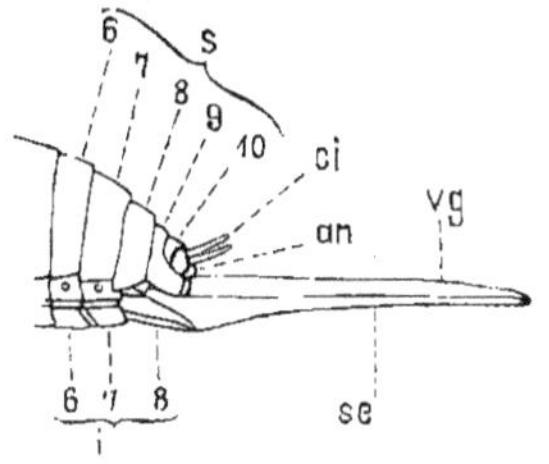

Fig. 217. — Extrémité postérieure de l'abdomen d'une femelle de *Locusta viridissima.*

6, 7, 8, 9, 10, segments abdominaux; *s*, leur partie dorsale; *i*, leur partie ventrale; *an*, anus; *ci*, cerques; *vg*, l'une des valves supérieures de l'oviscapte; *se*, l'une des valves inférieures. (Fig. originale de KOLBE.)

sanoures, elle se développe chez les Insectes moins inférieurs et subit

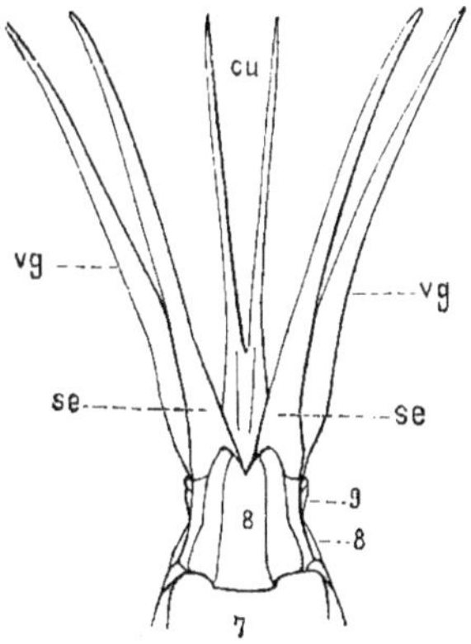

Fig. 218. — Oviscapte de *Locusta viridissima*, dont les valves sont écartées.

vg, valves supérieures; *se*, valves inférieures; *cu*, gouttière ou gorgeret; *g*, partie latérale du neuvième segment; 7, 8, huitième et septième segments abdominaux. (Fig. originale de KOLBE.)

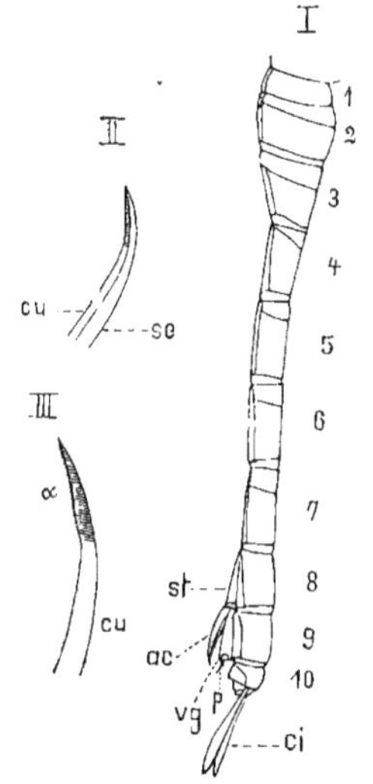

Fig. 219. — Abdomen d'*Æschna mixta* femelle, vu latéralement.

1-10, segments abdominaux; *ci*, cerques; *ac*, oviscapte constitué par une paire de valves externes et une paire de valves internes, les deux valves d'un même côté étant réunies; *vg*, partie valvulaire du 9ᵉ segment; *p*, stylet; *st*, sternite du 8ᵉ segment; — II, une moitié de l'oviscapte formée par la réunion d'une valve externe, *se*, et d'une valve interne, *cu*; — III, valve interne avec son extrémité, *α*, striée transversalement. (Fig. originale de KOLBE.)

une régression progressive dans les groupes plus élevés. Le développement des pièces de l'armure varie suivant le rôle qu'elles sont appelées à jouer. Leur origine est partout la même : ce sont des bourgeons hypodermiques (disques imaginaux) n'apparaissant guère qu'au début de la vie nymphale, très probablement au nombre de deux paires; la paire postérieure peut se dédoubler. Les papilles chitinisées occupent la même position, au bord postérieur des 8e et 9e sternites; elles peuvent aussi s'étendre vers l'intérieur de l'abdomen. Outre les papilles qui constituent les parties principales de l'armure, on trouve des pièces accessoires de

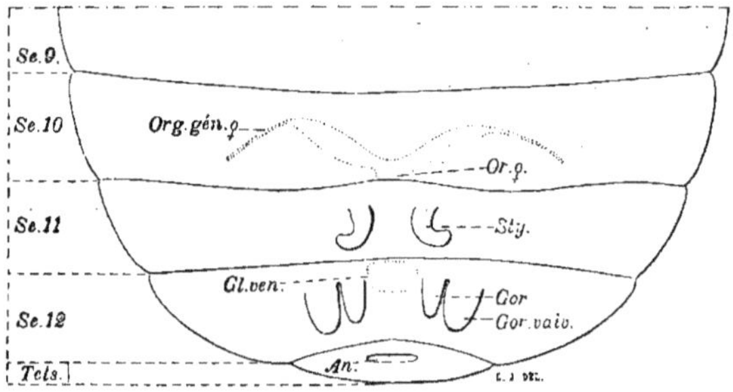

Fig. 220. — Schéma de la région ventrale du corps d'une Fourmi, représentant les rudiments de l'armure génitale femelle au commencement de la nymphose.

org, gén, organes génitaux; *or*, orifice génital ; *sty*, stylets ; *gl. ven*, glande à venin ; *gor*, gorgeret ; *gor. valv*, valves du gorgeret ; *an*, anus ; *se* 9 à *se* 12, segments de l'abdomen ; *tels*, telson. (Fig. originale de JANET.)

soubassement en nombre variable, vestiges des 9e et 10e sternites plus ou moins modifiés, et des indurations localisées des membranes intersegmentaires. Les Coléoptères ne présentent que des indurations de ce dernier genre autour de leur oviscapte, quand ils en possèdent un.

Dans les Thysanoures, il existe deux paires de papilles donnant les apophyses génitales (*gonapophyses*) peu développées. Chez les Orthoptères, il y a six paires de gonapophyses sans compter les pièces accessoires : le 8e sternite donne les gonapophyses inférieures, le 9e les gonapophyses supérieures et accessoires. Les Hyménoptères ne possèdent que cinq gonapophyses, par suite de la soudure de deux d'entre elles.

La position de l'orifice génital femelle serait, d'après PEYTOUREAU, la suivante :

Thysanoures : au bord postérieur du 8e segment.

Orthoptères : entre le 7e et le 8e segments (*Periplaneta*, *Mantis*), ou entre le 8e et le 9e (*Gryllotalpa*, *Stauronotus*).

Coléoptères : entre le 7e et le 8e segments (*Hydrophilus*, *Batocera*) ou entre le 8e et le 9e (*Dytiscus*).

Hyménoptères : entre le 8e et le 9e segments.

Lépidoptères : après le 9e sternite; le 10e sternite manque : le 10e tergite a la forme d'une calotte hémisphérique, fendue suivant la verticale et protégeant l'anus. La poche copulatrice de ces Insectes s'ouvre entre le 7e et le 8e sternites.

Heymons (1896) est arrivé aux mêmes conclusions que Peytoureau relativement à l'origine des gonapophyses; il les considère comme des papilles dermiques présentant le même mode de développement que les membres, mais n'étant pas cependant les homologues de ces derniers.

ARMURE GÉNITALE MALE

Les organes génitaux externes des mâles présentent une constitution souvent assez compliquée et ont été encore moins bien étudiés que les organes femelles. Peytoureau, qui a fait des recherches sur l'armure génitale mâle des Orthoptères, des Coléoptères et des Lépidoptères, est arrivé à formuler quelques conclusions générales.

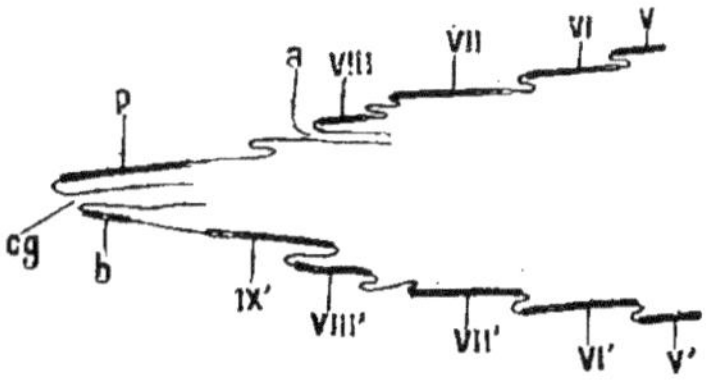

Fig. 221. — Coupe longitudinale, verticale, médiane, schématique de l'extrémité abdominale de l'*Hydrophilus piceus* mâle, adulte.

V, VI, VII, VIII, tergites; V', VI', VII', VIII', IX', sternites; *a*, anus; *b*, baguette inférieure du pénis; *cg*, conduit génital; *p*, paroi supérieure chitinisée du pénis. (D'après Peytoureau.)

Tandis que la position de l'orifice externe des organes reproducteurs varie chez les femelles, elle serait constante chez les mâles et se trouverait toujours sur le bord postérieur du 9e sternite. Cet orifice est situé soit au fond d'une cavité, soit à l'extrémité d'un appendice chitinisé correspondant aux deux gonapophyses accessoires de la femelle, soudées ensemble. Dans les Insectes élevés en organisation, le pénis n'est que la terminaison chitinisée du canal éjaculateur.

L'appareil copulateur comprend deux parties : un pénis tubuleux et des pièces accessoires chitineuses qui constituent des organes protecteurs ou des organes de rétention, servant à maintenir le pénis pendant l'accouplement. A l'état de repos, cet appareil est presque toujours complètement caché dans l'intérieur de l'abdomen, comme cela arrive aussi souvent pour l'armure femelle.

Le pénis n'est autre chose que la partie terminale du canal éjaculateur qui se dévagine à l'extérieur avec une partie des téguments invaginés. Des muscles puissants, destinés à la protraction et à la rétraction du pénis, entourent cette extrémité du canal éjaculateur.

Il existe une grande variété dans la conformation des pièces chitineuses (*paramères* de VERHOEFF), épaississements durcis et plus ou moins déformés de la membrane postsegmentaire du 9e urite, et dans les gonapophyses qui entrent dans la constitution de l'armure génitale mâle.

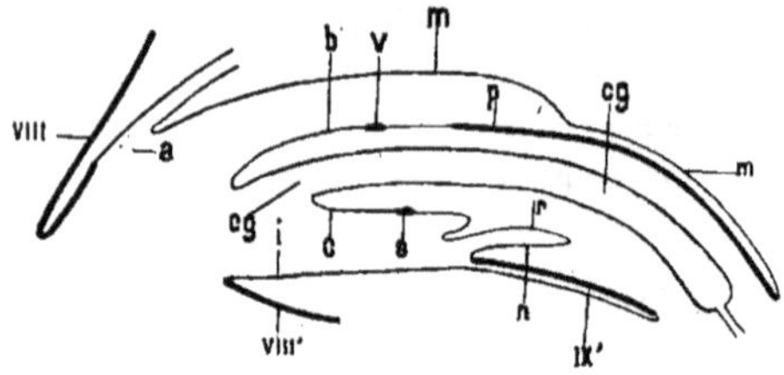

Fig. 222. — Coupe longitudinale, verticale, médiane, schématique de la région postérieure de l'abdomen du *Melolontha vulgaris* mâle, adulte.

VIII, tergite; VIII', IX', sternites; *a*, orifice anal; *b*, région membraneuse postérieure, médiane et supérieure du pénis; *c*, région membraneuse, médiane et inférieure du pénis; *cg*, canal éjaculateur; *i*, membrane d'union du 8e sternite au 9e; *m*, membrane d'union du 8e tergite au pénis; *n*, membrane d'union de 9e sternite au pénis; *r*, cul-de-sac de la membrane *n*; *s*, point d'union des deux parties latérales de la région postérieure du pénis; *v*, point d'union supérieur des mêmes parties latérales. (D'après PEYTOUREAU.)

La constitution de l'armure génitale mâle des Hyménoptères est en général assez compliquée, difficile à décrire et à représenter parce que ses pièces n'étant pas, la plupart du temps, développées dans un plan, sont courbes et contournées. Les différentes pièces de l'armure ont reçu des noms spéciaux.

D'après L. DUFOUR, l'armure copulatrice des Bourdons comprend : une pièce basilaire, médiane et inférieure, qui donne insertion à une paire d'appendices crochus, robustes et mobiles, disposés en manière de pince, et constituant un organe préhenseur, le *forceps* ; en dedans et un peu en arrière de cette pince, se trouve la *volselle*, formée par une seconde paire d'appendices moins solides et portant à leur extrémité une pièce mobile, en forme de truelle ; entre ces parties et le pénis se trouve l'*hypotome*, constitué par une paire de petits appendices lamelleux, spatultiformes et portés sur une pièce médiane ; enfin le fourreau du pénis, situé au milieu de cet appareil complexe, est garni en dessus d'une lamelle cornée de forme lancéolée, et présente de chaque côté une baguette rigide terminée en manière d'hameçon.

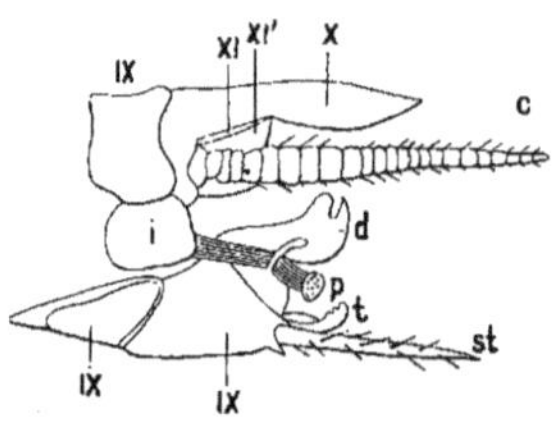

Fig. 223. — Extrémité de l'abdomen de *Periplaneta americana* mâle, vue latéralement.

c, cerque ; *st*, stylet ; *t*, titillateur ; *d*, pièce dite « tête d'Oiseau » ; *i*, pièce oblongue ; IX, X, XI, segments de l'abdomen. (D'après PEYTOUREAU.)

L. DUFOUR pensait que, chez les Bourdons et d'une manière générale chez tous les Insectes, l'armure génitale du mâle présente une forme constante dans une même espèce, « qu'elle est comme une clef qui ne peut ouvrir qu'une seule serrure » ; cette particularité aurait été un moyen employé par la nature pour empêcher les croisements et maintenir la fixité de l'espèce. PÉREZ (1894) a montré, pour les Bourdons, que l'armure génitale mâle offre souvent des variations dans une même espèce et qu'elle peut être la même dans des espèces différentes.

Chez l'Abeille mâle, outre les parties correspondantes à celles de l'armure génitale des Bourdons, on trouve, de chaque côté du pénis, deux grosses vésicules en forme de cornes, pouvant se gonfler et entrer en une sorte d'érection, non par l'afflux du sang dans leur intérieur, comme dans la verge des Mammifères, mais par l'accumulation de l'air dans leur cavité : ce sont les *pneumophyses* (L. Dufour). Cette particularité, qui n'existe chez aucun autre Insecte, était déjà connue de Swammerdam, qui avait décrit ces organes sous le nom d'*appendices creux et pointus*. On ignore par quel mécanisme l'air pénètre dans les vésicules qui doivent être probablement en communication avec le système trachéen (voir : accouplement).

Beauregard a décrit l'appareil copulateur des Cantharides, qui consiste généralement en un étui corné renfermant une sorte de gouttière également cornée, mais résistante, dans laquelle pénètre le conduit éjaculateur. L'étui corné externe

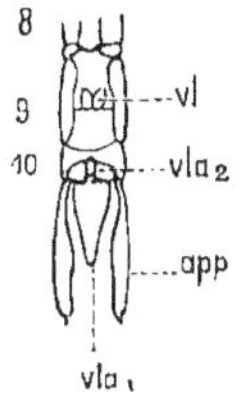

Fig. 224. — Extrémité de l'abdomen d'un mâle d'*Æschna cyanea*, vue par la face inférieure.

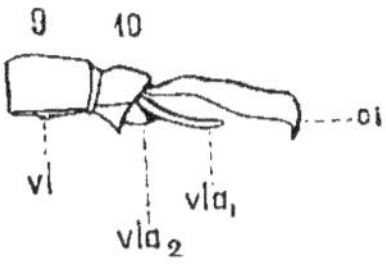

Fig. 225. — La même extrémité, vue de côté.

8, 9, 10, segments abdominaux; *vl*, valves de l'orifice génital; *vla_2*, valves inférieures de l'orifice anal; *vla_1*, valve supérieure de l'orifice anal; *app* et *ci*, cerques. (Fig. originales de Kolbe.)

comprend : une pièce basilaire (*tambour*), verticale, bombée à gauche, creusée à droite, soudée à deux branches disposées en forme de pince et dirigée en arrière; entre les branches de la pince se trouve un stylet chitineux, creux, terminé en crochet à son extrémité. Le pénis pénètre dans ce stylet par une fente située dans le milieu de son côté droit; sa surface est hérissée de petites saillies aiguës et son orifice terminal est recourbé en croc dont la pointe est dirigée en avant ; le croc fait saillie au côté gauche du stylet, au-dessus de l'orifice terminal du pénis; il constitue avec le crochet du stylet un appareil de fixation pendant l'accouplement.

Chez les Libellulides, l'armure copulatrice est divisée en deux parties bien distinctes : l'une, qui correspond à l'armure génitale des autres Insectes, est située à la partie inférieure du neuvième anneau abdominal et comprend un petit pénis membraneux, recouvert par une paire de petites valves, à l'extrémité duquel s'ouvre le canal éjaculateur; l'autre, d'une structure très complexe, siège sur les deuxième et troisième anneaux de l'abdomen et sert à la véritable copulation. Nous décrirons cette armure copulatrice à propos de l'accouplement des Libellulides.

CHAPITRE V

FONCTIONS DE REPRODUCTION

Caractères sexuels secondaires.

HUNTER a désigné sous le nom de *caractères sexuels secondaires* l'ensemble des modifications, passagères ou permanentes, qui caractérisent les sexes, abstraction faite des organes propres de la reproduction étudiés plus haut et qui constituent les caractères sexuels primaires. Les caractères sexuels secondaires se retrouvent dans presque toutes les classes d'animaux et permettent de prime abord de distinguer les mâles des femelles. C'est ainsi que la barbe caractérise le sexe mâle chez l'Homme; que les cornes caduques sont spéciales aux mâles de certains Ruminants; que le *Triton cristatus* ♂ se reconnait facilement de la femelle, au moment de la reproduction, à la présence d'une crête membraneuse sur la ligne médio-dorsale; et il serait facile de multiplier les exemples.

Ces modifications corrélatives du développement ou de l'activité des glandes génitales font que, dans une même espèce, les deux sexes se présentent souvent avec des caractères si tranchés et si différents qu'on serait tenté de les rapporter à des espèces ou à des genres distincts, si l'on ne voyait ces deux sortes d'individus concourir à la reproduction de la même espèce. C'est l'ensemble de ces faits qui constitue ce qu'on appelle le *dimorphisme sexuel*. Pour être moins accusé que dans certains Vers, *Bonellia*, et chez les Isopodes parasites, où il atteint un degré extraordinaire, ce dimorphisme n'en est pas moins net et très répandu dans les divers groupes d'Insectes.

Outre le dimorphisme sexuel on peut trouver chez les Insectes, aussi bien que dans les autres groupes zoologiques, deux ou plusieurs formes d'individus pour un ou pour les deux sexes: c'est ce qui constitue le *dimorphisme* (ou le *polymorphisme*) *unisexué*. Enfin, dans une même espèce, le mâle ou la femelle, quelquefois les deux simultanément, peuvent suivant la saison de la reproduction revêtir des formes différentes : c'est ce qu'on entend par *dimorphisme* et *polymorphisme saisonnier* ou *saisonniel.*

Caractères sexuels secondaires chez les Insectes.

D'une manière générale on peut dire que les modifications portent surtout sur le mâle, la femelle restant toujours plus près de l'état embryonnaire ou larvaire, ou du type primitif. Les modifications apportées aux organes du mâle ont pour résultat le plus constant de lui faciliter la recherche et la possession de la femelle. Chez les Insectes, comme chez la plupart des animaux, le mâle est plus actif et recherche la femelle : « celle-ci demande généralement qu'on lui fasse la cour » (HUNTER). Le mâle possède des organes des sens et des organes de locomotion plus développés. En outre, il est souvent pourvu de moyens de défense plus ou moins puissants qui lui permettent de lutter contre les autres mâles pour la possession des femelles; ailleurs il revêt une livrée plus brillante ou présente des ornements qu'on considère d'ordinaire (DARWIN) comme destinés à attirer l'attention de la femelle.

Taille. — Généralement, les mâles sont plus petits que les femelles; celles-ci ont l'abdomen plus volumineux par suite de la présence des œufs; aussi sont-elles plus lourdes et plus lentes. Chez les Cochenilles et les Kermès, le mâle est cinq à six fois plus petit que la femelle. Il existe cependant des exceptions assez nombreuses à cette règle générale. Ainsi, chez les *Lucanus*, *Dynastes*, *Megasoma*, le mâle est beaucoup plus gros que la femelle. Il est également de plus grande taille chez l'*Apis mellifica* et quelques autres Abeilles (*Anthidium manicatum*, *Anthophora acervorum*), chez certains autres Hyménoptères, *Methoca ichneumonea*, et chez la plupart des Libellules.

Couleurs et dessins. — Ces caractères sont souvent différents dans les deux sexes, tantôt plus brillants chez le mâle, tantôt chez la femelle. Les différences au point de vue de la coloration et des dessins sont surtout évidentes dans les espèces suivantes :

Hoplia cærulea : ♂ bleu, ♀ rouge;

Golopha Porteri : ♂ clair, ♀ foncée;

Dynastes hercules : ♂ clair, ♀ foncée;

Pyrodes pulcherrimus : ♂ rouge, ♀ vert doré brillant;

Calopteryx virgo (1) : ♂ vert à ailes brunes, ♀ brune à ailes transparentes;

Ichneumonides : ♂ plus clair que ♀;

Tenthrédinides : ♂ plus foncé que ♀;

Anthophora retusa : ♂ brun fauve, ♀ noire;

Sirex juvencus : ♂ rayé de bandes oranges, ♀ rayée de bandes pourpres;

Dans les diverses espèces de Bourdons, la coloration est souvent différente dans les deux sexes. Chez le *Bombus lapidarius*, par exemple, la femelle et l'ouvrière sont noires, avec les segments 4 à 6 de l'abdomen d'un rouge orangé : le mâle est jaune, avec les segments 4 à 7 de l'abdomen rouges.

Bibio hortulanus : ♂ noir, ♀ à corselet rouge et abdomen rouge jaunâtre.

C'est surtout chez les Lépidoptères qu'on trouve les plus grandes différences, au point de vue de la coloration et des dessins, entre les deux sexes d'une même espèce. Nous en avons représenté quelques exemples, photographiés d'après nature, dans les planches I et II; le simple examen des figures montre, mieux que ne pourrait le faire une longue description, le dimorphisme sexuel de ces espèces. Tantôt les dessins des ailes sont les mêmes, mais la coloration de ces dessins n'est pas la même chez le mâle et la femelle : *Heliconia doris* : ♂ rouge, ♂ bleue (Pl. I, fig. 1 et 2); tantôt les dessins et la coloration diffèrent complètement d'un sexe à l'autre : *Diadema lasinassa* (Pl. I, fig. 3 et 4), *Epicalia acontius* (Pl. II, fig. 1 *a*, 1 *b* et 2 *a*, 2 *b*), *Mesene crispus* (Pl. II, fig. 3 et 4), *Orimba lagus* (Pl. II, fig. 5 et 6), *Satyrus cordula* (Pl. II, fig. 7 et 8), etc. En général c'est le mâle qui présente la coloration la plus brillante et qui s'éloigne le plus du type ordinaire du groupe auquel l'espèce appartient; aussi, dans la plupart des groupes, les femelles des diverses espèces se ressemblent entre elles de plus près que ne le font les mâles. Cependant, dans quelques cas exceptionnels, les femelles présentent des colorations encore plus brillantes que celles des mâles. Dans une même espèce, on peut trouver entre les deux sexes toutes les nuances comprises entre une identité de couleur et une différence assez prononcée pour qu'il ait fallu longtemps avant qu'ils fussent réunis dans la même espèce par les entomologistes (Darwin).

---

(1) Chez *Libellula depressa*, quinze jours après la métamorphose, l'abdomen du mâle prend une coloration bleu pruineux due à la sécrétion d'une matière huileuse soluble dans l'alcool et l'éther (Darwin, *Selection sexuelle*, I, p. 388). D'autres Libellulides, parmi les Agrions, ont les ailes colorées chez le mâle, incolores chez la femelle.

Antennes. — Elles sont presque toujours plus développées chez le mâle que chez la femelle. Chez *Lamia* et *Astynomus*, elles sont deux et trois fois plus longues chez le mâle que chez la femelle ; de même chez les Anthribides (Curculionides). Chez les Lamellicornes, les lamelles terminales de l'antenne sont plus grandes et plus nombreuses chez le mâle.

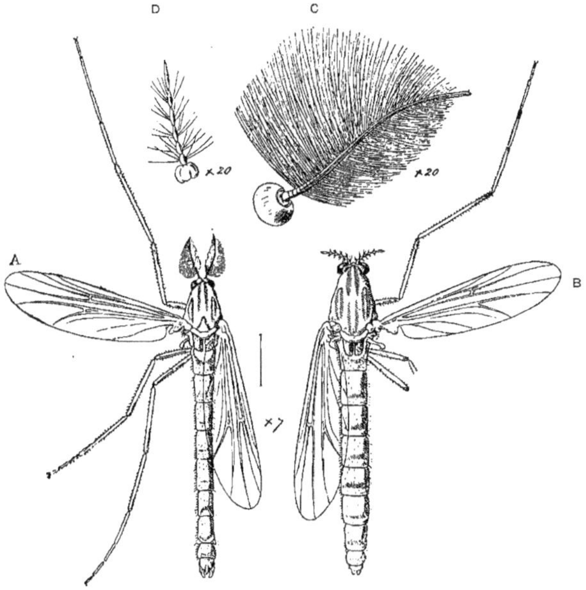

Fig. 226. — *Chironomus.*
A, mâle ; — B, femelle ; — C, antenne du mâle ; — D, antenne de la femelle. (Fig. empruntée à MIALL.)

Chez *Penthus* (Coléoptère), quelques articles du milieu de l'antenne sont dilatés et revêtus de petites touffes de poils servant probablement à retenir la femelle pendant l'accouplement. Chez *Callirrhipis phœnicerus*, le mâle est pourvu d'antennes rameuses et pectinées, très différentes des antennes filiformes de la femelle ; il en est de même chez beaucoup de Némocères *(Culex, Chironomus, Corethra,* etc.) (fig. 226 et 227). Les antennes plumeuses des Bombycides ont les pennes beaucoup plus développées chez le mâle que chez la femelle. Chez les Psychées, les Géométrides, plusieurs Tenthrèdes (*Lophyrus*), les antennes pectinées chez le mâle sont sétiformes chez la femelle.

Le mode d'insertion des antennes peut varier d'un sexe à l'autre ; chez *Brenthus*, elles sont insérées chez le mâle à l'extrémité du rostre et chez la femelle au milieu. Cette disposition est encore plus marquée chez *Belorhynchus curvidens*.

Le nombre des articles peut varier également dans les deux sexes : Hyménoptères porte-aiguillon : ♂ 13 articles, ♀ 12 ;

Fœnus : ♂ 13, ♀ 14 ;

Lophyrus laricis : ♂ 24, ♀ 16 ;

Cebrio, *Xanthochroa*, *Nacerdes* : ♂ 12, ♀ 11 ;

Coccides : ♂ 10-25, ♀ 6-11 ;

Aleurodes : ♂ 7, ♀ 5 ;

Phyllium scythe (1) : ♂ 24, ♀ 9.

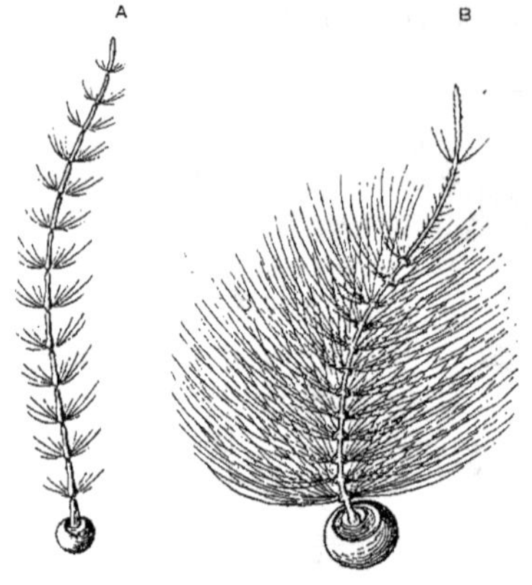

Fig. 227. — Antennes de Cousin. A, de la femelle ; — B, du mâle. (Fig. empruntée à Miall.)

Yeux. — Chez beaucoup de Diptères, les yeux composés sont plus développés chez le mâle que chez la femelle (Syrphides, Empides, Bombylides, Leptides, Stratiomyides, Muscides (2) ; il en est de même chez les Psocides et les Éphémérides. Nous avons déjà dit que chez *Potamanthus* et *Cloëon dipterum* le mâle seul possède deux paires d'yeux composés et que, chez *Bibio hortulanus*, il existe une seconde paire d'yeux rudimentaires (voir ch. III : organes visuels).

Les yeux composés des faux-Bourdons (mâles des Abeilles) sont plus développés que ceux des femelles et des ouvrières. Chez une Fourmi (*Solenopsis fugax*), Forel a compté 400 facettes dans l'œil composé du mâle, 200 dans celui de la femelle et 6-9 dans celui des neutres.

Les ocelles manquent chez les femelles des Mutilles, tandis que les mâles en possèdent.

Pièces buccales. — Les mandibules des mâles sont très développées et transformées en puissants appareils de combat chez les *Lucanus*, *Dorcus* et *Chiasognatus* (fig. 228). Chez *Lucanus elaphus* (Amérique du Nord), elles serviraient à saisir la femelle pendant l'accouplement. Il en serait

(1) Chez les jeunes mâles, avant la première mue, il n'y a, comme chez les femelles, que neuf articles. Le nombre augmente à chaque mue.

(2) On peut, au point de vue de la disposition des yeux, diviser les Insectes en *holoptiques*, dont les yeux se touchent sur la ligne médiane de la tête, et en *dichoptiques*, dont les yeux sont séparés. Osten-Sacken (1892) a montré que, chez les Diptères, les mâles sont généralement holoptiques et les femelles dichoptiques.

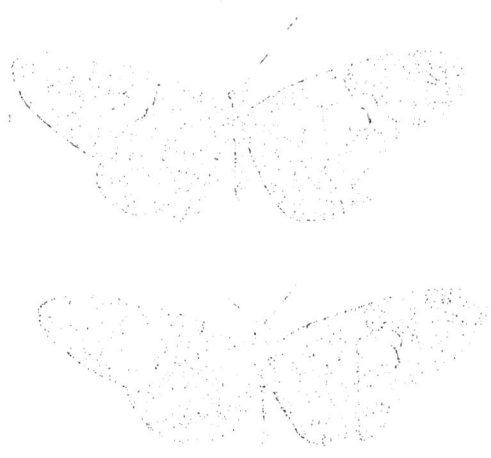

PLANCHE I

DIMORPHISME SEXUEL CHEZ LES PAPILLONS

Fig. 1. — *Heliconia doris* mâle, vu par la face dorsale.

Fig. 2. — *Heliconia doris* femelle, vue par la face dorsale.

Fig. 3. — *Diadema larinassa* mâle, vu par la face dorsale.

Fig. 4. — *Diadema larinassa* femelle, vue par la face dorsale.

DIMORPHISME SEXUEL CHEZ LES PAPILLONS

C. NAUD, éditeur. Photograv. et imp. PRIEUR ET DUBOIS ET Cie, Puteaux.

PLANCHE II

DIMORPHISME SEXUEL CHEZ LES PAPILLONS

Fig. 1 *a*. — *Epicalia acontius* mâle, vu par la face dorsale.
Fig. 1 *b*. — Le même, vu par la face ventrale.
Fig. 2 *a*. — *Epicalia acontius* femelle, vue par la face dorsale.
Fig. 2 *b*. — La même, vue par la face ventrale.
Fig. 3. — *Mesene crispus* mâle, vu par la face dorsale.
Fig. 4. — *Mesene crispus* femelle, vue par la face dorsale.
Fig. 5. — *Orimba lagus* mâle, vu par la face dorsale.
Fig. 6. — *Orimba lagus* femelle, vue par la face dorsale.
Fig. 7. — *Satyrus cordula* mâle, vu par la face dorsale.
Fig. 8. — *Satyrus cordula* femelle, vue par la face ventrale.

DIMORPHISME SAISONNIER

Fig. 9. — *Vanessa prorsa*, vue par la face dorsale.
Fig. 10. — *Vanessa lœvana*, vue par la face dorsale.

DIMORPHISME SEXUEL CHEZ LES PAPILLONS

C. NAUD, éditeur. Photograv. et imp. PRIEUR ET DUBOIS ET Cie, Puteaux.

de même chez *Corydalis cornutus* (Névroptère). Chez le mâle de *Taphroderes distortus*, la mandibule gauche est plus longue et plus large que celle de droite, d'où une curieuse déformation de la tête (fig. 229). Les pièces buccales des Hyménoptères porte-aiguillon sont beaucoup moins développées chez le mâle que chez la femelle. Les Diptères dont les femelles se nour-

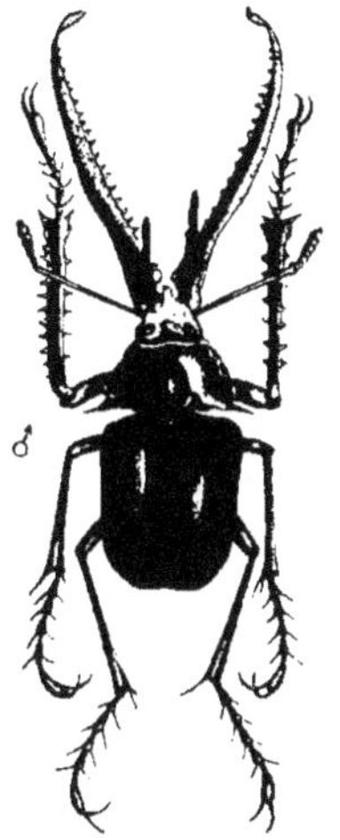

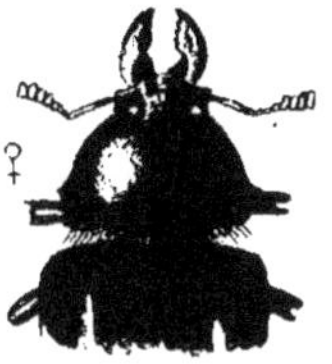

Fig. 228. — *Chiasognathus Grantii*, réduit, mâle ♂ et femelle ♀. (D'après DARWIN.)

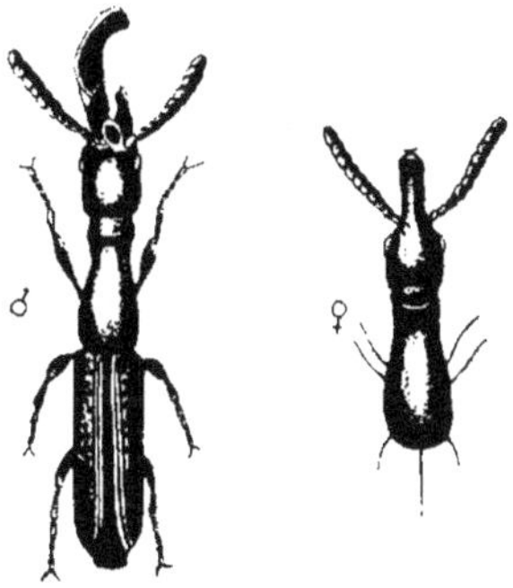

Fig. 229. — *Taphroderes distortus*, grossi, mâle ♂ et femelle ♀. (D'après DARWIN.)

rissent du sang des animaux (*Tabanus*, *Hæmatopota*, *Chrysops*, *Culex*, *Simulia*) ont des mâles dépourvus de mandibules. La trompe et les stylets avortent chez les mâles des Coccides.

Pattes. — Chez beaucoup de Coléoptères mâles, les tarses des pattes

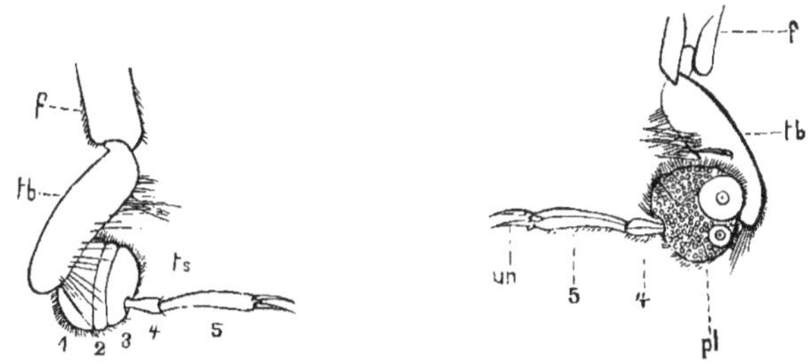

Fig. 230 et 231. — Extrémité de la patte antérieure du *Dytiscus dimidiatus* mâle ; fig. 230 vue par sa face supérieure ; fig. 231 vue par sa face inférieure.

f, extrémité du fémur ; *tb*, tibia ; *ts*, tarse ; 1-5, ses articles, dont les trois premiers élargis constituent le disque adhésif, *pl* ; *un*, ongles. (Fig. originales de KOLBE.)

antérieures sont dilatés et pourvus de coussinets de poils destinés à maintenir la femelle pendant l'accouplement. Chez le Dytique, les trois premiers articles des tarses antérieurs sont élargis et constituent une sorte de palette garnie de poils rigides, vers le bord de la face interne de laquelle se trouvent deux sortes de ventouses qui, s'appliquant étroitement sur les élytres striés de la femelle, servent à fixer fortement le mâle (fig. 230, 231, 232). Une disposition un peu analogue se rencontre chez un Hyménoptère de nos pays, *Crabro cribrarius*, dont le mâle a les tibias antérieurs dilatés en une large plaque parsemée de petites dépressions dont le fond est réduit à une mince membrane (fig. 233). Chez beaucoup d'autres Insectes, le mâle présente des tibias épaissis ou incurvés et munis d'épines ou d'éperons, disposition qui ne se retrouve pas chez la femelle. Une ou même les trois paires de pattes peuvent être plus longues que les membres correspondants de la femelle ; c'est notamment le cas chez les Éphémères pour les pattes antérieures. D'autre part, certaines parties des pattes peuvent s'atrophier chez le mâle; c'est ainsi que la corbeille et la brosse manquent aux membres postérieurs des mâles des Hyménoptères mellifiques.

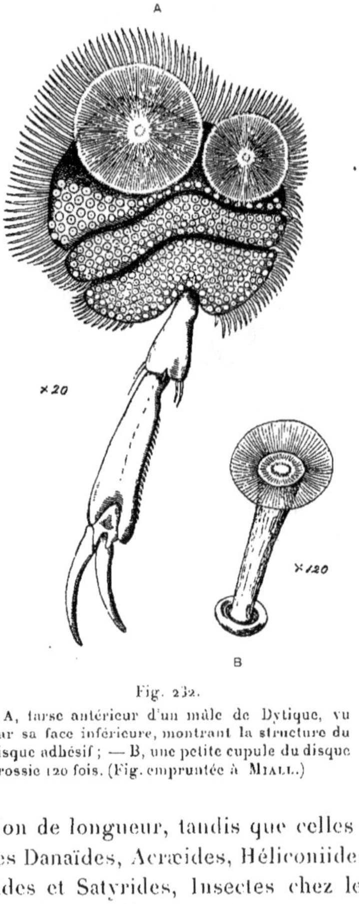

Fig. 232.
A, tarse antérieur d'un mâle de Dytique, vu par sa face inférieure, montrant la structure du disque adhésif ; — B, une petite cupule du disque grossie 120 fois. (Fig. empruntée à MIALL.)

Chez certains Lépidoptères (Érycinides, Libythéides), les pattes antérieures subissent une réduction de longueur, tandis que celles de la femelle sont normales. Chez les Danaïdes, Acræides, Héliconiides, Nymphalides, Morphides, Brassolides et Satyrides, Insectes chez lesquels les pattes antérieures sont atrophiées, elles sont beaucoup moins développées chez le mâle que chez la femelle. Les tarses manquent aux pattes antérieures du mâle de *Lithognatha nubilifasciata* (Noctuide). Les femelles des Strepsiptères, qui vivent en parasites dans l'abdomen des Hyménoptères, sont dépourvues de membres.

Ailes. — Nous avons indiqué plus haut les différences de coloration que peuvent présenter les ailes dans les deux sexes. Outre ces différences, on peut en signaler d'autres portant sur la structure et le développement de ces appendices. Les élytres du *Dytiscus marginalis*

Fig. 233. — *Crabro cribrarius* mâle ♂ et femelle ♀. (D'après DARWIN.)

femelle (fig. 235) sont parcourus par des sillons longitudinaux sur lesquels viennent s'appliquer les ventouses des pattes antérieures du mâle, dont les élytres sont lisses (fig. 234). Ces sillons n'existent pas dans

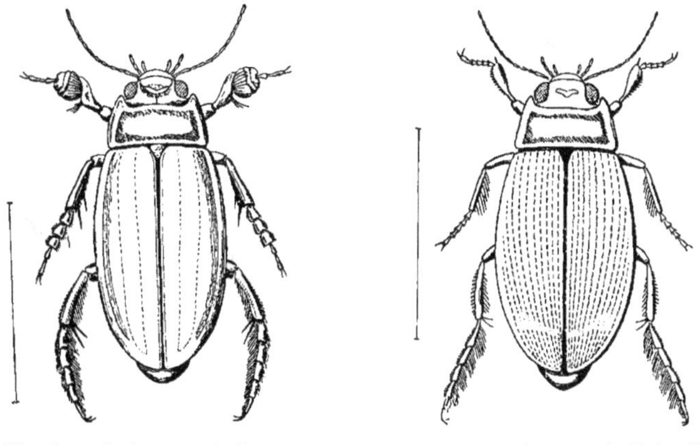

Fig. 234. — *Dytiscus marginalis* mâle. (Fig. empruntée à MIALL.)

Fig. 235. — *Dytiscus marginalis* femelle. (Fig. empruntée à MIALL.)

toutes les espèces de Dytiques ; chez les femelles d'*Hydroporus*, les sillons sont remplacés par des ponctuations ; chez celles d'*Acilius sulcatus* par une forte garniture de poils.

Les ailes des *Periplaneta* sont plus développées chez le mâle que chez la femelle. Chez d'autres Orthoptères (*Nocticola*, *Heterogamia ægyptiaca*), les femelles sont aptères. Beaucoup de Mutillides femelles

(*Mutilla*, *Scotæna*, *Thynnus*, etc.) sont également dépourvues d'ailes. On sait que les femelles de *Lampyris* sont aptères : il en est de même chez *Drilus*, *Coccus*, *Lecanium*, *Dorthesia*, *Aspidiotus*, *Stylops*, *Xenos*, etc. Les ailes inférieures manquent chez les femelles de *Vesperus Xatarti*. Chez beaucoup de Lépidoptères Bombycides : *Orgyia*, *Psyche*, *Epichnopteryx*, *Fumea*, *Œceticus*, *Thyridopteryx*, *Heterogynis*), les femelles sont aptères; chez celles de certaines Géométrides, *Hybernia*, *Lignyoptera*, *Phigalia*, *Anisopteryx*, *Cheimatobia*, les ailes sont atrophiées ou rudimentaires.

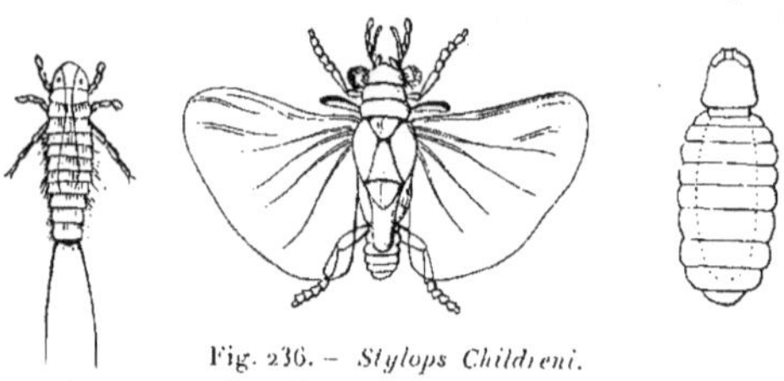

Fig. 236. — *Stylops Childreni*.
A, larve; — B, mâle; — C, femelle. (D'après Kirby.)

L'atrophie des ailes est beaucoup plus rare chez le mâle : chez *Blastophaga*, les mâles sont aptères (fig. 246). Ceux de *Sycobiella Saundersii* et de *Sycoscapter insignis* présentent sur le mésothorax, à la place des ailes, une paire de filaments articulés, antenniformes. Chez *Sycoscaptella quadrisetosa*, le métathorax porte une seconde paire semblable de filaments (Westwood). Les mâles des *Anergates* (Fourmis dont les colonies ne renferment que des mâles et des femelles) sont aptères.

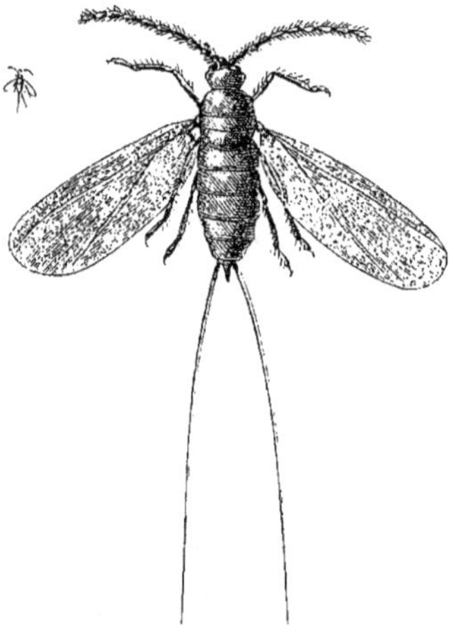

Fig. 237. — *Coccus cacti*, mâle.
(D'après E. Blanchard.)

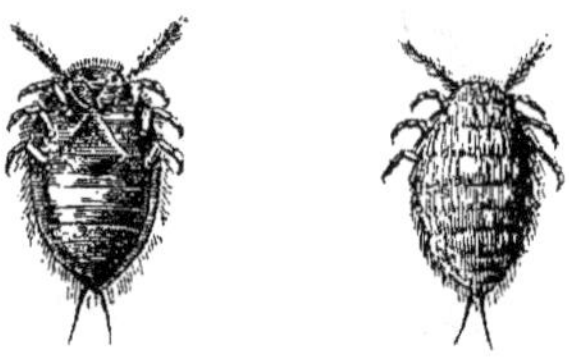

Fig. 238. — *Coccus cacti* femelle.
A, vu par la face ventrale; — B, vu par la face dorsale. (D'après Sicard.)

Abdomen. — Les caractères sexuels secondaires tirés de la conformation de l'abdomen sont moins tranchés que ceux qui viennent d'être signalés. Mentionnons cependant que, chez les Hyménoptères porte-aiguillon, le mâle a 7 segments à l'abdomen, tandis que la femelle n'en a que 6. Le nombre de segments n'est pas le même non plus dans les deux sexes chez un certain nombre d'Insectes (Cicindèles et autres); ce fait tient évidemment à la différence de constitution de l'armure génitale chez le mâle et chez la femelle.

Chez *Cetonia concava*, les arceaux inférieurs de l'abdomen du mâle sont concaves, ceux de l'abdomen de la femelle convexes, disposition certainement favorable à l'accouplement.

Organes spéciaux à l'un des sexes. — On rencontre assez fréquemment chez les mâles des Coléoptères, des appendices rigides, en forme de cornes, s'insérant soit sur la tête, soit sur le corselet.

Nous avons fait représenter, d'après nature, quelques types de Coléoptères appartenant à la famille des Lamellicornes et montrant ces singuliers appendices.

Chez quelques-uns, *Dynastes hercules* (fig. 239 et 240), *Golofa Portieri* (fig. 241 et 242), le mâle seul porte deux cornes très longues, l'une sur la tête, l'autre sur le corselet, cornes qui, en se rapprochant l'une de l'autre, peuvent constituer une sorte de pince; la femelle, très différente du mâle, ne présente aucune trace de ces formations.

Chez d'autres Lamellicornes, *Phanæus faunus* (fig. 243), *Heliocopris antenor* (fig. 244), la femelle offre, sous forme de petites crêtes ou de tubercules, les rudiments des cornes des mâles.

Dans presque tous les cas, les cornes présentent, chez les mâles d'une même espèce, une grande variabilité dans leur développement; souvent on peut établir une série graduée, partant des mâles à cornes bien développées jusqu'à d'autres assez dégénérés pour qu'on puisse à peine les distinguer des femelles.

Certaines espèces renferment deux sortes de mâles différant nettement par la longueur ou le nombre de leurs cornes, ce qui constitue un véritable dimorphisme unisexuel (voir plus loin, p. 204).

Le mâle de l'*Onitis furcifer* a des cuisses antérieures terminées par une fourche au milieu de laquelle s'insère la jambe; son thorax porte sur sa face inférieure une paire de cornes formant une grosse fourchette; sa tête est dépourvue d'appendices. Par contre, la femelle présente sur la tête un rudiment de corne, et sur le thorax une légère crête antérieure.

On trouve aussi des cornes à la face inférieure du corps des mâles de certains Curculionides, et sur la tête et le thorax de quelques Staphylinides (*Bledius*, fig. 245, *Siagonium*, etc.)

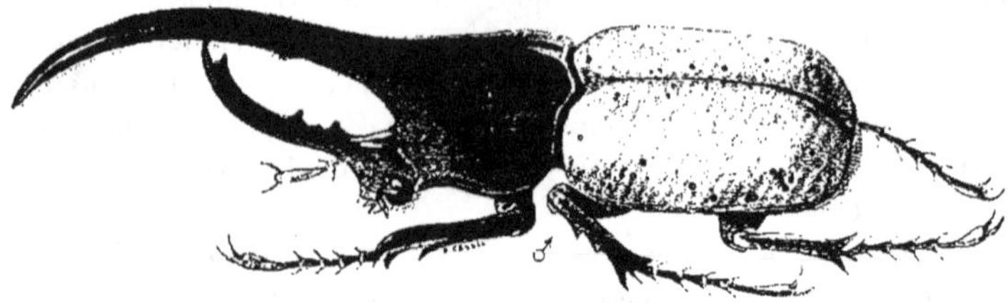

Fig. 239. — *Dynastes hercules* mâle, réduit. (Fig. originale.)

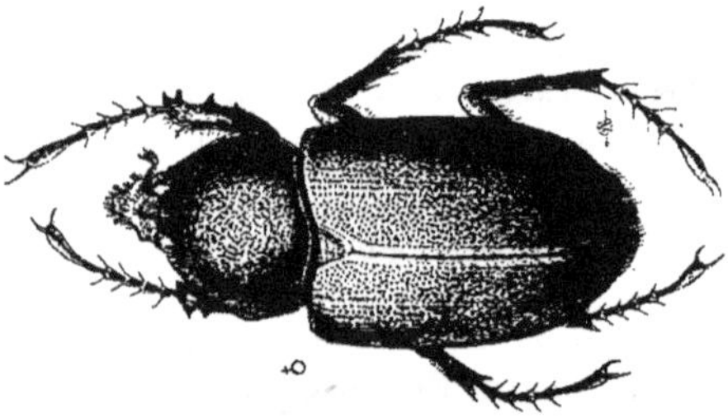

Fig. 240. — *Dynastes hercules* femelle, réduite. (Fig. originale.)

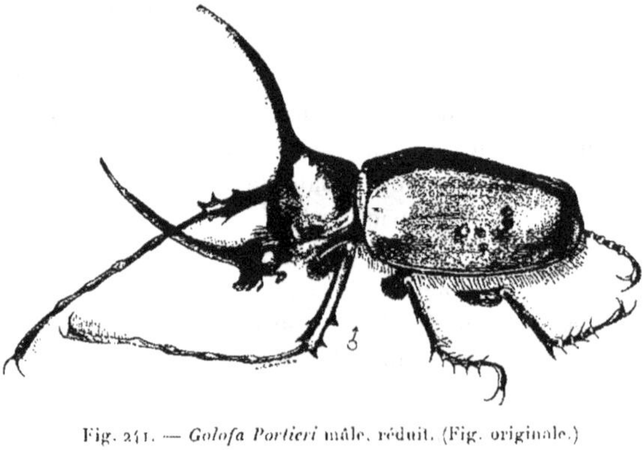

Fig. 241. — *Golofa Porteri* mâle, réduit. (Fig. originale.)

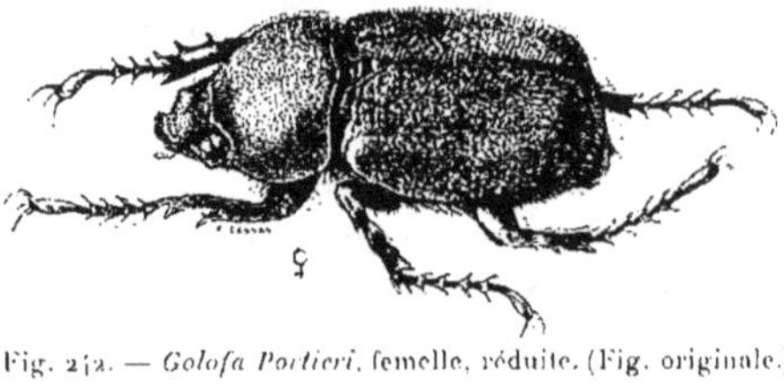

Fig. 242. — *Golofa Porteri*, femelle, réduite. (Fig. originale.)

Organes musicaux. — En général, quand ils existent, ces organes ne se trouvent bien développés que chez le mâle ; chez la femelle, ils sont plus ou moins rudimentaires. Tel est le cas chez les Cigales, les Locustides, les Acridides et les Gryllides. Cependant chez l'Ephippiger,

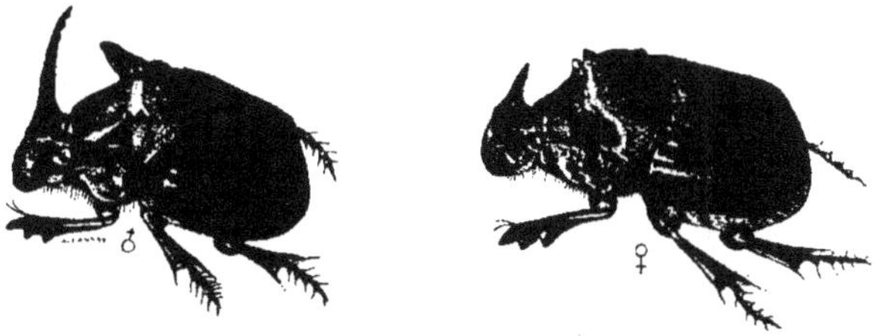

Fig. 243. — *Phanæus faunus*, mâle ♂ et femelle ♀. (Fig. originale.)

Fig. 244. — *Heliocopris antenor* mâle ♂ et femelle ♀. (Fig. originale.)

Fig. 245. — *Bledius taurus*, grossi, mâle ♂ et femelle ♀. (D'après Darwin.)

les deux sexes sont également pourvus d'organes sonores. Il en est de même chez *Geotrupes*, *Necrophorus*, *Chrysomela*, où le mâle et la femelle portent des râpes stridulantes. Chez *Oryctes*, ces râpes sont plus développées chez le mâle que chez la femelle, et chez *Heliopathes* (Ténébrionide), les mâles seuls en possèdent.

Organes lumineux. — Le Lampyre femelle est, on le sait, seul pourvu d'organes lumineux bien développés, ceux du mâle étant rudimentaires (voir fig. 96, p. 93) ; mais chez la *Luciola italica*, très voisine des Lampyres, les deux sexes sont phosphorescents. Il en est de même chez certains Élatérides.

Aiguillon et glandes à venin. — Ces organes n'existent que chez les femelles et les ouvrières, qui ne sont que des femelles avortées, des Hyménoptères porte-aiguillon.

Systèmes digestif et nerveux. — En ce qui concerne les modifications anatomiques des viscères, on n'a noté jusqu'ici que des différences peu importantes entre les deux sexes. Relativement à l'appareil digestif des Panorpes, chez le mâle il existe trois paires de longues glandes salivaires, tandis que chez la femelle on ne trouve que deux petites glandes vésiculeuses (Dufour). Nous avons signalé (p. 119) les différences, constatées par Brandt, dans la constitution du système nerveux central chez certains Hyménoptères.

Régime alimentaire. — Il existe souvent une différence de régime très marquée, chez certains Insectes, entre le mâle et la femelle. Les femelles des Culicides et des Tabanides piquent les animaux pour se nourrir de leur sang, tandis que les mâles ne prennent pas de nourriture ou sucent le nectar des fleurs. Cette différence d'alimentation tient à la nécessité pour la femelle de trouver une nourriture plus substantielle afin d'activer le développement de ses œufs ovariens. Les mâles des Cochenilles ne prennent aucune nourriture.

Sharp a dressé la liste des Diptères qui sucent le sang des Vertébrés ; il fait remarquer que la majorité de ces espèces ont des larves aquatiques et que la femelle seule, la plupart du temps, se nourrit de sang.

I. Némocères. Blépharocérides : *Curupira*, femelles seulement ; larves aquatiques.

Culicides : *Culex*, femelles seulement ; larves aquatiques.

Chironomides : *Ceratopogon*, femelles seulement ; larves souvent aquatiques.

Psychodides : *Phlebotomus*, femelles seulement (?) ; larves aquatiques et vivant dans les liquides corrompus.

Simuliides : *Simulium*, larves aquatiques.

II. Brachycères. Tabanides ; en général les femelles ; quelques larves sont aquatiques.

Cyclorrhaphes schizophores : *Stomoxys*, *Hæmatobia*, les deux sexes (?) ; larves dans le fumier.

La Mouche Tsé-tsé (1), *Glossina morsitans*, appartient à cette famille, bien que son mode de parturition soit celui des Pupipares.

---

(1) La Mouche Tsé-tsé, propre au Zoulouland, détermine par sa piqûre la *maladie de la nagana*, mortelle pour certains animaux, Bœuf, Cheval, Chien, Chèvre, etc. Cette

III. Pupipares. Les individus des deux sexes, dans tout le groupe, se nourrissent probablement de sang.

IV. Aphaniptères. Puces : les deux sexes.

Dimorphisme.

Dimorphisme dû au parasitisme. — Le parasitisme présente chez les Insectes des degrés très divers. Si, dans beaucoup de cas, les deux sexes vivent aux dépens du même hôte, il peut arriver que l'un des sexes seul mène une vie parasitaire, l'autre menant une vie libre. Alors le sexe parasite subit une dégradation plus ou moins profonde, l'autre conservant ses caractères normaux : c'est ce qui constitue le dimorphisme parasitaire. Chez les Strepsiptères (*Stylops, Xenos*), les femelles vermiformes ont la partie postérieure de leur corps engagée dans l'intérieur de l'abdomen des Guêpes et des Apiens, la partie antérieure seule, qui porte l'orifice génital, restant libre et faisant saillie au dehors (1). Ces femelles sont apodes et dépourvues d'yeux. Les mâles,

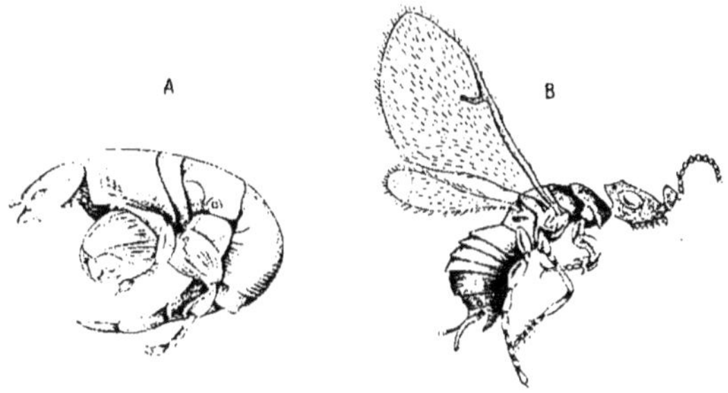

Fig. 236. *Blastophaga grossorum.*
A, mâle grossi 18 fois; — B, femelle grossie 13 fois. (D'après Paul Mayer.)

au contraire, ont des ailes antérieures petites et enroulées, et des ailes postérieures très grandes, repliées en éventail (fig. 236).

maladie, caractérisée par un amaigrissement considérable, accompagné d'infiltration du cou, de l'abdomen et des extrémités, ainsi que par une destruction des globules rouges, serait due au développement, dans le sang, d'un Hématozoaire, un *Trypanosoma*, inoculé par la piqûre de la Mouche.

(1) Suivant Meinert (1896), la partie saillante du corps de la femelle de *Stylops* en dehors de l'abdomen de son hôte serait l'extrémité postérieure du corps, qui porterait l'anus et l'orifice génital; celui-ci ne serait pas situé sur la partie dorsale du céphalothorax comme l'avait admis Siebold.

Chez le *Blastophaga grossorum*, Chalcidide vivant dans les Figues (1), c'est le mâle qui est aptère et présente de très grosses pattes, tandis que la femelle est ailée et revêt les caractères des autres Insectes de ce groupe.

Modifications organiques produites sous l'influence de parasites internes. Perez (1889) a montré que les Andrènes femelles infestées par

(1) On attribue généralement au *Blastophaga grossorum* une action dans la pratique de la *caprification* des Figues. Cette opération, qui consiste à placer sur les branches du Figuier cultivé, à l'époque de la floraison, des Figues sauvages, remonte à une haute antiquité; elle était déjà pratiquée par tous les peuples de l'Orient, les anciens Égyptiens, Syriens, Juifs, Grecs, etc.

Le Figuier sauvage (*Caprificus* des Romains) produit en Italie trois générations de fleurs et de fruits par an : la première donne des Figues appelées *mamme* qui, formées à l'automne précédent, mûrissent en avril; la seconde donne les *profichi*, mûrs en juin; la troisième donne les *mammoni* mûrs en août et septembre. A l'époque où les Figues d'une génération approchent de la maturité, celles de la génération suivante sont à l'état de fleurs. Ainsi, à Naples, en avril, les *mamme* sont presque mûres et les *profichi* sont en fleurs; en même temps fleurissent les Figuiers cultivés pour donner la première génération de Figues qui mûrissent en juin et juillet. C'est alors que les cultivateurs portent les *mamme* sauvages, presque mûres, sur les branches des Figuiers cultivés.

Les inflorescences du *Caprificus* contiennent une grande quantité de fleurs mâles, tandis que celles du Figuier cultivé (*Ficus carica*) ne renferment presque que des fleurs femelles. Dans les premières se trouvent un grand nombre de Chalcidides (*Blastophaga grossorum*), dont les femelles déposent leurs œufs dans les ovaires des fleurs. Paul Mayer (1882) a bien suivi l'évolution de l'Insecte. Après l'éclosion des deux sexes, le mâle toujours aptère s'accouple avec la femelle encore dépourvue d'ailes et renfermée dans l'ovaire de la fleur. Pour cela, il perce, avec ses fortes mandibules, un trou par lequel il introduit son pénis. Après l'accouplement, le mâle ne tarde pas à périr, la femelle acquiert des ailes, agrandit le trou fait par le mâle et sort de la Figue en se chargeant du pollen des fleurs mâles, situées à la partie supérieure de l'inflorescence. Devenue libre, elle pénètre dans les Figues de la génération suivante du Figuier sauvage, ou dans les Figues du Figuier cultivé dont elle féconde les fleurs femelles, en même temps qu'elle introduit son œuf dans l'ovaire, au moyen de sa tarière, à travers le stigmate et le style. Les œufs du *Blastophaga* ne se développent pas dans les Figues cultivées, tandis qu'ils évoluent normalement dans les Figues sauvages.

L'entrée de l'Insecte femelle dans les Figues cultivées a pour résultat de favoriser la fécondation des fleurs femelles et de déterminer, par la piqûre, une excitation des tissus, d'où résulte le développement du réceptacle de la Figue qui se transforme en une masse charnue et sucrée.

Les causes de l'avortement de l'œuf du *Blastophaga* dans les Figues cultivées ne sont pas bien connues. Solms-Laubach (1882) a constaté que l'œuf se trouvait entre les branches du stigmate, ou le plus souvent plus ou moins enfoncé dans le canal creusé dans le style par la tarière, mais il ne l'a jamais vu dans l'ovaire; ce serait donc la conformation de la fleur du Figuier cultivé qui empêcherait l'œuf d'être déposé dans l'endroit où il se développe normalement chez le *Caprificus*.

Quelques botanistes considèrent la caprification comme inutile et font remarquer que, dans beaucoup de pays, les Figues mûrissent très bien sans cette opération. Les Maltais ne la pratiquent que sur les Figues tardives pour en hâter la maturation. Cependant la caprification paraît donner des Figues de meilleure qualité, et Riley (1892) assure que les Figues de Smyrne, dont la réputation est bien connue, ne sont obtenues que par l'intervention du *Blastophaga psenes* (*grossorum*).

des Stylops perdent l'instinct sexuel et revêtent les caractères extérieurs des mâles. Elles présentent sur la face de petites taches jaunes qui n'existent que chez le mâle. Chez les mâles stylopisés, au contraire, ces taches disparaissent. Les pattes postérieures des femelles stylopisées ressemblent à celles des mâles et, par contre, les mâles stylopisés acquièrent des brosses. Enfin, chez les Insectes infestés, les œufs n'arrivent pas à maturité et les femelles perdent l'instinct de construire un nid. Chez les mâles on observe un avortement du testicule du côté correspondant au siège du parasite. C'est à ces phénomènes d'avortement des glandes génitales et d'inversion des caractères sexuels secondaires, phénomènes très répandus chez les animaux et chez les végétaux, que GIARD a donné le nom de *castration parasitaire* (1).

Un cas très intéressant de castration produite chez les Bourdons par la présence d'un Ver, a été étudié avec beaucoup de soin par plusieurs auteurs. RÉAUMUR avait déjà signalé ce Ver à l'état d'embryon dans l'intestin et dans la cavité du corps des Bourdons femelles, et reconnu que ces femelles étaient stériles. LÉON DUFOUR (1837), qui retrouva ces parasites, en fit une étude plus complète et leur donna le nom de *Sphærularia bombi*. SIEBOLD (1838) reconnut que ces animaux étaient des Nématodes. Mais ce sont surtout les travaux de LUBBOCK (1861), ANT. SCHNEIDER (1866-83) et de LEUCKART (1887) qui nous ont fait connaître le cycle biologique de ce curieux parasite qui doit être rapporté au genre *Tylenchus*.

Les grosses mères de Bourdons étudiées par LEUCKART hivernent dans la mousse des forêts de Pins et s'infestent, les petits Vers pénétrant dans le tube digestif de leur hôte. Jusqu'à leur pénétration, ces Vers vivent aux dépens des réserves nutritives accumulées dans leur tube digestif dépourvu de bouche et d'anus. Au moment de la pénétration dans l'hôte, ces réserves ont entièrement disparu. L'accouplement a lieu pendant la vie libre et seules les femelles fécondées entrent dans le Bourdon. Elles ne restent que peu de temps dans le tube digestif et passent bientôt dans la cavité générale. Là se produit un intéressant phénomène. Le vagin se renverse en dehors. La partie extroversée s'hypertrophie considérablement par suite d'un simple accroissement de ses cellules, sans formation d'éléments nouveaux; les cellules vaginales ainsi hypertrophiées font fortement saillie à la surface qui se trouve ainsi hérissée de petites sphérules, d'où le nom de *Sphærularia* donné par LÉON DUFOUR à

(1) GIARD (1889) a signalé un cas de parasitisme très curieux déterminant une véritable galle chez un Insecte et amenant des modifications dans l'armure génitale. Les Typhlocybes du Marronnier (*Typhlocyba hippocastani* et *T. Douglasi*) portent souvent, soit à droite, soit à gauche de l'abdomen, un long sac inséré à la partie dorsale du deuxième somite abdominal. Ce sac renferme soit une larve d'Hyménoptère (*Aphelopus melaleucus*), soit une larve de Diptère (d'*Atelenevra spuria*). Lorsque la larve est à maturité le sac se fend, et le parasite se transforme en nymphe en dehors de son hôte. GIARD a proposé d'appeler *thylacies* les formations gallaires produites sur les animaux par un parasite animal (*zoothylacies*) ou par un parasite végétal (*phytothylacies*). La thylacie du Typhlocybe est formée par une dilatation graduelle de l'hypoderme qui sécrète une cuticule anormale plus fortement ornée de stries ondulées que celle qui revêt le corps même de l'Insecte. Les Typhlocybes parasités, aussi bien les mâles que les femelles, ont leur armure génitale très réduite.

cet organe qu'il avait pris pour l'animal lui-même. Le Ver, en effet, ne constitue plus qu'une sorte de petit appendice insignifiant par rapport à son propre vagin, qui, d'après LEUCKART, est devenu 60 000 fois plus gros qu'il était primitivement. C'est dans ce vagin que se développent les œufs et les embryons, et on peut comparer ce mode de développement du *Sphærularia* à ce qui se passe dans les cas de grossesse observés chez la Femme atteinte de prolapsus utérin et vaginal exagérés. Les jeunes embryons de *Sphærularia* sortent du fourreau vaginal, percent le rectum du Bourdon et sont évacués au dehors ou sortent après la mort de l'hôte. Les Bourdons rendus stériles par la présence du *Sphærularia* ont perdu tout instinct sexuel et ne construisent plus de nid.

Dimorphisme unisexuel. — Nous avons défini plus haut ce genre de dimorphisme. On en connaît chez les Insectes un certain nombre d'exemples. Un Staphylinide, le *Bledius taurus*, dont il a déjà été question à propos des caractères sexuels secondaires, présente deux sortes de mâles ; les uns ont la corne du thorax très grande et les cornes céphaliques rudimentaires ; chez les autres, au contraire, les cornes céphaliques sont bien développées et la corne thoracique est courte.

La pince des Forficules, qui, chez les femelles, présente toujours à peu près la même forme et le même développement, offre au contraire, chez les mâles, une très grande variation (fig. 247). BATESON et BRINDLEY (1892), qui ont examiné 1 000 Forficules capturées le même jour dans une île du Northumberland, ont trouvé 583 mâles adultes dont la pince présentait une longueur variant entre 2,5 millimètres et 9 millimètres. A et B, dans la fig. 247, représentent les deux formes extrêmes de la pince chez le mâle. Les individus, dont la pince avait une longueur moyenne de 4,75 millimètres à 5,25 millimètres, étaient rares, douze seulement ; tandis que la majorité étaient pourvus soit d'une pince longue d'environ 7 millimètres, soit d'une pince courte mesurant de 2,75 millimètres à 3,25 millimètres. Il existe donc chez la Forficule un dimorphisme unisexuel pour le mâle.

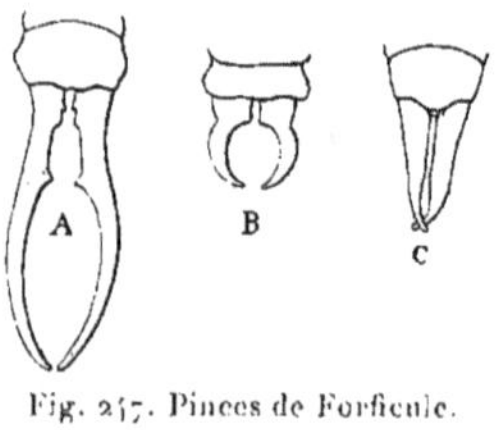

Fig. 247. Pinces de Forficule. A, d'un grand mâle ; — B, d'un petit mâle ; — C, d'une femelle. (D'après SHARP.)

FRITZ-MÜLLER (1886) a signalé, dans certaines espèces de Chalcidides, parasites des Figues comme le *Blastophaga grossorum*, deux sortes de mâles : les uns ailés comme les femelles, et les autres aptères présentant des caractères tellement différents qu'on pourrait les rapporter à un autre genre. Le mâle aptère d'une espèce de Madagascar, *Kradibia Corvani*, n'a que quatre pattes, celles du milieu n'étant représentées que par deux petits rudiments formés de deux articles.

Dans les *Neurothemis* (Névroptères), certaines espèces ont des femelles dont les nervures des ailes sont en réseau serré comme chez les mâles ; chez les autres femelles, la réticulation est plus lâche. Chez les Agrions, les femelles d'une même espèce peuvent présenter des ailes de deux colorations différentes. Wallace, qui a fait une étude spéciale des Papillons de la Malaisie, a trouvé pour le *Papilio memnon* deux formes de femelles : les unes à ailes postérieures présentant un prolongement en forme de spatule ; les autres, à ailes sans spatules, se rapprochant de celles des mâles. Le même auteur a signalé trois formes différentes de femelles pour le *Papilio pamnon* et deux formes pour le *P. turnus*.

Dimorphisme saisonnier. — Ce genre de dimorphisme résultant des différences de l'action des conditions de milieu (température, régime, etc.) sur le développement des larves et des nymphes, nous renvoyons son étude au chapitre des métamorphoses postembryonnaires.

Polymorphisme. — On observe chez les Insectes deux sortes de polymorphismes. Le premier se présente chez les Insectes sociaux, où l'on rencontre des individus stériles, vulgairement appelés *neutres* et qui ne sont autre chose que des mâles ou des femelles, dont les organes génitaux ont avorté et qui possèdent alors des caractères secondaires spéciaux qui les différencient des mâles et des femelles normaux. La seconde sorte de polymorphisme se montre chez les Insectes dont le cycle biologique renferme des modes de reproduction différents, c'est-à-dire lorsqu'une génération parthénogénésique alterne avec une génération sexuée. Nous étudierons en détail ces deux sortes de polymorphismes à propos des modes de reproduction.

Sélection sexuelle.

Darwin, qui a étudié avec beaucoup de soin les variations des caractères sexuels secondaires chez les animaux, a recherché les causes qui ont pu créer et qui maintiennent ces caractères. Nous rappellerons brièvement l'hypothèse du grand naturaliste anglais en employant, autant que possible, ses propres expressions.

Deux facteurs principaux interviennent dans la différenciation des sexes au point de vue des caractères secondaires : celui que Darwin a appelé la *sélection sexuelle*, et l'hérédité limitée à un seul sexe ; ces facteurs se combinent en plus ou moins forte proportion avec la sélection naturelle qui produit la variabilité des espèces. La sélection sexuelle est celle qui dépend de l'avantage qu'ont certains individus sur d'autres du même sexe et de la même espèce, au seul point de vue de la reproduction. Ce mode de sélection est donc à la reproduction ce que la sélection naturelle est à la conservation de l'individu. La sélection sexuelle ne dépend pas d'une lutte pour l'existence, mais d'une lutte entre les mâles se disputant la possession des femelles, et qui, sans être mortelle pour les concurrents malheureux, a du moins pour résultat qu'ils ne laissent que peu ou point de descendants. Cette lutte entre les mâles est tantôt un véritable combat où triomphent les plus forts, d'autres fois une sorte de concours où la victoire est remportée par celui qui a le mieux réussi à charmer la femelle, soit par son chant, l'étalage de ses couleurs brillantes, etc.

Le mâle ayant plus d'ardeur pour la reproduction que la femelle, chez lui les organes de locomotion, les organes des sens, etc., nécessaires pour la recherche de l'autre sexe, prennent un plus grand développement; c'est ce qui fait que le mâle s'éloigne de plus en plus, par les caractères, de l'individu femelle. Les caractères secondaires ainsi acquis sont transmis par la loi d'hérédité, dite hérédité limitée par le sexe, à un seul des sexes, c'est-à-dire à celui dans lequel ils ont d'abord apparu.

De sérieuses objections ont été faites à la théorie de Darwin et plusieurs biologistes ont essayé de donner une autre interprétation de la production des caractères sexuels secondaires.

Pour Wallace, les femelles ont en général des couleurs moins brillantes que celles des mâles et sont dépourvues d'ornements, non pas parce qu'elles sont restées plus près du type primitif, mais au contraire parce que la sélection naturelle a éliminé celles qui gardaient la livrée du mâle, celle-ci étant dangereuse et fatale pour la femelle, au moment de la reproduction, en attirant l'attention de ses ennemis naturels pendant la ponte ou l'incubation (Oiseaux). Quant à l'ornementation masculine, elle serait due aux lois générales de la croissance et du développement, et serait le produit naturel de la santé et de la vigueur surabondantes, sans qu'il soit besoin d'aucun autre mode de sélection pour expliquer la présence de ces ornements.

Mivart, Rolph, Mantegazza, Geddes et Thomson ont cherché à expliquer la différenciation secondaire des sexes par la constitution physiologique différente du mâle et de la femelle. Nous ne pouvons exposer ici tous les arguments invoqués par ces auteurs contre la théorie de la sélection sexuelle et en faveur de leur hypothèse, nous nous bornerons à reproduire le résumé de la manière de voir de Geddes et Thomson, à laquelle, faute de mieux, nous nous rallierons volontiers.

« Il faut chercher, disent ces auteurs, une base plus large pour comprendre les différences entre les sexes. Un examen général montre que les mâles ont des habitudes plus actives, tandis que les femelles en ont de plus passives; que les mâles tendent à être plus petits et à avoir une température plus élevée, tandis que la tendance des femelles est d'être plus grosses et de vivre plus longtemps.

« L'association étroite des caractères sexuels secondaires avec la fonction reproductrice se voit dans la période ou la périodicité de leur développement, dans les effets de la castration, dans les particularités des femelles âgées, etc. Une plus grande richesse en pigment et d'autres traits caractéristiques masculins doivent être interprétés comme des expressions de la prédominance catabolique dans la constitution des mâles, en opposition avec la prédominance de l'anabolisme chez les femelles (1).

(1) Les biologistes anglais, entre autres Geddes et Thomson, désignent sous le nom de *métabolisme* les transformations moléculaires internes du protoplasma. Ils appellent

« La sélection sexuelle, comme explication des caractères sexuels secondaires, est bornée par le fait qu'elle est téléologique plutôt qu'étiologique ; elle ne donne pas la raison des origines ni des étapes primitives ; elle suppose une sensibilité esthétique trop subtile et donne lieu à de nombreuses difficultés d'ordre secondaire. Cependant, les points de vue contraires de DARWIN et de WALLACE mettent en lumière des faits indéniables ; tandis que les critiques de MIVART, la théorie de BROOKS, et les suggestions de ROLPH, MANTEGAZZA et autres, nous conduisent vers une analyse plus profonde. La conclusion générale qui en découle reconnaît la sélection sexuelle (tout comme DARWIN) comme élément accélérateur secondaire, et la sélection naturelle (tout comme le fait WALLACE) comme un « frein » retardateur pour la différenciation des caractères sexuels. Ceux-ci trouvent essentiellement leur origine constitutionnelle ou organique dans les diathèses catabolique ou anabolique, qui dominent chez les mâles et les femelles respectivement » (1).

---

anabolisme la série ascendante, synthétique, constitutrice des changements intraprotoplasmiques, aboutissant à la formation de matière vivante, et *catabolisme* la série descendante, destructive, amenant sa désorganisation. L'ensemble des processus d'anabolisme et de catabolisme constituent le métabolisme.

(1) Voir aussi à ce sujet les publications récentes de NORMAN DOUGLAS et de HICKSON, analysées dans l'*Année biologique*, I, p. 551 et 552, 1895.

CHAPITRE VI

MODES DE REPRODUCTION

Diverses formes de parthénogenèse.

Si la reproduction sexuelle est de règle chez les Insectes comme dans la grande majorité des êtres vivants, on sait cependant que plusieurs d'entre eux peuvent se reproduire sans accouplement préalable. Ce mode de reproduction, appelé autrefois *lucina sine coitu, génération solitaire, reproduction virginale*, est désigné sous le nom de *parthénogenèse*. Ce terme, créé par OWEN (1849) pour désigner la reproduction non sexuelle dans la génération alternante, fut appliqué par SIEBOLD (1856) à la reproduction ovipare sans fécondation.

La reproduction parthénogénésique, ainsi que nous l'avons dit (Introduction, p. 7), fut entrevue par ARISTOTE pour les Abeilles. Le philosophe de Stagyre s'était seulement mépris sur le véritable cycle reproducteur de ces Insectes. Il pensait que la femelle engendrée spontanément produisait sans accouplement des Abeilles, lesquelles donnaient naissance à des faux-Bourdons.

GŒDART (1667), ayant élevé une chenille d'*Orgyia gonostigma*, obtint une femelle qui, sans accouplement préalable, donna des œufs féconds. BLANCARD et HANNEMANN (1696) conservèrent pendant quatre ans une Araignée qui donna des œufs desquels sortirent de jeunes Araignées qui se reproduisirent sans le concours du mâle. Ils conclurent de ce fait à l'hermaphrodisme des Araignées. ALBRECHT (1706) publia un mémoire dans lequel il dit avoir vu des œufs de Papillon non fécondés se développer. CH. BONNET (1745) reconnut que les Pucerons, dont LEEUWENHOECK avait constaté la viviparité, se reproduisent sans mâle. Il isola un Puceron du Plantain et obtint dix générations successives sans observer un seul accouplement. Ce naturaliste-philosophe vit en outre, pour deux Pucerons vivant sur le Chêne, la reproduction vivipare se transformer en reproduction ovipare après l'accouplement en automne. Les observations de BONNET furent confirmées par DE GEER qui obtint onze générations parthénogénésiques successives de Pucerons; par KYBER, qui conserva des *Aphis dianthi* pendant quatre ans sans constater de reproduction sexuelle; par DUVAU et beaucoup d'autres auteurs. Malgré ces faits si bien établis, on se refusait au siècle dernier à croire à la parthénogenèse et, lorsque CONSTANT DE CASTELLET écrivit à RÉAUMUR qu'il avait vu des œufs de Ver à soie non fécondés se développer, le savant entomologiste lui répondit : *Ex nihilo nihil fit.* Cependant, RÉAUMUR lui-même entrevit la parthénogenèse de certaines Psychées, mais se refusa à y croire. Pour les Pucerons, il admettait l'hermaphrodisme. SCHÆFER (1756), pasteur de Ratisbonne, établit la parthénogenèse des *Apus* (Crustacés phyllopodes), mais ce sont surtout les observations de DZIERZON, curé de Karlsmarkt, en Silésie (1845), de SIEBOLD et de LEUCKART sur les Abeilles, qui établirent définitivement l'existence de la parthénogenèse chez les Insectes. Ces auteurs constatèrent que les œufs non fécondés donnent toujours naissance à des mâles. D'un autre côté, des observations faites sur les Crustacés inférieurs (Entomostracés) ont montré que la reproduction parthénogénésique est fréquente chez les Arthropodes.

On reconnut bientôt que la parthénogenèse pouvait être, suivant les espèces, exceptionnelle ou normale et souvent alterner d'une manière régulière avec la génération sexuée. On vit aussi que les produits de la reproduction parthénogénésique pouvaient varier suivant les cas, que tantôt ils étaient semblables à la mère, tantôt au contraire très différents et, en apparence, assimilables à des espèces distinctes; enfin que le sexe des individus nés par parthénogenèse était tantôt différent, tantôt exclusivement mâle ou femelle. Nous établirons donc dans la parthénogenèse des Insectes les divisions suivantes :

I. **Parthénogenèse exceptionnelle** (accidentelle ou facultative).

II. **Parthénogenèse normale.** — A. CONSTANTE. Production de femelles; mâles inconnus. *Thélytokie* (Siebold) (1) : rare; n'existe probablement pas.

B. CYCLIQUE (Parthénogenèse hétérogonique).

a. Alternances irrégulières de générations parthénogénésiques et de générations sexuées. Mâles très rares à apparition sporadique.

b. Alternances régulières des deux modes de génération.

c. Production normale des mâles par parthénogenèse. *Arrhénotokie* (Siebold).

III. **Parthénogenèse larvaire.** — Pædogenèse.

(1) Θηλυτοκία, accouchement d'un enfant du sexe féminin, et ἀῤῥενοτοκία, accouchement d'un enfant mâle.

Parthénogenèse exceptionnelle.

Lépidoptères. — Ce mode de parthénogenèse s'observe surtout chez les Lépidoptères. On rencontre, de temps à autre, dans une espèce donnée, des femelles qui pondent des œufs sans accouplement préalable et ces œufs peuvent présenter soit simplement un commencement de développement, soit un développement complet aboutissant à une chenille. Pour le *Bombyx (Sericaria) mori*, Constant de Castellet (1795), Siebold (1856), Barthélemy (1859) avaient déjà signalé le fait.

Les œufs non fécondés et les œufs fécondés ne se comportent pas, en général, de la même manière. Les premières phases du développement normal des œufs, chez le Ver à soie, sont caractérisées par des changements successifs de coloration ; le vitellus, jaune citron au moment de la ponte, devient orange, puis rougeâtre, violet et enfin gris ardoisé. Les œufs fertiles non fécondés restent plus longtemps jaunes que les œufs fécondés et parcourent plus lentement la gamme de couleurs que présentent successivement ces derniers. C'est là un signe d'une lenteur plus grande de l'évolution embryonnaire, due probablement à une sorte de faiblesse constitutionnelle de l'œuf. La plupart du temps, dans les œufs non fécondés, l'embryon s'arrête dans son développement; quelquefois, il se forme une petite chenille, mais celle-ci n'a pas la force d'éclore, en rongeant la coque de l'œuf, et elle meurt dans cette coque. Barthélemy a montré que les œufs non fécondés des races univoltines (1) donnent un embryon précoce, mais que cet embryon ne supporte pas l'hiver et meurt ; tandis que, dans les races bivoltines ou polyvoltines, les œufs non fécondés produisent des chenilles qui peuvent continuer à se développer; cependant Siebold, dans un cas, a observé avec Schmid la sortie de petites chenilles d'œufs non fécondés et ayant hiverné.

La parthénogenèse exceptionnelle paraît plus fréquente dans les races polyvoltines que dans les races univoltines. Jourdan (1861), ayant mis en incubation 58 000 œufs non fécondés de races univoltines, obtint seulement 29 éclosions ; avec 9 000 œufs de polyvoltines non fécondés il eut, dix-sept jours après la ponte, 530 éclosions. Maillot et Verson mettent en doute ces observations et ont vu le développement des œufs non fécondés s'arrêter au changement de coloration, c'est-à-dire à la forma-

(1) On sait qu'on désigne sous ce nom les races de Vers à soie qui ne se reproduisent qu'une fois par an, et sous le nom de *bivoltines* ou de *polyvoltines* celles qui se reproduisent deux ou plusieurs fois.

tion de la séreuse. VERSON dit avoir expérimenté sur des millions d'œufs non fécondés et n'avoir jamais observé d'éclosions, aussi bien pour les races univoltines que pour les polyvoltines. TICHOMIROFF (1886) réussit à obtenir des éclosions d'œufs non fécondés en exerçant sur eux une action mécanique, telle que le frottement, ou en les plaçant pendant deux minutes dans l'acide sulfurique. Nous verrons plus loin que les agents physiques et chimiques peuvent accélérer le développement des œufs normaux.

NUSSBAUM (1898), en prenant toutes les précautions voulues pour éviter les causes d'erreur, a fait de nouvelles observations sur le développement parthénogénésique des œufs du *Bombyx mori*. Sur 1102 œufs non fécondés, il a observé 22 cas de commencement de formation d'un embryon, soit environ 2 p. 100 ; mais il n'a obtenu aucune éclosion. Sur 1260 œufs provenant de femelles accouplées, il a obtenu 1190 embryons, soit 94,5 p. 100, et, suivant les pontes, de 70 à 90 p. 100 d'éclosions.

D'autres espèces de Bombycides peuvent présenter aussi la parthénogenèse exceptionnelle ; telles sont : *Gastropacha potatoria*, *Episema cœruleocephala* (BERNOULLI, 1772), *Gastropacha pini* (SUCKOW, 1828), *Sphinx ligustri* (TREVIRANUS), *Smerinthus populi* (NORDMANN, BROWN, DELLA TORRE), *Arctia caja* (LECOQ, 1856), *Bombyx polyphæmus* (CURTIS), *Bombyx quercus* (PLIENINGER), etc.

CARLIER (1838) obtint trois générations parthénogénésiques successives de *Liparis dispar ;* les deux premières se composèrent de mâles et de femelles ; la dernière ne donna que des mâles. WEIJENBERGH (1870) empêcha 60 femelles de *Liparis dispar* de s'accoupler ; elles pondirent ensemble peu d'œufs, à peine la quantité qu'aurait pondue une seule femelle fécondée ; l'année suivante il obtint 50 chenilles, dont 27 seulement donnèrent des Papillons, parmi lesquels 14 femelles. Celles-ci furent séquestrées comme les premières ; le nombre des œufs pondus fut plus considérable et, dans la production des Papillons, il y eut autant de mâles que de femelles. A la troisième génération, les œufs, encore nombreux, ne se développèrent plus. GOOSSENS (1876) a vu qu'une femelle non fécondée de *Lasiocampa pini*, dont les premiers œufs pondus étaient stériles, donnait, au bout de quelques jours, des œufs qui se développaient.

Autres Insectes. — La parthénogenèse exceptionnelle est beaucoup plus rare dans les autres ordres d'Insectes. Cependant, OSBORNE (1879), sur 800 à 900 œufs d'une femelle isolée du *Gastrophysa raphani* (Coléoptère), a obtenu un œuf qui se développa jusque près de l'éclosion. Dans une autre série d'expériences, il obtint quelques larves monstrueuses. Parmi les Hyménoptères, ce sont les Tenthrèdes qui présentent le plus fréquemment la parthénogenèse accidentelle ; mais comme, chez ces

Insectes, il existe souvent de la parthénogenèse normale, il devient difficile de distinguer l'une de l'autre. Dans un très grand nombre d'espèces, en effet, les mâles sont encore inconnus. D'après les observations d'Osborne, Cameron, Siebold, les œufs parthénogénésiques des Tenthrèdes donnent tantôt uniquement des mâles ou des femelles, tantôt les deux sexes. Osborne (1883), sur 310 cocons de *Zaræa*, obtint 172 femelles et 1 mâle. En 1884, de 170 cocons dont les larves provenaient d'œufs non fécondés, il eut 129 femelles et 6 mâles; de 32 cocons dont les larves étaient à la deuxième génération, il n'eut que 15 femelles. Siebold, chez *Nematus ventricosus* du Saule, a constaté que la parthénogenèse était fréquente et que les produits appartenaient aux deux sexes. Enfin, on a constaté la parthénogenèse accidentelle chez des Ichneumonides (*Paniscus glaucopterus*, Siebold; *Pteromalus pupparum*, Adler), chez des Diptères (*Cecidomyia poæ* et chez une *Musca* (?). Jordan (1888) a obtenu trois générations parthénogénésiques d'un *Thrips* (*Heliothrips dracænæ*). Chez le *Pteromalus pupparum*, les œufs non fécondés, d'après Adler, ne donnent ordinairement que des mâles. Voici quelques chiffres empruntés aux travaux de cet auteur.

Observation I.	124 ♂	0 ♀
Observation II.	62 ♂	0 ♀
Observation III.	75 ♂	5 ♀
Observation IV.	45 ♂	4 ♀

Pour terminer ce qui est relatif à la parthénogenèse accidentelle, signalons que, dans certaines espèces de Phasmides, les mâles sont très rares. Pantel (1898) assure que, pour le *Leptynia* (*Bacillus*) *hispanica* de l'Espagne centrale et septentrionale, on rencontre difficilement un mâle pour mille femelles; aussi est-il très probable que cette espèce se reproduit le plus souvent par parthénogenèse. Dominique (1896) a signalé le même fait pour le *Bacillus gallicus*; von Brunn (1898) a obtenu trois générations successives d'*Eurycnema herculeana* provenant d'œufs non fécondés et n'a pas observé de mâles (sauf un cas douteux). Après la seconde génération, les individus étaient plus petits et moins vigoureux.

Les Phasmides, au point de vue de la reproduction parthénogénésique, établissent une transition entre les Bombycides et les Insectes à parthénogenèse cyclique irrégulière.

Parthénogenèse normale constante.

Il existe un certain nombre d'Insectes chez lesquels les mâles sont encore inconnus. Ces animaux se reproduiraient donc uniquement par parthénogenèse. C'est ce que Siebold a désigné sous le nom de *thélytokie*. Un tel mode de reproduction paraît difficile à admettre, pour cette raison que, au fur et à mesure que les espèces en question sont mieux étudiées, on y rencontre des mâles plus ou moins fréquents, ce qui diminue d'autant le nombre des espèces thélytoques, qui finiront sans doute par disparaître complètement.

Stein (1883) a signalé comme espèces à mâles inconnus, parmi les Tenthrèdes : *Dineura verna*, *Nematus gallicola*, *Blennocampa albipes*, *Bl. ephippium*, *Bl. fuscipennis*, *Hoplocampa brevis*, *Eriocampa ovata*, *Er. luteola*, *Pœcilostoma pulveratum*. Adler a trouvé 4 espèces de Cynips du Chêne où la reproduction parthénogénésique est la règle : *Aphilothrix seminotationis*, *A. marginalis*, *A. quadrilineatus*, *A albopunctatus*.

Un Insecte très intéressant au point de vue de sa reproduction est l'Eumolpe, connu vulgairement sous le nom d'Écrivain ou de Gribouri (*Adoxus* [*Bromius*] *vitis*). Le mâle de cette espèce, très répandue et qui cause dans les vignobles des dégâts considérables, est encore inconnu. Lichtenstein et Valéry Mayet (1878) prétendirent avoir vu l'accouplement, mais ces auteurs n'avaient pas vérifié le sexe des individus rapprochés, et tout porte à croire qu'il s'agissait là de femelles montant par hasard les unes sur les autres. Jobert (1882), qui, de 1874 à 1881, a fait l'examen anatomique de 3728 Eumolpes, déclare n'avoir jamais rencontré un seul mâle. Jolicœur et Topsent (1892) sont arrivés au même résultat après examen de plus d'un millier d'individus. Cependant, la femelle présente un réceptacle séminal bien développé, mais vide. Topsent y a trouvé une seule fois, en avril, des granulations qui, à vrai dire, ne ressemblaient en rien à des spermatozoïdes. Ces auteurs pensent toutefois que les mâles existent, qu'ils doivent apparaître soit au premier printemps, soit à la fin de l'automne. Balbiani, le 14 juin 1883, sur six exemplaires d'Eumolpes, trouva trois mâles, reconnaissables à leurs tubes testiculaires remplis de cellules mais ne contenant pas encore de filaments spermatiques. Toujours est-il que, pour l'instant, aucun naturaliste n'a rencontré de mâles arrivés à maturité sexuelle.

Parmi les espèces considérées comme thélytoques et qui ont été rayées de cette catégorie à la suite d'observations récentes, nous citerons le *Chermes abietis*, dont Blochmann a trouvé les mâles et dont nous ferons connaître bientôt le remarquable cycle biologique, et le *Lecanium hesperidum*. Dans cette espèce, LEYDIG et LEUCKART n'avaient jamais pu rencontrer de mâles. MONIEZ (1887) a trouvé, dans les gaines ovariques de la femelle, de petits mâles rudimentaires, aveugles et aptères, à tégument très mince, renfermant des spermatozoïdes et pourvus d'un pénis muni à la base de longues soies. Il n'a jamais observé ces mâles à l'état libre. D'après lui, la plupart des cas de parthénogenèse pourraient s'expliquer par la présence de semblables petits mâles vivant en parasites internes dans les voies génitales de la femelle. Nous n'avons pu vérifier complètement l'observation de MONIEZ, c'est-à-dire observer des mâles rudimentaires, mais nous avons eu l'occasion de rencontrer, en mars 1887, une femelle de *Lecanium hesperidum*, dont le réceptacle séminal était rempli de spermatozoïdes bien développés et vivants.

Parthénogenèse cyclique irrégulière.

Cette parthénogenèse, dans laquelle devront probablement rentrer la plupart des cas de thélytokie que nous venons de citer, est caractérisée par l'apparition irrégulière de mâles succédant à une série de générations parthénogénésiques. On l'observe surtout chez les Psychides, parmi les Lépidoptères. La *Psyche helix* a été étudiée à ce point de vue par SIEBOLD (1856-1871). La femelle aptère vit dans un fourreau fait de matière terreuse agglutinée par de la soie, et enroulé en spirale, comme la coquille d'un Escargot. Ce fourreau présente deux ouvertures, l'une à la base par laquelle fait saillie la partie antérieure du corps de l'Insecte, l'autre à la partie supérieure de la spire par où sortent les excréments. La femelle pond ses œufs dans son fourreau (1). Les mâles de cette espèce sont très rares. Ils ont été vus pour la première fois par CLAUS (1867), puis par SIEBOLD (1871), qui est resté ensuite sept ans sans en retrouver. La *Psyche nitidella*, d'après FALLOU, est dans le même cas que la *Psyche helix* au point de vue de la rareté des mâles. Chez les *Solenobia lichenella* et *S. triquetrella*, les mâles étaient également inconnus. Cependant, SIEBOLD et LEUCKART avaient constaté chez la femelle, toujours aptère, l'existence d'un réceptacle séminal vide, et LEUCKART avait vu un micropyle aux œufs non fécondés. C'était là évidemment une présomption en faveur de l'existence

(1) L'accouplement a lieu par l'orifice supérieur du fourreau spiralé. La chenille du mâle, lequel est ailé, vit aussi dans un fourreau qui diffère de celui de la femelle par plusieurs caractères, notamment en ce que l'ouverture supérieure est plus rapprochée de l'ouverture inférieure.

de mâles destinés à remplir le réceptacle séminal et de la possibilité d'une fécondation des œufs.

OTTMAR HOFFMANN (1858-1869) et A. HARTMANN, qui ont étudié avec soin ces Insectes, ont vu les mâles apparaître de temps à autre. Ceux de *Solenobia lichenella* avaient déjà été décrits sous le nom de *S. pineti*. Quelquefois même, dans certaines localités, ces auteurs ont constaté que le nombre des mâles l'emportait sur celui des femelles.

Parthénogenèse cyclique régulière.

Ce mode de reproduction est caractérisé par l'alternance régulière d'une génération sexuée avec une génération parthénogénésique. Il s'accompagne généralement d'un dimorphisme sexuel qui peut être hétérogonique, c'est-à-dire que les femelles parthénogénésiques sont différentes des femelles sexuées. Les Insectes les plus intéressants et les mieux étudiés à ce point de vue sont les Cynipides, les Aphides et les Phylloxérides.

REPRODUCTION DES CYNIPIDES

Ces Insectes vivent, pour la plupart, sur les Chênes et y produisent des galles de volumes et de formes très différents, pouvant se développer sur diverses parties du végétal : feuilles, fleurs, bourgeons, rameaux, racines, etc.

Pendant longtemps, on admettait que les diverses sortes de galles devaient leur origine à autant d'Insectes différents. Pour beaucoup de ces espèces, on ne connaissait que les femelles.

LÉON DUFOUR (1841), sur 200 individus de *Diplolepis gallæ tinctoriæ* qu'il avait élevés, ne trouva pas un seul mâle. HARTIG (1843) connaissait 28 espèces de *Cynips*, représentées uniquement par des femelles. Sur 9 à 10 mille exemplaires de *Cynips divisa* et sur 3 à 4 mille de *Cynips folii*, il n'avait pas rencontré un seul individu mâle. OSTEN SACKEN (1861) crut découvrir que les mâles de plusieurs espèces prenaient naissance dans des galles de forme différente de celles d'où sortaient les femelles de ces mêmes espèces. WALSH (1864), ayant obtenu, de galles identiques en apparence, les deux sexes de *Cynips spongifica* et des femelles d'une autre espèce (*Cynips aciculata*), pensa que la même galle peut donner des mâles et deux sortes de femelles appartenant à la même espèce. Il crut donc qu'il s'agissait là d'un dimorphisme unisexuel. BASSETT (1873) vit sur un même Chêne des galles de feuilles donnant, au mois de juin, des mâles et des femelles; puis, à la fin de l'été, il observa, à l'extrémité des rameaux, des galles d'aspect différent, d'où sortirent, l'année suivante, des femelles ressemblant à celles qu'il avait vues au mois de juin, mais qui étaient plus grosses. Il pensa que toutes les espèces de Cynipides qui n'étaient connues que sous la forme femelle présentaient, à un certain moment, les deux sexes à la fois.

Tel était l'état de la question lorsque ADLER (1877) entreprit expérimentalement l'étude de la reproduction des Cynipides du Chêne. Ayant élevé des œufs de *Neuroterus*, il obtint une forme très différente, constituant le genre spécial *Spathegaster*. Il institua alors une longue série de recherches dont il consigna les résultats dans un important mémoire publié en 1881. Ses expériences ont porté sur 19 espèces de Cynipides ayant deux générations par an et produisant 38 formes différentes de galles attribuées, avant lui, à 38 espèces de Cynipides distinctes. Parmi toutes ces espèces, nous n'en étudierons que trois des plus remarquables.

ADLER, pour mettre ses plantes en expérience à l'abri des piqûres d'Insectes étrangers, chose inévitable dans la nature, institua une série de cultures pures. De petits exemplaires de Chêne, élevés en pots et reconnus indemnes de toute piqûre préalable, furent placés sous des cloches de gaze et de verre. Cette disposition permettait de faire piquer les plantes par un Cynips déterminé, de suivre les progrès du développement de la piqûre et de récolter les Insectes sortis des galles, qui pouvaient servir à une infection ultérieure. Il fut ainsi possible de suivre pendant plusieurs générations le développement de ces animaux.

Cycle reproducteur du « Neuroterus fumipennis ». — On trouve en automne, sur les feuilles de Chêne, des galles de forme lenticulaire, légèrement excavées et de teinte blanchâtre (pl. III, fig. 7). Les feuilles tombent à terre et passent l'hiver sur le sol. En mai, il sort de ces galles un *Cynips* de 2 millimètres de long, noir, à base de l'abdomen rouge, aux ailes enfumées et aux pattes rouges. C'est une femelle parthénogénésique appartenant au genre *Neuroterus*. Ces femelles piquent les bourgeons, qui commencent à s'épanouir, pour y déposer leurs œufs, et, sous leur piqûre, des galles se développent à la face inférieure des feuilles, galles très différentes de celles qui se montrent à l'automne. Elles sont plus grosses que les premières, arrondies, blanches, molles, gorgées de suc, tandis que les autres sont coriaces et recouvertes de poils (pl. III, fig. 8). Il en sort, au mois de juillet, des individus mâles et femelles noirs, à abdomen brun rougeâtre à la base et à ailes nuagées. Ces individus étaient rapportés à un genre différent et désignés sous le nom de *Spathegaster tricolor*. Après l'accouplement, les femelles piquent les

PLANCHE III

GALLES DE CYNIPS, D'APRÈS ADLER

Fig. 1 à 6. — *Cycle reproducteur du Biorhiza renum.*

Fig. 1. — Galles automnales de *Biorhiza renum* à la face inférieure d'une feuille de Chêne.

Fig. 2. — Galles printanières du *Trigonaspis crustalis* sur les bourgeons de Chêne.

Fig. 3. — Galles printanières de *Trigonaspis crustalis* sur les bourgeons adventifs d'un vieux tronc de Chêne.

Fig. 4. — Femelle parthénogénésique de *Biorhiza renum* sortie d'une galle automnale.

Fig. 5. — *Trigonaspis crustalis* mâle, sorti d'une galle printanière.

Fig. 6. — *Trigonaspis crustalis* femelle, sortie d'une galle printanière.

Fig. 7 et 8. — *Cycle reproducteur du Neuroterus fumipennis.*

Fig. 7. — Galles automnales de *Neuroterus fumipennis* (forme parthénogénésique) sur une feuille de Chêne.

Fig. 8. — Galles printanières de *Spathegaster tricolor* (forme sexuée) sur une feuille de Chêne.

Fig. 9 à 11. — *Cycle reproducteur du Dryophanta scutellaris.*

Fig. 9. — Galles automnales de *Dryophanta scutellaris* (forme parthénogénésique) à la face inférieure d'une feuille de Chêne.

Fig. 10. — Galles printanières de *Spathegaster Taschenbergi* (forme sexuée) sur des bourgeons de Chêne.

Fig. 11. — Une des galles de la figure 10 plus grossie.

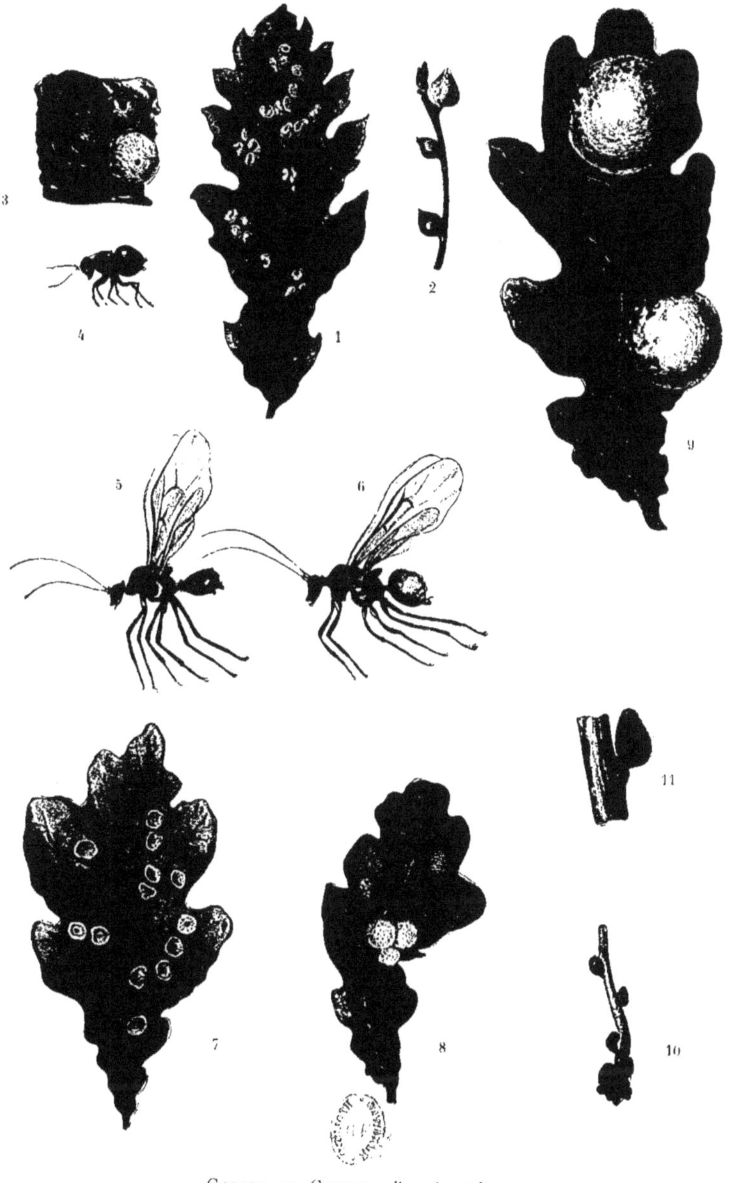

GALLES DE CYNIPS, *d'après Adler.*

C. NAUD, éditeur.

Photograv. et imp. PRIEUR ET DUBOIS ET Cie, Puteaux.

feuilles et, au mois d'août, apparaissent les galles lenticulaires d'où sortiront, l'année suivante, les femelles parthénogénésiques.

Cycle reproducteur du « Dryophanta scutellaris ». — La face inférieure des feuilles de Chêne porte fréquemment de très grosses galles de la grosseur d'une cerise, qui apparaissent en juillet et présentent une coloration jaune ou rougeâtre (pl. III, fig. 9), pour devenir brunes lorsqu'elles sont mûres, au mois d'octobre. En janvier ou février, ou plus généralement au moment du dégel, il sort de ces galles un Cynips noir, de 4 millimètres, à jambes noires avec le bas des cuisses d'un brun rouge, très velu et possédant des antennes à treize articles : c'est une femelle parthénogénésique connue sous le nom de *Dryophanta scutellaris*. Cette femelle pique les bourgeons adventifs ou les bourgeons normaux, lesquels avortent et se transforment en une galle violacée qui apparaît en avril (pl. III, fig. 10 et 11). Au mois de mai sortent de ces galles des mâles et des femelles de 2 millimètres et demi de longueur, noirs, à jambes jaunâtres et qui constituent le *Spathegaster Taschenbergi*. A la suite de la piqûre de la femelle sexuée se développent sur les jeunes feuilles, au mois de juillet, les galles en forme de cerises.

Cycle reproducteur du « Biorhiza renum ». — Les galles automnales de cette espèce sont disposées par groupes à la face inférieure des feuilles, le long des nervures. Elles forment de petites saillies réniformes et de couleur verdâtre (pl. III, fig. 1). A la différence des espèces précédentes, ces galles passent non seulement l'hiver, mais encore toute l'année suivante, et c'est seulement en décembre et en janvier, c'est-à-dire quinze à seize mois après la maturité des galles, qu'en sort un Insecte parthénogénésique. Dans certains cas même, ce n'est qu'à la troisième année que l'on voit sortir des Cynips de ces galles. La femelle parthénogénésique (*Biorhiza renum*) ne mesure que 1 millimètre et demi de longueur. Elle est aptère et a des antennes formées de treize articles (pl. III, fig. 4). Elle pique les bourgeons, surtout les bourgeons adventifs des vieux troncs, et produit de petites galles rougeâtres qui arrivent à maturité au mois de mai (pl. III, fig. 2 et 3). Les Insectes qui en sortent sont ailés et mesurent 4 millimètres de long; le mâle possède quinze articles aux antennes, la femelle quatorze seulement (pl. III, fig. 5 et 6). C'est la forme sexuée appelée *Trigonaspis crustalis*.

Ces trois exemples suffisent à donner une idée de la complication du cycle reproducteur des Cynipides. Ils nous montrent d'abord qu'une même espèce d'Insecte peut donner, suivant les saisons, le lieu de la piqûre et la nature parthénogénésique ou sexuée de l'animal, des galles absolument différentes. Ils nous montrent en outre que la forme parthénogénésique est printanière et la forme sexuée estivale. De plus, on le voit, ces deux formes alternent régulièrement, ce qu'on peut résumer par le diagramme suivant : la lettre P désigne la forme parthénogénésique et les signes ♂ et ♀ représentent les sexués.

1890	1891	1892	1893
P. . . . . ♀♂.	P. . . . ♀♂.	P. . . . ♀♂.	P. . . . ♀♂.
Neuroterus. . . *Spathegaster*.			
P. . . . . ♀♂.	. . . .	P. . . . ♀♂.	. . . .
Biorhiza. . . . *Trigonaspis*.			

ADLER a montré en outre que le plus souvent il existe une grande différence entre la femelle parthénogénésique et les sexués sous le rapport de la couleur, du développement des ailes, des antennes, etc. Les organes génitaux internes des deux formes de femelles ont la même constitution et possèdent un réceptacle séminal, bien que dans la forme parthénogénésique cet organe n'ait aucune fonction ; mais les femelles parthénogénésiques pondent un plus grand nombre d'œufs que les sexués, et il existe une différence dans l'armure génitale, l'appareil perforant étant en rapport avec les parties du végétal que l'Insecte doit piquer.

Il résulte des recherches d'ADLER (1) que les 38 formes de galles étudiées par lui, et que l'on considérait comme produites par 38 espèces de *Cynips* distinctes, doivent être rapportées à quatre genres seulement, auxquels correspondent quatre anciens genres dont l'autonomie doit disparaître, les espèces de ces genres n'étant que les formes sexuées des quatre autres genres. C'est ce que résume le tableau suivant :

Forme parthénogénésique.	Forme sexuée.
Neuroterus. . *Dryophanta* .	*Spathegaster*.
Aphilothrix.	*Andriscus*.
Biorhiza.	*Teras*. *Trigonaspis*.

Cycle reproducteur du « Cynips calicis ». — BEIJERINCK (1896) a fait connaître récemment, pour cette espèce de *Cynips*, un cycle reproducteur encore plus complexe que ceux découverts par ADLER (2). Non seulement

(1) LICHTENSTEIN a vérifié l'observation d'ADLER pour *Neuroterus lenticularis* et *Spathegaster baccarum*.

(2) Bien que le cycle reproducteur de cette espèce ne rentre pas dans la parthénogenèse cyclique, nous le donnons ici pour ne pas le séparer de celui des autres Cynipides.

les deux générations annuelles sont différentes et déterminent des galles spéciales sur des parties distinctes du Chêne, mais encore chacune des deux générations qui sont sexuées s'adresse à une espèce de Chêne distincte. La première génération, qui apparaît en février, pond des œufs au commencement de mars dans les boutons floraux mâles, encore fermés, du *Quercus cerris*. Les œufs sont déposés entre les étamines, à la surface des anthères, et déterminent sur celles-ci la formation de petites galles de 1,5 à 2 millimètres, au nombre de 2 à 12 par inflorescence, et qui sont mûres vers le milieu de mai. De ces galles sortent des mâles et des femelles d'un Cynipide qui était connu sous le nom d'*Andriscus cerri*. Les mâles apparaissent les premiers et sont plus nombreux que les femelles; il y a donc protérandrie dans cette espèce. Après l'accouplement, les femelles se portent sur le *Quercus pedunculata* et pondent leurs œufs dans les jeunes fruits, entre le gland et la cupule. Sur le fond de la cupule et sur le gland, se développent une ou plusieurs galles qui sont mûres en septembre. Au mois d'octobre, ces galles tombent sur le sol, où elles passent l'hiver; elles sont protégées durant leur hibernation par un enduit cireux abondant. Au printemps suivant, sortent, des galles, des mâles et des femelles qui diffèrent de ceux de la génération estivale par l'absence de poils et qu'on rapportait à l'espèce *Cynips calicis*. Les femelles de cette forme sont beaucoup plus fécondes que celles d'*Andriscus*; elles renferment 700 à 800 œufs, tandis que celles-ci n'en contiennent que 30 environ. Toutes les galles ne donnent pas au printemps les Insectes qu'elles renferment. Le tiers ou la moitié de ceux-ci restent dans les galles pendant une année et n'en sortent qu'après le second hiver.

Le *Cynips calicis* et l'*Andriscus cerri* ne sont donc que deux formes sexuées d'une même espèce vivant à l'état de larve sur deux espèces de Chênes différentes, et alternant régulièrement. Le cycle reproducteur de cette espèce peut donc se représenter ainsi :

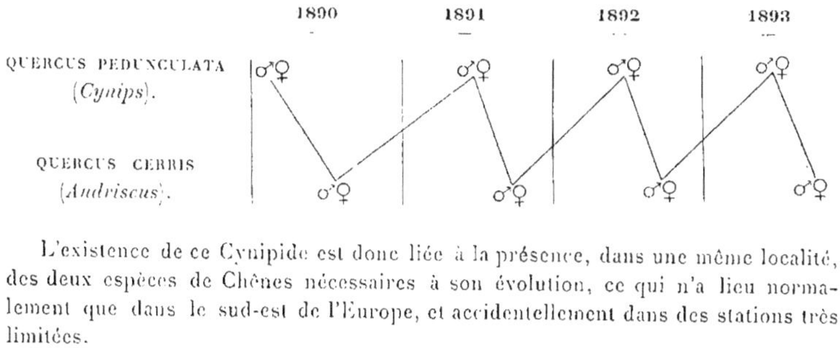

L'existence de ce Cynipide est donc liée à la présence, dans une même localité, des deux espèces de Chênes nécessaires à son évolution, ce qui n'a lieu normalement que dans le sud-est de l'Europe, et accidentellement dans des stations très limitées.

Le point de départ de la formation de cette espèce semble devoir être cherché, d'après Beijerinck, dans les variations brusques de l'instinct et dans un concours fortuit de circonstances (direction du vent, etc.). Cet auteur a vu, en effet, d'autres Insectes gallicoles qui s'attaquent, dans certaines circonstances indéterminées, à des espèces végétales qu'ils n'ont pas l'habitude de fréquenter. Il a pu ainsi forcer un Cynipide, le *Rhodites rosæ*, qui, en liberté, ne pond que sur *Rosa canina* et *R. rubiginosa*, à pondre sur *Rosa rugosa* et *R. acicularis* et à y déterminer des bédéguars bien caractérisés. Inversement, il n'a jamais pu faire développer ces galles en captivité sur *Rosa pimpinellifolia*, et il a pourtant visité une localité où des centaines de bédéguars produits par le même *Rhodites* se trouvaient sur cette Rose. Beijerinck pense aussi que la sélection sexuelle joue un rôle important dans l'origine du cycle reproducteur du *Cynips calicis* : l'addition d'une seconde génération multiplie le nombre des individus; le mode de vie essentiellement différent des deux générations augmente les chances de survie de l'espèce; enfin l'avantage résultant de la dissociation des deux générations sur deux espèces d'arbres doit être cherché, sans doute, dans ce fait que les glands du *Quercus pedunculata* se trouvent, à l'époque du vol de l'Insecte, dans un état de développement beaucoup plus favorable pour être piqué par le Cynips que les glands du *Q. cerris*, ou bien encore dans ce fait que le Cynips se trouve mieux dissimulé, quand il pond sur un bourgeon de *Q. cerris* que s'il pondait sur un bourgeon de *Q. pedunculata*.

REPRODUCTION DES APHIDIENS

Le mode de reproduction des Pucerons proprement dits, Aphides ou Aphidiens (1), a été étudié par un grand nombre de savants, parmi lesquels il faut citer : Réaumur, Bonnet, de Geer, Kyber, Kaltenbach, Koch, Bouché, von Heyden, Newport, Balbiani, Lichtenstein, Horwath, Kessler, Weed, Cholodkovsky, Mordwilko, etc. Bonnet montra le premier, en 1745, que les Pucerons se multiplient, pendant la belle saison, par des petits vivants qui naissent sans accouplement préalable de la mère avec un mâle de son espèce, lequel n'existe même pas à cette époque de l'année.

Au printemps, on ne trouve, sur les végétaux envahis par les Pucerons, que des individus aptères; ce sont des femelles agames ou parthénogénésiques qui, après quelques mues, ordinairement quatre, donnent naissance à des petits vivants qui sortent, des voies génitales de la mère, l'extrémité postérieure du corps la première; les pattes de la jeune larve sont appliquées contre le corps et, avant que la tête ait émergé du vagin de la femelle, elles s'étendent pour prendre un point d'appui sur la

(1) Les Aphidiens renferment cinq tribus ou genres principaux : *Aphis*, *Lachnus*, *Schizoneura*, *Tetraneura*, *Pemphigus*, qui diffèrent entre eux par le nombre et la longueur des articles des antennes, la nervation des ailes, la présence ou l'absence des tubes dorsaux ou cornicules.

surface qui supporte la mère; la jeune larve se dégage alors complètement du corps de celle-ci. Tous les jeunes Pucerons, nés ainsi par viviparité, sont également des femelles aptères et parthénogénésiques qui se comportent comme leurs mères, et, de cette façon, se succèdent une dizaine de générations agames pendant toute la belle saison.

Lorsque la colonie de Pucerons est devenue nombreuse, on voit apparaître de temps en temps, parmi les Insectes aptères, des individus présentant des rudiments d'ailes contenus dans des replis de la peau, de chaque côté du thorax. Les nymphes, après une dernière mue, deviennent des Pucerons ailés, migrateurs, qui quittent la plante nourricière et vont fonder de nouvelles colonies sur d'autres plantes de même espèce. Les ailés migrateurs ou *émigrants* sont encore des femelles parthénogénésiques et vivipares, qui sont l'origine d'une série de générations agames, identiques à celles produites par les aptères. L'apparition des Pucerons ailés paraît être due, le plus souvent, à une diminution des matières nutritives destinées à l'alimentation de la colonie. Ainsi, lorsque la branche de la plante nourricière qui porte la colonie commence à se dessécher, les aptères cessent de se reproduire et se transforment presque tous en ailés. C'est très probablement à ce défaut brusque de nourriture qu'il faut attribuer ces essaims prodigieux de Pucerons ailés signalés par plusieurs entomologistes, entre autres par Morren, en 1834, par Gaudry, en 1847, etc., qui formaient de véritables nuages pouvant obscurcir la lumière du soleil et recouvrir la terre d'une couche épaisse, de même que la neige.

Vers la fin de l'été ou au commencement de l'automne, une dernière génération de Pucerons débute en donnant des individus aptères et parthénogénésiques de même nature que les parents, mais auxquels succèdent bientôt d'autres individus assez différents des premiers, dont les uns sont des femelles et les autres des mâles, généralement ailés, destinés à s'accoupler entre eux (1). La femelle fécondée n'est plus vivipare, elle pond des œufs qui passent l'hiver pour éclore au printemps suivant, d'où le nom d'*œufs d'hiver* qu'on leur a donné. Ces œufs sont pondus sur les tiges ou sur les bourgeons, quand la plante nourricière est vivace; si, au contraire, celle-ci est annuelle, les femelles vont déposer leurs œufs sur d'autres plantes ou dans des endroits abrités quelconques. Au printemps suivant, les œufs d'hiver éclosent et il en sort des individus aptères, parthénogénésiques, vivipares, ou *mères fondatrices*, qui sont le point de départ de la série des générations agames.

(1) Quelquefois, dans une même espèce, on peut observer à la fois des mâles ailés et des mâles aptères, comme, par exemple, chez *Chaitophorus populi*, *C. aceris*, *Aphis mali*.

Le cycle reproducteur des Pucerons se compose donc d'une suite de générations parthénogénésiques, vivipares, à laquelle succède une génération sexuée ovipare qui termine le cycle. En représentant par P les individus aptères parthénogénésiques, vivipares, par =P= les individus ailés, par ♂ et ♀ les sexués et par O l'œuf d'hiver, on peut représenter le cycle reproducteur des Aphidiens par le schéma suivant :

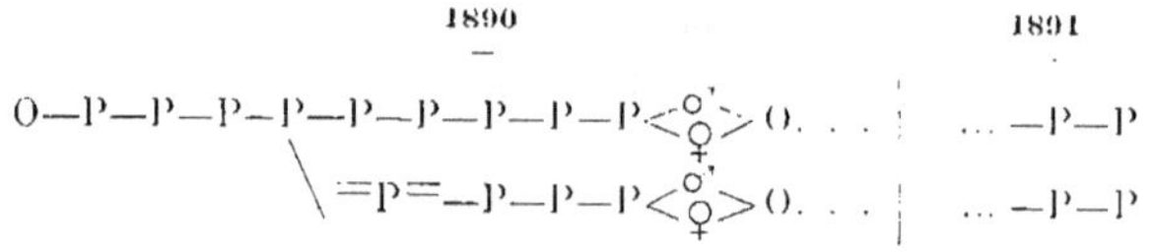

Ce schéma, qui indique le mode de reproduction de la plupart des Pucerons, observés dans les conditions normales de leur existence, peut être modifié quand ces Insectes se trouvent placés dans des conditions spéciales et présenter quelques particularités pour certaines espèces.

Kyber (1815) montra que la reproduction agame et vivipare des Pucerons peut être prolongée pendant un temps pour ainsi dire illimité, sans être interrompue par une génération sexuée, lorsqu'on place les Insectes dans des conditions de température et d'alimentation favorables. La plus connue des expériences qu'il entreprit pour démontrer ce fait est celle où il réussit à obtenir, pendant quatre années consécutives, cinquante générations successives et ininterrompues d'individus agames et vivipares du Puceron du Rosier, en ayant soin simplement de conserver les Rosiers dans une chambre chauffée pendant l'hiver, tandis qu'au dehors, dans des colonies du même Puceron, apparaissaient, chaque année, des individus sexués qui s'accouplaient et pondaient des œufs. Le même observateur remarqua que, chez certaines espèces de Pucerons vivant sur des plantes herbacées qui fructifient et se dessèchent de bonne heure, ou sur celles qui deviennent promptement ligneuses, les femelles ovipares et les mâles apparaissent dès le milieu de l'été, au lieu de ne se montrer qu'en automne seulement, comme la plupart des autres espèces. Les observations et les expériences de Kyber le conduisirent à admettre une relation entre les modifications qui surviennent dans la quantité et la qualité de la nourriture et la production des sexués. Balbiani, dans ses études sur les Aphidiens, poursuivies pendant de longues années, s'est occupé de la manière dont se fait le passage d'un mode de génération à l'autre, de la génération agame à la génération sexuée, et des conditions qui le déterminent. Nous empruntons à un travail récent qu'il vient de publier à ce sujet (1898) les principaux résultats auxquels il est arrivé :

Dans ses recherches sur le mode d'apparition des Pucerons sexués parmi les agames, BALBIANI a été favorisé par une particularité que présentent beaucoup d'espèces d'Aphidiens : c'est une différence de coloration que présentent dès le moment de leur naissance, c'est-à-dire à l'état de jeunes larves, les petits mâles et les petites femelles sexuées, alors qu'aucun autre caractère ne permet de les distinguer sûrement. Cette différence de coloration des deux sexes est déjà très perceptible alors qu'ils n'existent encore qu'à l'état de très jeunes embryons dans les gaines ovariques de la mère. Les petites larves femelles ont généralement la coloration de la mère agame, tantôt plus claire, tantôt plus foncée, tandis que les larves mâles ont une couleur toute différente. Celles-ci sont souvent verdâtres lorsque les femelles sont brunâtres ou jaunâtres, ou à l'inverse, rougeâtres ou jaunâtres quand ces dernières tirent sur le vert plus ou moins clair ou foncé. Ce constraste est très marqué, par exemple, chez les Pucerons de l'*Achillea millefolium*, dont les femelles sont vertes et les mâles jaune orangé, à l'état de larves. Grâce à ces différences de coloration, on peut distinguer les trois sortes d'individus, femelles agames, mâles et femelles sexuées, encore renfermés à l'intérieur de la mère et reconnaître leur situation relative dans la gaine qui les contient; leur distinction est également facile après qu'ils ont été mis au monde (1).

Il résulte des observations de BALBIANI, faites surtout sur le Puceron de la *Centaurea jacea*, que les mâles et les femelles sont mis au monde dans l'arrière-saison ou au commencement de l'automne par les mêmes mères agames qui, durant l'été, n'ont engendré que de nombreuses agames comme elles. Arrivées vers la fin de cette période de reproduction, elles mettent d'abord au monde, pendant un petit nombre de jours, un mélange d'agames et de sexués, parmi lesquels les mâles prédominent le plus souvent, puis les agames disparaissent complètement de la progéniture et ce sont exclusivement des sexués qui sont mis au monde. Bientôt les mâles disparaissent à leur tour, au bout de deux à six jours de cette progéniture mixte, puis commence une longue série de femelles sexuées qui ne se termine qu'à la mort de la mère et ne fournit qu'un petit nombre d'individus trouvant à s'accoupler avec les mâles survivants. BALBIANI évalue le nombre de ceux-ci à 20 p. 100 seulement de celui des femelles dans une même colonie de Pucerons; et parmi ces mâles un grand nombre meurent à l'état de larves. La rareté des mâles comparativement aux femelles était déjà connue de DE GEER, et KYBER avait vu des Pucerons élevés en chambre ne produire que des femelles, qui restaient naturellement stériles. Quelques agames naissant au déclin de la période de leur production commencent d'emblée par produire des sexués sans avoir préalablement engendré des agames.

La transformation normale du mode de reproduction de l'Insecte à

(1) Il ne peut y avoir quelquefois des doutes sur leur nature qu'entre les petites larves agames et les petites larves des femelles sexuées, mais l'inspection microscopique de leur glande génitale, qui présente des différences que nous indiquerons plus loin, permet de lever facilement cette difficulté.

la fin de l'année a un double but, l'un et l'autre avantageux pour l'espèce. La substitution de la reproduction sexuelle à la reproduction parthénogénésique lui fait récupérer la vitalité épuisée par une longue suite de parturitions de petits à l'état vivant; l'oviparité lui permet de passer à l'état de vie latente, de germe dans l'œuf, la période de froid et l'absence de végétation.

« Il y a donc, dit Balbiani, harmonie entre le cycle reproducteur de l'Insecte et le renouvellement des saisons : or, cette harmonie ne peut être établie que par une influence directe des conditions du monde extérieur sur les phénomènes de propagation de l'espèce, car s'il y avait eu discordance, l'espèce eût promptement cessé d'exister. Les phénomènes de propagation marchent donc de pair avec les changements qui s'opèrent dans le cours des saisons. Pendant toute la première période de la vie de l'Insecte, c'est-à-dire pendant toute la belle saison, la température est élevée et la nourriture abondante : c'est celle qui coïncide avec la reproduction agame; pendant la deuxième période, la température s'abaisse et la nourriture diminuede quantité, peut-être même change de qualité : c'est la période de reproduction sexuelle. Il est donc tout naturel de supposer un rapport entre l'état physiologique de l'Insecte et le milieu extérieur. Or, celui-ci agit principalement sur les êtres qui nous occupent par la double influence de la température et de la végétation, c'est-à-dire de l'alimentation... Une température élevée stimule l'appétit des Pucerons et produit dans les jeunes pousses, où se tiennent habituellement leurs colonies, un afflux plus abondant de la sève dont ils se nourrissent; une température basse exerce des effets inverses. Le fait que c'est à l'époque de l'année où la nourriture est le plus abondante que la propagation a lieu par des agames est déjà une preuve en faveur de l'influence d'une riche alimentation sur le sexe femelle. Je parle ici du sexe femelle, car on ne peut dénier aux agames la qualité de véritables femelles, bien que nous réservions d'ordinaire cette qualification aux individus qui ne sont féconds qu'avec le concours du mâle..... Chez les Pucerons, l'effet d'une alimentation surabondante s'étend à de nombreuses générations, avec la disette survient l'épuisement et la stérilité de la lignée, mais survient aussi le mâle, qui y rappelle la vitalité près de s'éteindre. Le mâle, fruit de la misère, remonte à la fécondité et permet au cycle de recommencer sans cesse. C'est de la misère qu'est née la division du travail génésique, devenue permanente chez la plupart des animaux, qui fait porter sur deux individus le poids de la vie spécifique, afin de donner à chacun une plus grande part de la vie individuelle; mais ce poids ils le portent très inégalement. Le mâle, plus affranchi de l'antique parthénogenèse, ne prend qu'une très petite part à la reproduction. La charge de la femelle est restée la même qu'autrefois, sauf qu'elle n'est plus involontaire ni continue, mais dépend de sa volonté à s'unir au mâle. »

Si l'alimentation joue un rôle important dans la transformation du mode de reproduction, elle ne paraît cependant agir que comme cause modificatrice lorsqu'elle trouve l'organisme prédisposé à subir son influence. C'est ce que tendent à prouver certaines expériences de Kyber et de Balbiani. Si l'on vient, en effet, à donner une nourriture abondante et à fournir de la chaleur à un Puceron agame en train de produire des sexués, on n'observe jamais un recul dans le cycle reproducteur, c'est-à-dire que le Puceron continue à mettre au monde des sexués sans que jamais aucun agame vienne interrompre la série. Ces expériences démontrent tout au moins, et c'est l'opinion de BALBIANI, que l'influence qui détermine le sexe exerce une impression collective sur tous les ovules, qui, dans un temps donné, se différencient dans la glande génitale, de sorte que, soustraits à cette influence ou exposés même à une influence contraire, tous les ovules se développent dans le sens qui leur a été une fois imprimé.

Normalement, les sexués n'apparaissent qu'à la fin des générations parthénogénésiques, mais dans certaines espèces on peut les voir prendre naissance longtemps avant que la reproduction agame soit terminée, sans qu'on puisse expliquer cette anomalie. C'est ainsi que DE GEER et KYBER avaient vu les mâles du Puceron du Saule marceau dès les mois de juin et de juillet, et que MORDWILKO et CHOLODKOVSKY (1895-96) ont constaté que, chez les *Lachnus* des Conifères, les sexués se montrent en général de très bonne heure et peuvent coexister avec les agames vivipares, depuis juin jusqu'en septembre.

Si normalement aussi, chez la grande majorité des Aphidiens, tous les individus disparaissent au moment de l'arrêt de la végétation, de telle sorte que pendant l'hiver l'espèce n'est plus représentée que par des œufs fécondés, ou œufs d'hiver, il peut arriver que quelques femelles agames, qui ont pu s'abriter convenablement, tombent, pendant la mauvaise saison, à l'état de vie latente, de manière à continuer au printemps suivant la série des générations agames. Ce fait est la règle dans le Puceron lanigère (*Schizoneura lanigera*). Chez cette espèce, qui vit sur les rameaux et les feuilles du Pommier, un certain nombre de femelles aptères et agames descendent en automne le long du tronc jusque sur les grosses racines, où elles hivernent. Au printemps, ces femelles remontent sur les rameaux pour se joindre aux jeunes femelles agames provenant des œufs d'hiver, ou bien certaines d'entre elles restent sur les racines et deviennent l'origine de colonies de Pucerons radicicoles. Il y a donc ici une adaptation à la vie souterraine d'une partie des individus, comme cela a lieu chez le Phylloxéra de la Vigne. D'après KESSEL et KELLER, l'œuf fécondé du *Schizoneura lanigera* ne serait pas hibernant, et éclorait en automne; les jeunes larves passeraient l'hiver dans les fentes des écorces, près du collet de la racine, à une petite distance au-dessous du sol (1).

(1) Certains entomologistes avaient soutenu la même opinion pour le *Phylloxera vastatrix* et prétendaient que l'œuf d'hiver éclosait peu de temps après la ponte, en automne. Cette assertion a été démontrée absolument fausse par les recherches de VALÉRY-MAYET, de BALBIANI et par mes propres observations. Il est probable qu'il en est de même pour le Puceron lanigère.

Le passage de la vie aérienne à la vie souterraine, chez le Puceron lanigère, a lieu sur la même plante nourricière, le Pommier, et les individus aériens coexistent avec les individus radicicoles. Mais, chez d'autres Pucerons, il se produit une migration complète de l'espèce qui, pendant une période de son existence, mène une vie aérienne sur une plante, puis devient radicicole sur une autre plante nourricière très différente. Cette migration a été signalée pour la première fois par LICHTENSTEIN. Cet entomologiste a publié sur ce sujet plusieurs travaux de 1878 à 1885. Il constata que les Pucerons (*Tetraneura ulmi*, *T. rubra*), qui déterminent sur les feuilles de l'Orme les grosses galles qui atteignent souvent un très grand développement, quittent tous l'Orme à un moment donné, vers la fin de juin, à l'état d'Insectes ailés en s'échappant par les fentes qui se produisent dans les parois des galles. Ces ailés émigrants vont s'abattre sur des Graminées, en particulier sur le Chiendent et le Maïs, et donnent naissance à de petites larves aptères qui vont se fixer sur les racines de ces Graminées et y fondent des colonies de Pucerons aptères et agames. A la fin de l'été, apparaissent dans ces colonies des nymphes qui deviennent de nouveaux émigrants ailés, lesquels retournent sur les Ormes. Là, ces ailés donnent naissance à de petites femelles sexuées aptères et à de petits mâles. Ces sexués seraient dépourvus de rostre comme ceux des Phylloxéras. Après accouplement, la femelle pond un œuf unique dans les crevasses de l'écorce, œuf qui passe l'hiver et donne au printemps la mère fondatrice d'une colonie de *Tetraneura*. Malheureusement, le même savant ayant annoncé également la migration du *Phylloxera vastatrix* des racines de la Vigne sur les feuilles du Chêne-kermès, assertion qui fut démontrée absolument fausse par BALBIANI, on n'accorda pas grande importance à sa découverte. KESSLER (1880) vit bien que les *Tetraneura* quittent complètement l'Orme pour n'y revenir que tardivement à l'état ailé, mais sans déterminer la plante nourricière intermédiaire. HORVATH (1892) a confirmé le fait énoncé par LICHTENSTEIN et reconnu que les Pucerons de l'Orme peuvent persister pendant l'hiver sur les racines des Graminées et continuer à se reproduire par voie agame au printemps. La migration des *Chermes*, dont nous parlerons plus loin, et qui paraît aujourd'hui bien établie, permet d'accepter comme très probables les faits décrits par LICHTENSTEIN pour les Pucerons de l'Orme, et il est possible qu'on trouve des migrations semblables pour d'autres espèces de Pucerons (1).

(1) LICHTENSTEIN a décrit aussi une migration du *Pemphigus* des galles du Peuplier sur une Composée, le *Filago*.

MORDWILKO (1897) a observé récemment les migrations de plusieurs espèces de Pu-

Par suite de leur mode de reproduction tantôt parthénogénésique, tantôt sexuée, et de leurs migrations, les Pucerons présentent un polymorphisme encore plus marqué que celui des Cynipides. Chez ces derniers, en effet, l'espèce est représentée par trois sortes d'individus, les femelles parthénogénésiques, les femelles sexuées et les mâles. Dans les Pucerons, on peut trouver pour une même espèce les formes suivantes :

1° Femelles aptères parthénogénésiques et vivipares ;

2° Femelles ailées parthénogénésiques et vivipares = *émigrants ;*

3° Femelles aptères parthénogénésiques et vivipares = *émigrés* ou *exilés ;*

4° Femelles aptères, sexuées et ovipares ;

5° Mâles aptères ;

6° Mâles ailés.

Balbiani et Signoret (1867) ont fait connaître un curieux dimorphisme de la forme aptère du Puceron de l'Érable (*Acer campestris*). Sur les feuilles de cet arbre, Thornton (1852) avait signalé l'existence d'une espèce nouvelle d'Aphidien, le *Phyllophorus testudinarius*. Lane Clark, sous le nom de *Chelymorpha phyllophora*, plaça cet animal entre les Aphidiens et les Coccides; Van der Hœven (1862) en fit un genre nouveau, le *Periphyllus testudo*. Balbiani et Signoret, en étudiant avec soin la reproduction du Puceron de l'Érable, l'*Aphis aceris*, virent que les femelles, de couleur brune, produisent deux sortes de petits vivants, des bruns semblables à la mère et des verts, aplatis, recouverts de lamelles écailleuses, arrondies ou oblongues, parcourues de nervures ramifiées. Les individus verts (*Periphyllus*) ont des organes reproducteurs rudimentaires. Ils grossissent très peu; on les observe de mai à novembre sans changement ; ils constituent une forme stérile d'*Aphis aceris*.

La reproduction parthénogénésique et ovipare des Pucerons, qui a été l'objet de nombreuses discussions, n'a été définitivement établie que par l'étude des organes reproducteurs de ces Insectes. Léon Dufour (1833) vit que les Pucerons vivipares sont dépourvus de glandes sébifiques, annexes de l'organe femelle des ovipares. Siebold (1839) montra que les individus vivipares n'ont pas de réceptacle séminal, et que leurs gaines ovariques n'ont pas le même aspect que celles des ovipares : il leur donna le nom de *Keimstock* (souche germinative) ou de *gemmarium*, admettant que les jeunes sont produits par une sorte de gemmiparité interne. Aussi

---

cerons : de l'*Aphis farfaræ* des racines du *Tussilago farfara* sur les feuilles de *Pyrus communis*; de l'*Aphis padi* du *Prunus padus* sur les racines de diverses Graminées (*Poa trivialis, Melica, Kœleria, Triticum, Danthonia, Elymus*); du *Schizoneura corni* du *Cornus sanguinea* sur les racines de *Triticum repens*; du *Pemphigus cærulescens* des galles de l'Orme sur les racines de l'*Avena sativa*, de l'*Eragrostis elegans* et du *Lolium perenne*.

Steenstrup (1842), acceptant la manière de voir de Siebold, admit chez les Pucerons une véritable génération alternante semblable à celle des Méduses ou des Distomes par exemple, dans laquelle une génération non sexuelle par gemmiparité et une génération sexuelle se succèdent régulièrement; pour lui, les Pucerons ovipares ne sont pas des femelles, mais des êtres sans sexe, se reproduisant par bourgeons internes; il leur donna le nom de *nourrices*. Carus (1849) vint appuyer cette opinion en prétendant que les bourgeons n'étaient au début qu'une masse granuleuse amorphe n'ayant rien de la nature cellulaire d'un œuf. Malgré les recherches de Leydig (1850) qui montra que le développement des Pucerons ovipares a pour point de départ une cellule comme celui des animaux provenant d'un œuf fécondé, la majorité des auteurs, entre autres Leuckart (1858), soutenaient encore la génération alternante des Aphidiens; Huxley (1857) et Lubbock (1857), tout en reconnaissant la nature cellulaire des corps reproducteurs des individus ovipares, se refusaient à les considérer comme de véritables œufs et leur donnaient le nom de *pseudova*, et celui de *pseudovaires* aux organes dans lesquels ils se développent.

Une autre manière de voir sur les Pucerons vivipares, émise par Leeuwenhoeck, puis soutenue par Cestoni, Réaumur, von Baer, consiste à considérer ces animaux comme hermaphrodites. Cette opinion a été soutenue par Balbiani (1866), qui pensa avoir démontré l'état androgyne des Pucerons. Guidé par ses recherches sur la vésicule embryogène (noyau vitellin), qu'il avait retrouvée dans l'œuf d'un très grand nombre d'animaux, et qu'il considérait comme un élément épithélial pénétrant dans l'ovule pour exercer une préfécondation ayant pour résultat de provoquer la formation du germe, ce savant embryogéniste assimila à la vésicule embryogène un petit amas cellulaire provenant de l'épithélium de la gaine ovarique. Dès que ce bourgeon cellulaire a touché le vitellus de l'œuf, il agit sur lui comme le ferait un élément mâle. On voit alors, en effet, le blastoderme se former à la surface de l'œuf et l'embryon se développer. Bientôt le bourgeon épithélial, auquel, en raison de son action fécondante, Balbiani donna le nom d'*androblaste*, augmente de volume et émet des cellules-filles sur toute sa surface. Ces cellules sont comparables à des éléments mâles qui n'arrivent pas à maturité, mais se retrouvent plus tard, constituant des sortes de parasites, dans le corps des jeunes Pucerons. Si l'état hermaphrodite des Aphidiens vivipares ne peut plus se soutenir aujourd'hui, les recherches de Balbiani ont pleinement confirmé la donnée de Leydig et établi définitivement que les corps reproducteurs des vivipares sont de véritables œufs ayant même origine que les œufs des ovipares, mais pouvant se développer sans fécondation. De Filippi, dès 1856, avait nettement déclaré que les Aphidiens vivipares sont de vraies femelles vierges, et CLAUS (1858 et 1864) s'était rangé à son opinion, qui a été admise du reste par tous les naturalistes (1).

REPRODUCTION DES PHYLLOXÉRIENS.

L'importance des ravages produits par le Phylloxéra dans les contrées viticoles est malheureusement trop connue pour qu'il soit nécessaire d'insister sur l'intérêt qui se rattache à l'étude du cycle biologique de cet Insecte. Originaire de l'Amérique du Nord et à peu près inconnu en Europe, avant 1864, le *Phylloxera vastatrix* (2) a été introduit sur l'ancien continent par des cépages provenant d'Amérique, et actuellement dans toutes les contrées du globe où la Vigne est cultivée, ce précieux végétal est atteint par le fléau.

Les mœurs et l'évolution de l'Insecte ont été peu à peu connues, grâce aux patientes recherches de plusieurs savants français et étrangers, parmi lesquels il faut citer : PLANCHON, LICHTENSTEIN, SIGNORET, MAXIME CORNU, BOITEAU, en France ; RILEY, en Amérique ; RŒSLER, en Autriche ; VICTOR FATIO, en Suisse, etc. ; mais c'est au Professeur BALBIANI que revient l'honneur d'avoir établi le premier le cycle biologique du terrible dévastateur de la Vigne. Guidé dans ses recherches par une étude préliminaire complète sur l'anatomie, le mode de reproduction et les mœurs du Phylloxéra du Chêne, l'éminent professeur du Collège France put relier entre eux les faits observés par ses devanciers relativement à l'espèce de la Vigne, les expliquer, les compléter et en tirer des conclusions pratiques de la plus haute importance au point de vue de la lutte contre le fléau.

Avant d'exposer le mode de reproduction du *Phylloxera vastatrix*, nous donnerons les observations de BALBIANI relatives au *Ph. quercus*.

Phylloxera quercus. — Au premier printemps, lorsque les bourgeons

---

(1) LICHTENSTEIN est, croyons-nous, le seul entomologiste qui ait continué, jusqu'à la fin de sa vie, à considérer les Pucerons comme ayant une génération alternante au sens de STEENSTRUP. Pour lui, le terme de parthénogenèse devait être réservé pour le cas d'une femelle dont le mâle existe et qui donne des produits féconds, quoique privée du concours de ce mâle. D'après cette manière de voir, non seulement les Aphidiens vivipares, mais aussi les femelles parthénogénésiques ovipares des Phylloxériens et des Cynipides ne sont pas de vraies femelles, mais des *pseudogynes* se reproduisant par bourgeonnement, les bourgeons pouvant revêtir la forme d'un œuf véritable (!). LICHTENSTEIN était un excellent entomologiste systématique, mais il ne possédait aucune notion de biologie générale.

(2) Le Phylloxéra de la Vigne a été désigné, en 1856, par ASA FISCH, entomologiste américain, sous le nom de *Pemphigus vitifoliæ*. Observé, en 1863, dans les serres d'Hammersmith, en Angleterre, il reçut de WESTWOOD le nom de *Peritymbia vitisana*. SCHIENER (1867) créa pour cet Insecte le genre *Dactylosphæria*. PLANCHON (1868), après l'avoir appelé provisoirement *Rhizaphis*, reconnut qu'il appartenait au genre *Phylloxera* et lui assigna le nom spécifique de *vastatrix*.

du Chêne commencent à s'entr'ouvrir, on voit à leur surface les premiers représentants de l'espèce sous forme de petits Insectes brunâtres, sans ailes, longs d'environ $0^{mm},25$. Ils sortent du creux des écailles, à la base des dernières pousses, ou des crevasses de l'écorce où ils ont séjourné à l'état d'œuf durant tout l'hiver. Aussitôt que les jeunes feuilles ont commencé à se déployer, les jeunes Phylloxéras se fixent à la face inférieure de celles-ci, près du bord. Sous l'influence de la piqûre, une légère induration se produit dans le point piqué, qui ne tarde pas à jaunir et forme une tache circulaire qui grandit avec l'Insecte. En même temps le bord de la feuille se renverse en dessous dans une certaine étendue et forme un pli, sous lequel l'animal est caché plus ou moins. Après un certain nombre de mues, le jeune Phylloxéra atteint environ 1 millimètre et commence à pondre en disposant ses œufs, au nombre d'une centaine, en cercles concentriques, dont il occupe le centre. Le premier individu printanier est une femelle parthénogénésique dont les ovaires sont composés de nombreux tubes ovigères.

Au bout de peu de jours, six à dix, suivant la température, les œufs éclosent et donnent de petites larves se distinguant de celles de la première génération par leur forme ovale plus élancée, leur coloration plus claire et quelques autres caractères secondaires. Ces nouveaux individus se répandent partout à la face inférieure de la feuille sur laquelle est établie leur mère, se fixent en un point quelconque en y enfonçant leur rostre et grossissent sans se déplacer.

Les individus de seconde génération, femelles parthénogénésiques, comme ceux de la première, pondent des œufs disposés également en cercles concentriques, et les larves qui en proviennent vont se fixer, soit dans le voisinage, sur la même feuille, soit sur les feuilles plus jeunes et plus tendres du sommet de la pousse, où elles forment plus tard, à leur tour, de nouveaux groupes d'Insectes et d'œufs semblables à ceux dont ils sont sortis. Les générations se succèdent ainsi jusque vers la fin de l'été, toujours composées de femelles aptères et agames.

A cette époque, un certain nombre d'individus de la dernière génération subissent de nouvelles métamorphoses. Ils arrivent à l'âge de larves adultes, mais ne pondent point et subissent une mue de plus, d'où ils sortent à l'état de nymphe, c'est-à-dire d'un Insecte à corps élancé avec des rudiments d'ailes. Enfin une dernière mue en fait des êtres à quatre ailes, vifs, agiles, bien différents des individus apathiques et sédentaires qui se sont succédé jusqu'alors. Les Phylloxéras ailés quittent l'arbre où ils sont nés, et moitié par vol spontané, moitié en se laissant porter par le vent, vont s'abattre sur d'autres Chênes, où ils déposent leur progéniture. Ils jouent par conséquent le rôle d'émigrants ou de disséminateurs de l'espèce. Ils déposent sur les feuilles le petit nombre d'œufs que contient leur corps, les uns isolément, les autres par groupes de deux à six œufs. Les ailés sont encore des femelles parthénogénésiques. Leurs œufs sont de deux grandeurs différentes. Les plus grands donnent naissance à des femelles, de vraies femelles ne se reproduisant qu'avec le concours des mâles ; ceux-ci sortent des petits œufs : ils constituent, avec les femelles, la génération dioïque ou sexuée du Phylloxéra.

Les sexués ne grandissent presque pas après leur naissance et ne prennent pas de nourriture. Leurs organes digestifs sont atrophiés, et leur rostre, très court, ne fonctionne que comme organe de fixation. L'accouplement a lieu presque aussitôt après l'éclosion, puis la femelle fécondée descend le long des branches et pond un œuf unique dans le creux des écailles, à la base des branches, et dans les anfractuosités de l'écorce. Le mâle se met à la recherche d'autres femelles et meurt sur le lieu de son dernier accouplement.

Les ailés n'ont pas seuls le privilège d'engendrer des individus sexués. Parmi les aptères composant la colonie, quelques-uns arrivés à l'âge adulte pondent aussi deux sortes d'œufs, de gros et de petits, produisant des femelles et des mâles presque complètement identiques aux sexués engendrés par les ailés. Cette parité d'œufs sexués par des femelles parthénogénésiques aptères n'a lieu que dans l'arrière-saison et en automne, lorsqu'il n'y a plus d'ailés ou qu'ils sont devenus rares. Ces aptères continuent en quelque sorte l'ouvrage commencé par les ailés et approvisionnent leur propre colonie de mâles et de femelles destinés à régénérer l'espèce sur place, tandis que les ailés portent les sexués sur d'autres arbres, où ils deviennent la souche de nouvelles colonies (1).

L'œuf fécondé pondu par une femelle, que celle-ci soit la fille d'un ailé ou d'un agame de l'arrière-saison, se comporte de la même manière. Au lieu d'éclore en quelques jours, comme l'œuf de l'agame ou œuf d'été, il met des mois entiers pour former le jeune animal dans son intérieur. Il traverse une longue période de repos, l'hiver tout entier, et n'éclôt qu'au printemps suivant : c'est un œuf dormant ou œuf latent, qui seul représente l'espèce pendant toute la saison froide de l'année, d'où le nom d'*œuf d'hiver* qu'on lui a donné. Avec l'Insecte qui en sort au printemps commence un nouveau cycle, où se succèdent les cinq formes différentes d'individus qui composent l'espèce du *Phylloxera quercus*, à savoir :

(1) La ponte de la mère aptère agame renferme un plus grand nombre d'œufs que celle de l'individu ailé. On voit souvent à côté d'elle un tas de dix à vingt œufs sexués, parmi lesquels les œufs femelles sont toujours en plus forte proportion que les œufs mâles ; quelques groupes sont même exclusivement formés d'œufs femelles. Jamais, parmi ces œufs, on ne trouve d'œufs d'agames.

1° Le Phylloxéra printanier ou *mère fondatrice;*
2° Les *agames aptères ;*
3° Les *agames ailés* ou *émigrants;*
4° Les *agames aptères pondeuses d'œufs sexués ;*
5° Les *sexués.*

Des cinq formes de l'espèce, les quatre premières sont exclusivement parthénogénésiques ou agames.

Le Phylloxéra du Chêne parcourt le cycle entier de son évolution en une seule année. Il naît et meurt avec la végétation, et au déclin de celle-ci l'espèce n'est plus représentée que par les œufs fécondés qui hivernent dans leurs cachettes sur l'arbre. Chaque année un nouveau cycle recommence, se poursuit et s'achève parallèlement pour l'arbre et pour l'Insecte.

Le cycle reproducteur du *Phylloxera quercus* peut se représenter par le schéma suivant, dans lequel *o* indique l'œuf parthénogénésique, l'espèce étant ovipare, et *O* l'œuf fécondé.

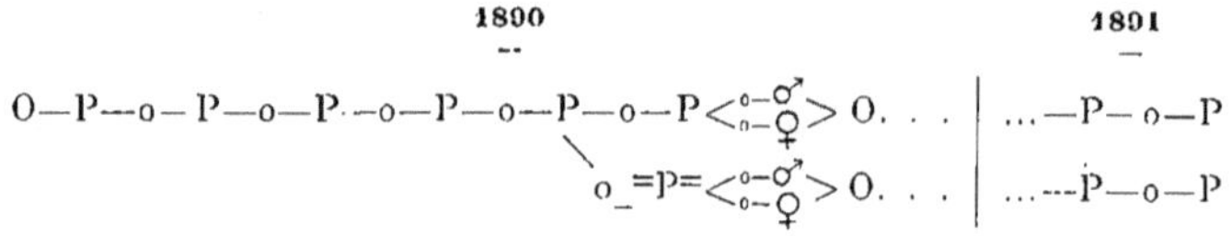

Phylloxera vastatrix. — Le Phylloxéra de la Vigne, bien qu'ayant le même cycle reproducteur que celui du Chêne, présente cependant des particularités importantes dues à son mode d'existence aérien et souterrain. Balbiani pense que le *Phylloxera vastatrix* vivait autrefois, aux temps géologiques et probablement aussi dans son pays d'origine, en Amérique, sur les feuilles de la Vigne et se comportait alors comme le *Ph. quercus.* Mais quelques femelles agames étant descendues en terre pour hiverner, comme cela arrive souvent chez les Pucerons, se sont fixées sur les racines de la Vigne. Elles se sont si bien trouvées de cette nouvelle condition qu'elles ne sont plus retournées aux feuilles, au printemps, mais sont demeurées sur les racines et s'y sont multipliées. Ce qui n'avait d'abord été qu'un accident pour quelques individus est devenu plus tard une loi pour l'espèce et peu à peu la vie souterraine a pris le dessus sur la vie aérienne. Seul, l'instinct de migration, qui exerce un empire si puissant sur un grand nombre d'animaux, les rappelle périodiquement à la surface du sol, d'où l'on voit s'élever, à la fin de chaque été, des essaims d'ailés qui se répandent de tous côtés et fondent de nouvelles colonies retrempées par l'accouplement.

Les *Phylloxera vastatrix*, qu'on trouve sur les racines de la Vigne au

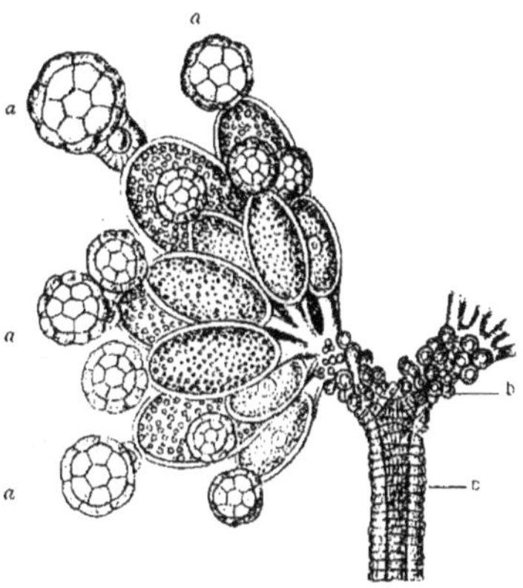

Fig. 248. — *Phylloxera vastatrix.*

L'un des deux ovaires d'une jeune femelle agame (pondeuse ordinaire des galles) prise sur une feuille de Vigne américaine (en juillet). L'ovaire est composé de dix à douze gaines ovifères plus ou moins développées, les plus jeunes à une seule loge, les plus âgées à deux loges surmontées de la chambre germinative *a*, *a*, *a*, *a*. On aperçoit sur les trompes *b* de petites gaines ovariques bourgeonnant à leur surface. Ces petits bourgeons, qui sont très nombreux, ne sont pas destinés à devenir des tubes ovariques complets, mais disparaissent par avortement avant l'âge adulte.

Chez les femelles gallicoles arrivées à leur troisième ou quatrième génération, en juillet, les tubes ovariques sont encore assez nombreux, comme on peut s'en convaincre par la figure, mais il y en a déjà beaucoup moins que chez la mère fondatrice issue en avril de l'œuf fécondé, où il n'est pas rare de trouver de quarante à cinquante tubes ovifères et davantage. Ces tubes supplémentaires sont précisément ceux qui, dans les femelles des générations suivantes, forment les petites gaines abortives de la partie postérieure des trompes ; *c*, oviducte formé par la confluence des deux trompes ; on voit le canal central et la tunique contractile composée d'une couche épaisse de fibres musculaires transversales striées. (D'après Balbiani.)

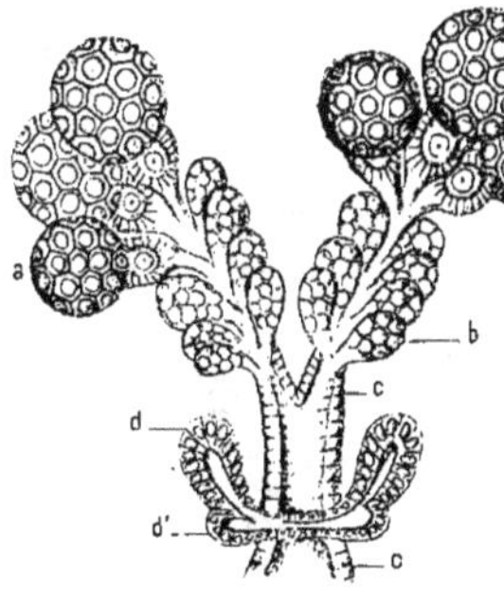

Fig. 249. — *Phylloxera vastatrix.*

Ensemble de l'appareil femelle d'une larve radicicole. Au mois d'août, chaque ovaire est formé de trois gaines, contenant chacune un petit ovule au-dessous de la chambre germinative, *a* ; et, en arrière, sept chambres germinatives fixées directement sur chacune des trompes, *b* ; *d*, glandes sébifiques avec leur réservoir *d'*, naissant sous forme de diverticules de la paroi de l'oviducte, *c* ; le réservoir séminal n'est pas encore développé. (D'après Balbiani.)

moment du réveil de la végétation, sont des femelles aptères parthénogénésiques qui pondent chacune environ une cinquantaine d'œufs dans l'espace de trois semaines. Les œufs éclosent au bout d'une huitaine de jours ; les jeunes larves, après trois mues successives, arrivent à l'état adulte à peu près vingt jours après leur sortie de l'œuf et se mettent à pondre comme leur mère. Une série variable de générations de femelles aptères, parthénogénésiques, se continue ainsi pendant la belle saison, augmentant considérablement le nombre des parasites des racines. La multiplication de l'Insecte ne suit pas cependant, comme on le croit généralement, une progression géomé-

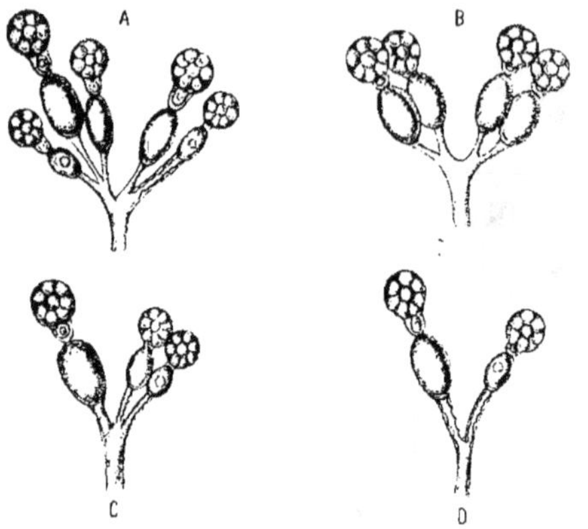

Fig. 250. — *Phylloxera vastatrix.*

A, B, C, D, figures montrant la diminution survenue dans le nombre des gaines ovariques chez les dernières larves radicicoles de l'année (octobre et novembre). Cette diminution commence dès la première génération de larves issues de la mère fondatrice et se continue dans les générations suivantes. Le nombre des gaines de chaque ovaire est variable d'une femelle à l'autre et même d'un côté du corps à l'autre. (D'après BALBIANI.)

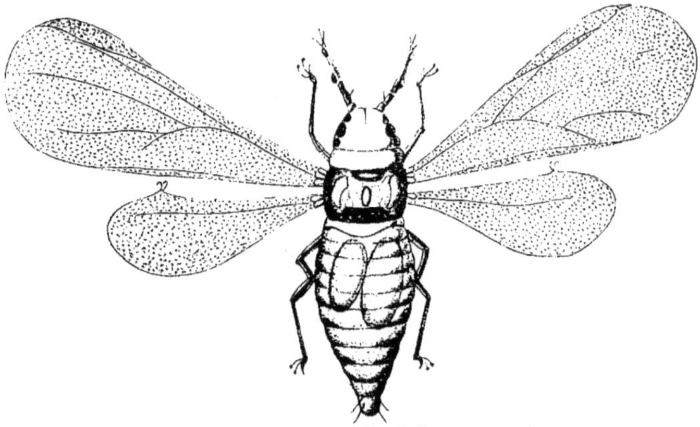

Fig. 251. — Femelle ailée de *Phylloxera vastatrix.*

On voit sur le bord antérieur des ailes postérieures deux petits crochets chitineux qui se fixent sur le rebord postérieur, saillant de l'aile antérieure. (Fig. originale.)

trique. La fécondité des femelles diminue, en effet, à chaque génération,

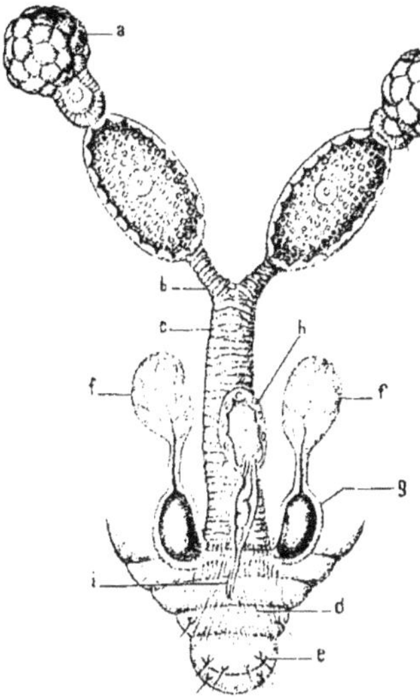

Fig. 252. — *Phylloxera vastatrix*. Appareil reproducteur d'une femelle ailée vu par la face dorsale.

Il n'existe qu'une gaine ovarique de chaque côté, ce qui est le cas le plus fréquent; *a*, chambre germinative; *b*, trompe; *c*, oviducte commun; *ff*, glandes collétériques avec leur réservoir *g*; *h*, réceptacle séminal vide de spermatozoïdes, l'Insecte ailé se reproduisant par parthénogenèse; *i*, conduit du réceptacle séminal; *d*, muscles; *e*, valve. (D'après Balbiani.)

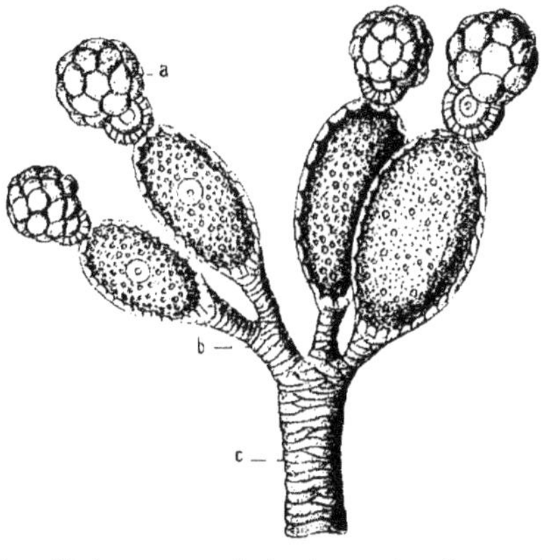

Fig. 253. — *Phylloxera vastatrix*. Les deux ovaires d'une femelle ailée, composés chacun de deux gaines.

A gauche, les deux gaines renferment chacune un petit œuf, ou œuf mâle, tandis qu'à droite elles contiennent chacune un gros œuf, ou œuf femelle, arrivé à toute sa maturité; *a*, chambre germinative; *b*, trompe; *c*, oviducte commun. (D'après Balbiani.)

comme l'a bien établi Balbiani, par suite de l'atrophie d'un certain nombre de leurs gaines ovariques.

En été, pendant les mois de juillet, août et septembre, certaines

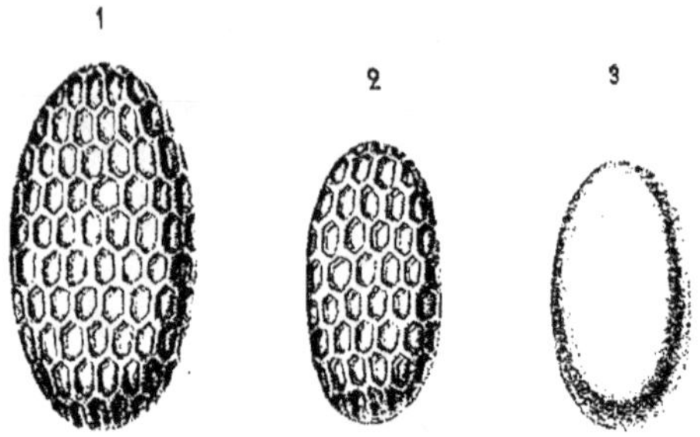

Fig. 254. — *Phylloxera vastatrix.*

1, gros œuf pondu par la femelle ailée, qui donne naissance à la femelle de la génération sexuée ; — 2, petit œuf pondu par la femelle ailée qui produit le mâle de cette génération ; — 3, œuf pondu par la femelle aptère des racines. Ces trois œufs sont représentés au même grossissement de 100 diamètres. Les œufs de la femelle ailée présentent à leur surface des lignes en relief, figurant un réseau à mailles hexagonales, plus ou moins marqué. Le chorion des œufs des femelles agames radicicoles est lisse ; celui des agames gallicoles présente quelquefois le réseau, qui se retrouve aussi sur l'œuf d'hiver. (D'après Balbiani.)

larves, au lieu de devenir des femelles reproductrices adultes après la

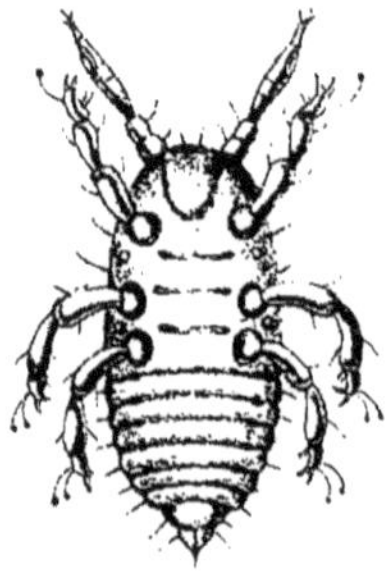

Fig. 255. — *Phylloxera vastatrix.* Mâle issu de la femelle agame ailée, vu par la face ventrale.

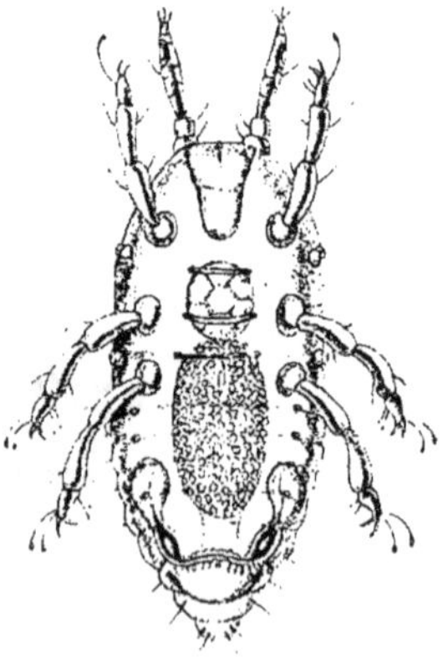

Fig. 256. — Femelle sexuée, issue de la femelle agame ailée vue par la face ventrale. On aperçoit par transparence l'ovaire formé par une seule gaine, avec l'œuf fécondable non encore arrivé à maturité. (D'après Balbiani.)

troisième mue, se transforment en nymphes munies de fourreaux d'ailes et donnent des Insectes ailés après une cinquième mue. Ces nymphes se trouvent en général sur les nodosités des jeunes racines et du chevelu.

Le Phylloxéra ailé, qui sort de terre pour aller pondre sous les feuilles de la Vigne, est une femelle parthénogénésique, chez laquelle l'organe reproducteur est frappé d'une atrophie encore plus marquée que chez les femelles aptères de la génération correspondante. Chaque ovaire est réduit à trois, à deux et même le plus souvent à une seule gaine ovarique.

La femelle ailée ne pond que deux, trois ou quatre œufs, qui sont, comme dans le *Ph. quercus*, de deux grandeurs; des petits sortent des mâles; des grands, des femelles. Les mâles et les femelles sont aptères, leur système digestif est rudimentaire : ils ne prennent aucune nourriture et constituent la forme la plus dégradée de l'espèce. Incapables de se reproduire solitairement, les femelles ne possèdent plus qu'une seule gaine ovarique, l'une des moitiés de l'ovaire étant complètement atrophiée. Dans cette gaine il ne se développe qu'un œuf unique remplissant presque entièrement le

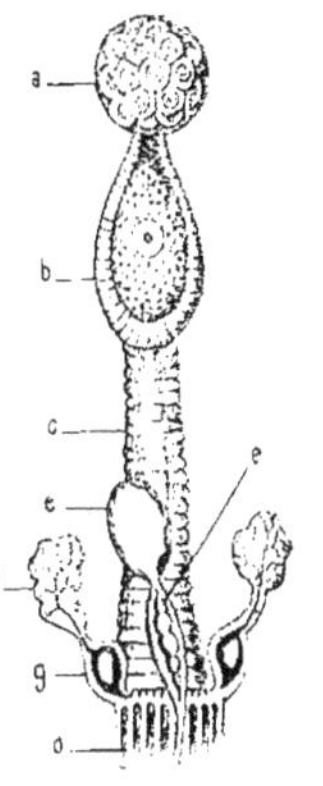

Fig. 257. — *Phylloxera vastatrix*. Appareil reproducteur d'une femelle sexuée après l'éclosion, vu par la face dorsale.

L'ovaire n'est représenté que par une seule gaine, composée de la chambre germinative *a*, de la loge qui contient l'œuf unique *b*, et de l'oviducte *c*, qui se confond ici avec la partie postérieure de la gaine ; *f*, glandes sébifiques avec leur réservoir *g*; *e*, réceptacle séminal avec son canal *e*, dilaté dans sa partie moyenne et débouchant dans le vagin, *d*. Malgré l'accouplement avec le mâle, le réceptacle séminal reste toujours vide par suite de l'étroitesse du canal fécondateur et les spermatozoïdes sont déposés dans l'oviducte. (D'après BALBIANI).

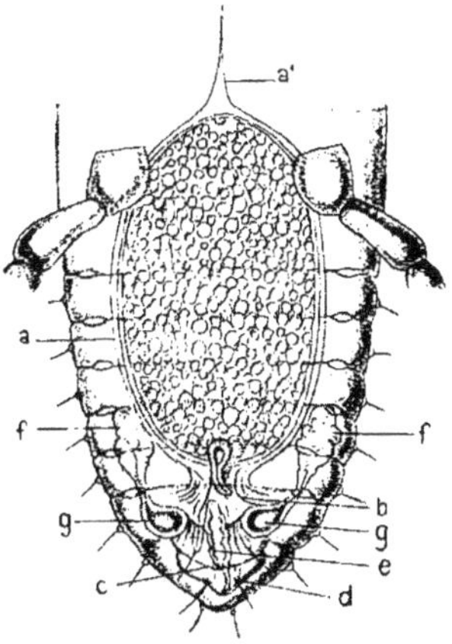

Fig. 258. — *Phylloxera vastatrix*. Partie postérieure d'une femelle sexuée avec l'œuf unique arrivé à maturité.

a, chambre qui renferme l'œuf : elle est formée par la loge ovigère primitive confondue avec l'oviducte très dilaté par le développement de l'œuf; *a'*, extrémité antérieure de la chambre ovitère, ayant perdu ses connexions avec la chambre germinative disparue par résorption ; *b*, vagin dont la paroi très amincie est finement plissée; *c*, lèvre inférieure de la vulve ; *d*, anus ; *e*, réceptacle séminal atrophié ; *ff*, glandes sébifiques avec leurs réservoirs. (D'après BALBIANI.)

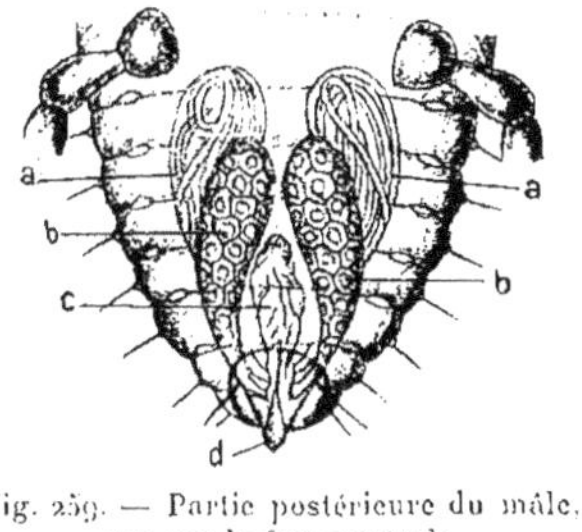

Fig. 259. — Partie postérieure du mâle, vue par la face ventrale.

aa, les deux testicules remplis de spermatozoïdes mûrs ; *b*, glandes accessoires; *c*, canal éjaculateur; *d*, prolongement de l'avant-dernier segment de l'abdomen, qui forme un étui bivalve par lequel passe le canal éjaculateur lorsqu'il se renverse en dehors et fonctionne comme un pénis pendant l'accouplement. (D'après BALBIANI.)

corps de la femelle. Après fécondation, celle-ci quitte les feuilles et descend sur les parties ligneuses du cep; elle s'introduit sous les écorces soulevées, ce qui a lieu généralement sur le bois de deux ans et plus; elle y dépose son œuf et meurt après l'avoir pondu. Cet œuf fécondé est l'*œuf d'hiver*, qui reste pendant toute la saison froide à l'endroit où il a

Fig. 260.
Phylloxera vastatrix.

Lamelle d'écorce de Vigne sur laquelle se voit un œuf d'hiver et à une petite distance la mère morte et desséchée, à la fin de mars. (D'après BALBIANI.)

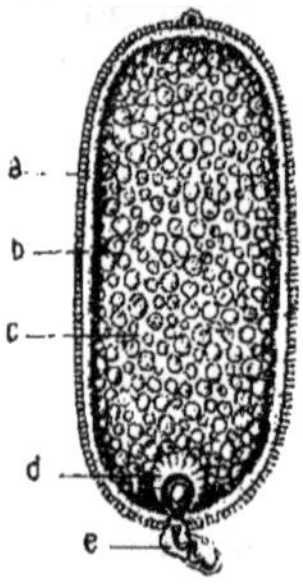

Fig. 261. — *Phylloxera vastatrix.* Œuf d'hiver, avant le début du développement embryonnaire, représenté en coupe optique.

a, chorion traversé de petits canaux poreux qui manquent aux autres œufs du Phylloxéra; au pôle supérieur de l'œuf se trouve le micropyle; au pôle inférieur se trouve le pédoncule fixateur *e*, en face duquel s'élève dans l'intérieur de l'œuf un bouton chitineux, entouré de petites cellules cylindriques (la signification de ce bouton est inconnue); *b*, couche protoplasmique située à la périphérie de l'œuf; *c*, vitellus. (D'après BALBIANI.)

été déposé et n'éclôt qu'au printemps suivant, lors de l'épanouissement des premiers bourgeons.

L'œuf d'hiver, l'œuf fécondé, est de la plus haute importance au point de vue de l'évolution du Phylloxéra. Grâce à lui, l'espèce, épuisée par une série de générations parthénogénésiques, récupère sa fécondité primitive. Le jeune individu printanier qui sort de cet œuf est, en effet, une femelle aptère parthénogénésique, douée d'une très grande fécondité; elle possède dans ses organes reproducteurs quarante-cinq à cinquante gaines ovigères. C'est aussi par l'œuf d'hiver que se fait la dissémination naturelle du Phylloxéra. Les Insectes ailés, réunis ordinairement en essaims, se dirigent spontanément ou sont emportés par les vents, quelquefois à une distance de plusieurs kilomètres, sur les Vignes indemnes ou déjà contaminées, et y déposent leurs œufs d'où proviennent les individus sexués, parents de l'œuf d'hiver. Partout où un essaim d'ailés est venu s'abattre, il existe des œufs d'hiver qui sont l'origine de taches nouvelles.

L'individu printanier, ou mère fondatrice, est un Insecte très agile, qui monte d'abord sur les jeunes bourgeons, erre sur les feuilles et se comporte différemment, suivant le cépage sur lequel il se trouve. Sur nos cépages indigènes, il ne tarde pas, en général, à descendre sur les racines et à s'y fixer par son suçoir, puis il se met à pondre et à produire une série de générations parthénogénésiques.

Sur plusieurs cépages américains, principalement sur les *Riparia*, les *Solonis*, les *Rupestris*, et quelquefois sur des cépages indigènes, la mère fondatrice se fixe sur une jeune feuille et y détermine, par sa piqûre, la formation d'une galle (1) dans laquelle elle dépose ses œufs. De ceux-ci sortent de jeunes larves qui se répandent sur les feuilles et produisent à leur tour de nouvelles galles. Chaque galle renferme une ou plusieurs femelles qui, aptères parthénogénésiques, se comportent comme les mères pondeuses vivant sur les racines. A chaque génération parthénogénésique nouvelle correspond une formation nouvelle de galles, lesquelles se multiplient ainsi sur le système végétatif aérien pendant toute la belle saison. Le nombre de ces galles n'est cependant pas proportionnel à celui des jeunes Phylloxéras aériens qui se développent dans leur intérieur. Un grand nombre de ceux-ci se répandent sur le cep et pénètrent dans le sol pour se fixer sur les racines et mener une vie souterraine. A la fin de l'automne, les galles sont vides; il est très probable que les jeunes Insectes de la dernière génération gallicole se sont réfugiés sur les racines.

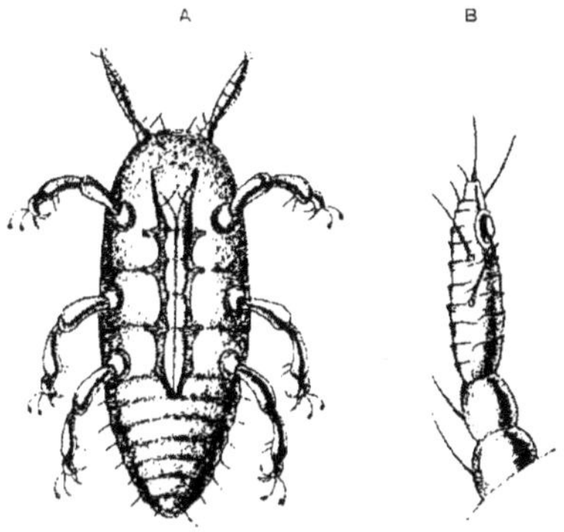

Fig. 262. *Phylloxera vastatrix.*

A, jeune individu issu de l'œuf d'hiver (mère fondatrice) vu par la face ventrale. Sa taille moyenne est de 0 mm 42 de long sur 0 mm 18 de large; — B, antenne fusiforme de ce même individu. (D'après BALBIANI.)

Tandis que les Phylloxéras gallicoles disparaissent de la partie aérienne du cep au moment de la chute des feuilles, il n'en est pas de même des individus radicicoles. Les aptères des dernières générations, qui ne se sont pas transformés en nymphes et en ailés, quittent les racines flétries et remontent sur les grosses racines afin d'y passer l'hiver dans les

(1) Les galles phylloxériques font saillie à la face inférieure des feuilles et ne doivent pas être confondues avec les déformations produites par un Acarien, *Phytoptus vitis* (*Erineum*), ni avec les galles plus rares dues à une Cécidomyie : celles-ci, comme les boursouflures de l'*Erineum*, font saillie à la face supérieure des feuilles.

fissures des écorces. Ces Insectes, au printemps suivant, sortent de leur engourdissement, pondent des œufs parthénogénésiques et donnent naissance à une nouvelle série de générations de femelles agames, semblables à celles qui proviennent des mères fondatrices. Cependant les femelles qui ont hiverné et leurs descendants sont bien moins prolifiques que les individus issus de l'œuf d'hiver. Leur fécondité diminue progressivement à mesure que se succèdent les générations parthénogénésiques. L'espèce disparaîtrait par stérilité, au bout d'un certain nombre d'années, si elle n'était pas régénérée par les individus printaniers, issus de la génération sexuée.

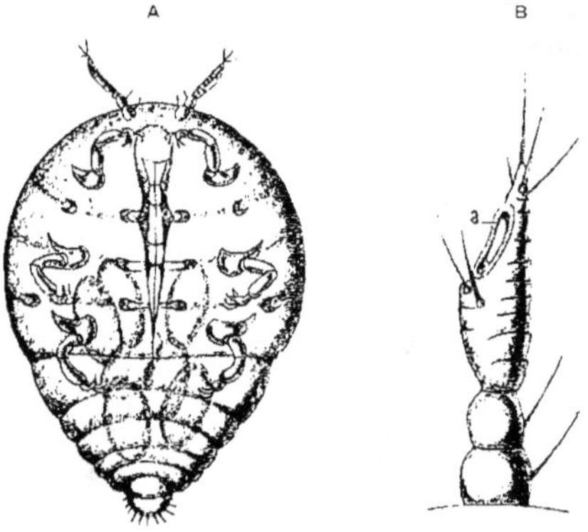

Fig. 263.

A, *Phylloxera vastatrix*. Femelle fondatrice adulte, extraite, en mai, d'une galle formée sur une feuille de *Riparia*, vue par la face ventrale. Sa longueur dépasse 1mm; elle renferme plusieurs œufs mûrs prêts à être pondus. Sa forme et sa structure sont presque celles des grosses femelles gallicoles ordinaires. Le rostre est placé, comme chez le jeune individu, dans une gouttière longitudinale de la face ventrale du corps; il est relativement plus court et plus étroit que chez ce dernier. Les antennes sont courtes et cylindriques, B, et non plus fusiformes comme dans le premier âge; *a*, fossette olfactive. (D'après Balbiani.)

Le Phylloxéra gallicole a été considéré par quelques auteurs comme une espèce différente de celle qui vit sur les racines. Les expériences de Balbiani, Cornu, Riley, etc., répétées depuis plusieurs fois, expériences qui consistent à infester le système radiculaire de Vignes indemnes au moyen du Phylloxéra gallicole, ont prouvé que les deux formes appartiennent à une seule et même espèce. Cependant, bien qu'anciennement, ainsi que nous l'avons dit plus haut, le Phylloxéra de la Vigne ait été probablement uniquement gallicole et présentât le même cycle reproducteur que le Phylloxéra du Chêne, actuellement la forme gallicole paraît devoir être considérée comme une variété composée seulement d'exilés, ne se reproduisant plus par voie sexuée. Malgré les assertions de Shimer, Knyassef et Champin, qui disent avoir observé des nymphes dans les galles, nous n'avons jamais trouvé, le professeur Balbiani et moi, que des femelles aptères parthénogénésiques dans les nombreuses générations des gallicoles.

Le schéma du cycle reproducteur du *Phylloxera vastatrix*, abstraction faite de la variété gallicole, sera le suivant, différent de celui du Phyl-

PLANCHE IV

GALLES DE CHERMÈS, D'APRÈS CHOLODKOVSKY

Fig. 1. — Galle verte de *Chermes strobilobius* sur un rameau d'Épicéa.

Fig. 2. — Fragment de rameau de Mélèze avec bourgeons commençant à s'épanouir et des femelles de *Chermes strobilobius* en train de pondre après avoir passé l'hiver. — *a*, femelles ; *b*, œufs. (L'ensemble est vu grossi à la loupe.)

Fig. 3. — Galle blanche de *Chermes lapponicus* var. *praecox* sur un rameau d'Épicéa.

Fig. 4. — Galle de *Chermes lapponicus* sur un rameau d'Épicéa.

Fig. 5. — Galle de *Chermes coccineus* sur un rameau d'Épicéa.

Fig. 6. — Galle de *Chermes sibiricus* sur un rameau d'Épicéa montrant une femelle fondatrice entourée de duvet blanc.

PLANCHE IV

GALLES DE CHERMÈS, D'APRÈS CHOLODKOVSKY

Fig. 1. — Galle verte de *Chermes strobilobius* sur un rameau d'Épicéa.

Fig. 2. — Fragment de rameau de Mélèze avec bourgeons commençant à s'épanouir et des femelles de *Chermes strobilobius* en train de pondre après avoir passé l'hiver. — *a*, femelles; *b*, œufs. (L'ensemble est vu grossi à la loupe.)

Fig. 3. — Galle blanche de *Chermes lapponicus* var. *præcox* sur un rameau d'Épicéa.

Fig. 4. — Galle de *Chermes lapponicus* sur un rameau d'Épicéa.

Fig. 5. — Galle de *Chermes coccineus* sur un rameau d'Épicéa.

Fig. 6. — Galle de *Chermes sibiricus*, sur un rameau d'Épicéa montrant une femelle fondatrice entourée de duvet blanc.

Galles de Chermès, *d'après Cholodkowsky*

NAUD, éditeur.

Photograv. et imp. Prieur et Dubois et Cie, Puteaux.

loxéra du Chêne par l'absence de sexués provenant d'un agame aptère, et par la présence d'agames hibernants.

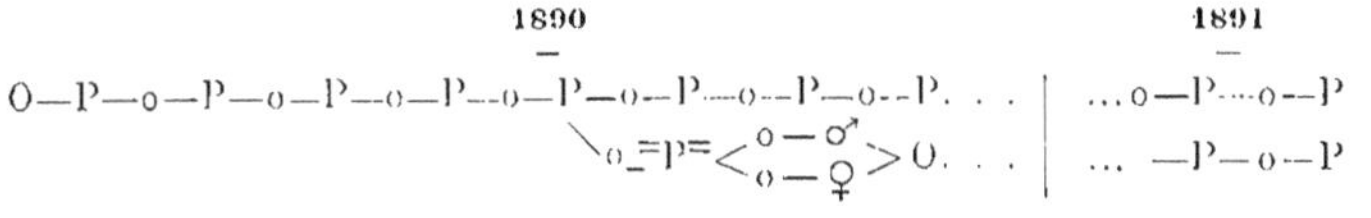

REPRODUCTION DES CHERMÈS

Les Chermès, qui vivent sur les Conifères, sont très voisins des Phylloxériens. Ils étaient considérés, depuis les recherches de DE GEER, RATZEBURG et LEUCKART, comme thélytoques. BLOCHMANN, en 1887, découvrit les mâles, et DREYFUS indiqua, en septembre 1888, la migration possible des Chermès d'une espèce de Conifères sur une autre et l'identification probable du *Chermes laricis* avec la forme ailée du *Chermes abietis*. Deux mois plus tard, en novembre 1888, BLOCHMANN établit expérimentalement la migration des *Chermes* de l'Épicéa sur le Mélèze et réciproquement. Cet auteur montra en outre qu'il existe pour ces Chermès un cycle reproducteur d'une durée de deux ans à côté d'un cycle annuel ne présentant pas de migrations. Depuis 1889, plusieurs travaux (BLOCHMANN, DREYFUS, LÖW, CHOLODKOVSKY) sont venus préciser dans leurs détails les faits avancés par BLOCHMANN. CHOLODKOVSKY, entre autres, a suivi la reproduction de plusieurs espèces de *Chermes*. Ce sont ses travaux que nous allons résumer dans leurs traits essentiels.

La majorité des espèces de *Chermes* ont un cycle reproducteur de deux ans, comptant au maximum six formes d'individus avec changement d'hôte. Ces animaux peuvent vivre sur *Pinus*, *Abies*, *Larix*. Les six formes sont :

1°	Femelle fondatrice vraie.	*Fundatrix.*
2°	Émigrantes ailées.	*Migrantes alatæ.*
3°	Émigrées.	*Emigrantes.*
4°	Exilées.	*Exules.*
5°	Sexupares.	*Sexuparæ.*
6°	Sexués.	*Sexuales.*

Les espèces à cycle de deux ans avec migrations sont : *Chermes coccineus* Cholod., *Ch. sibiricus* Cholod., *Ch. viridis* Ratz. (= *Ch. abietis* L., race verte), *Ch. pini* Koch, *Ch. strobilobius* Kalt., et probablement *Ch. orientalis* Dreyfus. Les espèces à cycle reproducteur d'un an sans migrations présentent deux générations parthénogénésiques, l'une aptère hibernante, l'autre ailée et estivale. Ce sont : *Ch. abietis* Kalt. (= *Ch. abietis* L., race jaune) et *Ch. lapponicus* Cholod. (= *Ch. strobilobius* Kalt., nord de la Russie).

Les cinq générations (quand les exilés manquent) de chaque espèce de *Chermes* à cycle de deux ans se répartissent sur deux espèces de Conifères dont l'Épicéa (*Picea excelsa*) est la plante nourricière principale et dont le Sapin, le Pin et le Mélèze sont les hôtes intermédiaires. Très probablement, à l'origine, ces espèces ne vivaient que sur l'Épicéa; ce qui tend à le prouver, c'est qu'il existe encore des Chermès à cycle adventif annuel ne quittant pas l'Épicéa.

Dans le cycle de deux ans apparaissent deux générations ailées, l'une émigrante, passant de l'Épicéa sur l'hôte intermédiaire et l'autre sexupare, c'est-à-dire donnant naissance aux sexués, qui retourne de la plante intermédiaire à la plante principale. Les Insectes ailés sont pourvus de quatre ailes, présentent des yeux composés, des antennes à cinq articles avec fossettes olfactives sur les trois derniers. La génération sexupare est de taille plus petite que la génération émigrante et possède des ailes à nervation plus simple.

Comme exemple spécial de ces générations hétéroïques, nous prendrons le *Chermes strobilobius*, qui vit sur l'Épicéa et sur le Mélèze.

L'œuf fécondé donne en automne la mère fondatrice qui passe l'hiver à la base d'un bourgeon d'Épicéa et produit au printemps une première ébauche de galle sur un bourgeon. Cette fondatrice subit trois mues et change d'aspect après la première. Elle pond de nombreux œufs parthénogénésiques et les jeunes qui en sortent s'enfoncent entre les aiguilles des jeunes bourgeons, pour produire les galles si fréquentes chez les Épicéa et dites *galles en ananas*. Après quatre mues, les Chermès des galles deviennent ailés et vont sur la plante intermédiaire, le Mélèze : ce sont les émigrants ailés. Ceux-ci pondent et les jeunes de troisième génération se fixent, soit sur les aiguilles pour constituer la variété *Chermes lapponicus*, soit sur l'écorce des rameaux (*Chermes strobilobius*), où ils passent l'hiver.

Ces individus de troisième génération ont des antennes à trois articles; des yeux simples, leurs plateaux glandulaires sont différents de ceux des Chermès de l'Épicéa. Au printemps de la seconde année, les Chermès qui ont hiverné pondent et les jeunes de quatrième génération se fixent sur les aiguilles ou sur l'écorce.

Après leur troisième mue, ils se divisent en deux groupes : les uns (exilés) restent sur le Mélèze et donnent une série de générations parthénogénésiques qui dégénèrent de plus en plus. Les autres (émigrés) subissent une mue de plus que les précédents, deviennent ailés et retournent sur l'Épicéa; en mai ou juin, ils deviennent sexupares et pondent un petit nombre d'œufs sur les aiguilles des jeunes bourgeons. Au bout de deux à trois semaines, les jeunes de cinquième génération éclosent et sucent les aiguilles de l'Épicéa, sur lesquelles ils forment des taches. La quatrième mue se produit après trois ou quatre semaines et les jeunes se transforment en sexués, aptères, à antennes à quatre articles, à yeux simples formés de trois cornées. Les mâles sont plus petits et plus mobiles que les femelles ; ils ont des antennes et des pattes plus longues. Après l'accouplement, la femelle pond un seul gros œuf de $0^{mm},3$ à $0^{mm},4$, correspondant à l'œuf d'hiver des Aphidiens et des Phylloxériens, mais qui éclôt quinze jours environ après avoir été pondu et donne la nouvelle mère fondatrice.

Nous voyons donc que cette espèce tend à se dédoubler en deux races d'habitants différents : l'une passe régulièrement de l'Épicéa sur le Mélèze, et inversement du Mélèze sur l'Épicéa ; l'autre fait partie de l'Épicéa, reste ensuite sur le Mélèze et tend à constituer une espèce nouvelle propre au Mélèze.

A côté de ces Chermès à cycle reproducteur biennal et à migration, on trouve, sur l'Épicéa et sur d'autres Conifères, d'autres formes qui ne subissent pas de migrations et paraissent être exclusivement parthénogénésiques (1). Ce sont probablement des variétés des espèces précédentes. CHOLODKOVSKY a indiqué dans le tableau suivant les espèces de Chermès de l'Épicéa avec leurs plantes intermédiaires, les formes correspondantes vivant exclusivement sur l'Épicéa, et les formes exilées sur les plantes intermédiaires :

Espèces à migrations.	Plante intermédiaire.	Espèces correspondantes à l'Épicéa non émigrantes.	Espèces non émigrantes de la plante intermédiaire (exilées).
Ch. viridis Ratz.	Mélèze.	*Ch. abietis* Kalt.	*Ch. viridanus* Chol.
Ch. strobilobius Kalt.	Id.	*Ch. lapponicus* Cholod.	*Ch. strobilobius* (exilé).
Ch. coccineus Cholod.	Sapin.	?	*Ch. coccineus* (exilé).
Ch. funitectus Dreyf. Galles inconnues.	Id.	?	*Ch. funitectus* (exilé).
Ch. sibiricus Cholod.	Pin.	*Ch. orientalis* Dreyf. ?	*Ch. siribicus* (exilé).
Ch. pini Koch.	Id.	Espèce rouge des écorces.	*Ch. pini* (exilé).

Les *Ch. abietis* et *lapponicus* ont une tendance à devenir exclusivement parthénogénésiques. Les exilés (*Ch. strobilobius*, *coccineus*, *funitectus*, *pini*)

(1) Il est bien probable que la parthénogenèse n'est pas continue et que, de temps à autre, des sexués doivent apparaître, bien qu'on n'ait pu l'observer jusqu'ici.

sont en train de revenir sur la plante intermédiaire. Quant au *Ch. viridanus* il semble déjà avoir acquis cette propriété. CHOLODKOVSKY pense que la reproduction parthénogénésique est une propriété favorable acquise par l'espèce ; les individus aptères non émigrants étant beaucoup moins sujets aux causes nombreuses de destruction qui attendent les individus ailés dans leur passage sur un nouvel hôte. Ces exilés parthénogénésiques pourraient donc être considérés comme des espèces nouvelles en voie de formation.

On comprend combien dans ces cas il est difficile de distinguer les espèces des variétés; les caractères morphologiques sont insuffisants pour différencier les diverses formes, et il faut surtout tenir compte des caractères biologiques, c'est-à-dire du mode de reproduction et des plantes nourricières sur lesquelles ils vivent d'une façon permanente ou passagère. Il est impossible de n'être pas frappé de la ressemblance que présentent les phénomènes décrits par CHOLODKOVSKY chez les Chermès avec ceux signalés depuis longtemps chez les Urédinées. On sait que, chez bon nombre de Champignons de ce groupe, le cycle évolutif est coupé en deux tronçons dont chacun a pour théâtre une plante nourricière différente. L'exemple le plus anciennement connu est celui de la Rouille du Blé (*Puccinia graminis*), qui forme sur le Blé des urédos et des téleutospores pendant l'été et à l'automne. Les téleutospores passent l'hiver sur les chaumes pour germer au printemps suivant en donnant des sporidies. Mais ces sporidies sont incapables de donner un nouveau mycélium sur le Blé. Elles ne le peuvent faire qu'à la condition de rencontrer une autre plante nourricière, l'Épine-vinette (*Berberis vulgaris*). Les spores issues de ce mycélium et que l'on trouve quelques jours après l'infection sont fort différentes de celles qui se montrent sur les chaumes. Elles sont, comme on sait, de deux sortes, les spermaties et les æcidiospores, qui se montrent respectivement à la face supérieure et à la face inférieure des feuilles de *Berberis*, dans des conceptacles connus sous le nom de *spermogonies* et d'*æcidium*.

Des observations minutieuses de DE BARY, KLEBAHN, MAGNUS et surtout ERIKSSON, il résulte que ce Champignon de la Rouille du Blé, qui se montre en abondance sur nos Céréales, laisse reconnaître en réalité plusieurs races distinctes, strictement adaptées à des hôtes différents. On sait que, pendant toute la belle saison, les urédospores germent sur la plante qui les a produites en donnant un nouveau mycélium qui produira de nouvelles urédospores. Mais ce mode de propagation est strictement limité à l'espèce qui les a produites. Des urédos développés sur le Seigle ne peuvent infester des plants de Blé et, réciproquement, il en est de même pour les autres espèces de Graminées.

Par conséquent, le *Puccinia graminis* Pers., la Rouille du Blé des auteurs, est décomposable en un certain nombre de races distinctes, chacune étant adaptée à une plante nourricière différente. Nous retrouvons donc là des faits absolument de même ordre que ceux étudiés par Cholodkovsky sur les Chermès.

Cet ordre de recherches, au point de vue de l'histoire de l'origine des espèces, présente un intérêt considérable (voir *Année biologique*, I, 524, 533).

Parthénogenèse normale ne produisant que des mâles.

C'est ce mode de parthénogenèse, désignée par Leuckart sous le nom de parthénogenèse facultative, que Siebold appelle *arrhénotokie*. Il paraît spécial aux Hyménoptères porte-aiguillon. C'est chez l'Abeille domestique que ce phénomène a été le mieux étudié.

Abeilles. — Les colonies d'Abeilles sociales présentent un polymorphisme très marqué. Elles sont constituées par trois sortes d'individus : 1° des femelles fécondes, mères ou reines (normalement il n'y en a

Fig. 264. — *Apis mellifica*.
A, femelle féconde ou reine ; — B, femelle stérile ou ouvrière ; — C, mâle ou faux-Bourdon.
(Fig. empruntée à Hommel.)

qu'une) ; 2° des mâles ou faux-Bourdons ; 3° des femelles infécondes, généralement stériles (ouvrières ou neutres). Ces trois sortes d'individus sont reconnaissables à des caractères très nets que nous rappellerons brièvement. Ils sont tirés de la constitution des pattes postérieures et des pièces buccales, de la forme de la tête et de la longueur relative des ailes et de l'abdomen.

La paire de pattes postérieures des ouvrières présente une adaptation remarquable au mode de vie de ces Insectes. La jambe est élargie en triangle à sa partie distale et se trouve creusée, sur sa face externe, d'une cavité (*corbeille*) destinée à loger les boulettes de pollen ou de propolis que les Abeilles rapportent, lorsqu'elles ont butiné sur les fleurs, et qui se trouvent retenues par des poils raides tapissant le fond de la corbeille. Le premier article du tarse, beaucoup plus développé et plus large que les suivants, et que l'article correspondant des autres paires de pattes, est de forme à peu près rectangulaire et porte le nom de *pièce carrée*. Il est rattaché au bord inférieur de la jambe par son angle antérieur. Du mode d'insertion excentrique de la pièce carrée sur la jambe, il résulte que cette pièce carrée peut s'éloigner ou se rapprocher du bord inférieur de la jambe, constituant ainsi une pince qui sert à l'Abeille à détacher

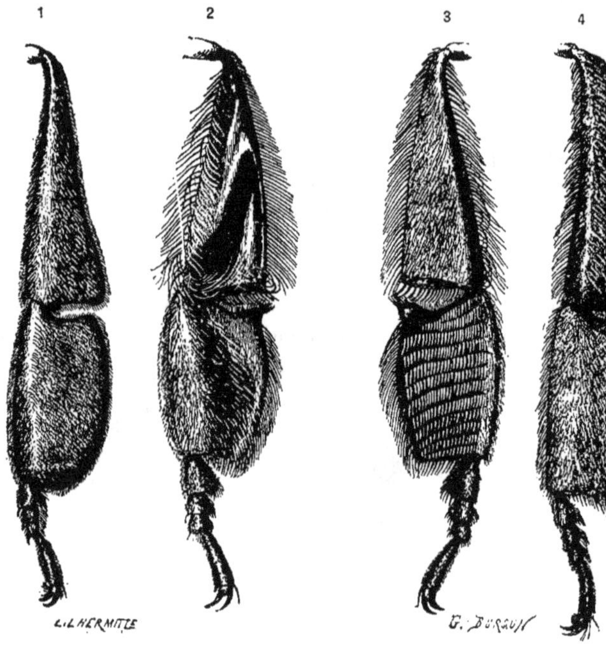

Fig. 265. — Patte postérieure de l'Abeille domestique.
1, de la reine; — 2, de l'ouvrière, vue en dehors; — 3, de l'ouvrière, vue en dedans; — 4, du mâle.
(Fig. empruntée à Hommel.)

des lamelles de cire sécrétée par les glandes situées entre les anneaux de l'abdomen; à la face interne de la pièce carrée se trouvent des rangées transversales de poils, disposés très régulièrement, dont l'ensemble constitue la *brosse* servant à l'Insecte à détacher et rassembler les grains de pollen qui se sont accolés aux poils de la surface du corps. Pour terminer ce qui est relatif aux caractères particuliers de l'ouvrière, notons que chez elle la languette (lèvre inférieure) est très développée, la tête est cordiforme, légèrement échancrée au sommet, avec des yeux composés latéraux, trois ocelles sur le vertex et portant des antennes de douze articles. Les ailes atteignent à peu près l'extrémité de l'abdomen.

Chez la femelle féconde (reine), la jambe de la troisième paire de pattes n'est que faiblement triangulaire et dépourvue de corbeille ; la pièce carrée est plus longue, mais la pince est imparfaite, et la brosse beaucoup moins développée. La tête est moins allongée que chez l'ouvrière, mais les yeux ont même disposition. La languette est beaucoup plus courte.

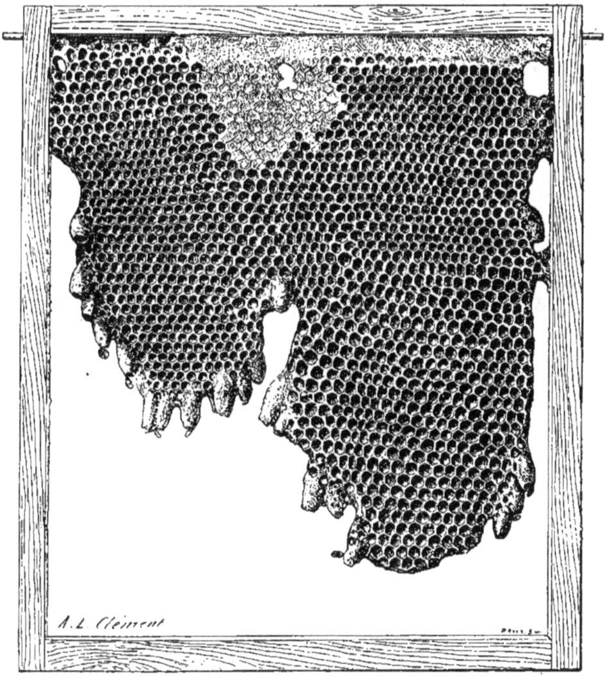

Fig. 266. — Rayon d'Abeilles carnioliennes portant à la périphérie 24 cellules royales. (Fig. empruntée à HOMMEL.)

Enfin, l'abdomen, de forme conique, est beaucoup plus long que chez l'ouvrière et les ailes ne dépassent pas en arrière le quatrième segment.

Les mâles ont la jambe des pattes postérieures étroite et épaisse. La pièce carrée est un peu plus courte que chez l'ouvrière et à face extérieure convexe. La tête, très grosse, arrondie, porte des yeux composés très développés, se rejoignant sur le sommet du vertex, de telle sorte que les ocelles se trouvent reportés plus bas que chez les femelles ; les antennes ont treize articles. Les ailes dépassent de beaucoup l'abdomen. Enfin, le mâle est dépourvu d'aiguillon, qui existe chez la reine et l'ouvrière.

On sait que, dans une colonie d'Abeilles, le nombre des ouvrières est de beaucoup supérieur à celui des mâles et des femelles. Dans une ruche on compte 15 à 30 mille ouvrières pour 3 à 4 cents mâles et une seule reine féconde.

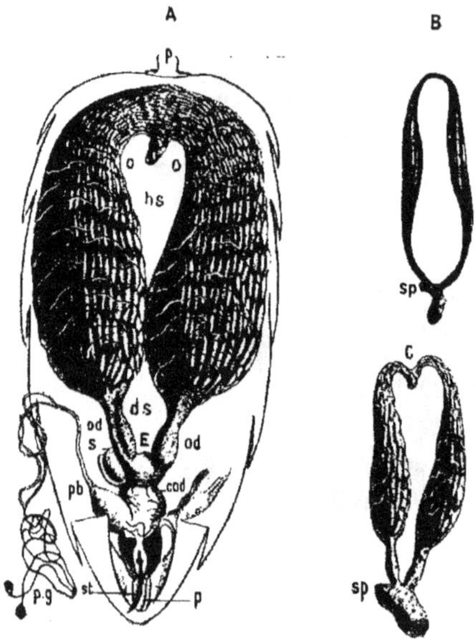

Fig. 267. — Organes génitaux femelles de l'*Apis mellifica*. A, abdomen de reine ouvert par la face ventrale; — *P*, pédicule; *oo*, ovaires; *hs*, place occupée par le réservoir à miel; *ds*, place traversée par le tube digestif; *od*, oviductes; *e*, œuf engagé dans l'oviducte; *cod*, partie commune des oviductes; *pb*, réservoir à venin; *pg*, glandes à venin; *st*, aiguillon; *p*, palpes génitaux; *s*, réservoir séminal. — B, ovaires rudimentaires d'une ouvrière stérile. — C, Ovaires en partie développés d'une ouvrière fertile; *sp*, réservoir séminal rudimentaire. (D'après Cheshire.)

Nous rappellerons ici que les rayons de cire qui sont disposés verticalement dans l'intérieur de la colonie, présentent des cellules hexagonales de dimensions différentes. Dans les petites cellules, les plus nombreuses, sont déposées les provisions, miel, pollen, et se développent les larves d'ouvrières. Dans les plus grandes sont pondus les œufs qui donneront des mâles. Enfin, outre les cellules hexagonales, on trouve à la périphérie de certains gâteaux, de grandes cellules ovoïdes, cellules royales, destinées aux larves des femelles fécondes.

Nous avons déjà mentionné plus haut l'opinion des anciens, celle d'Aristote entre autres, relativement à la reproduction des Abeilles. Swammerdam montra que l'Abeille désignée par Aristote sous le nom de *roi* est en réalité une femelle, mais cet auteur ne put jamais constater l'accouplement de cette femelle et crut qu'elle était fécondée par une sorte d'*aura seminalis* émanée du mâle. Huber, en plaçant des mâles dans une boîte percée de trous au milieu d'une ruche renfermant une mère encore vierge, démontra que celle-ci restait inféconde et que par conséquent il ne pouvait être question d'une fécondation à distance. Le même naturaliste et Réaumur essayèrent en vain d'obtenir l'accouplement en enfermant des mâles avec des femelles. C'est Mouffet, le premier, qui avança que la fécondation de la reine devait se produire en dehors de la ruche. François

Huber assista pour la première fois, le 29 juin 1788, à l'accouplement aérien d'une reine et d'un faux-Bourdon. En 1814, Mlle Jurine prouva que les ouvrières ne sont autre chose que des femelles à organes génitaux atrophiés. On savait que, après l'accouplement, la reine rentre dans la ruche et n'en sort plus que dans certains cas, lorsqu'il se produit un essaimage et qu'elle peut pondre, plusieurs années, des œufs qui donneront naissance à des ouvrières, des mâles et des femelles, suivant qu'ils ont été pondus dans telle ou telle cellule. Ce sont les belles recherches de Dzierzon, Berlepsch, Leuckart et Siebold, de 1845 à 1856, qui ont établi la parthénogenèse arrhénotoque des Abeilles. La théorie dite de Dzierzon repose sur les faits d'observation suivants :

1° Leuckart et Siebold, en examinant avec soin les œufs fraîchement pondus par la reine, n'ont jamais trouvé de spermatozoïdes dans les œufs déposés dans les grandes cellules hexagonales où se développeront les mâles, tandis qu'ils en ont vu dans les œufs pondus dans les cellules d'où sortiront les femelles et les ouvrières.

2° Tous les observateurs ont reconnu que, si la reine ne s'accouple pas, tous les œufs qu'elle pond, quelle que soit la cellule où ils sont déposés, ne donnent naissance qu'à des mâles (1).

3° Dans le croisement des différentes races d'Abeilles, les mâles sont toujours de la même race que la reine. Ainsi, dans le croisement d'un mâle noir français avec une femelle jaune italienne, les femelles et les ouvrières sont des métis présentant à la fois les caractères de la race française et de la race italienne; les mâles sont de race italienne pure.

4° Les ouvrières, dans certaines circonstances, peuvent pondre, mais elles ne peuvent s'accoupler à cause de l'étroitesse de leur vagin; leurs œufs produisent toujours des mâles.

Partant de cet ensemble de faits, appuyé sur ses observations personnelles, Dzierzon est arrivé à admettre que la reine ou femelle d'Abeille peut pondre à volonté des œufs fécondés ou non, ces derniers étant déposés dans de grandes cellules hexagonales spéciales. Elle ne contracterait son réceptacle séminal, pour en faire sortir les spermatozoïdes, que lorsqu'elle est en présence d'une cellule de reine ou d'ouvrière. Cette théorie, généralement adoptée, a été l'objet d'un certain nombre de critiques de la part d'apiculteurs et de savants, entre autres de Pérez. Voici les principales objections que cet auteur oppose à la théorie de Dzierzon :

Drory a vu que si les grandes cellules hexagonales sont enlevées

(1) Quand la femelle n'est pas fécondée ou quand elle a épuisé sa provision de spermatozoïdes, il ne se produit plus que des mâles dans la ruche. Celle-ci ne renferme alors que des faux-Bourdons et devient, comme on dit, *bourdonneuse*.

d'une ruche, la femelle pond, dans les cellules d'ouvrières, des œufs qui donneront naissance à des mâles. D'autre part si, au mois de septembre, quand il n'y aura plus de mâles dans la colonie, on ne laisse à la disposition de la femelle que de grandes cellules hexagonales, elle y pond des œufs d'où sortiront des ouvrières. Ces observations prouveraient que ce n'est pas la forme et la dimension des cellules qui incitent les femelles à pondre des œufs fécondés ou non. Pérez a fait de nombreuses expériences de métissage entre les diverses races d'Abeilles. En faisant accoupler des femelles italiennes avec des mâles français, il a constaté, parmi les mâles issus de ces femelles, qu'un certain nombre d'entre eux pouvaient présenter des caractères de métis. Ainsi, sur 300 mâles d'une ruche métissée, 151 étaient de race italienne pure, 66 étaient métissés à des degrés divers, 83 étaient de race française. Le savant professeur de l'Université de Bordeaux conclut donc de son observation à une influence exercée par le mâle sur les œufs considérés par Dzierzon comme non fécondés et destinés à donner des mâles. Il admet que les faux-Bourdons peuvent provenir d'œufs non fécondés ou d'œufs fécondés et qu'en pareil cas les caractères paternels peuvent se transmettre aux descendants mâles. On peut objecter aux observations de Pérez qu'il s'agit peut-être dans ce cas d'un retour atavique vers la race noire; ou bien que les mâles métissés proviennent peut-être d'œufs pondus par les ouvrières.

Au demeurant, si la théorie de Dzierzon est encore passible d'objections non négligeables, elle n'en repose pas moins sur des observations précises, maintes fois vérifiées, et la parthénogenèse arrhénotoque des Abeilles ne nous paraît pas pouvoir être mise en doute.

Cette parthénogenèse arrhénotoque a été constatée chez d'autres Hyménoptères sociaux : Bourdons, Guêpes, Polistes et Fourmis et quelques Hyménoptères porte-aiguillon solitaires. A ce sujet, Marchal (1896) a fait sur les Guêpes de très intéressantes observations. De 1893 à 1895, ce savant a pu étudier 31 colonies de Guêpes appartenant aux espèces *Vespa germanica*, *V. vulgaris*, *V. saxonica*, *V. crabro* (1).

Guêpes. — Tandis que chez les Abeilles il existe un polymorphisme très marqué, chez les Guêpes les femelles fécondes diffèrent beaucoup moins des ouvrières. Elles ne sont pas uniquement pondeuses comme les reines d'Abeilles. Toutes les ouvrières meurent à la fin de l'automne; seules les femelles hivernent et construisent au printemps les premières cellules de la colonie. Chez la *Vespa germanica*, par exemple, vers la fin

(1) On trouvera dans le travail de Marchal des renseignements techniques sur la capture des nids, la capture des Guêpes et les méthodes d'observation. Le travail de Janet (1895) contient d'intéressants détails sur le mode de formation du nid.

d'avril ou le commencement de mai, la femelle fécondée fonde une colonie. Trente jours environ après la ponte naissent des ouvrières. La femelle reste alors dans le nid et n'en sort plus, tandis que les ouvrières construisent des gâteaux superposés ne renfermant que de petites cellules. Dans la seconde moitié d'août, elles construisent vers la base du nid des gâteaux à grands alvéoles. Vers la fin d'août et pendant le mois de

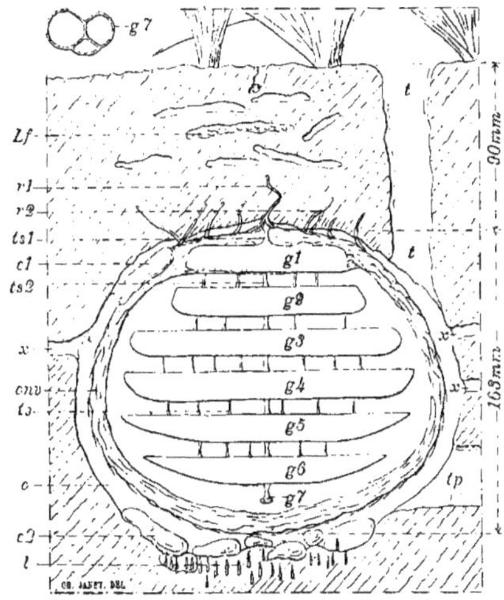

Fig. 268. Coupe médiane d'un nid de *Vespa germanica*.

t, galerie d'accès; *tp*, trou de Taupe; *x*, petites galeries latérales; *c*, vide autour de l'enveloppe; *Lf*, nid de *Lasius flavus* immédiatement au-dessus du nid de *Vespa*; *l*, nombreuses larves (*Pegomyia* (*Acanthiptera*) *inanis* Fall. ?) placées verticalement dans la terre au-dessous du nid; s^1, caillou pris dans l'enveloppe; s^2, cailloux du déblai, descendus au fond de la cavité; r^1, racine à laquelle est attachée la lame de suspension primitive du nid; r^2, autres racines auxquelles le nid a été successivement attaché; g^1 à g^6, six gâteaux alvéolaires; g^7, gâteau naissant ne comprenant encore que la lame de suspension et l'amorce de 3 alvéoles; ts^1, lame de suspension primitive du premier gâteau; ts^2, lame de suspension primitive du deuxième gâteau; *ts*, tiges de suspension secondaires; en haut, à gauche, g^7, vu par-dessous, grossi 1 fois 1/2. (Fig. originale de JANET.)

septembre, la colonie est au complet et renferme des ouvrières, des mâles, la mère fondatrice et de jeunes femelles. Les premières ouvrières qui apparaissent sont petites. Celles qui naissent par la suite sont plus grosses et se développent dans de grandes cellules. Les organes génitaux de ces ouvrières sont conformés comme ceux de la femelle. Il existe six gaines ovariques de chaque côté et un réceptacle séminal toujours vide. Ces ouvrières sont quelquefois poursuivies par les mâles. La reine-mère est reconnaissable à ses allures lentes, à ses ailes déchiquetées et à des taches brunes sur le dos des premier et deuxième segments de l'abdomen qui ne sont que des taches d'usure, résultant du frottement des téguments contre les rayons du nid. Les mâles ont de longues antennes, sept anneaux à l'abdomen au lieu de six comme chez les ouvrières et leur taille varie dans des limites très étendues, du simple au double en longueur. Les petits sont élevés dans de petites cellules et les plus grands dans des grandes. Le sexe des larves peut être facilement reconnu à tous les stades : les larves mâles portent sur le dos, au niveau du huitième anneau, deux taches grisâtres accolées, correspondant aux deux testicules vus par transparence.

Jusqu'au 15 août, on trouve uniquement dans le nid des rayons à petits alvéoles ne renfermant que des larves ou des nymphes d'ouvrières. Plus tard, dans ces mêmes petites cellules, apparaissent des mâles. Les grandes cellules de la partie inférieure du nid renferment aussi des mâles plus gros et des ouvrières intermédiaires comme taille entre les ouvrières et les femelles. Les cellules contenant des nymphes de mâles et de grosses ouvrières sont reconnaissables à leur opercule surbaissé, les cellules contenant des femelles ayant un opercule bombé. Vers le milieu de septembre, il se produit une spécialisation de grandes cellules qui ne renferment plus que des femelles, mais on trouve encore quelques mâles. Dans les petites cellules, la production des mâles commence donc vers le 15 août, atteint son maximum vers le 15 septembre, puis va décroissant jusqu'à la fin de la saison.

Les œufs ne sont pas uniquement pondus par la reine. On trouve dans la colonie des ouvrières fertiles. L'existence de ces ouvrières pondeuses avait déjà été signalée par Leuckart (1858), qui avait trouvé des œufs bien développés dans les organes génitaux de neutres, chez les Bourdons, les Guêpes et les Fourmis. Siebold (1871) établit que, chez les Polistes, ces ouvrières pondeuses ne produisent que des mâles. Chez *Vespa germanica*, Marchal a constaté que les ouvrières parthénogénésiques donnent des œufs peu nombreux en août et disparaissent en septembre, mais il a reconnu que les ouvrières tenues en captivité et bien nourries peuvent, en toute saison, acquérir des ovaires bien développés. D'après lui, ce développement des organes génitaux ne serait pas uniquement dû à l'influence de la nourriture, il dépendrait surtout de la suppression de la reine. L'action de la suppression de la reine peut, en effet, s'observer à l'état libre. La reine venant à disparaître, et par là même de nouveaux œufs n'étant plus pondus, les ouvrières n'ont plus de couvain à nourrir ; elles résorbent les liquides nutritifs qu'elles auraient donné aux larves, et deviennent alors fécondes. Mais pour que cette transformation se produise, il faut que ces ouvrières ne soient pas écloses depuis trop longtemps. La fécondité des ouvrières d'une ruche ainsi privée de femelles peut être très grande, et l'on peut voir souvent plusieurs œufs pondus dans une même cellule. Ainsi, d'après Marchal, c'est la suppression de la fonction de la reine qui amène le retour des ouvrières au type fécond originel.

Il résulte des minutieuses et habiles observations de cet auteur que les mâles peuvent être produits par les ouvrières et par la reine. On en trouve, en effet, dans la colonie, alors qu'il n'y a plus d'ouvrières pondeuses, à la fin de septembre et en octobre. La reine pond dans les petites cellules des œufs destinés à produire des ouvrières et des mâles. Dans les grandes, à partir du milieu de septembre, elle ne pond plus que des œufs donnant des femelles.

On voit que, à l'encontre de ce que nous avons signalé chez les Abeilles, on ne trouve pas, chez les Guêpes, cette relation constante à l'état normal entre les dimensions des alvéoles et la fécondation ou la non-fécondation de l'œuf. Par conséquent, il faudrait, d'après Marchal, admettre que la volonté de la femelle n'intervient pas pour la ponte des œufs fécondés ou non. Suivant lui, après une ponte d'œufs fécondés, ponte qui dure jusqu'au milieu d'août, le réflexe qui amène la contraction du réceptacle séminal ne se produirait plus avec régularité et des œufs fécondés ou non fécondés, destinés à produire des ouvrières ou des mâles, seraient déposés dans les petites cellules. Mais lorsque la reine se pose sur les grands alvéoles, « elle concentre toute son énergie et dès lors ne pond plus que des œufs fécondés ou femelles. » « La volonté de la reine serait donc subordonnée à un phénomène purement passif : elle ne pond pas des mâles et des femelles à sa volonté, mais il arrive un moment où sa ponte se trouve forcément mélangée de mâles, à cause de l'inertie relative de son réceptacle, et son rôle actif consiste uniquement à distribuer ses œufs suivant le sexe d'une façon plus ou moins précise. »

La *Vespa vulgaris* se comporte, au point de vue de la reproduction, comme la *Vespa germanica* ; dans les nids aériens de *Vespa media*, la colonie atteint le maximum de son évolution vers le mois d'août, plus d'un mois en avance sur les Guêpes souterraines. La reine fondatrice meurt vers le commencement d'août. Il n'existe pas de cellules spéciales pour les mâles.

Polistes. — Les Polistes se reproduisent comme les Guêpes dont il vient d'être question. Marchal a constaté que plusieurs femelles peuvent prendre part à la fondation du nid. Le même auteur a publié une observation intéressante sur l'origine de la forme hexagonale des alvéoles. De Saussure avait admis que la forme primitive des alvéoles des Hyménoptères sociaux est cylindrique. Marchal confirme le fait et constate que la forme hexagonale résulte de l'association de plusieurs cellules dans un espace restreint.

Autres Hyménoptères. — On ne possède qu'un petit nombre d'observations sur la reproduction des autres Hyménoptères sociaux. Chez la *Melipona scutellaris*, exploitée comme Abeille productrice de miel au Mexique, les colonies renferment des mâles, des ouvrières et plusieurs femelles fécondes vivant simultanément dans le nid. Pérez (1895) a pu conserver pendant trois ans une colonie d'une petite *Trigona* de l'Uruguay. La première année, la reine ne produisit que des ouvrières. La seconde année, Pérez constata la naissance d'une reine qui quitta le nid, lequel ne contenait aucun mâle. La troisième année il y eut plusieurs reines qui avortèrent et la reine-mère mourut. Les ouvrières construisirent des cellules de reine, mais ne pondirent pas, et toute la colonie mourut sans qu'il se fût produit en trois ans aucun mâle.

Parmi les Hyménoptères solitaires, chez lesquels il n'existe que des mâles et des femelles, Fabre a avancé que, chez les Osmies, la femelle, pond des œufs destinés à donner naissance aux mâles et aux femelles dans des cellules différentes. Le même auteur (1879) a constaté, chez *Halictus*, l'existence de deux générations par an. Au printemps, la femelle fécondée l'automne précédent, ne produit que des femelles. Celles-ci donnent naissance, à l'automne, par parthénogenèse, à des mâles et à des femelles. Il y aurait donc dans cette espèce un cycle biologique rappelant celui des Cynipides, à cela près qu'il n'y a pas de différence morphologique entre la femelle sexuée et la femelle parthénogénésique.

D'après Pérez (1890), les mâles des *Halictus* sont beaucoup plus précoces que Fabre ne l'a cru, par suite de données insuffisantes. En examinant des femelles en juillet, il a trouvé dans leur réceptacle séminal la preuve incontestable de leur fécondation. On peut d'ailleurs voir les mâles se livrer activement à la poursuite des femelles butinant sur les fleurs, et le fait avait déjà été constaté par Lepelletier Saint-Fargeau. Pérez est porté à croire que certaines espèces d'*Halictus*, sinon le plus grand nombre, intercalent au moins une autre génération entre la génération d'été et celle qui est astreinte à l'hivernage. Par contre, l'*Halictus lineolatus* serait une espèce printanière n'ayant qu'une seule génération annuelle.

Fourmis. — Les Fourmis sont, comme on le sait, des Hyménoptères sociaux chez lesquels il existe un polymorphisme très marqué. Les mâles et les femelles sont ailés et les ouvrières toujours aptères. Dans certaines espèces, ce polymorphisme est poussé plus loin et une même colonie peut présenter un très grand nombre d'individus de formes différentes. Wasmann, qui a étudié avec beaucoup de soin certaines Fourmis, a trouvé des termes intermédiaires entre les individus sexués et les ouvrières, formes qu'il désigne sous le nom d'*ergatoïdes* et qui sont au nombre de six :

1° Individus qui, pour la grosseur du corps et le développement de l'abdomen (y compris les ovaires), appartiennent au type femelle, mais qui

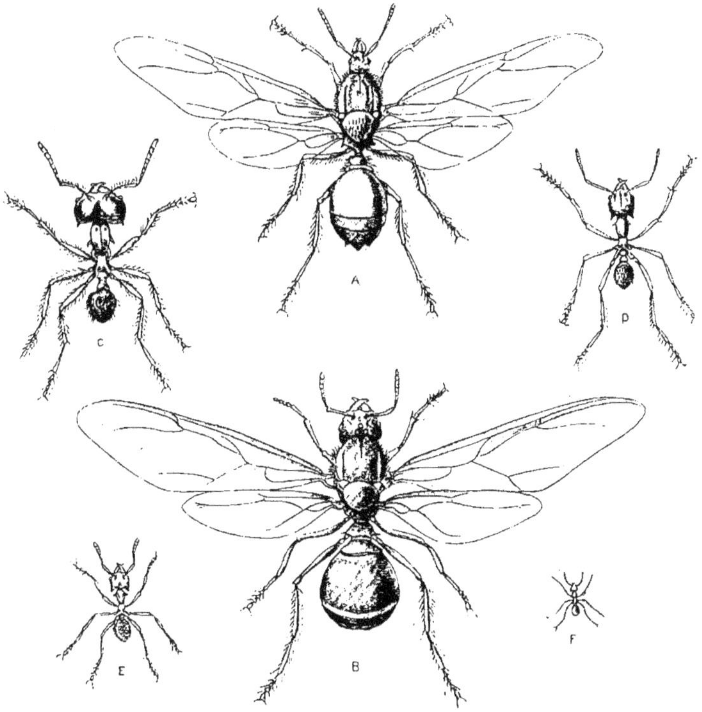

Fig. 269. — Individus adultes d'*Atta (Œcodoma) cephalotes* pris dans un nid à l'île de la Trinité par F. H. HART, le 25 juin 1895.

A, mâle ; — B, femelle ailée ; — C, soldat ; — D, grande ouvrière ; — E, petite ouvrière ; — F, ouvrière encore plus petite ou nourrice. Toutes les figures sont à la même échelle, grossies à peu près une fois et demie. (D'après SHARP.)

pourtant présentent la structure du thorax des ouvrières et sont, comme elles, complètement aptères, « femelles aptères » de HUBER. On peut désigner morphologiquement cette forme sous le nom de *forme femelle ergatoïde*, et biologiquement sous le nom de *reine secondaire* ;

2° Individus qui ne diffèrent des ouvrières normales que par un développement des ovaires plus ou moins grand : *forme ouvrière gynécoïde* ;

3° Individus qui ne se rapprochent des femelles que par les dimensions de leurs corps, mais sont, pour tout le reste, des ouvrières normales: *ouvrières d'une grandeur anormale* (*forme macroergate*);

4° Individus qui, pour la grosseur de leur corps et pour le développement de leur abdomen, appartiennent au type ouvrière, mais qui, au contraire, se rapportent au type femelle par la structure de leur thorax, notamment la forme bombée du mesonotum, tout en restant cependant toujours aptères; forme nettement pathologique : *forme ouvrière pseudogyne*;

5° Individus qui se rapprochent des ouvrières par la grosseur de leur corps et leur thorax un peu plus étroit, mais qui, pour le reste, sont des femelles ailées normales : *femelles d'une petitesse anormale* (*forme microgyne*);

6° Individus qui constituent des formes de passage graduel et de toute nature entre les femelles et les ouvrières : *formes ergatogynes diverses*.

Selon Wasmann, toutes ces diverses formes résulteraient des soins différents que reçoivent les larves de la part des ouvrières.

Bickford (1895) a examiné les ovaires d'un grand nombre de Fourmis. Chez les femelles on ne trouve jamais les corpuscules orangés qui caractérisent les ovaires des ouvrières. Le nombre des gaines varie chez les femelles suivant les espèces. On en trouve 45 de chaque côté chez *Formica rufa*, de 4 à 5 seulement chez *Plagiolepis pygmæa* : il n'existe pas de rapport entre le nombre des gaines et la grosseur de l'espèce. Dans une même espèce, le nombre des gaines des ouvrières est très variable. Il en est de même de leur contenu, qui tantôt présente un aspect naturel avec de petits ovules, tantôt est constitué par des granulations orangées. Ce sont probablement des sortes de corps jaunes provenant de la dégénérescence des ovules. Chez *Formica pratensis*, les ouvrières ont de 2 à 6 gaines de chaque côté; chez *F. rufa*, de 4 à 10; chez *Lasius fuliginosus*, une seule; chez *Tetramorium cæspitosum*, les ovaires avortent complètement. Lubbock, Lespès, Dewitz, Forel, Wasmann ont vu des ouvrières pondre et donner des mâles. Bickford a constaté également que les fourmilières dépourvues de reines ne produisent que des mâles, mais on ne sait si les femelles fécondes peuvent produire des mâles par parthénogenèse. Il est singulier que des Fourmis qui, au point de vue des mœurs, de l'instinct, ont été l'objet de tant de recherches attentives, ne soient pas mieux connues au point de vue de la reproduction parthénogénésique.

Termites. — Parmi les Pseudorthoptères, les Termites, Insectes sociaux, présentent, comme les Fourmis, un polymorphisme très marqué.

LESPÈS (1856) avait reconnu dans les colonies 6 sortes d'individus différents dont le tableau suivant présente la nomenclature :

SEXUÉS		NEUTRES	
1er type.	2me type.	1re type.	2me type.
Petits rois.	Rois.	Ouvriers.	Soldats.
Petites reines.	Reines.	♂ et ♀	♂ et ♀
		avortés	

FRITZ MÜLLER (1873-75) a étudié avec plus de précision la morphologie des divers individus composant une termitière. Il a vu que les larves du premier âge possédaient seulement 9 articles aux antennes, et que le nombre des articles augmentait à chaque mue aux dépens du troisième article. Arrivés au terme de leur croissance, les ouvriers ont aux antennes 14 articles, les soldats 13 articles et les sexués ailés 15. Les individus reproducteurs, rois, petits rois, reines et petites reines, se présentent sous deux formes. La première provient de nymphes pourvues de grands fourreaux alaires : ce sont les sexués ailés qui quittent le nid; un petit nombre d'entre eux survivent et deviennent rois et reines dans la colonie même. La seconde forme provient de nymphes à fourreaux alaires courts : elle reste aptère et ne quitte jamais le nid. Ces individus ressemblent aux ouvriers. Ce sont des mâles et des femelles de remplacement possédant 14 articles aux antennes.

Malgré leur polymorphisme si marqué, les Termites ne paraissent se reproduire que par voie sexuelle, et l'on n'a pu, jusqu'ici, constater de parthénogenèse parmi eux. GRASSI et SANDIAS (1893-1894), qui ont étudié récemment avec soin l'anatomie et les mœurs du *Calotermes flavicollis* et du *Termes lucifugus*, ont trouvé des spermatozoïdes dans le réceptacle séminal des femelles provenant de nids dont les mâles avaient disparu. Ces auteurs ont appelé l'attention sur les formes immatures de sexués qui sont des reproducteurs de remplacement, destinés à remplacer le roi et la reine dont il n'existe normalement qu'un couple dans une termitière, si ce couple vient à disparaître.

Pædogenèse.

Pour terminer ce qui est relatif à la parthénogenèse, il nous reste à dire quelques mots d'un phénomène très intéressant, découvert, en 1862, par Nicolas Wagner, chez certaines Cécidomyies, phénomène que von Baer a désigné sous le nom de *pædogenèse*, et qui consiste dans le développement et la maturation très précoces des organes génitaux chez les larves ou chez les nymphes, qui peuvent se reproduire avant d'être arrivées à l'état adulte. Wagner avait observé, à l'intérieur de larves de Cécidomyies, d'autres larves vivantes qui, pensait-il, se développaient aux dépens du corps graisseux. La larve-mère était détruite par la mise en liberté des jeunes. De Filippi, qui avait pu voir à Kazan les animaux étudiés par Wagner, confirma à Siebold la réalité de la découverte, et l'année suivante (1863) von Baer reconnut aussi l'exactitude du fait avancé par le naturaliste russe sur des pièces envoyées de Kazan. Meinert (1864) étudia la même espèce que Wagner et la désigna sous le nom de *Miastor metraloas*. Pagenstecker (1864) retrouva le même mode de reproduction dans une larve d'une autre espèce, et montra que les jeunes larves se développent aux dépens d'œufs véritables. Ganin (1865) vit qu'il existait chez ces larves parthénogénésiques un ovaire pair, et Leuckart, à la même époque, constata que ces ovaires se divisent en petits groupes de cellules qui flottent librement dans la cavité du corps. Metchnikoff (1866) suivit le développement des larves aux dépens des œufs ovariens. Grimm (1870) a vu que les nymphes de *Chironomus Grimmii* peuvent se reproduire au moyen d'œufs pondus non fécondés. Anton Schneider (1885) reconnut que, dans cette même espèce, l'imago peut aussi pondre des œufs non fécondés qui se développent. Peut-être la pupe et l'imago ont-elles la même faculté de se reproduire par parthénogenèse, et le *Chironomus Grimmii* marquerait une transition entre la pædogenèse et la parthénogenèse normale (1).

Grobben (1879) a fait remarquer que beaucoup d'animaux parthénogénésiques sont caractérisés par le développement précoce de leurs organes reproducteurs. C'est ce qu'on constate, en effet, chez les Aphidiens, les Cécidomyies et les *Chironomus*, chez lesquels les cellules

---

(1) Siebold (1870) et Nassonoff (1894) admettent que les Strepsiptères peuvent se reproduire par parthénogenèse. Les femelles aptères et apodes seraient des larves dont les œufs se développeraient souvent sans être fécondés, et seraient par conséquent pædogénésiques. Meinert (1896) a combattu cette manière de voir et assure qu'il y a toujours accouplement.

sexuelles apparaissent, comme nous le verrons, au moment de la segmentation pour les premiers et même avant toute trace de formation du blastoderme chez les derniers.

La pædogenèse est un mode de reproduction qui se retrouve chez d'autres animaux que les Insectes. On peut considérer comme se rapportant à la pædogenèse la formation des Cercaires dans les sporocystes des Trématodes et le cas, si curieux, du *Gyrodactylus elegans*, parasite externe des Poissons et aussi, comme j'ai pu le constater, des têtards de Grenouille.

Giard (1887) a désigné sous le nom de *progenèse* la reproduction sexuée des individus qui n'ont pas atteint le terme de leur développement. Tels sont, par exemple, les femelles parthénogénésiques aptères des Pucerons, qui peuvent être considérées comme les larves des formes ailées; les femelles de *Stylops* aptères, qui conservent la forme larvaire; le mâle parasite de la Bonellie; le mâle de *Lecanium hesperidum* dont nous avons déjà parlé; les mâles pygmées des Rotifères et ceux de certains Crustacés isopodes, etc. La pædogenèse peut être considérée comme un cas particulier de progenèse et pourrait être désignée sous le nom de *progenèse parthénogénésique*, par opposition à la progenèse sexuée. Chez les animaux inférieurs, il est souvent difficile de distinguer la progenèse de la néoténie (1).

Résumé.

Hatschek distingue trois sortes de parthénogenèse. *L'isoparthénogenèse* ou parthénogenèse normale (Abeilles, Cladocères); *l'hétéroparthénogenèse* ou parthénogenèse cyclique, caractérisée par l'alternance de générations parthénogénésiques et de générations sexuées (Aphidiens, Cynipides); et la *pædoparthénogenèse* ou pædogenèse de von Baer, qui est la parthénogenèse s'observant chez les larves (Cécidomyies, Distomes). Cette classification est acceptable dans ses traits essentiels; elle correspond, en effet, aux divisions que nous avons admises pour la parthénogenèse normale. L'isoparthénogenèse correspond à ce que nous avons appelé la parthénogenèse normale constante, et l'hétéroparthénogenèse à la parthénogenèse cyclique; mais la parthénogenèse exceptionnelle ou accidentelle, celle des Bombycides par exemple, ne rentre dans aucune des catégories de Hatschek. Il convient donc de désigner

(1) Il faut distinguer la *néoténie* de la progenèse. La néoténie consiste dans la persistance, chez un animal adulte, de certains caractères larvaires. Tel est, par exemple, le cas pour la femelle du Lampyre, pour les sexués de remplacement des Termites, etc.

cette forme spéciale par un terme particulier. Nous proposons de l'appeler *tychoparthénogenèse* (de τύχη, hasard). On pourrait également remplacer le terme isoparthénogenèse par celui de *homoparthénogenèse* qui nous semble mieux correspondre à la réalité des choses. Nous résumerons donc dans le tableau suivant les différentes formes de parthénogenèse :

1° Tychoparthénogenèse =	parthénogenèse accidentelle (Bombycides).
2° Homoparthénogenèse.	Thélytoque : production de femelles par parthénogenèse (?) (Tenthrédinides).
	Arrhénotoque : production de mâles par parthénogenèse (Apides et Vespides sociaux).
3° Hétéroparthénogenèse = parthénogenèse cyclique.	régulière (Cynipides, Aphides, Phylloxérides).
	irrégulière (Psychides, Tenthrédinides).
4° Pædoparthénogenèse =	progenèse parthénogénésique (Cécidomyides, Chironomides).

Si nous ajoutons à ce tableau la reproduction uniquement sexuée, qui est la règle pour la grande majorité des Insectes, et la reproduction sexuée cyclique dimorphe du *Cynips calicis*, découverte par Beijerinck, et qui existe probablement aussi dans d'autres espèces, nous aurons les divers modes de reproduction actuellement connus chez les Insectes.

Quant à discuter l'origine et la signification de ces divers modes de reproduction, ainsi que leur importance pour les Insectes, c'est une question qui nous entraînerait beaucoup trop loin et que nous n'exposerons pas ici.

La parthénogenèse est un mode de reproduction évidemment favorable à la multiplication rapide de l'espèce ; ne nécessitant pas le concours de deux individus différents dont la rencontre peut être empêchée par un grand nombre de circonstances, elle permet à l'individu de se reproduire sûrement malgré son isolement.

La parthénogenèse doit être regardée comme une faculté acquise par certains Insectes, et non comme un retour ancestral à un mode de génération primitif, qui ne se retrouve normalement que chez les êtres tout à fait inférieurs se reproduisant par spores. On la constate, en effet, soit accidentellement, soit normalement, surtout chez les Insectes les plus récents, Hémiptères, Lépidoptères, Hyménoptères, et on ne l'a pas encore signalée chez les Aptérygotes. De plus, les femelles parthénogénésiques ont les organes génitaux conformés comme ceux des femelles sexuées et possèdent presque toujours un réceptacle séminal, ce qui indique qu'elles proviennent de ces dernières.

Ce sont les conditions du milieu, nourriture abondante et élévation de température, qui paraissent généralement déterminer le développement parthénogénésique de l'œuf, et la production, en général, de femelles aux dépens des œufs parthénogénésiques. C'est ce que Bonnet et Balbiani ont montré pour les Pucerons, et ce que les intéressantes expériences de Klebs (1896) ont établi pour les gamètes de différentes Algues.

Giard (1899) a cherché à expliquer les différents cas de parthénogenèse et la nature du sexe du produit par l'hypothèse suivante :

« Supposons qu'il faut une certaine quantité q d'un protoplasma spécial, que nous appellerons *protoplasma évolutif*, pour assurer le développement partiel d'un gamète, qu'un certain minimum m de cette substance soit nécessaire pour donner naissance à un individu du sexe mâle, et qu'un autre minimum f, supérieur au précédent, soit indispensable pour produire un individu du sexe femelle.

« Désignons par g la quantité de substance évolutive contenue dans le gynogamète (œuf); par a la quantité de substance évolutive contenue dans l'androgamète (spermatozoïde). Les principaux cas observés de parthénogenèse de l'œuf des Métazoaires seront conditionnés de la manière suivante :

$m > g > q$. Parthénogenèse occasionnelle et incomplète du Ver à soie et de quelques autres Bombyciens.

$g > f$. Parthénogenèse obligatoire des œufs d'été chez les Pucerons, les Daphnies, etc.

$g > m$. Génération parthénogénésique d'automne chez les mêmes animaux avec production de mâle et de femelle (à la limite).

$f > g > m$. Parthénogenèse facultative des œufs d'Abeille et de quelques autres Hyménoptères, donnant naissance exclusivement à des mâles. Chez ces Insectes, on a en même temps :

$$a > f - m$$

et par suite

$$f + a > f$$

de sorte que l'œuf fécondé $f + a$ donne naissance exclusivement à des femelles dont une partie est réduite à l'état de femelles abortives (ouvrières) par une nourriture spéciale.

« L'action additive de a ne doit pas être confondue, cela va sans dire, avec l'action cinégétique de l'androgamète devenue superflue dans les cas de parthénogenèse facultative. »

CHAPITRE VII

REPRODUCTION SEXUÉE

Accouplement. — Ponte des œufs.

Accouplement.

Chez la grande majorité des Insectes, la femelle ne s'accouple qu'une seule fois, quelle que soit la durée de son existence. Mais chez certaines espèces, la même femelle peut s'accoupler plusieurs fois avec des mâles différents dans un court espace de temps (Panorpes, Cantharides). Beaucoup des animaux qui nous occupent ont une phase invaginale très courte; dès qu'ils sont parvenus à l'état d'Insectes parfaits, le mâle et la femelle s'accouplent, la femelle pond des œufs, et le couple meurt (Éphémère, *Bombyx*, etc.). Chez d'autres, au contraire, l'animal reste longtemps à l'état d'Insecte parfait; ainsi, une reine d'Abeille peut vivre quatre ou cinq ans et cependant elle ne s'accouple qu'une seule fois, peu après sa transformation, et elle reste féconde pendant toute la durée de son existence. LUBBOCK a pu suivre deux reines de *Formica fusca* pendant quinze ans (de décembre 1874 à août 1888).

KÜNCKEL D'HERCULAIS a constaté que les femelles d'Acridiens s'accouplent avant chaque ponte, pendant la durée de leur existence qui est de plusieurs mois; il est probable qu'il en est de même chez les Blattes et d'autres Insectes qui peuvent se reproduire plusieurs fois avant de mourir.

Les mâles peuvent s'accoupler plusieurs fois avec des femelles. DE GEER a vu un mâle de Puceron s'accoupler avec cinq femelles. BALBIANI a constaté un fait analogue pour le *Phylloxera*. On a vu souvent des mâles de Frelons, de *Bombyx*, de Chrysomèles du Peuplier, de Cantharides, de Mouches à viande, etc., féconder plusieurs femelles. Par contre, il arrive, rarement il est vrai, que le coït soit fatal au mâle. C'est ce qu'on observe, par exemple, pour les Abeilles dont le mâle laisse une partie de ses organes génitaux dans le vagin de la femelle et succombe. Quelquefois après l'accouplement le mâle est dévoré par la femelle.

Poiret (*Journal de physique*, 1784) rapporte l'observation suivante : « Conservant renfermée une Mante femelle, il voulut lui donner un époux. Le mâle qu'il mit en présence, plein d'ardeur à la vue de la femelle, essaya aussitôt de l'approcher, mais celle-ci le saisit violemment et lui coupa la tête avec ses mandibules. L'époux décapité mais non découragé n'en continua pas moins ses efforts auprès de sa cruelle compagne. L'ayant saisie par le cou, il réussit à se glisser sur son dos et à effectuer le coït pendant plusieurs heures; mais, le lendemain, la femelle sans pitié comme sans reconnaissance acheva de le manger. »

Lieu et durée de l'accouplement. — Relativement au lieu, à l'heure, à la durée et au mode de l'accouplement, on peut observer dans les Insectes de très nombreuses différences.

Le plus souvent l'accouplement a lieu au repos, soit à terre, soit sur des plantes (Coléoptères); ailleurs, il commence au repos et se continue pendant le vol (Lépidoptères nocturnes, certains Hyménoptères). Le mâle est alors généralement emporté au gré de la femelle. Cependant chez les Mutilles, c'est le mâle qui porte la femelle aptère.

Certains Insectes ne peuvent s'accoupler que pendant le vol (Abeilles, Termites, Éphémères). Les Insectes aquatiques s'accouplent dans l'eau, soit en nageant, soit en se fixant sur des plantes submergées. Chez les Psychés, la femelle aptère vit dans le fourreau qu'elle s'est construit à l'état de chenille. Au moment de la reproduction, elle présente sa vulve à l'orifice du fourreau et attend le mâle. Les Scolytes femelles font de même à l'entrée de leur galerie.

Généralement l'accouplement a lieu pendant le jour, aux heures les plus chaudes et par beau temps. Les Abeilles, entre autres, ne s'accouplent qu'en plein soleil. Les Fourmis, beaucoup de Diptères, les Coléoptères nocturnes, les Lépidoptères nocturnes et les crépusculaires se rapprochent le soir; les Carabides la nuit.

Le temps pendant lequel les Insectes restent rapprochés peut varier de quelques secondes à plusieurs jours. Le coït est de très courte durée chez les Mouches et les Lépidoptères diurnes. Chez les Abeilles solitaires, le mâle s'accouple pendant que la femelle butine sur les fleurs sans qu'elle se dérange de ses occupations. L'Abeille domestique, le Bourdon restent accouplés pendant un quart d'heure environ; les *Bombyx* plusieurs heures, les Hannetons pendant un, deux ou même trois jours.

Préliminaires. — De même que chez un grand nombre d'animaux, l'accouplement ne va pas en général sans quelques préliminaires. Chez un certain nombre d'espèces, la femelle fait des avances au mâle. Chez d'autres, au contraire, elle résiste pendant un temps plus ou moins long aux tentatives amoureuses du mâle. GOEDART, AUDOUIN, FABRE, BEAUREGARD ont étudié avec soin ces préliminaires de l'accouplement chez les Cantharides.

BEAUREGARD rapporte l'observation suivante : « Le mâle d'assez petite taille monta rapidement sur le dos d'une femelle volumineuse qui se tenait suspendue au pétiole d'une feuille de Lilas. De ses pattes postérieures, assez longues pour former anneau autour du corps, il se fixa solidement au niveau de l'attache de l'abdomen au thorax. Puis il commença par flatter doucement de ses pattes antérieures libres et de ses pattes moyennes le ventre de la femelle. Pendant ce temps, celle-ci tenait sa tête complètement abaissée dans la position qu'affectent tous ces Insectes dès qu'on cherche à les saisir. Les antennes du mâle étaient agitées de vibrations et son abdomen s'allongeait en arrière, cherchant à atteindre l'orifice sexuel de la femelle qui, au contraire, renversait cet orifice en bas, et s'opposait ainsi à tout rapprochement. C'est alors que le mâle, précipitant brusquement en avant ses pattes antérieures, tâcha de s'emparer des antennes de la récalcitrante. Une vraie lutte s'engagea, brusque, mais courte. Et quelques instants après j'aperçois le vainqueur tirant à droite et à gauche sur les antennes qu'il a saisies, en même temps que sa tête oscillant avec force semble frapper vigoureusement au passage l'occiput de la femelle, et que l'abdomen s'agite furieusement et se contorsionne de la plus étrange façon. Il flagelle ainsi à coups redoublés les flancs de l'indocile, et ce manège dure sans discontinuer pendant près d'une demi-heure. La femelle ne répond pas à tant d'avances ; je vois alors le mâle, comme épuisé, lâcher les antennes qu'il tenait et manœuvrait comme des rênes, et rester calme pendant une minute environ. Brusquement l'assaut recommence, et, pendant vingt-cinq minutes, les alternatives de repos et d'agitation se renouvellent sans cesse. La femelle paraît toujours complètement insensible. De temps en temps elle relève la tête, mais pour l'abaisser de nouveau au moment de l'une des attaques du mâle. Enfin, ce dernier, las sans doute de tant d'efforts inutiles, se retire et grimpe sur une branche voisine. Je pensais que tout était fini et j'allais porter mon attention sur d'autres couples, quand tout à coup, et avec une rapidité qui m'étonna, je le vis revenir sur ses pas, s'attacher de nouveau à l'objet de ses convoitises et se saisissant des antennes recommencer les mêmes manœuvres. Au bout d'un quart d'heure, il se découragea et partit pour ne plus revenir. Je continuai à observer la femelle. Pendant cinq minutes encore, elle resta complètement immobile, comme se méfiant d'un retour gêneur. Puis, voyant qu'il n'y avait plus rien à craindre, elle se remit peu à peu en mouvement et commença à ronger la feuille la plus voisine. »

Nous avons dit à propos de l'odorat le rôle important que jouent les antennes dans l'accouplement des Insectes. BALBIANI a démontré ce rôle par une expérience très nette qu'il est très facile de répéter.

Au moment de leur sortie des cocons, on sépare les Papillons mâles de Ver à soie (*Bombyx mori*) des Papillons femelles et on met les individus de chaque sexe dans une boite en carton munie d'un couvercle mobile. Au bout de quelque temps, on porte le couvercle de la boite contenant les femelles au-dessus de la boite renfermant les mâles préalablement découverte. Lorsque ce couvercle est encore à une distance de 50 à 25 centimètres au-dessus de la boîte des mâles, on voit ceux-ci s'agiter; leurs ailes entrent en vibration, et l'extrémité de leur abdomen exécute des mouvements de latéralité comme lorsqu'ils sont en présence d'une femelle et cherchent à s'accoupler. Vient-on à éloigner le couvercle imprégné de l'odeur des femelles, l'agitation cesse, pour recommencer encore au bout de quelque temps, dès qu'on approche de nouveau le couvercle. Si, avant de répéter l'expérience, on coupe les antennes aux mâles, on peut approcher de ceux-ci le couvercle de la boîte des femelles aussi près que l'on veut, sans voir la moindre agitation se manifester parmi eux; ils ne perçoivent plus l'odeur des femelles. Bien plus, si l'on prend un de ces mâles privés d'antennes et qu'on le mette en présence d'une femelle, on constate qu'il est devenu incapable de s'unir avec elle; on le voit encore s'agiter, battre des ailes, tourner autour de la femelle en appliquant l'extrémité de son abdomen en un point quelconque du corps de celle-ci, mais il ne réussit pas, sauf de rares exceptions ou au bout d'un temps assez long, à trouver l'orifice génital. L'agitation que manifeste le mâle privé d'antennes, mis en contact avec la femelle, est-elle due à la persistance d'une trace de l'odorat, résultant d'une ablation incomplète des organes de l'olfaction, ou bien le mâle perçoit-il la présence de la femelle d'une autre manière, par la vue, par un sens spécial, il est difficile de le dire, mais la première hypothèse nous paraît la plus vraisemblable (voir p. 270 : perversion sexuelle).

Position des Insectes pendant l'accouplement. — Dans l'immense majorité des espèces, pour pratiquer le coït, le mâle monte sur la femelle, la tient embrassée dans ses pattes et se laisse traîner par elle. Mais chez quelques Insectes, l'accouplement ainsi commencé se termine *more canum;* le mâle se retournant, les deux individus se trouvent placés bout à bout et dirigés en sens inverse (*Pentatoma*, *Pyrrhocoris*). Le mâle des Hannetons tombe à la renverse sur le dos et est traîné les pattes en l'air.

De Geer a observé avec soin l'accouplement de la Forficule. Le mâle s'approche de la femelle à reculons et tâte l'abdomen avec sa pince pour reconnaître l'orifice vulvaire; il passe l'extrémité de son abdomen sur celui de la femelle et fait saillir son pénis. Les deux individus conservent cette position, la pince du mâle appuyée contre la face supérieure de la femelle et réciproquement la pince de la femelle contre la face inférieure du mâle.

La plupart des Lépidoptères nocturnes et des Phryganes s'accouplent bout à bout ou sur le côté. Les Argynes se tiennent à angle droit. Quelques Zygènes, les Cousins, les Cryptophages (*Atomaria*) s'accouplent ventre à ventre. Les Notonectes se tiennent sur le côté et nagent de

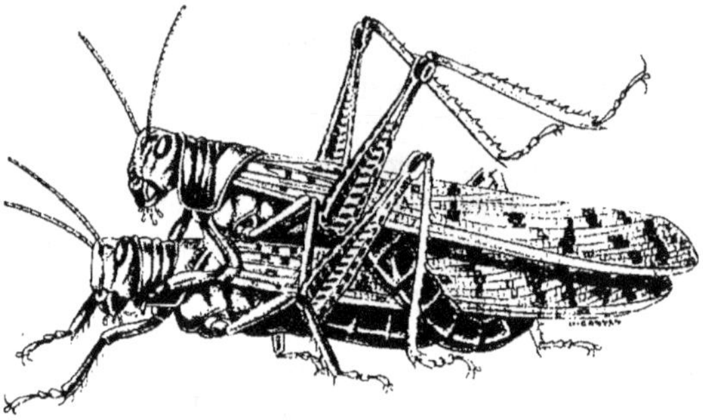

Fig. 270. — Criquet pèlerin (*Acridium peregrinum*). Accouplement : le mâle est sur la femelle. (D'après KÜNCKEL D'HERCULAIS).

concert. Les *Bittacus* (Névroptères), d'après BRAUER, réunis ventre à ventre, peuvent continuer à manger la même proie (fig. 271). Enfin, dans quelques espèces (Puces, Tipulides, Scatophages) la femelle monte sur le mâle.

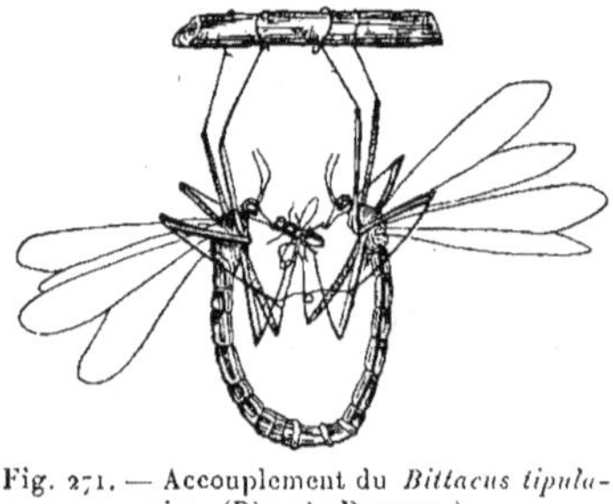

Fig. 271. — Accouplement du *Bittacus tipularius*. (D'après BRAUER.)

Les particularités de l'accouplement ont été chez certains Insectes l'objet d'observations attentives. Chez la Guêpe, par exemple, la femelle, cramponnée par ses pattes à de petites branches, relève son abdomen presque à angle droit pour le rendre le plus saillant possible. Un mâle vient s'accoupler avec elle, les deux individus se laissent alors tomber à terre ; puis la femelle monte sur le dos du mâle et presse l'abdomen de celui-ci avec ses mandibules pour provoquer la séparation. Le mâle reste quelque temps à terre, épuisé, avant de s'envoler.

L'accouplement de l'Abeille, qui a lieu pendant le vol, est difficile à suivre et on n'en connaît pas encore exactement toutes les phases. Il paraît ne durer que quelques minutes, le mâle étant placé sur le dos de la femelle qui le retient avec ses pattes. Généralement la femelle rentre à la ruche avec un petit filament blanc pendu à l'orifice génital et qui n'est que l'extrémité du canal éjaculateur du mâle, arrachée lors de la séparation des deux individus.

Chez certaines Fourmis dont le mâle est de très petite taille (*Lasius flavus*, *L. niger*), avant et après le coït les deux individus se lèchent et se frappent de leurs antennes; la femelle emporte le mâle pendant et renversé, comme chez le Hanneton.

Spermatophores. — De même que chez certains Crustacés et chez les Céphalopodes, où la semence du mâle peut être déposée près de l'orifice femelle en une masse entourée d'enveloppes plus ou moins compliquées constituant ce qu'on désigne sous le nom de *spermatophore*, on connaît chez les Insectes l'existence de semblables masses spermatiques, entre autres chez les Gryllides, les Locustides et certains Lépidoptères.

Voici comment les choses se passent chez le Grillon. La femelle ayant été attirée par le chant du mâle, celui-ci s'approche d'elle les antennes en avant et émet des sons plus doux et moins criards. Les deux individus se frappent mutuellement de leurs antennes; continuant à chanter, le mâle se retourne et cherche à s'insinuer sous la femelle, qui se soulève sur ses pattes. Relevant alors l'extrémité de son abdomen qu'il glisse sous celui de la femelle, il écarte les pièces de son armure génitale et fait saillir un petit corps ovoïde qui s'étire de bas en haut, porté par un pédicule grêle. Au moment où ce corps, qui n'est autre chose qu'un spermatophore, bascule pour tomber, le mâle relève brusquement son abdomen et implante le pédicule dans la vulve de la femelle. Les deux individus restent quelque temps dans la même position, le mâle frottant son abdomen sous celui de sa compagne (1).

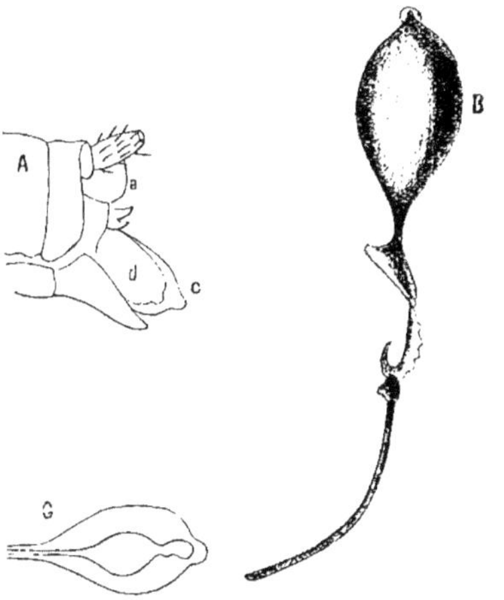

Fig. 272.
A. Extrémité de l'abdomen d'un *Gryllus campestris* femelle après l'accouplement; *a*, anus; *c*, spermatophore engagé dans la vulve; *d*, valve aplatie qui le retient; — B, spermatophore isolé vu latéralement; — C, coupe à travers la partie renflée du spermatophore, montrant sa cavité. (D'après Lespès.)

(1) Chez l'*Ephippiger*, la femelle se tient sur le mâle pendant l'accouplement, comme chez le Grillon. Le mâle des Acridiens appelle par ses stridulations la femelle. Il saute sur son dos qu'il tient embrassé avec ses quatre pattes antérieures, ouvre la vulve avec ses pattes postérieures et se maintient, sur la femelle, pendant l'accouplement et la ponte, ayant les pattes postérieures relevées (fig. 270).

Le spermatophore du Grillon a été étudié spécialement par Yersin (1852-1853) et par Lespès (1855); il est constitué par une vésicule d'un brun jaunâtre, de 4^{mm} de long, portant à l'une de ses extrémités, renflée, une petite papille blanche, et à l'autre une lamelle cornée, mince, dont le milieu est occupé par un tube communiquant avec l'intérieur de la vésicule et portant des crochets servant à fixer le spermatophore dans les voies génitales de la femelle (fig. 272). Les spermatozoïdes remplissent l'intérieur de la vésicule et sortent plus tard du spermatophore pour entrer dans le vagin. Les spermatophores des Locustides (*Decticus, Locusta, Ephippiger*) ont été étudiés par Siebold. Ce sont de petits corps pyriformes, de 1 à 2^{mm}, qui sont déposés dans la vulve de la femelle (fig. 273). Ils renferment des faisceaux de spermatozoïdes ressemblant à de petites plumes. Les têtes trièdres des spermatozoïdes sont réunies sur la ligne médiane, et les queues figurent les barbes.

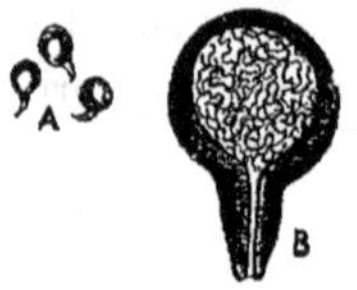

Fig. 273.
A, trois spermatophores de *Decticus verrucivorus* en grandeur naturelle; — B, un spermatophore grossi, montrant des spermatozoïdes dans son intérieur. (D'après Siebold.)

Les spermatophores des Parnassiens (Lépidoptères) ont été vus pour la première fois par Schæffer (1754); leur véritable nature a été reconnue par Siebold (1851). Ils sont accolés à l'orifice vulvaire. Enfin, on peut trouver, chez beaucoup de Lépidoptères et de Coléoptères, dans le vagin de la femelle des masses spermatiques qu'on peut considérer comme de véritables spermatophores.

A côté des spermatophores, il faut ranger une production particulière découverte par Reiche et Félicien de Saulcy (1867), étudiée plus récemment par Leydig (1891), et à laquelle on peut donner le nom de *membrane de copulation*. C'est une sorte de sécrétion blanchâtre déposée par le mâle au moment de l'accouplement sur les derniers anneaux de l'abdomen de la femelle, chez *Dytiscus marginalis*, *Cybister Ræselii* et quelques autres espèces de Dytiscides. C'est un produit de sécrétion des glandes annexes de l'appareil génital mâle.

Accouplement des Libellulides. — Les phénomènes d'accouplement chez les Libellulides présentent des particularités tout à fait spéciales. L'organe copulateur mâle proprement dit, étudié par Rathke (1832), Burmeister (1832), Léon Dufour (1835), Siebold (1838-1840), Kolbe (1893), Ingenitzky (1893), est situé dans un sillon ventral des deuxième et troisième anneaux abdominaux. Il se compose d'une partie antérieure présentant une cavité médiane entourée de six pièces cornées dont les deux antérieures, plus petites, portent un crochet mobile, d'une partie moyenne composée d'une pièce carrée creusée d'une gouttière et donnant insertion à un crochet robuste et mobile, et d'une partie postérieure,

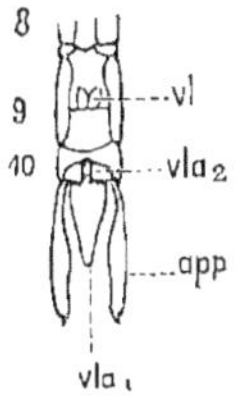

Fig. 274. — Extrémité de l'abdomen d'un mâle d'*Æschna cyanea* vue par la face inférieure.

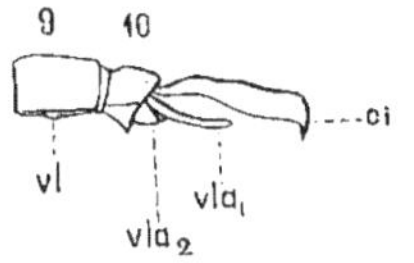

Fig. 275. — La même extrémité vue de côté.

8, 9, 10, téguments abdominaux; *vl*, valves de l'orifice génital; *vla2*, valve inférieure de l'orifice anal; *vla1*, valve supérieure de l'orifice inférieur anal; *app* et *ci*, cerques. (Fig. orig. de KOLBE.)

formée par un crochet comprenant trois segments mobiles, qui représente

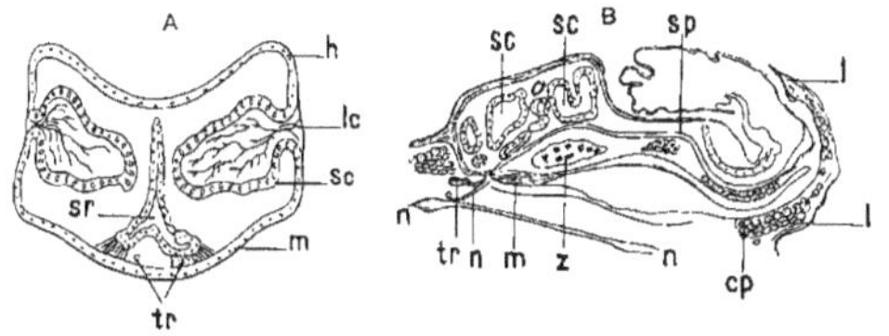

Fig. 276. — A, coupe transversale de la région antérieure; — B, coupe longitudinale de l'organe copulateur de l'*Æschna* mâle.

sp, réservoir séminal; *sc*, sacs élastiques; *lc*, cordons chitineux de ces sacs; *h*, hypoderme; *tr*, trachées; *l*, ligula; *n*, nerfs; *cp*, lame de tissu adipeux; *z*, faisceaux de spermatozoïdes. (D'après INGENITZKY, 1893.)

le pénis (fig. 276). En arrière se trouvent un tambour ouvert à sa partie postérieure et une pièce allongée dépendant du troisième arceau ventral. Le réservoir séminal est contenu dans le tambour ou bulbe et s'ouvre à la base du pénis, dans une gouttière qui se prolonge jusqu'à l'extrémité du deuxième segment de ce pénis. De chaque côté du réservoir séminal se trouvent des sacs élastiques, renfermant des filaments chitineux et résultant d'une invagination de l'hypoderme. Le bulbe contient des muscles peu développés, des trachées et des nerfs qui se rendent jusque dans le pénis. Le mâle remplit cet appareil de spermatozoïdes, en s'y prenant à plusieurs fois; pour cela il y introduit l'extrémité de son abdomen; pendant cette opération, tout son corps est agité de tremblements

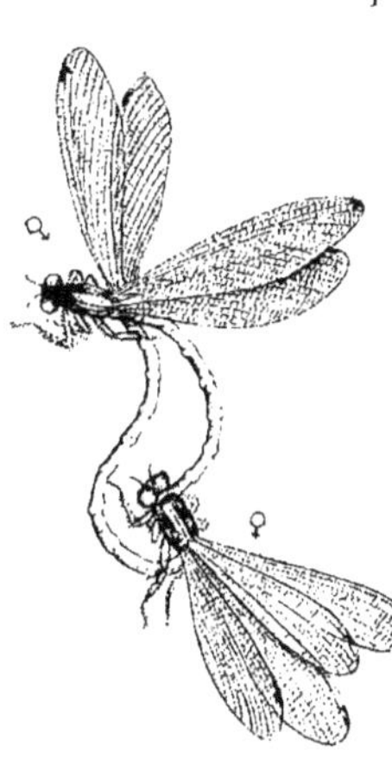

Fig. 277. — Accouplement de Libellules.

convulsifs. Au moment de l'accouplement proprement dit, le mâle saisit la femelle par le cou à l'aide de la pince située à l'extrémité de son abdomen et constituée par les pièces de l'armure génitale; la femelle recourbe l'extrémité de son abdomen sous celui du mâle, de manière à appliquer sa vulve sous l'appareil copulateur (fig. 277). Les sacs élastiques situés de chaque côté du réservoir séminal compriment celui-ci de manière à en faire sortir le contenu.

Les Podurelles présentent un mode d'accouplement encore peu connu et très particulier. OLFERS et REUTER ont vu des *Smynthurus* femelles qui portaient sur leur dos des mâles renversés qu'elles tenaient par les antennes. LEVANDER (1895), de même que REUTER, a constaté, chez *Smynthurus apicalis*, trois sortes d'individus : des mâles et des femelles de 1/3 de millimètre de long et des femelles de 1 millimètre. La copulation n'a lieu qu'entre les petits individus, le mâle étant sur le dos de la femelle, ou les deux individus se tenant verticalement ventre à ventre. Il a constaté également l'existence de deux formes de spermatozoïdes, de grands, filiformes, et d'autres courts, à extrémité arrondie, qui ne sont probablement que des spermatozoïdes non mûrs. Les mâles meurent après l'accouplement ; les femelles pondent le mois suivant.

Accouplement précoce. — La plupart des Insectes s'accouplent peu de temps ou immédiatement avant la ponte, mais beaucoup de ces animaux peuvent s'accoupler un temps plus ou moins long avant que les œufs soient arrivés à maturité. J'ai pu constater nettement le fait chez l'Anthonome du Pommier et quelques autres espèces. Le réceptacle séminal est rempli de spermatozoïdes bien vivants, alors que les ovaires ne renferment que des œufs immatures. GIARD (1895) a constaté que la femelle de *Tipula rufina* s'accouple au moment où elle sort de l'enveloppe nymphale, ce qui implique nécessairement l'apparition des mâles avant celle des femelles, c'est-à-dire qu'il y a protandrie. MIK a signalé des faits semblables chez des Limnobides (*Cylindrostoma distinctissima*, *Dicranomyia trinotata*, *Trochobola cæsarea*); cet accouplement précoce des femelles est important à connaître, car on serait tenté d'assigner aux œufs de ces femelles un développement parthénogénésique.

Perversion sexuelle. — Plusieurs entomologistes ont signalé, chez quelques Insectes, surtout parmi les Coléoptères, des cas de perversion de l'instinct génital : accouplement entre eux des mâles de même espèce ou d'espèces différentes. Ainsi PERAGALLO a constaté de véritables accouplements entre des Téléphores mâles et des Lucioles mâles, le Téléphore montant toujours sur la Luciole.

R. DUBOIS (1895) a eu l'idée de provoquer l'accouplement de mâles de *Bombyx mori* avec des femelles d'autres espèces de Lépidoptères, en touchant ces femelles à l'aide d'une baguette de verre imprégnée de l'odeur dégagée par l'orifice génital des femelles de *Bombyx mori*. Il a vu les Papillons mâles de Ver à soie se précipiter sur ces femelles d'espèces différentes et chercher à pratiquer l'accouplement, mais sans y réussir. Féré (1898) a repris ces expériences sur les Hannetons et le *Bombyx mori*. Il a d'abord constaté que, lorsqu'on mettait en présence des Hannetons des deux sexes, on n'observait jamais de rapprochements homo-sexuels, et qu'il en était de même lorsque des mâles neufs, c'est-à-dire qui ne s'étaient pas encore accouplés, étaient réunis ensemble à l'exclusion de femelles. Rarement il a vu un mâle neuf s'accoupler avec un autre mâle imprégné artificiellement d'odeur de femelle. Assez souvent, il a observé des mâles récemment séparés d'une femelle se soumettre à des mâles neufs. Cette dernière constatation indiquait que le rôle passif dans les rapports homo-sexuels est favorisé par la fatigue.

Dans ses expériences sur le *Bombyx*, Féré n'a jamais observé non plus de rapprochements homo-sexuels entre mâles normaux. Les mâles, dont l'extrémité abdominale avait été imprégnée de liquide provenant de femelles, ne se sont jamais soumis aux mâles neufs mis en contact avec eux. Les mâles récemment séparés des femelles, placés avec des mâles neufs, leur laissent assez souvent réaliser un accolement par les parties génitales qui peut durer une demi-heure, une heure au plus; mais le mâle passif commence à s'agiter et se dégage. En coupant les antennes des mâles qui se sont séparés des femelles, on met ceux-ci dans un état de réceptivité plus grand, qui leur permet moins de résister aux tentatives des mâles neufs. Les mâles qui, après avoir eu des rapports normaux, ont été privés de leurs antennes et se sont laissés subjuguer par des mâles neufs, sont capables de retrouver leur activité sexuelle et d'avoir de nouveau, au bout de peu de temps, des rapports normaux avec des femelles.

Féré conclut de ses recherches que, chez le *Bombyx* comme chez le Hanneton, les rapports homo-sexuels ne se produisent que dans des conditions anormales. La recherche d'un autre mâle ne se montre qu'en l'absence de femelles, et les rapports ne sont possibles que si un autre mâle a été rendu tolérant par une cause d'épuisement, comme un coït récent ou un traumatisme. Il n'y aurait donc pas d'inversion sexuelle spontanée.

On a observé aussi quelquefois des accouplements entre mâles et femelles d'espèces ou de genres différents. Gadeau de Kerville a relevé un certain nombre d'exemples pour les Coléoptères : 1° entre des espèces différentes mais de même genre, ainsi les *Melasoma populi* et *M. ænea*, *Cryptocephalus labiatus* et *C. nitidus*, *Melolontha vulgaris* et *M. hippocastani*, etc.; 2° entre des espèces appartenant à des genres différents, mais faisant partie de la même famille, tels que *Strophosomus coryli* et *Sciaphilus asperatus*, *Phosphænus hemipterus* et *Lampyris noctiluca*, *Epicometis hirta* et *Anisoplia villosa*, etc; 3° enfin entre des espèces appartenant à des familles différentes, comme les *Donacia simplex* et *Attelabus coryli*, *Rhagonycha* (*Telephorus*) *fulva* et *Clytanthus varius*, etc.

Après ce que nous venons de dire de l'accouplement, nous devrions décrire la constitution des éléments reproducteurs mâle et femelle et les phénomènes intimes de la fécondation, mais cette étude ne saurait être séparée de celle du développement de l'œuf et de la formation de l'embryon. Auparavant, il nous faut examiner les divers modes de ponte des Insectes.

Ponte des œufs.

Chez les Insectes, la femelle fécondée pond ses œufs et meurt ordinairement peu de temps après. Mais il peut n'en être pas ainsi et parfois la femelle s'accouple et donne plusieurs pontes successives, réparties sur plusieurs années ; tel est le cas, par exemple, pour les Termites et les Hyménoptères sociaux. D'ordinaire, la ponte des œufs suit d'assez près l'accouplement, mais ailleurs elle ne se produit que relativement un long temps après ; c'est ainsi que, chez l'Anthonome et chez les *Tæniopteryx*, les œufs ne sont encore que peu apparents dans les gaines ovariques, au moment de l'accouplement.

Chez les Insectes qui ne pondent qu'une fois dans leur vie, la ponte peut ne durer que quelques instants, la femelle se débarrassant d'un coup de tous ses œufs ; ou bien elle se prolonge assez longtemps, les œufs étant déposés un à un à des intervalles assez éloignés (Ichneumonides, Charançons, Cynipides).

Fécondité. — La fécondité des Insectes est en général très grande, mais le nombre d'œufs pondus est très variable suivant les espèces, même dans les familles les plus naturelles.

Certaines Mouches ne pondent que 6 ou 8 œufs, la Puce une douzaine, le *Necrophorus verpillo* une trentaine ; chez les Lépidoptères, le nombre peut varier du simple au triple et s'élève toujours au delà de la centaine ; le *Bombyx mori* en pond environ 500, le *Cossus ligniperda* 1 000, le *Chelonia caja* 1 600. Une Guêpe peut pondre de 20 à 30 mille œufs pendant le cours de son existence et une Abeille environ 60 mille. Leeuwenhoek a calculé qu'une Mouche ordinaire peut produire 700 000 œufs en trois mois. Linné, pour donner une idée de la fécondité de ces Diptères, dit que trois Mouches consomment le cadavre d'un Cheval aussi vite que le ferait un Lion.

D'après Lespès, la femelle de *Termites fatalis* pondrait 60 œufs par minute, soit 3 600 à l'heure, 90 400 par jour et deux millions et plus par an. Cette estimation est évidemment très exagérée. Grassi (1893) a vu, en effet, une femelle de quatre ans d'un Termite, *Calotermes flavicollis*, différent, il est vrai, du *Termites fatalis*, ne pondre que 6 œufs par jour.

Tous les calculs relatifs à la fécondité absolue d'une femelle, basés sur une seule observation, sont entachés dans leur principe ; si une femelle peut, en effet, à un moment donné, pondre 60 œufs en une minute, il s'en faut de beaucoup que cette rapidité se maintienne et bien des facteurs dont il faut tenir compte interviennent et modifient avec le temps la fécondité de la femelle. Tels sont, par exemple : l'âge, la saison, le régime, la dignité physiologique de ladite femelle, suivant qu'elle appartient à une génération plus ou moins éloignée de la génération sexuée, s'il s'agit d'une femelle parthénogénésique. C'est ainsi, comme nous l'avons vu, que, chez les Aphidiens et les Phylloxériens, la fécondité des Insectes printaniers issus de l'œuf d'hiver est assez grande et que cette fécondité suit une marche progressivement décroissante en raison directe du nombre de générations issues les unes des autres, de telle sorte que la dernière génération de la lignée annuelle, c'est-à-dire la femelle sexuée, ne pond plus qu'un seul œuf, l'œuf d'hiver.

Lieu de ponte. — En général, les œufs sont pondus dans le milieu même où doivent vivre les larves et à proximité de leur nourriture. C'est ainsi que les Hannetons, les Panorpes, les Tipules, etc., qui ont des larves menant une vie souterraine, pondent leurs œufs dans la terre ; que les Cousins, les Chironomes, les Phryganes à larves aquatiques déposent leurs œufs dans l'eau ; que les Buprestes, les Longicornes, le Cossus gâte-bois, habitant à l'état larvaire des galeries creusées à l'intérieur du bois, effectuent leur ponte à la surface ou dans les fissures des écorces des arbres. Chez les Lépidoptères, la ponte se produit généralement sur la plante même dont la chenille mangera les feuilles. Les Charançons et les Microlépidoptères, dont les larves habitent les fruits ou les graines, déposent leurs œufs dans les fleurs ou sur les ovaires. Les Insectes gallicoles (Cynipides, Cécidomyies) savent choisir sur la plante nourricière l'endroit précis où doit s'effectuer le dépôt de leur œuf, afin que la galle qui se développera à la suite de la piqûre soit dans les conditions les plus favorables. On sait avec quel soin les Ichneumoniens et les Tachinaires recherchent certaines espèces déterminées d'Insectes pour déposer leurs œufs à l'intérieur ou à la surface de leur corps.

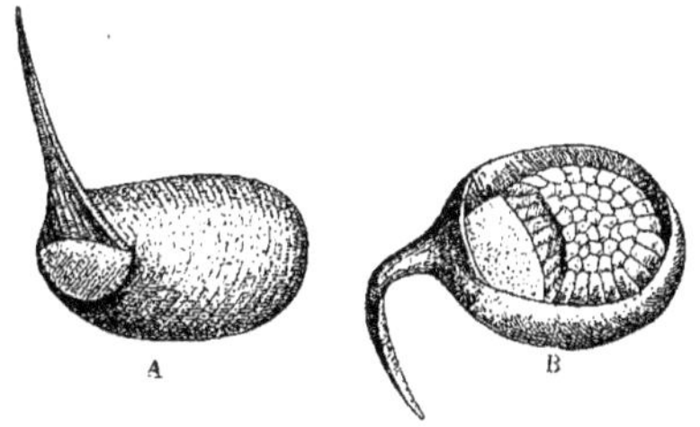

Fig. 278. — Cocon d'Hydrophile.
A, cocon entier ; — B, cocon ouvert pour montrer la disposition des œufs dans son intérieur. (D'après Miger, fig. empruntée à Miall.)

Souvent la femelle protège ses œufs après la ponte par des productions particulières, destinées à les abriter contre l'humidité, la lumière ou les dangers qu'ils peuvent courir de la part des autres animaux. Certains Lépidoptères (*Liparis chrysorrhœa*, *Liparis dispar*) recouvrent leur ponte avec les poils de l'extrémité de leur abdomen. Le *Liparis salicis* excrète au-dessus de ses œufs une substance blanche et spumeuse qui en se desséchant devient insoluble dans l'eau. La femelle des *Lecanium* sécrète par ses glandes cutanées des filaments cireux formant une masse

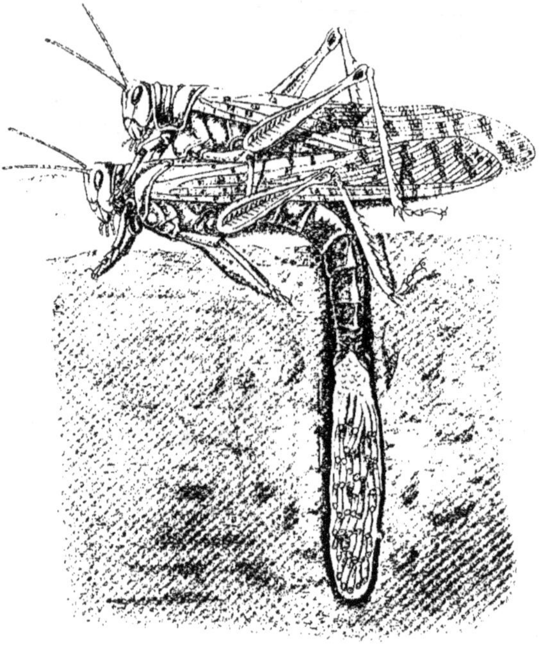

Fig. 279. — Criquet pèlerin (*Acridium peregrinum*). La femelle, qui porte encore le mâle sur son dos après l'accouplement, a déposé ses œufs et commence à les recouvrir de la matière spumeuse qui forme le bouchon du trou de ponte. (D'après KÜNCKEL D'HERCULAIS.)

duveteuse ressemblant à du coton. Elle pousse ses œufs au-dessous d'elle et, après la ponte, son corps presque entièrement vidé ne forme plus finalement qu'une sorte d'écaille chitineuse recouvrant la masse des œufs et entourée de bourrelets cotonneux.

Dans beaucoup de cas, la femelle dépose ses œufs dans de véritables nids construits à l'avance, dans lesquels les œufs se développent et où, souvent, les larves continuent leur évolution.

Les Hydrophiles construisent un cocon assez compliqué formé d'une matière soyeuse sécrétée par des glandes sébifiques dont les conduits débouchent à l'extrémité de l'abdomen, au sommet de deux tubercules bruns. La femelle se renverse sur le dos, à la surface de l'eau, en se tenant au-dessous d'une feuille flottante qu'elle maintient contre son abdomen. Par un mouvement de va-et-vient, à l'aide des fils blanchâtres qui s'échappent des tubercules abdominaux, elle forme une sorte de tissu feutré recouvrant tout l'abdomen ; puis se retournant elle sécrète une seconde lame soyeuse qu'elle rattache à la première par ses bords. Elle enfonce son abdomen dans le sac ainsi formé et pond une cinquantaine d'œufs qu'elle dépose régulièrement la pointe en haut. Saisissant ensuite avec ses pattes postérieures l'ouverture du sac, elle en ferme l'orifice en y déposant des fils. Puis elle fabrique une sorte de couvercle pointu en forme de corne recourbée dont l'extrémité fait saillie hors de l'eau (fig. 278).

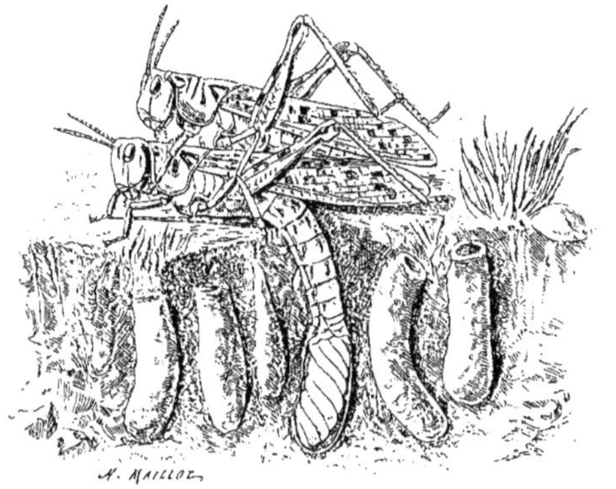

Fig. 280. — *Stauronotus maroccanus*. Femelle pondant dans la terre, pendant que le mâle reste sur son dos après l'accouplement. (D'après Künckel d'Herculais, fig. empruntée à Beauregard.)

La femelle des Acridiens enfonce son abdomen dans le sol meuble et excrète une substance visqueuse et spumeuse qui agglutine les particules terreuses de manière à constituer un étui dans lequel elle dépose ses œufs, et qu'elle ferme ensuite avec un petit couvercle formé par cette même substance visqueuse (fig. 279 et 280). On trouve alors, sur les lieux de ponte des Acridiens, des corps cylindriques plus ou moins arqués, véritables oothèques qui, au point de vue pratique de la destruction des Criquets, présentent une grande importance. Ces pontes peuvent être recherchées plus tard et détruites par divers moyens (écrasement, incendie).

Künckel d'Herculais (1894) a étudié avec soin les moyens mécaniques dont usent les femelles d'Acridiens pour enfoncer profondément leur abdomen dans le sol, même le plus compact, et effectuer le dépôt de leurs œufs.

La femelle, portant le mâle sur son dos et solidement cramponnée à l'aide de ses pattes antérieures et moyennes, les pattes postérieures jetées de-ci de-là, souvent même relevées, tâte le terrain avec son armure génitale ; celui-ci reconnu favorable, elle insinue son abdomen graduellement, mais assez rapidement, en reculant au fur et à mesure jusqu'à ce que le plastron sternal vienne toucher l'orifice du trou. Chaque femelle de Criquet pèlerin, prise comme exemple, peut creuser un trou ayant jusqu'à 8 centimètres de profondeur, alors que son abdomen rempli d'œufs mesure seulement 5 centimètres; il est donc capable de s'allonger de 3 centimètres et en même temps d'accroître sa capacité en proportion de son allongement. Pour augmenter ainsi la longueur de son abdomen, la femelle remplit par déglutition son tube digestif d'une quantité d'air en rapport avec les dimensions qu'elle a nécessité de donner à son abdomen; dans ces conditions, le tube digestif fait fonction de pompe à air et le sang sert de matelas pour régulariser la pression déterminée par l'élasticité des muscles tenus en extension; contrairement à l'opinion des auteurs, les muscles ne jouent qu'un rôle secondaire. Les femelles des Acridiens ne creusent ni ne forent le trou avec les pièces dures situées à l'extrémité de leur corps, comme nous le ferions avec nos outils spéciaux, puisqu'elles n'extraient des trous aucun déblai; en réalité, elles enfoncent dans le sol leur abdomen comme nous y enfoncerions par pression un pieu, un plantoir. Quand l'extrémité de l'abdomen est arrivée à une profondeur de 8 centimètres, la femelle maintient les pièces de l'armure génitale dans leur plus grand écartement et sécrète une matière visqueuse qui agglutine les grains de sable, ou les particules de terre, du fond de la cavité, puis elle commence la ponte; les œufs et la matière visqueuse sont émis simultanément, mais l'écoulement de cette dernière se fait à la périphérie de la masse ovifère, de façon à consolider les parois de cette cavité, qui affecte la forme incurvée de l'abdomen (fig. 281). La ponte terminée, la femelle continue à émettre la matière qui forme, en se desséchant à la partie supérieure du trou de ponte, un bouchon spumeux protecteur, mesurant de 3 à 4 centimètres. La rétraction graduelle de l'abdomen, déterminée par la diminution de la quantité d'air contenu dans le tube digestif, accompagne la ponte et la sécrétion du liquide agglutinatif (1).

Fig. 281. — Oothèque de *Stauronotus maroccanus*. La paroi a été déchirée pour montrer la disposition des œufs ainsi que l'aspect de la matière spumeuse qui les entoure. (D'après Künckel d'Herculais.)

Un petit Hémiptère homoptère, *Histeropterum apterum*, construit sur les sarments de Vigne et sur les échalas de petits nids formés d'une matière terreuse renfermant 8 à 10 logettes dans lesquelles les œufs sont placés bout à bout sur deux rangs. Perez admet que ces nids sont formés de terre; la femelle possède à l'extrémité de son abdomen un appendice qui lui sert à récolter les particules terreuses. Chez les Hyménoptères porte-aiguillon sociaux et solitaires, la femelle dépose ses œufs dans des

(1) Künckel d'Herculais (1891) a constaté que les femelles d'Acridiens effectuent leur ponte en plusieurs fois, à des intervalles de 15 à 20 jours. Certaines femelles d'*Acridium peregrinum*, dans l'espace de 7 mois et demi, de 8 et de 11 mois, comptés à partir du jour de la métamorphose, ont déposé 8, 9 et 11 pontes. Chaque ponte contenant en moyenne 70 œufs, une femelle peut donc normalement pondre 500 à 900 œufs dans le cours de son existence.

cellules construites à l'avance, cellules disposées en gâteaux comme chez les Abeilles et les Guêpes sociales, ou situées d'une manière quelconque dans des loges en terre, dans des branches d'arbres, dans la moelle de certaines plantes, etc. Pour les Abeilles et les Guêpes solitaires, nous ne pouvons mieux faire que de renvoyer le lecteur aux beaux travaux de FABRE où il trouvera la description de la construction de ces nids et la manière dont les femelles y déposent leurs œufs.

Enfin plusieurs Insectes profitent des nids construits par des Insectes de familles voisines ou d'ordres différents pour y effectuer leur ponte. De même que chez les Oiseaux, les jeunes des Coucous éclosent dans un nid construit par une autre espèce, de même on voit les larves de ces Insectes vivre en parasites ou en commensales dans le nid d'une espèce étrangère. Tels sont les Psythyres qui pondent dans les nids des Bourdons, les Bombyles, les Anthrax, les Volucelles, etc., qui pondent dans les nids de divers Hyménoptères.

Mode de ponte. — A. *Les œufs sont pondus en une masse unique.* Quelquefois les œufs sortent en une seule masse du corps de la femelle. C'est là un cas peu fréquent qui s'observe surtout chez les *Chironomus*. ROBIN (1862) a décrit les pontes de ces animaux. Elles se présentent sous forme de masses gélatineuses (*nidamentum*) d'aspects divers. Ce sont parfois des cylindres fixés à un corps étranger, à 4 ou 5 millimètres au-dessous de la surface de l'eau. Les œufs sont placés les uns à côté des autres, constituant au milieu de la masse glaireuse un long filament brunâtre, disposés en cercles superposés incomplets. Une ligne claire sépare les anneaux les uns des autres. Dans l'intérieur du corps cylindrique gélatineux existent deux rubans élastiques plus denses, enroulés en spirales croisées en sens inverse. A la surface du cylindre se trouve enroulé un filament plus mince séparant chaque rangée d'œufs.

BALBIANI (1885) a suivi sur des femelles conservées en captivité la manière dont ce cylindre est pondu. La femelle applique son abdomen contre les parois du vase et sécrète un petit filament gélatineux ; puis, éloignant son abdomen, elle étire le filament auquel fait suite le boyau gélatineux contenant les œufs. Celui-ci, entraîné par son poids, tombe dans l'eau mais reste suspendu par le filament élastique qui permet au boyau de suivre les mouvements de l'eau.

Chez d'autres espèces de *Chironomus*, les œufs sont pondus dans des masses nidiformes, floconneuses, arrondies ou pyriformes, mais ne contenant pas de filaments élastiques. Les œufs y sont disposés en cordon comme dans les cylindres que nous venons de décrire. Enfin on peut rencontrer des masses glaireuses, aplaties, lenticulaires, déposées hors de l'eau sur les corps étrangers et ne renfermant qu'une seule rangée d'œufs.

On observe des pontes semblables, les œufs étant contenus dans une substance gélatineuse, chez les Éphémères, plusieurs espèces de Phryganes (*Phrygana grandis*, *abrata*, etc.), et chez le *Botis potamogalis*, Lépidoptère à larves aquatiques.

B. *Oothèques*. Nous avons déjà vu que, chez les Acridiens, les œufs sont contenus dans un fourreau produit par la femelle en agglutinant les

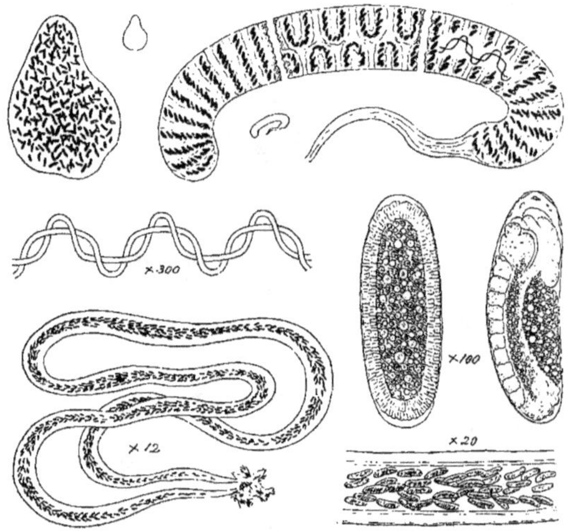

Fig. 282. — Pontes de *Chironomus*.

A, cordon gélatineux rempli d'œufs de *Ch. dorsalis* : le cordon a été divisé près de ses deux extrémités ; — B, filaments tordus qui sont au milieu du cordon ; — C, ponte d'une autre espèce de *Chironomus* ; — D, ponte d'une troisième espèce, dont une partie plus grossie est représentée en E ; — F, deux stades de développement des œufs. (Fig. empruntée à MIALL.)

particules terreuses au moyen d'une substance visqueuse au moment de la ponte. Chez d'autres Orthoptères, les œufs sortent du corps de la femelle en une seule masse renfermée dans une coque spéciale à laquelle on donne le nom d'*oothèque* : c'est le cas des Blattes. Cette oothèque, qui se présente sous la forme d'un corps brunâtre suboviforme, arrondi d'un côté, droit et crénelé de l'autre, ou avec une crête dentée, peut rester plus ou moins longtemps engagée par une de ses extrémités dans les voies génitales de la femelle, qui transporte ainsi ses œufs avec elle.

DUCHAMP (1879), KADYI (1879), WHEELER (1889) ont étudié le mode de formation de cette oothèque ; elle résulte d'un produit de sécrétion de la glande collétérique déposé dans la vulve. La sécrétion des glandes, prise dans les conduits, est soluble dans la potasse, mais elle devient insoluble au contact de l'air. Ce serait un mélange de chitine et de petits cristaux d'oxalate de chaux. L'oothèque est divisée intérieurement par une cloison médiane séparant deux loges, dans chacune desquelles les œufs sont en série linéaire. Pendant la formation de l'oothèque, un œuf de l'ovaire gauche passe dans la chambre cloacale et se place du côté droit de la cloison ; puis un œuf de l'ovaire droit vient se placer du côté gauche et ainsi de suite alternativement. L'oothèque reste verticale dans le vagin de la femelle, chez *Periplaneta orientalis* ; elle subit un mouvement de rotation et devient horizontale, le côté crénelé tourné du côté droit de la mère, chez *Blatta germanica* ; dans cette espèce, l'oothèque renferme de 28 à 58 œufs.

L'oothèque des Mantes, beaucoup plus volumineuse que celle des Blattes, est sécrétée en dehors du corps de la femelle en même temps que les œufs sont pondus. Sa constitution a été étudiée par Pagenstecker, Rœsel, de Saussure et Ch. Brongniart (1881). Déposée sur les pierres ou les rameaux des arbustes, elle se présente comme une masse pyriforme, à petite extrémité dirigée en haut, convexe sur sa surface libre qui est sillonnée transversalement et aplatie sur sa surface adhérente. Dans son intérieur se trouvent une vingtaine de loges médianes renfermant les œufs et flanquées latéralement de logettes vides à structure grossièrement vacuolaire. Chaque loge est divisée en deux compartiments dont les parois se terminent supérieurement par des lames arquées, disposées de telle manière que la lame supérieure (en allant du bout renflé vers le bout pointu) recouvre la lame inférieure. Chaque loge renferme de 8 à 10 œufs séparés les uns des autres par une mince pellicule. L'oothèque est formée d'une substance visqueuse que l'Insecte malaxe avec l'extrémité de son abdomen, de ses élytres et avec ses cerques. Cette substance durcit à l'air et prend une consistance parcheminée gris-brunâtre.

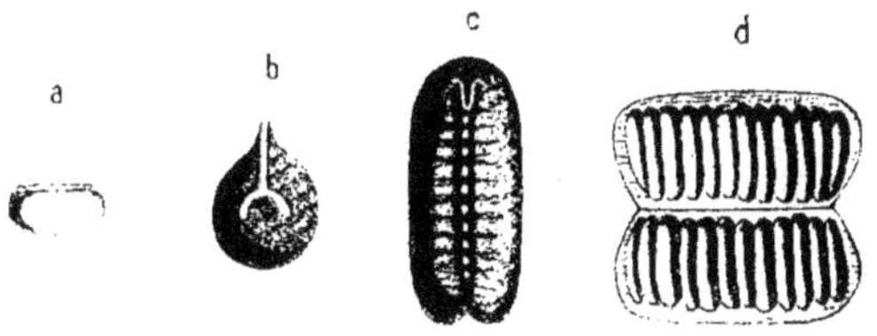

Fig. 283. — Oothèque de *Periplaneta orientalis*.
a, vue de côté, réduite ; — *b*, vue par son extrémité antérieure ; — *c*, vue par sa face supérieure ; — *d*, ouverte, montrant les œufs dans son intérieur.

La ponte des Acridiens peut être considérée comme une oothèque beaucoup plus simple que celle de la Mante, mais produite de la même manière.

C. *Les œufs sont réunis en une seule masse.* — Lorsque l'Insecte, tout en pondant ses œufs un à un, ne se déplace pas pendant la ponte, les œufs se trouvent réunis en une petite masse plus ou moins irrégulière : c'est le cas, par exemple, pour les Hannetons, des Chrysoméliens, les Phylloxériens, etc. Mais souvent la femelle, tout en restant au même point, se déplace légèrement ou fait exécuter des mouvements à l'extrémité de son abdomen, de telle sorte que les œufs, au lieu d'être en tas comme dans le cas précédent, sont déposés les uns à côté des autres sur un seul plan avec plus ou moins de régularité.

Ils sont déposés irrégulièrement par la femelle du *Bombyx mori* et de beaucoup d'autres Lépidoptères; en petits groupes isolés par les femelles de *Pentatoma*. Ceux de *Saturnia carpini* sont en deux rangées parallèles contiguës; ceux de *Gyrinus natator*, en séries parallèles isolées. Le *Nematus septentrionalis* pond ses œufs en séries linéaires suivant les nervures de la face inférieure des feuilles du Groseillier. Le *Bombyx neustria* pond autour des rameaux de 400 à 500 œufs disposés en une spirale à tours contigus, vulgairement connue sous le nom de *bague*. Les œufs de *Bombyx castrensis* et *franconica* offrent la même disposition sur les Graminées et les *Helianthemum*.

Il est intéressant de noter que les Papillons élevés en captivité perdent cet instinct de la disposition régulière de leurs œufs sur la plante nourricière des jeunes chenilles. Par exemple, le *Bombyx mori*, qui depuis des milliers d'années est devenu, pour ainsi dire, un animal domestique, a perdu l'instinct de pondre sur le Mûrier comme il le faisait à l'origine, et on le voit pondre sur n'importe quel objet, dans des boites, etc. On sait d'ailleurs que ce n'est pas là une particularité propre aux Insectes, et qu'un très grand nombre d'animaux élevés en captivité présentent le même phénomène (1).

Réaumur a décrit les pontes de Cousin. Les œufs sont oblongs et ressemblent à de petites fioles (fig. 284, 2). Ils sont disposés par la femelle les uns à côté des autres, au nombre d'environ 250 par ponte, en une masse oblongue relevée à chacune de ses extrémités, représentant une sorte de nacelle qui flotte sur l'eau (fig. 284, 1). Ces œufs ont une base trop étroite pour se tenir debout. Pour former la masse flottante, la femelle se fixe par les pattes antérieures sur une feuille, laisse flotter son abdomen à la surface de l'eau et croise au-dessous de lui ses pattes

(1) C'est ainsi que les Truites conservées depuis longtemps dans les bassins du laboratoire d'Embryogénie comparée du Collège de France ont perdu jusqu'à l'instinct de la ponte. Elles forment et mûrissent leurs œufs mais ne les expulsent pas, et on doit presser sur l'abdomen pour pratiquer la ponte artificielle, sans quoi les œufs restent dans la cavité abdominale, où ils finissent par résorber.

postérieures. Les premiers œufs pondus sont retenus verticalement dans l'angle desdites pattes et, quand un assez grand nombre d'œufs sont réunis pour pouvoir flotter, la femelle continue à en ajouter d'autres à la masse jusqu'à ce que la ponte entière soit terminée.

D. *Œufs pondus isolément.* — Un très grand nombre d'Insectes pondent leurs œufs isolément, soit en les déposant à la surface des corps étrangers, soit en les introduisant dans l'intérieur des végétaux ou des animaux. C'est le cas par exemple pour les Charançons, la plupart des Microlépidoptères qui ne déposent qu'un œuf dans une fleur ou sur une feuille. Certains de ces œufs présentent dans leur mode de fixation ou d'expulsion des particularités qui méritent d'être mentionnées. Ceux des Hémérobes sont situés à l'extrémité de pédoncules fixés verticalement à la surface des feuilles. Au moment de la ponte, la femelle applique l'extrémité de son abdomen à la surface de la feuille; elle sécrète une matière visqueuse qu'elle étire en relevant son abdomen : cette substance se coagule au contact de l'air en une petite tige grêle et rigide au sommet de laquelle l'œuf est fixé.

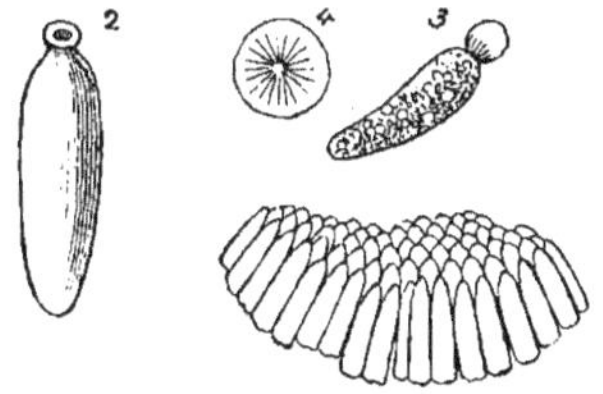

Fig. 284.

1, Ponte de Cousin; — 2, œuf isolé; — 3, œuf pris dans l'ovaire, avec son appendice vésiculeux; — 4, appendice vésiculeux vu par sa partie supérieure, montrant des lignes radiées. (D'après Réaumur, fig. empruntée à Miall.)

Chez les Clytres et les Cryptocéphales, chaque œuf est protégé

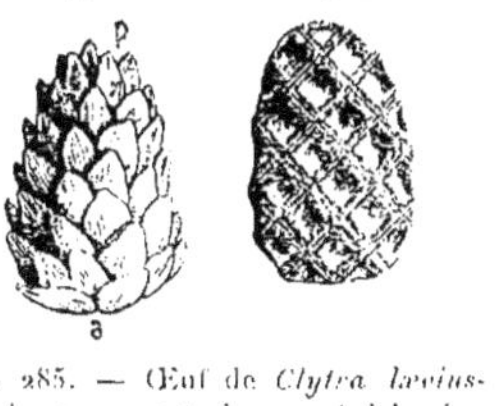

Fig. 285. — Œuf de *Clytra laeviuscula* recouvert de son épichorion ou scatoconque.

A, état naturel grossi; *a*, extrémité antérieure de l'œuf; *p*, extrémité postérieure; — B, œuf dont l'épichorion a été débarrassé des lamelles qui sont à sa surface. (Fig. empruntée à Lécaillon.)

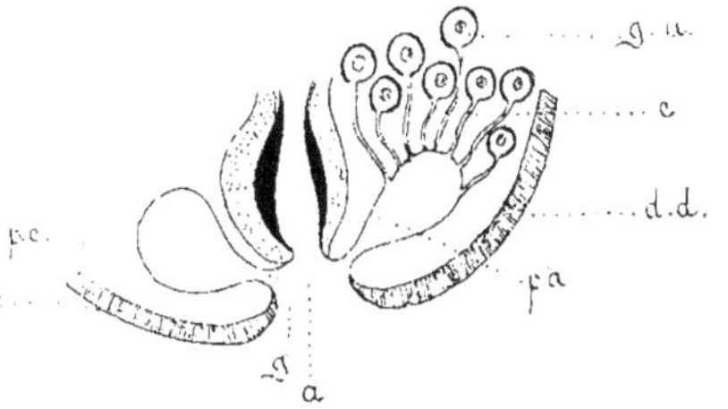

Fig. 286. — Schéma montrant la disposition de la glande anale de *Clytra laeviuscula* femelle.

g.u. cellule glandulaire; *c*, conduit excréteur; *pa*, poche anale; *a*, ouverture anale; *g*, ouverture sexuelle; *pc*, poche copulatrice; *dd*, dernier anneau dorsal; *dv*, dernier anneau ventral. (Fig. empruntée à Lécaillon.)

individuellement par une coque spéciale. D'après les observations faites par Lécaillon (1898), sur les œufs du *Clytra laeviuscula*, la substance constitutive de cette coque est inattaquable par la potasse même concentrée et par l'acide chlorhydrique; elle est au contraire dissoute par l'acide azotique et par l'hypochlorite de potasse ; elle ne se conduit donc pas vis-à-vis de ce dernier réactif de la même façon que la chitine. Lécaillon admet que cette substance résulte du mélange du produit de la sécrétion de glandes unicellulaires spéciales (fig. 286) avec les excréments de l'Insecte; il désigne, à cause de ce fait, par le nom de *scatoconque* la coque des œufs de Clytres et de Cryptocéphales. Chez le *Clytra læviuscula*, la coque donne à l'œuf l'aspect d'une petite pomme de Pin (fig. 285, A); si l'on enlève les écailles qui garnissent la surface de cette coque, celle-ci se montre sous l'aspect d'un cylindre recouvert de nombreuses petites facettes losangiques (fig. 285, B). La femelle construit cette coque en tenant l'œuf avec ses pattes postérieures et en déposant à sa surface de petits lambeaux de matière constituant la coque, qu'elle soude ensuite les uns aux autres au moyen de deux pièces chitineuses spéciales situées au voisinage de l'anus.

Les nombreux œufs, petits et de couleur foncée, de l'Épiale du Houblon sont projetés avec force par la femelle et semblent, dit de Geer, courir sur le sol. Kirby a observé également une espèce de Tipule qui lance ses œufs jusqu'à une distance de 10 pouces.

Lorsque des œufs sont introduits dans des corps étrangers, la femelle commence par entamer ces corps à l'aide de ses pièces buccales de manière à faire un trou dans lequel elle dépose son œuf après s'être retournée (Charançons, Scolytes); ou bien, ce qui est le cas le plus général, elle est pourvue d'une tarière qui lui permet d'introduire directement son œuf au milieu des tissus.

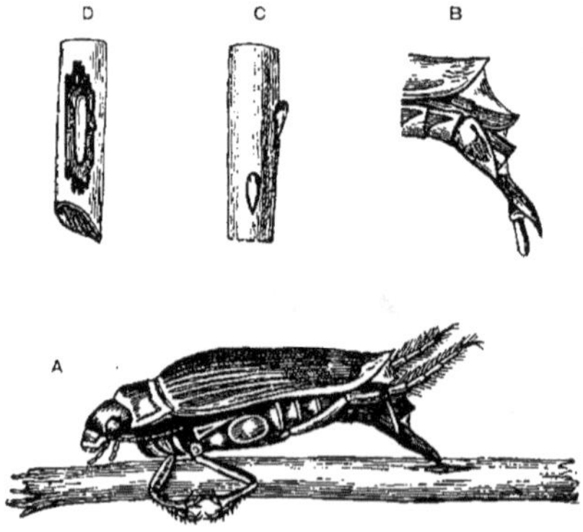

Fig. 287.
A, Femelle de Dytique pondant ses œufs; — B, extrémité de l'abdomen avec l'oviscapte sorti; — C, œufs de Notonecte attachés à une tige de Jonc; — D, œuf de Dytique dans une tige de Jonc. (D'après Régimbart, fig. empruntée à Miall.)

La femelle du Dytique perce des fentes longitudinales dans les tiges de Jonc et de Sagittaire et dans chaque fente elle introduit un œuf (Régimbart, 1865) (fig. 287). Chez le *Lestes sponsa* (Agrionide), au moment de la ponte, le mâle continue à tenir la femelle par la tête. Les deux individus se fixent sur une tige de Jonc et la femelle entraînant le mâle dépose ses œufs de haut en bas dans des incisions. La ponte n'a pas lieu seulement dans les parties aériennes de la plante; quand le couple arrive à la surface de l'eau, la femelle n'en continue pas moins à pondre dans les parties submergées et peut ainsi rester une demi-heure sous l'eau (SIEBOLD). Les Notonectes, les Cigales, le Valgue hémiptère, les Sirex, les Tenthrèdes incisent les végétaux à l'aide de leur armure génitale pour y déposer leurs œufs.

ADLER a étudié avec soin la manière dont les Cynipides introduisent leurs œufs à long pédoncule à l'intérieur des tissus végétaux. « On peut diviser en trois périodes le travail assez compliqué de la ponte : 1°) le percement du canal se fait par la tarière, introduite sous les écailles, glissant jusqu'à la base du bourgeon, puis se courbant vers l'axe de cet organe; 2°) l'œuf arrive de l'ovaire à la base de la tarière : le pédoncule est saisi entre les deux soies latérales et l'œuf ainsi guidé glisse le long de la tarière; 3°) la pointe de celle-ci étant retirée du canal qu'elle a creusé, l'œuf y est introduit puis poussé jusqu'au fond par la tarière. Si l'on se représente la difficulté de ces manipulations, on reste stupéfait de voir avec quelle sûreté la femelle les exécute et de plus les exécute plusieurs fois de suite, car elle ne peut mettre qu'un seul œuf dans le canal. Il n'y a pas de place pour le second puisque la queue de l'œuf, le pédicelle, reste dans la lumière du canal. Les femelles qui pondent leurs œufs dans les feuilles ont naturellement bien moins de travail parce qu'elles n'ont qu'une mince surface à perforer, mais l'opération effectuée par l'appareil perforant reste la même. » Certains Cynips du Chêne (*Aphilothrix fecondatrix*) ne piquent que les bourgeons à fleurs. La femelle se promène sur les rameaux, palpant les bourgeons, et se trompe rarement dans son choix.

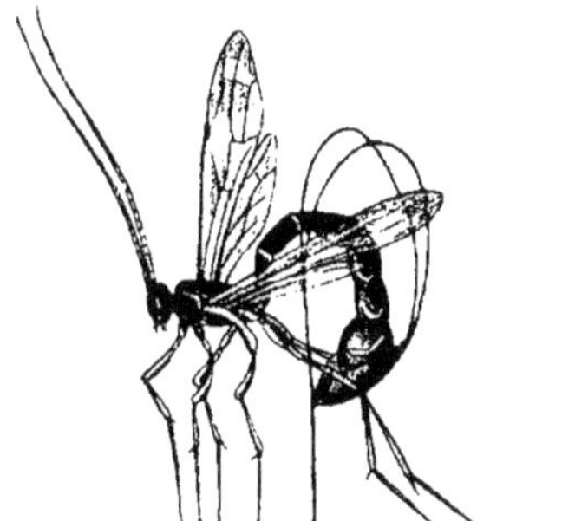

Fig. 288. — Femelle de *Thalessa lunator* (Ichneumonide) enfonçant sa tarière dans du bois pour déposer son œuf dans une larve de *Sirex*. (D'après RILEY.)

Chez les Ichneumoniens, la femelle introduit ses œufs à l'intérieur des larves d'autres Insectes, chaque espèce choisissant généralement un hôte spécial. Les *Ephialtes*, les *Rhyssa*, déposent leurs œufs dans les larves des Longicornes qui vivent dans des galeries situées souvent à une grande profondeur à l'intérieur du bois. La femelle, en se promenant à la surface des branches ou du tronc, sait trouver le point précis occupé par la larve dans la galerie. Le long travail de patience que nécessite l'introduction de la tarière relativement peu rigide, à travers l'écorce et une épaisseur de bois plus ou moins considérable pour arriver jusqu'à la larve, est bien fait pour étonner, et il est remarquable de voir la sûreté de l'instinct qui conduit l'animal juste au-dessus du point où se trouve la larve nourricière.

L'Œstre du Cheval (*Gastrophilus equi*) accomplit toute la première partie de sa vie larvaire à l'intérieur de l'estomac du Cheval. La larve se fixe sur la muqueuse et y reste pendant dix mois au bout desquels elle est expulsée avec les matières fécales, pour se transformer en pupe dans le milieu extérieur et donner l'Insecte parfait après un mois environ. Cet Insecte vient pondre sur les poils du Cheval en choisissant de préférence les membres antérieurs, le genou, le canon, c'est-à-dire les points que l'animal peut facilement atteindre avec sa langue. On admet généralement que ce sont les démangeaisons produites par les larves qui incitent le Cheval à se lécher, assurant ainsi le transport du parasite au lieu favorable à son développement. Ce serait donc là encore un instinct spécial qui pousserait l'Insecte à aller pondre juste au point où ses larves sont assurées de leur avenir.

Jusqu'ici nous avons vu la mère protéger ses œufs et les déposer au milieu de la source de nourriture nécessaire au développement de la larve. Nous devons dire quelques mots de ces Insectes chez lesquels l'instinct de prévoyance est encore plus développé et qui préparent une demeure qu'ils approvisionnent d'une nourriture spéciale, destinée aux larves, avant d'y déposer leurs œufs. Les *Atteuchus*, par exemple, pondent dans une boule qu'ils ont façonnée avec les matières fécales des herbivores, et qu'ils introduisent dans les terriers qu'ils habitent. Les Nécrophores enterrent les cadavres des petits animaux avant d'y déposer leurs œufs. Le *Rhynchites conicus* (Coupe-bourgeons) entame à leur base, par une incision hémicirculaire, les jeunes pousses des arbres fruitiers, de manière à ce qu'elles se flétrissent, puis introduit ses œufs dans la partie distale du rameau, de telle sorte que les larves trouvent dans cette partie flétrie une nourriture plus appropriée à leur besoin. Le *Rhynchites betuleti* (Cigarier), qui vit sur la Vigne, entame le pétiole des feuilles pour amener leur flétrissement et roule ensuite le limbe en déposant ses œufs entre les tours. De même, l'*Attelabus curculionioides* enroule une partie des feuilles des divers arbres forestiers, en particulier du Chêne, pour y déposer ses œufs.

Un groupe très intéressant au point de vue qui nous occupe, est celui des Guêpes fouisseuses dont les mœurs ont été, de la part de Léon Dufour et de Fabre d'Avignon, l'objet d'études minutieuses. Ces Insectes, répandus dans toute la France, construisent des nids de diverses formes, soit dans le sol, soit sur les branches des arbres ou sur les pierres, soit même à l'intérieur des branches. La femelle approvisionne ces nids de proie fraîche (larves d'Insectes ou Insectes adultes), après l'avoir mise dans un état de paralysie qui, tout en lui permettant de vivre pendant de longs mois, abolit les mouvements volontaires. Pour cela elle retourne sur le dos l'Insecte destiné à servir de nourriture aux larves. Elle enfonce son aiguillon dans le thorax au niveau des ganglions nerveux. Cette piqûre a pour effet d'amener très rapidement une paralysie partielle, mais persistante. Les mouvements respiratoires ne sont pas abolis, mais l'Insecte est dans un état d'inertie comparable à celui qu'on observe chez un animal curarisé dont les fonctions de la vie végétative persistent, tandis que les mouvements sont supprimés. C'est en cet état que la victime est transportée dans le nid, à proximité des œufs. Dès l'éclosion, les jeunes larves trouvent donc une proie fraîche et incapable de résistance.

En général, chaque espèce de Guêpe fouisseuse approvisionne son nid avec une espèce déterminée d'Insecte ; ainsi le *Sphex flavipennis* recherche les Grillons ; le *Sphex albisecta* capture les Criquets ; le *S. occitanica* fait sa proie des Éphippigers ; les *Cerceris* nourrissent leurs larves de Buprestes et de Charançons ; le *Cerceris tuberculata* ne s'attaque qu'au *Cleonus ophtalmicus* ; le *Bembex* a une préférence exclusive pour les Mouches ; les Odynères et les Ammophiles ne chassent que les chenilles ; les Pompiles n'en veulent qu'aux Araignées ; le Philanthe apivore est très nuisible, car il fait la guerre aux Abeilles, etc.

Les Apiens solitaires, dont les larves ne sont pas carnassières comme celles des Guêpes fouisseuses, approvisionnent de miel leur nid avant la ponte et déposent un œuf sur le miel contenu dans chaque cellule. Les Hyménoptères porte-aiguillon sociaux diffèrent donc des Hyménoptères solitaires en ce qu'ils renouvellent chaque jour la pâtée de leurs larves, tandis que les seconds approvisionnent leur nid, avant la ponte, de la nourriture nécessaire au développement de leurs larves et ne s'en occupent plus par la suite.

Nous avons déjà mentionné que certains Insectes déposaient leurs œufs dans les nids d'Insectes appartenant à d'autres espèces (Chrysidides, *Prosopus*, *Sphecodes*, Psithyres, Volucelles, Bombyles, Anthrax, etc.). C'est grâce à une ressemblance plus ou moins grande avec leurs hôtes que ces intrus arrivent à pénétrer dans la demeure des animaux où se développera leur progéniture. Le mimétisme joue donc en pareil cas un rôle très important, puisque c'est lui qui permet à la femelle de venir déposer ses œufs en des endroits favorables au développement des larves.

Insectes vivipares. — A part les Aphidiens, où elle se présente à peu près constamment chez les femelles parthénogénésiques, la viviparité est rare chez les Insectes. On la rencontre cependant dans quelques ordres, principalement chez les Diptères. SCHIÖDTE de Copenhague (1856) a signalé des Staphylins, parasites des nids de Termites du Brésil, appartenant au genre *Corotocha* et *Spirachtha*, dont les œufs se développent à l'intérieur du corps de la femelle, dans l'oviducte, grâce à la sécrétion de glandes particulières qui tapissent les voies génitales et assurent la nourriture de la larve jusqu'à un état avancé de son développement. On connaît également quelques Chrysomélides et quelques Éphémères vivipares. SCOTT a trouvé en Australie une Teigne, qu'il a appelée *Tinea vivipara* et dont il a vu sortir de petites chenilles en lui comprimant l'abdomen. Les femelles des Strepsiptères (*Xenos*, *Stylops*) pondent des larves. Chez les Diptères, la famille improprement dite des Pupipares (*Hippoboscus*, *Melophagus*, *Nycteribia*, *Braula*) renferme des espèces vivipares, pondant des larves qui se transforment immédiatement en nymphes au sortir du corps de la femelle. Plusieurs espèces d'autres Diptères (*Musca*, *Anthomyia*, *Sarcophaga*, *Tachina*, *Glossina*, *Dexia*, *Mitogramma*), et les Cécidomyies pædogénésiques sont également vivipares.

CHAPITRE VIII

REPRODUCTION SEXUÉE

Éléments reproducteurs.

Nous ne considérerons ici que les éléments reproducteurs arrivés à maturité, c'est-à-dire les spermatozoïdes tels qu'on les trouve dans les canaux déférents du mâle ou dans les réservoirs séminaux de la femelle, et les œufs au moment de la ponte, fécondés ou non, soit encore dans les oviductes, soit déposés par la femelle. Le développement de ces éléments reproducteurs ayant lieu souvent pendant les périodes larvaire ou nymphale, nous traiterons de la spermatogenèse et de l'ovogenèse après l'étude de l'ontogenèse.

Spermatozoïdes.

Les spermatozoïdes des Insectes, comme ceux de la plupart des autres animaux, ont l'aspect de filaments très allongés dans lesquels on peut distinguer une partie antérieure ou tête et une partie postérieure ou queue. La tête a très souvent la forme d'un poinçon, tandis que la queue est beaucoup plus grêle et peut atteindre une longueur dix fois plus grande que cette tête. Von Siebold (1841) a montré que, chez les Locustides, la tête des spermatozoïdes a une forme trièdre, et que ces spermatozoïdes peuvent se présenter groupés en faisceaux où l'on distingue les têtes placées les unes à la suite des autres et les queues se détachant sur le côté. Bütschli (1871), chez *Clytra octomaculata*, et La Valette Saint-Georges, chez *Phratora vitellinæ* (1874), ont décrit les spermatozoïdes comme possédant une double queue. Plus tard, La Valette Saint-Georges reconnut que cette disposition n'est qu'apparente et qu'en réalité il n'y a qu'une seule queue, constituée par deux filaments réunis par une membrane ; il compara cette queue à une nageoire. LEYDIG (1883) rapprocha la queue de ces spermatozoïdes de celle des éléments mâles des Amphibiens anoures, qui est formée par une membrane ondulante.

E. BALLOWITZ, en 1890, a étudié la structure des spermatozoïdes chez un très grand nombre de Coléoptères, et son frère, C.-J. BALLOWITZ (1894), étendit ces observations aux Orthoptères et aux Hyménoptères. Pour leur étude, les frères BALLOWITZ prenaient les spermatozoïdes mûrs dans les canaux déférents et les dissociaient dans l'eau salée de 0,75 à 10 o/o, où ils les fixaient par l'acide osmique et les coloraient par le violet de gentiane, afin de mettre en évidence les fibrilles de la queue. Il résulte des travaux des frères BALLOWITZ que l'on doit distinguer, dans la tête des spermatozoïdes, un segment antérieur plus clair, déjà signalé d'ailleurs avant eux par BÜTSCHLI, LEYDIG et GILSON, et un segment postérieur plus volumineux que le premier. La partie terminale de la tête a reçu le nom de pièce apicale (*Spitzenstück*) ; elle est terminée elle-même tantôt par un petit bouton (*Spitzenknopf*) (*Hylobius*, *Copris*), tantôt par un crochet (*Chrysomela*) ; cette pièce apicale se gonfle dans l'eau et laisse voir à son intérieur un filament se prolongeant dans la tête, soit dans la partie centrale, soit latéralement. Chez le *Calathus* (Carabique), la tête est formée de trois cupules superposées et traversées par un filament qui les réunit (fig. 290, E).

Fig. 289. — Spermatozoïde de *Locusta*. (D'après SIEBOLD.)

Quant à la queue des spermatozoïdes, elle présente, d'après les frères BALLOWITZ, des particularités importantes. On peut à ce sujet diviser les Insectes en deux groupes : ceux dont la queue des spermatozoïdes offre un filament de soutien (*Stützfaser*) et ceux chez lesquels ce filament de soutien fait défaut. Au premier groupe appartiennent l'*Hylobius abietis*, le *Copris lunaris*, les Curculionides, les Cérambycides, les Chrysomélides *pro parte* ; au second, le *Chrysomela hyperici*, le Hanneton et l'Hydrophile.

Dans la queue des spermatozoïdes du premier type (fig. 290, A, B, E, F), on distingue un filament épais ou filament de soutien et une partie membraneuse plissée comparable à une membrane ondulante pouvant spontanément se séparer du filament, d'où l'erreur de BÜTSCHLI et de LA VALETTE SAINT-GEORGES, qui avaient cru voir des spermatozoïdes à deux queues. La séparation a lieu normalement dans l'eau salée. Le filament de soutien est rigide, élastique, réfringent et difficilement colorable. Il se décompose difficilement en fibrilles. La membrane est

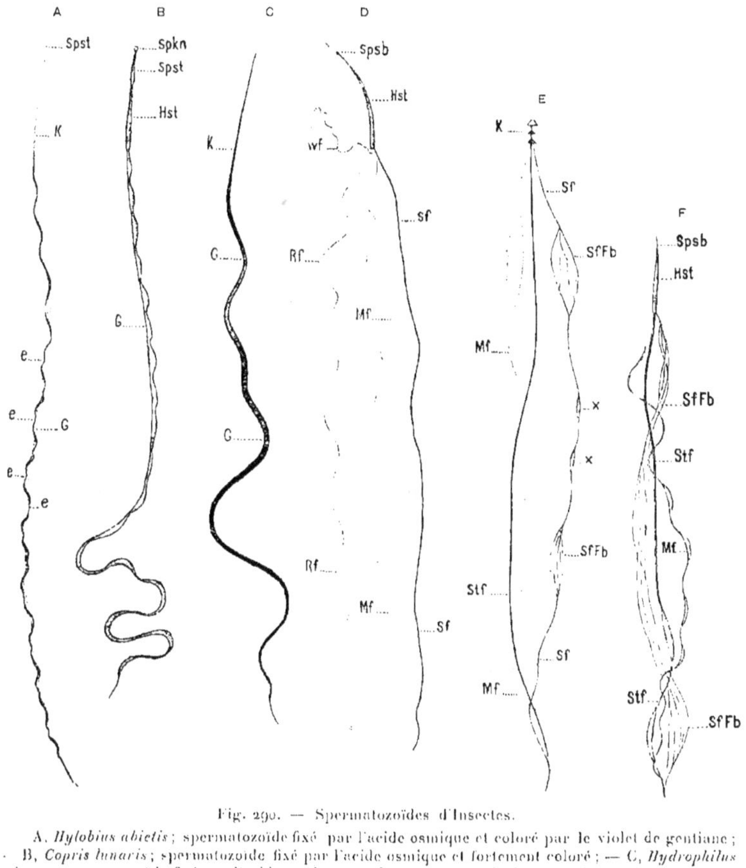

Fig. 290. — Spermatozoïdes d'Insectes.

A, *Hylobius abietis*; spermatozoïde fixé par l'acide osmique et coloré par le violet de gentiane; — B, *Copris lunaris*; spermatozoïde fixé par l'acide osmique et fortement coloré; — C, *Hydrophilus piceus*; spermatozoïde fixé par l'acide osmique; — D, spermatozoïde du même Insecte ayant macéré dans une solution de sel marin à 5 p. 100; — E, *Calathus*; spermatozoïde ayant macéré huit jours dans une solution de sel à 0,75 p. 100; — F, *Copris lunaris*; spermatozoïde ayant macéré deux à trois semaines dans l'eau salée à 0,75 p. 100; — *K*, tête; *G*, queue; *Hst*, segment principal de la tête; *Mf*, filament moyen (*Mittelfaser*); *Rf*, filament marginal (*Randfaser*); *Sf*, filament interne (*Saumfaser*); *Spkn*, bouton apical (*Spitzenknopf*); *Spst*, bâtonnet apical; *Stf*, filament de soutien (*Stützfaser*); *SfFb*, fibrilles élémentaires du filament marginal; *Wf*, filament vibratile (*Wimperfaser*); *e*, *e*, entailles de la membrane ondulante; *x*, *x*, renflements du filament marginal ne paraissant pas décomposés en fibrilles. (D'après E. BALLOWITZ.)

composée de deux filaments parallèles, l'un situé sur le bord libre (*Saumfaser*), l'autre près du filament de soutien (*Mittelfaser*). Ces deux filaments sont ondulés. Ils se décomposent facilement en fibrilles dans l'eau salée et fixent les matières colorantes.

Dans le deuxième type (fig. 290, C, D), la queue est molle, ondulante, flexueuse, formée de trois filaments accolés : un filament externe ou marginal (*Randfaser*), un filament moyen et un filament interne (*Saumfaser*). Le filament interne est plus long que les autres et se colore plus fortement. Chez l'Hydrophile il existe un quatrième filament, plus court, flagelliforme (*Wimperfaser*). Le *Saumfaser* se décompose facilement en fibrilles qui disparaissent après une macération prolongée dans l'eau salée. Le filament flagelliforme disparait aussi à la longue, mais sans se décomposer. Les deux autres filaments ne subissent pas la dissociation, mais leur surface se résout en petits disques qui se détachent et mettent à nu le filament axile.

Le mouvement des spermatozoïdes du premier type est dû aux ondulations de la membrane, ondulations qui commencent au niveau de la tête et se dirigent vers l'extrémité de la queue, comme dans les spermatozoïdes des Urodèles. Le mouvement ondulatoire peut se renverser et le spermatozoïde marche pour ainsi dire à reculons, la queue dirigée en avant. Ce changement de sens du mouvement de progression est comparable à celui désigné par Perty sous le nom de *diastrophie*, et qui s'observe chez un grand nombre d'Infusoires ciliés. Pendant toute la durée du mouvement des spermatozoïdes la queue reste rigide.

Les spermatozoïdes du second type ont la queue flexible dans toute son étendue et les mouvements ondulatoires serpentiformes intéressent la totalité de l'appendice.

Spermosyzygie. — Ballowitz (1886) avait dit dans une note préliminaire que, chez *Dytiscus*, *Acilius*, *Hydaticus* et *Colymbetes*, les têtes de deux spermatozoïdes peuvent s'accoler pour constituer un spermatozoïde double. Auerbach (1893) montra, en effet, que, chez *Dytiscus*, la tête des spermatozoïdes pris dans le testicule a la forme d'une gouge pointue, portant sur l'un de ses côtés une excroissance en forme d'ancre. Dans le canal déférent, l'extrémité cyanophile de la tête (c'est-à-dire fixant des matières colorantes bleues) porte une petite sphère protoplasmique érythrophile (c'est-à-dire fixant des matières colorantes rouges) sur laquelle s'implante une autre tête de spermatozoïde. Auerbach admettait qu'il se produisait une conjugaison entre deux spermatozoïdes provenant peut-être de deux testicules différents, l'un de droite, l'autre de gauche, conjugaison accompagnée d'échanges nutritifs.

Ces échanges auraient eu pour résultat de répartir également sur les deux spermatozoïdes les substances qui constituent le substratum des propriétés héréditaires. Ce phénomène aurait donc une influence sur la variabilité. Les spermatozoïdes se séparent ensuite par déjugation et leur tête a la forme d'un hameçon.

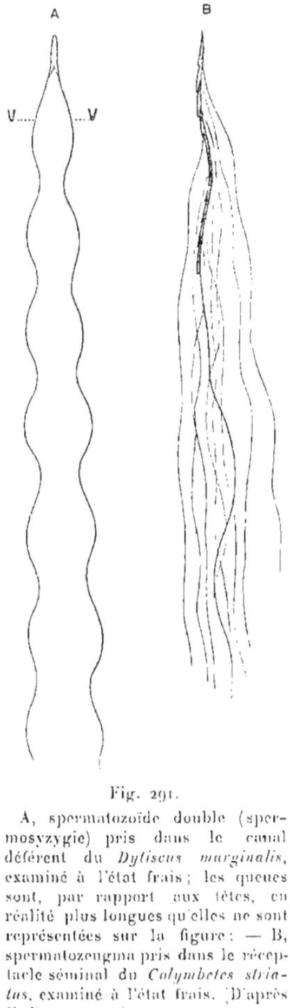

Fig. 291.
A, spermatozoïde double (spermosyzygie) pris dans le canal déférent du *Dytiscus marginalis*, examiné à l'état frais; les queues sont, par rapport aux têtes, en réalité plus longues qu'elles ne sont représentées sur la figure: — B, spermatozeugma pris dans le réceptacle séminal du *Colymbetes striatus*, examiné à l'état frais. (D'après E. BALLOWITZ.)

BALLOWITZ (1895) a longuement décrit cet accolement transitoire des spermatozoïdes, qu'il désigne sous le nom de *spermosyzygie*, chez quatre espèces de *Dytiscus*, trois espèces d'*Hydaticus*, deux de *Graphoderes*, deux d'*Acilius* et deux de *Colymbetes*. La tête des spermatozoïdes est en forme de cornet trièdre ouvert du côté de l'axe (fig. 292, A) et portant sur l'un de ses côtés une plaque triangulaire : elle présente un côté concave et un côté convexe (fig. 292, B); la queue est dépourvue de filament de soutien ; elle est ondulée et porte une bordure frangée dans sa partie extérieure.

Deux têtes de spermatozoïdes s'accolent de telle sorte que les deux cornets s'accro-

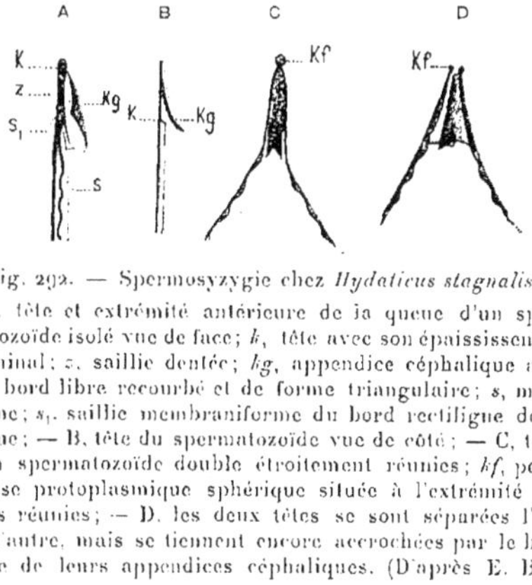

Fig. 292. — Spermosyzygie chez *Hydaticus stagnalis*.
A, tête et extrémité antérieure de la queue d'un spermatozoïde isolé vue de face; *k*, tête avec son épaississement terminal; *z*, saillie dentée; *kg*, appendice céphalique avec son bord libre recourbé et de forme triangulaire; *s*, membrane; s_1, saillie membraniforme du bord rectiligne de la queue; — B, tête du spermatozoïde vue de côté; — C, têtes d'un spermatozoïde double étroitement réunies; *kf*, petite masse protoplasmique sphérique située à l'extrémité des têtes réunies; — D, les deux têtes se sont séparées l'une de l'autre, mais se tiennent encore accrochées par le bord libre de leurs appendices céphaliques. (D'après E. BALLOWITZ.)

chent par leur bord libre de manière à constituer une tête double en forme d'ancre. Une petite boule terminale de protoplasma réunit les deux têtes, mais elle n'a qu'une existence transitoire (1).

(1) SELENKA a observé chez un Marsupial, le *Didelphys virginiana*, une disposition semblable, les spermatozoïdes étant réunis par paires.

Chez les *Colymbetes* (fig. 291, B) les têtes des spermatozoïdes, également en forme de cornets, s'emboîtent les unes dans les autres, de manière à constituer des chaînes (*Spermatozeugma*) de trois à plus d'une vingtaine de spermatozoïdes, analogues à celles décrites par SIEBOLD, chez les Locustides ; ces chaînes sont animées de mouvement en spirale. Dans le réceptacle séminal de la femelle, ces chaînes, ou faisceaux de premier ordre, peuvent se réunir parallèlement pour constituer des faisceaux de deuxième ordre qui se désagrègent plus tard.

Œufs.

La forme des œufs des Insectes est très variable : elle peut être sphérique, ovalaire, cylindrique, discoïdale, et revêtir quelquefois un aspect tout particulier comme pour les œufs des Phasmides (fig. 294) qui ressemblent à des productions végétales, ou à ceux de certains Hyménoptères et Hémiptères qui sont pédiculés ou pourvus d'appendices de longueur variable.

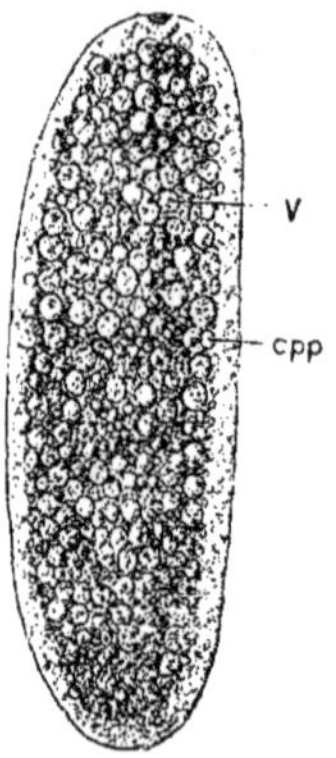

Fig. 293. — Œuf de *Chironomus* immédiatement après la ponte, à l'état vivant.

cpp, couche protoplasmique périphérique (blastème germinatif de WEISMANN) ; *v*, vitellus nutritif. (D'après BALBIANI.)

A la maturité, l'œuf est composé d'une masse protoplasmique contenant un abondant vitellus nutritif et entourée d'une membrane vitelline en dehors de laquelle se trouve un chorion plus ou moins épais, ayant son origine dans les cellules épithéliales des gaines ovariques. Cet œuf est donc un époocyte. Exceptionnellement il peut rester à l'état de métoocyte ou même d'oocyte. Ainsi, chez certains Ichneumoniens, les éléments nutritifs sont peu abondants et le chorion est rudimentaire ou nul ; chez les Pucerons vivipares, le chorion a disparu et le vitellus nutritif est très peu abondant. Ces cas sont liés aux conditions spéciales de développement de ces œufs.

Vitellus. — Le vitellus n'est pas réparti uniformément dans l'œuf, qui appartient par conséquent au type mixolécithe. Nous ne savons encore que peu de chose de sa constitution. Il est formé de globules graisseux et de globules protéiques ; les premiers se reconnaissent à ce qu'ils sont noircis par l'action de l'acide osmique et sont solubles dans les dissolvants des corps gras ; les seconds sont vacuolaires ou granuleux. On retrouve dans divers groupes zoologiques des œufs dont le vitellus présente des caractères analogues. La périphérie de l'œuf est souvent occupée par une couche protoplasmique plus ou moins développée, pauvre en éléments vitellins.

Beaucoup d'œufs d'Insectes renferment les corpuscules bactérioïdes de Blochmann, signalés plus haut (page 88) à propos du corps adipeux ; ce sont de petits éléments réfringents, allongés ou arrondis, fixant fortement certaines matières colorantes. Weismann (1863) les a signalés d'abord dans les œufs de Diptères. Blochmann (1884-1886) les a retrouvés

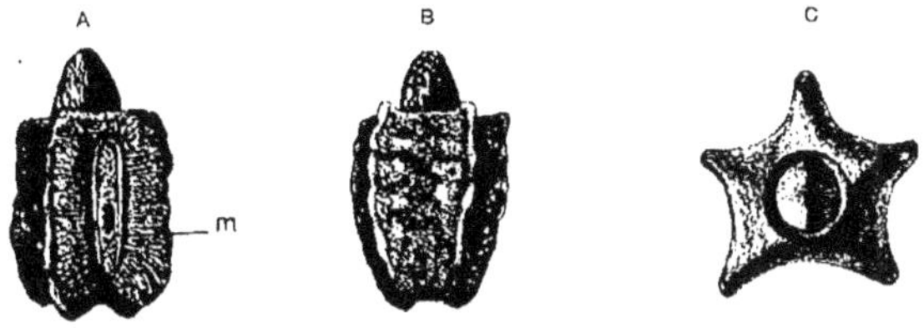

Fig. 294. — Œuf du *Phyllium crurifolium*.

A, œuf vu par la face portant le micropyle *m* ; — B, œuf vu par la face opposée ; — C, œuf vu par le pôle supérieur portant le couvercle. (Figure originale.)

chez *Formica*, *Camponotus*, *Blatta*, *Periplaneta*, *Musca*, *Pieris*, *Vespa* ; Wheeler (1889) a montré que, chez la Blatte, ils forment une couche spéciale dans la région dorsale et à l'extrémité antérieure de l'œuf.

Au point de vue de la composition chimique, Tichomiroff (1885) a trouvé que, chez le Ver à soie, l'œuf contient 65 p. 100 d'eau et que le chorion représente 8 p. 100 du poids total. Parmi les substances constitutives figurent l'albumine, la graisse, la lécithine, la cholestérine, du glycogène et des sels inorganiques (1).

En se développant l'œuf diminue de poids, perd 7 p. 100 d'eau et 3 p. 100 de matière solide. La perte porte principalement sur le glycogène et sur la graisse.

(1) Analyse de l'œuf de Ver à soie, d'après Tichomiroff :

	Avant l'incubation.		*Après.*	
Albumine et sels insolubles	11,31		9,20	
Extrait aqueux	5,81		5,46	
dont Glycogène		1,98		0,74
Extrait éthéré	9,52		6,46	
dont Graisse		8,08		4,37
dont Lécithine		1,04		1,74
dont Cholestérine		0,40		0,35
Chorionine	8,87		8,87	
Chitine	0,00		0,21	
Bases azotées	0,02		0,21	
Substances liquides	100		88,84	
— solides	35,51		30,20	

Enveloppes de l'œuf. — La membrane vitelline existe ordinairement, mais quelquefois elle est difficile à mettre en évidence et paraît même manquer. A cette membrane vitelline se surajoute un chorion qui a une constitution variable. Quelquefois il paraît homogène ; ailleurs sa structure est plus ou moins compliquée. D'après Leydig (1867), les

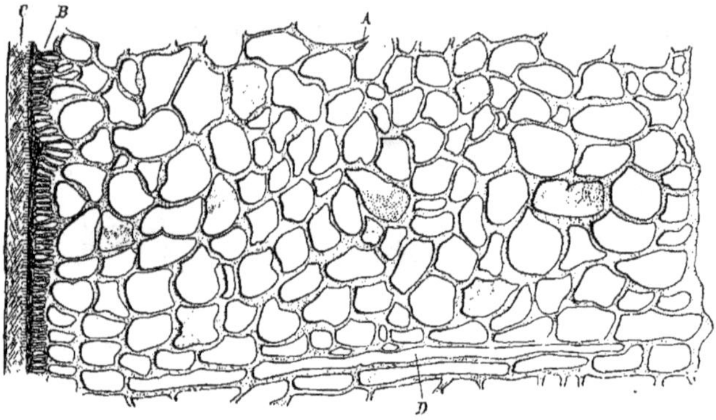

Fig. 295. — Fragment d'une coupe longitudinale de la capsule d'un œuf de *Phyllium crurifolium*, au niveau de sa plus grande largeur.

A, zone externe ; *B*, zone moyenne ; *C*, zone interne ; *D*, alvéoles allongées, gross. 100. (Fig. originale.)

cellules épithéliales de la gaine ovarique envoient de petits prolongements protoplasmiques contre la surface de l'œuf ; entre eux se dépose un liquide visqueux qui, en se solidifiant, forme le chorion ; les canaux poreux du chorion ne sont que les traces de ces prolongements protoplasmiques. Mais dans d'autres cas, le chorion paraît constitué de deux couches homogènes (exochorion et endochorion), unies par de petites trabécules perpendiculaires à la surface, c'est ce qu'on observe chez la Blatte. Ailleurs, le chorion peut présenter une structure fibrillaire ; j'ai constaté ainsi que, chez l'*Œcanthus pellucens*, le chorion est formé par un feutrage de faisceaux de filaments disposés dans tous les sens et rappelant l'aspect offert par la membrane vitelline de l'œuf d'Oiseau.

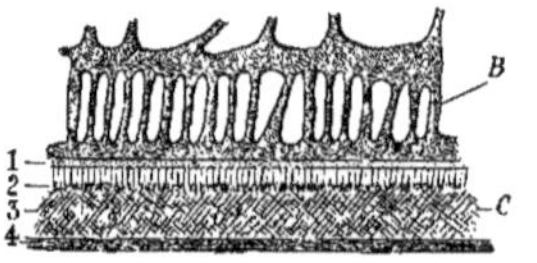

Fig. 296. — Fragment plus grossi de la figure 295.

B, zone moyenne ; *C*, zone interne ; 1, 2, 3, 4, couches de la zone interne. (Fig. originale.)

Le chorion de l'œuf du *Phyllium crurifolium*, qui a la forme d'un akène d'Ombellifère, présente trois régions ayant chacune un aspect différent : 1° une zone externe (fig. 295, A), constituée par de larges alvéoles irrégulières ; 2° une zone moyenne (fig. 295, B), mesurant 0mm03 de largeur et formée de fibres épaisses parallèles, dirigées perpendiculairement à la surface interne ; 3° une zone interne (fig. 295, C), à peu près de même épaisseur que la précédente et présentant une structure compacte striée. Cette zone interne est constituée elle-même par quatre couches distinctes, formées de fibrilles de grosseurs différentes et intriquées de diverses manières (fig. 296, 1, 2, 3, 4). L'ensemble de la coupe du chorion de l'œuf du *Phyllium* rappelle à s'y méprendre une coupe de tissu végétal, de telle sorte que le mimétisme si intéressant de l'Insecte adulte et de son œuf se retrouve dans la structure même de l'enveloppe de cet œuf.

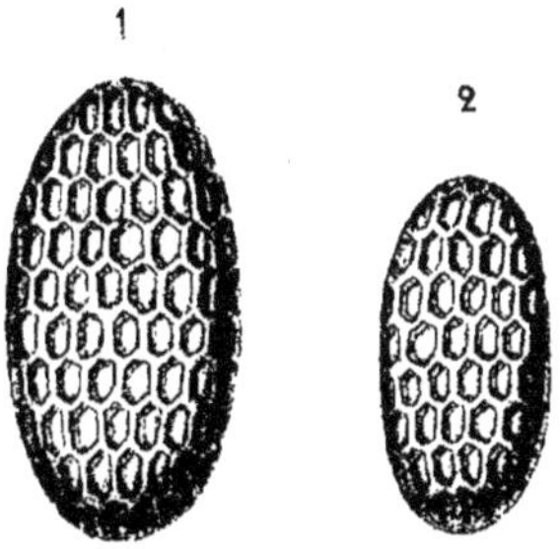

Fig. 297. — Œufs de *Phylloxera vastatrix*. 1, gros œuf pondu par la femelle ailée, donnant naissance à la femelle de la génération sexuée ; — 2, petit œuf pondu par la femelle sexuée donnant naissance au mâle de la même génération. (D'après Balbiani.)

Nous ignorons de quelle manière se fait la sécrétion d'un tissu aussi compliqué, comment des couches aussi différenciées prennent naissance aux dépens soit du protoplasma ovulaire, soit plus probablement aux dépens des cellules de la gaine ovarique.

Presque toujours la surface externe du chorion des Insectes est marquée de champs hexagonaux correspondant à l'empreinte des cellules épithéliales de la gaine ovarique (fig. 297).

La nature chimique du chorion est encore mal connue. Jusqu'à ces dernières années on le croyait constitué par de la chitine. Verson (1884) a montré que le chorion de l'œuf du Ver à soie se dissout en quelques heures dans une solution de potasse à 3 p. 100, à la température de 45°. Ce ne serait donc pas de la chitine, car cette substance résiste même à la potasse concentrée. Au point de vue de l'analyse chimique, Verson a trouvé les éléments suivants :

Hydrogène	7,105
Oxygène	19,326
Azote	17,200
Soufre	4,378
Carbone	50,900
Cendres	1,091
	100,000

Or la chitine ne contient jamais de soufre, et Verson conclut que le chorion n'est pas chitineux mais est formé d'une substance plutôt analogue à la kératine qui, elle, renferme du soufre. TICHOMIROFF (1885) admet également que la substance qui constitue le chorion est une substance spéciale pour laquelle il propose le nom de *chorionine*. J'ai recherché avec LÉCAILLON comment se comportent les matières cornées, la chitine et les chorions des œufs d'Insectes vis-à-vis des divers dissolvants chimiques, à égalité de concentration et dans les mêmes conditions de température. Les œufs d'Insectes sur lesquels nous avons expérimenté sont ceux de *Lina*, *Agelastica* et *Clytra* parmi les Coléoptères; *Pyrrhocoris* parmi les Hémiptères; *Musca* parmi les Diptères; *Sialis* parmi les Névroptères et *Orgyia* et *Bombyx mori* parmi les Lépidoptères. Nous avons constaté que les chorions et les matières cornées se dissolvent très facilement dans la potasse et dans l'acide chlorhydrique, tandis que la chitine résiste à l'action de ces réactifs. En outre, les matières cornées disparaissent complètement lorsqu'on les met dans l'hypochlorite de potasse, tandis que les chorions sont peu ou point attaqués, comme la chitine elle-même.

Il en résulte que la chitine, la kératine et la chorionine doivent être considérées comme trois substances bien distinctes.

D'un autre côté, nous avons remarqué que si le chorion de l'œuf des Insectes se dissout bien dans la potasse, celui des œufs d'Araignées résistent à la potasse même concentrée; il nous semble donc que la question mérite d'être étudiée à nouveau, et qu'en tout cas on ne peut conclure de nos observations sur les Insectes à l'uniformité de constitution du chorion chez les Arthropodes en général.

Micropyles. — Dans la grande majorité des œufs d'Insectes on distingue dans le chorion un ou plusieurs orifices préformés pour la pénétration des spermatozoïdes, orifices qui ont reçu le nom de *micropyles*. LEUCKART (1875) les a étudiés et a remarqué que leur nombre et leur situation sur l'œuf sont très variables.

Dans les œufs qui restent longtemps attachés par un pédicule à la chambre germinative, les micropyles sont au pôle antérieur de l'œuf; chez ceux qui de bonne heure se séparent de la chambre germinative, le micropyle est ordinairement situé au pôle postérieur. Chez la Puce, ces micropyles sont en très grand nombre : on en compte 45 à 50 au pôle antérieur, 25 à 30 au pôle postérieur, mais il est probable que ces orifices ne servent pas tous à l'entrée des spermatozoïdes. Chez la Blatte, d'après WHEELER, il y a plusieurs groupes de ces micropyles situés un peu latéralement, près du pôle antérieur de l'œuf; ils traversent obliquement la paroi du chorion. Chez la Phyllie, le micropyle, qui est unique, est placé sur une des faces latérales de l'œuf et entouré d'une série de petits canalicules remplis d'air (fig. 294, A); ces canalicules ne servent pas au passage des spermatozoïdes et ne sont pas de vrais micropyles.

Chez le *Bombyx mori*, Leuckart (1855) avait décrit trois micropyles. Cornalia (1856) avait signalé quatre petits orifices pouvant se réunir en un seul. Verson décrit un infundibulum des bords latéraux duquel partent trois, rarement quatre, canalicules à trajet oblique qui se continuent

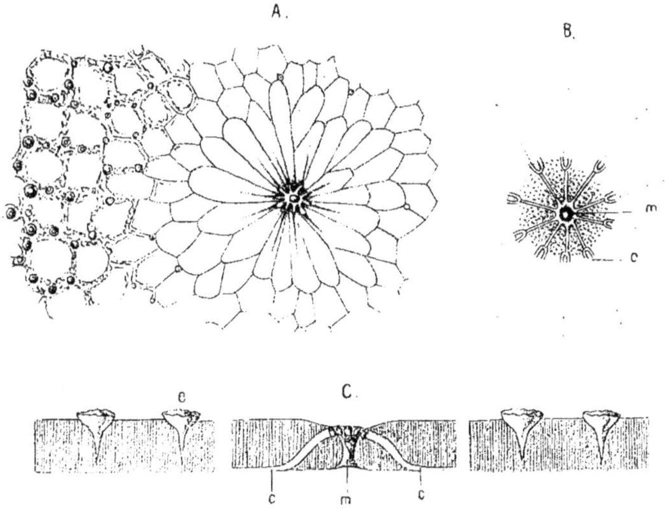

Fig. 298. — Structure du chorion de l'œuf de l'*Attacus Pernyi*.

A, à droite, région du micropyle ; à gauche, région présentant des entonnoirs superficiels ; — B, région micropylaire vue par la face interne ; *m*, micropyle ; *c*, canalicules obliques ; — C, coupe du chorion à travers le micropyle *m* ; *c*, canalicules obliques : à droite et à gauche de la région micropylaire, coupes du chorion au niveau des entonnoirs *e*. (Fig. originale.)

au-dessous du chorion sous forme de petits tubes recourbés. Il est probable que ces conduits obliques sont des canaux aérifères et que le véritable micropyle correspond au centre de l'infundibulum. En effet, chez l'*Attacus Pernyi*, j'ai trouvé une dépression d'où partent une dizaine de canaux qui traversent obliquement le chorion en se bifurquant ; ce sont des canaux aérifères, tandis que le véritable micropyle se trouve coïncider avec le centre de la dépression (fig. 298). Il doit en être de même chez le *Bombyx mori*.

Quelquefois on trouve à la surface du chorion des appendices spéciaux ; c'est le cas de la Nèpe, par exemple. Korschelt (1884) a montré que ces appendices chitineux sont sécrétés par des cellules épithéliales placées dans des culs-de-sac spéciaux, annexés aux gaines ovariques.

Vésicule germinative. — La vésicule germinative contenue dans l'œuf ovarien des Insectes est volumineuse; elle a une membrane d'enveloppe propre et contient, outre un réseau chromatique très lâche, peu colorable, un ou plusieurs nucléoles (taches germinatives). La vésicule germinative occupe ordinairement la partie centrale ou la partie antérieure de l'œuf; elle se rapproche cependant de la périphérie à un moment donné, avant la formation des globules polaires.

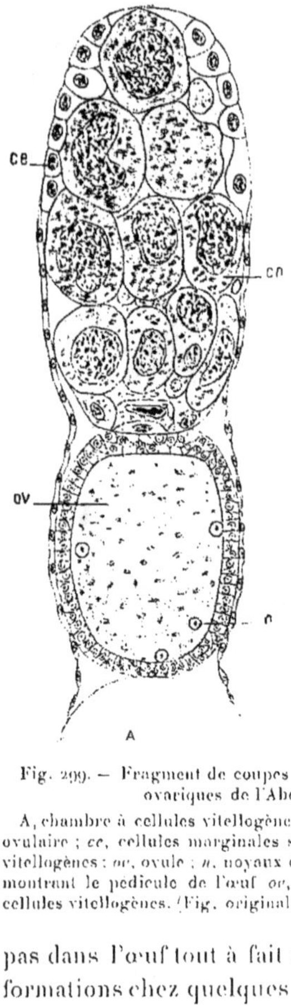

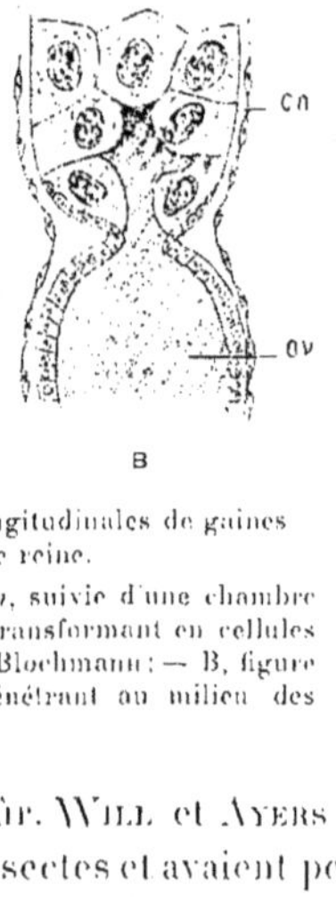

Fig. 299. — Fragment de coupes longitudinales de gaines ovariques de l'Abeille reine.

A, chambre à cellules vitellogènes *cn*, suivie d'une chambre ovulaire ; *ce*, cellules marginales se transformant en cellules vitellogènes : *ov*, ovule ; *n*, noyaux de Blochmann : — B, figure montrant le pédicule de l'œuf *ov*, pénétrant au milieu des cellules vitellogènes. (Fig. originale.)

Blochmann (1884-1886) a décrit chez *Camponotus ligniperda*, *Formica*, *Myrmica* et *Vespa* des formations spéciales qui se détacheraient comme des bourgeons de la vésicule germinative et se rendraient à la périphérie de l'œuf ou resteraient dans le vitellus. Ces formations, auxquelles Blochmann donne le nom de *Nebenkerne*, ont la forme de petites vésicules claires et contiennent des particules chromatiques. Elles peuvent exister pendant la plus grande partie de la période de croissance de l'œuf et se multiplier par division. Elles se dispersent ensuite dans le vitellus où elles subissent une sorte de régression : on ne les retrouve pas dans l'œuf tout à fait mûr. Will et Ayers (1884) avaient déjà vu ces formations chez quelques Insectes et avaient pensé qu'elles naissaient des cellules épithéliales folliculaires et se rendaient dans l'œuf pour contribuer à la formation du vitellus. Stuhlmann (1886) a retrouvé ces formations chez plusieurs Insectes, parmi lesquels *Musca*, *Periplaneta*, *Locusta*, *Pieris*, *Aphrophora*, *Sphinx*, *Gryllotalpa*. quelques Coléoptères et quelques Hyménoptères. Il les a vues apparaître dans le voisinage de la vésicule germinative, puis entrer en dégénérescence. Il leur donna le nom de *Reifungsballen* et les considéra comme remplaçant chez les Insectes les globules polaires.

Korschelt (1889) les a vues dans l'œuf du *Bombus* et pense, comme Ayers et Will, qu'elles proviennent des cellules folliculaires; Lameere (1890) a constaté leur présence chez *Camponotus* et confirmé l'observation de Blochmann relativement à leur origine. Wheeler, chez *Blatta germanica*, a observé que, quand la vésicule germinative s'est approchée de la périphérie de l'œuf avant la formation des globules polaires, sa membrane cesse d'être visible et qu'on trouve alors, tout autour d'elle, de petits granules chromatiques, de sorte qu'une partie seulement de la chromatine de la vésicule prendrait part à la division aboutissant à la formation des globules polaires. Enfin j'ai également observé les *Nebenkerne* de Blochmann dans les œufs ovariens de la Guêpe et de l'Abeille; chez l'Abeille, ils m'ont paru provenir des cellules épithéliales folliculaires (fig. 299, B), mais chez la Guêpe, je les ai observés autour et très près de la vésicule germinative; chez la Guêpe, ils disparaissent de bonne heure, tandis que chez l'Abeille ils persistent plus longtemps.

Ces formations ne sont pas spéciales aux Insectes; Lubbock les a signalées, dès 1851, chez le Géophile et elles ont été revues chez le même animal par Balbiani; on les retrouve chez les Batraciens et les Sélaciens (O. Schultz, Born, Rückert) : je les ai vues chez les Poissons osseux et même chez les Mammifères. Crety chez *Distomum Richardi*, Van Bambeke chez *Scorpæna scrofa* ont également signalé l'élimination d'une certaine quantité de substance chromatique de la vésicule germinative dans l'œuf ovarien. Il s'agit probablement là d'un phénomène plus généralement répandu qu'on ne le pense et qui constituerait une véritable réduction chromatique quantitative, plus importante peut-être que la réduction qualitative ou numérique qui a tenu jusqu'ici une si grande place dans les théories de l'hérédité (voir l'*Année biologique*, I, ch. II, p. 77 et suivantes). Un point à noter, c'est que chez les Insectes, ces particules chromatiques sont éliminées de la vésicule primitive en plus grande quantité que partout ailleurs, qu'elles sont très persistantes et peuvent se multiplier.

Maturation de l'œuf.

Lorsque l'œuf est complètement mûr et apte à être fécondé, la vésicule germinative a disparu; elle a donné, à la suite de deux divisions successives, les globules polaires et le noyau de l'œuf ou pronucleus femelle, comme cela a lieu chez les autres animaux.

Globules polaires. — L'histoire de la formation des globules polaires offre beaucoup d'intérêt, les vrais globules polaires des Insectes n'étant connus que depuis peu de temps. Les corps désignés autrefois comme tels ont une origine absolument différente, et nous le verrons, une toute autre signification. Robin (1862) avait vu au pôle postérieur de l'œuf des Chironomides un groupe de 6 à 8 « éléments vésiculeux » qu'il désigna sous le nom de *globules polaires* et qu'il assimila aux vésicules directrices des Vers, des Mollusques et des Mammifères. En 1863, Weismann les retrouva chez *Musca vomitoria* et *Chironomus nigroviridis*, mais il mit en doute leur homologie avec les globules polaires. Leuckart (1865) et Metchnikoff (1866) montrèrent que, chez les larves de Cécidomyies pædogénésiques, ces soi-disant globules polaires prennent part à la formation de l'organe (pseudovarium) où se forment les larves.

Von Grimm (1870) fit une observation analogue dans un *Chironomus* se reproduisant par parthénogenèse à l'état de pupe. Balbiani (1882) en suivant l'évolution de ces prétendus globules polaires chez les *Chironomus* démontra définitivement que ce sont des cellules sexuelles primordiales qui apparaissent avant la formation du blastoderme. Il y a une dizaine d'années encore, on ne connaissait pas les véritables globules polaires chez les Insectes ni même chez les autres Arthropodes. Aussi Balfour, dans son Traité d'embryologie, déclare-t-il que, chez les Arthropodes, l'existence des globules polaires doit être considérée comme douteuse.

Ces globules étaient cependant connus chez les Crustacés, car ils avaient été signalés par Hoek (1876) chez les Balanes, puis par Grobben, qui avait vu, chez *Moina rectirostris*, au pôle animal de l'œuf, un petit globule qui restait enchâssé à la surface du vitellus.

J'ai observé (1880), chez l'*Asellus aquaticus*, deux ou quatre globules polaires libres dans l'espace qui sépare le vitellus du chorion; je les ai même vus se détacher du vitellus, mais sans pouvoir constater leurs rapports avec la vésicule germinative.

Weismann (1885), dans un appendice de son Mémoire sur la théorie de l'hérédité, annonçait qu'il avait trouvé un globule polaire dans l'œuf d'été du *Polyphæmus oculus*. L'année suivante (1886), il constatait l'existence d'un fuseau de direction et la formation d'un seul globule polaire dans les œufs parthénogénésiques de plusieurs espèces de Daphnides.

C'est Blochmann qui le premier (1887) découvrit les véritables globules polaires chez les Insectes. Dans l'œuf de la Blatte, des Pucerons, des

Mouches, des Guêpes, des Fourmis, des Piérides, il vit que la vésicule germinative se divise deux fois de suite pour donner naissance à quatre noyaux. L'un de ces noyaux devient le pronucleus femelle, les trois autres se fusionnent en une masse polaire qui reste dans la couche protoplasmique superficielle, au milieu d'une vacuole. Cette masse disparaît plus tard. Par conséquent, chez les Insectes comme chez certains Crustacés, les globules polaires ne seraient pas expulsés de l'œuf. Blochmann annonçait en même temps que dans l'œuf parthénogénésique des Pucerons il ne se formait qu'un seul globule polaire, tandis qu'il en avait vu deux dans l'œuf d'hiver fécondé de l'*Aphis aceris*. Weismann et Ishikawa (1888) ne trouvaient qu'un seul globule polaire dans les œufs parthénogénésiques des Daphnides et affirmaient, avec Blochmann, que dans les espèces parthénogénésiques il ne se produit qu'un seul globule polaire. Mais bientôt Platner (1888) constatait que, chez *Liparis dispar*, les œufs à parthénogenèse accidentelle se comportent comme les œufs fécondés, que chez eux il y a élimination successive de deux globules polaires sans stade de repos intermédiaire et que ces globules polaires restent inclus dans le vitellus.

Blochmann (1889) de son côté vit que dans les œufs parthénogénésiques des Abeilles, il se produit deux globules polaires ; comme Platner, il constata qu'aux dépens de la vésicule germinative se forment deux fuseaux de direction successifs, sans que le noyau de l'œuf revienne à l'état de repos. Le premier globule polaire formé ne se divise pas. Le second se scinde généralement en deux masses et les trois globules se fusionnent à l'intérieur d'une ou deux vacuoles dans lesquelles leurs chromosomes se dispersent. Chez *Emphytus grossulariæ*, où Blochmann n'a jamais trouvé de mâle, il se produit aussi probablement deux globules polaires dans les œufs parthénogénésiques. Vœltzkow (1889) a confirmé, chez *Musca vomitoria*, les observations de Blochmann relativement au mode de formation des globules polaires. Wheeler (1889), chez *Blatta germanica*, a observé un fuseau directeur et a vu se produire deux globules polaires qui font saillie à la surface du vitellus. Ces globules apparaissent 6 à 12 heures après la formation de l'oothèque, lorsque celle-ci occupe encore dans le cloaque une position verticale. Ils sont situés au milieu de la face dorsale convexe de l'œuf. Le même auteur a constaté également l'existence d'un fuseau directeur chez le *Doryphora*. Heider (1889) a vu se former un globule polaire sur la face dorsale de l'œuf de l'Hydrophile un quart d'heure ou une demi-heure après la ponte. Lameere (1890) n'a trouvé, comme Blochmann, qu'un seul globule polaire dans l'œuf de l'*Aphis rosæ*. D'après lui, dans la parthénogenèse normale, il n'y aurait production que d'un seul globule polaire, tandis que dans la parthénogenèse facultative ou accidentelle, il s'en formerait deux comme dans l'œuf fécondé.

Henking, en 1890 et en 1892, dans un Mémoire très étendu accompagné de 430 figures, a décrit avec beaucoup de détails la formation des globules polaires et la fécondation chez un certain nombre d'Insectes (*Pieris brassicæ*, *Pyrrhocoris*, *Agelastica alni*, *Donacia*, *Lampyris*, *Tenebrio*, *Lasius niger*, *Rhodites rosæ*, *Bombyx mori*, *Leuconia salicis*, *Musca vomitoria*, etc. La vésicule germinative s'approche de la périphérie de l'œuf ; sa membrane disparaît et on voit à un moment donné les chromosomes, constitués chacun par deux bâtonnets placés bout à bout, se disposer en plaque équatoriale. Quand les chromosomes se sont divisés en deux groupes allant chacun vers l'un des pôles, il reste au centre du fuseau, dans le plan de l'équateur, une plaque chromatique finement granuleuse qui perd bientôt sa colorabilité. C'est ce que Henking appelle la *thélyide ;* elle est constituée par le reste du fuseau de division avec la plaque cellulaire et peut dans certains cas revêtir la forme et l'aspect du Nebenkerne des spermatides : elle correspondrait donc, ainsi que nous le verrons en étudiant la spermatogenèse, au *mitosoma ;* cet état est de peu de durée.

Le second globule polaire peut se former de deux manières différentes ; il se constitue une nouvelle figure achromatique, et le noyau-frère de celui qui appartient au premier globule polaire se divise pour donner le noyau du second globule et le pronucleus femelle, et une seconde thélyide apparaît ; ou bien les chromosomes du noyau-frère se coupent en deux, et leurs moitiés se séparent avant que le premier fuseau de direction ait disparu.

Les noyaux polaires restent tantôt inclus dans la couche protoplasmique de l'œuf et dans ce cas il n'y a pas formation de véritables globules polaires ; tantôt ils s'entourent d'une petite masse protoplasmique qui fait seulement saillie à la surface de l'œuf ou s'en sépare complètement ; mais généralement alors les globules sont logés dans une dépression creusée à la périphérie de l'œuf.

Le premier globule polaire peut se diviser et la vésicule germinative donne alors naissance à quatre noyaux, ou bien il reste indivis.

Le nombre des chromosomes des noyaux des globules polaires et du pronucleus femelle est moitié de celui des cellules somatiques et de la vésicule germinative avant sa maturation, et variait, dans les espèces étudiées par Henking, de 6 à 14.

Le lieu de la formation des globules polaires est variable par rapport à la situation de la région micropylaire. Chez *Pyrrhocoris*, *Hydrometra*, *Tenebrio*, *Adimonia*, *Crioceris*, *Lina*, *Donacia*, *Rhodites*, *Musca*, le plan contenant les fuseaux de direction est perpendiculaire à l'axe de l'œuf, et situé à peu près vers l'équateur, formant par conséquent un angle de 90° avec le plan passant par le micropyle. Chez *Agelastica*, *Pieris*, *Apis*, *Bombyx mori*, les globules polaires se forment dans la région antérieure de l'œuf, à 40° ou 20° du micropyle. Chez *Leucoma*, ils apparaissent très près du micropyle.

Il convient de faire observer que la méthode de fixation par l'eau chaude — la seule employée par Henking — a l'inconvénient d'amener le déplacement des éléments vitellins ; les particules graisseuses s'échappent et viennent se rassembler à la périphérie de l'œuf dont elles peuvent ainsi détruire la structure. Certains détails signalés par Henking et que j'ai passés sous silence me paraissent donc avoir besoin de vérification. Pour l'étude des œufs des Insectes, il est préférable d'employer comme agent fixateur, soit le liquide de Perenyi, soit le liquide de Kleinenberg, soit le liquide de Flemming. Les bons résultats que m'a donnés le liquide de Zenker acidulé par l'acide acétique me font préférer cet agent fixateur. Il est bon d'effectuer les fixations à la température de 40° ou 50°, afin de faciliter la pénétration à travers le chorion de l'œuf. Généralement, les œufs sont recouverts d'un enduit qui les empêche d'être mouillés par le liquide ; on peut les laver rapidement dans l'alcool et l'éther afin de supprimer cet inconvénient.

En résumé, on doit admettre que les globules polaires existent chez les Insectes, mais qu'ils restent souvent inclus dans l'œuf. Les œufs parthénogénésiques paraissent pouvoir n'avoir qu'un seul globule polaire, mais la question reste cependant ouverte (1). Dans certains œufs, le premier des deux globules polaires se divise en deux, tandis que le second reste unique. Quant au reste de la vésicule germinative, il constitue le pronucleus femelle qui s'unira au pronucleus mâle, formé par le spermatozoïde, pour donner naissance au noyau de segmentation.

Fécondation.

Les phénomènes intimes de la fécondation sont loin d'être aussi faciles à observer chez les Insectes que chez les Échinodermes ou les Vers. Le volume de l'œuf, sa grande richesse en éléments vitellins, l'épaisseur et la complication de ses membranes sont autant d'obstacles à l'observation directe de la pénétration du spermatozoïde et de son trajet dans l'œuf. C'est seulement sur des coupes à travers des œufs fixés et durcis qu'on peut arriver à voir l'union du pronucleus mâle au noyau femelle qui constitue le seul phénomène morphologique de la fécondation connu chez les Insectes ; quant aux sphères attractives et aux centrosomes, nous ne savons à peu près rien sur leur compte.

Meissner et Leuckart (1855) avaient constaté la pénétration des spermatozoïdes dans le canal micropylaire et dans l'œuf des Diptères. Cette pénétration a été suivie depuis par un très grand nombre d'auteurs.

Blochmann le premier a reconnu l'existence du noyau mâle dans l'œuf. Vœltzkow, chez la Mouche, a vu plusieurs spermatozoïdes pénétrer par le micropyle ; il a pu suivre dans l'intérieur de l'œuf leur trace indiquée par une traînée claire, à l'inverse de ce qu'on observe chez les Amphibiens où le spermatozoïde entraîne avec lui des granula-

(1) Henking (1892) a trouvé que dans les œufs de *Bombyx mori*, *Lasius niger* et *Rhodites rosæ* se développant parthénogénétiquement, il se produit deux globules polaires, comme à l'état normal. Le nombre des chromosomes dans les fuseaux de direction est inférieur à celui qu'on trouve dans les cellules de segmentation ; mais, après la formation des globules polaires, ce nombre augmente spontanément, probablement par dédoublement des chromosomes.

tions pigmentaires superficielles de l'œuf. Le même auteur a également observé le noyau mâle. Wheeler (1889) a suivi les différentes phases de l'union du noyau mâle et du noyau femelle dans l'œuf de la Blatte. Après l'expulsion des globules polaires, le noyau femelle augmente de volume et quitte la face dorsale de l'œuf pour se diriger vers le noyau mâle qui est plus rapproché de la face ventrale. Les deux noyaux, après s'être fusionnés, s'entourent d'un aster et le premier noyau de segmentation se porte vers la face ventrale.

D'après Henking (1890-1892), dans le spermatozoïde le Nebenkerne correspondrait à la thélyide dont nous avons parlé plus haut à propos de la formation des globules polaires.

Très souvent plusieurs spermatozoïdes pénètrent dans l'œuf, mais un seul prend part à la fécondation, les autres se dissolvant dans la couche protoplasmique périphérique. Chez *Pyrrhocoris*, Henking a observé la polyspermie dans 50 p. 100 des œufs examinés ; le plus souvent il n'a trouvé qu'un seul noyau mâle dans le vitellus, quelquefois deux et jamais plus de trois.

Le spermatozoïde pénètre dans le vitellus avec une partie de sa queue ; lorsqu'il est arrivé à une certaine distance, généralement la tête se replie vers la queue. A l'union de la tête avec la queue apparaît une aire claire, à laquelle Henking a donné le nom d'*arrhénoïde* et qui n'est sans doute que le centrosome invisible, entouré de son aster. La tête augmente de volume, s'arrondit et, toujours entourée de son arrhénoïde, se rapproche du noyau femelle avec lequel elle se conjugue pour donner le premier noyau de segmentation.

Les noyaux mâles, provenant des spermatozoïdes qui n'ont pas copulé avec le pronucleus femelle, ne se divisent pas : on ignore leur sort ultérieur.

Les phénomèmes intimes de la fécondation paraissent donc être les mêmes chez les Insectes que chez les autres Métazoaires ; ils consistent essentiellement dans l'union de deux noyaux, l'un mâle dérivant de la tête du spermatozoïde, l'autre femelle provenant directement, par division, de la vésicule germinative. Les deux pronucleus, comme chez tous les animaux, ont subi par rapport aux cellules somatiques ordinaires le phénomène de la réduction chromatique, de sorte que le noyau de segmentation se trouve avoir le nombre de chromosomes normal.

La formation des globules polaires a lieu généralement après la pénétration des spermatozoïdes et après la ponte. Henking (1892) a déterminé, pour quelques espèces, la durée des différents stades de la maturation de l'œuf et de la fécondation.

Pour *Pieris brassicæ*, 10 à 20 minutes après la ponte, les deux plaques chromatiques du premier fuseau de direction se sont séparées, et près de la tête du spermatozoïde commence à apparaître l'arrhénoïde. De 45 à 65 minutes, les globules polaires et les pronucleus sont formés; de 65 à 100 minutes, fusion des pronucleus; de 100 à 120 minutes, formation du premier fuseau de segmentation; de 120 à 130 minutes, formation des deux premiers noyaux de segmentation.

Pour d'autres Insectes le processus est moins rapide; ainsi chez *Agelastica alni*, les globules polaires et les pronucleus ne sont formés qu'au bout de 3 heures environ après la ponte, et la division du premier noyau de segmentation n'a lieu qu'au bout de 6 heures et demie à 7 heures. Chez *Pyrrhocoris*, la séparation du premier globule polaire commence de 20 à 45 minutes après la ponte, et la réunion des deux pronucleus ne s'effectue qu'au bout de 4 heures à 4 heures et demie.

CHAPITRE IX

EMBRYOGÉNIE

Segmentation de l'œuf.

Segmentation endovitelline. — La segmentation de l'œuf des Insectes n'est bien connue que depuis un petit nombre d'années ; les premiers observateurs s'en firent, en effet, tout d'abord une idée inexacte ou incomplète.

Kölliker (1842) fut le premier à constater à la périphérie de l'œuf du *Chironomus* l'existence d'une couche de cellules dont il ne put indiquer l'origine. En ce qui concerne le *Donacia crassipes*, il dit que « l'évolution première se manifeste par la formation d'un blastoderme couvrant tout le vitellus. Il ajoute que ce blastoderme se développe insensiblement, mais qu'il n'a pu discerner s'il se forme d'abord aux extrémités des axes de l'œuf et s'il est formé de cellules nucléées, comme chez les Diptères ».

Zaddach (1854), chez les Phryganides, vit des taches claires apparaître dans une couche homogène, à la surface de l'œuf. Il constata également que, dans l'œuf de *Phrygana grandis*, la masse vitelline centrale se fragmente irrégulièrement, mais il ne considéra pas ces fragments comme des cellules et admit que ce phénomène n'a rien de commun avec la segmentation.

Robin (1862) suivit avec plus de soin la formation du blastoderme chez les Tipulides ; après la ponte, le vitellus se rétracte et il se forme aux deux pôles, entre la surface de l'œuf et le chorion, un espace clair. Les granulations vitellines abandonnent la périphérie de l'œuf pour se porter vers le centre et il reste à la surface de l'œuf une couche transparente de blastème. Au pôle postérieur apparaît par gemmation ce que Robin considérait comme des globules polaires, et ces globules se multiplient par division. Ils sont d'abord dépourvus de noyaux et ceux-ci se forment dans leur intérieur par genèse. Les cellules blastodermiques naissent aussi par gemmation à la surface du blastème. Elles apparaissent d'abord au pôle antérieur. Lorsque la première couche de cellules s'est ainsi constituée, il se forme au-dessous d'elle, également par gemmation, une seconde couche. Dans les cellules blastodermiques du *Chironomus*, Robin n'avait pas vu de noyaux, mais il les avait observés dans le blastoderme de la Mouche. On sait que, jusqu'à la fin de sa vie, cet anatomiste a cru à l'existence de cellules non nucléées.

Weismann (1863) a décrit également, chez *Chironomus*, une couche superficielle hyaline (blastème germinatif) dans laquelle s'organisent des noyaux libres. Autour de ces noyaux, le blastème se fragmente en cellules blastodermiques. Au-dessous de la couche de ces cellules apparaît un second blastème germinatif interne qui ne donne pas de cellules, comme le pensait Robin, mais qui sert à nourrir les cellules déjà formées, lesquelles s'allongent et se multiplient. Balbiani (1866-1871), dans ses travaux sur le développement des Pucerons, admettait aussi l'existence de noyaux libres à la périphérie de l'œuf et l'organisation de cellules autour de ces noyaux. Cette opinion fut acceptée jusqu'en 1878. Cependant Metchnikoff (1866), chez *Aphis* et *Cecidomyia*, admit que les noyaux ne prennent pas naissance par formation libre, mais proviennent de la division répétée de la vésicule germinative, et qu'ils émigrent, à la périphérie de l'œuf. Brandt (1869) nia l'existence d'un blastème périphérique chez les Libellulides et les Hémiptères; les cellules blastodermiques résulteraient, d'après lui, de la segmentation de la vésicule et de la tache germinatives. Grimm (1870) crut observer dans une espèce de *Chironomus* la division de la vésicule germinative en noyaux-filles devenant les noyaux des globules polaires et des cellules blastodermiques. Kowalevsky (1871), qui découvrit les feuillets blastodermiques des Insectes et qui le premier pratiqua des coupes à travers les œufs de ces animaux, admit cependant que les cellules blastodermiques apparaissent à la périphérie de l'œuf sous forme d'éminences protoplasmiques renfermant un noyau.

C'est à Bobretsky (1878) que l'on doit la connaissance du véritable mode de segmentation des Insectes. Dans l'œuf de *Pieris cratægi* et de

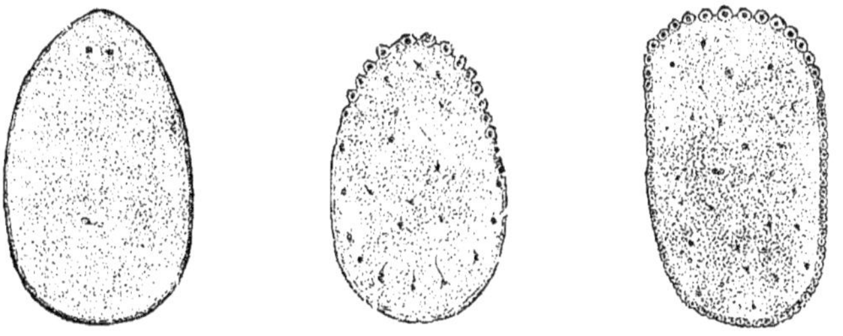

Fig. 300. — Trois stades de la segmentation de l'œuf de *Pieris cratægi*.
A, coupe de l'œuf montrant des noyaux dans le vitellus; — B, coupe d'un œuf plus avancé dont les noyaux se sont multipliés, et ont émigré en partie à la périphérie de l'œuf, principalement au pôle supérieur; — C, coupe d'un œuf encore plus avancé. (D'après Bobretsky, fig. empruntée à O. Hertwig.)

Porthesia (*Liparis*) *chrysorrhæa*, il existe dans le vitellus, avant l'apparition du blastoderme, des noyaux entourés d'une petite masse protoplasmique radiée. Ces noyaux, avec le corps protoplasmique qui les entoure, se multiplient et émigrent à la périphérie de l'œuf pour constituer les cellules blastodermiques (fig. 300). C'est au pôle antérieur qu'ils se rendent d'abord. Un certain nombre de noyaux restent à l'intérieur du vitellus et déterminent plus tard la segmentation de celui-ci en grosses balles vitellines. Bobretsky n'avait malheureusement pas vu l'origine de ces premiers noyaux intravitellins. La même année, Vitus Graber et Brandt confirmaient l'observation de Bobretsky, mais pas plus que lui ne trouvaient l'origine des noyaux. Tichomiroff (1879), tout en constatant l'origine intravitelline des noyaux blastodermiques du *Bombyx mori*, admettait qu'ils prennent naissance par formation libre.

Weismann (1882) a suivi le développement parthénogénésique du *Rhodites rosæ*. La vésicule germinative se rend au pôle postérieur de l'œuf, ou du moins on ne la voit plus au centre, tandis qu'un noyau clair apparaît au pôle postérieur. Ce noyau clair s'allonge sous forme d'un cordon doué de mouvements amiboïdes à l'intérieur du vitellus. Ce cordon se coupe en deux parties qui se concentrent l'une à la partie antérieure (noyau polaire antérieur), l'autre à la partie postérieure (noyau polaire postérieur). Le noyau polaire postérieur s'allonge à son tour en présentant des mouvements d'expansion et de contraction. Il subit plusieurs divisions successives et donne ainsi une trentaine de noyaux-filles qui se répandent dans le vitellus, puis émigrent à la périphérie, et autour d'eux se différencient les cellules blastodermiques.

Le noyau polaire antérieur entre alors en activité, s'allonge comme le noyau polaire postérieur en un cordon duquel se détachent des noyaux, qui se rendent au pôle postérieur et autour desquels s'organisent les cellules vitellines. Suivant Weismann, les cellules blastodermiques et les cellules vitellines entreraient dans la constitution de l'embryon : les premières formant les téguments, le système nerveux, l'amnios ; les secondes formant l'intestin moyen et peut-être une partie du système musculaire.

Les observations de Weismann ayant porté exclusivement sur des œufs examinés à l'état frais, on doit penser, quelle que soit l'habileté de l'observateur, que beaucoup de détails importants ont dû lui échapper. Ces observations auraient donc besoin d'être reprises avec la technique moderne (1).

Les auteurs qui, après Bobretsky et Weismann, ont étudié la segmentation de l'œuf des Insectes (Korotneff (1885), chez *Gryllotalpa*; Ayers (1884), chez *Œcanthus*; Grassi (1884), chez *Apis*; Patten (1884), chez les Phryganides), ont constaté l'existence de noyaux intravitellins se rendant à la périphérie de l'œuf, mais toujours sans déterminer l'origine de ces noyaux. Henking (1886) soutenait encore la disparition complète de la vésicule germinative et la formation libre des noyaux. Blochmann (1887) a montré que le premier noyau vitellin, premier noyau de segmentation, résulte de l'union du noyau mâle et du noyau femelle, comme chez les autres animaux. Heider (1889), chez l'Hydrophile, Vœltzkow (1889), chez la Mouche, Wheeler (1889), chez la Blatte, ont confirmé le fait avancé par Blochmann.

Le premier noyau de segmentation n'est pas libre dans le vitellus,

(1) Henking (1892) a constaté que le noyau polaire postérieur n'est qu'une vacuole.

il est entouré d'une petite quantité de protoplasma. C'est donc, en réalité, une cellule intravitelline. Son noyau se divise par karyokinèse, et il en est de même des noyaux-filles qui se présentent tous simultanément, dans la plupart des cas, au même stade de division. Blochmann a vu que, chez *Musca*, les premiers noyaux se colorent difficilement, tandis que le plasma qui les entoure fixe les matières colorantes à peu près avec la même intensité que ces noyaux. Heider a constaté également que les premiers noyaux sont difficiles à colorer à l'état de repos. J'ai signalé un fait semblable pour les premières sphères de segmentation de l'œuf des Poissons osseux. Dans les premiers stades de la segmentation de l'œuf de ces animaux, le protoplasma se colore par les réactifs qui se fixent ordinairement sur la chromatine, les noyaux sont à peine un peu plus colorés. Au fur et à mesure que la segmentation progresse, le protoplasma perd sa colorabilité, tandis que les noyaux fixent fortement la matière colorante.

Lorsque les cellules intravitellines se sont multipliées par cytodiérèse à l'intérieur du vitellus, elles se rendent à la périphérie de l'œuf. Chez beaucoup d'Insectes (Diptères, Coléoptères, Lépidoptères), se différencie de très bonne heure, à la surface du vitellus, une couche homogène de protoplasma qui n'est autre que le blastème germinatif de Robin et de Weismann. C'est dans cette couche que pénètrent les cellules intravitellines. Leur protoplasma paraît se fondre avec celui de la couche périphérique, de telle sorte que ces cellules perdent leur individualité, et, on ne voit plus alors, à la surface de l'œuf, qu'une sorte de syncytium dans lequel les noyaux continuent à se diviser par karyokinèse. Heider, chez l'Hydrophile, Blochmann, chez la Mouche, ont vu apparaître, à la surface de ce syncytium, des sillons qui, en s'approfondissant, délimitent, autour de chaque noyau, une couche de protoplasma.

Ce processus continuant, la partie superficielle de l'œuf se trouve découpée en cellules qui sont comme pédiculées sur une zone protoplasmique commune.

Lécaillon (1897-98) a décrit avec soin la formation des cellules blastodermiques chez *Clytra læviuscula*.

Dans cette espèce la durée de la segmentation est d'environ deux jours, ce qui correspond à un huitième de la durée totale du développement. La première cellule de segmentation apparaît, environ 5 heures après la ponte, à peu près au centre du vitellus ; son protoplasma est plus colorable que le blastème périphérique et que le réseau protoplasmique ovulaire, ce qui permet de le distinguer facilement.

Cette première cellule se divise et les deux cellules filles grossissent, puis se divisent à leur tour et ainsi de suite. L'unique cellule primitive est donc bientôt remplacée par un groupe de cellules situées dans le voisinage du point qu'elle occupait. Ces cellules conservent toujours une forme irrégulière et présentent à leur surface un grand nombre de prolongements qui se perdent dans le protoplasma ovulaire. La multiplication cellulaire est assez lente et le déplacement des cellules dans le réseau protoplasmique ovulaire se fait lui-même lentement. Les premières cellules de segmentation restent donc d'abord dans une certaine région de l'œuf et n'occupent pas de suite toute sa masse. Au fur et à mesure que leur nombre augmente, elles se répartissent à peu près régulièrement dans toutes les régions de l'œuf ; elles ne commencent à arriver à la périphérie que de 19 à 20 heures après le début de la segmentation. La période, pendant laquelle toutes les cellules sont situées dans l'intérieur du vitellus et semblables entre elles, peut être désignée sous le nom de *première période de la segmentation*.

Avec l'arrivée de certaines cellules dans la couche périphérique commence la *deuxième période*; les cellules cessent alors d'être identiques. Elles pénètrent dans la zone superficielle, isolément, sans ordre. On commence par en trouver quelques-unes çà et là en des points quelconques de la couche protoplasmique périphérique ; puis leur nombre augmente peu à peu, par suite de la multiplication de celles qui sont arrivées les premières et aussi de l'adjonction de nouvelles cellules venues de l'intérieur de l'œuf.

Les cellules ne restent pas dans la couche périphérique ; continuant à être animées d'un mouvement centrifuge, elles émergent peu à peu de cette couche et viennent se placer à la surface de l'œuf. Pendant la segmentation, la masse totale de l'œuf a en effet diminué de volume et la membrane vitelline ne le recouvre plus intimement comme au moment de la ponte ; les cellules de segmentation peuvent donc se disposer autour de la masse ovulaire pour constituer la couche blastodermique. Mais toutes les cellules ne deviennent pas périphériques, car un certain nombre demeurent dans l'intérieur de l'œuf, disséminées dans le vitellus. De plus, comme nous le verrons plus tard, certaines des cellules périphériques ne prennent pas part à la formation de l'enveloppe blastodermique, mais se différencient de bonne heure pour constituer les cellules génitales (fig. 301 et 302).

On peut considérer comme exodermiques toutes les cellules qui arrivent de l'intérieur de l'œuf à la périphérie. A mesure que les cellules sortent à la surface de l'œuf, leur forme change et elles prennent peu à peu des contours réguliers. Au moment où la cellule va commencer à émerger, elle s'aplatit dans la direction tangentielle (1).

La partie émergée du corps cellulaire prend bientôt une forme d'abord ovoïde, puis cubique. La cellule, continuant son mouvement dans le sens centrifuge, n'est plus réunie à la masse vitelline que par un court pédicule ; enfin elle s'isole définitivement du vitellus et revêt alors la forme ovoïde et allongée dans le sens radial, telle que le représente la fig. 303.

(1) « On peut, pense Lécaillon, expliquer ce fait en remarquant que la masse protoplasmique de la cellule est poussée vers l'extérieur par une force dirigée dans une direction perpendiculaire à la surface de l'œuf. La tension superficielle, dont la surface protoplasmique de ce dernier est le siège, tend au contraire à s'opposer à la sortie de la cellule. Celle-ci doit donc forcément diminuer d'épaisseur, ainsi que son noyau, dans le sens perpendiculaire à la surface ovulaire. Peu à peu, la force qui fait sortir la cellule triomphe de la tension superficielle, et la cellule émerge tout en perdant peu à peu sa forme aplatie. Le noyau reprend également sa forme primitive. »

Toutes les divisions cellulaires, pendant la segmentation, se font par voie indirecte. Lécaillon n'a jamais observé d'amitose. Dans l'œuf de l'*Agelastica alni*, il a pu observer les centrosomes et leurs sphères attractives dans les cellules de segmentation.

La cytodiérèse anormale est fréquente, et l'on observe des mitoses tripolaires.

La division des cellules périphériques, durant la deuxième période de la segmentation, a lieu à peu près uniquement dans le sens tangentiel, c'est-à-dire

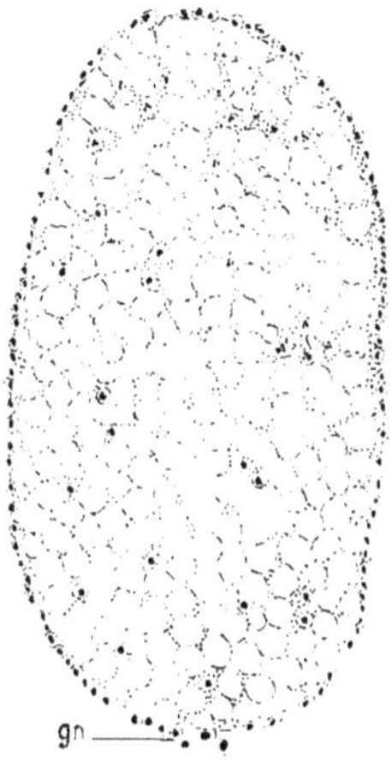

Fig. 301. — Coupe longitudinale d'un œuf de *Clytra læviuscula*, âgé de 26 heures. *gn*, cellules sexuelles. (D'après Lécaillon.)

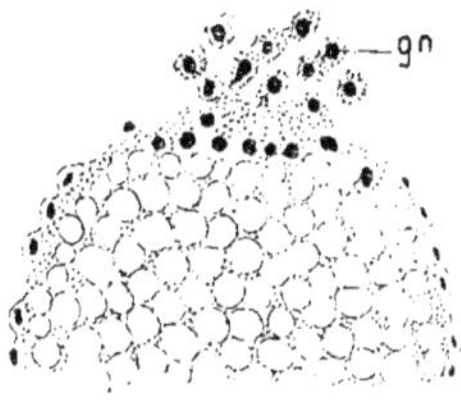

Fig. 302. — Partie d'une coupe longitudinale d'un œuf de *Chrysomela menthastri* au moment de la formation des cellules sexuelles. (D'après Lécaillon.)

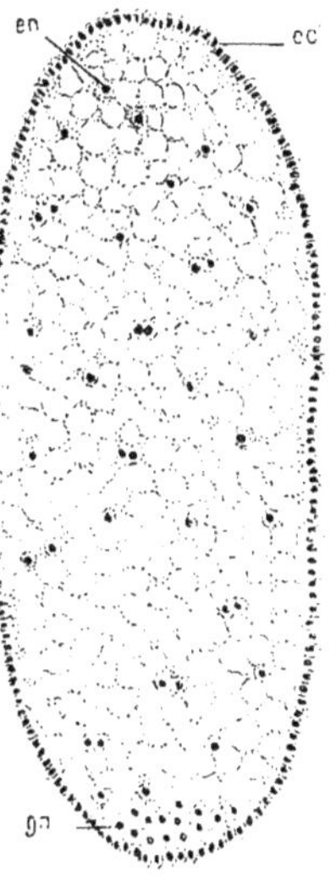

Fig. 303. — Coupe longitudinale d'un œuf de *Clytra læviuscula* à la fin de la segmentation. *ec*, ectoderme ; *en*, cellules intravitellines ; *gn*, cellules sexuelles. (D'après Lécaillon.)

de façon à augmenter directement et constamment le nombre des cellules superficielles. Le synchronisme de leurs divisions n'est pas aussi marqué que pour les cellules internes, mais, cependant, il n'est pas rare de trouver des régions assez étendues de la surface ovulaire où toutes les cellules se divisent en même temps.

Chez certains Insectes (*Gryllotalpa*, Weismann et Korotneff ; *Donacia* et *Phrygana*, Brandt), il ne se forme pas de blastème germinatif à la périphérie de l'œuf. Les cellules intravitellines arrivent à la surface et, se fusionnant par leurs faces contiguës, forment le syncytium qui, plus tard, s'individualise en cellules.

Les noyaux des cellules de segmentation n'apparaissent pas toujours de la même manière à la surface de l'œuf chez les différents Insectes. Tantôt ils se montrent d'abord au pôle postérieur (*Musca*, Graber; *Gryllus*, Heymons), tantôt au pôle antérieur (*Apis*, Kowalevsky; *Pieris*, Bobretsky; *Chironomus*, Weismann); chez *Hydrophilus* (Heider), la formation du blastoderme commence dans la zone moyenne de l'œuf et s'étend ensuite progressivement vers les deux pôles. Chez *Gryllotalpa* (Weismann, Korotneff) et chez *Blatta* (Wheeler), les cellules intravitellines, d'abord peu nombreuses, se portent sur la face ventrale de l'œuf et s'y multiplient en formant des îlots séparés qui se réunissent plus tard; d'après Wheeler, les noyaux de segmentation, arrivés à la surface de l'œuf, se multiplieraient par amitose. Lorsque le blastoderme est ainsi constitué par une couche unique de cellules provenant de la migration des cellules intravitellines et de leur multiplication à la surface de l'œuf, il reste, dans l'intérieur du vitellus, des noyaux ou mieux des cellules qui deviennent, plus tard, le centre de formation des cellules vitellines ou vitellophages, dont nous étudierons plus loin l'évolution. Cependant, chez *Neophylax*, d'après Patten, et chez *Blatta*, d'après Wheeler, à la fin de la formation du blastoderme, il ne resterait plus de noyaux dans le vitellus, et ce n'est que plus tard qu'un certain nombre de cellules émigreraient du blastoderme dans le vitellus pour constituer les cellules vitellophages. Il en est de même chez *Gryllotalpa* (Heymons), *Campodea* (Uzel) et *Mantis* (Giardina).

Segmentation totale. — Si, dans la grande majorité des Insectes, la segmentation suit la marche dont nous venons de donner un exposé rapide, il en est d'autres chez lesquels les éléments vitellins ou n'existent pas ou sont réduits à un minimum. On peut donc considérer ces œufs comme alécithes ou homolécithes; tels sont ceux de la plupart des Hyménoptères entomophages déjà étudiés jusqu'ici.

Metchnikoff (1866) a suivi le développement d'une espèce de *Teleas*, parasite des œufs de *Gerris lacustris*. Les œufs les plus jeunes qu'il ait observés étaient complètement segmentés. Leur contenu se présentait sous la forme d'une blastosphère résultant sans doute d'une segmentation totale de l'œuf. Ganin (1869) a mieux étudié les premiers stades du développement chez un *Platygaster*, parasite de la Cécidomyie du Saule. L'œuf, au moment de la ponte, est entouré d'un chorion anhiste très élastique dont l'un des pôles porte un pédoncule; il renferme un gros noyau entouré de protoplasma; le reste du contenu de l'œuf est une masse transparente. A un stade plus avancé, Ganin a trouvé trois cellules dans l'œuf; la cellule centrale, en se multipliant par voie endogène [?], donne naissance à une masse cellulaire qui est l'embryon tout entier. Les deux autres cellules, en se multipliant par voie de division, forment bientôt une membrane qui, par sa situation et son rôle physiologique, peut être assimilée à l'amnios.

Nous avons résumé, dans ses traits généraux, le travail de GANIN. Il est bien probable qu'une observation plus attentive amènerait à en rectifier certains points; entre autres ce qui est relatif à la formation endogène. Un fait qui semble bien se dégager de ces observations, c'est que l'œuf subit une segmentation totale.

AYERS (1884), de même que METCHNIKOFF, n'a trouvé des œufs d'un *Teleas*, parasite des œufs d'*Œcanthus*, qu'au stade de blastosphère constituée par une couche de cellules entourant une cavité centrale; il n'y avait pas de couche amniotique.

LEMOINE (1888) a donné du développement de l'œuf d'un Hyménoptère parasite de l'*Aspidiotus nerii* une description, très sommaire d'ailleurs, non accompagnée de figures, rappelant un peu celle donnée par GANIN.

KOULAGUINE (1890) a fait, sur le *Platygaster instricator*, parasite de la Cécidomyie du Chêne, quelques observations fragmentaires relatives

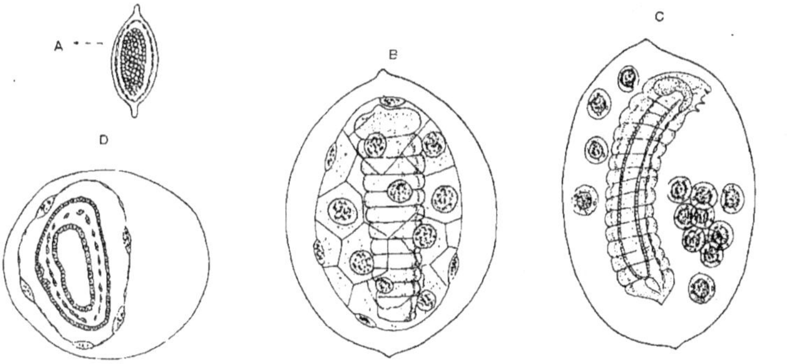

Fig. 304. — Quelques stades du développement de l'œuf de *Smicra clavipes*.

A, œuf à la fin de la segmentation, montrant, de dehors en dedans, le chorion, la couche amniotique et la masse vitelline segmentée ; — B, embryon entouré de la couche amniotique formée de grandes cellules aplaties ; — C, embryon plus avancé, avec les cellules de la couche amniotique désagrégées et en dégénérescence graisseuse ; — D, coupe transversale d'un œuf contenant un embryon avancé montrant la couche amniotique et les trois feuillets embryonnaires. Les fig. A, B et C ont été dessinées au même grossissement. (Fig. originale.)

au développement de l'embryon. Chez cet animal, on trouve les œufs, au nombre de deux ou six, plongés dans une masse semi-liquide entourée d'une membrane élastique constituant une sorte de cocon. De ces œufs, les uns présentaient une segmentation totale allant jusqu'au stade de blastula; les autres n'avaient subi aucune segmentation et paraissaient en voie de résorption. En 1891, j'ai observé également quelques stades du développement de l'œuf d'un Chalcidien, le *Smicra clavipes*, parasite des larves du *Stratyomys strigosa*. Les plus jeunes œufs que j'ai examinés mesuraient $0^{mm},15$ de long sur $0^{mm},05$ de large. Ces œufs ont la forme d'un ovoïde allongé, terminé, à chacune de ses extrémités, par un petit appendice en doigt de gant (fig. 304, A). Le chorion de l'œuf est très mince et entièrement homogène; son intérieur est tapissé par une membrane cellulaire formée d'une seule couche de petits éléments aplatis. En dedans de cette membrane, un espace clair, rempli de liquide, entoure une masse cellulaire allongée, pleine, résultant de la segmentation totale du vitellus. La membrane cellulaire résulte probablement d'une différenciation très précoce de la périphérie du vitellus segmenté et constitue une membrane embryonnaire comparable à celle des Scorpions et des *Polyxenus*. Chez l'*Encyrtus fuscicollis*, très intéressant parasite des chenilles de l'*Hyponomeuta cognatella*, étudié par Bugnion (1891) et par moi-même, la segmentation de l'œuf est également totale. Nous reviendrons, plus loin, sur les très curieuses particularités que présente le développement de cet Hyménoptère.

La segmentation totale de l'œuf ne paraît pas s'observer seulement dans les œufs dépourvus de vitellus des Hyménoptères parasites. Ouljanine (1875-76) avait décrit, chez les Podures, une segmentation totale. Lemoine (1882), chez *Anurophorus laricis*, vit se former à la surface de l'œuf des champs germinatifs résultant du groupement de granulations nombreuses, et dans ces champs existaient des noyaux vitellins autour desquels se formaient des cellules de segmentation. Chez *Smynthurus*, il y aurait une segmentation totale irrégulière. Ce n'est que tout récemment que le mode de segmentation de l'œuf des Aptérygotes a été étudié avec soin.

Uzel (1898), qui a suivi le développement de quatre Thysanoures (*Campodea*, *Lepisma*, *Achorutes* et *Macrotoma*), a vu que la segmentation est dès le début superficielle chez *Campodea* et *Lepisma*, qu'elle est d'abord totale et égale chez *Macrotoma* et totale et inégale chez *Achorutes*, puis qu'elle devient superficielle. Lorsque le blastoderme est constitué il ne reste plus, chez *Campodea*, de cellules dans le vitellus; la plupart des blastomères se groupent au pôle végétatif de l'œuf en un anneau épais, tandis que les autres se retirent à l'autre pôle de l'œuf, de telle sorte que les deux tiers de la surface de l'œuf est dépourvue de blastoderme. Plus tard les cellules se répartissent sur toute la périphérie du vitellus.

D'après les recherches de Mlle Claypole (1898) la segmentation de l'œuf de l'*Anurida maritima* est totale, mais légèrement inégale. Le premier plan de clivage vertical divise l'œuf qui a une forme sphérique et mesure environ 0mm,27 de diamètre, en deux parties égales; le second plan, également vertical et perpendiculaire au premier, ne partage pas exactement en deux les premiers blastomères. Le troisième plan est horizontal et le quatrième vertical, mais disposé plus ou moins irrégulièrement. La division holoblastique continue et produit une morula. Mais bientôt les blastomères deviennent indistincts et la surface de l'œuf paraît unie et montre seulement des taches correspondant aux noyaux. Si l'on pratique une coupe à travers l'œuf non segmenté, on constate que le centre est occupé par une masse protoplasmique renfermant le premier noyau, et que de cette masse partent de nombreuses travées protoplasmiques qui se rendent à la périphérie et forment un réseau dans les mailles duquel sont les éléments vitellins. Les sphères de segmentation, jusqu'au stade de morula, présentent la même structure; mais, à partir de ce moment, les noyaux, entourés de leur protoplasma, des blastomères superficiels, émigrent vers la périphérie externe, laissant les éléments vitellins du côté interne. Les noyaux, également entourés de leur protoplasma, des blastomères internes, sortent de ceux-ci pour se diriger vers la surface de l'œuf; en même temps les contours de ces blastomères internes disparaissent. Il résulte de ce processus qu'à un moment donné l'œuf segmenté de l'*Anurida* offre le même aspect que l'œuf type des Insectes ptérygotes, c'est-à-dire que la périphérie est occupée par une couche de petites cellules, entourant une masse vitelline dans laquelle se trouvent des cellules libres, constituées uniquement de protoplasma. La migration des cellules intravitellines continuant, le blastoderme est finalement formé d'une couche cellulaire externe continue, doublée intérieurement d'une couche discontinue de petites cellules. Suivant Claypole, les cellules blastodermiques se fusionneraient pour donner un syncytium montrant sur des coupes deux rangées de noyaux superposées.

En résumé, nous voyons que les modes de segmentation chez les Insectes peuvent se rapporter à deux types : un premier, qui n'a été trouvé jusqu'ici que dans les espèces parasites (Ptéromaliens) ou chez des formes inférieures du groupe (Thysanoures), est caractérisé par l'absence du vitellus nutritif ou par un vitellus peu abondant; la segmentation est alors totale, comme chez certains Crustacés. Mais il y a lieu de distinguer deux cas: celui de certains Hyménoptères entomophages dont l'œuf paraît avoir une segmentation totale véritable et celui de plusieurs Aptérygotes chez lesquels la segmentation d'abord totale, égale ou inégale, aboutit finalement à une segmentation périphérique. Ce dernier mode semble être le processus primitif de la segmentation chez les Insectes, celui duquel dérive la segmentation périphérique des Ptérygotes. La fragmentation totale de la masse de l'œuf, au début, tient à la petite quantité de vitellus par rapport à la quantité de protoplasma actif et au petit volume de l'œuf (1).

Un second, de beaucoup le plus répandu, est caractérisé par un grand développement du vitellus nutritif qui occupe le centre de l'œuf (œuf centrolécithe). Pour ces œufs, la segmentation est superficielle (Hæckel) ou dite encore endovitelline (Claus). Elle est caractérisée par la formation de cellules à l'intérieur même du vitellus, aux dépens des noyaux provenant du noyau de segmentation et du protoplasma intimement mélangé au vitellus nutritif (2).

Les cellules ainsi formées dans la masse vitelline s'y multiplient, puis gagnent isolément la périphérie de l'œuf et s'y disposent en une couche continue. Le terme ultime de la segmentation de l'œuf des Insectes est donc, comme chez les autres animaux, une blastula, mais une blastula pleine, dont la cavité de segmentation est remplie entièrement par le vitellus. Chez les Insectes supérieurs, le stade morula de Hæckel n'existe pas. Ce mode de segmentation se retrouve chez d'autres Arthropodes, chez les Crustacés décapodes, les Araignées et les Myriapodes, par exemple.

La quantité de vitellus contenu dans l'œuf des Insectes est variable. D'une manière générale, on peut dire que le vitellus est plus abondant dans l'œuf des Insectes amétaboliques, chez lesquels le développement intraovulaire est lent et arrive à un stade avancé, que chez les métaboliques

(1) On comprend facilement qu'un œuf de petites dimensions et ne renfermant qu'une petite quantité de vitellus se comporte comme un œuf mixolécithe, un œuf d'Amphibien par exemple, et subisse la segmentation totale. Mais à mesure que les blastomères se multiplient et que les noyaux diminuent de volume, la puissance de la synergide de chaque blastomère diminue également, et il arrive un moment où elle devient impuissante à amener la division du blastomère. La synergide se libère alors de ses enclaves, c'est-à-dire des éléments vitellins qu'elle renfermait, et, devenue libre, elle émigre vers la périphérie de l'œuf où elle devient une cellule de segmentation, uniquement constituée de protoplasma actif, et qui récupère son activité de multiplication. Ce phénomène est de même ordre que celui qui s'observe dans les œufs mixolécithes à segmentation inégale, dans lesquels les micromères, peu riches en éléments vitellins, se divisent plus activement que les macromères qui renferment beaucoup de vitellus.

(2) Pour se faire une idée de ce mode de formation on pourrait comparer le développement des cellules au dépôt de cristaux au sein d'un liquide saturé. Les cristaux se déposent au fond du liquide, mais leur substance n'en est pas moins répandue dans toute la masse. De même le protoplasma se rassemble autour du noyau dans la partie centrale de l'œuf, mais ce protoplasma imprègne pour ainsi dire toute la masse vitelline. Il n'y a là, bien entendu, qu'une comparaison très grossière destinée à frapper l'esprit.

dont l'embryon au sortir de l'œuf est dans un état de développement beaucoup moins avancé. Chez les Orthoptères, le vitellus est abondant et très dense; chez les Muscides, c'est le contraire. Les autres Insectes, au point de vue de la constitution de l'œuf, occupent entre ces deux types extrêmes une position intermédiaire. C'est du reste une loi générale que plus le vitellus nutritif est abondant dans un œuf, plus le développement intraovulaire atteint un stade larvaire avancé. Dans un même groupe, la condensation embryogénique va, en croissant, des types marins aux types d'eau douce et terrestres (Giard). Cette loi est très nette chez les Arthropodes, et les Insectes, animaux essentiellement terrestres, sont ceux dont le développement est le plus condensé.

Le plus ou moins grand développement du vitellus et par conséquent du volume de l'œuf peut tenir à des causes particulières, distinctes de celles que nous venons de dire. Ainsi Wheeler fait remarquer que les Insectes dont les larves sont sujettes à de nombreuses causes de destruction pondent de petits œufs très nombreux. Tel est le cas de la *Cicada septemdecim* qui reste à l'état larvaire pendant 17 ans, et des *Meloe*, dont les larves, dites Triongulins, exigent pour leur développement d'être transportées dans les nids des Apiens. Enfin, il est évident que les conditions dans lesquelles se développent les œufs des Ichneumoniens qui sont déposés, comme on sait, dans le corps d'autres Insectes où ils sont assurés de trouver à la fois et nourriture et protection, ont probablement contribué à amener la réduction du vitellus chez les animaux de ce groupe.

Orientation de l'œuf. — Dans les œufs riches en vitellus, œufs mixolécithes et amictolécithes (Amphibiens, Poissons, Oiseaux, etc.), on distingue un pôle animal et un pôle végétatif. Le pôle animal est celui où la segmentation débute dans les œufs mixolécithes, et celui où elle est localisée dans les œufs amictolécithes; le pôle végétatif est à l'opposé du premier. Il existe donc par conséquent un axe de l'œuf passant par les deux pôles. Par suite de la position centrale du vitellus dans l'œuf, il n'existe pas chez les Insectes de pôle animal et de pôle végétatif différenciés au moins en apparence. Le pôle animal correspond dans les autres œufs à la future tête de l'embryon; on peut donc, chez les Insectes, considérer comme pôle animal celui du côté duquel apparaît la tête.

Dans l'œuf pondu, avant la segmentation, ce pôle céphalique est méconnaissable. Il est cependant préformé. Hallez (1886) a démontré en effet que l'axe longitudinal organique de l'œuf correspond à l'axe longitudinal du corps de la mère. L'œuf ovarien présente une face dorsale, une face ventrale, une face droite, une face gauche, correspondant à la fois aux faces homologues de la mère et aux futures faces de l'embryon. Dans l'oothèque de la Blatte, la partie antérieure de l'œuf est tournée vers la crête et la face ventrale regarde la cloison médiane. L'embryon occupera plus tard la même position. Chez l'Hydrophile, les œufs sont disposés dans le cocon de telle sorte que la partie antérieure est dirigée en bas. La tête de l'embryon regardera aussi le plancher du cocon.

La loi de Hallez paraît être rigoureuse. On peut la vérifier plus ou moins facilement chez certains Insectes, lorsqu'on peut trouver sur les œufs des caractères permettant de déterminer le pôle céphalique et le pôle caudal, la face ventrale et la face dorsale. Chez le *Clytra læviuscula*, par exemple, d'après Lécaillon, la forme de la coque qui entoure l'œuf implique la nécessité que la tête de la larve soit dirigée à l'opposé des pointes qui garnissent cette coque, car la larve devant la traîner avec elle, ne pourrait s'avancer si les pointes étaient dirigées en avant. Or, on peut voir au moment de la confection de la coque que les pointes de celle-ci sont dirigées du côté de l'extrémité de l'œuf qui sort la première de l'orifice génital, c'est-à-dire vers le pôle postérieur de l'œuf (fig. 305).

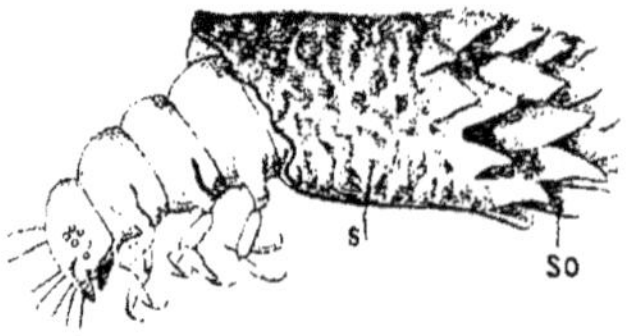

Fig. 305. — Larve de *Clytra læviuscula* âgée de deux mois.

so, scatoconque provenant de la coque primitive de l'œuf; *s*, scatoconque construite par la larve sur la coque primitive venant de l'œuf. (D'après Lécaillon.)

La position de l'œuf après la ponte n'altère en rien l'orientation de l'embryon par rapport à l'axe organique de cet œuf. C'est ce qui résulte des expériences de Wheeler sur l'oothèque de la Blatte. Cette oothèque, lorsqu'elle est portée par la femelle, occupe une position horizontale, de telle sorte que les œufs de l'un des compartiments ont leur face dorsale dirigée en bas. En fixant sur un bloc de paraffine, maintenu dans une chambre humide, des jeunes oothèques dans toutes les positions possibles, Wheeler a constaté que tous les œufs se sont développés normalement comme dans les oothèques portées par les femelles. C'est donc là une confirmation expérimentale de la loi de Hallez. Il est intéressant de rapprocher ces faits de ceux observés par Pflüger, Born, Hertwig, Roux, etc., sur l'isotropie de l'œuf. Les expériences de Wheeler tendraient à démontrer la non-isotropie de l'œuf des Insectes et pourraient être considérées comme venant à l'appui de la théorie de Roux sur le développement mosaïque. Mais cette conclusion serait probablement inexacte, car, à l'encontre de ce qu'on observe chez les Amphibiens, par exemple, sur lesquels ont porté la plupart des expériences des auteurs précités, en raison de la position et de la constitution du vitellus des Insectes, la pesanteur n'amène pas de modifications notables dans la répartition des éléments vitellins; il est bien probable que, si on arrivait à changer la distribution de ces éléments, on observerait des faits semblables à ceux qui ont été constatés dans tous les œufs sur lesquels a été tentée la modification expérimentale de la position de l'embryon (1).

Formation de l'embryon.

Lorsque la segmentation est terminée, la masse de cellules qui en résulte subit un ensemble de modifications tendant à la constitution de l'embryon.

Nous ne considérerons d'abord que les formes extérieures de l'embryon, faciles à constater, soit sur l'œuf vivant, soit sur des œufs préalablement durcis et dépouillés de leur enveloppe. La plupart des auteurs s'accordent sur l'ordre de succession des différentes phases de l'évolution morphologique de l'embryon et ne diffèrent que sur quelques points de détail.

Le blastoderme s'épaissit sur la ligne médiane longitudinale de la face ventrale pour constituer ce qu'on désigne sous le nom de *gouttière* ou *bandelette primitive*, *ligne germinative* (*Keimstreif*), *ligne* ou *bandelette embryonnaire*, *plaque ventrale*.

Cette ligne germinative se creuse en une gouttière plus ou moins marquée, suivant les espèces, et à ses deux extrémités, puis latéralement, apparaissent des replis constitués par une seule couche de cellules qui se soulève au-dessus de la ligne germinative pour constituer les *replis amniotiques*. Les cellules embryonnaires, prismatiques au niveau de la ligne germinative, s'aplatissent sur le reste du blastoderme.

Au dépens de la ligne germinative se forment les diverses parties de l'embryon. On voit apparaître des sillons transversaux qui délimitent les premiers segments du corps. Dans la région antérieure se montrent, d'avant en arrière, de petites protubérances qui sont les rudiments des appendices. L'embryon se forme par conséquent sur la face ventrale de l'œuf, dont la région dorsale est occupée par le vitellus. Pendant que

---

(1) Pour les expériences sur l'isotropie de l'œuf, voir en particulier Delage : *La structure du Protoplasma et les théories sur l'Hérédité et les grands problèmes de la Biologie générale*. Paris 1895; et l'*Année biologique*, I, chap. v. 142.

l'embryon se constitue, on observe des changements de position plus ou moins marqués, suivant les Insectes considérés. L'embryon se déplace par rapport au vitellus, peut même passer momentanément sur la face dorsale, ou disparaître dans le vitellus. L'ensemble de ces mouvements, auxquels WHEELER a donné le nom de *blastokinèse*, sera étudié en détail dans un paragraphe spécial.

L'étendue de la ligne germinative et de l'embryon varie suivant la richesse de l'œuf en vitellus. Lorsque le vitellus est très abondant, l'embryon, même complètement développé, peut n'occuper qu'une petite surface de ce vitellus. Dans les œufs pauvres en éléments nutritifs (*Musca*, *Chironomus*), la bandelette germinative s'étend sur toute la face ventrale et une partie de la face dorsale.

Nous décrirons la formation de l'embryon des Insectes en nous adressant aux types les mieux étudiés.

TYPES DE DÉVELOPPEMENT

Hydrophile. — Le développement de l'Hydrophile a été étudié par KOWALEVSKY (1871), et, plus récemment, par HEIDER (1889). La ponte a lieu dans les premiers jours de mai. Suivant MIGER (1809), la durée de l'évolution dans l'œuf est de 12 à 14 jours ; d'après HEIDER, de 12 jours seulement.

On peut, avec KOWALEVSKY et HEIDER, diviser la période embryonnaire en trois phases.

1re phase. — *1er jour.* — A 16 heures, on observe dans la région ventrale de l'œuf une zone transversale des cellules blastodermiques. A 17 heures, il existe encore des noyaux libres dans le blastème, à la partie postérieure de l'œuf. A 18 heures, le blastoderme est complètement formé.

2e jour. — Des sillons transversaux apparaissent sur la face ventrale ; c'est la première ébauche des métamères. En même temps, un épaississement circulaire se montre au pôle postérieur du futur embryon. A 44 heures, deux sillons longitudinaux, obliques par rapport à l'axe de l'œuf et plus écartés en arrière qu'en avant, entourent les premiers métamères. A 45 heures, les deux sillons, qui progressent d'abord d'arrière en avant, s'incurvent de manière à présenter une concavité externe et, en même temps, en avant, à la partie antérieure de l'embryon, se montre un épaississement qui est la première ébauche des lobes procéphaliques. A 45 heures et demie, les deux lobes procéphaliques sont bien nets. Au pôle postérieur de l'embryon apparaît une fossette, de forme losangique, de la partie antérieure de laquelle partent deux sillons longitudinaux qui vont à la rencontre des sillons longitudinaux antérieurs. A 46 heures, les sillons longitudinaux antérieurs et postérieurs se sont réunis et l'espace compris entre eux est la gouttière primitive dont le fond, constitué par la plaque médiane, s'enfonce progressivement dans le vitellus. A 47 heures, les bords de la gouttière se sont rapprochés; mais au niveau des sillons transversaux intersegmentaires il existe de petits

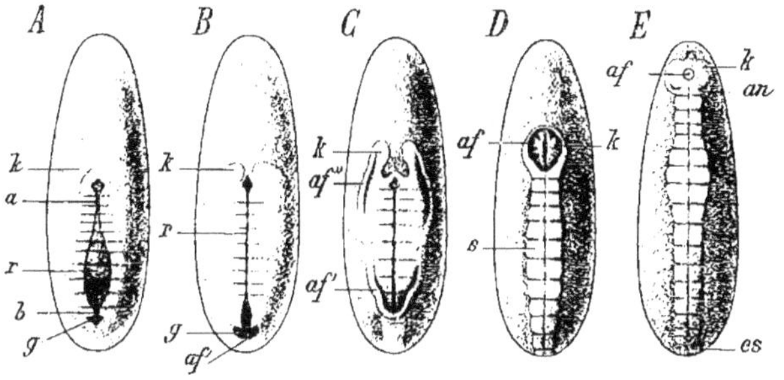

Fig. 306. — A-E, cinq stades embryonnaires de l'*Hydrophile*, vus par la face ventrale. L'extrémité antérieure de l'œuf et de l'embryon est dirigée en haut.

a et *b*, points où la gouttière primitive se ferme tout d'abord ; *af*, bord du repli amniotique ; *af'*, repli caudal ; *af''*, repli céphalique près de l'amnios ; *an*, antennes ; *es*, segment terminal ; *g*, invagination en forme de fossette ; *k*, lobes céphaliques ; *r*, invagination médioventrale en forme de gouttière ; *s*, partie de la bande germinative recouverte par l'amnios. (D'après HEIDER, fig. empruntée à LANG.)

espaces losangiques, plus marqués en avant et en arrière, indiquant que les bords de la gouttière ne sont pas encore réunis; à la partie postérieure apparaît le repli amniotique caudal (fig. 306, B). A la fin du deuxième jour, le repli caudal se développe de plus en plus, progressant d'arrière en avant vers le repli céphalique, qui apparaît plus tard et avec lequel il finit par se réunir.

3e *jour*. — Les replis amniotiques ont recouvert de plus en plus l'embryon et ne laissent plus entre eux, dans la région céphalique, qu'un orifice, l'ombilic amniotique. A 63 heures, apparaît la première ébauche des antennes (fig. 306, E); à 66 heures, la fermeture des enveloppes embryonnaires est complète et la gouttière nerveuse se montre au milieu de la plaque ventrale.

2e phase. — *4e jour et 10 heures*. — Apparition des appendices buccaux et locomoteurs, invagination de l'intestin antérieur (stomodæum). A la 15e heure du même jour, invagination de l'intestin postérieur (proctodæum). A la 20e heure, il se produit, sur les segments abdominaux, des invaginations en forme de fentes qui sont les premiers rudiments des trachées, et en même temps apparaissent les fausses pattes abdominales.

5e *jour*. — L'embryon, qui mesure alors 6 millimètres de long, s'élargit et ses appendices s'allongent. Les invaginations trachéennes se réduisent à des orifices arrondis qui sont les stigmates, et la gouttière nerveuse présente alors son minimum de longueur.

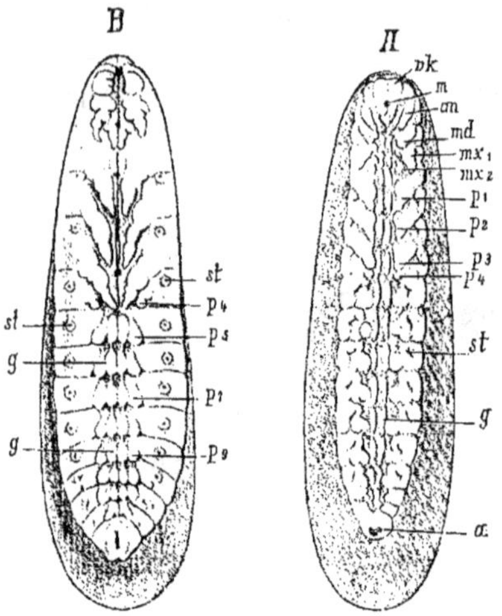

Fig. 307. — Embryons d'Hydrophile avec les ébauches des appendices du corps.

B, embryon plus avancé que A. — On distingue nettement les ébauches des pattes abdominales destinées à disparaître plus tard. *a*, orifice anal; *an*, antennes ; *g*, ébauches de la chaine nerveuse; *m*, orifice buccal; *md*, mandibules ; mx_1, 1re maxille ; mx_2, 2e maxille; p_1 p_2 p_3, pattes thoraciques; p_4, p_5, p_7, p_9, rudiments des appendices abdominaux ; *st*, stigmates ; *vk*, région antérieure de la tête. (D'après HEIDER, fig. empruntée à LANG.)

7e *jour*. — La gouttière nerveuse s'est allongée en avant; les pattes abdominales sont bien développées; l'anus a la forme d'une fente longitudinale, et, les membranes embryonnaires s'étant rompues, l'embryon est à nu (fig. 307, B).

3e **phase**. — 7e *jour et 15 heures*. — L'embryon s'allonge encore davantage. Sur la région dorsale apparaît l'*organe dorsal* (dont nous verrons plus loin la signification) sous forme de replis blastodermiques semblables à ceux de l'amnios.

8e *jour*. — L'organe dorsal est complètement formé.

9e *jour*. — Un pigment jaune commence à apparaître au niveau des yeux, de chaque côté de la tête; l'embryon mesure alors 7 millimètres 3/4.

10e *jour*. — Les yeux sont d'un brun rouge foncé; le corps de l'embryon est incolore, de chaque côté on aperçoit les gros troncs trachéens, colorés en brun jaunâtre, qui envoient des ramifications vers les deux faces dorsale et ventrale. L'embryon mesure 7 millimètres 1/2.

11e *jour*. — L'embryon est fortement pigmenté et commence à exécuter des mouvements à l'intérieur du chorion.

Au 12e *jour* a lieu l'éclosion de la larve.

Au début de la troisième période, on observe un allongement portant sur toute la longueur de l'œuf, allongement qui peut se produire grâce à l'élasticité du chorion.

Blatte (WHEELER, 1890). — Une fois le blastoderme constitué sur toute la surface de l'œuf, les cellules des parties dorsale et latérales s'amincissent, les noyaux s'aplatissent; celles de la face ventrale s'allongent et se multiplient, leurs noyaux restant arrondis. La plaque ventrale apparaît sur la carène de l'œuf qui la divise en deux.

Sept jours et demi après la ponte, la plaque ventrale subit, au quart de sa longueur à partir de son extrémité postérieure, un épaississement présentant une dépression centrale, à laquelle WHEELER a donné le nom de *blastopore* (1).

Au quart de la longueur de la plaque centrale, à partir de l'extrémité antérieure, apparaissent deux épaississements latéraux qui sont les lobes procéphaliques.

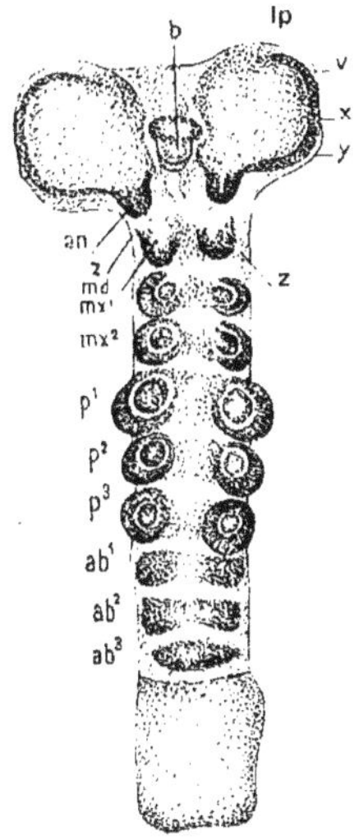

Fig. 308. — Jeune embryon de *Mantis religiosa* débarrassé des membranes embryonnaires, du vitellus nutritif et examiné par transparence.

lp, lobe procéphalique ; *b*, bouche, au-dessus de laquelle se voit le labre ; *an*, antennes ; *md*, mandibule ; mx^1, première mâchoire ; mx^2, deuxième mâchoire ; p^1, p^2, p^3, pattes thoraciques ; ab^1 ab^2, ab^3, 1er, 2e et 3e segments abdominaux ; *v*, *x*, *y*, *z*, niveaux auxquels des coupes transversales ont été pratiquées. (D'après VIALLANES.)

Au huitième jour, en arrière de la dépression du blastopore, qui s'efface, apparaît un repli blastodermique en forme de croissant. C'est le commencement des enveloppes embryonnaires, amnios et séreuse. Deux replis semblables se montrent au niveau des lobes procéphaliques et vont à la rencontre du repli caudal. L'embryon a, à ce moment, la forme d'une pantoufle.

A neuf jours trois quarts, les lobes procéphaliques se subdivisent en lobes antérieurs et lobes postérieurs ; ces derniers sont plus petits. Les replis amniotiques se sont rejoints, sauf en un point situé en face de l'endroit où se formera la bouche (*ombilic amniotique*). Les bourgeons antennaires et les autres appendices apparaissent et sont plus marqués au niveau des futurs membres thoraciques. L'invagination stomodæale commence à se produire au niveau de l'ombilic amniotique.

Au onzième jour, l'embryon est complètement entouré de ses membranes, les appendices ont tous apparu et on observe une paire de petits mamelons sur les segments abdominaux. La partie postérieure de l'embryon est, à ce moment, repliée en crochet sur la face ventrale.

(1) D'après des recherches plus récentes de HEYMONS (1896), cette dépression ne serait pas un blastopore, mais, comme nous le verrons plus loin, une fossette génitale.

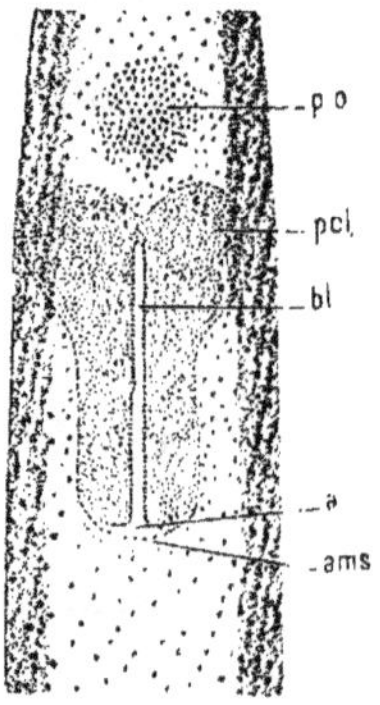

Fig. 309.

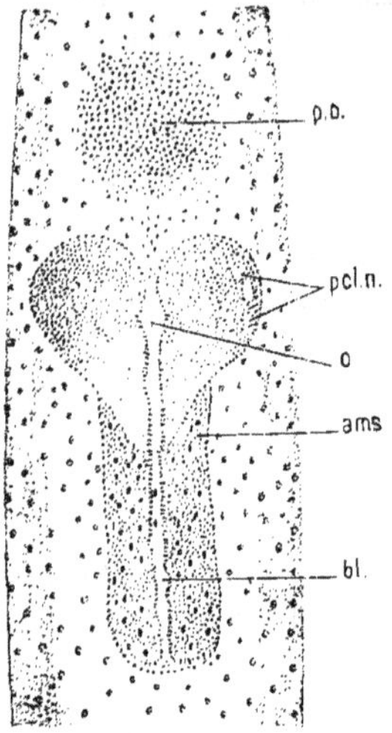

Fig. 310.

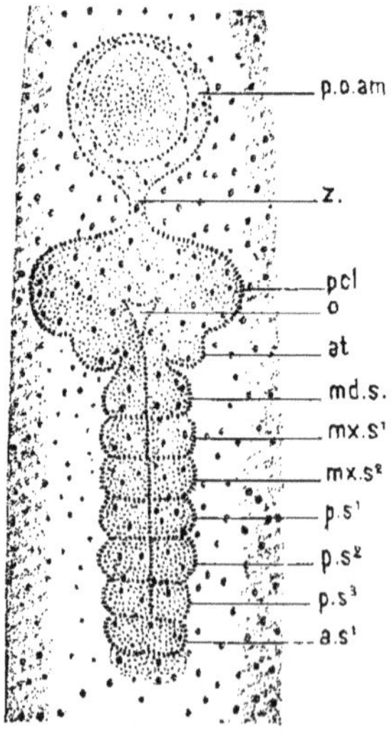

Fig. 311.

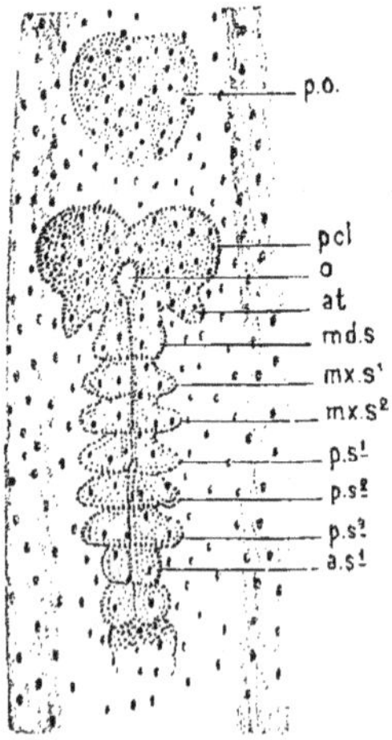

Fig. 312.

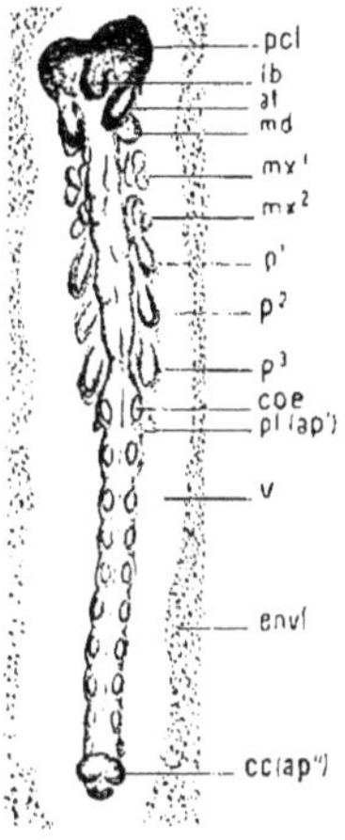

Fig. 313.

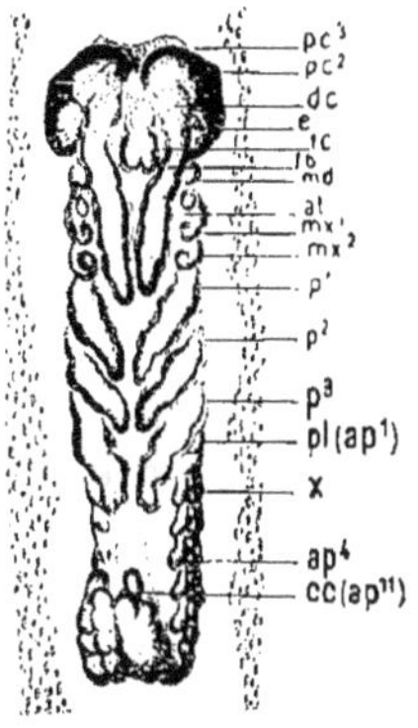

Fig. 314.

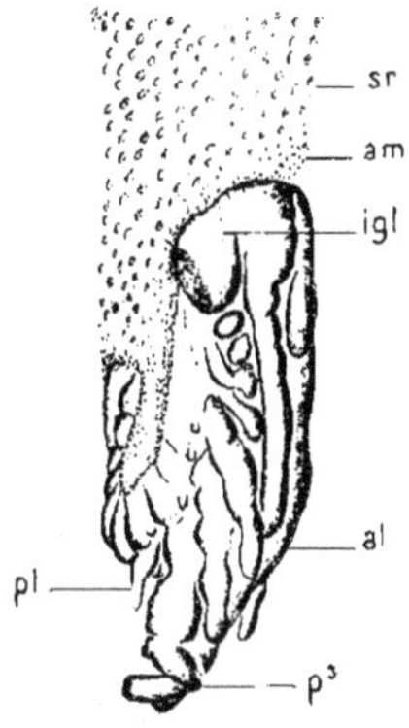

Fig. 315.

Fig. 309 à 315. — Sept stades de développement du *Xiphidium ensiferum* : vues de surface. (D'après WHEELER.)

Fig. 309. — Embryon pendant la gastrulation.

po, indusium ; *pcl*, lobe procéphalique ; *bl*, blastopore ; *a*, bifurcation anale du blastopore ; *ams*, champ amniotique.

Fig. 310. — Embryon avec le champ amniotique fermé au-dessus de la région du tronc.

pcl.n, centres neuroblastiques des lobes procéphaliques ; *o*, élargissement antérieur du blastopore. Autres lettres, même signification que dans la fig. 310.

Fig. 311. — Partie antérieure d'un embryon dont le champ amniotique empiète sur l'épaississement indusial.

po.am, champ amniotique de l'indusium : *z*, pédicule temporaire unissant l'indusium à la tête ; *at*, antenne ; *md.s*, segment mandibulaire ; $mx.s^1$, premier segment maxillaire ; $p.s^1 - p.s^3$, 1er, 2e et 3e segments thoraciques ; $a.s^1$, 1er segment abdominal.

Fig. 312. — Partie antérieure d'un embryon au moment de la séparation de l'indusium de la tête. Même signification des lettres que dans les fig. précédentes.

Fig. 313. — Embryon allongé sur la surface dorsale du vitellus.

lb, labre ; *md*, mandibule ; mx^1, 1re maxille ; mx^2, 2e maxille ; p^1, p^2, p^3, pattes thoraciques ; *coe*, sac cœlomique du premier segment abdominal, vu à travers les parois du corps ; $pl(ap^1)$ pleuropodium (appendice du 1er segment abdominal) ; *v*, vitellus ; *envl*, enveloppes cellulaires enlevées sur la face ventrale de l'embryon ; $cc(ap^{11})$ cerques (appendices du 11e segment abdominal.)

Fig. 314. — Embryon raccourci sur la face dorsale.

pc^2, second lobe protocérébral ; pc^3, 3e lobe protocérébral ; *dc*, deutocérébron ; *tc*, tritocérébron ; *e*, œil ; *x*, invagination métastigmatique donnant les œnocytes ; ap^4, 4e appendice abdominal : autres lettres, même signification que dans les fig. précédentes.

Fig. 315. — Embryon tournant autour du pôle inférieur de l'œuf.

sr, indusium interne fonctionnant comme séreuse ; *am*, amnios réfléchi en arrière sur le vitellus et en continuité avec la membrane *sr* ; *al*, antenne ; *pl*, pleuropode droit ; *igl*, épaississement intraganglionnaire.

Au quatorzième jour, l'amnios et la séreuse se rompent et l'embryon devient libre sur le vitellus. A ce moment, les premières et les secondes maxilles (lèvre inférieure) sont trilobées; un des lobes, l'externe, deviendra le palpe maxillaire, et, les deux autres, la galea et l'inter-maxillaire. Les pattes sont constituées par trois segments placés bout à bout. Les stylets sont visibles sur les derniers segments de l'abdomen. La masse vitelline est située dorsalement, par rapport à l'embryon; au fur et à mesure que les parois du corps de celui-ci s'avancent des parties latérales vers la partie dorsale, le vitellus est englobé peu à peu dans la cavité digestive. La durée du développement est de 30 jours.

Mante (VIALLANES 1891). — Chez la Mante religieuse, le développement a une durée de plusieurs mois. L'apparition des différents segments du corps se fait régulièrement d'avant en arrière ; le segment antennaire se constitue le premier, puis successivement les segments mandibulaire, maxillaire, labial, les segments thoraciques et les segments abdominaux. Lorsque les antennes apparaissent, la place de la bouche est déjà indiquée; elles sont reliées à un bourrelet situé en avant de la bouche, de sorte qu'elles doivent être considérées comme des appendices prébuccaux ; plus tard, ces antennes sont reportées en arrière de la bouche. Les appendices buccaux et thoraciques apparaissent longtemps après les antennes. Quant au labre, il apparaît le dernier comme un appendice impair et ne peut donc être considéré comme l'homologue des autres appendices (fig. 308).

Xiphidium ensiferum. — WHEELER (1893) a récemment étudié la formation de l'embryon chez cet intéressant Orthoptère, qui pond ses œufs dans les galles produites sur le Saule par la *Cecidomyia gnaphaloides* et quelques autres espèces. Ces œufs sont allongés et offrent une face dorsale concave et une face ventrale convexe. La segmentation aboutit à la formation d'un blastoderme constitué par une seule couche de cellules aplaties; il y a des cellules vitellophages dans le vitellus. L'ébauche de la bandelette primitive est située sur le côté ventral de l'œuf et présente quatre centres de multiplication des cellules blastodermiques : deux pour les plaques céphaliques, un pour la partie postérieure de l'embryon et un autre, situé tout à fait antérieurement, pour un organe particulier auquel WHEELER a donné le nom d'*indusium* et qui, comme nous le verrons à propos des enveloppes embryonnaires, donnera naissance à deux enveloppes supplémentaires.

La bandelette primitive n'occupe pas le cinquième de la longueur de l'œuf. Le blastopore, qui apparaît plus tard, s'étend dans toute la longueur de la ligne primitive et est bifurqué à sa partie postérieure. L'amnios et la séreuse prennent naissance par un repli impair caudal et des replis céphaliques qui se réunissent comme chez la Blatte. La segmentation du corps a lieu d'avant en arrière et correspond à la segmentation définitive. Il ne se produit pas, comme cela a été décrit pour d'autres Insectes, de segments primordiaux, *macrosomites*, se subdivisant ensuite en segments secondaires. Les antennes, contrairement à l'opinion de VIALLANES, sont situées en arrière de la bouche, le labre est en avant et est formé par deux ébauches distinctes. Apparaissent, ensuite, les deux paires de maxilles et les extrémités thoraciques ; l'ébauche du segment mandibulaire est en retard comme chez beaucoup d'autres Insectes. Avant lui, apparaît un segment rudimentaire qui est le *segment intercalaire* ou tritocérébral. Nous décrirons, plus loin, les transformations de l'*indusium* et la blastokinèse si remarquable de l'embryon.

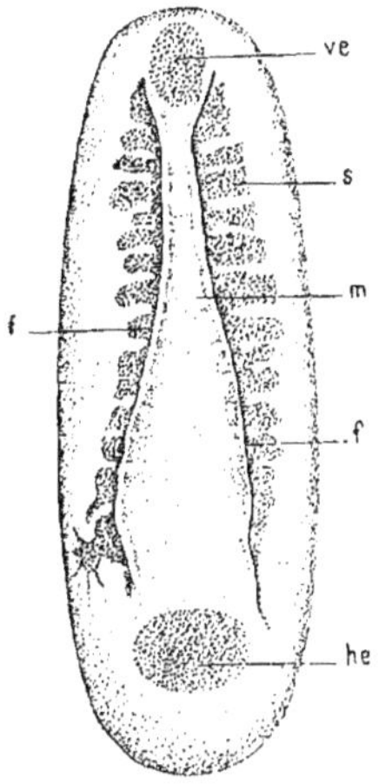

Fig. 316. — Vue en surface d'un jeune embryon de *Chalicodoma*.
f, replis qui limitent la plaque médiane ou gouttière primitive, *m* ; *s*, partie segmentée en dehors de la plaque médiane ; *ve* et *he*, ébauches antérieure et postérieure de l'endoderme. (D'après CARRIÈRE.)

Nous avons choisi, pour donner une idée générale des phénomènes de développement de l'embryon chez les Insectes, quatre types pris parmi les mieux étudiés. Il nous faut maintenant indiquer les particularités qu'on a notées chez quelques autres types et, en même temps, marquer ce en quoi diffèrent les uns des autres ceux que nous avons étudiés.

Un trait caractéristique du développement de l'Hydrophile, c'est l'apparition précoce des métamères qui se montrent avant la formation de la gouttière primitive. Chez la Blatte, comme nous l'avons vu, la segmentation transversale ne se produit que lorsque la gouttière primitive est entièrement constituée ; c'est le cas le plus général offert par les Insectes. Cependant, CARRIÈRE (1890) a constaté que, chez *Chalicodoma muraria*, comme chez l'Hydrophile, c'est la segmentation transversale qui apparaît la première (fig. 316). Ces cas d'*hétérochronie*, c'est-à-dire d'apparition d'un organe à une époque différente de celle à laquelle il se montre normalement, ne sont pas particuliers aux Insectes, mais se retrouvent dans les divers groupes zoologiques.

MÉTAMÉRIE DE L'EMBRYON

Le nombre des métamères de l'embryon parait à peu près constant chez les différents Insectes. Il est de 18 : une plaque céphalique portant la bouche, une plaque postérieure ou *telson* portant l'anus et, entre les deux, 16 segments. On désigne habituellement de la façon suivante les métamères : C, md, mx_1, mx_2, t_1, t_2, t_3, a_1, a_2, ..., a_{10}, Ts, c'est-à-dire la plaque céphalique, le segment mandibulaire, les deux segments maxillaires, les trois segments thoraciques, les dix segments abdominaux et le telson.

Le nombre de ces segments peut diminuer dans les derniers stades du développement par suite de la coalescence d'un certain nombre d'entre eux. Ainsi, chez *Hydrophilus* et *Lina*, le dixième segment abdominal et le telson se fusionnent; chez les Lépidoptères, le huitième et le neuvième.

Les embryologistes ne sont pas d'accord sur le nombre des segments auxquels correspond la plaque céphalique; d'après Patten, il y en aurait trois. Nous avons déjà mentionné l'opinion de Viallanes sur la constitution du cerveau et nous reviendrons sur cette question en étudiant le développement du système nerveux. Chez certains Insectes, comme nous l'avons déjà vu pour le *Xiphidium*, il apparait, entre la plaque céphalique et le segment mandibulaire, un segment intermédiaire transitoire, sur lequel peut même se montrer un rudiment d'appendices, et désigné sous le nom de *segment prémandibulaire*. Il a été signalé chez *Doryphora*, *Xiphidium*, *Anurida maritima* (Wheeler), chez l'Abeille (Grassi), le *Chalicodoma* (Carrière).

Grassi considère ce segment comme correspondant à celui de la deuxième paire d'antennes des Crustacés. Ce serait donc un segment ancestral, indiquant la relation phylogénétique qui lie les Insectes aux Crustacés.

Graber et J. Nusbaum (1889) ont trouvé, le premier chez *Stenobothrus*, le second chez *Meloe proscarabæus*, un mode d'apparition des métamères qui n'a pas été retrouvé chez d'autres Insectes, sauf par Ayers chez l'*Œcanthus*, et qui n'est généralement pas admis par les auteurs qui se sont occupés de la même question.

D'après eux, il apparaîtrait d'abord quatre segments, macrosomites, qui se segmenteraient ensuite eux-mêmes en microsomites ou segments définitifs.

C'est ce qu'indique le tableau suivant (1) :

Stenobothrus (GRABER)	I (c)	$\div$ II (md, mx_1, mx_2) $\div$ III (t_1, t_2, t_3) $\div$ IV (a .... a_{10})
	C	$\div$ II (md, mx_1, mx_2) $\div$ t_1 $\div$ t_2 $\div$ t_3 $\div$ IV (a .... a_{10})
	C	$\div$ md $\div$ mx_1 $\div$ mx_2 $\div$ t_1 $\div$ t_2 $\div$ t_3 $\div$ a_1 $\div$ a_2 .... a_{10}
Meloe (NUSBAUM)	I (c)	$\div$ II (md, mx_1, mx_2) $\div$ III (t_1, t_2, t_3) $\div$ IV (a_1 .... a_{10})
	C	$\div$ II (md, mx_1, mx_2) $\div$ t_1 $\div$ t_2 $\div$ t_3 $\div$ IV (a_1 .... a_{10})
	C	$\div$ md $\div$ (mx_1, mx_2) $\div$ t_1 $\div$ t_2 $\div$ t_3 $\div$ IV (a_1 .... a_{10})
	C	$\div$ md $\div$ mx_1 $\div$ mx_2 $\div$ t_1 $\div$ t_2 $\div$ t_3 $\div$ a_1 $\div$ a_2 $\div$ .... a_{10}

APPENDICES

Antennes. — Les appendices apparaissent successivement d'avant en arrière ou quelquefois presque simultanément. Mais les auteurs ne sont pas d'accord sur le mode d'apparition des antennes et du labre. WEISMANN (1863) a indiqué le premier, chez les Diptères, la situation de l'ébauche des antennes en arrière de la bouche. Telle est également la manière de voir de GRABER et de HEIDER pour l'Hydrophile, de PATTEN pour l'*Acilius*, de GRABER pour le *Stenobothrus*, l'*Hylotoma* et les Lépidoptères, de NUSBAUM pour le *Meloe*, de WHEELER pour le *Doryphora*, de CARRIÈRE pour le *Chalicodoma*. VIALLANES (1891), d'après ses observations chez *Mantis religiosa*, admet que les antennes ont une origine prébuccale. La bouche apparaît comme un enfoncement ectodermique situé immédiatement en avant du segment mandibulaire. Les antennes se montrent sous forme de mamelons à droite et à gauche de la bouche. Sur les embryons examinés par transparence, on constate que ces mamelons sont réunis l'un à l'autre par un bourrelet saillant fortement incurvé et dont la concavité, dirigée en arrière, embrasse l'orifice buccal. D'après VIALLANES, les antennes apparaîtraient donc en avant de la bouche et seraient déviées de leur situation originelle par suite du grand développement des lobes procéphaliques.

Labre. — L'origine du labre serait simple, c'est-à-dire constituée par une seule ébauche médiane, d'après GRASSI (Abeille), CHOLODKOVSKY (Blatte) et VIALLANES (Mante); elle serait au contraire double d'après KOWALEVSKY, GRABER, HEIDER (Hydrophile), NUSBAUM (*Meloe*), GRABER (*Lina*), PATTEN (*Acilius*), TICHOMIROFF et GRABER (Lépidoptères), CARRIÈRE (*Chalicodoma*). CARRIÈRE et PATTEN considèrent le labre comme représentant la

---

(1) Les chiffres romains représentent les segments primitifs, les lettres avec les indices sont les segments définitifs qui correspondent à ces segments primitifs. La séparation de ces segments définitifs est indiquée par le signe $\div$.

première paire d'antennes des Crustacés; KORSCHELT et HEIDER comme représentant l'homologue du labre de ces animaux.

Autres appendices. — En ce qui concerne les autres appendices, il faut noter que, si leur apparition a lieu d'ordinaire d'avant en arrière, cette règle n'est pas absolue. Ainsi BRANDT (1869), chez les Libellulides et les Hémiptères, a vu l'ébauche des membres thoraciques se montrer la première, puis celle des mâchoires, et en dernier lieu celle des antennes. D'après GRABER, chez *Lina*, les mandibules se montreraient avant les antennes. Chez *Doryphora* (WHEELER), les membres thoraciques et les secondes mâchoires se développent avant les premières mâchoires et les mandibules. Chez les larves apodes, les pattes thoraciques se montrent tardivement et s'atrophient bientôt (*Apis*, *Chalicodoma*), ou bien elles manquent complètement (Muscides).

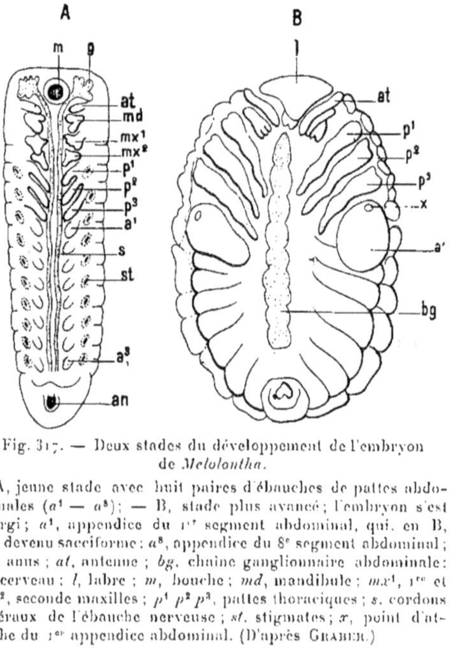

Fig. 317. — Deux stades du développement de l'embryon de *Melolontha*.

A, jeune stade avec huit paires d'ébauches de pattes abdominales (a^1 — a^8); — B, stade plus avancé; l'embryon s'est élargi; a^1, appendice du 1er segment abdominal, qui, en B, est devenu sacciforme; a^8, appendice du 8e segment abdominal; *an*, anus; *at*, antenne; *bg*, chaîne ganglionnaire abdominale; *g*. cerveau; *l*, labre; *m*, bouche; *md*, mandibule; mx^1, 1re et mx^2, seconde maxilles; p^1 p^2 p^3, pattes thoraciques; *s*. cordons latéraux de l'ébauche nerveuse; *st*. stigmates; *x*, point d'attache du 1er appendice abdominal. (D'après GRABER.)

Pattes abdominales. — Elles ont été signalées pour la première fois par RATHKE (1846) chez l'embryon de *Gryllotalpa*, puis par BÜTSCHLI. Leur existence a été confirmée, chez les Coléoptères, par KOWALEVSKY, HEIDER, GRABER; chez les Orthoptères et les Hémiptères, par GRABER et WHEELER. Généralement, les appendices portés par le premier segment sont plus développés que les autres, mais c'est l'inverse chez les Lépidoptères et les Hyménoptères. La première paire de pattes abdominales subit souvent, chez certains Orthoptères et certains Coléoptères, des transformations très remarquables. L'embryon de *Melolontha*, par exemple, d'après GRABER (1888), présente sur le premier segment abdominal des appendices qui deviennent bientôt (fig. 317) de gros sacs remplis de sang et à paroi formée d'éléments grossièrement granuleux et brièvement pédiculés.

Ceux de *Gryllotalpa* et de l'Hydrophile ont ces mêmes appendices en forme de champignon ; celui de *Meloe* les a en forme de verre à pied. La partie distale de ces curieux appendices présente des cellules glandulaires pigmentées et remplies de granulations. Ces organes disparaissent avant l'éclosion. On ignore leur rôle physiologique, et on en est réduit à supposer qu'ils fonctionnent à la fois comme organes de respiration transitoires et comme organes sécréteurs. Les autres appendices abdominaux disparaissent en général de bonne heure pendant le développement de l'embryon ; leur nombre est variable dans une même espèce, suivant les individus : ce qui tendrait à prouver que ce sont des organes en voie de disparition. Ainsi, chez *Mantis*, GRABER en a observé tantôt une, tantôt deux paires. Les embryons de certains Insectes en sont totalement dépourvus, c'est le cas, par exemple, pour *Lina tremulæ* (GRABER) et *Doryphora decemlineata* (WHEELER).

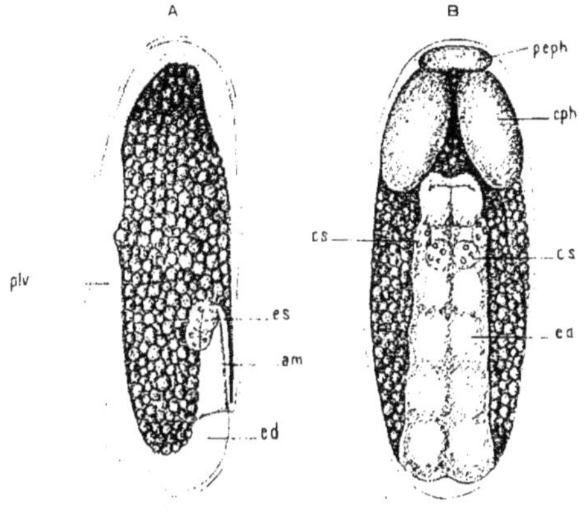

Fig. 318. — Deux stades du développement de l'œuf du *Chironomus*.

A, œuf vu latéralement montrant la plaque embryonnaire recouvrant la presque totalité du vitellus ; la partie postérieure de l'embryon est invaginée dans le vitellus et s'est élevée sur la face dorsale jusqu'au tiers environ de la longueur de l'œuf ; — B, œuf vu par la face dorsale, et montrant l'embryon dont le rudiment caudal (*ed*) s'est allongé jusqu'à toucher par son extrémité le bord postérieur des plaques céphaliques (*cph*) ; *am*, amnios ; *ed*, extrémité caudale ; *es*, cellules sexuelles ; *cph*, plaques céphaliques ; *peph*, proencéphale ; *plv*, plaque ventrale. (D'après BALBIANI.)

Les fausses pattes abdominales des larves de Lépidoptères et des Hyménoptères porte-scie proviendraient, d'après KOWALEVSKY et TICHOMIROFF, de la transformation directe des pattes abdominales embryonnaires. GRABER, chez *Gastropacha quercifolia*, les a vues cependant se former après la disparition des appendices abdominaux de l'embryon. Aussi les regarde-t-il comme des formations secondaires. KORSCHELT et HEIDER considèrent qu'il y a là un phénomène en tout semblable à celui qu'on observe chez les Hyménoptères où les pattes thoraciques, existant chez l'embryon, disparaissent chez la larve et passent à l'état latent pour reparaître chez l'adulte. On observe des faits semblables chez les Crustacés pour certains appendices.

Les cerques des Orthoptères, des Éphémérides, des Odonates, des

Plécoptères paraissent représenter la dernière paire de membres abdominaux et seraient comparables aux fausses pattes postérieures des Chenilles. Quant aux styles, ce seraient des appendices appartenant à l'armure génitale.

Position occupée par l'embryon à la surface du vitellus. — Chez les Coléoptères et quelques Orthoptères, la plaque ventrale et, plus tard, l'embryon occupent une partie plus ou moins étendue et plus ou moins centrale de la face ventrale de l'œuf. La plaque ventrale de certains

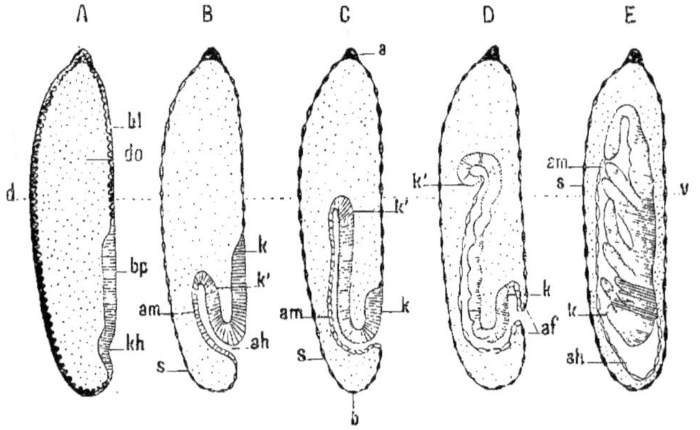

Fig. 319. — Schémas des coupes médianes de cinq stades du développement des Libellulides.

A, B, C, développement de la bande embryonnaire (*k*, *k'*) par invagination : — D, développement de l'extrémité céphalique recouverte par les replis amniotiques (*af*) : — E, fermeture de l'ouverture de la cavité amniotique ; *v*, face ventrale de l'œuf ; *d*, sa face dorsale ; *a*, pôle antérieur ; *b*, pôle postérieur ; *af*, replis amniotiques ; *ah*, cavité amniotique ; *am*, amnios ; *bl*, blastoderme ; *bp*, plaque ventrale ; *do*, vitellus nutritif ; *k*, extrémité céphalique de la bande germinative ; *k'*, son extrémité caudale ; *kh*, fossette d'invagination ; *s*, séreuse. (D'après Brandt.)

Névroptères, de la plupart des Diptères et des Hyménoptères, en s'accroissant par sa partie postérieure, s'étend sur une grande partie de la face dorsale du vitellus (fig. 318) ; mais, en général, il se produit ultérieurement un raccourcissement de l'embryon qui le ramène en grande partie sur la face ventrale. Chez les animaux que nous venons de citer, l'embryon est toujours sur la surface du vitellus : il est dit *ectoblastique*.

Dans l'œuf des Libellulides et de la majorité des Hémiptères, avant le développement de l'embryon, il se produit une invagination de la partie postérieure de la plaque ventrale à l'intérieur du vitellus (fig. 319). C'est sur la portion ventrale de la partie invaginée du blastoderme que se développe l'embryon ; celui-ci est donc situé à l'intérieur du vitellus et est dit alors *endoblastique*.

Enveloppes embryonnaires.

Nous avons indiqué précédemment, d'une manière générale, le mode d'apparition des enveloppes embryonnaires chez la Blatte et l'Hydrophile. Les deux feuillets qui constituent ces enveloppes, l'amnios et la séreuse, présentent de grandes variétés dans la manière dont ils se comportent par rapport à l'embryon et au vitellus.

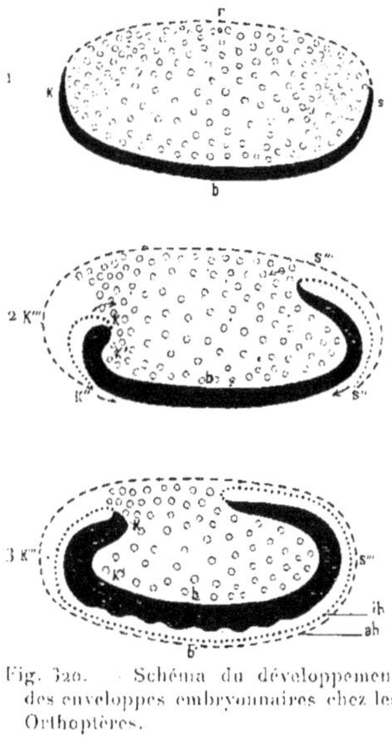

Fig. 320. — Schéma du développement des enveloppes embryonnaires chez les Orthoptères.

1, 2, 3, trois stades successifs ; *r*, région dorsale ; *b*, région ventrale ; *k*, région céphalique de l'embryon ; *s*, région caudale ; *k'*, *k''*, *k'''*, replis amniotiques céphaliques ; *s''*, *s'''*, replis caudaux ; *ah*, séreuse ; *ih*, amnios. (D'après GRABER.)

GRABER (1888) a publié, sur les enveloppes embryonnaires des Insectes, un travail spécial dans lequel il a résumé ses propres observations et celles de ses devanciers, et distingué un certain nombre de types d'évolution des membranes. Cet auteur désigne sous le nom d'*ectoptygma* la membrane externe ou séreuse, et sous celui d'*entoptygma* la membrane interne ou amnios. Il appelle *gastro-noto-uro-céphaloptyches* les replis ventral, dorsal, caudal et céphalique de l'amnios. Les embryons ectoptychiques sont ceux que nous avons désignés sous le nom d'ectoblastiques et chez lesquels la ligne germinative et les gastroptyches sont à la périphérie du vitellus, un peu enfoncés dans son intérieur. Les embryons entoptychiques (endoblastiques) sont ceux chez lesquels la ligne germinative et les gastroptyches se forment dans le vitellus.

I. INSECTES ECTOPTYCHIQUES. — A. *Holoptychiques.* — Le gastroptyche se ferme complètement. C'est ce qu'on observe chez le *Stenobothrus* (Orthoptère). Les membranes ne se rompent pas ; l'amnios se sépare complètement de la séreuse et une partie du vitellus passe entre les deux membranes, de sorte que l'embryon est entouré par le vitellus. Les deux replis dorsaux de l'amnios ne se rejoignent pas sur le dos, mais l'ectoderme envoie des prolongements qui marchent à la rencontre l'un de l'autre et se réunissent pour former la paroi dorsale de l'embryon que GRABER appelle alors *éleuthéronotogone*, c'est-à-dire que le dos est formé sans participation des membranes.

Chez les Lépidoptères, les membranes ne se rompent pas non plus et le vitellus passe également entre la séreuse et l'amnios, de telle sorte que l'embryon cesse d'être visible (fig. 321, 4. 5. 6). L'embryon du *Steno-*

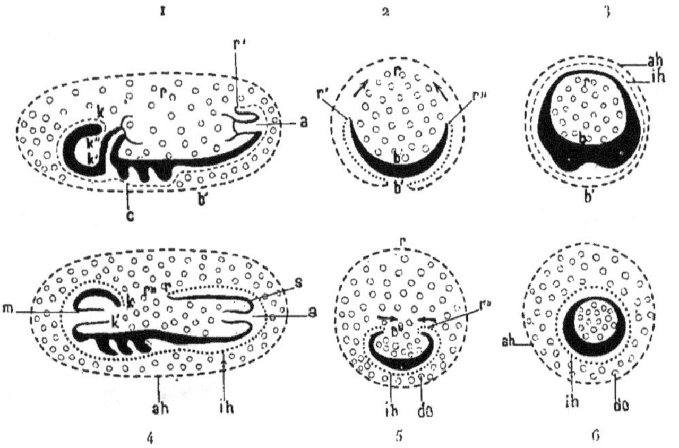

Fig. 321. — Schéma du développement des membranes embryonnaires chez les Hyménoptères (1, 2, 3) et les Lépidoptères (4, 5, 6).

1 et 4, coupes longitudinales de l'œuf ; 2, 3, 5, 6, coupes transversales ; *a*, anus ; *ah*, séreuse ; *b*, face ventrale de l'œuf ou de l'embryon ; *b'*, ombilic amniotique ; *c*, pattes ; *do*, vitellus ; *ih*, amnios ; *k*, *k'*, *k''*, tête et repli céphalique ; *m*, bouche ; *r*, région dorsale ; *r'*, *r''*, replis amniotiques formant le dos ; *s*, région caudale. (D'après GRABER.)

bothrus et celui des Lépidoptères sont périlécithiques. Mais chez les Lépidoptères, les deux replis dorsaux de l'amnios se rejoignent dans le vitellus pour former le dos de l'embryon (*Insectes ptygmatonotogones*). L'embryon devient alors libre dans la cavité amniotique, complètement close et intravitelline. Plus tard, l'embryon mange son amnios et son vitellus périphérique (1). Entre le chorion de l'œuf et la séreuse, on observe une membrane (chorion interne) qui est un produit de sécrétion de la séreuse.

Les enveloppes de l'embryon des Hyménoptères ne sont pas encore très bien connues. KOWALEVSKY et BÜTSCHLI ont vu, chez l'Abeille, une double enveloppe à l'embryon. GRASSI n'admet pour ces animaux, comme pour les Cynipides, qu'une seule enveloppe. GRABER a constaté

(1) Chez le Ver à soie, lorsque l'amnios et la séreuse sont développés, l'œuf prend une teinte grise violacée, due à la coloration des membranes, teinte qu'il conservera jusqu'au moment où l'embryon a mangé ses enveloppes. Il reprend alors une teinte jaune peu de temps avant l'éclosion.

l'existence d'une séreuse et d'un amnios autour des embryons de *Formica* et de *Polista*. Les deux membranes restent accolées, ne se déchirent pas (*Insectes arhegmogènes*), les deux replis dorsaux de l'amnios se rejoignent sur la face dorsale du vitellus qui est contenu entièrement à l'intérieur de l'embryon (fig. 321, 1. 2. 3).

A l'encontre de ce qu'on observe chez les Insectes arhegmogènes, les Phryganides et certains Diptères (*Simulia*, *Chironomus*) sont *ectoptygmatorhegmogènes*, c'est-à-dire que la séreuse se rompt et que les débris se rassemblent sur le dos. Celui-ci est formé par les replis dorsaux de l'amnios.

Chez *Lina* et *Donacia* (Chrysoméliens), la séreuse ne se rompt pas, mais l'amnios se déchire (*Insectes monorhegmogènes*), se renverse sur le dos et ses bords se réunissent pour constituer la paroi dorsale. Cependant, Graber n'a pas observé le stade définitif.

L'*Hydrophilus* et le *Melolontha* sont *amphorhegmogènes*, c'est-à-dire que les deux membranes se rompent sur la ligne médiane ventrale et se replient sur le dos. L'amnios s'épaissit et devient l'ectoderme dorsal; la séreuse s'invagine dans le vitellus pour former l'*organe* ou *tube dorsal* (voir plus loin).

1
2
3

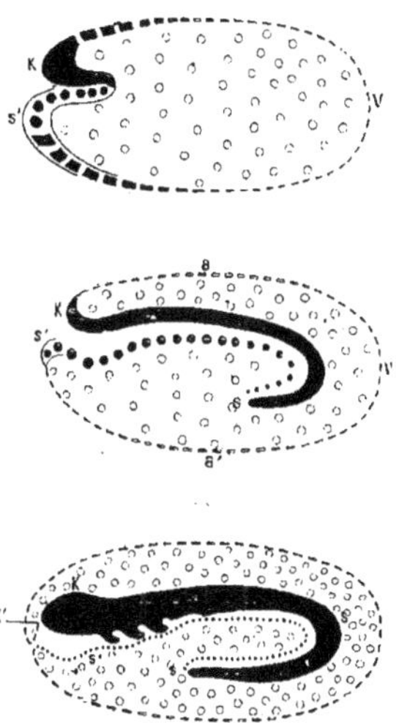

Fig. 322. — Schéma du développement des enveloppes embryonnaires chez les Hémiptères.

1, 2, 3, trois stades successifs; *a*, région dorsale; *a'*, région ventrale; *k*, région céphalique de l'embryon; *s*, région caudale; *s'*, portion invaginée du blastoderme formant l'amnios. (D'après Graber.)

Les choses se passent un peu différemment chez *Œcanthus* et *Gryllotalpa*. Les deux membranes se rompent au voisinage de la tête. La partie ventrale se dévagine sur la partie dorsale, vers la queue, en même temps que l'embryon change de position et se retourne sur le vitellus. Graber appelle *antipodisation* ce changement de position dont Wheeler et Heymons ont fait une étude spéciale, et que le premier de ces auteurs a désigné sous le nom de blastokinèse. L'organe dorsal est, comme chez l'Hydrophile, formé aux dépens de la séreuse.

B. (*Insectes hémiptychiques*. — Le gastroptyche ne se ferme pas sur la face ventrale, les membranes sont incomplètes. C'est ce qu'on observe chez certains Diptères (*Musca*, *Cecidomyia*). Le dos est formé en partie par l'enveloppe externe et en partie par la portion caudale de l'enveloppe interne.

II. Insectes entoptychiques. — Ce groupe renferme les Insectes *entoptygmatonotogones* et *amphoregmogènes*. Par suite de la position de l'embryon à l'intérieur du vitellus, la fermeture de l'amnios a lieu près de la tête de l'embryon. C'est ce qu'on observe chez les Libellulides et la plupart des Hémiptères (fig. 322). Au point où s'est fermé l'amnios, les membranes se rompent plus tard et, par cet orifice, le corps de l'embryon sort petit à petit, subit une rotation complète autour du pôle postérieur de l'œuf, de telle sorte que la tête repose sur la partie antérieure du vitellus. L'amnios constitue la paroi dorsale de l'embryon et la séreuse se rétracte pour former un petit organe dorsal qui pénètre dans le vitellus (1).

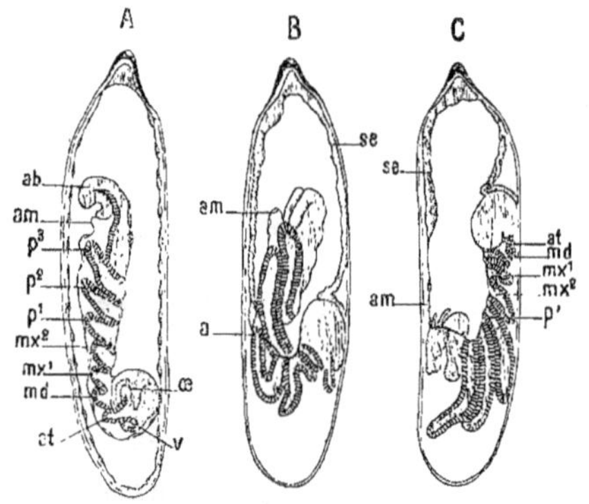

Fig. 323. — Trois stades du développement du *Calopteryx*. A, l'embryon intravitellin a sa face ventrale tournée vers la face dorsale de l'œuf; — B et C, l'embryon sort du vitellus et passe sur la face ventrale de l'œuf, qu'il occupait au début de sa formation (les embryons sont représentés dans le chorion de l'œuf); *a*, ouverture de la cavité amniotique par laquelle sort l'embryon; *ab*, abdomen; *am*, amnios; *at*, antenne; *md*, mandibule; mx^1, mx^2, 1re et 2e maxilles; *œ*, œsophage; p^1, p^2, p^3, pattes thoraciques; *sé*, séreuse; *c*, partie céphalique de l'embryon. (D'après Brandt.)

Le changement de position de l'embryon des Libellulides et des Hémiptères est une confirmation de la loi de Hallez relativement à l'orientation de l'embryon par rapport au corps de la mère. En effet, la partie céphalique est d'abord dirigée vers le pôle antérieur de l'œuf; par suite de l'invagination du blastoderme dans le vitellus, elle se trouve dirigée en arrière et la face ventrale de l'embryon regarde la face dorsale de l'œuf; mais lors de la dévagination de l'embryon celui-ci reprend sa position primitive (fig. 323). L'*Œcanthus*, d'après les observations d'Ayers (1884), paraissait faire exception à cette loi; mais Wheeler (1890) a vu que l'embryon se forme sur la face ventrale convexe de l'œuf, passe par le pôle postérieur sur la face dorsale concave, puis revient finalement à sa position primitive sur la face ventrale.

III. Insectes a une seule enveloppe embryonnaire. — Les Hymé-

(1) Chez le Pou (Melnikoff), il reste auprès de la tête un orifice par lequel l'embryon se dévagine en se retournant de telle sorte que le vitellus demeure entre la séreuse et l'amnios, sur la face dorsale.

noptères parasites, soit des animaux, soit des végétaux (Ptéromaliens, Cynipiens, Chalcidiens, probablement Ichneumoniens) et quelques Fourmis (d'après METCHNIKOFF), ont un embryon qui n'est entouré que par une membrane unique. Nous avons déjà vu comment elle se formait chez *Platygaster*, d'après GANIN. Ce mode de développement mériterait d'être mieux étudié, et mes observations sur *Smicra clavipes* me portent à admettre que cette membrane prend naissance par simple délamination de la couche cellulaire superficielle de l'œuf segmenté (fig. 324).

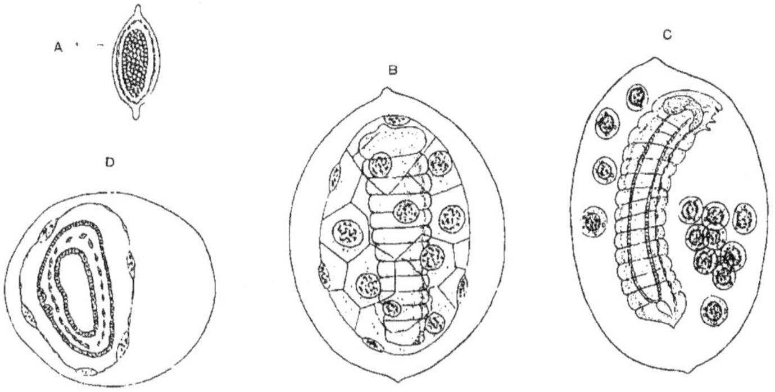

Fig. 324. — Quelques stades du développement de l'œuf de *Smicra clavipes*.

A, œuf à la fin de la segmentation, montrant de dehors en dedans le chorion, la couche amniotique et la masse vitelline segmentée ; — B, embryon entouré de la couche amniotique formée de grandes cellules aplaties ; — C, embryon plus avancé, avec les cellules de la couche amniotique désagrégées et en dégénérescence graisseuse ; — D, coupe transversale d'un œuf contenant un embryon avancé montrant la couche amniotique et les trois feuillets embryonnaires. Les fig. A, B, et C ont été dessinées au même grossissement. (Fig. originale.)

L'unique enveloppe embryonnaire du *Smicra*, et d'autres Ichneumonides indéterminés que j'ai étudiés, présente des particularités intéressantes. Pendant l'augmentation de volume de l'œuf, qui est considérable, les cellules de ce pseudo-amnios ne se multiplient pas ; elles ne font que s'accroître, s'aplatissent et atteignent de très grandes dimensions (fig. 324, B). Quelque temps avant l'éclosion de l'œuf, ces cellules se désagrègent et prennent une forme à peu près sphérique ; elles entrent en dégénérescence, leur protoplasma se chargeant de gouttelettes graisseuses (fig. 324, C). Au moment de la sortie de la jeune larve de l'œuf, les cellules dégénérées du pseudo-amnios se répandent dans la cavité du corps de l'hôte ; il est possible qu'elles soient mangées plus tard par les larves parasites.

IV. INSECTES APTÉRYGOTES. — Les embryons des Thysanoures paraissent dépourvus d'enveloppes embryonnaires. Cependant LEMOINE (1882), chez *Anurophorus*, a décrit une membrane unique, contractile, paraissant résulter d'une délamination de la couche externe du blastoderme, et un organe dorsal rattachant l'embryon à la coque de l'œuf. Wheeler, qui a étudié récemment l'*Anurida maritima*, n'a pas trouvé trace de membrane embryonnaire de nature cellulaire. Claypole (1898), chez le même animal, n'a observé aussi, en dedans du chorion et de la membrane vitelline, que deux membranes anhistes, présentant des ondulations qui leur donnent un aspect crénelé. Ces membranes, qui se forment successivement autour du blastoderme, sont concentriques, en rapport avec l'amas cellulaire appelé à tort micropyle (voir plus loin), et paraissent résulter d'une délamination de la couche protoplasmique superficielle des cellules blastodermiques.

L'ébauche embryonnaire du *Lepisma saccharina*, d'après Heymons (1897) et Uzel (1898), est située sur la face ventrale de l'œuf; elle a d'abord la forme d'une très petite tache triangulaire, le reste de la surface du vitellus étant recouvert par de grandes cellules aplaties comme celles de la séreuse des autres Insectes.

Quand la bandelette embryonnaire est un peu plus développée et lorsque le mésoderme est formé, cette bandelette s'invagine entièrement dans le vitellus en entraînant, à ses deux extrémités et sur ses côtés, une partie de la séreuse superficielle. L'embryon occupe alors le fond d'une cavité intravitelline, représentant la cavité amniotique, qui ne communique avec l'extérieur que par un petit orifice, le pore amniotique.

La partie invaginée de la séreuse peut être considérée comme un amnios rudimentaire.

Plus tard, à un stade assez avancé de développement, l'embryon qui est replié sur lui-même, selon sa face ventrale, se dévagine à l'extérieur en sortant par le pore amniotique agrandi. Chez *Macrotoma*, d'après Uzel, il se passe un phénomène à peu près semblable.

La première ébauche des enveloppes embryonnaires apparaît donc chez certains Aptérygotes, et semble résulter de l'invagination précoce de l'embryon dans l'intérieur du vitellus.

ORGANE OU TUBE DORSAL

Cet organe, qui existe chez un certain nombre d'Insectes, serait formé, d'après Graber, soit par une invagination de la séreuse, soit par les débris des membranes après leur rupture. Suivant Kowalevsky et

Heider, chez l'Hydrophile, il aurait la forme d'un tube dont les parois seraient constituées par une seule couche de cellules (fig. 325). Selon Graber, le sac formé par la séreuse s'invaginerait de nouveau dans le

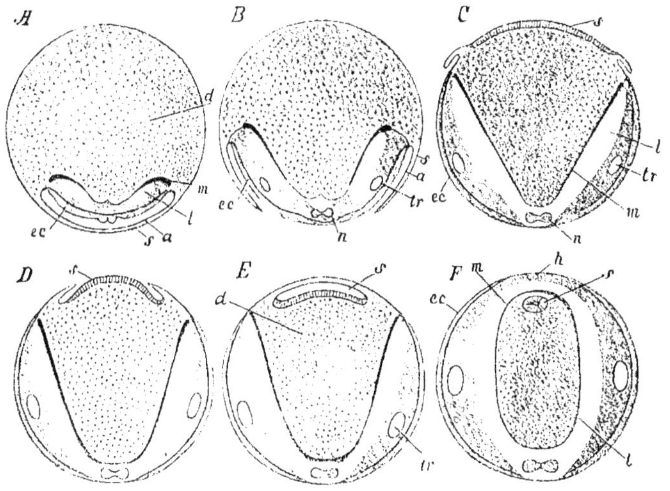

Fig. 325. — Schéma de la formation de l'organe dorsal chez l'Hydrophile.

A, coupe transversale de l'œuf et de l'embryon recouvert de son amnios *a* et de sa séreuse *s* ; — B, l'amnios et la séreuse sont rompus et rejetés sur les côtés ; — C, la rétraction de la séreuse s'accentue toujours ; — D, le repli de la séreuse se redresse du côté dorsal, et la séreuse s'épaissit entre les deux replis ; — E. les deux replis se rejoignent et se soudent pour former le tube ou organe dorsal ; — F, le tube digestif est fermé à sa face dorsale et contient l'organe dorsal *s* ; *a*, amnios ; *d*, vitellus ; *h*, cœur ; *l*, cavité générale ; *m*, ébauche de l'intestin moyen ; *n*, système nerveux ; *s*, séreuse et ses transformations, plaque dorsale et tube dorsal ; *tr*, tronc trachéen principal ; *ec*, ectoderme. (D'après Graber et Kowalevsky, fig. empruntée à Lang.)

vitellus sous forme d'une gouttière dont les bords se rapprochent de telle sorte que l'organe dorsal a une paroi formée de deux couches de cellules.

Cet organe, d'après Graber, serait un appareil de digestion du vitellus ; ses cellules deviendraient amiboïdes et se répandraient dans le vitellus ; les noyaux subissent la dégénérescence chromatolytique et prennent l'aspect des globules parablastiques qu'on observe dans l'œuf des Poissons osseux.

Graber conclut, de l'ensemble de ses recherches sur le développement des membranes embryonnaires, que des Insectes voisins, au point de vue systématique, présentent de grandes différences dans le mode d'évolution de leurs membranes et de la formation de la paroi dorsale de l'embryon. D'après lui, ces différences ne peuvent s'expliquer par l'inégale richesse des œufs en vitellus et leur cause véritable est encore inconnue.

Quel que soit l'intérêt du travail de GRABER, nous devons faire remarquer que la question demande de nouvelles recherches. Sans doute le tableau d'ensemble (1) que cet auteur a donné des variétés que présente l'évolution des membranes embryonnaires chez les Insectes peut être conservé dans ses traits généraux en le débarrassant, bien entendu, de ces termes barbares dont GRABER, dans son désir de résumer d'un mot la caractéristique de chaque mode de développement, a cru devoir affubler les différents types. Mais il y a lieu de faire des réserves sur ses conclusions relatives au mode de constitution de la paroi dorsale de l'embryon. Il résulte, en effet, de travaux plus récents, entre autres de ceux de HEYMONS, que l'amnios ne prend pas part, ou du moins très rarement, à la formation du dos, et que celui-ci résulte d'une extension de l'ectoderme à la surface du vitellus.

---

(1) Nous reproduisons ici le tableau dressé par GRABER, résumant ses observations.

Insectes ectoptychiques	HOLOPTYCHIQUES	Éleutéronotogones			Orthoptères p. p. (*Stenobothrus*)	**Insectes périlécithiques.**
		Ptygmatonotogones	Ptychonotogones	Arhegmogènes	Lépidoptères Hyménoptères	**Insectes entolécithiques.**
				Ectoptygmatorhegmogènes	Phryganides Diptères p. p. (*Chironomus*, *Simulia*)	
			Entoptygmatonotogones	Monorhegmogènes	Coléoptères p. p. (*Lina*, *Donacia*)	
				Amphorhegmogènes	Coléoptères p. p. (*Hydrophilus*, *Melolontha*). Orthoptères p. p. (*Gryllotalpa*, *Œcanthus*)	
	HÉMIPTYCHIQUES				Diptères p. p. (*Musca*, *Cecidomyia*)	
Insectes entoptychiques		Entoptygmatonotogones et Amphorhegmogènes			Hémiptères. Libellulides.	

INDUSIUM

WHEELER (1890) a décrit dans l'embryon d'un Locustide de l'Amérique du Nord (*Xiphidium ensiferum*) une formation spéciale qui apparaît en avant de la tête de l'embryon et qu'il désigna sous le nom de *plaque procéphalique*. Dans un travail plus étendu, paru en 1893, et dans lequel il a suivi l'évolution de cette plaque, il lui a donné le nom d'*indusium*.

Peu de temps après l'apparition de la bandelette germinative et la formation des lobes procéphaliques, on observe en avant de ceux-ci, sur la ligne médiane, un épaississement discoïde du blastoderme. C'est la première ébauche de l'indusium. Quand les enveloppes embryonnaires commencent à se développer par formation de replis du blastoderme, un processus semblable se passe au niveau de l'indusium. La partie centrale de celui-ci est alors constituée de plusieurs couches de cellules (fig. 328).

Les bords du disque se relèvent comme les replis amniotiques autour de l'embryon. La plaque indusiale s'étend; ses cellules se disposent d'abord sur deux rangées, puis sur une seule, et, les replis indusiaux se rejoignant sur le disque médian, il en résulte la formation d'une vésicule aplatie dont le feuillet externe est la séreuse de l'indusium ou *indusium externe*, et le feuillet interne l'amnios de l'indusium ou *indusium interne* (fig. 329). Pendant que se constitue la vésicule indusiale, la séreuse de l'embryon, qui s'est séparée de l'amnios, s'étend tout autour du vitellus. Il se produit alors un phénomène des plus curieux. L'embryon avec sa cavité amniotique s'éloigne de la face ventrale de l'œuf (fig. 326, B); il s'enfonce en pirouettant par son extrémité caudale dans l'intérieur du vitellus et arrive jusqu'à la face dorsale, contre laquelle il vient s'appliquer (fig. 326, C et 327, D). En vertu de ce mouvement de pirouette, l'embryon se trouve alors dans une position juste inverse de celle qu'il occupait à l'origine, c'est-à-dire que son extrémité caudale est dirigée vers le pôle antérieur de l'œuf. Quand l'embryon en est arrivé à cette position, les deux feuillets de l'indusium s'étendent à la surface du vitellus, au-dessous de la séreuse embryonnaire, de la face ventrale vers la face dorsale, et de la partie médiane de l'œuf vers les pôles (fig. 330). Lorsqu'il a recouvert tout le vitellus, à l'exception des deux extrémités de l'œuf, et que ses bords se sont réunis et soudés sur la ligne médiane dorsale, on trouve à ce niveau, du dehors au dedans, huit couches autour de l'embryon, savoir :

1° Le chorion de l'œuf;

2° Une membrane blastodermique anhiste, sécrétée par la séreuse ;

3° La séreuse embryonnaire ;

4° L'indusium externe ;

5° Une cuticule sécrétée par l'indusium interne, au-dessous de laquelle se trouve :

6° Une couche de granulations constituées probablement par des urates ;

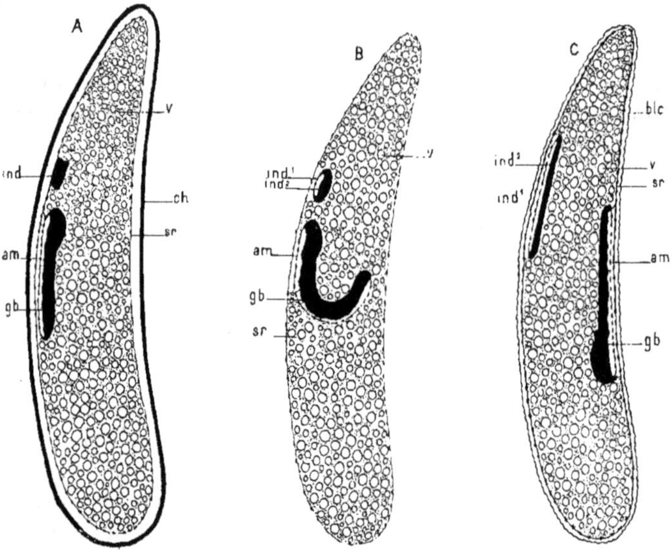

Fig. 326. — Schéma montrant les déplacements et les enveloppes de l'embryon du *Xiphidium*. A, après la fermeture du sac amniotique ; — B, pendant le passage de l'embryon sur la face dorsale de l'œuf ; — C, immédiatement après le redressement de l'embryon sur la face dorsale de l'œuf : *ind*, indusium ; *ind*¹, indusium externe ; *ind*², indusium interne ; *ch*, chorion ; *sr*, séreuse ; *am*, amnios ; *gb*, bande germinative ou embryon ; *v*, vitellus ; *blc*, membrane blastodermique. (D'après Wheeler.)

7° L'indusium interne ;

8° L'amnios embryonnaire. Au niveau de l'embryon (fig. 327), l'indusium interne se soude à l'amnios.

Au pôle antérieur de l'œuf, les différentes membranes embryonnaires se réunissent en une masse cellulaire unique : la *columelle*.

Pendant l'extension de l'indusium, l'embryon a continué à s'accroître, les appendices se sont développés en même temps, l'amnios s'est rompu ; puis l'embryon descend à la surface du vitellus vers le pôle postérieur de l'œuf et remonte sur la face ventrale où il vient reprendre sa position primitive. Il continue à s'accroître ; l'amnios et l'indusium dégénérant se réduisent au-dessus de sa tête à un petit amas cellulaire, et l'ectoderme embryonnaire, s'étendant sur toute la surface du vitellus, forme le dos de l'embryon dans la constitution duquel, contrairement à l'opinion de Graber, les membranes embryonnaires n'entrent pas. Wheeler a observé des variations assez marquées dans la constitution primitive de la vésicule indusiale relativement à sa forme et à son étendue. Il a même trouvé dans un œuf deux vésicules indusiales.

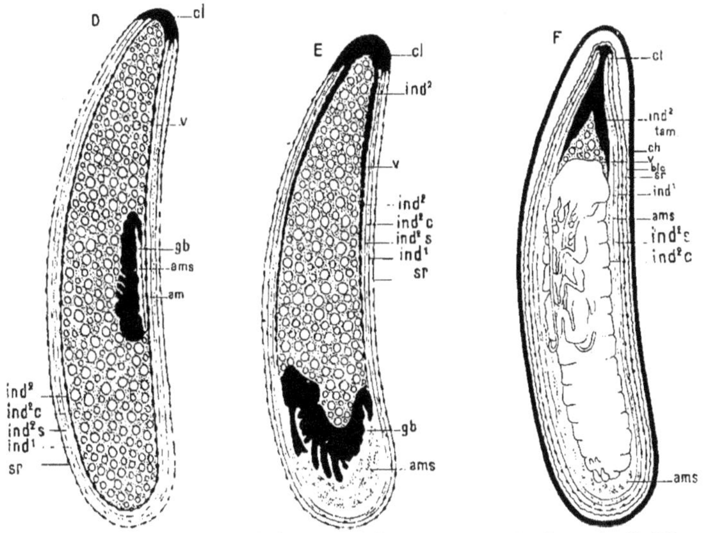

Fig. 327. — Schéma montrant les déplacements et les enveloppes de l'embryon du *Xiphidium*.

D, stade de raccourcissement de l'embryon sur la face dorsale de l'œuf ; — E, embryon retournant sur la face ventrale ; — F, embryon voisin de l'éclosion ; *ch*, chorion ; *blc*, membrane blastodermique ; *sr*, séreuse ; *ind*¹, indusium externe ; *ind*², indusium interne ; *ind*² *tam*, indusium interne fusionné avec l'amnios ; *am*, amnios ; *ind*²*s*, cuticule de l'indusium interne ; *ind*²*c*, sécrétion granuleuse de l'indusium interne ; *ams*, sécrétion amniotique ; *v*, vitellus ; *cl*, columelle ; *gb*, embryon. (D'après Wheeler.)

Cette singulière formation n'a encore été signalée que chez le *Xiphidium* ; cependant Wheeler croit avoir retrouvé une production homologue chez l'*Anurida maritima*. L'œuf de cet animal, qui subit une segmentation totale, est entouré d'un chorion et d'une membrane vitelline anhiste, à laquelle s'ajoute intérieurement, après la formation du blastoderme, une membrane cuticulaire sécrétée par les cellules blastodermiques. Le blastoderme est en continuité en avant de la tête de l'embryon avec un disque formé de hautes cellules et auquel on a donné, mais improprement, le nom de micropyle.

D'après Wheeler, ce micropyle serait l'homologue de l'indusium. Seulement, chez l'*Anurida*, il ne s'accroît pas et s'enfonce dans le vitellus où il ne tarde pas à être résorbé. L'indusium et le soi-disant micropyle des Podurelles représenteraient, d'après WHEELER, l'organe dorsal des Crustacés isopodes et peut-être le cumulus proligère des Arachnides. Telle est aussi l'opinion de CLAYPOLE, qui désigne le micropyle de

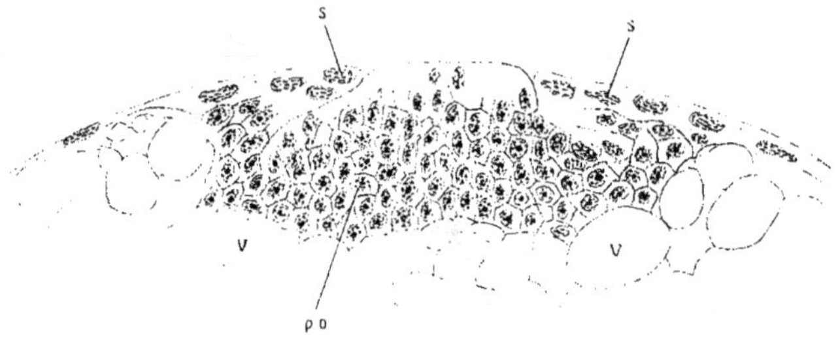

Fig. 328. — Coupe médiane à travers l'indusium du *Xiphidium*, au moment où les replis amniotiques se sont rejoints au-dessus de l'embryon.
s, séreuse ; *po*, rudiment de l'indusium ; *v*, vitellus. (D'après WHEELER.)

l'*Anurida* sous le nom de « procephalic organ ». Chez *Campodea* et *Macrotoma*, UZEL a constaté également l'existence d'un organe dorsal ou indusium transitoire.

En résumé, nous voyons donc qu'au point de vue des membranes

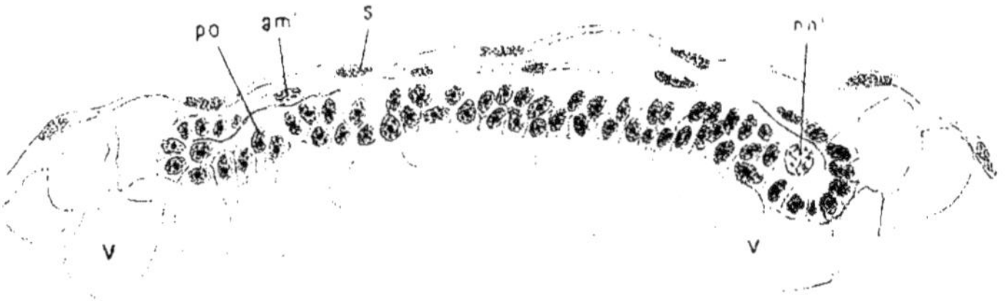

Fig. 329. — Coupe médiane à travers l'indusium immédiatement après qu'il a commencé à s'étaler.
s, séreuse ; *am'*, indusium externe ; *po*, indusium interne ; *nu'*, noyau en dégénérescence. (D'après WHEELER.)

embryonnaires on observe chez les Insectes des différences assez marquées.

Dans un premier type (la plupart des Thysanoures), ces membranes font entièrement défaut, ou bien sont représentées par la formation micropylaire que WHEELER assimile à un indusium rudimentaire. Dans un second type (Ptéromaliens, Chalcidiens, Cynipiens et probablement beaucoup d'Ichneumoniens), on ne trouve autour de l'embryon qu'une seule membrane cellulaire, résultant probablement d'une délamination du blastoderme, comme chez les Scorpionides et les Myriapodes. Dans un troisième type (Muscides et Cécidomyies), les enveloppes embryonnaires sont incomplètes, c'est-à-dire que les replis amniotiques n'arrivent pas à recouvrir complètement l'embryon. Dans un quatrième type, qui comprend la grande majorité des Insectes, on trouve autour de l'embryon des enveloppes complètes, un amnios et une séreuse, comparables, au point de vue de leur développement, à celles des Vertébrés amniotes, mais qui présentent dans leur évolution des variations assez considérables suivant les espèces. Enfin, dans un cinquième et dernier type, qui n'est encore représenté que par le *Xiphidium*, aux deux enveloppes normales se surajoutent deux autres enveloppes provenant de l'indusium.

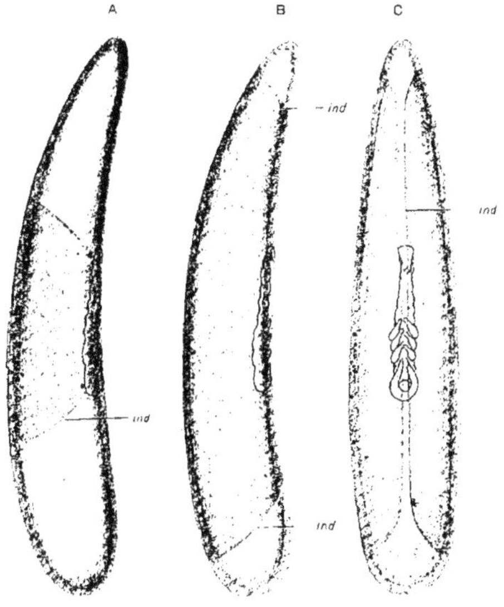

Fig. 330. — Deux stades de l'extension de l'indusium, chez le *Xiphidium*.

A, vue latérale de l'œuf après l'arrivée de l'embryon sur la face dorsale du vitellus ; — B, vue latérale de l'œuf avec l'indusium près d'atteindre les pôles ; — C, le même œuf vu par la face dorsale. (D'après WHEELER.)

Outre les enveloppes embryonnaires de nature cellulaire, on trouve souvent autour de l'embryon des membranes cuticulaires, analogues à celles que nous avons signalées à propos du *Xiphidium*, qui sont sécrétées par la séreuse et se trouvent, par conséquent, entre celle-ci et le chorion ou la membrane vitelline.

Signification des membranes embryonnaires. — De nombreuses hypothèses ont été émises à ce sujet.

BALFOUR regarde les enveloppes embryonnaires des Hexapodes comme une sorte de mue précoce de l'embryon dans l'œuf. Cette manière de voir pourrait être admise dans le cas où il n'existe qu'une seule enveloppe, mais elle ne permet pas d'expliquer la formation des doubles membranes par des replis du blastoderme.

Kennel les considère comme des homologues de l'amnios du *Peripatus*; mais dans cet animal l'amnios est constitué par des cellules libres qui se détachent du blastoderme et viennent s'appliquer sur l'épithélium utérin. Pour Kennel, l'amnios du *Peripatus* et des Hexapodes doit être aussi homologué à l'organe dorsal des Crustacés, à l'organe micropylaire des Podures, à l'amnios des Scorpions, du Chélifère et des Myriapodes, toutes ces formations représentant les restes de la trochosphère des Annélides.

Nusbaum admet que ces membranes représentent l'organe dorsal des Crustacés.

Emery les assimile aux valves coquillières des Entomostracés.

Grassi suppose que les Insectes descendent d'un ancêtre dont tout le blastoderme se transformait en embryon. Chez les descendants, la partie dorsale du blastoderme, plus mince que la partie embryonnaire, s'est développée plus rapidement en surface et a formé des replis qui ont recouvert l'embryon.

Ryder a cherché une explication mécanique de la formation des enveloppes des Vertébrés, explication qui serait également applicable aux membranes des Insectes. D'après lui, le blastoderme serait arrêté dans son expansion par la paroi résistante de la coque de l'œuf. Ne pouvant s'étendre tout en continuant à croître, il est obligé de se plisser; c'est alors qu'il refoule l'embryon dans l'intérieur du vitellus, moins résistant que la coque, et cette invagination est favorisée par la liquéfaction et l'absorption du vitellus au-dessous de l'embryon. Cette hypothèse ne permet pas d'expliquer les nombreuses variations qu'on observe dans l'invagination de l'embryon chez les différents groupes d'Insectes.

Will, Wheeler, Heider se contentent de rechercher chez les Myriapodes l'origine des enveloppes embryonnaires des Insectes. On sait que, chez le Géophile, par exemple, le grand développement de la plaque embryonnaire, qui apparaît sur toute la périphérie du vitellus, fait qu'elle ne peut se loger entièrement à la surface de l'œuf et qu'elle s'invagine en se pliant à l'intérieur du vitellus. Chez les Libellulides et les Hémiptères, une partie seulement du blastoderme invaginé donne naissance à l'embryon, l'autre partie devient l'amnios; cela tient à la longueur plus courte de l'Insecte et au moins grand nombre de segments de son corps et de ses appendices. Quant à la fermeture de l'amnios en avant de la tête de l'embryon, elle résulterait de ce que la cavité amniotique par une adaptation physiologique est devenue un réservoir de liquide. Pour les Pucerons, le *Doryphora* et la Blatte, on trouve un passage de l'amnios interne des Libellulides à l'amnios extravitellin des autres Insectes. Par conséquent, d'après ces auteurs, la formation de l'amnios et, par suite, celle de la séreuse résulteraient d'une diminution de longueur de l'embryon en passant des Myriapodes aux Insectes. Les embryons ectoblastiques dériveraient des embryons entoblastiques, et ceux-ci des Myriapodes.

Blastokinèse.

Par *blastokinèse*, Wheeler désigne l'ensemble des déplacements de l'embryon sur le vitellus ou à son intérieur. Il distingue : 1° l'*anatrepsis* ou passage de l'embryon de la face ventrale de l'œuf à la face dorsale; 2° la *diapause* ou période de repos, et 3° la *catatrepsis* : l'embryon quitte la face dorsale pour reprendre à la face ventrale sa position primitive.

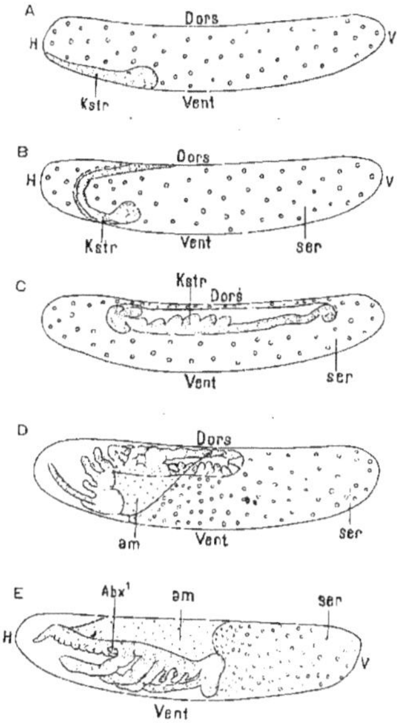

Fig. 331. — Blastokinèse dans l'œuf de *Gryllus*.

A. œuf avec l'ébauche de la bandelette germinative : — B, œuf avec bandelette germinative recourbée du côté dorsal ; le vitellus a pénétré, à la partie postérieure de l'œuf, entre la séreuse et l'amnios ; — C, l'embryon est situé sur la face dorsale, et entièrement entouré par le vitellus ; — D, migration de l'embryon sur la face ventrale : — E, fin de la blastokinèse ; l'embryon est situé sur la face ventrale de l'œuf.

H, pôle postérieur ; — V, pôle antérieur ; *Dors*, face dorsale ; *Vent*, face ventrale de l'œuf ; *Abx*¹, première extrémité abdominale ; *am*, amnios ; *Kstr*, bandelette germinative ou embryon ; *ser*, séreuse. (D'après Heymons.)

Suivant l'auteur américain, ces mouvements tiendraient à des causes physiologiques. L'embryon se nourrit aux dépens du vitellus sous-jacent ; il y puise les aliments nécessaires à son développement et y rejette, d'autre part, les substances de rebut (urates, acide carbonique) qui, en s'accumulant dans le vitellus, le rendent bientôt impropre à la nutrition. C'est pour échapper à ce milieu défavorable que l'embryon émigre dans une autre région du vitellus. Chaque nouvelle étape est marquée par une croissance embryonnaire plus active. C'est avant ou pendant l'anatrepsis que se développent les membranes embryonnaires et la séparation de l'amnios et de la séreuse favorise le déplacement de l'embryon.

Les œufs des Insectes métaboliques sont beaucoup plus pauvres en vitellus que ceux des Insectes amétaboliques. Aussi, chez les premiers, les mouvements de la blastokinèse sont-ils moins marqués que chez les seconds.

L'accumulation de substances de déchet à l'intérieur du vitellus est d'autant plus active et plus rapide que les échanges entre ce vitellus et le milieu extérieur sont plus lents et plus difficiles. Les œufs riches en vitellus, qui sont en même temps limités par un chorion épais peu favorable à l'élimination des substances excrémentitielles, nous montrent dès leur développement une blastokinèse beaucoup plus marquée que celle des œufs pauvres en vitellus, lesquels ont en même temps un chorion mince laissant facilement passer les produits de déchets formés par l'embryon. Aussi Wheeler pense-t-il être fondé à admettre que l'apparition de ces phénomènes de blastokinèse a été déterminée chez les Insectes par l'accroissement de la réserve vitelline et l'épaississement corrélatif du chorion de l'œuf.

Le sens et l'amplitude des mouvements blastokinétiques sont variables suivant les Insectes et, dans un même groupe, ne se présentent pas toujours avec les mêmes caractères. Ainsi, parmi les Orthoptères, chez les Grillides (*Gryllus*, *Œcanthus*), la blastokinèse consiste en une rotation de l'embryon autour du pôle postérieur de l'œuf. Chez les Locustides (*Xiphidium*, *Orchelinum*), l'embryon traverse le vitellus pendant l'anatrepsis, et à la catatrepsis contourne le pôle postérieur pour regagner la face ventrale (fig. 326 et 327). L'embryon des Coureurs (*Blatta*) et des Marcheurs (*Mantis*) ne présente que des mouvements très faibles sur la face ventrale ; la plaque embryonnaire, qui occupe au début à peu près le milieu de cette face, descend vers le pôle postérieur pour reprendre sa place primitive. La blastokinèse des Libellulides et des Rhynchotes rappelle celle des Locustides. Parmi les Insectes métaboliques, l'*Hydrophilus*, le *Doryphora*, le *Clytra*, étudiés par Wheeler, ne présentent que des mouvements de déplacement à la surface du vitellus très peu marqués. La pénétration de l'embryon des Lépidoptères à l'intérieur du vitellus serait un phénomène secondaire indépendant de la blastokinèse, et dû au passage du vitellus entre la séreuse et l'amnios.

Les faits de blastokinèse ne sauraient être mis en doute, mais l'explication qu'en donne Wheeler, si ingénieuse soit-elle, nous paraît passible d'objections. Si ces mouvements avaient uniquement pour cause la nécessité, pour l'embryon, de quitter une zone vitelline viciée par les produits de désassimilation, ils devraient être très marqués chez la Blatte où la face ventrale de l'œuf regarde la cloison médiane de l'oothèque. L'embryon devrait se porter sur la face dorsale de manière à être en contact avec la surface de l'oothèque, où les échanges gazeux sont plus faciles. Or, précisément chez la Blatte, l'embryon, comme nous l'avons dit plus haut, ne fait qu'osciller sur la face ventrale de l'œuf.

Heymons (1895), qui a étudié soigneusement la blastokinèse chez

Forficula, *Periplaneta*, *Blatta*, *Gryllus* et *Gryllotalpa*, tout en confirmant les observations de Wheeler, déclare ne pouvoir admettre son explication. Pour lui, l'anatrepsis est due à un accroissement de l'embryon suivi d'un léger raccourcissement de l'axe longitudinal. La catatrepsis est au

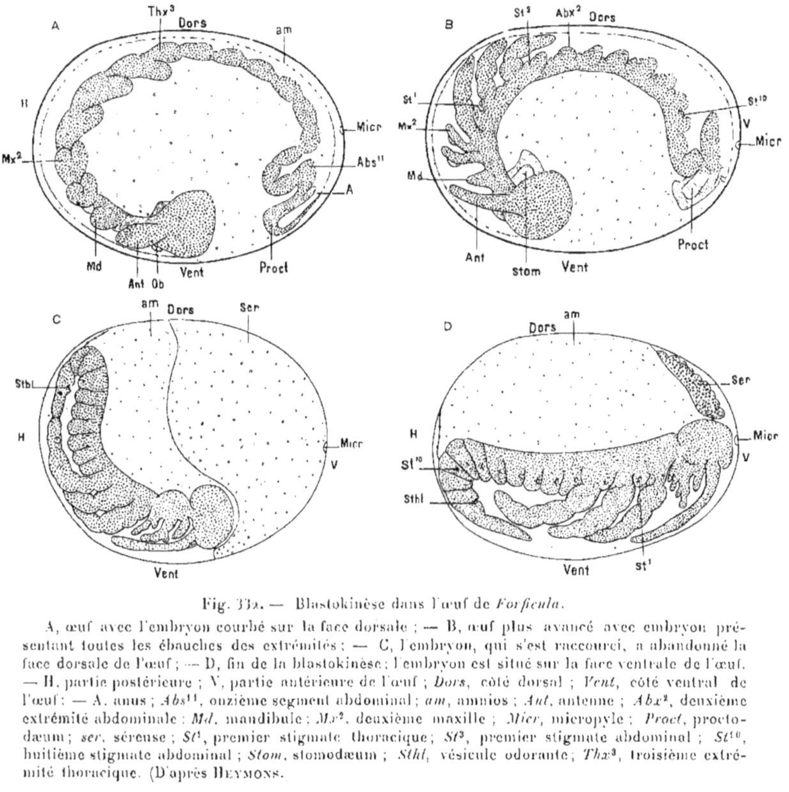

Fig. 332. — Blastokinèse dans l'œuf de *Forficula*.

A, œuf avec l'embryon courbé sur la face dorsale ; — B, œuf plus avancé avec embryon présentant toutes les ébauches des extrémités ; — C, l'embryon, qui s'est raccourci, a abandonné la face dorsale de l'œuf ; — D, fin de la blastokinèse ; l'embryon est situé sur la face ventrale de l'œuf. — H, partie postérieure ; V, partie antérieure de l'œuf ; *Dors*, côté dorsal ; *Vent*, côté ventral de l'œuf : — A, anus ; *Abs*¹¹, onzième segment abdominal ; *am*, amnios ; *Ant*, antenne ; *Abx*², deuxième extrémité abdominale ; *Md*, mandibule ; *Mx*², deuxième maxille ; *Micr*, micropyle ; *Proct*, proctodæum ; *ser*, séreuse ; *St*¹, premier stigmate thoracique ; *St*³, premier stigmate abdominal ; *St*¹⁰, huitième stigmate abdominal ; *Stom*, stomodæum ; *Sthl*, vésicule odorante ; *Thx*³, troisième extrémité thoracique. (D'après Heymons.

contraire un mouvement effectif de rotation de l'embryon autour du vitellus. La courbure dorsale de la bande germinative résulte de l'allongement de celle-ci et est due, comme chez les Chilopodes, à la forme arrondie de l'œuf. Le processus de rotation est produit par le passage de la courbure dorsale à la courbure ventrale. On observe, chez les Myriapodes, un phénomène analogue mais plus accentué. Chez les Insectes, il y a seulement une légère inflexion de la partie moyenne du corps de l'embryon, rappelant celle qui est si accentuée chez les Myriapodes, où le corps se plie en anse. La formation des enveloppes embryonnaires n'est pas déterminée par les courbures; l'amnios et la séreuse sont des acquisitions nouvelles des Ptérygotes; leur rôle physiologique est évidem-

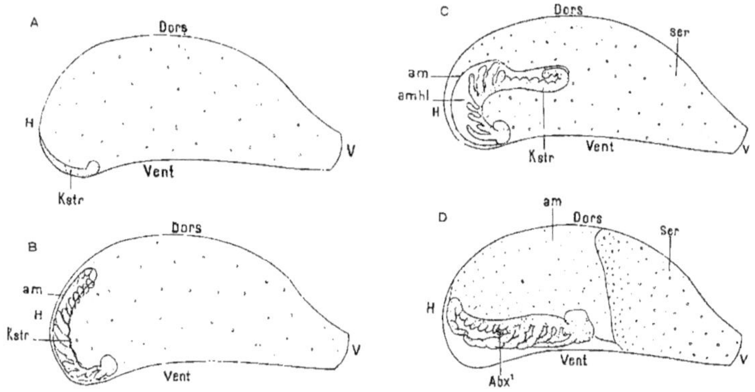

Fig. 333. — Blastokinèse dans l'œuf de *Periplaneta*.

A, œuf avec bandelette germinative occupant le pôle postérieur de l'œuf ; — B, œuf avec embryon qui s'est étendu vers la face dorsale ; — C, invagination de la partie postérieure de l'embryon dans le vitellus ; — D, fin de la blastokinèse ; l'embryon occupe la face ventrale de l'œuf.

H, pôle postérieur ; — V, pôle antérieur ; *Dors*, face dorsale ; *Vent*, face ventrale de l'œuf ; *am*, amnios ; *amhl*, cavité amniotique ; *Abx*[1], première extrémité abdominale ; *Kstr*, bandelette germinative et embryon ; *ser*, séreuse. (D'après Heymons.)

ment important, mais Heymons pense qu'elles ne peuvent être rattachées phylogénétiquement à aucune formation analogue des Arthropodes.

Willey (1899), d'après ses recherches sur l'embryogénie du *Peripatus novæ-britanniæ*, a essayé récemment d'expliquer la formation des membranes embryonnaires des Insectes. Suivant lui, les *Peripatus* déposaient primitivement dans l'eau des œufs dépourvus de vitellus, ils sont devenus vivipares en menant une vie terrestre. Chez *Peripatus novæ-britanniæ*, la partie du blastoderme qui ne prend pas part à la formation de l'embryon et qui correspond à la portion extra-embryonnaire de l'ectoderme des Mammifères ou trophoblaste de Hubrecht, est devenue un organe provisoire servant à la nutrition de l'embryon. De même, chez les Insectes, où la ponte des œufs et leur richesse en vitellus sont des phénomènes secondaires, le trophoblaste a cessé de fonctionner comme membrane absorbante; il s'est transformé, par substitution, en blastoderme et en son dérivé, la séreuse. L'organe dorsal des Podurides et l'indusium du *Xiphidium* sont encore des vestiges du trophoblaste. Quant à la cavité amniotique, elle résulterait d'une invagination homologue de la courbure ventrale de l'embryon des Péripates et des Myriapodes.

Nous reproduisons ici les figures de Heymons, relatives au développement des *Gryllus* (fig. 331), *Forficula* (fig. 332) et *Periplaneta* (fig. 333). On voit comment varient, dans ces diverses espèces, les positions de l'embryon aux différentes phases de la blastokinèse.

CHAPITRE X

EMBRYOGÉNIE (*Suite*)

Formation des feuillets

La formation des feuillets blastodermiques offre un très grand intérêt non seulement au point de vue du développement des Insectes, mais aussi au point de vue de l'embryogénie générale.

On sait que VON BAER avait établi, à la suite d'observations sur les Vertébrés, que le développement de ces animaux résultait de la transformation de trois feuillets distincts, *ectoderme* ou *exoderme*, *mésoderme* et *endoderme*. Les belles recherches de KOWALEVSKY sur un grand nombre d'Invertébrés (Vers, Cœlentérés, Arthropodes, Tuniciers) ont montré qu'on retrouvait dans le développement de ces organismes des processus analogues à ceux observés chez les Vertébrés, et que leurs *feuillets* pouvaient être homologués à ceux des animaux supérieurs. HÆCKEL, confirmant dans leurs traits généraux les résultats des observateurs précédents, introduisit dans la science cette notion nouvelle que, dans tous les groupes, depuis les Éponges jusqu'à l'Homme, l'embryon passe par une série de stades comparables, entre autres par celui de *gastrula* qui doit être considéré comme la forme fondamentale commune de tous les Métazoaires. Ces vues ont été adoptées par presque tous les embryogénistes.

Depuis un certain nombre d'années, cependant, bien des faits mieux étudiés, entre autres ceux fournis par l'embryogénie des Insectes, sont venus infirmer les généralisations précédentes dans ce qu'elles avaient de trop absolu et montrer que la fameuse loi des feuillets comporte des exceptions nombreuses.

HISTORIQUE

KOWALEVSKY (1871) fut le premier à pratiquer des coupes à travers des œufs d'Insectes (Hydrophile) et à reconnaître dans l'embryon l'existence de couches de cellules qu'il homologua aux feuillets des Vertébrés. Il constata l'apparition d'une invagination ectodermique en forme de gouttière (1) dont les bords se rapprochent pour constituer un tube

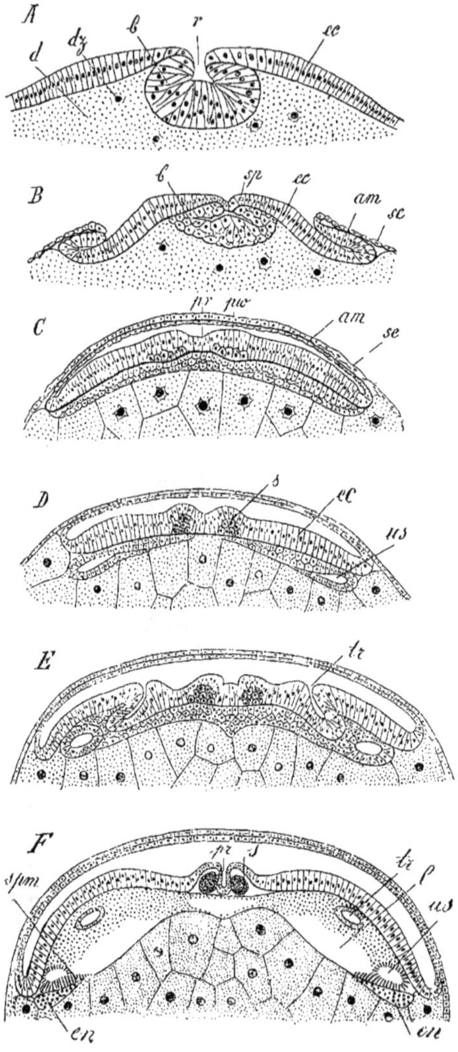

Fig. 334. — Coupes transversales d'embryons d'Hydrophile à six stades différents de développement.

A, correspond au stade A de la figure 306 (p. 321); la coupe est faite au niveau du point *a*; — B, est une coupe correspondant au stade D de la figure 306, passant par la région où les replis amniotiques ne se sont pas encore rejoints; — C, est une coupe transversale du stade E de la figure 306; — D, E, F, sont des coupes d'embryons plus avancés; *am*, amnios; *b*, invagination médiane du blastoderme qui devient surtout du mésoderme; *d*, vitellus nutritif; *dz*, cellules vitellines; *ec*, ectoderme; *pr*, gouttière primitive; *pw*, bourrelet primitif ou système nerveux central; *r*, blastopore; *sp*, fente du mésoderme, reste de la cavité d'invagination primitive; *se*, enveloppe séreuse; *l*, cavité générale définitive; *en*, endoderme; *s*, cordons latéraux de la chaine nerveuse; *spm*, feuillet viscéral du mésoderme; *tr*, ébauche des trachées, en E, sous forme d'invagination ectodermique, en F, en section transversale; *us*, segments primitifs, cavités cœlomiques. D'après Heider, figure empruntée à Lang.

qui se sépare de l'ectoderme, s'aplatit au-dessous de lui et s'étale pour

(1) Avant lui cependant, Zaddach (1854) avait reconnu dans les Phryganides, la formation d'une gouttière superficielle qu'il avait comparée à la gouttière dorsale des Vertébrés

former le mésoderme. Il vit également l'amnios et la séreuse résulter de deux replis ectodermiques.

A l'endroit où s'était formée la gouttière, l'ectoderme s'épaissit pour donner naissance à la chaîne nerveuse ventrale et aux ganglions cérébroïdes; une nouvelle gouttière longitudinale superficielle produit, en s'invaginant, la séparation des deux moitiés de la chaîne nerveuse. La plaque mésodermique se divise en même temps en deux bandes longitudinales, qui se clivent, chacune au niveau des futurs segments de l'embryon, constituant ainsi les cavités des segments primitifs. Les deux lames mésodermiques latérales se rejoignent ensuite sur la ligne médiane. Bientôt, au niveau de chaque segment, apparaissent de petites invaginations ectodermiques qui sont l'origine des trachées. La cavité générale du corps résulte de la coalescence de ces diverses cavités des segments primitifs à la suite d'une fissuration irrégulière du mésoderme dans lequel ces cavités sont creusées. L'endoderme n'apparaît que tardivement par délamination de la lame splanchnique du mésoderme sur les côtés de l'ébauche embryonnaire (1).

Hæckel et, après lui, la plupart des auteurs ont considéré la gouttière primitive comme une invagination gastruléenne dont la fente serait le *blastopore*.

Le mésoderme ne se forme pas toujours de la manière indiquée par Kowalevsky, c'est-à-dire par invagination ectodermique sous forme de gouttière. C'est cependant le mode de formation le plus répandu ; on l'a observé chez *Hydrophilus*, *Lina*, *Doryphora*, *Mantis*, *Musca*, les Lépidoptères. Chez la Mouche, la gouttière est très profonde, comme il ressort des recherches de Kowalevsky, Graber et Vœltzkow. Dans un second type de développement, le mésoderme résulte d'une simple prolifération de la partie profonde de l'ectoderme sur la ligne médiane de la plaque embryonnaire; tel est le cas de la Blatte (Wheeler), des Aphidiens (Will), des Phryganides (Patten). Cependant, suivant Cholodkovsky, il y aurait chez la Blatte une trace de gouttière à la partie postérieure de l'embryon. Nous verrons bientôt les résultats récents auxquels sont arrivés Heymons et Lécaillon sur le mode de développement du mésoderme chez les Orthoptères et certains Coléoptères. Enfin un troisième mode de formation du mésoderme a été décrit par Grassi chez l'Abeille. Dans la région moyenne de l'embryon, il se produirait une large gouttière

et Bütschli (1870) avait vu chez l'Abeille que cette gouttière produit par invagination une seconde couche de cellules au-dessous du blastoderme.

(1) Par conséquent, en admettant comme exact le processus décrit par Kowalevsky, il faudrait appeler *mésoendoderme* la partie de l'ectoderme qui se sépare du reste du blastoderme, à la suite de la formation de la gouttière.

aplatie dont le plancher se séparerait de l'ectoderme, lequel se refermerait au-dessus de cette plaque mésodermique (fig. 335). Celle-ci resterait d'abord unie en avant et en arrière avec une masse cellulaire provenant de la prolifération de l'ectoderme et ne se libérerait complètement que plus tard.

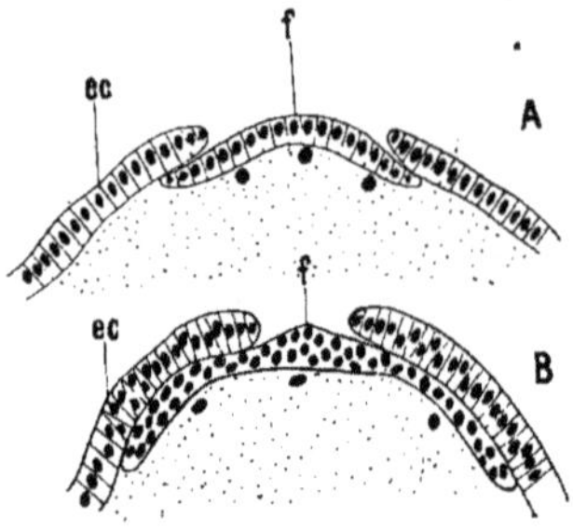

Fig. 335. — Deux stades successifs, A et B, de la formation du mésoderme dans l'œuf de l'Abeille.

ec, ectoderme; *f*, feuillet profond, mésoderme, résultant d'une séparation et de l'enfoncement d'une portion de l'ectoderme. (D'après GRASSI.)

Les auteurs ont longtemps discuté sur le mode d'apparition de l'endoderme et même sur les éléments cellulaires qu'il conviendrait de considérer comme représentant ce dernier. Nous venons de voir que, pour KOWALEVSKY, il proviendrait du mésoderme. PAUL MAYER (1876) admettait qu'il était représenté par les grandes cellules vitellines dont KOWALEVSKY avait signalé l'existence. BOBRETSKY, BALFOUR, les frères HERTWIG, PATTEN, AYERS, KOROTNEFF adoptèrent cette manière de voir. AYERS faisait même provenir également le mésoderme des cellules vitellines. KOROTNEFF admettait dans le mésoderme de *Gryllotalpa* deux parties : le mésenchyme qui se forme sur les côtés de la plaque ventrale et provient de l'ectoderme, et les myoblastes qui se forment plus tard et résultent d'une prolifération de cellules vitellines.

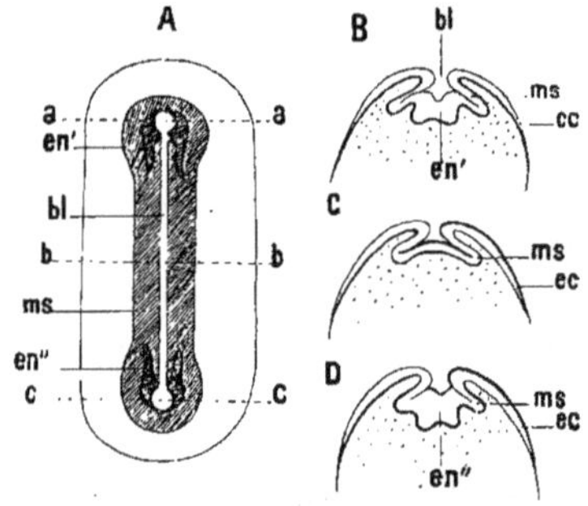

Fig. 336. — Schéma de la formation des feuillets blastodermiques chez le *Doryphora*.

A, vue en surface de l'ébauche embryonnaire; — B, coupe transversale de l'extrémité antérieure de la bandelette germinative, au niveau de la ligne *aa*; — C, coupe à travers le milieu de la bandelette germinative, au niveau de la ligne *bb*; — D, coupe à travers l'extrémité postérieure de la bandelette germinative, au niveau de la ligne *cc*; — *bl*, blastopore; *ec*, ectoderme; *en'*, extrémité antérieure de l'ébauche endodermique en forme d'U; *en''*, extrémité postérieure de la même ébauche; *ms*, mésoderme. (D'après WHEELER.)

KOWALEVSKY (1886) reprit, chez la Mouche, ses observations de 1871 et donna alors une théorie de la formation des feuillets chez les Insectes qui, jusqu'à ces dernières années, a été presque généralement acceptée. L'ectoderme donnerait naissance par invagination à un feuillet primaire, mésoendoderme, duquel se différencieraient plus tard le mésoderme et l'endoderme. Ce dernier prendrait seul part à la formation de l'intestin moyen. Quant aux cellules vitellines, ce seraient des éléments spéciaux n'ayant aucun rapport avec l'endoderme. La séparation de l'endoderme et du mésoderme se ferait en deux points situés l'un en avant et l'autre en arrière de la gouttière primitive. Quand se produisent les invaginations ectodermiques qui donneront naissance à l'intestin antérieur (stomodæum) et à l'intestin postérieur (proctodæum), de ces deux pôles de différenciation partiraient deux bandes longitudinales d'endoderme, placées au-dessous des segments primitifs, qui s'avanceraient vers la ligne médiane de l'embryon et entoureraient le vitellus. La majorité des auteurs, Graber, Bütschli, Heider, Wheeler, Tichomiroff, Grassi, Cholodkovsky, Carrière admettent également la provenance mésodermique de l'endoderme ou plutôt la différenciation d'un feuillet primaire en feuillet moyen et feuillet interne.

Une troisième manière de voir a été soutenue par Ganin, Witlaczil et Vœltzkow; suivant eux, l'endoderme aurait une origine ectodermique et résulterait d'une prolifération du stomodæum et du proctodæum. Comme nous le verrons un peu plus loin, les recherches récentes de Heymons, Lécaillon, Schwartze, Rabito et Deegener ont prouvé que les cellules qui forment l'épithélium de l'intestin moyen proviennent bien d'une prolifération des éléments constituant le fond du proctodæum et du stomodæum, mais ces cellules ne sauraient constituer l'endoderme véritable. Celui-ci est en réalité représenté par les cellules vitellines et prend donc naissance avant le mésoderme, pendant la segmentation ou vers la fin de celle-ci. Il en est très probablement ainsi chez la grande majorité des Insectes supérieurs.

A une époque variable du développement, le vitellus devient le siège de la formation de grandes cellules ou *balles vitellines* qui se différencient autour des noyaux de segmentation restés à l'intérieur de l'œuf après la formation du blastoderme. Certains auteurs, tels que Nusbaum chez la Blatte, Heider chez l'Hydrophile, ont vu de petites cellules, qu'ils croient dérivées de ces cellules vitellines, s'ajouter au mésoderme ou à l'endoderme de Kowalewsky.

Dohrn, Weismann, Tichomiroff, Will ont fait provenir les éléments du sang et le corps graisseux de ces éléments vitellins. Cholodkovsky est même allé plus loin et en a fait dériver les organes génitaux; mais Wheeler et Heymons se sont élevés contre cette manière de voir et ont montré qu'en aucun cas les éléments vitellins ne prennent part à la formation des tissus embryonnaires. Kowalevsky et Heider les considèrent comme des éléments nutritifs dont le protoplasma et le noyau assimilent la réserve vitelline pour la transmettre à l'embryon. Ces éléments joueraient donc le même rôle que le parablaste des œufs méroblastiques des Vertébrés, d'après la manière de voir de C. K. Hoffmann; opinion que j'ai également soutenue pour les Téléostéens. Lécaillon, qui, à la suite de Heymons, considère les cellules vitellines comme étant l'endoderme des Insectes, a insisté longuement sur le rôle digestif que jouent ces éléments sur les réserves vitellines de l'œuf; pour lui, c'est cette fonction digestive qui entraîne l'inaptitude des cellules endodermiques à constituer l'épithélium de l'intestin moyen.

RECHERCHES RÉCENTES SUR LA FORMATION DES FEUILLETS

Heymons (1895) a publié un important travail sur l'embryogénie de quelques Orthoptères, travail dont nous résumerons ici la partie relative à la formation des feuillets.

Forficula. — Lorsque l'œuf est arrivé au terme de la segmentation, le blastoderme est représenté par une couche de cellules périphériques entourant le vitellus, dans lequel se multiplient les cellules vitellines qui ne prennent plus aucune part à la formation du blastoderme. Bientôt apparaissent, de chaque côté de l'œuf, deux épaississements du blastoderme, en forme de bandes, dont les cellules, cylindriques et plus hautes que celles du reste du blastoderme, donnent en se divisant naissance par leur partie profonde à de petits éléments-cellules que Heymons désigne sous le nom de *paracytes.* Ces éléments pénètrent dans le vitellus et s'y détruisent plus tard. Les deux bandes se rejoignent au pôle postérieur de l'œuf; c'est en ce point qu'apparaissent les cellules génitales sous forme d'une masse cellulaire arrondie, située dans le vitellus et résultant vraisemblablement d'une prolifération précoce des cellules blastodermiques; dans le voisinage de ces cellules génitales on observe également des paracytes.

La bande germinative, ou bandelette embryonnaire, résulte de l'accolement d'arrière en avant des deux bandes latérales. Sur la face dorsale de l'œuf, les cellules blastodermiques s'aplatissent pour constituer la séreuse.

Sur la ligne médiane de la bande germinative, les cellules embryonnaires prolifèrent pour former la *plaque médiane* constituée par trois assises cellulaires; cette plaque se creuse en gouttière plus marquée en arrière qu'en avant, dont les bords se détachent des parties latérales de la bande germinative, par un processus à peu près identique à celui décrit par Grassi chez l'Abeille. La partie ainsi détachée de la bande germinative est l'origine du mésoderme; elle est bientôt recouverte par les parties latérales de la bande qui se rejoignent sur la ligne médiane.

A la partie antérieure de l'ébauche embryonnaire, la plaque mésodermique se sépare de la même manière de la bande germinative, mais sans s'être préalablement creusée en gouttière.

Gryllus. — Les cellules de segmentation n'existent primitivement que dans le tiers postérieur de l'œuf; le blastoderme se forme d'arrière en avant par migration de ces cellules à la surface de l'œuf, où elles prennent une forme aplatie et présentent des prolongements pseudopodiques. Les cellules vitellines proviennent des cellules de segmentation qui sont restées dans l'intérieur de l'œuf et peut-être aussi de cellules blastodermiques qui émigrent dans le vitellus.

Heymons n'a pu suivre la formation de la bande germinative; celle-ci se creuse d'une gouttière très aplatie en avant, plus profonde chez *Gryllus campestris* que chez *G. domesticus*, gouttière qui se sépare du blastoderme, comme chez la Forficule, et donne le mésoderme. Des cellules qui se détachent isolément des autres parties de la bande germinative viennent encore s'ajouter au mésoderme. Il se forme en même temps des paracytes au-dessous du blastoderme.

Quand la gouttière s'est effacée et que le repli caudal amniotique a apparu, il se produit, à la partie postérieure de l'ébauche embryonnaire, une petite dépression, *fossette génitale*, formée aux dépens de l'ectoderme et du fond de laquelle se détachent les cellules génitales, qui constituent une masse faisant hernie dans le vitellus, à travers le mésoderme.

Gryllotalpa. — Toutes les cellules de segmentation se rendent à la périphérie de l'œuf et s'y multiplient par mitose pour former le blastoderme. Deux bandes latérales apparaissent, comme chez la Forficule, pour se réunir d'arrière en avant et donner ainsi naissance à une longue bande germinative très étroite en avant. On n'observe aucune trace de gouttière sur la ligne médiane de la bande germinative; le mésoderme se forme uniquement par prolifération de l'ectoderme, dont les cellules, après s'être divisées tangentiellement, se disposent en deux ou plusieurs assises; cette prolifération a lieu principalement sur les parties latérales de la bande germinative dans la région antérieure, sur la ligne médiane dans la région postérieure. Une fossette génitale ectodermique, avec cellules génitales se séparant de sa partie profonde, apparaît tout à fait en arrière de l'ébauche embryonnaire.

Periplaneta. — Les cellules de segmentation se rendent probablement toutes à la périphérie, mais une partie émigrent de nouveau dans l'intérieur de l'œuf pour devenir des cellules vitellines. La bande germinative peu étendue se termine au pôle postérieur de l'œuf; il se forme une invagination en gouttière pour le mésoderme, sur les côtés de laquelle se détachent du blastoderme de nombreuses cellules mésodermiques :

souvent une gouttière latérale apparaît de chaque côté de la gouttière médiane. Le repli amniotique caudal se réunit, dans le voisinage de la bouche, avec deux replis céphaliques. La fossette génitale est très profonde.

Phyllodromia. — Les cellules blastodermiques se multiplient par mitose et non par amitose, comme l'a avancé Wheeler. La bande germinative n'est pas au début continue ; dans sa région antérieure apparaissent un certain nombre d'épaississements blastodermiques pairs, et dans la région postérieure des épaississements impairs, ainsi que Cholodkovsky l'a bien décrit. Le mésoderme se forme par séparation de cellules de la partie profonde du blastoderme ; cette délamination débute par les parties latérales de la bande germinative. Ce que Wheeler a décrit comme un blastopore n'est autre chose que la fossette génitale, qui se produit à l'extrémité d'une masse cellulaire en forme de crête qui termine la bande germinative.

Relativement à l'origine du mésoderme, Heymons conclut de ses observations que, chez les Orthoptères, ce feuillet prend naissance soit par une invagination en forme de gouttière sur la ligne médiane de la bande germinative, soit par délamination ou immigration des cellules : entre ces deux modes on trouve des formes de passage.

Quant à l'endoderme des auteurs, on n'en voit pas trace jusqu'à un stade assez avancé du développement. Pendant la formation des premiers organes, on ne trouve autour du vitellus que l'ectoderme doublé intérieurement d'une couche de mésoderme. Ce n'est que lorsque le stomodæum et le proctodæum se sont constitués par invagination de l'ectoderme, que commencent à apparaître les cellules qui formeront le revêtement interne de l'intestin moyen. Ainsi que nous l'avons dit plus haut, Heymons a montré que, sur le fond terminé en cul-de-sac du stomodæum et du proctodæum, il se produit une prolifération des cellules ectodermiques (voir fig. 359, p. 382). De ces masses cellulaires, en écartant les cellules mésodermiques, partent des proliférations membraniformes qui se disposent en épithélium autour du vitellus et finissent par entourer celui-ci.

L'intestin moyen, comme l'intestin antérieur et l'intestin postérieur, a donc une origine purement ectodermique. Ce mode de formation du mésentéron ne s'observe cependant pas chez tous les Insectes.

Heymons (1897), en étudiant l'embryogénie d'un Thysanoure, le Lépisme, a vu, en effet, que l'intestin moyen dérivait des cellules vitellines. Chez cet animal, le stomodæum et le proctodæum se forment, comme chez les autres Insectes, aux dépens d'invaginations ectodermiques, pendant la vie embryonnaire, mais l'épithélium du mésentéron n'apparaît qu'après l'éclosion. Heymons n'a pu suivre le processus complet de la formation du mésentéron, mais il a pu observer que les cellules vitellines, à la fin de la période embryonnaire, se disposent d'une façon spéciale le long de la couche mésodermique, qui est l'ébauche de la paroi musculaire de l'intestin moyen ; elles prennent une disposition épithéliale et quelques-unes commencent à se multiplier activement par division indirecte. En même temps une lumière apparaît entre les cellules vitellines et devient la cavité de l'intestin; mais l'épithélium ne se différencie définitivement que dans les premiers instants qui suivent l'éclosion.

Chez les Libellulides, étudiées également par Heymons (1896), l'intestin moyen se développe de la même manière que chez le Lépisme.

Les cellules vitellines du Lépisme et des Libellulides jouent donc le rôle de l'endoderme chez les autres Métazoaires, c'est-à-dire qu'elles forment l'épithélium de l'intestin moyen. Mais ces cellules, dans l'embryon des autres Insectes, bien qu'existant, ont perdu leur fonction; elles ne prennent plus part à la constitution du mésentéron, et celui-ci a une origine ectodermique. Dans les Insectes supérieurs, les Ptérygotes, à

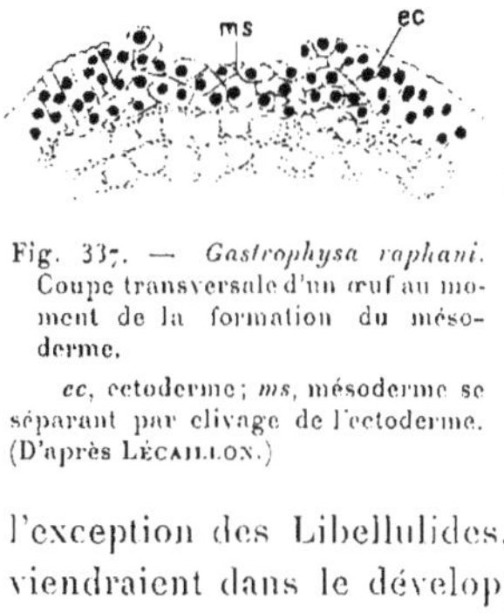

Fig. 337. — *Gastrophysa raphani*. Coupe transversale d'un œuf au moment de la formation du mésoderme.

ec, ectoderme; *ms*, mésoderme se séparant par clivage de l'ectoderme. (D'après Lécaillon.)

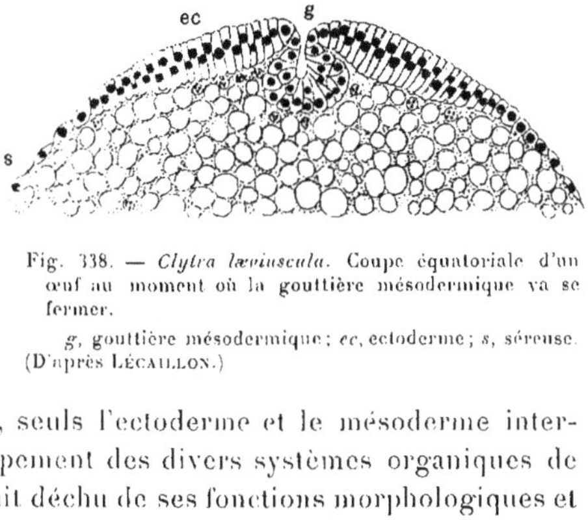

Fig. 338. — *Clytra læviuscula*. Coupe équatoriale d'un œuf au moment où la gouttière mésodermique va se fermer.

g, gouttière mésodermique; *ec*, ectoderme; *s*, séreuse. (D'après Lécaillon.)

l'exception des Libellulides, seuls l'ectoderme et le mésoderme interviendraient dans le développement des divers systèmes organiques de l'embryon; l'endoderme serait déchu de ses fonctions morphologiques et ne devrait être considéré que comme un feuillet ancestral servant uniquement à la nutrition de l'embryon.

Lécaillon (1898), dans ses recherches sur le développement des Chrysomélides (*Clytra*, *Gastrophysa*, *Chrysomela*, *Lina*, *Agelestica*), est arrivé aux mêmes conclusions que Heymons pour les Orthoptères. « Le mésoderme se forme aux dépens de l'ectoderme soit par invagination, soit par des procédés dérivés de l'invagination. Il ne se produit jamais de méso-endoderme ni de gastrula par invagination. L'endoderme (cellules vitellines) subit une évolution anormale par suite de son adaptation étroite et exclusive à la digestion du vitellus nutritif. Les cellules qui le forment dégénèrent en outre progressivement et disparaissent peu à peu pendant le développement embryonnaire. L'ectoderme, par suite de l'évolution anormale de l'endoderme, donne naissance à l'épithélium du tube digestif tout entier. »

Rabito (1898) chez *Mantis religiosa*, Schwartze (1899) chez un Lépidoptère, le *Lasiocampa fasciatella*, et tout récemment Deegener (1900) chez l'Hydrophile, sont arrivés aux mêmes conclusions que Heymons et Lécaillon, relativement à l'origine ectodermique de l'intestin moyen.

D'un autre côté, Claypole (1898) a vu que le mésoderme de l'*Anurida maritima* résulte d'une simple migration des cellules blastodermiques superficielles, au-dessous de l'ectoderme, et que le mésentéron se forme aux dépens des cellules intravitellines, dépourvues d'éléments vitellins. Ces cellules s'amassent principalement dans le voisinage de l'intestin antérieur et de l'intestin postérieur, puis se disposent en une couche, pour constituer le révêtement épithélial de l'intestin moyen, qui ne contient pas de vitellus. Les cellules intravitellines qui n'ont pas pris part à cette formation dégénèrent. Le vitellus est absorbé par les cellules génitales et les cellules sanguines : une partie reste libre dans la cavité du corps.

Suivant Uzel (1898), l'anneau blastodermique qui entoure le pôle végétatif de l'œuf des Aptérygotes qu'il a étudiés (*Campodea*, *Lepisma*, *Achorutes* et *Macrotoma*) donnerait par différenciation l'endoderme et le mésoderme. Chez *Lepisma*, le disque embryonnaire ne donnerait que le mésoderme; les cellules représentant l'endoderme proviendraient en grande partie des cellules de segmentation superficielles et le reste des cellules demeurées dans le vitellus. Il en serait de même chez *Macrotoma*.

En résumé, nous pouvons conclure des recherches embryologiques récentes, que l'endoderme des Insectes ne donne naissance à l'épithélium de l'intestin moyen que chez les Collemboles, les Thysanoures et, parmi les Ptérygotes, seulement chez les Libellulides très probablement. Chez les autres Insectes, l'épithélium du tube digestif tout entier est d'origine ectodermique. Ce fait est contraire au principe longtemps admis que, chez tous les Métazoaires, l'endoderme donne naissance à l'épithélium de l'intestin moyen. Aussi Heymons admet-il que l'importance de la théorie des feuillets germinatifs se trouve singulièrement diminuée par l'exemple des Insectes. Pour Lécaillon, au contraire, le fait que les Insectes sont placés tout au sommet d'un groupe naturel (celui des Arthropodes), et ont un œuf très riche en deutolécithe, permet de n'attacher qu'une importance *secondaire* à l'exception qu'ils présentent ; la théorie de l'homologie des feuillets pourrait ainsi être toujours considérée comme vraie, parce qu'elle semble se vérifier pour tous les animaux ayant conservé un développement explicite. Telle est aussi l'opinion de Heider (1897) pour lequel les exceptions, empruntées surtout aux développements atypiques, ont moins d'importance qu'on est parfois tenté de le croire, en sorte que la théorie des feuillets peut être conservée en la restreignant au développement typique de l'œuf normal.

Bræm (1895) a justement fait remarquer que l'homologie des feuillets peut être envisagée à différents points de vue : considérés seulement au point de vue de leur situation relative, les feuillets sont de pures conceptions topographiques ; ou bien ce sont des formations analogues, comparables au seul point de vue physiologique, n'ayant, suivant l'expression de Driesch, qu'une valeur *prospective* ; ou bien ils sont véritablement homologues, selon la manière de voir des anciens embryologistes, c'est-à-dire que chaque feuillet a, chez tous les Métazoaires, la même origine et forme les mêmes organes. Cette véritable homologie ne paraît plus pouvoir être soutenue aujourd'hui, puisque nous savons que des organes homologues, aux points de vue topographique et physiologique, peuvent dériver de feuillets absolument différents de par leur origine. La formation successive des feuillets durant l'évolution ontogénétique d'un animal, soit par gastrulation, soit par délamination ou par migration, n'est qu'un processus de différenciation des éléments cellulaires, continuation de la différenciation commencée lors de la segmentation de l'œuf. De nombreux facteurs encore indéterminés interviennent dans cette différenciation. On peut admettre que les feuillets blastodermiques ont été originellement homologues aux points de vue topographique et physiologique, mais cette homologie, qui tend à se conserver par hérédité, a été cependant considérablement altérée dans beaucoup de cas par l'intervention de nouveaux facteurs ontogénétiques, principalement par la distribution des éléments vitellins dans l'œuf, de telle sorte que cette homologie des feuillets n'existe plus aujourd'hui.

Formation des organes.

DÉRIVÉS DE L'ECTODERME

Les différents organes se forment soit exclusivement aux dépens d'un seul feuillet embryonnaire, soit aux dépens de l'ectoderme et du mésoderme. De l'ectoderme dérivent la peau, le système nerveux et les organes des sens, le système trachéen, le revêtement épithélial du tube digestif dans la majorité des Insectes, de l'intestin antérieur et de l'intestin postérieur, les glandes salivaires et les tubes de Malpighi, les œnocytes, les cellules génitales et une partie des conduits génitaux.

Hypoderme. — L'hypoderme résulte de la transformation sur place de l'ectoderme. Après l'apparition des membranes embryonnaires, le feuillet ectodermique proprement dit n'occupe plus qu'une étendue restreinte de la surface ventrale de l'œuf; mais il croît peu à peu et tend à entourer l'œuf tout entier. D'après GRABER, la peau de la région dorsale de l'embryon se formerait presque toujours aux dépens de l'amnios ou de la séreuse. D'après les observations récentes au contraire, les membranes embryonnaires ne prendraient jamais part à la formation de l'ectoderme dorsal et seraient toujours résorbées ; dans ce cas, le feuillet ectodermique croîtrait jusqu'à envelopper complètement le vitellus et l'embryon.

De très bonne heure l'hypoderme sécrète un revêtement chitineux qui constitue la cuticule.

Les différents appendices du corps, antennes, labre, pièces buccales, membres thoraciques et appendices abdominaux, sont constitués primitivement par des évaginations et des protubérances de l'ectoderme, dans lesquelles pénètrent bientôt des expansions mésodermiques pour constituer les muscles.

Système nerveux. — Les parties essentielles du système nerveux, fibres et cellules nerveuses, sont exclusivement d'origine ectodermique. Le développement du système nerveux a été bien étudié tout d'abord par KOWALEVSKY chez l'Hydrophile et l'Abeille. De chaque côté de la ligne médiane ventrale, il se produit un épaississement ectodermique longitudinal ou *plaque nerveuse*. Entre les deux plaques nerveuses, sur la ligne médiane elle-même, apparaît de bonne heure une invagination ou *gouttière nerveuse*. Les épaississements ectodermiques se clivent bientôt en une partie superficielle qui restera l'ectoderme et une partie profonde, formée de cellules polyédriques, constituant les deux cordons nerveux origine de la chaîne ganglionnaire ventrale.

Les deux plaques nerveuses, puis les deux cordons nerveux sont indépendants primitivement et s'étendent depuis la partie terminale de la plaque embryonnaire jusque dans les lobes procéphaliques où ils se renflent d'une façon marquée.

Du fond de la gouttière nerveuse qui sépare les deux cordons se détachent des cellules qui s'ajoutent à celles des cordons nerveux.

La séparation des cordons nerveux d'avec l'ectoderme se produit, d'après les observations de VIALLANES chez la Mante, d'avant en arrière.

Grassi a prétendu que, chez l'Abeille, il n'y a pas continuité entre la partie ventrale et la partie procéphalique des plaques et des cordons nerveux; cette interprétation est probablement due à une erreur d'observation.

Hatschek, chez les Lépidoptères, a cherché quel était le rôle de la gouttière nerveuse dans la formation de la chaîne ventrale ; il est arrivé à cette conclusion, que le fond de la gouttière donnait naissance aux deux commissures transversales qui réunissent les deux ganglions d'une même paire (1) et que, dans les espaces intersegmentaires, la gouttière se transforme simplement en hypoderme. Balfour, se basant sur ses observations chez les Araignées, a soutenu au contraire que la gouttière ne jouait aucun rôle dans la formation du système nerveux; mais les observations de Grassi (Abeille), de Patten (*Neophylax*), d'Ayers (*Œcanthus*), de Korotneff (*Gryllotalpa*), de Vœltzkow et de Graber (Mouche et Hanneton), de Will (Pucerons), d'Heider (Hydrophile) ont confirmé la manière de voir de Hatschek. Nusbaum a émis l'idée qu'au fond de la gouttière nerveuse on trouve un épaississement endodermique qu'il a homologué à la corde dorsale des Vertébrés ; aucune observation n'est venu vérifier ce fait, et il est probable que cette prétendue corde n'est que le cordon ectodermique détaché du fond de la gouttière nerveuse.

D'après Grassi, il n'y aurait pas, chez l'Abeille, de clivage des plaques nerveuses donnant d'une part l'ectoderme et d'autre part les cordons nerveux ; les plaques nerveuses tout entières deviendraient les cordons nerveux et l'ectoderme se reformerait ensuite au-dessus des cordons nerveux par rapprochement, sur la ligne médiane, des parties ectodermiques bordant les lignes suivant lesquelles les plaques nerveuses se sont détachées. Ce fait n'a été confirmé par aucun observateur.

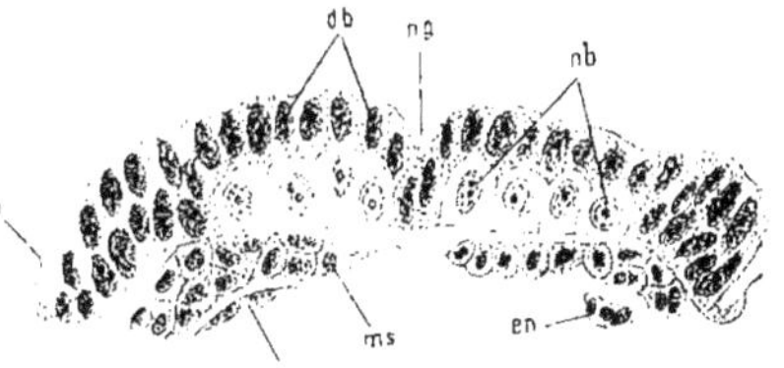

Fig. 339. — *Xiphidium ensiferum*. Coupe transversale du premier segment d'un embryon passant sur la face dorsale du vitellus.

am, amnios ; *db*, dermatoblastes ; *en*, endoderme ; *ms*, mésoderme ; *nb*, neuroblastes ; *ng*, gouttière nerveuse. (D'après Wheeler.)

Les recherches plus récentes de Viallanes (1890), de Wheeler (1893) et de Heymons (1896) ont fait connaître d'une façon précise comment se développent les différentes parties du système nerveux.

(1) Suivant Ayers, il y aurait primitivement pour chaque paire de ganglions deux commissures transversales se réduisant plus tard à une seule.

Chaîne ventrale. — En ce qui concerne d'abord la chaîne ganglionnaire ventrale, VIALLANES, chez la Mante religieuse, constate que le bourrelet primitif aux dépens duquel se constitueront les deux plaques nerveuses est d'abord formé d'une seule assise de cellules ectodermiques columnaires, qui augmentent peu à peu de volume et deviennent beaucoup plus allongées, dans le sens de l'épaisseur du feuillet ectodermique, que les autres cellules de ce même feuillet. Cette assise épaissie se divise ensuite en deux couches : une *couche dermatogène* superficielle et une

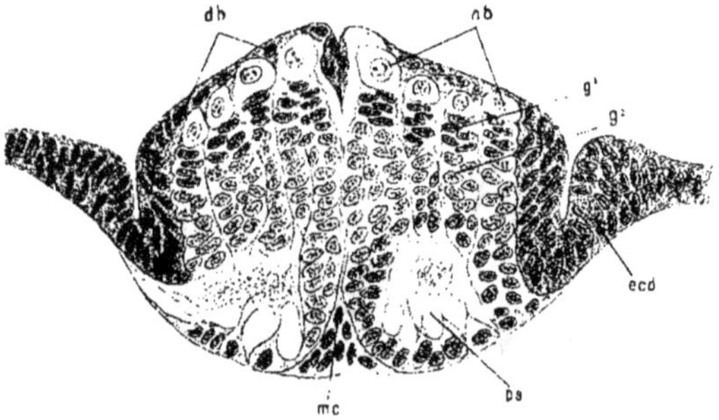

Fig. 340. — *Xiphidium ensiferum*. Coupe transversale du ganglion mésothoracique d'un embryon un peu plus jeune que celui représenté figure 315 (p. 325).

db, dermatoblastes ; *ecd*, ectoderme ; *nb*, neuroblastes ; g^1, cellules jeunes dérivées des neuroblastes ; g^2, cellules plus âgées, cellules ganglionnaires ; *mc*, cordon médian ; *ps*, substance ponctuée. (D'après WHEELER.)

couche gangliogène profonde. La couche dermatogène forme simplement l'hypoderme ; les cellules gangliogènes en se divisant activement donnent naissance, par leur partie profonde, à des séries d'éléments particuliers qui deviennent les cellules nerveuses proprement dites. Ces jeunes cellules nerveuses sont beaucoup plus petites que les cellules gangliogènes ; elles ont un gros noyau très colorable et un protoplasma peu abondant, tandis que les cellules gangliogènes ont un protoplasma très développé et un noyau petit et peu riche en chromatine. Plus tard, les cellules gangliogènes s'atrophient ou bien prennent les caractères des cellules nerveuses ; le ganglion se constitue aux dépens de la masse cellulaire provenant des éléments gangliogènes transitoires. Les cellules-filles des cellules gangliogènes peuvent d'ailleurs se diviser elles-mêmes pour augmenter le nombre des cellules du ganglion, et on trouve alors, au niveau de chaque cellule gangliogène, non pas une seule, mais plusieurs séries de petites cellules. Les cellules qui sont sur le bord externe et sur le bord interne de chaque ganglion se divisent plus activement que les autres, et envoient dans la masse des cellules ganglionnaires de fins prolongements qui s'enchevêtrent et constituent la substance ponctuée des ganglions.

KOROTNEFF, en 1885, avait déjà vu ces cellules gangliogènes chez le *Gryllotalpa* ; WHEELER, en 1889, les signala chez le *Doryphora* sous le nom de *ganglioblastes*, mais il ne reconnut pas leur rôle. Le même auteur, en 1891 et en 1893, puis HEYMONS, en 1896, vérifièrent les observations de VIALLANES et reconnurent la véritable signification des cellules gangliogènes qu'ils appelèrent des *neuroblastes*, nom déjà donné par WHITMANN (1878) aux grosses cellules qui sont l'origine du système nerveux chez la Clepsine.

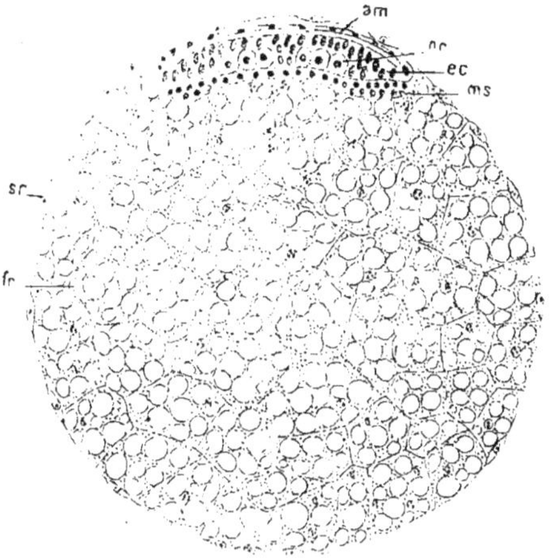

Fig. 341. — *Clytra læviuscula*. Coupe équatoriale d'un œuf au moment de l'apparition des neuroblastes.

ec, ectoderme, *ms*, mésoderme ; *nr*, neuroblastes ; *am*, amnios ; *sr*, séreuse ; *fr*, fragments vitellins. (D'après LÉCAILLON.)

Enfin, chez les Chrysomélides, LÉCAILLON a signalé également l'existence de grosses cellules neuroblastiques donnant naissance aux petites cellules ganglionnaires (fig. 341).

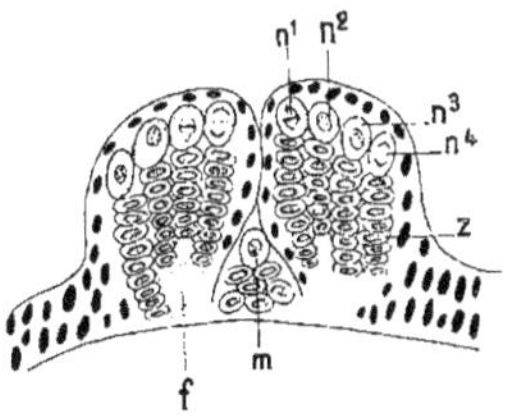

Fig. 342. *Xiphidium ensiferum*. Coupe transversale de l'ébauche de la chaîne nerveuse ventrale.

f, substance fibrillaire ou ponctuée ; *m*, neuroblaste du cordon médian ; n^1-n^4, neuroblastes des cordons latéraux ; *z*, colonnes de cellules ganglionnaires provenant des neuroblastes. (D'après WHEELER.)

Le nombre des neuroblastes que l'on trouve dans une coupe transversale, au niveau des ganglions, est variable ; on en compte ordinairement 3, 4 ou 5 pour chaque ganglion de la même paire (fig. 342). La couche des neuroblastes s'étend primitivement dans toute la longueur du système nerveux. Au fond de la gouttière nerveuse, il existe un cordon médian contenant autant de neuroblastes qu'il y a de paires de ganglions.

Ces neuroblastes produisent de petites cellules qui s'ajoutent à celles des ganglions.

D'après WHEELER, les connectifs et les commissures qui réunissent les ganglions sont dus à des proliférations de la substance ponctuée des ganglions; la gouttière nerveuse ne prendrait aucune part à leur formation.

Les dermatoblastes de la gouttière nerveuse, dans les intervalles qui séparent deux paires de ganglions consécutives, s'invaginent pour former les apodèmes destinés à l'insertion de muscles. Les dermatoblastes situés entre les deux ganglions d'une même paire donnent naissance au névrilème externe de la chaîne ventrale.

Le nombre de paires ganglionnaires comprises dans la chaîne ventrale, entre la bouche et l'anus, est variable suivant les embryons. D'après Viallanes, il y aurait, chez la Mante, trois ganglions céphaliques, savoir : un ganglion correspondant au segment mandibulaire, un correspondant au premier segment maxillaire et un correspondant au deuxième segment maxillaire. Il y aurait ensuite trois ganglions thoraciques et neuf abdominaux, soit en tout quinze paires de ganglions. Plus tard, les trois derniers ganglions abdominaux se fusionnent en un seul, de même que les trois ganglions ventraux contenus dans la tête.

Chez le *Xiphidium*, selon Wheeler, il y a primitivement trois ganglions céphaliques, trois thoraciques et dix abdominaux, soit en tout seize paires de ganglions. A un stade plus avancé, il se produit une fusion entre les trois ganglions céphaliques, entre le troisième ganglion thoracique et le premier abdominal, entre les deuxième et troisième ganglions abdominaux, et enfin entre les trois derniers abdominaux. Pendant que se produit cette fusion, il s'opère un allongement des connectifs.

Une fusion secondaire semblable, entre certains ganglions de la chaîne abdominale, s'observe dans les embryons de beaucoup d'autres Insectes.

Au moment de leur formation, les ganglions sont d'abord contigus, comme les neuroblastes qui les produisent; ils se séparent ensuite par une sorte d'étirement qui les éloigne les uns des autres, même quand ils doivent, un peu plus tard, se fusionner ensemble.

Ganglions cérébroïdes. — Le développement des ganglions cérébroïdes a d'abord été étudié par différents auteurs, particulièrement par Patten, Heider, Carrière, etc.; mais il n'est connu d'une façon précise que depuis les recherches récentes de Viallanes, de Wheeler et de Heymons.

Chez la Mante, d'après Viallanes, les deux bourrelets ectodermiques primitifs s'étendent depuis les lobes procéphaliques jusqu'à l'extrémité caudale de l'embryon. Ils sont complètement séparés l'un de l'autre et passent de chaque côté de la bouche. Chaque lobe procéphalique, recourbé en dehors, présente trois renflements séparés par des étranglements (fig. 343). Le plus antérieur de ces étranglements correspond au premier lobe protocérébral, le second au deuxième lobe protocérébral, le troisième renflement se continue d'abord avec le bourrelet de la chaîne ventrale, qui ne présente encore aucune segmentation. Un peu plus tard, le troisième renflement s'étrangle et donne le troisième lobe protocé-

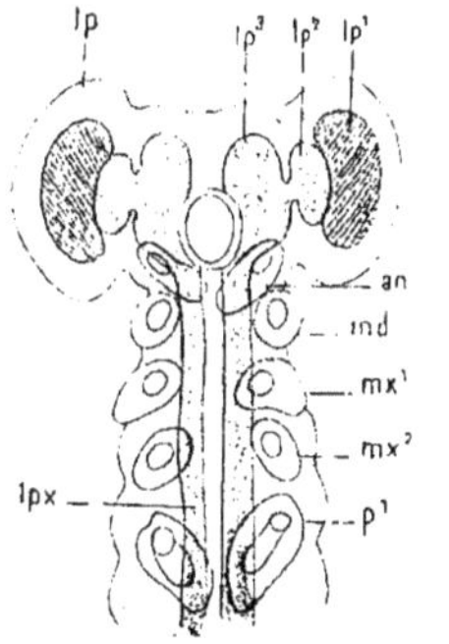

Fig. 343. — *Mantis religiosa*. Diagramme du système nerveux d'un embryon au stade VI. Les contours de l'embryon sont indiqués par un simple trait.

lp, lobe protocéphalique : *œ*, œsophage ; *an*, antennes ; *md*, mandibules ; mx^1, mx^2, première et seconde mâchoires ; p^1, première patte thoracique. Les bourrelets primitifs sont teintés en gris ; le premier lobe protocérébral, lp^1, qui est la seule partie du système nerveux actuellement détachée d'avec l'ectoderme, est marqué de hachures : lp^2, deuxième lobe protocérébral ; lp^3, troisième lobe protocérébral ; *lpx*, bourrelet primitif. (D'après VIALLANES.)

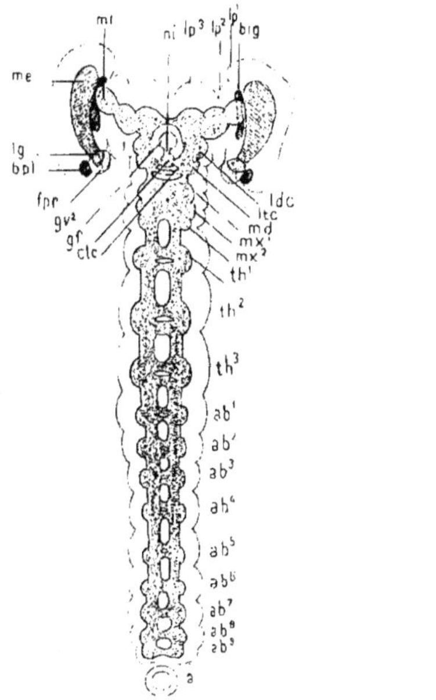

Fig. 344. — *Mantis religiosa*. Diagramme du système nerveux central d'un embryon au stade X. — La substance blanche ou fibrillaire est teintée en gris foncé, la substance grise (formée de cellules ganglionnaires) en gris clair.

Le premier lobe protocérébral lp^1 est distingué par des hachures simples : *mc*, masse médullaire externe ; *lg*, lame ganglionnaire ; *fpr*, fibres postérieures ; *bpl*, bourrelet périlaminaire ; lp^2, deuxième lobe protocérébral ; *mi*, masse médullaire interne ; lp^3, troisième lobe protocérébral ; *ldc*, lobe deutocérébral ; *ltc*, lobe tritocérébral ; *ctc*, commissure tritocérébrale ; *gf*, ganglion frontal ; gv^2, deuxième ganglion viscéral impair ; *ni*, nerf viscéral impair sectionné ; *md*, ganglion mandibulaire ; mx^1, ganglion de la mâchoire ; mx^2, ganglion de la lèvre inférieure ou deuxième mâchoire ; th^1, th^2, th^3, premier, deuxième, troisième ganglions thoraciques ; ab^1, ab^2, ab^3, ab^4, ab^5, ab^6, ab^6, ab^8, ab^9, premier, deuxième, troisième, quatrième, cinquième, sixième, septième, huitième, neuvième ganglions abdominaux ; *a*, anus ; *big*, bourrelet intraganglionnaire. (D'après VIALLANES.)

rébral, le deutocérébron et le tritocérébron, auquel fait suite le bourrelet ventral, segmenté au niveau des métamères.

La dilatation antérieure du lobe procéphalique se divise bientôt, par délamination, après l'épaississement de l'ectoderme qui la constitue, en une couche externe qui est la *plaque optique* de Patten et qui donnera l'œil composé, et une couche interne de neuroblastes qui produiront des séries de petites cellules tout à fait semblables à celles qui prennent naissance de la même manière dans la région ventrale des cordons nerveux. Ces cellules ganglionnaires forment de la substance ponctuée comme celles des ganglions abdominaux, et on a finalement une masse nerveuse placée sous la plaque optique et tout d'abord sans connexion avec elle.

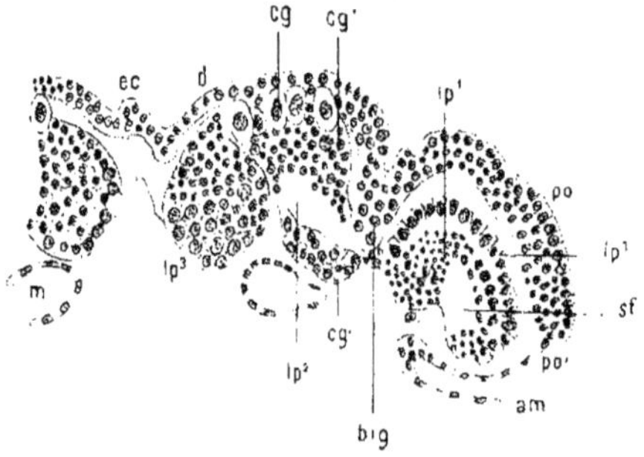

Fig. 345. — *Mantis religiosa*. Coupe transversale pratiquée en arrière de la région antérieure des lobes procéphaliques d'un embryon au stade VII.

am, amnios ; *po'*, région non optogénique de la plaque optique ; *po*, région optogénique de la plaque optique ; *big*, bourrelet intraganglionnaire ; *ec*, ectoderme ; lp^1, premier lobe protocérébral ; lp^2, deuxième lobe protocérébral ; lp^3, troisième lobe protocérébral ; *d*, cellules dermatogènes ; *cg*, cellules ganglionnaires (neuroblastes) ; *cg'*, cellules ganglionnaires ; *sf*, substance fibrillaire ; *m*, mésoderme. (D'après Viallanes.)

La masse de substance ponctuée se divise en trois parties, et on peut distinguer, dès ce moment, les trois régions que nous avons indiquées précédemment, dans le protocérébron de l'Insecte adulte, sous le nom de *couche interne* ou *fibrillaire*, de *lame ganglionnaire*, de *chiasma externe* et de *masse médullaire externe*. Ces trois parties sont d'abord placées très près l'une de l'autre ; plus tard, elles se séparent pour prendre leurs positions définitives. L'écorce ganglionnaire se différencie pour former la couche interne ou cellulaire de la lame ganglionnaire et les différents groupes de cellules nerveuses qui envoient leurs prolongements dans la masse médullaire externe. Plus tard également, la substance ponctuée émet des fibrilles qui se mettent en relation avec la plaque optique et constituent les *fibres postrétiniennes*.

Quant aux neuroblastes, ils s'atrophient et émigrent pour former, près de la lame ganglionnaire, une masse creusée d'une gouttière, désignée par Viallanes sous le nom de *bourrelet périlaminaire* ; chez l'adulte, ce bourrelet périlaminaire a complètement disparu.

Le deuxième lobe du protocérébron et les autres parties du cerveau restent en connexion avec l'ectoderme par la couche des neuroblastes presque jusqu'à la fin de leur développement. Aux dépens du deuxième lobe se constituent la *masse médullaire interne*, le *chiasma interne* et le *nerf optique*.

Le troisième lobe protocérébral se soude à son congénère en avant de l'œsophage tandis que les deux premiers lobes et les deux seconds restent séparés. Il donne naissance aux *lobes cérébraux*, aux *corps pédonculés*, au *protocérébron moyen* et au *pont des lobes cérébraux*. Les phénomènes histogénétiques se propagent de proche en proche, d'avant en arrière.

La deuxième des masses du troisième renflement procéphalique forme le *deutocérébron*, dont le *lobule antérieur* ou *olfactif* s'unit à son congénère par la *commissure sus-œsophagienne*.

Enfin la troisième masse du même renflement donne naissance au *tritocérébron* qui s'unit à son congénère par la *commissure sous-œsophagienne*.

Les nerfs qui naissent des ganglions se développent du centre à la périphérie, sous forme de bourgeons de fibrilles qui s'allongent et se dirigent vers les parties où ils doivent se terminer.

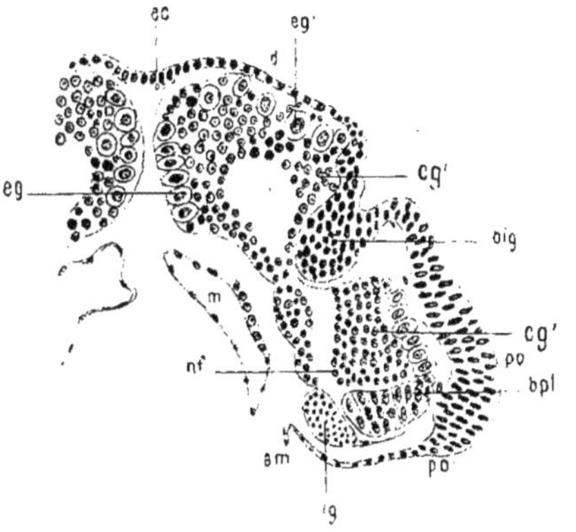

Fig. 346. — *Mantis religiosa*. Coupe transversale d'un embryon du stade VIII, passant par les premier et deuxième lobes protocérébraux.

am, amnios ; *po'*, portion non optogénique de la plaque optique ; *po*, portion optogénique de la plaque optique ; *big*, bourrelet intraganglionnaire ; *ec*, ectoderme ; *lp'*, couche cellulaire de la lame ganglionnaire ; *bpl*, bourrelet périlaminaire ; *cg*, cellules ganglionnaires ; *nf*, noyau fibrillaire du premier lobe protocérébral ; *chi*, chiasma interne ; *mi*, masse médullaire interne ; *d*, cellules dermatogènes ; *lp*², deuxième lobe protocérébral ; *m*, mésoderme. (D'après Viallanes.)

Le système viscéral impair se constitue aux dépens de l'ectoderme du stomodæum (fig. 348) ; trois invaginations apparaissent sur la ligne médiane et à la partie supérieure de celui-ci ; la première donne le *ganglion frontal*, et les deux autres les deux ganglions suivants. Le ganglion frontal, d'abord situé sous le protocérébron, vient peu à peu se placer en avant de lui ; il envoie des connectifs aux lobes antérieurs du protocérébron et au tritocérébron ; il s'unit également aux deux autres ganglions viscéraux impairs par un connectif.

Wheeler a retrouvé chez le *Xiphidium* les neuroblastes décrits par Viallanes chez la Mante ; ils manqueraient toutefois pour le lobe optique du protocérébron ; il est probable que Wheeler n'a pas observé la formation de ce lobe à un stade assez précoce, mais seulement quand les neuroblastes avaient déjà disparu.

Heymons a également retrouvé les neuroblastes chez les Orthoptères : il admet, à l'opposé de Viallanes, que les fibres postrétiniennes proviennent de la plaque optique et non du premier lobe du protocérébron ; elles auraient donc un développement centripète et non centrifuge.

Viallanes a signalé un organe qui prend naissance en arrière de la

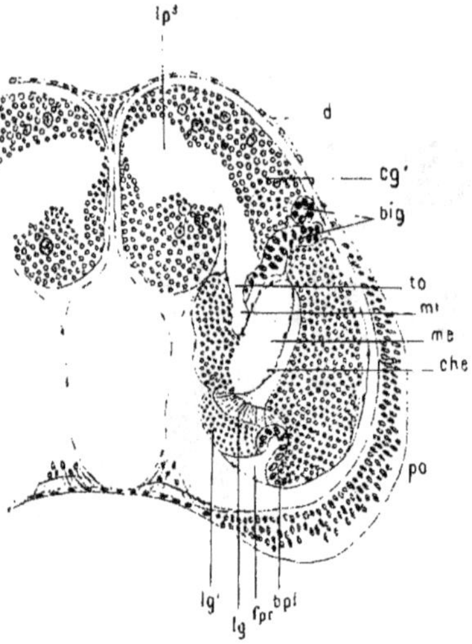

Fig. 347. — *Mantis religiosa.* Coupe transversale pratiquée dans la région antérieure d'un embryon au stade X.

po', portion non optogénique de la plaque optique ; *po*, portion optogénique de la plaque optique ; *fpr*, fibres postrétiniennes ; *lg'* couche externe de la lame ganglionnaire ; *lg*, couche interne de la lame ganglionnaire ; *bpl*, bourrelet périlaminaire ; *che*, chiasma externe ; *me*, masse médullaire externe ; *mi*, masse médullaire interne ; *big*, bourrelet intraganglionnaire ; *to*, tractus optique ; *cg'*, cellules ganglionnaires ; *d*, cellules dermatogènes devenues cellules hypodermiques ; *lp³*, troisième lobe protocérébral. (D'après Viallanes.)

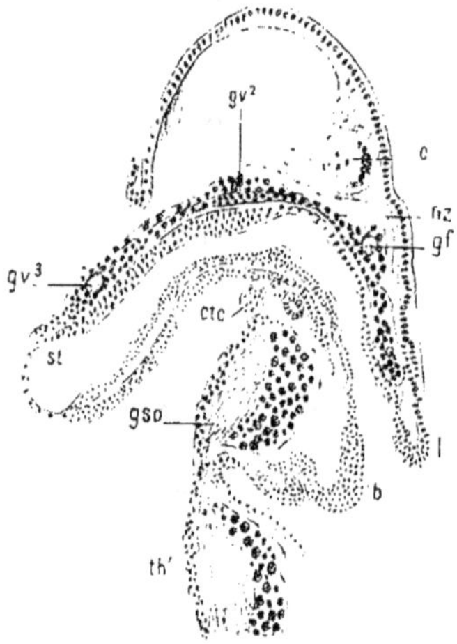

Fig. 348. — *Mantis religiosa.* Coupe sagittale de la région antérieure d'un embryon du stade X, passant par le plan médian.

l, labre ; *b*, bouche ; *st*, stomodæum ; *c*, commissure transversale des lobes protocérébraux et deutocérébraux ; *gf*, ganglion frontal ; *gv²*, deuxième ganglion viscéral ; *gv³*, troisième ganglion viscéral ; *nr*, nerf récurrent ; *ctc*, commissure tritocérébrale transversalement coupée ; *gso*, ganglion sous-œsophagien formé par la réunion des ganglions mandibulaire et maxillaire ; *th¹*, premier ganglion thoracique. (D'après Viallanes.)

plaque optique par une invagination ectodermique ; cette invagination, *bourrelet intraganglionnaire*, s'insinue entre la masse médullaire externe et la masse médullaire interne. Elle se sépare de l'ectoderme, dégénère et disparaît plus tard, car il n'en reste plus trace chez l'adulte. Viallanes assimile cette formation à une trachée ; elle pourrait peut-être aussi représenter une glande céphalique ne jouant aucun rôle et d'origine ancestrale.

Tentorium. — Les ganglions cérébroïdes sont soutenus, dans la tête de l'Insecte, par des apodèmes chitineux spéciaux, constituant le *tentorium*. Cet appareil se forme au moyen d'un certain nombre d'invaginations ectodermiques de la région céphalique de l'embryon. Chez l'Hydrophile, par exemple, ces invaginations sont au nombre de trois paires : la première en avant des mandibules; la seconde, à la base et en arrière des mandibules, destinée à former une pièce squelettique servant d'attache aux fléchisseurs des mandibules; et la troisième entre les premières et deuxièmes mâchoires.

Les invaginations antérieures et postérieures se réunissent pour constituer une sorte de plancher sur lequel reposent les ganglions cérébroïdes. C'est dans l'intérieur des tubes ectodermiques invaginés que se dépose la chitine.

Dans le *Doryphora*, on trouve, d'après WHEELER, jusqu'à cinq paires d'invaginations au lieu de trois paires. Dans les Orthoptères (*Forficula*, *Gryllus*, *Periplaneta*), suivant HEYMONS, il n'y a que la paire d'invaginations antérieure et la paire postérieure. CARRIÈRE et CHOLODKOVSKY considèrent les invaginations du tentorium comme homologues des invaginations trachéennes.

Métamérie de la tête. — Différents observateurs ont cherché à déterminer le nombre des segments qui entrent dans la constitution de la tête des Insectes. VIALLANES admet qu'elle comprend trois segments prébuccaux auxquels correspondent le protocérébron, le deutocérébron et le tritocérébron, et trois segments postbuccaux qui sont : le segment mandibulaire, le premier segment maxillaire et le second segment maxillaire. A ces six segments correspondent comme appendices : les yeux, les antennes, le labre, les mandibules, les mâchoires et le labium. Il faut remarquer que le troisième segment est d'abord postbuccal et ne passe que plus tard en avant de la bouche; le tritocérébron, qui lui correspond, reste d'ailleurs postbuccal.

HEYMONS distingue aussi six segments qui sont :

1° Le segment oral portant les yeux et dépourvu d'appendices;

2° Le segment antennaire portant les antennes;

3° Le segment prémandibulaire ne portant pas d'appendices chez les Ptérygotes, mais présentant un rudiment de mâchoires chez les Thysanoures;

4° Le segment mandibulaire;

5° Le premier segment maxillaire, portant les mâchoires;

6° Le deuxième — — le labium.

De bonne heure, les limites de ces segments cessent d'être visibles, et il arrive même, d'après HEYMONS, que la partie dorsale de certains d'entre eux ne prend pas part à la formation de la tête.

Perrier, en se fondant sur les travaux de Patten, pense que, chez tous les Arthropodes, seuls les ganglions optiques sont originairement prébuccaux ; les autres ganglions seraient postbuccaux; mais plus tard, un ou deux ganglions passeraient en avant de la bouche avec les appendices correspondants. Les recherches des auteurs modernes ne permettent pas d'adopter cette manière de voir.

Organes des sens. — Le développement des organes des sens n'a pas encore été suivi chez les Insectes. Celui des yeux composés a été incomplètement étudié chez les larves des Insectes à métamorphoses complètes; nous en dirons quelques mots lorsque nous nous occuperons du développement postembryonnaire. Il en est de même des ocelles dont Grenacker et Patten (1887) ont suivi l'évolution chez des larves de Coléoptères, et Carrière (1886) et Redikorgew (1900) chez des larves d'Hyménoptères.

Trachées. — Bütschli le premier, d'après ses observations sur l'Abeille, a montré que les trachées se développent par des invaginations ectodermiques placées symétriquement de chaque côté du corps, excepté sur les deux derniers anneaux abdominaux, en dehors des appendices, au niveau de chaque segment (fig. 334, E). A l'origine, les diverses invaginations sont indépendantes et en nombre variable suivant les Insectes; souvent elles sont rudimentaires sur la tête et sur le thorax, surtout sur le prothorax. Les invaginations céphaliques disparaissent toujours, dans la suite du développement embryonnaire. Les invaginations, primitivement distinctes, s'unissent ensuite pour constituer deux troncs communs, longitudinaux, d'où partent les différentes trachées qui se rendent aux organes. Chez *Gryllotalpa*, cette union ne se fait pas, et les troncs trachéens, partant des divers stigmates, donnent directement des ramifications pour les diverses parties du corps.

A aucun moment, les trachées ne communiquent avec la cavité générale; elles sont remplies, pendant la durée du développement embryonnaire, d'une substance liquide et ne contiennent de l'air qu'après l'éclosion.

Moseley considère les trachées du *Peripatus*, et par suite celles des autres Arthropodes, comme représentant des glandes cutanées modifiées. Palmen et Gegenbaur les rapprochent au contraire des organes segmentaires des Annélides; à ce point de vue, il importe de remarquer que les organes segmentaires des Vers communiquent avec la cavité générale du corps, tandis qu'à aucun moment de leur formation les trachées ne présentent ce caractère.

Enfin, d'autres auteurs, parmi lesquels Bütschli, Grassi, Carrière, admettent qu'il y a homologie entre les trachées, les glandes salivaires et les tubes de Malpighi; tous ces organes naissent, en effet, exactement de la même façon, et leur adaptation à des fonctions différentes serait due simplement à ce qu'ils sont situés en des endroits différents du corps.

Tubes de Malpighi. — Les tubes de Malpighi se forment au moyen d'invaginations ectodermiques qui prennent naissance dans la région proximale du proctodæum; leur apparition est précoce, et, chez l'Abeille (Grassi) et le Chalicodome (Carrière), ils précéderaient même le développement du proctodæum. Il se produirait deux paires d'invaginations ectodermiques en forme de fossettes sur les deux derniers segments abdominaux; puis les deux fossettes d'un même côté se fusionnent pour constituer un sillon qui, s'enfonçant à l'intérieur, donne naissance à un tube; le proctodæum apparaît plus tard entre les deux tubes qu'il entraîne avec lui en s'invaginant.

Paul Mayer, Palmen, Gegenbaur, Grassi ont remarqué que dans plusieurs Insectes le nombre des tubes de Malpighi est en rapport avec celui des stigmates absents à la partie postérieure du corps.

Chez l'Abeille, où les trachées apparaissent aussi de très bonne heure, avant la première ébauche des membres, les deux derniers segments abdominaux ne présentent pas de stigmates et il y a deux paires de tubes de Malpighi. Chez le *Bombyx mori*, il existe trois paires de tubes de Malpighi et les trois derniers segments abdominaux sont privés de stigmates. Ces faits semblent donc être en faveur de l'homologie des tubes de Malpighi et des trachées. Les tubes de Malpighi remplaceraient les trachées absentes et seraient des organes excréteurs internes et permanents.

Glandes. — A côté des tubes de Malpighi, il se produit, chez beaucoup d'Insectes, des invaginations ectodermiques donnant naissance à des glandes anales. Ces invaginations se développent tout à fait à la partie postérieure du corps, dans la région anale; on les rencontre, par exemple, chez la Forficule et chez beaucoup de Coléoptères.

A la partie antérieure du corps, d'autres invaginations ectodermiques sont l'origine des glandes salivaires et aussi de sortes de glandes céphaliques transitoires. Les glandes salivaires se forment dans la région du stomodæum, en arrière de la bouche, ordinairement à la partie interne des mandibules. Les deux invaginations finissent par s'unir en un canal commun qui s'ouvre dans la bouche. Chez les Hyménoptères et les

Lépidoptères, elles se produisent à la base du labium par des invaginations indépendantes du tube digestif. Les filières des larves ne sont autres que leurs glandes salivaires adaptées à un usage spécial.

Enfin, toutes les glandes cutanées qu'on peut observer, soit chez les larves, soit chez les adultes, ont pour origine des invaginations de l'hypoderme semblables à celles qui donnent naissance aux trachées, aux tubes de Malpighi et aux glandes salivaires. Telles sont, par exemple, les glandes céphaliques qui se trouvent dans les embryons de Forficule; chez ces animaux, elles persistent même à l'état adulte, où leur fonction est inconnue; ailleurs elles disparaissent avant l'éclosion.

Œnocytes. — La formation des œnocytes a été étudiée par Graber, Heider, Wheeler et Heymons. Ils se produisent aux dépens de l'ectoderme, au niveau des invaginations trachéennes. Toutefois, d'après Graber, ils se détachent de l'ectoderme un peu en arrière des stigmates, de sorte qu'ils sont indépendants des trachées et de leurs orifices. Heymons, chez la Forficule et chez d'autres Insectes, a constaté en outre qu'il se produisait des œnocytes au niveau de tous les segments abdominaux, même de ceux qui n'ont pas de stigmates.

Tube digestif. — Le tube digestif résulte de l'union de trois parties, le stomodæum, le mésentéron, et le proctodæum, qui tout d'abord restent séparées. Comme nous l'avons indiqué précédemment, l'épithélium du mésentéron aurait, d'après les observations récentes, non pas une origine endodermique, mais au contraire une origine ectodermique. Quoi qu'il en soit, il s'étend de plus en plus pendant la durée du développement, et il finit généralement par englober tout le vitellus avec les cellules vitellophages qui s'y trouvent. Chez les Lépidoptères cependant, le vitellus n'est que partiellement englobé par l'intestin moyen. Au fur et à mesure que l'épithélium du mésentéron se développe, le mésoderme de la splanchnopleure s'étend autour de lui et fournit les muscles de l'intestin moyen. Les appendices pyloriques, quand ils existent, se forment par des évaginations du mésentéron dont ils ont exactement la structure.

Le stomodæum et le proctodæum se développent sous forme de deux invaginations ectodermiques précoces; ils restent très longtemps à l'état de tubes aveugles dont la section est d'abord triangulaire, puis hexagonale. Les extrémités en culs-de-sac s'appuient contre la paroi du mésentéron et ne s'y ouvrent ordinairement que peu avant l'éclosion. La splanchnopleure fournit les muscles de la paroi de l'intestin antérieur et de l'intestin postérieur, comme elle le fait pour l'intestin moyen.

Dans certaines larves, comme celles du Fourmilion, la communication entre les trois parties de l'intestin ne se fait pas pendant la période embryonnaire ni même pendant la période larvaire.

Quand il doit y avoir un entonnoir au point d'union du stomodæum et du mésentéron, on voit le stomodæum proliférer à l'intérieur de l'intestin moyen et l'entonnoir apparaître avant l'éclosion de la larve. Si l'entonnoir doit faire défaut, une membrane péritrophique se forme à la surface interne de l'intestin moyen.

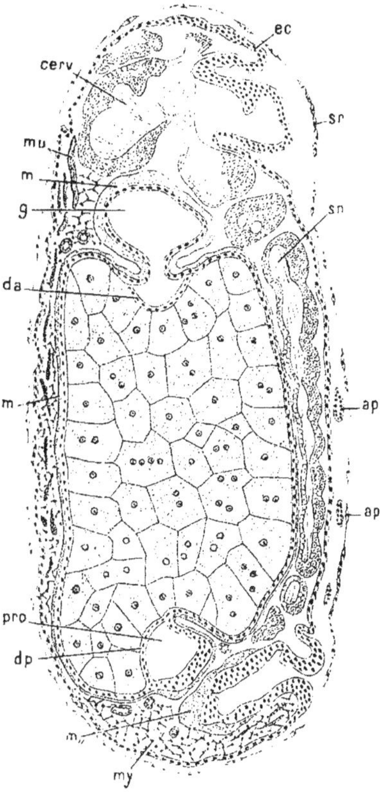

Fig. 349. — *Clytra læviuscula.* Coupe longitudinale d'un embryon âgé de 12 jours.

ec. ectoderme; *cerv.* cerveau; *sn.* chaîne ganglionnaire; *ap.* appendices; *my.* tissu graisseux; *m, m.* tunique musculaire de l'intestin; *mu.* muscles; *g.* gésier; *pro.* proctodæum; *da.* diaphragme antérieur; *dp.* diaphragme postérieur; *ap.* appendices. (D'après Lécaillon.)

Comme exemple de développement du tube digestif, nous résumerons ici, d'après Lécaillon, ce qui se passe chez *Clytra læviuscula.* Dans cette espèce, le tube digestif commence à se former vers la fin du quatrième jour du développement, mais les différentes parties ne sont individualisées que vers la fin du dixième jour. L'étude du développement du tube digestif peut se diviser en cinq parties : la formation du proctodæum, celle du stomodæum, celle de l'ébauche postérieure du mésentéron, celle de son ébauche antérieure, et l'achèvement définitif de l'intestin.

1° Le proctodæum apparaît un peu plus tôt que le stomodæum ; il prend naissance tout à fait à l'extrémité postérieure de la plaque germinative, sur la ligne médiane. On voit l'ectoderme s'enfoncer vers l'axe de l'œuf et former une poche d'abord très aplatie dont la paroi postérieure, beaucoup plus mince que l'antérieure, se continue insensiblément avec l'amnios. Sur le passage de l'enfoncement ectodermique, le mésoderme s'écarte, de sorte que le fond du proctodæum vient bientôt toucher la surface même du vitellus. Pendant toute la durée de cette période, on voit les cellules constituant les parois du proctodæum se diviser par mitose. Bientôt, la poche proctodæale, qui jusque-là était demeurée aplatie, s'élargit dans sa partie profonde, et les cellules de cette région s'amincissent de plus en plus.

2° Le stomodæum prend naissance de la même manière que le proctodæum; cependant il n'apparaît qu'à une petite distance de l'extrémité antérieure de la plaque germinative, et ses parois ont une épaisseur à peu près uniforme (fig. 350).

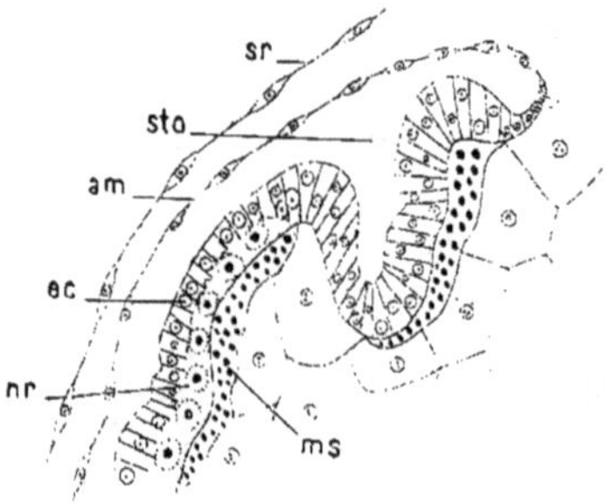

Fig. 350. — *Clytra læviuscula*. Coupe longitudinale d'un embryon passant par le stomodæum nouvellement formé.

sto, stomodæum ; les autres lettres comme dans la figure 349. (D'après LÉCAILLION.)

3° L'ébauche postérieure du mésentéron se produit de la manière suivante : le fond du tube proctodæal s'amincit de plus en plus tandis que le bord du tube, suivant la ligne où il est uni au fond, s'épaissit, multiplie ses cellules et envoie un prolongement lamelliforme entre le vitellus et le mésoderme. La calotte formée par le fond aminci et le prolongement lamelliforme constitue l'ébauche postérieure du mésentéron; il convient de remarquer que le fond aminci du proctodæum constitue une partie commune à ce dernier et à l'ébauche postérieure du mésentéron.

4° L'ébauche antérieure du mésentéron se forme exactement de la même manière à l'extrémité aveugle du tube stomodæal.

5° La couche épithéliale, qui doit revêtir tout le mésentéron et englober complètement le vitellus nutritif, achève ensuite de se développer aux dépens des deux ébauches dont on vient de voir l'apparition. Mais la croissance, au lieu de se faire avec la même vitesse sur le bord entier de chaque calotte, se localise surtout, sur chacune d'elles, en deux points situés de part et d'autre du plan de symétrie de l'embryon, à une petite distance de la ligne médio-ventrale. De ces deux points s'avancent alors deux bandes cellulaires étroites; il y a bientôt rencontre entre les deux bandes émanées de l'ébauche antérieure et celles émanées de l'ébauche postérieure. A partir de ce moment, les bandes s'élargissent à la fois dans le sens ventral et dans le sens dorsal (fig. 351), de sorte que l'épithélium de l'intestin moyen finit par prendre l'aspect d'un sac clos renfermant tout le vitellus nutritif. Ce sac clos reste séparé des tubes stomodæal et proctodæal jusqu'à la fin du développement embryonnaire. Alors seulement les diaphragmes qui empêchent la communication se résorbent (fig. 349).

Chez les autres Chrysomélides étudiées par LÉCAILLON, le tube digestif se développe comme dans *Clytra*, mais l'épithélium de l'intestin moyen, au lieu d'être réduit, pendant presque toute la durée de sa forma-

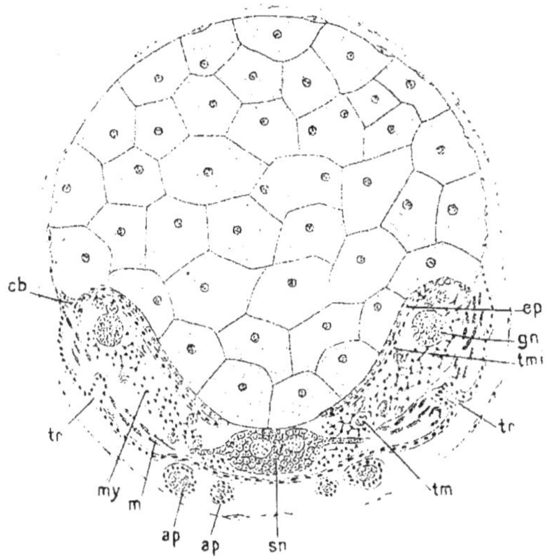

Fig. 351. — Coupe transversale de l'abdomen d'un embryon de *Clytra laeviuscula* âgé de neuf jours. *ep.* épithélium de l'intestin moyen; *tmi.* tunique musculaire de l'intestin moyen; *gn.* organes génitaux; *cb.* cardioblastes; *tr.* trachées; *tm.* tube de Malpighi; *my.* tissu graisseux; *m.* éléments musculaires; *sn.* système nerveux; *ap.* appendices. (D'après LÉCAILLON.)

tion, à une seule couche de cellules, offre souvent l'aspect d'une plaque constituée par plusieurs assises de cellules superposées.

Pendant que l'épithélium de l'intestin moyen se développe, on peut suivre en même temps l'extension, autour de lui, de la couche musculaire du mésentéron. Cette couche musculaire a d'abord la forme de bandes de cellules mésodermiques qui doublent les bandes épithéliales et s'étendent avec la même vitesse qu'elles (fig. 351).

Pendant que les bandes épithéliales s'étendent, leur croissance n'est pas limitée sur les bords, car on trouve des cellules en voie de division mitotique en n'importe quelle région de ces bandes.

L'erreur des auteurs qui faisaient dériver l'épithélium de l'intestin moyen du mésoderme (qui devenait alors un méso-endoderme) provenait de ce que ces auteurs croyaient que les bandes cellulaires initiales, qui partent du proctodæum et du stomodæum, se détachaient au contraire des amas cellulaires mésodermiques qui se trouvent à ces niveaux. Elles auraient alors représenté l'endoderme, lequel se serait ainsi différencié très tardivement du mésoderme.

Pour Lécaillon, l'épithélium du mésentéron ne peut représenter l'endoderme, car il commence à se développer trop tardivement pour être assimilé à ce feuillet. L'embryon est, en effet, déjà très avancé quand les ébauches antérieure et postérieure apparaissent.

Le mode de développement du tube digestif, observé par Heymons chez les Orthoptères, par Rabito chez *Mantis*, par Schwartze chez les Lépidoptères et par Deegener chez l'Hydrophile, coïncide dans ses grandes lignes avec celui que présentent les Chrysomélides. Le cas des Thysanoures (Heymons, Uzel, Claypole) et des Libellulides (Heymons) auquel nous avons fait allusion plus haut, est de son côté très intéressant. Il apporte un argument nouveau à l'opinion d'après laquelle l'endoderme des Insectes est représenté par les cellules vitellines, tandis que l'épithélium de l'intestin est tout entier ectodermique. C'est, en effet, chez les Insectes inférieurs qu'on a le plus de chance de trouver un développement ayant subi le minimum d'altération; c'est aussi là, par suite, que l'on doit chercher à s'éclairer sur la manière dont on doit comprendre les feuillets germinatifs des Insectes.

DÉRIVÉS DU MÉSODERME

Nous avons indiqué plus haut le mode d'apparition du mésoderme. La lame mésodermique différenciée soit par invagination, soit par délamination, soit d'une manière intermédiaire entre ces deux processus, est divisée en deux bandes longitudinales par l'épaississement de la région de l'ectoderme qui donnera le système nerveux et par la formation de la gouttière nerveuse.

Cœlome. — Les deux bandes mésodermiques, après s'être elles-mêmes épaissies se creusent de cavités au niveau de chaque segment du corps. Chez l'Hydrophile, d'après Heider, la fente correspondant à l'invagination de la gouttière mésodermique persisterait après la séparation du mésoderme de l'ectoderme et deviendrait virtuelle. Elle redeviendrait apparente, par écartement de la couche profonde et de la couche superficielle du mésoderme, pour constituer dans chaque métamère les premières ébauches du cœlome. Mais cette manière de voir ne peut avoir évidemment d'autre intérêt que celle d'une vue exclusivement théorique.

Dans l'embryon du *Phyllodromia*, le mésoderme ne consiste d'abord qu'en une seule couche de cellules qui s'écartent du vitellus au niveau des invaginations ectodermiques formant les segments; il en résulte une série d'espaces vides (en réalité remplis de liquide) situés entre l'embryon et le vitellus, espaces qui, par prolifération des cellules mésodermiques, se transforment en sacs cœlomiques clos.

Les cavités cœlomiques, quel que soit leur mode de développement, manquent dans le segment oral et dans le segment caudal ; elles sont rudimentaires dans le segment prémandibulaire.

Les deux cavités cœlomiques d'un même métamère sont réunies par une bande mésodermique formée d'une seule couche de cellules, qui plus tard se désagrègent et deviennent des globules sanguins contenus dans le sinus épineural (fig. 352 et 353).

A un stade plus avancé, les cavités cœlomiques s'ouvrent par leur partie proximale dans le sinus épineural pour donner la cavité du corps.

Muscles, corps graisseux, cavité générale. — Une partie des cellules des parois des cavités se transforme en muscles, l'autre en corps graisseux. Les muscles des appendices proviennent également de prolongements des parois des cavités cœlomiques.

Aux dépens de la partie viscérale des sacs cœlomiques se développent les muscles de l'intestin et les cordons génitaux, ainsi que nous le verrons plus loin. Leur partie somatique donne tout à fait latéralement, c'est-à-dire sur chaque bord externe de l'embryon, un cordon spécial, les *cardioblastes* (fig. 355 et 356, *cbl*) qui prendront part à la formation du vaisseau dorsal, lequel s'étend depuis le segment mandibulaire jusqu'au 9e segment abdominal. Plus tard, cette même région somatique, par émigration de cellules, produit les muscles latéro-dorsaux longitudinaux et les muscles ventraux longitudinaux.

Les muscles transversaux intersegmentaires proviennent directement de lames aplaties que les sacs émettent sur la ligne médiane.

Chez le *Gryllus*, qui possède des sacs cœlomiques très développés, les muscles se forment par des plis ou des diverticules de ces sacs.

Après la différenciation du système musculaire, la partie dorsale de la paroi somatique du sac cœlomique devient le septum péricardique ; la partie ventrale y prend également part. Sur le milieu de chaque segment du corps apparaît un amas de *cellules paracardiales* ; l'ensemble de ces amas constitue un cordon, dont la disposition métamérique devient peu nette chez l'animal adulte.

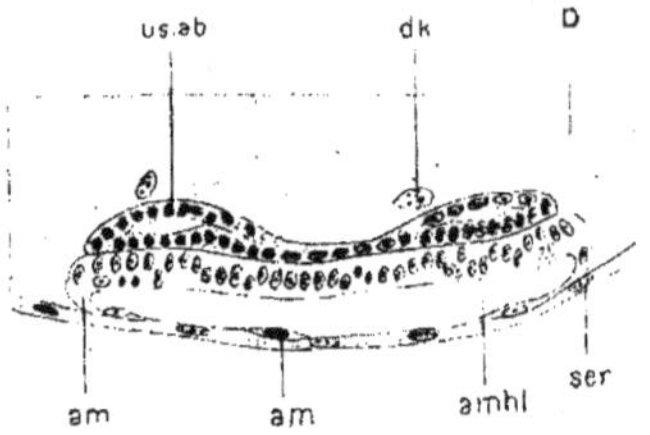

Fig. 352. — Coupe de la région antérieure de l'abdomen à travers la bandelette germinative de Forficule. Les deux segments primordiaux (*us*, *ab*) dont la cavité apparaît, sont encore réunis sur la ligne médiane. (D'après HEYMONS).

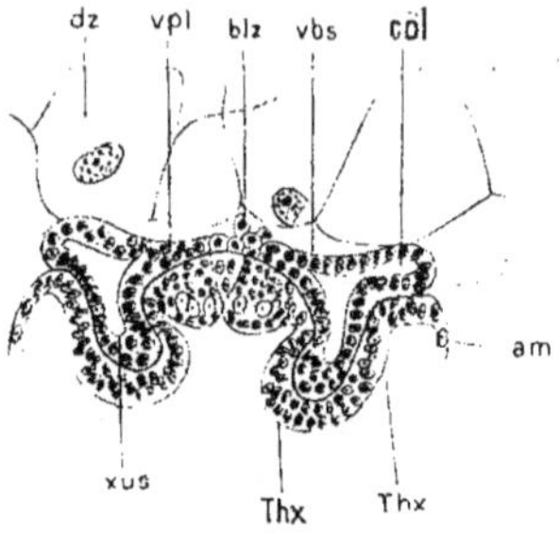

Fig. 353. — Coupe transversale du thorax d'un embryon de Forficule après l'apparition des pattes, dans lesquelles pénètrent les sacs cœlomiques. Segmentation du vitellus. Formation du sinus épineural (*vbs*). (D'après HEYMONS.) (Pour l'explication des lettres, voir p. 383.)

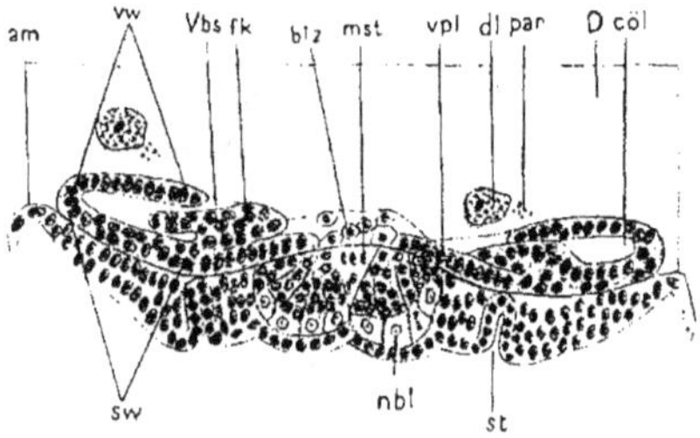

Fig. 354. — Coupe transversale au milieu du 4e segment abdominal d'un embryon de Forficule. Communication entre la cavité définitive du corps (sinus épineural) et les cavités primaires cœlomiques. (D'après HEYMONS.) (Pour la signification des lettres, voir p. 383.)

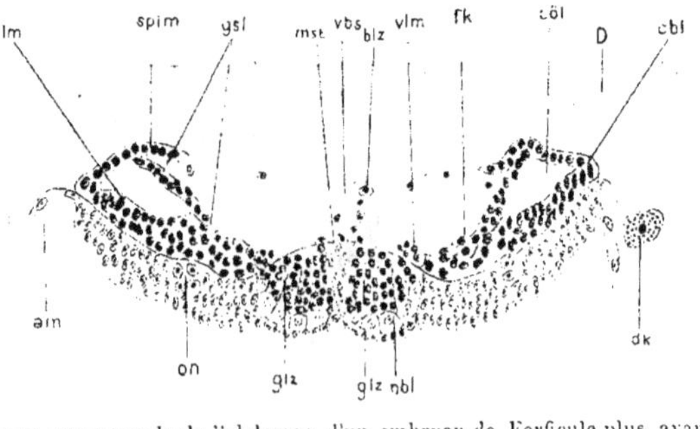

Fig. 355. — Coupe transversale de l'abdomen d'un embryon de Forficule plus avancé que dans la figure 354. (D'après HEYMONS.) (Pour la signification des lettres, voir p. 383.)

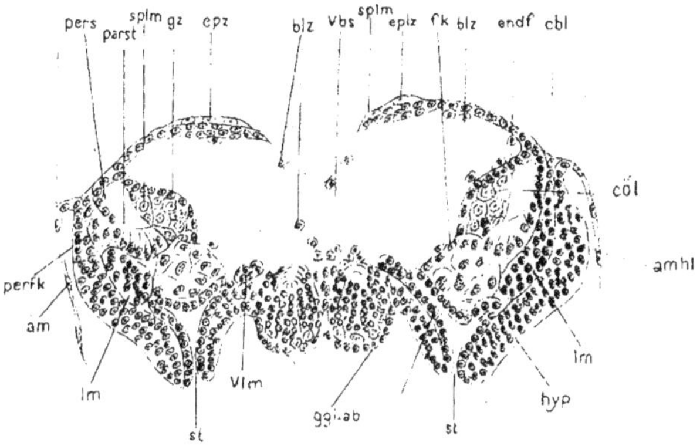

Fig. 356. — Coupe transversale de la région abdominale d'un embryon de Forficule, quelque temps avant la fin de la blastokinèse. Les ébauches de tous les organes d'origine mésodermique sont formées. (D'après HEYMONS.) (Pour la signification des lettres, voir p. 383.)

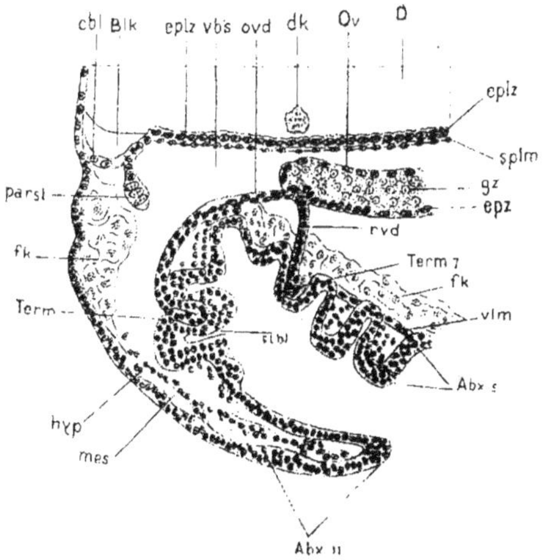

Fig. 357. — Coupe sagittale dans la région postérieure d'un embryon femelle de Forficule, aussitôt après la fin de la blastokinèse. L'oviducte, *ovd*, se termine à l'ampoule du 10e segment abdominal; il existe en outre un oviducte rudimentaire aboutissant à l'ampoule du 7e segment. (D'après HEYMONS.) (Pour la signification des lettres, voir p. 383.)

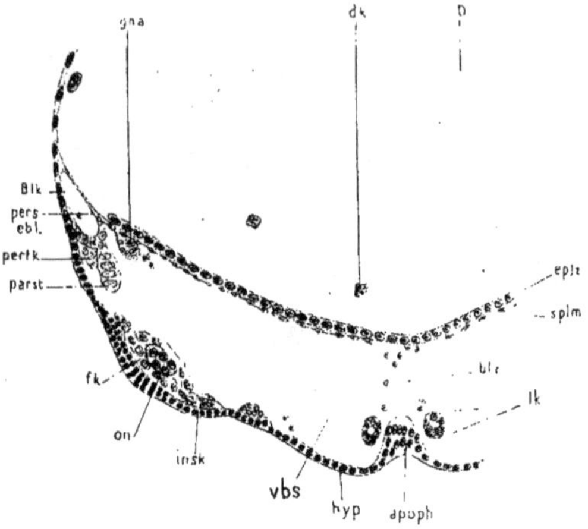

Fig. 358. — Coupe transversale d'un embryon de Forficule. (D'après HEYMONS.) (Pour la signification des lettres, voir p. 383.)

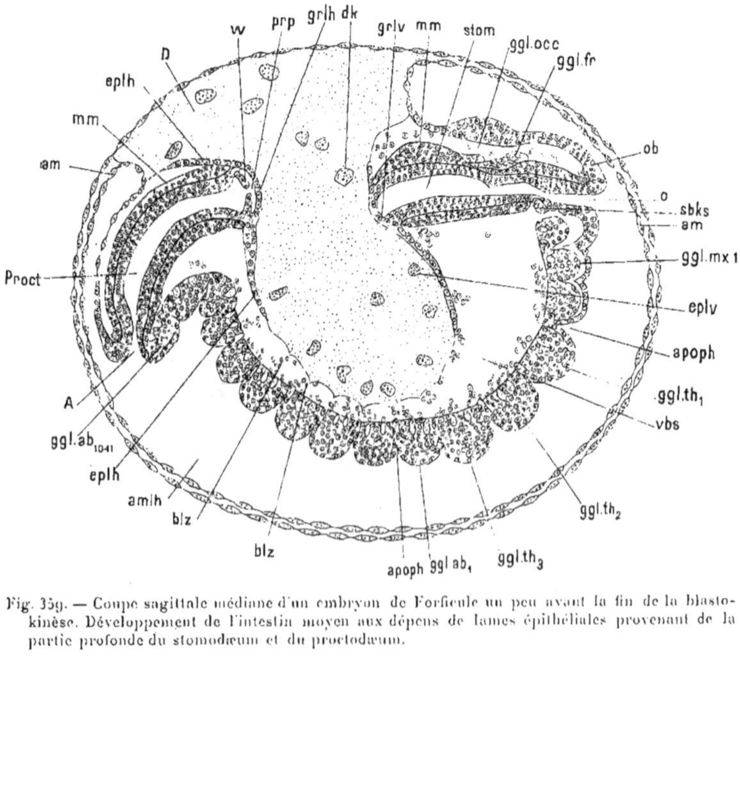

Fig. 359. — Coupe sagittale médiane d'un embryon de Forficule un peu avant la fin de la blastokinèse. Développement de l'intestin moyen aux dépens de lames épithéliales provenant de la partie profonde du stomodæum et du proctodæum.

EXPLICATION DES LETTRES DES FIGURES 352 A 359.

A, anus; *Abx²*, 2ᵉ appendice abdominal; *Abx³*, 3ᵉ appendice abdominal; *am*, amnios; *amhl*, cavité amniotique; *apoph*, enfoncement hypodermique interganglionnaire; *Blk*, lacune sanguine latérale; *blz*, cellule sanguine; *cbl*, cardioblaste; *cöl*, cœlome; *D*, vitellus nutritif; *dk*, cellule vitelline (noyau); *dz*, cellule vitelline; *endf*, filament terminal; *eplh*, lamelle épithéliale postérieure; *eplv*, lamelle épithéliale antérieure; *eplz*, cellule épithéliale de l'intestin moyen; *epz*, cellule épithéliale des glandes génitales; *fk*, tissu du corps graisseux; $ggl.ab_1$, 1ᵉʳ ganglion abdominal; $ggl.ab_{10-11}$, 10ᵉ-11ᵉ ganglions abdominaux; *ggl.ab*, ganglion abdominal; *ggl.fr*, ganglion frontal; $ggl.mx_1$, 1ᵉʳ ganglion maxillaire; *ggl.occ*, ganglion occipital; $ggl.th_1$, 1ᵉʳ ganglion thoracique; $ggl.th_2$, 2ᵉ ganglion thoracique; $ggl.th_3$, 3ᵉ ganglion thoracique; *glz*, cellule ganglionnaire; *gna*, ébauche des organes génitaux; *grlh*, lamelle terminale postérieure; *grlv*, lamelle terminale antérieure; *gsl*, gouttière génitale; *gz*, cellule sexuelle; *hyp*, hypoderme; *lk*, commissure longitudinale de la chaîne nerveuse ventrale; *lm*, muscle latéral longitudinal; *més*, mésoderme; *mm*, couche musculaire des intestins antérieur et postérieur; *mst*, cordon moyen de la chaîne nerveuse; *nbl* et *obl*, neuroblaste; *o*, ouverture buccale; *ob*, lèvre supérieure; *on*, œnocyte; *ovd*, oviducte; *ov*, ovaire; *par*, paracyte; *parst*, cordon cellulaire paracardial; *perfk*, tissu graisseux péricardique; *pers*, septum péricardique; *proct*, proctodæum; *prp*, segment proximal de la cavité de l'intestin terminal d'où partent les tubes de Malpighi; *sbks*, commissure subœsophagienne; *splm*, muscles de l'intestin moyen; *st*, stigmate; *stbl*, vésicule odorante; *ser*, séreuse; *stom*, stomodæum; *sw*, paroi somatique de segment primordial; *Term*, ampoule terminale; $Term_7$, ampoule terminale du 7ᵉ segment abdominal; *Thx*, anneau thoracique; *usab*, segments primitifs abdominaux; *vbs*, sinus sanguin ventral; *vlm*, muscle long ventral; *vpl*, plaque musculaire ventrale; *vw*, paroi viscérale de segments primitifs; *w*, coussinet épithélial, en forme d'anneau, de l'extrémité proximale du proctodæum; *vus*, partie ventrale du dernier segment primitif; *rcd*, rudiment des conduits génitaux.

En s'éloignant de l'ectoderme le septum péricardique donne naissance à la lacune péricardique, dans laquelle pénètrent des cellules graisseuses de la paroi somatique, cellules distinctes des cellules paracardiales.

A un stade plus avancé, les parois-cloisons qui séparent les sacs cœlomiques disparaissent, et les cavités de ces sacs réunies forment de chaque côté du corps un long tube qui n'est autre chose que la moitié de la cavité définitive du corps.

Chez les Chrysomélides, la lame mésodermique s'étale sous la lame ectodermique et subit comme celle-ci la division en segments; à ce point de vue, la partie postérieure du mésoderme offre un grand retard par rapport à la partie antérieure et moyenne; au début, la différenciation du mésoderme progresse donc d'avant en arrière. Chaque segment mésodermique se creuse ensuite de deux cavités cœlomiques placées sur les bords latéraux de ces segments; ces cavités sont l'ébauche de la cavité cœlomique de l'embryon. Ultérieurement, les segments mésodermiques se différencient de la manière suivante :

Les segments mésodermiques se rompent sur la ligne médioventrale et en cette région se forment des cellules sanguines par mise en liberté de cellules mésodermiques, tandis qu'il se produit un sinus épineural (espace entre le système nerveux et le vitellus) peu développé. Plus tard, la fusion des cavités cœlomiques et du sinus épineural formera la cavité générale du corps. Au moment de cette fusion, les ébauches de divers organes mésodermiques prennent naissance aux dépens de *parties déterminées* des segments mésodermiques primitifs, à savoir : les muscles longitudinaux et transversaux aux dépens de la *bande ventrale* et de la bande latérale externe de chaque segment; les cardioblastes et les éléments voisins aux dépens de la bande cellulaire dorsale; les muscles intestinaux aux dépens de la bande cellulaire latérale interne. Le tissu adipeux provient d'éléments mésodermiques détachés de la paroi des segments primordiaux (fig. 351).

Cœur. — Le cœur des Insectes a une origine exclusivement mésodermique. Sa formation a été étudiée, en 1883, par Korotneff, chez le *Gryllotalpa*. Wheeler et Heider ont ensuite vérifié les faits indiqués par l'auteur russe et récemment Heymons a, de son côté, suivi le développement du cœur chez les Orthoptères.

Le cœur a une origine double. Les cellules qui le forment, ou *cardioblastes*, sont distinctes de bonne heure; elles se trouvent réparties sous forme de deux cordons longitudinaux, s'étendant dans toute la longueur de l'embryon et situés à la région distale de la somatopleure, à l'endroit où elle s'unit à la splanchnopleure.

Chez la Forficule, d'après Heymons, se trouve dans cette région, de chaque côté du corps, une lacune dite *lacune sanguine*. Les deux lacunes constitueront plus tard la cavité du cœur quand elles arriveront, par suite des progrès du développement, à se réunir sur la ligne médiane dorsale de l'embryon. Chacune des lacunes est limitée dans sa région la plus ventrale par les cardioblastes, et dans le voisinage de ceux-ci se trouvent des cellules qui formeront le péricarde et les cellules péricardiques. En outre, et exceptionnellement, on trouve chez la Forficule un cordon cellulaire saillant dans la cavité générale, placé à la partie inférieure des cardioblastes et destiné à former les cellules dites *paracardiales*.

Quand le développement est terminé, toutes ces parties se retrouvent sur la ligne dorsale de l'embryon et les cardioblastes forment les parois du cœur tandis que les lacunes en constituent la cavité. La partie antérieure, ou aorte, aurait, d'après Heymons, une origine différente de celle du reste du vaisseau dorsal; elle se formerait par l'accolement sur la ligne médiane des parois internes des sacs cœlomiques situés dans le segment antennaire. Chez *Doryphora*, d'après Wheeler, et chez les Chrysomélides, d'après Lécaillon, le cœur résulte aussi de la réunion, sur la ligne médio-dorsale du corps, de deux bandes de cardioblastes visibles de bonne heure dans l'embryon et situées dans la région où la somatopleure s'unit à la splanchnopleure (fig. 351).

Quant à l'origine des globules sanguins, il y a désaccord entre les auteurs; on a supposé qu'ils provenaient des cellules vitellines, ou de la séreuse (AYERS), ou de l'ectoderme, particulièrement des parois des trachées (SCHÆFFER). La plupart des auteurs admettent actuellement qu'ils se forment aux dépens du mésoderme, en des points quelconques. Pour HEYMONS, ils auraient bien une origine mésodermique, mais ils se formeraient exclusivement — d'après ce qu'il a observé chez la Forficule — aux dépens de la partie médiane de la bande mésodermique, après qu'elle s'est différenciée des deux parties latérales qui donnent les cavités cœlomiques.

Les cellules paracardiales, signalées par HEYMONS chez la Forficule, ne paraissent pas exister chez les autres Insectes. Chez la Forficule adulte même elles apparaissent disposées métamériquement puis prennent la forme d'un cordon continu. HEYMONS les assimile au cordon cellulaire en guirlande qui se trouve chez les Mouches de chaque côté du cœur.

GRABER et WHEELER ont signalé, chez divers Insectes, un organe particulier, ou *corps sous-œsophagien*, que HEYMONS croit être homologue des cellules paracardiales de la Forficule. Il consiste en un groupe de grandes cellules situées dans le segment prémandibulaire. Des vacuoles apparaissent dans les cellules et ces dernières finissent par se fusionner pour constituer une masse protoplasmique nucléée. Chez l'adulte, ce corps sous-œsophagien ne se retrouve plus. Il a été signalé chez les embryons de Mante, de *Xiphidium*, de *Phyllodromia*, de *Gryllotalpa* et de *Gryllus*. Chez la Forficule il n'existe pas, mais on vient de voir que, d'après HEYMONS, il serait représenté par les cellules paracardiales qui, par contre, ne se retrouvent pas chez les autres Insectes. Pour WHEELER, le corps sous-œsophagien serait un organe sécréteur et il serait sans doute l'homologue de la glande verte des Crustacés; pour HEYMONS, il proviendrait de la transformation de la cavité cœlomique rudimentaire du segment prémandibulaire.

DÉVELOPPEMENT DES ORGANES GÉNITAUX

Cellules sexuelles. — Le développement des organes génitaux n'est connu que depuis un petit nombre d'années. On avait cependant remarqué depuis longtemps que les glandes sexuelles se voient déjà chez les larves. WEISMANN, en 1863, constata cette existence dans les larves des Muscides et en conclut que les organes génitaux doivent se former dans l'embryon. HÉROLD et SUCKOW avaient fait avant lui la même remarque pour les Lépidoptères. En 1862, CH. ROBIN vit, dans les œufs fraîchement

Fig. 360 à 376. — Développement des organes sexuels chez le *Chironomus*. (D'après Balbiani.)

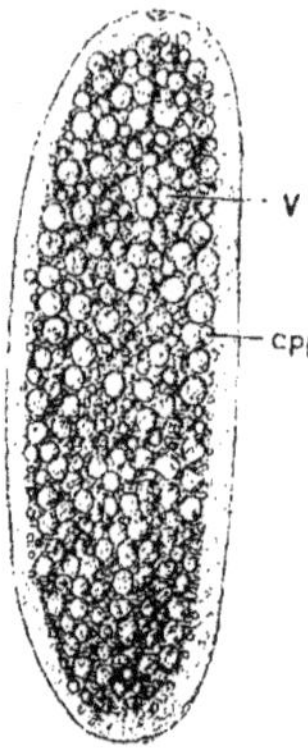

Fig. 360.

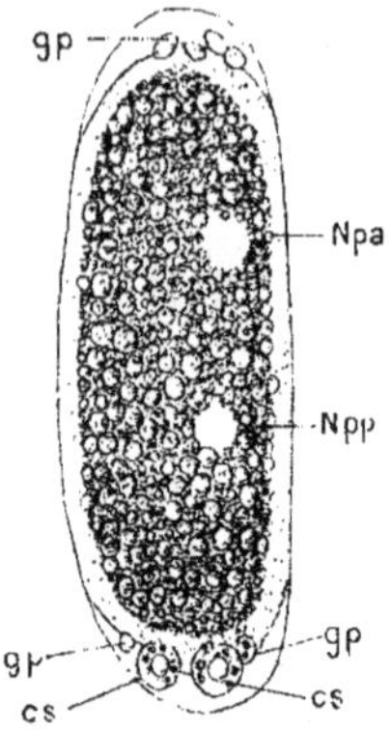

Fig. 361.

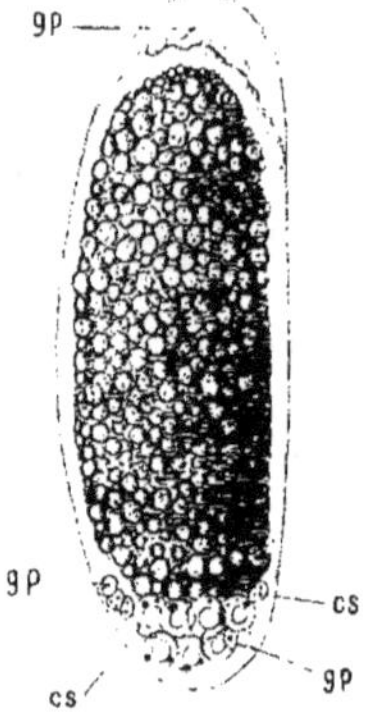

Fig. 362.

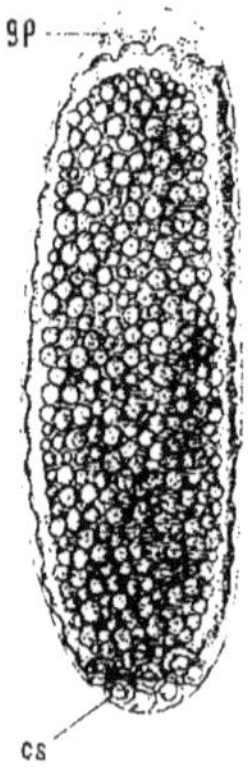

Fig. 363.

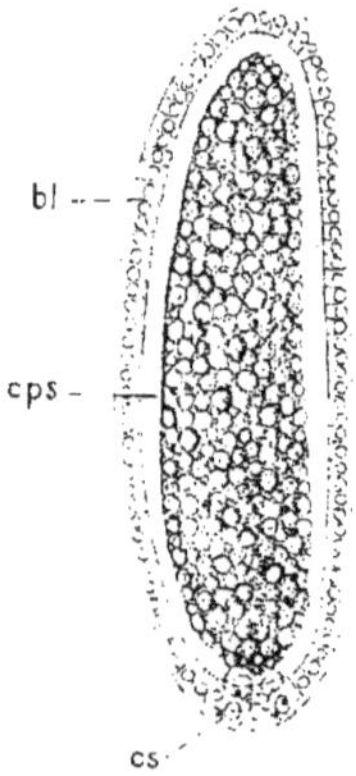

Fig. 364.

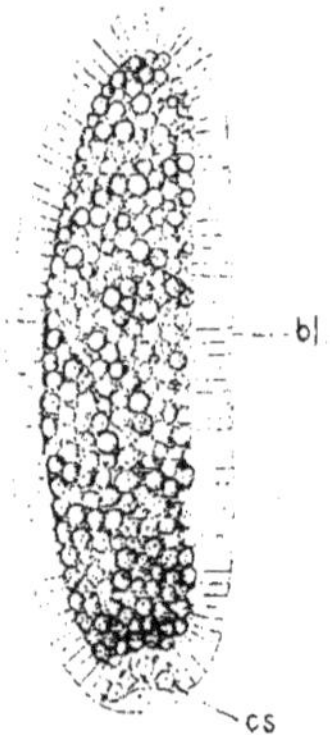

Fig. 365.

Fig. 360. — Œuf immédiatement après la ponte.

Fig. 361. — Œuf pendant la formation des cellules sexuelles ; on observe presque toujours à cette période, aux deux pôles de l'œuf, des gouttelettes plasmatiques, *gp*, exprimées du vitellus par l'effet de sa contraction.

Fig. 362. — Les huit cellules sexuelles primitives sont complètement formées au pôle postérieur.

Fig. 363. — Stade plus avancé, aspect onduleux de la surface de la couche plasmatique, premier indice de la formation du blastoderme.

Fig. 364. — Une nouvelle couche de plasma vitellin (blastème germinatif interne de Weismann) s'est formée entre le blastoderme et le vitellus granuleux.

Fig. 365. — Les cellules sexuelles sont situées dans une petite excavation du blastoderme complètement formé.

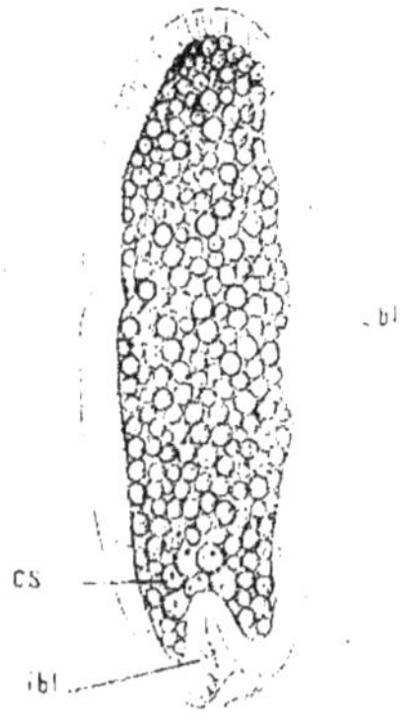

Fig. 366.

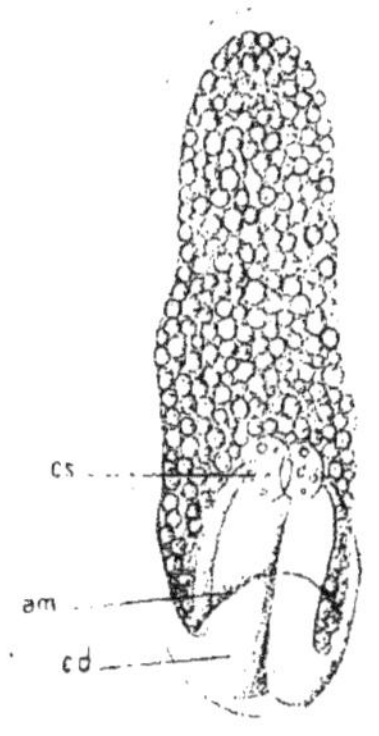

Fig. 367.

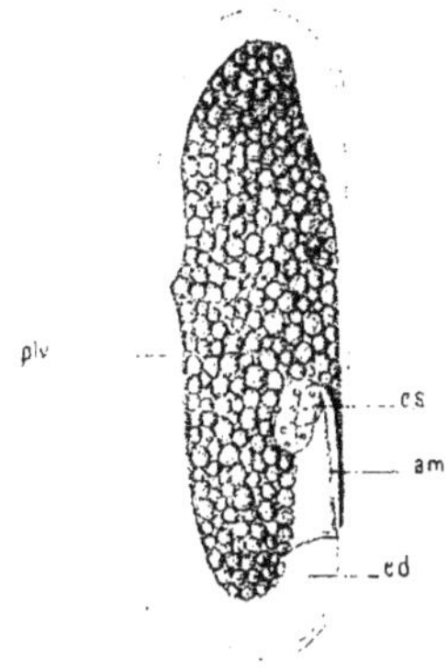

Fig. 368.

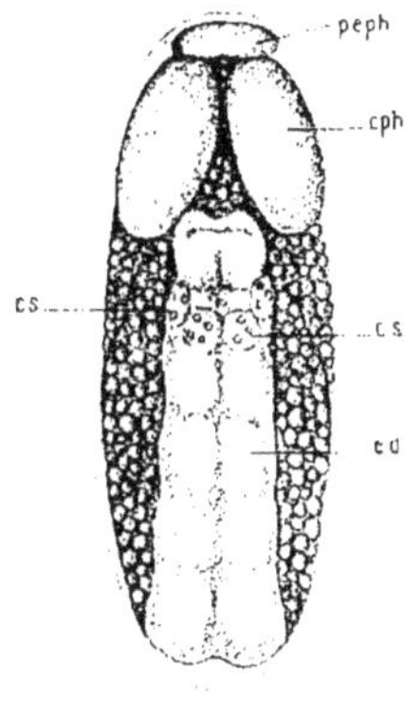

Fig. 369.

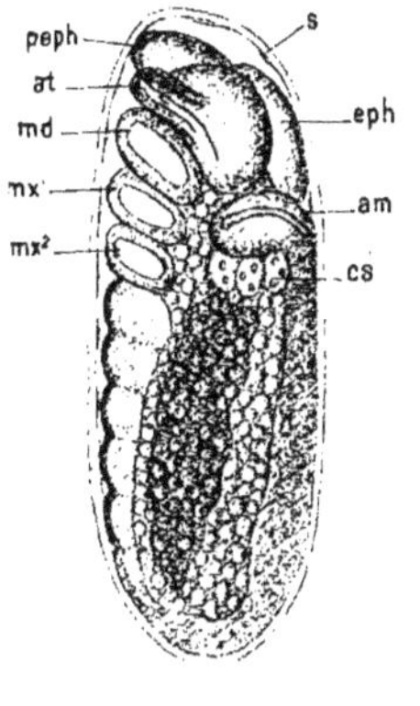

Fig. 370.

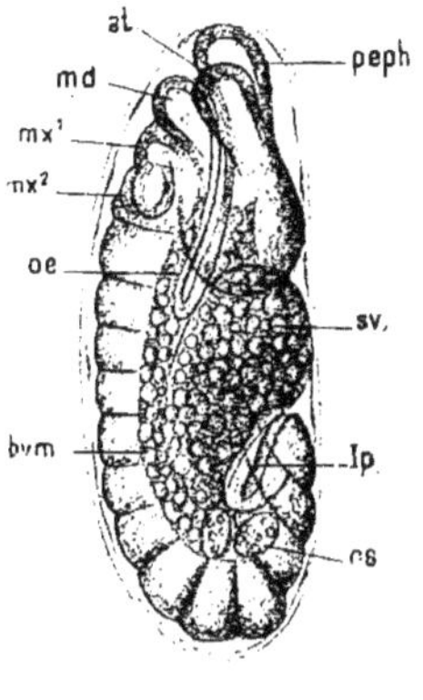

Fig. 371.

Fig. 366. — L'excavation blastodermique du pôle postérieur s'est accrue et s'élève sous forme d'une saillie à l'intérieur du vitellus ; son sommet est surmonté des cellules sexuelles disposées en un amas arrondi.

Fig. 367. — Œuf vu par sa face dorsale.

Fig. 368. — Le même œuf vu de profil. La partie invaginée du blastoderme s'est élevée jusqu'au tiers environ de la longueur de l'œuf en remontant le long de la face dorsale ; sa lame antérieure épaissie, *cd*, forme le rudiment caudal de l'embryon, sa lame postérieure amincie, *am*, constitue le repli caudal de l'amnios. La masse des cellules sexuelles s'est divisée en deux masses secondaires, formées chacune de deux cellules seulement, par fusion binaire des huit cellules primitives.

Fig. 369. — Embryon vu par la face dorsale.

Fig. 370. — Le même embryon vu de profil, au stade où le rudiment caudal s'est allongé jusqu'à toucher par son extrémité le bord postérieur des plaques céphaliques.

Fig. 371. — Stade plus avancé ; la contraction de la plaque ventrale a ramené la queue vers le pôle postérieur qu'elle n'a pas encore complètement atteint ; les cellules sexuelles sont à l'extrémité de l'intestin postérieur.

pondus des Tipulides culiciformes, apparaître au pôle postérieur certaines cellules se produisant par bourgeonnement de la masse vitelline et ne contenant pas de noyau; il les prit pour des globules polaires

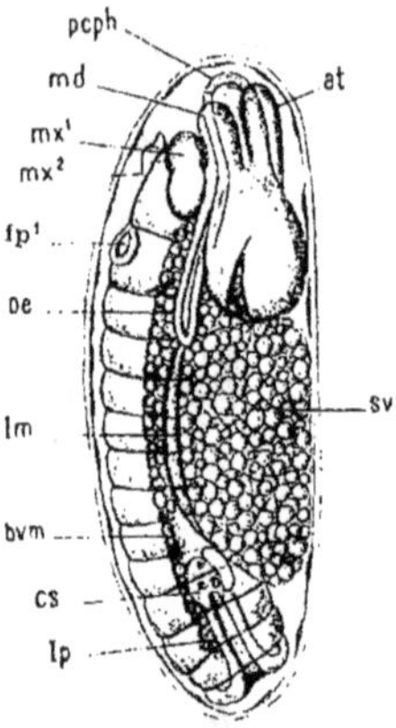

Fig. 372.

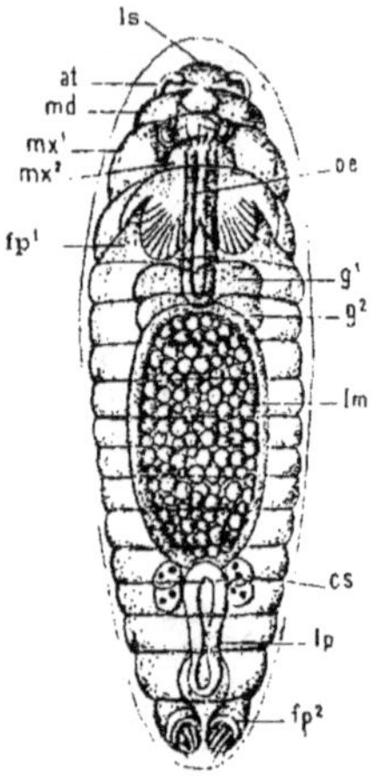

Fig. 373.

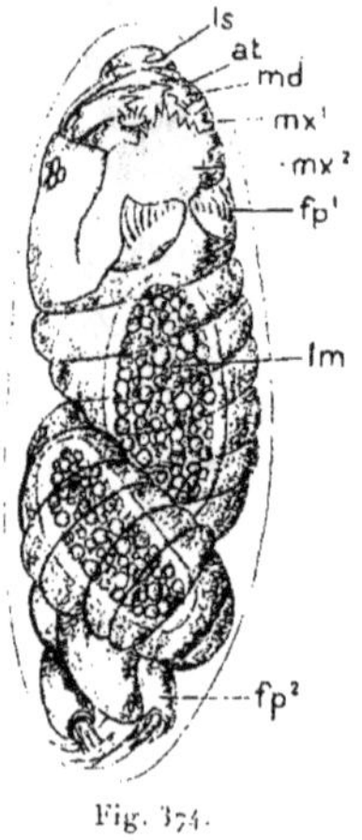

Fig. 374.

Fig. 372. — La queue contractée de l'embryon est arrivée tout à fait au pôle postérieur et constitue l'extrémité de l'abdomen.

Fig. 373. — Embryon plus avancé vu par la face ventrale; les trois portions de l'intestin sont placées dans le prolongement l'une de l'autre, mais ne communiquent pas encore par leurs cavités.

Fig. 374. — Stade précédant immédiatement l'éclosion. Le corps est tordu en spirale pour pouvoir se loger dans la cavité de l'œuf.

Fig. 375. — Jeune larve âgée de cinq jours, vue par la face dorsale. De chaque extrémité des glandes sexuelles part un filament grêle, dont l'antérieur est le ligament suspenseur et le postérieur le conduit excréteur futur.

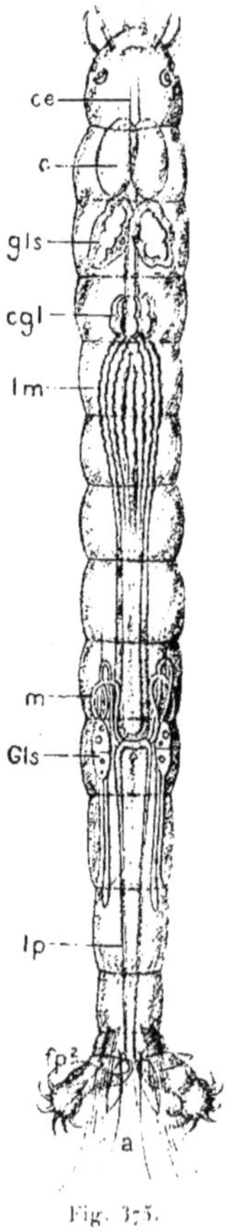

Fig. 375.

et les désigna sous ce nom. Il constata que le blastoderme ne se forme que plus tard. Weismann (1863) retrouva ces prétendus globules polaires chez le *Chironomus nigroviridis* et chez la *Musca vomitoria*; mais pour lui leur signification était inconnue. En 1865, Leuckart et Metchnikoff montrèrent que, chez les Cécidomyies pædogénésiques, ces cellules du pôle postérieur de l'œuf entrent dans la constitution du *pseudovarium* où se forment les jeunes larves. En 1870, GRIMM fit une observation analogue chez une espèce de *Chironomus* parthénogénésique à l'état de pupe. Mais ces auteurs n'ont pas suivi toute l'évolution de ces cellules polaires; ils ont seulement retrouvé, à l'extrémité postérieure du corps de l'em-

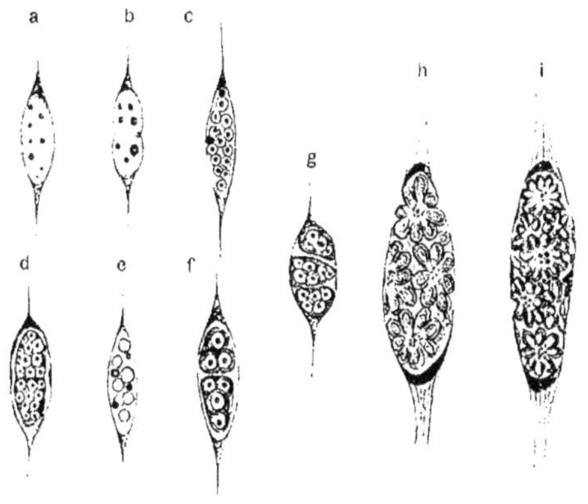

Fig. 376. — Glandes génitales de jeunes larves quelques instants après l'éclosion, à l'état vivant : *a* et *b*, glandes génitales de jeunes larves, après traitement par l'acide acétique, mettant en évidence l'enveloppe épithéliale et le contenu formé de petites cellules ; *c*, glande génitale femelle d'une larve de trois jours, à l'état frais ; *d*, *e*, *f*, *g*, glandes génitales mâles et femelles traitées par l'acide acétique ; *h*, ovaire d'une larve de 5 millimètres : *i*, testicule d'une larve de même âge que celle dont l'ovaire est représenté dans la figure *h*.

EXPLICATION DES LETTRES COMMUNES AUX FIGURES 360 A 376

a, anus ; *am*, amnios ; *at*, antenne ; *bl*, blastoderme ; *bem*, bande vitelline médiane ; *c*, cerveau ; *cd*, portion caudale de l'embryon ; *cgl*, gésier ; *cph*, plaque céphalique ; *cpp*, couche plasmique primaire ; *cps*, couche plasmique secondaire ; *CS*, cellules sexuelles ; fp^1, fausses pattes antérieures ; fp^2, fausses pattes postérieures ; g^1, 1er ganglion ventral ; g^2, 2e ganglion ventral ; *gls*, glandes salivaires ; *Gls*, glandes sexuelles ; *Gp*, gouttelettes plasmiques ; *ibl*, invagination blastodermique ; *Im*, intestin moyen ; *Ip*, intestin postérieur ; *ls*, labre ; *m*, tubes de Malpighi ; *md*, mandibule ; mx^1, 1er maxillaire ; mx^2, 2e maxillaire ; *Npa*, noyau polaire antérieur ; *Npp*, noyau polaire postérieur ; *œ*, œsophage ; *pcph*, procéphale ; *plv*, plaque ventrale ; *s*, séreuse ; *sv*, sac vitellin ; *V*, vitellus. (D'après BALBIANI.)

bryon, quatre cellules de même dimension que les cellules polaires et disposées en deux groupes.

C'est BALBIANI (1882-85) qui le premier suivit le développement des globules polaires de ROBIN et vit qu'ils n'étaient bien réellement que les cellules initiales des organes génitaux. Chez le *Chironomus plumosus*, que BALBIANI prit pour sujet d'observation à cause de la transparence des œufs qui permet de suivre toute l'évolution des cellules sexuelles, il se forme au pôle postérieur de l'œuf, avant l'apparition du blastoderme, deux cellules ayant un noyau bien développé et des granulations brillantes facilitant l'observation (fig. 361). Chacune de ces deux cellules se divise une première fois, ce qui donne quatre cellules; puis celles-ci se divisent à leur tour, ce qui constitue finalement un groupe de huit cellules initiales (fig. 362). Chez d'autres espèces de Tipulides, ce nombre peut être plus grand et s'élever à seize, vingt, vingt-deux; dans d'autres Diptères, au contraire, il peut être réduit à quatre. Le groupe de huit cellules est alors placé au pôle postérieur de l'œuf, entre le chorion et le vitellus, car celui-ci s'est contracté et n'occupe plus toute la cavité entourée par le chorion. Ensuite, le blastoderme apparaît; le vitellus se dilatant pour reprendre un plus grand volume, les cellules sexuelles pénètrent à travers le blastoderme et vont se placer à sa face interne, entre lui et le vitellus (fig. 365). Leur taille est plus considérable que celle des cellules blastodermiques, et la présence des granulations brillantes permet toujours de les suivre par observation directe sous le microscope.

L'extrémité postérieure du blastoderme s'invaginant pour former l'extrémité caudale de l'embryon, les cellules sexuelles sont repoussées à l'intérieur du vitellus, mais restent toujours contre l'extrémité blastodermique invaginée (fig. 366).

L'extrémité caudale remonte dans la région dorsale et se recourbe en crochet dans le vitellus, au voisinage de la tête. Les cellules polaires sont situées dans la concavité du crochet.

A un stade un peu plus avancé, la masse des cellules polaires se divise en deux groupes ne renfermant chacun que deux grosses cellules (fig. 367), ainsi que Metchnikoff l'a constaté chez les Cécidomyies. Il se produit probablement une fusion des cellules deux à deux, car chacune d'elles contient deux noyaux qui ne tardent pas à se diviser. Bientôt, après la constitution de la plaque ventrale, par suite de la concentration longitudinale de l'embryon, l'extrémité caudale revient à la partie postérieure de l'œuf. L'apparition du proctodæum sépare les deux amas de cellules polaires qui viennent se placer de chaque côté de l'intestin (fig. 373). Au moment de l'éclosion, les deux masses polaires, qui ne sont autre chose que les rudiments des deux glandes génitales, sont situées à la face dorsale du 9e segment, au point d'union de l'intestin moyen et de l'intestin postérieur. Chacune d'elles est entourée d'une membrane mince, formée de cellules aplaties, se prolongeant en avant et en arrière par un filament grêle, qui se dirige d'une part vers le vaisseau dorsal, d'autre part vers l'extrémité postérieure du corps. Suivant les individus, les glandes ont une forme différente : les testicules sont étroits et fusiformes (fig. 376, *t*); les ovaires sont plus larges et de forme ovoïde (fig. 376, *h*). La glande génitale est étranglée en son milieu par un sillon transversal et renferme bientôt de petites cellules-filles, plus nombreuses dans le testicule que dans l'ovaire. Chacune de ces cellules bourgeonne et s'entoure d'une couche de petites cellules; ces groupes radiés de cellules représentent homologiquement les éléments des chambres germinatives terminales des gaines ovariques ou des ampoules testiculaires (fig. 376). Chez le *Chironomus* adulte, l'ovaire, ainsi que nous l'avons vu, est un sac renfermant un grand nombre de follicules libres, chaque follicule comprenant un œuf et des cellules vitellogènes, le tout entouré d'une mince couche de cellules aplaties.

Ritter (1890) a vérifié les observations de Balbiani en employant la méthode des coupes. Il a constaté que, au moment où les cellules génitales se forment, il y a déjà des noyaux

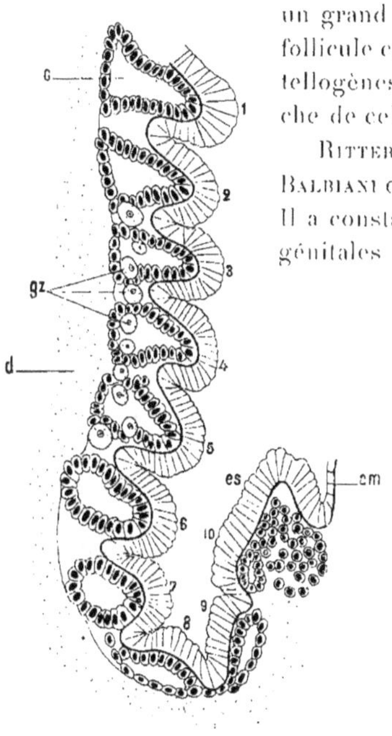

Fig. 377. — *Phyllodromia germanica.* Coupe sagittale d'un embryon vers l'achèvement des segments primordiaux.

1-7, partie ventrale du 1er au 7e métamère abdominal; 8-*es*, partie recourbée, du 8e métamère abdominal au métamère terminal : *am*, amnios ; *c*, sac cœlomique ; *d*, vitellus ; *es*, métamère terminal ; *gz*, cellules génitales en partie dans les dissépiments, en partie dans les parois de la cavité des segments primordiaux. (D'après Heymons.)

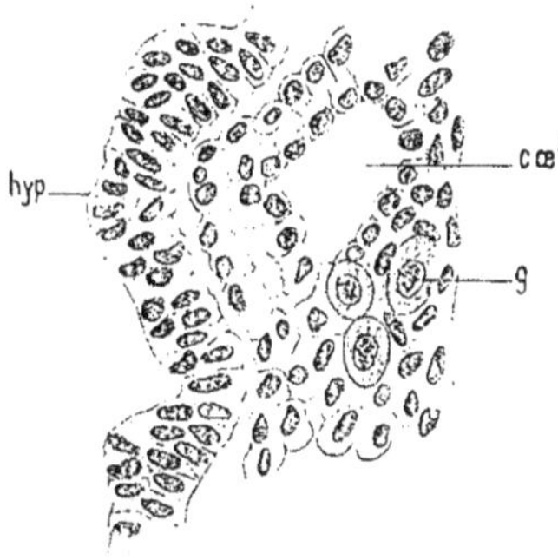

Fig. 378. — *Periplaneta orientalis.* Coupe sagittale de la 3e cavité cœlomique abdominale d'un jeune embryon, montrant les cellules génitales dans la paroi interne de la cavité.

*cœ*3, cavité cœlomique ; *g*, cellule génitale ; *hyp*, hypoderme. (Figure originale.)

dans l'œuf; l'un d'eux émigre au pôle postérieur et se multiplie pour donner les cellules initiales.

L'apparition précoce des cellules sexuelles a été signalée chez d'autres Diptères. Chez la Mouche, Vœltzkow (1889) a constaté que des cellules polaires apparaissent de bonne heure en même temps que le blastoderme et se trouvent à un moment donné dans la région dorsale de la gouttière embryonnaire. A un stade plus avancé, il a vu les cellules sexuelles en dedans du blastoderme, mais sans pouvoir établir leur relation avec les cellules polaires. Chez les Pucerons, d'après METCHNIKOFF (1866) et BALBIANI (1866), elles se montrent aussitôt après la formation du blastoderme. WITLACZIL (1884) et WILL (1888) ont confirmé ce fait; mais n'ont pas observé l'origine de ces cellules. WOODWORTH (1889), chez un Lépidoptère, *Euvanessa antiopa*, signala une invagination ectodermique située au pôle postérieur de l'œuf et donnant naissance aux cellules sexuelles.

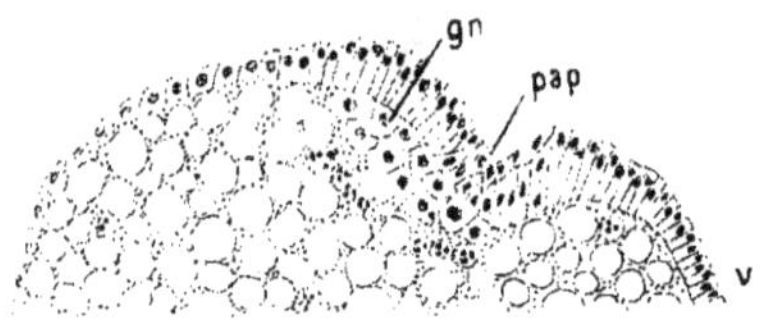

Fig. 379. — Coupe longitudinale passant par l'extrémité postérieure d'un œuf de *Clytra læviuscula* au moment où la poche amniotique postérieure apparaît.

d, côté dorsal de l'œuf; *v*, côté ventral; *pap*, poche amniotique postérieure; *gn*, cellules sexuelles. (D'après LÉCAILLON.)

Chez le *Platygaster*, d'après GANIN, et chez le *Teleas*, d'après AYERS, les cellules sexuelles apparaissent sous forme de deux petites masses cellulaires arrondies situées à la partie postérieure épaissie de la bandelette germinative, tout près de la terminaison du tube digestif.

HEYMONS (1895) a étudié l'origine des cellules sexuelles et la formation des organes génitaux dans les embryons des Orthoptères. Chez la Forficule, les cellules génitales apparaissent après la formation du blastoderme; elles se détachent de la région postérieure de l'œuf, à l'endroit où se réunissent les deux épaississements blastodermiques qui forment la plaque ventrale. Dans l'œuf de *Periplaneta orientalis* et de *Gryllus campestris*, les cellules génitales se forment plus tardivement, après la différenciation

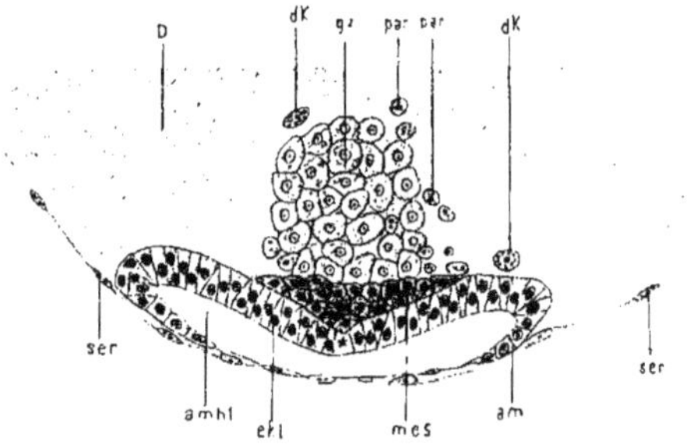

Fig. 380. — Coupe transversale passant par l'extrémité postérieure d'une jeune bande germinative de *Forficula*, après le développement de la plaque mésodermique. — *gz*, ébauche génitale; *ser*, séreuse; *am*, amnios; *mes*, mésoderme; *amhl*, cavité amniotique; *ekt*, ectoderme; *dk*, noyau de cellule vitelline; *par*, paracyte. (D'après HEYMONS.)

du mésoderme; à l'extrémité postérieure de la gouttière embryonnaire, il se produit une invagination très marquée, la fossette génitale, du fond de laquelle se détache un amas de cellules ectodermiques spéciales. Chez *Phyllodromia* et *Gryllus domesticus*, le processus est le même, mais les cellules en rapport avec la fossette génitale ne se distinguent pas des cellules mésodermiques. Dans l'embryon de *Gryllus*, les cellules pseudomésodermiques constituent une ébauche sexuelle impaire, compacte, dont les cellules arrivées plus tard dans les parois du cœlome prennent les caractères des cellules reproductrices.

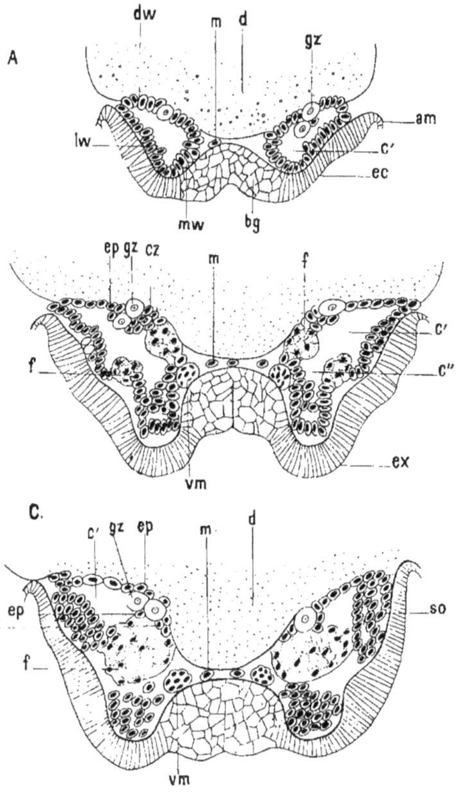

Fig. 381. — *Phyllodromia germanica.* Coupes transversales de la région abdominale d'embryons à trois stades successifs de développement.

am, amnios ; *bg*, chaîne nerveuse ventrale ; *c*, cavité cœlomique ; *c′* et *c″*, portions dorsale et ventrale du sac cœlomique ; *cz*, cellules de la paroi du segment primitif qui se rassemblent du côté ventral de l'ébauche génitale ; *d*, vitellus ; *dw*, paroi dorsale du sac cœlomique ; *ec*, ectoderme ; *ep*, cellules épithéliales ; *ex*, ébauche d'une extrémité abdominale ; *f*, ébauche du corps adipeux ; *gz*, cellules génitales ; *lw*, paroi latérale du sac cœlomique ; *m*, cellules mésodermiques ne prenant pas part à la formation du sac cœlomique ; *mw*, paroi médiane du sac cœlomique ; *so*, couche mésodermique somatique ; *vm*, muscle ventral longitudinal. (D'après Heymons.)

Quant aux caractères spéciaux de ces cellules génitales, ils peuvent être plus ou moins marqués. Chez la Forficule, elles sont très différentes des autres cellules de l'embryon ; elles sont plus grosses, leur noyau est peu riche en chromatine et renferme un seul gros nucléole. Chez le *Gryllus*, elles sont encore distinctes par leurs noyaux, mais, chez *Phyllodromia germanica*, elles ne sont plus différentes des autres cellules ; cependant, par analogie avec les autres Orthoptères qu'il a étudiés, Heymons les considère comme virtuellement distinctes dès leur formation au fond de la fossette d'invagination. Ce sont en réalité des cellules spéciales qui n'acquièrent leurs caractères propres que plus tardivement que dans les autres espèces, lorsqu'elles se sont réparties dans les parois du cœlome.

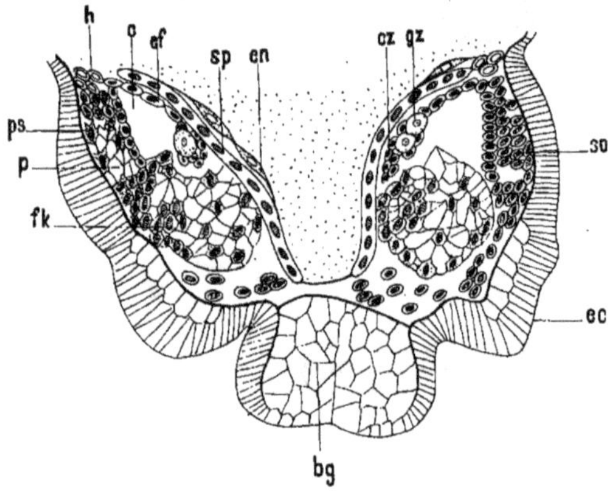

Fig. 382. — *Phyllodromia germanica*. Coupe transversale de la région abdominale d'un embryon un peu plus avancé que ceux de la figure 381.

bg, chaîne nerveuse ventrale ; *c*, reste de la cavité cœlomique ; *cz*, ébauche du conduit génital ; *ec*, ectoderme ; *cf*. filament terminal ; *en*, épithélium de l'intestin moyen ; *fk*, corps adipeux ; *gz*, cellules génitales ; *h*, ébauche cardiaque ; *p*, ébauche de la cavité péricardique ; *ps*, ébauche du septum péricardique ; *so*, couche mésodermique somatique ; *sp*, couche mésodermique splanchnique. (D'après Heymons.)

Pour les Insectes dans lesquels on n'a constaté l'existence de cellules génitales que tardivement dans le mésoderme, il est probable que ces cellules proviennent aussi de l'ectoderme et du blastoderme, et se distinguent dès le début des autres cellules somatiques en ce qu'elles ne prennent pas part à la formation des tissus. Heymons conclut de ses recherches que les cellules génitales des Orthoptères sont ectodermiques et apparaissent dans la région postérieure de l'embryon ; elles ont quelquefois dès leur origine des caractères les différenciant des autres cellules de l'embryon, mais elles peuvent aussi n'acquérir ces caractères différentiels que beaucoup plus tard. Il ne faut pas attacher d'importance à l'existence de la fossette génitale ; celle-ci est produite mécaniquement par la sortie des cellules sexuelles du blastoderme.

Après sa formation, le groupe des cellules reproductrices reste dans le vitellus et se place en dedans du mésoderme au niveau des 11e et 10e segments abdominaux.

Par la formation du proctodæum, la masse cellulaire est divisée en deux et repoussée en avant. Les cellules génitales se multiplient, ensuite se désagrègent, pénètrent dans les lames mésodermiques et se répartissent dans la splanchnopleure de chaque segment abdominal. Elles disparaissent plus tard dans les segments postérieurs; chez la femelle, elles ne persistent que du 3e au 7e segments. Bientôt, les cavités cœlomiques des segments se fusionnent entre elles, les cellules génitales se groupent et pénètrent dans un cordon mésodermique, situé de chaque côté du corps. La partie de ce cordon comprise entre le premier segment thoracique et le

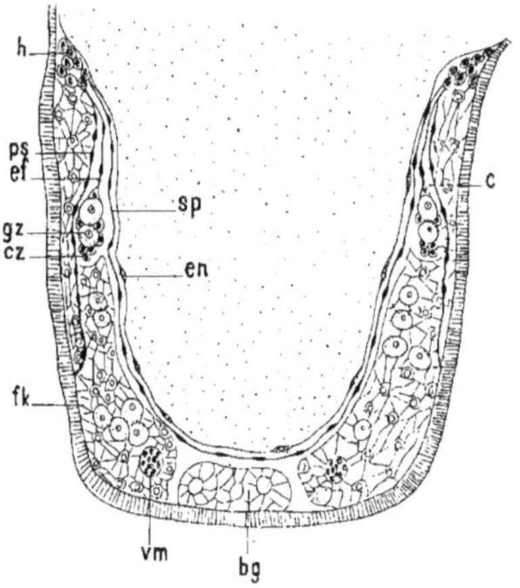

Fig. 383. — *Phyllodromia germanica*. Coupe transversale de la région abdominale d'un embryon au stade où le vitellus commence à être entouré.

bg, chaîne ganglionnaire ventrale; *c*, reste de la cavité cœlomique; *cz*, ébauche du conduit génital; *ef*, filament terminal; *en*, endoderme; *fk*, corps adipeux; *gz*, cellules génitales; *h*, ébauche cardiaque; *ps*, septum péricardique; *sp*, couche splanchnique du mésoderme; *vm*, muscle ventral longitudinal. (D'après HEYMONS.)

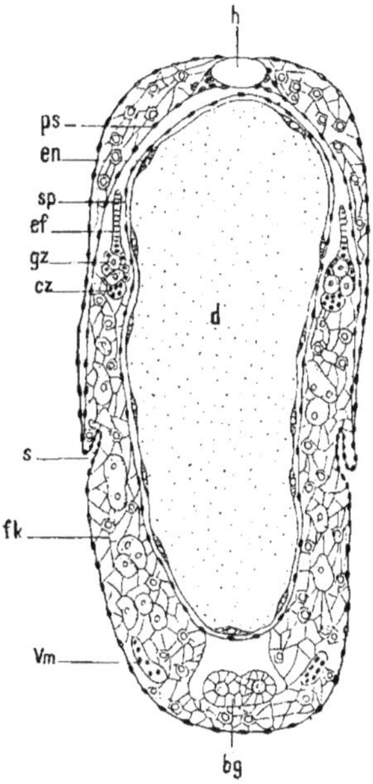

Fig. 384. — *Phyllodromia germanica*. Coupe transversale de l'abdomen d'un embryon, lorsque le vitellus est complètement entouré et que le dos est fermé.

bg, chaîne nerveuse ventrale; *cz*, ébauche du conduit génital; *d*, vitellus; *ef*, filament terminal; *en*, endoderme; *fk*, corps adipeux; *gz*, cellules génitales; *h*, cœur; *ps*, septum péricardique; *s*, stigmate; *sp*, lame splanchnique du mésoderme; *Vm*, muscle ventral longitudinal. (D'après HEYMONS.)

second segment abdominal devient le filament de MÜLLER chez la femelle, tandis que la partie située entre le 8e et le 10e segments abdominaux donne l'oviducte.

Chez les Chrysomélides, d'après LÉCAILLON, les cellules sexuelles sont ordinairement visibles pendant la période de segmentation (fig. 301, 302, p. 311). Ce sont les premières cellules blastodermiques apparues au pôle postérieur de l'œuf qui se détachent et viennent former un petit amas entre la membrane vitelline et la périphérie du vitellus. Chez *Clytra lævius-*

cula, avant que l'enveloppe blastodermique soit complètement formée, les cellules sexuelles rentrent à l'intérieur, et, lorsque la segmentation est terminée, elles se trouvent groupées à l'extrémité postérieure de l'œuf, entre le blastoderme et le vitellus (fig. 303). Ces cellules sont plus grandes que les autres cellules embryonnaires et sont plus difficiles à bien fixer; leur protoplasma est assez fortement colorable.

Pendant la formation de la plaque germinative, elles restent groupées contre l'extrémité postérieure de cette dernière (fig. 379). Plus tard, on les retrouve dans les cordons génitaux, mais Lécaillon n'a pas suivi tous les détails de leur évolution à partir de la fin de la segmentation. Pour lui, elles peuvent aussi être regardées comme ayant une origine ectodermique.

Il convient de remarquer que, à un moment donné, les cellules sexuelles ont une répartition métamérique à peu près régulière (Heymons, Henneguy).

Conduits génitaux. — Les conduits génitaux destinés à l'évacuation des produits sexuels apparaissent sous forme de cordons pleins, d'ori-

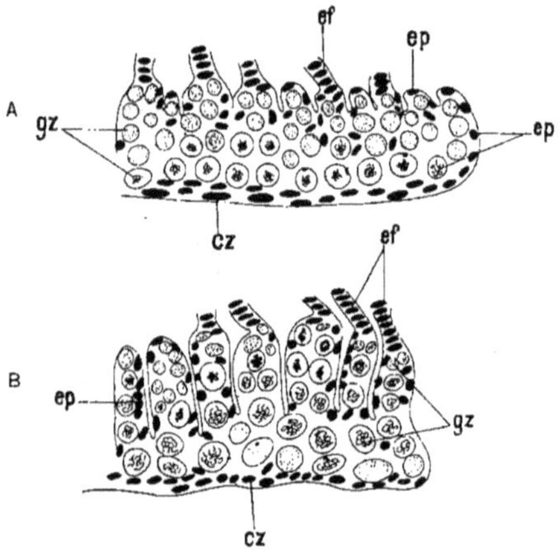

Fig. 385. — *Phyllodromia germanica*. Coupe longitudinale à travers l'ébauche génitale femelle. A, au commencement de la formation des gaines ovariques. B, à un stade plus avancé. — *cz*, ébauche des conduits génitaux; *ef*, filament terminal; *ep*, noyaux des cellules épithéliales; *gz*, cellules génitales. (D'après Heymons.)

gine mésodermique, qui se détachent en même temps que les glandes génitales des parois des segments primordiaux.

Leur développement a été d'abord étudié par Nusbaum (1882-1884) chez les Pédiculides et *Periplaneta*, et par Palmen (1883-1884) chez les

Éphémères. Ces auteurs ont montré que les cordons mésodermiques qui contiennent les cellules sexuelles se prolongent en avant et contribuent à former les gaines ovariques avec leurs prolongements, ou les capsules testiculaires; en arrière, ils donnent les canaux évacuateurs proprement dits, et se mettent en rapport avec deux bourgeons ectodermiques qui se rendent à la rencontre des deux oviductes ou des deux canaux déférents, et forment le vagin et le réceptacle séminal ou le canal éjaculateur

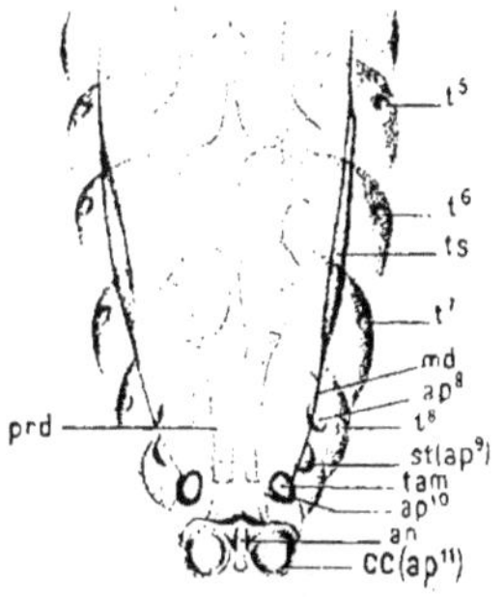

Fig. 386. — *Xiphidium ensiferum*. Vue en surface de l'extrémité abdominale d'un embryon mâle, qui a passé autour du pôle inférieur de l'œuf.

t^5-t^8, 5e-8e stigmates abdominaux; *ts*, testicules; *md*, conduit déférent; *tam*, ampoule terminale; ap^8, appendice du 8e segment abdominal; $st(ap^9)$, styles; ap^{10}, appendice du 10e segment abdominal dans lequel l'ampoule terminale est située à ce stade; $cc(ap^{11})$, cerques; *prd*, proctodæum; *an*, anus. (D'après Wheeler.)

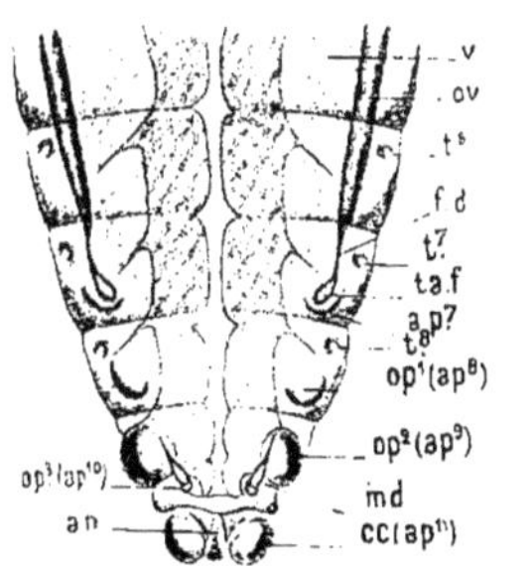

Fig. 387. — *Xiphidium fasciatum*. Vue en surface de l'extrémité de l'abdomen d'un embryon femelle correspondant au stade de la figure 386.

ov, ovaire; *fd*, oviducte; *taf*, ampoule terminale; *md*, canal déférent du mâle et ampoule terminale persistant à ce stade; t^6-t^8, 6e-8e stigmates; ap^7, appendice du 7e segment abdominal; $op^1(ap^8)$, $op^2(ap^9)$, $op^3(ap^{10})$, trois paires d'appendices abdominaux qui deviendront les gonapophyses (tarière); *an*, anus; $cc(ap^{11})$, cerques; *v*, vitellus. (D'après Wheeler.)

et les glandes accessoires. Ces deux ébauches ectodermiques se fusionnent en une seule formation médiane, excepté chez les Éphémères où elles restent distinctes, de telle sorte que les conduits génitaux restent séparés sur toute leur étendue.

Wheeler (1893) a découvert que, chez le *Xiphidium* et chez la Blatte, les cordons mésodermiques, représentant les oviductes ou les canaux déférents se terminent en arrière par une partie dilatée, creusée d'une cavité, et que cette *ampoule terminale* n'est autre chose que l'extrémité distale de la cavité cœlomique d'un segment primordial. Ces ampoules correspondraient aux organes segmentaires du *Peripatus*. Les conduits génitaux des Insectes auraient donc une portion néphridienne qui se souderait au cordon génital (fig. 386, 387, 388 et 389).

Dans les embryons femelles, il y a deux paires d'ampoules : l'une au niveau du 7ᵉ segment et l'autre au niveau du 10ᵉ. Dans les embryons mâles, il n'y a qu'une seule paire d'ampoules dans le 10ᵉ segment. Plus tard, l'orifice sexuel femelle correspond au 7ᵉ segment, la paire d'ampoules du 10ᵉ segment disparaissant. Il existe donc primitivement

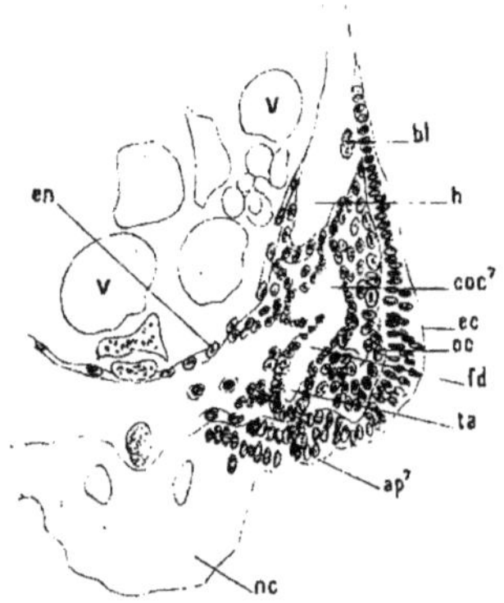

Fig. 388. — *Xiphidium ensiferum*. Coupe transversale de l'extrémité de l'abdomen d'un embryon correspondant au stade représenté figure 387. La coupe passe par le 8ᵉ segment abdominal.

v, vitellus ; *en*, endoderme ; *bl*, globule sanguin ; *h*, cœur ; *cœ*⁷, cœlome du 7ᵉ segment abdominal ; *fd*, oviducte ; *ta*, ampoule terminale ; *oc*, œnocytes ; *ec*, ectoderme ; *nc*, chaîne nerveuse ; *ap*⁷, appendice du 7ᵉ segment abdominal. (D'après WHEELER.)

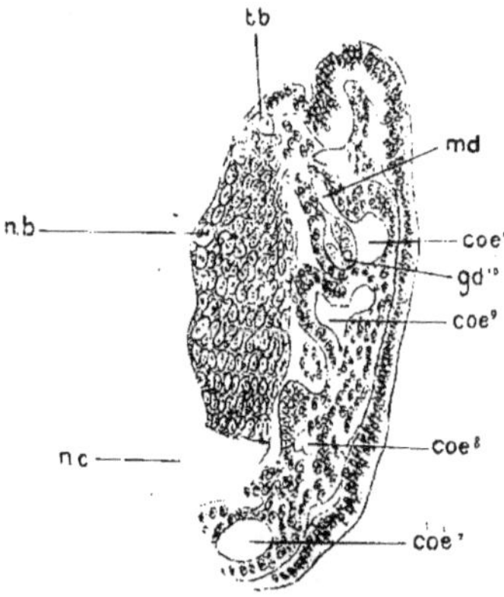

Fig. 389. — *Xiphidium ensiferum*. Coupe sagittale à travers l'extrémité abdominale d'un embryon du stade représenté figure 315, p. 325.

tb, neurotéloblastes (?) ; *nb*, neuroblastes ; *cœ*⁷-*cœ*¹⁰, cavités cœlomiques des 7ᵉ-10ᵉ segments abdominaux ; *md*, diverticule du 10ᵉ somite abdomidal qui devient le canal déférent et son ampoule terminale ; *gd*¹⁰, cellules sexuelles dans le 10ᵉ segment abdominal (cas anormal et atavique) ; *nc*, chaîne nerveuse dans la partie non infléchie de l'embryon, et dont les cellules n'ont pas été représentées. (D'après WHEELER.)

chez la femelle un vestige d'un état hermaphrodite dans les conduits génitaux.

HEYMONS (1890), dans un embryon mâle de *Phyllodromia*, avait constaté l'existence de deux paires de conduits génitaux, l'un aboutissant au 10ᵉ segment, l'autre rudimentaire au 7ᵉ, et il avait admis également un état hermaphrodite primitif.

HEYMONS, en 1895, a vérifié et complété les observations de WHEELER ; il a trouvé le stade hermaphrodite transitoire, tantôt chez la femelle, tantôt chez le mâle. Dans les Orthoptères, le conduit génital s'ouvre, chez la femelle, sur le 7ᵉ segment ; chez le mâle (Blattides, *Gryllus*, Locustides), sur le 10ᵉ (fig. 391) ; mais plus tard, en général, il est situé sur le 9ᵉ segment, par suite du transport en avant de l'ampoule génitale.

Dans la Forficule, les deux conduits, chez le mâle et la femelle, aboutissent au 10ᵉ segment, mais dans l'embryon femelle, il existe deux ampoules terminales transitoires dans le 7ᵉ segment abdominal (fig. 390).

Chez le *Gryllotalpa* femelle, il y a une seule paire d'ampoules au niveau du 7ᵉ segment, et chez le mâle, une paire au 7ᵉ et une autre au 10ᵉ; de même, chez *Periplaneta orientalis*; mais chez le mâle de cette dernière espèce, il y a en plus, entre le 7ᵉ et le 10ᵉ segments, des

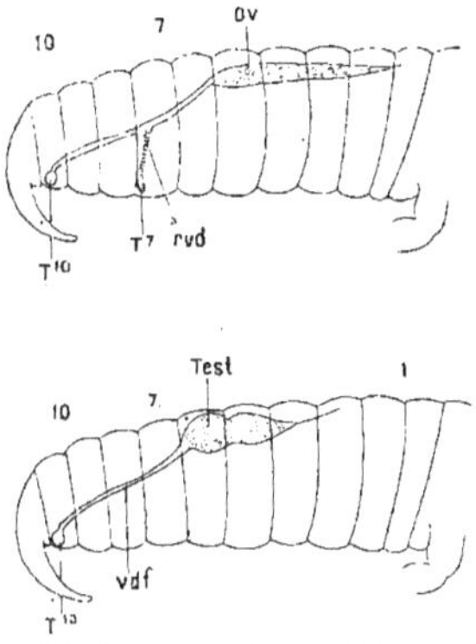

Fig. 390. — Développement des conduits génitaux chez *Forficula*.

F, embryon femelle. — M, embryon mâle. — *Ov*, ovaire; *Test*, testicule; *rvd*, conduit rudimentaire; T^7, T^{10}, ampoules terminales des 7ᵉ et 10ᵉ segments abdominaux; *ovd*, oviducte; *vdf*, canal déférent; 1, 7, 10, 1ᵉʳ, 7ᵉ et 10ᵉ segments abdominaux.

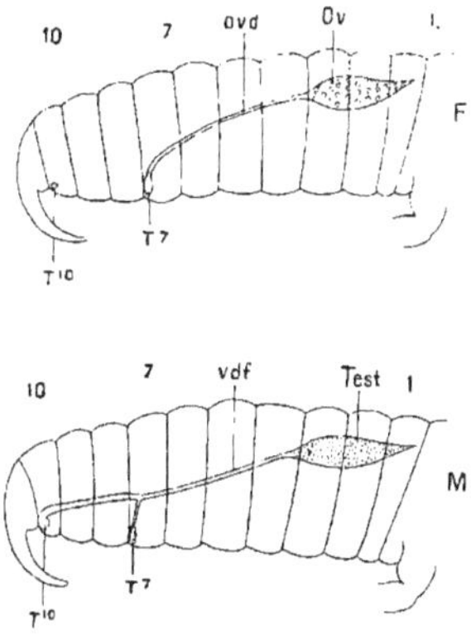

Fig. 391. — Développement des conduits génitaux chez *Gryllus*.

F, embryon femelle. — M, embryon mâle. — Même signification des lettres que dans la figure 390. (D'après Heymons.)

ampoules rudimentaires représentées par de petits diverticulums du conduit (fig. 392).

Ces faits indiquent qu'il a dû y avoir primitivement une disposition métamérique des conduits génitaux, analogue à la disposition métamérique des cellules sexuelles. Cette métamérie primitive des organes génitaux a persisté, comme nous l'avons vu, chez certains Thysanoures (*Japyx*, *Lepisma*). De plus, les ancêtres des Insectes ont dû être hermaphrodites et, dans le testicule de *Phyllodromia*, Heymons (1896) a vu de grandes cellules particulières rappelant les cellules des organes femelles. Chez les Lépidoptères, la persistance d'un orifice copulateur, en dehors de l'orifice sexuel ordinaire, indique probablement la persistance d'une ampoule supplémentaire.

La disposition métamérique des conduits évacuateurs des organes génitaux appelle en outre la comparaison de ces conduits avec les néphridies des Annélides; chez certaines Annélides, les *Lanice*, on trouve, d'après P. Mayer (1887), des néphridies unies par un cordon longitudinal; cette disposition n'existe pas chez les autres Annélides,

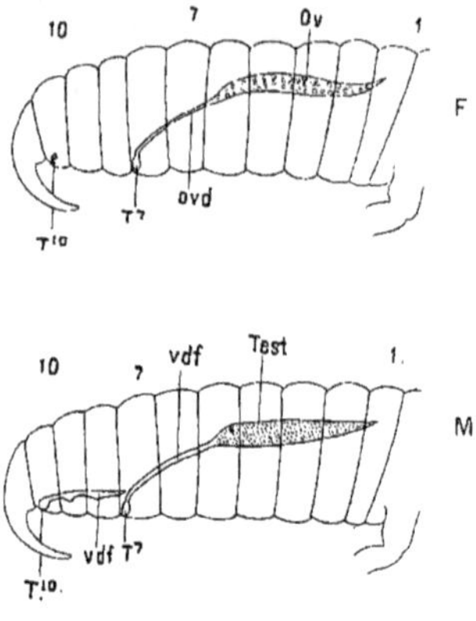

Fig. 392. — Développement des conduits génitaux chez *Periplaneta*.

F, embryon femelle. — M, embryon mâle.

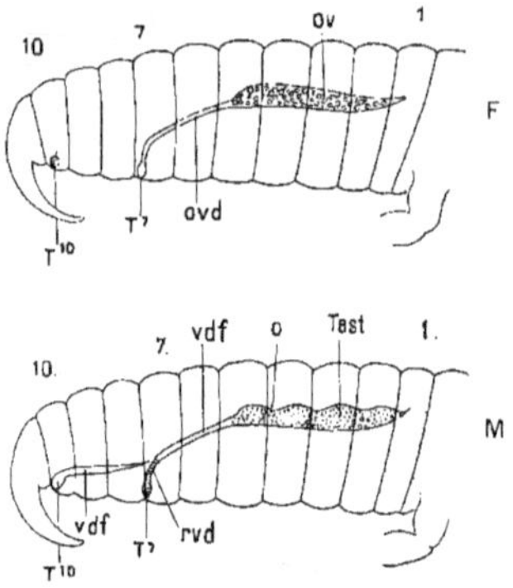

Fig. 393. — Développement des conduits génitaux chez *Phyllodromia*.

F, embryon femelle. — M, embryon mâle. Dans le testicule, il y a des ovules rudimentaires. Même signification des lettres que dans la figure 390. (D'après Heymons.)

mais elle n'en offre pas moins un grand intérêt en permettant d'entrevoir la parenté qui a dû exister entre les ancêtres des Annélides et ceux des Hexapodes.

APPENDICE

TYPES SPÉCIAUX DE DÉVELOPPEMENT

Quelques Insectes présentent dans leur embryogénie certaines particularités intéressantes, qui méritent d'être signalées. Nous avons déjà parlé de la segmentation totale (p. 312) et de la formation des enveloppes (p. 337) de certains Hyménoptères parasites, Ptéromaliens, Chalcidiens, etc. Les premières phases du développement de ces Insectes sont très mal connues; on a surtout observé leurs larves si curieuses que nous décrirons plus loin (fig. 394); les recherches déjà anciennes de Metchnikoff (1866), de Wagner (1868), de Ganin (1869), de Ayers (1884), sont en effet très incomplètes et devraient être reprises en employant les méthodes de technique plus précises dont nous disposons aujourd'hui.

Nous résumerons rapidement, d'après Koulaguine (ou Kulagin) (1897), qui a suivi également quelques phases de développement de certaines espèces de Ptéromaliens (*Platygaster instricator, Pl. Herrickii, Microgaster glomeratus* (1)) ce que l'on sait sur l'embryogénie de ces Hyménoptères parasites.

Dans quelques espèces, les œufs ne contiennent pas du tout de vitellus nutritif (*Platygaster, Mesochorus, Teleas*); dans d'autres, ils en renferment des traces (*Polynema, Ophioneurus* et *Pteromalina*). Les feuillets peuvent se former de deux

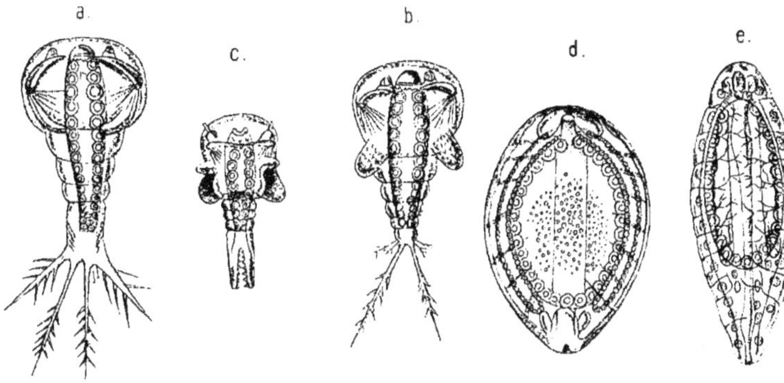

Fig. 394. — Stades larvaires du *Platygaster*.

a, b, c, larves cyclopéennes de trois espèces de *Platygaster*; *d*, deuxième stade larvaire; *e*, troisième stade larvaire. (D'après GANIN.)

manières différentes : chez *Platygaster* et *Teleas*, le résultat de la segmentation paraît être une blastula typique : le mésoderme et l'endoderme résulteraient d'une délamination et d'une migration de cellules de toute la surface interne du blastoderme. Chez *Mesochorus*, peut-être aussi chez *Polynema, Ophioneurus* et *Smicra*, la segmentation aboutit probablement à une morula; la surface de celle-ci se sépare en un ectoderme à plusieurs couches et en membrane embryonnaire, la masse interne devient le mésoderme et l'endoderme; il y aurait donc ici une véritable délamination. La bandelette embryonnaire se distingue du reste du blastoderme par la forme cylindrique de ses cellules. Il ne se constitue pas de gouttière primitive chez *Platygaster* et *Mesochorus*; il y en a une à peine marquée chez *Teleas*.

Les membranes embryonnaires manquent totalement (*Pteromalina, Polynema, Ophioneurus*) ou sont représentées par un sac cellulaire unique entourant l'embryon (*Platygaster, Mesochorus, Smicra*).

Le stomodæum et le proctodæum résultent d'invaginations ectodermiques; le proctodæum ne communique avec le mésentéron que beaucoup plus tard que le stomodæum. Le mésentéron apparaît, chez *Platygaster*, sous forme de deux groupes cellulaires situés l'un en avant l'autre en arrière; ces cellules se multiplient et se joignent aux cellules non différenciées situées au milieu de l'embryon. L'intestin moyen aurait donc ici une double origine, à la fois ectodermique et endodermique,

(1) La larve du *Platygaster instricator* étudiée par KOULAGUINE vivait dans les larves d'une Cécidomyie se développant sur les bords des feuilles du Chêne, et dans un Puceron, le *Dryophanta similis*; celle du *Pl. Herrickii* se trouvait dans une larve mineuse d'*Agromyza*.

si l'on considère les cellules centrales de la morula comme représentant l'endoderme.

L'ensemble du système nerveux, dans *Platygaster*, *Teleas* et *Ophioncurus*, ne se formerait aux dépens de l'ectoderme qu'au deuxième stade larvaire, d'après Ganin et Ayers; au sortir de l'œuf la larve en serait dépourvue. Suivant Koulaguine, la larve de *Platygaster* aurait, au moment de l'éclosion de l'œuf, un système nerveux, mais encore réuni à l'ectoderme.

Marchal (1897) a étudié le développement d'un *Platygaster* vivant dans les larves de *Cecidomyia ulmariæ*. Au stade le plus jeune qu'il ait observé, l'œuf est ovoïde et pourvu d'un long pédicule hyalin; son contenu est constitué par une masse centrale formée de quelques cellules, entourées d'une couche continue de protoplasma renfermant quelques gros noyaux, c'est l'amnios. Entre la masse centrale et l'amnios se trouve une cavité. Aux dépens de la masse centrale se forme l'embryon; les cellules se multiplient et se disposent en une couche périphérique de manière à constituer une blastula, dans la cavité de laquelle se trouvent quelques cellules vitellines.

L'œuf grossit rapidement et devient sphérique; les cellules de la blastula se multipliant activement, les feuillets blastodermiques prennent naissance par délamination. En même temps un sillon circonscrivant la sphère presque tout entière se creuse et indique l'axe de la face ventrale au niveau duquel la prolifération des cellules atteint son maximum. L'extrémité céphalique se trouve en contact avec l'extrémité caudale; mais bientôt, entre les deux, apparaît un sillon perpendiculaire au sillon primitif. Ce sillon, en se creusant, sépare la tête de la queue, et c'est uniquement à ses dépens que se constituera la région dorsale de l'embryon; contrairement à ce qui a été indiqué par Ganin, l'embryon est donc recourbé sur lui-même, de telle sorte que sa face ventrale occupe, comme chez les autres Insectes, la périphérie de l'œuf.

Peu à peu la forme de la larve cyclopoïde se précise; par suite de la formation d'un repli latéral, l'embryon s'élargit latéralement et la forme du céphalothorax se dessine. La partie caudale se rétrécit en même temps, puis apparaissent la bouche, les larges replis mandibulaires, la bifurcation caudale et les rudiments des pattes. Ce n'est que lorsque la forme de la larve est ainsi déjà bien indiquée que l'on voit les cellules du blastoderme qui se sont multipliées dans toute son étendue, de façon à former une couche épaisse, se différencier nettement à l'intérieur; une couche de hautes cellules se sépare tout autour de l'archentéron et forme ainsi l'endoderme par délamination. Les nombreuses cellules comprises entre l'endoderme et l'ectoderme se différencient pour constituer du tissu conjonctif et des muscles. L'invagination buccale se met en relation avec l'archentéron tapissé par les cellules endodermiques. Quant à la masse centrale des cellules vitellines, elle reste dans l'intérieur de l'intestin, en conservant les caractères qu'elle présentait auparavant, et ne prend aucune part à la formation de l'embryon.

Encyrtus fuscicollis. — Bugnion (1891) a fait connaître une disposition très remarquable des embryons de l'*Encyrtus fuscicollis*, Chalcidien parasite des chenilles et entre autres de la Teigne du fusain (*Hyponomeuta cognatella*). Quand on ouvre une chenille parasitée, on trouve dans la cavité du corps, un, deux ou trois tubes flexueux renfermant chacun un grand nombre d'embryons d'*Encyrtus*. Chaque tube, formé d'une membrane anhyste parfaitement lisse, est revêtu intérieurement d'une couche de cellules épithélioïdes et renferme une masse granuleuse, dans laquelle sont englobés les embryons; Bugnion considère cette masse comme une substance ou réserve nutritive. Il ne put suivre la formation de ce tube, et il admit que la membrane anhyste était une formation cuticulaire de l'épithélium qui la revêt à l'intérieur, que cet épithélium dérive lui-même des amnios des embryons séparés secondairement de ces derniers et soudés bout à bout. La substance granuleuse renfermée dans le tube et englobant les embryons dériverait des vitellus ; mais elle est susceptible de s'accroître par osmose aux dépens du sang de la chenille. Les jeunes larves se nourrissent de cette substance jusqu'à leur première mue, puis elles déchirent le tube membraneux et deviennent libres dans la cavité du corps de leur hôte. BUGNION, qui n'a pas assisté à la ponte de l'*Encyrtus*, pensait que ce Chalcidien dépose ses œufs dans les chenilles d'*Hyponomeuta*, lorsqu'elles ont atteint environ un centimètre de longueur, et que les œufs, au nombre de 50 à 129 (maximum observé à l'état d'embryons dans un même tube[1], sont introduits par une piqûre unique, constituant une chaîne qui flotte dans le corps de la chenille.

MARCHAL (1898), qui a repris l'étude de l'*Encyrtus*, a complété les observations de BUGNION et a découvert un fait très curieux, nouveau dans l'embryogénie des Insectes. L'*Encyrtus* ne pond pas ses œufs en une seule masse dans la chenille ; il dépose un œuf isolé dans chaque œuf de l'Hyponomeute, quelque temps après la ponte de celle-ci. L'amnios de l'œuf parasite s'allonge de façon à former un long tube épithélial que plus tard on trouve flottant dans le corps de l'hôte. Quant aux cellules qui se trouvent à l'intérieur de l'amnios, au lieu de se constituer en un seul embryon, comme c'est le cas habituel, elles se dissocient de façon à donner naissance à un grand nombre de masses cellulaires qui s'organisent en autant d'embryons et se disposent en file à l'intérieur du tube amniotique commun. Tous les *Encyrtus* adultes qui proviendront de ces embryons, dérivant d'un œuf unique, sont en général du même sexe, comme l'avait déjà remarqué BUGNION.

MARCHAL considère ce mode de multiplication de l'*Encyrtus* à l'état embryonnaire comme une sorte de reproduction asexuée constituant en quelque sorte le premier degré de la pædogenèse et de la parthénogenèse. Il serait plus exact de le rapprocher de la division de l'embryon du *Lumbricus trapezoides* observée par KOWALEVSKY et KLEINENBERG, qui a lieu au stade de gastrula et donne deux individus aux dépens d'un œuf unique. Il se produirait spontanément pour l'œuf de l'*Encyrtus* le même phénomène qu'on observe pour d'autres animaux lorsqu'on isole artificiellement les blastomères de l'œuf segmenté et qu'on obtient plusieurs embryons (DRIESCH, MORGAN, LŒB, ZOJA, HERLITZKA, etc.).

BRANDÈS (1898) a proposé le terme de *germinogonie* pour désigner le mode de reproduction asexuée découvert par MARCHAL.

Pucerons vivipares. — Un autre type de développement intéressant est celui des œufs parthénogénésiques des Pucerons dont toute l'évolution embryonnaire a lieu dans les gaines ovariques de la femelle.

Une même gaine ovarique renferme en général, dans ses diverses loges successives, une série d'embryons à des stades différents, les plus jeunes se trouvant à l'extrémité terminale de la gaine, tandis que les plus avancés sont situés près de l'oviducte.

Au-dessous de la chambre germinative qui termine la gaine ovarique, celle-ci présente une petite dilatation dans laquelle est logé l'œuf rattaché encore à la chambre germinative par un pédoncule (fig. 395, A, *b*). L'épithélium qui tapisse la face interne de cette loge est plus épais que celui de la chambre germinative et des autres loges. Tandis que ce premier œuf va grossir et commencer à se développer, une autre loge prendra naissance entre lui et la chambre germinative et contiendra un œuf moins avancé. La gaine ovarique s'allonge ainsi par formation de loges nouvelles au-dessous de la chambre germinative, de telle sorte que les premiers œufs formés et renfermant les embryons les plus développés se trouvent à la partie postérieure de la gaine. C'est de la même manière, du reste, que s'allongent les gaines ovariques des Insectes ovipares.

Nous considérerons le développement de l'œuf sans nous occuper de la place qu'il occupe dans la gaine ovarique, c'est-à-dire de son rang par rapport à l'extrémité de la gaine, rang qui varie suivant le stade auquel on le considère.

Après la transformation de la vésicule germinative en premier noyau de segmentation (voir p. 301), celui-ci se multiplie par mitose, et les noyaux-filles se portent à la périphérie de l'œuf pour constituer les premiers noyaux blastodermiques, contenus dans une couche protoplasmique claire, le centre de l'œuf renfermant quelques granulations vitellines.

Bientôt à la partie postérieure de la loge ovigère apparaît, à la partie interne de l'épithélium, une petite cellule pédiculée qui pénètre dans l'intérieur de l'œuf par son pôle postérieur, là où il n'y a pas encore de noyaux blastodermiques. Au point d'émergence de la cellule pédiculée, les cellules épithéliales s'épaississent de manière à former une petite protubérance de la paroi, faisant saillie du côté externe. (fig. 395, A, *f*).

L'œuf continue à grossir et à s'allonger. Lorsque le blastoderme est entièrement constitué, il forme un sac entourant la partie centrale de l'œuf non segmentée (vitellus nutritif rudimentaire) et présentant une ouverture postérieure par laquelle a pénétré la cellule épithétiale pédiculée. Cette cellule augmente de volume et se couvre de petites cellules-filles nées probablement par bourgeonnement. Il en résulte, à la partie postérieure de l'embryon, la formation d'une sorte de champignon implanté par son pied dans la protubérance épithéliale, et dont le chapeau refoule la masse vitelline (fig. 395, A, *g*); ce champignon constitue la *masse polaire*, *masse androblastique* ou *androblaste* de Balbiani.

Pendant que prend naissance la masse polaire, un groupe de petites cellules claires, arrondies, apparaît entre la masse polaire et le vitellus, en contact avec la face interne du blastoderme; c'est l'ébauche des ovaires du futur embryon (fig. 395, A, *h*) (voir p. 392).

Les cellules de la masse polaire ne tardent pas à se charger de granulations pigmentaires généralement vertes, mais souvent aussi jaunes ou brunes, suivant les espèces de Pucerons. On peut donner alors à la masse polaire le nom de *masse verte*.

La bandelette embryonnaire se forme chez les Aphidiens de la même manière que chez les autres Hémiptères et chez les Libellulides, aux dépens d'une invagination blastodermique au pôle postérieur de l'œuf. La partie invaginée donne l'amnios et l'embryon presque tout entier, sauf les lobes céphaliques qui prennent naissance sur le blastoderme externe.

Arrivée au pôle antérieur de l'œuf, la bandelette embryonnaire invaginée se replie sur elle-même, de telle sorte que l'embryon a la forme d'un S un peu aplati.

L'extrémité repliée (extrémité de l'abdomen) est située dans la partie antérieure de la loge, la tête dans la partie postérieure (fig. 396, E). Lorsque se sont constitués les appendices de l'embryon, celui-ci est le siège d'un phénomène de blastokinèse : la tête vient occuper la partie antérieure de la loge, et l'extrémité abdominale est au pôle postérieur; au moment de la naissance, le jeune Puceron est, ainsi que nous l'avons déjà dit, expulsé à reculons.

Pendant le cours du développement embryonnaire, la masse verte, devenue libre par résorption de son pédicule, traverse les mêmes phases que le groupe des cellules

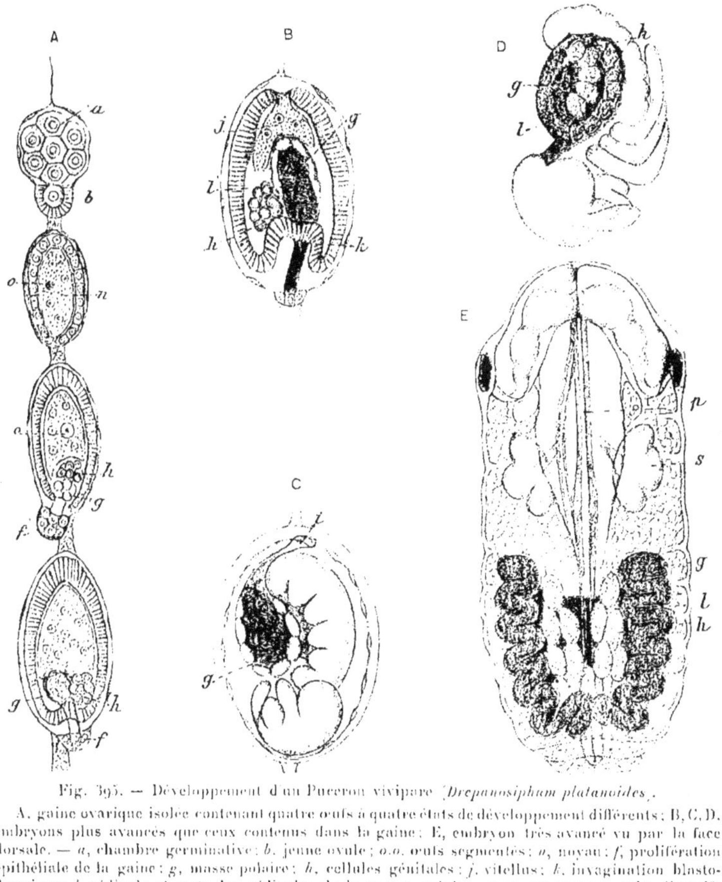

Fig. 395. — Développement d'un Puceron vivipare (*Drepanosiphum platanoides*).

A, gaine ovarique isolée contenant quatre œufs à quatre états de développement différents; B, C, D, embryons plus avancés que ceux contenus dans la gaine; E, embryon très avancé vu par la face dorsale. — *a*, chambre germinative; *b*, jeune ovule; *o.o*, œufs segmentés; *n*, noyau; *f*, prolifération épithéliale de la gaine; *g*, masse polaire; *h*, cellules génitales; *j*, vitellus; *k*, invagination blastodermique; *l*, pédicule et reste des pédicules de la masse polaire ou masse verte; *p*, tube digestif; *s*, glandes. (Figure inédite de Balbiani.)

génitales placé, comme elles, à la face interne de l'extrémité postérieure de l'embryon. Les deux masses se divisent en deux parties disposées de chaque côté du corps de l'embryon : chaque moitié de la masse génitale se subdivise elle-même en amas secondaires pour donner des gaines ovariques. Les deux moitiés de la masse verte se placent longitudinalement en dehors des deux groupes de gaines ovariques et prennent la forme de deux cordons volumineux repliés sur eux-mêmes et constitués par de grandes cellules remplies de pigment et de corpuscules réfringents arrondis, ou en forme de bâtonnets droits ou irréguliers. La masse verte ainsi transformée persiste chez le Puceron adulte et ne paraît pas subir de modifications.

Les faits que nous venons de décrire rapidement sont faciles à observer (1) et ont été plus ou moins bien constatés par les auteurs qui ont suivi le développement des Pucerons, par METCHNIKOFF (1867), BRANDT (1869), BALBIANI (1866-1870), WITLACZIL (1884), WILL (1883-1888), mais ils ont été interprétés d'une manière différente.

CLAPARÈDE et METCHNIKOFF considérèrent la masse verte comme un vitellus secondaire destiné à remplacer le vitellus rudimentaire qui existe dans l'œuf au début du développement; METCHNIKOFF pensait que ce vitellus secondaire provenait d'une cellule blastodermique invaginée; HUXLEY avait déjà désigné cette formation sous le nom de *pseudovitellus*.

BALBIANI, cherchant à expliquer le développement parthénogénésique de l'œuf des Aphidiens, attribua à la masse verte le rôle d'un organe mâle. D'après lui, la cellule épithéliale pédiculée qui naît à la partie postérieure de la loge ovigère et refoule le pôle postérieur de l'ovule est une cellule mâle, l'*androblaste*, homologue de la vésicule embryogène, cellule folliculaire qui pénètre dans l'œuf des autres Métazoaires et y exerce une sorte de préfécondation ayant pour résultat la formation du germe. L'androblaste, lorsqu'il s'est recouvert de petites cellules, est également comparable à un spermatoblaste de testicule. Dès que la cellule épithéliale pédiculée a touché l'œuf, elle agit sur lui comme le ferait un élément mâle; on voit, en effet, le blastoderme se former à la surface de l'œuf et l'embryon se développer. L'androblaste, séparé de la gaine ovigère, continue à vivre et à se développer pour son propre compte dans le corps de l'embryon; dans son intérieur se forment des éléments mâles rudimentaires, les granulations en bâtonnets réfringents que nous avons déjà signalés. Les Pucerons parthénogénésiques seraient donc, en réalité, des individus hermaphrodites renfermant des ovaires et des testicules, mais, ces derniers (masse verte) ne fonctionnent pas chez l'adulte. Ce sont des organes mâles ataviques, de simples témoins d'un état primitif hermaphrodite qui était probablement celui de tous les animaux autrefois.

La manière de voir de BALBIANI fut vivement combattue. WITLACZIL (1882), dans un premier travail sur l'anatomie des Aphidiens, considéra la masse verte comme un organe excréteur représentant les tubes de Malpighi. En 1884, il suivit la segmentation de l'œuf et constata que la masse verte n'apparaît, sous forme d'une cellule détachée de l'épithélium de la gaine, que lorsque le blastoderme est déjà constitué par une centaine de cellules. La cellule épithéliale donne en se multipliant une masse qui constitue le vitellus secondaire; pendant que celui-ci s'accroît, le vitellus primaire représentant l'endoderme s'atrophie et finit par disparaître. L'embryon ne possède

(1) Pour étudier le développement des Pucerons il suffit de prendre un de ces Insectes, de couper l'extrémité postérieure de l'abdomen et de faire sortir le contenu du corps dans une goutte d'eau salée à 0,6 % en exerçant une légère pression sur l'abdomen. Les gaines ovariques sortent en entier et on peut examiner leur contenu par transparence et faire agir sur elles différents réactifs qui font apparaître les détails de structure avec plus de netteté. L'étude des embryons par la méthode des coupes est moins aisée, à cause de la difficulté d'obtenir des coupes bien orientées lorsqu'on coupe un Puceron entier, ou de manipuler les gaines fixées après leur sortie du corps de l'animal, par suite de leurs petites dimensions.

alors qu'un ectoderme et un mésoderme, et l'intestin moyen provient de l'ectoderme. (voir p. 335). Quant au vitellus secondaire, c'est une formation énigmatique sur la nature de laquelle WITLACZIL ne se prononce pas.

Pour WILL (1888), l'œuf primitivement arrondi grossit et s'allonge peu à peu pendant que se multiplient les noyaux de segmentation. Les cellules blastodermiques

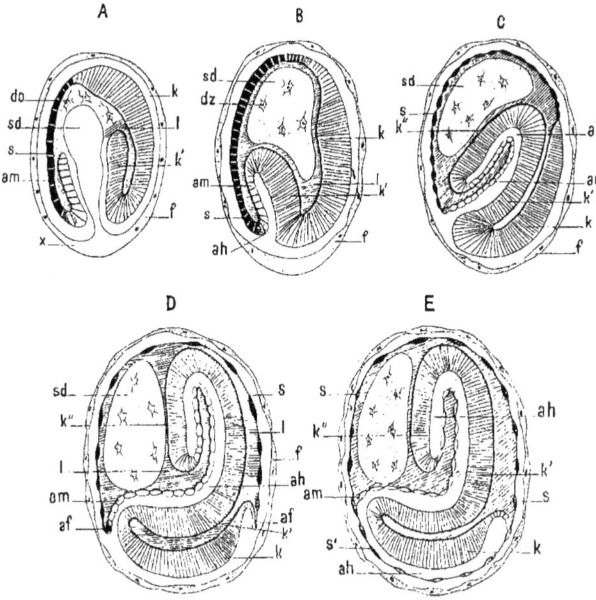

Fig. 396. — Coupes médianes schématiques d'embryons de Puceron vivipare à 5 stades différents de développement. L'ébauche génitale n'a pas été représentée.

A, invagination de la bande germinative (*k'*) et prolifération du vitellus secondaire; B, fermeture de l'ouverture par laquelle a pénétré le vitellus secondaire; C, courbure en crochet de la partie postérieure de la bande germinative; D, formation des replis amniotiques; E, fermeture de la séreuse céphalique. — *af*, replis amniotiques; *ah*, cavité amniotique; *am*, amnios; *do*, reste du vitellus primaire; *dz*, cellules vitellines; *f*, cellules épithéliales folliculaires; *k*, extrémité céphalique de la bande germinative; *k'*, partie postérieure de la bande; *k''*, extrémité postérieure recourbée de la bande; *l*, cavité primaire du corps; *s*, séreuse; *s'*, séreuse céphalique; *sd*, vitellus secondaire; *x*, lieu de formation du vitellus secondaire. (Schéma d'après WILL, emprunté à KORSCHELT et HEIDER.)

se différencient dans un syncytium périphérique, mais elles n'enveloppent pas l'œuf complètement; il reste au pôle postérieur de l'œuf un espace nu que WILL considère comme une bouche gastruléenne. L'endoderme naît des bords de cette bouche; il provient de cellules qui se détachent de l'ectoderme et émigrent dans l'intérieur de l'œuf. Celui-ci se soude alors par son pôle postérieur dépourvu de cellules blastodermiques avec l'épithélium folliculaire. A ce moment apparaît, au point de soudure, le vitellus secondaire sous forme de granulations deutoplasmiques de couleur sombre. Peu à peu le vitellus secondaire remplace le vitellus primaire absorbé pendant les premiers stades du développement. Il se constituerait ainsi une sorte de placenta résultant de la soudure de l'œuf avec l'épithélium folliculaire. Le vitellus secondaire n'est pas formé de cellules, comme l'admettent les auteurs précédents, mais par un syncytium.

La manière de voir de METCHNIKOFF et de WILL, relativement à la signification de la masse polaire, a été adoptée par la majorité des embryogénistes; elle est cependant passible de sérieuses objections. Comme le fait observer BALBIANI, la masse polaire, qui devient la masse verte, augmente de volume pendant le développement de l'embryon. Si cette masse était de nature vitelline, elle devrait servir à un moment donné à la nutrition de l'embryon; or, on la retrouve chez l'adulte avec les mêmes caractères que chez le très jeune embryon; elle y atteint son maximum et ne disparaît jamais. D'autre part, BALBIANI a montré que la masse polaire existe dans l'œuf des Pucerons ovipares, pourvu d'un vitellus abondant; on la trouve aussi dans l'œuf d'autres Homoptères, des Psylles, des Cicadelles, des Aleurodes, également riche en vitellus. Elle se transforme, comme chez les Pucerons vivipares, en masse verte et occupe dans l'adulte la même situation; elle est jaune chez les Aleurodes, incolore chez les Psylles et les Cicadelles.

L'assimilation de la masse polaire à une vésicule embryogène et à un élément mâle, et celle de la masse verte à une sorte de testicule atavique, comme l'a soutenu BALBIANI, ne peut être acceptée aujourd'hui. La vésicule embryogène (*noyau* ou *corps vitellin* de BALBIANI) n'a pas, en effet, une origine épithéliale et dérive probablement de la vésicule germinative; la masse polaire, au contraire, dérive bien de l'épithélium folliculaire. De plus, les premières cellules blastodermiques sont déjà formées, ainsi que l'a dit WITLACZIL, et comme j'ai pu le constater moi-même, quand la masse polaire commence à se former; elle ne peut donc exercer une action fécondante sur l'œuf. Enfin, la masse verte existe chez le mâle des Pucerons ovipares, de même que chez la femelle, à côté de testicules véritables dérivés de la masse des cellules génitales. D'un autre côté, la masse polaire et la masse verte manquent complètement dans des espèces très voisines des Pucerons, les Phylloxériens et les Chermès, aussi bien dans les individus parthénogénésiques que dans les sexués.

Les corpuscules arrondis et en forme de bâtonnets, contenus dans les cellules de la masse polaire, sont identiques à ceux contenus plus tard dans les grandes cellules de la masse verte. Ils ne ressemblent en rien à des spermatozoïdes; ils rappellent plutôt les corps bactérioïdes de BLOCKMANN (voir p. 88) et pourraient être considérés comme des cristalloïdes.

En résumé, il est impossible actuellement de se prononcer sur la véritable signification de la masse polaire et de la masse verte des Aphidiens, dont l'existence et l'évolution constituent la particularité la plus remarquable de l'ontogénie de ces Insectes.

CHAPITRE XI

EMBRYOGÉNIE (*suite*).

Généralités sur le développement postembryonnaire.

On distingue dans l'évolution de tout être vivant un certain nombre de périodes caractérisées par les changements de forme, de volume, d'organisation, de mode d'existence de cet être ; telles sont les périodes embryonnaire, de croissance, d'adulte et de vieillesse. La durée respective de chacune de ces périodes est des plus variables, suivant les animaux et, pour beaucoup d'entre eux, ces périodes sont difficiles à délimiter, surtout la période embryonnaire. Il existe à ce point de vue de nombreuses divergences d'opinion entre les biologistes, et cela faute d'entente sur les définitions.

On sait que lorsqu'un jeune animal sort de l'œuf dans lequel il s'est développé, il peut être, sauf les dimensions, à peu près identique à l'adulte qui a pondu cet œuf, ou, au contraire, se présenter sous une forme différant plus ou moins de celle de ses parents ; dans ce dernier cas, l'animal arrive à la forme adulte soit par une série de modifications graduelles, soit par une série de changements plus ou moins considérables dans son organisation ou dans son mode d'existence, c'est-à-dire de métamorphoses.

Les anciens embryogénistes, et récemment encore BALFOUR (1880), distinguaient deux types de développement : l'un dit *fœtal*, dans lequel les animaux subissent tout ou la plus grande partie de leur développement dans l'œuf ; l'autre dit *larvaire*, dans lequel ils sortent de l'œuf dans un état de développement peu avancé, et continuent leur évolution ontogénétique. Selon l'expression de DE QUATREFAGES, la larve est un embryon à vie indépendante.

Le type fœtal s'observe en général chez les animaux supérieurs, Mammifères, Oiseaux, Reptiles, mais l'état dans lequel se trouve le jeune individu au sortir de l'œuf peut varier dans des espèces très voisines. Ainsi chez les Rongeurs, par exemple, les petits du Lapin ou de la Souris viennent au monde nus, ceux du Lièvre recouverts de poils, ceux du Cobaye, couverts de poils et en état de courir; chez les Oiseaux, le petit Poulet sort de l'œuf avec ses plumes bien développées, et se met immédiatement à chercher sa nourriture : la plupart des autres Oiseaux naissent, au contraire, tout nus et doivent être nourris pendant longtemps par leurs parents.

Le type larvaire est beaucoup plus répandu que le type fœtal et s'observe chez presque tous les Invertébrés; cependant dans les différents groupes de ces animaux, on trouve quelques exceptions. Les espèces terrestres ou d'eau douce ont en général une embryogénie condensée, dans laquelle la forme larvaire libre caractéristique du groupe manque.

Les larves des Invertébrés, telles que, par exemple, le *pilidium* des Némertiens, la trochosphère des Vers et des Mollusques, le *nauplius* des Crustacés, sont des organismes qui arrivent graduellement à revêtir la forme adulte par une série de transformations, pendant lesquelles on voit apparaître des organes nouveaux et disparaître, au contraire, des organes larvaires transitoires.

Parmi les Arthropodes, les Insectes étant des animaux essentiellement adaptés à la vie aérienne ou terrestre, présentent une embryogénie plus ou moins fortement condensée et l'animal sort de l'œuf soit à l'état fœtal, soit à l'état larvaire, mais presque toujours à un état de développement avancé. Les larves d'Insectes, même les plus simples, présentent déjà une organisation bien différenciée, comprenant les organes essentiels de l'adulte, chaîne ganglionnaire nerveuse, tube digestif, système trachéen, vaisseau dorsal, organes excréteurs et organes génitaux, etc.

Dans la majorité des Insectes, les larves pour passer à l'état adulte traversent un état particulier, dans lequel elles paraissent être en état de mort apparente, cessant de se mouvoir et de prendre des aliments, et pendant lequel plusieurs des organes subissent une transformation histologique remarquable : cet état particulier constitue le stade de *nymphe*.

C'est à LINNÉ qu'on doit les termes qui servent à désigner les différents états que traverse l'Insecte, depuis sa sortie de l'œuf jusqu'à l'âge adulte.

LINNÉ considérait que, sous le premier état, la forme réelle de l'Insecte est masquée, d'où le nom de *larva* (masque) ; dans le deuxième état, l'Insecte immobile est emprisonné dans sa surface tégumentaire, dont les segments représentent les bandelettes d'une momie ou d'un maillot ;

LINNÉ appelle ce stade *pupa* (poupée). Mais le terme de pupe a été réservé depuis pour certaines formes spéciales de ce stade, que l'on désigne aujourd'hui par le terme général de *nympha* (nymphe). Enfin, l'Insecte adulte était, pour LINNÉ, l'*imago* (image) qui a dépouillé son masque et ses bandelettes. L'ensemble des transformations que subit l'Insecte pour arriver de l'état de larve à l'état adulte, constitue ce qu'on a appelé la *métamorphose* de l'Insecte (1).

Depuis LINNÉ, le terme de larve a été appliqué à toutes les formes postembryonnaires qui diffèrent plus ou moins de l'état adulte, et celui de métamorphose aux différents changements que présente la larve pendant son évolution.

TRANSFORMATION ET MÉTAMORPHOSE

Il existe cependant une différence assez considérable entre la métamorphose d'un Insecte et celle d'un autre animal. Deux exemples pris parmi les Arthropodes, l'un chez les Crustacés, l'autre chez les Insectes, feront comprendre par quoi se distinguent ces deux genres de métamorphose.

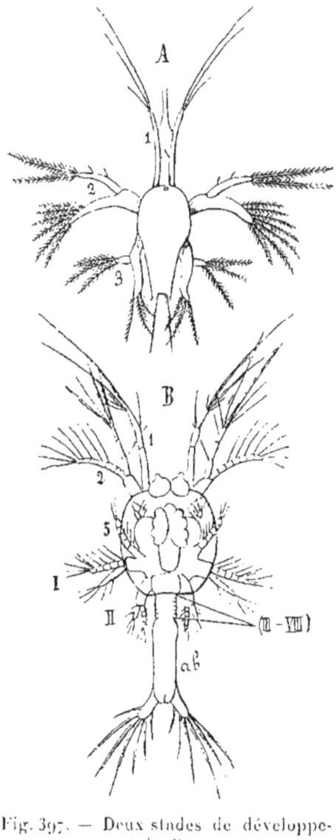

Fig. 397. — Deux stades de développement de *Penæus*.

A, Nauplius. — B, Protozoée. — 1, 2, 1re et 2e antennes ; 3, mandibule ; 5, 2e maxille ; I, II, 1re et 2e pattes maxillaires ; III-VIII, ébauches des 3e-8e segments thoraciques ; *ab*, abdomen. (D'après F. MÜLLER, figure empruntée à LANG.)

La larve du *Penæus* (Crustacé décapode) se présente au sortir de l'œuf sous la forme de *nauplius*, dont le corps n'est pas segmenté et ne possède que trois paires d'appendices locomoteurs, et un œil impair médian (fig. 397, A).

Après une première mue, la larve s'est transformée en *metanauplius* :

(1) Les anciens connaissaient les métamorphoses des Papillons et de quelques autres Insectes. Nous avons déjà rapporté (p. 6) ce que dit ARISTOTE sur la transformation des chenilles en Papillons. PLINE dit également : « Eruca quæ, adjectis diebus accrescet immobilis duro cortice, ad tactum tantum movetur cirene accreta, quam chrysalidem appellant » (Lib. XI, cap. 97, 1). et « Erucæ genus est quæ, rupto cortice cui includitur, fit papilio » (Lib. II, cap. 23).

un repli cutané forme le bouclier céphalo-thoracique, et des rudiments de quatre paires d'appendices ont apparu en arrière des premiers appendices du nauplius.

Puis la larve devient une *protozoée* : le bouclier céphalo-thoracique présente une épine dorsale ; le corps se termine en arrière par une

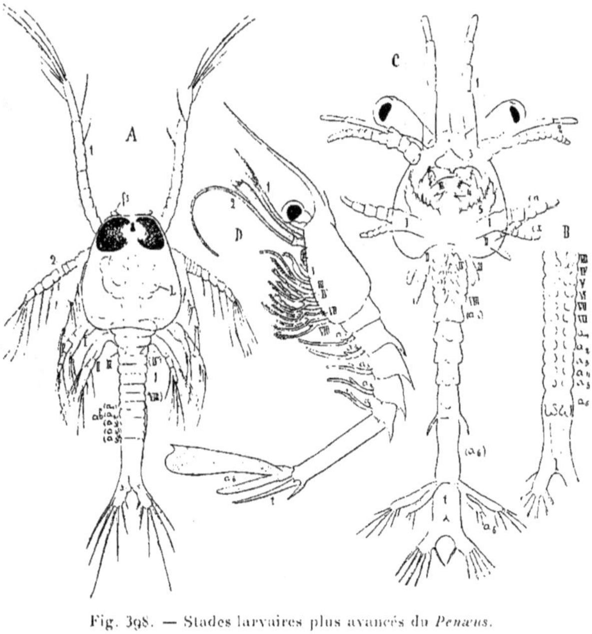

Fig. 398. — Stades larvaires plus avancés du *Penæus*.

A, Protozoée avancée, vue par la face dorsale. — B, portion thoraco-abdominale d'une larve un peu plus âgée, montrant les ébauches des appendices, vue par la face ventrale. — C, Zoée vue par la face ventrale. — D, Mysis vue latéralement. — 1, 2, première et deuxième antennes ; 3, mandibule ; 4, 5, première et deuxième maxilles ; I, II, III, première, deuxième et troisième pattes maxillaires ; IV-VIII, 1re-5e pattes locomotrices ; (IV)-(VIII), 4e-8e segments thoraciques ; (a_1)-(a_6), 1er-6e segments abdominaux ; a_1-a_6, 1re-6e paires de pléopodes ; *ab*, abdomen ; *en*, endopodite ; *ex*, exopodites ; *fs*, organe sensoriel frontal ; *L*, foie ; *t*, telson. (D'après CLAUS, figure empruntée à LANG.)

longue queue fourchue, à la base de laquelle se dessinent six segments abdominaux dépourvus d'appendices ; les organes locomoteurs formés aux stades précédents sont plus développés, et commencent à se différencier (fig. 397 B, 398 A, B).

A la suite d'une série de mues, la larve passe par le stade de *zoée* pendant lequel la seconde paire d'antennes joue encore le rôle d'organe natatoire ; le nombre des appendices thoraciques et abdominaux augmente, l'œil impair disparaît, et les yeux pédonculés se développent (fig. 398 C) ;

puis par le stade *mysis* caractérisé par les pattes thoraciques et abdominales biramées, la transformation de la seconde paire d'antennes et le grand développement que prend l'épine céphalo-thoracique (fig. 398 D).

Enfin du stade mysis l'animal passe directement à la forme adulte de *Penæus*.

Toutes les transformations de la larve du *Penæus*, depuis sa sortie de l'œuf jusqu'à la forme définitive, se font graduellement et consistent en l'apparition successive de nouveaux segments du corps et de nouveaux appendices locomoteurs, dont la constitution se complique et se différencie progressivement, en même temps que se forment de nouveaux organes internes. Pendant toutes ces transformations, la larve *ne cesse de mener une vie libre et active et de prendre des aliments* pour se nourrir. Après avoir revêtu la forme *Penæus*, le Crustacé continue à s'accroître, à muer et à augmenter considérablement de taille et de volume.

Si nous considérons au contraire l'évolution d'un Insecte, d'un Papillon par exemple, nous verrons qu'elle se présente sous un tout autre aspect.

A la sortie de l'œuf, la larve, ou *chenille*, a un corps allongé dans lequel on compte 13 segments, y compris la tête. Celle-ci, recouverte de téguments résistants, porte deux petites antennes triarticulées, des pièces buccales broyeuses, et, de chaque côté, 6 ocelles disposés en trois groupes. Chacun des trois segments thoraciques est muni d'une paire de pattes à 5 articles, et de deux à cinq segments abdominaux sont pourvus de fausses pattes, dites membraneuses.

La chenille subit une série de mues, à la suite de chacune desquelles elle augmente de taille, mais qui n'amènent aucun changement dans sa forme extérieure. Après une dernière mue, elle se transforme en nymphe ou *chrysalide*. A ce stade, le corps est moins long, plus gros; sous la peau résistante, on distingue les différentes parties du corps de l'adulte, les ailes, les pattes, les longues antennes, la trompe. Sous cette forme, l'Insecte est généralement *immobile*, ou ne présente que quelques mouvements de l'abdomen, *et ne prend aucune nourriture*.

De la chrysalide sort le Papillon adulte; celui-ci ne subit plus aucune mue et cesse de s'accroître. Chez l'Insecte arrivé à la forme adulte, la croissance est terminée. On observe bien, pour quelques femelles d'Insectes adultes, une augmentation de volume (Termites, *Meloe*, Chrysomélides, etc.), mais c'est l'abdomen seul qui prend un plus grand développement, parce qu'il est distendu par l'accroissement de volume des œufs. Il se produit une simple extension de l'abdomen, comme chez les femelles des autres animaux en état de gestation, par écartement des pièces squelettiques rigides.

Tandis que chez le *Penæus* les transformations de la larve se font d'une manière insensible et régulière, chaque stade différant du précédent par l'apparition graduelle de nouvelles parties et l'atrophie d'autres organes transitoires, chez le Papillon, les transformations se font en apparence brusquement ; elles portent surtout sur les formes extérieures de l'animal qui est déjà à peu près pourvu de son organisation définitive.

Chez beaucoup d'Insectes, bien que la période larvaire soit généralement plus longue que chez les autres animaux, relativement à la durée totale de la vie de l'individu, il y a accélération des phénomènes embryogéniques. Après sa sortie de l'œuf, l'animal reste pendant longtemps à peu près au même stade de développement, puis brusquement il devient le siège de changements qui s'accomplissent en un court espace de temps. Ces changements sont surtout caractérisés par des transformations ou des remaniements de certains systèmes, entre autres du système musculaire, qui entraînent l'immobilité de l'Insecte.

Si l'on ne juge les métamorphoses des Insectes que par l'aspect des formes extérieures, la différence entre l'évolution postembryonnaire de ces êtres et celle des autres animaux à métamorphoses est des plus tranchées. Ce fait avait frappé les premiers observateurs qui pensaient que, à chaque stade de la métamorphose, l'animal se transformait brusquement en un animal nouveau.

Swammerdam, en étudiant l'anatomie de la chenille peu de temps avant sa transformation en chrysalide, y reconnut toutes les parties du futur Papillon, et fut amené à considérer la chenille comme une simple enveloppe de la chrysalide et du Papillon. Il admit même que tout l'Insecte adulte est déjà contenu dans l'œuf. Swammerdam était allé trop loin. En réalité, nous verrons que l'évolution embryonnaire continue dans la chenille et que, si celle-ci renferme avant la nymphose toutes les parties du Papillon, ces parties y apparaissent successivement et s'y développent. La période de nymphose est accompagnée de phénomènes embryogéniques importants qui avaient échappé à Swammerdam. Ces phénomènes n'ont été bien compris que depuis que les études d'embryogénie comparée ont fait connaître des processus semblables chez d'autres animaux, tels que la formation de l'animal définitif aux dépens du *pilidium* et de la *larve de Desor* chez les Némertes, de la larve des Bryozoaires et de celles des Échinodermes.

Les biologistes ne sont pas tous d'accord sur la manière dont il convient de définir la métamorphose.

Suivant Ed. Perrier, un animal est à l'état d'embryon tant qu'il ne possède pas toutes les unités morphologiques dont son corps doit être formé. La larve renferme ces unités. Tant que celles-ci ne sont pas constituées, l'animal est à l'état embryonnaire et poursuit son développement, quelles que soient les transformations qu'il subit. Quand l'animal a acquis tous les segments qui doivent constituer le corps, s'il ne présente pas encore sa forme ou son organisation définitive, il est à l'état de larve, et la transformation finale qui l'amène à l'état adulte est une métamorphose. La métamorphose est donc un changement plus ou moins rapide qui s'accomplit soit dans les organes internes, soit dans les formes extérieures d'un organisme déjà en possession de toutes les unités morphologiques dont son corps doit être formé. D'après cette manière de voir, un nauplius, un pilidium, une trochosphère ne sont pas des larves, mais seulement des embryons libres.

Giard (1898) distingue la *transformation* de la *métamorphose*. Il y a transformation lorsque la forme d'un animal ou d'un organe change graduellement, grâce à une multiplication des cellules et à leur différenciation, l'élimination des éléments anciens se faisant uniquement par le jeu des fonctions sécrétrices et excrétrices ; telles sont les transformations de l'Axolotl, des Cténophores, des Chilognathes, des Nématodes.

Il y a métamorphose lorsque le changement de forme de l'animal résulte de la destruction d'un organe ou d'un ensemble d'organes par la mort et la régression sur place des éléments qui le composent et l'utilisation des matériaux de dégénérescence ainsi produits pour la reconstitution d'organes nouveaux ou le développement ultérieur d'organes antérieurement existants. Comme exemples de métamorphoses, Giard cite la disparition des branchies chez les Axolotls et les Tritons, de la queue chez les Têtards, de l'appendice caudal des larves d'Ascidies, les métamorphoses des Insectes, de certains Bryozoaires, Acariens, Crustacés (Cryptonisciens, Choniostomides, Harpyllobiides), Cirrhipèdes (Rhizocéphales), etc.

La transformation est un processus d'évolution continu ; la métamorphose un processus d'évolution discontinu, caractérisé par la nécrobiose normale ou physiologique : elle peut être utilisée comme critérium de l'abréviation embryogénique (cœnogenèse, tachygenèse).

Pérez (1899) a défini la métamorphose une *crise de maturité génitale*. D'après lui, ce serait la prolifération des cellules sexuelles qui déterminerait le développement des disques imaginaux, lequel *entraîne* la destruction de certains tissus et organes. Giard a très justement réfuté cette manière de voir ; il a rappelé que la métamorphose du pilidium en Némertien, du pluteus en Oursin, les métamorphoses des larves d'Ascidies et de Batraciens ne correspondent pas à une crise génitale. Relativement aux Insectes, que Pérez avait surtout en vue dans la définition de la métamorphose, Giard fait observer que les Papillons de la génération d'automne de certains Sphinx sont stériles dans le nord de leur habitat (Angleterre, Norvège, Nord de la France) ; ils ont des organes génitaux rudimentaires et cependant leurs chenilles se sont normalement métamorphosées. Oudemans (1898) en châtrant des chenilles d'*Ocneria dispar*, avant les deux dernières mues qui précèdent la nymphose, a obtenu des Papillons normaux. D'un autre côté, on sait qu'il peut y avoir crise génitale sans métamorphose ; c'est ainsi que l'Axolotl et certains Tritons se reproduisent sans avoir perdu leurs branchies et que les larves de certaines Cécidomyies présentent la pædogenèse que nous avons déjà signalée (p. 258).

Il est évident que l'évolution ontogénétique d'un animal commence avec la fécondation de l'œuf et n'est terminée que lorsque cet animal est arrivé à l'état adulte; mais, ainsi que nous disions au début de ce chapitre, il est commode de diviser cette évolution en un certain nombre de périodes correspondant à des changements de forme, de volume, d'organisation de l'être. Avec la majorité des embryologistes, nous désignerons sous le nom d'*embryon* l'animal contenu dans l'œuf, et, sous celui de *larve*, l'animal au sortir de l'œuf, n'ayant pas revêtu sa forme définitive, qu'il soit pourvu d'organes qui disparaissent à l'état adulte ou qu'il ne possède pas certains organes qui n'existent qu'à l'état adulte ; nous appellerons, avec Giard, *transformations* les processus évolutifs continus qui amènent progressivement la larve à l'état adulte, et *métamorphoses* les processus évolutifs discontinus, caractérisés par la nécrobiose physiologique de certains tissus ou organes.

COURBES DU DÉVELOPPEMENT

Pendant le développement d'un animal, depuis l'œuf jusqu'à la forme adulte définitive, on peut considérer l'accroissement de volume et de taille de cet animal et d'un autre côté les modifications subies par l'organisme pendant son évolution. Ces deux sortes de phénomènes peuvent être représentées graphiquement par deux courbes : l'une relative à l'accroissement de volume et de taille, ayant pour abscisse la durée de l'existence depuis la sortie de l'œuf jusqu'à la mort, et pour ordonnée la taille ou le volume; l'autre, relative aux changements de forme extérieure, par exemple, ayant la même abscisse et pour ordonnée l'évolution de cette forme extérieure. Si l'on trace de semblables courbes pour les différents animaux, on constate qu'elles varient considérablement suivant les groupes. Les figures 399 A, B et C représentent les courbes de croissance et d'évolution morphologique externe d'un Oiseau, d'un Crustacé et d'un Insecte, en prenant pour origine le moment d'éclosion de l'œuf.

Chez les Oiseaux, le Poulet, par exemple (fig. 399 A), au moment de la naissance, l'animal possède sa forme définitive, sauf quelques modifications peu importantes, dont l'ensemble constitue les caractères sexuels secondaires et qui se produisent vers le terme de la croissance. La courbe de l'évolution est donc située presque entièrement au-dessous de l'abscisse et à gauche de l'ordonnée ; cette courbe d'abord rapidement ascendante se rapproche de l'axe des x, auquel elle devient

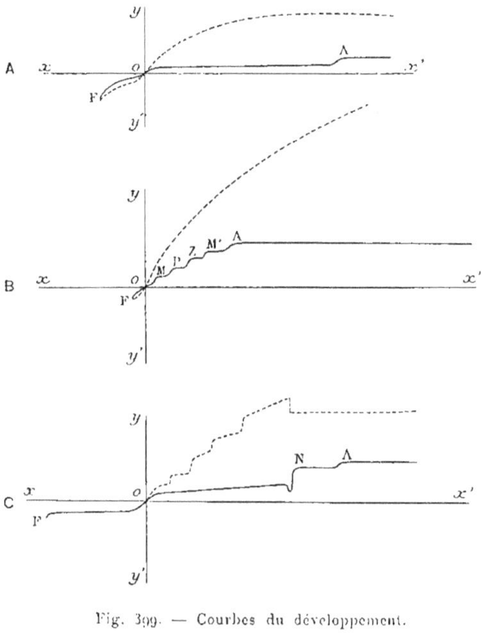

Fig. 399. — Courbes du développement.

A, d'un Oiseau, B, du *Penæus*, C, d'un Papillon. — La ligne ponctuée représente la courbe relative à l'accroissement de taille ; la ligne pleine la courbe relative aux changements de forme extérieure. — F, moment de la fécondation de l'œuf ; O, moment de l'éclosion de l'œuf ; M, P, Z, M', stades de métanauplius, de protozoée, de zoée, de mysis du *Penæus* ; N, stade de nymphe ; A, état adulte ; xx', axe des abscisses ; yy', axe des ordonnées.

parallèle après la naissance et présente une légère ascension à l'âge de la puberté, pour redevenir parallèle à l'abscisse. La courbe de croissance, qui se confond d'abord avec celle de l'évolution, prend une forme parabolique jusqu'au moment de l'âge adulte, où elle devient parallèle à l'axe des x.

Les courbes du développement du *Penæus* sont bien différentes de celles d'un Oiseau (fig. 399, B). L'animal sort de l'œuf à un état de développement peu avancé sous la forme naupliennc. La courbe de l'évolution, très courte au-dessous de l'axe des x, présente au-dessus de cet axe une ascension lente, avec une série de sinuosités correspondant aux diverses formes larvaires, et devient parallèle à l'abscisse lorsque le Crustacé a pris sa forme définitive. La courbe de croissance, à concavité supérieure, s'éloigne indéfiniment de l'axe des x : l'animal, continuant à muer lorsqu'il est adulte, n'a pas, en effet, une croissance limitée.

La courbe de l'évolution d'un Insecte à métamorphose complète, d'un Papillon, par exemple, ressemble pour la période intraovulaire à celle d'un Oiseau (fig. 399, C); après l'éclosion de la larve elle devient parallèle à l'axe des x, présente une ascension brusque au moment de la nymphose, puis redevient parallèle à l'abscisse quand l'animal prend la forme adulte. La courbe de croissance est une ligne brisée ascendante offrant une série de crochets correspondant aux différentes mues de la larve. A l'époque de la nymphose, la courbe diminue de hauteur, la chrysalide (surtout celle des *Bombyx*) étant moins volumineuse que la larve, puis elle devient parallèle à l'axe des x, la croissance étant terminée lors du passage de la nymphe à l'imago.

Métamorphoses des Insectes.

La caractéristique de la courbe d'évolution des Insectes à métamorphose complète, c'est le changement brusque de forme au moment du passage de la vie larvaire à la vie nymphale, et de celle-ci au stade d'adulte. Ces changements s'accompagnent d'une accélération des phénomènes embryogéniques; ils ne sont pas propres aux Insectes et s'observent d'une manière générale quand le genre de vie de l'animal se trouve modifié pendant son évolution. Ils accompagnent le passage de la vie libre à la vie sédentaire (Cirrhipèdes, Ascidies), celui de la vie libre à la vie parasitaire (femelles de Copépodes parasites), celui de la vie aquatique à la vie aérienne (Amphibiens anoures, Insectes), l'acquisition de la faculté de voler (Insectes), enfin les modifications dans le régime alimentaire (Insectes). Ces trois dernières conditions peuvent se rencontrer chez les Insectes, soit isolées, soit réunies. La grande majorité des Insectes, dépourvus d'ailes à la sortie de l'œuf, acquièrent la faculté de voler lorsqu'ils deviennent adultes; chez beaucoup en même temps le mode d'alimentation change complètement, aussi les modifications de forme extérieure et d'organisation interne qui accompagnent le passage de la vie larvaire à la vie adulte peuvent-ils être plus ou moins importants suivant les Insectes, et on a divisé ceux-ci en différents groupes d'après la nature de leurs métamorphoses.

I. Développement sans métamorphose. Amétabolie. — Les Insectes dépourvus d'ailes à l'état adulte, les Aptérygotes (Thysanoures et Collemboles), traversent toute leur évolution embryogénique dans l'œuf; ils naissent avec leur forme définitive; l'animal subit une série de mues, s'accroît et devient adulte quand ses produits sexuels sont arrivés à maturité. Les jeunes et les adultes habitent les mêmes lieux et ont le même genre de vie. Ces Insectes, dont le développement appartient au type fœtal, sont dits *amétaboliques*. Il faut ranger parmi eux certains Insectes qui, bien qu'appartenant à un ordre dont les autres Insectes sont ailés à l'état adulte, restent aptères toute leur vie par suite de la dégradation parasitaire. Ces Insectes présentent une *amétabolie acquise* : tels sont les Poux, la Punaise des lits, les femelles parthénogénésiques aptères des Aphidiens, celles des Lécanides et des Cochenilles, certaines espèces de Blattes et de Phasmes. La larve ne diffère dans ce cas de l'adulte que par sa taille plus petite et l'absence d'organes génitaux bien développés.

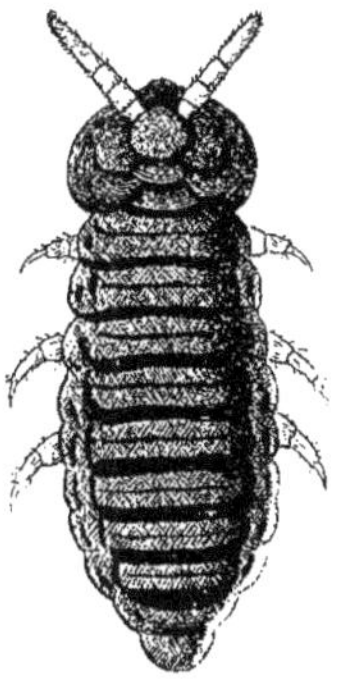

Fig. 400. — *Podura aquatica*. D'après Lubbock : figure empruntée à Miall.

II. Métamorphose graduelle. Paurométabolie. — L'Insecte sort de l'œuf avec l'aspect de l'adulte; mais il n'a pas d'ailes et ses organes reproducteurs sont peu développés. La larve subit un certain nombre de mues : avant les dernières, les rudiments des ailes deviennent visibles sous la peau, et font saillie dans les *fourreaux alaires*. On donne généralement le nom de nymphe à cette dernière forme de la larve, mais cette pseudo-nymphe ne cesse de se mouvoir et de prendre de la nourriture; elle a exactement le même genre de vie que la larve et que l'adulte, elle ne paraît être le siège d'aucun phénomène histolytique et devient directe-

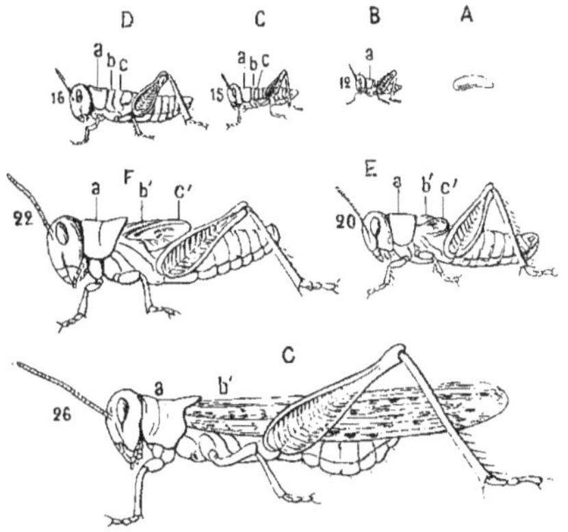

Fig. 401. — Métamorphoses d'un Acridien.
A, œuf; B, C, D, stades larvaires; E, F, stades de pseudo-nymphe; G, adulte. — *a*, *b*, *c*, les trois segments thoraciques; *b'*, ailes antérieures; *c'*, ailes postérieures. Les chiffres placés à côté des antennes indiquent le nombre des articles qui augmente à chaque mue. (D'après Emerton.)

ment *imago* après s'être dépouillée de sa dernière enveloppe cutanée. A cette catégorie d'Insectes *paurométaboliques* appartiennent les Orthoptères, les Termites, les Thysanoptères et la plupart des Rhynchotes (Hémiptères).

III. Métamorphose graduelle avec stade de nymphe immobile. — Chez les Cicadides (Rhynchotes), la larve diffère de l'adulte non seulement par l'absence des ailes, mais encore par son genre d'existence; elle vit sous terre, creuse des galeries à l'aide de ses membres antérieurs

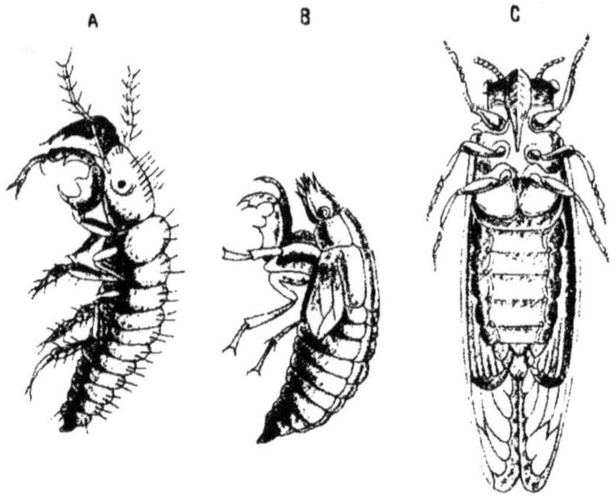

Fig. 402. — *Cicada septemdecim*.
A, larve; B, nymphe; C, adulte. (D'après Packard.)

très développés et fouisseurs, et suce les racines. La croissance de la larve est très lente. La *Cicada septemdecim* des États-Unis présente le maximum de la durée larvaire, observé jusqu'ici chez les Insectes, puisqu'elle met dix-sept ans à se transformer en adulte. Arrivée au terme de sa croissance, la larve devient une nymphe d'abord mobile, puis immobile, ayant encore l'aspect de la larve. Parmi les autres Rhynchotes, les *Aleurodes* et les mâles des Coccides passent également par un stade de nymphe immobile enfermée dans un petit cocon.

IV. Métamorphose incomplète. Hémimétabolie. — Les Insectes, qui à l'état adulte mènent une vie exclusivement aérienne et dont les larves sont aquatiques, présentent sous ces deux formes des différences d'organisation assez grandes. La forme larvaire subit après chaque mue des modifications qui l'amènent graduellement à ressembler de plus en plus à l'imago. A la fin de la période nymphale, durant laquelle l'animal conserve son activité, il se produit des changements importants dans la constitution de différents organes, en relation avec le passage brusque de la vie aquatique à la vie terrestre. Il s'agit ici d'une véritable métamorphose fonctionnelle (Éphémérides, Odonates, Perlides).

V. Métamorphose complète. Holométabolie. — L'Insecte, au sortir de l'œuf, est bien différent de ce qu'il sera à l'état adulte : la larve, souvent adaptée à un genre de vie spécial, peut être complètement privée d'appendices locomoteurs ; ceux-ci, qui avaient apparu dans le cours du développement, s'atrophient et ne reparaissent que pendant la nymphose. La nymphe de ces Insectes holométaboliques est presque toujours immobile,

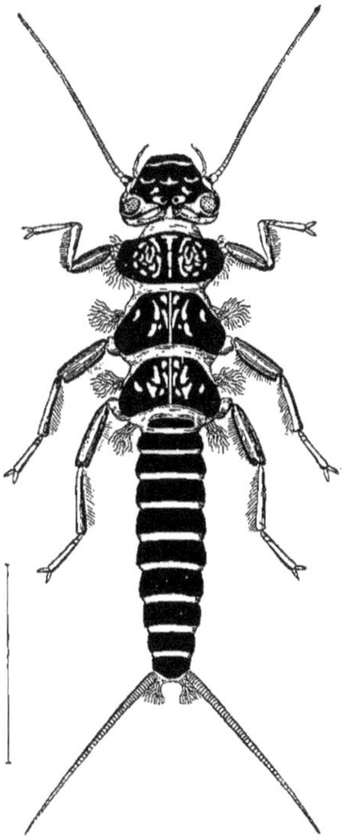

Fig. 403. — Larve de *Perla bipunctata*. (Figure empruntée à Miall.)

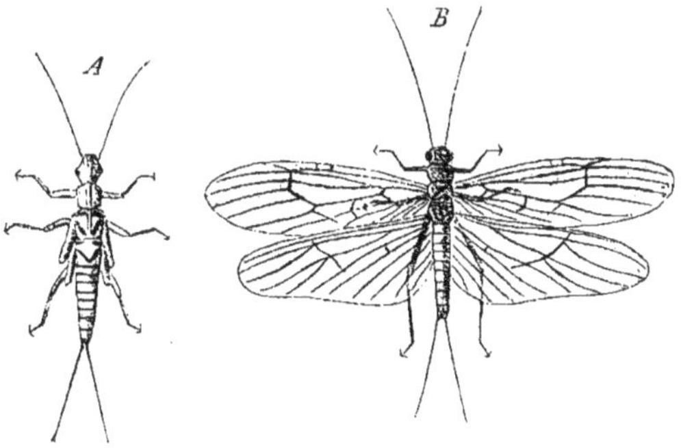

Fig. 404. — *Capnia nigra* (Perlide). — A, nymphe ; B, adulte. (D'après Pictet, figure empruntée à Lang.)

et est le siège de phénomènes d'histolyse plus ou moins marqués. (Névroptères, Trichoptères, Coléoptères, Lépidoptères, Siphonaptères, Hyménoptères, Diptères).

VI. Hypermétamorphose. — Fabre (1857) a désigné sous ce nom un mode de développement qu'il a découvert chez les Vésicants, dans lequel la larve, avant de se transformer en nymphe, se présente sous plusieurs formes différentes pouvant être séparées par un état de pseudonymphe. Ces diverses formes larvaires sont en rapport avec un changement de genre de vie et de nourriture. D'après Künckel d'Herculais, (1894), la pseudo-nymphe ne serait qu'une larve, pour ainsi dire enkystée à l'état de repos et qu'il appelle une *hypnothèque* ; il propose de remplacer le terme d'hypermétamorphose par celui d'*hypnodie*. Nous expose-

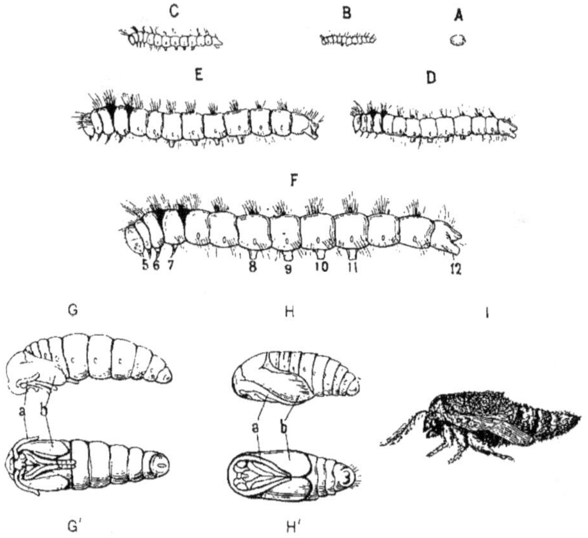

Fig. 405. — Métamorphoses complètes d'un *Bombyx*.

A, œuf; B, C, D, E, F, larves aux différents âges; G, jeune nymphe vue latéralement; G', la même vue ventralement; H, nymphe plus âgée vue latéralement; H', la même vue ventralement; I, adulte. — 5, 6, 7, pattes thoraciques; 8, 9, 10, 11, 12, fausses pattes abdominales; *a*, antennes; *b*, ailes. (D'après NITSCHE et JUDEICH.)

rons plus loin avec détail les métamorphoses des Vésicants, ainsi que

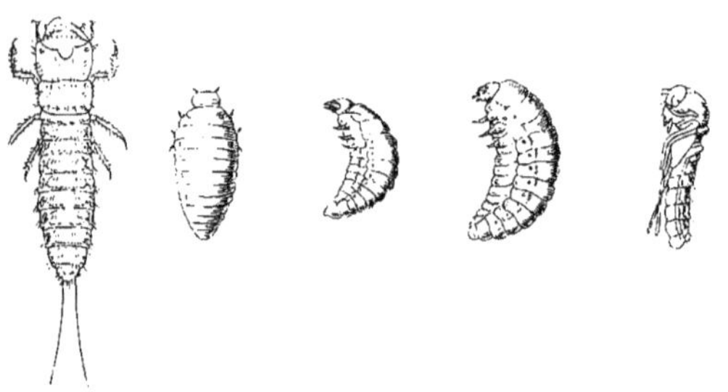

Fig. 406. — Stades du développement postembryonnaire du *Mylabris Schreibersi*.

A, triongulin grossi; B, C, deuxième larve; D, troisième larve; E, nymphe. (D'après KÜNCKEL D'HERCULAIS; figure empruntée à BEAUREGARD.)

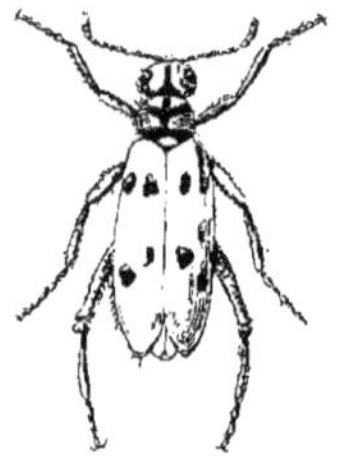

Fig. 407. — *Mylabris Schreibersi* adulte. (D'après KÜNCKEL D'HERCULAIS.)

celles des Strepsiptères et des Mantispes qui présentent également quelques particularités intéressantes prouvant que ce sont les changements de condition d'existence qui déterminent l'hypermétamorphose de ces Insectes.

Westwood a divisé les Insectes, au point de vue de leurs métamorphoses, en deux grands groupes : les *Insectes homomorphes* dont les larves ressemblent aux adultes et n'en diffèrent que par l'absence des ailes, et

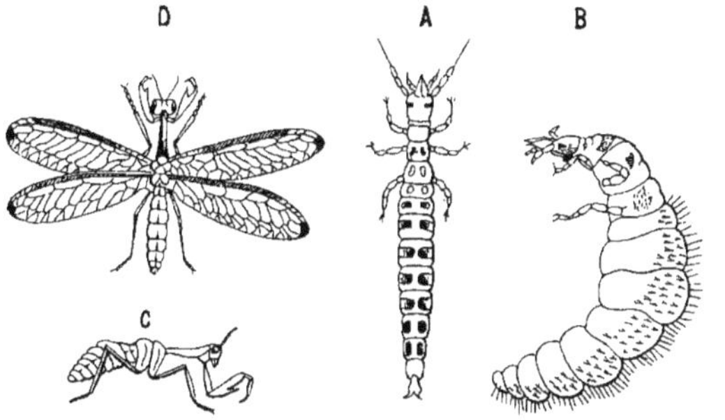

Fig. 408. — Hypermétamorphoses de *Mantispa interrupta*.
A, larve campodéiforme au moment de l'éclosion, grossie (*Mantispa styriaca*) ; B, larve âgée, avant la première mue ; C, nymphe ; D, adulte. (D'après Brauer.)

les *Insectes hétéromorphes* chez lesquels il n'y a pas de ressemblance entre la larve et l'adulte. Le premier groupe comprend les Insectes amétaboliques, paurométaboliques et hémimétaboliques ; le second ne renferme que les Insectes holométaboliques.

La distinction des divers types de développement postembryonnaire ou de métamorphoses, que nous venons d'établir, repose en grande partie sur les modifications des formes extérieures de l'animal depuis sa sortie de l'œuf jusqu'à l'âge adulte. Entre ces différents types, on peut trouver des formes de passage qui montrent que ces types se rattachent les uns aux autres et ne correspondent pas en réalité à des modes de développement distincts. L'ontogénie de l'Insecte, comme celle de tout autre animal, commence avec la fécondation de l'œuf ou la formation du premier noyau de segmentation et se continue jusqu'à l'état adulte. Il n'existe pas de limite entre l'état embryonnaire et l'état larvaire ; pratiquement on réserve le terme d'embryon pour désigner l'animal contenu dans l'œuf, et on donne celui de larve à l'animal après l'éclosion, lorsqu'il n'a pas encore revêtu la forme de ses parents ; mais le moment où l'animal sort de l'œuf ne correspond pas à un point précis de l'évolution embryonnaire, la même pour tous les animaux d'un même groupe. Ce moment est purement physiologique et dépend de la plus ou moins grande quantité de réserves nutritives contenues dans l'œuf. C'est ce qui fait que, dans un même groupe très naturel, on peut trouver des embryogénies dilatées et des embryogénies condensées ou accélérées. Le point d'origine des axes de la courbe ontogénétique, correspondant à la sortie de l'animal de l'œuf, peut donc se trouver sur un point quelconque de la courbe, et ce point variable délimite la fin de la période embryonnaire du commencement de la période larvaire.

Diapauses.

Jusqu'ici nous avons considéré le développement embryonnaire proprement dit, c'est-à-dire celui qui a lieu dans l'intérieur de l'œuf, comme uniformément continu. Il n'en est pas toujours ainsi chez les Insectes et chez d'autres animaux. Le développement de l'embryon, tout comme celui de la larve, peut présenter des temps d'arrêt plus ou moins longs qui donnent à la courbe ontogénétique un aspect particulier ; celle-ci devient alors parallèle à l'axe des x, de même que pendant la période larvaire.

On peut désigner sous le nom de *diapauses* (διάπαυσις, repos, interruption de travail) ces périodes d'arrêt dans le développement ontogénétique d'un animal, depuis la fécondation de l'œuf jusqu'à l'âge adulte, et distinguer des diapauses embryonnaires, des diapauses larvaires et des diapauses nymphales (1).

Un exemple très remarquable de diapause s'observe chez le Ver à soie. Les œufs du *Bombyx mori* commencent à se développer dès qu'ils sont fécondés. Trois ou quatre jours après la ponte, qui a lieu au mois de juillet, la bandelette germinative comprenant seize métamères est constituée, les membranes embryonnaires sont formées et l'œuf, qui primitivement était jaune clair, est devenu violet, par suite de la coloration particulière de la séreuse, qui se voit par transparence à travers le chorion. Lorsque l'embryon est arrivé à ce stade, le développement s'arrête complètement jusqu'au printemps suivant. C'est seulement trois ou quatre jours après que l'œuf a été soumis à une température de 23° à 40° C., qu'apparaissent les rudiments des appendices, et en une quinzaine de jours le développement de la chenille est terminé. L'embryon passe donc à l'état de vie latente pendant environ dix mois. La

---

(1) Le terme de *diapause* a déjà été employé par Wheeler (v. p. 347) pour désigner une phase de la blastokinèse ; en faisant suivre ce terme d'un adjectif qualificatif (embryonnaire, larvaire, etc.), il ne saurait y avoir de confusion.

courbe de l'évolution ontogénétique du Ver à soie a par conséquent la forme représentée dans la figure 409, I; elle est caractérisée par deux périodes d'arrêt dans le développement, pendant lesquelles elle devient

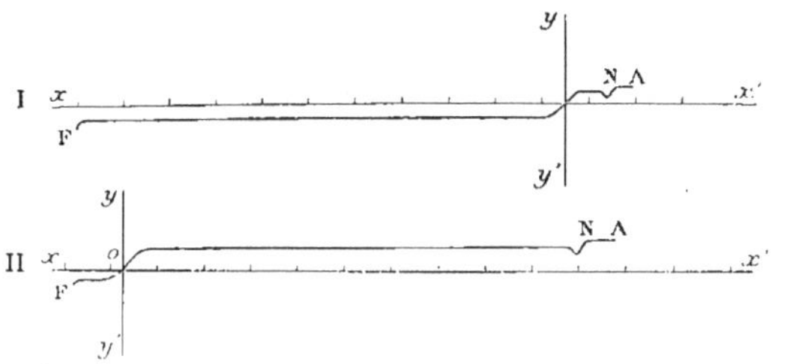

Fig. 409. — Courbes du développement de deux *Bombyx*.
I. *Bombyx mori*. II, *Liparis chrysorrhea*. L'axe *xx'* est divisé en mois; l'axe *yy'* croise l'axe *xx'* au moment de l'éclosion de l'œuf. F, moment de la ponte; N, période nymphale; A, période de l'état adulte.

parallèle à l'axe des *x*; l'une très longue durant le stade embryonnaire, l'autre beaucoup plus courte pendant le stade larvaire.

Les périodes d'arrêt dans le développement sont très variables suivant les espèces et peuvent présenter de grandes différences chez des espèces très voisines. Ainsi, pour le Bombyx chrysorrhée (*Liparis chrysorrhea*), l'éclosion des œufs a lieu peu de temps après la ponte; le développement embryonnaire est continu, et la période d'arrêt se produit dans la vie larvaire qui est très longue, les chenilles passant à l'état de vie latente pendant l'hiver (fig. 409, II).

On ne connait pas exactement les causes qui déterminent ces différences dans le mode de développement pour des espèces très voisines; cependant on a pu, en soumettant les œufs à l'action de certains agents physiques ou chimiques, modifier la courbe de leur évolution embryogénique, les périodes d'arrêt se trouvant abrégées ou presque supprimées.

Il existe, comme on sait, de nombreuses races de Vers à soie, qui, au point de vue de leur reproduction, peuvent se diviser en deux catégories : les races *univoltines*, celles dont nous avons établi la courbe d'évolution, qui ne se reproduisent qu'une seule fois par an; les races *bivoltines* et *polyvoltines*, qui ont deux ou plusieurs générations dans le cours d'une année. De nombreux expérimentateurs ont montré qu'on peut facilement transformer les races univoltines en races bivoltines en agissant sur les œufs par divers procédés, à des époques variables de leur stade de repos.

Action du froid. — Mœglin (1839), Parrotet (1842), Barca (1863), Gianelli di Fardo (1869) avaient reconnu qu'en refroidissant des œufs de Ver à soie de races univoltines, quelque temps après la ponte, on accélérait le développement embryonnaire et on obtenait des éclosions en été. Duclaux (1869) a repris ces expériences en variant les conditions; il a vu que des œufs, pris vingt jours après la ponte et maintenus dans une glacière pendant quarante-cinq jours, donnaient de nombreuses éclosions au bout de quelque temps quand on les remettait à la température ordinaire. Pour des œufs âgés de cinq à six mois, un refroidissement de quelques jours seulement suffit pour les mettre en état d'éclore rapidement lorsqu'ils sont mis en incubation.

Actions mécaniques. — Des œufs fraîchement pondus et brossés énergiquement ou frappés à brefs intervalles avec une brosse rude, pendant cinq à six minutes, éclosent au bout d'une quinzaine de jours, ainsi qu'il résulte des expériences de Terni, Verson, Susani et Duclaux. En malaxant les œufs sous l'eau pendant dix minutes on obtient le même résultat. Ces opérations provoquent 40 à 50 p. 100 d'éclosions si elles sont faites sur des œufs pondus depuis un, deux, trois jours; des œufs âgés de quatre à cinq semaines ne donnent que 5 p. 100, tout au plus, d'éclosions.

Action de l'électricité. — Susani (1873), Verson (1874) et Duclaux (1876), en soumettant des œufs de trois à quatre jours à une pluie d'étincelles d'une machine de Holtz, pendant une dizaine de minutes, ont obtenu l'éclosion de presque tous ces œufs au bout d'une dizaine de jours. L'électricité ne paraît plus exercer d'action sur des œufs âgés d'une vingtaine de jours. L'électricité statique a seule une influence pour accélérer le développement des œufs et il est nécessaire que ceux-ci reçoivent l'étincelle.

Action des acides. — Duclaux (1876), en plongeant des œufs, pendant trente secondes à deux minutes, dans l'acide sulfurique concentré, puis en les lavant à grande eau, les a rendus aptes à éclore quelque temps après la ponte. Bolle (1877), Verson et Quajat (1878), en opérant avec l'acide chlorhydrique, l'acide nitrique et même l'eau distillée chauffée à 50°, ont obtenu des éclosions plus abondantes. Avec l'acide chlorhydrique, une immersion de cinq minutes a donné 90 p. 100 d'œufs aptes à éclore; l'éclosion a commencé le onzième jour et s'est prolongé durant 9 jours.

Action de la chaleur. — Bellati et Quajat (1894) ont soumis des œufs fraîchement pondus à une température de 80° à 85° C. dans l'air sec, pendant 20 à 25 secondes et ont obtenu 30 p. 100 d'éclosions. En plongeant alternativement des œufs dans l'eau chaude à 50° C., puis dans l'eau froide, et en répétant l'opération une dizaine de fois de suite, ces mêmes auteurs ont eu 90 p. 100 d'éclosions.

Action de la pression atmosphérique. — ROLLAT (1894) avait annoncé que des œufs pondus même depuis plusieurs mois, soumis à une pression de 3 à 4 atmosphères pendant deux à cinq jours, donnaient de 10 à 47 p. 100 d'éclosions prématurées, et qu'une pression de 6 à 8 atmosphères prolongée pendant une quinzaine de jours provoquait l'éclosion à n'importe quelle époque de l'année. BELLATI, en répétant ces expériences, n'a obtenu que des résultats négatifs avec une pression de 8 atmosphères. J'ai cherché moi-même, avec le bienveillant concours de M. DASTRE, à vérifier les résultats de ROLLAT; je n'ai pu constater aucune influence exercée par des pressions de 3 à 4 atmosphères et j'ai remarqué, au contraire, que des pressions de 5 à 6 atmosphères retardaient le développement normal d'œufs prêts à éclore au printemps.

Cycle évolutif des Insectes.

La durée de la vie d'un Insecte depuis la fécondation de l'œuf jusqu'à la mort de l'adulte est des plus variables; il en est de même des diverses phases qu'il traverse pendant son existence, stades embryonnaire, larvaire et nymphal. Nous avons déjà donné plus haut un exemple de cette différence pour deux espèces voisines, le Bombyx du Mûrier et le Bombyx cul-brun.

Il est intéressant, aussi bien au point de vue biologique qu'au point de vue pratique, de connaître le cycle biologique des Insectes, c'est-à-dire l'espace de temps qui sépare deux générations successives d'une même espèce, et la durée respective des diverses phases qui constituent un même cycle.

On peut, à l'exemple de RATZEBURG, représenter le cycle biologique d'un Insecte par un petit tableau schématique qui permet de saisir, d'un simple coup d'œil, l'évolution de l'animal et de comparer facilement entre eux des cycles appartenant à des espèces différentes.

Dans chacun de ces tableaux, l'œuf pondu et non éclos est représenté par un point (·), la larve par un trait (—), la larve enfermée dans un cocon, mais non encore transformée en nymphe par un Θ, la nymphe par un gros point (●) et l'adulte par une croix (+). Pour les espèces nuisibles, les périodes pendant lesquelles la larve ou l'adulte commettent des dégâts, en prenant de la nourriture, sont soulignées par un trait épais (—).

Liparis monacha, avec une seule génération annuelle.

	JANV.	FÉVR.	MARS	AVRIL	MAI	JUIN	JUILL.	AOUT	SEPT.	OCT.	NOV.	DÉC.
1900							·	· · ·	· · ·	· · ·	· · ·	· · ·
1901	· · ·	· · ·	· · ·	· · - —	- - - —	- - - —	●● + ·	+ + · ·				

Lophyrus pini, avec deux générations annuelles.

	JANV.	FÉVR.	MARS	AVRIL	MAI	JUIN	JUILL.	AOUT	SEPT.	OCT.	NOV.	DÉC.
1900				+ + · ·	+ + + —	+ + + —	●● + ·	+ - - · —	- - - —	- Θ Θ —	Θ Θ Θ	Θ Θ Θ
1901	Θ Θ Θ	Θ Θ Θ	Θ Θ ●	● + + · ·								

I. *Melolontha vulgaris*, avec une génération tous les trois ans (1).

	JANV.	FÉVR.	MARS	AVRIL	MAI	JUIN	JUILL.	AOUT	SEPT.	OCT.	NOV.	DÉC.
1900					+ + + · · · —	+ + · · · —	· - - —	- - - —	- - - —	- - - —	- - -	- - -
1901	- - -	- - -	- - -	- - - —	- - - —	- - - —	- - - —	- - - —	- - - —	- - - —	- - -	- - -
1902	- - -	- - -	- - -	- - - —	- - - —	- - - —	- - - —	●●●	●●●	●●●	●●●	●●●
1903	●●●	(+)	(+)	(+)	+ + + · · ·	+ + · ·						

(1) Pendant les mois d'hiver, la larve est engourdie et ne prend pas de nourriture ; l'adulte reste dans la terre (+) et ne sort qu'au printemps.

II. *Melolontha vulgaris*, avec une génération tous les quatre ans.

	JANV.	FÉVR.	MARS	AVRIL	MAI	JUIN	JUILL.	AOUT	SEPT.	OCT.	NOV.	DÉC.
1900					+ · · · · · ———	· · · · · ——	- - -	- - -	- - -	- - -	- - -	- - -
1901	- - -	- - -	- - -	- - - ———	- - - ———	- - - ———	- - - ———	- - - ———	- - - ———	- - -	- - -	- - -
1902	- - -	- - -	- - -	- - - ———	- - - ———	- - - ———	- - - ———	- - - ———	- - - ———	- - -	- - -	- - -
1903	- - -	- - -	- - -	- - - ———	- - - ———	- - - ———	- - -	- - ●	●●●	●●●	(+)	(+)
1904	(+)	(+)	(+)	(+)	+ · · · · · ———	· · · · ——						

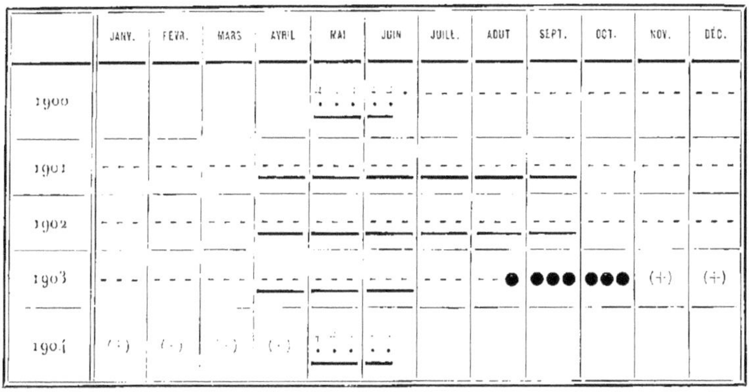

La température exerce une grande influence sur la durée totale du cycle biologique et celle de ses diverses phases; elle agit directement sur l'Insecte lui-même en accélérant ou en retardant son développement, suivant qu'elle est au-dessus ou au-dessous du degré optimum, et secondairement par son influence sur la végétation des plantes nourricières de l'animal. On peut voir en effet, par exemple, d'après les tableaux précédents, que la génération d'été du *Lophyrus pini* évolue tout entière en quatre mois, tandis que celle d'hiver n'évolue qu'en huit mois. Le cycle évolutif du Hanneton, qui dans le Sud et le milieu de l'Europe a une durée de trois ans (Tableau I), se prolonge d'une année (Tableau II) dans le Nord. L'*Hylesinus piniperda* peut avoir une, deux ou trois générations par an, suivant le climat où on le considère. Une même espèce peut avoir une ou deux générations annuelles dans une même région, selon la température de l'année.

C'est surtout la période nymphale qui présente les plus grandes variations dans sa durée. La *Lyda stellata* a généralement une génération annuelle et ne reste à l'état de nymphe que trois semaines pendant le mois de mai, mais elle peut demeurer dans cet état pendant un an et l'adulte n'apparaît qu'au mois de mai suivant; dans ce cas, la durée du cycle biologique est de deux ans. Le Bombyx processionnaire du Pin (*Cnethocampa pinivora*) peut se comporter de la même manière. Plusieurs Lépidoptères diurnes peuvent passer l'hiver soit à l'état de chrysalide, soit à l'état d'imago.

Regener (1865) a fait des expériences intéressantes relativement à l'action de la température sur la durée de l'évolution du Bombyx du Pin, et a obtenu les résultats résumés dans le tableau suivant :

TEMPÉRATURE en degrés C.	DURÉE EN JOURS du stade œuf, de la ponte à l'éclosion.	du stade larvaire, de l'éclosion au coconnage.	de la confection du cocon.	de la transformation en chrysalide.	du stade de chrysalide.
+ 6°.............	»	500	»	»	»
+ 9° à 11°.......	36	196	»	»	»
+ 11° à 14°......	26	152	»	15	»
+ 15° à 19°......	20	119	3	9	49
+ 18° à 21°......	18	84	2 1/2	5 1/2	36
+ 20° à 24°......	17	67	2	2 1/2	26
+ 24° à 28°......	16	56	1 1/2	2	21

D'après Boussingault, chaque plante aurait besoin, pour se développer, d'une quantité déterminée de chaleur, se traduisant par une somme constante de degrés ; la durée de son évolution est proportionnelle au temps pendant lequel la plante reçoit cette quantité de chaleur, et cela, bien entendu, entre certaines limites. Ainsi une plante, dont l'évolution complète exige par exemple une somme de 2000° C., se développera en 100 jours à une température journalière moyenne de 20° C.; en 111 jours, à une température de 18° C.; et en 91 jours, à 22° C.. Ratzeburg pense qu'il en est de même pour les Insectes, ce qui expliquerait par exemple la différence de durée du cycle évolutif du Hanneton dans le Sud et dans le Nord de l'Allemagne. Cette loi ne paraît cependant pas être très rigoureuse. Uhlig, en prenant la température trois fois par jour durant toute une génération de *Tomicus typographus*, du 30 mai au 21 juin, a constaté que, pendant cette période, la somme de chaleur reçue par les Insectes était de 1145° C., soit une moyenne journalière de 22°,02; pendant une seconde génération, du 4 août au 3 octobre, la somme de chaleur fut de 1228°, 5, soit une moyenne journalière de 20°,48. Dans le second cas, la moyenne journalière étant inférieure, il avait fallu une somme totale de chaleur supérieure à celle qui avait agi dans un espace plus court de temps avec une moyenne journalière plus élevée.

La chaleur n'est pas le seul agent physique qui exerce une influence sur la durée du cycle évolutif des Insectes, comme du reste des autres animaux; la quantité et la qualité de la lumière reçue par les larves et les nymphes, l'état hygrométrique de l'air et surtout aussi la nature et la qualité des aliments ont une action très importante. Nous dirons un mot de l'action de ces divers facteurs à propos de la vie des larves et des nymphes, et de la détermination du sexe (voir chap. XIII).

Hibernation. — Dans les pays froids et tempérés, la plupart des Insectes cessent de mener une vie active pendant les mois froids de l'année. Ils tombent à l'état de vie latente sous une forme qui varie suivant les espèces, soit à l'état embryonnaire, soit à l'état de larve, de nymphe ou d'imago. D'après les observations de Warneburg (1854) sur les grandes espèces de Papillons de l'Allemagne, 3,4 p. 100 passeraient l'hiver à l'état d'œufs; 66,9 p. 100 à l'état de chenilles; 28,2 p. 100 à l'état de chrysalides et 1,5 p. 100 à l'état d'imago. Toutes les Zygénides hivernent à l'état de chenilles, la plupart des Sphingides à l'état de chrysalides; quant aux Papillons diurnes, 9 p. 100 hivernent sous la forme d'œufs; 34 p. 100 sous celle de chenilles; 28 p. 100 sous celle de chrysalides et 9 p. 100 sous celle de Papillons.

Dans une même famille, ainsi que nous l'avons dit plus haut à propos des diapauses, on trouve des espèces très voisines, ayant à peu près le même genre de vie, qui peuvent hiverner à des états très différents : c'est ce que montrent nettement les trois tableaux suivants empruntés à Nitsche et Judeich.

Bombyx neustria.

	JANV.	FÉVR.	MARS	AVRIL	MAI	JUIN	JUILL.	AOUT	SEPT.	OCT.	NOV.	DÉC.
1900							+ + + • • •	• • •	• • •	• • •	• • •	• • •
1901	• • •	• • •	• • •	• • – —	– – – —	– ● ●	+ + + • • •					

Bombyx pini.

	JANV.	FÉVR.	MARS	AVRIL	MAI	JUIN	JUILL.	AOUT	SEPT.	OCT.	NOV.	DÉC.
1900							+ + • •	• • – —	– – – —	– – – —	– – – —	– – –
1901	– – –	– – –	– – – —	– – – —	– – – —	– – ● —	● + + • •					

Bombyx lanestris.

	JANV.	FÉVR.	MARS	AVRIL	MAI	JUIN	JUILL.	AOUT	SEPT.	OCT.	NOV.	DÉC.
1900				+ + + • • •	– – – —	– – – —	– – • —	● ● ●	● ● ●	● ● ●	● ● ●	● ● ●
1901	● ● ●	● ● ●	● ● ●	+ + + • • •								

Dans certaines espèces d'Insectes, seules les femelles hivernent à l'état adulte, les mâles mourant en automne comme chez quelques Mouches et les Guêpes, ou étant tués à la fin de l'été par les ouvrières, comme chez les Abeilles. Enfin lorsqu'une même espèce présente plusieurs générations par an, l'une des générations venant à manquer pour certains individus, on peut trouver l'espèce représentée en hiver sous plusieurs formes différentes existant en même temps. Le même fait peut s'observer dans une espèce à une seule génération annuelle, tous les individus ne passant pas en même temps du stade larvaire au stade nymphal, ou de celui-ci au stade d'imago.

Durée de la vie de l'adulte. — Nous avons déjà vu que, lorsqu'un Insecte est arrivé à l'état d'imago, sa croissance est terminée, qu'il cesse de muer et d'augmenter en taille et en volume. En général, la vie de l'adulte est très courte, beaucoup plus courte que celle de la larve et de la nymphe. Les Éphémères adultes ne vivent que quelques heures, le temps de s'accoupler et de pondre; la plupart des Papillons, sauf ceux qui hivernent, ne vivent que quelques jours, une quinzaine, un mois tout au plus. Il y a cependant des exceptions : ainsi l'évolution embryonnaire, larvaire et nymphale de l'*Anthonomus pomorum* dure à peine un mois, pendant la floraison des Pommiers, et l'adulte représente seul l'espèce durant tout le reste de l'année. Une reine d'Abeille peut vivre cinq ans, et une reine de Fourmi jusqu'à huit ans, d'après Lubbock.

CHAPITRE XII

DÉVELOPPEMENT POSTEMBRYONNAIRE

Larves.

Nous ne considérerons ici que les larves des Insectes à métamorphoses complètes. Celles des amétaboliques ne diffèrent en général de l'adulte que par les caractères que nous avons déjà indiqués, à savoir l'absence des ailes et le peu de développement des organes génitaux ; nous mentionnerons cependant certaines particularités que présentent quelques-unes de ces dernières larves.

Différentes formes de larves.

La forme générale des larves proprement dites est presque toujours allongée, la longueur du corps étant relativement à la largeur plus grande que chez l'adulte. Un raccourcissement assez notable se produit pendant la nymphose. Il existe cependant des exceptions, ainsi les larves des Fourmilions, des Hémérobes ont un corps ramassé, tandis que l'abdomen de l'imago est très long.

L'aspect des larves diffère beaucoup, suivant les groupes, et on peut considérer plusieurs types larvaires présentant entre eux des formes de passage.

Mac Leay, le premier, a distingué cinq types principaux de larves pour les Coléoptères : 1° larves hexapodes, carnivores, à corps allongé et plus ou moins aplati : six yeux de chaque côté de la tête ; mandibules en forme de faucilles tranchantes (Carabiques, Dytiscides, etc.); 2° larves hexapodes et herbivores : corps charnu, cylindrique et légèrement courbé, si bien qu'elles se tiennent sur le côté (Scarabéides); 3° larves apodes, semblables à des Vers ayant à peine les rudiments des antennes (Curculionides); 4° larves hexapodes et antennifères : corps un peu en forme d'œuf; second segment un peu plus long que les autres (Chrysomélides, Coccinelles); 5° larves hexapodes et antennifères, de forme oblongue, ressemblant quelque peu aux précédentes, mais munies d'appendices caudaux (*Meloe, Sitaris*).

Kirby et Spence ont essayé d'étendre à tous les Insectes la classification de Mac Leay, mais, les formes larvaires étant très variées, il faudrait

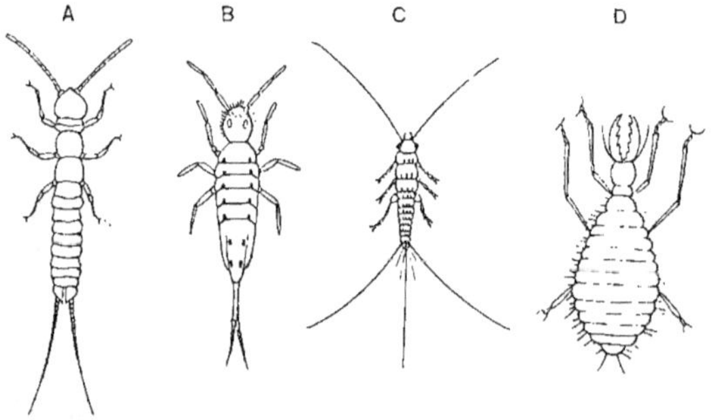

Fig. 410. — Types de larves campodéiformes.
A, *Campodea*; — B, *Degeeria*; — C, *Lepisma*: — D, *Myrmeleon*.
(Figures demi-schématiques d'après Packard.)

créer un trop grand nombre de catégories, dans lesquelles on ne pourrait encore les faire toutes rentrer. On peut cependant, avec Perrier, admettre quatre types principaux de larves : *larves campodéiformes*, *larves mélolonthoïdes*, *larves éruciformes* et *larves helminthoïdes*.

Les *larves campodéiformes* (fig. 410) sont celles qui ressemblent aux Thysanoures du genre *Campodea*; elles sont allongées, à abdomen plus ou moins aplati et atténué à son extrémité; elles ont trois paires de pattes, de petites antennes et des pièces buccales broyeuses; leurs téguments sont en général assez résistants. Elles mènent une vie active et sont presque toujours carnassières (Cicindélides, Carabides, Dytiscides, Gyrinides, Hydrophilides, Staphylinides, Lampyrides, Méloïdes, Chrysomélides, Coccinellides, Hémérobides, Phryganéides).

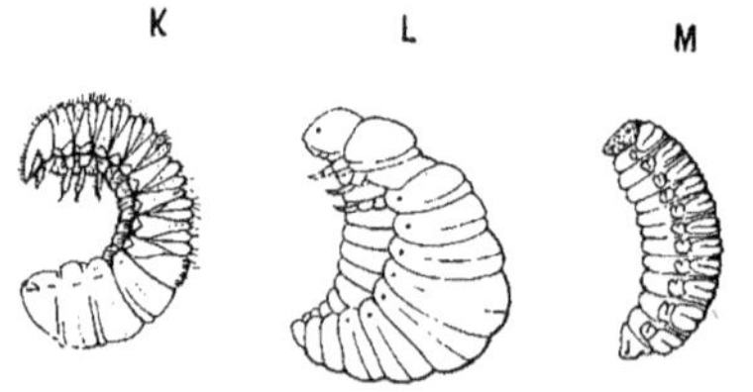

Fig. 411. — Types de larves mélolonthoïdes.
K. *Lachnosterna*; — L. *Labidomera*; — M. *Balaninus*. (Figures demi-schématiques d'après Packard.)

Les *larves mélolonthoïdes* ou *scarabéiformes* (fig. 411), dont le type est le vulgaire Ver blanc, ou Man, larve du Hanneton (*Melolontha vulgaris*), ont un corps à peu près cylindrique, à téguments mous, sauf ceux de la tête ; les trois paires de pattes sont courtes ; les pièces buccales sont broyeuses. Ces larves se nourrissent de matières végétales ou de matières animales en décomposition ; leurs mouvements sont lents ; elles vivent à l'abri de la lumière, dans la terre ou dans le bois, ou dans les détritus végétaux et animaux. Lorsqu'on les retire de leur milieu,

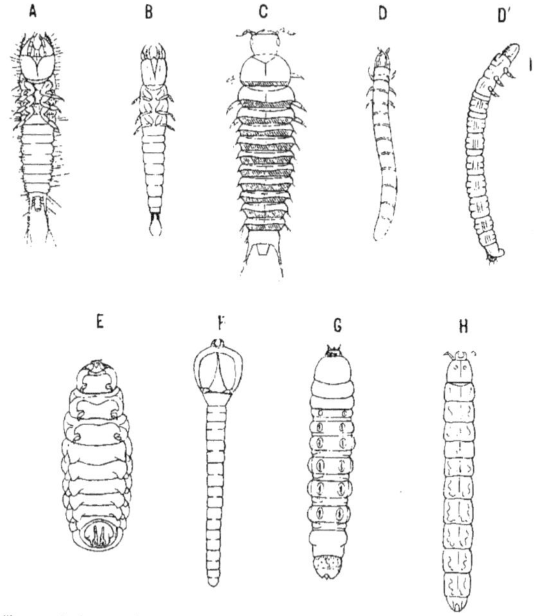

Fig. 412. — Types de larves de Coléoptères formant le passage des larves campodéiformes aux larves éruciformes.

A, *Harpalus* ; — B, *Staphylinus* ; — C, *Silpha* ; — D, *Ludius* ; — D', *Elater* ; — E, *Donacia* ; — F, *Chrysobothris* ; — G, *Orthosoma* ; — H, *Melanactes*. (Figures demi-schématiques d'après Packard.)

souvent elles se tiennent couchées sur le côté, courbées en arc de cercle. Perrier range dans cette catégorie les larves des Ténébrionides, des Élatérides, des Cérambycides, des Curculionides, des Lucanides, des Scarabéides, etc., et celles des Urocérides, parmi les Hyménoptères. Il convient cependant de remarquer que les larves des Ténébrionides et des Élatérides, n'était l'absence des pattes abdominales, se rapprochent plus des types éruciformes que des types mélolonthoïdes et que la plupart des larves des Curculionides sont apodes.

Les *larves éruciformes* (*chenilles* et *fausses chenilles*) (fig. 413) ont un corps sensiblement cylindrique, des téguments mous, excepté sur la tête, souvent recouverts de poils, des pièces buccales broyeuses, des antennes rudimentaires, trois paires de pattes thoraciques courtes, et sur un nombre variable de segments abdominaux une paire d'appendices locomoteurs inarticulés, en forme de cône membraneux terminé par un disque généralement entouré de crochets chitineux. Elles sont phytophages, menant généralement une vie libre sur les feuilles, ou creusant des galeries dans le bois, les fruits, les graines, les feuilles : exceptionnellement carnassières.

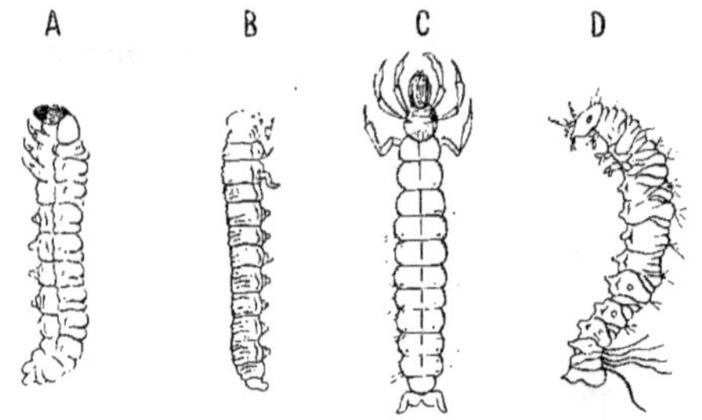

Fig. 413. — Types de larves éruciformes.
A, *Sesia* (chenille vraie); — B, *Selandria* (fausse chenille); — C, *Phryganea*; — D, *Panorpa*. C et D forment le passage des larves campodéiformes aux larves éruciformes. (Fig. demi-schématiques d'après PACKARD.)

On réserve le nom de *chenilles* pour les larves des Lépidoptères, caractérisées par six paires d'ocelles sur la tête, et le nombre des fausses pattes abdominales qui ne dépasse jamais dix (fig. 413, A) et peut se réduire à six (certaines Noctuelles), et à quatre (Géométrides). Les *fausses chenilles*, larves des Hyménoptères de la famille des Tenthrédinides (fig. 413, B), n'ont que deux ocelles sur la tête et un nombre de fausses pattes abdominales supérieur à dix (quatorze, seize).

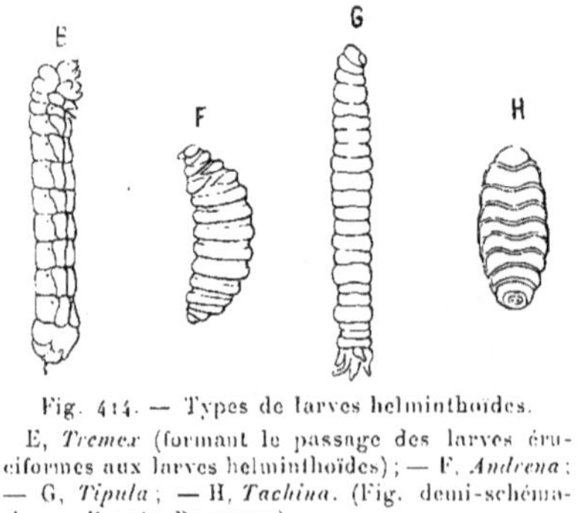

Fig. 414. — Types de larves helminthoïdes.
E, *Tremex* (formant le passage des larves éruciformes aux larves helminthoïdes); — F, *Andrena*; — G, *Tipula*; — H, *Tachina*. (Fig. demi-schématiques d'après PACKARD.)

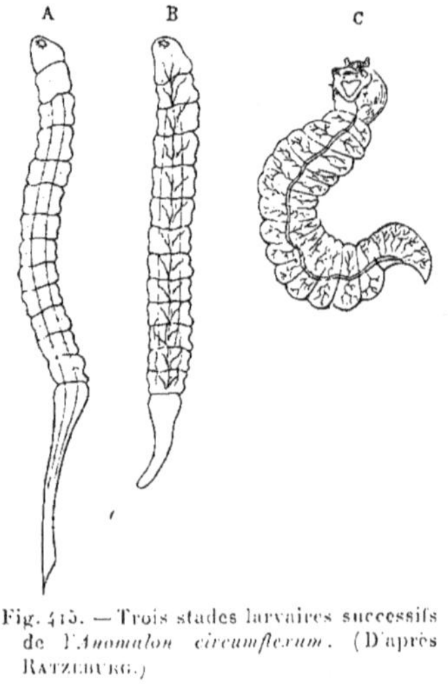

Fig. 415. — Trois stades larvaires successifs de l'*Anomalon circumflexum*. (D'après RATZEBURG.)

Les *larves helminthoïdes* ou *vermiformes* (fig. 414) n'ont guère comme caractère commun que l'absence d'appendices locomoteurs et d'organes visuels; elles renferment des types très différents quant à la forme du corps, la résistance des téguments, la nature des pièces buccales, etc. Les unes sont allongées, à corps cylindroïde avec une tête distincte portant souvent des appendices buccaux bien développés (Hyménoptères porte-aiguillon et térébrants, Curculionides, Culicides, Pulicides) ; chez d'autres, la tête n'est plus distincte, les pièces buccales ne sont plus représentées que par deux crochets chitineux servant à dilacérer les matières alimentaires; le corps est cylindro-conique atténué en avant

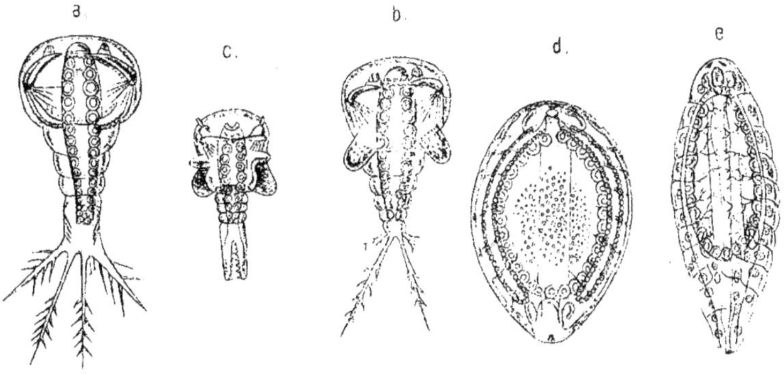

Fig. 416. — Stades larvaires du *Platygaster*.
a, *b*, *c*, larves cyclopéennes de trois espèces de *Platygaster*; *d*, deuxième stade larvaire; *e*, troisième stade larvaire. (D'après Ganin.)

(Muscides). Chez quelques larves de Diptères (Cécidomyides, Syrphides), on observe de petits mamelons portant de courts crochets et comparables aux fausses pattes des chenilles.

A côté des formes larvaires les plus répandues et qui rentrent plus ou moins dans l'un des quatre types que nous venons de décrire, il en existe d'autres exceptionnelles, qui rappellent l'une des formes larvaires des Crustacés, la forme nauplienne.

Ganin (1869) a décrit, le premier, ces larves appartenant au genre *Platygaster*, petits Hyménoptères térébrants pondant leurs œufs dans les larves de Cécidomyies. Il a observé trois espèces ayant des larves qu'il désigna sous le nom de *cyclopéennes* (fig. 416). Elles se composent d'un bouclier céphalothoracique avec une paire d'antennes, une paire de crochets, et, à la base du céphalothorax, une paire d'appendices, puis d'un abdomen composé de cinq segments et terminé par des appendices caudaux de forme variable. Ces larves seraient dépourvues d'appareils nerveux, vasculaire et respiratoire.

Au bout de quelque temps ces larves muent et changent de forme. Le dernier segment est entièrement rejeté; l'abdomen s'élargit et perd sa segmentation. La larve prend alors une forme ovale dans laquelle on ne distingue plus le céphalothorax, dont les appendices ont disparu, de l'abdomen. Le proctodæum s'est développé et mis en contact avec le mésentéron. La chaîne nerveuse commence à apparaître aux dépens d'un épaississement ectodermique. Bientôt des faisceaux musculaires se disposent d'une façon métamérique, indiquant les futurs segments de la larve.

Après une deuxième mue, la larve prend petit à petit l'aspect vermiforme des larves des Hyménoptères térébrants.

En 1768, GEOFFROY décrivit, sous le nom de *Binocle à queue en plumet*, un petit animal trouvé dans une mare des environs de Paris et ressemblant à un Crustacé. D'après les dessins de GEOFFROY et des exemplaires secs rapportés de Madagascar par GODOT, LATREILLE rangea cet animal dans la division des Branchiopodes, parmi les Crustacés, à côté des *Apus* et des Limules; il créa pour lui le genre *Prosopistoma* (1833). MILNE-EDWARDS (1840), en se fondant sur la description de LATREILLE, le considéra comme une larve de Crustacé. JOLY retrouva cet être, en 1871, dans la Garonne; il y découvrit des trachées et montra que c'était un Insecte aquatique broyeur devant prendre place à côté des larves d'Éphémères. MAC LACHLAM le considéra cependant comme un animal adulte. Enfin VAYSSIÈRE, en 1878, sur des exemplaires recueillis dans le Rhône, vit la transformation en nymphe, et, en 1881, il put étudier l'adulte.

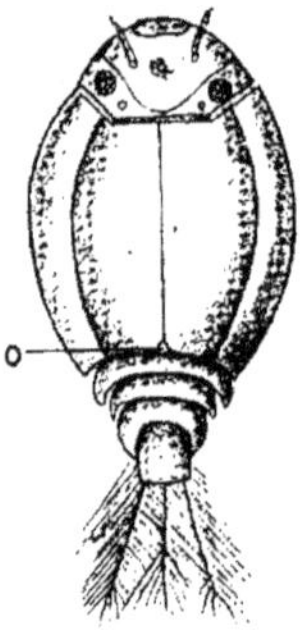

Fig. 417. — Larve de *Prosopistoma*. *o*, orifice de sortie de l'eau qui a baigné les branchies. (D'après VAYSSIÈRE.)

La larve du *Prosopistoma* possède une tête distincte assez large, suivie d'une carapace qui recouvre la face dorsale du thorax et les six premiers anneaux de l'abdomen. Cette carapace est constituée par les téguments du prothorax unis aux fourreaux des ailes antérieures; elle forme en arrière le plafond d'une chambre renfermant les fourreaux des ailes postérieures et cinq paires de branchies. L'eau qui vient baigner ces branchies entre par les parties latérales et sort par un orifice dorsal médian et postérieur.

Formes larvaires primitives. — Étant données les formes diverses que revêtent les larves des Insectes, on doit se demander laquelle de ces formes peut être considérée comme la plus ancienne, primitive, et celles d'où dérivent les autres.

Si l'on considère le développement embryonnaire intraovulaire des larves apodes, on constate, ainsi que nous l'avons déjà vu, que les rudiments des pattes thoraciques se forment de bonne heure chez un certain nombre d'entre elles (Hyménoptères porte-aiguillon) et disparaissent ensuite, pour manquer complètement au moment de l'éclosion. Ces larves traversent donc un stade hexapode, et la forme apode ne peut être regardée ici comme primitive ; elle résulte d'une atrophie et d'une régression des appendices locomoteurs ; c'est donc une forme secondaire.

D'un autre côté, la paléontologie nous apprend que les Insectes les plus anciens dont on ait retrouvé les traces sont les Pseudo-névroptères et les Orthoptères, c'est-à-dire des Insectes à métamorphoses incomplètes, et dont les larves sont par conséquent hexapodes. On est donc en droit de regarder la forme hexapode et campodéiforme comme la plus ancienne, et les larves éruciformes et vermiformes comme des formes acquises et dues à une adaptation au milieu dans lequel vivent ces larves.

Cette manière de voir, adoptée par la généralité des zoologistes, a été exposée avec un grand nombre d'arguments à l'appui par Lubbock. « Pour employer le langage des mathématiciens, dit ce savant naturaliste, la forme larvaire est fonction de la vie que mène la larve et du groupe auquel elle appartient. »

Les larves qui mènent une vie libre, et qui sont carnassières, sont hexapodes et campodéiformes.

Celles qui se nourrissent de matières animales ou végétales en décomposition, ou qui vivent en parasites dans l'intérieur des végétaux ou des animaux, sont apodes et vermiformes.

L'influence exercée par le milieu est des plus nettes lorsqu'on considère certains ordres très naturels dans lesquels les larves ont des genres de vie absolument différents. Chez les Coléoptères, par exemple, la forme larvaire la plus répandue et qui peut être considérée comme typique, est la larve campodéiforme ; elle existe chez tous les Coléoptères carnassiers (Carabides, Dytiscides, Hydrophilides, Staphylinides, Histérides, Coccinellides, etc.), ou phytophages (Chrysomélides), menant une vie libre à la sortie de l'œuf. Si, au contraire, la larve mène une vie souterraine ou se creuse des galeries dans l'intérieur des bois ou des matières végétales en décomposition, les pattes sont plus courtes, le corps est plus volumineux, la larve revêt la forme mélolonthoïde ; enfin les larves exclusivement xylophages, ou vivant dans l'intérieur des organes floraux, fruits, graines, etc., sont dépourvues de pattes (Buprestides, Cérambycides, un grand nombre de Curculionides, etc.), ou ont des pattes tout à fait rudimentaires.

Les transformations des larves des Méloïdes sont aussi très instructives à cet égard. Ainsi que nous l'avons vu précédemment, la larve campodéiforme au sortir de l'œuf prend un aspect mélolonthoïde lorsqu'elle est dans le nid des Hyménoptères et qu'elle se nourrit de miel; le corps devient volumineux, les pattes sont très courtes, et il serait impossible de reconnaître sous cette nouvelle forme le triongulin primitif si l'on n'avait suivi, comme l'a fait FABRE, ses modifications successives.

« Les stades du développement postembryonnaire des Vésicants sont au nombre de 6 : première larve ou *triongulin* (1); deuxième larve désignée sous le nom de *larve carabidoïde*, et dans sa forme ultime sous le nom de *larves carabæidoïde*, *pseudo-chrysalide* ou *hypnothèque*; troisième larve, nymphe, et enfin imago. La vie de ces Insectes, surtout celle du mâle, n'a souvent que très peu de durée. Chez quelques espèces (*Sitaris*), elle ne dure que le temps nécessaire à l'accouplement qui s'opère souvent dès la sortie de l'enveloppe nymphale et qui est suivi, quelques heures après, de la mort du mâle.

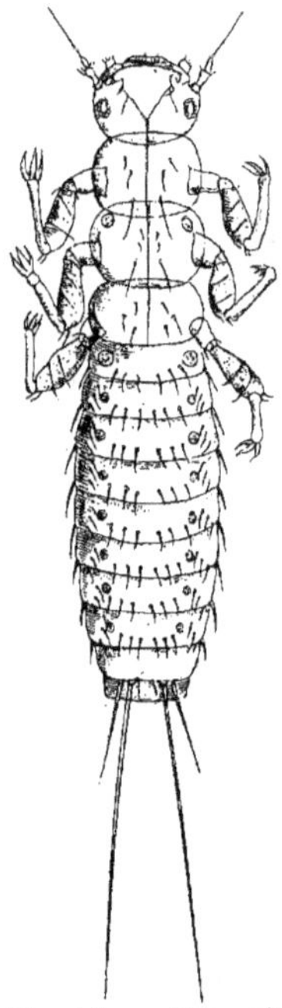

Fig. 418. — Triongulin du *Meloe* très grossi. (D'après BEAUREGARD.)

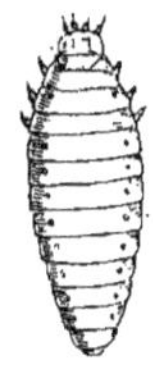

Fig. 419. — Deuxième larve de *Stenoria apicalis*, état carabidoïde. (D'après BEAUREGARD.)

Fig. 420. — Deuxième larve de *Stenoria apicalis*, état scarabæidoïde. (D'après BEAUREGARD.)

A B

Fig. 421. *Stenoria apicalis*. — A, pseudo-nymphe vue ventralement; — B, troisième larve. (D'après BEAUREGARD.)

Fig. 422. — Nymphe de *Stenoria apicalis*, grossie 3 fois. (D'après BEAUREGARD.)

« Le parasitisme des larves s'exerce suivant les genres, soit à l'intérieur des

(1) Ainsi appelée parce qu'elle présente trois ongles à chaque patte.

cellules d'Hyménoptères (*Cantharis*, *Meloe*), soit dans les coques ovigères de certains Orthoptères (*Epicauta*, *Mylabris*).

« Le triongulin (fig. 418 et 423) est une forme généralement très active, de taille très réduite (1 à 2mm), qui a pour rôle de chercher l'hôte chez lequel son développement devra se poursuivre. Il a une puissante armature buccale qui lui permet de déchirer, s'il est nécessaire, les parois des cellules des Hyménoptères, les enveloppes des œufs, ou de se faire jour à travers le bouchon spumeux qui ferme les coques ovigères des Acridiens.

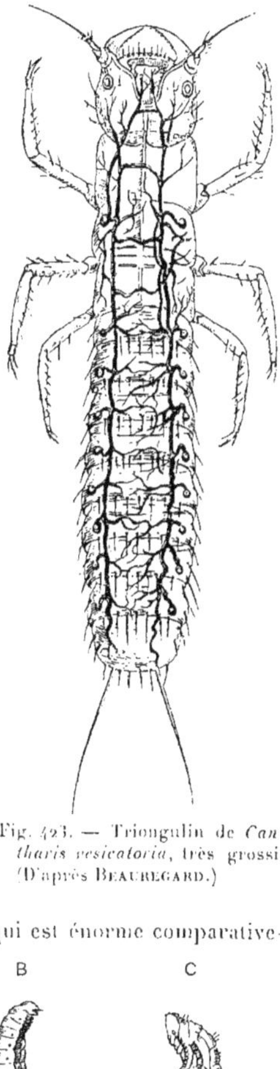

Fig. 423. — Triongulin de *Cantharis vesicatoria*, très grossi. (D'après Beauregard.)

« La forme qui lui succède, après une première mue, est organisée pour flotter sur le miel ou sur le contenu extravasé des œufs des Acridiens (fig. 419), c'est la forme assimilatrice par excellence; son rôle est de dévorer toute la pâture mise à sa disposition. Aussi grossit-elle rapidement et subit-elle plusieurs mues d'accroissement avant d'atteindre sa taille définitive qui est énorme comparativement à celle du triongulin, puisque ce dernier n'avait guère plus de 1 à 2 millimètres alors que la seconde larve, à son état ultime, peut mesurer jusqu'à 2 centimètres.

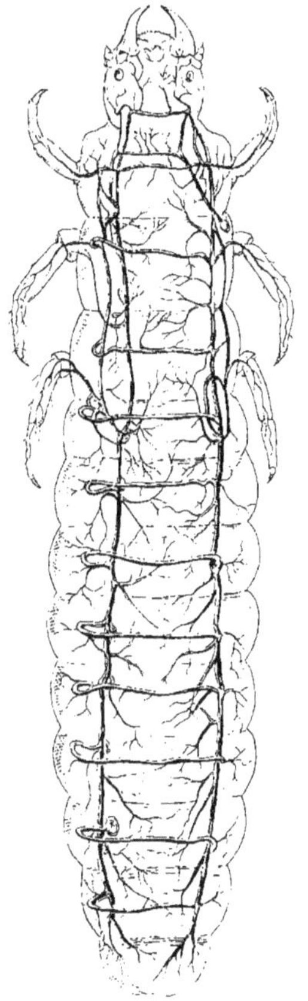

Fig. 424. — Deuxième larve de *Cantharis vesicatoria* au 3e jour de son développement, très grossie. (D'après Beauregard.)

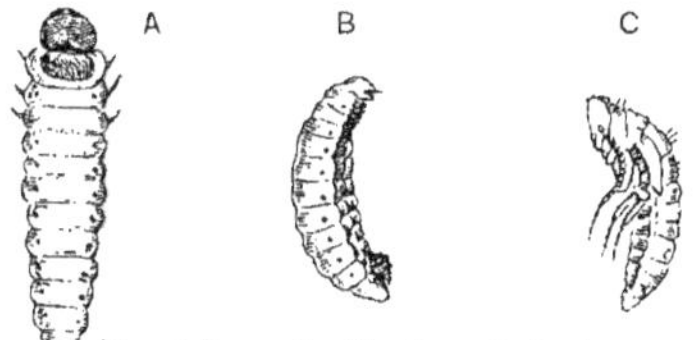

Fig. 425. — *Cantharis vesicatoria*.

A, deuxième larve à son stade ultime ; — B, pseudo-chrysalide portant près de son extrémité postérieure la mue fripée de la deuxième larve ; — C, nymphe. Toutes ces figures sont un peu plus petites que la grandeur naturelle. (D'après Beauregard.)

« La pseudo-chrysalide qui lui succède est immobile, et pendant ce stade il n'y a aucune absorption de nourriture (fig. 421, A). C'est ordinairement une forme hibernale, un état d'attente sous lequel l'Insecte passe la mauvaise saison, mais qui parfois aussi peut s'étendre bien au delà et durer une année entière, si bien que la transformation en troisième larve n'a lieu qu'au printemps de la seconde année. Quoi qu'il en soit, la troisième larve, qui succède à la pseudo-chrysalide, est très remarquable en ce qu'elle reproduit exactement les traits de la seconde larve à son état ultime (fig. 421, B). Cette troisième larve n'a qu'une durée assez courte : elle mue bientôt pour se transformer en nymphe (fig. 422) qui, elle-même, donne enfin l'Insecte parfait.

« Tantôt tous ces phénomènes se passent à l'intérieur de la cellule de l'hôte choisi par le parasite (c'est le cas de beaucoup de *Meloe*, de *Sitaris*, de *Zonitis*, etc.); tantôt la deuxième larve, avant de se transformer en pseudo-chrysalide, abandonne le gîte où elle a tout détruit et dévoré, et va se creuser une cellule à une certaine profondeur dans le sol pour y subir ses dernières transformations, au cours desquelles, comme nous l'avons dit, elle ne prend plus aucune nourriture (c'est le cas de la Cantharide et de quelques Méloés). » (Beauregard).

Morphologie externe des larves.

Le squelette externe des larves est beaucoup moins compliqué que celui des Insectes adultes. Les différents métamères dont l'ensemble constitue le corps sont moins différenciés. A part la tête, dans laquelle les métamères primitifs ont disparu, comme chez l'imago, et qui se distingue en général nettement du reste du corps, les autres segments sont à peu près tous semblables. Dans les larves hexapodes, les trois premiers segments qui font suite à la tête et qui correspondent au thorax de l'adulte ne se différencient des segments de l'abdomen que par la présence des pattes. Dans les larves apodes, cette différence n'existant plus, tous les segments du corps, sauf la tête quand elle est différenciée, ont la même constitution.

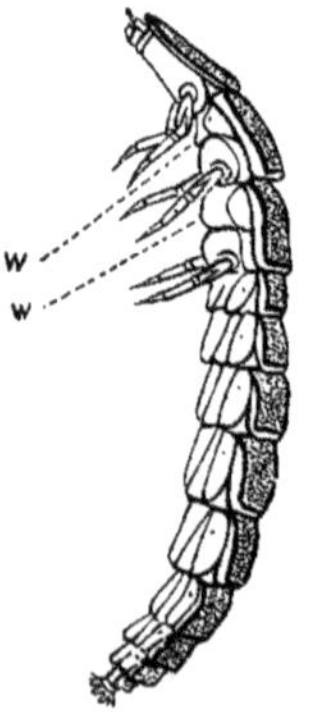

Fig. 426. — Larve de *Lampyris* vue latéralement.

W, segments antérieurs primordiaux du méso- et du métathorax. (Figure empruntée à Kolbe.)

Dans la larve du *Lampyris*, les deuxième et troisième pièces chitineuses dorsales, en arrière du prothorax, recouvrent chacune deux pièces chitineuses ventrales, comme chez le *Scolopendrella* (Myriapode). La première de ces pièces (segment complémentaire) porte une paire de stigmates; la seconde, une paire de pattes (fig. 426). Les 8 premiers segments abdominaux qui ne possèdent aussi qu'une plaque dorsale, présentent également un rudiment de segment complémentaire. Cette disposition est intéressante à un double point de vue, parce qu'elle établit la parenté des Insectes avec les Myriapodes, et parce qu'elle explique la situation intersegmentaire des stigmates chez la plupart des Insectes (voir page 98).

On retrouve des traces des segments complémentaires chez plusieurs autres larves, soit dans la région thoracique (Staphylinides, Élatérides), soit dans la région abdominale (Carabides). Dans la larve de *Raphidia* (Névroptère), le segment complémentaire entre le prothorax et le mésothorax est complètement indépendant et recouvert seulement en partie par le pronotum du prothorax.

Les larves de quelques Diptères (*Scenopinus*, *Bibio*, *Ceroplatus*) et celles du *Cardiophorus* (Coléoptère) paraissent avoir un nombre de segments double de celui des autres larves des mêmes familles; chaque segment est, en effet, étranglé transversalement, de telle sorte qu'il y a une sorte de segment intermédiaire entre les segments normaux. D'après Brauer, cette disposition tiendrait à un allongement de la membrane unissant deux segments, ou à un étranglement secondaire de chaque anneau.

TÉGUMENTS

Consistance. — En général, les téguments sont formés par une chitine plus molle que celle qui recouvre le corps des adultes; lorsque la tête est bien développée (larves campodéiformes, mélolonthoïdes et éruciformes, et quelques larves vermiformes), sa chitine est beaucoup plus résistante que celle du reste du corps et très souvent de couleur plus foncée. Les pattes thoraciques sont aussi presque toujours plus dures que les téguments du thorax et de l'abdomen.

Quelques larves, telles que celles de certains *Elater* et de quelques *Tipula*, ont toute la surface du corps protégée par une chitine épaisse et très dure; c'est pour cette raison qu'on appelle vulgairement les premières *Vers fil de fer* et les secondes *Vers à jaquette de cuir*.

D'autres larves, bien que possédant une chitine incolore, molle et très extensible, permettant l'accroissement de volume du corps qui ne s'accompagne pas de mues successives fréquentes comme cela a lieu normalement pour les autres larves, présentent cependant une résistance considérable à l'action des liquides les plus pénétrants. Tel est le cas de beaucoup de larves de Diptères : c'est ainsi que des Asticots peuvent rester vivants pendants plusieurs heures dans l'alcool absolu et tous les autres réactifs fixateurs employés à froid.

Certaines larves à téguments mous portent, sur la face dorsale des segments, des pièces cornées (larves de Longicornes, de Dytiques; thorax des larves de Staphylins).

Coloration. — La couleur des téguments varie avec le genre d'existence de la larve. D'une manière générale, les larves qui vivent à l'abri de la lumière ont la peau translucide, laissant voir par transparence le corps graisseux, qui donne à l'ensemble du corps une teinte blanchâtre ou jaunâtre; la tête et les pattes, ainsi que nous l'avons déjà dit, sont le plus souvent brunâtres. Les larves campodéiformes, vivant en liberté, sont noirâtres ou brunâtres. Las larves éruciformes présentent le plus souvent des couleurs très vives et des dessins très élégants, surtout chez les Lépidoptères; la livrée peut changer avec l'âge, après les mues. Le plus souvent il n'existe aucun rapport entre la couleur de la chenille et celle qu'aura le Papillon; des chenilles aux couleurs les plus vives peuvent donner des Papillons aux nuances les plus ternes.

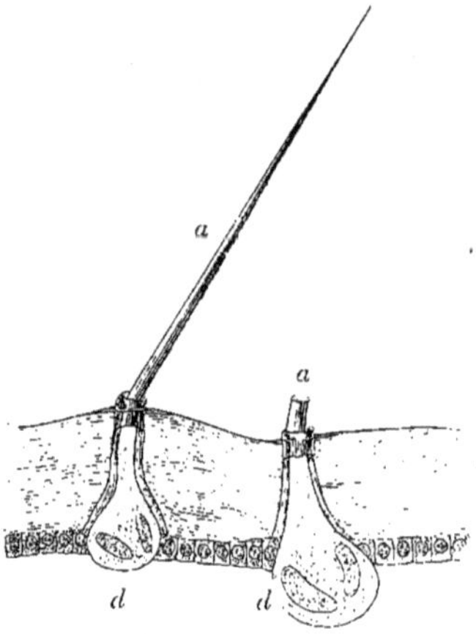

Fig. 427. — Cuticule et hypoderme d'une chenille de *Gastropacha* avec 2 glandes à venin. (D'après CLAUS.)

a, poil urticant; *b*, cuticule; *c*, hypoderme; *d*, glande à venin. (Fig. empruntée à KOLBE.)

Chez beaucoup de chenilles, principalement celles des Géométrides, on observe des phénomènes de mimétisme très remarquables; tantôt leur couleur verte se confond avec celle des feuilles dont elles se nourrissent, tantôt leur teinte brune, jointe à la forme de leur corps et à la position qu'elles prennent au repos, les rend absolument semblables à des fragments de petites branches, ce qui les dérobe à la vue de leurs ennemis.

Poils. — De même que les Insectes adultes, les larves peuvent avoir des téguments nus ou recouverts de poils ou d'aspérités de diverse nature.

Les poils sont très variables au point de vue de leur nombre, de leur développement, de leur constitution. Les différentes espèces de poils que nous avons signalées chez l'adulte se retrouvent à la surface des larves; elles ont la même structure et le même mode de développement. Certaines chenilles de Lépidoptères nocturnes (*Lasiocampa potatoria*, *Bombyx rubi*, *Spilosoma menthastri*, etc.) sont recouvertes de poils excessivement longs, présentant un développement qu'on ne rencontre pas chez les Insectes adultes. Souvent ces poils sont disposés en pinceaux implantés sur des tubercules cutanés, régulièrement distribués à la surface du corps (*Saturnia*) ou en faisceaux rigides, en forme de brosses, situés sur la face dorsale de certains segments (*Orgyia*, *Acronycta*, etc.).

Beaucoup de chenilles possèdent des poils spéciaux en rapport avec des glandes cutanées sécrétant un liquide irritant et constituant des appareils urticants, organes de défense de l'animal. Ces appareils ont été étudiés par KELLER (1883), GOOSSENS (1886), LANDON (1891), et plus récomment par BEILLE (1896), chez les chenilles processionnaires où ils sont le plus développés.

La chenille de *Cnethocampa pityocampa* porte sur les huit derniers segments du corps une plaque ovalaire jaunâtre, limitée par deux replis saillants et mobiles des téguments, plaque qu'on désigne sous le nom de *miroir*. A l'état de repos, les replis recouvrent en partie le miroir, qui devient proéminent et beaucoup plus large lorsque l'animal est inquiété. Chaque bourrelet porte dix faisceaux de grandes soies rigides présentant de nombreuses barbelures et creusées d'un canalicule en rapport avec une glande unicellulaire, située à la base de chaque soie. Sur la surface du miroir sont implantés des milliers de petits poils également barbelés et creusés d'un canalicule très fin dont l'extrémité libre est fermée, mais qui est en contiguïté à sa base avec le canal d'une glande unicellulaire. Ces petits poils se détachent avec une grande facilité, emportant dans l'intérieur de leurs canalicules du liquide sécrété par les glandes basilaires. D'après BEILLE, quand on excite la chenille, deux des faisceaux de soie placés sur le bourrelet antérieur, inclinés par rapport au corps, et recouvrant une partie du miroir de l'anneau précédent, pénètrent entre les poils de ce miroir, et, agissant comme des leviers, enlèvent en se relevant une quantité plus ou moins considérable de petits poils qui se dispersent sous l'influence du moindre souffle. Suivant GOOSSENS, le liquide sécrété par les glandes des poils urticants renfermerait de la cantharidine. D'après LANDON, il serait surtout constitué par de l'acide formique.

Glandes cutanées. — A côté des poils urticants, qui sont des organes de défense que possèdent ces chenilles, il faut placer des glandes cutanées, analogues à celles qu'on rencontre chez les Insectes adultes et qui sécrètent des liquides odorants, éloignant très vraisemblablement les ennemis des larves qui en sont pourvues.

Les larves de *Lina populi* et de *Lina tremulæ* présentent, de chaque côté du corps, neuf paires de petits tubercules, situés sur le second et le troisième segment thoraciques, ainsi que sur les sept premiers segments abdominaux. Quand on excite ces larves, on voit apparaître au sommet de chacun de ces tubercules une gouttelette de liquide blanc qui, au bout de quelque temps, rentre dans l'intérieur du tubercule. Ce liquide, qui exhale une forte odeur rappelant celle du salicylate de méthyle, est sécrété par une glande ayant la forme d'une vésicule sphérique tapissée intérieurement par de grosses cellules.

Les chenilles des Papilionides (*Papilio*, *Parnassius*, *Ornithoptera*, *Thais*), portent sur le prothorax, une caroncule en forme d'Y (appelée quelquefois *osmeterium*) qui, à l'état normal, est invaginée dans le thorax ; si l'on inquiète l'animal, cette caroncule se dévagine brusquement, devient turgescente en se remplissant de sang et exhale une forte odeur d'acide butyrique. La chenille de *Harpyia vinula* possède une glande prothoracique sécrétant de l'acide formique qui peut être projeté à une certaine distance sur un assaillant. KLEMENSIEWICZ (1882), POULTON (1886), SCHÆFFER

(1889-90) ont fait connaître l'existence de glandes semblables, mais moins développées chez d'autres espèces de chenilles (*Hyponomeuta evonymella*, *Plusia gamma*, *Vanessa Io*, etc.); ces glandes, suivant les Insectes, sont situées dorsalement ou ventralement sur un ou plusieurs segments du corps. Elles sont constituées par un tube terminé en cul-de-sac et entouré de nombreux troncs trachéens: la cuticule de ce tube est recouverte intérieurement de nombreuses petites épines; au-dessous d'elles se trouve une seule couche de cellules mal délimitées, et deux muscles rétracteurs s'insèrent à l'ouverture du tube (1).

Nous avons déjà indiqué, à propos des téguments des Insectes adultes, les glandes odoriférantes des larves des Hémiptères (voir p. 60) et leurs glandes cirières (p. 64).

Gilson (1897) a fait connaître, chez les larves des Phryganéides, des glandes dévaginables disposées d'une façon métamérique dans les segments thoraciques. Henseval les a assimilées à des néphridies.

Nous parlerons, à propos des phénomènes de la mue, des glandes spéciales découvertes par Verson et Bisson.

TÊTE

La tête des larves des Insectes est en général bien distincte du reste du corps, et présente, ainsi que nous l'avons déjà dit, des téguments plus résistants et plus foncés que ceux des autres segments. Le plus souvent elle est largement unie au premier segment thoracique, mais elle peut en être séparée par un rétrécissement très marqué, formant une espèce de cou distinct (quelques Staphylins et *Dytiscus*), comme chez beaucoup d'adultes, les Orthoptères, les Odonates et les Diptères, par exemple. Dans certains cas, au contraire, la partie antérieure de la tête est cornée, et sa partie postérieure restée molle peut en partie ou en totalité s'invaginer dans le prothorax; c'est ce qui s'observe pour les larves lignivores des Cérambycides et des Buprestides, et quelques autres Insectes (*Lampyris*, *Limnobia replicata*, etc.).

Les larves de la plupart des Diptères n'ont pas de tête distincte; le premier segment du corps est une sorte de capsule mandibulaire, ou *pseudocéphalon*, renfermant le pharynx et les muscles des crochets man-

---

(1) Parker, dans son *Text book of Entomology* (1898) a donné, p. 382, une liste des diverses espèces de glandes odoriférantes qu'on peut trouver chez les Insectes à l'état de larve et à l'état adulte. On trouvera aussi dans cet ouvrage de nombreuses indications bibliographiques sur ce sujet.

dibulaires, mais ne contenant pas les ganglions céphaliques qui, unis à la chaîne nerveuse ventrale très courte, sont situés en arrière de ce

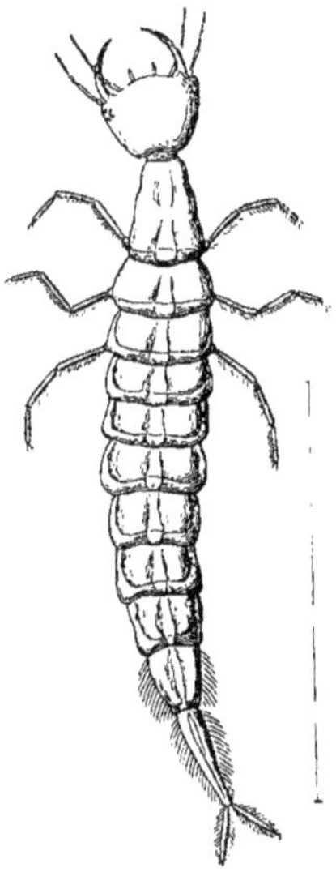

Fig. 428. — Larve de *Dytiscus* vue dorsalement. (Fig. empruntée à MIALL.)

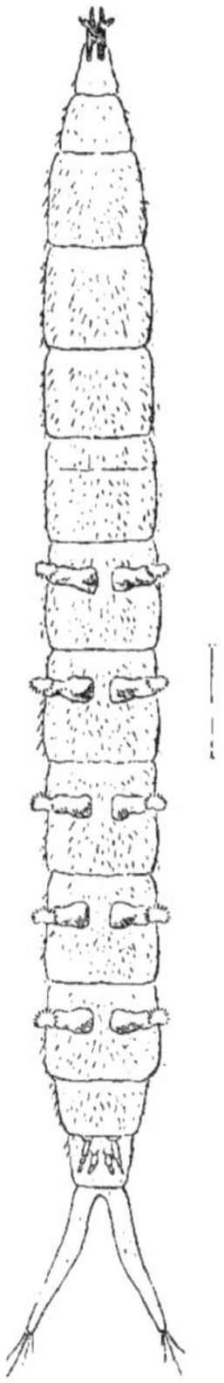

Fig. 429. — Larve de *Dicranota bimaculata*. (Figure empruntée à MIALL.)

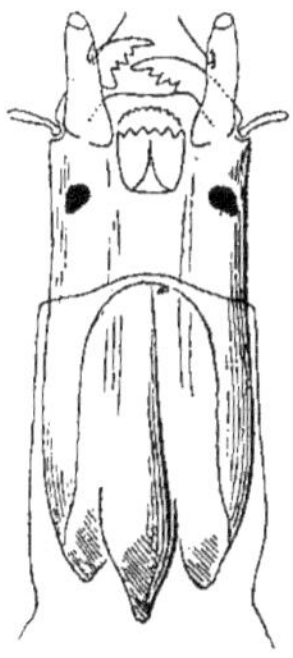

Fig. 430. — Tête de larve de *Dicranota bimaculata* vue ventralement. (Figure empruntée à MIALL.)

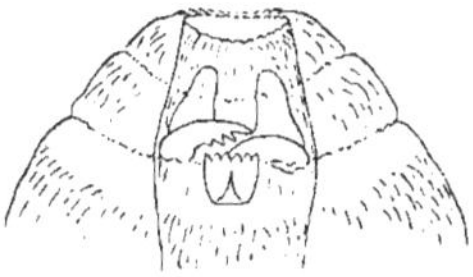

Fig. 431. — Tête de larve de *Dicranota* rétractée dans le thorax. (Figure empruntée à MIALL.)

segment. Le pseudo-céphalon est contractile et peut rentrer dans le segment du corps qui lui fait suite ; les larves ainsi constituées sont les *Vers à tête variable* de RÉAUMUR.

La tête porte les mêmes appendices qu'on observe chez l'adulte ; les antennes, les organes visuels et les pièces buccales.

Antennes. — Les antennes sont bien développées dans les larves des Insectes à métamorphose graduelle, mais généralement elles sont plus courtes que chez l'adulte et peuvent présenter un nombre d'articles inférieur à celui qu'elles auront plus tard ; ainsi la larve de *Forficula* n'a que 8 articles aux antennes, l'adulte en a 14, celle des Acridiens 12 articles et l'adulte 26 ; la larve des Termites en a 9, l'adulte 13, 14, 15, suivant les individus mâles, femelles et neutres. Seules les antennes des larves des Éphémérides sont plus longues que celles de l'adulte ; elles ont plusieurs articles, tandis que ces dernières n'en ont que 3.

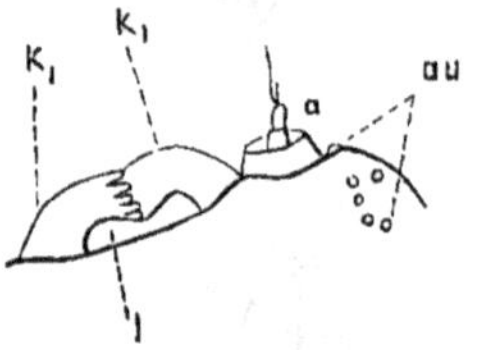

Fig. 432. — Partie antérieure de la tête d'une chenille de *Lasiocampa pini*.

a, antenne ; *au*, ocelles ; $k_1 k_1$, mandibules ; *l*, lèvre inférieure. (Figure empruntée à Kolbe.)

Les antennes des larves des Insectes holométaboliques sont presque toujours très courtes et formées d'un très petit nombre d'articles (2, 3, 4, 5) ; celles des *Ascalaphus* et *Myrmeleon* (Névroptères) ont au contraire une vingtaine d'articles. D'après Lyonnet, les articles des antennes de la chenille du *Cossus ligniperda*, peuvent rentrer les uns dans les autres, de manière à disparaître presque complètement dans le premier.

Dans un assez grand nombre de familles de Coléoptères, les antennes des larves sont bifurquées à leur extrémité. L'avant-dernier article porte en outre du dernier article un petit segment rudimentaire inséré à côté de ce dernier (fig. 434). Cet article accessoire s'observe chez des Carabides

Fig. 433. — Antenne antérieure d'Écrevisse.

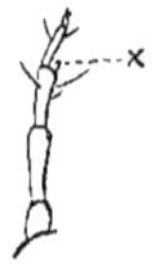

Fig. 434. — Antenne d'une larve de Staphylin.
x, dernier segment. (Fig. empruntée à Kolbe.)

Fig. 435. — Antenne de larve de *Macronychus quadrituberculatus*.
x, dernier segment. (D'après Pérez, figure empruntée à Kolbe.)

(*Carabus, Calosoma, Nebria, Elaphrus, Notiophilus*, etc.) ; des Staphylinides (*Tachinus, Ocypus, Philonthus, Quedius, Oxyporus, Bledius*, etc.) ; des Lamellicornes (*Aphodius, Amœcius, Trox*) ; des Hétéromères (*Bolitophagus, Melandrya, Hypulus, Abdera, Orchesia*) ; des Sphœridiides, Anisotomides, Histérides. Pérez (1863) a décrit chez la larve du *Macronychus quadrituberculatus*, Coléoptère de la famille des Parnides, une disposition très intéressante. L'antenne est constituée par deux articles ; l'un basilaire, court et épais ; l'autre plus long et légèrement incurvé, se termine par une surface elliptique au milieu de laquelle sont implantés deux petits bâtonnets allongés, dont l'un est simple et l'autre formé de deux articles (fig. 435).

Une disposition semblable a été signalée par LATZEL (1884) chez les Pauropides, parmi les Myriapodes, et par BRAUER (1854) chez les larves de *Myrmeleon* et d'*Ascalaphus*, dont le dernier article des antennes se termine par trois pointes. KOLBE (1893) rapproche avec raison cette disposition de celle qui existe normalement chez les Crustacés dont l'antenne antérieure est bifurquée (fig. 433). Il est intéressant de voir réapparaître chez les formes primitives des Myriapodes et les larves de certains Insectes la structure de l'antenne des Crustacés.

Organes antenniformes. — Les larves de Diptères sans tête distincte possèdent à leur partie antérieure, au-dessus de la bouche, deux papilles sessiles (Muscides) et légèrement pédiculées (Syrphides) qui paraissent occuper la place des antennes (fig. 446). Pour WEISMANN, ces organes réunissent à la fois la signification d'une antenne et d'un palpe maxillaire. VIALLANES, sans préjuger de leur signification morphologique, les a désignés sous le nom d'*organes antenniformes*. Ils renferment, dans leur intérieur, des ganglions nerveux et de nombreuses terminaisons nerveuses. PANTEL (1898) a suivi les transformations de ces organes pendant l'évolution de la larve du *Thrixion*. Ces papilles sont des organes sensoriels dont le rôle physiologique et la valeur morphologique sont encore inconnus.

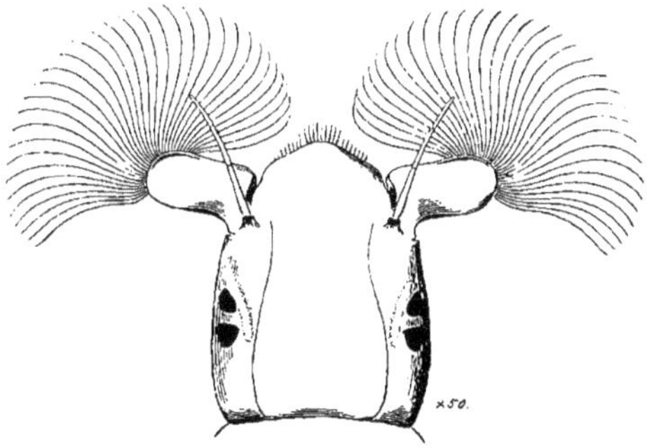

Fig. 436. — Tête de larve de *Simulium* vue dorsalement, montrant les antennes, les taches oculaires et les appendices frangés. (Figure empruntée à MIALL.)

A côté des antennes, on trouve chez les larves aquatiques de *Simulium* (Diptère) des appendices assez volumineux, dont l'extrémité est formée d'un panache de soies disposées en éventail. Ces soies, animées de mouvements, comme des cils vibratiles, déterminent dans l'eau un courant qui dirige vers la bouche les êtres microscopiques dont se nourrit la larve. De semblables appendices, servant au même usage, existent chez les larves de Cousin et de quelques autres Diptères.

Organes visuels. — Parmi les Insectes à métamorphoses hémimétaboliques, on trouve des yeux composés chez les larves des Libellulides et quelques Névroptères. Les larves des Insectes holométaboliques ou sont dépourvues d'organes de la vision, ou ne possèdent que des ocelles disposés en nombre variable sur les côtés de la tête ; il n'y en a pas sur la ligne médiane comme chez l'adulte.

On trouve 1 ocelle de chaque côté de la tête chez les larves des Lampyrides, Drillides, Lycides, Téléphorides, quelques Cryptophagides, Cérambycides et Curculionides, celles des Hyménoptères phytophages (1) et des Trichoptères; 2 ocelles chez les larves des Byrrhides, Mélandryides, Œdémérides, Ténébrionides, Nitidulides, Élatérides et quelques Lamellicornes (*Trox*) ; 3 ocelles chez les larves de plusieurs Cérambycides, Ténébrionides et Coccinellides; 4 ocelles chez les larves des Cicindélides, de la plupart des Staphylinides, des Pyrochroïdes, de quelques Chrysomélides (*Cassida*) et Coccinellides ; 5 ocelles chez les larves de Clérides, Cioïdes, Colydiides, Mycétophagides, Hétérocérides, Parnides, Lagriides, beaucoup de Byrrhides, et quelques Cérambycides, beaucoup de chenilles de Lépidoptères ; 6 ocelles chez les larves de tous les Carabides, Dytiscides, Gyrinides, Cyphonides, Érotylides, la plupart des Hydrophilides, des Dermestides et beaucoup de Chrysomélides, celles des *Sialis*, et de la plupart des Lépidoptères ; 7 ocelles, chez les larves de *Raphidia* et de *Bittacus*; 20 ocelles et plus chez les larves de *Panorpa* et de *Boreus*.

Les larves vivant dans la terre, dans le bois, ou d'autres tissus végétaux, à l'abri de la lumière sont aveugles et dépourvues de tout appareil visuel visible à l'extérieur. Telles sont celles des Buprestides, Cébrionides, Eucnémides, de la plupart des Curculionides, de beaucoup de Cérambycides, Ténébrionides, Histérides, Lamellicornes, Ptinides, Anobiides, Tomicides, etc.

Il en est de même de la plupart des larves d'Hyménoptères (à l'exception des Tenthrédinides) et de Diptères. Cependant, d'après Leuckart, il y aurait de chaque côté de la tête des larves d'Abeille un petit mamelon lenticulaire à la place qu'occuperont les yeux chez l'adulte. Un certain nombre de larves de Diptères à tête distincte ont des ocelles (*Corethra*, *Culex*, *Chironomus*, *Simulium*, etc.). Chez quelques larves de Cécidomyides, il existe une ou plusieurs taches pigmentaires sur différents segments du corps, en rapport avec des terminaisons nerveuses, et qui sont, en général, considérées comme des yeux rudimentaires semblables à ceux qu'on trouve chez les animaux inférieurs.

Les larves dépourvues d'organes visuels sont cependant sensibles à la lumière, ainsi que l'a démontré G. Pouchet pour les Asticots. Ce fait s'explique par la présence des ganglions optiques et des ébauches rétiniennes chez les larves.

Pièces buccales. — La majorité des larves des Insectes à métamor-

(1) Leydig (1864) a montré que cet œil unique est en réalité un groupe de cinq petits yeux rapprochés.

phoses complètes ont un appareil buccal broyeur dans lequel on trouve les mêmes pièces que chez l'adulte, un labre, deux mandibules, deux mâchoires et une lèvre inférieure; telles sont celles des Coléoptères, des Névroptères, des Lépidoptères et des Hyménoptères et de quelques Di-

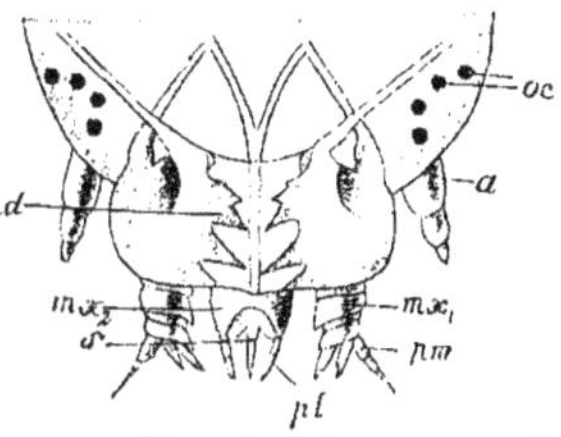

Fig. 437. — Pièces buccales d'une chenille d'*Ocneria*.

a, antenne; *oc*, ocelles; *md*, mandibule; mx_1, première maxille; *pm*, palpe maxillaire; mx_2, seconde maxille (lèvre inférieure); *pl*, palpe labial; *s*, prolongement médian. (Figure empruntée à LANG.)

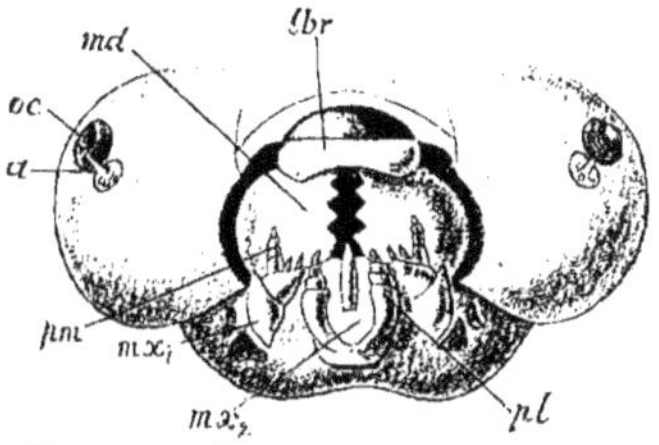

Fig. 438. — Pièces buccales d'une larve de Tenthrède.

a, antenne; *oc*, ocelles; *lbr*, labre; *md*, mandibule; mx_1, première maxille; *pm*, palpe maxillaire; mx_2, deuxième maxille (lèvre inférieure); *pl*, palpe labial. (Figure empruntée à LANG.)

ptères. Les larves des Insectes à métamorphoses incomplètes ou graduelles ont les mêmes pièces buccales que l'adulte.

On peut donc, avec BRAUER, diviser les Insectes en trois groupes relativement à la constitution de l'appareil buccal chez la larve et chez l'adulte.

I. *Insectes ménorhynques*. Appareil buccal suceur chez la larve et chez l'adulte (Rhynchotes).

II. *Insectes ménognathes*. Appareil buccal broyeur chez la larve et chez l'adulte (Orthoptères, Odonates, Névroptères, Panorpates, Éphémérides, Trichoptères, Coléoptères et partie des Hyménoptères).

III. *Insectes métagnathes*. Appareil broyeur chez la larve, suceur ou lécheur chez l'adulte (Diptères, Siphonaptères, Lépidoptères et partie des Hyménoptères).

Le type broyeur qui existerait seul, d'après cette classification, chez les larves des Insectes holométaboliques présente cependant d'assez grandes modifications dans certains groupes, et souvent les pièces buccales, dont les unes avortent et les autres prennent un grand développement, ne servent plus à broyer et deviennent de véritables appareils de succion et de perforation.

Il convient donc de signaler quelques types d'appareil buccal intéressants, propres aux larves et qui ne se retrouvent pas chez l'adulte.

La bouche des larves des Dytiscides, des Myrméléonides et des Hémérobides a une conformation toute spéciale en rapport avec le mode d'alimentation.

Swammerdam avait déjà reconnu que les longues mandibules des larves de Dytique sont des crochets perforés à leur extrémité et creusés d'un canal communiquant avec la bouche. Réaumur trouva une disposition semblable dans les larves de Fourmilion. On crut pendant longtemps, avec Siebold, que la bouche de ces larves était fermée et que les liquides dont elles se nourrissent pénétraient dans l'œsophage par les canaux creusés dans les mandibules.

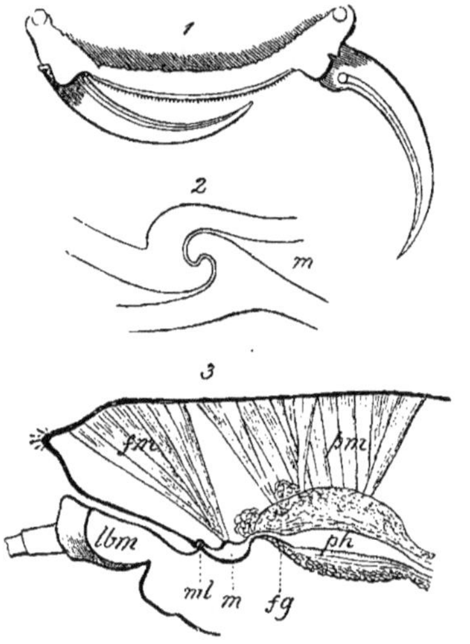

Fig. 439. — Structure de la bouche dans la larve du *Dytiscus*.

1, mandibules; l'une étendue, l'autre fléchie; — 2, coupe de la fermeture buccale; *m*, bouche; — 3, coupe longitudinale à travers la bouche et le pharynx; *lbm*, lèvre inférieure; *ml*, fermeture buccale; *m*, bouche; *ph*, pharynx; *fm*, *pm*, muscles. (D'après Burgess, figure empruntée à Miall).

Meinert (1879) a montré que chez les larves de *Myrmeleon* et d'*Hemerobia* les mandibules ne sont pas traversées par un canal, mais qu'elles sont creusées sur leur face interne d'une gouttière convertie en canal par l'accolement de la mâchoire correspondante, également allongée. Ce canal ne vient pas s'ouvrir dans le tube digestif, il débouche près de la bouche qui a la forme d'une fente fermée ne présentant que deux petites ouvertures en rapport avec chaque canal.

Chez la larve de Dytique, on retrouve la même disposition, sauf que la gouttière mandibulaire est plus profonde et n'est pas transformée en canal par l'accolement des mâchoires très peu développées. Schiödte (1862-83) nia la disposition décrite par Meinert, mais elle fut confirmée par Dewitz (1882) et Redtenbacher (1884). Burgess (1882) a constaté que la bouche de la larve de Dytique n'est en communication avec les canaux mandibulaires que lorsque les mandibules sont rapprochées; quand celles-ci sont écartées, les ouvertures basilaires des canaux se trouvent en dehors de la fente buccale. La bouche est fermée au fond par une sorte de valvule constituée par deux replis chitineux s'emboitant l'un dans l'autre, mais pouvant s'écarter sous l'action de muscles spéciaux (fig. 439); les liquides passent facilement à travers la valvule, tandis que les solides sont arrêtés. Miall (1895) a vu que, si les larves de Dytiques se nourrissent habituellement du sang de leurs victimes qu'elles aspirent à l'aide de leurs mandibules, elles peuvent aussi, mais rarement, avaler des matières solides. MEINERT (1889) a observé également que la

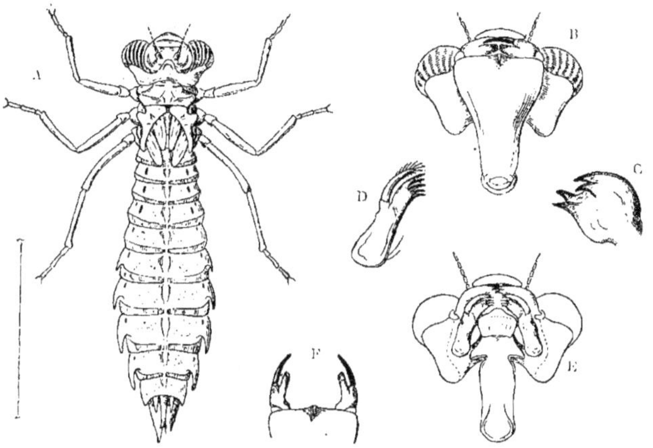

Fig. 440.

A, larve d'*Eschna* avec les rudiments des ailes sur le thorax ; — B, sa tête vue en dessous, la bouche recouverte par le masque ; — C, mandibule ; — D, mâchoire ; — E, pièces buccales, la partie antérieure du masque étant enlevée ; — F, extrémité antérieure du masque avec les crochets étendus. (Figure empruntée à MIALL.)

bouche de la larve du Fourmilion n'est pas fermée par une membrane, mais que ses bords sont simplement rapprochés.

Les larves de Libellulides, dont la bouche est, comme chez l'adulte, munie de pièces broyeuses, ont des mandibules et des mâchoires

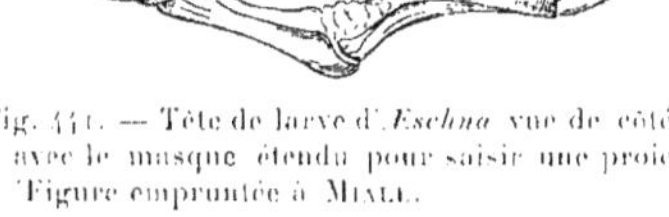

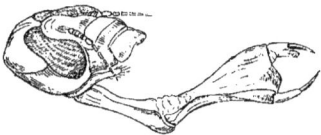

Fig. 441. — Tête de larve d'*Eschna* vue de côté, avec le masque étendu pour saisir une proie. (Figure empruntée à MIALL.)

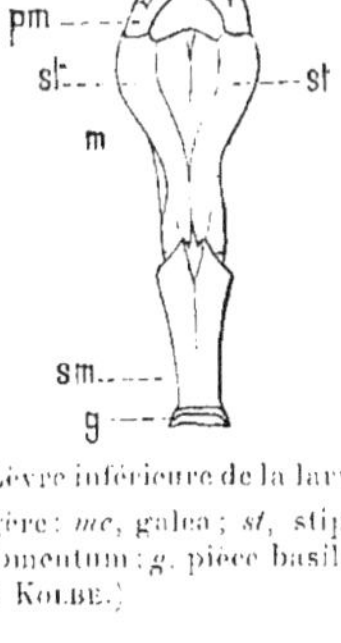

Fig. 442. — Lèvre inférieure de la larve d'*Æschna*.

pm, palpigère ; *me*, galea ; *st*, stipes ; *m*, mentum ; *sm*, submentum ; *g*, pièce basilaire. (Figure empruntée à KOLBE.)

qui ne présentent rien de particulier ; mais la lèvre inférieure offre une disposition remarquable variant un peu suivant les genres et ne se retrouvant pas chez l'imago. Cette lèvre inférieure a été bien étudiée par Réaumur, Brullé (1833), L. Dufour (1852), Gerstäcker (1873); plus longue que la tête, elle présente une double articulation qui lui permet de se replier dans le sens de la longueur et de s'appliquer sur la bouche et les autres pièces buccales qu'elle cache, d'où le nom de *masque* que lui a donné Réaumur. Le menton, sur lequel elle s'articule, est très long et rabattu à l'état normal sous le prothorax, la languette (mentonnière de Réaumur) est aussi très longue et porte à son extrémité deux palpes en forme de crochets et mobiles, pouvant s'écarter et se rapprocher. Lorsque la larve veut saisir une proie, elle étend brusquement son masque en avant de la tête, et s'empare de sa victime à l'aide des crochets qui terminent la lèvre inférieure, puis elle replie le masque au-dessous de la tête de manière à rapprocher la proie de l'ouverture buccale et des mandibules (fig. 440, 441, 442).

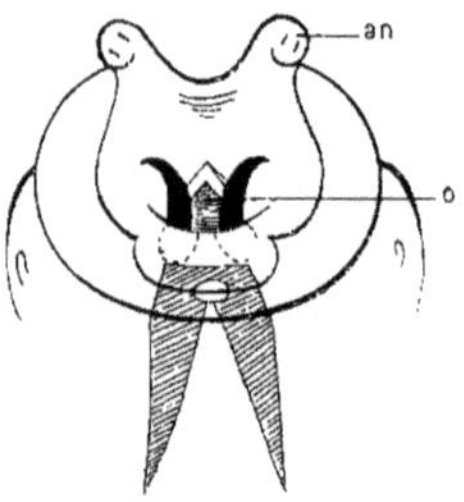

Fig. 443. — Partie antérieure d'une larve de Dyptère cycloraphe.

an, antennes; *o*, ouverture buccale. (Figure schématique d'après Marno.)

L'appareil buccal de la plupart des larves de Diptères est très réduit et ne se compose que de deux crochets chitineux, pouvant faire saillie au dehors de la bouche, et servant d'organes de fixation (Œstrides), ou de dilacération. Seules les larves à tête distincte (Culicides, Tipulides, Tabanides, Asilides, Bombylides, Leptides, etc. ont des pièces mandibulaires résistantes et des mâchoires plus molles et moins développées, agissant comme pièces broyeuses. Les larves pseudo-céphalées (Syrphides, Platypézides, Conopides, Œstrides, Muscides, etc.) n'ont que deux forts crochets noirs ou bruns, à racine simple ou bifurquée, sur laquelle s'insèrent des muscles qui rapprochent ou écartent l'extrémité des crochets servant à la larve pour se cramponner pendant la progression ou à déchirer les matières dont elle se nourrit.

APPENDICES LOCOMOTEURS

Pattes. — Les appendices locomoteurs thoraciques, ou *vraies pattes*, lorsqu'ils existent, sont toujours, comme chez l'adulte, au nombre de trois paires. Chaque patte est constituée par les mêmes segments qui se retrouvent plus tard chez l'animal bien développé, mais presque toujours ces articles sont beaucoup plus courts et le tarse possède un nombre d'articles moindre. La plupart des larves de Coléoptères, de

Névroptères, d'Hyménoptères et de Lépidoptères n'ont aux tarses qu'un seul article terminé généralement par une griffe unique. Les larves de Carabides, à part quelques exceptions, celles des Dytiscides et des Gyrinides et la plupart des Névroptères ont deux griffes à chaque tarse. Celles des Vésicants (*Meloe*, *Mylabris*, *Epicauta*, *Lytta*, *Sitaris*) ont reçu le nom de *triongulins* parce que leurs pattes se terminent par trois ongles dont les deux latéraux sont aigus et un peu courbés, et le médian élargi en fer de lance. D'après Riley et Brauer, il n'y aurait en réalité qu'un seul ongle, les deux ongles latéraux n'étant que deux grosses soies.

Nous avons déjà fait remarquer que le développement des pattes des larves d'Insectes est en rapport avec le genre de vie de ces larves. C'est chez les espèces carnassières que ces appendices sont le plus développés ; ils s'atrophient au contraire chez les espèces qui vivent au milieu de matières nutritives abondantes.

Fausses pattes. — Les larves éruciformes (Lépidoptères, Hyménoptères phytophages) ont trois paires de pattes thoraciques peu développées, et possèdent en outre sur un certain nombre de segments de l'abdomen des appendices locomoteurs que l'on désigne sous le nom de *pattes abdominales*, *fausses pattes*, *pattes membraneuses*. Ces organes se présentent sous la forme de mamelons charnus, coniques ou cylindriques, quelquefois rétractiles, non articulés, terminés par une surface aplatie ou légèrement concave dont le pourtour est garni ordinairement d'une couronne de petits crochets chitineux. La couronne de crochets est complète ou incomplète et les crochets sont égaux ou inégaux comme chez le Ver à soie, où il existe deux rangées, l'une de petits crochets, l'autre de grands, les crochets des deux rangées alternant régulièrement.

Les crochets manquent chez les larves des Tenthrédinides et celles de quelques Lépidoptères (*Hepialus*, *Agrotis*, etc.).

Le nombre et la situation des fausses pattes est variable.

Les chenilles de la plupart des Lépidoptères ont 5 paires de pattes membraneuses, une paire sur les 3e, 4e, 5e et 6e segments abdominaux et une paire sur le dernier segment ou segment anal. Il n'y a jamais de pattes sur les 1er, 2e, 7e et 8e segments. Il n'y a donc jamais plus de 16 pattes, 6 vraies ou thoraciques et 10 fausses pattes abdominales (1). Mais le nombre de fausses pattes est souvent inférieur à 10. Les jeunes larves de beaucoup de Noctuides n'ont que 3 paires de pattes abdominales, sur le 5e, le 6e et le 10e segments ; après la troisième mue, les pattes

(1) Packard (1894) a cependant décrit une chenille de Bombycide (*Lagoa crispata*) qui a 14 fausses pattes, les 2e et 7e segments abdominaux portant une paire de pattes plus courtes que les autres.

des 3e et 4e segments apparaissent (*Agrotis pronuba*, *Mamestra brassicæ*, *Hadenna atriplicis*, *Aplecta nebulosa*, etc.). Dans certains genres de Noctuides (*Catocala*, *Metoponia*, *Brephos*), la chenille n'a, pendant toute son existence, que 4 paires de fausses pattes ; dans d'autres genres (*Plusia*, *Metocampa*), elle n'en possède que 3 paires. Les chenilles des Géométrides n'ont plus que 2 paires de fausses pattes sur le 6e et le dernier segment abdominal ; l'absence des fausses pattes antérieures détermine chez ces chenilles un mode de locomotion particulier. Après avoir fixé la partie antérieure de son corps à l'aide des pattes thoraciques, la chenille rapproche de celles-ci la partie postérieure de l'abdomen, toute la partie intermédiaire du corps formant une boucle et se soulevant au-dessus du plan de sustentation ; puis, les fausses pattes restant fixées, l'animal projette tout son corps en avant, en l'étendant, pour aller de nouveau prendre un point de fixation plus loin, à l'aide de ses pattes antérieures. C'est cette démarche qui a valu à ces chenilles les noms de *Géomètres* et d'*Arpenteuses*.

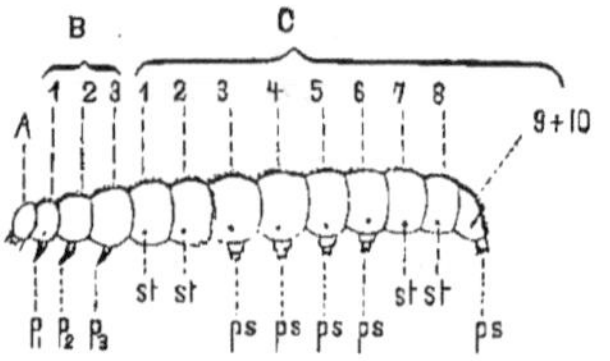

Fig. 444. — Chenille de *Pieris*.

A, tête ; — B, thorax, avec ses 3 paires de pattes vraies, p_1, p_2, p_3 ; — C, abdomen avec ses 10 segments dont le 9e et le 10e sont réunis ; *ps*, fausses pattes abdominales sur les 3e, 4e, 5e, 6e et 10e segments ; *st*, stigmates. (Figure empruntée à Kolbe.)

Les pattes abdominales manquent complètement chez certaines chenilles (*Tischeria*, *Antispila*, *Limacodes*, etc.). Enfin les fausses pattes anales, dans certains genres, s'allongent considérablement, constituant des filaments rétractiles dont l'animal se sert pour chasser les Insectes entomophages qui viennent essayer de déposer leurs œufs sur son corps (*Harpyia*, *Dicranula*, *Platypteryx*, *Dryopteris*).

Les fausses chenilles des Hyménoptères phytophages de la famille des Tenthrédinides se distinguent des chenilles des Lépidoptères par le nombre de leurs pattes abdominales, qui est toujours supérieur à 10.

Il y a 8 paires de fausses pattes chez les larves de *Cimbex*, *Abia*, *Lophyrus*, etc. ; 7 paires chez celles de *Nematus*, certaines *Hylotoma*, etc. ; 6 paires chez *Hylotoma rosæ* et quelques autres espèces. Le premier segment abdominal ne porte jamais de fausses pattes. Les larves des *Lyda*, de même que celles des Urocérides (*Sirex*, *Cephus*) sont dépourvues de fausses pattes.

Les pattes abdominales se retrouvent chez les larves d'autres Insectes que les Lépidoptères et les Hyménoptères. Les larves des Panorpides (*Bittacus*, *Panorpa*), outre les 3 paires de pattes thoraciques, portent sur chacun des 8 premiers segments de l'abdomen une paire de petites pattes courtes et coniques. Les deux derniers segments en sont dépourvus. Quelques larves de Coléoptères (*Asclera, Nacerdes*), appartenant à la famille des Œdémérides, présentent sur quelques-uns des premiers segments abdominaux une paire de petits mamelons portant de fortes soies et qui servent à la progression. De semblables appendices s'observent chez certaines larves de Diptères complètement dépourvues de pattes thoraciques, et servent également à la locomotion. Ces appendices, plus ou moins développés et ressemblant quelquefois à de véritables fausses pattes, existent par paires sur divers segments du corps, et portent à leur extrémité des épines chitineuses. Les larves de *Dicranota bimaculata* ont 5 paires de ces appendices, sur les 7e, 8e, 9e, 10e et 11e segments du corps (fig. 429), celles de *Dixa* en ont 2 paires, sur les 4e et 5e segments (fig. 445); celles d'*Eristalis* en ont 7 paires (fig. 446), etc.

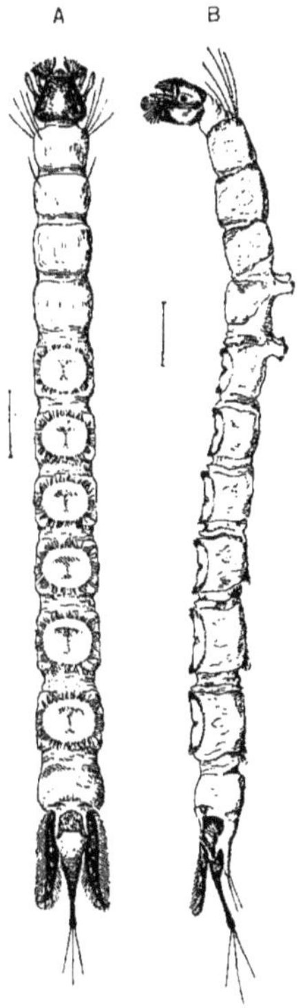

Fig. 445. — Larve de *Dixa*. A, vue par la face dorsale; — B, vue latéralement montrant les 2 paires de fausses pattes. (Figure empruntée à MIALL.)

Fig. 446. — Larve d'*Eristalis* vue par la face ventrale. (Figure empruntée à MIALL.)

A côté des appendices locomoteurs disposés par paires sur les segments du corps, et qu'on peut considérer comme de fausses pattes abdominales, il faut ranger d'autres organes locomoteurs, pairs ou impairs, dont la nature morphologique n'a pu être encore nettement déterminée pour quelques-uns.

Le dernier segment de l'abdomen est grêle, allongé et cylindrique, mobile chez les larves des Staphylinides et des Brachyélytres et devient une sorte d'appendice propulseur dont l'animal se sert en l'appuyant par son extrémité sur le sol. Dans les larves des Élatérides le dernier segment est un petit mamelon rétractile jouant le même rôle ; il en est de même dans les larves de *Rhaphidia*. Chez les larves de *Lampyris* et de certains Carabides (*Elaphrus*, *Anchomenus*, *Dyschirius*, *Pterostichus*, etc.), il existe près de l'anus une sorte de tube simple ou ramifié servant à prendre un point d'appui pendant la marche.

Les larves de Cicindèles portent sur le dos du 8e anneau deux tubercules rugueux qui les aident à monter et à descendre dans leurs galeries verticales. Celles des *Cerambyx*, dont les pattes thoraciques sont atrophiées, sont pourvues également de protubérances rugueuses à la face dorsale et à la face ventrale des 7 premiers segments abdominaux (fig. 447). Les larves des Cassides sont pourvues à l'extrémité du corps, près de l'anus, d'un appendice chitineux en forme de fourche, dont les deux branches sont garnies à leur partie externe de petites épines. Cet organe reçoit les excréments de la larve qui s'y accumulent; lorsque l'animal est à l'état de repos, la fourche est couchée sur son dos, et les matières fécales constituent ainsi une sorte de bouclier protecteur contre les ardeurs du soleil et les attaques d'ennemis. Les chenilles des Sphingides et de quelques Bombycides, entre autres du *Bombyx mori*, portent sur le 11e anneau une corne recourbée en arrière, qui, chez certaines espèces, dégage une odeur particulière, et peut être considérée comme un organe de défense.

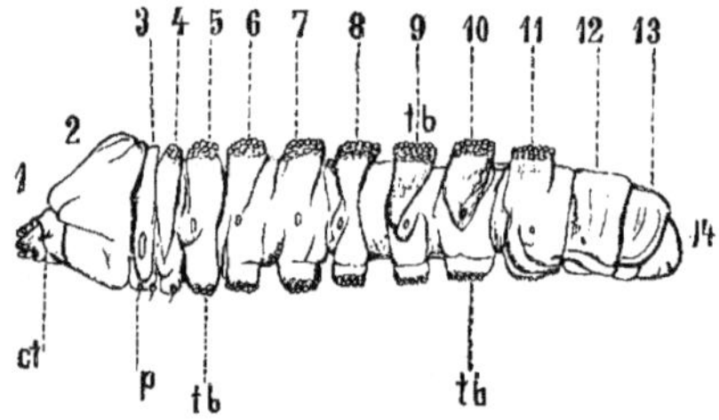

Fig. 447. — Larve de *Cerambyx cerdo*.
1, tête; 2, 3, 4, segments thoraciques avec les courtes pattes *p*; 5-14, les 10 segments de l'abdomen; *tb*, protubérances rugueuses servant à la progression de la larve dans la galerie creusée dans le bois. (Figure empruntée à KOLBE.)

Plusieurs espèces de larves de Cécidomyies (*Diplosis loti*, *D. jacobææ*, etc.) présentent à la face inférieure du premier segment thoracique un organe chitineux particulier, désigné sous le nom de *spatule sternale*, et composé de deux parties : l'une, généralement bifide, fait saillie extérieurement; l'autre, formant en quelque sorte le manche de l'appareil, reste interne et donne insertion à des muscles puissants dont l'action détermine le mouvement de la partie saillante. Il existe en même temps à l'extrémité postérieure du corps deux crochets subcornés, ou deux papilles chitineuses près de l'anus. Ces larves, ainsi que l'avait signalé il y a longtemps WINNERTZ, sont douées de la faculté de sauter. GIARD (1893) a montré que la spatule et les crochets postérieurs sont les appareils du saut.

La larve, quand elle se prépare à sauter, se recourbe ventralement et ramène en avant de l'anus ses crochets postérieurs. Les deux lames saillantes de l'extrémité bifurquée de la spatule viennent prendre en même temps un point d'appui contre ces papilles, puis lâchent prise, et, le corps se débandant comme un ressort tendu, la larve est projetée au loin. Chez une larve sauteuse de Muscides, du genre *Piophila*, ce sont les crochets mandibulaires qui jouent le même rôle que la spatule des Cécidomyies.

Chez les larves de Cécidomyies dépourvues de la faculté de sauter, les papilles cornées postérieures disparaissent; la spatule sternale devient plus ou moins rudimentaire et sert alors seulement à la locomotion de la larve, comme les soies en crochets des Annélides tubicoles. La spatule présente de grandes variations de forme et peut servir à distinguer les races de Cécidomyies (GIARD).

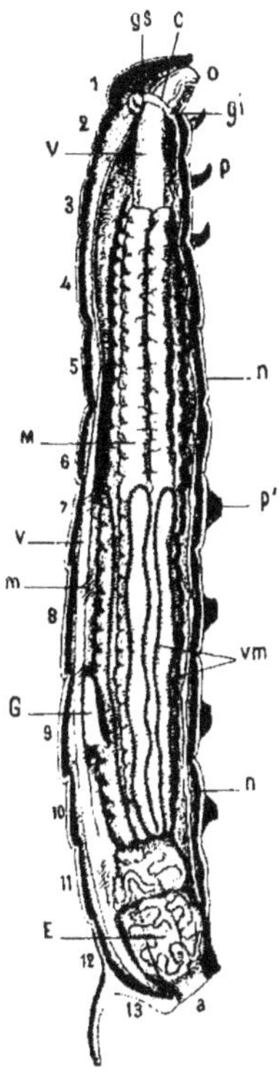

Fig. 448. — Organes internes de la chenille du *Sphinx ligustri*.

1, tête; 2-4, segments thoraciques; 5-13, segments abdominaux; *V*, intestin antérieur; *M*, intestin moyen; *E*, intestin postérieur; *gs*, cerveau; *gi*, ganglion sous-œsophagien; *nn*, chaîne nerveuse ventrale; *vm*, tubes de Malpighi; *v*, vaisseau dorsal; *G*, testicule; *o*, bouche; *a*, anus. (D'après NEWPORT.)

Morphologie interne.

Appareil digestif.

Tube digestif. — Le tube digestif des larves est constitué en général comme celui des adultes, mais il est relativement plus court et son trajet est presque rectiligne, sauf chez certaines larves de Diptères où il présente des circonvolutions. On y distingue les trois parties qui se forment séparément dans l'embryon, l'intestin antérieur, l'intestin moyen et l'intestin postérieur; l'intestin moyen est la partie la plus développée.

Les cæcums gastriques, quand ils existent, sont moins nombreux et moins développés chez la larve que chez l'adulte. Certains organes, tels que le jabot suceur des Lépidoptères adultes, manquent chez les chenilles; mais on trouve un estomac suceur sur l'un des côtés de l'œsophage de quelques larves de Diptères.

Le fait le plus intéressant à signaler relativement à la constitution du tube digestif des larves, c'est l'absence de communication

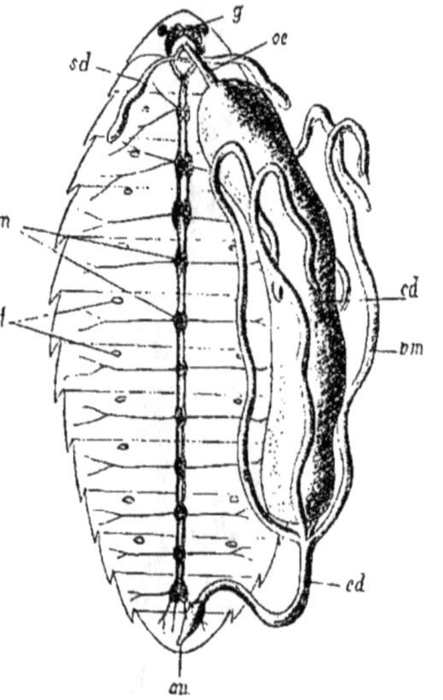

Fig. 449. — Larve d'Abeille. Tube digestif et système nerveux.

g, cerveau ; *bm*, chaine nerveuse ; *oe*, œsophage ; *sd*, glandes à soie ; *cd*, intestin moyen ; *ed*, intestin postérieur ne communiquant pas encore avec l'intestin moyen ; *em*, tubes de Malpighi ; *an*, anus ; *st*, stigmates. (D'après LEUCKART, figure empruntée à LANG.)

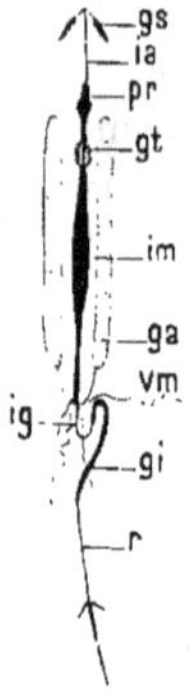

Fig. 450. — Appareil digestif de la larve de *Ptychoptera contaminata*.

ia, intestin antérieur ; *im*, intestin moyen ; *gs*, glandes salivaires ; *pr*, proventricule ; *gt*, couronne de 8 petites glandes tubuleuses ; *ga*, deux glandes annexes, blanches et volumineuses ; *em*, 4 tubes de Malpighi ; *ig*, intestin grêle ; *gi*, gros intestin ; *r*, rectum. (D'après VAN GEHUCHTEN.)

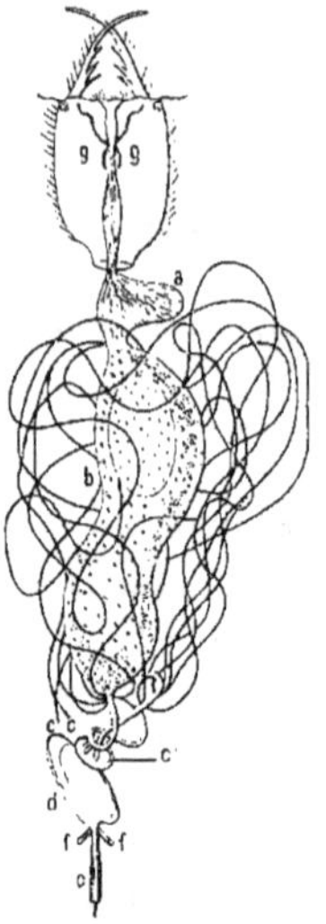

Fig. 451. — Appareil digestif de la larve du *Myrmeleon*.

a, jabot ; *b*, estomac ; *cc*, extrémité libre des deux tubes de Malpighi ; *c'*, portion terminale commune de 2 tubes de Malpighi ; *d*, cæcum ; *e*, appareil fileur ; *ff*, muscles ; *g*, glandes maxillaires. (D'après MEINERT.)

entre l'intestin moyen et l'intestin postérieur, chez un certain nombre d'entre elles. Telles sont les larves des Abeilles, des Guêpes, des Ichneumonides, des Diptères pupipares, des Strepsiptères, des Hémérobes et des Fourmilions. Ces larves se nourrissent de substances liquides ; les aliments s'accumulent dans l'intestin moyen et les parties non absorbées sont rejetées par la bouche à la fin de la vie larvaire. Le rectum, très réduit, ne fonctionne que pour expulser les produits de sécrétion des tubes de Malpighi.

D'après MEINERT (1889), la larve du Fourmilion n'expulserait aucune matière fécale jusqu'au moment de la transformation en adulte, et le contenu de l'intestin moyen serait une masse amorphe contenant du phosphate de chaux et beaucoup d'acide urique.

Chez les larves de Corèthre, il n'y a pas de communication entre l'intestin moyen et l'intestin antérieur qui reçoit seul les aliments.

Nous ne reviendrons pas ici sur la structure histologique du tube digestif dont nous avons déjà dit quelques mots à propos de l'adulte (p. 71 et suiv.).

Glandes salivaires. — Les glandes salivaires existent en général comme chez l'adulte; cependant chez les Odonates, elles n'apparaissent que dans les derniers temps de la vie larvaire aquatique. Nous rappellerons que c'est dans les glandes salivaires de la larve du *Chironomus* que BALBIANI a découvert une structure nucléaire très curieuse et devenue classique (fig. 452).

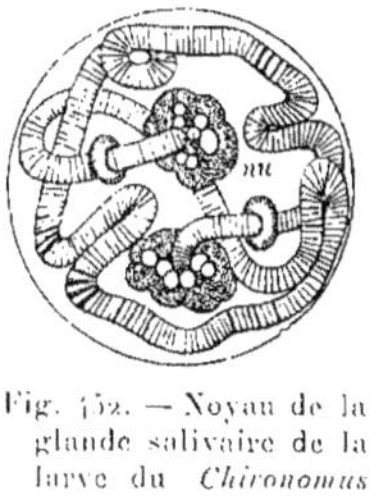

Fig. 452. — Noyau de la glande salivaire de la larve du *Chironomus plumosus*.(D'après BALBIANI, figure empruntée à O. HERTWIG.)

PATTEN (1884) et LUCAS (1893) ont trouvé chez les larves de certains Trichoptères (*Neophylax*, *Anabolia*) des glandes spéciales qui viennent déboucher à la base des mandibules et des mâchoires. Ces glandes ont été étudiées par HENSEVAL (1896) chez diverses espèces de *Limnophilus* et l'*Anabolia nervosa*; elles sont constituées par des groupes de glandes unicellulaires appartenant au type des glandes odorifères du *Blaps* (voir p. 82 et fig. 88) et sécrètent un liquide huileux. Tantôt il y a deux paires de glandes mandibulaire et maxillaire), tantôt une seule paire (maxillaire). Chez les Phryganes, ces glandes n'existent pas, mais on trouve d'autres glandes que HENSEVAL a désignées sous le nom de *glandes de Gilson*.

Glandes séricigènes. — Dans un grand nombre d'Insectes à métamorphoses complètes, certaines glandes salivaires des larves (1), au lieu de sécréter un liquide ayant une action chimique sur les aliments, ont une fonction toute spéciale et produisent la soie que la larve emploie pour tisser son cocon au moment de la nymphose, ou à agglutiner les corps étrangers, de manière à constituer un fourreau qui lui sert

(1) LANG considère les glandes séricigènes comme homologues des glandes coxales des *Peripatus*, mais pour lui les glandes salivaires étant également des néphridies transformées, il en résulte que les glandes séricigènes et les glandes salivaires sont des formations homologues.

de demeure. Les glandes salivaires ainsi transformées prennent surtout un grand développement vers la fin de la vie larvaire (1). Elles existent chez les Lépidoptères, les Phryganéides, beaucoup d'Hyménoptères, les Siphonaptères, quelques Chrysomélides (*Donacia*, *Hæmonia*), et un Charançon (*Hypera*). Leur structure a été décrite par plusieurs auteurs, Malpighi, de Filippi, Cornalia, Helm (1876), Blanc (1889), Gilson (1890). Ce dernier auteur a étudié avec soin la constitution de l'appareil séricigène du Ver à soie, que nous prendrons comme type.

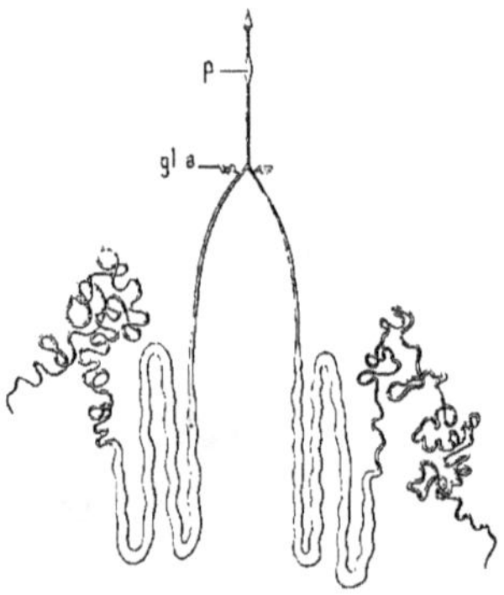

Fig. 453. — Appareil séricigène de la larve du *Bombyx mori*.

Les 3 portions du tube glandulaire s'y distinguent nettement : partie antérieure conductrice à 2 anses dilatées ; partie postérieure pelotonnée. On n'a pas observé les proportions naturelles dans la partie antérieure de ce dessin. *p*, presse ; *gla*, glandes de Filippi. (D'après Gilson.)

Les glandes séricigènes du Ver à soie sont deux longs tubes situés entre l'intestin et la paroi inférieure et latérale du corps et s'étendant depuis la tête jusqu'au quart postérieur de la chenille. Chaque glande comprend trois parties : 1° le tube sécréteur ; 2° le réservoir ; 3° le canal excréteur. Dans la larve arrivée au terme de sa croissance et prête à filer son cocon, le tube sécréteur a une longueur de 15 centimètres et est replié sur lui-même, présentant une douzaine de flexuosités. Le réservoir, long de 6 centimètres et d'un diamètre quatre ou cinq fois plus grand que celui du tube sécréteur, est replié deux fois sur lui-même de manière à posséder trois courbures. Le canal excréteur très fin mesure 5 centimètres, et s'accole dans sa partie antérieure avec celui du côté opposé. Les deux canaux se réunissent dans la filière située sur la lèvre inférieure (fig. 453).

Le volume et le poids des deux glandes représentent les deux cinquièmes de ceux de la chenille.

(1) L'existence des glandes séricigènes n'entraîne pas la disparition des glandes salivaires proprement dites. Ainsi chez le Ver à soie, on trouve une paire de glandes salivaires tubuleuses de chaque côté de l'œsophage. Ces glandes sont très développées chez le *Cossus ligniperda* et leur conduit débouche à l'angle interne des mandibules. Elles comprennent une partie sécrétante tubulaire, un réservoir cylindrique et un conduit terminal. Leur structure rappelle celle des glandes séricigènes. Leur produit de sécrétion est un liquide huileux, d'odeur désagréable et tenace, ne renfermant, d'après Henseval (1896), que de l'hydrogène, du carbone et du soufre. Lyonnet pensait que ce liquide servait à la larve à attaquer le bois en exerçant sur lui une action corrosive. Henseval, d'après ses expériences, incline à croire qu'il sert à protéger les larves contre certains Cryptogames et contre les Insectes à larves parasites.

Deux petites glandes annexes, vues par LYONNET chez la chenille de *Cossus*, puis décrites par DE FILIPPI et CORNALIA chez le Ver à soie, sont situées de chaque côté du canal excréteur commun, près de son extrémité.

La structure de la glande est très simple et la même sur toute sa longueur. A l'extérieur, une membrane basale sur la surface interne de laquelle se trouve une couche de grandes cellules à noyaux ramifiés. Les cellules ont la forme de parallélogrammes hexagonaux ; les extrémités des cellules voisines s'intercalent les unes entre les autres ; deux cellules suffisent à entourer le tube.

La surface libre des cellules est recouverte d'une intima. La dimension des cellules varie suivant les régions ; elles sont très petites dans le canal excréteur, volumineuses avec un noyau très ramifié dans le réservoir, intermédiaires dans le tube sécréteur.

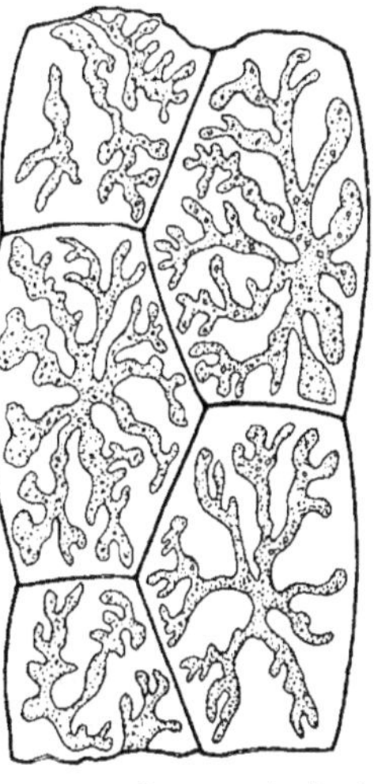

Fig. 454. — Fragment de glande séricigène montrant les noyaux ramifiés des cellules. (D'après ROBIN, fig. empruntée à BUSQUET.)

La constitution du noyau des glandes séricigènes est décrite d'une manière différente par KORSCHELT (1896) et par MEVES (1897).

Suivant le premier de ces auteurs, il y a dans le noyau un réseau grossier dans les mailles duquel se trouve une grande quantité de fins granules (microsomes). Le réseau grossier est tantôt filamenteux, tantôt fragmenté en gros grains (macrosomes). Les macrosomes seraient constitués par de la basichromatine, les microsomes par de l'oxychromatine ou lanthanine de M. HEIDENHAIN. D'après MEVES, les microsomes seraient formés de basichromatine et les macrosomes ne seraient que des nucléoles. Mes propres recherches m'ont conduit à me ranger à la manière de voir de MEVES.

L'intima dans le tube sécréteur est assez développée et présente des épaississements filiformes entrecroisés ; dans le réservoir elle est mince et renforcée de filaments situés en partie dans le cytoplasma. L'intérieur du canal excréteur est une vraie cuticule épaisse, brunâtre et striée.

La soie émise sous forme de filament très grêle par le Ver, et telle qu'elle existe dans le cocon, est constituée par trois substances, de la *fibroïne*, du *grès* ou *séricine* et du *mucus*.

La fibroïne est sécrétée dans l'intérieur des cellules du tube sécréteur sous forme de granulations qui s'accumulent dans le protoplasma et se réunissent en petites masses visqueuses qui suintent à travers la paroi de la cellule et tombent dans la lumière du tube, où elles se fusionnent pour constituer un cylindre homogène.

Pour GILSON, le grès est sécrété en même temps que la fibroïne, et il se produit dans la lumière du tube un départ entre les deux substances, le grès restant à la périphérie du cylindre sécrété, la fibroïne en occupant le centre. Selon L. BLANC, le grès n'est produit que dans le réservoir et y entoure la fibroïne déversée par le tube sécréteur.

Le grès ou séricine est une substance plus oxygénée que la fibroïne; tandis que celle-ci est homogène et transparente, le grès a un aspect trouble et finement granuleux. Il présente plus d'affinité pour les matières colorantes que la fibroïne ; le picrocarmin colore le grès en rouge, la fibroïne en jaune. Enfin le grès se dissout facilement dans les solutions alcalines, tandis que la fibroïne résiste. BLANC pense que le grès n'est autre chose que de la fibroïne oxygénée dans le réservoir, grâce aux nombreuses trachées qui entourent celui-ci.

Dans la partie antérieure du réservoir s'ajoute au cylindre de fibroïne et de grès une troisième substance ayant encore plus d'affinité que le grès pour les matières colorantes : c'est le mucus ou *mucoïdine*. Elle sert probablement à faciliter le glissement des filaments de soie dans le canal excréteur.

Au niveau du réservoir la fibroïne se charge souvent de matières colorantes, solubles dans l'alcool, l'éther et les essences, et qui donnent à la soie sa couleur propre. Ces matières viendraient du sang et passeraient dans la fibroïne en traversant par endosmose la paroi du réservoir. Les Chinois obtiendraient, dit-on, de la soie colorée en donnant à manger à des Vers à soie des matières colorantes. L. BLANC (1890) a entrepris à cet égard des expériences qui lui ont donné des résultats négatifs : il a constaté que des Vers nourris avec de l'indigo meurent empoisonnés, que ceux qui ont mangé du carmin donnent bien des cocons rouges et orangés, mais que cette coloration est due à des particules de carmin agglutinées par le grès au moment de la sortie du filament de la filière. Des Vers qui ont absorbé de la fuchsine ont des tissus colorés en rouge, mais leur soie reste incolore.

Les produits de sécrétion, au sortir du réservoir, s'engagent dans le canal excréteur rétréci. Près de l'origine de ce canal, le brin de soie reçoit le produit des glandes annexes de DE FILIPPI, dont le rôle n'est pas encore établi (1). Les deux brins s'accolent dans le canal commun, et leurs couches de grès et de mucoïdine se fusionnent pour leur former

(1) D'après TICHOMIROFF, ces glandes représenteraient une seconde paire de glandes séricigènes chez l'embryon et restant à l'état rudimentaire.

une gaine commune. Le fil de soie, ou la *bave*, est alors constitué. La soie n'est pas déversée au dehors comme le produit liquide d'autres organes glandulaires; elle est étirée par la chenille qui, après avoir fixé son fil à un corps étranger, éloigne sa tête de ce corps.

Pendant son étirement, le fil traverse un petit appareil, auquel Gilson, qui l'a décrit avec soin, a donné le nom de *presse*. C'est un petit tube chitineux dont la paroi invaginée produit dans sa lumière une crête longitudinale (fig. 455). Cette crête comprime les deux brins accolés par simple ressort naturel des parois élastiques du tube. Des muscles puissants s'insérant à la face interne de la lèvre inférieure sont disposés de manière à combattre ce ressort, à relever la crête, à dilater la lumière à section semi-lunaire du tube, et à diminuer la pression de la crête sur les brins. L'usage de la presse est de régulariser le fil de soie, de lui donner une forme aplatie et de régler son épaisseur au gré de la larve; d'arrêter le fil comme dans une tenaille quand le Ver veut s'y suspendre ou le tendre; de régulariser la couche de grès.

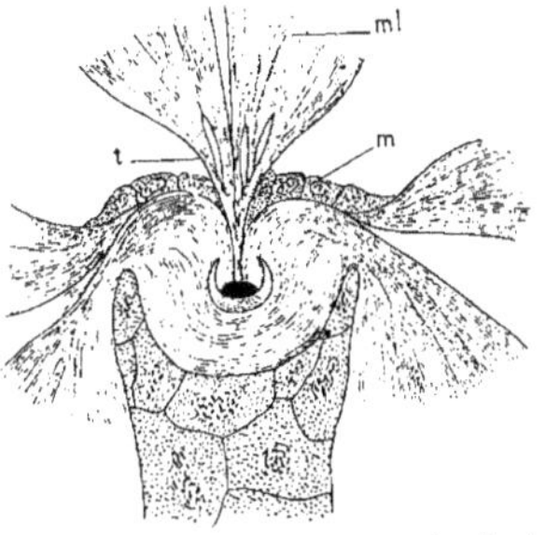

Fig. 455. — Coupe transversale de la presse du tube fileur passant dans la région moyenne du cylindre chitineux.

ml, muscles conoïdes; trois paires. La paire supérieure relève directement la gouttière et dilate la lumière: l'action de la paire inférieure est opposée à celle de la paire supérieure; dans la paire latérale comme dans la paire inférieure, chacune des fibres musculaires possède une action opposée à celle de son homologue. Tous ces muscles contribuent à la dilatation active de la lumière du cylindre chitineux, mais, comme leur direction est oblique dans le plan de l'axe du tube chitineux, ils peuvent lui imprimer aussi des mouvements de translation dans le sens longitudinal. — *m*, matrice épithéliale du tube chitineux de la presse; *t*, tendons; au milieu de la lumière semi-lunaire de la presse, on voit la coupe des deux fils de soie. (D'après Gilson.)

La structure de chaque brin est homogène chez *Bombyx mori* et d'autres espèces; elle est striée chez *Attacus Pernyi*, parce que la fibroïne renferme des vacuoles qui s'étirent en même temps que le fil.

Le fil, dont l'enroulement constitue le cocon, est continu et mesure de 800 à 1500 mètres de longueur. Au moment où il sort de la filière, la fibroïne se solidifie au contact de l'air, mais le grès reste plus mou et sert à coller ensemble les nombreux tours du fil et à réunir les différentes couches du cocon. Lorsqu'on dévide un cocon, on le place dans de l'eau chaude alcaline qui dissout le grès et rend libres les tours du fil de fibroïne.

La partie interne du cocon, ou *telette*, qui est la couche sécrétée en dernier lieu par la chenille, contient beaucoup plus de grès que le reste, c'est ce qui empêche de la dévider. Certaines espèces de chenilles produisent beaucoup plus de grès que celle du *Bombyx mori* et donnent des cocons dont le fil ne peut être déroulé.

Les glandes séricigènes des Hyménoptères ont été moins étudiées que celles des Lépidoptères. Seurat (1899), dans les larves des Microgastérides, des Braconides et des Ichneumonides, a constaté que les glandes de la soie consistent en deux gros tubes sinueux s'étendant dans toute la longueur du corps et se réunissant dans la région thoracique en un canal commun, très court, qui vient déboucher à la lèvre inférieure, au-dessous de la bouche. Les cellules sécrétrices sont analogues à celles des tubes de Malpighi et renferment un gros noyau pourvu d'un nucléole volumineux. Les larves de Chalcidides, bien que possédant des glandes séricigènes, ne filent pas de cocons.

Chez les Tenthrédinides, les glandes séricigènes, étudiées par Poletajew (1885), ont en général la même disposition et la même structure que chez les Lépidoptères. Cependant chez certaines espèces, entre autres chez *Lyda pyri*, que j'ai examinée spécialement, elles ont une constitution particulière. Chaque glande se compose d'un long tube collecteur à parois minces, auquel sont appendues de nombreuses cellules sécrétrices, disposées en 3 ou 4 rangées le long de la partie postérieure du tube, sur 2 rangées seulement dans sa partie moyenne, la partie antérieure étant dépourvue de cellules sécrétrices. Chaque cellule, pourvue d'un noyau ramifié, est rattachée par un pédicule très court, renfermant le canal excréteur, au tube collecteur. La glande séricigène a donc ici l'aspect d'une glande en grappe, comme beaucoup de glandes salivaires. Les glandes à soies des larves de Trichoptères sont très développées; elles peuvent avoir dans certaines espèces trois fois la longueur du corps, et leur canal commun débouche à l'extrémité d'une papille médiane de la lèvre inférieure.

Tubes de Malpighi. — Ils sont en général moins nombreux et plus courts chez les larves que chez les adultes. Ainsi, les larves d'Abeilles et de Guêpes n'ont que 4 tubes, tandis qu'ils sont très nombreux chez l'adulte; les larves de Fourmis en ont également 4, les Fourmis adultes de 6 à 20. Seurat n'a trouvé que 2 tubes dans les larves d'Hyménoptères entomophages qu'il a examinées. Chez les Blattes et les Grillons, le nombre des tubes augmente graduellement depuis l'éclosion jusqu'à l'état d'imago. Les chenilles des Lépidoptères ont généralement le même nombre de tubes que les adultes. Par exception, les larves de Termites en possèdent plus que les adultes. Giard (1893) a signalé une disposition très curieuse dans les larves de Cécidomyies; on n'y trouve que deux tubes de Malpighi, réunis par leurs extrémités proximales, de manière à constituer une anse recourbée.

Meinert (1889) admet que les tubes de Malpighi de la larve du Fourmilion ont perdu leur fonction rénale et se sont transformés en glandes filiaires, destinées à donner la matière qui constitue le cocon dans lequel s'enferme la larve pour se transformer en nymphe. Giard (1894) a constaté que l'intestin terminal est fermé au-dessous du point où débouchent les tubes de Malpighi, et que par conséquent ceux-ci ne peuvent déverser leur produit dans l'ampoule anale. La substance soyeuse des cocons proviendrait des parois mêmes de l'ampoule anale, comme l'avait affirmé Siebold.

Appareil circulatoire.

Vaisseau dorsal. — Cet organe ne présente rien de particulier chez les larves, au point de vue de sa disposition générale, qui est la même que chez l'adulte. Dans les larves d'Éphémères, la dernière chambre postérieure donne naissance à trois vaisseaux qui se rendent aux lamelles caudales branchiales. Les valvules de cette dernière chambre sont dirigées en arrière, au lieu de l'être en avant, de sorte que, au moment de la systole, le sang est chassé dans les lamelles.

Le cœur a été étudié principalement sur les larves transparentes de Diptères (*Corethra*, *Chironomus*, *Musca*, etc.) par un assez grand nombre d'auteurs : Leydig (1851), Weismann (1864-1866), Dareste (1873), Graber (1875), Dogiel (1877), Jaworowski (1879), Viallanes (1882), Raschke (1887), Lowne (1890-95) et Pantel (1898). Ce dernier observateur, chez la larve de *Thrixion*, Tachinaire parasite d'un Orthoptère (*Leptynia hispanica*), décrit le vaisseau dorsal de la manière suivante :

Il est constitué par un tube musculaire, dilaté et fermé en cæcum à son extrémité postérieure, ouvert en avant par une fente ventrale, de manière à affecter la forme d'une gouttière renversée ; on peut le diviser anatomiquement et physiologiquement en quatre régions : 1° le tronçon postérieur ou *ventricule* (Lowne), bordé de grandes cellules péricardiales, susceptible de systole et de diastole ; 2° le tronçon moyen, bordé de petites cellules péricardiales, susceptible également de systole et de diastole ; 3° le tronçon antérieur ou *aorte* (Graber, Lowne), dépourvu de cellules satellites, susceptible de raccourcissement et d'allongement, et fixé antérieurement par l'*anneau de soutien* (Weismann) (anneau conjonctif et cellulaire rattaché au pharynx et à la capsule céphalique par des branches trachéennes et des brides musculaires) ; 4° la gouttière, allant de l'anneau aux apophyses pharyngiennes, et dont les bords latéraux sont soudés aux disques imaginaux de la région.

L'unité histologique de la paroi cardiaque est une cellule musculaire aplatie en lame, à noyau unique proéminent, à protoplasma renfermant des fibrilles contractiles disposées parallèlement les unes aux autres. Dans les deux tronçons postérieurs, les cellules sont associées deux à deux, de manière à constituer des anneaux binucléés, soudés eux-mêmes entre eux pour former le tube contractile. Les noyaux y sont situés latéralement et les fibrilles circulairement ; la contraction ne peut avoir pour effet que de rétrécir la lumière.

Dans l'aorte, le mode d'association des cellules est le même, mais les noyaux sont situés respectivement sur la face dorsale et sur la face ventrale ; les fibrilles ont une direction longitudinale. Dans la gouttière sus-œsophagienne, les noyaux sont latéraux et les fibrilles longitudinales. La contraction de ces deux tronçons antérieurs déplace en avant la partie postérieure du vaisseau dorsal.

Le ventricule porte trois paires d'ouvertures latérales en forme de fentes verticales, munies chacune de deux valvules. Chaque valvule est constituée par une cellule aplatie invaginée, de même type que les cellules pariétales, mais à noyau plus petit et à fibrilles courbées en arc de cercle. Le tronçon intermédiaire porte des groupes de cellules valvulaires non repliées en dedans, et constituant un appareil d'occlusion rudimentaire.

D'après les recherches récentes de R. de Sinéty (1899) sur les Phasmides, le vaisseau dorsal passe dans le collier œsophagien et se termine en avant du cerveau par une partie fendue ventralement et qui fonctionne comme appareil de distribution. Le nerf récurrent s'engage d'abord dans le vaisseau dorsal, puis en perfore la paroi ventrale obliquement et court au-dessous, accompagné des deux nerfs pharyngiens, jusqu'au niveau où il se renfle pour former le ganglion œsophagien. Dans la même région se trouvent les quatre formations connues sous le nom de *ganglions pharyngiens* ou de *ganglia allata*. Les deux dernières, depuis les recherches de Heymons sur *Bacillus Rossii*, ne peuvent plus être considérées comme des ganglions. D'après de Sinéty, les deux premières, malgré l'impression qu'elles peuvent produire au premier abord, ont été, elles aussi, prises à tort pour des ganglions du système viscéral. Il s'agirait avant tout d'un appareil de soutien et d'innervation pour le vaisseau dorsal, homologue de l'anneau suspenseur décrit chez les larves de Muscides. Ces conclusions, basées sur la forme extérieure, les rapports avec les nerfs pharyngiens, les caractères histologiques et les réactions physiologiques de cet appareil, devraient être étendues à tous les Hexapodes et peut-être à tous les Trachéates.

Corps adipeux. — La masse des cellules adipeuses est très développée chez les larves, principalement chez celles des Insectes à métamorphoses complètes, où elle gêne considérablement pour la dissection des organes, car elle remplit presque entièrement la cavité du corps.

On distingue, dans le corps adipeux des larves, les mêmes groupes de cellules que nous avons déjà signalés chez l'adulte, à savoir : les cellules adipeuses proprement dites, les cellules péricardiales et les œnocytes.

Les cellules adipeuses, de coloration variable, blanchâtres, jaunâtres, verdâtres ou rougeâtres, sont chargées de gouttelettes graisseuses ; elles ont souvent un noyau ramifié renfermant une chromatine ayant peu d'affinité pour les colorants basiques. Fabre (1856) et Leydig (1863) y ont démontré l'existence de concrétions d'urates et de tablettes analogues aux tablettes vitellines. Nous y avons déjà indiqué (p. 88) la présence des corps bactérioïdes de Blochmann et celle de calcosphérites. Balbiani y a reconnu également des grains de matière glycogène se colorant en lie de vin par l'iode.

Nous exposerons avec plus de détail la structure et les transformations des cellules adipeuses à propos des phénomènes d'histolyse pendant la métamorphose.

Enfin, comme dépendance du corps adipeux, nous rappellerons l'existence des organes phosphorescents chez les larves des Insectes lumineux (voir p. 92).

Les cellules péricardiales sont situées sur le trajet des muscles aliformes du vaisseau dorsal, ou diaphragme cardiaque, et jouent le même rôle que chez l'adulte.

Les œnocytes sont disposés d'une façon nettement métamérique dans les segments abdominaux, mais peuvent se trouver aussi dans les segments thoraciques. Ils siègent immédiatement au-dessous de l'enveloppe cutanée, constituant quatre groupes par métamère, deux ventraux et deux dorsaux, situés latéralement.

L'aspect des œnocytes est variable ; ce sont en général de grandes cellules de coloration variable, le plus souvent jaunâtres, à protoplasma homogène, granuleux ou vacuolaire, à un seul noyau. Suivant Pantel, les œnocytes peuvent se fusionner facilement en un syncytium plurinucléé.

Le même auteur a constaté que les œnocytes absorbent rapidement le bleu de méthylène comme les cellules des tubes de Malpighi, et il tend à les considérer comme des cellules excrétrices closes.

Appareil respiratoire.

Le système trachéen des larves est constitué, en général dans son ensemble, comme celui de l'adulte, mais il présente d'intéressantes modifications dues au genre de vie de certaines larves.

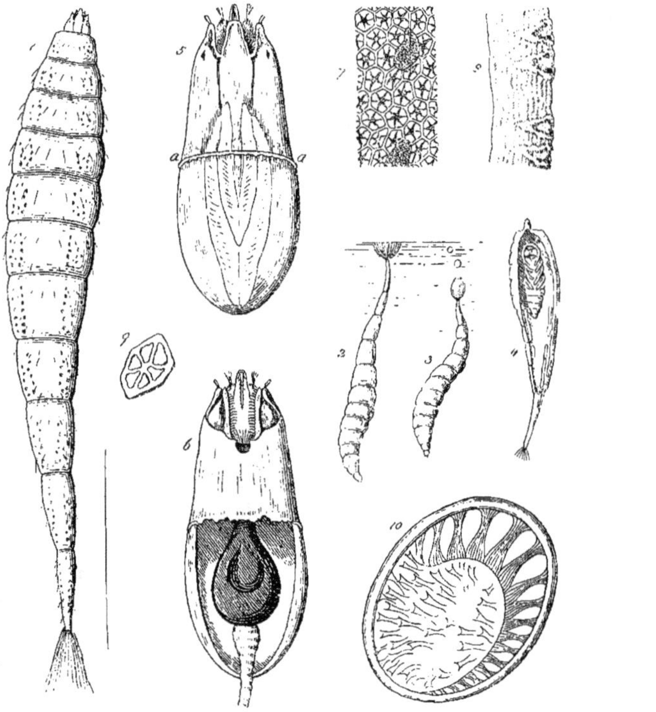

Fig. 456. — *Stratiomys Chamæleon.*

1, Larve; 2, larve flottant à la surface de l'eau; 3, larve descendante; 4, pupe dans la peau de la larve; 5, tête de la larve, vue dorsalement; *aa*, ligne d'insertion des téguments thoraciques; 6, tête vue ventralement : les téguments ont été en partie enlevés pour montrer le pharynx; 7, fragment de tégument grossi; 8, coupe du même montrant des nodosités calcaires coniques; 9, pièce calcaire vue en surface; 10, orifice respiratoire avec, au centre, la couronne caudale. (Fig. empruntée à Miall; 2, 3, 4, d'après Swammerdam.

Les larves des Insectes à métamorphoses graduelles, qui mènent une vie exclusivement aérienne, sont *holopneustiques*. Elles présentent des ouvertures stigmatiques sur tous les segments, excepté sur la tête et souvent sur le premier segment thoracique (Orthoptères, la plupart des Hémiptères). Cette disposition se retrouve chez quelques larves de Coléoptères (Malacodermes).

Chez le plus grand nombre des Insectes à métamorphoses complètes, les stigmates des segments qui, chez l'adulte, portent les ailes (méso- et métathorax) sont fermés ; par contre, il existe une paire de stigmates sur le prothorax, qui disparaît chez l'imago. Ces larves ont un système trachéen dit *péripneustique*.

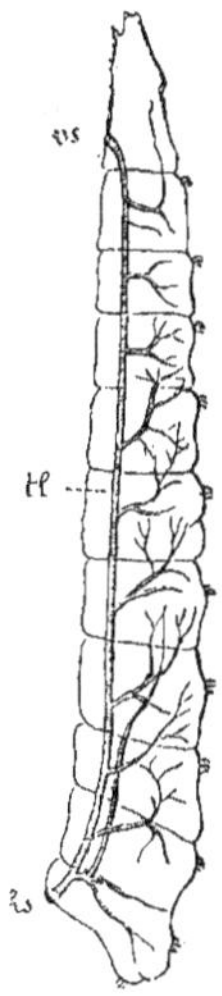

Fig. 457. — Appareil trachéen d'une larve de Mouche, vu de profil.

Vs, stigmate antérieur ; *hs*, stigmate postérieur ; *tl*, tronc trachéen longitudinal. (Fig. empruntée à Lang.)

Les larves qui vivent dans l'eau ou dans des matières en décomposition, mais qui respirent l'air en nature, et celles qui vivent en parasites n'ont, en général, de stigmates qu'à la partie postérieure du corps et sont dites *métapneustiques*. Quelques larves de Diptères parasites ou à moitié parasites (Œstrides, Asilides) possèdent en outre une paire de stigmates à la partie antérieure du corps et sont alors *amphipneustiques*.

Les larves aquatiques métapneustiques respirent en amenant la partie postérieure de leur corps à la surface de l'eau, et il existe souvent autour de la région des orifices stigmatiques une disposition spéciale qui permet à la larve de rester suspendue à la surface de l'eau. Les larves des *Stratiomys* portent à l'extrémité postérieure du corps, autour des orifices stigmatiques, une couronne de filaments chitineux rigides, garnis de soies latéralement, ce qui leur donne l'aspect de petites plumes. Quand la larve est dans l'eau, les filaments sont rapprochés comme les baleines d'un parapluie fermé ; mais lorsqu'elle remonte pour respirer, la couronne s'étale à la surface de l'eau en formant une sorte de coupe qui soutient le corps suspendu la tête en bas (fig. 456 et 458).

Fig. 458. — Couronne caudale de la larve de *Stratiomys Chamæleon*. (D'après Swammerdam, fig. empruntée à Miall.)

La larve d'*Eristalis*, appelée vulgairement *Ver à queue de rat* (fig. 446), a l'extrémité postérieure du corps très effilée et très longue, formant une sorte de queue par rapport au reste du corps. Cette queue est constituée par trois segments tubuleux placés bout à bout : l'un en continuité directe avec les téguments du corps; le second présentant à sa surface des cannelures longitudinales; le troisième, tube respiratoire, strié transversalement, à l'extrémité duquel se trouvent les stigmates et quatre petites soies plumeuses. Dans l'intérieur de la queue, autour des troncs trachéens, se trouvent des muscles longitudinaux s'insérant aux extrémités proximales des segments tubuleux; quand ces muscles se contractent, les deux derniers segments peuvent rentrer l'un dans l'autre et dans le premier qui, lui-même, se raccourcit en se plissant. La queue ainsi contractée diminue considérablement de longueur. Quand la larve respire à la surface de l'eau, la queue s'allonge par suite de l'afflux du sang dans son intérieur, le sang étant chassé du corps par la contraction des parois musculaires de ce dernier (1). Une disposition semblable du tube respiratoire s'observe également chez les larves des *Ptychoptera* (fig. 459).

Les larves de Cousins ont leurs orifices stigmatiques à l'extrémité d'un petit tube placé obliquement d'avant en arrière sur la face dorsale de l'avant-dernier anneau du corps. L'orifice du tube est pourvu de cinq petits clapets pouvant s'ouvrir ou se fermer sous l'action de muscles particuliers. La larve se place au repos de telle sorte que l'ouverture du tube se trouve à la surface de l'eau (fig. 460).

La larve de Dytique, bien que présentant des stigmates sur les côtés du corps, est métapneustique, ses stigmates latéraux restant fermés; elle respire par les deux stigmates que porte l'extrémité de l'abdomen, et elle se tient suspendue à la surface de l'eau au moyen de deux petits appendices terminaux foliacés et garnis de soies rigides (fig. 428). La larve d'Hydrophile respire de la même manière, mais à la place des appendices foliacés on trouve deux petits crochets.

Certaines larves péripneustiques peuvent mener une vie aquatique et respirer l'air en nature comme les Insectes aquatiques adultes. Tel est le cas de la larve d'un Bombycide, *Palustra Laboulbeni*, étudiée par Bar (1873), vivant dans les eaux croupissantes de la Guyane ; elle présente neuf paires de stigmates et est couverte de nombreux poils entre lesquels s'emmagasine une couche d'air. Les chenilles aquatiques d'*Hippocampa* respirent aussi l'air en nature contenu dans le fourreau qu'elles habitent.

---

(1) Wahl a étudié récemment avec soin le système trachéen de la larve d'*Eristalis*. (Ueber das Tracheensystem und Imaginalscheiben der Larve von Eristalis tenax. *Arb. a. d. zool. Instituten d. Univ. Wien u. d. zool. Station in Triest. XII, Heft 1, 1899.*)

Larves à vie entièrement aquatique. — Beaucoup de larves vivant dans l'eau ne peuvent plus respirer l'air en nature et se comportent alors comme de véritables animaux aquatiques, empruntant à l'air dissous dans l'eau l'oxygène nécessaire à l'hématose. Ces larves sont dépourvues de

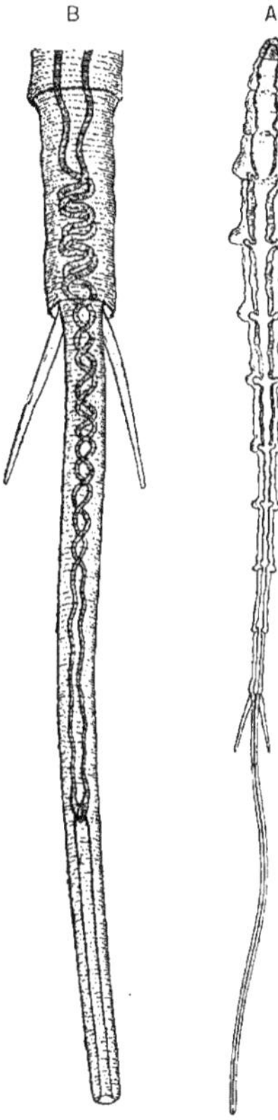

Fig. 459. — *Ptychoptera paludosa.*
A, larve entière ; — B, extrémité caudale grossie, montrant dans son intérieur les trachées contournées. (Fig. empruntée à MIALL.)

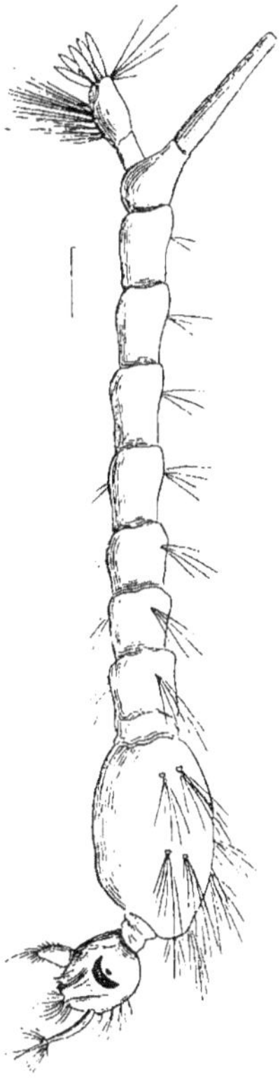

Fig. 460. — Larve de Cousin vue latéralement, la tête en bas. (Fig. empruntée à MIALL.)

stigmates ou ont des stigmates complètement fermés : elles sont dites *apneustiques* ; elles possèdent un sytème trachéen clos, et respirent soit par la surface externe du corps, soit par des appendices cutanés spéciaux constituant de véritables branchies.

Le système trachéen des larves de *Corethra* consiste en deux tubes qui s'étendent dans toute la longueur du corps et qui sont vides d'air,

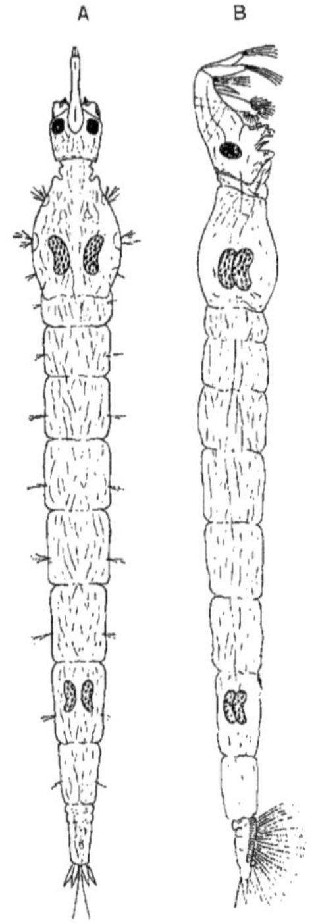

Fig. 461. — Larve de *Corethra*.
A, vue dorsalement; — B, vue latéralement. On voit par transparence les deux paires de sacs aériens sur les 1er et 8e segments postcéphaliques. (Fig. empruntée à Miall.)

excepté dans le thorax et vers l'extrémité de l'abdomen, où ils sont renflés en vésicules réniformes (fig. 461). Ces vésicules sont remplies d'air et, en outre, pigmentées, ce qui les fait paraître noires, quand on examine ces larves dans l'eau; elles ne paraissent pas intervenir dans la respiration de l'animal, les échanges gazeux entre l'eau et le sang se faisant probablement uniquement à travers la cuticule mince qui revêt toute la surface du corps; elles fonctionnent comme appareil hydrostatique et servent à maintenir la larve horizontalement près de la surface de l'eau.

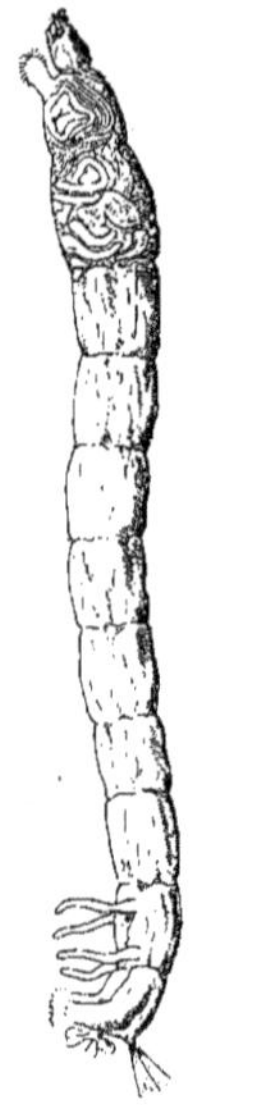

Fig. 462. — Larve de *Chironomus* vue latéralement. — Près de la tête, on voit les rudiments des ailes et des membres sous la peau de la larve. (Fig. empruntée à Miall.)

Les larves de *Chironomus* ont également un système trachéen rudimentaire, complètement clos et privé d'air. La respiration est cutanée; de petits appendices tubuleux qui se trouvent vers l'extrémité postérieure du corps sont peut-être le siège d'échanges gazeux plus actifs. Le sang de la larve est coloré en rouge et renferme de l'hémoglobine. Les larves vivent dans des tubes creusés dans la vase, et laissent sortir la partie antérieure de leur corps qui est animé de mouvements d'oscillation continuels pour renouveler l'eau autour d'elles.

Fig. 463. — Groupe de larves de *Simulium* fixées sur une pierre. (Fig. empruntée à Miall.)

Les larves de *Tanypus* se comportent de la même manière; celles de *Simulium*, qui vivent fixées sur les corps submergés dans les eaux courantes, ont également une respiration cutanée.

Les larves des Insectes entomophages appartenant à l'ordre des Hyménoptères et à celui des Diptères, qui vivent en parasites dans l'intérieur du corps d'autres Insectes, se trouvent dans les mêmes conditions, au point de vue de la respiration, que les larves aquatiques constamment immergées. Celles des Hyménoptères ont été récemment étudiées avec soin par Seurat (1899). Pendant toute la durée de la vie

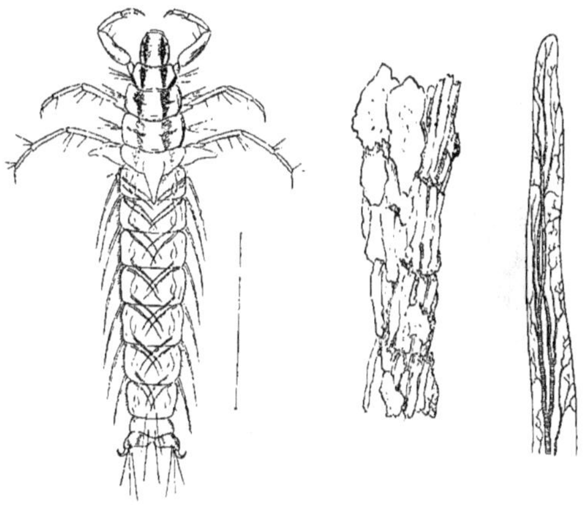

Fig. 464. — *Phryganea varia.*

A, larve; — B, son fourreau; — C, branchie trachéale isolée et grossie. (Fig. empruntée à Miall.)

interne des larves, le système trachéen est entièrement clos; au début, les trachées ne sont pas visibles parce qu'elles ne renferment pas d'air; l'osmose se fait à travers les parois du corps et la paroi très mince des trachées sous-cutanées. Dans les larves plus âgées, les trachées se remplissent d'air et vont porter l'oxygène dans les diverses régions du corps. Quand le parasite a dévoré son hôte et s'apprête à sortir (Microgastérides), le système trachéen se met en rapport avec l'extérieur par les stigmates, par lesquels l'air entrera désormais. Les larves des Microgastérides présentent à l'extrémité du corps un renflement, la *vésicule anale*, auquel Ratzeburg attribuait un rôle respiratoire; celles des Ichneumonides ont l'extrémité du corps terminée par une sorte d'appendice caudal (fig. 415). Seurat pense que ces appendices peuvent, dans les très jeunes larves, servir en partie, comme le reste de la surface du corps, à assurer l'absorption de l'air, car c'est dans cette région que le sang pénètre dans le vaisseau dorsal, mais il croit que l'une des fonctions essentielles de cette partie terminale du corps est celle de la locomotion de la larve dans l'intérieur de son hôte. Ces appendices manquent du reste dans beaucoup de cas (Aphidides, Chalcidides, etc.).

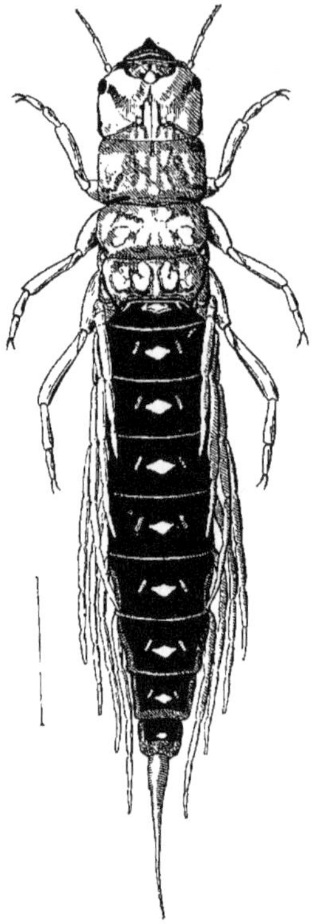

Fig. 465. — Larve de *Sialis*. Les appendices respiratoires articulés de l'abdomen sont, chez la larve vivante, courbés en haut et en arrière. (Fig. empruntée à MIALL.)

Chez beaucoup de larves aquatiques, la respiration cutanée se localise sur certains appendices spéciaux du corps, dans lesquels se terminent de fines ramifications trachéennes et qui fonctionnent alors comme les branchies des autres animaux aquatiques.

La forme et la situation des branchies sont très variables. PALMEN a reconnu qu'elles ne se développent pas aux dépens des mêmes segments que les stigmates, et que ceux-ci et les branchies sont deux formations indépendantes.

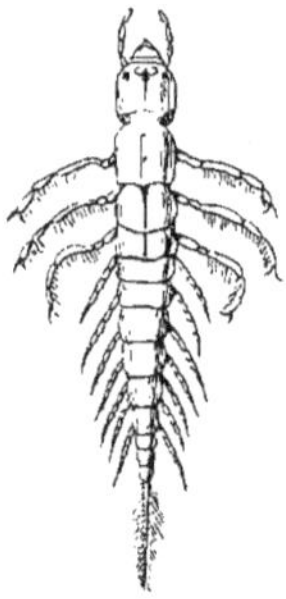

Fig. 466. — Larve de *Sialis lutaria* montrant les filaments branchiaux articulés. (D'après SHARP.)

Tantôt ce sont des filaments isolés, grêles, plus ou moins longs, disposés de chaque côté de l'abdomen, sur les parties ventrale et dorsale de chaque segment (Phryganides, fig. 464) ou seulement latéralement (*Sialis*) (fig. 465), ou bien sur la face ventrale (*Sisyra*). Chez les *Sialis* et les *Sisyra*, ces filaments présentent des étranglements qui leur donnent l'apparence d'appendices articulés. Les larves de *Gyrinus*, de *Corydalus*, d'*Hydrocharis caraboides*, etc., portent, sur les côtés de chaque segment abdominal et à la partie postérieure du dernier segment, des filaments plus rigides et d'aspect plumeux, dans lesquels se trouvent des ramifications trachéennes (fig. 467). Tantôt les filaments, beaucoup plus nombreux et plus grêles, sont disposés en houppes situées soit de chaque côté du thorax ou de l'abdomen, soit de chaque côté de l'anus (*Perla, Pteronarcys*), soit à la base des mâchoires (*Jolia Rœselii*) et à la base des pattes, etc. Les larves de *Paraponyx* (Lépidoptère) portent sur les côtés de chaque segment des filaments branchiaux insérés au nombre de trois ou quatre sur des tubercules cutanés.

Une autre forme que présentent les branchies trachéennes est celle de lamelles foliacées; elle s'observe surtout chez les Pseudo-névroptères (Éphémérides, Libellulides, Perlides). Les branchies foliacées sont situées soit à l'extrémité de l'abdomen (Agrions), soit sur les côtés. Chez les *Ephemera, Leptophlebia, Polymitarcys*, ce sont des appendices aplatis, bifurqués et pennés, disposés par paires sur le côté dorsal des six ou sept premiers anneaux abdominaux. Les appendices s'élargissent en lames foliacées simples chez les *Cloeopsis*, découpées en lobes frisés sur leur bord interne chez les *Oniscigaster*, finement lasciniées sur leur pourtour chez les *Tricorythus*, chargées de touffes de filaments à leur face inférieure chez les *Heptagenia*, et de lamelles disposées sur plusieurs rangées chez les *Ephemerella*.

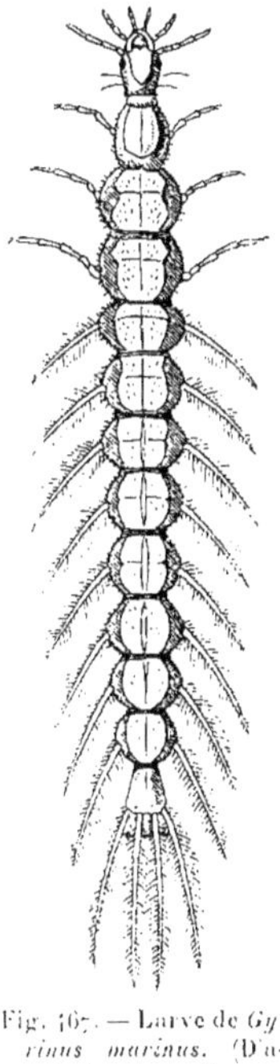

Fig. 467. — Larve de *Gyrinus marinus*. (D'après Schiödte, fig. empruntée à Miall.)

Quelquefois les branchies ne sont pas visibles extérieurement; elles sont contenues dans une sorte de chambre branchiale constituée par une paire de lamelles beaucoup plus développée qui recouvre les autres (*Tricorythus*), ou par les rudiments des ailes antérieures formant une sorte de carapace qui cache la plus grande partie de l'abdomen (*Bætisca, Prosopistoma*). Dans ce cas, il existe entre la base des ailes un orifice qui permet à l'eau d'entrer dans la chambre respiratoire (fig. 417).

Branchies sanguines. — Fritz Müller (1888) a désigné sous ce nom des appendices tubuleux très délicats, situés près de l'anus des larves de Trichoptères. Ces appendices remplis de sang ne renferment pas de trachées ou ne contiennent que quelques ramifications peu importantes. Ce sont des tubes évaginables qui varient de nombre dans un même genre, — on en compte de six à quatre, — et qui paraissent fonctionner comme organes respiratoires quand les branchies trachéennes ne peuvent être utilisées.

Il existe de semblables organes chez les larves de *Lampyris* et de *Pelobius*.

Peut-être convient-il de rapprocher ces branchies sanguines, tout au moins au point de vue fonctionnel, des sacs évaginables des *Machilis*, *Campodea*, etc., et des tubes ventraux des Collemboles.

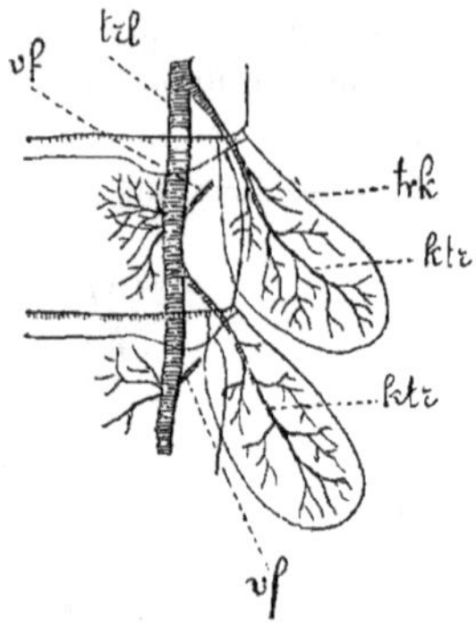

Fig. 468. — Moitié droite des segments moyens d'une larve de *Bætis*, montrant les branchies trachéennes.

trl, tronc trachéen longitudinal; *vf*, trabécules conjonctifs retenant le tronc trachéen après la peau; *trk*, branchies trachéennes; *ktr*, troncs trachéens de ces branchies. (D'après Palmen, fig. empruntée à Lang.)

Les appendices caudaux des larves d'Éphémères, dans lesquels pénètre le sang déversé par les vaisseaux postérieurs du tube dorsal, et qui renferment également des trachées, peuvent être considérés comme des organes intermédiaires entre les branchies sanguines et les branchies trachéennes.

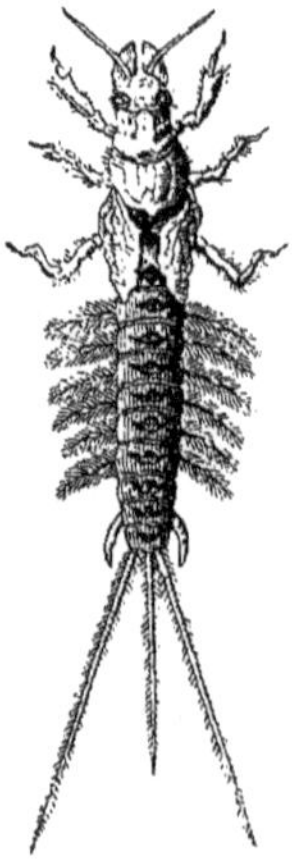

Fig. 469. — Larve de *Palingenia longicauda* mâle. (D'après Swammerdam, fig. empruntée à Miall.)

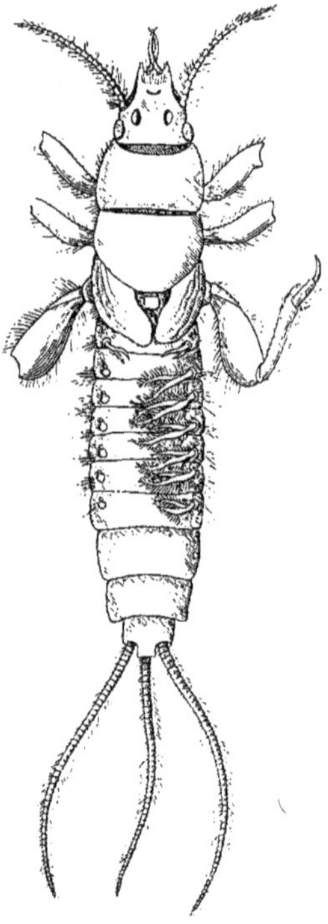

Fig. 470. — Larve d'*Ephemera vulgata*. Les pattes antérieures et moyennes ont été coupées. Les branchies du côté gauche, excepté la première, ont été coupées. (D'après Vayssière, fig. empruntée à Miall.)

Branchies internes. — Les larves des Libellulides ont un mode de respiration tout à fait particulier, décrit par SWAMMERDAM et par RÉAUMUR et étudié avec soin par OUSTALET (1889). Chez ces Insectes, le rectum renferme six bourrelets longitudinaux portant chacun deux rangées de papilles (*Æschna*) ou de lamelles (*Libellula*) transversales, dans lesquelles les trachées se ramifient abondamment. Le nombre de ces lamelles peut dépasser 24 000. Les trachées qui pénètrent dans ces papilles proviennent de deux gros troncs longitudinaux, desquels se détachent des branches secondaires qui pénètrent dans les parois du rectum, donnant de fines ramifications s'étendant jusqu'à l'extrémité des papilles ou des lamelles rectales. Ces dernières ramifications forment des anses qui viennent s'anastomoser avec des branches trachéennes récurrentes.

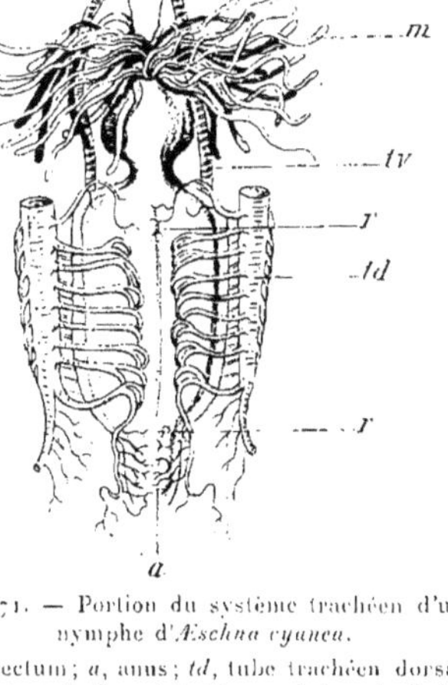

Fig. 471. — Portion du système trachéen d'une nymphe d'*Æschna cyanea*.

r, rectum; *a*, anus; *td*, tube trachéen dorsal; *tv*, tube ventral; *e*, intestin; *m*, tubes de Malpighi. (D'après OUSTALET.)

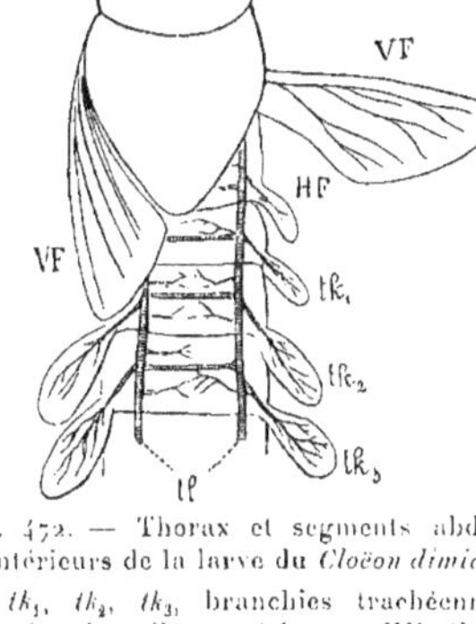

Fig. 472. — Thorax et segments abdominaux antérieurs de la larve du *Cloëon dimidiatum*.

tk_1, tk_2, tk_3, branchies trachéennes; VF, ébauches des ailes antérieures; HF, ébauche de l'une des ailes postérieures; *tl*, troncs trachéens longitudinaux. (Fig. empruntée à LANG.)

L'eau pénètre dans le rectum par l'anus, vient baigner les branchies rectales, puis est expulsée au dehors. L'animal utilise, pour se projeter en avant, le recul du jet d'eau qu'il peut brusquement chasser de son rectum. Ce mode de locomotion rappelle celui qu'on observe chez d'autres animaux aquatiques tels que les Béroés, les Salpes et les Céphalopodes.

L'ouverture anale est protégée par un appareil valvulaire constitué par trois ou cinq pièces chitineuses triangulaires qui, en s'écartant ou en se rapprochant, ouvrent ou ferment cette ouverture. L'aspiration et l'expulsion de l'eau se font à des intervalles irréguliers, plutôt par les mouvements exécutés par les pièces dorsales et sternales des segments abdominaux que par la contraction du rectum dont les muscles sont peu développés.

Les larves des Libellules ne paraissent pas respirer uniquement par leurs branchies rectales. Elles portent, en effet, entre le prothorax et le mésothorax une paire de grands stigmates, que l'on supposait être fermés. Il résulte des expériences de Dewitz (1891) que ces stigmates sont perméables à l'air. En plaçant une larve pendant quelque temps dans de l'alcool plus ou moins dilué, on voit sortir une série de bulles d'air par l'un des stigmates, rarement par les deux : de même en maintenant une larve dans de l'eau légèrement chauffée. Si l'on met, dans de l'eau bouillie puis refroidie, une larve avec un bâton le long duquel elle puisse grimper, on constate que, si elle monte la tête la première, elle sort le thorax de l'eau pour respirer. Si, au contraire, elle monte à reculons, elle se contente de faire saillir l'extrémité de son abdomen hors de l'eau ; dans le premier cas, elle respire par ses stigmates; dans le second, par son rectum.

Chez les jeunes larves d'Æschnes, les stigmates thoraciques ne sont pas perméables, mais ils le deviennent plus tard. Les jeunes larves mises dans l'eau bouillie sortent toujours l'extrémité de l'abdomen. Quand on ferme l'appareil valvulaire de l'anus avec du collodion, les jeunes larves meurent, les larves âgées résistent. Chez les Libellules, les stigmates thoraciques deviennent perméables plutôt que chez les Æschnes, et la respiration thoracique devient plus importante que la respiration abdominale pour les larves âgées. Les stigmates thoraciques des Agrions sont perméables, mais ne fonctionnent pas.

La respiration par des branchies rectales peut coexister avec la respiration par des branchies externes. Tel serait le cas pour les larves de *Calopteryx* (Dufour, Hagen), celles des Agrions et des Éphémères (Dewitz), celles de *Bætis* et de *Cloëon* (Palmen).

D'après Raschke (1887), la larve de Cousin respirerait non seulement l'air en nature par les stigmates situés à l'extrémité du siphon, mais aussi l'air dissous dans l'eau par la peau, par de petites branchies lamelleuses situées autour de l'anus, et aussi par le rectum qui renferme de petites papilles très riches en trachées.

La larve d'*Eristalis* possède également des branchies rectales, au nombre de 20, qui peuvent sortir au dehors dans certains cas; elles étaient déjà connues de Réaumur et ont été étudiées récemment par Wahl (1899). Les larves de Psychodides (Diptères) en ont aussi d'après Fritz-Müller (1883).

Les branchies rectales des Libellulides sont représentées chez beaucoup d'Insectes adultes par les bourgeons charnus riches en trachées qu'on trouve dans le rectum de la Mouche, de l'Abeille, de plusieurs Orthoptères et de quelques Lépidoptères.

Les branchies externes des Éphémères présentent un intérêt particulier à cause de leur ressemblance au point de vue morphologique avec les ailes. Elles occupent, par rapport aux sclérites, la même position que ces organes : elles sont situées entre le tergum et les épimères, et sont constituées comme les ailes par une duplicature de la peau dans laquelle pénètrent des trachées. Certains auteurs, entre autres Gegenbaur et Palmen, admettent que les ancêtres des Insectes actuels étaient des animaux aquatiques possédant des lamelles branchiales latérales servant à la respiration et à la locomotion. En passant à une vie aérienne, ces organes sont devenus uniquement moteurs et se sont localisés sur les parties antérieures du corps, où ils sont le mieux situés pour maintenir l'équilibre du corps pendant le vol. Chez les anciens Insectes aériens, *Lithomanthis*, *Scuderia*, il y avait encore trois paires de ces appendices lamelleux, qui se sont réduits à deux paires chez la majorité des Ptérygotes actuels et à une seule paire chez les Diptères.

Dans les larves aquatiques actuelles, on trouve le passage des ailes aux branchies externes : ainsi la larve de *Cloëon dimidiatum*, étudiée par Graber, possède au mésothorax des expansions aliformes, et, sur les autres segments, des lamelles branchiales plus petites. Les dispositions qu'on observe chez les larves de *Tricorythus*, de *Bætisca* et de *Prosopistoma*, indiquent aussi une certaine ressemblance morphologique entre les ailes et les lames branchiales de ces Insectes.

Grassi admet bien que les ailes et les branchies sont des organes homologues, mais que les premières ne dérivent pas des secondes. Chez les Thysanoures, qu'il considère comme les Insectes les plus primitifs, il y a dans plusieurs espèces, entre autres les *Lepisma* et *Lepismina*, des replis articulés du tergum, riches en trachées, qui protègent les côtés du thorax et la base des pattes. Ce sont ces prolongements du tergum, comparables aux replis latéraux de la carapace des Crustacés, qui, d'après Grassi, se sont transformés en branchies chez les larves aquatiques, et en ailes chez les Insectes aériens. Nous exposerons, à propos du développement des ailes, les autres hypothèses qui ont été émises sur l'origine de ces organes.

Cellules trachéolaires étoilées. — Leydig (1851) a signalé, dans la larve de *Corethra*, des cellules ramifiées en connexion avec l'hypoderme trachéen et qu'il considère comme des appareils de terminaison des trachées. Ces éléments ont été étudiés depuis par Max Schultze (1865) et Wielowiejski (1881) chez le Lampyre; par Weismann (1866), Lowne (1892-94) et Pantel (1898) chez les larves de Muscides; par Holmgren (1896) chez les chenilles; je les ai moi-même observés dans la larve de *Lyda pyri*. Ils se présentent sous la forme d'une grande cellule aplatie ramifiée, dans laquelle pénètre une trachée encore munie de son filament spiral. Cette trachée se divise, dans la cellule, en plusieurs trachéoles non spiralées qui pénètrent dans les prolongements protoplasmiques de la cellule pour se rendre aux organes où elles se terminent. Souvent le tronc trachéen spiralé, après s'être dichotomisé dans la cellule, donne, à l'une de ses extrémités, naissance à un faisceau de trois, quatre ou plusieurs trachéoles. Lowne admet que les cellules étoilées forment un réseau cœlomique, des sortes de lamelles endothéliales qu'il assimile au tissu adénoïde des Vertébrés. Je n'ai rien pu voir de semblable dans les larves que j'ai examinées. D'accord avec Pantel, je considère les cellules étoilées comme la terminaison des trachées spiralées et le point d'origine des trachéoles dépourvues de spirale, et constituées par des canaux creusés dans le corps cytoplasmique et les prolongements de la cellule.

Nous avons déjà signalé (p. 101) les éléments que Prenant a étudiés sous le nom de *cellules trachéales* dans le corps graisseux des larves de l'Œstre du Cheval; nous aurons l'occasion d'y revenir à propos des transformations des cellules adipeuses pendant la nymphose.

Système musculaire.

Le système musculaire présente chez les larves une disposition plus simple que chez les adultes; les faisceaux musculaires très nombreux occupent respectivement, dans presque tous les segments du corps, la même situation, surtout dans les larves vermiformes; les muscles ont tous la même structure, celle des muscles abdominaux ou des muscles de l'imago; le type des muscles moteurs des ailes manque naturellement, ces appendices locomoteurs faisant défaut. Nous renverrons le lecteur, pour les notions élémentaires sur le système musculaire larvaire, à ce que nous avons dit à propos de l'adulte, page 109 et suiv.

Chez les Insectes métaboliques, la plupart des muscles larvaires disparaissent pendant la nymphose et sont remplacés par des muscles de nouvelle formation, ou subissent des transformations en rapport avec les mouvements que doit exécuter l'Insecte pendant son nouveau genre d'existence; ces modifications du système musculaire seront étudiées, dans un chapitre spécial, avec les phénomènes d'histolyse.

Système nerveux.

Le système nerveux des larves se rapproche plus, en général, du type primitif que celui de l'adulte, c'est-à-dire que les ganglions sont bien séparés les uns des autres dans la chaîne ventrale et qu'il en existe une paire par segment. Pendant la nymphose il se produit une concentration de la chaîne nerveuse dans le sens longitudinal, de telle sorte que chez l'adulte la chaîne nerveuse est plus courte et qu'elle renferme moins de ganglions distincts que celle de la larve. Cependant les choses ne se passent pas toujours ainsi, et le système nerveux peut être plus condensé chez la larve que chez l'adulte. Les modifications subies par les centres nerveux, soit dans leur disposition, soit dans leur structure pendant le passage de la forme larvaire à l'état adulte, ont été étudiées par divers auteurs, entre autres par Herold (1815), Newport (1839),

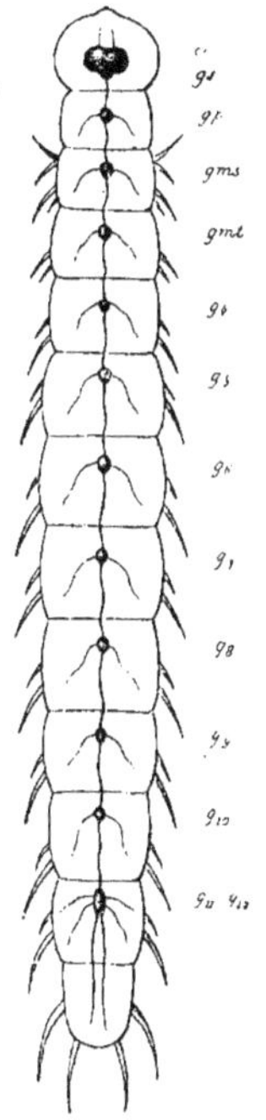

Fig. 473. — Système nerveux des larves des Bibionides (*Bibio hortulanus*).

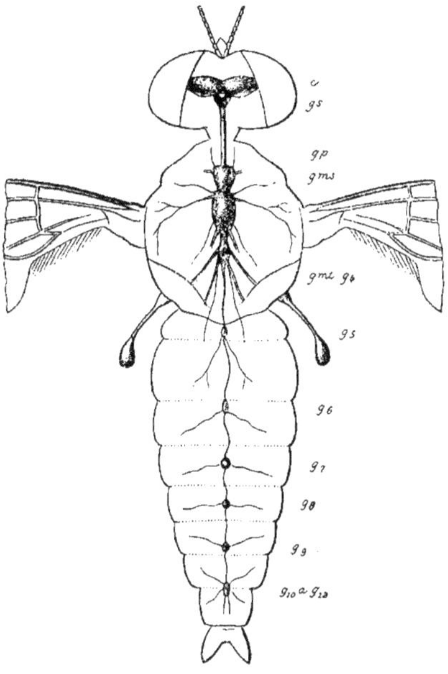

Fig. 474. — Système nerveux des Bibionides adultes (*Bibio hortulanus*).

Les deux figures sont dessinées à la même échelle, pour qu'on puisse apprécier le volume des ganglions.

c, cerveau ou ganglion sus-œsophagien ; *gs*, ganglion sous-œsophagien ; *gp*, ganglion du prothorax ou premier ganglion de la chaîne nerveuse abdominale ; *gms*, ganglion du mésothorax ou deuxième ganglion ; *gmt*, ganglion du métathorax ou troisième ganglion ; g^4, g^5, g^6, g^7, g^8, g^9, g^{10}, g^{11}, g^{12}, les quatrième et douzième ganglions de la chaîne nerveuse thoraco-abdominale ; *mg*, masse ganglionnaire, réunion des douze ganglions thoraciques et abdominaux. (Fig. empruntées à Künckel d'Herculais.)

Blanchard (1846), Künckel d'Herculais (1868-75), Brandt (1879), Michels (1881), Cattie (1881).

Au point de vue de la disposition du système nerveux de la larve, par rapport à celle qui existe plus tard chez l'adulte, on peut distinguer plusieurs types :

1° Le système nerveux est le même chez la larve et chez l'adulte et ne subit pas de concentration dans le sens longitudinal pendant la nymphose; il se produit simplement une coalescence dans le sens transversal, les deux ganglions primitifs d'une même paire se fusionnant et les commissures transversales devenant intraganglionnaires. Exemple : *Timarcha tenebricosa*. Ou bien il y a seulement concentration des ganglions dans la région thoracique (*Bibio hortulanus*) (fig. 473 et 474).

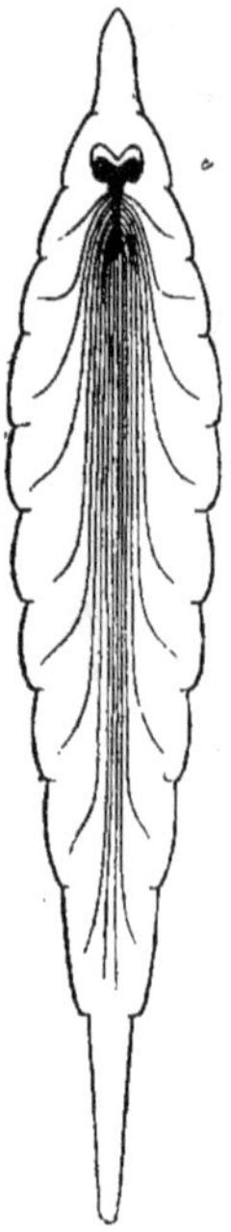

Fig. 475. — Système nerveux des Stratiomydes (*Stratiomys longicornis*) : larve.

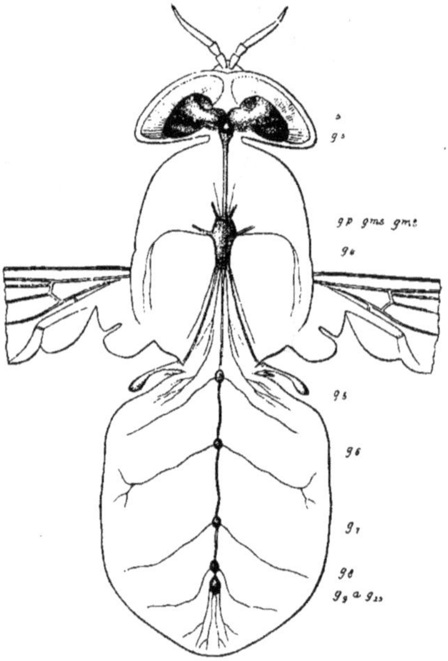

Fig. 476. — Système nerveux des Stratiomydes (*Stratiomys longicornis*) : adulte.

Même signification des lettres que pour les figures 473 et 474. (Fig. empruntées à KÜNCKEL D'HERCULAIS.)

2° Le système nerveux n'est pas concentré chez la larve et l'est chez l'adulte. Exemple : Abeille, Coccinelle, *Chrysomela fusca*. La chaîne nerveuse ventrale de la larve d'Abeille comprend 11 ganglions distincts en arrière du collier œsophagien; dans celle de l'adulte, les ganglions du méso et du métathorax sont fusionnés ainsi que ceux de la partie antérieure de l'abdomen. La chaîne nerveuse de la larve de *Chrysomela* renferme 12 ganglions distincts en arrière de l'œsophage; chez l'adulte, toute la partie abdominale est logée immédiatement en arrière du thorax et ne comprend que 8 ganglions.

3° Le système nerveux est plus concentré chez la larve que chez l'adulte. C'est ce qui s'observe chez beaucoup de Diptères. Exemple : Stratiomydes, Tabanides, Muscides acalyptérées. Dans les larves de Stratiomydes, tous les ganglions sont réunis au niveau du premier segment du corps ; chez l'adulte, il y a 2 ganglions thoraciques et 5 abdominaux (fig. 475 et 476). Dans le Ver blanc, larve du Hanneton,

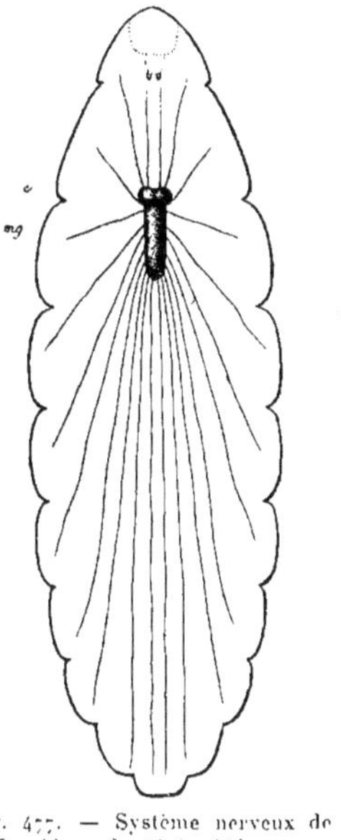

Fig. 477. — Système nerveux de Muscides calyptérées (*Phryna vanessæ*) : larve.

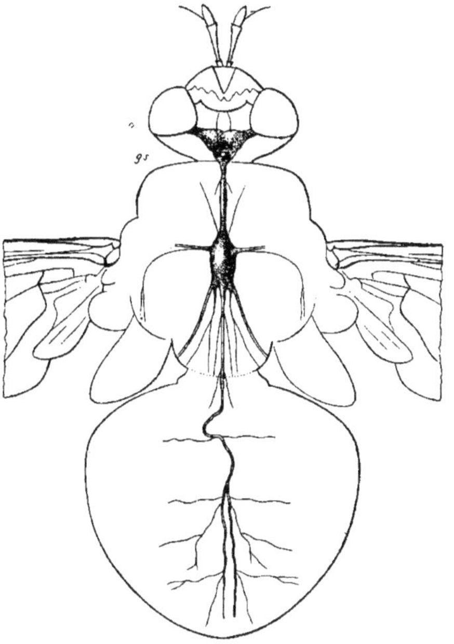

Fig. 478. Système nerveux de Muscides calyptérées (*Phryna vanessæ*) : adulte.

Même signification des lettres que pour les figures 473 et 474. (Fig. empruntées à Künckel d'Herculais.)

les 10 ganglions de la chaîne nerveuse sont réunis en une seule masse en arrière du cerveau ; chez l'adulte, il y a deux longs connectifs entre le ganglion sous-œsophagien et le premier thoracique, et les autres ganglions sont séparés.

4° Le système nerveux est concentré chez la larve et ne l'est pas chez l'adulte. Exemple : Fourmilion.

5° Le système nerveux est concentré chez la larve et chez l'adulte. Exemple : Œstrides, Muscides calyptérées (fig. 477 et 478), Nyctéribiides, Hippoboscides. Il se produit seulement dans ce cas, chez l'adulte, un allongement des connectifs qui attachent la masse nerveuse concentrée au collier œsophagien.

Le cerveau est plus simple à l'état lavaire que chez l'imago ; les lobes optiques sont en général moins développés et quelquefois plus allongés

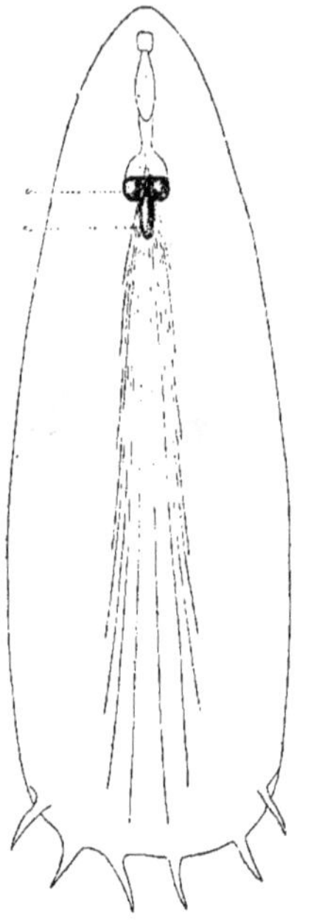

Fig. 479. — Système nerveux des Volucelles (*Volucella zonaria*) : larve.

c, ganglion sus-œsophagien ou cerveau ; *m*, chaîne nerveuse concentrée : les nerfs antérieurs n'ont pas été représentés. Le cerveau est surmonté des histoblastes des yeux dont les contours seuls sont indiqués ; leurs pédicules les rattachent au pharynx dont le contour est aussi seul indiqué.

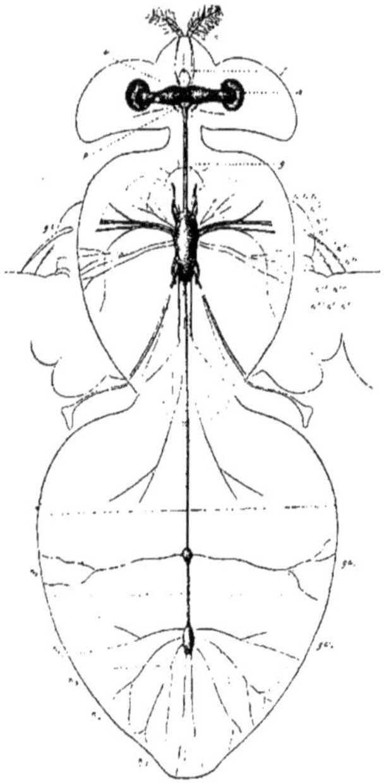

Fig. 480. — Système nerveux des Volucelles (*Volucella zonaria*) : adulte.

c, cerveau ; *n*. nerf antennaire ; *o*, lobes optiques ; *f*. connectif unissant les ganglions sous-œsophagiens à la masse thoracique ; *gt*, réunion des ganglions des pro, méso ou métathorax, et des 1er et 2e ganglions abdominaux ; $n, n^1 \ldots n^5$, nerfs ; g^{u}, g^{12}, ganglions abdominaux ; et *p*, système nerveux viscéral. (Fig. empruntées à Künckel d'Herculais.)

(fig. 143 et 144). Mais on reconnait dans les centres nerveux les mêmes parties fondamentales que chez l'adulte. Nous avons déjà signalé (p. 124) les différences qui existent dans la structure des ganglions thoraciques chez la larve et chez l'adulte.

Nous avons décrit, Binet et moi (1892), dans la chaîne nerveuse de la larve de *Stratiomys*, des cellules spéciales qui se trouvent au niveau des connectifs réunissant les ganglions. Ce sont de grandes cellules conjonctives ramifiées dont le centre est occupé par un gros noyau. Les prolongements ramifiés de la cellule, par leur disposition, dessinent une calotte sphérique dont la convexité regarde celle de la cellule qui occupe le ganglion voisin; c'est entre les deux cellules et à travers les espaces laissés libres par leurs prolongements rayonnants que passent les fibres nerveuses des connectifs, comme à travers une sorte de crible.

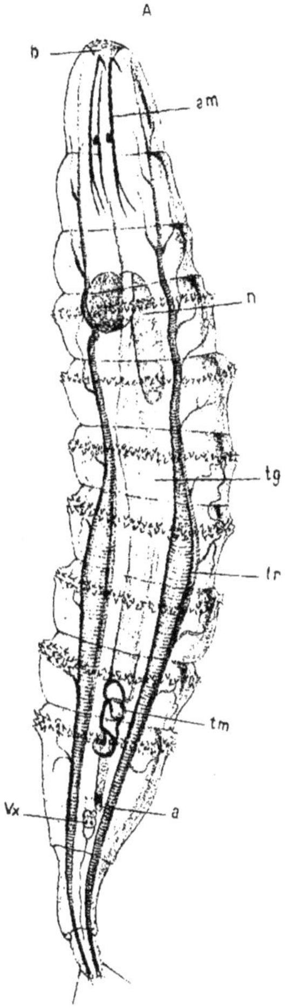

Organes des sens.

Les terminaisons nerveuses sensitives, chez les larves d'Insectes, ont été moins étudiées que chez les adultes, mais elles ne paraissent pas présenter de dispositions spéciales. Nous avons déjà indiqué (p. 137) les recherches de Rina Monti et de Holmgren, à propos

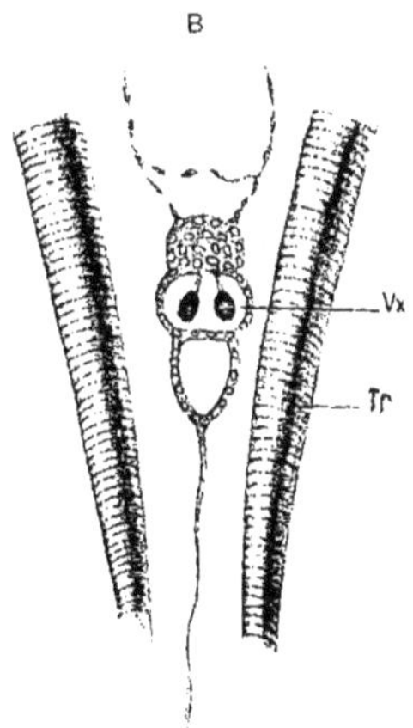

Fig. 481.

A, larve de Diptère indéterminée : *a*, anus; *am*, armature buccale; *b*, bouche; *n*, système nerveux; *tg*, tube digestif; *tm*, tubes de Malpighi; *tr*, tronc trachéen; *vx*, organe énigmatique; — B, organe énigmatique isolé entre les deux troncs trachéens et grossi. (Fig. originale.)

des organes du tact; celles de Graber, sur les organes chordotonaux découverts dans les larves de Diptères (p. 141) et retrouvés dans beaucoup d'autres larves. On ne connaît pas chez les larves d'autres organes auditifs que ces derniers.

Je dois cependant mentionner ici un organe particulier signalé par Graber (1878) dans une larve de Diptère, et que j'ai également retrouvé dans de très petites larves, nouvellement écloses, ressemblant à de jeunes larves de *Stratiomys*, mais que je n'ai pu déterminer. Dans la partie postérieure du corps, en arrière de l'anus, entre les deux troncs trachéens qui s'étendent dans toute la longueur de l'animal, se trouve un petit organe qui, par sa partie antérieure, paraît être en rapport avec la portion terminale du vaisseau dorsal et, par sa partie postérieure, est rattaché à l'extrémité du corps par un filament très grêle (fig. 481). Cet organe se compose de trois parties : une partie antérieure formée par une masse cellulaire pleine ; une partie moyenne vésiculaire à peu près sphérique, à parois constituées par une couche de petites cellules, et renfermant dans son intérieur deux corps ovoïdes fortement pigmentés en noir et rattachés, par un petit pédicule grêle et transparent, à la masse cellulaire antérieure ; la troisième partie de l'organe est une vésicule pyriforme, accolée à la précédente par sa base, et à l'extrémité de laquelle s'insère le filament qui rattache l'organe à la partie postérieure du corps. Les deux vésicules ne sont pas contractiles ; l'organe, examiné par transparence sur le vivant, présente un mouvement continuel de va-et-vient, dû aux contractions du vaisseau dorsal.

La description et les figures de Graber diffèrent un peu des miennes en ce que cet auteur a trouvé cet organe énigmatique constitué par trois vésicules renfermant chacune une paire de corps pigmentés et pédiculés, et en ce qu'il a vu de gros nerfs arriver aux parois de l'organe, nerfs que je n'ai pu apercevoir. Graber et moi n'avons pas examiné la même espèce de larve, ce qui explique la différence de constitution de l'organe.

Graber pense que ce singulier organe peut être rapproché d'un otocyste, dans lequel l'otolithe, au lieu d'être libre et en rapport avec les extrémités de poils auditifs, serait fixé à la paroi et se comporterait comme un battant de cloche. Il m'est impossible de me prononcer sur la signification de cet organe ; jusqu'à preuve du contraire, on peut le considérer comme un organe de sens spécial, rentrant peut-être dans la catégorie des organes chordotonaux, mais il est difficile de comprendre son fonctionnement ; je n'ai jamais vu de déplacements des corps pédiculés par rapport aux parois de la vésicule : ils paraissent être implantés d'une manière rigide dans la masse cellulaire antérieure.

Organes visuels. — Les ocelles latéraux des larves d'Insectes, étudiés surtout par H. Landois (1866), Grenacher (1879), Pankrath (1890) et récemment par Redikorzew (1900), ont en général une structure moins compliquée que celle des ocelles médians des Insectes adultes ; cependant ceux des larves de Tenthrédinides se rapprochent de ces derniers.

L'ocelle est constitué par : 1° un cristallin de forme lenticulaire qui n'est qu'un épaississement local de la cuticule sécrétée par l'hypoderme ; 2° un corps vitré formé par des cellules hypodermiques allongées, prismatiques ou pyramidales, beaucoup plus développées que celles du corps vitré de l'ocelle de l'adulte, qui sont moins nombreuses et courtes ; 3° une couche rétinienne. Celle-ci est constituée par des cellules allongées, pyriformes, dont l'extrémité distale est en rapport avec le corps vitré, et l'extrémité proximale en continuité avec les fibres du nerf optique. Les cellules rétiniennes sont groupées au nombre de 2, 3, 4, ou un plus grand nombre, pour former une rétinule ; et chaque rétinule renferme en son centre un bâtonnet ou rhabdome, qui se ramifie sous forme de lamelles entre les cellules de la rétinule ou rhabdomères. Les filaments nerveux pénètrent dans le protoplasma des cellules rétiniennes, qui renferment en outre des granulations pigmentaires.

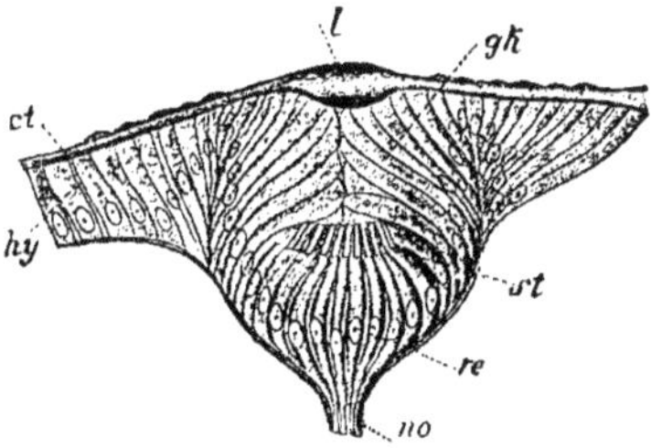

Fig. 482. — Coupe transversale d'un ocelle de jeune larve de Dytique.

ct, cuticule chitineuse ; *l*, lentille cuticulaire ; *gk*, cellules du corps vitré ; *hy*, hypoderme ; *st*, bâtonnets ; *re*, cellules rétiniennes ; *no*, nerf optique. (D'après Grenacker, fig. empruntée à Lang.)

Entre la base des cellules rétiniennes se trouvent des cellules vésiculeuses constituant une sorte de tissu conjonctif de remplissage. L'ensemble de l'ocelle est entouré d'une membrane cellulaire. L'hypoderme dans lequel l'ocelle est enchâssé présente, tout autour de celui-ci, un bourrelet de cellules plus allongées et généralement plus pigmentées que celles du reste de l'hypoderme ; les auteurs désignent ce bourrelet sous le nom d'iris, à cause de sa situation, bien qu'il ne puisse jouer le rôle d'un véritable iris.

Dans les ocelles des larves de Tenthrédinides, il existe, entre les extrémités distales des cellules du corps vitré, des cellules intercalaires supplémentaires ; le pigment est contenu dans des cellules spéciales interposées aux cellules rétiniennes. D'après Redikorzew, ces ocelles formeraient, avec les ocelles des Insectes adultes, la transition des ocelles larvaires aux yeux composés, ceux-ci devant être considérés comme une réunion d'ocelles frontaux.

Organes reproducteurs.

Les glandes génitales existent à l'état rudimentaire dans les larves et ne se développent en général que pendant la nymphose. Cependant, chez beaucoup de chenilles, les testicules prennent de très bonne heure un développement remarquable et sont le siège des premières phases de la spermatogenèse; souvent on trouve déjà des faisceaux de spermatozoïdes avant la nymphose. Chez les Insectes à métamorphoses complètes, les conduits évacuateurs et leurs annexes n'apparaissent que tardivement pendant la nymphose. L'évolution de la glande femelle est généralement en retard sur celle de la glande mâle; cette différence est surtout très marquée pour les Lépidoptères.

Exceptionnellement, les ovaires peuvent produire, chez la larve, des œufs arrivant à maturité et se développant par parthénogenèse (voir Pædogenèse, p. 258).

CHAPITRE XIII

DÉVELOPPEMENT POSTEMBRYONNAIRE (*Suite*)

Généralités sur la biologie des larves.

Nous n'avons considéré, dans le chapitre précédent, les larves des Insectes qu'au point de vue morphologique : un certain nombre de phénomènes intéressants qu'elles présentent durant leur évolution biologique méritent d'être signalés.

ÉCLOSION

La manière dont la jeune larve d'un Insecte sort de l'œuf n'a été observée encore que dans un petit nombre d'espèces.

Dans quelques œufs le chorion présente en une région déterminée une zone spéciale, à structure différente de celle du reste, et qui offre une résistance moindre. Au moment de l'éclosion il se produit dans le chorion une solution de continuité au niveau de cette zone, de telle sorte qu'une partie du chorion se détache comme une calotte ou se soulève comme un couvercle, mettant à nu un large orifice par lequel sort la jeune larve. On rencontre cette disposition pour les œufs de beaucoup de Lépidoptères, des Pentatomes, du Pou, des Phyllies (voir fig. 294, p. 293), etc. Souvent le chorion ayant une structure uniforme et étant assez résistant, la jeune larve s'ouvre un passage en rongeant à l'aide de ses pièces buccales la partie la plus voisine de sa tête. Tel est le cas, par exemple, du Bombyx du Mûrier; lorsqu'on examine le contenu du tube digestif du jeune Ver à soie qui vient d'éclore, on y trouve des fragments du chorion de l'œuf bien reconnaissables (1).

---

(1) Il arrive quelquefois que le jeune Ver ne pratique pas dans le chorion un trou suffisamment large pour sortir la tête, il se retourne alors dans l'œuf et fait saillir à travers

Lorsque l'enveloppe ovulaire est mince et peu résistante comme chez un certain nombre de Diptères, la Mouche à viande par exemple, la larve, par des mouvements de va-et-vient ou de contorsion dans l'intérieur de l'œuf, amène une rupture du chorion, qui se fend en général longitudinalement, et est mise en liberté.

Quelques larves d'Insectes sortent de l'œuf encore entourées de l'amnios et ne se débarrassent de cette enveloppe fœtale qu'après l'éclosion (*Cicada septemdecim*, Acridiens, *Mantis religiosa*, etc.).

Quand les œufs sont contenus dans une oothèque, la larve doit rompre le chorion ovulaire, puis sortir de l'oothèque avant de mener une vie

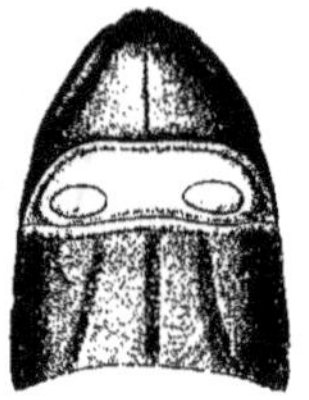

Fig. 483.

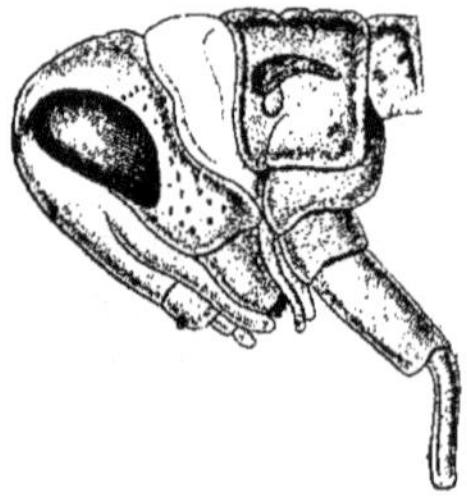

Fig. 484.

Stauronotus maroccanus. — Extrémité antérieure de la larve rampante, très grossie, vue en-dessus (fig. 483) et de profil (fig. 484).

ac, ampoule cervicale à son maximum de gonflement; on aperçoit deux petits mamelons qui se gonflent également pour compléter l'action de l'ampoule. (Fig. empruntées à KÜNCKEL D'HERCULAIS.)

libre. KÜNCKEL D'HERCULAIS (1890) a bien suivi le mécanisme de la sortie des jeunes Acridiens de leur coque ovigère. Celle-ci est fermée, ainsi que nous l'avons déjà dit (p. 276), par un couvercle bien adapté. Six ou sept jeunes larves, réunissant leurs efforts, le font sauter en le projetant parfois à plusieurs centimètres (fig. 485 et 486); elles ne peuvent cependant, à ce moment, faire usage de leurs membres, ceux-ci étant exactement appliqués contre le corps par la membrane amniotique qui n'est pas rompue. Mais il existe, chez la larve, entre la tête et le prothorax, une membrane molle que l'animal peut faire saillir à volonté dans la région dorsale, en y emmagasinant du sang (fig. 483 et 484). C'est à

l'orifice qu'il a percé la partie postérieure du corps, mais, lorsque la tête, plus résistante, arrive au niveau de l'orifice, elle ne peut se dégager et le Ver finit par mourir. Lorsqu'on observe, dans un lot de graines mis en incubation, plusieurs de ces éclosions incomplètes, c'est un signe de débilité de la race qui permet de présager une mauvaise éducation (VERSON et QUAJAT).

l'aide de cette *ampoule cervicale* que les jeunes Acridiens soulèvent le

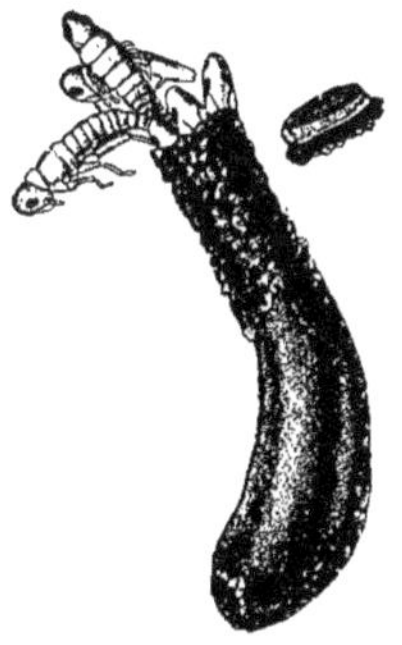

Fig. 485.

Fig. 486.

Stauronotus maroccanus. — Mécanisme de l'éclosion chez les Acridiens. (Fig. empruntées à Künckel d'Herculais.)

Fig. 485. — Coque ovigère grossie : une portion a été débarrassée des grains de sable agglutinés qui la couvraient, pour montrer la paroi proprement dite ; l'opercule, par l'effort combiné des jeunes, a été complètement détaché et rejeté sur le côté.

Fig. 486. — Extrémité supérieure d'une coque ovigère, très grossie : l'opercule soulevé adhère encore à la coque.

Jeunes sortant de l'œuf avant la première mue, premier stade, et abandonnant la coque ovigère. Après avoir individuellement rompu la coque de l'œuf, les premiers éclos agissent de concert pour faire sauter l'opercule de la coque ovigère à l'aide de l'ampoule cervicale qui atteint alors son maximum de gonflement.

couvercle de l'oothèque. Aussitôt que la larve fait saillie hors de la coque ovigère, l'ampoule cervicale entre de nouveau en jeu pour la libérer de son enveloppe amniotique. Le sang afflue dans l'ampoule qui, en se gonflant, exerce une pression sur le sac amniotique et le rompt ; en même temps les autres parties du corps diminuent de volume et se détachent alors facilement de l'amnios ; les mouvements de contraction des membres achèvent de conduire ce dernier à l'extrémité du corps (fig. 487). Ainsi délivrés, les jeunes Acridiens peuvent alors faire usage de leurs membres pour la marche, le saut, et ont la libre disposition de leurs antennes et de leurs

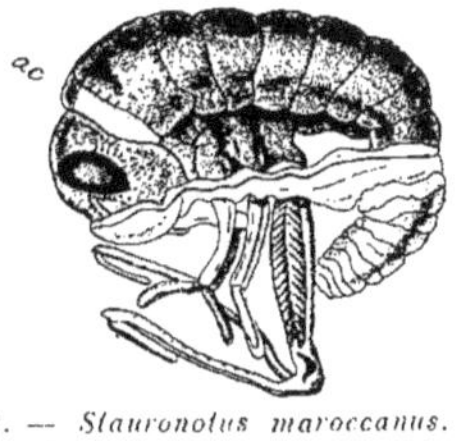

Fig. 487. — *Stauronotus maroccanus.* — Jeune effectuant sa première mue en arrivant au jour après sa sortie de l'œuf ; passage du 1er au 2e stade, c'est-à-dire passage de l'état de larve rampante à celui de larve sautante.

ac, ampoule cervicale en action ; son gonflement maximum détermine la rupture de la peau ; sa rétraction et son gonflement alternatifs entraînent la mue complète. (Fig. empruntée à Künckel d'Herculais.)

pièces buccales. Ils sont passés de l'état de *larve rampante* à celui de *larve sautante* (KÜNCKEL) (1).

Les larves de certains Insectes possèdent un appareil spécial, un *ruptor ovi*, selon l'expression de RILEY, qui leur permet de rompre le chorion lors de leur sortie de l'œuf. Celle de la Forficule, d'après HEY-

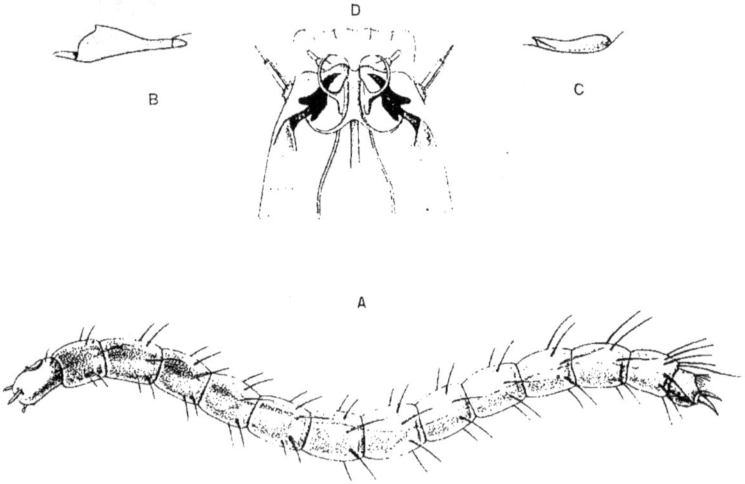

Fig. 488.
A, larve de la Puce du Chat (*Pulex felis*) sortant de l'œuf, montrant sur sa tête la pointe frontale destinée à déchirer la coque de l'œuf; — B, pointe frontale vue de profil; — C, pointe frontale de la Puce du Loir (*Pulex fasciatus*) vue de profil; — D, tête de la larve de la Puce du Chat vue par sa face inférieure, montrant les mâchoires avec leur palpe et les mandibules. (D'après KÜNCKEL D'HERCULAIS.)

MONS, porte entre les deux yeux une épine rigide servant à briser l'enveloppe de l'œuf. WHEELER a constaté que la larve du *Doryphora* présente sur le thorax trois paires d'épines élargies à leur base, qui jouent un rôle dans la rupture des enveloppes ovulaires.

La larve de la Puce prête à éclore porte sur le sommet de la tête une petite pièce cornée de couleur jaune brunâtre (fig. 488). Cette pièce, située dans une légère dépression ovalaire, montre sur la ligne médiane une arête terminée en avant par une pointe assez relevée. Lorsque l'animal subit sa première mue, il se débarrasse de cet appareil dont il ne

(1) A l'état de larve rampante, c'est-à-dire encore entourée de l'amnios, les jeunes Acridiens, en modifiant à leur gré le volume de chacune des régions du corps, peuvent passer facilement à travers les fissures du sol les plus étroites.

reste aucun vestige : c'est donc un organe transitoire qui sert exclusivement à la jeune larve pour briser le chorion de l'œuf. La forme de l'appendice frontal est différente suivant les espèces, ainsi que l'a constaté KÜNCKEL (1893), et peut servir à les caractériser. De semblables cornes transitoires et ayant le même usage ont été signalées par RATHKE chez la jeune larve de *Pentatoma baccarum*, par ZADDACH chez celle de *Phryganea grandis*, par HAGEN chez celle d'*Osmylus maculatus*, où elle affecte la forme d'une longue soie. KÜNCKEL homologue cette formation à la pointe placée sur le front des jeunes *Phalangium* avant l'éclosion, et découverte par BALBIANI, à la pièce si développée qui existe sur le front des larves de Crustacés, zoées du *Carcinus mænas*, des Pagures et Porcellanes, des jeunes Homards, et au rostre qui persiste pendant la durée de la vie chez les Palémons.

MUE

Les larves des Insectes, tant à métamorphoses graduelles qu'à métamorphoses complètes, durant leur période d'accroissement, changent de peau un certain nombre de fois, c'est-à-dire qu'elles se débarrassent de leur enveloppe chitineuse qui, par sa résistance, s'oppose à l'augmentation de volume du corps; c'est ce phénomène qu'on désigne sous le nom de *mue* ou *ecdysis*. On appelle quelquefois *exuvie* la vieille peau rejetée par la larve.

SWAMMERDAM et les anciens entomologistes pensaient que les différentes peaux de la larve étaient emboîtées les unes dans les autres et que la larve s'en dépouillait successivement à chaque mue.

HEROLD et après lui plusieurs zoologistes ont montré que le nouveau revêtement tégumentaire se forme au-dessous de l'ancien, quelque temps avant chaque mue.

La mue n'intéresse pas seulement le tégument externe, elle a lieu aussi, comme SWAMMERDAM l'a constaté le premier, chez *Oryctes nasicornis*, pour les parties internes dérivées de l'ectoderme, l'intestin antérieur, l'intestin postérieur et les gros troncs trachéens (1).

Lorsque la chitine produite par les cellules hypodermiques et formée de plusieurs couches superposées s'est durcie et est devenue inextensible, elle se détache de l'hypoderme.

Les éléments de celui-ci, en se multipliant, augmentent la surface de la couche chitinogène qui se plisse et sécrète une nouvelle cuticule.

(1) SWAMMERDAM avait observé également la mue des trachées chez les larves d'Abeille.

Une certaine quantité de liquide s'accumule entre cette dernière et la couche de chitine ancienne qui, après un certain nombre de mouvements de contraction de la larve, se rompt en un point variable, de manière à permettre à l'animal, recouvert de son nouveau revêtement cutané, de sortir de son exosquelette devenu trop étroit.

Pantel (1898) pense que les naturalistes ont été trop exclusifs en cherchant la raison biologique de la mue dans les seules exigences de la croissance. Il a constaté que, entre deux mues successives de la larve du *Thrixion*, la taille augmente du simple au double. Il admet que la cuticule est susceptible de suivre entre des limites très étendues le développement du corps. D'un autre côté, des transformations quelconques seraient tout aussi insuffisantes pour expliquer la mue, car il peut s'en accomplir d'importantes aussi bien pour les organes internes que pour les organes externes, sans son intervention. Pour lui, il faut tenir compte d'une troisième cause : ce sont les transformations spéciales qui, portant sur le système cuticulaire externe ou interne, doivent y faire apparaître un organe nouveau, un stigmate par exemple, ou une armature buccale d'un autre type que l'armature primitive. Les nouvelles formations cuticulaires apparaîtraient comme des nécessités biologiques à mettre au premier rang parmi celles qui déterminent la chute du système cuticulaire préexistant. La larve du *Thrixion* passe, en effet, par trois stades successifs présentant des caractères nouveaux, brusquement substitués aux anciens au moment de chaque mue (1).

Lowne a constaté aussi que la jeune larve de la Mouche à viande mue deux heures après l'éclosion, par conséquent avant d'avoir augmenté de volume. Quelques autres larves d'Insectes sont dans le même cas. Ces faits viennent à l'appui de la manière de voir de Pantel.

Nombre des mues. — Toutes les larves d'Insectes subissent des mues. On croyait autrefois que celles de certains Diptères (Muscides) ne muaient pas; Leuckart (1861), Weismann (1864) et Künckel (1875) ont montré que ces larves changent de peau comme les autres (2).

Le nombre des mues successives, pour une même larve, est différent suivant les Insectes, et peut varier pour une même espèce selon les conditions dans lesquelles elle se trouve.

---

(1) Ces stades sont les suivants : stade I, de l'éclosion à la première mue : corps blanc et glabre, 1 millimètre à $1^{mm},4$; stade II, de la première mue à la deuxième : corps jaune et glabre, 2 millimètres à $5^{mm},5$; stade III, de la deuxième mue à la nymphose : corps jaune et hérissé de poils raides, 5 millimètres à 12 millimètres. Il y a donc un trimorphisme larvaire, les trois formes étant séparées par deux mues.

(2) Marshall pense que les larves des Hyménoptères parasites des Insectes ne subissent pas la mue. Seurat (1898) a constaté la mue des jeunes larves d'*Apanteles glomeratus*.

Les Acridiens ont en général 5 mues; cependant dans ce groupe, la *Diapheromera femorata* en a 12 (Riley), et le *Microcentrum retinervis* seulement 4 (Comstock). D'après Marlat, la *Periplaneta americana* change de peau un nombre variable de fois, quelquefois elle a plus de 7 mues. Les Homoptères ont en général de 2 à 4 mues; les Aphidiens en ont au moins 3 et les Typhlocybes 5. La *Cicada septemdecim*, qui vit dix-sept ans à l'état de larve, mue de 21 à 30 fois dans son existence.

Parmi les Coléoptères, on ne connait le nombre des mues que pour quelques Insectes seulement : ce nombre est de 5 pour les *Meloe*, de 3 pour le *Phytonomus punctatus* et de 7 pour le *Dermestes vulpinus*, suivant Riley.

Les Lépidoptères muent pour la plupart 4 fois. Le Ver à soie change 5 fois de peau avant de se transformer en chrysalide : la 5e mue a lieu dans le cocon ; chez *Phyrrarctia Isabella*, Dyar a compté 10 mues. Chez les *Orgyia*, le nombre des mues varie suivant les sexes : d'après Riley, chez *O. leucostigma*, les mâles muent 4 fois et les femelles quelquefois 5 ; chez *O. gulosa*, suivant Dyar, les mâles ont 3 ou 4 mues, les femelles toujours 4 ; les mâles d'*O. antiqua* en auraient 6 et les femelles 7.

Les larves de *Musca domestica* changent 3 fois de peau (Packard), celles des Œstrides également 3 fois (Brauer) ; celles de Corèthre 4 fois, et celles de *Chironomus* probablement davantage, d'après Miall.

Les Bourdons, les Abeilles et les Guêpes muent au moins 8 fois avant d'arriver à l'état adulte (Packard).

W.-H. Edwards a constaté que les chenilles de Lépidoptères qui hivernent muent plus souvent que celles qui n'ont qu'une existence estivale. Les chenilles des espèces qui présentent une large distribution géographique muent plus souvent dans les régions chaudes que dans les régions froides.

Mécanisme de la mue. — La mue constitue une époque critique pour la larve. Celle-ci, quelque temps avant de changer de peau, cesse de manger et de se déplacer; elle fait exécuter à son corps des mouvements de torsion dans tous les sens, gonflant et contractant alternativement ses anneaux. A un moment donné la vieille peau se fend, soit en arrière de la tête, surtout lorsque celle-ci possède un revêtement corné plus résistant que le reste des téguments, soit sur le dos, soit sur le ventre. La larve dégage d'abord sa tête, puis le reste de son corps, et généralement l'ancienne enveloppe chitineuse conserve exactement la forme de l'animal.

Au moment de la dernière mue de certains Diptères (Muscides), la larve ne se débarrasse pas de son enveloppe chitineuse ; elle se transforme en nymphe dans son intérieur et l'on donne le nom de *pupe* à la nymphe ainsi entourée de la dernière mue larvaire.

Les larves apodes des Hyménoptères qui se développent dans des cellules ont des téguments minces qui ne se comportent pas, lors de la mue, de la même manière que ceux des autres larves. Sous l'influence de la pression exercée par la croissance d'une manière inégale, la vieille cuticule se rompt en plusieurs endroits, en formant des lambeaux dont quelques-uns restent autour des pièces buccales, des stigmates et de l'anus. Ceux-ci sont rejetés en même temps que la cuticule du tube digestif et des trachées.

Verson et Bisson (1891) ont décrit chez le Ver à soie des glandes cutanées spéciales qui jouent un rôle important dans le mécanisme de la mue; ce sont les *glandes de la mue* ou *glandes hypostigmatiques*.

Ces glandes existent au nombre de 15 paires : deux paires, l'une dorsale, l'autre située au-dessus des pattes, pour chaque anneau thoracique; une paire pour les 1er, 2e, 3e, 4e, 5e, 6e et 7e anneaux abdominaux, et deux paires pour le 8e. Chaque glande est constituée par une seule cellule, très peu développée chez l'embryon, mais subissant des transformations très remarquables chez la larve au moment de chaque mue.

La cellule glandulaire est creusée à sa périphérie d'un canal renforcé intérieurement par des épaississements cuticulaires, comme dans les trachées.

Au moment de l'assoupissement qui précède la mue, le noyau se ramifie et se montre rempli de granulations réfringentes et colorables; en même temps le protoplasma se creuse de vacuoles et présente une grande cavité centrale remplie de liquide.

La nouvelle cuticule formée au-dessous de l'ancienne est en continuité avec les bords du canal glandulaire. La cavité cellulaire centrale vient s'ouvrir dans la lumière du canal, et expulse son liquide entre la nouvelle cuticule et l'ancienne.

Après la mue, la nouvelle cuticule, en s'épaississant, ferme les lèvres du canal; le protoplasma de la cellule se ratatine, sa cavité centrale devient virtuelle et le noyau reprend sa forme primitive.

Les tubes de Malpighi, au moment de l'assoupissement larvaire, sont distendus par des urates et ne fonctionnent plus. Les glandes de la mue les remplacent alors, ainsi que les autres cellules hypodermiques, dans lesquelles Vlacowitz a constaté la présence de granulations d'urate d'ammoniaque et de cristaux d'oxalate de chaux. Ces mêmes granulations et ces mêmes cristaux se retrouvent dans le liquide sécrété par les glandes de la mue lorsqu'on le laisse évaporer.

L'existence d'un liquide interposé entre l'ancienne et la nouvelle cuticule a déjà été signalée par plusieurs auteurs, entre autres par Newport, chez les Chenilles. Weismann (1864) expliquait la mue des trachées par une infiltration de liquide consécutive à l'apparition préalable d'un espace interstitiel.

Gonin (1), dans la Chenille de *Pieris brassicæ*, a trouvé de grandes cellules hypodermiques à la surface des segments thoraciques; elles paraissent sécréter un liquide qui s'épanche au-dessous de la cuticule au moment de la mue.

Suivant Pantel, voici comment se formerait la nouvelle cuticule lors de la mue : « L'activité formatrice qui siégeait à la périphérie même de la couche chitinogène et y organisait les unes derrière les autres, les strates cuticulaires, se transporte à une certaine profondeur, ce qui délimite une zone protoplasmatique intercalaire enclavée entre deux feuillets chitineux, l'un externe destiné à être rejeté, l'autre interne en voie de formation. Cette zone se modifie aussitôt, devient hyaline, molle et semi-liquide, comme si la trame protoplasmatique était progressivement résorbée ou dissoute... Le clivage de la cuticule par la formation d'un feuillet nouveau à distance de l'ancien, avec modification concomitante de la zone protoplasmatique interposée, a un double but : 1° permettre la formation de nouveaux accidents cuticulaires (fil spiral des trachées, poils ou semblables annexes du tégument externe), qui puissent librement se développer dans un milieu peu consistant et demeurer protégés jusqu'à l'époque où ils auront acquis assez de dureté; 2° préparer, sans le réaliser prématurément, le décollement de la vieille cuticule. » Ce n'est qu'au moment même de la mue que l'on voit apparaître une couche liquide entre les deux cuticules.

Une question intéressante, qui a été jusqu'ici mal étudiée, est celle de savoir comment se comportent les insertions musculaires sur les téguments pendant la mue. Suivant Weismann et Viallanes, les muscles s'attacheraient seulement aux cellules hypodermiques, de sorte que, au moment de la mue, la nouvelle cuticule peut se former d'une façon continue entre l'ancienne cuticule et l'hypoderme, sans que les points d'insertion des muscles se trouvent modifiés.

Mais d'après d'autres histologistes, tels que Pantel, les muscles s'inséreraient directement sur la cuticule, entre les cellules hypodermiques; quand la cuticule se détache, son adhérence persisterait plus longtemps au niveau des insertions musculaires que sur les autres points. D'après mes propres observations, je crois aussi que les muscles ont une insertion cuticulaire; mais je n'ai pas suivi ce qui se passe lors de la mue, et je ne puis dire comment se forme la nouvelle cuticule au niveau des insertions musculaires.

Verson (1893) décrit de la façon suivante le mécanisme de la mue chez le Ver à soie. Quand la cuticule s'est épaissie, elle s'oppose à l'extension en surface des cellules de l'hypoderme. Celles-ci, excitées par la pres-

(1) Communication faite dans une lettre du professeur Bugnion à Packard, en août 1897.

sion et par les produits de désassimilation qu'elles renferment, grossissent et se multiplient rapidement; l'hypoderme se détache de la cuticule et forme au-dessous d'elle des replis. Le Ver, gêné par un sentiment de pression interne, cesse de manger, s'engourdit et, fixé seulement par ses fausses-pattes abdominales, soulève en l'air sa tête et sa région thoracique. Par suite de cette position, le liquide sécrété par

Fig. 489 à 493. — *Schistocerca peregrina*. — Phases de la mue; attitudes successives, accroissement de volume par déglutition de l'air. (Fig. empruntées à Künckel d'Herculais.)

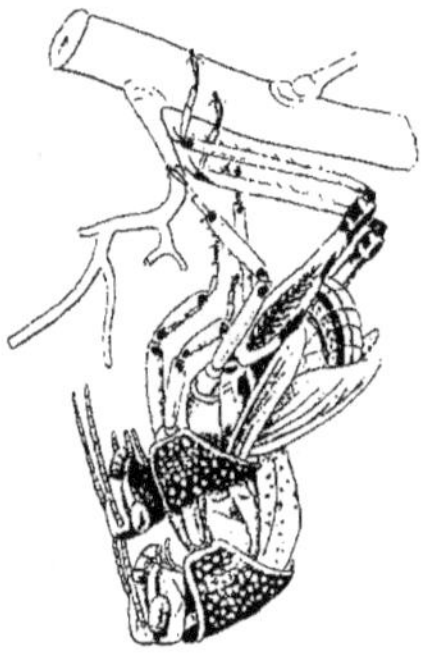

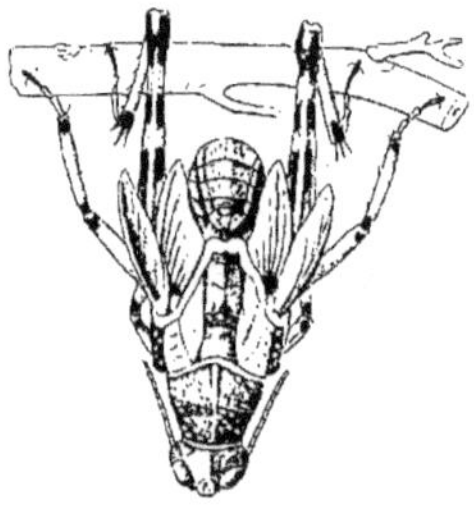

Fig. 489 et 490. — Dégagement de la tête, du thorax, de la base des ailes et des hanches après rupture du tégument par pression de l'ampoule cervicale; dessus et profil.

Fig. 491. — Dégagement du thorax, des ailes et des pattes; première position des antennes, des pattes antérieures et intermédiaires; profil.

Il est essentiel de faire remarquer que l'appareil trachéen ne joue aucun rôle; les trachées ne sont pas gorgées d'air et leurs vésicules sont aplaties et vides.

les glandes de la mue s'accumule dans la partie postérieure du corps et distend la vieille cuticule.

La partie de la peau en rapport avec la tête cornée se dessèche et devient un *punctum minoris resistentiæ*. L'hypoderme de la tête, qui s'était plissé, sort de l'enveloppe cornée, entraînant les organes internes dont l'ensemble constitue la vésicule céphalique, et vient se loger dans le premier anneau thoracique.

La tête s'arc-boute alors contre le bord postérieur de la vieille enveloppe céphalique; l'ensemble du corps se recourbe légèrement en S; la cuticule se rompt et la tête vient boucher le trou de la déchirure pour empêcher de sortir le liquide répandu entre la vieille peau et la nouvelle. Lorsque celle-ci est complètement détachée de l'ancienne cuticule, le Ver sort entièrement par la déchirure.

Künckel d'Herculais (1890) a montré que l'ampoule cervicale, dont il a déterminé le rôle pendant l'éclosion des larves d'Acridiens, entre aussi en action pendant la mue. A chaque mue, la membrane unissant, dans la région dorsale, la tête au prothorax, a la faculté de se distendre en se gorgeant de sang; elle exerce alors sur les téguments dorsaux une violente pression qui en détermine la rupture. La turgescence de l'ampoule cervi-

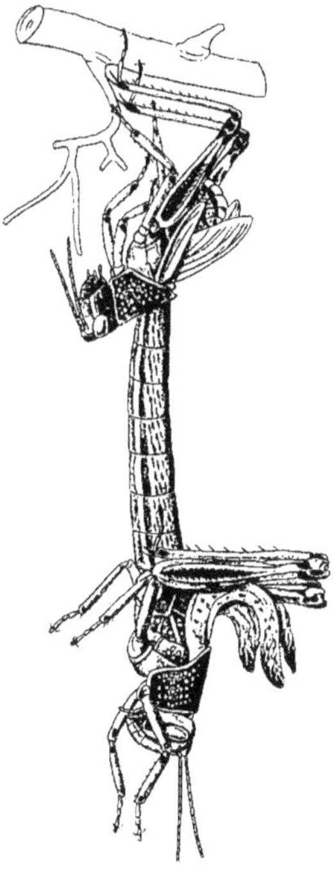

Fig. 492. — Dégagement complet des pattes postérieures et de l'abdomen; deuxième position des antennes, des pattes antérieures et intermédiaires; première position des ailes et des pattes, accroissement de volume de l'abdomen.

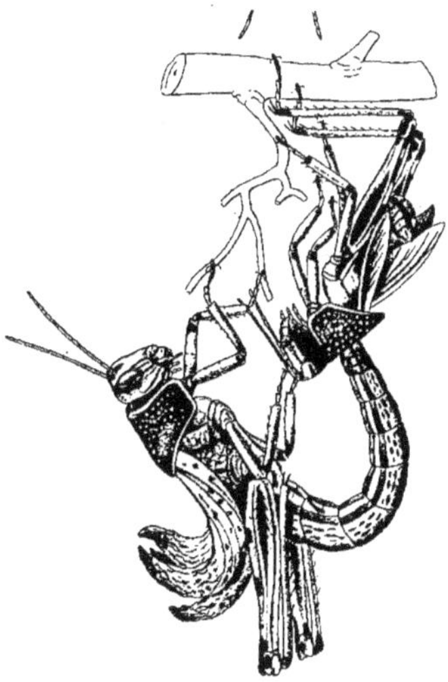

Fig. 493. — Retournement de l'abdomen et abandon du tégument de la nymphe; les ailes et les pattes gardent leur première position.

cale est produite par le même mécanisme que nous avons déjà indiqué (p. 275) pour l'allongement de l'abdomen au moment de la ponte; l'animal remplit son jabot d'air au point de le distendre complètement: des contractions musculaires, même peu énergiques, peuvent alors aisément chasser le sang dans l'ampoule cervicale. L'effort exercé par celle-ci est d'autant plus énergique que le jabot est gorgé d'une plus grande quantité d'air.

Les trachées, à l'époque de la mue, contiennent peu d'air: leurs vésicules sont aplaties et vides; le système trachéen n'intervient donc pas dans le phénomène de la mue (1).

Fig. 494. — *Schistocerca peregrina.* — Insecte adulte et, au-dessus de lui, la peau de la nymphe. Accroissement de volume par déglutition de l'air, extension de l'aile par refoulement du sang.

Deuxième position des ailes, forme lépidoptère : les ailes supérieures et inférieures sont dressées verticalement ; les supérieures, non plissées, sont appliquées contre les inférieures qu'elles cachent complètement. Le passage à la forme orthoptère ne commence à s'accuser qu'à la phase suivante, alors que les ailes supérieures se rabattent et s'incurvent pour recouvrir les ailes au fur et à mesure qu'elles se plissent. Les pattes postérieures sont inactives et gardent leur première position. (Fig. empruntée à Künckel d'Herculais.)

Suivant Miall et Denny et Hatchett-Jackson, les poils et les soies rigides de nouvelle formation, qui se forment au-dessous de l'ancienne peau, serviraient dans certains cas à détacher celle-ci et faciliteraient à la larve la sortie de son enveloppe.

Changements de coloration. — Les larves peuvent souvent, après une ou plusieurs mues, avoir une couleur différente de celle qu'elles possédaient au moment de l'éclosion. Ce changement de coloration, accompagné aussi quelquefois d'une modification des dessins de la livrée, s'observe surtout chez les chenilles et les fausses-chenilles des Tenthrédinides. Künckel (1892) a noté avec soin la coloration des Criquets pèlerins aux divers stades de leur évolution. Lorsque les jeunes, immédiatement après l'éclosion, se sont débarrassés de leur enveloppe amniotique, ils sont

(1) Monnier (1872) avait déjà signalé l'introduction de l'air dans le tube digestif des larves et des nymphes aquatiques, mais sans reconnaître le rôle de cette introduction. En 1877, Jousset de Bellesme avait reconnu que la nymphe de la Libellule avale et emmagasine de l'air dans son tube digestif et que celui-ci, distendu, refoule les organes et le sang contre les téguments. Le liquide sanguin pénètre ainsi dans la tête pour lui donner sa forme définitive et dans les ailes qu'il déploie.

blanc-verdâtres; sous l'influence de la lumière, ils brunissent et passent au noir avec des taches blanches ou jaunâtres; à la première mue, les colorations roses apparaissent, notamment sur les côtés du corps; à la deuxième mue, les teintes roses augmentent; à la troisième, elles prédominent, mais peu à peu elles font place à des teintes jaunes; il en est de même après la quatrième et la cinquième mues, après lesquelles l'Insecte adulte apparaît alors avec une livrée du rose le plus tendre, qui devient plus tard jaune. Il résulte donc des observations de KÜNCKEL que, dans les moments qui précèdent et suivent la mue, la *Schistocerca peregrina* possède un pigment rose qui passe successivement par plusieurs nuances pour arriver au jaune. D'après ce savant entomologiste, ces modifications de coloration du pigment seraient l'expression des phénomènes d'histolyse et d'histogenèse s'accomplissant lors des mues et de la métamorphose. Ce qui le prouverait c'est que, après chacune de ces phases, les Acridiens rejettent des excréments colorés en rose. Les jeunes Criquets, élevés à l'ombre, n'acquièrent jamais la teinte jaune-citron de ceux élevés en plein soleil. KÜNCKEL pense que le pigment de ces Insectes est de la zoonérythrine, ou un de ses dérivés, du groupe des lipochromes de KRUKENBERG; cette substance, d'après MEREJKOWSKY, jouerait chez les Invertébrés le même rôle que l'hémoglobine chez les Vertébrés.

DURÉE DE LA VIE LARVAIRE

L'espace de temps qui sépare deux mues successives d'une larve d'Insecte varie naturellement avec la durée de l'existence larvaire de cet Insecte. Or, cette durée est excessivement variable, comme nous l'avons déjà dit au chapitre XI. Elle n'est pas toujours la même pour une même espèce et dépend, ainsi que celle du développement embryonnaire intraovulaire, des conditions extérieures.

La durée de l'état larvaire pour la Mouche à viande, en été, est de 6 à 7 jours; pour les Abeilles de 8, 10 et 13 jours, suivant les sexes; pour l'*Argynis paphia* de 14 à 15 jours; pour le Ver à soie, entre 22° et 24° C., de 35 jours; pour le *Cossus ligniperda* et le *Melolontha vulgaris* de 2 à 3 ans: pour le *Lucanus cervus* de 4 à 5 ans; pour la *Cicada septemdecim* 17 ans, etc. MARSHAM a vu sortir, en 1810, un adulte de *Buprestis splendida*, d'un pupitre conservé dans le bureau d'une administration depuis l'année 1788 ou 1789. Ce Bupreste aurait donc vécu à l'état de larve et de nymphe au moins 20 ans.

D'une manière générale, les larves ayant une nourriture abondante et substantielle ont une durée moins longue que celles qui vivent en terre et surtout dans le bois. Mais nous avons déjà vu que des espèces très voisines, vivant sur le même végétal et ayant par conséquent la même nourriture, peuvent présenter une grande différence au point de vue de la durée de leur période larvaire; un des exemples les plus remarquables est celui du Bombyx cul-brun et du Bombyx neustrien (v. p. 425).

Beaucoup de larves peuvent rester quelquefois un temps assez long sans manger. Quand on les prive de nourriture à une époque assez avancée de leur évolution, généralement on les voit se transformer prématurément en nymphe; la durée normale de la vie larvaire se trouve alors abrégée, mais les adultes qui proviennent de ces larves ayant jeûné sont de petite taille et souvent mal venus.

Valéry Mayet (1894, *Ann. Soc. ent.*) a conservé pendant deux ans et demi une larve de *Trichodes ammios*, parasite des oothèques de Criquets, dans un état de jeûne absolu; l'Insecte refusait de prendre les proies qu'on lui offrait et qui ne lui convenaient pas. Pendant ce long laps de temps sa taille avait seulement un peu diminué. La larve put être alimentée ensuite avec de la viande de Mouton et de Bœuf; mais elle mourut avant de s'être métamorphosée.

CROISSANCE DE LA LARVE

C'est à l'état larvaire qu'a lieu la croissance de l'Insecte (v. p. 413). Cette croissance est souvent très rapide et véritablement étonnante. Redi a montré que les larves de la Mouche à viande deviennent de 140 à 200 fois plus pesantes dans l'espace de 24 heures; l'augmentation de la taille est en rapport avec celle du poids. Lyonnet a calculé que la chenille du *Cossus ligniperda*, arrivée au moment de sa transformation en chrysalide, est au moins 72000 fois plus pesante qu'au moment de sa naissance.

Le tableau suivant montre de quelle manière se fait la croissance normale du Ver à soie (1).

	Longueur.	Surface.	Poids.
A l'éclosion	3mm	3mmq	p = 0gr,000472
A la sortie de la 1re mue	8	10	p × 15
— 2e —	15	30	p × 94
— 3e —	28	90	p × 400
— 4e —	40	220	p × 1628
Au moment du filage du cocon	80	600	p × 7760

(1) Ce tableau est emprunté aux *Leçons sur le Ver à soie du Mûrier*, de Maillot. Les chiffres ont été calculés d'après les données de Dandolo se rapportant à des Vers d'assez

Les larves consomment une quantité de nourriture considérable, surtout celles qui se nourrissent de matière végétale. D'après une expérience exacte de DANDOLO (1813), 27 000 Vers à soie avaient consommé, depuis leur éclosion jusqu'à la montée, 360 kilogrammes de feuilles de Mûrier; ce qui fait 13^gr^33 par Ver. Celui-ci ne pesant à la naissance que 1/2 milligramme environ, on voit que chaque Ver absorbe, pour arriver au terme de sa croissance, à peu près 60 000 fois son poids initial de nourriture.

NOURRITURE

Nous ne pouvons nous occuper ici du mode d'alimentation et des mœurs des larves d'Insectes, parce que cette étude, quoique très intéressante, nous entraînerait beaucoup trop loin; mais il convient de faire remarquer que la nature des aliments et certaines conditions de milieu peuvent exercer une influence importante sur l'évolution de beaucoup de larves.

En général, chaque espèce de larve a besoin d'une nourriture spéciale. A ne considérer, par exemple, que les espèces phytophages, un très grand nombre d'entre elles ne peuvent vivre qu'aux dépens d'une plante déterminée. Beaucoup s'accommodent de végétaux différents, mais appartenant cependant à une même famille naturelle, ou présentant des particularités communes. De nombreuses chenilles de Noctuelles s'attaquent indifféremment à plusieurs espèces de Composées; celle du *Papilio Machaon* vit sur différentes Ombellifères; le Ver à soie, bien que préférant la feuille du Mûrier, peut être nourri avec d'autres plantes riches en latex, telles que le *Maclura*, la Scorsonère, la Laitue, la Camomille, etc., mais il ne se développe pas aussi bien que lorsqu'on lui donne

---

grande taille, 472 cocons suffisant pour faire un kilogramme. 36000 Vers issus de 25 grammes de graines pesaient, à la naissance, 17 grammes. Le poids maximum du Ver à la fin du 5e âge, quelque temps avant le filage du cocon, est p × 9500; il diminue de poids au moment de la montée parce qu'il évacue le contenu de son tube digestif et consomme une partie de son corps graisseux.

Nous rappellerons que l'évolution du Ver à soie comprend cinq *âges* séparés par les mues :

Le 1er âge, de l'éclosion à la 1re mue, dure 5 jours. 1re mue du 5e au 6e jour.

2e âge dure 4 jours. 2e mue le 9e jour.

3e âge dure 6 jours. 3e mue le 15e jour.

4e âge dure 7 jours. 4e mue le 22e jour.

5e âge dure 10 jours.

La *montée* a lieu le 32e jour; le Ver met 3 jours à faire son cocon, et la 5e mue a lieu dans le cocon, 2 à 3 jours après que celui-ci est terminé. Le Ver reste à l'état de chrysalide pendant 15 à 20 jours.

sa nourriture normale. Enfin, quelques larves sont polyphages et peuvent s'alimenter avec des végétaux appartenant à des familles diverses, telles sont les chenilles des Bombyx neustrien, cul-brun, disparate, etc.

Balbiani a pu élever des larves de la Puce du Chat, en les nourrissant avec du sang de Grenouilles et de Poissons, mais elles n'arrivèrent pas à se transformer en nymphes; pour qu'elles se développent complètement il leur faut du sang de Mammifères.

Un des exemples les plus intéressants de l'influence de la nourriture, jointe à celle d'autres facteurs, sur l'évolution des larves, nous est fourni par les Abeilles.

Nous avons déjà indiqué (p. 245 et suiv.) le mode de reproduction des Abeilles sociales, et nous avons vu que les œufs non fécondés, pondus par la femelle dans les grandes cellules hexagonales, donnent naissance à des mâles, tandis que les œufs fécondés produisent des ouvrières quand ils sont déposés dans les petites cellules hexagonales, ou des femelles fertiles lorsqu'ils se développent dans les grandes cellules spéciales de forme conique. La durée de l'évolution postembryonnaire des trois sortes d'individus n'est pas la même, ainsi que le montre le tableau suivant :

	Femelle fertile.	Ouvrière.	Mâle.
État d'œuf	4 jours	4 jours	4 jours
État de larve	5 —	5 —	6 —
Filage du cocon	1 —	2 —	3 —
Repos	2 —	3 —	4 —
État de nymphe	4 —	8 —	8 —
	16 jours.	22 jours.	25 jours.

La nourriture donnée aux larves par les ouvrières varie suivant les cellules dans lesquelles elles se développent et suivant leur âge.

Les larves d'ouvrières et de mâles reçoivent une pâtée de miel et de pollen, qui d'abord a l'aspect d'une bouillie blanche et est insipide, puis devient sucrée et ressemble à la fin à une gelée transparente, sucrée. Les larves de reines sont alimentées en abondance avec une nourriture spéciale, la *pâtée royale*, d'un goût moins fade que celle des ouvrières et d'une saveur aigrelette.

Swammerdam et les anciens observateurs admettaient que la nourriture des larves était un produit de sécrétion particulier des ouvrières.

Leuckart (1858) considéra la pâtée comme formée par des aliments vomis et résultant de la digestion du pollen dans le ventricule chylifique. En 1868, il abandonna cette manière de voir et émit l'hypothèse que la pâtée est un produit de sécrétion des glandes salivaires. Cette opinion a été défendue par Fischer et par Schiemenz (1882). Ces auteurs se basaient principalement sur des raisons anatomiques : sur la disposition de l'intestin dont la valvule empêche le vomissement, et sur le plus grand développement des glandes salivaires chez l'ouvrière que chez la reine et le mâle.

Schönfeld (1886) soutient au contraire la première opinion de Leuckart; il a montré que, en pressant sur le ventricule chylifique, on peut faire refluer les aliments vers la bouche. Les recherches chimiques de von Planta ont apporté un puissant appui à la manière de voir de Schönfeld.

Suivant von Planta (1888), la pâtée royale ne renferme pas de pollen ou seulement quelques grains accidentellement. Il en est de même de la pâtée destinée aux larves mâles jusqu'au quatrième jour; à partir du cinquième jour elle contient au contraire beaucoup de pollen. La pâtée des larves des ouvrières est aussi dépourvue de pollen jusqu'au quatrième jour; pour le jour suivant, l'auteur ne se prononce pas sur la présence du pollen dans la pâtée. Les grains de pollen proviennent de l'estomac et sont en partie digérés. Voici quelle est la composition des diverses pâtées, d'après les analyses de von Planta :

PATÉE DES LARVES

	Reines.	Ouvrières.	Mâles.
Eau	67,83	71,09	72,75
Matières solides	32,17	28,91	27,25
	100,00	100,00	100,00

COMPOSITION DES MATIÈRES SOLIDES

		Ouvrières		Mâles	
	Reines.	du 1er au 4e jour.	au delà du 4e.	du 1er au 4e jour.	au delà du 4e.
Matières azotées	45,14	53,38	27,87	51,91	31,67
— grasses	13,55	8,58	3,69	11,90	4,74
Glucose	20,39	18,09	44,93	9,57	38,49
Cendres	4,06	»	»	»	2,02

La quantité de substances azotées, de glucose, de matières grasses étant très variable suivant la pâtée et suivant l'époque de la vie larvaire à laquelle on la considère, il est peu probable que ces pâtées soient des produits de sécrétion de glandes spéciales, et elles paraissent bien être élaborées dans le tube digestif des ouvrières.

On sait que lorsqu'une ruche se trouve privée de reine, les ouvrières peuvent en produire une en prenant une jeune larve d'ouvrière qu'elles nourrissent avec de la pâtée royale, en même temps qu'elles agrandissent sa cellule, en détruisant les parois qui séparent celle-ci des cellules voisines. On voit donc que, chez les Abeilles, trois facteurs interviennent pour la détermination du sexe des individus : la fécondation et la non-fécondation de l'œuf, la dimension des cellules dans lesquelles les larves se développent et la nourriture spéciale que reçoivent ces larves. De ces trois facteurs, le premier est le plus important, car c'est de lui que dépend l'évolution de l'embryon dans le sens femelle ou dans le sens mâle (voir p. 249); les deux autres ne paraissent exercer d'influence que sur le développement ou l'atrophie des organes génitaux. Les larves femelles qui ne reçoivent qu'une nourriture riche en substances azotées et en sucre, et qui se développent dans de petites cellules, ont des organes génitaux atrophiés et donnent des ouvrières : celles qui sont nourries dans de grandes cellules, avec une pâtée spéciale renfermant une assez grande quantité de matières grasses, deviennent des femelles fertiles.

D'après les observations de Lubbock sur les Fourmis, un nid approvisionné avec des matières animales donnerait un plus grand nombre de reines qu'un nid alimenté avec des substances végétales.

Influence de la nourriture sur la détermination du sexe. — Si la qualité et la quantité de la nourriture exercent une influence évidente sur la rapidité de la croissance de la larve, sur sa taille et son volume, et aussi souvent sur la fécondité de l'adulte (voir p. 222 et suiv.), elles ne paraissent avoir aucune action sur la détermination du sexe.

Hérold et Bessels avaient déjà établi que le sexe est déterminé, chez les Lépidoptères, au moment de l'éclosion; les recherches récentes des embryogénistes ont montré qu'il en est de même chez un grand nombre d'Insectes. Cependant certains biologistes ont prétendu que l'alimentation de la larve jouait un rôle important dans la détermination du sexe; d'après des expériences de Landois (1867), de Mary Neat (1873), de Gentry (1873), des chenilles mal nourries, même pendant un temps assez court de leur évolution, donneraient une majorité de mâles, tandis que les chenilles bien nourries produiraient une plus grande proportion de femelles. Landois assurait même obtenir à volonté des mâles et des femelles sur des milliers de jeunes chenilles de *Vanessa urticæ*.

D'un autre côté, Bessels (1861), Briggs (1871), Riley (1873), Andrews (1873), Flechter (1874) obtenaient presque autant de mâles que de femelles avec des chenilles bien ou mal nourries (1).

Weismann ayant montré que dans les jeunes larves de Mouche, les ovaires et les testicules ne sont pas différenciés histologiquement, Cuénot (1897) a entrepris une série d'expériences intéressantes sur des larves de *Calliphora vomitoria*, *Lucilia Cæsar*, *L. equestris*, et *Sarcophaga carnaria*, dans le but de voir si réellement l'alimentation exerçait une

(1) Brocadello (1896) a remarqué que, pour le *Bombyx mori*, les chenilles les plus petites au sortir de l'œuf donnent une grande majorité de mâles, tandis que celles qui sont plus grosses donnent surtout des femelles.

action sur la détermination du sexe. De mai à septembre 1896, il a nourri différemment 1 226 larves de Mouches. Il a reconnu que les larves à peine nourries donnaient des adultes de petite taille, tandis que celles qui étaient alimentées avec des muscles ou de la substance cérébrale se transformaient en adultes bien constitués; mais dans les deux cas il y avait à peu près la même proportion des deux sexes :

Lots bien nourris.......	51 °/₀ de femelles et	49 °/₀ de mâles.		
— mal nourris........	55 °/₀	—	45 °/₀	—

Des larves de *Lucilia Cæsar* nourries avec de la cervelle de Mouton ont donné 48 p. 100 de femelles et 52 p. 100 de mâles; c'est la proportion qu'on observe pour les mâles et les femelles chez la *Musca domestica* en liberté. CUÉNOT est arrivé à cette conclusion qu'une même Mouche produit à peu près autant de mâles que de femelles et que le sexe des individus est déjà déterminé dans l'œuf avant la fécondation. Cette dernière conclusion est peut-être un peu forcée; de ce que le sexe est déjà différencié chez l'embryon avant l'éclosion, il ne s'ensuit pas qu'il le soit avant la formation de l'embryon. Les observations de MARCHAL sur l'*Encyrtus* sont à ce point de vue très intéressantes (voir p. 403); il a reconnu, en effet, que tous les *Encyrtus* provenant d'un même œuf sont en général du même sexe, mais que quelquefois ils sont de sexe différent (1).

Influence de la nourriture sur la coloration de la larve. — Les Lépidoptérologistes savent que certains Papillons peuvent présenter des variétés de couleurs différentes suivant la nourriture des chenilles desquelles ils proviennent. Ainsi des chenilles de *Eurepia caja*, nourries avec des feuilles de Noyer, de Salade, de Chou, donnent des variétés de Papillons dans lesquelles la disposition des taches brunes et des lignes blanches des ailes n'est pas la même. Les chenilles de *Ellopia prosapiaria* donnent des Papillons rouges quand elles vivent sur le Pin, verts (var. *prasinaria*) quand elles sont sur le Sapin; celles de *Cidaria variata*, vivant sur le Sapin, produisent des Papillons gris, et brun-rouges (var. *obeliscata*) si elles se nourrissent aux dépens du Pin, etc.

La coloration des chenilles elles-mêmes d'une même espèce peut

(1) BUGNON, sur un total de 21 observations relativement au sexe des *Encyrtus* contenus dans une même chenille, a obtenu les résultats suivants :

5 fois des ♂ exclusivement.
9 fois des ♀ —
3 fois une grande majorité de ♂.
1 fois — ♀.
4 fois des ♂ et des ♀ en nombre à peu près égal.

varier suivant les végétaux qu'elles mangent. Un des exemples le mieux connu est celui de l'*Eupithecia absinthiata*, dont Speyer (1883) a fait une étude spéciale; ses chenilles polyphages ne s'attaquent qu'aux fleurs: quand elles mangent les fleurs d'*Artemisia*, elles présentent des dessins blancs et foncés sur un fond tantôt verdâtre, tantôt rougeâtre; nourries avec des fleurs de Bruyère, elles prennent une teinte rouge sombre; avec les fleurs de *Solidago virga aurea* une teinte jaune, mais les Papillons qu'elles donnent ne diffèrent pas sensiblement entre eux.

La coloration dans une même espèce de chenille peut également changer, suivant les circonstances, bien qu'elle reste sur une même plante. Par exemple, les chenilles d'*Eriopus purpureofasciata*, qui se trouvent sur les frondes de la *Pteris aquilina*, sont tantôt vertes, jaunes ou rouges; d'après Lehmann, les vertes se rencontrent sur les frondes vertes, les jaunes et les rouges sur les frondes foncées. De même les chenilles du *Colias myrmidone* qui vivent sur le *Cytisus biflorus* sont, au moment de l'éclosion, brunâtres ou verdâtres; après la première mue, elles deviennent vert sombre; après la seconde, vertes comme les feuilles sur lesquelles elles se trouvent. Au sortir de la troisième mue, la teinte de la plupart des chenilles passe au brun-pourpre, de la couleur que revêtent souvent les feuilles du Cytise en automne. Les chenilles cessent alors de manger et passent l'hiver sur le sol, dans les feuilles tombées. Au printemps, après leur quatrième mue, elles reprennent une livrée vert clair de la même couleur que les jeunes feuilles (A. Gartner, *Wiener Entom. Monatsschr.* v Bd. 1861). Il y a ici un exemple de mimétisme protecteur intéressant.

Ces faits, ajoutés à beaucoup d'autres, ont conduit la plupart des entomologistes à admettre que la coloration des larves provient des pigments introduits dans leur tube digestif avec la nourriture. Cependant des expériences faites avec soin par Poulton et Schröder, expériences dont nous parlerons plus loin, semblent démontrer que c'est moins la nourriture que la nature de la lumière reçue par les larves qui influe sur leur coloration.

INFLUENCE DES AGENTS PHYSIQUES

Température. — Nous avons signalé plus haut (p. 429), l'influence de la température sur la durée des différents stades du développement postembryonnaire chez les Insectes. La durée de l'état larvaire peut varier de plus du simple au double suivant la température moyenne. C'est ainsi que le Ver à soie qui reste à l'état larvaire pendant 35 jours, à une température de 22° à 24° C., n'y reste que 14 jours à 45° C., et peut y demeurer 50 jours et même plus longtemps vers 16° C. et au-dessous.

Il existe pour les larves de chaque espèce d'Insecte, une température optimum pour laquelle l'évolution se fait dans les meilleures conditions ; mais en général les larves peuvent, comme les adultes, subir des changements de température considérables sans paraître en souffrir. En 1753, Justi a gelé des Vers à soie à tel point que leur corps durci se brisait comme du verre ; en les réchauffant lentement il les a vus revivre, manger et filer leur cocon. Loiseleur-Deslonchamps a constaté que de jeunes Vers, au sortir de l'œuf, peuvent supporter un froid de — 5° C. pendant 20 minutes. Beaucoup de nos Insectes indigènes qui passent l'hiver à l'état de larves sont souvent soumis à des températures très basses, ce qui ne les empêche pas de se métamorphoser normalement au printemps.

Dimorphisme saisonnier. — Cependant, certains Insectes à l'état de larves ou de chrysalides, principalement parmi les Lépidoptères, sont influencés par les basses températures et peuvent alors se présenter sous deux formes assez différentes pour qu'on en ait fait deux espèces distinctes. C'est ce qui constitue le *dimorphisme saisonnier* que nous avons signalé page 205.

Le type le plus anciennement connu et le mieux étudié de ce genre de dimorphisme est celui de la *Vanessa levana-prorsa*. Cette Vanesse apparaît au printemps, provenant de chrysalides qui ont passé l'hiver, sous la forme *levana* : elle a une teinte brune jaunâtre avec des taches blanches assez nombreuses (Pl. II, fig. 10). La *Vanessa levana* pond, ses chenilles et ses chrysalides ont une courte existence et donnent, en juillet, des Papillons bruns foncés avec taches blanches moins nombreuses, et un peu plus grands que les Papillons du printemps ; cette seconde génération constitue la forme *prorsa* (Pl. II, fig. 9), de laquelle provient au printemps suivant la forme *levana*. Quelquefois un certain nombre de chrysalides de *prorsa* n'éclosent qu'en septembre et en octobre et donnent alors une troisième forme intermédiaire dite *porima*.

Berce (1887) entreprit le premier l'étude expérimentale du dimorphisme de *Vanessa levana-prorsa*. En maintenant à la chaleur les chrysalides des chenilles de la génération *prorsa* il obtint la forme *porima*.

Dorfmeister (1864), puis Weismann (1875) étudièrent l'action des

(1) La forme *V. prorsa* ne se produit en juillet que dans les années chaudes et sèches ; dans les années froides et pluvieuses, les Papillons d'été tendent à se rapprocher de la forme *levana* et surtout de la forme *porima*.

basses températures sur les chrysalides de cette même Vanesse. WEISMANN maintint pendant quatre semaines, dans une glacière à — 1° R., des chrysalides provenant de la génération dite *prorsa* et il obtint des Papillons qui, pour la plupart, avaient la coloration claire de *V. levana*.

D'autres cas de dimorphisme saisonnier sont aujourd'hui bien connus, nous citerons parmi eux : *Anthocaris belia-ausonia* (*belia*, printemps; *ausonia*, été); *Anthocaris belemia-glauca* (*belemia*, printemps; *glauca*, été), *Lycæna polysperchon-amintas* (*polysperchon*, hiver; *amintas*, été); *Papilio Machaon* (couleur fondamentale des ailes jaune pâle au printemps, jaune orangé en été).

Le *Papilio Ajax* de l'Amérique du Nord se présente sous trois formes différentes : deux formes d'hiver à teinte claire, *P. telamonides* et *P. Walshii*, une forme d'été à teinte foncée, *P. Marcellus*. W.-H. EDWARDS (1875-80), en refroidissant les chrysalides du *P. Marcellus*, a obtenu les formes claires de génération d'hiver.

Depuis les premières recherches de WEISMANN, ce même biologiste et plusieurs autres, tels que DORFMEISTER, STANDFUSS, FISCHER, REICHENAU, DIXEY, MERRIFIELD, PACKARD, RUHMER, URECH, MARSHALL, etc., ont fait de nombreuses expériences sur diverses espèces de Lépidoptères, pour déterminer l'action de la température sur les larves et les chrysalides au point de vue des variations des adultes (voir les analyses des travaux publiés pendant ces dernières années sur ce sujet dans l'*Année biologique*, chap. *Variation et Origine des espèces*). Nous ne dirons quelques mots que des résultats les plus intéressants obtenus par ces auteurs.

STANDFUSS (1895) a expérimenté l'action de la chaleur sur l'œuf, la larve et la chrysalide.

Des œufs de *Dasychira abietis*, *Lasiocampa pini* et *Arctia fasciata* ont été soumis à une température de 34° C. Ces œufs se développèrent dans les deux tiers du temps normal ou même en moins de temps, et donnèrent des chenilles dont la durée larvaire fut en moyenne abrégée, bien que la température n'ait pas été élevée pendant leur existence. L'accélération du développement qui s'était produite dans l'œuf s'était donc poursuivie dans la période postembryonnaire. A cette abréviation de la période de développement s'associent, chez l'adulte, différentes modifications de taille et de couleur analogues à celles qui caractérisent certaines variétés naturelles.

Les chenilles élevées à une température ambiante de 25 à 30° C. ont montré que, plus la durée de la vie larvaire est abrégée par l'élévation de la température, plus la taille de l'imago se trouve réduite. Au point de vue de la forme et de la couleur, STANDFUSS n'a pu poser de règles fixes pour les variations.

Les chrysalides mises en expérience provenaient de larves élevées à la température normale : aussitôt après leur formation, chaque lignée provenant d'un même couple de Papillons était divisée en trois groupes : l'un étant mis à une température de 5 à 8° C. ; l'autre à la température normale ambiante ; le troisième à une température élevée. D'après les résultats obtenus avec plusieurs espèces de Papillons, l'auteur admet que l'action de la température sur la chrysalide se traduit de trois façons différentes. Sous son influence peuvent naître : 1° des variétés saisonnières semblables à celles qui existent pour certaines espèces, à des saisons définies de l'année, dans la faune paléarctique (*Vanessa C. album*, *Papilio Machaon*) ; 2° des formes et des races locales qui existent constamment actuellement dans certaines localités définies (certaines formes de *Vanessa urticæ*, obtenues de chrysalides refroidies, sont identiques à la variété *polaris* ; les *Papilio Machaon* obtenus de chrysalides chauffées ressemblent parfois étroitement à ceux des environs d'Antioche et de Jérusalem) ; 3° des formes telles qu'on en voit apparaître çà et là exceptionnellement dans la nature, c'est-à-dire des aberrations (*Vanessa Io* peut donner l'aberration *Fischeri* et la *Vanessa cardui*, l'aberration *elymi*) ; 4° des formes phylogénétiques, c'est-à-dire des formes qui ont pu exister antérieurement, ou des formes qui peut-être existeront un jour (certaines formes de *Vanessa Io* et de *V. Antiopa*, produites sous l'influence du froid, rappellent le type spécifique *Vanessa urticæ*, d'où ces espèces peuvent être considérées comme dérivées ; inversement, *Vanessa urticæ*, dont les chrysalides ont été chauffées, tend à se rapprocher de *Vanessa Io*. En chauffant les chrysalides de *Vanessa Antiopa*, Standfuss a obtenu une variété entièrement nouvelle, *V. Antiopa*, var. *Daubi*).

On comprend tout l'intérêt que présentent ces sortes de recherches, puisqu'elles prouvent qu'on ne peut admettre aucune distinction fondamentale entre la variété et l'espèce, ni considérer les espèces comme séparées les unes des autres sans transition possible.

D'après les expériences de Fischer (1895) et de Ruhmer (1898), le froid prolongé produit sur les chrysalides, au point de vue de la variation de l'adulte, la même action qu'une température élevée ; ce n'est pas par la durée de l'exposition au froid, mais plutôt par une intensité croissante de froid, que les modifications peuvent être accentuées.

Weismann (1895) distingue deux sortes de dimorphismes saisonniers : le dimorphisme saisonnier *direct* résultant directement des variations du milieu extérieur ; le dimorphisme saisonnier *adaptatif* qui est le résultat d'un processus d'adaptation. Dans ce dernier, les conditions extérieures n'agissent que comme un stimulant produisant, par un phénomène d'induction, le développement de déterminants particuliers.

Lumière. — La lumière exerce une action évidente sur la coloration des larves d'Insectes comme sur celle de la plupart des animaux. Les larves qui vivent à l'obscurité sont presque toujours incolores ou blanchâtres, celles qui vivent en plein air présentent des colorations plus ou moins vives.

Quelques biologistes ont recherché l'action que pouvaient exercer les diverses couleurs du spectre sur le développement des larves.

BÉCLARD (1858) a élevé des œufs de Mouche à viande sous des verres colorés; il a constaté que les Asticots développés dans la lumière violette étaient trois fois plus gros que ceux développés dans la lumière verte; d'après ses expériences, les couleurs du spectre, au point de vue de leur action favorable sur l'évolution des Asticots, doivent être rangées dans l'ordre suivant : violet, bleu, rouge, jaune, blanc, vert (1).

GAL (1899) a élevé des Vers à soie, à partir de la fin de la 3e mue, à l'obscurité et sous des verres colorés. Il a constaté que l'obscurité leur est nettement nuisible et que la couleur violette est celle qui leur convient le plus. C. FLAMMARION (1899) est arrivé aux mêmes conclusions (2).

SCHOCH (1880) a élevé des chenilles d'*Eurepia caja* dans les lumières rouge, bleue et violette : celles placées sous un verre violet étaient beaucoup plus voraces et consommèrent deux fois plus de nourriture que les autres; les chrysalides de ces chenilles donnèrent les Papillons 14 jours avant celles provenant des chenilles élevées dans les lumières rouge et bleue, mais ces Papillons ne différaient pas d'une manière appréciable des autres.

Plusieurs observateurs, entre autres WOOD, BOND et BUTLER, MELDOLA, Mc BARBER, WEALE, TRIMEN avaient constaté que certaines chrysalides prennent plus ou moins la couleur des surfaces sur lesquelles elles étaient fixées. POULTON (1887) a entrepris de nombreuses expériences à ce sujet sur les chenilles de *Vanessa urticæ*, *V. Atalanta*, *Papilio Machaon*,

---

(1) YUNG, dans des expériences semblables faites sur des têtards de Grenouille, a trouvé un ordre un peu différent : violet, bleu, jaune, blanc, rouge, vert.

(2) C. FLAMMARION (1901) a élevé des Vers à soie à l'air libre, sous des verres colorés et à l'obscurité; il a vu que les couleurs foncées, ainsi que l'obscurité, paraissent agir notablement sur la proportion des sexes. Tandis qu'à l'air libre et sous verre incolore, la proportion est voisine de 50 p. °/o des larves récemment écloses, soumises au violet foncé, à l'obscurité, au bleu foncé, à l'orangé, au rouge foncé, ont donné respectivement p. °/o 62, 63, 63, 64 et 68 mâles. En soumettant un certain nombre de Vers à soie à un régime de nourriture restreinte, ces différences se sont encore accentuées; la proportion pour les mâles s'est élevée, pour le violet clair, jusqu'à 78 p. °/o.

GIARD (1901) a justement rappelé à ce propos que le sexe est déjà déterminé chez les Chenilles au moment de l'éclosion, et que ces expériences ne prouvent rien.

Pieris brassicæ, *P. rapæ*, *Saturnia carpini*, *Ephrya pendularia*. Il a reconnu que les chenilles élevées dans des récipients à parois noircies donnaient des chrysalides foncées sans reflets métalliques ; que celles qui se trouvaient dans des récipients à parois blanches donnaient des chrysalides en général de couleurs claires; avec des parois dorées les chrysalides à reflets métalliques dominaient. Les parois vertes et oranges ne paraissent pas avoir d'action sur la couleur des chrysalides. L'influence du milieu coloré s'exerce pendant la période qui s'étend entre le moment où la chenille cesse de manger et celle où elle se transforme en chrysalide. Cette période n'est que d'une vingtaine d'heures. La chenille seule est impressionnée par la couleur du milieu; celle-ci est sans action sur la chrysalide. Poulton s'est demandé si l'influence de la lumière colorée s'exerçait par l'intermédiaire des organes visuels ; il a recouvert ceux-ci d'un vernis opaque et il a vu que le phénomène restait le même. Il a constaté que l'influence du milieu s'exerce par la peau sur le système nerveux, en dehors de toute intervention de la vue. La destruction des poils à la surface de la peau n'a pas empêché l'action de la lumière colorée de se produire. Les expériences de Poulton ont été confirmées par Merrifield (1898) pour les chrysalides de *Papilio Machaon* et de *Pieris rapæ*.

Schröder (1896) a expérimenté l'action des lumières colorées sur les chenilles de l'*Eupithecia oblongata* qui normalement présentent une assez grande variabilité dans leur coloration, suivant la couleur des fleurs dont elles se nourrissent (voir p. 510). Il a montré que ce n'est pas la nourriture qui amène les changements de coloration de ces chenilles, mais bien l'action directe des rayons lumineux ; ayant constitué plusieurs lots aux dépens d'une même ponte et leur ayant donné la même nourriture, il a soumis chacun de ces lots à l'action des rayons lumineux réfléchis par des morceaux de papier diversement colorés, et il a obtenu des teintes correspondantes.

C. Ed. Venus (1888) a élevé des chenilles de *Vanessa urticæ* en les exposant aux rayons d'un soleil intense : il obtint des chrysalides jaunes, avec reflets métalliques, et des Papillons identiques à ceux de la *Vanessa ischnusa* de la Corse et de la Sardaigne.

L'influence de la lumière et de la température explique donc les variations de coloration qu'on observe surtout dans une même espèce suivant les régions où elle vit. Ainsi la *Lycæna agrestis*, qui a deux générations par an et qui présente un dimorphisme saisonnier, peut revêtir trois formes différentes, A, B, C, au point de vue de la coloration. En Allemagne, on trouve A au printemps et B en été; en Italie, B au printemps et C en été. La forme C manque en Allemagne et la forme A en Italie.

Humidité et sécheresse. — WEISMANN, STANDFUSS et MERRIFIELD, dans leurs recherches des facteurs qui interviennent dans la production du dimorphisme saisonnier, ont reconnu qu'en Europe l'humidité ne jouait aucun rôle pour influencer les larves ou les chrysalides. Cependant MARSHALL (1898) admet que le dimorphisme saisonnier du *Pieris octavia-seramus*, Lépidoptère du Transvaal, est dû à l'action de la sécheresse et de l'humidité. La forme *seramus*, de la saison humide, présente une paire d'ailes antérieures dont la face supérieure est colorée en rouge, souvent avec bordures et taches noires, et dont la face inférieure est presque aussi vivement colorée. La forme *octavia*, de la saison sèche, a les ailes d'un bleu vif taché de rouge en dessus et d'un noir verdâtre en dessous. Au Transvaal, le contraste entre l'hiver et l'été est beaucoup moins important qu'en Europe, au point de vue de la différence de température ; on distingue surtout une saison sèche et une saison humide. Il en est de même aux Indes, où DOHERTY a pu, par l'application de l'humidité, produire pendant la saison sèche la forme de la saison humide de *Melanitis leda*.

DÉTERMINISME DES COULEURS SEXUELLES CHEZ LES PAPILLONS

CRAMPTON (1899) et OUDEMANS (1898) ont fait dernièrement des expériences très curieuses relativement à l'action des glandes génitales sur la production du dimorphisme sexuel chez les Lépidoptères.

CRAMPTON a réussi à former des chrysalides composites en soudant à la partie antérieure du corps d'une chrysalide femelle de *Callosamia promethea* (Saturnide américain) la partie postérieure d'une chrysalide mâle de la même espèce. Il a obtenu un adulte dont chaque partie présentait les couleurs sexuelles normales, la région femelle étant rouge et la région mâle étant noire. Il a également pu souder une chrysalide mâle de *Callosamia promethea* avec une chrysalide femelle de *Telea polyphemus*, de telle manière que les ovaires de *Telea* pénétrassent dans le corps du *Callosamia*. Le Papillon qu'il obtint présentait les couleurs normales des *Callosamia* dans la région antérieure.

OUDEMANS a pu enlever complètement les glandes génitales à des chenilles d'*Ocneria* (*Liparis*) *dispar*. Ces chenilles se sont métamorphosées (voir p. 416) et ont donné des Papillons à couleurs sexuelles normales.

Ces expériences, encore trop peu nombreuses pour qu'on puisse en tirer des conclusions générales, n'en sont pas moins très intéressantes parce qu'elles semblent démontrer que, contrairement à ce qu'admettent la plupart des biologistes, il n'existe pas, du moins chez les Papillons, une corrélation étroite entre les glandes génitales et les caractères sexuels secondaires. Il convient cependant de remarquer que, chez les Lépidoptères, les glandes génitales sont différenciées à l'éclosion de la larve, et que, dans le testicule, on trouve déjà — chez les espèces dont le stade nymphal est de courte durée — des spermatozoïdes mûrs avant la pupation. Il n'y a donc rien d'étonnant à ce que les cellules sexuelles aient eu le temps de réagir, chez la larve, sur les cellules somatiques de manière à provoquer pendant la nymphose le développement des caractères sexuels secondaires. De plus, les expériences de Weismann, Poulton, Schröder, etc., ayant montré que l'action des agents extérieurs, température, lumière, sur la coloration de l'imago s'exerce sur la larve pendant le temps assez court qu'elle met à se transformer en chrysalide, la coloration des Papillons composites obtenue par Crampton était déjà déterminée dans les chrysalides avant qu'il les ait soudées. Les Lépidoptères, malgré l'avantage qu'ils présentent d'avoir souvent des couleurs sexuelles très tranchées, me paraissent donc être des types mal choisis pour l'étude expérimentale de l'action des glandes génitales sur la production des caractères sexuels secondaires.

CHAPITRE XIV

DÉVELOPPEMENT POSTEMBRYONNAIRE (*Suite*)

Passage des larves à l'état de nymphes.

Après avoir atteint le terme de leur croissance, la grande majorité des larves des Insectes holométaboliques cessent de prendre de la nourriture, évacuent le contenu de leur tube digestif et restent immobiles dans un endroit abrité pour se transformer en nymphes; tel est le cas d'un grand nombre de larves de Coléoptères, d'Hyménoptères et de Diptères qui vivent sous terre et dans l'intérieur des végétaux.

Souvent la larve, au moment de la nymphose, change d'habitat. Celles du Dytique et d'autres Coléoptères aquatiques sortent de l'eau et s'enfoncent dans la terre; celles de beaucoup de Charançons et de Microlépidoptères vivant dans les fruits, les graines, les feuilles, quittent leur demeure et pénètrent dans le sol ou dans les détritus qui se trouvent à sa surface, pour y passer le stade nymphal, surtout si celui-ci est de longue durée. Il en est de même des chenilles de beaucoup de Noctuelles et de Sphingides à vie aérienne. Les larves des Œstrides sortent des tumeurs qu'elles avaient fait naître sur la peau de leurs hôtes, ou se détachent de la muqueuse stomacale ou nasale pour être expulsées au dehors avec les excréments et le mucus, et se métamorphoser sur le sol.

Certaines larves, telles que celles des Syrphides, des Cassides, des Coccinellides, se fixent par l'extrémité postérieure du corps, au moyen d'une substance visqueuse, sur les feuilles ou d'autres objets, et restent ainsi suspendues ou dressées à l'état de nymphes; ou se fixent, comme celles des Lépidoptères diurnes, par la partie postérieure du corps et au moyen d'un fil de soie.

Enfin, un assez grand nombre de larves se protègent, avant leur transformation, au moyen d'une coque spéciale qu'elles fabriquent soit en filant une matière soyeuse, soit en agglomérant des matériaux étrangers.

Mode de fixation des chrysalides. — Les anciens auteurs qui ont décrit les transformations des Lépidoptères se sont contentés de signaler que

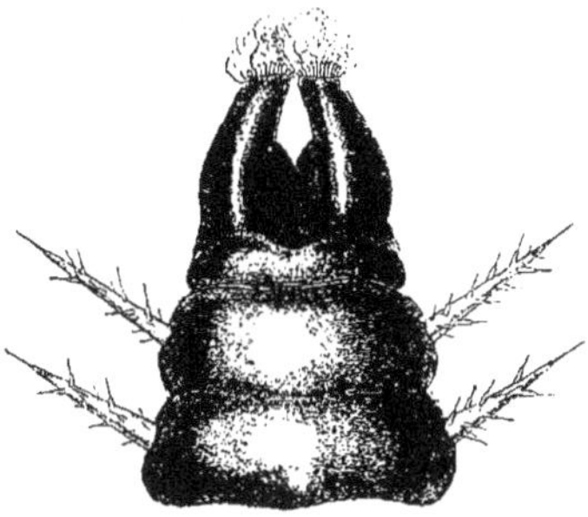

Fig. 495. — Partie postérieure d'une Chenille de *Vanessa urticæ* suspendue par les pattes anales, vue par la face ventrale. (Fig. empruntée à KÜNCKEL D'HERCULAIS.)

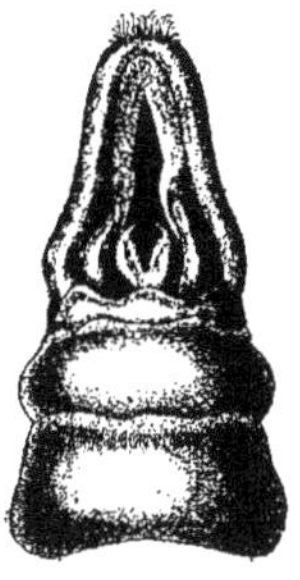

Fig. 496. — Partie postérieure d'une Chenille de *Vanessa urticæ*, prête à se métamorphoser et dont on a provoqué artificiellement la mue, vue par la face ventrale. (Fig. empruntée à KÜNCKEL D'HERCULAIS.)

les chenilles des Papilionides et des Nymphalides se suspendent par la queue ou la partie postérieure du corps au moment de la nymphose, mais ils n'ont pas étudié de quelle manière elles se fixent aux corps étrangers.

D'après KÜNCKEL D'HERCULAIS (1880), l'appareil de fixation des chrysalides des Papilionides (*Ornithophora*, *Papilio*, *Thais*, *Pieris*, etc.) et des Nymphalides (*Danais*, *Vanessa*, *Grapta*, *Limenitis*, etc.) résulterait de l'accolement, sur la ligne médiane, d'une paire d'appendices portant l'un et l'autre une série de crochets tournés en sens contraire, la pointe en dehors, semblables à ceux des pattes membraneuses. Cette paire d'appendices est une dépendance du douzième anneau de la chrysalide, au même titre que les pattes anales sont une dépendance de l'anneau correspondant de la chenille. Si l'on prend une chenille déjà fixée par sa partie postérieure et si l'on provoque artificiellement la mue en la plongeant dans l'alcool ou l'acide chromique, on constate que la partie postérieure de la chrysalide est engagée dans

Fig. 497. — Partie pelvienne d'une Chenille de *Vanessa urticæ*, prête à se métamorphoser et dont on a provoqué artificiellement la mue; vue par la face latérale. (Fig. empruntée à KÜNCKEL D'HERCULAIS.)

le douzième anneau de la chenille et que les pattes qui portent les crochets suspenseurs sont cachées sous la peau des pattes anales de celle-ci. KÜNCKEL en conclut que les chrysalides des Lépidoptères s'attachent ou se suspendent par les crochets des pattes membraneuses anales modifiées et adaptées à des conditions biologiques particulières.

RILEY (1880), de son côté, a étudié l'appareil de suspension des chrysalides, le *crémaster*, qui ne serait pas le même que celui des chenilles au moment de leur fixation. La chenille, quelque temps avant de se transformer, attache au corps étranger auquel elle se suspend un

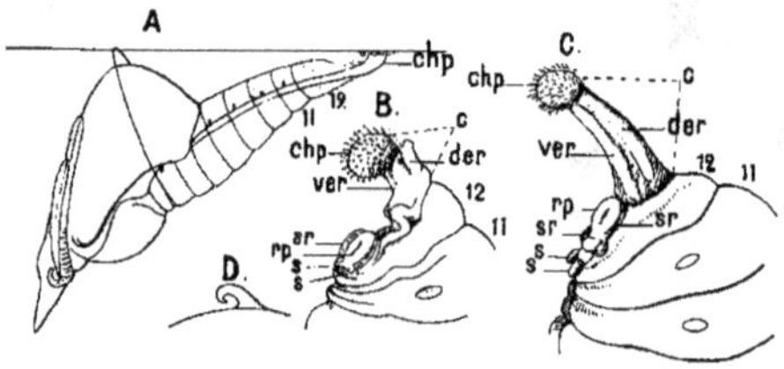

Fig. 498.

A, chrysalide de *Terias*; — B, partie postérieure de chrysalide de *Paphia*; — C, partie postérieure de chrysalide de *Danais*; — D, un des crochets du crémaster de *Terias* fortement grossi; — *c*, crémaster; *chp*, renflement terminal du crémaster garni de crochets; *der*, *ver*, bords dorsal et ventral du crémaster; *rp*, plaque rectale; *s*, s^2, restes du suspenseur de la larve; 11, 12, 11e et 12e segments abdominaux. (D'après RILEY.)

petit amas de soie. Elle se fixe à cet amas par ses pattes anales à l'aide de leurs crochets, puis elle mue. Les ligaments chitineux, provenant de la mue des trachées de la neuvième paire des stigmates et de l'intestin postérieur, et la partie de la peau qui entoure l'anus et les pattes anales, constituent un appareil suspenseur, dans l'intérieur duquel il n'y a plus de tissus vivants. Pendant que les pattes anales, détachées de leur enveloppe chitineuse, s'atrophient, la plaque anale, située au-dessus de l'anus, se couvre de crochets, se fixe à côté de l'appareil suspenseur d'origine larvaire et s'allonge pour constituer un appendice conique, terminé par une partie renflée recouverte de crochets, qui est le crémaster. A sa base se trouvent, à l'état atrophié, les parties contenues dans le ligament suspenseur larvaire. L'appareil de suspension de la chrysalide dériverait donc de la plaque anale et se substituerait graduellement à celui de la chenille, lequel proviendrait des pattes anales et des parties chitineuses faisant partie de la dernière mue.

Les larves des Lépidoptères peuvent se transformer en chrysalides de diverses manières; on trouve en effet :

1° des chrysalides nues (beaucoup de Noctuélides et de Sphingides);

2° des chrysalides fixées par la partie postérieure du corps et suspendues perpendiculairement (Vanesses);

3° des chrysalides fixées par la partie postérieure du corps et retenues par une ceinture de fils de soie passée autour du corps (Piérides, Polyommates, *Papilio Machaon*);

4° des chrysalides renfermées dans des cocons incomplets;

5° des chrysalides contenues dans des cocons complets fermés (beaucoup de Bombycides);

6° des chrysalides contenues dans les fourreaux fabriqués par les chenilles (Psychides, certaines Tinéides).

Formation des coques protectrices ou cocons. — La manière dont beaucoup de larves d'Insectes se fabriquent une coque protectrice pour se transformer en nymphe dans son intérieur, est des plus variables, et a été observée avec soin pour certaines espèces, principalement parmi les Lépidoptères.

Lorsque le Ver à soie, par exemple, se prépare à filer son cocon, il cesse de manger, il évacue les matières solides contenues dans son tube digestif et, après l'expulsion des derniers excréments, on voit sortir de l'anus une grosse goutte d'un liquide alcalin, constitué, d'après Péligot, par du bicarbonate de potasse. En même temps, le Ver prend une teinte ambrée et devient translucide; son corps s'est aminci et allongé; son poids a diminué de près d'un gramme.

A ce moment, le Ver cherche à quitter sa litière; il vague çà et là, en relevant la partie antérieure du corps; dès qu'il rencontre une paroi verticale, il monte jusqu'à ce qu'il ait trouvé un endroit favorable pour confectionner son cocon, un faisceau de brindilles ou deux parois assez rapprochées l'une de l'autre. Il attache alors son fil de soie à une aspérité et se met à le dévider en le fixant autour de lui aux corps étrangers, de manière à constituer un réseau lâche et irrégulier de fils qu'on appelle la *blase* ou la *bourre*. Il délimite ainsi un espace ovoïde dans lequel il demeure enfermé. Le Ver continue à sécréter son fil de soie en faisant exécuter continuellement à la partie antérieure de son corps un mouvement en ∞; il dispose ainsi dans l'intérieur de la bourre plusieurs couches concentriques de soie dont les fils se collent les uns aux autres pour former la paroi résistante du cocon. Celui-ci est terminé en 3 jours. Le Ver, très raccourci et présentant des plis profonds à la surface de sa peau, se recourbe alors en contractant sa face ventrale et se place dans le cocon de telle manière que sa tête soit plus élevée que le reste du corps; il demeure ainsi immobile puis, 2 ou 3 jours après, il mue pour la dernière fois et passe à l'état de chrysalide. Réaumur a observé la manière dont s'opère la dernière mue; le Ver gonfle et allonge sa partie postérieure, puis la rétracte subitement; son corps se dégage ainsi de la pellicule abdominale et n'occupe bientôt plus que la moitié du fourreau de la chenille. Continuant à se gonfler et à se contracter alternativement, il fait éclater la vieille peau sur la ligne dorsale, la repousse vers l'arrière et l'accumule au bout de l'abdomen sous forme d'une petite masse chiffonnée.

La chrysalide qui apparaît, après cette dernière mue, est molle; toute sa surface est mouillée d'un liquide. Quelques heures plus tard, le corps s'est affermi par suite de la dessiccation du liquide superficiel, qui constitue une sorte de vernis collant ensemble toutes les parties saillantes. La coloration de la chrysalide, d'abord jaune clair, passe au jaune doré et au brun.

Toutes les chenilles ne filent pas leur cocon de la même manière que celle du *Bombyx mori*; la forme et la consistance du cocon variant suivant les espèces, la larve exécute des mouvements appropriés à la confection du cocon. Quelquefois la larve s'enferme dans un cocon possédant une double enveloppe (*Orgyia pudibunda*), ou au contraire dans un cocon très mince à paroi transparente comme une gaze (*Liparis*), etc. On peut trouver tous les intermédiaires entre les cocons complètement fermés et compacts et ceux très incomplets, formés par quelques fils lâches, disposés irrégulièrement autour de la chrysalide et servant souvent simplement à retenir le pli d'une feuille dans lequel la larve s'est abritée au moment de la nymphose.

Les larves des Tenthrédinides, de la plupart des Hyménoptères entomophages, des Apiens, de beaucoup de Formicides, de la plupart des Vespides, se tissent également un cocon plus ou moins complet avant de se transformer en nymphes (1). Il en est de même de quelques larves de Coléoptères (*Donacia*, *Gyrinus*, Silphides, etc.), des larves des Hémérobides et des Myrméléonides, et des Siphonaptères. Certaines chenilles et larves d'Insectes appartenant à d'autres ordres que les Lépidoptères construisent des coques formées de fils de soie et de corps étrangers agglomérés, soit de particules terreuses ou d'origine végétale, soit de poils provenant des téguments de la larve ou simplement de particules réunies par une substance visqueuse; telles sont celles du *Cossus ligniperda*, des *Dicranula vinula*, *Harpya fagi*, du *Lucanus cervus*, des *Anobium*, des *Pissodes*, etc.

(1) Chez les Apiens sociaux, les ouvrières ferment les alvéoles contenant les nymphes au moyen d'un opercule de cire de forme concave, différant de l'opercule des cellules à provisions qui est convexe. Les ouvrières enlèvent l'opercule à la fin de la nymphose.

Enfin, les larves de Trichoptères, des Psychides et de quelques Tinéides se transforment en nymphe en fermant, au moyen d'un opercule soyeux, le fourreau dans lequel elles vivaient et qu'elles avaient confectionné, à leur naissance, de la même manière que les autres larves à nymphe protégée.

Les nymphes de plusieurs Chrysomélides, des Coccinellides, des Dermestides, des Histers, etc., sont, en général, protégées par la peau de la dernière mue de la larve qui persiste et se dessèche. Les larves de beaucoup de Diptères se comportent de la même manière; nous décrirons plus loin leurs nymphes avec détail.

Nymphes.

MORPHOLOGIE EXTERNE

La nymphe n'existe réellement que chez les Insectes à métamorphoses complètes; chez les Insectes à métamorphoses incomplètes ou graduelles, elle ne diffère de la larve que par la présence des rudiments des ailes qui deviennent de plus en plus accusées après chacune des dernières mues. Il est difficile, dans ce cas, de fixer le moment précis où la larve passe à l'état de nymphe; la mue et la métamorphose paraissent se confondre.

Pour les Insectes à métamorphoses complètes on peut distinguer trois formes principales de nymphes (1) :

1° *Nymphes proprement dites.* — Celles dans lesquelles toutes les parties de l'imago sont visibles et recouvertes par une enveloppe qui s'applique exactement sur chacune d'elles (Coléoptères, Névroptères, Hyménoptères et Diptères *pro parte* (Cousins, Tipules, Taons, Bombyles, etc.). Ce sont les *pupes incomplètes* de LINNÉ, les *pupæ liberæ* de PACKARD ;

2° *Chrysalides.* — Celles qui ont les parties de l'adulte visibles, mais

(1) Nous avons déjà dit (p. 410) que LINNÉ avait donné le nom de *pupe* au stade intermédiaire entre la larve et l'imago. LAMARCK désigna les pupes des Lépidoptères et de certains Diptères sous le nom de *chrysalides*, terme déjà employé par PLINE, et sous celui de *mumia* ou *momies*, celles des Coléoptères, des Trichoptères et de beaucoup d'Hyménoptères. Le terme de chrysalide a été réservé, depuis, par un grand nombre d'entomologistes, aux pupes des Lépidoptères. LATREILLE (1830) n'a conservé le nom de pupe qu'aux nymphes oviformes des Diptères, et BRAUER a désigné, d'une manière générale, sous le nom de *nymphe* toutes les pupes des Insectes métaboliques. C'est cette terminologie que nous avons adoptée, mais un certain nombre d'auteurs, entre autres PACKARD, continuent à appeler pupes les nymphes des Insectes à métamorphoses complètes.

réunies sous une enveloppe commune qui les tient appliquées contre le corps (Lépidoptères, excepté les *Micropteryx*). Ce sont les *pupæ obtectæ*, pupes emmaillotées de LINNÉ;

3° *Pupes*. — Celles qui sont enfermées dans la dernière mue de la larve,

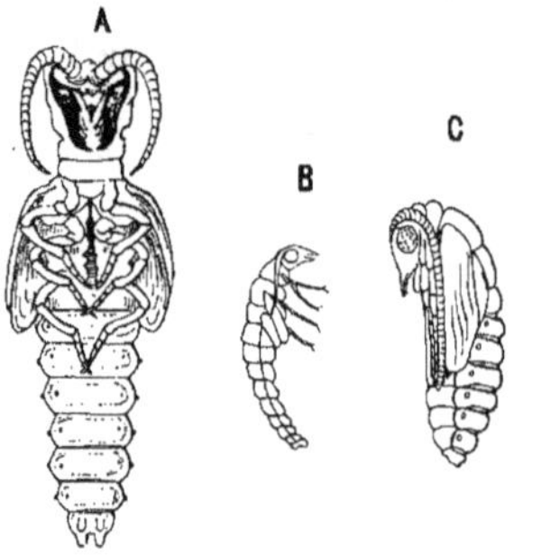

Fig. 499. — Nymphes de Névroptères.
A, *Corydalus cornutus*; — B, *Sialis*; — C, *Hemerobius*. (D'après PACKARD.)

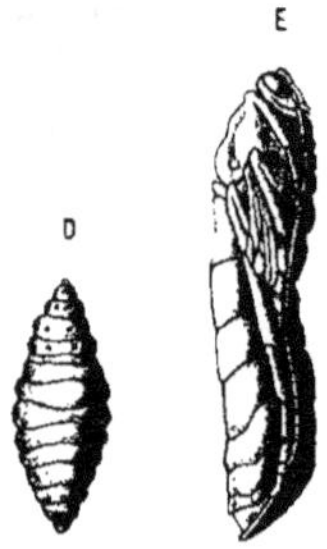

Fig. 500. — *Anomalon circumflexum*.
D, larve arrivée au terme de sa croissance; — E, nymphe grossie deux fois. (D'après RATZEBURG.)

ce qui ne permet de distinguer aucune des parties de l'imago (Diptères *pro parte*, Mouches). Ce sont les *pupæ coarctatæ*, pupes resserrées de LINNÉ.

Chacun de ces trois types présente des formes de passage et de nombreuses variétés.

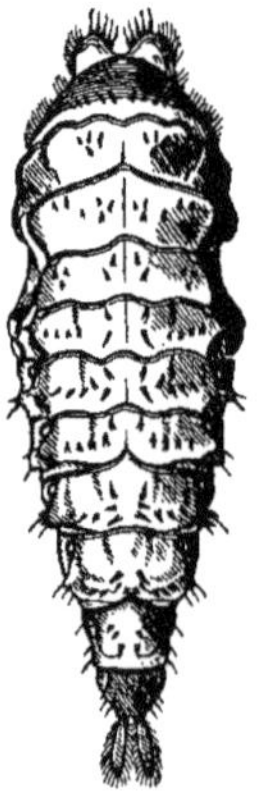

Fig. 501. — Nymphes de Dytique, vue par la face dorsale. (D'après SCHIÖDTE, fig. empruntée à MIALL.)

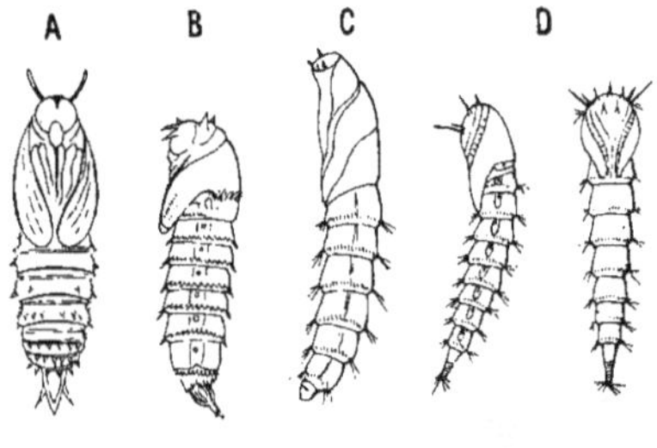

Fig. 502. — Nymphes de Diptères.
A, *Ptychoptera*; — B, *Tabanus atratus*; — C, *Proctacanthus philadelphicus*; — D, *Midas clavatus*. (D'après PACKARD.)

Les nymphes des Coléoptères présentent en général l'aspect suivant : le tête est fléchie, les mandibules sont écartées et on voit entre elles la lèvre inférieure et les palpes labiaux, qui cachent les mâchoires dont les palpes font saillie de chaque côté. Les antennes sont infléchies sur la face ventrale, passant sur les fémurs des pattes antérieures et reposant sur le bord des ailes qui sont aussi appliquées sur les côtés du corps et la face ventrale, entre les pattes moyennes et les pattes postérieures; les tibias sont repliés contre les fémurs avec les tarses tournés en dehors. Quelquefois les nymphes sont munies d'appendices caducs qu'on ne retrouve pas chez l'adulte; celle du *Lucanus cervus* mâle porte à son extrémité postérieure deux protubérances courtes et articulées; celle de l'*Hydrophilus caraboides* en a une en croissant et pédonculée, de plus les côtés des segments abdominaux et son corselet sont garnis de poils qui n'existent pas chez l'imago. Chez beaucoup d'autres, l'abdomen, la tête ou le corselet sont armés d'épines nombreuses. Ces protubérances et ces épines s'observent le plus souvent chez les nymphes qui sont renfermées dans une coque en terre ou dans le bois, et servent probablement à empêcher le contact de la nymphe avec les parois de la loge, ou aident à la sortie de cette nymphe de sa coque.

Fig. 503. — Nymphe d'Abeille. (Fig. empruntée à HOMMELL.)

Chez les Hyménoptères, les nymphes ont à peu près le même aspect que celles des Coléoptères, sauf pour les pièces buccales; les antennes paraissent ordinairement allongées entre les pattes; les longues tarières de certains Ichneumons sont repliées sur le dos. Il en est de même pour les Névroptères qui se rapprochent davantage des Coléoptères (fig. 499). Les nymphes des Diptères sont intermédiaires entre celles des Coléoptères et des Lépidoptères, les divers appendices étant généralement adhérents entre eux (fig. 502); certaines d'entre elles présentent des appendices respiratoires particuliers que nous décrirons plus loin.

Les chrysalides des Lépidoptères se présentent sous deux formes principales : les chrysalides anguleuses des Rhopalocères et les chrysalides coniques ou ovoïdes des Hétérocères. Chez les premières, la tête s'avance sous forme d'une protubérance conique, armée quelquefois de deux pointes (*Vanessa urticæ*, *Papilio Machaon*, etc.). Le prothorax porte deux projections latérales et souvent une projection médiane; les étuis des ailes, de forme triangulaire et dirigés vers la face ventrale, constituent une saillie proéminente sur cette face; enfin l'extrémité de l'abdomen est effilée. La chrysalide vue de côté a une forme triangulaire. Les divers appendices sont, en général, peu visibles, la membrane commune qui les recouvre n'étant pas transparente. Les chrysalides coniques ont l'extrémité antérieure arrondie renflée, tandis que l'abdomen a la forme d'un cône plus ou moins allongé. On distingue nettement de chaque côté de la tête les antennes dirigées en arrière et verticalement, et entre elles la trompe allongée sur la ligne médiane ventrale; à la base des antennes sont les yeux. Les étuis des ailes, repliés sous le thorax, recouvrent la face ventrale des premiers segments de l'abdomen et se rejoi-

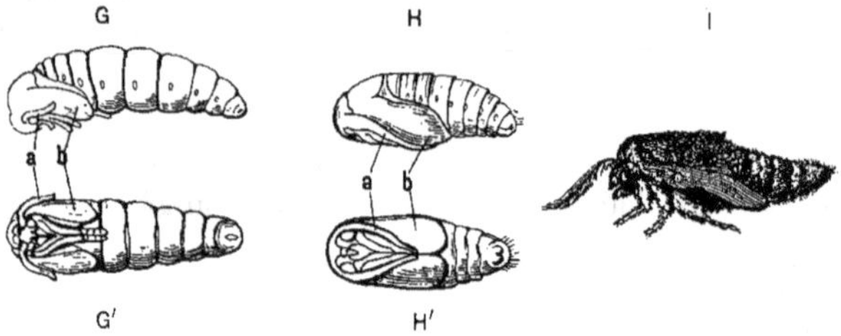

Fig. 504. — Chrysalides de *Bombyx*.

G, jeune chrysalide vue latéralement; — G', la même vue ventralement; — H, chrysalide plus âgée vue latéralement; — H', la même vue ventralement; — I, adulte; *a*, antennes; *b*, ailes. (D'après Nitsche et Judeich.)

gnent en général sur la ligne médiane. Les antennes, les pattes et la trompe sont logées entre les ailes.

Dans les chrysalides de beaucoup de Sphingides, la trompe est logée dans une gaine détachée du corps, recourbée vers la face ventrale et quelquefois enroulée sur elle-même.

Comme les nymphes, les chrysalides ont assez souvent, sur les bords des segments dorsaux, des protubérances et des épines dirigées en arrière, qui leur servent à se mouvoir et à sortir de leur loge au moment de la transformation en adulte. Les chrysalides suspendues portent, à l'extrémité du corps, le crémaster que nous avons signalé plus haut.

La majorité des pupes ont une forme ovale ou de tonnelet et conservent à leur surface les traces des segments qui constituaient le corps de la larve. Lorsqu'on ouvre l'enveloppe de la pupe, on trouve, dans son intérieur, une nymphe molle dont la forme rappelle celle de l'adulte et dont les appendices sont disposés comme ceux des nymphes d'Hyménoptères. La pupe de *Stratiomys* conserve exactement la forme de la larve; la nymphe qu'elle renferme n'occupe qu'une partie de la cavité (fig. 456, 4).

Nous n'avons considéré, dans cette description sommaire des diverses formes de nymphes, que l'état définitif de la nymphe qui précède le stade d'imago; chez beaucoup d'Insectes il existe, entre le stade larvaire et le stade nymphal, des états intermédiaires qu'on peut désigner sous le nom de *pronymphes* : tel est le cas d'un grand nombre d'Hyménoptères et de Diptères. Nous parlerons de ces états de pronymphes à propos des transformations internes des nymphes et des phénomènes d'histolyse.

Motilité des nymphes. — Les nymphes des Insectes métaboliques sont presque toujours immobiles, c'est-à-dire qu'elles ne peuvent se déplacer par rapport aux objets extérieurs, mais la plupart peuvent présenter des mouvements sur place, exécutés par les segments abdominaux quand on les touche. Ils consistent souvent en un mouvement d'oscillation de l'abdomen de droite à gauche et de gauche à droite.

Certaines nymphes présentent cependant une mobilité plus grande; elles peuvent se déplacer ou même mener une vie active comme les larves. La chrysalide de l'*Hepialus humili* est douée d'une grande agilité; renfermée dans un cocon spacieux, elle se transporte d'une extrémité à l'autre, grâce aux mouvements de l'abdomen et aux dentelures situées sur la face dorsale de chaque segment. Plusieurs nymphes, qui se trouvent dans la terre ou dans l'intérieur du bois, ne se déplacent qu'au moment où elles vont se transformer en adulte. Elles se meuvent en exécutant une sorte de reptation, grâce à laquelle elles peuvent arriver jusqu'à la surface du sol ou du tronc de l'arbre dans lequel elles étaient abritées, et y attendent le moment de l'éclosion. Les épines, les protubérances ou les poils dont sont munies ces chrysalides leur servent pour ce mode de progression.

Künckel d'Herculais (1894) a montré que la période nymphale des Bombylides peut être partagée en deux stades : dans le premier, la nymphe qui succède à une larve inerte est *active*, aussi active que la nymphe d'un Insecte à métamorphose incomplète (voir plus loin, p. 535); dans le second, elle est *inactive*, aussi inerte et plus inerte même qu'une nymphe d'Insecte à métamorphose complète. Les phénomènes d'histolyse qui accompagnent la métamorphose, au lieu de s'effectuer en une seule fois et d'une façon continue, s'arrêtent et reprennent ensuite après une interruption de quelques jours.

Les nymphes les plus intéressantes au point de vue de la mobilité sont celles qui, comme la larve, continuent à mener une vie active sans cependant prendre de nourriture. Parmi les Lépidoptères, la chrysalide des *Micropteryx* (1) ressemble à la nymphe des Trichoptères; sa tête et ses appendices restent libres et ne sont pas collés au corps comme dans les autres chrysalides; la tête est pourvue de deux fortes mandibules qui servent à la chrysalide pour sortir de son cocon. L'abdomen conserve une grande mobilité, et les membres, tout au moins à la fin de la nymphose, servent probablement à la chrysalide à se déplacer dans le cocon.

---

(1) Les *Micropteryx* sont de petits Papillons à couleurs métalliques qui sont une forme de passage des Trichoptères aux Lépidoptères. Les femelles, pourvues d'un oviscapte, déposent leurs œufs dans le parenchyme des feuilles. Les larves apodes minent les jeunes feuilles; elles se tissent ensuite, sur le sol, un cocon dans lequel elles ne se transforment en chrysalide qu'au printemps suivant.

Les nymphes des Culicides, des Corèthres et des Chironomides restent mobiles, comme les larves, pendant toute la nymphose. Parmi les Névroptères, les nymphes des *Raphidia* peuvent se mouvoir avant leur transformation en adulte.

Lécaillon (1899) a étudié avec soin les mouvements de la larve et de la nymphe du Cousin. La larve, plus lourde que l'eau, peut se tenir cependant immobile à la surface, grâce à la force due à la tension superficielle du liquide et qui s'exerce sur l'extrémité ouverte du siphon, ainsi que Miall l'a établi. On peut distinguer pour la larve trois sortes de mouvement : un mouvement de natation dans toutes les directions; un mouvement de translation dans la zone superficielle de l'eau; un mouvement de flexion et de rotation que la larve effectue assez fréquemment quand elle est dans la zone superficielle de l'eau, mais qui diffère du mouvement de translation. Le mouvement de natation s'effectue au moyen de flexions successives affectant surtout la partie postérieure de l'abdomen, flexions qui se succèdent alternativement de droite à gauche et de gauche à droite, perpendiculairement ou à peu près, au plan de symétrie du corps; elles sont d'une grande amplitude et nécessitent de la part de la larve une quantité considérable de travail musculaire. Dans le mouvement de translation à la surface de l'eau, le corps se déplace tout d'une pièce dans une direction horizontale, sans flexion de l'extrémité caudale, par le seul moyen, semble-t-il, des mouvements des antennes et des pièces buccales; c'est un déplacement lent et inutilisable en cas de fuite, que la larve n'exécute que lorsqu'elle est absolument tranquille. La troisième espèce de mouvement s'exécute aussi à la surface de l'eau. La larve, conservant comme précédemment l'extrémité de son siphon au contact de l'air, recourbe son corps dans la région moyenne et approche la tête de la surface de l'eau; elle a alors la forme d'un demi-anneau. L'extrémité du siphon constituant un point fixe, la tête de l'animal décrit autour de ce point une courbe plus ou moins circulaire tout en restant dans la zone liquide. Pendant cette rotation, la larve s'empare des substances nutritives qu'elle peut rencontrer. La flexion du corps est obtenue au moyen de contractions musculaires, tandis que l'agitation des appendices céphaliques détermine le déplacement circulaire. Comme le précédent, le mouvement de flexion et de rotation a pour but exclusif de servir à la recherche de la nourriture de la larve.

La nymphe est plus légère que l'eau; au repos, elle flotte à la surface liquide : elle est placée la face dorsale en haut et la face ventrale en bas. Le seul mouvement qu'elle présente est un mouvement de natation. Au lieu d'exécuter des oscillations perpendiculaires au plan de symétrie du corps, la région caudale frappe l'eau de coups isolés et dirigés suivant ce plan de symétrie. La nymphe nage par saccade; si elle veut rester dans l'eau, elle est obligée de répéter indéfiniment ces mouvements saccadés; si elle veut revenir à la surface, elle n'a qu'à cesser tout mouvement. L'avantage principal, et peut-être même l'avantage unique que la nymphe retire de la propriété qu'elle a d'avoir conservé la mobilité, est de pouvoir fuir lorsqu'elle se croit menacée par un ennemi.

Appendices propres aux nymphes. — La grande majorité des nymphes ne présentent d'autres appendices que ceux qui existeront chez l'adulte, mais quelques-unes sont pourvues de formations spéciales qui ne s'observent ni chez la larve ni chez l'imago. Nous avons déjà signalé à ce

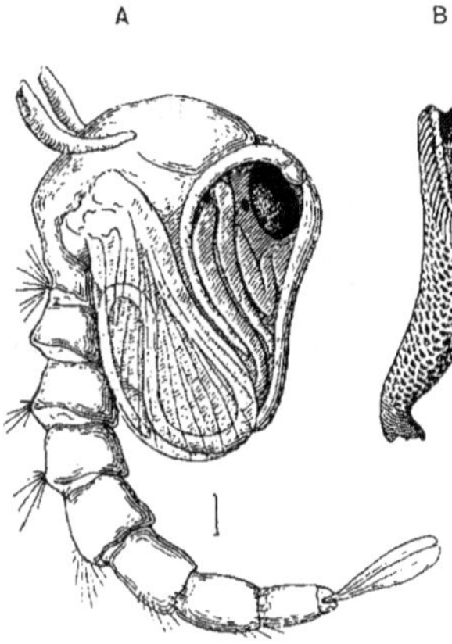

Fig. 505.
A, nymphe de *Culex*; — B, appendice respiratoire de la nymphe grossie. (Fig. empruntée à MIALL.)

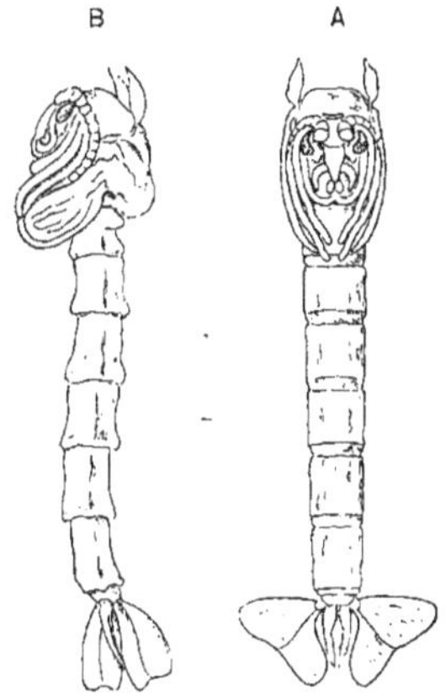

Fig. 506. — Nymphe de *Corethra*.
A, vue par la face ventrale; — B, vue de côté. (Fig. empruntée à MIALL.)

point de vue le crémaster de certaines chrysalides, les poils, les épines,

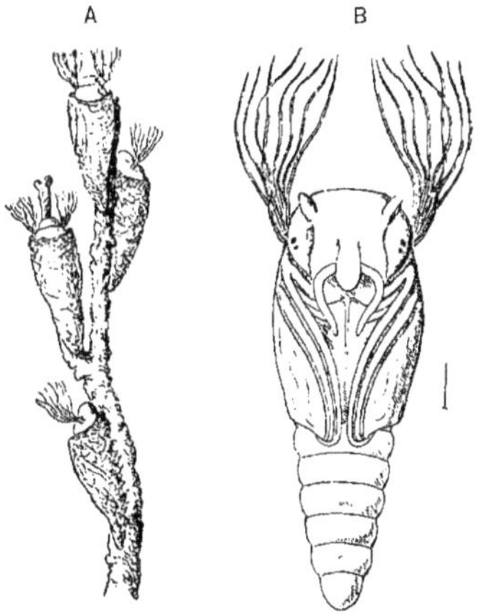

Fig. 507.
A, quatre nymphes de *Simulium* dans leurs cocons, attachées à une tige aquatique; B, nymphe de *Simulium* sortie de son cocon. (Fig. empruntée à MIALL.)

Fig. 508. — Nymphe de *Chironomus* vue latéralement. (Fig. empruntée à MIALL.)

les protubérances de plusieurs nymphes. Les fortes mandibules des chrysalides du *Micropteryx* et les appendices respiratoires de quelques nymphes aquatiques de Diptères sont des formations nymphales spéciales, des organes d'adaptation très intéressants et dont l'origine phylogénétique est difficile à établir.

La nymphe des Cousins, dont la partie antérieure renflée contient la tête, le thorax avec les ailes et les longues pattes de l'adulte — les différents appendices étant réunis ensemble par une substance soluble dans l'alcool — porte à sa face dorsale, immédiatement en arrière de la tête, deux prolongements en forme de trompette, dirigés de telle sorte que leur ouverture allongée se trouve à la surface de l'eau, quand la nymphe flotte à l'état de repos (fig. 505). Ces appendices, creux à l'intérieur, sont en rapport avec le système trachéen et servent, comme le siphon caudal de la larve, à la respiration. L'entrée de l'eau dans l'ouverture des appendices est empêchée par des poils nombreux qui en garnissent l'intérieur. Les nymphes de *Corethra* possèdent des appendices respiratoires semblables à ceux des nymphes de Cousins et occupant la même situation (fig. 506).

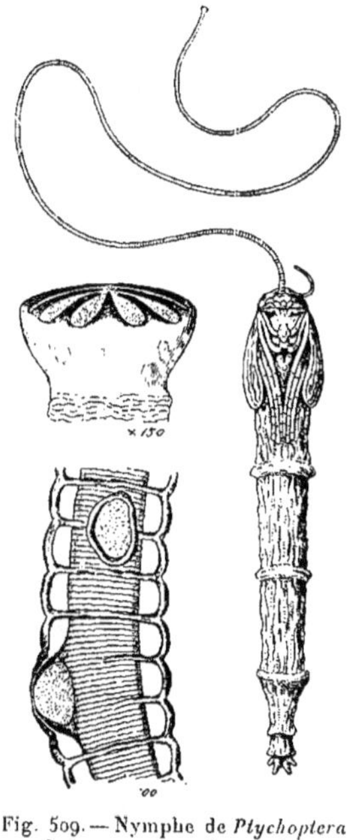

Fig. 509. — Nymphe de *Ptychoptera paludosa*, avec son long tube respiratoire, à côté duquel on voit un second tube rudimentaire. A gauche de la figure, on voit l'extrémité du tube et un fragment de sa région moyenne grossie. La trachée est dans l'intérieur du tube. (Fig. empruntée à Miall.)

Les nymphes des Chironomides ont les unes (*Orthocladius*, *Chironomus minutus*) des appendices respiratoires prothoraciques dans le genre de ceux des larves de *Corethra*, les autres (*Chironomus plumosus*, *Ch. dorsalis*) des houppes de filaments branchiaux occupant la même situation que les appendices en trompette (fig. 508). Les filaments branchiaux renferment de nombreuses ramifications trachéennes. Enfin chez les *Simulium*, les nymphes, qui vivent dans une espèce de cocon en forme de cornet fabriqué par les larves et fixé aux objets submergés, possèdent aussi des houppes branchiales constituées par huit filaments (fig. 507). Il est à remarquer que les nymphes pourvues d'appendices en trompette se tiennent en général à la surface de l'eau, tandis que celles qui ont des filaments branchiaux sont submergées, ce qui prouve bien que ces deux sortes d'organes sont homologues et adaptés au genre de vie de la nymphe. Miall, adoptant la manière de voir de Hurst, pense que ces appendices respiratoires sont des organes représentant une paire d'ailes prothoraciques transformées.

La nymphe de *Ptychoptera* présente, derrière la région céphalique, deux tubes respiratoires, dont l'un très long a à peu près deux fois la longueur du corps, tandis que l'autre est avorté et reste très court. Le long tube se termine à son extrémité libre par une partie un peu renflée, ressemblant à la surface stigmatique d'un ovaire de Pavot; on n'y observe pas d'orifices, mais seulement une membrane délicate tendue entre les saillies chitineuses disposées radiairement (fig. 509). L'intérieur du tube renferme une grosse trachée en rapport avec un tronc trachéen du corps, et présentant de distance en distance des renflements vésiculeux au niveau desquels la spirale manque. Chez les nymphes des autres Tipulides, on voit sur le thorax deux petits appendices respiratoires en forme de corne, homologues des tubes de celle de *Ptychoptera*, dont l'un s'est allongé considérablement pour arriver à la surface de l'eau, quand la nymphe repose sur la vase. Ici encore c'est un organe adapté au mode de vie de la nymphe.

MORPHOLOGIE INTERNE

La nymphe étant la forme de passage de la larve à l'adulte, son organisation est intermédiaire à celles de ces deux formes, mais elle varie suivant le stade auquel on la considère. C'est pendant la nymphose que s'opèrent les transformations remarquables dont sont le siège les divers organes de la larve et qui les amènent progressivement à avoir leur forme définitive en rapport avec le mode de vie de l'imago. Certains de ces organes se détruisent en partie ou en totalité et sont remplacés par des organes de nouvelle formation ; d'autres, qui n'existaient pas chez la larve, se développent entièrement pendant la nymphose ; d'autres enfin disparaissent complètement sans être remplacés. Cette transformation des organes internes est d'autant plus marquée que la larve s'éloigne davantage, par sa constitution et son genre d'existence, de l'adulte. Il est donc impossible de décrire les divers appareils de la nymphe, comme nous l'avons fait pour l'adulte et pour la larve, ces appareils étant, pendant la nymphose, en état d'évolution régressive ou progressive. Nous étudierons dans le chapitre suivant, avec les phénomènes d'histolyse, les modifications successives que présentent les organes internes dans les principaux types de nymphes.

Physiologie de la nymphe.

La nymphe, ne prenant pas de nourriture et étant cependant le siège de phénomènes actifs d'organisation, se nourrit aux dépens de ses propres tissus ou des substances de réserve accumulées pendant la vie larvaire; aussi son poids et son volume diminuent pendant la nymphose. Une des causes principales de cette diminution de volume et de poids est l'expulsion des matières contenues dans le tube digestif au moment de la transformation de la larve en nymphe, et, pour beaucoup de larves, la filature du cocon, la substance qui constitue celui-ci étant contenue en totalité ou en partie dans la larve.

D'après Dandolo, le Ver à soie mûr, prêt à filer, pèse en moyenne 3^{gr} 66 (1); il donne un cocon à l'état marchand, c'est-à-dire récolté au huitième jour, qui pèse $2^{gr},18$. Sur ce poids, celui de la chrysalide entre pour $1^{gr},84$; la perte subie par l'animal est donc, dans ce laps de temps, de $1^{gr},48$, presque égale au poids de la chrysalide. Celle-ci continue encore à diminuer de poids, cependant la déperdition devient moindre; le poids du Papillon est en moyenne, pour les mâles de $0^{gr},80$, pour les femelles de $1^{gr},41$, mais une grande partie de la perte de poids vient du liquide que le Papillon émet pour sortir du cocon.

Respiration et circulation. — Les nymphes, malgré l'état de mort apparente dans lequel la plupart se trouvent pendant la plus grande durée de leur existence, continuent cependant à respirer.

Réaumur, en plongeant à demi dans l'huile, pendant une heure environ, diverses chrysalides, de telle sorte que la partie antérieure ou la partie postérieure restassent hors du liquide, a constaté que celles qui avaient la partie antérieure immergée périssaient toujours, tandis que celles dont la partie postérieure avait seule trempé dans l'huile résistaient, excepté lorsqu'elles étaient tout à fait fraîches. Il résulte de ces expériences que les stigmates antérieurs fonctionnent seuls dans la chrysalide bien formée, et que les stigmates postérieurs, encore ouverts au sortir de la mue, se ferment rapidement dans les heures suivantes. En plongeant des chrysalides dans l'eau, Réaumur vit que des bulles d'air s'échappaient au bout de quelque temps des stigmates, surtout de ceux situés à l'origine des ailes postérieures. Enfin, en enfermant des chrysalides dont la peau paraissait bien sèche dans des tubes bien scellés, il a

(1) Il s'agit ici d'une race d'assez grande taille, pour laquelle il y a 35960 œufs à l'once de 25 grammes et 472 cocons au kilogramme.

vu au bout de quelque temps des gouttelettes d'eau se déposer à l'intérieur de ces tubes.

Regnault et Reiset (1849), puis P. Bert (1885) ont étudié les phénomènes de la respiration chez le Ver à soie pendant la métamorphose. P. Bert constata, au début de la nymphose, une baisse dans la quantité d'acide carbonique éliminée ; il indiqua pour le rapport $\frac{CO^2}{O}$ une baisse à la même période, et un minimum de valeur vers le dixième jour du début de la transformation.

Luciani et Lo Monaco (1893) ont entrepris des recherches semblables sur le même Insecte. Ils ont trouvé qu'un kilogramme de chrysalides produit par heure un maximum d'acide carbonique de 0gr,3692 et un minimum de 0gr,1264. La chrysalide à peine formée traverserait une période de 4 jours, pendant laquelle son activité respiratoire est très réduite, puis une période de 7 jours avec une respiration active, ensuite une nouvelle phase de léthargie pendant 2 jours et demi et enfin une dernière période d'activité de 2 jours et demi.

De son côté, Bataillon (1893) a vu que, dans la chrysalide du Ver à soie, non seulement il y a, à un moment donné, ralentissement dans l'exercice de la fonction respiratoire, mais aussi accumulation d'acide carbonique dans le milieu intérieur.

Le même auteur a observé des modifications intéressantes dans la circulation pendant la nymphose chez le Ver à soie.

Tandis que chez la larve l'onde sanguine progresse d'arrière en avant dans le vaisseau dorsal, chez le Ver, au troisième jour de filage du cocon, il se produit des inversions périodiques dans la direction de l'onde sanguine. La circulation se fait d'une manière normale, *directe*, c'est-à-dire d'arrière en avant, pendant environ 5 minutes, puis, durant une demi-heure, d'une manière anormale, *inverse*, d'avant en arrière, pour redevenir ensuite directe et ainsi de suite. La circulation du Ver à soie, depuis le filage du cocon jusqu'à l'éclosion de l'adulte, montre des changements qui se succèdent dans l'ordre suivant :

1° Apparition au 2e jour du filage d'une *circulation inverse* alternant à intervalles réguliers avec la *circulation directe* ;

2° Prédominance graduelle de la circulation inverse ;

3° Relèvement de la courbe de la circulation directe vers la nymphose ;

4° Circulation *indifférente*, c'est-à-dire que l'onde sanguine est chassée vers la tête et vers l'extrémité postérieure à partir du milieu du vaisseau dorsal, pendant les quelques heures qui précèdent et qui suivent la nymphose ;

5° Circulation inverse pendant la vie nymphale;

6° Réapparition de la circulation normale à la veille de l'éclosion de l'Insecte adulte.

Nous indiquerons plus loin les conclusions générales que Bataillon a tirées de ses recherches au point de vue du mécanisme de la métamorphose.

Künckel d'Herculais (1884), contrairement à l'opinion de Weismann qui pensait que le vaisseau dorsal cessait de se contracter pendant la nymphose chez les Diptères, a constaté que chez les Syrphides (*Volucella zonaria*, *Eristalis æneus*) les battements du cœur continuent dans la nymphe, sauf pendant une très courte période, correspondant au moment où cet organe subit les transformations histologiques qui se manifestent surtout par la constitution d'une région aortique en rapport avec la formation du thorax.

Les nymphes paraissent plus sensibles que les larves à l'action des gaz toxiques, mais, par contre, elles présentent en général une plus grande résistance au froid. Cornalia a conservé des chrysalides de Ver à soie pendant un an à une température de 2°C. Colasanti en a conservé pendant 48 heures à — 10° C.; elles ont papillonné après 20 à 25 jours. Les chrysalides résistent quelque temps à une température de 50 à 60°C., surtout dans l'air sec; mais une température de 75 à 80°C. les tue instantanément.

Transformation de la nymphe en Insecte parfait.

L'époque de la maturation de la nymphe se traduit quelquefois à l'extérieur par certains signes faciles à reconnaître; tels sont le changement de coloration, le reflet métallique de plusieurs chrysalides disparaissant à ce moment, un gonflement et une motilité plus grande de l'abdomen.

Chez les nymphes nues, non protégées par un cocon, une coque ou l'enveloppe larvaire desséchée, la peau se fend en général longitudinalement sur le dos; l'Insecte dégage d'abord son thorax, puis la tête et retire ses différents appendices de leurs fourreaux.

Jousset de Bellesme (1877) a montré que la nymphe de la *Libellula depressa* commence par emmagasiner de l'air dans son tube digestif; celui-ci, distendu, refoule les autres organes contre les téguments : sous l'influence de cette pression énergique, le liquide sanguin est poussé avec force vers la périphérie, fait éclater l'enveloppe nymphale, distend les yeux, donne à la tête sa forme définitive, puis, pénétrant dans les ailes, les déploie.

Nous avons déjà indiqué plus haut le rôle que joue la déglutition de l'air dans le mécanisme de l'éclosion et de la mue, d'après les observations de Künckel; il est probable que le même phénomène intervient dans l'éclosion d'un certain nombre de nymphes.

Les pupes des Diptères se rompent transversalement, généralement vers la partie antérieure, pour livrer passage à l'adulte; elles sont dites pour cette raison *cyclorhaphes*, par opposition aux autres nymphes de Diptères non protégées par la peau larvaire et qui sont *orthorhaphes*, dont l'enveloppe se fend longitudinalement. Les anciens observateurs, Réaumur, Gleichen, Reissig, Lacordaire, etc., avaient constaté que c'est en gonflant la région frontale, en une sorte d'ampoule, que les Muscides exercent une pression sur la face interne de l'enveloppe pupale, de manière à en détacher la partie antérieure; ils pensaient que le Diptère gonfle ainsi son ampoule frontale en y introduisant de l'air. Weismann avait admis que c'est par l'afflux du sang, déversé par le vaisseau dorsal, que la région frontale est dilatée. Künckel (1875) a observé avec soin l'éclosion des Volucelles et il a constaté que, quand l'Insecte rompt sa coque et fait saillir et rentrer alternativement son ampoule frontale, c'est une contraction des muscles thoraciques et abdominaux qui fait refouler brusquement le sang dans la tête; cette contraction est d'autant plus énergique qu'elle n'est pas amortie par l'élasticité des trachées, qui à ce moment ne sont pas encore distendues par l'air. L'ampoule frontale aurait encore une autre fonction : elle jouerait le rôle d'un véritable réservoir dans lequel la Mouche fait affluer une masse de sang, qu'elle refoule du thorax et de l'abdomen, pour diminuer la capacité de son corps; il en résulte que l'Insecte peut faire facilement passer son thorax à travers l'étroite ouverture de la pupe; les poils raides qui recouvrent son corps faciliteraient aussi la propulsion comme les barbes d'un épi emprisonné dans la main.

Lorsque la nymphe est enfermée dans une coque terreuse ou construite avec des fragments végétaux, ou dans un cocon soyeux, l'adulte est obligé de percer cette enveloppe protectrice pour devenir libre. Les Coléoptères et les Hyménoptères étant pourvus de fortes mandibules arrivent facilement à perforer leur coque; les adultes se débarrassent d'abord de la peau de la nymphe et attendent, pour sortir de la coque, que leurs mandibules aient pris une consistance suffisante pour pouvoir en faire usage. C'est ainsi, par exemple, que le Hanneton reste environ un mois sous terre à l'état d'imago avant de se creuser une galerie pour sortir.

Künckel d'Herculais (1894) a observé de quelle manière les nymphes de l'*Anthrax fenestrata* (Bombylide), dont les larves vivent en parasites dans les coques ovigères des Acridiens (*Ocnerodes* et *Stauronotus*), sortent de ces coques.

« Une seule larve se développe dans une oothèque, dont elle épouse généralement la forme en s'incurvant du côté ventral. Sortie de l'œuf en août, par exemple, elle atteint en octobre le terme de son accroissement, passe l'hiver en hypnodie dans l'oothèque et, en général, éclôt

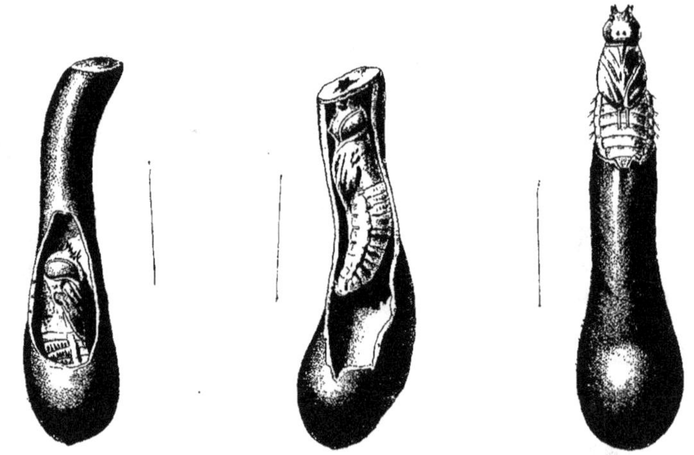

Fig. 510. Fig. 511. Fig. 512.

Éclosion de la nymphe d'un Bombyle parasite des Acridiens (*Anthrax fenestrata*). (D'après Künckel d'Herculais.)

Fig. 510. — Nymphe active au fond d'une coque ovigère d'*Ocnerodes*.

Fig. 511. — Nymphe arc-boutée dans une coque d'*Ocnerodes* et perforant, par un mouvement rapide de va-et-vient, l'opercule de cette coque à l'aide de pièces denticulées que porte sa tête.

Fig. 512. — Nymphe active se dégageant d'une coque après avoir perforé l'opercule.

l'été suivant. Le moment venu, secondée par les soies qu'elle porte sur les côtés du corps, la nymphe grimpe le long des parois à la façon d'un ramoneur; lorsque sa tête vient heurter l'opercule de l'oothèque, elle s'arc-boute, et, solidement fixée par ses deux pointes terminales de l'abdomen, par ses huit rangées d'épines dorso-abdominales, elle imprime, à l'aide de ses muscles abaisseurs et releveurs du thorax, un très rapide mouvement de va-et-vient à sa région céphalo-thoracique (fig. 511). Ses outils entrent en jeu; les deux longues pointes frontales entament d'abord l'obstacle, les quatre pointes oculaires l'attaquent ensuite; de faibles déplacements permettent à ces dernières d'arrondir l'orifice du trou de sortie. Expérimentalement, notre nymphe d'*Anthrax* peut percer, dans une feuille de papier, en la pulvérisant, des trous elliptiques sans trace de bavure. Arrivée à la lumière, elle perd complètement sa motilité, et, quelques jours après, donne naissance à l'adulte. »

Pour les Lépidoptères, dont les chrysalides sont entourées d'un cocon fermé, la sortie de l'adulte est moins facile et se fait par des procédés variables suivant les espèces.

Nous avons dit plus haut que les chrysalides de *Micropteryx* possèdent de fortes mandibules qui leur servent à perforer leur cocon. Ici l'Insecte sort du cocon encore entouré de la peau nymphale ; il est difficile de comprendre comment les mandibules de la chrysalide, qui ne renferment aucune partie correspondante de l'adulte et qui ne sont pas en rapport avec les muscles, sont mises en mouvement. D'après Chapman (1893), les mouvements des mandibules seraient produits par des mouvements vermiculaires de l'Insecte agissant probablement, au moyen de la pression d'un liquide, sur l'articulation de ces appendices, par un procédé analogue à celui qu'on observe dans l'ampoule frontale des Muscides.

La chrysalide se sert aussi de ses mandibules pour sortir du cocon et se frayer un chemin à travers la terre qui entoure celui-ci.

Certaines chrysalides sont pourvues, dans la région frontale, d'épines assez fortes qui servent à perforer le cocon ; telles sont celles des *Bucculatrix*, *Talæporia*, *Thyridopteryx*, *Sesia tipuliformis*, etc. (Packard.)

Les Papillons des Attacides présentent de chaque côté du thorax, à la base des ailes antérieures, une forte épine noirâtre qui leur sert à déchirer le cocon.

Chez le Bombyx du Mûrier, l'imago, par le gonflement de la région thoracique, fait se fendre l'enveloppe nymphale sur la ligne dorsale, et cette fente se prolonge ensuite à droite et à gauche en suivant les deux bords des étuis des ailes ; le Papillon dégage alors ses pattes, ses ailes, ses antennes, et toute la dépouille de la chrysalide se trouve repoussée vers la région postérieure. Le Papillon, dont la tête vient buter contre une des extrémités du cocon, émet par la bouche quelques gouttes d'un liquide limpide très alcalin, qui mouille en ce point le cocon et dissout le grès agglutinant les fils de soie. La tête exécutant des mouvements de va-et-vient, de telle sorte que les yeux frottent contre la partie mouillée, les fils de soie finissent par s'écarter et il se produit un trou par lequel l'Insecte peut sortir. Les fils soyeux ne sont pas coupés mais seulement déplacés, de sorte que les cocons dont les Papillons sont sortis peuvent encore être dévidés, si l'on a soin de les empêcher de tomber au fond de la bassine, le poids du cocon plein d'eau rompant le fil pendant le dévidage.

A sa sortie du cocon, le Papillon est tout humide; ses téguments sont mous, ses ailes épaisses, très courtes et pendantes; mais au bout d'un quart d'heure à peine, ses écailles sont devenues sèches et dures; les lames des ailes se sont étendues en se déplissant, et ces ailes, ainsi amincies, sont très rigides. En même temps, le jabot, vide du liquide qu'il contenait, se gonfle d'air rapidement, ainsi que tout le système trachéen (MAILLOT). Quelque temps après l'éclosion, l'animal

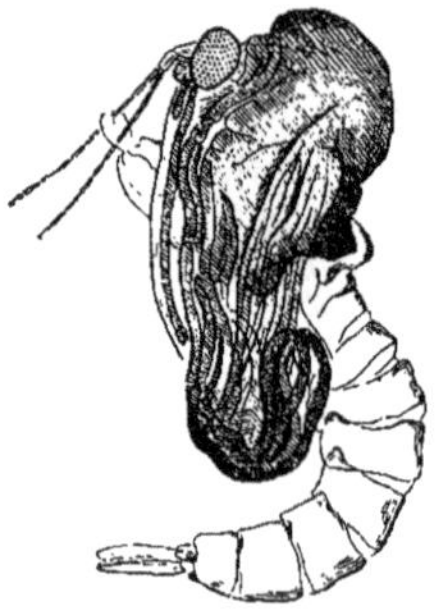

Fig. 513. — Nymphe de *Culex nemorosus* au moment de l'éclosion; la tête et le thorax sont déjà sortis de l'enveloppe nymphale. (Fig. empruntée à MIALL.)

Fig. 514. — *Culex nemorosus* adulte sortant de la peau de la nymphe. (Fig. empruntée à MIALL.)

évacue par l'anus la plus grande partie du contenu de son tube digestif constitué par une matière liquide rougeâtre ou quelquefois brune. Cette matière renferme une grande quantité d'urate d'ammoniaque (1).

Les nymphes aquatiques viennent à la surface de l'eau pour se transformer en adultes. Celles des Trichoptères, enfermées dans les fourreaux larvaires, sont munies de mandibules analogues à celles des *Micropteryx*, à l'aide desquelles elles brisent l'opercule soyeux qui fermait le fourreau, et avec leurs pattes, douées également de mouvements, elles gagnent en nageant la surface de l'eau, où leur peau se

(1) Souvent, surtout pour les femelles, la substance rougeâtre est expulsée par le Papillon pendant sa sortie du cocon, l'abdomen étant comprimé par le passage à travers l'ouverture du cocon.

fend, et l'imago est mis en liberté. Les nymphes des Libellulides, qui conservent la faculté de se mouvoir pendant toute leur existence, sortent de l'eau et se comportent alors comme celles des Orthoptères; nous avons indiqué plus haut le mécanisme de leur éclosion.

Les nymphes des Culicides se tiennent normalement à la surface de l'eau. Au moment de la transformation, la peau se fend sur le dos, dans la région thoracique; l'Insecte dégage d'abord son thorax et sa tête, puis la plus grande partie de son abdomen en s'élevant perpendiculairement. Il dégage ensuite les pattes antérieures et moyennes, puis il se penche sur l'eau à la surface de laquelle il pose ses pattes, et où il trouve un point d'appui suffisant pour se délivrer complètement de l'enveloppe nymphale; ses ailes s'étendent très rapidement et il s'envole (fig. 513 et 514).

Ces quelques exemples suffisent à montrer la diversité du processus de la transformation de la nymphe en adulte chez les Insectes à métamorphoses complètes.

Sub-imago des Éphémères. — Un certain nombre d'Éphémérides présentent une particularité qui n'a pas encore été signalée chez d'autres Insectes. La nymphe flotte à la surface de l'eau, la peau du dos se fend, et en moins de 10 secondes, d'après LUBBOCK, l'Insecte s'envole. Mais l'animal qui quitte ainsi l'enveloppe nymphale n'a pas terminé sa transformation; il est entièrement entouré d'une membrane très mince qui se moule exactement sur toutes les parties du corps et ses appendices. Après avoir volé quelques instants, l'Insecte se fixe sur un objet quelconque et se dépouille de cette enveloppe qui conserve exactement la forme de l'Éphémère adulte, mais réduite. On désigne sous le nom de *sub-imago* ce stade intermédiaire entre la nymphe et l'imago. Les diverses parties du corps sont plus petites que celles de l'imago et d'une couleur plus foncée; les appendices, ailes, pattes, filaments caudaux sont plus courts. Cette mue des Éphémères après le stade nymphal était déjà connue de SWAMMERDAM et a été bien décrite par cet habile observateur et par RÉAUMUR.

Époque de la transformation en adulte. — Nous avons vu (p. 429) que la durée de la période nymphale était des plus variables suivant les espèces d'Insectes, et que souvent dans une même espèce les adultes apparaissaient à des époques différentes. La température exerce une grande influence sur la durée de la vie nymphale. Cependant, les Éphémères présentent aussi à ce point de vue une exception intéressante, signalée par RÉAUMUR. Il remarqua, en effet, que celles qui sortent de la Seine apparaissent avec une grande régularité, chaque année, entre le 10 et le 18 août et toujours de 8 à 10 heures du soir. La variation de température ne semble pas troubler cette régularité. SWAMMERDAM avait noté aussi que les Éphémères du Rhin se montrent à l'état adulte régulièrement aux environs de la Saint-Jean (24 juin).

Certains Papillons éclosent à des heures déterminées: le *Bombyx mori* entre 5 et 8 heures du matin; le *Macroglossa œnotheræ* au lever du soleil; le *Smerinthus tiliæ* à midi; le *Sphinx atropos* entre 4 et 7 heures du soir, etc.

APPENDICE

TYPES SPÉCIAUX DE DÉVELOPPEMENT POSTEMBRYONNAIRE.

Nous n'avons considéré dans les chapitres précédents que les phases du développement postembryonnaire normal, c'est-à-dire les formes larvaires et nymphales de la majorité des Insectes à métamorphoses incomplètes ou complètes. Nous avons cependant indiqué (p. 421 et 440) le phénomène particulier qu'on observe chez certains Insectes et qu'on désigne sous le nom d'*hypermétamorphose*, caractérisé par les formes larvaires différentes et l'état de pseudo-nymphe ou d'hypnothèque que présente l'animal avant d'arriver à l'état adulte. On a signalé chez d'autres Insectes que les Vésicants un polymorphisme larvaire, lié aux conditions d'existence déterminées dans lesquelles se trouvent ces animaux avant la nymphose. Nous nous bornerons à résumer ici les cas les plus intéressants de polymorphisme larvaire.

Mantispes. — Brauer (1869) a fait connaître les transformations subies par la larve d'une espèce européenne de Mantispe, *Mantispa styriaca*. La larve au moment de son éclosion, vers la fin d'août, appartient au type campodéiforme; elle hiverne sous cette forme et reste sans prendre de nourriture pendant sept mois. Quand les Araignées du genre *Lycosa* tissent les cocons dans lesquels elles pondent leurs œufs, les larves de Mantispe pénètrent dans les cocons et y restent encore sans manger, attendant l'éclosion des œufs d'Araignées. Une seule des larves de Mantispe se développe; il est probable que les jeunes larves se combattent et se tuent, comme Valéry-Mayet l'a observé pour les triongulins des *Sitaris colletis*, lorsqu'ils pénètrent à plusieurs dans une cellule à miel de *Colletes*. La larve de Mantispe suçant les jeunes Araignées grossit rapidement et subit sa seconde mue, la première ayant lieu après son éclosion. Après cette seconde mue, elle a changé de forme et est devenue mélolonthoïde; elle n'a plus que des pattes rudimentaires, impropres à la locomotion; sa tête est toute petite par rapport au reste du corps; les anneaux thoraciques et les anneaux abdominaux, sauf le dernier, sont renflés. Cette seconde forme larvaire reste enroulée dans le cocon de l'Araignée, au milieu des cadavres des jeunes Lycoses, et atteint 7 à 10 millimètres. Elle se file un cocon jaune ou verdâtre où elle se transforme en nymphe. Celle-ci reste enfermée dans le cocon environ un mois, puis elle en perce les parois, ainsi que celles du cocon de l'Araignée et mène une vie active pendant quelque temps avant de muer pour donner la Mantispe adulte.

Brauer (1887) a vu que la larve d'une autre espèce de Mantispe, *Symphrosis varia*, vit en parasite dans le nid d'une Guêpe de l'Amérique du Sud (*Polybia*).

Les métamorphoses des Mantispes rappellent, comme on voit, celles des Cantharides, mais elles en diffèrent en ce que chez celles-ci une dernière phase larvaire (troisième larve) et la phase de nymphe s'accomplissent généralement sous la peau épaissie de la larve scarabœidoïde (hypnothèque) et que la nymphe est immobile.

Strepsiptères. — Ces curieux Insectes sont parasites internes d'autres Insectes (Hyménoptères et Hémiptères). Leur reproduction a été surtout étudiée par von Siebold (1843-1870) et Nassonow (1892) pour le *Stylops Childreni*, parasite des Guêpes et des Bourdons et le *Xenos Rossii* parasite de *Polistes gallica*. La jeune larve au sortir

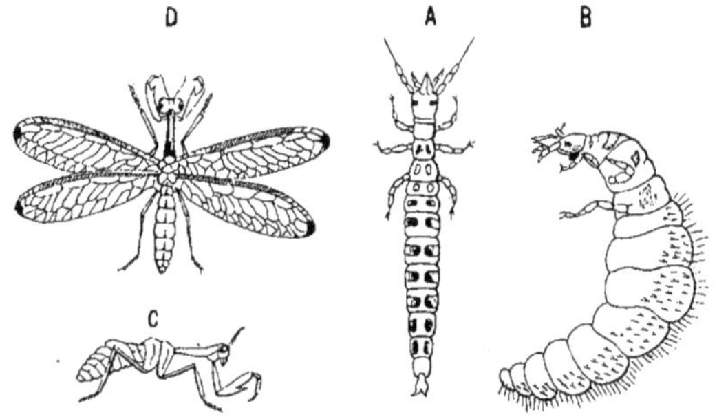

Fig. 515. — Hypermétamorphose du *Mantispa interrupta*.
A, larve campodéiforme au moment de l'éclosion, grossie (*Mantispa styriaca*); — B, larve âgée avant la première mue; — C, nymphe; — D, adulte. (D'après Brauer.)

de l'œuf ressemble à un petit triongulin de *Meloë*; elle se fixe sur la peau de la larve de l'Hyménoptère et pénètre dans son intérieur, où elle subit ses métamorphoses en même temps que se produit celle de son hôte. La larve du Strepsiptère se nourrit d'abord aux dépens du corps graisseux de l'hôte, puis elle mue et revêt alors la forme d'une larve apode, dont les régions céphalique et thoracique se distinguent nettement de l'abdomen légèrement ovale et formé de 10 segments. Si la larve doit donner une femelle, elle subit une dégradation consistant dans la fusion de la tête et du thorax en un céphalothorax distinct du reste du corps et dans la fusion des deux derniers segments abdominaux. Quand la larve d'Hyménoptère se transforme en nymphe, la larve du Strepsiptère fait saillir au dehors une de ses extrémités entre deux anneaux de l'abdomen de son hôte; cette extrémité se chitinise fortement et devient brune. Nous avons déjà dit (p. 201 note) que suivant Siebold et Nassonow c'est le céphalothorax qui fait ainsi saillie au dehors tandis que d'après Meinert c'est l'extrémité de l'abdomen. La femelle reste à l'état larvaire et demeure pendant toute sa vie parasite de l'Hyménoptère. Les larves des mâles se distinguent de celles des femelles, dès la seconde mue, par leur tête plus grosse et leur abdomen terminé en pointe. Sous la peau de larve mâle se forme une chrysalide présentant les rudiments des pattes et des ailes ; cette chrysalide occupe la même position que les femelles adultes. A un moment donné la peau de la larve se fend et le mâle adulte en sort pour mener une vie libre et aller s'accoupler avec les femelles parasites. Celles-ci sont ovovivipares et produisent chacune plusieurs centaines de petites larves hexapodes qui, mises en liberté, vont se fixer sur des larves d'Hyménoptères.

Rhipiphorides. — Chapman (1870) a fait connaître les métamorphoses de l'un de ces Coléoptères, le *Metoecus* (*Rhipiphorus*) *paradoxus*, dont la larve vit aux dépens de celle des Guêpes sociales. La jeune larve campodéiforme, ressemblant à un triongulin, s'attache probablement à une Guêpe pour se faire transporter dans le nid de celle-ci; là elle perce la peau d'une larve de Guêpe et pénètre dans son intérieur. Après avoir considérablement grossi, la larve de *Metoecus* sort de son hôte, mue, se présente sous une forme différente et devient parasite externe de la larve de Guêpe

A B C

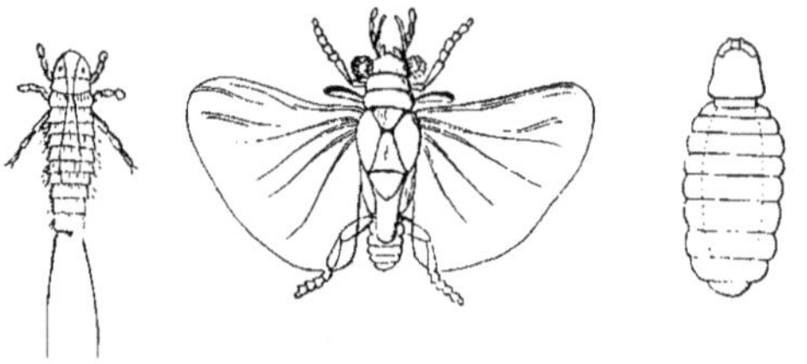

Fig. 516. — *Stylops Childreni*.
A, larve; — B, mâle; — C, femelle. (D'après Kirby.)

qu'elle dévore; elle ressemble alors à une larve d'Hyménoptère. Finalement elle se transforme en nymphe dans la cellule de la Guêpe.

Chobaut (1891) a décrit des phénomènes d'hypermétamorphose semblables pour un autre Rhipiphoride, l'*Emenadia flabellata*, parasite du nid d'une Guêpe solitaire *Odynerus nidulator*.

Coccides. — O. Schmidt (1885) et Witlaczil (1896) ont montré que, chez *Aspidiotus nerii*, le développement postembryonnaire n'est pas le même dans les deux sexes. La jeune larve hexapode, au sortir de l'œuf, possède des pattes, des antennes, un rostre bien développés et ressemble à un jeune Puceron; elle se fixe par son rostre sur la plante nourricière et devient immobile. Après avoir mué elle sécrète une matière cireuse qui s'accumule autour et au-dessus d'elle, et forme un bouclier protecteur. La femelle devient plus grande que le mâle, mais dans les deux sexes les pattes, les antennes et les pièces buccales s'atrophient. La femelle reste à cet état et ne fait plus que grossir; par suite du grand développement de ses ovaires, elle devient une sorte de sac volumineux rempli d'œufs. Le mâle continue au contraire à se développer; ses appendices se forment aux dépens de disques imaginaux, analogues à ceux qu'on observe chez *Corethra*, parmi les Diptères; ses ailes apparaissent sur le deuxième segment thoracique du côté ventral. Pendant cette formation des antennes et des appendices locomoteurs, le mâle est tout à fait immobile et ne prend pas de nourriture; il peut donc être assimilé à une nymphe d'Holométabolique. Après une dernière mue, le mâle adulte, beaucoup plus petit que la femelle et pourvu d'une paire d'ailes, est mis en liberté et mène une vie active.

Une métamorphose semblable a été observée pour les mâles d'autres espèces de

Coccides, *Icerya Purchasi*, *Icerya rosæ*, *Aspidiotus perniciosus*, *Dactylopius citri*, etc., par RILEY, HOWARD, BERLESE. Il est probable que le fait est général chez ces Hémiptères.

Chez *Margarodes vitium*, cette curieuse Cochenille parasite de la Vigne au Chili, la femelle passe aussi par une période de nymphe. L'éthologie de cet animal a été étudiée par LATASTE (1893-96), GIARD (1894-95) et VALÉRY-MAYET (1895-96). La femelle adulte ressemble un peu à une larve mélolonthoïde ramassée sur elle-même, rappelant parmi les Cochenilles l'aspect d'un *Porphyrophora*. Les pattes sont courtes ; les antérieures plus développées que les autres ont la forme de crochets fouisseurs. Cette femelle s'entoure de filaments cireux au milieu desquels elle dépose ses œufs ; de ceux-ci sortent des larves allongées mesurant un millimètre, pourvues d'antennes, d'un long rostre et de trois paires de pattes, dont les antérieures diffèrent très peu des autres. La larve se fixe sur une racine par son rostre et sécrète un kyste, formé de lamelles juxtaposées, qui l'entoure complètement, ne présentant qu'une étroite ouverture pour le passage du rostre. Elle mue un certain nombre de fois dans son kyste qui augmente de volume par suite du glissement l'une sur l'autre des lamelles qui le constituent. Quand elle atteint 7 à 8 millimètres, la larve se transforme dans l'intérieur de son kyste en une nymphe apode et dépourvue de bouche, présentant des phénomènes d'histolyse comparables à ceux des Métaboliques. Les nymphes de *Margarodes* femelles peuvent passer plusieurs années dans cet état de repos (1). Les larves se transforment en nymphe, suivant les conditions de nutrition, lorsqu'elles ont atteint des dimensions très variables; les femelles qui en proviennent sont de tailles très différentes et ont de 2 à 8 millimètres. L'évolution du mâle ailé de *Margarodes* n'a pas encore été suivie : il est probable qu'elle est semblable à celle de la femelle et à celle des mâles des autres Cochenilles.

Le développement postembryonnaire du *Margarodes* présente, comme le fait justement remarquer GIARD, au point de vue de l'embryogénie générale, un grand intérêt, en nous montrant comment le passage a pu s'établir entre les formes amétaboliques et des formes métaboliques. Elle a également une grande importance au point de vue de la classification des Hémiptères. Il serait utile de reprendre, à cet égard, l'étude des Aleurodides, voisins des Coccides, chez lesquels, d'après les recherches de RÉAUMUR et de HEEGER (1856), il paraît y avoir aussi une période de nymphe immobile.

Hyménoptères. — Il convient de rappeler ici, à propos du polymorphisme larvaire, les transformations que subissent les larves de certains Hyménoptères térébrants, telles que celles des *Platygaster* décrites par GANIN, et de l'*Anomalon circumflexum*, etc. (Voir p. 436 et 437, fig. 415 et 416).

---

(1) Les kystes de nymphes de *Margarodes* constituent les *perles de terre* des îles Bahama et servent à confectionner des objets d'ornement, tels que des colliers.

CHAPITRE XV

DÉVELOPPEMENT POSTEMBRYONNAIRE (*Suite*)

Histolyse et histogenèse

HISTORIQUE

Pendant longtemps les naturalistes ont accepté sans contestation l'opinion de SWAMMERDAM et de RÉAUMUR, à savoir que pendant la métamorphose il y avait simplement développement de parties préexistantes (1). Ce n'est que depuis les beaux travaux de WEISMANN (1864) sur le développement postembryonnaire de la *Musca vomitoria* et de la *Sarcophaga carnaria* que l'on connaît les phénomènes intimes de la métamorphose. Plusieurs auteurs, avant WEISMANN, avaient cependant signalé chez les larves des formations particulières qui jouent un rôle très important dans le développement de certaines parties de l'adulte, mais sans en comprendre la signification.

LYONNET (1762), en disséquant les chenilles du *Cossus ligniperda*, reconnut, au niveau des 2ᵉ et 3ᵉ segments, quatre petites masses blanches contenues dans la graisse, chacune de ces masses étant « attachée à la peau dans un profond pli qu'elle y fait ». « Je n'ai, dit-il, aucune lumière sur ce que peuvent être ces quatre masses.

(1) SWAMMERDAM avait reconnu cependant des changements importants dans la structure de certains organes pendant la métamorphose. Ainsi, dans la nymphe des Abeilles, il avait vu que « les fibres musculaires ne sont alors qu'une espèce de gelée qui s'en va tout en eau sous les doigts; elles sont incapables de contraction et ne peuvent aucunement se mouvoir; car elles sont chargées d'une humidité superflue et elles ont encore à subir des changements considérables avant que de pouvoir agir ». De même dans la nymphe de l'*Oryctes nasicornis*, il constata que la graisse se détruit et que tous les organes sont d'une extrême mollesse. Il semble également avoir entrevu la destruction du tube digestif chez les nymphes. Enfin, SWAMMERDAM a décrit avec soin les transformations microscopiques du système nerveux, de l'appareil trachéen et du tube digestif chez un grand nombre d'Insectes, durant leur passage de l'état larvaire à l'état adulte.

Leur nombre et la place qu'elles occupent donnent lieu de soupçonner que ce pourrait bien être les principes des ailes de la Phalène (1). » Il avait observé des masses semblables dans les pattes antérieures de la chenille.

Hérold (1815) signala aussi les mêmes corps dans la chenille de la Piéride du Chou.

Lachat et Audouin (1819), dans la larve d'un Diptère (*Conops*) parasite de l'abdomen des Bourdons, virent sur les gros troncs trachéens trois paires de petites masses qu'ils désignèrent sous le nom de *plaques* sans en reconnaître les fonctions.

F. Pictet (1834), chez les Phryganides, reconnut que les pattes de l'adulte ne sont pas contenues dans celles de la larve et que les muscles des premières se forment d'une manière indépendante de ceux des secondes.

Newport (1844), en répétant les anciennes expériences de Réaumur sur l'ablation des pattes de chenilles, vit, que si l'on opère sur de jeunes larves, les pattes ne manquent pas chez l'adulte. Il crut qu'il y avait là un phénomène de régénération semblable à celui qui s'observe chez les Myriapodes et certains Orthoptères adultes, et ne se douta pas que, si la patte amputée existe chez l'adulte, c'est que le rudiment de cette patte, chez la larve jeune, n'a pas été enlevé lors de l'opération.

Léon Dufour (1845) décrivit, dans la larve de *Sarcophaga hemorrhoidalis*, des *corps ganglionoïdes* en rapport avec le système nerveux dans la tête et dans le thorax. Il constata que ces corps disparaissent chez la nymphe et les considéra « comme faisant partie de l'appareil sensitif, comme des ganglions d'un genre particulier; d'un autre côté, dit-il, on serait tenté de les regarder, surtout ceux qui s'implantent à la partie antérieure du ganglion, comme des espèces de muscles destinés aux mouvements des mandibules ».

Scheiber (1860) retrouva ces corps dans la larve des Œstrides et leur attribua le rôle de véritables ganglions nerveux.

C'est à Weismann (1863-64-66) que revient l'honneur d'avoir trouvé la véritable signification des corps ganglionoïdes et montré leur importance pendant la métamorphose. Il leur donna le nom de *disques imaginaux*, à cause de leur forme discoïde et de leur rôle dans la formation de l'imago. Il reconnut que ces disques sont des sortes de petites vésicules dans lesquelles on distingue une partie centrale, plus épaisse, destinée à produire un appendice (aile, patte, etc.), et une partie périphérique, plus mince, en rapport avec l'hypoderme, de laquelle dérive la partie attenante du ligament. En même temps, le savant professeur de Fribourg-en-Brisgau appelait l'attention sur les phénomènes de la dégénérescence qui se passent dans le corps de la nymphe et qu'il désigna sous le nom d'*histolyse*. Suivant lui, les tissus larvaires subissent une dégénérescence graisseuse et leurs cellules se fragmentent. Les produits résultant de cette destruction se mêlent au sang, dont les éléments dégénèrent également et constituent une sorte de bouillie (Brei). A un stade plus avancé, au milieu de cette bouillie, apparaissent des *globes granuleux* (Körnchenkugeln) que Weismann regarda comme des cellules nées par formation libre et qui constituent les matériaux aux dépens desquels se formeront les tissus et organes nouveaux, muscles, trachées, corps graisseux, etc.

---

(1) Swammerdam avait observé ces masses dans la larve de la Mouche du fromage (*Piophila casei*). Il les avait vus en rapport avec le système nerveux et les considéra comme des renflements des nerfs, en rapport avec la faculté de sauter que présente cette larve.

La technique très imparfaite employée par Weismann dans ses recherches ne lui permit pas de déterminer exactement la nature du processus de l'histolyse et surtout de celui de l'édification des nouveaux tissus, mais ses données sur l'évolution des disques imaginaux ont été confirmées par les savants qui, après lui, ont étudié les phénomènes de la métamorphose.

Les faits principaux établis par Weismann sont les suivants :

Dans la cavité générale de la larve de la Mouche, on trouve un certain nombre de petits corps blancs, disposés par paires : ce sont les *disques imaginaux* (Imaginalscheiben). Une paire antérieure est destinée à prendre part à la formation de la tête de l'adulte. Six autres paires situées en arrière, dont trois supérieures et trois inférieures, sont destinées au thorax.

Quand la larve devient immobile et se transforme en pupe, la plupart des tissus disparaissent par *histolyse*. Les tissus ainsi détruits sont les cellules hypodermiques des quatre premiers segments, les trachées, les muscles, le corps graisseux et les nerfs périphériques. Il ne reste d'eux aucun élément cellulaire visible. En même temps les cellules de l'intestin moyen se rassemblent en une masse centrale, constituant une sorte de magma.

Les disques imaginaux prennent alors un grand développement et s'étalent en membranes pour remplacer les téguments larvaires disparus, et leur partie centrale épaissie se développe en appendices, antenne, patte ou aile. Les téguments de l'abdomen dérivent des derniers anneaux de la larve dont les cellules hypodermiques se modifient sur place.

Lorsque les téguments sont constitués, les trachées, les muscles et les nerfs se forment sans qu'il y ait aucune filiation entre ces tissus nouveaux et les anciens tissus larvaires. Le système nerveux central ne disparaît pas, mais se modifie en s'allongeant. L'intestin de l'imago provient de la masse en laquelle s'est transformé l'intestin larvaire.

Dans son premier travail, Weismann avait méconnu la signification morphologique des disques imaginaux, et les faisait dériver des gaines cellulaires des trachées et des nerfs. En 1866, en étudiant les métamorphoses de *Corethra plumicornis*, il reconnut que ces disques dérivent directement de l'hypoderme et que, chez les Muscides, ils s'enfoncent profondément.

Künckel d'Herculais (1875), chez les Volucelles, établit nettement l'origine hypodermique des disques imaginaux, qu'il désigna sous le nom d'*histoblastes*, rattachés à la peau par un étroit pédicule. Il en décrit quatorze paires :

Une paire reposant sur les ganglions cérébroïdes et destinée à donner les yeux ; une paire pour les antennes ; une paire pour le dorsum du prothorax et les stigmates de la nymphe; une paire pour les ailes et le dorsum du mésothorax; une paire pour les balanciers et le dessous du

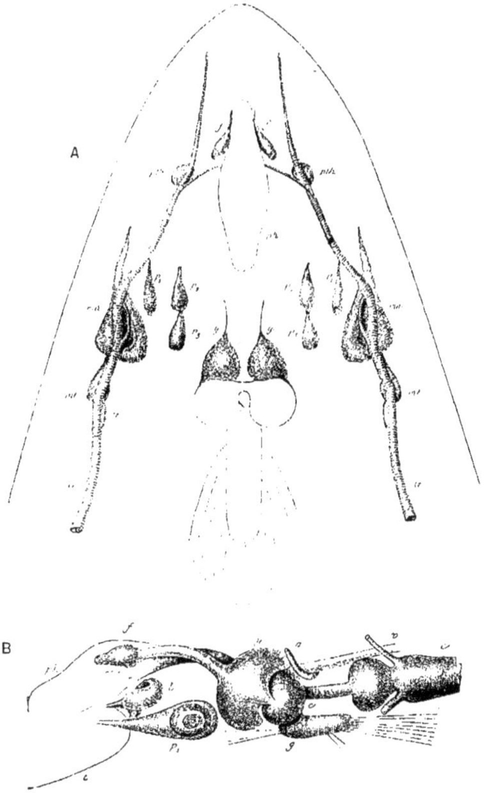

Fig. 517. — *Volucella zonaria*. Parties embryonnaires (histoblastes) des téguments et des appendices de l'adulte dans une larve avant l'hibernation, grossies 14 fois.

A, vues en dessus; — B, de profil; *l*, histoblastes de la lèvre inférieure; *f*, histoblastes de la région frontale et des antennes; *y*, histoblastes des yeux; *c*, cerveau suivi de la masse ganglionnaire *g*; *a*, anneau à travers lequel passe le cœur; *pth*, histoblastes de la région dorsale, du prothorax et des cornes stigmatifères; *ma*, histoblastes de la région dorsale du mésothorax et des ailes; *mb*, histoblastes de la région dorsale du métathorax et des balanciers; p_1, p_2, p_3, histoblastes de la région sternale du prothorax, du mésothorax et du métathorax, et des 3 paires de pattes; *tr*, troncs trachéens principaux; *ph*, pharynx; *v*, partie aortique du cœur; *e*, estomac, précédé du gésier et des glandes annexes. (Fig. empruntée à KÜNCKEL D'HERCULAIS.)

métathorax; trois paires pour les pattes et les pièces sternales; et enfin des paires de petits histoblastes pour les pièces buccales (fig. 517, 518 et 519).

KÜNCKEL admit aussi que les éléments qui servent à former les

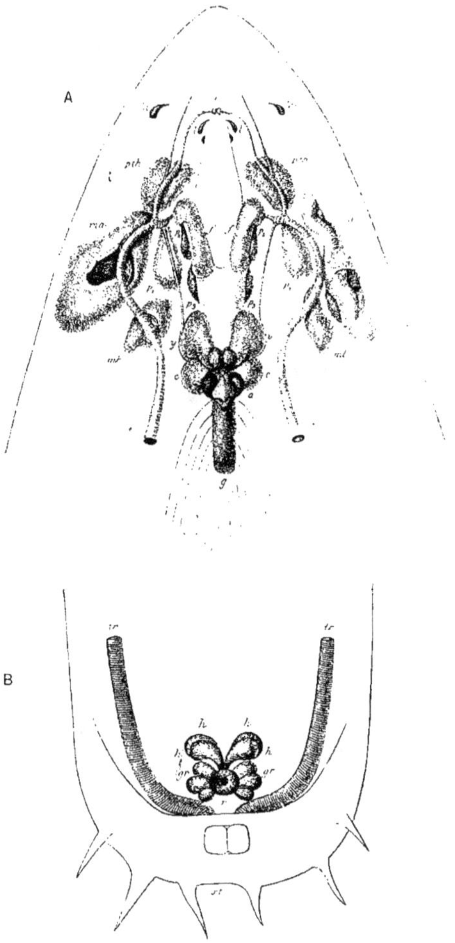

Fig. 518. — *Volucella zonaria*. Parties embryonnaires (histoblastes).

A, des téguments, des appendices; — B, des pièces de l'armure génitale de l'adulte dans une larve après l'hibernation. Vues en dessus, grossies 14 fois et 9 fois. — Même légende que pour la figure 517; ajouter : *la*, histoblastes de la lèvre supérieure ou labre; *h* et *h'*. les 4 histoblastes de l'armure génitale; *r*, section du rectum; *gr*, glandes rectales; *tr*, tronc trachéen; *st*, stigmates. (Fig. empruntée à KÜNCKEL D'HERCULAIS.)

muscles, les nerfs et les trachées de l'imago viennent des disques imaginaux. GANIN (1876) montra que les produits de dégénérescence de la larve n'interviennent qu'à titre d'éléments nutritifs dans la formation des organes nouveaux.

Viallanes (1881), dans ses recherches sur le développement des Diptères (*Musca*, *Stratiomys*, *Tipula*), conclut que dans chaque segment il y a, au-dessous de l'hypoderme larvaire, quatre disques imaginaux, qui déterminent plus tard la chute de l'hypoderme et se substituent à lui. Dans la tête, par suite de la concentration des segments, on observe une

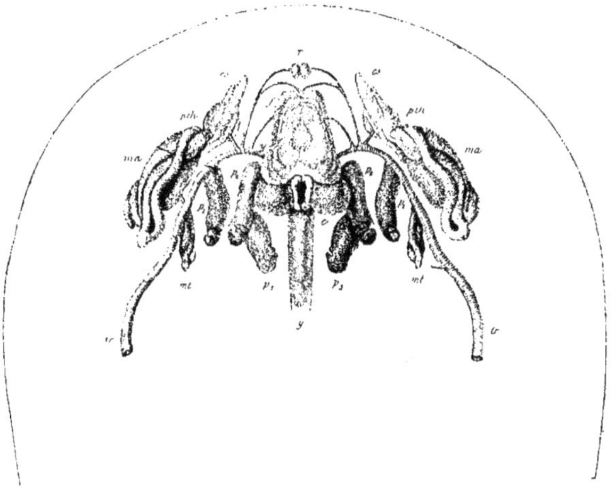

Fig. 519. — *Volucella zonaria*. Histoblastes dans une larve, qui, prête à se transformer en nymphe, a perdu la faculté de se mouvoir, grossis 14 fois.

Même légende que pour les figures 517 et 518. (Fig. empruntée à Künckel d'Herculais.)

réduction dans le nombre des disques. L'époque de la formation des disques est variable d'une espèce à l'autre, et chez la même espèce suivant les régions. Dans l'abdomen, les disques apparaissent tardivement et ne s'invaginent pas dans la profondeur du corps. Chez la Mouche, les disques du thorax apparaissent déjà dans l'embryon contenu encore dans l'œuf.

Viallanes a étudié aussi avec soin les phénomènes d'histolyse et d'histogenèse, mais il est arrivé à des conclusions erronées, admettant, comme Weismann, la formation libre de cellules.

En 1885 et 1887, Kowalevsky, s'appuyant sur les recherches de Metchnikoff relatives au rôle des leucocytes dans la destruction des muscles de la queue chez les larves de Batraciens, s'attacha à démontrer que, chez les Insectes, les globules sanguins sont les agents de l'histolyse, et que les tissus disparaissent par phagocytose. Les éléments du sang se comporteraient comme de véritables amibes, pénétreraient dans la substance musculaire, y émettant des pseudopodes, déchirant le muscle et incorporant des fragments musculaires. Ainsi chargés, ils rentrent dans la circulation et constituent alors les globules granuleux (Körnchenkugeln) de WEISMANN. Lorsque les muscles des quatre premiers segments ont été ainsi détruits, le corps graisseux est attaqué à son tour de la même manière. Les produits de la digestion des globules sanguins passent par diffusion dans le plasma environnant et servent à nourrir les nouveaux tissus.

VAN REES (1888), élève de WEISMANN, a repris l'étude des métamorphoses des Diptères et est arrivé à des conclusions identiques à celles de KOWALEVSKY relativement au rôle actif des éléments sanguins dans l'histolyse. Ses résultats ne diffèrent de ceux du savant russe que sur des points secondaires.

Les recherches plus récentes de KOROTNEFF, DE BRUYNE, KARAWAIEW, BERLESE, ANGLAS, TERRE, etc., pour les Insectes, ainsi que celles de S. MAYER, MARGO, PANETH, BARFURTH, LOOS, METCHNIKOFF, BATAILLON, etc., sur la dégénérescence musculaire chez les Vertébrés, ont montré que KOWALEVSKY et VAN REES ont attribué aux éléments sanguins un rôle trop exclusif, et que les tissus larvaires ont déjà subi des modifications morphologiques, physiques et chimiques avant de devenir la proie des phagocytes, lesquels peuvent être des éléments mêmes de ces tissus (1).

Nous exposerons successivement les phénomènes d'histolyse et d'histogenèse dont sont le siège les différents organes des Insectes métaboliques d'après les travaux récents, surtout ceux qui ont paru dans ces dernières années.

HYPODERME ET DISQUES IMAGINAUX

Hypoderme. — Chez la grande majorité des larves d'Insectes, l'hypoderme est constitué par une seule couche de grosses cellules sécrétant par leur surface externe le revêtement chitineux. Ces cellules sont beaucoup plus volumineuses et moins nombreuses que celles qui constituent

(1) METCHNIKOFF a montré que les phagocytes ne sont pas toujours des leucocytes, c'est-à-dire des éléments libres du sang. Dans la dégénérescence des muscles de la queue des têtards de Batraciens, ce sont des cellules formées aux dépens du sarcoplasma des fibres musculaires (les noyaux du sarcoplasma, après s'être multipliés, s'entourant de masses protoplasmiques qui s'individualisent) qui disloquent les fibres musculaires en sarcolytes; ceux-ci englobés par les phagocytes sarcoplasmiques sont digérés et disparaissent.

l'hypoderme de l'adulte. Il y a donc pendant la nymphose un remaniement de l'hypoderme, lié à la production des disques imaginaux ou histoblastes.

Chez les Muscides, VIALLANES admet, avec WEISMANN et GANIN, que l'hypoderme larvaire se dessèche et tombe avant d'être remplacé par le nouvel hypoderme provenant des disques imaginaux, de sorte que, à un moment donné, la paroi du corps serait formée par une simple cuticule, la membrane basale de l'hypoderme larvaire.

KOWALEVSKY et VAN REES ont montré, au contraire, que l'hypoderme larvaire ne disparaît qu'au moment où l'hypoderme imaginal se forme. DE BRUYNE et moi-même avons vérifié le fait.

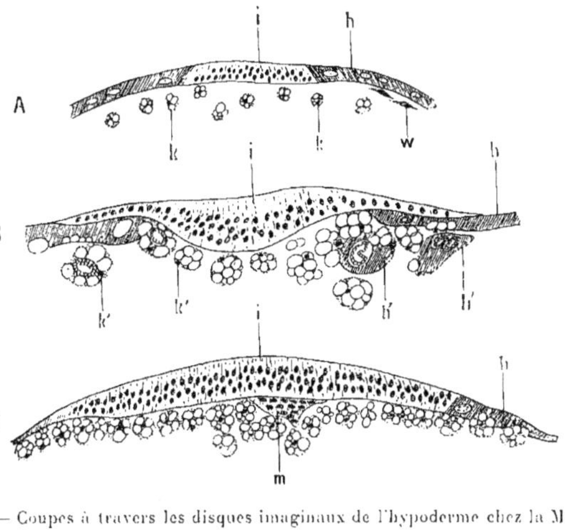

Fig. 520. — Coupes à travers les disques imaginaux de l'hypoderme chez la Mouche.

A, stade larvaire ; — B, C, stade nymphal ; *h*, hypoderme larvaire ; *h'*, cellules hypodermiques larvaires soi-disant attaquées par les phagocytes ; *i*, disque imaginal ; *k*, Körnchenkugeln ; *k'*, Körnchenkugeln avec noyau de cellule hypodermique ; *m*, ébauche mésodermique du disque ; *w*, cellules migratrices. (D'après KOWALEVSKY.)

Pour KOWALEVSKY, VAN REES, DE BRUYNE et PACKARD (1898), l'hypoderme larvaire serait détruit par phagocytose, après dégénérescence préalable des cellules (VAN REES, DE BRUYNE). On voit bien au-dessous de l'hypoderme des cellules à granulations (Körnchenkugeln), comme les a figurées KOWALEVSKY (fig. 520), mais elles proviennent de la destruction des muscles et il est probable que les jeunes cellules que cet auteur a vues se détacher de l'hypoderme (fig. 520, B, *h'*) ne sont que des œnocytes ou des cellules larvaires éliminées de l'hypoderme, au moment de la prolifération des disques imaginaux, et destinées à disparaître plus tard par résorption. Je ne crois pas qu'il y ait pénétration d'éléments étrangers dans l'hypoderme, dont les cellules sont résorbées petit à petit par celles du nouvel hypoderme.

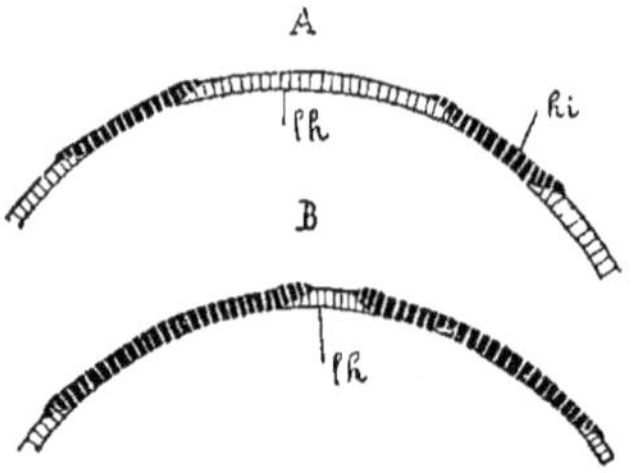

Fig. 521. — Schéma de la formation de l'hypoderme imaginal dans l'abdomen des Muscides.

hi, disques imaginaux; *lh*, hypoderme larvaire. (Fig. empruntée à Lang.)

Anglas (1900) décrit, chez les nymphes d'Abeille et de Guêpe, la formation de l'hypoderme imaginal de la manière suivante : l'hypoderme, au début de la nymphose, forme à chaque anneau de l'abdomen des replis simples produisant un épaississement qui s'étend progressivement d'arrière en avant jusqu'à rejoindre celui qui le précède; en même temps il gagne sur les côtés pour former une ceinture complète.

Chaque épaississement est constitué au début par un allongement des cellules qui deviennent cylindriques; les noyaux de celles-ci se multiplient et donnent des files de trois ou quatre noyaux-filles, normaux à la surface (fig. 522, B). L'hypoderme, dans cette région, est transformé en une assise cellulaire stratifiée à contours cellulaires peu distincts. Tandis que s'avancent les zones de prolifération, on constate que les portions voisines de l'hypoderme larvaire présentent des signes de dégénérescence dans le cytoplasma, qui devient très vacuolaire. Le tissu de remplacement s'avance en incorporant ce qui reste du tissu larvaire; le protoplasma des anciennes cellules serait donc absorbé, digéré et assimilé. Quant aux noyaux larvaires, ils ne paraissent présenter à aucun moment de la dégénérescence; Anglas pense qu'ils se divisent et prennent part à la

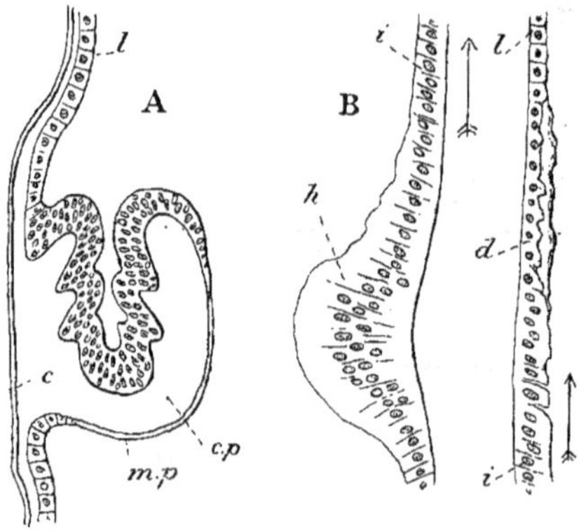

Fig. 522.
Schéma de la constitution des disques imaginaux.

A, formation d'un appendice; *l*, épithélium larvaire; *m.p*, membrane péripodale; *c.p*, cavité péripodale; *c*, cuticule; — B, régénération de l'hypode me; *h*, disque imaginal ou histoblaste; *i*, épithélium imaginal; *d*, région de raccordement avec l'ancien épithélium, *l*, en dégénérescence (les flèches indiquent le sens, d'avant en arrière, suivant lequel progresse la régression). (Fig. empruntée à Anglas.)

prolifération de l'hypoderme imaginal. Celui-ci, avec toutes ses formations, n'est donc que la continuation de celui de la larve qui subit un surcroît de développement, procédant à la fois d'un grand nombre de points du corps. ANGLAS n'a jamais vu de leucocytes pénétrer dans l'hypoderme larvaire ou en englober des fragments.

Suivant ANGLAS, chez les larves d'Abeille et de Frelon, il y aurait au-dessous de l'hypoderme larvaire de grosses cellules glandulaires, qui seraient des cellules hypodermiques hypertrophiées, et, pour ainsi dire, éliminées. Ces éléments seraient identiques à ceux décrits par KARAWAIEW, chez *Lasius niger*, sous le nom de cellules subhypodermiques et qu'il considère comme des cellules mésodermiques immigrées.

Constitution des disques imaginaux. — Nous avons indiqué (p. 546) l'origine des disques imaginaux, ou histoblastes, bien établie par KÜNCKEL D'HERCULAIS et par VIALLANES, puis confirmée par VAN REES. Ce sont des invaginations hypodermiques rattachées à la surface du corps par un pédicule creux et en rapport avec les segments futurs de la pupe et de l'imago. L'origine ectodermique des disques a été confirmée depuis par plusieurs observateurs, par MIALL et HAMMOND (1892), PRATT (1893-1900), WAHL (1899), VANEY (1902).

Un disque imaginal complètement développé a la forme d'un sac pyriforme renfermant une cavité, *cavité péripodale* de VAN REES, et dont la paroi, *membrane péripodale*, ou *feuillet provisoire* de GANIN, est épaissie au fond du sac et constituée par plusieurs couches de cellules.

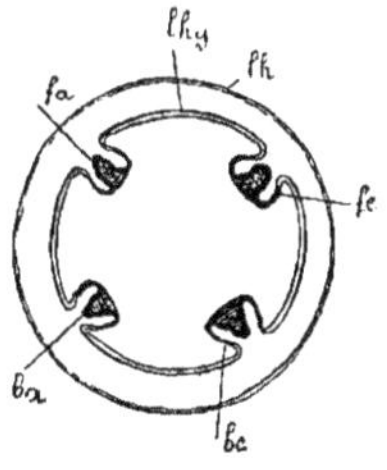

Fig. 523. — Schéma de la disposition des disques imaginaux chez la larve de *Corethra*.

Invagination (*fe* et *be*) de l'hypoderme larvaire *lhy*, du fond de laquelle s'élèvent les saillies qui sont les origines des pattes (*ba*) et des ailes (*fa*); *lh*, cuticule larvaire. (Fig. empruntée à LANG.)

Les disques imaginaux peuvent apparaître à une époque très variable du développement de l'Insecte. Tantôt on les observe déjà chez l'embryon contenu dans l'œuf (Mouches, disques alaires des Lépidoptères); tantôt au contraire ils ne semblent se former que vers la fin de la vie nymphale (disques de l'abdomen). Il résulte de cette différence que les disques imaginaux ne présentent pas la même évolution suivant les Insectes et suivant les régions du corps chez un même Insecte. Ceux qui apparaissent de bonne heure peuvent atteindre un grand développement, se séparer complètement de l'hypoderme, ou rester attachés à ce dernier par un pédicule grêle, plus ou moins allongé; ceux qui se forment tardivement ne constituent plus que de simples replis invaginés, en continuité par leurs bords avec l'hypoderme, ou ne sont que de simples épaississements de ce dernier. Entre ces deux processus extrêmes d'évolution, on observe tous les intermédiaires. Il n'y a donc plus lieu, aujourd'hui, de diviser les Insectes métaboliques en deux groupes, comme l'avait fait Weismann, les *discota* et les *adiscota*, suivant qu'ils présentent des disques typiques, vésiculeux, semblables à ceux de la région antérieure du corps des Muscides, ou des disques incomplets, simples replis ectodermiques, comme ceux que Weismann fit connaître le premier chez les Tipulides.

La partie épaissie et profonde d'un disque imaginal, qui est d'origine ectodermique, est doublée intérieurement d'une couche de cellules désignée sous le nom de mésoderme (Ganin) ou de mésenchyme (Van Rees). L'origine de ces cellules est encore très discutée. Ganin (1875) pensait qu'elles se détachent de l'ectoderme ; Viallanes (1882) se rangea à cette manière de voir, mais il admit aussi que des leucocytes peuvent s'ajouter à ces cellules et se transformer en éléments mésodermiques. Kowalevsky (1887) croyait que le mésoderme imaginal dérive en partie du mésoderme embryonnaire constitué par de petites cellules amiboïdes (*Wanderzellen*) différentes des leucocytes, mais dont il n'a pas pu déterminer l'origine. Van Rees (1889) partagea l'opinion de Ganin. Lowne (1892) faisait dériver aussi le mésoderme imaginal de l'hypoderme, mais pensait que les leucocytes donnent des cellules intermédiaires constituant le mésenchyme véritable.

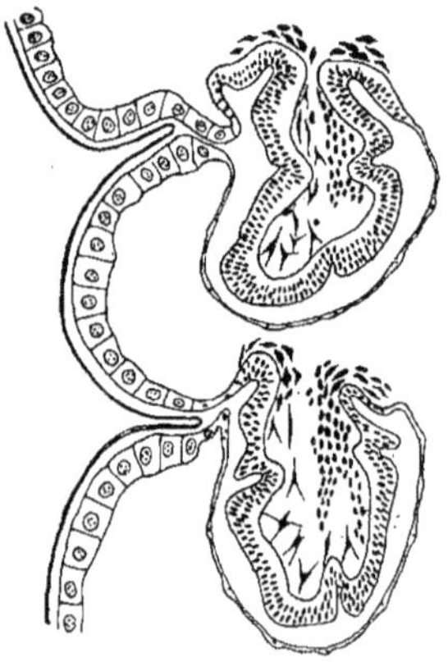

Fig. 524. — *Formica rufa.*

Deux disques imaginaux de pattes, chez une larve âgée. (Fig. empruntée à Ch. Pérez.)

Karawaiew (1898) et Berlese (1900) admettent, avec Kowalevsky, que les cellules mésodermiques des disques imaginaux ont une origine embryonnaire, et sont tout à fait distinctes des cellules hypodermiques. Vaney (1902), d'après ses recherches sur les disques thoraciques du *Gastrophilus* et du *Tanypus* et sur les disques abdominaux du *Gastrophilus*, arrive à cette conclusion que le mésenchyme des disques imaginaux dérive de l'épithélium du disque, et, par suite, est d'origine ectodermique. Ch. Pérez (1902), chez les Fourmis, a constaté que, au moment de l'éclosion de la larve, les disques imaginaux des pattes, constitués par un épaississement à peine invaginé de l'hypoderme, présentent déjà à leur face interne un amas de petites cellules mésenchymateuses, fusiformes, bien distinctes à la fois de l'assise épithéliale et des globules sanguins que le hasard de leur migration peut amener dans le voisinage (fig. 524). Mais Pérez ne se prononce pas sur l'origine de ces éléments. Bientôt les cellules mésenchymateuses se différencient en deux catégories; les unes prennent un aspect étoilé, se multiplient peu et deviennent des éléments conjonctifs, les autres arrondies, ou ovales, restent agglomérées en traînées compactes, généralement en rapport étroit avec l'hypoderme : elles deviendront des éléments musculaires.

Wahl (1901), chez la larve d'*Eristalis* a reconnu que les disques imaginaux thoraciques et abdominaux se forment aux endroits où les nerfs et les trachées sont en rapport avec la peau.

Dans la Mouche, j'ai trouvé, comme Pérez, dans les Fourmis, que les disques imaginaux des pattes et des ailes possèdent déjà chez la larve un revêtement interne de petites cellules fusiformes ; ces cellules manquent complètement aux disques imaginaux de l'abdomen. Jamais je n'ai pu voir se détacher des cellules de la face profonde des disques, et j'admets, avec Kowalevsky, que les cellules mésodermiques ont une origine embryonnaire et doivent apparaître de très bonne heure, probablement lorsque la larve est encore contenue dans l'œuf.

Évolution des disques imaginaux. — L'évolution des disques imaginaux a été surtout étudiée chez les Diptères, principalement chez les Muscides.

Pendant le développement postembryonnaire les disques imaginaux subissent des transformations ; leur pédicule se raccourcit, et leur cavité péripodale augmente. Quand les muscles larvaires disparaissent, les disques arrivent à la surface, au-dessous de l'hypoderme. La membrane péripodale diminue d'épaisseur et paraît passer par ses bords dans l'hypoderme et au-dessus de celui-ci, qui se rompt et disparaît à mesure que se constitue la nouvelle couche ectodermique.

La tête de la pupe se forme dans l'intérieur du thorax, la tête de la larve étant invaginée profondément et la véritable ouverture buccale se trouvant au fond d'une cavité, improprement appelée *pharynx*, qui contient les crochets chitineux à l'aide desquels la larve dilacère les substances dont elle se nourrit. Il conviendrait peut-être mieux de donner à cette cavité le nom de *gaine céphalique*.

Il se produit au fond de la cavité pharyngienne, de chaque côté de la masse nerveuse cérébroïde, une invagination en forme de sac allongé : ce sont les *sacs céphaliques*, ébauches de la *vésicule céphalique*. Sur les parois internes de chaque sac apparaissent deux épaississements ou disques imaginaux, dont l'un, antérieur, deviendra la région frontale avec l'antenne; l'autre, en rapport avec la masse cérébroïde, est la *vésicule optique* et formera l'œil composé. D'après Van Rees, la vésicule optique ne serait pas un vrai disque imaginal ; elle n'aurait pas de membrane péripodale, et résulterait d'un simple épaississement local de la paroi du sac céphalique. Pour Viallanes, au contraire, la vésicule optique est bien un véritable disque imaginal, avec une région interne épaissie, la couche optique, reliée au ganglion optique par des fibres dont l'ensemble constitue la tige nerveuse, ou nerf optique. On retrouve dans le ganglion optique les mêmes parties que chez l'adulte, mais ces parties sont condensées et ne font que s'allonger pendant la nymphose.

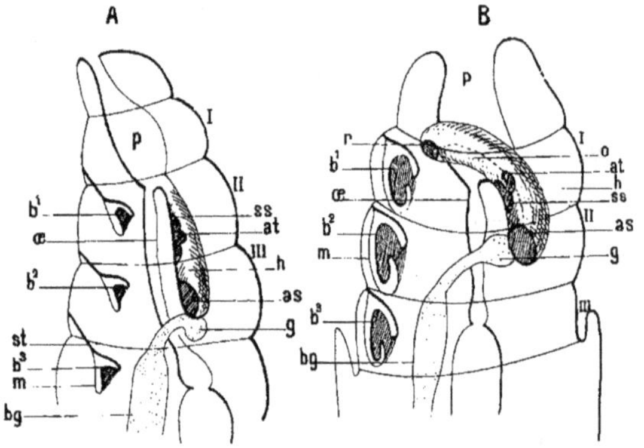

Fig. 525. — Schéma de la disposition des disques imaginaux chez la larve (A) et chez la nymphe (B) de la Mouche. Les rudiments des ailes ne sont pas représentés.

as, disque oculaire; *at*, disque antennaire; b^1-b^3, disques des pattes; *bg*, système nerveux; *g*, cerveau; *h*, vésicule céphalique; *m*, membrane péripodale; *o*, ouverture de la vésicule céphalique dans le pharynx; *œ*, œsophage; *p*, pharynx; *r*, rudiment de la trompe; *ss*, disque frontal; *st*, pédicule rattachant le disque à l'hypoderme. (D'après Van Rees, fig. arrangée par Korschelt et Heider.)

Quand le disque oculaire arrive à la surface de la vésicule céphalique, la membrane péripodale disparaît, l'ectoderme s'étale pour donner l'œil composé et les téguments voisins. La tige nerveuse constitue l'ensemble des fibres postrétiniennes. Tous les éléments de l'œil existent donc déjà chez la larve : ce qui explique sa sensibilité à la lumière (voir p. 514).

La formation de la tête de la nymphe aux dépens de la vésicule céphalique de la larve a été bien suivie par Weismann et par Van Rees. A la fin du deuxième jour de la pupation — l'époque varie avec la température ambiante — les crochets chitineux de la larve sont rejetés, et la cavité pharyngienne se dévagine en dehors de la région thoracique, entraînant avec elle la vésicule céphalique. A cet effet, l'ouverture des sacs céphaliques dans la cavité pharyngienne s'élargit graduellement et les deux sacs se fusionnent dans la région dorsale. La cavité de la gaine céphalique réunie aux sacs céphaliques ne forme plus qu'un grand sac unique, la vésicule céphalique, constitué par une dilatation antérieure (gaine céphalique), communiquant avec l'extérieur par une large ouverture, et par un large diverticulum postérieur et dorsal (sacs

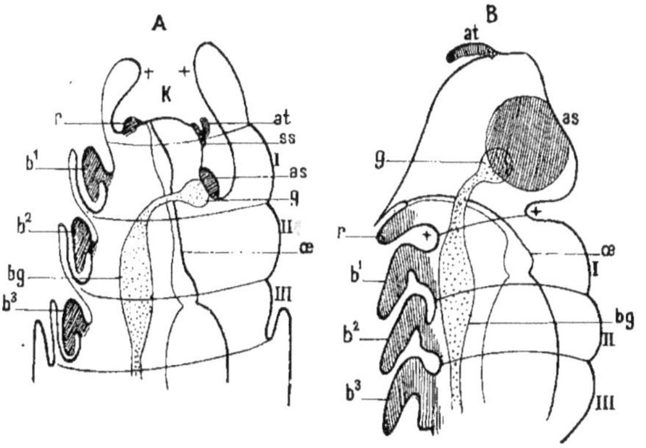

Fig. 526. — Schéma de la disposition des disques imaginaux avant la transformation de la nymphe de Mouche en adulte.

A, début de la dévagination de la tête ; — B, tête dévaginée. — Les lettres ont la même signification que dans la figure 525. *K*, vésicule céphalique provenant de l'union du pharynx avec la vésicule céphalique primitive. (D'après Van Rees, fig. arrangée par Korschelt et Heider.)

céphaliques fusionnés), montrant les disques imaginaux des antennes et des yeux.

C'est à travers l'ouverture externe de la gaine céphalique que se dévagine entièrement la vésicule céphalique, de telle sorte que les bords de l'ouverture deviennent le cou de la nymphe et de l'adulte, c'est-à-dire la partie rétrécie qui réunit la tête au thorax. L'examen des figures schématiques 525 et 526 fait mieux comprendre qu'une longue description l'évagination de la vésicule céphalique. Quant à la cause de cette évagination, elle est très probablement due à une augmentation de la pression sanguine produite par une contraction de la partie postérieure du corps.

Les pattes et les ailes se développent aux dépens des disques imaginaux thoraciques. La partie profonde, épaissie, du disque s'allonge dans la cavité péripodale et constitue un bourgeon qui finit par s'évaginer par le pédicule du disque. La membrane péripodale de chaque disque s'étale en même temps et, en s'unissant aux membranes péripodales des disques voisins, forme le nouvel hypoderme. Nous décrirons plus loin, avec plus de détails, la formation des appendices chez les Lépidoptères où elle a été beaucoup mieux étudiée que chez les Muscides.

Dans la région abdominale il n'y a pas, pour la formation du nouvel hypoderme, de disques imaginaux proprement dits, mais de simples épaississements hypodermiques formés de cellules plus petites que les cellules larvaires. Ces épaississements seraient, d'après Viallanes, au nombre de quatre pour chaque segment et placés symétriquement, dorsalement et ventralement, par rapport au plan médian du corps. Suivant Van Rees, il y aurait en outre deux petits épaississements dorsaux. Ces amas de petites cellules, qui présentent les caractères des éléments embryonnaires, traversent le vieil hypoderme en voie de destruction et s'étendent au-dessus de lui, comme l'a constaté Kowalevsky, et, se réunissant par leurs bords, de la même manière que les membranes péripodales dans le thorax, forment le nouvel hypoderme.

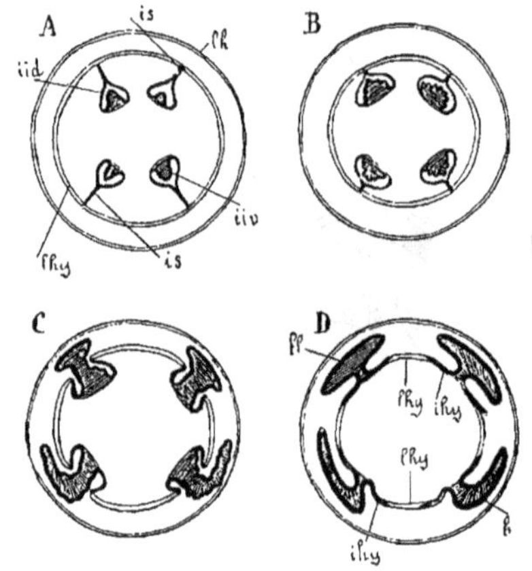

Fig. 527. — Schéma de l'évolution des disques imaginaux des appendices chez les Muscides.

A, B, C, D, 4 stades successifs du développement; — *lh*, cuticule de la larve détachée de l'hypoderme *lhy*; *iid*, disques imaginaux des ailes; *iiv*, disques imaginaux des pattes; *is*, pédicules rattachant les disques à l'hypoderme; *fl*, ébauche des ailes; *b*, ébauches des pattes; *ihy*, hypoderme de l'imago. En D, on voit l'hypoderme partir des disques. Les traits épais représentent les origines de l'hypoderme de l'imago; l'hypoderme larvaire est représenté par deux lignes fines parallèles. (Fig. empruntée à Lang.)

Chez les Diptères dont les larves présentent une tête distincte, tels que les *Corethra* étudiées par Weismann, les *Chironomus* étudiés par Miall et Hammond (1900), les *Simulia* et *Tanypus* observés par Vaney, les disques imaginaux apparaissent tardivement, généralement après la dernière mue, et leur évolution est plus simple que chez les Muscides.

Selon Vaney, les disques imaginaux céphaliques naissent par invagination des portions latérales et postérieures de la tête larvaire. L'importance de ces invaginations est en relation avec la position des ganglions cérébroïdes chez les larves à leur complet état de développement. Dans les genres *Culex*, *Corethra*, *Tanypus*, ces ganglions étant enfermés dans la tête de la larve, les disques céphaliques sont peu invaginés. Dans la larve de *Simulia*, le cerveau est placé à la limite de la tête ou du thorax; aussi l'invagination des disques est-elle plus accentuée que précédemment. Chez le *Chironomus*, les ganglions cérébroïdes étant situés dans le premier segment thoracique, les disques sont forcément invaginés dans le thorax (1). Il en est de même pour le *Stratiomys*.

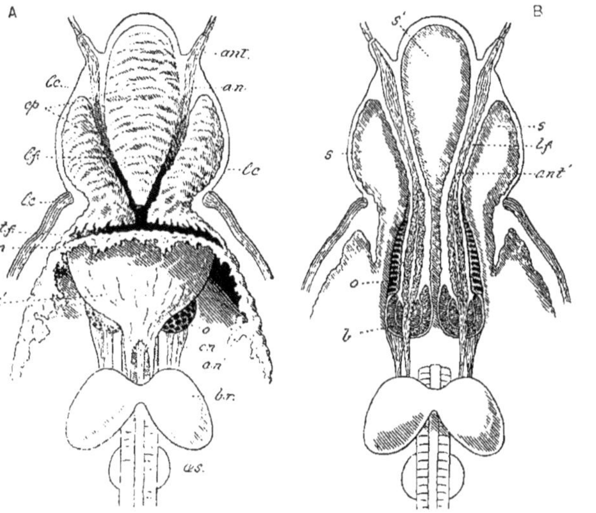

Fig. 528. — Formation des parties de la tête de l'imago dans la larve du *Chironomus* (mâle).

A, le nouvel hypoderme présentant des replis nombreux et compliqués a été enlevé par place pour montrer les parties internes; — B, coupe horizontale de la même région : *lc*, cuticule larvaire; *tf*, repli transversal : *tf'*, sa paroi supérieure; *m*, bord du nouvel hypoderme coupé; *ant*, antenne de la larve : *an*, son nerf; *ant'*, antenne de l'imago : *lf*, pli longitudinal; *o*, œil de l'imago; *on*, nerf optique; *an'*, racine du nerf antennaire : *br*, cerveau : *œs*, œsophage : *b*, bulbe de l'antenne de l'imago; *s,s'* espaces sanguins. (Fig. empruntée à Miall.)

L'évolution des disques imaginaux, chez les autres Insectes métaboliques étudiés jusqu'ici, a lieu à peu près comme chez les Diptères et est d'autant plus simple que la larve diffère moins de l'adulte. Nous nous bornerons à signaler quelques cas particuliers qui ont été l'objet de recherches spéciales.

Chez les Hyménoptères à abdomen pédiculé, Ratzeburg (1832), Reinhard (1865) et Packard (1866) ont avancé que la tête de l'imago ne correspond pas à celle de la

(1) Miall et Hammond (1900) ont constaté que dans la famille des Chironomides, et même dans les diverses espèces du genre *Chironomus*, il peut y avoir de grandes variations dans le mode de formation des disques céphaliques.

larve, mais qu'elle dérive à la fois de celle-ci et du premier segment thoracique. Bugnion (1892) a confirmé cette observation pour l'*Encyrtus fuscicollis*, Chalcidien parasite de l'*Hyponomeuta cognatella*. Suivant cet auteur, le premier segment thoracique de la larve donne les yeux et les ocelles de l'adulte. Le bord postérieur et la partie ventrale qui porte les disques des pattes antérieures se détachent du reste par un étranglement, à la fin de la période larvaire, pour former le pronotum et le prosternum. La tête de la larve ne donne que les antennes, l'épistome et les pièces buccales. Le prothorax des Hyménoptères serait donc un segment incomplet (1).

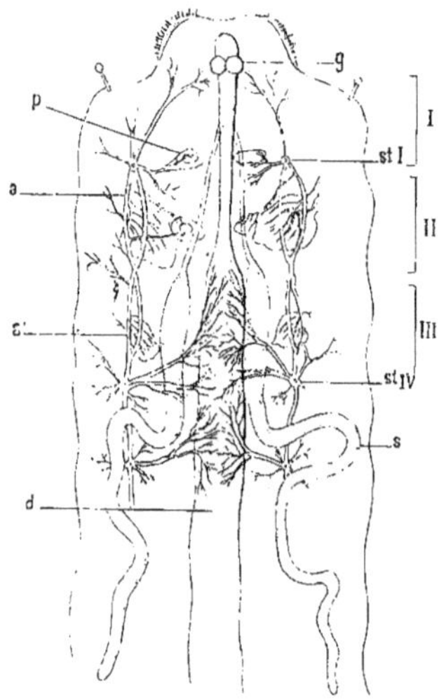

Fig. 529. — Partie antérieure d'une chenille adulte de *Pieris brassicæ*, ouverte le long de la ligne dorsale.

d, tube digestif; *s*, glande séricigène; *g*, ganglions cérébroïdes; *st* I, stigmate du 1er anneau; *st* IV, stigmate du 4e anneau; *a*, *a'*, germes alaires; *p*, bourgeon d'une patte de la 1re paire (les bourgeons de la 3e paire sont cachés sous les glandes séricigènes). (D'après Gonin.)

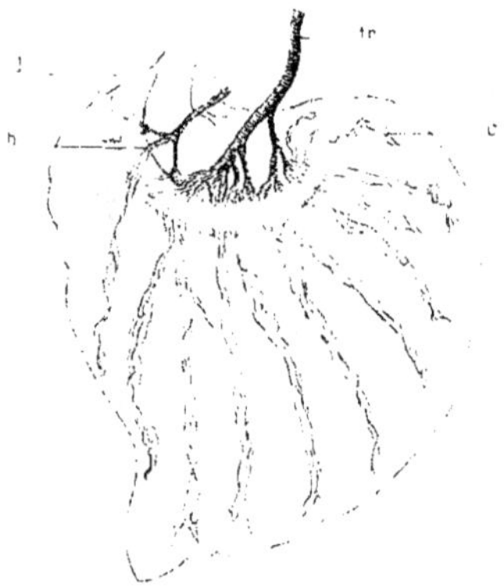

Fig. 530. — Chenille de *Pieris brassicæ*. Germe alaire postérieur détaché de son insertion et examiné dans la glycérine. — Même stade que dans la figure 529.

b, bourrelet semi-circulaire du hile; *c*, faisceau de trachéoles capillaires; *i*, membranes d'enveloppe; *tr*, trachée. Les grosses trachées de l'œil ne sont pas visibles; elles suivent le trajet des faisceaux de trachéoles. (D'après Gonin.)

Seurat (1899), d'après ses recherches sur le *Doryctes gallicus*, est arrivé à une conclusion différente de celle des auteurs précédents. La tête de l'imago serait formée par la tête de la larve, laquelle prenant de plus en plus d'expansion s'enfonce sous le prothorax, ce qui a pu faire croire que le prothorax de la larve entrait dans la formation de la tête de l'imago. Le cou serait également formé en grande partie par la tête de la larve. Le thorax de l'adulte est constitué par les trois segments thoraciques larvaires et le premier segment abdominal, les neuf derniers segments du

(1) Voir, pour la constitution du thorax des Hyménoptères, ch. I, p. 31, et Seurat, *Contribution à l'étude des Hyménoptères entomophages*. Ann. des Sc. naturelles Zool., 3e série, t. X, 1899, p. 13.

corps formant l'abdomen. La tête subit une rotation dans le plan médian, rotation qui amène la bouche, qui était terminale dans la larve, à être ventrale dans l'adulte. La structure du thorax est dominée par le grand développement que prend le mésothorax, qui refoule en avant le prothorax, en arrière le métathorax et le segment médian. ANGLAS (1900) s'est rangé à l'opinion de SEURAT.

Ailes. — Le développement des ailes a été surtout étudié, chez les Lépidoptères, par LANDOIS (1871), DEWITZ (1881), PANCRITIUS (1884), VERSON (1890), GONIN (1894), MERCER (1901), puis chez les Coléoptères par COMSTOCK et NEEDHAM (1899), KRÜGER (1899). Nous exposerons la formation de ces organes d'après les recherches de GONIN sur les chenilles de *Pieris brassicæ*.

Chez les jeunes chenilles de quelques jours, mesurant de 3 à 4 millimètres de long, le rudiment de l'aile se présente sous la forme d'une petite fossette, résultant d'une invagination hypodermique. A la face interne de la fossette se trouve un rameau trachéen dont la paroi est renflée, et auquel sont soudés de petits îlots de cellules embryonnaires. L'invagination hypodermique, s'accentuant de plus en plus, ne tarde pas à se transformer en un disque imaginal typique, avec une membrane péripodale mince et une partie profonde, épaissie et repliée sur elle-même, qui remplit à peu près l'intérieur de la cavité du sac alaire (fig. 531). Comme ce bourgeon hypodermique, la trachée adjacente subit une importante prolifération cellulaire; sa forme, sur une coupe transversale, est devenue celle d'un triangle dont la base s'applique largement sur la face interne du germe alaire, mais en est séparée par la membrane basale de l'hypoderme. Les cellules embryonnaires voisines se sont multipliées, et se montrent çà et là disposées en cercles entourant un petit espace vide.

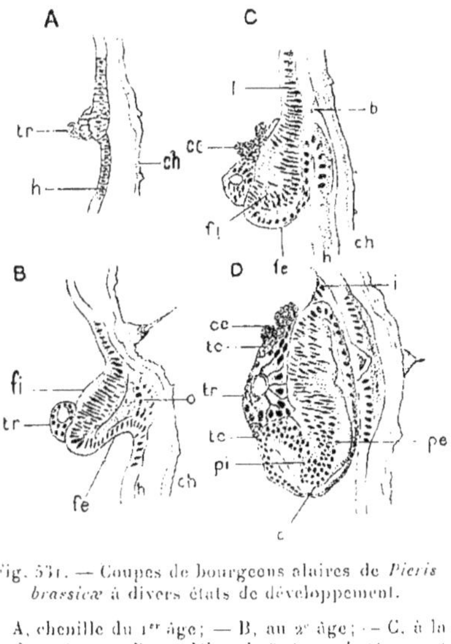

Fig. 531. — Coupes de bourgeons alaires de *Pieris brassicæ* à divers états de développement.

A, chenille du 1er âge; — B, au 2e âge; — C, à la fin du 2e âge; — D, au début du 3e âge; *ch*, tégument chitineux; *h*, hypoderme; *tr*, trachée; *o*, ouverture d'invagination; *fi*, feuillet interne; *fe*, feuillet externe; *l*, membrane limitante; *b*, bouchon chitineux de l'invagination; *tr*, tronc trachéen; *c*, cavité d'invagination; *pi*, paroi interne de l'aile; *pe*, paroi externe; *tc*, tubes capillaires; *cc*, cellules embryonnaires. (D'après GONIN.)

Ces espaces correspondent à la lumière de rameaux trachéens très fins qui s'abouchent dans le gros tronc trachéen.

A l'époque de la troisième mue, la trachée émet dans le bourgeon alaire de gros troncs qu'accompagnent de nombreux tubes capillaires dépourvus de fil spiral et ne renfermant pas d'air. Ces tubes capillaires paraissent se former dans l'intérieur des cellules hypertrophiées de la tunique trachéenne.

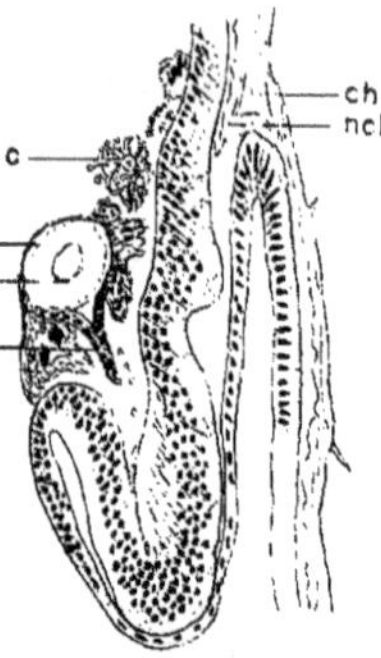

Fig. 532. — Coupe du germe alaire d'une chenille de *Pieris brassicæ*, à la fin du 3e âge.

c, trachéoles capillaires; *ti*, tunique interne du tronc trachéen détaché en vue de la mue prochaine; *nti*, nouvelle tunique interne; *ch*, tégument chitineux, au-dessous duquel on voit se former le nouveau tégument, *nch*. (D'après Gonin.)

D'après Gonin, il y aurait dans le rudiment de l'aile deux systèmes trachéens, l'un provisoire, l'autre permanent. Le premier, apparaissant dès le deuxième âge de la chenille, comprend tous les tubes capillaires et provient surtout des rameaux trachéens que le tronc latéral du thorax abandonne avant d'arriver à l'aile; le second se forme un peu plus tard par ramification directe de la branche principale. Ces deux systèmes sont absolument indépendants l'un de l'autre dans l'intérieur de l'aile. L'un fonctionne à partir de la troisième mue; l'autre doit attendre une dernière transformation pour entrer en activité.

Le rudiment alaire, huit jours après la troisième mue, présente des contours sinueux, se recroqueville et s'enroule de telle sorte que sa partie postérieure se rejette en avant vers l'insertion. Après que la chenille s'est fixée pour se chrysalider, l'aile devient extérieure par destruction de la paroi du sac alaire, c'est-à-dire de la membrane péripodale. Quand l'aile s'est dégagée de la cavité, elle s'allonge beaucoup en effaçant les sillons de sa surface; le sang pénètre entre les deux parois, et la pression sanguine est l'un des agents de l'extension de l'aile. Devenue libre, l'aile s'accroît en quelques heures d'une manière prodigieuse; elle se plisse et à sa surface se différencie une cuticule dense. On aperçoit dans l'aile les deux systèmes trachéens: les grosses branches sont sinueuses et leur lumière ne communique pas encore avec celle du tronc principal. Les faisceaux de trachéoles vont, au contraire, en ligne droite; comme ils sont restés solidaires de la membrane chitineuse du tronc trachéen, ils se trouvent arrachés avec cette membrane, au moment de la mue, c'est-à-dire de la chrysalidation, et entraînés hors du stigmate voisin. Chez la chrysalide, après l'arrachement du système trachéolaire provisoire, on voit naître, sur le trajet des gros troncs trachéens, des pelotons de trachéoles qui prennent un grand développement. Les nervures qui, d'après Landois, n'apparaissent que dans la chrysalide, semblent dériver de la gaine des espaces péritrachéens.

Chez les Insectes à métamorphoses incomplètes, les ailes se forment progressivement pendant le stade qu'on désigne sous le nom de nymphe.

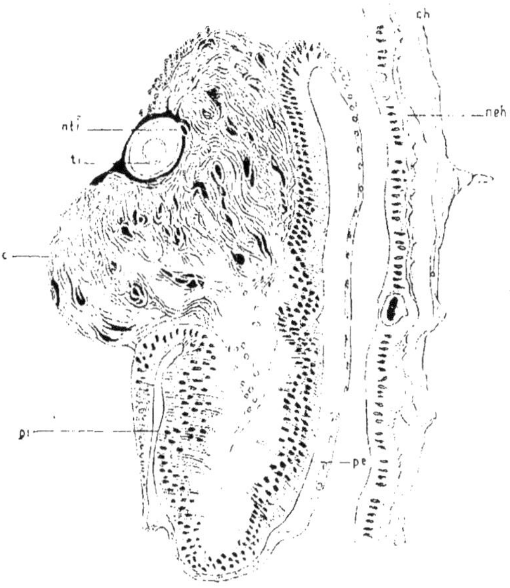

Fig. 533. — Coupe au niveau du hile du bourgeon alaire d'une chenille de *Pieris brassicæ*, à la fin du 3e âge.
pi, paroi interne de l'œil; *pe*, paroi externe; les autres lettres ont la même signification que dans les figures 531 et 532. (D'après Gonin.)

Fritz Müller a montré le premier que les ailes, chez les Termites, apparaissent comme des évaginations de l'épiderme dans lesquelles pénètrent des trachées qui correspondent aux nervures qui existeront plus tard.

Graber (1867) a suivi le développement de l'aile chez la nymphe de la Blatte et Packard est arrivé aux mêmes résultats pour la Blatte, le Criquet, les Termites et divers Hémiptères. Dans toutes ces formes, les ailes sont de simples expansions, soit horizontales, soit verticales (quand le corps est comprimé) du bord postérieur et externe du méso- et du métanotum. Au début, le rudiment de l'aile est en continuité avec le notum; plus tard, au stade nymphal, apparaît à la base de l'aile une articulation, ce qui permet à l'aile de se placer au-dessus du notum. Quand les trachées ont pénétré dans son intérieur, elles se différencient à la base de l'aile des pièces squelettiques auxquelles s'attachent les muscles alaires. L'allongement de l'aile est dû à une prolifération des cellules de l'hypoderme, qui se plisse et ne peut s'étendre qu'au moment de chaque mue.

Les auteurs ne sont pas d'accord sur l'origine phylogénétique des ailes des Insectes. Lubbock, Gegenbaur et Lang admettent, avec Oken, que les organes du vol sont homologues des branchies lamelleuses, qui ont la même structure et les mêmes rapports avec le corps. La plupart des naturalistes pensent, au contraire, que les Insectes amphibiotiques proviennent d'Insectes ailés à vie aérienne, et que les branchies de leurs larves sont des organes de nouvelle formation, dus à l'adaptation à la vie aquatique. Les ailes ne seraient donc que des expansions membraneuses résultant d'une duplicature de la peau; à peine indiquées chez *Campodea* et plus développées chez *Japyx*, ces expansions sont très marquées et riches en trachées sur les trois anneaux thoraciques de *Lepisma* et *Lepismina*. Grassi pense que ces lames dorsales, servant primitivement à protéger les parties latérales du thorax, se sont séparées, au moyen d'une articulation, du tergum lorsque, dans la phylogénie des Insectes, elles ont atteint un développement tel qu'elles formaient obstacle à certains mouvements des pattes; pour continuer à être utiles à l'animal, elles ont dû devenir mobiles. En mettant à profit cette nouvelle disposition, ces expansions cutanées auraient commencé peu à peu à fonctionner comme organes de locomotion (ailes). Cette fonction nouvelle, en portant l'animal à vivre dans un nouveau milieu, rendait inutile la première; de là, transformation totale de l'expansion cutanée en aile; de là, aussi, la limitation à deux segments du thorax seulement, probablement en rapport avec le centre de gravité de l'animal.

Les lames dorsales auraient peut-être aussi, selon Grassi, donné lieu aux branchies dorsales. Celles-ci seraient donc des formations homologues des ailes parce qu'elles auraient un point d'origine commun, mais les ailes ne seraient pas des branchies transformées, parce que les Thysanoures se rattachent intimement aux Orthoptères qui n'ont pas de branchies dorsales, et ne présentent aucune disposition qui fasse supposer qu'ils en aient eu autrefois.

Pattes, antennes et pièces buccales. — Les autres appendices de l'adulte, pattes, pièces buccales et antennes, se développent comme les ailes aux dépens de disques imaginaux, mais généralement ils apparaissent plus tard que les rudiments alaires et leur évolution est plus rapide. Chez les larves apodes, Weismann, Künckel, Van Rees pour les Diptères, Dewitz, Bugnion et Seurat pour les Hyménoptères, ont montré que les pattes prennent naissance dans une invagination hypodermique d'où elles sortent à une époque variable suivant les espèces.

Dans les larves pourvues de pattes, les appendices locomoteurs de l'imago se forment au niveau de ces pattes, mais non aux dépens de celles-ci, comme on le croyait d'après les expériences de Réaumur. Ce savant ayant, en effet, coupé complètement à des chenilles des pattes écailleuses, avait constaté que le Papillon qui en naissait avait un membre correspondant plus court et estropié. Il pensait que la patte de l'adulte est contenue dans celle de la larve, mais qu'elle y est fixée et comprimée. Newport, en répétant les expériences de Réaumur, vit que la patte coupée chez la larve ne manquait pas à l'adulte, mais qu'elle était seulement plus courte : il en conclut que le membre enlevé s'était partiellement reconstitué.

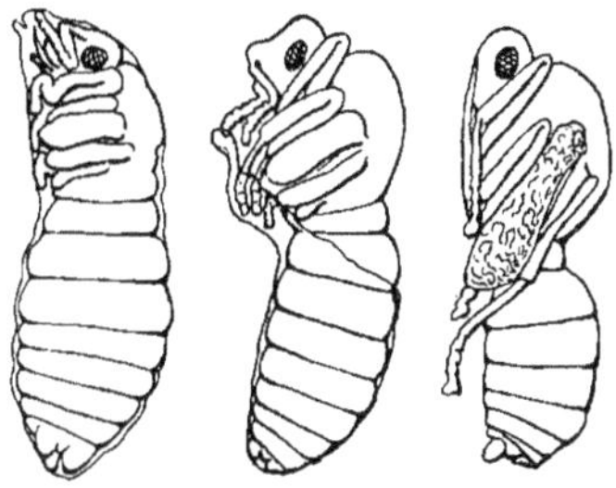

Fig. 534. — Modifications extérieures de la nymphe et mue nymphale de *Formica rufa*. (Fig. empruntée à Ch. Pérez.)

Gonin a suivi le développement des pattes chez *Pieris brassicæ*. Il a vu que, dans une chenille voisine de la chrysalidation, l'extrémité seulement des pattes de l'imago se trouve dans les pattes écailleuses; la hanche, le trochanter, le fémur et le tibia sont appliqués de chaque côté du thorax : le tibia se continue sans limites précises avec l'extrémité cachée dans la patte larvaire. Cette disposition explique le résultat obtenu par Réaumur et par Newport ; lorsqu'ils coupaient la patte de la larve, même à sa base, ils n'enlevaient que le tarse de l'imago.

Jusqu'au dernier âge larvaire, les pattes de la chenille ne présentent aucune trace de disque imaginal ; elles renferment seulement des cellules embryonnaires, rondes et fusiformes, presque toujours rangées autour d'un nerf ou d'une trachée. Des trachéoles capillaires, naissant d'un tronc trachéen situé près de la base du membre, pénètrent dans leur intérieur, à la même époque que dans le rudiment alaire. Après la troisième mue, l'hypoderme s'épaissit à la base de la patte larvaire et forme un bourgeon, qui, augmentant de volume et s'allongeant d'avant en arrière, se loge dans une dépression de la face inférieure du thorax. C'est le bourgeon fémoro-tibial qui s'intercale pour ainsi dire entre la patte larvaire et sa racine. Les nerfs et une branche trachéenne, avant de se distribuer dans le reste du membre, pénètrent dans le bourgeon et y forment une anse.

Le tarse, qui est formé aux dépens de la patte larvaire, subit une série de transformations. Sa surface se plisse d'une façon très compliquée. Au niveau de chacune des jointures écailleuses, mais seulement dans la région interne et concave de la patte, se développe un profond repli ; d'une part, il y a épaississement hypodermique, de l'autre simple feuillet d'enveloppe. GONIN pense que cette duplication a pour but de permettre une rénovation complète à l'intérieur du repli tout en maintenant, pendant quelques jours, les insertions musculaires et les rapports de la surface avec les poils sensoriels. Le feuillet d'enveloppe s'accole plus tard par sa base à l'hypoderme pariétal, et ces deux couches sont détruites avec les grosses cellules des poils. La partie interne et l'extrémité du tarse se reconstituent donc avec élimination de débris, tandis que la région externe et convexe subit la régénération directe.

Le développement des antennes et des pièces buccales de l'adulte se fait de la même manière que celui des pattes. C'est la base de l'appendice larvaire qui produit un bourgeon hypodermique; celui-ci s'invagine dans l'intérieur de la tête en entraînant l'hypoderme voisin qui constitue une enveloppe péripodale. L'invagination est d'autant plus prononcée que l'appendice imaginal diffère plus de l'appendice larvaire correspondant (antenne, trompe des Lépidoptères); si, au contraire, l'appendice imaginal n'est pas plus développé que l'appendice larvaire, il ne se produit plus d'invagination ; il n'y a qu'un simple épaississement hypodermique, aux dépens duquel se constitue l'organe de l'adulte.

En résumé, les téguments des divers appendices de l'adulte, antennes, pièces buccales, pattes, ailes, qu'ils soient entièrement de nouvelle formation ou qu'ils résultent d'une transformation des appendices larvaires, proviennent toujours d'une prolifération des cellules hypodermiques, qui tantôt aboutit à la formation de véritables disques imaginaux ou histoblastes, plus ou moins profondément invaginés dans l'intérieur du corps, tantôt à un bourgeon situé à la base de l'appendice larvaire et qui sert à son allongement ou à sa rénovation. Au moment de la nymphose, les appendices se dévaginent en dehors de la cavité dans laquelle ils se sont formés ou se sont accrus.

APPAREIL DIGESTIF

Tube digestif. — Le tube digestif subit, lors de la métamorphose, des transformations d'autant plus grandes que le régime alimentaire diffère davantage chez la larve et chez l'adulte. Il y a non seulement changement de forme, allongement ou raccourcissement de certaines parties, mais aussi destruction de l'épithélium intestinal et de la tunique musculaire, qui sont remplacés par des tissus de nouvelle formation.

Nous ne pourrions exposer, sans entrer dans de trop grands détails, les transformations morphologiques du tube digestif dans les divers types étudiés jusqu'ici (Diptères, Weismann, Miall et Hammond, Vaney, etc.; Hyménoptères, Seurat, Berlese, Karawaiew, etc.; Coléoptères, Rengel, Möbusz, Deegener, Berlese, etc.; Lépidoptères, Herold, Newport, Verson, etc.). Nous nous bornerons à indiquer le processus général de l'histolyse et de l'histiogenèse de l'intestin moyen, du stomodæum et du proctodæum.

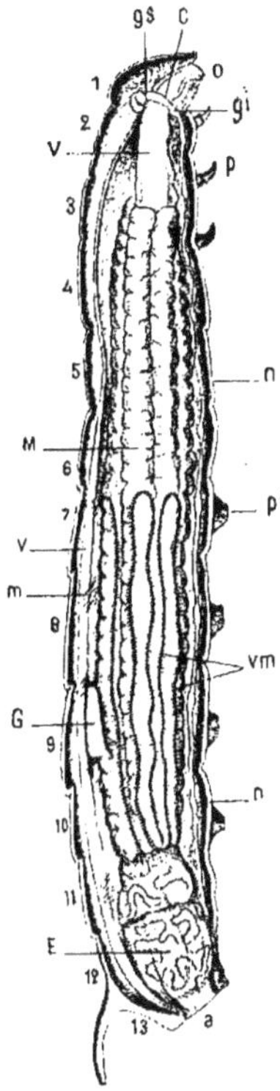

Fig. 535. — Chenille.

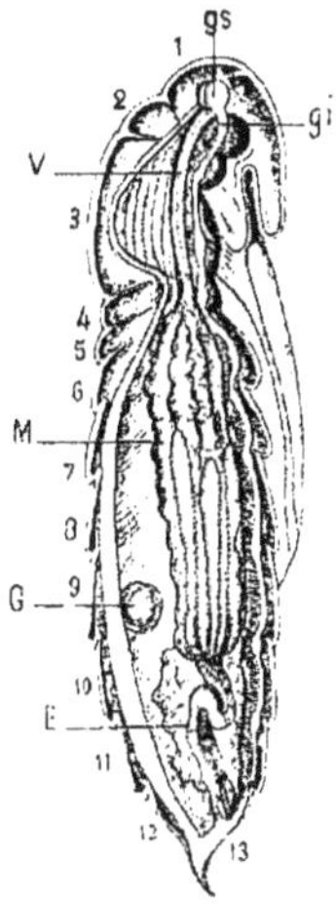

Fig. 536. — Chrysalide.

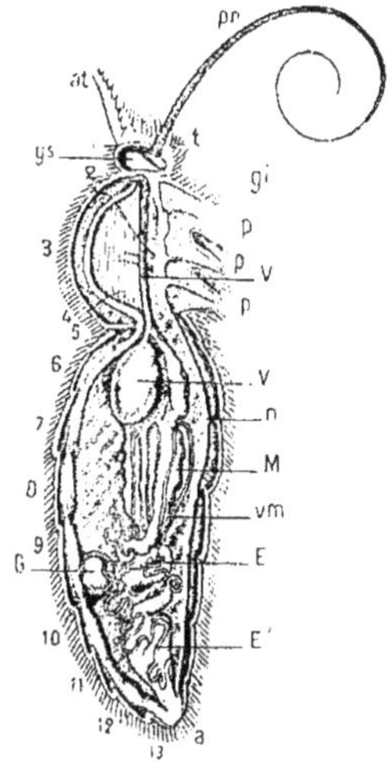

Fig. 537. — Papillon.

Modifications des organes internes du *Sphinx ligustri* pendant la métamorphose.

1, tête; 2-4, segments thoraciques; 5-13, segments abdominaux; V, intestin antérieur; *v'*, estomac suceur; *M*, intestin moyen; *E*, intestin postérieur; *gs*, cerveau; *gi*, ganglion sous-œsophagien; *nn*, chaîne ventrale; *vm*, tubes de Malpighi; *v*, vaisseau dorsal; *G*, testicule; *o*, bouche; *a*, anus; *pr*, trompe; *at*, antenne; *p*, pattes; *p'*, fausses pattes. (D'après Newport.)

Intestin moyen. — Weismann (1864) pensait que, chez les Muscides, l'intestin subit une histolyse complète; l'épithélium larvaire, tombant dans la cavité du ventricule chylifique, se rassemble en une masse d'éléments dégénérés constituant le *corps jaune*, que Herold considérait à tort comme un résidu des aliments absorbés par la larve. Mais cet auteur n'a pas vu de quelle manière se reconstitue l'épithélium. D'après lui, chez *Corethra*, le tube digestif passerait de la larve à l'adulte sans subir de modifications.

Ganin (1876), chez la Mouche, les Fourmis et les Lépidoptères, constata sur des coupes, que certaines cellules de l'épithélium persistent, se multiplient et deviennent l'origine de l'épithélium de l'adulte, tandis que les autres cellules dégénèrent et tombent dans la cavité intestinale.

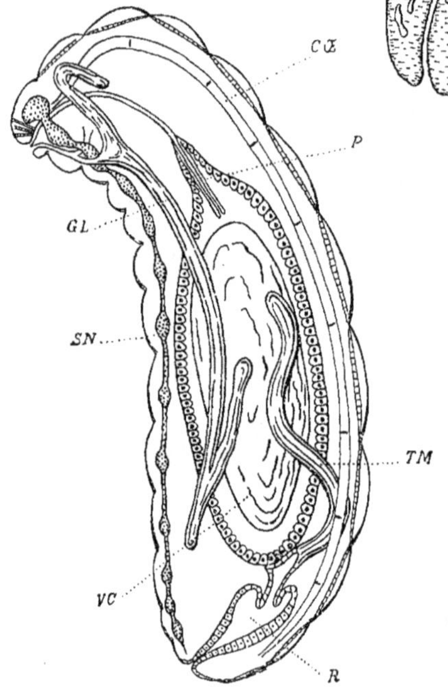

Fig. 538. — Anatomie de la larve de Fourmi.

CŒ, cœur; *P*, proventricule; *TM*, tube de Malpighi; *R*, rectum; *VC*, ventricule chylifique contenant la masse excrémentitielle; *SN*, système nerveux; *GL*, glande séricigène. (Fig. empruntée à Ch Pérez.)

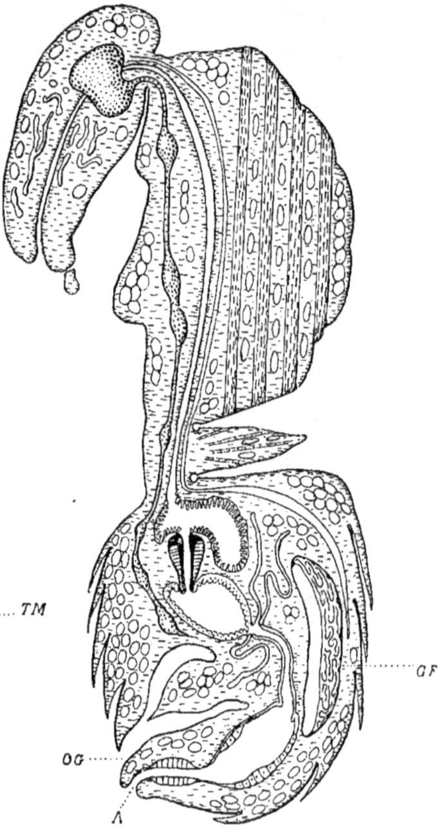

Fig. 539. — *Formica rufa*. Coupe sagittale d'une nymphe de femelle indiquant la topographie définitive du tube digestif.

A, anus; *OG*, orifice génital; *GF*, glande à acide formique. (Fig. empruntée à Ch. Pérez.)

D'après Kowalevsky, l'intestin antérieur et l'intestin postérieur de la Mouche seraient détruits par phagocytose, mais il persisterait, à la partie antérieure du proventricule et en arrière des tubes de Malpighi, un anneau de cellules qui serait l'origine de l'œsophage et du rectum de l'imago (fig. 540). Dans l'intestin moyen, entre les grosses cellules épithéliales et la tunique musculaire, il y a des groupes de cellules plus petites. Les grosses cellules se fusionnent de manière à constituer une sorte de syncytium; en dehors d'elles, les petites cellules se multiplient, formant une couche continue qui sépare l'épithélium larvaire des disques imaginaux de l'intestin, composés de cellules très petites, placées en dedans de la musculature (fig. 541). Les grosses cellules épithéliales, entourées du manchon des petites cellules, se détachent et constituent un cylindre qui flotte dans la lumière de l'intestin au milieu d'un liquide gélatineux. Ce tube est le *corps jaune* qui se contracte et se ratatine.

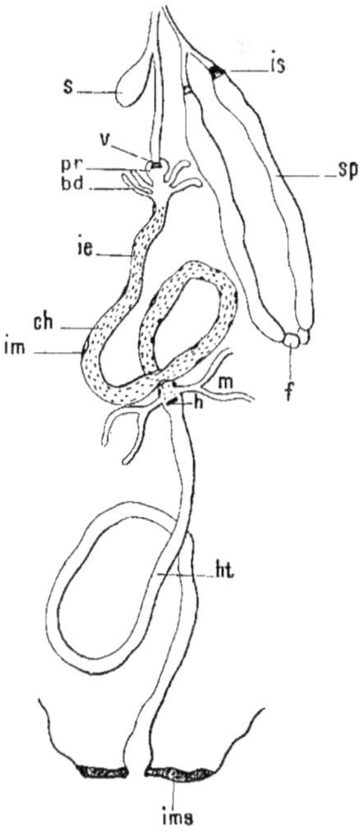

Fig. 540.
Appareil digestif d'une larve de Mouche.

bd, cæcums du ventricule chylifique; *ch*, ventricule chylifique; *f*, cellules adipeuses à l'extrémité des glandes salivaires; *h*, disque imaginal de l'intestin postérieur; *ht*, intestin postérieur; *ie*, cellules imaginales de l'intestin moyen; *im*, cellules imaginales de la musculature de l'intestin moyen; *ims*, disque imaginal de l'extrémité de l'abdomen; *is*, anneau imaginal de la glande salivaire; *m*, tube de Malpighi; *pr*, proventricule; *s*, estomac suceur; *sp*, glande salivaire; *v*, anneau imaginal de l'intestin antérieur. (D'après Kowalevsky.)

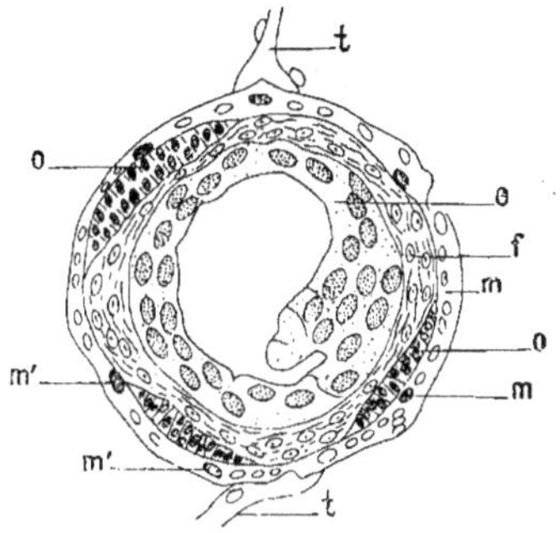

Fig. 541.
Coupe transversale de l'intestin moyen d'une nymphe de Mouche.

e, épithélium larvaire dégénéré; *f*, couche de cellules de nouvelle formation; *m*, tunique musculaire; *m'*, cellules imaginales de la tunique musculaire; *o*, disques imaginaux de l'épithélium; *t*, tronc trachéen. (D'après Kowalevsky.)

Selon Van Rees, la tunique musculaire seule des intestins antérieur et postérieur est détruite; l'estomac suceur vient se placer dans le prolongement de l'œsophage sans que sa couche cellulaire soit altérée.

Dans l'intestin moyen les muscles ne sont phagocytés qu'après la reconstitution de l'épithélium.

KOROTNEFF (1885), d'après ses recherches sur la régénération épithéliale dans l'intestin du *Gryllotalpa*, avait cru que le nouvel épithélium était formé par des cellules amiboïdes sanguines, qui, traversant la tunique musculaire, viendraient s'intercaler entre les cellules en voie de dégénérescence. Cette manière de voir a été reprise dernièrement par BERLESE (1899), E. DE ROUVILLE (1900), ANGLAS; ce dernier observateur, n'ayant pu trouver les cellules de remplacement dans l'épithélium de l'intestin des jeunes larves d'Abeille, admet que ces éléments proviennent de la cavité générale et traversent à un moment donné la tunique musculaire. Ces cellules se multiplient entre les cellules épithéliales pour donner des îlots de cellules de remplacement (fig. 543). Au moment

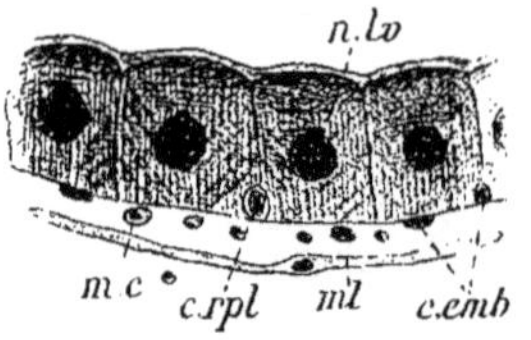

Fig. 542. — Coupe longitudinale de l'épithélium de l'intestin moyen d'une très jeune larve d'Abeille.

n.lv, noyaux larvaires; *c.emb*, cellules embryonnaires venant s'insinuer entre les grosses cellules larvaires et constituant les futures cellules de remplacement *c.rpl.*; *mc*, muscles circulaires péri-intestinaux; *ml*, muscles longitudinaux. (D'après ANGLAS.)

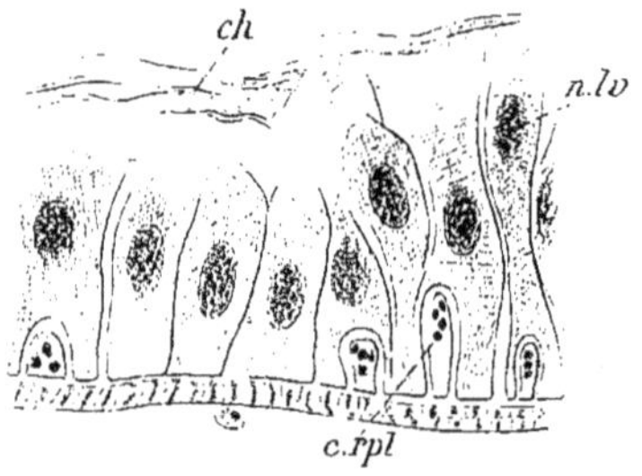

Fig. 543.
Coupe transversale de l'épithélium de l'intestin moyen d'une larve âgée de Guêpe.

n.lv, noyaux larvaires; *ch*, chitine; *c.rpl.* cellules de remplacement placées à la base des cellules larvaires et commençant à proliférer. (D'après ANGLAS.)

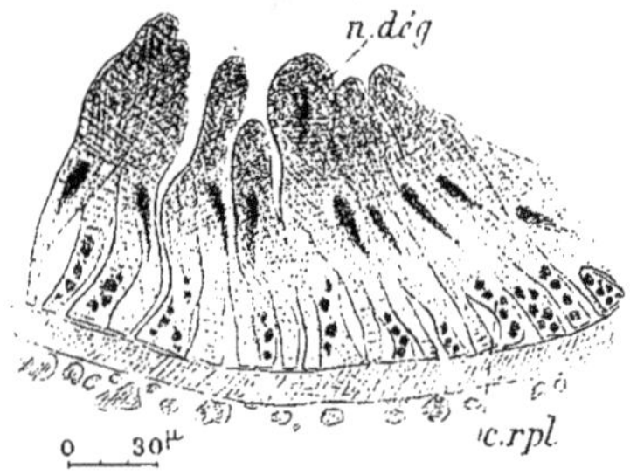

Fig. 544. — Épithélium larvaire de l'intestin moyen de la Guêpe, en pleine dégénérescence (stade du filage du cocon).

n.dég, noyaux dégénérés dans la partie de la cellule destinée à être rejetée dans la lumière de l'intestin; *c.rpl.* cellules de remplacement en voie de prolifération, envahissant la base du territoire cellulaire larvaire, pour former bientôt un anneau continu qui constituera l'épithélium imaginal. (D'après ANGLAS.)

de la nymphose, les cellules épithéliales s'étirent en massue; le noyau pénètre dans la partie renflée et semble s'y dissoudre par chromatolyse (fig. 544). Pendant ce temps, les cellules de remplacement envahissent la base de l'épithélium larvaire, se nourrissent à ses dépens et finissent par constituer un anneau continu qui forme le tissu embryonnaire de l'épithélium imaginal. La partie renflée des cellules larvaires se détache et tombe dans la cavité de l'intestin (fig. 545).

Les recherches de FAUSSEK, BIZZOZERO, RENGEL, SADONES, VOINOV, sur la régénération de l'épithélium intestinal chez différents Insectes (voir p. 74) ont montré qu'il existe normalement, à la base de l'épithélium, des amas de petites cellules qui en se multipliant remplacent les vieilles cellules, à mesure qu'elles se détruisent soit d'une manière irrégulière, soit périodiquement. RENGEL (1896), dans la larve *Tenebrio molitor*, KARAWAIEW (1898) dans celle du *Lasius flavus*, VERSON (1893) chez le Ver à soie, VANEY (1902) chez celle de divers Diptères, PÉREZ (1902) chez les larves de plusieurs Fourmis, ont constaté l'existence de cellules de remplacement, soit isolées, soit réunies en

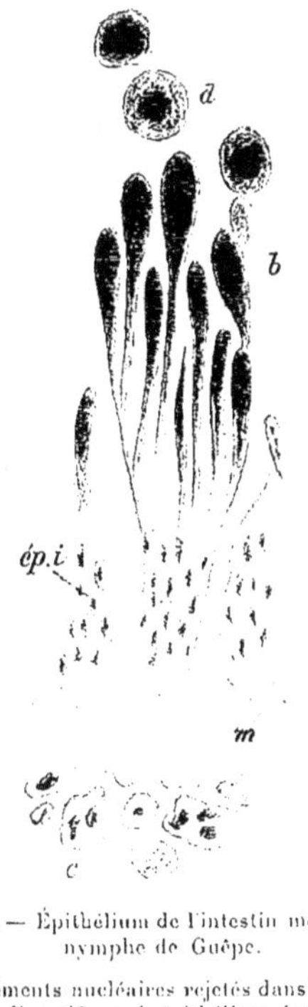

Fig. 545. — Épithélium de l'intestin moyen d'une nymphe de Guêpe.

d, éléments nucléaires rejetés dans la lumière du tube digestif; *ep.i*, épithélium imaginal en histogenèse; *c*, caryocytes provenant du muscle péri-intestinal en histolyse. (Fig. empruntée à ANGLAS).

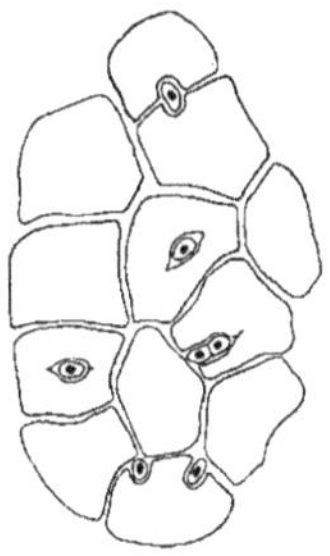

Fig. 546. — *Formica rufa*. Distribution des cellules imaginales à la base de l'épithélium larvaire de l'intestin moyen (coupe rasante). (Fig. empruntée à CH. PÉREZ.)

petits groupes, qui sont l'origine de l'épithélium imaginal après la destruction de l'épithélium larvaire. Voici comment PÉREZ résume ses observations sur les Fourmis :

« L'épithélium de l'intestin moyen est, au moment de la nymphose, complètement rejeté dans la cavité intestinale, tandis que se substitue à lui un nouvel épithélium. Les initiales de cet épithélium existent dès l'éclosion de la larve, encastrées à la base de l'épithélium larvaire fonctionnel (fig. 546). On doit les considérer, non comme des éléments venus du dehors, mais comme des éléments intégrants de l'épithélium, contemporains de la formation des ébauches blastodermiques. Pendant la vie larvaire, ces éléments sont le siège d'une prolifération extrêmement limitée; ils restent à l'état de vie ralentie, enkystés en quelque sorte dans les cellules fonctionnelles. Au contraire, dès le début de la nymphose, ils entrent en active prolifération et leur multiplication, suivie de leur différenciation, amène la constitution de l'épithélium imaginal.

Avant d'être digéré dans le nouveau ventricule chylifique, l'épithélium larvaire présente des phénomènes curieux de déformation nucléaire (le noyau émet du côté de la membrane basale des prolongements granuleux qui s'irradient dans le protoplasma) (fig. 547). Ce mode de régénération de l'épithélium stomacal

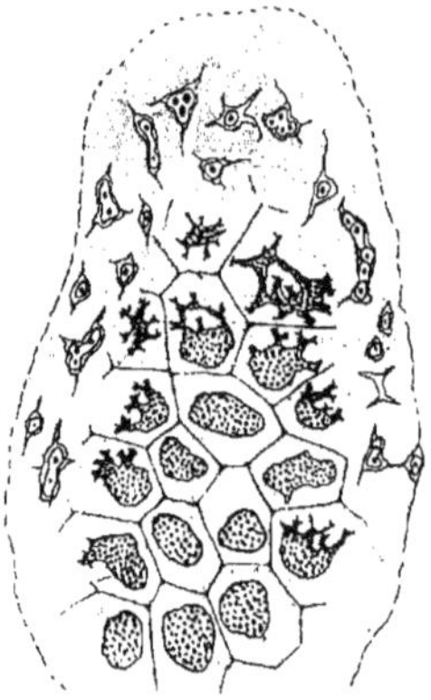

Fig. 547. — *Formica rufa*. Coupe rasante du ventricule chylifique d'une jeune nymphe. (Fig. empruntée à CH. PÉREZ.)

Fig. 548. — Mue épithéliale totale, au moment de la nymphose chez un Lépidoptère, *Tineola bisaliella*. (Fig. empruntée à CH. PÉREZ.)

paraît être très général chez les Insectes holométaboles. C'est ainsi qu'il a lieu chez les Muscides (KOWALEVSKY, VAN REES); chez les Coléoptères (RENGEL, MÖBUSZ, KARAWAIEW); chez les Lépidoptères (d'après une observation sur *Tineola bisaliella*) (fig. 548). Si les cas où la métamorphose elle-même a été étudiée sont relativement peu nombreux, on peut inférer cependant une très grande généralité des processus, d'après le très grand nombre de cas où l'on a observé les cellules de remplacement (FRENZEL), et d'après ce que l'on sait des cas où la mue épithéliale de la nymphose est précédée par des mues toutes analogues au cours de la vie larvaire (Ver à soie, d'après VERSON). La métamorphose de l'épithélium stomacal se rattache d'ailleurs étroitement, par tous les intermédiaires, aux phénomènes bien connus d'une régénération épithéliale ordinaire (rénovation progressive chez divers Acridiens et les larves d'Odonates; exuviation totale et simultanée, à l'époque des mues, de tout l'épithélium chez divers Coléoptères). Il n'y a pas grand'chose de plus dans la métamorphose; c'est aussi, en ce qui concerne l'intestin moyen, une exuviation épithéliale totale. La différence consiste uniquement dans l'évolution ultérieure du nouvel épithélium. Pendant toute la vie larvaire, qu'il y ait ou non des exuviations épithéliales, l'intestin moyen garde la même structure: après la mue il est restitué dans son aspect primitif. Au contraire, au moment de la métamorphose, le nouvel épithélium ne refait pas un organe calqué sur celui qu'il supplante; il subit une différenciation *spéciale* qui en fait quelque chose de nouveau. Ultérieurement, s'il y a des rénovations épithéliales, elles seront comparables à celles de la vie larvaire et respecteront la nouvelle structure, résultat définitif de la métamorphose. »

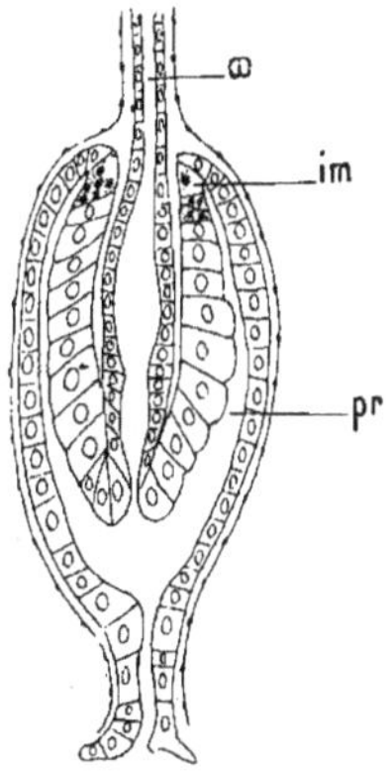

Fig. 549. — Coupe longitudinale du proventricule d'une larve de Mouche.

im, anneau imaginal de l'intestin antérieur; *œ*, œsophage; *pr*, proventricule. (D'après Kowalevsky.)

J'ai pu, d'après mes observations sur la Mouche, l'Anthonome, le *Nematus ventricosus*, me ranger complètement à l'opinion de Pérez et constater l'existence de petites cellules de remplacement entre les cellules larvaires de l'intestin moyen; ces petites cellules ont une origine embryonnaire, ou résultent peut-être, dans certains cas, d'une prolifération de cellules larvaires, comme celle des disques imaginaux de l'hypoderme.

La musculature de l'intestin, comme l'épithélium, subit durant la métamorphose une rénovation due à l'histolyse des muscles larvaires et à la formation de nouvelles fibres musculaires. Les muscles propres du tube digestif se comportant comme les autres muscles de la larve; nous exposerons leur histolyse et leur histogenèse en même temps que celles de ces derniers.

Intestins antérieur et postérieur.— Chez la Mouche, d'après Kowalevsky, l'intestin antérieur et l'intestin postérieur seraient détruits par phagocytose; les leucocytes s'attaqueraient d'abord aux muscles, puis à l'épithélium. Il persisterait à la partie antérieure du proventricule, à la base de la valvule œsophagienne, un anneau imaginal de petites cellules qui régénérerait, en progressant d'arrière en avant, tout l'intestin antérieur, œsophage, jabot suceur et proventricule (fig. 549). De même dans l'intestin postérieur, Kowalevsky décrit un anneau imaginal situé un peu en arrière du point d'insertion des tubes de Malpighi; aux dépens de cet anneau se régénérerait tout l'intestin postérieur, sauf la poche rectale qui dériverait des disques hypodermiques du dernier segment.

Van Rees admet que seule la musculature est détruite par phagocytose; le jabot suceur, par suite de la disparition des muscles, se ratatine et son épithélium non altéré vient s'interposer sur le trajet de l'œsophage. Quant à l'anneau imaginal, il ne formerait que la partie postérieure de l'œsophage, la partie antérieure provenant d'îlots de petites cellules imaginales semblables à ceux qu'on trouve dans l'intestin moyen.

L'anneau imaginal postérieur se comporte de la même manière que

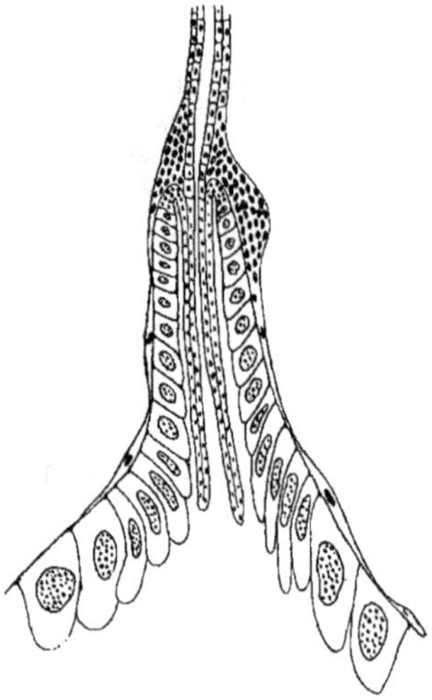

Fig. 550. — *Formica rufa*. Coupe sagittale du proventricule de la larve, montrant la valvule et le double anneau imaginal de l'intestin antérieur. (Fig. empruntée à Ch. Pérez.)

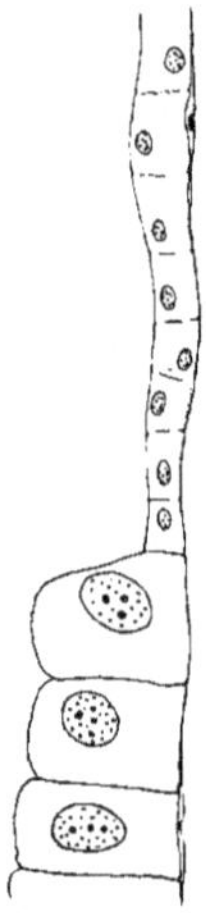

Fig. 551. — *Formica rufa*. Plages à grandes et à petites cellules de l'intestin postérieur chez la larve. (Fig. empruntée à Ch. Pérez.)

l'antérieur et ne reconstituerait que la région proximale, la partie rectale se régénérant aux dépens de l'épithélium qui persiste et dont les cellules se multiplient.

Vaney, dans toutes les larves de Diptères qu'il a étudiées, a trouvé deux anneaux imaginaux : l'un situé à la limite de l'intestin antérieur et de l'intestin moyen, l'autre entre l'intestin moyen et l'intestin postérieur; la disparition de l'épithélium a lieu surtout par dégénérescence, sans intervention de phagocytose ; elle a lieu en même temps que se fait la prolifération des cellules des disques.

Chez les autres Insectes métaboliques, les transformations du stomodæum et du proctodæum paraissent être moins importantes que chez les Diptères.

KARAWAIEW, chez *Lasius flavus*, n'a pas vu d'anneau imaginal pour l'intestin antérieur ; dans l'intestin postérieur, seule la région moyenne du gros intestin présenterait une modification. Son épithélium serait constitué par deux sortes de cellules, réparties dans des régions différentes sous forme de lamelles : de petites cellules formant des lamelles plates, et de grosses cellules constituant des lamelles allongées. Les petites cellules prolifèrent et se substituent aux grosses qui dégénèrent. ANGLAS décrit chez l'Abeille et la Guêpe deux anneaux imaginaux, l'un antérieur, l'autre postérieur, destinés à régénérer l'œsophage et l'intestin postérieur.

PÉREZ a observé, chez les Fourmis, un anneau imaginal à la base de la valvule œsophagienne, comme celui décrit par KOWALEVSKY chez la Mouche; cet anneau épithélial est doublé extérieurement d'un manchon de petites cellules conjonctives (fig. 550). C'est par prolifération très active de cette région qu'est constitué en presque totalité l'intestin anté-

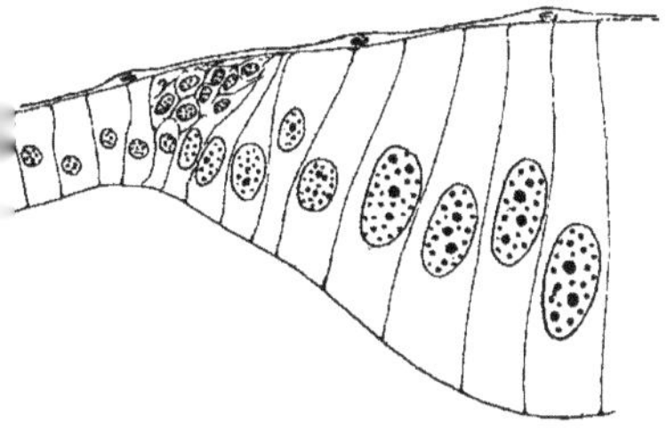

Fig. 552. — *Formica rufa*. Fragment d'une coupe de l'intestin postérieur de la nymphe, montrant le début de la prolifération des petites cellules qui s'insinuent sous les grandes. (Fig. empruntée à CH. PÉREZ.)

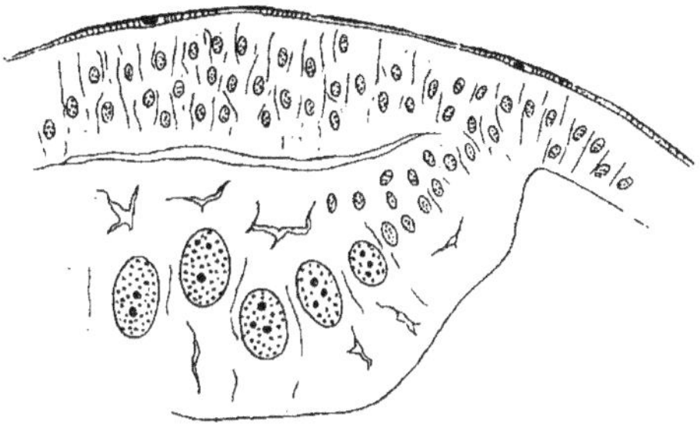

Fig. 553. — *Formica rufa*. Intestin postérieur à un stade plus avancé que dans la figure 552. Les petites cellules forment une assise continue, les grandes cellules commencent à se détacher. (Fig. empruntée à CH. PÉREZ.)

rieur très long de l'imago. Le court œsophage larvaire ne paraît pas être détruit, mais seulement repoussé vers la région céphalique. Pour l'intestin postérieur PÉREZ a confirmé l'observation de KARAWAIEW ; les plaques ou lamelles de petites cellules du gros intestin se multiplient activement pendant la nymphose et se rejoignent sous les plaques des grandes cellules, qui se détachent et tombent dans la cavité intestinale (fig. 551, 552, 553).

D'après VERSON (1898), chez le Ver à soie, l'intestin antérieur et l'intestin postérieur seraient des produits des anneaux imaginaux cardiaque et pylorique, qui, à chaque mue, produisent de nouvelles cellules servant à allonger le stomodæum et le proctodæum dont les cellules ne se multiplient pas. Pendant la nymphose, ces anneaux imaginaux se comportent comme au moment des mues; ils donnent naissance à de nouveaux éléments qui s'ajoutent aux cellules épithéliales larvaires, mais sans se substituer à elles. Celles-ci subissent une simple modification en rapport avec les nouvelles conditions morphologiques et biologiques du tube digestif. L'estomac suceur, ou poche à air, n'est qu'une partie limitée de la paroi dorsale œsophagienne, qui s'est dilatée et est attirée en arrière par la rétraction des trachées après l'occlusion du deuxième stigmate. Un certain nombre de cellules, provenant de la dernière prolifération de l'anneau imaginal, donnent naissance à des formations d'apparence glandulaire qui s'irradient dans le pédicule de l'estomac suceur et semblent suinter le liquide alcalin dont se sert le Papillon pour sortir de son cocon. La valvule cardiaque s'efface et se transforme en un canal tubulaire qui unit l'estomac suceur au ventricule.

La poche cæcale (*vessie urinaire* de VERSON) n'est, comme l'estomac suceur, qu'une dilatation de la région dorsale du côlon, déterminée par une involution des trachées qui s'y rendent au moment de la disparition du 9e stigmate.

Glandes salivaires et glandes de la soie. — WEISMANN et GANIN pensaient que les glandes salivaires de la Mouche disparaissent par dégénérescence graisseuse. VIALLANES admettait que leurs cellules prolifèrent par formation endogène et que les nouvelles cellules, présentant le caractère d'éléments embryonnaires, se désagrègent et se dispersent dans la cavité du corps. Pour KOWALEVSKY, les glandes salivaires disparaissent de la même manière que les muscles; elles sont envahies de bonne heure par les leucocytes et sont détruites très rapidement : dans une seule cellule on pourrait trouver de 10 à 15 leucocytes. VAN REES a confirmé la description de KOWALEVSKY, mais il trouva que la destruction des glandes avait lieu à une époque plus tardive que celle indiquée par l'auteur russe. Il croit que cette différence tient à ce qu'il a fait ses observations au printemps, époque où la métamorphose est moins rapide. DE BRUYNE pense que les glandes salivaires sont déjà altérées lorsque leurs cellules deviennent la proie des leucocytes; dans les premiers jours de la nymphose ces cellules sont creusées de vacuoles et renferment des granulations graisseuses.

NÖTZEL (1898), chez *Sarcophaga*, n'a pas observé la phagocytose des glandes salivaires et BERLESE (1900) affirme que ces organes ne sont jamais envahis par les leucocytes. KELLOGG (1901), chez *Holorusia*, a vu les glandes dégénérer et devenir vacuolaires sans l'intervention d'aucun phagocyte; chez *Blepharocera*, au contraire, il y aurait une phagocytose très active; la durée de la nymphose est de douze jours pour le premier de ces Diptères, de dix-huit pour le second. L'intervention des leucocytes est donc indépendante de la durée de la nymphose. VANEY (1902), chez d'autres Diptères, *Chironomus*, *Simulia*, *Gastrophilus*, a constaté que la disparition des glandes salivaires est toujours le fait de phénomènes de dégénérescence (dégénérescence graisseuse, fragmentation ou vacuolisation). Il n'y a aucune intervention des leucocytes chez *Chironomus* et *Simulia*, dont la nymphose est de deux à cinq jours, tandis que chez *Gastrophilus*, qui reste à l'état de pupe durant un mois, les phagocytes ont une intervention très active.

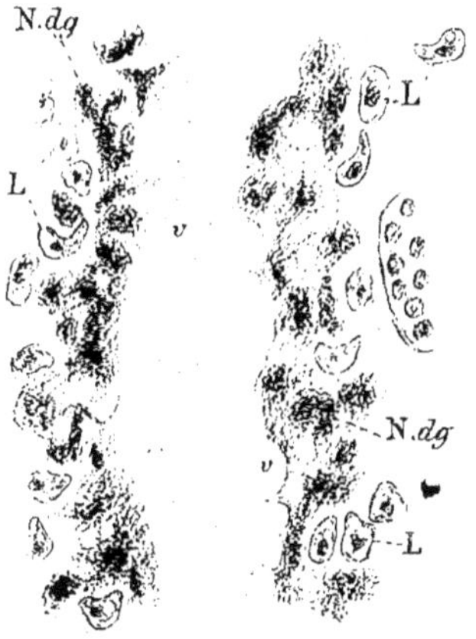

Fig. 554. — Histolyse d'un tube de glande salivaire d'Hyménoptère.

Les noyaux, *N.dg*, sont en pleine dégénérescence, le protoplasma est vacuolaire, *v*; on voit autour de l'organe de nombreux leucocytes, L. (Fig. empruntée à ANGLAS.)

Fig. 555. — Glande de la soie en pleine histolyse, chez la Guêpe.

n.dg, noyaux en dégénérescence; *l*, leucocytes venant se disposer au voisinage de l'organe, mais ne causant pas, à proprement parler, de phagocytose. (D'après ANGLAS.)

Chez les Hyménoptères, KARAWAIEW admet, pour *Lasius*, une simple dégénérescence lente des glandes séricigènes. La cavité de la glande s'oblitère, les limites des cellules disparaissent, le noyau se fragmente et le protoplasma se vacuolise. Les cellules se désagrègent et se dissolvent dans le liquide cavitaire. ANGLAS, chez la Guêpe, décrit à peu près de la même manière la disparition des glandes à soie (fig. 554 et 555). Pour PÉREZ, au contraire, chez les Fourmis, les leucocytes pénètrent dans les cellules encore intactes de la glande; ils morcellent le protoplasma, se chargent d'inclusions; les noyaux subissent également une action phagocytaire. Les glandes séricigènes, étant des organes propres à la larve, ne sont pas représentées chez l'adulte et disparaissent complètement (fig. 556).

Chez les Lépidoptères, la plupart des auteurs se sont bornés à signaler la disparition des glandes séricigènes pendant la nymphose. Helm (1876) a constaté que les cellules se désagrègent, que le noyau se fragmente, que le protoplasma subit une dégénérescence granulo-graisseuse, et que finalement tout disparaît. D'après Kowalevsky, les glandes séricigènes de la larve d'*Hyponomeuta* disparaîtraient, comme les glandes salivaires des Asticots, par phagocytose.

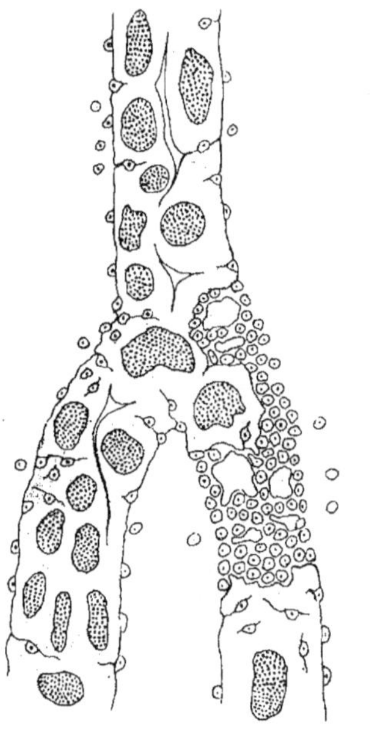

Fig. 556. — *Formica rufa*. Histolyse phagocytaire d'une glande séricigène. (Fig. empruntée à Ch. Pérez.)

Je n'ai jamais pu, chez les Muscides, observer la pénétration des phagocytes dans les glandes salivaires, tant que les cellules de celles-ci présentent encore un aspect normal. Dans les jeunes nymphes, les cellules des glandes salivaires sont déjà considérablement altérées : leur protaplasma est devenu homogène, hyalin, fortement colorable par l'hémalun et les couleurs basiques ; en même temps il se creuse de nombreuses vacuoles. Le cordon chromatique du noyau perd sa striation caractéristique. A un stade plus avancé, il se produit une désagrégation des cellules de la glande ; la membrane basale se résorbe ; le protoplasma des cellules se détache sous forme de petites masses arrondies ou de forme irrégulière, dont s'emparent alors les leucocytes qui s'insinuent au milieu des fragments de l'organe dégénéré.

Tubes de Malpighi. — L'évolution des tubes de Malpighi durant la nymphose a été beaucoup moins étudiée que celle des autres organes. Chez les Diptères, Van Rees n'a observé que quelques stades ; il pense qu'il y a une rénovation sur place des éléments cellulaires par division des cellules, accompagnée d'une dégénérescence et d'une élimination de quelques cellules. Vaney trouve que, chez *Simulia*, *Chironomus* et

Psychoda, les tubes passent de la larve à l'imago sans aucune transformation. Chez l'*Eristalis*, il a constaté la disparition des cellules des tubes de Malpighi. Elles se chargent de produits d'excrétion prenant une couleur jaune brunâtre, puis elles s'isolent, se disséminent dans l'intérieur de la pupe. Leur histolyse a lieu sans intervention des phagocytes. L'auteur n'a pas observé la formation de nouveaux tubes (1).

Karawaiew fait disparaître les quatre tubes de Malpighi de la larve du *Lasius* par une dégénérescence lente des cellules, accompagnée d'une chromatolyse des noyaux, sans intervention de phagocytes; les nombreux tubes de l'adulte se développeraient en arrière des premiers. Anglas, chez la Guêpe et l'Abeille, admet le même processus de dégénérescence des tubes de Malpighi que pour les glandes séricigènes; mais la dégénérescence est plus lente et l'intervention des leucocytes y semble plus tardive et plus limitée.

Pérez a constaté que les tubes imaginaux, chez la Fourmi, apparaissent lorsque la larve va bientôt filer son cocon, juste au-dessus des tubes larvaires, avant que ceux-ci aient subi de modifications. Dans la nymphe, quelque temps avant la mue, les tubes larvaires sont détruits rapidement. Les leucocytes affluent autour d'eux, et quelques-uns pénètrent dans les cellules qui ne présentent aucun signe de dégénérescence. Le protoplasma puis le noyau sont attaqués par les leucocytes qui se chargent d'inclusions. Il y aurait donc ici une phagocytose leucocytaire des plus caractérisées.

Enfin Karawaiew (1895), chez l'*Anobium paniceum*, dit que la partie postérieure des tubes de Malpighi, enclavée dans la paroi de l'intestin postérieur, persiste inaltérée de la larve à l'imago, tandis que la partie antérieure libre se régénère, certaines cellules englobant et digérant leurs voisines qui ont dégénéré.

La larve de Mouche (*Calliphora erythrocephala*) possède deux tubes de Malpighi qui se divisent chacun en deux longues branches (Lowne); on retrouve à peu près la même disposition chez l'imago qui a également quatre tubes; les organes excréteurs ne paraissent pas subir de grandes transformations pendant la nymphose.

(1) Vaney a constaté que, chez la larve d'*Eristalis*, les tubes de Malpighi sont au nombre de 4, aboutissant à une ampoule commune débouchant dans l'intestin terminal. Les 2 tubes externes ont une fonction rénale et absorbent le bleu de méthylène; les 2 tubes internes, dont les cellules sont très aplaties, sont remplis de granules calcaires. Vaney rappelle que Batelli (1879), dans la larve d'*Eristalis*, Pantel (1898) dans celle de *Thrixion*, ont trouvé aussi 2 tubes de Malpighi renfermant du calcaire. Valéry Mayet (1896) a vu également, dans la larve du *Cerambyx velutinus*, 4 tubes sur 6 remplis de calcaire.

TISSU MUSCULAIRE

Par suite du développement des appendices locomoteurs, le système musculaire larvaire subit, durant la nymphose, surtout dans la région thoracique, un remaniement considérable, qui s'accompagne de phénomènes d'histolyse variés, atteignant leur plus grande complexité chez les Muscides, où beaucoup de muscles disparaissent complètement pour être remplacés, dans l'imago, par des muscles de nouvelle formation.

Destruction des muscles larvaires. — Dans les larves des Muscides, les faisceaux musculaires primitifs ont la même structure que chez les Vertébrés. Ils se composent d'une enveloppe ou *sarcolemme* entourant la substance contractile subdivisée en fibrilles striées, groupées en cylindres primitifs ou *colonnettes*. Au-dessous du sarcolemme et entre les colonnettes se trouve du protoplasma (sarcoplasma) et des noyaux.

Les premiers muscles qui dégénèrent sont ceux du premier segment, puis ceux du thorax et de l'abdomen (1). Les faisceaux musculaires se détachent de la cuticule et se rompent en perdant leur fonction. D'après Kowalevsky, dès les premières heures qui suivent la transformation en pupe, les leucocytes entourent les faisceaux musculaires, pénètrent sous le sarcolemme, s'insinuant au milieu de la substance contractile qui se fragmente en *sarcolytes* (2). Ceux-ci, puis les noyaux musculaires qui résistent plus longtemps, sont englobés par les leucocytes qui grossissent et deviennent les *Körnchenkugeln* de Weismann (3).

---

(1) Quand l'Asticot a atteint le terme de sa croissance larvaire, il devient immobile ; ses anneaux se rapprochent, il prend la forme d'un tonnelet, sa cuticule durcit, prend une coloration brune et devient l'enveloppe de la pupe. Examiné à l'état frais, son sang est un liquide opalin, un peu laiteux, renfermant en suspension des cellules amiboïdes émettant des pseudopodes. Sous l'influence des réactifs, ces cellules prennent l'aspect d'éléments arrondis avec un noyau et quelques vacuoles. Ce sont ces cellules sanguines que les auteurs désignent sous le nom de *leucocytes*.

(2) Le terme de *sarcolyte* a été créé par S. Mayer (1886) pour désigner les fragments de fibres musculaires désagrégées qui sont plus tard ingérés par les phagocytes.

(3) Viallanes avait bien suivi la dégénérescence musculaire mais il interprétait différemment les faits. Pour lui, les noyaux musculaires se multipliaient : chacun d'eux s'entourait d'une petite masse protoplasmique et devenait une cellule musculaire. La masse contractile

Le sarcolemme paraît simplement se dissoudre. VAN REES admet pour la destruction des muscles le même processus que KOWALEVSKY, mais il en place le début seulement au troisième jour de la nymphose.

KOROTNEFF (1892) le premier montra que, chez certains Insectes, la phagocytose n'est pas nécessaire pour la destruction des muscles larvaires. Dans un travail relatif à une espèce de Microlépidoptère (*Tinea*), il établit que les leucocytes ne prennent aucune part à la dégénérescence des muscles larvaires, qui disparaissent par une sorte de processus chimique, le myoplasma se dissolvant lentement dans le sang. Il admet cependant que, chez les Muscides, la métamorphose étant plus rapide, les phagocytes peuvent jouer le rôle que leur assignent KOWALEVSKY et VAN REES.

RENGEL (1896) partagea l'opinion de KOROTNEFF; pour lui, il peut y avoir deux modes d'histolyse suivant les cas : phagocytose et régression chimique.

Selon DE BRUYNE (1897), dès le début de la nymphose, les muscles qui ont perdu leur activité se rompent à certains niveaux, de telle sorte que les fibres ne sont plus continues; ils se transforment en groupes de faisceaux fibrillaires largement écartés les uns des autres. Les noyaux musculaires primitivement allongés deviennent ovalaires, perdent leur structure réticulée et subissent une dégénérescence chromatolytique. C'est alors seulement que, les leucocytes enfonçant de fins pseudopodes à travers le sarcolemme jusque dans la substance musculaire, les cellules amiboïdes incorporent des amas sarcolytiques et se dispersent ensuite dans la cavité du corps.

La destruction musculaire, chez *Musca vomitoria*, ne serait donc pas l'œuvre exclusive des leucocytes, mais aurait sa cause initiale dans le muscle lui-même. Celui-ci, devenu inactif, se nourrit moins et présente des modifications chimiques se traduisant par des changements de colorabilité par un même réactif.

Ainsi, après fixation par le sublimé, le muscle sain, traité par l'éosine hématoxylique, se colore en bleu; dans les mêmes conditions, le muscle en dégénérescence présente une teinte bleue plus pâle, qui faiblit en même temps que la striation disparaît et qui, insensiblement, passe au rose sale, puis, au rose franc, avec les progrès de la dégénérescence. Lorsque le muscle s'est réduit en amas de sarcolytes, les leucocytes ne sont pas les seuls agents phagocytaires qui incorporent ces sarcolytes et les détruisent. DE BRUYNE a vu souvent des noyaux musculaires hypertrophiés s'entourer de sarcoplasma et constituer des phagocytes (*sarcoclastes* ou *myoclastes*) qui incorporent les sarcolytes. Dans ce cas, le processus serait identique à celui décrit par METCHNIKOFF dans la queue des têtards de Grenouille.

NOETZEL (1898) pense, avec DE BRUYNE, que, chez *Calliphora*, les leucocytes n'interviennent que lorsque les fibres musculaires se sont déjà fragmentées et désagrégées.

KARAWAIEW (1898), pour les larves de Fourmis (*Lasius niger*), adopte la manière de voir de KOROTNEFF. Il décrit dans les muscles deux sortes de noyaux : les uns

---

disparaissait devant l'envahissement de ces éléments nouveaux, comme si elle leur servait de nourriture. Les éléments provenant de la destruction des muscles ressemblaient, d'après lui, aux éléments vitellins des Oiseaux et se répandaient dans la cavité du corps.

volumineux, noyaux larvaires, qui ne se multiplient pas et dégénèrent pendant la nymphose par chromatolyse; les autres, plus petits, qui se multiplient, pénètrent, au début de la nymphose, dans le sarcoplasma, et dissocient les fibres en fragments irréguliers. Les petits noyaux s'entourent d'une petite quantité de protoplasma et constituent les myoblastes imaginaux qui formeront les muscles chez l'adulte. KARAWAIEW a vu des cellules de mésenchyme, probablement des leucocytes, appliqués contre les faisceaux musculaires, qui ressemblent aux myoblastes, mais il pense qu'ils n'interviennent pas dans l'histolyse. La substance musculaire dégénère et sert à nourrir les myoblastes.

TERRE (1899) a confirmé, chez les larves d'Abeilles, les observations de KARAWAIEW. ANGLAS (1900) distingue dans les muscles larvaires de la Guêpe, trois

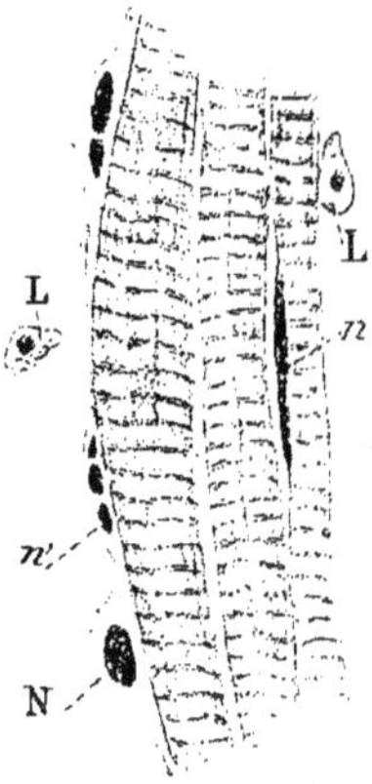

Fig. 557. — Histolyse partielle et commençante d'un muscle abdominal de nymphe de Guêpe.

N, noyau larvaire; *n*, *n'*, noyaux provenant de la transformation ou de la fragmentation des noyaux larvaires; — L, leucocytes. (Fig. empruntée à ANGLAS.)

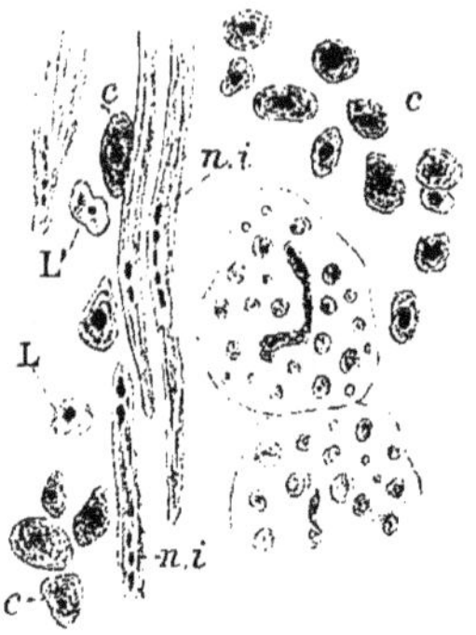

Fig. 558. — Histolyse d'un muscle abdominal de nymphe de Guêpe, plus avancée que dans la fig. 557.

n.i. noyaux imaginaux; *c*, caryocytes; — L, L', leucocytes. (Fig. empruntée à ANGLAS.)

groupes : ceux qui disparaissent complètement, ceux qui sont remplacés par des muscles nouveaux très différents, ceux qui persistent pendant la nymphose et sont simplement remaniés (1).

Les muscles du premier groupe sont envahis par les leucocytes lorsque, par suite de la nymphose, leur rôle physiologique a pris fin; leur inertie permet d'affirmer leur modification chimique intime, lors même qu'elle ne peut être perçue histologiquement. Les leucocytes digèrent sur place les fragments de muscles dégé-

(1) Les muscles qui disparaissent complètement sont ceux du pharynx, de la partie antérieure du thorax, de la partie postérieure de l'abdomen, du rectum, et les muscles obliques. Les muscles qui disparaissent par histolyse et sont remplacés par des muscles nouveaux sont ceux du thorax et de l'intestin. Les muscles de l'abdomen sont remaniés pendant la nymphose. Enfin il y a les muscles de l'adulte qui se forment aux dépens de myoblastes spéciaux et n'ont aucune relation avec ceux de la larve.

nérés en sécrétant autour d'eux des diastases. Il ne se forme pas de *Körnchen kugeln*. Anglas appelle *lyocytose* cette sorte de digestion extra-cellulaire. Les muscles du second groupe entrent d'eux-mêmes en régression; l'intervention des leucocytes, quoique certaine, d'après l'auteur, est bien plus restreinte, surtout pour l'intestin; ici encore il y a lyocytose. Les noyaux des muscles imaginaux se forment aux dépens des noyaux larvaires qui ont échappé à la destruction, et dérivent de fragments fort petits de l'ancienne substance chromatique qui s'organise ultérieurement (fig. 557).

Dans le troisième groupe, le rôle des leucocytes est encore moindre, bien que réel. Il y a surtout réduction de la fibre, régression des anciens noyaux, et formation à leurs dépens, comme précédemment, de petits noyaux imaginaux (fig. 558 et 559).

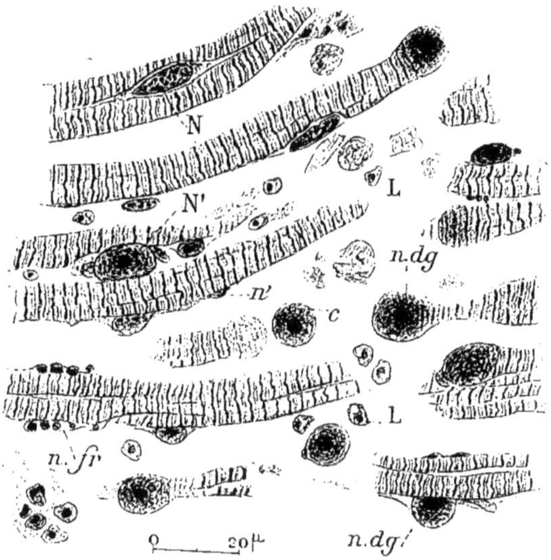

Fig. 559. — Histolyse des muscles postérieurs chez la Guêpe.

N, noyau larvaire typique; — N', noyau bourgeonnant des noyaux secondaires *n'*; *n.fr*, noyaux provenant de la fragmentation d'un noyau larvaire; *n.dg*, noyaux hypertrophiés et émettant des sarcocytes, *c*; — L, Leucocytes. (Fig. empruntée à Anglas.)

Dans un travail plus récent (1901), Anglas considère comme caryolytes, c'est-à-dire des éléments dérivés des noyaux larvaires, ce qu'il avait regardé comme des leucocytes ayant pénétré dans les faisceaux musculaires. Il admet cependant que les leucocytes sont attirés par les muscles en dégénérescence, et interviennent en sécrétant des substances qui modifient le liquide cavitaire et lui permettent de dissoudre les organes mortifiés.

Berlese (1901) a suivi avec beaucoup plus de soin la disparition des muscles dans la nymphe de *Calliphora erythrocephala*.

Le premier indice de l'altération musculaire est marqué, en général, par la séparation du sarcolemme des fibres sous-jacentes, et l'accumulation au-dessous de lui d'une substance plastique coagulable, que l'auteur pense provenir du liquide de la cavité générale. Que l'accumulation du liquide se produise ou non, les fibres musculaires se séparent les unes des autres et se rompent en fragments. Ce phénomène est primordial et précède toujours l'arrivée des leucocytes. Ceux-ci ne pénètrent dans le muscle que lorsque le plasma musculaire s'est extravasé en dehors du sarcolemme, et que les fibres musculaires, pour ainsi dire à sec, sont nettement séparées les unes des autres.

Les leucocytes qui ont pénétré entre les fragments de fibres musculaires, ou *sarcolytes*, entourent ceux-ci à l'aide d'expansions de leur cytoplasma. Les sarcolytes englobés et comprimés par le cytoplasma du leucocyte prennent une forme plus ou moins arrondie; c'est ainsi que se forment les *Körnchenkugeln* (*sfere di granuli* de BERLESE). Mais on trouve aussi des amas de sarcolytes qui n'ont pas été englobés dans un leucocyte et qui sont en rapport avec un noyau musculaire; ces groupements pourraient être confondus avec les *Körnchenkugeln* d'origine leucocytaire. Pour distinguer ces deux sortes de groupements de sarcolytes, BERLESE appelle *sarcolytocytes* les *Körnchenkugeln* constituées par un leucocyte, et *caryolytes*, les amas de sarcolytes accompagnés d'un noyau d'origine musculaire (fig. 560).

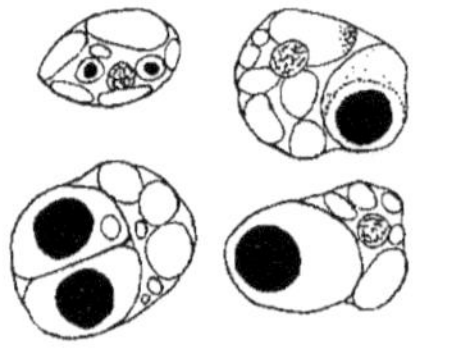

Fig. 560. — Caryolytes ou sphères de granules contenant un noyau musculaire. (D'après BERLESE, fig. empruntée à CH. PEREZ.)

Suivant BERLESE, les fragments musculaires contenus dans les sarcolytocytes ne seraient pas digérés, comme le veulent les partisans de la théorie phagocytaire, car ils ne paraissent subir aucune modification; ils perdent leur aspect arrondi pour reprendre leur forme primitive irrégulière, quand ils sont mis en liberté par plasmolyse du sarcolytocyte. Les leucocytes ne seraient donc pas des phagocytes; leur rôle se bornerait à englober les fragments musculaires pour les transporter autour des organes de l'adulte en voie de formation. Là, ces fragments seraient mis en liberté et serviraient à la nutrition des organes.

Les noyaux de fibres musculaires, entourés d'une petite quantité de sarcoplasma granuleux, deviennent libres ou conservent auprès d'eux des fragments de substance contractile (sarcolytes). Leur chromatine se condense en une masse compacte au centre de l'enveloppe nucléaire; cette masse se fragmente et chaque fragment s'entoure d'une membrane propre. Les petites masses nucléées sont ensuite mises en liberté par rupture de la membrane nucléaire. Lorsque du sarcoplasma accompagne le noyau musculaire larvaire, il se produit une diffusion de la substance chromatique dans le cytoplasma environnant, mais le tout se comporte comme un noyau musculaire libre, c'est-à-dire que le contenu du caryolyte se fragmente en petits éléments nucléés qui sont aussi mis en liberté (fig. 561).

Les éléments provenant ainsi de la fragmentation des noyaux musculaires constituent de petites cellules que Berlese désigne sous le nom de *cellules musculaires* ou de *sarcocytes* et auxquelles il fait jouer un rôle important, comme on le verra plus loin, dans la reconstitution des muscles et d'autres tissus de l'imago.

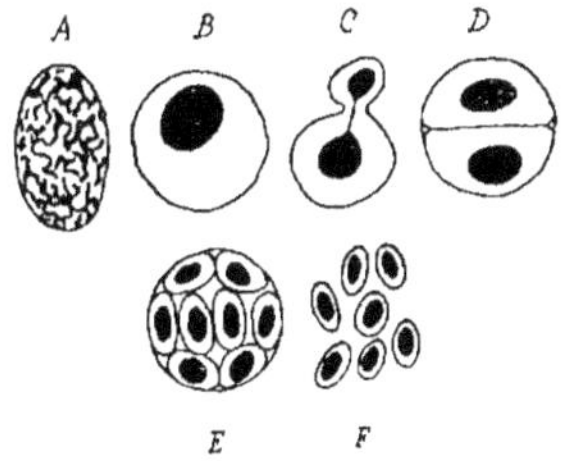

Fig. 561. — Schéma de l'évolution des noyaux musculaires, conduisant à la formation des sarcocytes. (D'après Berlese, fig. empruntée à Ch. Pérez.)

Enriques (1901-02), qui a étudié aussi les métamorphoses des Muscides, est arrivé à peu près aux mêmes conclusions que Berlese. Pour lui, il y a d'abord dégénérescence des fibres musculaires qui se morcellent; les fragments sont englobés par les leucocytes et transportés par eux dans le voisinage des organes en édification. Quant aux noyaux musculaires, ils se multiplient par division répétée.

J'ai vérifié de mon côté les observations de Berlese chez les Mouches, et j'ai constaté comme lui que les leucocytes ne pénètrent dans les fibres musculaires que lorsque celles-ci se sont déjà fragmentées en sarcolytes; j'ai retrouvé la plupart des figures données par l'auteur italien et relatives aux transformations des noyaux musculaires dans les caryolytes et les sarcolytocytes, mais il me paraît difficile de les interpréter à sa manière. J'exposerai, dans le chapitre consacré aux généralités sur les phénomènes intimes de la métamorphose, les raisons qui ne me permettent pas d'adopter les vues de Berlese, sur l'origine des sarcocytes, ainsi que sur la destinée des *Körnchenkugeln*.

Berlese a étudié d'autres Insectes que les Mouches au point de vue de la transformation des muscles larvaires en muscles de l'adulte : ce sont *Melophagus ovinus* et *Mycetophila* (Diptères), *Sericaria mori*, *Hyponomeuta malinella* (Lépidoptères), *Cynips*, *Monodontomerus nitens* parasite du *Chalicodoma muraria*, *Polistes gallica*, *Pheidole pallidula* (Hyménoptères), *Myrmileon formicalynx* (Névroptère) *Aphodius terrestris* (Coléoptère). Chez tous ces Insectes, le processus de dégénérescence est fondamentalement le même et ne diffère guère que par son intensité; on peut résumer les conclusions de Berlese de la manière suivante :

Les muscles larvaires, surtout ceux qui ne se retrouvent pas chez l'adulte, subissent une dissolution, une *myolyse* totale. Cette myolyse n'intéresse que la substance contractile : les noyaux se séparent de celle-ci et persistent. Seule la fibre musculaire meurt et se détruit; les noyaux continuent à vivre et se multiplient. Il est probable que les muscles morts sont digérés par le liquide extravasé du tube digestif dans la cavité générale, quand l'épithélium intestinal a dégénéré; peut-être aussi y a-t-il autodigestion de la fibre musculaire par suite de l'action d'un ferment propre à la substance musculaire.

La première phase de la *fibrolyse* consiste dans la séparation du stroma musculaire de son plasma. Chez les Diptères les plus élevés, la fibre musculaire abandonne son plasma sous forme d'une substance granuleuse, puis se fragmente, et les fragments transformés en substance assimilable sont englobés par les amibocytes, d'où formation de sphères de granules. Le plasma musculaire est absorbé par les cellules graisseuses. Chez tous les autres Insectes, à l'exception peut-être des Lépidoptères et des Fourmis, le stroma se dissout dans son plasma; il en résulte un liquide granuleux, dense, dans lequel nagent les noyaux ou cellules musculaires. Les amibocytes absorbent ce plasma : on le retrouve à l'état de petites gouttelettes dans leur cytoplasma. Il ne se forme pas dans ce cas de sphères de granules, qui paraissent être propres aux Diptères supérieurs. Chez les Lépidoptères, le stroma musculaire se fragmente en très petits éléments qui sont absorbés par les amibocytes; on trouve donc chez eux des sphères de granules, mais à granules très réduits.

La substance contractile peut donc disparaître de deux manières différentes, par dissolution directe dans le plasma (*stromatolyse fluide*) chez les Coléoptères, les Hyménoptères *pro parte*, ou par fragmentation en granules (*stromatoclase*) qui sont de grande taille chez les Diptères supérieurs, mais petits chez les Lépidoptères et les Fourmis.

Kellogg (1901) et Vaney (1901) admettent, comme les auteurs précédents, que, chez les Diptères, l'histolyse musculaire débute toujours par une dégénérescence de la substance contractile et des noyaux. Chez certains (*Holorusia*, *Chironomus*, *Simulia*) les muscles peuvent disparaître sans intervention des phagocytes; chez d'autres (*Blepharocera*, *Gastrophilus*) il y a au contraire une phagocytose très nette. D'après Vaney, dans les régions thoraciques et génitales des larves de *Chironomus*, les cellules adipeuses interviendraient dans l'histolyse musculaire, en envoyant des prolongements au milieu de la substance contractile dégénérée qu'elles absorbent.

Les recherches de Ch. Pérez (1902) sur les métamorphoses des Fourmis contredisent en partie les résultats des observations récentes que nous venons de résumer brièvement. Les muscles larvaires qui sont remaniés chez l'imago présentent déjà à leur périphérie, comme l'avaient vu KARAWAIEV et TERRE, de très petits noyaux, distincts des gros noyaux musculaires. Ces amas de petits noyaux, plongés dans une masse protoplasmatique, constituent des histoblastes destinés à la formation des muscles de l'adulte. L'évolution de ces histoblastes se superpose à une destruction concomitante plus ou moins accusée du muscle larvaire. Les noyaux de ce dernier disparaissent et leurs débris sont absorbés par les globules sanguins; quant au myoplasma, il est pour ainsi dire réemployé; sa destruction phagocytaire n'est que partielle. Dans les muscles thoraciques le processus d'histolyse est plus marqué; des cellules amiboïdes, que l'auteur pense être des leucocytes, pénètrent dans les muscles dissociés et s'y multiplient activement par division indirecte : elles paraissent donc se nourrir aux dépens de la substance musculaire, sans englober des sarcolytes comme chez les Muscides.

Histogenèse des muscles. — L'histogenèse des muscles de l'imago, comme l'histolyse des muscles larvaires, a donné lieu à des opinions contradictoires et paraît se faire par des processus différents suivant les Insectes et suivant les divers groupes de muscles.

WEISMANN (1864), faisait dériver les muscles thoraciques de la Mouche des *Körnchenkugeln*. Ceux-ci se disposeraient en traînées qui se transformeraient en cellules. Les noyaux de ces cellules s'orienteraient en files longitudinales et leur contenu se différencierait en fibrilles musculaires.

KÜNCKEL D'HERCULAIS (1875) et GANIN (1876) donnent pour origine aux muscles de l'adulte des cellules mésodermiques provenant des disques imaginaux. Chaque cellule s'allonge en une fibrille musculaire et son noyau se fragmente pour donner la file des noyaux du muscle de l'imago ; la fibre musculaire provient de la réunion de plusieurs fibrilles qui s'entourent d'un sarcolemme commun.

VIALLANES (1882) admet pour les muscles des pattes la genèse indiquée par les auteurs précédents ; pour les muscles des ailes, il se range à l'opinion de WEISMANN. Les cellules musculogènes, très semblables aux *granules roses* dérivant de l'histolyse du corps graisseux, mais qui, d'après lui, peuvent se former spontanément, se groupent en amas correspondant aux futurs faisceaux musculaires. Ces cellules sont plongées dans une substance homogène fondamentale qui prend plus tard l'aspect fibrillaire ; leurs noyaux se disposent en chapelets entre les colonnettes de substance striée.

Pour KOWALEVSKY et LOWNE (1892), comme pour GANIN, les muscles de l'adulte proviennent des cellules mésodermiques des disques imaginaux.

Suivant Van Rees (1888), trois paires de muscles obliques dorsaux du deuxième segment thoracique de la larve ne disparaissent pas pendant la nymphose. Les muscles se détachent de leurs insertions et, lorsque l'hypoderme imaginal existe partout dans le thorax, leurs noyaux larvaires se rapprochent du centre des fibres et se multiplient. En même temps ces faisceaux musculaires s'entourent de cellules mésodermiques provenant des disques imaginaux de l'aile. Ces cellules pénètrent dans la substance musculaire qui a perdu sa striation et est devenue une masse granuleuse, et la séparent en cordons qui sont les ébauches des faisceaux musculaires imaginaux renfermant les petits noyaux d'origine larvaire. Les fibrilles contractiles se différencient dans les cordons, tandis que les cellules mésodermiques disparaissent, servant souvent à nourrir les nouveaux muscles qui prennent un grand développement.

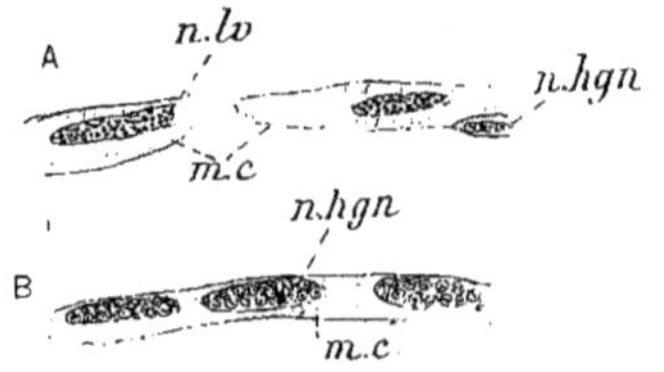

Fig. 562. — Formation des noyaux imaginaux des muscles péri-intestinaux, *m.c.*, chez le Frelon.

A, stade moins avancé que B. *n.lv*, noyau larvaire; *n.hgn*, noyaux dans lesquels la chromatine fragmentée se dispose dans des sortes de petites capsules qui seront autour des noyaux imaginaux. (D'après Anglas.)

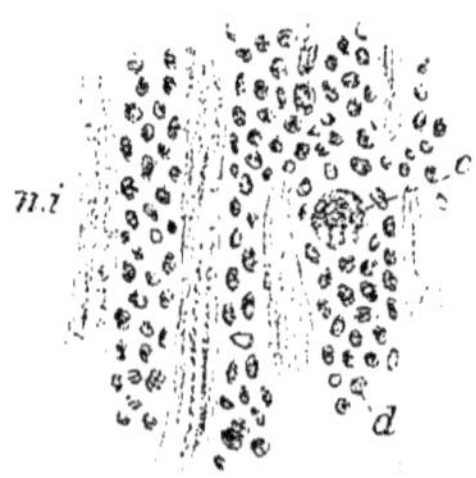

Fig. 563. — Histogenèse d'un muscle thoracique de Guêpe.

ni, noyaux imaginaux; *c*, caryocytes provenant de noyaux larvaires; *d*, caryolytes de même origine. (Fig. empruntée à Anglas.)

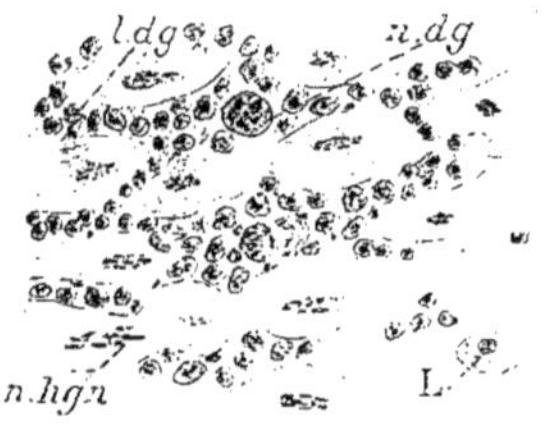

Fig. 563 *bis*. — Fragment d'un muscle thoracique d'une nymphe de Guêpe, au début de l'histogenèse (*n.hgn* sur la fig. 587).

n.hgn, noyaux imaginaux se formant par une fragmentation de la chromatine de certains noyaux larvaires, ils sont entourés d'une plage de substance contractile; *n.dg*, noyaux larvaires en dégénérescence; *l.dg*, leucocytes; — L, leucocyte de grande taille. (D'après Anglas.)

Korotneff (1891), chez une *Tinea*, Karawaiew (1893), chez les Fourmis, et Terre (1895), chez l'Abeille, constatent que les noyaux larvaires prolifèrent au moment de la nymphose pour former le long de chaque muscle des traînées de noyaux, ou myoblastes imaginaux, aux dépens desquels s'organisent les muscles de l'adulte pendant que les muscles larvaires dégénèrent.

Anglas (1900) signale aussi la fragmentation des noyaux larvaires pour donner les myoblastes imaginaux dans les nymphes d'Abeille et de Guêpe.

Berlese (1901) admet, comme nous l'avons vu, que les noyaux musculaires larvaires persistent chez les Muscides, mais subissent une curieuse transformation. Ils se fragmentent pour donner de petits éléments cellulaires, *sarcocytes*, reconnaissables à leur protoplasma homogène et plus ou moins colorable ainsi qu'à leur noyau compact. Ces sarcocytes s'allongent en forme de fuseau et leur noyau présente alors un réseau ou des granulations chromatiques ; ils se sont transformés en *myocytes*. Ceux-ci sont très mobiles et se groupent pour former entièrement le muscle imaginal (Muscides) ou seulement le remanier. Chez les Névroptères, beaucoup d'Hyménoptères, etc., et chez les Diptères pour les muscles abdominaux, c'est dans le muscle même que les noyaux larvaires donnent naissance aux sarcocytes puis aux myocytes. Ceux-ci s'ordonnent au milieu des fragments musculaires suivant la disposition nouvelle du muscle définitif.

La formation des myocytes n'est pas propre au stade nymphal, on l'observe aussi au stade larvaire, surtout chez les larves avancées et principalement aux époques de la mue. Dans ce cas, les cellules musculaires prolifèrent sur place et produisent des sarcocytes, qui, bientôt transformés en myocytes, abandonnent le muscle et émigrent vers les disques imaginaux pour constituer leur mésoderme.

Pérez (1902) a suivi l'histogenèse des différents muscles chez les Fourmis. Dans les jeunes larves venant d'éclore, alors que les disques imaginaux sont simplement constitués par un épaississement de l'hypoderme, on observe déjà, à la face interne de ces disques, un amas de petites cellules mésenchymateuses fusiformes, aux dépens desquelles se différencieront plus tard les muscles des appendices. Ces cellules ne sont donc pas des myocytes émigrés, comme le veut Berlese. Pendant la vie larvaire les myoblastes se multiplient par voie indirecte, mais durant la nymphose, on n'observe plus que la division directe. Ces éléments s'étirent en longs fuseaux accolés les uns aux autres; un certain nombre de noyaux s'allongent et se divisent. Le faisceau compact des myoblastes se résout en un paquet dissocié de jeunes fibres cylindriques, présentant des noyaux ovoïdes à leur surface. Pendant que les fibres acquièrent leur striation spécifique, des amibocytes et des phagocytes remplis d'inclusions les entourent, leur fournissant probablement des aliments solubles. Tandis que les fibres musculaires augmentent de volume les noyaux pénètrent dans leur intérieur et s'y disposent en file. La fibre possède alors sa structure définitive.

Les muscles de l'abdomen subissent une simple transformation qui débute en avant et en arrière dans les régions où la formation de l'étranglement pétiolaire et le développement de l'anneau génital modifient le plus l'organisation de la larve. La transformation ne s'étend que plus tardivement aux segments moyens de l'abdomen. Ici ce sont les noyaux des histoblastes accompagnant chaque faisceau musculaire qui se multiplient, et envahissent le myoplasma des fibres larvaires. Le myoplasma perd sa striation et se décompose en fuseaux allongés pourvus de jeunes noyaux provenant des histoblastes. Les noyaux larvaires subissent une dégénérescence chromatolytique. A partir de ce stade, le muscle abdominal suit la même évolution que les muscles des appendices (fig. 564).

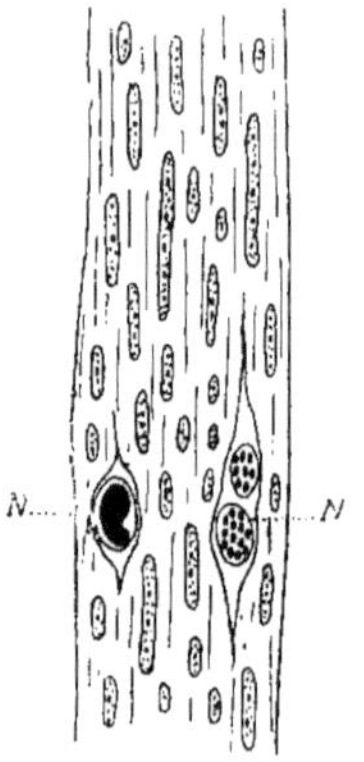

Fig. 564. — *Formica rufa*. Transformation des muscles longitudinaux de l'abdomen.

N, noyaux musculaires en dégénérescence. (Fig. empruntée à CH. PÉREZ.)

Dans les muscles thoraciques, le remaniement est plus complet, en ce sens que le myoplasma larvaire est beaucoup plus morcelé par suite de l'envahissement des leucocytes qui en absorbent une partie. Les histoblastes musculaires sont plus développés que pour les muscles de l'abdomen, et leurs noyaux se multiplient par une sorte de fragmentation multiple. Le noyau devient très long : la chromatine s'y agence en groupes contenant un plus gros granule, puis une division simultanée isole autant de nouveaux noyaux qu'il y avait de ces groupes de granules dans le noyau primitif dont la membrane disparait. Le reste du processus de l'histogenèse musculaire est à peu près le même que pour les muscles abdominaux.

Mes recherches sur l'histogenèse des muscles, chez les Muscides, m'ont amené à considérer trois types de muscles de l'imago : 1° les muscles abdominaux de la région ventrale qui dérivent directement des muscles larvaires ; 2° les muscles des autres régions du corps, sauf ceux des ailes ; 3° les muscles des ailes.

Dans les muscles abdominaux, le faisceau musculaire renferme dans son axe un cordon protoplasmique avec des noyaux disposés en file (fig. 566); il diffère du faisceau larvaire en ce que, dans celui-ci, le sarcoplasma et les noyaux sont à la périphérie et entourent la substance contractile. Il se produit donc pendant la nymphose un transport du sarcoplasma dans l'intérieur du faisceau, mais je n'ai pu saisir de quelle manière cette migration s'effectue. Les noyaux larvaires, arrivés dans l'axe des faisceaux, se fragmentent pour donner des noyaux imaginaux plus nombreux et plus petits.

Fig. 565. — Schéma de la division directe des noyaux musculaires chez *Formica rufa*. (Fig. empruntée à CH. PÉREZ.)

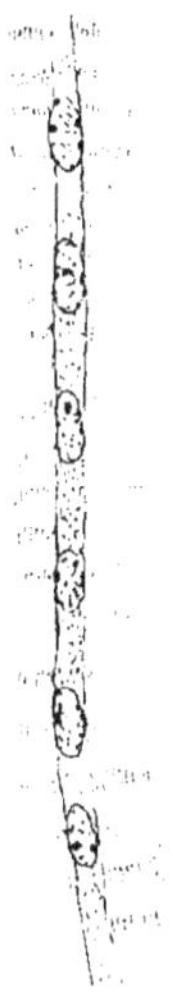

Fig. 566. — Faisceau musculaire abdominal d'une nymphe de *Calliphora vomitoria* avancée. (Fig. originale.)

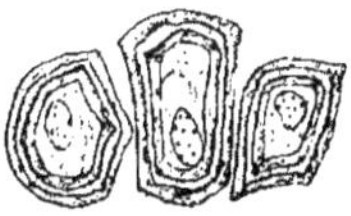

Fig. 567. — Coupe transversale de fibres musculaires des membres d'une nymphe de *Calliphora vomitoria* avancée. (Fig. originale.)

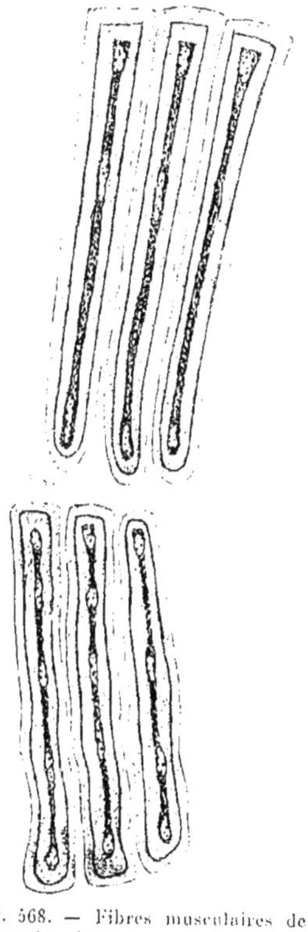

Fig. 568. — Fibres musculaires de muscle thoracique dorso-ventral d'une nymphe de *Calliphora vomitoria* avancée. (Fig. originale.)

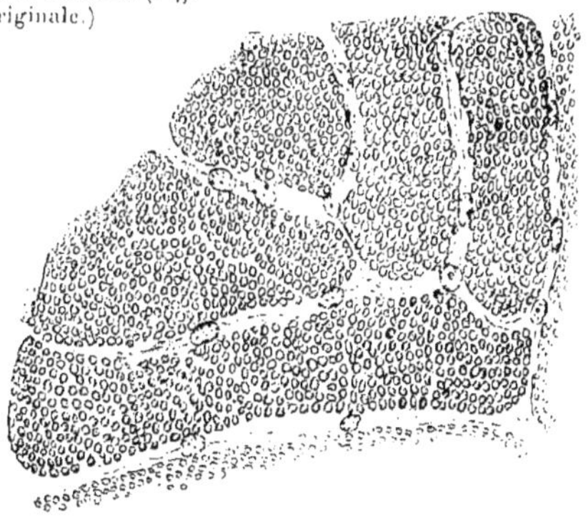

Fig. 569. — Fragment d'une coupe transversale d'un muscle alaire chez une nymphe de *Calliphora vomitoria* avancée. (Fig. originale.)

Les muscles des autres régions du corps sont de nouvelle formation et prennent naissance par groupement et ordination de myocytes, dont je n'ai pu exactement déterminer l'origine (voir ch. XVII), qui se disposent en fibres, se soudent et constituent de petites colonnes protoplasmiques dont le centre est occupé par une rangée de noyaux. Dans le sarcoplasma se différencient deux couches concentriques de fibrilles contractiles (fig. 567).

Dans le thorax, les gros muscles dorso-ventraux sont constitués par des fibres rubanées, qui, sur une coupe sagittale, présentent une section rectangulaire avec plusieurs noyaux dans la zone protoplasmique interne (fig. 568). Ces muscles résultent de la fusion précoce de plusieurs colonnes parallèles de myocytes.

Les muscles alaires dorso-ventraux et obliques se développent de la manière indiquée par Van Rees, aux dépens de trois faisceaux larvaires du second segment thoracique et par le processus indiqué par cet auteur (fig. 569).

TISSU ADIPEUX

Le tissu adipeux, très développé dans les larves et dans les nymphes, a été l'objet de nombreux travaux surtout chez les Muscides. Aussi commencerons-nous par exposer les transformations de ce tissu chez les Diptères.

Diptères. — Depuis Weismann jusqu'à Berlese (1899) on admettait sans conteste que ce tissu subit une histolyse complète durant la nymphose ; telle était l'opinion de Künckel, Ganin et Viallanes. Ces auteurs, comme Weismann, pensaient que la membrane de la cellule adipeuse se rompt et que les granules qu'elle contient se répandent dans la cavité générale pour servir à nourrir les organes en voie de formation. Viallanes croyait que les granules se transformaient en cellules embryonnaires dans l'intérieur de la cellule graisseuse.

Kowalevsky (1885) crut avoir trouvé le véritable mécanisme de la destruction des cellules graisseuses. Il dit avoir pu suivre directement, sur la vésicule céphalique d'une Mouche vivante, l'invasion des cellules graisseuses par les leucocytes (1). Ceux-ci entoureraient en grand nombre une cellule qui prend l'aspect d'une morula ; puis ils pénètre-

(1) Kowalevsky, dans sa note, ne parle pas de leucocytes, mais de Körnchenkugeln venant s'accoler aux cellules graisseuses. Ce n'est que plus tard, en 1887, qu'il fait intervenir les leucocytes ou phagocytes dans la destruction des organes larvaires.

raient dans son intérieur et bientôt on ne trouve plus à la place de la cellule qu'un tas de Körnchenkugeln qui se dispersent.

Van Rees décrit également la pénétration des leucocytes dans les cellules graisseuses; ils sont d'abord groupés autour du noyau, puis se répartissent dans toute la cellule, où l'on reconnaît leur présence par leurs noyaux. Ces leucocytes immigrés se nourrissent aux dépens des globules gras, puis un grand nombre d'entre eux abandonnent la cellule, mais sans renfermer d'inclusions. L'auteur ne dit pas comment disparaissent les cellules graisseuses; il constate seulement que leur nombre diminue d'abord dans le thorax, puis dans l'abdomen à la fin de la vie nymphale.

Lowne (1892) pense que les cellules graisseuses deviennent cytogènes par immigration de leucocytes qui se multiplient dans leur intérieur.

De Bruyne (1898) s'est mépris complètement sur la constitution des cellules graisseuses qu'il paraît avoir confondues avec les Körnchenkugeln. Il dit n'avoir jamais vu de leucocytes dans ce qu'il appelle les cellules adipeuses, et n'y avoir jamais observé que des fragments de tissu musculaire en voie de dégénérescence. Les cellules adipeuses se désagrégeraient ensuite dans le voisinage des organes en néoformation, et c'est alors seulement que les leucocytes viendraient englober partiellement le reste de l'élément adipeux. Pour de Bruyne, les cellules graisseuses seraient des sarcoplasmas transformés en phagocytes qui ont ingéré et digéré des sarcolytes; on y trouverait des inclusions dans lesquelles on reconnaîtrait tous les stades de la dégénérescence des sarcolytes jusqu'à leur transformation en graisse. Il résulterait donc de cette manière de voir que les cellules graisseuses n'apparaîtraient qu'après la destruction du tissu musculaire, ce qui est absolument faux.

Berlese (1899) a fait une étude approfondie des transformations du corps adipeux de plusieurs Diptères, entre autres de la *Calliphora erythrocephala*, depuis l'éclosion de la larve jusqu'au stade d'imago.

Dans la jeune larve de Mouche, le corps adipeux est constitué par des lames cellulaires situées de chaque côté du corps, entre les muscles et les organes internes, et laissant entre elles un espace clair sur les lignes médianes dorsale et ventrale. Au-dessus du système nerveux se trouve une lame épicéphalique. Les cellules graisseuses, d'aspect polygonal, mesurent de 30 à 35 μ de diamètre; elles sont formées par un protoplasma d'apparence homogène, sans trace de vacuoles et renfermant de très petites gouttelettes de graisse. Comme Auerbach (1874) l'a constaté, les cellules adipeuses s'accroissent pendant la vie larvaire, mais sans se multiplier.

Lorsque la larve a atteint 7 millimètres, les cellules graisseuses sont plus grosses (35 à 45 μ) et renferment une plus grande quantité de graisse. Il existe à la périphérie de la cellule une zone claire ne contenant jamais de matière grasse. Les cellules de la région antérieure du corps commencent à se creuser de grandes vacuoles périphériques remplies de liquide, celles de la région postérieure ne présentant que de petites vacuoles. Dans la larve de 15 millimètres, les cellules adipeuses ont encore augmenté de volume; elles sont blanches, opaques et bourrées de gouttelettes graisseuses mesurant de 1 à 2 μ de diamètre.

Tant que les Asticots, c'est-à-dire les larves de Mouches, se nourrissent aux dépens de la viande en décomposition, leur estomac suceur, rempli d'une substance liquide brune, est visible par transparence à travers leurs téguments. Les cellules graisseuses continuent à s'accroître et mesurent de 250 à 350 μ; elles sont devenues mille fois plus volumineuses qu'au moment de l'éclosion; leur zone claire périphérique a disparu, et la différence entre les cellules de la région antérieure et celles de la région postérieure s'est encore accentuée. Bientôt la larve, arrivée à maturité, cesse d'ingérer des aliments. La tache brune de l'estomac suceur vu par transparence disparaît peu à peu et les bandes du corps adipeux deviennent jaunâtres et demi-transparentes. Tout le corps de l'Asticot prend une teinte cireuse; il perd sa forme conique pour devenir oval. La larve reste immobile pendant quatre à cinq jours tout en se raccourcissant; elle peut cependant encore se mouvoir quand on l'excite, et, projetée dans l'eau bouillante, elle s'allonge en reprenant sa forme conique.

A ce stade s'opèrent des modifications internes importantes. Le contenu du tube digestif s'extravase dans la cavité générale du corps et constitue un plasma finement granuleux qui vient baigner tous les organes; l'intestin est devenu très grêle. Dans le réticulum protoplasmique des cellules adipeuses apparaissent de fines granulations semblables à celles du plasma de la cavité du corps. Les granulations se colorent en violet dans la zone moyenne de la cellule tandis que, à la périphérie et dans le voisinage du noyau, elles restent incolores. Suivant Berlese, les cellules adipeuses absorberaient directement les substances albuminoïdes du plasma ; il s'établirait un courant centripète de ces substances vers le noyau, et un courant centrifuge de ces mêmes substances, modifiées par un ferment sécrété par le noyau, qui deviendraient alors colorables et se déposeraient dans la zone moyenne de la cellule.

Lorsque la larve contractée ne s'étend plus que peu quand elle est mise dans l'eau bouillante et reste plissée, les muscles antérieurs du corps sont déjà en histolyse et le plasma extravasé du tube digestif a disparu : il n'y a plus de substance coagulable entre les organes. La transformation des matières albuminoïdes absorbées par les cellules adipeuses est terminée.

Les cellules renferment de grosses granulations colorables par l'hématoxyline, plus volumineuses dans les cellules de la région abdominale que dans celles de la région céphalique. Les grosses granulations présentent dans leur intérieur des taches arrondies, plus colorées que le reste et simulant des noyaux. Ce sont ces boules que VIALLANES et VAN REES ont prises pour des éléments cellulaires (fig. 571).

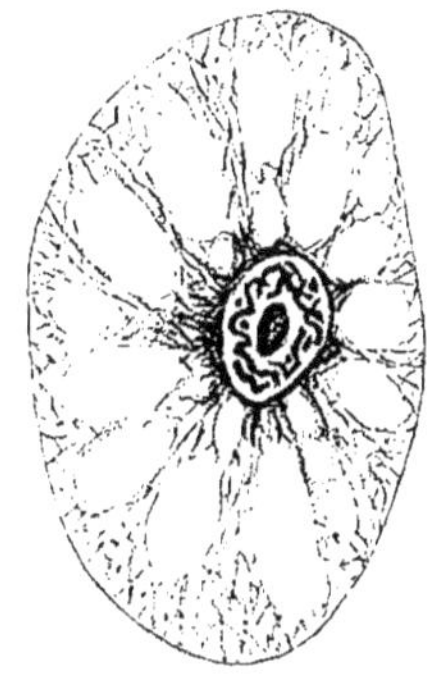

Fig. 570. — Cellule adipeuse céphalique de larve mûre de *Calliphora erythrocephala*. (D'après BERLESE, fig. empruntée à ANGLAS.)

Au dernier stade précédant l'état de nymphe, la larve ne s'étend plus dans l'eau bouillante. L'histolyse des muscles est plus avancée et la cavité du corps est de nouveau remplie d'un plasma coagulable plus grossièrement granuleux que le précédent et qui provient de la destruction des organes. Les cellules adipeuses ont diminué de volume; celles de la région postérieure se colorent plus fortement que les autres; leur contour s'est modifié. Elles renferment de grosses boules granuleuses provenant de l'absorption du plasma ambiant; ces boules sont plus volumineuses et plus nombreuses dans les cellules de la région céphalique que dans les cellules abdominales, qui contiennent encore des granulations résultant de la précédente absorption du liquide intestinal. D'une manière générale, ces dernières cellules sont toujours en retard dans leur évolution sur celles de la partie antérieure du corps.

Pendant la nymphose (1) le corps adipeux, qui durant la période larvaire a absorbé des substances albuminoïdes qu'il a élaborées et qu'il conserve à l'état de réserve, élimine ces substances qui vont servir à nourrir les nouveaux organes en voie de développement.

Au moment de la formation de la pupe, la plupart des cellules adipeuses sont devenues libres, surtout dans la région céphalothoracique;

(1) La période nymphale comprend trois périodes : 1° la pupe à peine formée, qui a une teinte rougeâtre : son enveloppe ne peut encore se détacher du corps, parce que la nouvelle cuticule n'est pas encore différenciée; 2° la *pronymphe*, qui peut s'isoler de l'enveloppe pupale devenue brune; 3° la *nymphe*, qui a déjà la forme de l'imago, mais qui est encore molle, et qui ne prend une teinte grise qu'un ou deux jours avant l'éclosion.

elles renferment des globules avec des parties colorables nucléiformes que Berlese considère comme des ferments dérivant du noyau, englobés par la substance constituant le globule et commençant à l'altérer. A la périphérie de la cellule adipeuse se trouvent de petits globules colorables, provenant de la transformation des substances absorbées. Ces petits globules sont bientôt expulsés de la cellule et se dissolvent dans

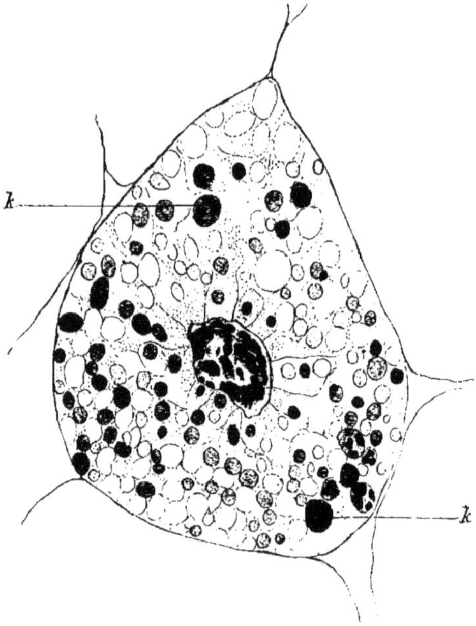

Fig. 571. — Cellule adipeuse d'une larve avancée de *Calliphora vomitoria*.
k, *k*, globules albuminoïdes contenant des parties plus colorables que le reste et simulant des phagocytes. (Fig. originale.)

le liquide ambiant. Celui-ci est coagulable, grossièrement granuleux et se colore beaucoup plus fortement que le plasma provenant de l'intestin ou de la dissolution des muscles. Ce nouveau plasma est donc en grande partie constitué par des substances assimilables, élaborées par les cellules adipeuses.

Deux ou trois jours après que l'enveloppe de la pupe est devenue brune, la pronymphe, dont l'hypoderme imaginal est déjà constitué dans la région antérieure et dont les muscles longitudinaux persistent encore dans la région postérieure, peut s'isoler facilement sous l'action de l'eau bouillante. La région céphalothoracique renferme de nombreux phagocytes et des sphères de granules (Körnchenkugeln); les globules des cellules adipeuses deviennent de plus en plus petits et de plus en plus colorables du centre à la périphérie de la cellule.

Dans la nymphe plus avancée, après l'évagination des disques imaginaux des membres, les cellules adipeuses céphaliques sont en partie vidées de leur contenu; elles renferment de grandes vacuoles et possèdent un noyau très net avec un gros nucléole. Autour de ce noyau, d'après Berlese, apparaîtraient de petites granulations colorables, qui résulteraient d'une sorte de pulvérisation du nucléole.

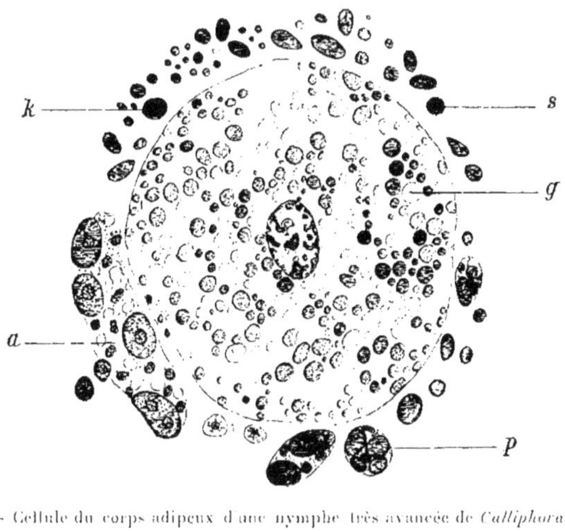

Fig. 572. — Cellule du corps adipeux d'une nymphe très avancée de *Calliphora comitoria*. *a*, tissu imaginal avec caryocytes; *g*, globule albuminoïde; *p*, phagocyte ayant ingéré des fragments musculaires, ou Körnchenkugeln; *k*, leucocyte; *s*, sarcolyte. (Fig. originale.)

Bientôt les cellules adipeuses émettent des prolongements amiboïdes qui absorbent les substances albuminoïdes ambiantes. Celles-ci, colorables par la safranine, s'accumulent dans les vacuoles cytoplasmiques sous forme de gouttelettes, dans lesquelles pénètrent les granulations qui ont apparu autour du noyau. Ces granulations agissent à la manière d'un ferment sur les gouttelettes safranophiles, qui deviennent colorables par l'hématoxyline. Berlese admet que, pendant toute la nymphose, les cellules adipeuses devenues indépendantes conservent leur individualité, absorbent des substances qu'elles élaborent et digèrent, puis excrètent des peptones solubles qui servent à nourrir les tissus en voie de formation. Ces cellules joueraient donc un rôle important dans la nutrition de la nymphe, d'où le nom de *trophocytes* qu'il propose de leur donner.

A la fin de la nymphose, lorsque les yeux commencent à présenter une teinte rouge, apparaissent les ébauches du tissu adipeux imaginal, très différent de celui de la larve et de la nymphe.

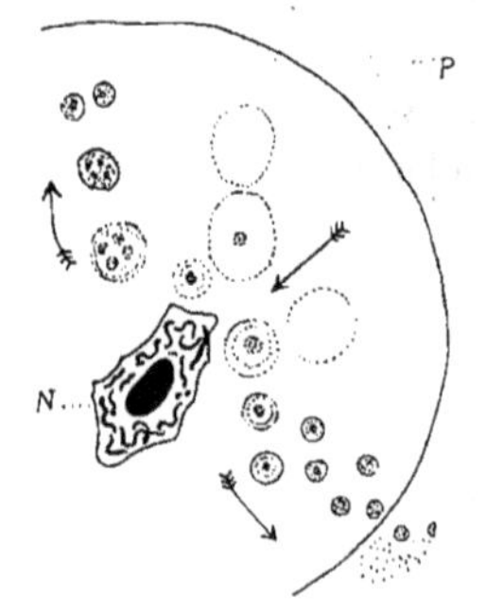

Fig. 573.— Schéma de l'élaboration par les trophocytes du plasma répandu dans la cavité générale, d'après l'interprétation de BERLESE.

P, plasma; *N*, noyau du trophocyte. (Fig. empruntée à CH. PÉREZ.)

Le corps de la Mouche adulte, au moment où celle-ci sort de la pupe, est encore rempli de cellules adipeuses, ayant le même aspect que celles qui se trouvent dans la nymphe. Il renferme aussi du tissu graisseux de nouvelle formation, dont nous parlerons plus loin, à propos de l'histogenèse.

BERLESE a suivi aussi les transformations du corps graisseux, pendant la nymphose, chez d'autres Diptères que les Muscides.

Chez les Cécidomyies, le corps graisseux est constitué par des cellules qui se sont fusionnées de bonne heure pour former des masses syncytiales ayant de nombreux petits noyaux. Le dépôt de substances albuminoïdes commence dans ces masses dès les deux tiers de la vie larvaire et continue pendant le stade nymphal; ces substances proviennent, comme chez les Muscides, du plasma de la cavité générale et des substances élaborées dans le tube digestif. Il n'y a pas formation de tissu adipeux imaginal; le syncytium adipeux donnerait des noyaux qui se multiplieraient et viendraient augmenter le nombre de ceux des muscles en voie de formation. On ne trouve, dans la cavité générale, ni phagocytes, ni sphères de granules, car il ne se produit pas d'histolyse musculaire.

Chez le *Melophagus ovinus* (1), dont les œufs et les larves se développent dans la partie commune des oviductes dilatée ou utérus, le corps graisseux apparait dans l'embryon sous forme de petites cellules étoilées anastomosées par leurs prolongements. La larve, à sa naissance, absorbe rapidement les substances albuminoïdes déposées dans l'utérus par le mâle; elle devient huit ou dix fois plus grosse et remplit tout l'utérus. Les cellules adipeuses se chargent alors de graisse. Au moment de

(1) Les organes génitaux femelles du *Melophagus* sont dépourvus de poches séminales, mais présentent des glandes accessoires rameuses, très développées, sécrétant un liquide visqueux qui sert à recouvrir la pupe et à la coller aux poils de l'hôte. Les deux ovaires ont la forme de sacs contenant chacun, d'après PRATT (1899), deux gaines ovariques constituées comme celles des autres Diptères. Les deux ovaires fonctionnent l'un après l'autre, ne donnant qu'un seul œuf mûr à la fois. L'utérus, au moment de l'éclosion de la larve, est rempli de spermatozoïdes et du produit de sécrétion des glandes accessoires du mâle. Cette masse spermatique est mangée par la larve.

la nymphose, le contenu du tube digestif s'extravase sous forme d'un plasma granuleux et est absorbé par les cellules graisseuses qui se fusionnent momentanément en un syncytium; puis les cellules se séparent, redeviennent libres et sont alors chargées de substances albuminoïdes. Le corps graisseux constitue ici un véritable vitellus qui manquait à l'œuf. La nymphe est comparable à un œuf.

Le dépôt des matières albuminoïdes dans les cellules adipeuses a lieu, d'une manière générale, tardivement chez les Diptères carnivores, et ne commence que lorsque la larve cesse de se nourrir et se dispose à se transformer en nymphe. Chez les Diptères phytophages le dépôt se fait plus tôt; il est plus précoce pour les espèces vivant aux dépens de végétaux frais que pour celles qui se nourrissent de matières végétales, riches en azote, en putréfaction.

J'ai pu vérifier (1900) les observations de BERLESE et arriver aux mêmes conclusions que lui. En variant les modes de fixation et de coloration, j'ai étudié les larves et les nymphes de *Calliphora vomitoria* et de *Lucilia Cæsar* à tous les stades, et je me suis convaincu que les cellules adipeuses ne renferment jamais d'autres noyaux que le grand noyau à cordon chromatique pelotonné, qui occupe le centre du corps cytoplasmique et qui seul se colore par les colorants nucléaires. Les prétendus éléments nucléés contenus dans les cellules adipeuses sont bien des boules de substances albuminoïdes, renfermant une ou plusieurs masses ayant plus d'affinité pour les matières colorantes que le reste, et pouvant en imposer pour des noyaux. Ces masses n'ont pas de contours nets et sont constituées par de très fines granulations. J'ai pu quelquefois voir des leucocytes accolés à des cellules graisseuses, mais ils ne pénètrent pas dans leur intérieur. Ce n'est que tout à fait à la fin de la nymphose qu'un certain nombre de cellules adipeuses se détruisent en éclatant et en laissant échapper leur contenu, qui peut alors devenir la proie des phagocytes.

SUPINO (1900), chez la *Calliphora erythrocephala*, a observé les mêmes faits que BERLESE et que moi-même relativement à l'absence de phagocytes dans le corps adipeux.

VANEY (1902) a étudié également le corps graisseux des Diptères. Contrairement à l'opinion de MIALL et HAMMOND (1900) que le tissu graisseux est en grande partie absorbé durant la nymphose du *Chironomus*, il a constaté que ce tissu se maintient intégralement de l'état larvaire à l'état adulte chez les Diptères inférieurs (*Culex*, *Simulia*, *Chironomus*); en cela, il est d'accord avec BERLESE. Mais VANEY admet, chez *Chironomus* et *Simulia*, que le corps graisseux des régions thoracique et caudale se résout en éléments cellulaires amibiformes, qui viennent se placer sur les muscles larvaires. Là ils se chargent de graisse en absorbant les produits de destruction musculaire. Plus tard, ces cellules formeraient le tissu adipeux imaginal.

Chez le *Gastrophilus*, les cellules adipeuses larvaires, pendant la nymphose, après s'être chargées de granulations éosinophiles, émettent des bourgeons, dépourvus de noyaux, contenant les parties dégénérées de la cellule. Ces bourgeons se répandent dans le liquide cavitaire et deviennent la proie des phagocytes. Les cellules dégénèrent ensuite en se ratatinant et se vidant. Quelques-unes sont phagocytées, mais lorsqu'elles ont déjà dégénéré.

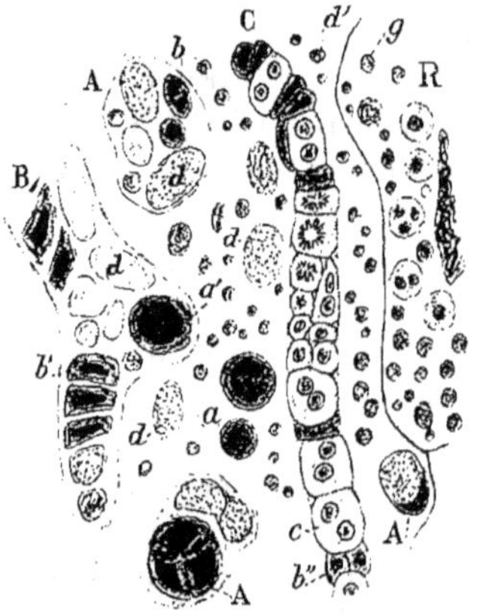

Fig. 574. — Histogenèse du tissu imaginal chez *Calliphora erythrocephala*.

A, A', sphères de granules à divers états de développement ; *c*, caryocytes provenant des noyaux larvaires ; *b*, *b'*, *b''*, les mêmes après plusieurs divisions ; — B, C, colonnettes de tissu adipeux imaginal résultant des sphères de granules ; *c*, cellule adipeuse imaginale ; *d*, *d'*, sarcolytes de diverses tailles ; — R, cellule adipeuse nymphale, avec granulations albuminoïdes, *g*. (Fig. empruntée à ANGLAS, imitée de BERLESE.)

Histogenèse du tissu adipeux imaginal. — LOWNE, avec BÜTSCHLI, CLAUS et BOLLES-LEE, fait dériver les cellules graisseuses de l'adulte des chapelets des cellules larvaires. Mais BERLESE a montré le premier que, si, dans la Mouche adulte qui vient de se transformer, il y a encore des cellules graisseuses larvaires, on trouve aussi un tissu adipeux de nouvelle formation, dérivant des sphères de granules.

Dans les nymphes dont les yeux commencent à noircir, on trouve des sphères de granules contenant un noyau musculaire (caryolytes) dont l'aspect a changé ; la tache nucléaire se colore fortement par l'hémalun. Bientôt, la colorabilité diminuant, on aperçoit dans la tache trois ou quatre noyaux entourés à distance d'une membrane. La tache serait ainsi constituée par la réunion d'un certain nombre de petites cellules. Ces cellules, devenant libres, se disposeraient en série, se multiplieraient et formeraient les traînées du tissu adipeux imaginal, qu'on voit entre les cellules graisseuses larvaires, surtout dans l'abdomen. Les traînées renferment deux sortes d'éléments : de petites cellules et d'autres plus grosses, arrondies, avec deux noyaux ou plus, à protoplasma plus homogène et moins colorable. L'ensemble de ces cellules est enveloppé par une mince membrane (fig. 574).

Les inclusions, contenues dans les sphères de granules transformées et ayant constitué le tissu imaginal, disparaissent peu à peu, et le nouveau tissu continue à se nourrir en épuisant, par osmose, les cellules graisseuses larvaires, au milieu desquelles il s'insinue. Les grandes cellules plurinucléées des traînées adipeuses imaginales grossissent moins rapidement que les petites; elles se multiplient et finissent par ressembler aux autres.

Les seuls Insectes, chez lesquels Berlese ait trouvé un tissu adipeux imaginal de néoformation, sont les Muscides, les Pupipares et les plus élevés des Némocères (*Mycetophila*).

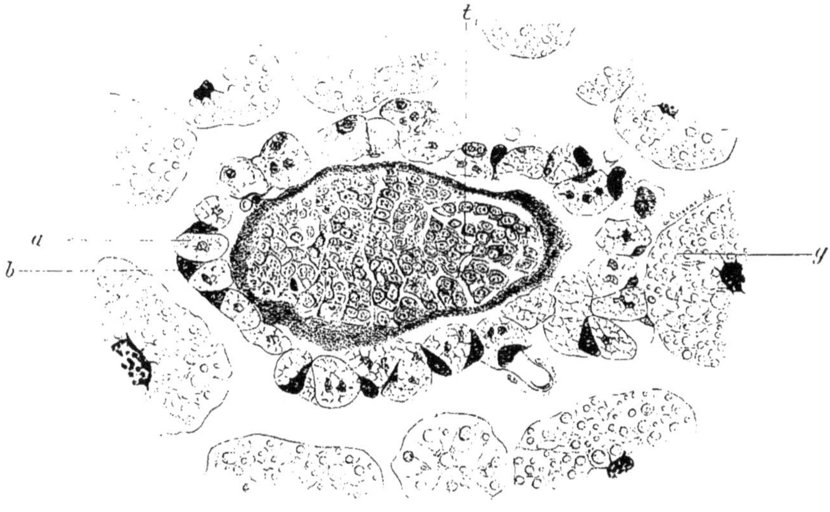

Fig. 575. — Fragment d'une coupe de *Calliphora comitoria* venant d'éclore.

t, testicule entouré de tissu graisseux imaginal contenant des cellules adipeuses, *c*, et des caryocytes. *b* ; *g*, cellules adipeuses larvaires en dégénérescence. (Fig. originale.)

Supino a reconnu l'existence du tissu adipeux imaginal de la *Calliphora*, mais il lui attribue une autre origine que celle donnée par Berlese. Selon lui, il ne dériverait pas des noyaux musculaires larvaires contenus dans les sphères de granules, mais des cellules mésenchymateuses qui, d'abord éparses dans la cavité du corps, se réunissent sur certains points et se disposent en séries pour former les traînées de tissu imaginal.

Berlese (1900) dans un travail spécial, où il critique la manière de voir de Supino, et dans son grand mémoire de 1901, maintient son opinion : il dit que ce dernier auteur a pris pour du tissu adipeux imaginal en voie de formation, des myocytes ou des fibres musculaires coupées transversalement. Il est hors de doute, dit Berlese, que les traînées de tissu adipeux imaginal proviennent des sphères de granules ou caryolytes; ce sont des éléments dérivant des noyaux musculaires et non encore différenciés en myocytes; les caryolytes, qui n'ont pas été employés pour la néoformation des muscles imaginaux, s'arrêtent dans leur développement et dégénèrent en éléments adipeux. Le point sur lequel on peut discuter est celui de savoir si l'élément actif dans la sphère de granules est le noyau musculaire, ou celui du phagocyte; Berlese admet que c'est le noyau musculaire, parce que celui-ci, quand il demeure libre et n'est pas englobé par un phagocyte, peut se multiplier de la même manière que lorsqu'il est contenu dans une sphère de granules, et les éléments qui prennent ainsi naissance se transforment en une traînée adipeuse imaginale.

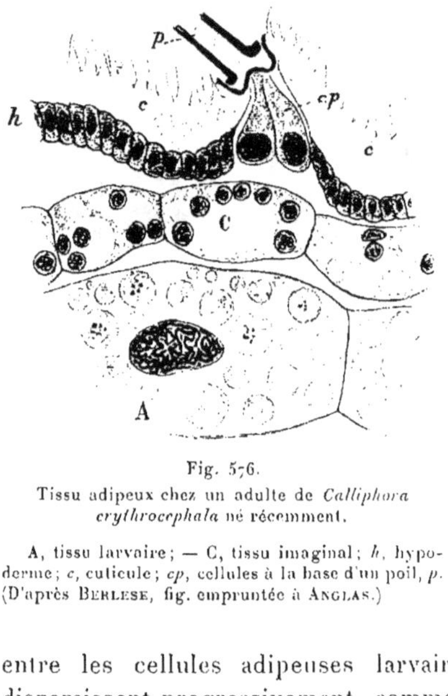

Fig. 576.
Tissu adipeux chez un adulte de *Calliphora erythrocephala* né récemment.

A, tissu larvaire; — C, tissu imaginal; *h*, hypoderme; *c*, cuticule; *cp*, cellules à la base d'un poil, *p*. (D'après Berlese, fig. empruntée à Anglas.)

Dans une note parue en 1900, je confirmais la description donnée par Berlese du tissu adipeux imaginal, mais sans me prononcer sur son origine que je n'avais pu élucider. Depuis, j'ai pu observer quelques stades de la formation de ce tissu et j'ai constaté qu'il provient bien, comme le dit Berlese, des sphères de granules; mais je ne partage pas entièrement la manière de voir de l'auteur italien sur le mode de transformation de ces sphères. Il m'a semblé que dans les sphères de granules, disposées en séries entre les cellules adipeuses larvaires, les inclusions musculaires disparaissent progressivement, comme si elles se dissolvaient dans le protoplasma du leucocyte en se rassemblant en une région périphérique de celui-ci. Le noyau du leucocyte se divisant, l'un des noyaux-filles reste dans la partie à protoplasma réticulé, l'autre pénètre dans la région où se trouvent les sarcolytes dissous et dont le protoplasma est homogène et colorable par l'hémalun. La division inégale de la sphère de granules donnerait ainsi naissance aux petites et aux grandes cellules primitives du tissu adipeux imaginal, dont les éléments arrivent ensuite à présenter tous le même aspect.

Tissu adipeux des Insectes autres que les Diptères. — Dans un second mémoire très important, BERLESE (1901) a exposé le résultat de ses recherches sur le corps adipeux des Insectes autres que les Diptères (Lépidoptères, Hyménoptères, Névroptères et Coléoptères). Il a constaté que le tissu graisseux passe de la larve à l'adulte sans présenter d'histolyse, sans jamais être attaqué par les leucocytes, mais quelquefois avec certaines modifications de peu d'importance.

Lépidoptères. — *Pieris brassicæ*, *P. napi*, *Sericaria mori*, *Hyponomeuta malinella*. Dans la larve, au moment de la naissance, on trouve dans la cavité du corps des éléments libres, dont les uns sont des leucocytes, les autres, qui leur ressemblent beaucoup, sont des cellules adipeuses. Celles-ci se groupent peu à peu pour former des amas auxquels semblent s'ajouter des leucocytes qui se multiplient dans leur voisinage. Les cellules graisseuses se creusent de vacuoles et sont le siège d'un dépôt de granulations et de globules de substances albuminoïdes. Au moment de la nymphose, on distingue deux régions dans le corps adipeux : l'une périphérique formée de cellules à inclusions albuminoïdes, l'autre entourant le tube digestif, principalement l'intestin moyen, constituée par des cellules contenant de la graisse et des granulations noircissant fortement par l'hématoxyline ferrique; ces granulations seraient, d'après BERLESE, formées de substances albuminoïdes non encore élaborées, provenant du plasma extravasé du tube digestif et contenant le produit de dissolution de l'épithélium larvaire. Dans la nymphe bien constituée, apparaissent, autour du noyau des cellules graisseuses péri-intestinales, des granulations uriques, d'autant plus nombreuses que la cellule est plus près de l'intestin. En même temps le noyau diminue de volume, de la partie interne à la région externe du corps graisseux. Il y aurait donc dans les cellules péri-intestinales une digestion intracellulaire des substances albuminoïdes provenant de l'intestin, dont l'épithélium imaginal ne fonctionne pas encore. La quantité de substances albuminoïdes contenue dans les cellules graisseuses diminue à la fin de la nymphose, et chez l'adulte, dont le corps graisseux est constitué comme celui de la nymphe.

La précocité des dépôts albuminoïdes dans les cellules graisseuses de la larve est en raison inverse de la faculté séricigène. Dans les espèces qui filent un riche cocon (*Sericaria*), le dépôt de ces substances ne commence que chez la larve en train de filer. Les cellules graisseuses des Lépidoptères contiennent toujours beaucoup de graisse sous forme de grosses gouttelettes. Leur nombre augmente souvent par suite de leur division karyokinétique (1).

(1) BERLESE a étudié le processus de la mue chez le Ver à soie et fait intervenir un nouveau facteur dans la production de ce phénomène (voir p. 497).

La membrane basale sous-hypodermique qui, chez les larves en activité et chez l'adulte, est tellement mince qu'elle est à peine visible, subit pendant la mue et la nymphose, soit dans toute son étendue, soit seulement dans certaines régions, un épaississement très notable. En même temps les cellules hypodermiques s'allongent considérablement par places et constituent une série de saillies. L'hypoderme se montre ainsi plissé à sa surface. Mais la membrane basale reste tendue à sa partie profonde, ce qui prouve que cette membrane est élastique. Au moment des mues larvaires et de la mue de la larve, pour passer à l'état de nymphe, l'intestin se vide complètement, il en résulte une diminution de volume du corps. La membrane basale, dont l'élasticité n'est plus contrebalancée par la tension interne, se rétracte alors et entraîne les cellules hypodermiques, qui se détachent de la vieille cuticule durcie et maintenue rigide par le liquide interposé entre elle et l'hypoderme.

Hyménoptères. — *Tenthrédinides* (*Hylotoma rosæ*, *Calliroa limacina*). Les larves des Tenthrèdes, ou *fausses chenilles*, ressemblent à celles des Lépidoptères, non seulement par leur morphologie externe, mais aussi par leur organisation interne. Au moment de leur éclosion, elles sont dans un état de développement beaucoup plus avancé que les larves des autres Hyménoptères.

Ce qui caractérise le corps graisseux des larves de Tenthrèdes, c'est que de très bonne heure le noyau des cellules prend une forme rubanée qui n'apparaît chez les autres Hyménoptères qu'à un stade très avancé. Le noyau primitivement arrondi s'allonge, s'aplatit, devient rameux et envoie des prolongements dans les travées

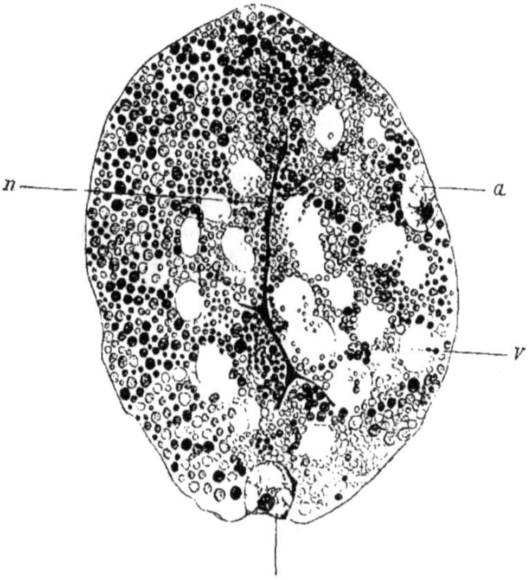

Fig. 577. — Cellule du corps adipeux d'une larve de *Nematus ventricosus*.

n, noyau ramifié; *v*, vacuoles; *a*, *a*, cellules à urates invaginées dans la cellule graisseuse et pouvant être prises pour des phagocytes. (Fig. originale.)

protoplasmiques qui séparent les vacuoles. La chromatine remplit l'intérieur du noyau sous forme de fines granulations.

Une autre particularité très intéressante de ce tissu adipeux, c'est la présence entre les cellules de petites cellules spéciales, les *cellules uriques* ou *à urates* (Berlese). Ces éléments avaient été aperçus par Cholodkovsky (1895) chez la larve de *Lophyrus*; cet auteur constata, mais sans pouvoir l'expliquer, la présence de petits noyaux périphériques dans les cellules adipeuses pourvues d'un gros noyau central. J'avais moi-même trouvé, à la périphérie des cellules graisseuses de la larve de *Nematus ventricosus*, de petites cellules à noyau arrondi et à protoplasma très peu abondant, enclavées dans le cytoplasma de ces cellules. J'avais signalé, dans mes leçons, que ces petites cellules pouvaient être confondues avec des leucocytes qui auraient pénétré dans les cellules adipeuses. Mais n'ayant observé ces cellules que sur des coupes fixées par des réactifs, qui avaient détruit les granulations d'urates, je n'avais pu reconnaître leur véritable nature (fig. 577). L'année suivante, en 1901, en examinant à l'état frais le corps graisseux de la larve de *Lyda pyri*, je constatais, entre les cellules graisseuses, disposées en traînées anastomosées, de petites cellules remplies de granulations blanchâtres et opaques, présentant les réactions des urates. Dans les cordons de tissu adipeux, les petites cellules à urates alternent régulièrement avec les cellules graisseuses. Après fixation, par suite du gonflement de ces dernières et de la disparition du contenu des cellules à urates, celles-ci se trouvent comprimées et s'invaginent dans les cellules graisseuses.

Mes observations n'étaient pas publiées lorsque parut le mémoire de Berlese dans lequel il décrivait et figurait les cellules à urates des Tenthrèdes telles que je les avais vues. L'auteur italien pense qu'il est difficile d'admettre que ces éléments pénètrent du dehors dans une cellule graisseuse, et semble plutôt admettre qu'ils proviennent de la cellule même; son noyau aurait bourgeonné et autour du bourgeon se différencierait une zone protoplasmique. Ce que j'ai constaté chez *Lyda pyri* me porte à croire que les cellules à urates sont des éléments spéciaux qui peuvent pénétrer dans les cellules graisseuses par suite d'une simple pression mécanique.

Les cellules à urates n'apparaissent chez la larve d'*Hylotoma* que lorsque celle-ci est enfermée depuis quelques jours dans son cocon; chez la larve de *Calliroa*, on les trouve beaucoup plus tôt; de même dans celles de *Nematus* et de *Lyda*, d'après mes observations.

Les cellules graisseuses, au moment de la nymphose, augmentent beaucoup de volume, se chargent de globules albuminoïdes et ont un noyau qui devient de plus en plus mince; les cellules à urates deviennent aussi plus volumineuses. Chez l'adulte, on retrouve les cellules graisseuses, les unes avec l'aspect qu'elles ont chez la nymphe et contenant encore des globules albuminoïdes et des cellules à urates enclavées dans leur cytoplasma; les autres plus petites, à protoplasma plus colorable, ne contenant que de la graisse et sans cellules à urates. Ce sont ces petites cellules qui persistent seules pour constituer le tissu graisseux imaginal; elles dérivent des premières qui perdent progressivement leurs dépôts albuminoïdes, se creusent de vacuoles et se chargent de graisse (1).

---

(1) On admet, depuis les recherches de Graber (voir p. 86 et fig. 91), qu'il existe, au-dessous du vaisseau dorsal, un diaphragme qui sépare le sinus péricardique du reste du corps; un diaphragme semblable existerait entre le tube digestif et la chaîne nerveuse. Berlese (1901), dans les larves d'*Hylotoma rosæ*, de Fourmilion et de Coccinelle, a vu que ces diaphragmes n'existent pas, mais que, au-dessous du vaisseau dorsal, se trouve une membrane péritonéale qui entoure complètement le tube digestif, emprisonnant entre elle et lui du tissu adipeux (tissu adipeux *proximal*, par opposition au tissu adipeux *distal*, situé en dehors de la membrane). La tunique péritonéale est constituée par deux membranes très minces accolées, entre lesquelles sont les cellules péricardiques; cette tunique est plus épaisse dans la région dorsale (*diaphragme dorsal* des auteurs) et souvent dans la région ventrale que dans les régions latérales, où elle peut passer inaperçue. Outre cette tunique péritonéale, séparée de l'intestin par du tissu adipeux, il y a une membrane péritonéale splanchnique étroitement appliquée sur l'intestin et le rectum, entourant les tubes de Malpighi à leur origine. Enfin, de la paroi du cœur partiraient de nombreuses membranelles très minces qui, se dirigeant latéralement dans l'espace compris entre l'enveloppe

Autres Hyménoptères (*Formicides*, *Cynipides*, *Ptéromalides*, *Apides*, *Vespides*). Chez eux le corps graisseux est constitué par des cellules semblables à celles des Tenthrédinides, possédant un noyau qui tôt ou tard, de rond ou ovale qu'il était chez la jeune larve, devient linéaire et rameux, et persiste ainsi chez l'adulte. Quelquefois si le noyau de la cellule adipeuse est volumineux (*Monodontomerus*), il se fragmente en petits noyaux qui se retrouvent dans les cellules imaginales plus petites. Les cellules adipeuses se multiplient pendant le stade larvaire, mais Berlese n'a jamais observé de division mitotique. Le dépôt des substances albuminoïdes dans ces cellules a lieu à des époques variables suivant les espèces, en général tardivement, mais de bonne heure chez les Fourmis. Les globules albuminoïdes sont de petite taille et ne présentent pas de pseudo-noyaux dans leur intérieur, comme chez les Diptères; les gouttelettes graisseuses sont au contraire assez grosses.

Les produits uriques se déposent dans des cellules spéciales ou dans des régions déterminées des cellules adipeuses; les cellules à urates dériveraient des œnocytes (voir plus loin), excepté chez les *Monodontomerus*.

Avant Berlese et après lui, le corps adipeux des Hyménoptères à abdomen pédiculé a été étudié par quelques auteurs. Karawaiew (1898), chez le *Lasius flavus*, décrit, dans la région abdominale, de grosses cellules amiboïdes, qu'il désigne sous le nom de *grands phagocytes*, qui deviennent plus nombreuses au moment de la nymphose, et se formeraient aux dépens de petites cellules mésodermiques indifférenciées. Ces grands phagocytes s'accoleraient à certaines cellules graisseuses, s'en nourriraient par osmose, sans englober d'éléments figurés. Plus tard, les grands phagocytes, devenus libres et chargés de granulations réfringentes, se dissolveraient dans le liquide cavitaire. Pérez et Berlese ont montré que Karawaiew avait pris pour de grands phagocytes des œnocytes et des cellules à urates.

Koschevnikov (1900) prétend qu'il y a une destruction histolytique du corps graisseux dans la nymphe d'Abeille. Les cellules perdraient leur membrane, et leur contenu se répandrait dans la cavité générale. Il ne resterait que les noyaux autour desquels les granules, provenant de la destruction des cellules larvaires, se grouperaient pour reconstituer les cellules imaginales. Il est à peu près certain que la description de Koschevnikov tient à une mauvaise technique; j'ai vu, en effet, sur des larves et nymphes d'Abeille et de Fourmi mal fixées, des cellules graisseuses éclatées et la cavité du corps remplie de granules épars. Sur les pièces convenablement fixées, au contraire, les cellules conservent toujours leur intégrité.

Terre (1900) décrit également une histolyse du corps adipeux dans la nymphe d'Abeille, par destruction des cellules qui se réduisent en une sorte de bouillie ser-

---

du corps et la tunique péritonéale, envelopperaient des amas de cellules adipeuses pour en former des groupes distincts, mais reliés entre eux par ces membranelles. Cette disposition est très nette chez le Ver à soie.

J'ai pu, sur la larve de *Lyda pyri*, vérifier la description de Berlese. La tunique péritonéale est ici située à une assez grande distance du tube digestif; elle entoure le tube digestif, la plus grande partie du corps graisseux et les glandes séricigènes. En dehors d'elle se trouvent : le vaisseau dorsal, la chaîne nerveuse, les muscles et des cellules adipeuses très différentes de celles qui entourent le tube digestif; ces cellules sont au moins moitié plus petites que les autres, leur réseau protoplasmique est plus dense et plus colorable, leur noyau plus condensé. C'est dans le tissu adipeux proximal que se trouvent les cellules à urates; on ne voit, au contraire, d'œnocytes que dans le tissu distal.

vant d'aliment aux organes en voie de formation. On peut adresser à son observation la même critique qu'à celle de l'auteur précédent.

ANGLAS (1900) admet que, chez la Guêpe, un certain nombre de cellules adipeuses dégénèrent, que leur membrane se rompt, laissant échapper leur contenu granuleux. Les autres cellules perdent leurs substances de réserve qui disparaissent sans être utilisées par les cellules elles-mêmes. Ces substances seraient absorbées par les éléments voisins (tissus imaginaux, glandes génitales, leucocytes probablement), mais sans aucune phagocytose; il s'agirait d'une sorte de digestion extracellulaire, à distance, par des diastases que sécrètent les cellules qui assimilent. C'est ce que l'auteur a appelé la *lyocytose*, les lyocytes étant les éléments qui profitent de cette nutrition. Quant aux cellules à urates, qu'ANGLAS désigne sous le nom de *cellules excrétrices*, et qu'il considère comme jouant le rôle de rein d'accumulation pendant la transformation des tubes de Malpighi, il pense qu'elles peuvent aussi exercer une action lyocytaire sur les cellules adipeuses. Dans un travail plus récent (1901), ANGLAS ne parle plus de lyocytose pour le corps graisseux, mais il persiste à admettre la dégénérescence d'un certain nombre de cellules adipeuses. dont le protoplasma est très réduit et dont le noyau se fragmente. Chez la nymphe, des éléments provenant de la destruction des muscles larvaires, des caryocytes ou sarcocytes. persisteraient pour donner des cellules amiboïdes, semblables aux œnocytes et qu'on retrouve chez l'adulte entre les anciennes cellules larvaires graisseuses modifiées.

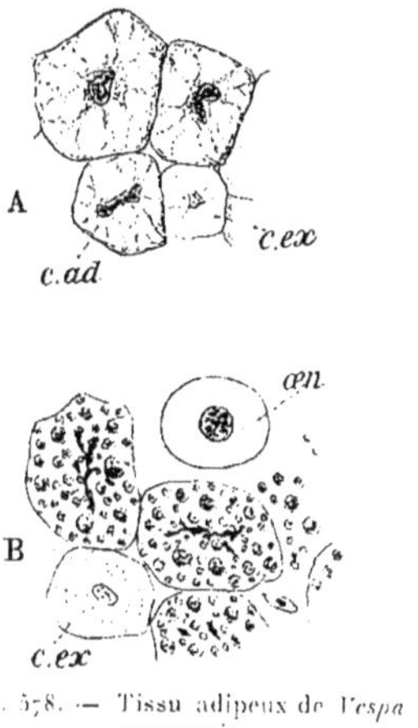

Fig. 578. — Tissu adipeux de *Vespa communis*.

A, tissu larvaire : — B, tissu nymphal ; *c.ad*, cellule adipeuse ; *c.ex*. cellule excrétrice ; *œn*. œnocyte. (Fig. empruntée à ANGLAS.)

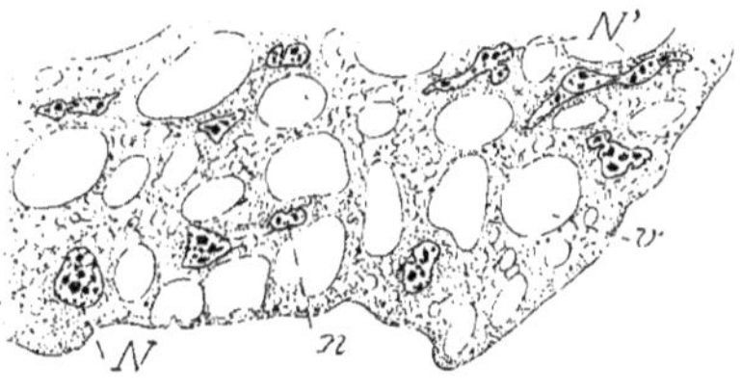

Fig. 579. — Tissu adipeux chez le Frelon adulte.

Les cellules, distinctes chez la larve, se sont fusionnées en un syncytium. Les noyaux, *N*, présentent des formes irrégulières, à la suite d'étranglements et de bourgeonnements. La chromatine est fragmentée, et forme des noyaux plus petits, *n* : il y en a un grand nombre dans tout le syncytium ; *v*, vacuoles. (D'après ANGLAS.)

Les cellules adipeuses imaginales ne renferment plus de substances de réserve. elles sont creusées de grandes vacuoles et leur noyau s'est fragmenté en nombreux corps nucléaires, situés à la périphérie de la cellule. Elles demeurent indépendantes chez la Guêpe, et se fusionnent en une sorte de syncytium chez le Frelon (fig. 579).

PÉREZ (1902), dans les jeunes larves de *Formica rufa*, trouve tous les intermédiaires entre les amibocytes et les cellules adipeuses bien différenciées, avec noyau arrondi et grandes vacuoles remplies de gouttelettes graisseuses (fig. 580). Bientôt, les cellules augmentent de volume et de nombre, probablement par division directe. Les gouttelettes graisseuses sont restées les mêmes, mais apparaissent des inclusions éosinophiles se rapprochant des granulations éosinophiles α d'Ehrlich. Les inclusions augmentant de nombre remplissent les cellules dont les noyaux s'aplatissent et deviennent irréguliers (fig. 582).

Au début de la nymphose apparaît autour du noyau, de plus en plus ramifié, une série de fines granulations, qui s'étend progressivement vers la périphérie de la cellule. Ces granulations proviennent de la transformation de sphérules plus grosses ; en même temps une notable partie de la graisse disparaît. Les cellules graisseuses, qui étaient juxtaposées, deviennent libres et leur membrane d'enveloppe s'amincit considérablement, ce qui explique leur fragilité et l'erreur des auteurs qui ont cru que ces cellules diffluaient.

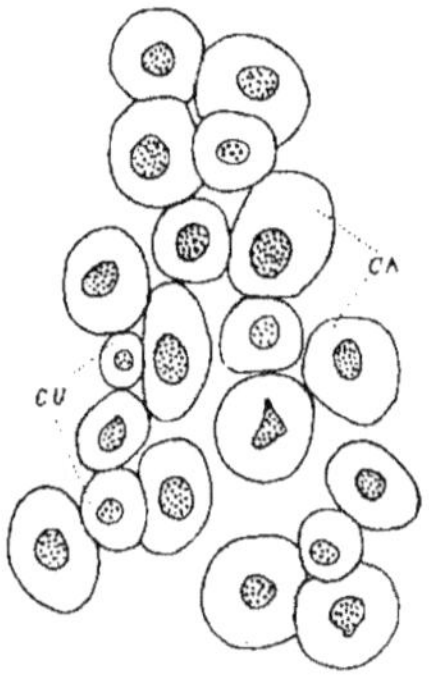

Fig. 580. — *Formica rufa*.

CA, cellules adipeuses ; *CU*, cellules à urates : chez une jeune larve. (Fig. empruntée à Ch. Pérez.)

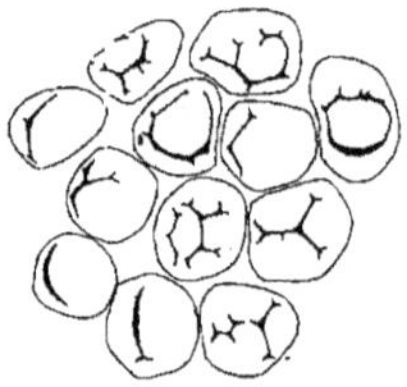

Fig. 581. — *Formica rufa*.

Cellules adipeuses d'une larve adulte. (Fig. empruntée à Ch. Pérez.)

Certaines d'entre elles continuent à évoluer sans se détruire, d'autres disparaissent. Parmi les premières, celles de la région thoracique, comprises entre les muscles en voie de formation, se trouvent comprimées entre les traînées musculaires, s'allongent et perdent peu à peu leurs inclusions éosinophiles, qui sortent probablement de la cellule à l'état liquide et servent à nourrir les muscles voisins. Il ne reste plus que des globules graisseux. Dans l'abdomen, les cellules conservent une partie de leurs granulations éosinophiles, mais la quantité de graisse augmente, et il semble que les substances albuminoïdes se transforment en graisse. Dans quelques cellules, des fragments se séparent du noyau pour former de petits noyaux répartis à la périphérie de la cellule.

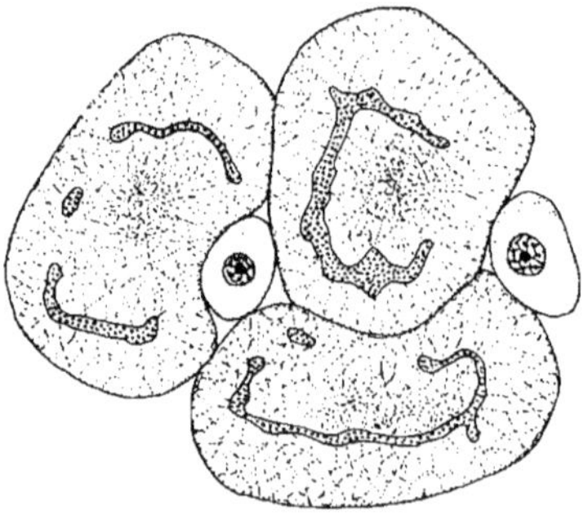

Fig. 582. — *Formica rufa*.

Cellules adipeuses et œnocytes d'une femelle venant d'éclore : les inclusions éosinophiles n'ont pas été représentées. (Fig. empruntée à Ch. Pérez.)

Dans la région antérieure du corps, là où va se faire l'étranglement du cou, il se produit une destruction assez importante de cellules adipeuses. Celles-ci sont attaquées par des leucocytes qui pénètrent dans leur intérieur et dont on ne voit que le noyau. En même temps, le noyau de la cellule adipeuse change complètement d'aspect. De rameux qu'il était, il se ramasse sur lui-même en une masse irrégulièrement globuleuse et paraît rempli d'un liquide clair, tandis que ses grains chromatiques sont répartis en traînées superficielles. Cette altération du noyau succéderait, d'après Pérez, à la pénétration des leucocytes et ne la précéderait pas. Finalement les phagocytes s'emparent des inclusions de la cellule adipeuse, les digèrent et s'attaquent en dernier lieu au noyau.

Chez les femelles, c'est à peu près exclusivement dans la région nucale qu'on observe la destruction phagocytaire des cellules adipeuses. Chez les mâles, au contraire, dont les testicules sont beaucoup plus développés que les ovaires des

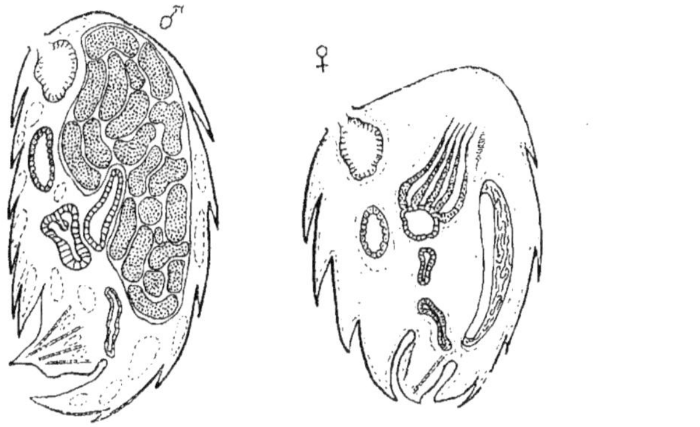

Fig. 583. — Étendue comparative des régions encore persistantes du corps adipeux (régions teintées), dans l'abdomen de nymphes également âgées de mâle, ♂, et de femelle, ♀, de *Formica rufa*. (Fig. empruntée à Ch. Pérez.)

femelles, presque toutes les cellules graisseuses de l'abdomen disparaissent par phagocytose (fig. 583).

Les cellules à urates, chez la Fourmi, existent déjà dans la jeune larve; elles se distinguent des œnocytes par leur noyau et ressemblent aux cellules adipeuses : elles ont probablement la même origine que ces dernières. De bonne heure leur cytoplasma présente une grande affinité pour les colorants nucléaires. Pendant qu'elles grossissent et se chargent de produits uriques, elles s'accolent aux cellules adipeuses et s'encastrent à leur périphérie. Les cellules à urates persistent jusqu'à l'imago, mais perdent peu à peu leurs concrétions uriques.

Coléoptères et Névroptères. — Berlese a suivi l'évolution du corps graisseux chez un certain nombre de Coléoptères (*Aphodius terrestris*, *Lampyris noctiluca*, *Saperda populnea*, *Sitopreda panicea*, *Coccinella septempunctata*, etc.), et de Névroptères (*Chrysopa*, *Myrmilcon formicalynx*, *Limnophila*).

Chez les Coléoptères, les globules albuminoïdes de petites dimensions déposés dans les cellules graisseuses paraissent constitués par des substances déjà élaborées dans le tube digestif; ce dépôt a lieu de bonne heure chez la larve, d'abord dans le tissu adipeux proximal entourant le tube digestif, puis dans le tissu distal, qui souvent ne contient pas d'inclusions albuminoïdes. Les cellules renferment aussi beaucoup de graisse sous forme de gouttelettes; leur noyau ne change pas de forme et est toujours arrondi ou ovalaire (BERLESE s'est trop hâté de conclure, d'après ses observations, sur la forme du noyau, car, chez la larve et la nymphe d'*Anthonomus pomorum*, le noyau des cellules graisseuses est ramifié comme chez les Hyménoptères (fig. 584); il y a probablement d'autres exceptions).

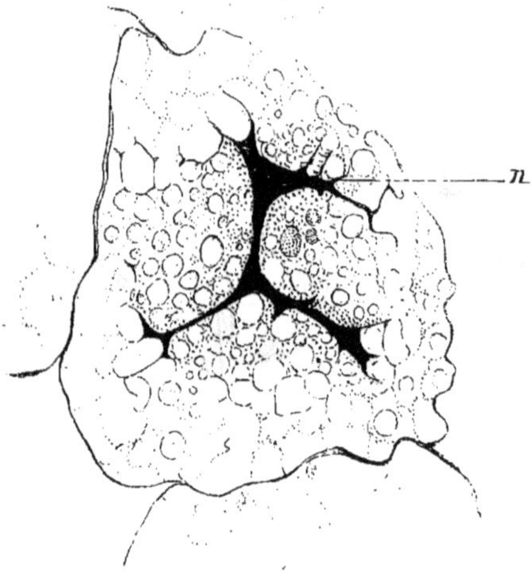

Fig. 584. — Cellule adipeuse à noyau ramifié, *n*, d'une larve d'*Anthonomus pomorum*. (Fig. originale.)

Il n'y a pas de cellules à urates, et les produits uriques se déposent dans les cellules adipeuses mêmes, principalement dans les distales. Le corps graisseux passe de la larve à l'adulte; ses cellules, réunies en groupes et en lamelles chez la larve, deviennent libres dans la nymphe et perdent peu à peu leurs inclusions albuminoïdes (1).

Parmi les Névroptères, chez ceux qui mènent une vie terrestre, qui sont carnivores et chasseurs, les substances albuminoïdes apparaissent très tôt dans le corps adipeux. Le pylore étant fermé, jusqu'à l'âge adulte, et les tubes de Malpighi ne fonctionnant pas comme organes excréteurs, une grande quantité d'urates se dépose dans les cellules graisseuses, surtout dans les masses distales. Cet état persiste pendant la nymphose et on retrouve les urates chez l'adulte après l'éclosion. Dans les Névroptères à larves aquatiques, le tissu graisseux paraît se comporter comme celui

(1) BERLESE a conservé à jeun des larves mûres de *Saperda populnea* pendant plus de deux mois et les a vues se transformer en nymphes et en adultes : elles ont pu continuer à se nourrir aux dépens des réserves albuminoïdes et graisseuses déposées dans leur tissu adipeux.

des Lépidoptères; chez eux il n'y a pas de dépôts d'urates, ni de différence entre le tissu proximal et le tissu distal. Les noyaux des cellules sont arrondis chez les Névroptères étudiés par Berlese.

De l'ensemble de ses recherches sur le corps graisseux des Insectes, Berlese a tiré les principales conclusions suivantes :

Les cellules graisseuses larvaires augmentent de volume depuis la naissance de la larve jusqu'à sa transformation en nymphe; elles peuvent aussi augmenter de nombre en se multipliant par voie indirecte.

Les cellules graisseuses des jeunes larves, à part celles des Fourmis et peut-être de quelques autres Insectes, ne contiennent que de la graisse; mais dans toutes les nymphes, elles renferment des granules ou gouttelettes très réfringentes, de grandeur et de coloration variables, insolubles dans les dissolvants de la graisse. Ces éléments figurés ne sont jamais des fragments musculaires (sarcolytes); ils augmentent de volume dans l'intérieur de la cellule même. Chez les Diptères supérieurs, les substances absorbées par la cellule graisseuse appartiennent au groupe des matières albuminoïdes insolubles: dans la cellule ces substances se transforment en matières albuminoïdes assimilables (digestion intracellulaire et production de pseudo-noyaux dans les cellules). Chez les autres Insectes, les substances qui se déposent dans la cellule paraissent être déjà élaborées.

Relativement à l'époque où se fait le dépôt des matières albuminoïdes, on peut établir l'ordre suivant : 1° à peu près à la naissance de la larve (Fourmis); 2° vers le milieu du développement de la larve (Insectes carnassiers, Coléoptères végétariens et fimicoles, Lépidoptères ne filant pas de cocon); 3° à la fin de la vie larvaire, mais lorsque la larve se nourrit encore (Diptères végétariens, Lépidoptères filant un cocon); 4° après que la larve a cessé de se nourrir (Diptères sarcophages, Hyménoptères parasites); 5° tout à fait au dernier moment de la vie larvaire (Lépidoptères filant un cocon riche en soie, Tenthrédinides, Phryganides) (1).

Le tissu adipeux peut être le siège de dépôts uriques provenant soit

(1) La courte durée de la vie larvaire paraît être en raison directe de la richesse de l'alimentation. Au point de vue de la rapidité de l'évolution de la larve, on peut classer ainsi les Insectes :

1. Sarcophages (Diptères).
2. Parasites, carnivores et ravisseurs.
3. Végétariens à aliments frais (Hyménoptères sociaux, Lépidoptères, Coléoptères, Tenthrédinides, Diptères).
4. Végétariens à aliments secs riches en albuminoïdes (Coléoptères des céréales, etc.)
5. Végétariens à aliments secs ou appauvris (xylophages, fimicoles, etc.).

de la nourriture ingérée (Diptères inférieurs vivant dans les excréments et l'urine des animaux supérieurs), soit des réactions qui se passent dans l'intérieur du corps, dans les différents organes de l'Insecte (Fourmis, Cousins, etc.), soit de l'altération des granules albuminoïdes des cellules graisseuses (presque tous les Insectes métaboliques).

Les leucocytes ne prennent aucune part à la destruction du tissu adipeux. La désagrégation des cellules graisseuses, grâce à laquelle les granulations albuminoïdes se répandraient dans la cavité générale, n'existe pas et ne s'observe que sur des préparations mal fixées.

Les granulations albuminoïdes représentent une réserve de substance nutritive employée soit pendant les jours de jeûne de la larve ou de l'adulte, soit pour l'édification des organes nouveaux pendant la nymphose.

APPAREIL RESPIRATOIRE

Trachées. — Le système trachéen de la larve des Muscides diffère considérablement de celui de l'adulte; il subit donc des transformations importantes durant la nymphose. L'air y pénètre, chez la larve, par les deux stigmates situés à la partie postérieure du corps; chez la nymphe, il n'y a d'orifices respiratoires que sur le prothorax, tandis que l'adulte possède six paires de stigmates latéraux.

Weismann constata que les trachées de la larve disparaissent au moment de la nymphose; la membrane péritonéale subit une dégénérescence graisseuse, puis le tube chitineux, qui contenait encore de l'air, se déchire et disparaît. Künckel d'Herculais, chez les Syrphides et les Muscides, dit au contraire que, lorsque la larve est prête à se métamorphoser, la membrane péritonéale devient le siège d'une grande activité et se couvre de cellules, qui, se groupant sur certains points, constituent des agglomérations pyriformes ayant quelque analogie avec les histoblastes. Ganin se borne à signaler une dégénérescence graisseuse de la membrane péritonéale.

Viallanes admet pour les trachées le même mode de disparition que pour les glandes salivaires : apparition de cellules-filles dans le protoplasma des cellules péritrachéennes, puis dispersion de ces cellules embryonnaires dans la cavité du corps. Suivant Kowalevsky, les gros troncs trachéens disparaissent par phagocytose comme les glandes salivaires, mais il persiste quelques cellules de l'hypoderme trachéal, qui serviront à former les nouvelles trachées. Van Rees dit avoir reconnu l'existence de cellules imaginales, semblables à celles de l'hypoderme, dans la tunique péritrachéenne ; celle-ci disparaît en partie, mais sans phagocytose nette. Pour Lowne, la tunique péritonéale est entièrement enlevée par l'action des phagocytes. Wahl (1899), chez les vieilles larves d'*Eristalis tenax*, distingue les gros troncs trachéens destinés à disparaître, qui possèdent dans leur tunique externe de gros noyaux arrondis, et les trachées persistant dans l'imago qui ont de petits noyaux fusiformes et comprimés. A certaines places, la tunique présente plusieurs couches, correspondant aux épaississements pyriformes de Künckel, et qu'il considère comme des disques imaginaux des trachées ; ce sont les centres de régénération pour les trachées persistantes. Dans les troncs longitudinaux, de petites cellules se trouvent en avant de l'ouverture des rameaux cérébro-pharyngiens ; leur portion plus antérieure sera la proie des phagocytes ; quant aux cornes antérieures, elles persistent dans la pupe, et forment, avec la portion antérieure de la matrice des troncs trachéens, un tube sans éléments cellulaires, adhérant à la loge pupale.

Vaney a suivi récemment les modifications du système trachéen chez le *Gastrophilus equi*. Un certain nombre de trachées disparaissent et des portions des troncs longitudinaux subissent des modifications consistant en un renouvellement de leur ancienne matrice. Cette disparition s'accompagne souvent de phagocytose, mais lorsque les cellules de la tunique présentent déjà des signes de dégénérescence ; dans quelques cas les trachées dégénèrent sans intervention d'aucun phagocyte.

Cellules trachéales de la larve de Gastrophilus. — Nous avons déjà indiqué (p. 101 et 482) l'existence, dans la larve de l'Œstre du Cheval, de cellules spéciales, dites *cellules trachéales*, découvertes par Schröder van der Kolk (1845) et étudiées par Prenant (1899-1900) et par Enderlein (1899). Vaney (1902) a constaté que la coloration rouge de ces cellules est due à la présence de l'hémoglobine provenant probablement du sang de l'hôte des larves d'Œstre. Schröder et Scheiber, Enderlein, Prenant et Vaney admettent que les cellules du corps rouge forment le passage des cellules trachéales (voir p. 481) aux cellules adipeuses. Quant aux capillaires trachéens contenus dans ces éléments, Enderlein pense qu'ils sont formés par la cellule même ; Prenant (1899), qui avait cru que les capillaires étaient intracellulaires, admet (1900) qu'il y a seulement des connexions intimes entre les plus fines trachées et les trabécules du protoplasma différencié. Vaney croit également à une pénétration des ramifications trachéennes dans les cellules. Ce dernier observateur a étudié l'histolyse du corps rouge pendant la nymphose. Il a vu que l'hémoglobine tend à disparaître, la coloration des cellules étant moins accentuée que durant la période larvaire ; les capillaires trachéens deviennent flasques et s'entourent de granulations indiquant un début de dégénérescence ; le protoplasma devient homogène et se colore par l'hémalun. Le noyau perd sa forme normale et le nucléole s'allonge, produisant des masses irrégulières. C'est dans ces éléments modifiés et déjà dégénérés que pénètrent les phagocytes chargés de débris histolytiques ; ils abordent ordinairement la cellule par le hile, c'est-à-dire par le point de pénétration de la trachée. Ces phagocytes n'englobent pas des fragments des cellules trachéales; ils semblent incorporer sur place des portions dégénérées. D'autres cellules trachéales sont rétractées, ne renferment plus de capillaires trachéens et sont beaucoup plus dégénérées lorsqu'elles sont entourées par les phagocytes, qui ne pénètrent que faiblement dans leur masse. Enfin, des cellules trachéales dégénèrent complètement sans aucune intervention phagocytaire. « Ces différents modes de disparition des cellules trachéales ne peuvent se comprendre que si l'on admet que ces cellules subissent d'abord une dégénérescence qui, à elle seule, peut amener leur histolyse complète, et que, dans quelques cas, les phagocytes peuvent pénétrer dans leur substance dégénérée et aider à la disparition et à la transformation de leurs débris. La phagocytose n'est donc pas nécessaire à leur histolyse. »

Anglas, chez la Guêpe, l'Abeille et les Hyménoptères voisins, a trouvé que, au stade de pronymphe, la seule modification de l'appareil trachéen à noter est un élargissement des troncs principaux, avec amincissement de la paroi. Au moment de la nymphose proprement dite, les terminaisons trachéennes se mettent à proliférer très activement : elles se ramifient et, dans le voisinage de leurs terminaisons, de nombreuses cellules trachéales, qui sont des cellules de la paroi, émettent en tous sens des tubes capillaires chitineux.

L'histogenèse des trachées de nouvelle formation a été jusqu'ici mal étudiée. Weismann, Van Rees, Lowne, Wahl admettent une régénération sur place ou une néoformation aux dépens des amas de petites cellules provenant de la prolifération des cellules de la tunique péritonéale. Vaney, pour le *Gastrophilus*, dit que les troncs trachéens imaginaux sont dus en grande partie à la prolifération de véritables disques imaginaux échelonnés sur les troncs longitudinaux larvaires. Le rajeunissement d'un tronc stigmatique se fait par prolifération des éléments embryonnaires situés à ses deux extrémités. Vaney n'a jamais constaté une dérivation des cellules embryonnaires des anciennes cellules larvaires; il ne se prononce pas sur l'origine de ces éléments embryonnaires. Quant aux capillaires trachéens, ils s'établissent dans des cellules, ou dans des files de cellules, semblables aux myocytes et provenant probablement du mésenchyme des disques. Ces cellules, à protoplasma réticulé, se creusent de vacuoles qui se réunissent en une cavité centrale dans laquelle se sécrète l'intima chitineuse. Les cavités centrales étirées en tube irrégulier, de plusieurs cellules juxtaposées en file, s'abouchent les unes dans les autres pour constituer un tube capillaire.

J'ai constaté, dans les nymphes de Mouche, les amas de petites cellules (histoblastes de Künckel) sur le trajet des troncs trachéens; c'est aux dépens de ces cellules que se forment les troncs trachéens nouveaux, beaucoup plus nombreux chez la nymphe et l'imago que chez la larve. Les nouvelles trachéoles apparaissent comme des cavités qui se creusent dans l'intérieur des petites cellules, en même temps que celles-ci s'allongent et se disposent en file. L'accroissement des cavités est plus rapide que l'allongement des cellules, de sorte que généralement l'extrémité du tube trachéen forme une boucle dans la partie libre de la cellule qui s'insinue entre les tissus voisins. Plusieurs ramifications trachéennes paraissent se former dans une même cellule.

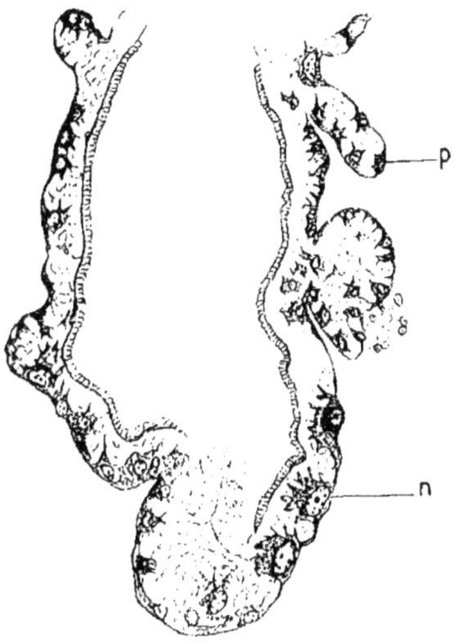

Fig. 585. — Fragment d'une coupe de vésicule trachéenne chez une nymphe de *Calliphora vomitoria*.

n, noyau larvaire ; *p*, noyau imaginal. (Fig. originale.)

Les grosses vésicules trachéennes résultent d'un élargissement considérable d'un tronc trachéen larvaire, dont la couche chitineuse disparaît, et dont les noyaux de la tunique péritonéale se multiplient par division directe, en même temps que cette tunique se plisse et sécrète un nouveau revêtement chitineux interne (fig. 585). Je n'ai pas observé de trachées attaquées par des leucocytes, et les parties de l'appareil trachéen larvaire qui disparaissent me semblent subir simplement une dégénérescence et une résorption sur place.

APPAREIL DE LA CIRCULATION

Cœur. — Le vaisseau dorsal et ses dépendances, cellules péricardiques, ne paraissent pas subir de grandes transformations pendant la nymphose. WEISMANN croyait que, chez les Muscides, le vaisseau dorsal subissait une histolyse semblable à celle du tube digestif. Cette assertion n'a été confirmée par aucun observateur. KÜNCKEL D'HERCULAIS et BATAILLON ont montré que le cœur continue à se contracter chez les nymphes, ce qui exclut la possibilité d'une dégénérescence de cet organe (voir p. 533).

Kowalevsky (1899) a constaté de son côté, par l'examen de nombreuses préparations, que le vaisseau dorsal de la larve de Mouche persiste chez l'imago. Vaney n'a trouvé aucune modification du cœur durant toute la nymphose, chez *Simulia* et *Chironomus*; chez *Gastrophilus*, il a noté un ralentissement de la circulation dans les pupes âgées, mais jamais d'arrêt ni d'inversion : la partie postérieure du vaisseau dorsal ne lui a paru subir aucune transformation : seule la partie antérieure présente un épaississement de sa paroi.

Chez les Muscides, de même que Kowalevsky, je n'ai trouvé aucune dégénérescence du vaisseau dorsal; celui-ci est situé plus superficiellement dans la région dorsale, dans la nymphe avancée et dans l'adulte que dans les larves et les jeunes nymphes.

Cellules péricardiques. — Weismann (1865) a décrit dans la larve des Muscides un organe qu'il a désigné sous le nom de *cordon cellulaire en guirlande* (guirlandenförmige Zellstrang), et qui, situé dans la région dorsale, pend dans la cavité du corps. Il est formé de grosses cellules lâchement réunies entre elles, ne présentant aucun conduit excréteur, et entourées de fines ramifications trachéennes. Il décrit une courbe divisée en deux par la ligne médiane du corps, au point où l'œsophage est au-dessous de lui, et au-dessus de lui se trouve la limite entre la région médiane et la région antérieure du cœur. Les deux extrémités sont en rapport avec les glandes salivaires. Weismann ignore la signification de cet organe qu'il pense être une sorte de glande sanguine.

Outre l'organe en guirlande, Weismann a constaté de chaque côté de la partie postérieure du vaisseau dorsal, du 11e au 9e segment larvaire, treize paires de grosses cellules entourées d'un réseau de fibres musculaires. La partie moyenne du vaisseau dorsal est bordée d'un cordon de cellules plus petites qui paraissent être analogues à celles de la partie postérieure.

Kowalevsky (1889), en faisant absorber du carmin ou des sels d'argent à des larves de Mouche, a vu que ces cellules péricardiques et celles de l'organe guirlandiforme se coloraient vivement.

Ces cellules colorées persistent chez la nymphe et l'imago et se retrouvent localisées dans l'abdomen; mais, des treize paires de grosses cellules qui entourent la région postérieure du cœur, les sept antérieures persistent seules chez l'imago, les six paires postérieures sont attaquées par les Körnchenkugeln et finissent par être détruites. Vaney a vu que les cellules péricardiques de *Gastrophilus* peuvent être attaquées par les phagocytes, mais rarement; la plus grande partie restent intactes et présentent, chez la nymphe, deux noyaux. Ce qui semblerait indiquer qu'elles sont en voie de multiplication.

Ni Weismann, ni Kowalevsky n'ont suivi le sort de l'organe guirlandiforme qui semble disparaître chez la nymphe, ou qui peut-être se confond avec les cellules péricardiques de la région moyenne du cœur. Je ne l'ai pas trouvé dans les nymphes de Mouche, et je n'ai pu, non plus, constater la disparition par phagocytose des grosses cellules péricardiques de la région postérieure du cœur. Je les ai observées intactes, avec un protoplasma un peu vacuolaire, dans des nymphes assez avancées. Ces cellules, surtout celles beaucoup plus petites de la région moyenne, renferment souvent deux noyaux, comme l'a vu Vaney; leur nombre m'a semblé augmenter pendant la nymphose, mais je n'en ai jamais observé en voie de division.

Sang. — Le liquide qui remplit la cavité générale du corps et dans lequel baignent tous les organes subit des modifications, dans sa constitution chimique, encore mal étudiées (1). On a déjà vu, à propos du corps graisseux, les intéressantes observations de Berlese qui a vu le contenu du tube digestif s'extravaser à un moment donné dans la cavité générale, dont le liquide présente alors des réactions différentes de celles qu'il avait chez la larve.

Le liquide interviscéral de la larve et de la nymphe, comme celui de l'imago, renferme des cellules libres douées de mouvements amiboïdes : ce sont les *leucocytes* ou *amibocytes*, auxquels les partisans de la théorie phagocytaire font jouer un rôle important dans l'histolyse, et qu'ils désignent sous le nom de *phagocytes*.

Les leucocytes ont à peu près la même structure et les mêmes dimensions chez toutes les larves d'Insectes. Ce sont de petites cellules sphériques à l'état de repos, à cytoplasma dense et réticulé, ayant une certaine affinité pour certaines matières colorantes, telles que l'éosine et l'orange G. Leur noyau est sphérique avec un réseau chromatique très net.

Berlese a remarqué que les leucocytes sont relativement plus nombreux dans les grosses larves et les larves pourvues d'appendices locomoteurs que dans les larves apodes et de petite taille, des Diptères et des Hyménoptères par exemple. A l'approche de la nymphose, les leucocytes augmentent de nombre et se multiplient soit par division indirecte,

(1) Berlese (1901) dit que chez les Arthropodes terrestres il n'y a pas de véritable sang, comparable à celui des Vertébrés ou d'autres animaux; le liquide de la cavité générale est bien plutôt comparable à la lymphe des animaux supérieurs; le plasma qui entoure le tube digestif constitue, au moment de l'absorption intestinale, une sorte de chyle, tandis que celui qui est à la périphérie du corps correspond à la lymphe.

soit par division directe ; chez les Muscides, les Tenthrédinides, etc., on trouve à ce moment des amas compacts de leucocytes à l'extrémité de l'abdomen ; ces éléments se dissocient et se répandent dans tout le corps au commencement de la nymphose.

Schæffer (1889), dans les larves de Mouche, avait remarqué des leucocytes de différentes grosseurs, et il admit que les petits provenaient de la division des gros, lesquels dérivaient de cellules hypodermiques. Berlese pense que seules les petites cellules des amas leucocytaires se multiplient et que les grosses sont des leucocytes dégénérés qui prennent des caractères spéciaux, mais qui disparaissent en se fragmentant au moment de la nymphose. Ces grands leucocytes, très nets dans les larves de *Calliphora*, ne se retrouvent pas dans les autres larves de Muscides.

Outre les leucocytes ou amibocytes vrais, le liquide de la cavité générale des nymphes renferme encore d'autres éléments figurés : ce sont les cellules adipeuses, qui, dans certains Insectes, deviennent libres, les sphères de granules ou Körnchenkugeln (voir p. 580), les myocytes et les œnocytes.

Berlese distingue des espèces d'amibocytes différentes quant à leur origine et à leur fonction : 1° les *amibocytes vrais*, ou leucocytes, d'origine embryonnaire et servant à porter aux tissus les éléments plastiques ; 2° les *splanchnocytes*, plus petits que les précédents, à protoplasma plus homogène et plus colorable, destinés à traverser la tunique de l'intestin, pour remplacer l'épithélium après sa destruction (voir p. 570) ; 3° les *myocytes* et les *sarcocytes* provenant de la destruction des muscles larvaires et reconnaissables à leur noyau allongé, leur protoplasma homogène et fortement colorable par l'hémalun ; 4° les *stéatocytes*, éléments qui se détachent du tissu adipeux imaginal, chez les Muscides, pour aller épuiser les cellules graisseuses larvaires dont le rôle est terminé.

Karawaiew (1898), chez le *Lasius flavus*, décrit deux sortes d'amibocytes, des petits et des gros ; nous avons déjà dit (p. 606) que les gros ne sont que des œnocytes.

Œnocytes. — Ces éléments, qui, depuis la découverte de Wielowiejski (1886), ont été retrouvés dans tous les groupes d'Insectes, et dont nous avons donné les caractères (p. 91 et 469), subissent quelques modifications pendant la vie larvaire et la nymphose chez certains Insectes, mais ne disparaissent pas en général et se retrouvent dans l'adulte. Bien que les œnocytes aient été étudiés récemment avec plus de soin qu'on ne l'avait fait jusqu'ici, on en est encore réduit à des hypothèses sur leur rôle physiologique. Nous empruntons à Ch. Pérez le résumé des observations récentes sur ces cellules.

Anglas (1900), dans la nymphe de la Guêpe et de l'Abeille, ne parle

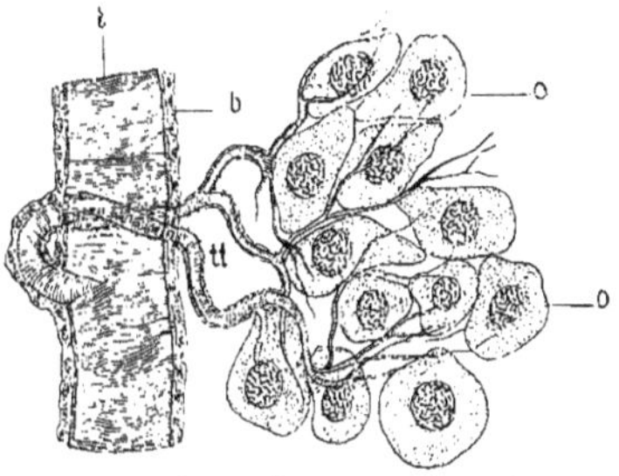

Fig. 586. — Amas d'œnocytes d'une larve avancée de Phrygane.

o o, œnocytes; t, gros tronc trachéen; tt, ramifications trachéennes; b, hypoderme trachéal. (D'après Wheeler.)

que d'œnocytes libres dans la cavité du corps et ne les trouve que dans l'abdomen, où ils ne constituent jamais de groupes ni d'amas. Il n'a pas vu les rapports des œnocytes de la nymphe avec ceux fixes de la larve. Ils augmentent de taille avec l'âge. L'auteur se croit autorisé à en conclure qu'ils sécrètent autour d'eux des ferments, que ce sont des glandes à sécrétion interne, et que les diastases qu'ils élaborent sont peut-être utilisées pour la dissolution des cellules larvaires destinées à disparaître (1).

Berlese (1899-1901) a constaté, chez le *Melophagus ovinus* que les œnocytes, en groupes métamériques dans la larve, se multiplient au début de la nymphose, et qu'on les trouve libres, en assez grande abondance, au mi-

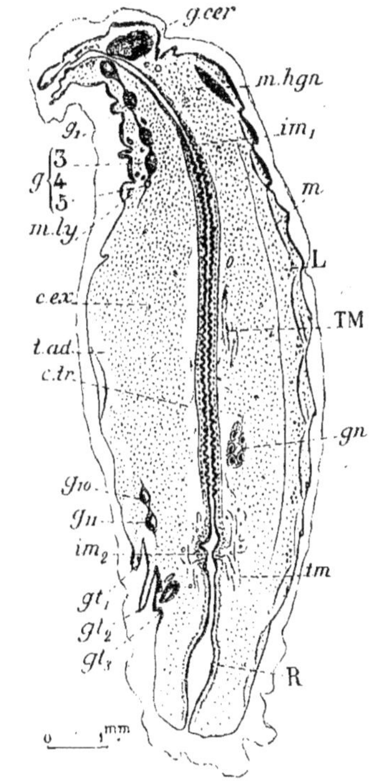

Fig. 587. — Coupe longitudinale d'une jeune pronymphe de Guêpe. — La rénovation de l'épithélium de l'intestin moyen est effectuée; la communication s'est établie entre l'intestin moyen, en im_2, avec le rectum R.

t.ad, tissu adipeux; *c.ex*, cellules excrétrices; — L, leucocytes de grande taille, disposés en amas, à chaque segment; *m*, muscles extenseurs ne subissant qu'une histolyse restreinte, sans phagocytose; *m.hgn*, muscles thoraciques en histogenèse (stade d'apparition des petits noyaux imaginaux). Cette histogenèse fait suite à une histolyse considérable, avec invasion de très nombreux leucocytes; *m.ly*, muscles en histolyse; — TM, tubes de Malpighi larvaires en histolyse (sans phagocytose); *tm*, tubes de Malpighi imaginaux; *c.tr*, cellules trachéales (stade d'un développement considérable de l'appareil trachéen); *g.cer*, ganglion cérébroïde; *g* (1-10), ganglions nerveux; *gt*, organes génitaux externes; *gn*, glande génitale. (D'après Anglas.)

(1) Anglas (1901) fait disparaître complètement les œnocytes larvaires, qui sont remplacés, chez l'adulte, par de nouvelles cellules provenant de la destruction des muscles.

lieu de cellules adipeuses. Ils n'ont pas d'activité phagocytaire. Plus tard leur protoplasma devient clair, vacuolaire, et ils disparaissent peu à peu. Les tubes de Malpighi se développent tardivement, précisément lorsque disparaissent les œnocytes. Ce fait engage l'auteur à songer à une suppléance physiologique. Chez les Tenthrédinides (*Calliroa limacina*, *Hylotoma rosæ*), il y a, d'une manière analogue, disparition des œnocytes; peu après le filage du cocon, leur cytoplasma dégénère à la périphérie en granules colorables, puis le noyau lui-même est atteint de chromatolyse.

Chez la majorité des autres Insectes il y a, au contraire, persistance des œnocytes pendant la nymphose et jusqu'à l'éclosion de l'imago. Chez les Fourmis en particulier (*Tapinoma erraticum*, *Pheidole pallidula*) Berlese signale avec précision la position des œnocytes larvaires, en groupes fixes, sur les flancs des 6 premiers segments abdominaux. Au début de la nymphose, on commence à rencontrer des œnocytes libres, entre les cellules adipeuses, et sous l'hypoderme : leur nombre s'est certainement accru et les œnocytes larvaires ont dû proliférer. La migration des nouveaux œnocytes a lieu par mouvements amiboïdes, car Berlese a vu de ces cellules pourvues de pseudopodes lobés, bien caractérisés. On ne constate la présence des cellules à urates que chez les nymphes déjà âgées, et l'auteur pense que ce sont des œnocytes, dont il croit reconnaître le noyau resté identique à lui-même.

Chez le *Cynips rosæ*, Berlese signale, déjà chez la jeune larve, des œnocytes épars entre les cellules graisseuses; ce seraient des cellules à urates encore dépourvues de concrétions. Plus tard, chez la larve mûre, on trouve de vrais œnocytes libres restés vides, et des cellules bourrées de granulations uriques; l'auteur pense que ce sont deux variétés d'une même catégorie d'éléments; il constate cependant la disparition ultérieure des cellules à urates, tandis que les vrais œnocytes persistent, intercalés entre les cellules adipeuses. Dans la larve à maturité de *Monodontomerus nitens*, quelques œnocytes épars sont toujours entourés de leucocytes, et chez la nymphe âgée on ne trouve plus pour ainsi dire d'œnocytes, mais on en retrouve en grand nombre chez l'adulte; il doit donc en persister chez la nymphe, et ils se multiplient probablement. Chez *Polistes gallica*, les œnocytes seraient dissociés dans la larve et se chargeraient plus tard de produits uriques. Chez l'Abeille, au contraire, on distinguerait nettement les œnocytes des cellules à urates. Enfin, chez l'Abeille et l'*Eristalis*, les œnocytes peuvent dans certains cas être pigmentés.

Berlese conclut de ses observations que les œnocytes paraissent être des cellules excrétrices ou urinaires, qui deviennent libres pendant la nymphose, à une époque où l'activité des tubes de Malpighi est nulle, et où cependant il y a production d'une grande quantité de substances uriques. Ces éléments s'infiltreraient dans les organes, spécialement dans le tissu adipeux, pour leur enlever les produits de désassimilation.

Koschevnikov (1900) pense que les œnocytes larvaires persistent chez l'Abeille jusqu'au stade de nymphe et ne disparaissent que plus tard. De nouveaux œnocytes apparaissent dans la nymphe sans aucun rapport avec les anciens et dériveraient de l'hypoderme.

Verson (1900-1901) assimile, dans le *Bombyx mori*, les glandes hypostigmatiques aux œnocytes larvaires de Koschevnikov; il admet en outre des cellules épistigmatiques, qui, avec les cellules péritrachéennes et les cellules péricardiques, et un cordon cellulaire situé dans le prothorax, en rapport avec l'œsophage et les stigmates, constitueraient des glandes sanguines.

Vaney (1901) a constaté, chez les Diptères, que les œnocytes ne subissent aucune histolyse pendant la nymphose.

Pérez, chez la Fourmi rousse, a vu les gros œnocytes larvaires, agglomérés en groupes de 15 à 20, donner naissance, au début de la nymphose, par une division directe qui n'est pas sans analogie avec un bourgeonnement, à un très grand nombre d'éléments libres, plus petits, très amiboïdes, qui se répandent dans la cavité du corps. Ces petits œnocytes continuent à se multiplier par division directe : ils s'insinuent entre les différents organes de la nymphe et peuvent pénétrer dans l'intérieur même des cellules (cellules adipeuses, hypoderme). Ils n'englobent aucun élément, et ils ne paraissent exercer aucune action sur les cellules qui les entourent ou dans lesquelles ils sont entrés. Les œnocytes nymphaux persistent jusqu'à l'éclosion de l'adulte, où on les retrouve, avec leurs mêmes caractères, intercalés entre les cellules graisseuses. Quant aux gros œnocytes larvaires, une partie notable de leur substance a été utilisée dans la formation des œnocytes libres, mais ils ne sont pas épuisés dans ce bourgeonnement et une partie a été détruite par phagocytose leucocytaire.

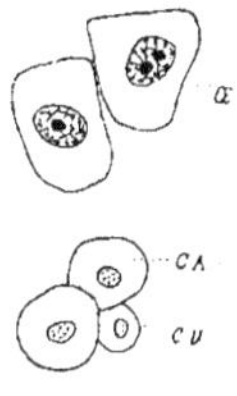

Fig. 588.
Formica rufa.

CA, cellules adipeuses; *CU*, cellules à urates; *Œ*, œnocytes; chez une larve venant d'éclore. (Fig. empruntée à Ch. Pérez.)

SYSTÈME NERVEUX

Nous avons indiqué d'une manière générale (p. 482 et suiv.) les différences morphologiques qui existent entre le système nerveux de la larve et celui de l'adulte. Tous les auteurs qui ont étudié, depuis Weismann, les phénomènes intimes de la métamorphose s'accordent pour admettre que les ganglions cérébroïdes et la chaîne ventrale passent de la larve à l'imago sans subir d'histolyse. Mais l'allongement ou le raccourcissement de la chaîne nerveuse, la coalescence ou la séparation de certains ganglions, la disparition ou le développement de nerfs spéciaux,

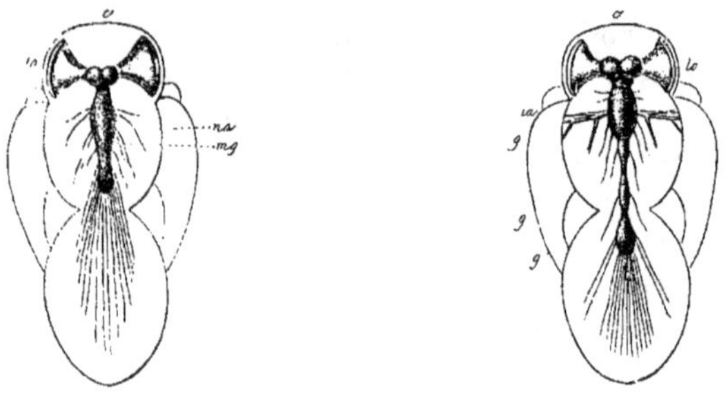

A B

Fig. 589. — Système nerveux de *Volucella zonaria*.

A, nymphe, 1 jour après l'apparition des cornes stigmatifères ; — B, nymphe, 4 jours après l'apparition des cornes stigmatifères. — *c*, cerveau ; *lo*, lobes optiques ; *g*, masse ganglionnaire thoracique, réunion des 3 ganglions pro, méso, métathoraciques et du premier ganglion abdominal, à laquelle est accolé le ganglion sous-œsophagien, et à la base duquel on distingue la petite masse des 1er et 2e ganglions abdominaux qui restera unie à elle ; *g'*, 3e ganglion abdominal ou 6e de la chaîne nerveuse ; *g''*, masse ganglionnaire abdominale, réunion des 7e à 12e ganglions de la chaîne nerveuse. (Fig. empruntée à Künckel d'Herculais.)

doivent s'accompagner de modifications histologiques qui n'ont pas été étudiées jusqu'ici.

Seuls Viallanes et, après lui, Van Rees ont suivi le développement de la région optique du cerveau, en rapport avec la formation des yeux composés qui manquent chez la larve. J'ai pu moi-même confirmer la description de Viallanes chez la Mouche et la *Stratiomys*.

Chaque ganglion cérébroïde est coiffé d'un disque oculaire auquel il est rattaché par la tige nerveuse. Le disque oculaire d'origine hypodermique (1) présente un feuillet provisoire et une région profonde dans laquelle on distingue une couche externe épaissie, la *couche optogène*, et une partie interne plus mince. La couche optogène est reliée au ganglion optique par des fibres dont l'ensemble constitue la tige nerveuse. On retrouve dans le ganglion optique toutes les mêmes parties que chez l'adulte (voir p. 127), mais ces parties sont condensées, rapprochées les unes des autres, et les fibres qui relient entre elles les régions ganglionnaires sont courtes. Pendant la nymphose, les diverses parties ne font que s'allonger en conservant les mêmes rapports, et cet allongement du ganglion optique repousse le disque oculaire vers la surface de la tête. Lorsque celui-ci est devenu superficiel, le feuillet provisoire disparaît; la couche optogène s'étale pour donner l'œil composé et les téguments voisins; la tige nerveuse constitue l'ensemble des fibres postrétiniennes.

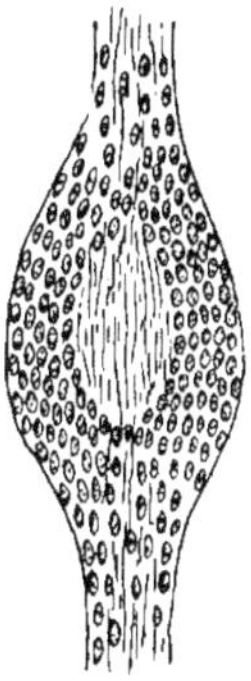

Fig. 590. — Ganglion nerveux de larve de *Formica rufa*.

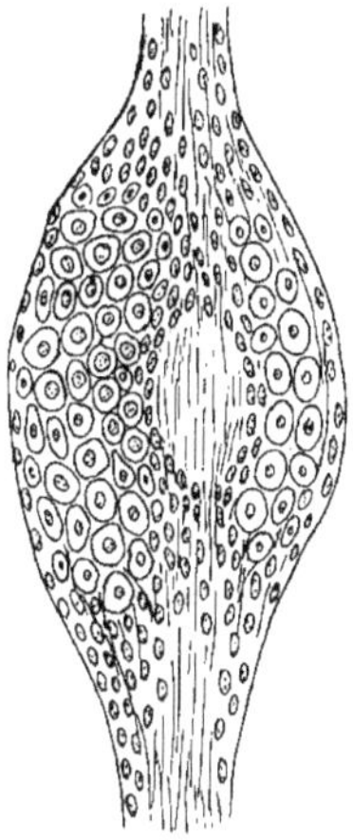

Fig. 591. — Ganglion nerveux de jeune nymphe de *Formica rufa* montrant les grands neurones imaginaux.

(Fig. empruntées à PÉREZ.)

La larve des Muscides renferme donc dans son intérieur tous les éléments de l'œil composé, et on comprend qu'elle soit sensible à la lumière qui, traversant les téguments, peut arriver jusqu'au disque oculaire.

D'après ANGLAS, l'augmentation de volume du cerveau des Hyménoptères pendant le passage de la larve à l'imago, tiendrait non seule-

(1) Suivant VAN REES, la vésicule optique, ou disque imaginal oculaire, proviendrait de la partie la plus profonde de la vésicule céphalique; elle n'aurait pas de membrane péripodale et ne serait pas un vrai disque.

ment à l'accroissement de ses éléments cellulaires, mais aussi à leur augmentation numérique. Il pense que les neuroblastes interviennent pour former de nouvelles cellules. Pérez, chez la Fourmi, a constaté un accroissement rapide de presque toutes les cellules de la couche périphérique des ganglions de la chaîne ventrale. Il ne croit pas qu'il se forme d'éléments nouveaux et pense que, dans chaque ganglion larvaire, préexistent les cellules qui atteindront chez l'imago leur complète différenciation.

J'ai constaté, avec A. Binet, la présence de mitoses très nettes dans les ganglions cérébroïdes de larves de Hanneton, d'autres Coléoptères et de *Stratiomys*. Chez *Calliphora erythrocephala*, j'ai trouvé dans de jeunes nymphes, bien fixées, quelque temps avant la dévagination de la vésicule céphalique, un assez grand nombre de cellules en division indirecte dans le ganglion optique, surtout au niveau de la lame ganglionnaire. Les cellules qui se multiplient ainsi n'ont pas le caractère des neuroblastes et paraissent présenter un commencement de différenciation ; ce sont les cellules chromatiques de Viallanes. Il faut donc admettre que certaines cellules des centres nerveux peuvent encore se diviser pendant les premiers stades de la nymphose.

Les transformations du système nerveux périphérique sont encore moins connues que celles du système nerveux central. Les nerfs qui se rendent aux muscles larvaires, qui disparaissent pendant la nymphose, doivent dégénérer et disparaître également, tandis que des nerfs nouveaux se forment pour innerver les muscles propres à l'imago. Van Rees, pour les nerfs des pattes en particulier, hésite entre une formation nouvelle de fibres nerveuses aux dépens du mésenchyme de l'appendice et un allongement périphérique des nerfs larvaires. L'étude de ce point spécial de l'histogenèse chez les Insectes est entièrement à faire.

Organes des sens. — Ainsi que nous l'avons déjà dit (p. 372), le développement des organes des sens est encore mal connu. La formation des yeux composés a été étudiée dans la nymphe des Insectes holométaboliques, chez les Muscides par Weismann, Viallanes et Van Rees ; chez les Lépidoptères et les Hyménoptères par Carrière (1885).

Dans la jeune nymphe de Mouche, le disque imaginal oculaire, dont les cellules se différencient plus tard pour donner les éléments des ommatidies, est rattaché au ganglion optique par la tige nerveuse constituée par des fibrilles qui vont s'insérer à l'extrémité interne des cellules hypodermiques du disque. La tige nerveuse, dont l'ensemble représente les fibres postrétiniennes de l'adulte, naît de la partie extérieure de l'ébauche de la lame ganglionnaire, encore encastrée dans le ganglion optique. A un stade plus avancé, la lame ganglionnaire sort de la place qu'elle occupait, émigre hors du ganglion optique, puis s'accroît et s'étend comme un écran entre celle-ci et l'œil composé. En même temps que la lame s'accroît, la structure définitive de ces deux premières couches nerveuses se réalise.

A mesure que le disque de l'œil et la lame s'accroissent en surface, les fibrilles de la tige nerveuse se dissocient et s'écartent les unes des autres pour suivre ce mouvement; à mesure que la lame se rapproche de l'œil composé, elles se raccourcissent; chaque fibrille de la tige nerveuse devient ainsi une fibre postrétinienne. En quittant l'écorce du ganglion optique, la lame ganglionnaire entraîne avec elle un paquet de fibres (fibres préganglionnaires) qui continuent ainsi à l'unir au centre nerveux; ces fibres naissent de cellules situées dans l'épaisseur de l'écorce du ganglion. Quand la lame ganglionnaire s'étale, les fibres préganglionnaires qu'elle a entraînées s'écartent les unes des autres et se dissocient pour suivre ce mouvement. En même temps, la partie profonde de l'écorce grise, d'où naissent ces fibres préganglionnaires, prend un développement plus rapide que les parties voisines, les repousse et vient occuper la surface du ganglion.

Quant au développement des diverses parties de l'ommatidie aux dépens des cellules du disque oculaire, il est à reprendre à nouveau depuis les recherches de Viallanes sur la constitution de l'œil composé de l'adulte.

Ocelles. — Grenacker (1879) chez la larve d'*Acilius*, Patten (1887) chez celle d'*Acilius* et de *Vespa*, Carrière (1886) chez celles des Chrysidides et des Ichneumonides, ont vu que les ocelles naissent sous forme d'un épaississement de l'hypoderme qui s'invagine ensuite de manière à former une vésicule à cavité virtuelle, dont la partie distale devient le corps vitré et la partie proximale la rétine.

Redikorzew (1900) a suivi le développement des ocelles chez l'*Apis mellifica*. La première ébauche de ces organes se montre dans les très jeunes nymphes encore contenues dans la peau de la larve. L'ocelle médian, comme Patten l'avait vu chez la Guêpe, a une origine double et résulte de la fusion de deux ébauches qui se réunissent de bonne heure; le nerf ocellaire médian est également double chez la jeune nymphe. Chacun des ocelles apparaît sous forme d'un épaississement local de l'hypoderme, au niveau duquel les cellules sont plus allongées et plus étroites. Ces cellules se multipliant se disposent en deux couches, l'une distale correspondant au corps vitré, l'autre proximale à la couche rétinienne. Bientôt, à l'endroit où s'est développé le rudiment de l'ocelle, par suite du raccourcissement du nerf ocellaire, il se produit une invagination de la couche hypodermique qui, en se creusant de plus en plus, finit par repousser l'ocelle dans l'intérieur de la cavité céphalique. Les ocelles se séparent alors de l'hypoderme; celui-ci présente 3 trous correspondant à la place primitive des 3 ocelles. A un stade ultérieur, chaque ocelle émigre à la périphérie et reprend sa place dans le trou hypodermique. Les cellules hypodermiques qui bordent le trou se soudent au corps vitré, et en s'allongeant constituent l'iris de l'ocelle. La lentille cristallinienne n'apparait que plus tard et résulte d'un épaississement de la cuticule.

CHAPITRE XVI

DÉVELOPPEMENT POSTEMBRYONNAIRE (*Suite*)

Organes reproducteurs

Les glandes génitales dont le premier développement a été déjà exposé (p. 385-400), chez l'embryon, existent chez toutes les larves d'Insectes au moment de l'éclosion. Pendant la métamorphose, ainsi que Weismann l'avait reconnu, les ébauches de ces organes ne subissent pas l'histolyse ; elles continuent à se développer durant la nymphose pour arriver au terme de leur évolution au moment de la reproduction de l'adulte. Lorsque l'Insecte se reproduit immédiatement ou peu de temps après sa transformation, les produits sexuels arrivent à maturité pendant la fin du stade nymphal ; si, au contraire, l'Insecte ne s'accouple et ne pond que longtemps après sa métamorphose, les glandes génitales peuvent être encore peu développées lors du passage de la nymphe à l'imago, et les processus d'oogenèse et de spermatogenèse ne s'achèvent que chez l'adulte (beaucoup d'Orthoptères et de Coléoptères sont dans ce cas). Que l'évolution des glandes génitales soit précoce ou tardive, c'est toujours pendant la nymphose que se forment les conduits évacuateurs et les organes annexes.

Nous étudierons successivement l'oogenèse, la spermatogenèse et le développement des conduits évacuateurs.

Oogenèse.

L'étude de l'oogenèse embrasse deux ordres de faits : ceux qui sont relatifs aux liens génétiques qui existent entre les divers éléments essentiels de l'ovaire, c'est-à-dire entre les cellules germinatives, les cellules épithéliales, les cellules vitellogènes et les ovules, et ceux qui se rapportent au rôle de ces divers éléments, particulièrement à celui des cellules vitellogènes.

Historique. — J'exposerai d'abord, en suivant l'ordre de leur apparition, les principales opinions qui ont été émises par les différents observateurs qui se sont occupés de la question, puis je donnerai les résultats des quelques investigations faites par moi-même chez diverses espèces.

De même que pour les autres animaux, il ne faut pas remonter au delà des travaux de Rudolph Wagner qui, en 1836, dans son *Prodromus historiæ generationis*, établit, pour toute l'animalité, l'unité de composition de l'œuf et indiqua pour la première fois les questions dont on doit poursuivre la solution dans l'étude de l'oogenèse.

Avant Wagner, on n'avait que des notions très vagues sur la manière dont les œufs en général prennent naissance; on admettait qu'ils se formaient aux dépens d'une sorte de gelée ou mucus. Wagner établit que, chez tous les animaux, l'œuf a la même constitution, celle d'une masse protoplasmique contenant un noyau (vésicule germinative) qui peut à son tour renfermer une ou plusieurs vésicules plus petites (taches germinatives). En ce qui concerne les Insectes, il signala l'existence, au sommet des gaines ovariques, *de petits éléments* contenant une vésicule germinative. Autour de cette dernière, le vitellus se différenciait ensuite, et bientôt le tout s'enveloppait d'une membrane. Pour Wagner, la vésicule germinative était donc le centre autour duquel le reste de l'œuf se formait peu à peu. Le tout s'édifiait aux dépens d'une gelée, ou blastème, placée à l'extrémité du tube ovarien. Les cellules vitellogènes et les cellules épithéliales se formaient de la même manière que les œufs, aux dépens du blastème commun. Les idées de Wagner furent d'abord admises par tous les zoologistes.

Stein (1847) fit une étude plus précise des diverses cellules de l'ovaire des Insectes; il distingua dans la chambre germinative deux sortes d'éléments : des petites et des grosses cellules. Les premières deviennent des ovules, tandis que les secondes se transforment en cellules vitellogènes. D'abord, il y a mélange des deux sortes d'éléments; mais, à mesure qu'on s'éloigne du sommet de la gaine, il se produit une orientation des cellules et des œufs. Quand l'ovaire est *panoïstique*, on y trouve des ovules entourés de petites cellules épithéliales; quand il est *méroïstique*, il y a de petits amas cellulaires où l'on distingue un ovule et des cellules vitellogènes. Entre les divers amas successifs, on peut observer ou non des étranglements de la gaine ovarique.

Hermann Meyer (1849) émet une opinion différente sur le mode de formation des divers éléments des gaines ovariques des Lépidoptères. D'après lui, dans les jeunes gaines remplies d'une substance albuminoïde, on trouverait, contre la paroi, de petits noyaux, tandis que des noyaux plus volumineux occuperaient la région médiane. Ultérieurement, à un stade plus avancé, tous les noyaux s'entoureraient d'une couche de protoplasma. Les cellules provenant des petits noyaux seraient les cellules épithéliales. Les cellules centrales, de leur côté, se multiplieraient par division *endogène* et donneraient ainsi naissance à des amas pluricellulaires. La paroi de chacun de ces amas pluricellulaires disparaîtrait ensuite, ce qui mettrait en liberté les cellules contenues à l'intérieur. A ce moment, on trouverait, dans les gaines, des groupes de grosses cellules (provenant des amas décrits ci-dessus) entourés de petites cellules (les cellules épithéliales). Finalement, une seule des grosses cellules de chaque groupe donnerait un ovule, tandis que les autres formeraient les ovules abortifs (cellules vitellogènes). D'après cette manière de voir, il y aurait, dans chaque gaine ovarique, deux générations distinctes de cellules.

La théorie d'HERMANN MEYER fut, en grande partie, admise par LEYDIG (1867) qui donna le nom de *cellules germinatives* (Keimzellen) aux cellules-mères des ovules et des cellules vitellogènes. ALLEN THOMSON (1869) adopta également la même théorie; il en fut de même de WALDEYER.

BALBIANI (1870), de son côté, crut pouvoir appuyer les idées de H. MEYER et des naturalistes qui avaient adopté sa manière de voir, par des faits observés chez les Pucerons. Ainsi qu'on l'a vu précédemment (p. 161), l'œuf ovarien de ces animaux est rattaché aux cellules vitellogènes, qui sont localisées dans la région antérieure de la gaine, par un pédicule observé d'abord par HUXLEY (1858), puis par LUBBOCK (1859) et par d'autres auteurs. BALBIANI démontra que, contrairement à l'opinion d'HUXLEY et de LUBBOCK, et conformément à celle de CLAUS (1864), le pédicule de l'œuf des Pucerons est un cordon plein et non un tube creux qui aurait servi à déverser dans l'œuf les produits résultant de l'activité des cellules vitellogènes. Mais le même auteur crut aussi pouvoir admettre que, au centre de la chambre terminale, renfermant les cellules vitellogènes, se trouvait une masse protoplasmique spéciale contenant un noyau. Cette masse centrale fut alors considérée par BALBIANI comme la cellule-mère des cellules vitellogènes et des ovules; suivant lui, elle bourgeonnerait sur toute sa surface, et les bourgeons, ou cellules-filles, seraient l'origine, les uns des cellules vitellogènes, les autres des ovules. Le rattachement des œufs à la partie centrale de la chambre terminale s'expliquerait ainsi très logiquement par l'union persistante des œufs avec la cellule centrale dont ils ne sont que des bourgeons. Les cellules vitellogènes seraient donc dans ce cas des cellules sœurs de l'œuf, c'est-à-dire, suivant l'expression de BALBIANI, des ovules abortifs. Quant aux cellules épithéliales, elles préexisteraient dans la chambre terminale et se multiplieraient ensuite pour entourer les ovules. D'après BALBIANI, la chambre terminale ou germinative des Pucerons contiendrait donc deux sortes d'éléments primordiaux : un ovule primordial capable de bourgeonner et des cellules épithéliales capables de se multiplier.

Si l'on examine les dessins originaux de BALBIANI, on voit que cet auteur a représenté une partie centrale dépourvue de noyau; il disait, d'ailleurs, que ce noyau était difficile à voir, mais qu'il l'avait observé cependant dans le genre *Lachnus*.

BALBIANI étendit sa théorie de la formation de l'œuf aux dépens d'une cellule centrale bourgeonnante, aux Insectes autres que les Pucerons. Il fit en outre remarquer que, chez l'*Ascaris* où les œufs apparaissent comme des bourgeons placés le long d'un stolon situé au centre de l'ovaire, il y a une grande analogie avec ce qui se produit chez les Insectes. Il pensait enfin que le mode de formation des spermatozoïdes dans le testicule était comparable au processus suivant lequel les œufs prennent naissance dans l'ovaire. En même temps qu'il expliquait l'origine de l'œuf et des cellules vitellogènes aux dépens d'une cellule centrale, dont l'existence d'ailleurs paraît devoir être mise en doute aujourd'hui, BALBIANI montra que l'allongement des gaines ovariques se produit non pas à leur extrémité postérieure, comme on le croyait jusqu'alors, mais à leur extrémité antérieure. Dans cette dernière région, en effet, on observe que les cellules épithéliales se multiplient par division indirecte et qu'il en résulte un allongement de la gaine.

A. BRANDT (1878) publia sur la structure de l'œuf un travail qui fut fort discuté. D'après lui, l'œuf n'aurait pas la valeur d'une cellule telle qu'on l'entend ordinairement. La vésicule germinative serait une cellule et la tache germinative son noyau;

le reste de l'œuf, ou vitellus, serait simplement une masse surajoutée, un dépôt secondaire qui se formerait autour de cette cellule. Nous ne nous arrêterons pas sur cette théorie qui n'est plus soutenable aujourd'hui.

D'autres travaux contribuèrent également à obscurcir la question de l'oogenèse des Insectes; tels sont en particulier ceux de Will et de Sabatier.

Will (1885-86), d'après les observations qu'il fit chez les Hémiptères (*Nepa*, *Notonecta*) et chez les Coléoptères (*Colymbetes*), formula en effet les conclusions suivantes :

Dans les chambres terminales se trouvent des éléments spéciaux ou *ooblastes*, constitués par de grands noyaux entourés d'une couche protoplasmique à limites peu nettes.

Les noyaux des ooblastes sont formés d'une masse de chromatine condensée. Cette masse chromatique se divise alors en plusieurs amas de deuxième ordre qui sortent du noyau et se répandent dans la masse protoplasmique, en donnant à la périphérie de celle-ci des bourgeons qui contiennent chacun un amas chromatique; chaque bourgeon est l'origine d'une cellule vitellogène ou d'une cellule épithéliale. Ce qui reste de l'ooblaste devient la vésicule germinative et la chromatine, qui n'a pas pris part à la constitution des noyaux, se transforme en vitellus.

D'après Will, tous les éléments principaux de l'ovaire, ovules, cellules vitellogènes, cellules épithéliales, proviendraient donc d'une source unique, les ooblastes. Il invoque à l'appui de sa théorie les phénomènes de bourgeonnement de la vésicule germinative décrits par Roule et Sabatier chez les Ascidies et par Balbiani chez le Géophile.

Sabatier (1886) arriva à des conclusions assez semblables à celles de Will. Chez la Forficule, par exemple, on trouverait, dans chaque gaine ovarique, une série de chambres ovulaires dont chacune ne contiendrait d'abord qu'une cellule unique. Des granulations chromatiques sortiraient du noyau de cette cellule et viendraient constituer près de lui un amas chromatique qui finirait par s'organiser en un noyau spécial. Un étranglement du protoplasma cellulaire se produirait ensuite et on aurait finalement deux cellules : la cellule ovulaire et la cellule vitellogène. Le noyau de cette dernière serait précisément le noyau formé aux dépens des granulations chromatiques sorties du noyau de la cellule primitive unique. Dans le Géophile, il sortirait non plus un seul amas de grains chromatiques, mais plusieurs, d'où apparition de plusieurs cellules vitellogènes ou même épithéliales.

A la même époque, J. Pérez (1886) revenait à l'opinion d'Hermann Meyer. Il admit deux sortes d'éléments cellulaires dans les gaines ovariques : les ovules primordiaux et les cellules épithéliales. Les premiers s'entourent de cellules épithéliales et se multiplient suivant le mode endogène. Le nombre des cellules qui en dérivent serait successivement 2, 4, 8, 16, 32, etc., c'est-à-dire toujours pair. Une seule de ces cellules, dans chaque follicule, se transformerait en œuf, tandis que toutes les autres deviendraient des cellules vitellogènes. Le nombre de ces dernières serait, par suite, toujours impair; d'après Pérez, il s'élèverait jusqu'à 127 chez certains Hyménoptères.

Korschelt (1886) a publié sur l'origine et la signification des différents éléments cellulaires des ovaires des Insectes un mémoire important dont je me bornerai à donner les principales conclusions :

Les divers éléments cellulaires des gaines ovariques, œufs, cellules nourricières et épithéliales, proviennent des mêmes éléments d'abord indifférents contenus dans les premières ébauches des gaines.

La différenciation commence de très bonne heure, dès la vie embryonnaire, et se continue pendant l'état larvaire; cependant, cette différenciation ne porte pas simultanément sur toutes les cellules indifférentes, car il en reste un certain nombre qui n'évolueront que chez l'adulte.

Le mode d'origine des divers éléments aux dépens des cellules indifférentes varie suivant les Insectes, d'après la constitution des gaines ovariques. Le type le plus simple est celui où les gaines ne contiennent pas de cellules vitellogènes; le type le plus compliqué, celui où il y a dans chaque gaine des chambres à cellules vitellogènes, séparées par des rétrécissements des chambres ovulaires. Le deuxième type dériverait du premier (1).

Les cellules nutritives, dans certains cas, se différencient de la même manière et en même temps que les ovules et doivent être regardées comme des cellules germinatives ayant perdu la fonction de former des ovules, mais ayant acquis celle de produire des matériaux nutritifs.

Dans les tubes ovariques pourvus de nombreux compartiments à cellules nutritives, celles-ci se forment au même endroit que les ovules; elles se trouvent ainsi mélangées aux ovules dans la chambre germinative.

Les cellules nutritives de certains Insectes sont indépendantes des cellules germinatives et ne paraissent pas avoir celles-ci pour origine.

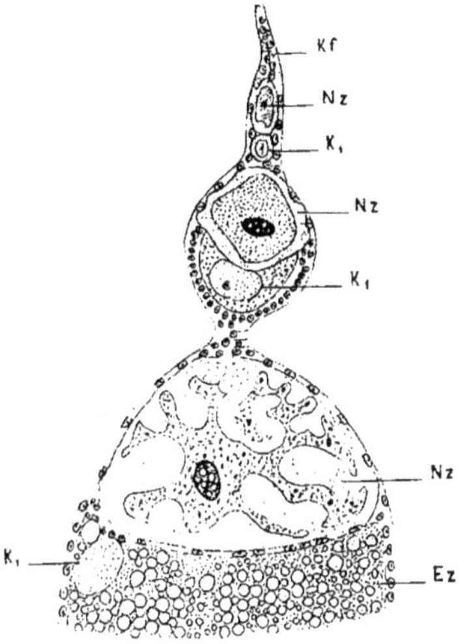

Fig. 592. — Coupe longitudinale de l'extrémité antérieure d'une gaine ovarique de *Forficula auricularia*.

Ez, œuf; *Kf*, chambre germinative; K_1, vésicule germinative; *Nz*, cellule vitellogène. (D'après KORSCHELT).

L'épithélium dérive toujours des cellules primitivement indifférentes. Toutefois, KORSCHELT fut amené plus tard à modifier son opinion à ce sujet; dans son « Traité d'embryogénie », il se montre, en effet, moins exclusif.

Enfin, KORSCHELT admet, contrairement à WILL et à SABATIER, que tous les éléments situés dans les gaines ovariques sont de véritables cellules.

Les observations de KORSCHELT ont porté sur des Orthoptères, des Coléoptères, des Diptères, des Hyménoptères et des Hémiptères. Cet observateur a vu que, chez les Orthoptères et les Coléoptères dépourvus de cellules vitellogènes, la différenciation des éléments des gaines commence dès l'extrémité proximale de celles-ci. Il en est de même chez les types pourvus de cellules vitellogènes. Ici les cellules germinatives différenciées des cellules épithéliales deviennent des ovules et des cellules nourricières.

(1) On peut objecter à cette manière de voir de KORSCHELT qu'il y a déjà des cellules vitellogènes chez les Collemboles et chez *Campodea*, tandis qu'il n'y en a pas dans des types élevés comme certains Coléoptères.

Chez le *Bombus*, au contraire, il ne se différencie dans l'extrémité antérieure de la chambre germinative, comme cellules germinatives, que celles qui deviendront les ovules. Les cellules augmentent de volume et se transforment en ovules à la partie postérieure de la chambre; en ce point se transforment un certain nombre d'éléments encore indifférents en cellules nourricières.

Chez les Hémiptères, la chambre germinative renferme de nombreuses petites cellules émettant, vers la partie axiale de la chambre, des prolongements protoplasmiques qui se fusionnent entre eux; toutes ces petites cellules jouent le rôle de cellules nutritives. Dans le cas des Pucerons, les nombreuses petites cellules sont remplacées par quelques grosses cellules se comportant exactement de la même manière.

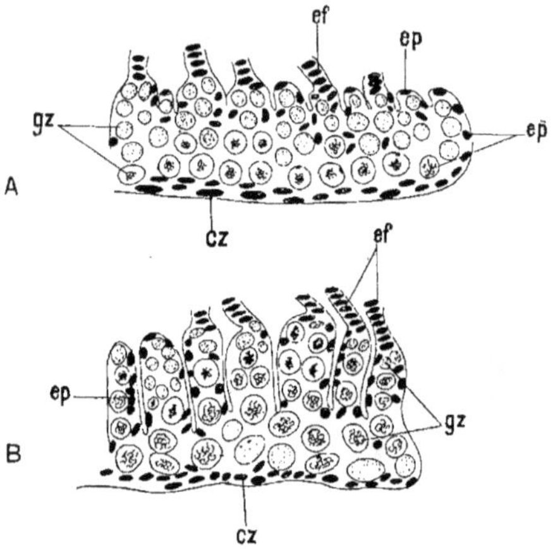

Fig. 593. — *Phyllodromia germanica*. Coupe longitudinale à travers l'ébauche génitale femelle.

A, au commencement de la formation des gaines ovariques; — B, à un stade plus avancé. — *cz*, ébauche des conduits génitaux; *ef*, filament terminal; *ep*, noyaux des cellules épithéliales; *gz*, cellules génitales. (D'après Heymons.)

L'origine des cellules épithéliales ne semble pas être celle qu'a indiquée cet auteur dans son travail de 1886. R. Heymons (1895), qui a suivi le développement des glandes génitales chez les Orthoptères, a observé que, quand les cellules sexuelles ont pénétré dans les segments mésodermiques primitifs de l'embryon et se sont concentrées dans *les cordons génitaux*, il se produit une multiplication des *éléments mésodermiques*, telle que les cellules sexuelles proprement dites sont accompagnées, depuis cet instant, par des cellules mésodermiques qui ne sont autres que les futures cellules épithéliales. Dans les ébauches des glandes ovariques, on trouverait donc, comme entièrement distinctes, les cellules sexuelles proprement dites qui donneront les ovules et les cellules vitellogènes, si ces dernières doivent exister, et les cellules épithéliales qui formeront plus tard les follicules ovariens.

Recherches récentes. — A la suite d'observations faites récemment sur les Collemboles et les Thysanoures, Lécaillon (1900-1901) arrive à cette conclusion que les Insectes ayant l'ovaire le plus simple sont les Collemboles, tandis que les Thysanoures s. st. ont un organe reproducteur femelle constitué comme celui des autres Hexapodes plus élevés en organisation.

Dans les Collemboles, les ébauches ovariennes sont représentées par deux petites masses ovoïdes renfermant les cellules germinatives. Une paroi mince, formée de petites cellules aplaties, entoure le groupe des cellules germinatives, et envoie deux prolongements filiformes, l'un en avant, l'autre en arrière. Ces ébauches sont placées dans la région ventrale de la cavité du corps, et les ovaires, lors de leur développement ultérieur, conservent toujours cette situation. D'après Lécaillon, aucune autre cellule que les cellules germinatives ne serait contenue dans les ébauches ovariennes.

A mesure que le jeune Collembole grandit, chacune des ébauches ovariennes se transforme en une vaste poche dans laquelle sont contenus des œufs et des cellules vitellogènes (1). Ces deux dernières catégories d'éléments proviennent des cellules germinatives des ébauches. Il reste toutefois une zone germinative dans chaque poche ovarienne, mais cette zone, au lieu de passer à l'extrémité antérieure de l'ovaire, laquelle finit par atteindre la région thoracique de l'animal, conserve sa situation primitive, c'est-à-dire reste située vers la partie moyenne de la poche ovarienne, dans la partie abdominale du corps. Les cellules constituant la paroi ovarienne donnent naissance, vers l'extérieur, à une membrane basale très mince, tandis que vers l'intérieur elles envoient des prolongements dans la poche ovarique. Dans beaucoup de cas, ces prolongements demeurent peu développés, tandis que dans certaines espèces (*Papirius minutus*) ils présentent une épaisseur considérable et s'anastomosent en un réseau constituant finalement des alvéoles où sont contenus les œufs et les cellules vitellogènes. Ces *prolongements intra-ovariens* sont, d'après Lécaillon, homologues des follicules ovariens que l'on observe chez les autres Insectes.

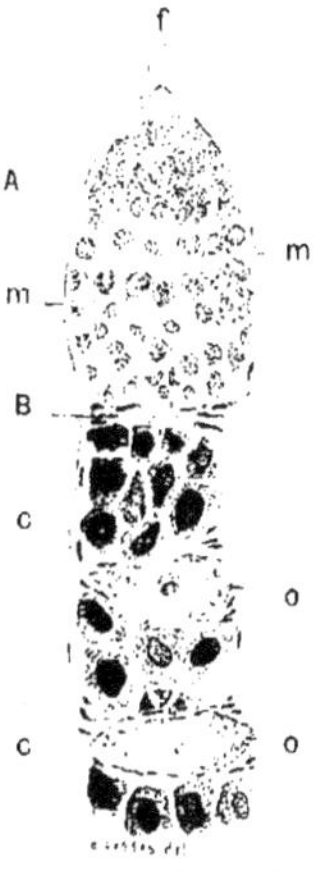

Fig. 594. — Coupe longitudinale de la partie antérieure d'un ovaire de *Campodea staphylinus*.

A, chambre germinative divisée en deux zones : a et b ; *B*, région intermédiaire ; *c*, cellules vitellogènes ; *m*, paroi de l'ovaire ; *f*, filament terminal ; *o*, œufs. D'après Lécaillon.

Dans les Thysanoures s. st., d'après le même auteur, les ovaires sont au contraire formés par de véritables gaines ovariques, et il se produit toujours de véritables follicules autour des œufs. Conformément aux observations de Grassi et contrairement à celles de de Bruyne (1898) et Willem (1900), si certaines espèces, telle que *Machilis maritima*, sont dépourvues de cellules vitellogènes, d'autres, telle que *Campodea*, en possèdent au contraire (fig. 594).

(1) La présence de cellules vitellogènes dans l'ovaire des Collemboles avait déjà été signalée par Tullberg (1872) et par Claypole (1898), tandis qu'elle avait été niée par de Bruyne (1898) et par Willem (1900).

Les futures cellules folliculaires seraient en outre, dès la chambre germinative, complètement distinctes des cellules germinatives proprement dites.

Dans *Campodea*, elles seraient surtout localisées à la base de la chambre germinative et de forme aplatie, tandis que chez *Machilis maritima* elles seraient rassemblées au sommet de la chambre germinative et de forme arrondie.

Mes observations personnelles ont porté sur les Orthoptères, les Coléoptères, les Hyménoptères et les Hémiptères.

Chez les Orthoptères où les cellules vitellogènes font défaut,

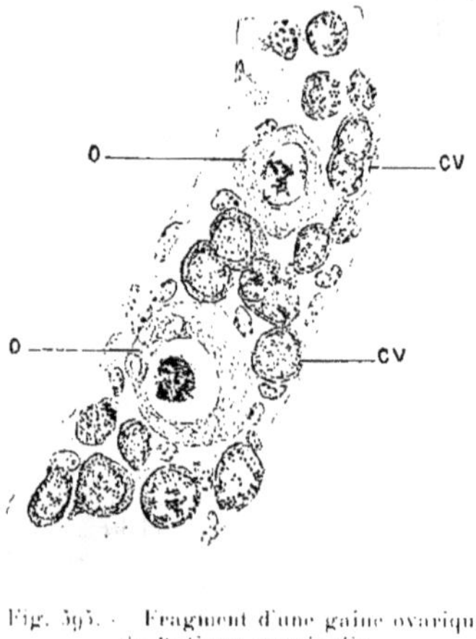

Fig. 595. — Fragment d'une gaine ovarique de *Dytiscus marginalis*.

O, jeunes ovules (oocytes) ; *cv*, cellules vitellogènes dont le noyau renferme des grains chromatiques disposés en tétrades. Fig. originale.

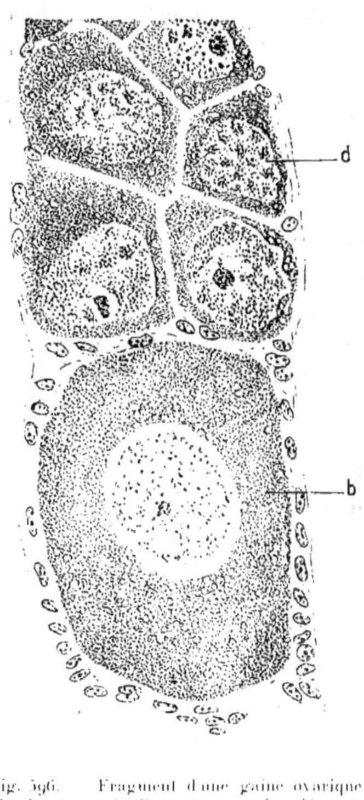

Fig. 596. — Fragment d'une gaine ovarique de *Dytiscus marginalis* renfermant des éléments plus avancés que ceux représentés fig. 595.

b, ovule ; *d*, cellule vitellogène. Fig. originale.

on trouve dans la gaine ovarique des cellules épithéliales et des cellules ovulaires. Ces deux sortes d'éléments peuvent déjà se distinguer facilement ; les cellules épithéliales ont en effet un réseau chromatique dans leur noyau, tandis que dans les cellules ovulaires on trouve des filaments chromatiques séparés les uns des autres. D'après Henking, le nombre de ces filaments serait de 24.

Chez les Coléoptères ayant des cellules vitellogènes, par exemple chez le Dytique, on peut suivre, dès la chambre germinative, les changements que subissent les ovules et les cellules vitellogènes. Les noyaux des futures cellules vitellogènes ont d'abord un réseau chromatique. Puis, celui-ci se fragmente et les granules chromatiques se disposent par groupes de deux ou de quatre; ces granules ressemblent à de très petits bâtonnets, des filaments de linine peuvent les relier les uns aux autres. Ils se multiplient bientôt et sont alors remplacés par des amas granuleux ayant l'aspect d'étoiles (fig. 595 et 596). Ces faits ont déjà été observés dans les cellules vitellogènes d'*Anurida maritima* par Claypole et tout récemment dans celles de la Nèpe par Lécaillon. Chez les Collemboles, d'après ce dernier auteur, on pourrait observer simultanément, dans une même espèce, tantôt des granulations libres ou disposées en étoiles, tantôt un réseau. En outre, les cellules vitellogènes de ces Insectes contiendraient souvent un assez grand nombre de nucléoles.

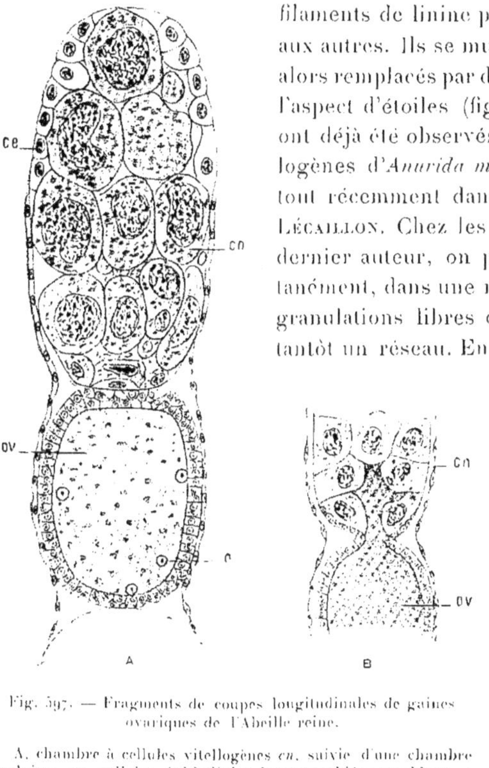

Fig. 597. — Fragments de coupes longitudinales de gaines ovariques de l'Abeille reine.

A. chambre à cellules vitellogènes *cn*. suivie d'une chambre ovulaire; *ce*, cellules épithéliales hypertrophiées semblant se transformer en cellules vitellogènes; *ov*, ovule; *n*. noyaux de Blochmann; B. figure montrant le pédicule de l'œuf *ov*, penétrant au milieu des cellules vitellogènes. Fig. originale.)

Les jeunes ovules, de leur côté, ont des chromosomes qui perdent bientôt de leur colorabilité; des nucléoles nombreux apparaissent alors, surtout dans la zone périphérique, et ils sont souvent creusés de vacuoles comme chez certains Vertébrés (Amphibiens).

Chez les Hyménoptères, la différenciation entre ovules et cellules vitellogènes est plus tardive, ainsi que l'avait déjà remarqué Korschelt; on peut également observer ici la même pulvérisation chromatique que dans les cellules vitellogènes du Dytique.

Chez *Pyrrhocoris*, j'ai retrouvé les petites cellules décrites par Korschelt; elles se multiplient activement, les unes par mitose, les autres directement. Elles sont d'abord indépendantes, puis se fusionnent plus ou moins complètement, surtout vers la partie axiale de la gaine; les pédoncules ovulaires se confondent alors dans la partie commune, protoplasmique, ainsi formée (fig. 598). C'est probablement par une sorte de mouvement amiboïde de la région antérieure de l'œuf que celui-ci s'unit à la masse protoplasmique axiale. Je n'ai pu trouver de trace de la cellule centrale dont l'existence avait été admise par Balbiani. La région centrale, commune aux pédoncules ovulaires et aux cellules nourricières de la chambre germinative, a une structure fibrillaire très nette pouvant se suivre jusque dans les pédoncules des œufs. Parmi les cellules nourricières, on en rencontre souvent en voie de dégénérescence (fait déjà observé par Korschelt); c'est la dégénérescence par *pycnose* que l'on observe. Les boules chromatiques provenant de cette dégénérescence se voient souvent dans la masse centrale protoplasmique.

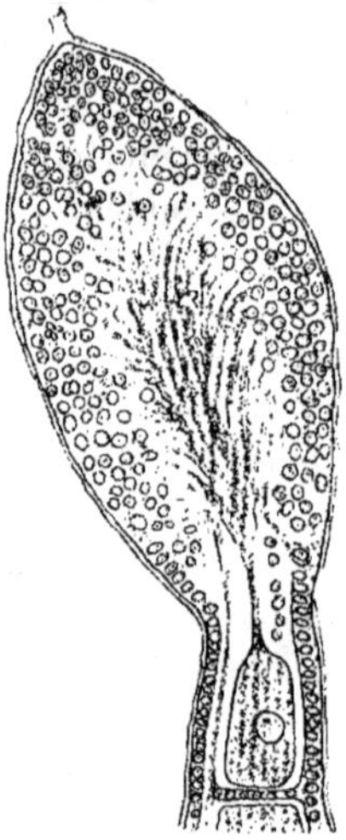

Fig. 598. — Chambre germinative d'une gaine ovarique de *Pyrrhocoris apterus* montrant les rapports du pédicule de l'œuf avec les cellules de la chambre. (Fig. originale.)

Les cellules épithéliales conservent à peu près les caractères qu'elles ont au sommet de la chambre germinative; leur forme et leur volume peuvent cependant varier suivant le point qu'elles occupent sur la paroi de la gaine ovarique. Je ne puis me prononcer sur leur origine, mais l'opinion d'Heymons suivant laquelle elles seraient originairement distinctes des autres cellules paraît très vraisemblable. On peut souvent, en effet, les distinguer même dans des ébauches peu développées des glandes ovariennes; elles paraissent notablement plus petites que les cellules sexuelles proprement dites (1).

(1) Consulter sur l'histologie de l'ovaire des Insectes un *Mémoire* paru pendant la mise en pages : J. Gross. Untersuchungen über die Histologie des Insectenovariums. *Zool. Jahrbücher Abth. f. Anat. und Ontogenie*, Bd XVIII, 1er H. 1903.

PROCESSUS DE DIFFÉRENCIATION DE L'ŒUF ET DES CELLULES VITELLOGÈNES.

Si presque tous les auteurs modernes sont d'accord pour faire dériver les œufs et les cellules vitellogènes des cellules germinatives, et par conséquent pour les considérer comme des cellules-sœurs, le processus même, suivant lequel apparaissent au début les caractères d'œuf ovarien d'un côté et les caractères de cellules vitellogènes de l'autre, a été jusqu'ici fort peu étudié.

Avec la majorité des auteurs, nous désignerons par le nom d'*oogonies* les cellules de la chambre germinative avant qu'elles soient différenciées en œufs ou en cellules vitellogènes ; elles proviennent directement des cellules germinatives primitives qui ont apparu dans l'embryon et se sont placées dans une enveloppe mésodermique pour constituer les ébauches ovariennes. Nous appellerons au contraire *oocytes* les oogonies différenciées comme œufs et nous emploierons indifféremment le terme de cellule nutritive ou de cellule vitellogène pour désigner les éléments provenant des oogonies, et employés à la nutrition de l'œuf.

D'après Paulcke (1900), les chambres germinatives de l'Abeille renferment à leur sommet un amas d'oogonies dont certaines passent par la phase de *synapsis* (voir plus loin : spermatogenèse) et sont destinées à se transformer en cellules vitellogènes. Les oogonies qui doivent donner les œufs se multiplient au contraire par division indirecte. La phase de synapsis représenterait alors comme une trace de division indirecte, mode de multiplication qu'auraient eu primitivement toutes les oogonies.

Chez les Collemboles, suivant Lécaillon, toutes les oogonies passeraient au contraire par le stade synapsis, qu'elles doivent donner des cellules vitellogènes ou donner des oocytes. La phase de synapsis serait alors, comme on l'admet généralement pour les autres groupes d'animaux, une phase caractéristique de la mitose des éléments reproducteurs. Au sortir de la phase de synapsis, certaines oogonies prendraient immédiatement le caractère d'oocytes (par répartition de la chromatine en quelques groupes quaternes situés à la périphérie de la vésicule germinative), tandis que d'autres prendraient immédiatement le caractère de cellules vitellogènes (par multiplication rapide des éléments chromatiques du noyau).

Giardina (1901) a étudié plus récemment la question chez le Dytique.

D'après lui, chaque gaine ovarique du Dytique est constituée par un long filament terminal, suivi d'une chambre terminale et du tube ovarique proprement dit contenant un certain nombre d'oocytes alternant avec des groupes de cellules nutritives. C'est dans la chambre terminale que se multiplient les oogonies par division mitotique. Chacune des oogonies de dernière génération, par une série de quatre divisions successives, donne naissance à un groupe de seize cellules, dont l'une est un oocyte et les quinze autres des cellules nutritives. Une oogonie de dernière génération renferme dans son cytoplasma un gros mitosoma (reste fusorial); la chromatine de son noyau se sépare en deux parties : l'une, constituée par de très fins granules, se concentre dans l'une des moitiés du noyau; l'autre, formée d'une quarantaine de gros granules, occupe l'autre moitié. Cette seconde partie entre seule dans la constitution de la plaque équatoriale, lors de la division de l'oogonie; la partie finement granuleuse se dispose en un anneau chromatique autour du fuseau. Cet anneau, au lieu de se couper en deux pour se répartir également entre les deux cellules-filles, passe tout entier dans l'une d'elles et s'ajoute à son noyau qui présente alors l'aspect d'un noyau en synapsis. A chaque division de l'oogonie le même phénomène se reproduit et finalement seul l'oocyte renferme la chromatine en état de synapsis. Il y aurait donc, d'après Giardina, une série de mitoses différentielles aboutissant à la différenciation de l'oocyte des cellules nutritives.

Les seize cellules ainsi formées, aux dépens d'une même oogonie, sont disposées en rosette, chacune d'elles étant rattachée par un court pédicule à un centre cytoplasmique commun.

Les grains chromatiques du noyau des cellules nutritives sont d'abord groupés par quatre, de manière à constituer une quarantaine de tétrades. Leur nombre augmente rapidement; ils paraissent se multiplier par division, et bientôt le noyau est rempli d'une sorte de poussière chromatique. Dans la vésicule germinative de l'oocyte, la partie chromatique ayant pour origine la plaque équatoriale se transforme en un réseau qui perd peu à peu sa colorabilité; la chromatine en synapsis, provenant de l'anneau, se vacuolise et se transforme en une calotte chromatique située à la périphérie. Mais bientôt la vésicule germinative, augmentant rapidement de volume en même temps que l'oocyte, ne renferme plus qu'un réseau non colorable. La chromatine semble se transformer chimiquement sur place, sans émigrer, en tant que substance figurée, dans le cytoplasma.

De ses observations Giardina conclut que la phase de synapsis, dans l'ovaire, n'est pas en rapport avec une mitose ordinaire, comme le pense Häcker, mais qu'elle caractérise une mitose différentielle ayant pour résultat d'assurer à l'oocyte, et à lui seul, la totalité de la chromatine provenant de l'oogonie; il suppose, en effet, que dans les cellules somatiques du Dytique il se produit une réduction chromatique comme chez l'*Ascaris*.

Pendant l'oogenèse, dans toutes les mitoses (celles des oogonies, des cellules nutritives, ou les divisions différentielles), le nombre des chromosomes de la plaque équatoriale reste constant (de 38 à 40); ce nombre est donc indépendant de la quantité de chromatine qui prend part à la formation de la plaque, puisque dans les mitoses différentielles une partie de la chromatine forme l'anneau synaptique; ce fait est défavorable à l'hypothèse de l'individualité des chromosomes. Aussi GIARDINA pense que la constance du nombre des chromosomes ne dépend, ni de la permanence de l'individualité des chromosomes, ni de la quantité de la substance chromatique qui prend part à la formation de la plaque équatoriale, mais dépend plutôt de la constance avec laquelle se reproduisent à chaque mitose certaines conditions indépendantes des deux premières et caractéristiques pour chaque espèce d'organisme; mais l'auteur ne dit pas quelles sont ces conditions.

Le groupement en rosette de l'oocyte et des cellules nutritives cesse lorsque l'oocyte acquiert un certain développement, mais quatre des cellules nutritives restent rattachées à ce dernier par un pédicule; quant aux cellules épithéliales, elles ne sont jamais en continuité de structure avec les cellules provenant de la division des oogonies, ce qui prouve que l'ensemble des cellules nutritives et de l'oocyte constitue un *groupe germinal* tout à fait indépendant des cellules somatiques.

La disposition des rosettes dans l'extrémité des tubes ovariques est variable, c'est-à-dire que l'oocyte peut occuper une position quelconque par rapport à l'axe du tube. Seules les rosettes dans lesquelles l'oocyte est situé vers la partie distale, se développent, les autres dégénèrent et s'atrophient. La relation entre l'orientation de la rosette et celle du tube ovarique paraît donc être due à une sorte de sélection précoce, et non à une action graduelle de l'organisme sur le groupe cellulaire pendant son accroissement. La polarité de l'œuf paraît déterminée dès sa formation.

D'après ses recherches ultérieures sur l'oogenèse de la Mante, GIARDINA (1902) a reconnu que le stade de synapsis particulier qu'il avait trouvé chez le Dytique constitue un phénomène différent de la véritable synapsis qu'il a observée chez la Mante et qui se présente comme PAULCKE et LÉCAILLON l'ont décrite chez d'autres Insectes. GIARDINA distingue donc une *synapsis partielle* ou *différentielle* qui n'a été encore vue que chez le Dytique, lors de la différenciation de l'oocyte et des cellules vitellogènes, et une *synapsis totale* ou d'*accroissement*, semblable à celle qu'on trouve dans les cellules testiculaires et qui est probablement générale dans l'oogenèse de tous les animaux.

RÔLE DES CELLULES VITELLOGÈNES ET NUTRITION DE L'ŒUF

Le rôle des cellules vitellogènes a été interprété de diverses façons. D'après la théorie la plus ancienne, les cellules vitellogènes fabriqueraient les éléments vitellins destinés à s'accumuler dans l'œuf. Les auteurs qui soutiennent cette opinion ne sont pas d'accord cependant sur le mode d'action des cellules.

Selon Stein, les cellules vitellogènes subiraient une sorte de dégénérescence et passeraient directement dans l'œuf. Leuckart, Weismann, Bessels, Ganin et Brandt adoptèrent cette manière de voir. Pour le dernier de ces auteurs, l'œuf provenait de la fusion de plusieurs cellules; il en résultait une masse protoplasmique contenant plusieurs noyaux, mais un seul de ceux-ci persistait et devenait la vésicule germinative. Pour Brandt, l'œuf n'était donc pas une cellule véritable mais un élément pluricellulaire.

Waldeyer critiqua vivement cette opinion; il observa, chez la Mouche et chez les Lépidoptères, que les cellules vitellogènes ne sont pas incorporées directement par l'œuf, mais diminuent simplement de volume à mesure que l'œuf s'accroît.

Huxley, en s'appuyant sur l'existence du pédoncule ovulaire qu'il découvrit dans les œufs de Pucerons, admit que les cellules vitellogènes ne sont pas absorbées par l'œuf, mais y versent le produit de leur sécrétion par le canal vitellin, comme font les cellules glandulaires, puis disparaissent ensuite en s'atrophiant.

Lubbock, Claus et Siebold adoptèrent la manière de voir d'Huxley.

Pour Hubert Ludwig (1874), les substances sécrétées par les cellules vitellogènes le seraient non sous forme de granulations, mais sous forme de matériaux plastiques, fluides, homogènes, que l'œuf transformerait lui-même en éléments vitellins figurés (granulations, vésicules, globules).

D'autres auteurs, à l'encontre des précédents, émirent l'idée que les cellules vitellogènes n'interviennent pas pour nourrir l'œuf, mais sont seulement des œufs abortifs, destinés à disparaître. Tels sont Hermann Meyer, Allen Thomson, Waldeyer et Balbiani. A l'appui de cette théorie, ces auteurs firent observer que le cordon pédonculaire est plein et ne peut jouer le rôle de canal, qu'il n'existe que dans les œufs jeunes et même, chez les Hémiptères, n'est que temporaire et disparaît avant que l'œuf ait atteint toute sa grosseur. Enfin, chez beaucoup d'espèces, il n'existe même pas pendant les stades jeunes.

Korschelt (1889), dans les gaines ovariques du Dytique, constata que les cellules vitellogènes accompagnant des œufs encore très petits renferment des granulations se colorant par l'acide osmique et par le bleu de Lyon. Ces granulations seraient de nature albumino-graisseuse; elles passeraient directement dans l'œuf où elles viendraient former une zone particulière, facile à reconnaître; la vésicule germinative enverrait des prolongements dans cette zone (fig. 599). Malheureusement, KORSCHELT n'a pas suivi le sort ultérieur des cellules vitellogènes elles-mêmes ; il n'a pu dire, par suite, si elles sont résorbées ou si elles sont absorbées directement par l'œuf.

DE BRUYNE (1898) a étudié également le Dytique au même point de vue que KORSCHELT. D'après lui, les cellules vitellogènes s'incorporeraient à l'œuf comme l'avait dit STEIN. On verrait souvent, dans les chambres ayant contenu les cellules vitellogènes, des amas résultant de la fusion de plusieurs de celles-ci. Ces amas sont constitués par une masse protoplasmique commune dans laquelle on trouve une masse chromatique résultant de la fusion des noyaux. L'œuf les absorbe directement et en bloc ; on retrouve alors souvent, dans son intérieur, des traces des noyaux des cellules vitellogènes absorbées. D'autres fois les cellules pénétreraient isolément dans l'œuf. La vésicule germinative ne serait pas colorable tant que l'œuf n'a pas absorbé les cellules vitellogènes ; autour de la vésicule apparaîtrait une zone protoplasmique plus colorable renfermant à l'état diffus la matière chromatique provenant des cellules vitellogènes. C'est en absorbant cette chromatine que la vésicule germinative redeviendrait ensuite colorable. Dans certains cas même, la vésicule germinative pourrait envoyer des prolongements amiboïdes vers les noyaux des cellules vitellogènes ingérées et les englober ; il y aurait donc une véritable caryophagie qui aurait été observée par l'auteur, sept fois chez le Dytique et une fois chez le Carabe.

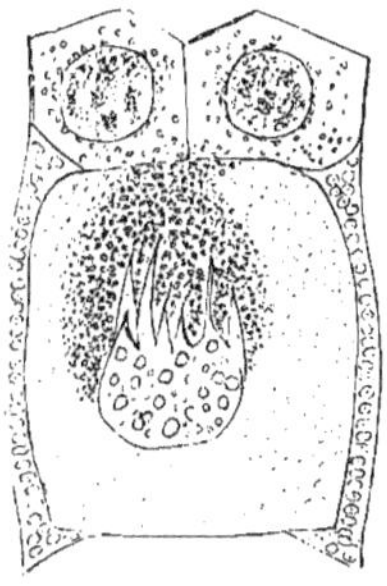

Fig. 599. — Follicule ovarien de *Dytiscus marginalis*, avec fragment de la loge nourricière voisine. La vésicule germinative de l'œuf envoie des prolongements dans la direction des granulations provenant des cellules vitellogènes. D'après KORSCHELT, fig. empruntée à O. HERTWIG.

Les cellules épithéliales elles-mêmes, d'après DE BRUYNE, interviennent dans la nutrition de l'œuf. On trouverait dans leur intérieur des granules colorables par l'acide osmique et par la safranine, et ces granules pourraient passer directement dans l'œuf. Enfin, selon l'auteur belge, les cellules adipeuses qui entourent les gaines ovariques pourraient elles-mêmes transmettre aux œufs les granulations qu'elles renferment.

PAULCKE (1900), chez l'Abeille, et KULAGIN (1901), chez les Diptères, admettent également que les cellules vitellogènes sont absorbées directement par l'œuf.

D'après ses observations sur les Collemboles, LÉCAILLON pense que, chez les Insectes, la nutrition de l'œuf, pendant sa croissance, résulte de l'activité combinée de l'œuf lui-même, des cellules vitellogènes et des cellules formant la paroi ovarienne ou les follicules, quand ces derniers existent. Mais la part que l'on peut attribuer à chacun de ces procédés de nutrition est variable suivant les espèces et dépend de celle qui est attribuable à l'ensemble des autres procédés. On pourrait, jusqu'à un certain point, évaluer cette part d'après les modifications cytologiques qui surviennent, pendant l'oogenèse, dans les divers éléments cellulaire de l'ovaire. En ce qui concerne les Collemboles particulièrement, le rôle nutritif de la paroi ovarienne et de ses prolongements intra-ovariens serait considérable dans les espèces où ces parties sont très développées (*Papirius minutus*), tandis qu'il serait beaucoup plus faible dans celles où la paroi et les prolongements demeurent faiblement développés (Entomobryidées, Poduridées, Aphoruridées). Les cellules vitellogènes auraient un rôle nutritif important chez tous les Collemboles, mais plus important dans le dernier cas qui vient d'être rapporté que dans le premier. Quant au rôle de l'œuf lui-même, il serait relativement faible dans toutes les espèces, ce qui résulterait du peu de développement que prennent sa vésicule germinative et ses éléments chromatiques. Dans les cellules vitellogènes et dans les cellules de la paroi ovarienne et de ses prolongements, l'indice de la grande importance du rôle nutritif résulte du grand développement que prennent ces éléments et de l'abondance de la chromatine et des nucléoles dans leurs noyaux. En outre, quand la période d'accroissement de l'œuf s'avance, les éléments dont il s'agit entrent en dégénérescence, se liquéfient peu à peu, fournissant ainsi encore des matières nutritives que l'œuf absorbe. Chez les Collemboles, d'après Lécaillon, il n'y aurait jamais englobement des éléments dégénérescents par ce dernier.

Il y aurait un grand intérêt à étendre l'étude de ces questions de la nutrition de l'œuf au groupe des Insectes tout entier. J'ai examiné un certain nombre de gaines ovariques de Dytique, et je n'ai pas pu y constater l'absorption directe des cellules vitellogènes par l'œuf, ni les faits de caryophagie signalés par de Bruyne. En outre, la zone plus colorable située autour de la vésicule germinative, et que Korschelt avait déjà observée, se montre avant que les transformations des cellules vitellogènes se soient produites. En ce qui concerne les granulations des cellules épithéliales, je crois qu'elles n'apparaissent qu'au moment de la dégénérescence de ces éléments. Il est certain que l'épithélium des gaines intervient dans la nutrition de l'œuf, comme le prouvent les observations de Rabes (1900) et de Korschelt (1902), qui ont constaté que, chez *Rhizotrogus solstitialis*, l'épithélium forme des replis qui s'invaginent dans les œufs en voie d'accroissement, de même que chez les Céphalopodes, replis qui disparaissent plus tard lorsque les œufs ont acquis un certain volume (1). Il est certain aussi qu'il y a une relation entre l'accroissement de l'œuf et la diminution du corps grais-

(1) L'épithélium folliculaire ne sert pas seulement à nourrir l'oocyte pendant sa croissance : c'est lui qui sécrète le chorion (v. p. 294) et produit les canaux micropylaires, dus à des prolongements cellulaires qui pénètrent dans l'épaisseur du chorion et se résorbent plus tard. Durant l'augmentation de volume de l'oocyte, les cellules épithéliales se multiplient activement soit par mitose (Balbiani), soit par amitose (Preusse, Gross). Vers la fin de la croissance de l'oocyte, les cellules épithéliales s'aplatissent et souvent, après la ponte, subissent une dégénérescence graisseuse.

seux. Plus le corps adipeux est développé, moins les organes génitaux le sont, et réciproquement. Ainsi, lorsque, au printemps, l'accouplement de l'Anthonome a lieu, les œufs sont encore très petits et le tissu graisseux est très développé. Ensuite, à mesure que les œufs grossissent, le corps adipeux se résorbe peu à peu. Je crois que cette résorption se fait plutôt par l'intermédiaire du liquide sanguin, et qu'ensuite les œufs puisent dans celui-ci les matériaux dont ils ont besoin pour former les granulations de réserve dont ils se remplissent.

Un fait intéressant signalé par Ch. Pérez (1902), dans la nymphe des Fourmis, c'est la présence, entre la gaine ovarique et sa mince enveloppe conjonctive, d'un nombre considérable de cellules isolées, bourrées de granulations fixant électivement l'induline, et pourvues d'un noyau identique à celui des leucocytes. Ces cellules à granulations des ovaires sont des leucocytes gorgés d'inclusions comme des sphères de granules. On trouve aussi beaucoup de ces cellules dans les interstices des diverses gaines ovariques, remplissant presque tous les espaces laissés libres par les riches arborisations naissantes des trachées. Pérez admet que ces cellules sont des phagocytes repus, qui viennent apporter aux ovaires des substances nutritives comme ils le font pour d'autres organes, les muscles en particulier. L'afflux des phagocytes dans les ovaires coïncide avec le début de la croissance des ovules qui jusque-là ne s'étaient pas distingués par leur taille des cellules vitellogènes voisines. Chez l'imago femelle, au moment de l'éclosion, il n'y a plus trace dans les ovaires de cellules à granulations. Chez le mâle, on n'observe pas ces cellules autour des testicules.

J'ai retrouvé dans les nymphes de Mouche la pénétration de sphères de granules entre les gaines ovariques et leur tunique conjonctive. Mais les sphères de granules paraissent moins nombreuses que chez les Fourmis, et pénètrent dans les gaines à un stade un peu plus précoce, avant la différenciation nette des cellules vitellogènes.

Quant aux cellules vitellogènes, elles interviennent aussi évidemment dans la nutrition de l'œuf, mais il n'y a sans doute pas transport direct de leurs granulations dans l'œuf; il y a plutôt aussi dissolution préalable de ces granulations. Cependant, un certain nombre de faits, connus chez d'autres animaux, permettent de considérer comme possible l'incorporation directe, par l'œuf, d'éléments figurés ou organisés. Dans les Daphnies par exemple, suivant Weismann, l'œuf d'été absorbe trois cellules voisines appartenant d'abord, tout comme lui-même, à la glande ovarienne. Pendant sa maturation, l'œuf d'hiver des mêmes animaux absorbe un nombre plus grand encore de cellules-sœurs.

Chez certains Vers, d'après Korschelt et Bræm, deux cellules ne donnent jamais qu'un seul œuf. Chez *Diopatra*, chaque œuf absorbe tout une série de cellules nutritives. Il en est de même chez *Myzostomum*, d'après Wheeler. Chez les Reptiles, Mlle Loyez a observé que certaines cellules de la granulosa grossissent beaucoup en prenant les caractères de l'œuf, puis finissent par se vider dans ce dernier. Il y a donc dans tous ces cas, semble-t-il, adjonction à l'œuf de la substance des cellules nutritives. Il n'est donc pas impossible que, conformément à l'opinion de quelques auteurs, il en soit de même chez certains Insectes.

Spermatogenèse.

Historique. — L'histoire de la spermatogenèse, aussi bien pour les Insectes que pour les autres animaux, ne commence qu'avec les premiers travaux de Kölliker (1841). Avant cet éminent histologiste, d'autres auteurs, tels que Siebold (1836), avaient décrit la forme et les mouvements des spermatozoïdes, mais ils ne s'étaient pas occupés du développement de ces éléments (1). Kölliker admit que tous les spermatozoïdes proviennent d'un noyau cellulaire; il crut d'abord que le spermatozoïde se formait dans l'intérieur du noyau par condensation du contenu nucléaire à la face interne de la membrane, et que l'élément spermatique devenait libre par dissolution du noyau et de la cellule-mère. Plus tard (1856) il considéra le spermatozoïde comme résultant de la métamorphose directe et entière du noyau qui s'allonge et s'enroule en spirale dans la cellule ; il distingua des cellules spermatiques à un seul noyau et des kystes spermatiques à noyaux multiples.

Pour les Insectes, Hermann Meyer (1845) reconnut que c'est chez les jeunes chenilles qu'il faut étudier les premières phases du développement des spermatozoïdes et que ce développement est entièrement terminé avant la nymphose (2); mais ses descriptions n'ajoutaient rien de bien nouveau à celles de Kölliker.

L'important mémoire de Schweigger-Seidel, paru en 1865, bien que relatif aux spermatozoïdes des Vertébrés seulement, inaugura une ère nouvelle dans l'étude des éléments séminaux. Cet histologiste montra, en effet, que le spermatozoïde a la valeur d'une cellule entière et peut être assimilé à une cellule vibratile, la tête du spermatozoïde étant le noyau de la cellule, le segment moyen (*Mittelstück*), découvert par l'auteur, représentant le corps cellulaire, et la queue le cil vibratile. Cependant les premiers travaux qui suivirent la découverte de Schweigger-Seidel, loin d'élucider la question de la spermatogenèse, ne firent que l'embrouiller. C'est ainsi que H. Landois (1866) chercha à établir, pour les Lépidoptères, que le spermatozoïde résulte de la fusion bout à bout de plusieurs cellules préalablement étirées. L'élément mâle aurait aussi une constitution pluricellulaire, comme Brandt l'admettait

(1) Le terme de *spermatozoïde* a été employé pour la première fois par Duvernoy dans son cours au Collège de France, en 1841. Avant lui, on appelait ces éléments *animalcules spermatiques, spermatozoaires* ou *zoospermes*.

(2) Cette assertion n'est pas tout à fait exacte ; pour certaines chenilles, le développement des spermatozoïdes continue pendant la nymphose.

pour l'œuf. Bessels (1867), au contraire, chez ces mêmes Lépidoptères, faisait provenir le spermatozoïde du noyau d'une cellule qui s'étirerait en deux points opposés.

La Valette Saint-George (1867) ayant constaté, chez le *Tenebrio molitor*, à côté du noyau de la cellule spermatique un corps plus petit, réfringent et brillant, admit que la tête du spermatozoïde dérivait entièrement de ce corpuscule et que le noyau cellulaire disparaissait sans laisser de trace. Cette manière de voir fut partagée par Balbiani pour les Pucerons ; il désigna le corpuscule réfringent sous le nom de *corpuscule céphalique* ou de *vésicule spermatogène*, l'assimilant à la *vésicule embryogène* de l'œuf (voir p. 406). Cependant Bütschli (1871) ne tardait pas à reconnaître que le corpuscule céphalique ou *Nebenkern*, nom qu'il donna à cet élément, ne forme pas la tête du spermatozoïde qui dérive du noyau cellulaire ; il vit le Nebenkern se diviser en deux et les deux moitiés se rapprocher au-dessous du noyau pour constituer le segment moyen.

La découverte des phénomènes de la karyokinèse et des centrosomes a provoqué toute une série nouvelle de recherches qui, avec celles de Ballowitz sur la structure des spermatozoïdes (voir p. 288), ont amené les biologistes à avoir des idées un peu plus précises sur la spermatogenèse.

Je ne citerai ici que pour mémoire les travaux de Gilson (1885-88) et de Sabatier (1890) qui renferment des vues absolument contraires aux données cytologiques actuelles, et je ne considérerai que les recherches plus récentes dont les résultats sont d'accord avec ceux fournis par l'étude de la spermatogenèse chez d'autres animaux que les Insectes.

Ce n'est qu'avec le travail de Platner (1889) que l'on a commencé à avoir des notions un peu plus précises sur la spermatogenèse des Insectes.

Platner (1889), dans ses recherches sur la spermatogenèse des Lépidoptères, a établi nettement pour la première fois la filiation des cellules testiculaires chez les Insectes et, d'une manière générale, la correspondance des cellules sexuelles femelles avec les cellules mâles. Il montra que la deuxième division des spermatocytes a lieu sans période de repos du noyau, comme pour la formation du second globule polaire dans l'œuf, et s'accompagne d'une réduction du nombre des chromosomes. En même temps il étudia, avec plus de soin que ne l'avaient fait ses prédécesseurs, les divers éléments figurés qu'on observe dans les cellules spermatiques (centrosomes, Nebenkern).

J'exposerai les résultats de Platner et ceux des auteurs plus récents tels que Henking, vom Rath, Wilcox, Montgomery, Meves, de Sinéty, etc., en même temps que mes observations personnelles, en suivant l'évolution des générations successives des cellules testiculaires.

Structure du testicule. — Nous avons indiqué (p. 172 et suiv.) la disposition des testicules chez les Insectes. La structure histologique de ces organes a été étudiée par plusieurs auteurs, Bütschli (1871), la Valette Saint-George (1886), Erlanger (1896), Brüel (1897), Montgomery (1898), de Sinéty (1901), Lécaillon (1901), etc.

Quelle que soit la forme du testicule, il y a lieu de considérer, dans sa constitution, les cellules génitales qui ont pour origine les cellules sexuelles primordiales, dont nous avons fait connaître le mode de développement (p. 385), et le tissu de nature mésodermique qui entoure ces cellules. Ce tissu constitue l'enveloppe des tubes testiculaires et les cloisons qui divisent ces tubes en un certain nombre de compartiments. Nous considérerons d'abord les parois du testicule et nous parlerons du tissu entourant les groupes de cellules sexuelles à propos de ces dernières.

Chez les Collemboles, LÉCAILLON (1902) a montré qu'il n'y a pas autour du testicule, comme de l'ovaire, de formation comparable à la tunique péritonéale que l'on trouve chez la grande majorité des Insectes supérieurs. La paroi du testicule est constituée par une membrane anhiste, sorte de membrane basale, en dedans de laquelle se trouve une simple couche de cellules fusionnées en un syncytium dont nous indiquerons le rôle plus loin.

Chez les Insectes supérieurs, presque toujours, en dehors de la membrane basale qui limite extérieurement la tunique propre du testicule, on observe une tunique adventice plus ou moins développée qui manque chez l'embryon et n'apparaît quelquefois que tardivement. Lorsque les tubes testiculaires sont libres, comme chez *Forficula*, *Pyrrhocoris*, chacun d'eux est revêtu extérieurement d'une membrane mince, riche en trachées, contenant de nombreux petits noyaux et paraissant être de nature conjonctive. Quand les tubes testiculaires sont réunis ensemble sous une enveloppe commune, celle-ci, généralement assez épaisse (*Gryllus*, *Locusta*, *Gryllotalpa*, Lépidoptères, etc.), présente à peu près la même structure que dans le cas précédent, mais de sa face interne se détachent des prolongements membraniformes plus minces, qui entourent chaque tube testiculaire, et dans lesquels pénètrent des trachées. Dans le testicule des Lépidoptères — du moins dans les espèces que j'ai étudiées (*Bombyx*, *Hyponomeuta*) — la tunique adventice est très développée et existe déjà chez la Chenille au moment de l'éclosion; elle est formée par le même tissu que dans les autres Insectes, mais beaucoup plus dense ; elle envoie vers le hile du testicule, où débouchera le canal déférent, trois cloisons qui divisent l'organe en quatre loges. Ces loges ne renferment pas, comme on le verra plus loin, des tubes testiculaires, mais des ampoules testiculaires ou spermatocystes; entre ces ampoules les cloisons envoient des prolongements contenant des trachées qui se terminent librement dans l'intérieur des loges.

Chez beaucoup de Lépidoptères et chez d'autres Insectes, tels que les Mouches, il se surajoute à la tunique adventice une ou deux enveloppes accessoires de nature conjonctive, souvent colorées ou graisseuses, qui constituent une capsule résistante entourant le testicule (voir page 173).

Dans un tube testiculaire d'Insecte on distingue une série de zones successives, dans lesquelles les cellules génitales se trouvent à des stades différents de développement correspondant à des générations successives de ces cellules. L'étendue de chacune de ces zones varie avec les stades d'évolution du testicule. Le testicule d'une jeune larve pourra ne contenir que des cellules génitales primordiales, tandis que celui d'un Insecte adulte ne renfermera plus que des spermatozoïdes bien développés.

La plupart des auteurs ont adopté aujourd'hui, aussi bien pour les Insectes que pour les autres animaux, la terminologie de LA VALETTE SAINT-GEORGE pour désigner les lignées successives des cellules mâles. On admet dans un tube testiculaire les zones suivantes à partir de l'extrémité proximale du tube :

1° *Zone germinative*, dans laquelle les cellules génitales primordiales ou *spermatogonies* se multiplient par division et conservent leurs dimensions primitives ;

2° *Zone d'accroissement*, dans laquelle les spermatogonies de dernière génération augmentent de volume et deviennent des *spermatocytes de 1er ordre*; ceux-ci se divisent mitotiquement et donnent les *spermatocytes de 2e ordre*;

3° *Zone de division et de réduction*, dans laquelle les spermatocytes de 2e ordre se divisent mitotiquement et donnent les *spermatides*, renfermant moitié moins de chromosomes que les spermatocytes ;

4° *Zone de transformation*, dans laquelle les spermatides se transforment en spermatozoïdes.

Les cellules sexuelles ne sont pas les seules qu'on puisse trouver dans les tubes ou les compartiments testiculaires; chez les Lépidoptères et quelques autres Insectes, il y a, au sommet de chacune des quatre loges du testicule, un gros élément qu'on désigne généralement sous le nom de *cellule de Verson*, et qui a été interprété de différentes manières.

VERSON appela, en 1889, l'attention sur cet élément qui avait été observé avant lui, dès 1866, par BALBIANI, qui l'avait trouvé dans le testicule très jeune et le considéra comme la cellule-mère des cellules testiculaires naissant à sa surface par bourgeonnement (1). BÜTSCHLI (1871) paraît avoir vu cette cellule chez différents Insectes; il ne l'a pas représentée, mais il l'a décrite et l'a comparée au rachis de l'ovaire des Nématodes. SPICHARDT (1886) l'avait vue aussi chez *Liparis dispar*, et la regarda comme une cellule germinative géante produisant des noyaux à sa périphérie.

(1) BALBIANI a parlé à plusieurs reprises de cet élément dans ses cours du Collège de France, mais n'a rien publié à ce sujet.

VERSON décrivit l'élément en question, chez le *Bombyx mori*, comme constitué par un corps protoplasmique duquel partent de nombreuses ramifications, constituant un réseau dans toute la cavité de la loge testiculaire. Dans les mailles du réseau, il y aurait d'abord des noyaux libres, puis des amas de noyaux et enfin des spermatocytes. Il constata également une fragmentation du gros noyau de cette cellule géante, et il admit que cet élément est une spermatogonie primordiale produisant les cellules testiculaires par voie amitotique.

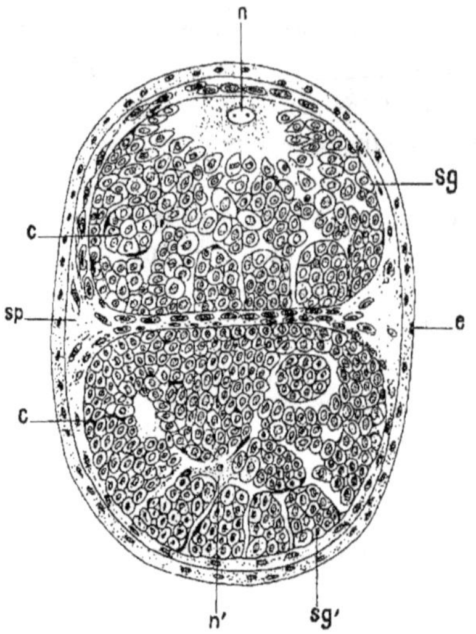

Fig. 600. — Coupe transversale oblique de l'extrémité du testicule du Ver à soie au 2e âge.

n, noyau d'une cellule de Verson; *n'*, stroma conjonctif ayant le caractère du protoplasma des cellules de Verson; *sg*, *sg'*, spermatogonies; *c*, tissu conjonctif; *sp*, cloison séparant deux chambres testiculaires. (D'après TICHOMIROFF.)

CHOLODKOVSKY (1894) retrouva une cellule semblable dans le testicule d'un Diptère (*Laphria*); en 1894, il observa la cellule de Verson chez divers Lépidoptères (*Bombyx*, *Vanessa*, *Hyponomeuta*, *Papilio*), chez un Hyménoptère (*Syromastes marginatus*) et une Phrygane. Il vit une cellule semblable à l'extrémité des jeunes gaines ovariques du *Bombyx mori*. Il partagea l'opinion de VERSON et compara la cellule géante à l'amas de cellules qui représente les cellules germinatives des autres Insectes; il avança même que, si cette cellule n'a pas été vue chez tous les Insectes, c'est qu'on n'a pas observé des stades assez jeunes. Chez *Syromastes*, il y aurait plusieurs grosses cellules se divisant par voie mitotique.

TOYAMA (1894) confirma l'existence de la cellule géante dans le testicule et l'ovaire

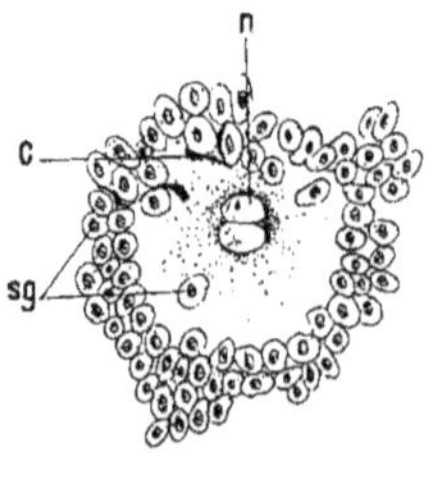

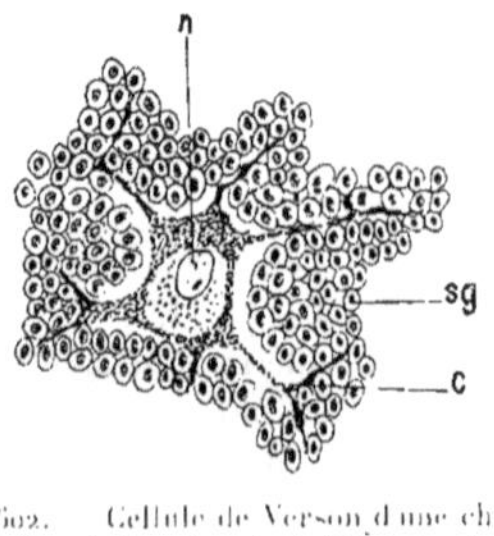

Fig. 601. — Cellule de Verson d'une chambre testiculaire de Ver à soie du 5e âge. (D'après TICHOMIROFF.)

Fig. 602. — Cellule de Verson d'une chambre testiculaire de Ver à soie à l'état de chrysalide. (D'après TICHOMIROFF.)

Pour la signification des lettres, voir fig. 600.

de *Bombyx mori* et d'autres espèces de Lépidoptères du Japon. Suivant lui, dans la glande génitale embryonnaire, il n'y a primitivement qu'une seule cavité. Trois dépressions apparaissent dans la paroi testiculaire et déterminent des invaginations de celle-ci, formant les trois cloisons du testicule. Puis, entre ces trois premières invaginations, s'en produisent quatre autres dans chacune desquelles pénètre une cellule épithéliale qui perd ensuite ses connexions avec la paroi. Les cellules génitales contenues dans les loges testiculaires viennent se ranger autour de la cellule invaginée, qui grossit considérablement, et il s'établit des communications protoplasmiques entre les cellules génitales et la cellule géante. Il n'y aurait donc aucun rapport génétique entre les cellules sexuelles et la cellule de Verson, qui doit être comparée à la cellule de soutien du testicule des Vertébrés. ZIEGLER et VOM RATH se rangèrent à cette manière de voir.

LA VALETTE SAINT-GEORGE (1897) reprenant l'étude de la cellule de Verson constate, chez les chenilles du *Bombyx mori* de 4 à 7^{mm}, au fond de chaque loge

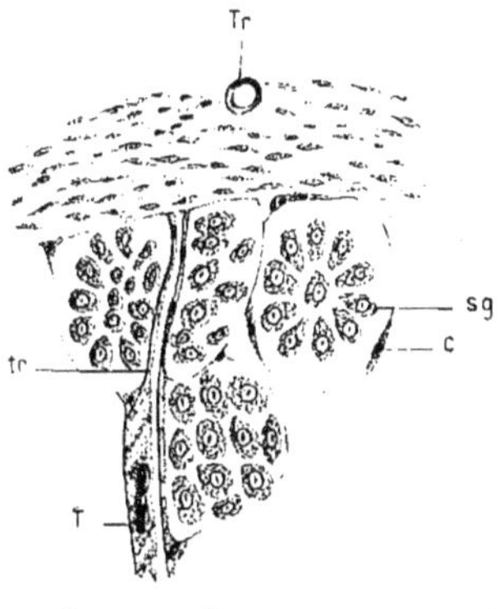

Fig. 603. — Fragment d'une coupe transversale d'une chambre testiculaire de Ver à soie au moment de la seconde mue.

Tr, coupe d'une trachée des parois testiculaires; *tr*, trachée dans l'intérieur de la chambre; *T*, cellule plasmatique terminale d'une branche trachéenne en voie d'accroissement; *c*, cellule conjonctive; *sg*, spermatogonies. (D'après TICHOMIROFF.)

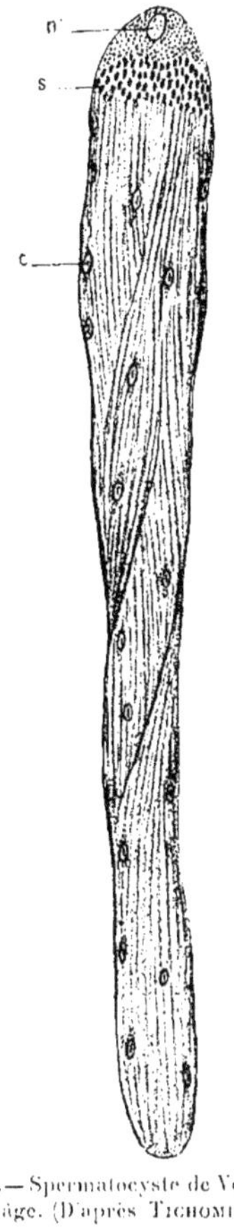

Fig. 604. — Spermatocyste de Ver à soie au 5e âge. (D'après TICHOMIROFF.

testiculaire, l'existence d'un noyau entouré de protoplasma granuleux, qu'il considère comme le premier état de la cellule géante. Il admet que cet élément est une spermatogonie transformée, sœur des spermatogonies (ou des oogonies dans l'ovaire) et non leur mère, devenue cellule de soutien et en même temps cellule nutritive. Il n'est pas sûr que le protoplasma de la cellule de Verson se continue avec celui des spermatogonies, et il n'a jamais vu son noyau se diviser. Les prolongements de cette cellule pousseraient entre les spermatogonies pour les entourer et former les ampoules testiculaires ou spermatocystes.

Verson (1898-99) soutient sa première opinion et voit apparaître auprès du noyau de la cellule géante, dans le corps protoplasmique, de petits noyaux semblables à ceux des cellules sexuelles et qui seraient l'origine de ces cellules.

Tichomiroff (1898) considère la cellule de Verson comme complètement indépendante des cellules sexuelles ; pour lui, elle appartiendrait au tissu conjonctif qui part de l'enveloppe et des cloisons testiculaires pour former les parois des spermatocystes. Ces parois sont constituées par un tissu plasmatique contenant de petits noyaux et se continuant, dans le fond des loges testiculaires, avec le corps de la cellule de Verson, qui se colore en jaune par le picrocarmin comme les parois des spermatocystes (fig. 600 à 603). Dans les spermatocystes avancés en évolution, renfermant un faisceau de spermatozoïdes, on voit en rapport avec les têtes des spermatozoïdes un gros noyau entouré de protoplasma tout à fait semblable à celui de la cellule de Verson, et que Gilson avait décrit sous le nom de *noyau femelle* (fig. 604). L'identité de ces noyaux prouve que la cellule de Verson est une cellule qui est l'origine des éléments formant les parois des ampoules testiculaires et joue aussi probablement un rôle nutritif pour les cellules génitales (1).

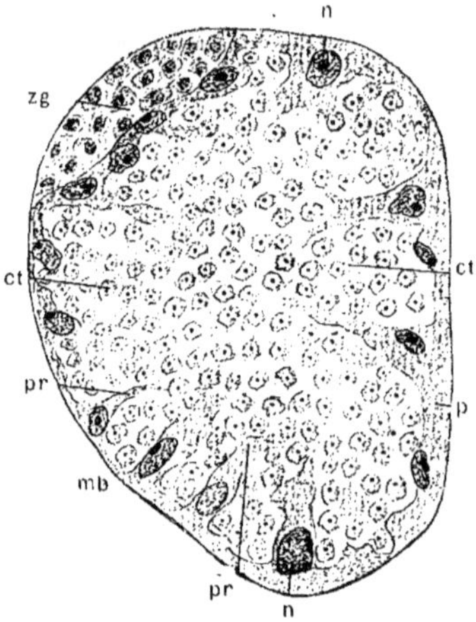

Fig. 605. — Coupe transversale, très grossie, d'un tube testiculaire d'*Anurophorus laricis*.

zg, zone germinative ; *mb*, membrane basale ; *ct*, cellules testiculaires (spermatides) ; *pr*, prolongements intratesticulaires ; *p*, paroi testiculaire ; *n*, noyaux de la paroi testiculaire. (D'après Lécaillon.)

Pour bien comprendre la nature de la cellule de Verson, il ne faut pas se borner à étudier le testicule des Lépidoptères, mais chercher les éléments qui lui correspondent chez les autres Insectes.

Si l'on examine, comme l'a fait Lécaillon (1902), les testicules des Insectes inférieurs, des Collemboles, on constate que les cellules qui constituent les parois paraissent ou sont réellement fusionnées en un syncytium riche en protoplasma, et renfermant des noyaux assez volumineux. Cette couche syncytiale émet dans l'intérieur du testicule des prolongements qui s'insinuent entre les cellules sexuelles en voie de différenciation.

(1) Grünberg (*Zool. Anzeiger*, 15 déc. 1902 et *Zeitschr. f. wiss. Zoologie*, Bd LXXIV, 3 H., 1903) a étudié la cellule de Verson dans l'ovaire et le testicule de plusieurs Lépidoptères. Suivant lui, cet élément serait une cellule sexuelle primordiale transformée et différenciée de bonne heure. Dans le testicule, elle aurait un pouvoir d'assimilation et de sécrétion, et produirait des substances servant à nourrir les cellules sexuelles ; elle entrerait en dégénérescence à la fin de la période larvaire et pendant la nymphose. Dans l'ovaire, la cellule de Verson n'aurait aucune fonction et dégénérerait à la fin de la période larvaire.

Chez *Anurophorus laricis*, ces prolongements restent indépendants ou s'anastomosent rarement (fig. 605). Mais chez *Anurida maritima* et d'autres types, ils se réunissent les uns aux autres et forment de véritables alvéoles, emprisonnant les cellules intratesticulaires. Ces alvéoles ressemblent aux ampoules testiculaires ou spermatocystes des Insectes supérieurs; elles n'en diffèrent que par l'irrégularité de leurs parois, dont l'épaisseur est très variable. Des noyaux provenant de la paroi du tube se rendent dans la paroi des ampoules; ils restent arrondis là où cette paroi est épaisse, ils s'allongent et s'aplatissent dans les endroits où la paroi s'amincit (fig. 606).

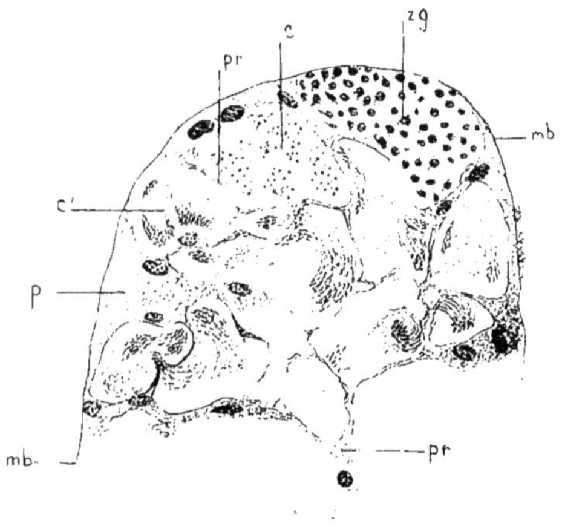

Fig. 606. — Fragment d'une coupe transversale d'un testicule d'*Anurida maritima*, passant par la zone germinative.

zg, zone germinative; *mb*, membrane basale; *p*, paroi testiculaire; *pr*, prolongements intratesticulaires; *c*, cellules au stade spermatide; *c'*, cellules ayant déjà la forme de spermatozoïdes. (D'après Lécaillon.)

Suivant de Bruyne (1899), l'extrémité des tubes testiculaires d'*Hydrophilus piceus* renfermerait des cellules indifférentes, qui se différencieraient les unes en spermatogonies, les autres en cellules cystiques, formant les parois des ampoules testiculaires; tantôt une cellule cystique entourerait complètement de ses prolongements une spermatogonie, qui se multiplierait dans son intérieur pour donner le contenu d'une ampoule testiculaire; tantôt cette cellule engloberait un groupe de spermatogonies. Souvent deux ou trois cellules cystiques prennent part à la constitution de la paroi du spermatocyste. Sutton (1900) partage la même manière de voir et, chez *Brachystola magna* (Acridien), fait dériver les cellules cystiques des spermatogonies.

Mes propres observations sur différents Insectes (*Locusta*, *Gryllus*, *Caloptenus*, *Gryllotalpa*, *Forficula*, *Pyrrhocoris*, *Musca*, *Cetonia*, *Bombyx*, *Hyponomeuta*, etc.) et celle de de Sinéty (1901) sur les Phasmes, m'ont conduit à me ranger à l'opinion de Tichomiroff et à considérer la cellule de Verson, et les éléments qui constituent les parois des ampoules testiculaires, comme tout à fait distincts des cellules sexuelles. Quand on examine avec soin des coupes de testicules convenablement bien fixés, on constate que les cloisons des ampoules testiculaires sont en rapport de continuité avec la paroi interne du testicule et renferment des noyaux identiques à ceux contenus dans cette paroi, bien différents des noyaux des éléments sexuels. On trouve donc chez les Insectes supérieurs la même disposition que chez les Collemboles, seulement chez eux les parois des spermatocystes sont plus minces et ont une épaisseur plus régulière. Dans le tube testiculaire de la grande majorité des Insectes, les cloisons des spermatocystes sont en continuité, d'une part, avec la paroi interne du tube qu'on peut appeler la *couche cystogène*; d'autre part, les unes avec les autres, constituant un tissu alvéolaire dont les cavités sont les ampoules testiculaires. Ces ampoules ont une forme polygonale et leur intérieur est rempli de cellules spermatiques pressées les unes contre les autres. Chez les Lépidoptères, le testicule offre une disposition spéciale, mais qui dérive du type précédent. La couche de cellules aplaties qui constitue la paroi interne du testicule et qui donne naissance à l'enveloppe des spermatocystes est condensée au sommet de chaque loge testiculaire sous forme d'un amas protoplasmique ne renfermant primitivement qu'un seul noyau : c'est la cellule de Verson. Le noyau de cette cellule produit, par amitose ou par bourgeonnement, de petits noyaux; en même temps le corps protoplasmique envoie de nombreux prolongements dans lesquels pénètrent ces noyaux. Ces prolongements entourent une ou plusieurs spermatogonies et déterminent ainsi la formation de spermatocystes. Mais les spermatocystes se détachent de la cellule de Verson, deviennent libres dans la loge testiculaire et prennent une forme sphérique. Les cellules spermatiques qui remplissent d'abord l'intérieur du jeune spermatocyste, restent accolées à sa face interne, et, quand celui-ci augmente de volume, il se creuse d'une cavité remplie de liquide. Le testicule des Lépidoptères ne diffère donc de celui des autres Insectes qu'en ce que la couche cystogène est condensée à l'extrémité de chaque loge, et en ce que les ampoules testiculaires se séparent de bonne heure les unes des autres et deviennent indépendantes.

De par sa situation au-dessous de la tunique testiculaire et ses prolongements qui entourent des groupes de cellules sexuelles, la couche cystogène doit être homologuée à l'épithélium de l'ovaire. Elle a très probablement la même origine que cet épithélium, et provient des éléments mésodermiques qui entourent les cellules génitales primordiales chez l'embryon. Mais dans le testicule, ces cellules mésodermiques au lieu de prendre le caractère épithélial deviennent plutôt des éléments conjonctifs; elles conservent cependant une certaine activité et servent, comme l'épithélium ovarique, à nourrir les cellules sexuelles. C'est surtout à la dernière période de la spermatogenèse, lorsque les spermatozoïdes sont déjà bien constitués, que les éléments mésodermiques du testicule paraissent jouer un rôle important dans la nutrition des cellules mâles. Dans les spermatocystes contenant un faisceau de spermatozoïdes, la paroi s'amincit considérablement sauf dans la région en rapport avec les têtes des spermatozoïdes, où se fait au contraire une accumulation de protoplasma; tandis que les noyaux de l'enveloppe amincie du spermatocyste disparaissent généralement, il persiste dans la partie épaissie un noyau qui grossit considérablement, comme l'ont vu GILSON, TICHOMIROFF et quelques autres auteurs. On peut admettre avec VON EBNER (1888) et PETER (1899) que le noyau du spermatozoïde contenant une chromatine très condensée n'est plus capable de présider à la nutrition de l'élément mâle, et qu'il est suppléé dans cette fonction par le gros noyau de la cellule en rapport avec les têtes des spermatozoïdes.

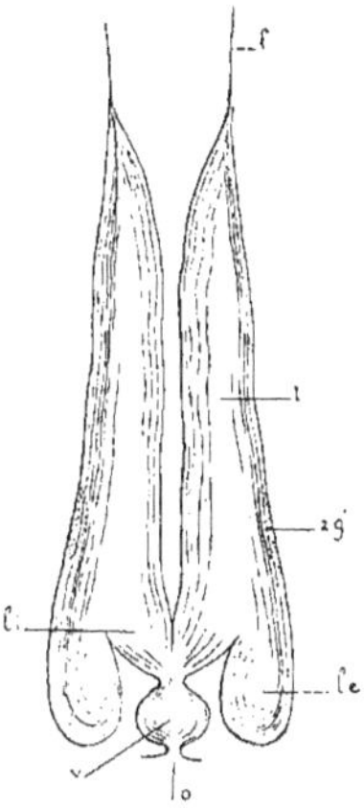

Fig. 607. — Appareil reproducteur mâle d'*Anurophorus laricis* (partiellement schématisé).

zg, zone germinative; *li*, lobe interne du tube testiculaire; *le*, lobe externe du tube testiculaire; *t*, tube testiculaire; *f*, filament terminal du tube testiculaire; *v*, vésicule éjaculatrice; *o*, orifice sexuel. (D'après LÉCAILLON.)

Évolution des cellules testiculaires. — Nous considérerons successivement les diverses générations des cellules testiculaires, en signalant pour chacune d'elles leurs caractères spéciaux et les transformations qu'elles subissent.

Spermatogonies. — Les spermatogonies résultent de la multiplication des cellules génitales primordiales qui se divisent par voie indirecte. L'ensemble des jeunes spermatogonies constitue la zone germinative, correspondant à la zone des oogonies dans l'ovaire. Cette zone, chez les Insectes supérieurs, occupe l'extrémité proximale des tubes testiculaires, mais chez les Collemboles elle peut occuper la région moyenne du testicule, chez *Anurophorus laricis* et *Anurida maritima* par exemple (fig. 607) (LÉCAILLON), ou s'étendre tout le long du tube testiculaire chez *Podura aquatica* (WILLEM), ou enfin passer à l'extrémité antérieure du tube testiculaire chez *Papirius minutus* (LÉCAILLON).

En arrière de la zone germinative commencent à se former les spermatocystes ou ampoules testiculaires, par le processus que nous avons indiqué plus haut. Le plus souvent, dans un spermatocyste, les spermatogonies sont disposées sans ordre apparent, et sont au même stade, soit de repos, soit de division, c'est-à-dire qu'elles se divisent synchroniquement ; il en est de même du reste pour les spermatocytes. Dans certains cas, les spermatogonies, encore peu nombreuses, des jeunes ampoules sont disposées en rosette, rattachées par un court pédicule à un centre protoplasmique commun, ainsi que cela a été constaté par Henking, Montgomery et par moi-même chez des Hémiptères (*Pyrrhocoris*, *Pentatoma*) ; il y a là une disposition des cellules identique à celle qu'on trouve dans l'ovaire pour les cellules vitellogènes (Aphidiens, Dytique, etc.).

Les spermatogonies ont généralement un corps protoplasmique assez réduit par rapport au noyau : celui-ci renferme à l'état de repos un réseau chromatique qui se fragmente au moment de la division en un nombre de chromosomes variable suivant les espèces. Dans le cytoplasma, le centrosome et la sphère attractive, ou *idiozome* de Meves, ne sont pas toujours faciles à mettre en évidence ; plus souvent on constate la présence d'un reste fusorial, surtout lorsque les spermatogonies sont disposées en rosette : dans ce cas, le reste fusorial est situé près du pédicule de la cellule.

La division des spermatogonies, pendant la période où elles augmentent de nombre, ne présente rien de spécial et suit les lois de la karyokinèse normale. Mais la dernière division, qui produit les spermatocytes, offre quelques particularités signalées jusqu'ici dans un petit nombre d'espèces, et qui peut-être se retrouveront chez les autres Insectes.

Mc Clung (1899) a signalé, en effet, dans le noyau de la dernière génération des spermatogonies, chez le *Xiphidium*, l'existence d'un corps distinct du nucléole et du réseau chromatique, une sorte de pseudo-nucléole qu'il a appelé *chromosome accessoire*. Il correspond à un chromosome vu par Henking (1890) dans les spermatocytes de *Pyrrhocoris*, puis dans les mêmes éléments de *Pentatoma*, par Montgomery (1898), qui le désigna sous le nom de « *chromatin nucleolus* », et plus tard (1901) sous celui de *chromosome* x. Paulmier (1899) a retrouvé cet élément dans les spermatogonies d'*Anasa tristis*, et constaté qu'il donne, au moment de la dernière division, deux chromosomes plus petits que les vingt autres provenant du réseau chromatique, d'où le nom de *petit chromosome* qu'il lui a donné. Montgomery (1901) a observé ce chromosome accessoire dans les spermatogonies et les spermatocytes de sept autres espèces d'Hémiptères hétéroptères. Enfin de Sinéty (1902) a constaté aussi l'existence d'un chromosome accessoire dans les spermatogonies d'un Locustien (*Orphania denticulata*) et du *Gryllus domesticus* ; moi-même je l'ai vu chez *Locusta viridissima* et Prowazek (1901) chez *Oryctes nasicornis*. Cet élément est intéressant par la manière dont il se comporte dans les spermatocytes.

Spermatocytes. — Quand une spermatogonie de dernière génération se divise, elle donne naissance à deux cellules-filles qui deviennent des spermatocytes de premier ordre. Ceux-ci restent à l'état de repos pendant un temps plus ou moins long, durant lequel ils s'accroissent de manière à devenir plus volumineux que les cellules-mères. Cette période d'accroissement s'accompagne de modifications du noyau, signalées pour la première fois par MOORE (1895) chez les Sélaciens, retrouvées depuis chez les Insectes par MONTGOMERY (1898), PAULMIER (1899) et DE SINÉTY (1901), et chez d'autres animaux par plusieurs auteurs. MOORE a donné le nom de *synapsis* à cet état particulier du noyau caractérisé par une condensation du réseau chromatique sous forme de peloton vers l'un des pôles du noyau.

Chez *Pentatoma*, suivant MONTGOMERY, lorsque se termine la division de la spermatogonie, le noyau de chaque spermatocyte renferme 14 chromosomes comme celui de la cellule-mère. Quand le noyau revient à l'état de repos, 13 des chromosomes s'allongent en filaments, tandis que le 14e reste plus court que les autres et se condense en un petit bâtonnet fortement chromatique, qui est le chromosome accessoire. Les chromosomes filamenteux se groupent au centre du noyau et forment un peloton serré; le chromosome accessoire reste en dehors du peloton, en même temps apparaît à la face interne du noyau un nucléole vrai. C'est le stade de synapsis auquel succède celui de postsynapsis, pendant lequel le peloton des chromosomes se déroule et se coupe en longs filaments au nombre de 3 à 6 seulement (ordinairement 3 ou 4); le nucléole quitte la membrane nucléaire et émigre vers le centre du noyau; le chromosome accessoire se divise en deux fragments qui s'accolent à la face interne du noyau. Puis les longs filaments chromatiques se raccourcissent, s'épaississent et deviennent irrégulièrement moniliformes; finalement, ils reprennent leur aspect filamenteux et se soudent en constituant un réseau irrégulier dans lequel les chromosomes cessent d'être distincts. C'est à ce moment que le spermatocyte atteint son maximum de volume et va se diviser pour donner des spermatocytes de 2e ordre.

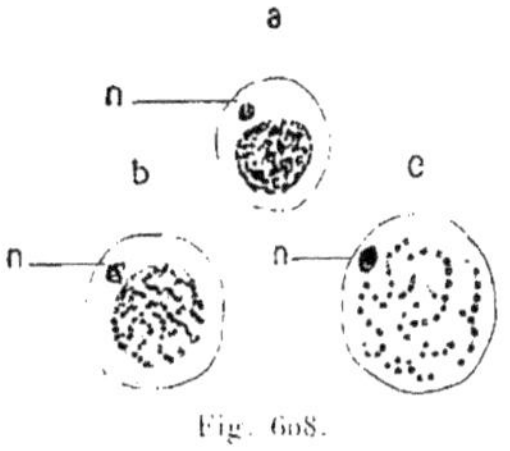

Fig. 608.

a, *b*, *c*, trois stades du noyau en synapsis de spermatogonies de *Pyrrhocoris apterus*; *n*, chromosome accessoire. (Fig. originale.)

PAULMIER, chez *Anasa tristis*, DE SINÉTY, chez divers Orthoptères, ont observé le stade de synapsis, le décrivant comme constitué seulement par la condensation du filament chromatique vers l'un des pôles du noyau et la présence du chromosome spécial contre la membrane nucléaire. J'ai constaté la même disposition chez *Pyrrhocoris*, *Forficula* et *Locusta* : il n'est pas toujours facile de distinguer le nucléole vrai du chromosome accessoire; chez *Forficula*, ces deux éléments sont nettement séparés, le nucléole occupant généralement le centre du noyau, et le chromosome accessoire étant situé à la périphérie; chez *Locusta*, ils sont accolés l'un à l'autre et se colorent de la même manière avec certains réactifs colorants; mais ils deviennent très nets si l'on emploie une double coloration, le bleu de méthylène et la fuchsine acide par exemple. Dans ce cas, le nucléole est rouge et le chromosome accessoire bleu. Chez *Pyrrhocoris*, je n'ai vu que le chromosome accessoire ayant même colorabilité que les chromosomes; le nucléole est probablement caché au centre du peloton chromatique (fig. 608).

Lorsque le spermatocyte s'est accru en volume, il s'apprête à se diviser; nous considérerons d'abord les phénomènes dont le noyau est le siège, puis ceux qui s'observent dans le cytoplasma.

On sait, depuis les recherches de Ed. Van Beneden, Boveri et Hertwig sur l'oogenèse et la spermatogenèse chez l'*Ascaris megalocephala*, que les cellules sexuelles à maturité renferment moitié moins de chromosomes que les cellules somatiques. Ce fait a été reconnu général chez les animaux et les végétaux; mais la manière dont se fait cette rédution chromatique a donné lieu à de nombreuses recherches et à des discussions non moins nombreuses, surtout par suite des vues théoriques que Weismann a introduites dans l'étude de cette question. L'exposé des différentes opinions formulées par les auteurs, même pour ce qui est relatif seulement aux Insectes, nous entraînerait beaucoup trop loin, et ne présente pas, selon moi, beaucoup d'intérêt. Je suis, en effet, convaincu qu'on a attaché à la manière dont se fait la réduction numérique des chromosomes une importance beaucoup trop grande, et que le fait seul de cette réduction est à retenir. Je renverrai donc le lecteur, qui voudrait être renseigné sur la question, aux ouvrages généraux de cytologie, tels que celui de Wilson (1900) ou à l'*Année biologique*, ou aux travaux spéciaux sur les Insectes de vom Rath (1892), Wilcox (1895-96), Montgomery (1898-1901), Paulmier (1899), de Sinéty, etc.

Les chromosomes dans les cellules sexuelles, aussi bien des Insectes que des autres animaux et des végétaux, ont une tendance à se grouper par quatre, pour former ce qu'on a appelé un *groupe quaterne* ou une *tétrade* (*Vierergruppe*). Différentes manières de voir ont été émises sur la façon dont se constituent et se comportent ces groupements; nous les résumerons d'une manière tout à fait schématique.

Première hypothèse. — Le réseau chromatique du noyau de la cellule sexuelle (spermatocyte de 1er ordre) est sous forme d'un filament pelotonné contenant virtuellement n chromosomes, n étant le nombre caractéristique de chromosomes des cellules somatiques de l'espèce. Ce filament chromatique se coupe en $\frac{n}{2}$ segments, ou chromosomes *bivalents*, c'est-à-dire équivalant chacun à deux chromosomes somatiques placés bout à bout. Soient a, b, c, d, e, f, les chromosomes somatiques, les chromosomes bivalents seront ab, cd, ef. Chacun de ces chromosomes se divise longitudinalement et donne, par conséquent, un groupe quaterne $\frac{a'b'}{a'b'}$ se présentant sous forme de deux anses qui, s'écartant l'une de l'autre mais en restant unies par leurs extrémités, donnent une figure en anneau ou sous l'aspect de deux V opposés ◊; si les quatre tronçons du groupe se condensent dans le sens de leur longueur, il en résulte quatre bâtonnets ou boules chromatiques ::. Au moment de la division de la cellule, les groupes quaternes $\frac{a'b'}{a'b'}$, $\frac{c'd'}{c'd'}$, $\frac{e'f'}{e'f'}$ se disposent au niveau de l'équateur du fuseau, de telle sorte que la moitié de chaque groupe entre dans la constitution des noyaux des spermatocytes de 2e ordre, qui ne renferment plus que des *dyades*, c'est-à-dire des groupes de deux bâtonnets chromatiques $a'b'$, $c'd'$, $e'f'$. Cette première division est équationnelle, les deux noyaux-filles contenant des groupes chromatiques identiques.

Les dyades restent indépendantes dans le noyau du spermatocyte de 2e ordre, qui se divise sans passer par une période de repos, caractérisée par la reconstitution du réseau chromatique. Les dyades $a'b'$, $c'd'$... se placent à l'équateur du fuseau de la seconde division, de telle sorte que chacun de leurs éléments constituants, a' et b', se rend à un pôle différent du fuseau. Le noyau de chacune des deux spermatides aura donc une constitution différente, puisque l'un contiendra a', c', e', et l'autre b', d', f'. Il y a eu, dans ce cas, division réductionnelle dans le sens de Weismann, c'est-à-dire réduction numérique et qualitative des chromosomes. Telle est l'opinion soutenue par vom Rath, Mc Clung, Paulmier, Montgomery pour les Insectes; mais ces auteurs ne sont pas d'accord sur le moment où aurait lieu la division réductionnelle, les uns la plaçant lors de la première division des spermatocytes, les autres au moment de la seconde division, suivant que le groupe quaterne se placerait par rapport à l'équateur du fuseau selon $\frac{a'a'}{b'b'}$ ou $\frac{a'b'}{a'b'}$.

2e hypothèse. — Le processus est le même que précédemment, sauf que le filament chromatique s'étant coupé en $\frac{n}{2}$ chromosomes, chacun de ceux-ci se divise deux fois de suite longitudinalement pour donner un groupe quaterne dont la formule sera $\frac{a''a''}{a''a''}$. Les deux divisions de maturation sont équationnelles.

3e hypothèse. — Le filament chromatique se coupe en n chromosomes qui s'accolent 2 à 2, de manière à constituer des groupes ab, cd, ef, au nombre de $\frac{n}{2}$. Les deux chromosomes de chacun de ces groupes se divisent longitudinalement et donnent un groupe quaterne $\frac{a'b'}{a'b'}$, qui se comporte comme dans la première hypothèse, de sorte que, des deux divisions de maturation, l'une est équationnelle et l'autre réductionnelle.

4e hypothèse. — Le filament chromatique se coupe en $\frac{n}{2}$ segments qui se divisent longitudinalement. Les deux moitiés de chacun d'eux restent unies par leurs extrémités, et, en s'écartant l'une de l'autre dans leur région médiane, donnent naissance à des dyades $\frac{a'}{a'}$, $\frac{b'}{b'}$.... en forme d'anneaux ou de ◊. Au moment de la première division, il y a séparation des deux anses jumelles; chacune d'elles se porte à un pôle différent du fuseau, où elle subit une nouvelle division longitudinale $\frac{a''}{a''}$, ou bien cette division a lieu avant le transport des anses aux pôles. Il ne se forme pas de véritables groupes quaternes, mais seulement des dyades successives pouvant avoir l'apparence de groupes quaternes. Les deux divisions de maturation sont, comme dans la seconde hypothèse, équationnelles. C'est à cette conclusion qu'est arrivé de Sinéty dans ses recherches sur la spermatogenèse des Orthoptères.

J'ai cherché depuis longtemps à me faire une opinion personnelle sur cette question de la réduction chromatique chez les Insectes, et je dois avouer que je n'ai pu jusqu'ici y réussir. Dans les espèces que j'ai étudiées, j'ai retrouvé à peu près tous les aspects de groupes de chromosomes décrits par les auteurs, rarement de véritables tétrades, souvent des groupes en V opposés (), mais le plus souvent des bâtonnets étranglés vers le milieu en forme d'haltères. Il m'a paru, comme l'avait vu Carnoy, que, aux deux divisions de maturation, les chromosomes se divisaient transversalement. Je me suis donc rangé provisoirement à l'opinion formulée par Montgomery en 1897, à savoir que le mode de division des chromosomes n'a probablement pas de valeur théorique particulière et est fonction de leur forme. Les chromosomes longs et minces subiraient une division longitudinale, les chromosomes gros et courts une division transversale. Il ne saurait donc, dans ce cas, être question d'une division réductionnelle dans le sens de Weismann. C'est, du reste, la conclusion à laquelle sont arrivés la majorité des cytologistes qui admettent la 2e ou la 4e hypothèse, et qui ne considèrent avec raison comme importante que la réduction quantitative de chromatine dans les cellules sexuelles.

Chez les Lépidoptères, les centrosomes présentent une disposition des plus intéressantes signalée par Meves (1897) et par moi (1898). La partie libre de chaque spermatocyte, tournée vers le centre de l'ampoule testiculaire, porte quatre filaments disposés par paires. Dans les espèces étudiées par Meves (*Pieris brassicæ*, *Mamestra brassicæ*, *Pygæra bucephala*, *Sphinx euphorbiæ*, *Sphinx ligustri*, *Harpya vinula*), à la base de chaque paire de filaments se trouve un corpuscule colorable en forme de V dont la concavité est dirigée vers la surface libre de la cellule, et à l'extrémité de chaque branche du V s'insère un filament (1). Chez *Bombyx mori* et *Hyponomeuta cognatella*, je n'ai pu voir, à la place du V, que deux corpuscules, généralement arrondis, ou légèrement allongés, mais indépendants (fig. 609, 1). Ces corpuscules sont les centrosomes. Ce qui le prouve, c'est que, au moment de la division du spermatocyte, chaque groupe de corpuscules avec leurs filaments s'éloigne l'un de l'autre et se porte aux deux pôles opposés de la cellule, pour devenir les extrémités du fuseau achromatique (fig. 609, 4). Chaque cellule-fille, ou spermatocyte de deuxième ordre, ne présente plus que deux filaments (2), et, après la division de ce

---

(1) Voïnov (1902) a décrit aussi récemment des centrosomes en forme de V dans les spermatocytes du *Cybister Roselli*, mais il n'a pas vu de filaments en rapport avec eux.

(2) Dans ma note de 1898, j'avais admis que les spermatocytes de 2e ordre avaient aussi 4 filaments. Meves (1901) n'en a observé que 2 ; je me range à son opinion. J'ai été proba-

nouveau spermatocyte, les spermatides n'ont plus chacune qu'un centrosome et un filament qui deviendra, comme on le verra plus loin, le filament axile de la queue du spermatozoïde (1).

Les changements qui s'opèrent dans le cytoplasma des spermatocytes ont été moins étudiés que les transformations du noyau, et sont cependant très importants à connaître pour comprendre le mode de formation et la constitution du spermatozoïde.

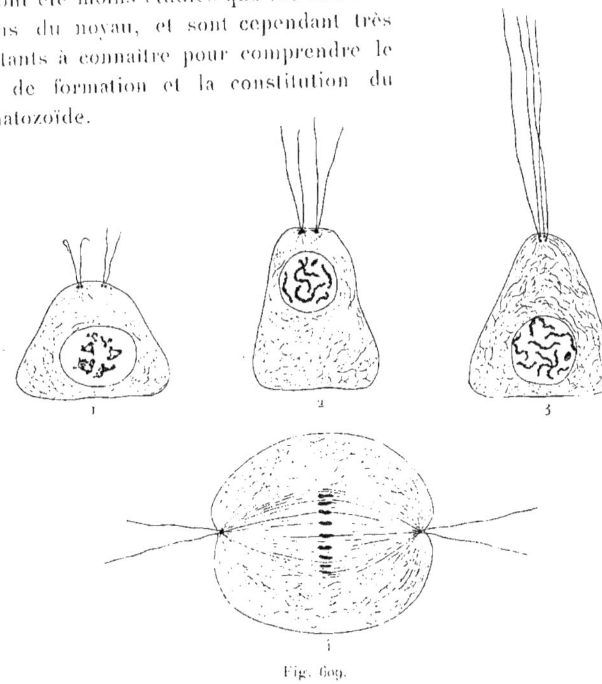

Fig. 609.

1. Spermatocyte de *Bombyx mori* avec centrosomes périphériques en rapport avec des filaments flagelliformes. — 2. Spermatocyte de *Bombyx mori* montrant une centrodesmose entre les deux groupes de centrosomes flagellifères. — 3. Spermatocyte de 1er ordre de *Hyponomeuta cognatella*; l'extrémité de la cellule est vue obliquement en surface. — 4. Spermatocyte de *Bombyx mori* en voie de division. (Fig. originale.)

blement induit en erreur, lors de mes premières observations, par des filaments appartenant à une cellule voisine.

(1) En étudiant comparativement les spermatocytes des Lépidoptères, qui présentent des prolongements flagelliformes directement en rapport avec les centrosomes et les cellules à cils vibratiles, et d'autre part en m'appuyant sur les découvertes antérieures de M. Heidenhain, relatives à l'existence des microcentres, et les recherches de Webber sur les anthérozoïdes des *Zamia* et des *Cycas*, j'ai été conduit à considérer les granulations colorables, situées à la base des cils vibratiles, comme des centrosomes. Cette hypothèse, émise d'une façon indépendante et quelques jours plus tard par Lenhossék, a été généralement admise avec faveur et corroborée par les recherches récentes de plusieurs auteurs.

Les centrosomes et la sphère attractive sont plus faciles à mettre en évidence dans les spermatocytes que dans les spermatogonies : on peut suivre aussi plus aisément la formation de la figure achromatique. Le fuseau semble le plus souvent prendre naissance, comme Hermann l'a montré pour la Salamandre, en dehors du noyau, c'est-à-dire qu'entre les deux centrosomes apparait un fuseau central dont les rayons polaires pénètrent dans le noyau.

En outre de ces éléments, on trouve souvent dans les spermatocytes à l'état de repos, pendant leur phase de croissance, un corps plus ou moins arrondi, se colorant fortement par les colorants plasmatiques, et

Fig. 610. — Groupe de spermatocytes de *Caloptenus italicus*, montrant chacun un noyau accessoire, provenant de la figure achromatique, dans l'angle interne de la cellule. (Fig. originale.)

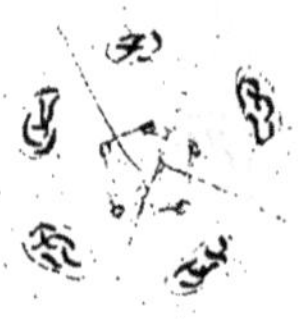

Fig. 611. — Groupe de spermatocytes de *Caloptenus italicus*. Les cellules sont réunies entre elles par des restes des fuseaux achromatiques, qui relient les sphères attractives. (Fig. originale.)

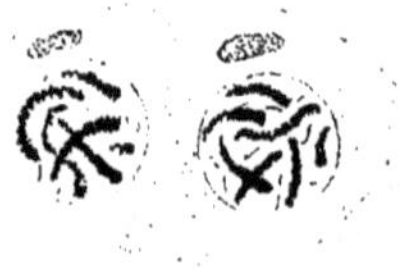

Fig. 612. — Spermatocytes de *Caloptenus italicus*, avec leur noyau accessoire à côté du noyau, renfermant des filaments chromatiques. (Fig. originale.)

qui est une de ces formations décrites sous le nom impropre de *Nebenkerne* ou *noyaux accessoires*, qui comprennent des éléments de nature différente. Ce Nebenkern, distinct de la sphère attractive, est un reste fusorial de la dernière division des spermatogonies. Souvent le reste fusorial d'un spermatocyte est uni à celui des spermatocytes voisins par un cordon fibrillaire, qui est ce qu'on a appelé un *lien cellulaire* (Zellkoppel) et que Platner (1886) a signalé pour la première fois chez les Lépidoptères. J'ai retrouvé ces liens cellulaires chez le *Bombyx mori* et l'*Hyponomeuta*, où ils sont situés toujours à la base des cellules, en rapport avec la paroi de l'ampoule testiculaire. Dans les autres Insectes, chez le *Caloptenus italicus* par exemple, ils sont situés au contraire dans la partie de la cellule tournée vers le centre de l'ampoule ; toutes les cellules sont d'abord réunies entre elles par des liens cellulaires (fig. 611), mais, à un stade plus avancé, les filaments unissants disparaissent et on ne voit plus, dans la partie centrale de chaque spermatocyte, qu'un amas granuleux qui le représente un reste de la figure achromatique (fig. 610, 612).

D'autres éléments figurés, bien étudiés récemment par Meves (1900), peuvent être mis en évidence dans les spermatocytes de certains

Insectes, ce sont les *mitochondries* de Benda (1). Ces éléments avaient déjà été vus par la Valette Saint-George (1886-87) dans les spermatocytes de *Blatta*, *Phratora vitellinæ* et *Forficula* où il avait pu les colorer à l'état frais par le violet dahlia, puis par Henking (1891) chez *Pyrrhocoris*, où il les avait pris pour des éléments vitellins, et chez *Pieris napi*, et par Toyama (1894) chez *Bombyx mori*. Moi-même je les avais indiqués et représentés dans les spermatocytes de *Pyrrhocoris* (fig. 613), où j'avais pu les colorer à l'état frais par le violet 5 B, et dans ceux de la Forficule. Je les avais alors considérés comme des filaments kinoplasmiques, et j'avais pu indiquer leur sort ultérieur, mais en confondant avec eux les filaments achromatiques du fuseau. Mes recherches ultérieures m'ont démontré

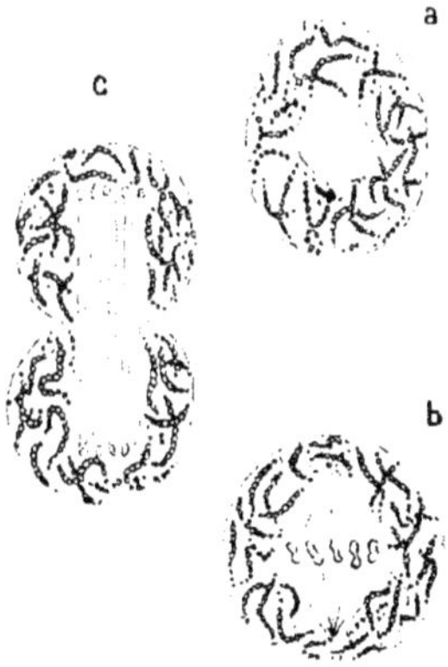

Fig. 613. — Spermatocytes de *Pyrrhocoris apterus* traités à l'état frais par le violet dahlia, montrant les mitochondries dans le cytoplasma.

a, état de repos; *b*, stade de plaque équatoriale; *c*, stade de dyaster. (Fig. originale.)

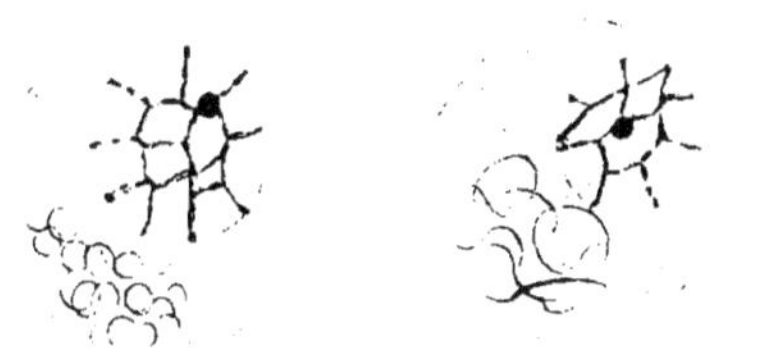

Fig. 614. — Deux spermatocytes de Forficule, traités par le liquide de Ripart et Petit osmiqué, et le vert de méthyle; à côté du noyau on voit un peloton formé par des filaments mitochondriaux. (Fig. originale.)

que ces filaments moniliformes sont identiques aux mitochondries de Benda. Dans les spermatocytes de *Forficula* à l'état de repos, examinés après fixation rapide par le liquide de Ripart et Petit, on voit dans le cytoplasma un peloton formé par un ou plusieurs filaments qui se colorent (fig. 614), comme ceux de *Pyrrhocoris*, par le violet dahlia ou le violet 5 B.

(1) Benda (1897-1898) a appelé l'attention sur des granulations colorables, qu'on peut mettre en évidence, par une méthode de coloration spéciale, sur les filaments protoplasmiques dans les cellules testiculaires des Mammifères, Oiseaux, Reptiles, Amphibiens, Mollusques et du *Blaps*. Ces granulations forment des chaînettes onduleuses dans tout le corps cellulaire, surtout dans le voisinage de la sphère attractive. Benda a donné à ces chaînettes le nom de *mitochondria*. Elles persistent pendant la mitose, mais on n'en voit jamais sur les fibres du fuseau. Les mitochondria formeraient les racines des cils vibratiles, prendraient part à l'histogenèse des fibres musculaires striées et des fibrilles de la queue des spermatozoïdes; ils seraient en rapport avec la fonction motrice de la cellule.

Meves, par ses recherches sur la spermatogenèse de la *Paludina vivipara* (Mollusque gastéropode) et d'un Lépidoptère, *Pygæra bucephala*, a largement contribué à éclaircir la question de l'origine et du rôle des formations cytoplasmiques décrites sous le nom de Nebenkern des cellules testiculaires.

Les auteurs ont appelé Nebenkern, tantôt la sphère attractive ou idiozome, tantôt le reste fusorial (*Mitosoma* de Platner), tantôt un corps résultant de l'agglomération des mitochondries. Meves a distingué ces trois sortes de formations et montré qu'elles sont indépendantes les unes des autres. Dans les spermatogonies qui se transforment en spermatocytes, on trouve un idiozome entourant les centrosomes, un reste fusorial ou mitosome, provenant du fuseau achromatique de la dernière division, et autour de l'idiozome des granulations qui tendent à se disposer en chapelets et qui sont les mitochondries. Il en serait de même dans les spermatocytes bien développés. Au moment de la division des spermatocytes, les mitochondries se disposent autour de la région moyenne du fuseau achromatique; pendant la métakinèse, ils s'allongent en filaments renflés à leurs deux extrémités, formant par leur ensemble un manchon qui entoure complètement la figure achromatique. Ce manchon se coupe à l'équateur de la cellule et chacune de ses moitiés se condense, dans le voisinage de chaque noyau-fille, en une masse vacuolaire qui a d'abord la forme d'un anneau, puis celle d'une sphère irrégulière. Quand se prépare la division des spermatocytes de deuxième ordre, la masse mitochondriale se désagrège en petits éléments vésiculiformes qui se comportent comme pendant la première division et entourent le fuseau. Finalement, dans chaque spermatide, il y a un corps vacuolaire très réfringent qui provient de la condensation des mitochondries; c'est à ce corps qu'il faudrait réserver, d'après Meves, le nom de véritable Nebenkern (1).

Si Meves a eu le mérite de débrouiller l'origine des éléments figurés qu'on peut observer dans les cellules testiculaires, ces éléments avaient déjà été vus par de nombreux observateurs. Platner (1889), entre autres, distingua dans les spermatides des Lépidoptères deux Nebenkerne : le *grand mitosome* et le *petit mitosome*, qu'il croyait dériver tous deux de la figure achromatique. Henking (1891) admit aussi dans les spermatides de *Pyrrhocoris*, un Nebenkern et un mitosome provenant du fuseau achromatique, le premier dérivant de sa partie périphérique, le second de sa partie centrale. Moi-même (1898), j'avais vu dans les mêmes éléments le grand et le petit mitosomes. Le grand mitosome n'est autre chose que le corps ayant pour origine les

(1) On pourrait, pour rappeler son origine, lui donner le nom de *chondriosome*. Il y aurait donc à distinguer dans une spermatide, outre le cytoplasma : le noyau, les centrosomes, l'idiozome, le mitosome et le chondriosome.

mitochondries, tandis que le petit mitosome est le reste fusorial, c'est-à-dire un vrai mitosome. Ce qui a induit en erreur la plupart des observateurs, c'est que les mitochondries entourant la figure achromatique pendant la division cellulaire, et ne se différenciant pas nettement des filaments du fuseau, quand on n'a pas recours à une technique spéciale, on les a confondues avec ces derniers, et on a fait provenir la masse mitochondriale de la figure achromatique, comme le vrai mitosome.

J'ai pu vérifier l'exactitude des observations de Meves chez *Bombyx mori*, *Hyponomeuta cognatella*, *Gryllus campestris* et chez quelques autres Insectes, mais d'une manière incomplète. Les mitochondries ne me paraissent pas

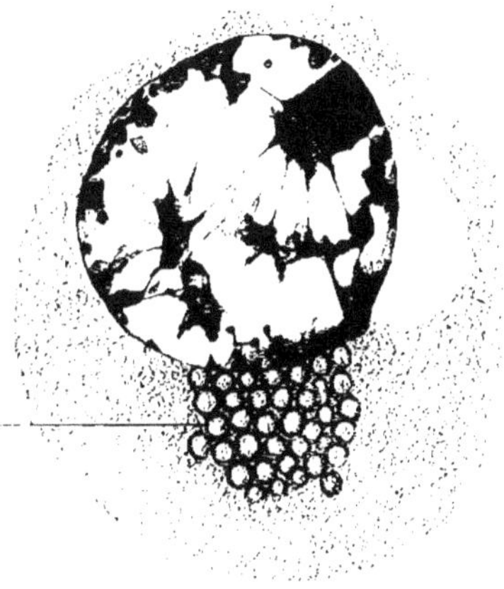

Fig. 615. — Spermatocyte de *Gryllus campestris* montrant les mitochondries, *m*. à côté du noyau. (Fig. originale.)

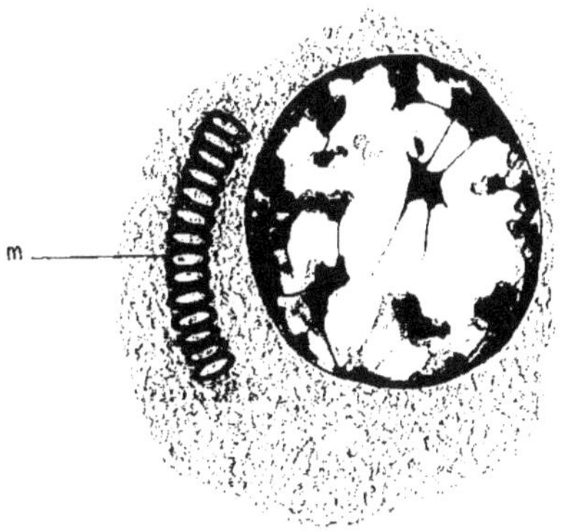

Fig. 616. — Spermatocyte de *Gryllus campestris* montrant les mitochondries, *m*. groupées en file. Fig. originale.

se comporter chez tous les Insectes comme chez les Lépidoptères. Ainsi dans les spermatocytes de *Gryllus* à l'état de repos, on les trouve, sous forme de vésicules arrondies, disposées en un amas unique (fig. 615) ou en un seul cordon (fig. 616); pendant la mitose, je n'ai pas vu les vésicules se placer autour du fuseau et s'allonger; le groupe des mitochondries semble se désagréger et un certain nombre de vésicules émigrent vers chacun des pôles de la cellule (fig. 617). Lors de la seconde division des spermatocytes, les mitochondries se disposeraient au contraire autour du fuseau pour se condenser ensuite à chacune de ses extrémités, sous forme d'un amas plus compact que dans les spermatocytes (fig. 618). L'étude des mitochondries est à reprendre dans d'autres types d'Insectes en employant les méthodes propres à les mettre en évidence.

Transformation des spermatides en spermatozoïdes. — Cette étude a donné lieu à un moins grand nombre de travaux que celle des premières phases de la spermatogenèse, et nous ne sommes pas encore fixés sur le sort des différents éléments figurés que renferme la spermatide, pendant sa transformation en spermatozoïde. Tous les observateurs récents sont d'accord pour faire dériver la tête du spermatozoïde du noyau de la sper-

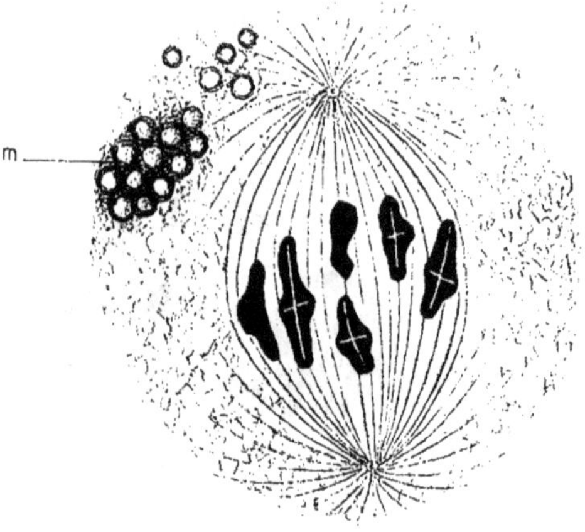

Fig. 617. — Spermatocyte de 1er ordre de *Gryllus campestris* en division, au stade de plaque équatoriale.

Le groupe mitochondrial s'est divisé en deux parties qui se portent chacune vers l'un des pôles du fuseau ; une seule des parties, *m*, est visible sur la coupe. (Fig. originale.)

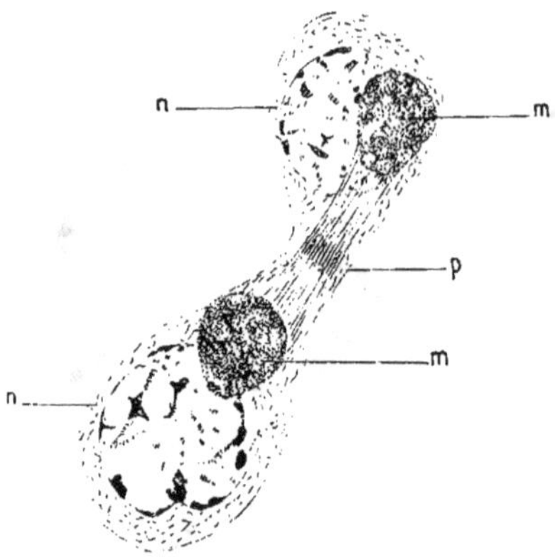

Fig. 618. — Spermatocyte de 2e ordre de *Gryllus campestris* en voie de division.

m, corps mitochondrial ; *n*, noyau ; *p*, plaque cellulaire. (Fig. originale.)

matide, comme cela a lieu chez les autres animaux, mais ils diffèrent sur la situation du centrosome par rapport à la tête du spermatozoïde, et sur la destinée des autres formations cytoplasmiques.

Platner (1889), chez les Lépidoptères, décrit la formation du spermatozoïde de la manière suivante : le grand mitosome, qui présente un aspect filamenteux, est séparé du cytoplasma de la spermatide par une zone claire plus ou moins large. Il se place au pôle postérieur du noyau, dirigé vers le centre de la cellule et, dans son intérieur, on voit le premier vestige du filament axile qui part de la membrane du noyau, traverse le mitosome et s'étend ensuite dans l'intérieur du cytoplasma de la spermatide, qui s'allonge de plus en plus. Le grand mitosome s'allonge en même temps que le filament axile, qu'il entoure d'une gaine striée longitudinalement. Pendant ce temps, la substance chromatique nucléaire se condense sous forme d'une cupule au pôle postérieur du noyau dont la membrane disparaît ; la cupule chromatique se trouve alors surmontée d'un espace clair dans lequel pénètre le centrosome.

qui se place dans la partie concave de la cupule. Celle-ci s'allonge, prend une forme ovalaire et le centrosome se trouve occuper son extrémité antérieure : il devient le Spitzenknopf. Le petit mitosome, qui se trouvait dans le voisinage du noyau, se place à la partie postérieure de celui-ci, entourant l'extrémité du filament axile.

Suivant HENKING (1891), chez *Pyrrhocoris*, le Nebenkern devient l'enveloppe du filament axile; le mitosome se divise en deux parties, dont l'une, antérieure, devient le Spitzenknopf, l'autre, postérieure, disparaît par résorption. WILCOX (1896) décrit dans la spermatide de *Caloptenus* un Nebenkern filamenteux, qui se place à la partie postérieure du noyau et donne en s'allongeant le filament axile; le centrosome se place entre le noyau et le filament axile et devient le segment moyen.

PAULMIER (1899) paraît avoir mieux suivi la formation de la queue du spermatozoïde chez *Anasa tristis*. Après la division du spermatocyte de 2e ordre, le centrosome s'accole à la membrane du noyau, puis cesse d'être visible; mais il ne tarde pas à réapparaître au pôle opposé du noyau, au point où se trouve le Nebenkern qui se divise en deux moitiés. Du centrosome part un filament qui s'insinue entre les deux moitiés du Nebenkern et devient le filament axile. Du Nebenkern se détache une petite masse, correspondant au petit mitosome de PLATNER, qui se porte à l'extrémité antérieure du noyau et devient le Spitzenknopf (*acrosoma* de LENHOSSÈK).

Les observations de MEVES (1900) sur *Pygæra bucephala* ont établi le rôle des divers corps figurés de la spermatide dans la formation des spermatozoïdes. Dans la spermatide, les mitochondries sont rassemblées dans le voisinage immédiat du noyau sous forme d'un corps vacuolaire arrondi. Ce corps devient de plus en plus compact et s'entoure d'une zone claire, résultant probablement de l'expulsion du contenu des mitochondries vésiculeuses. Pendant ce temps, le centrosome de la spermatide avec son filament flagelliforme est venu s'accoler au noyau, dans le voisinage du corps mitochondrial; le filament n'est autre chose que le filament axile. Le corps mitochondrial prend la forme d'un fuseau et s'allonge en même temps que la spermatide. Il finit par entourer le filament axile en prenant un aspect filamenteux. Quant à l'idiozome, il paraît se porter au pôle antérieur du noyau sur lequel il s'applique comme une sorte de coiffe ; MEVES s'est borné à le représenter sur ses figures et n'en parle pas dans son texte. Le mitosome disparaît probablement par régression.

Mes observations sur différents Insectes (*Pyrrhocoris*, *Forficula*, *Gryllus*, *Caloptenus*, *Locusta*, *Bombyx*, *Hyponomeuta*, *Lepisma*) m'ont montré, comme je l'avais déjà dit en 1896, que le corps mitochondrial (que je confondais alors avec le mitosome), se comporte dans tous les cas de la manière indiquée par MEVES. Mais j'ai noté quelques particularités, dans certaines espèces, relativement à la formation du filament axile. Si celui-ci, chez les Lépidoptères, apparaît de bonne heure, dans les spermatocytes, à la périphérie de la cellule, en relation avec les centrosomes, il n'en est pas de même chez les autres Insectes. Le centrosome, dans les spermalocytes et les spermatides, est généralement situé près du noyau et ce n'est que lorsqu'il s'est accolé au noyau, dans la spermatide, que le filament axile apparait, semblant émaner du centrosome, s'accole au corps mitochondrial et s'allonge de plus en plus en même temps que le corps cytoplasmique de la spermatide. Chez *Pyhrrocoris*, le corps mitochondrial se dédouble avant la formation du filament axile, et celui-ci s'insinue entre ses deux moitiés (fig. 619).

Dans la spermatide de la plupart des Insectes que j'ai étudiés, il ne paraît y avoir qu'un seul centrosome, mais chez le *Caloptenus*, j'en ai presque toujours trouvé deux; ils sont très rapprochés et de chacun d'eux part un filament axile, puis les deux filaments se réunissent, à une très courte distance du noyau, pour ne former qu'un seul filament (fig. 621).

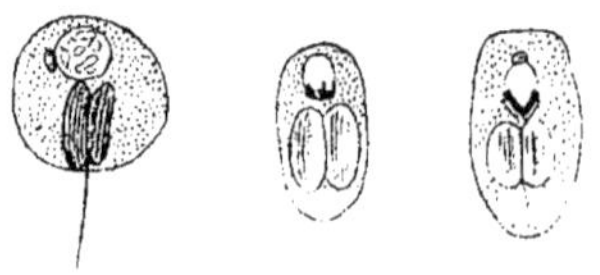

Fig. 619. — Trois spermatides de *Pyrrhocoris apterus* à divers états de développement ; on voit dans le cytoplasma, à côté du noyau, un gros corps mitochondrial divisé en deux parties, et le reste fusorial accolé au noyau. (Fig. originale.

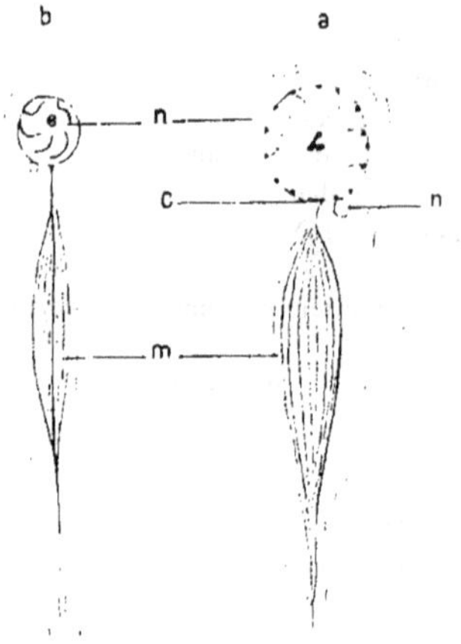

Fig. 620. — Deux stades de la transformation de la spermatide chez le *Forficula auricularis*.

n, noyau ; *n'*, petit mitosome ; *m*. corps mitochondrial : *c*. centrosome. (Fig. originale.)

Toutes les spermatides renferment, en outre du noyau et du corps mitochondrial, un ou deux éléments de forme plus ou moins arrondie, se colorant plus fortement que le reste du cytoplasma, et qui sont le mitosome et l'idiozome. Généralement, à un stade avancé, quand la spermatide s'est allongée et que le noyau s'est condensé, il ne reste plus qu'un de ces deux éléments qui s'est accolé au noyau, et se porte, comme l'a vu Meves, à son pôle antérieur. Malheureusement, il est très difficile de suivre ces éléments et de déterminer lequel des deux persiste; dans certains cas il m'a semblé que c'était l'idiozome, dans d'autres le mitosome. Il est vraisemblable que le processus est toujours le même, et, si je suis porté à admettre que c'est l'idiozome qui persiste, c'est uniquement en me basant sur les observations de Lenhossék et de Meves sur les éléments spermatiques des Mammifères, dans lesquels ces auteurs ont vu la sphère attractive se placer à l'extrémité antérieure de la tête du spermatozoïde.

Le noyau de la spermatide subit, comme les éléments cytoplasmiques, pendant la formation du spermatozoïde, des modifications importantes qui n'ont pas été encore suffisamment étudiées.

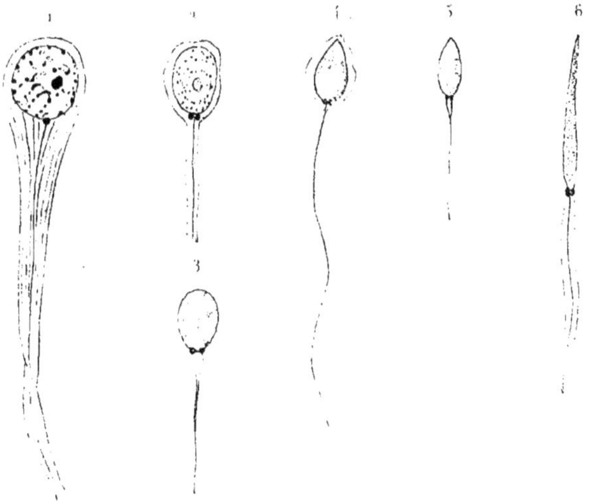

Fig. 621. — Six stades successifs de la transformation de la spermatide en spermatozoïde chez le *Calopteaus italicus*. (Fig. originale.)

Le noyau conserve sa forme sphérique assez longtemps, pendant que le corps cytoplasmique et le filament axile s'allongent beaucoup. La chromatine s'y présente, selon les espèces, tantôt sous forme de chromosomes indépendants, tantôt sous forme de réseau avec un nucléole central. Quand la spermatide est devenue filiforme, son noyau diminue de volume; sa substance chromatique se condense à la face interne de la membrane nucléaire sous forme de granulations ou de plaques irrégulières; mais généralement le nucléole persiste au centre. A ce moment, le noyau commence à s'allonger; il devient ovoïde, puis fusiforme. La substance chromatique se condense de plus en plus à la périphérie du noyau et forme soit une couche continue qui double intérieurement la membrane (*Gryllus*, *Locusta*), soit une plaque en forme de croissant au pôle postérieur du noyau (*Pyrrhocoris*); à ce stade, l'intérieur du noyau paraît être rempli d'un liquide homogène; le nucléole a disparu.

Pendant que s'opèrent ces transformations du noyau, la spermatide continue à s'allonger considérablement : le corps mitochondrial, dont les fibrilles se sont entièrement accolées au filament axile, a cessé d'être visible. Le cytoplasma de la spermatide a presque entièrement disparu et n'est plus représenté que par des varicosités situées le long de la queue du spermatozoïde. Finalement, le noyau, qui s'est étiré sous forme de poinçon et est devenu homogène, a pris l'aspect de la tète du spermatozoïde mûr, et la queue est devenue un long filament dans lequel on ne voit plus aucune structure, à moins d'employer les méthodes de dissociation de BALLOWITZ (voir p. 288) (1).

Le noyau de la spermatide ne présente pas seulement des modifications dans sa forme et dans la répartition de sa chromatine, il subit des changements de colorabilité des plus remarquables, signalés par FLEMMING (1888) chez la Salamandre, par HENKING (1890) chez *Pyrrhocoris*, et sur lesquels REGAUD a récemment (1901) appelé de nouveau l'attention chez les Mammifères. Les changements de colorabilité sont surtout très faciles à mettre en évidence, quand on traite les coupes de testicule par une double coloration, à l'aide de la safranine et du violet de gentiane, de la fuchsine acide et du bleu de méthylène, de l'hématoxyline et du rouge Bordeaux, etc.

La chromatine, dans les jeunes spermatides, se colore en bleu comme dans les spermatocytes; lorsqu'elle commence à se condenser à la face interne du noyau, elle prend une teinte violacée, mélange de rouge et de bleu; puis, quand le noyau commence à s'allonger, il se colore entièrement en rouge; seul, le centrosome situé à son pôle postérieur et le nucléole contenu dans son intérieur sont fortement teintés en bleu. Plus tard, lorsque le noyau s'est étiré, la coloration bleue reparaît petit à petit soit à la périphérie, soit seulement à la partie postérieure; enfin, quand la tête du spermatozoïde est bien constituée, elle se colore très fortement en bleu dans toute son étendue, sauf généralement l'extrémité (Spitzenknopf).

D'après le peu qu'on sait aujourd'hui sur la constitution des substances nucléaires et sur la manière dont elles se comportent vis-à-vis des matières colorantes, il faut admettre que la chromatine de l'élément mâle ne renferme plus que très peu d'acide nucléique au moment où son affinité pour les couleurs basiques disparaît, et qu'elle en contient, au contraire, beaucoup à la fin du développement du spermatozoïde. Les variations de la teneur en acide nucléique de la chromatine paraissent être en relation avec l'activité nutritive de la cellule; quand une cellule se nourrit activement, son noyau est pauvre en acide nucléique; celui-ci est, au contraire, abondant lorsque la cellule cesse de se nourrir, est à l'état de repos, ou s'apprête à se diviser. Le spermatozoïde traverse donc, durant sa formation, aux dépens de la spermatide, une période assez longue pendant laquelle il se nourrit comme l'œuf en voie d'accroissement, dont la vésicule germinative perd aussi son affinité pour les colorants basiques. Mais, tandis que la cellule femelle, l'œuf, augmente de volume, la cellule mâle, le

(1) PANTEL et R. DE SINÉTY, d'après leurs recherches toutes récentes (*C. R. Acad. d. Sc.*, 1902) sur les transformations de la spermatide chez *Notonecta glauca*, font dériver la plus grande partie de la tête du spermatozoïde de l'idiozome, le noyau se réduisant considérablement et ne formant que le segment intermédiaire. Cette observation diffère tellement de ce qui a été vu par tous les autres auteurs que je ne puis l'accepter sans confirmation.

spermatozoïde, subit une réduction de volume; cette différence tient à ce que, dans ce dernier, l'activité nutritive de la cellule se traduit par un changement considérable de forme et par une différenciation protoplasmique, tandis que dans l'œuf elle se manifeste par une accumulation de matériaux de réserve. Il est à remarquer que la période d'activité nutritive présente son maximum dans l'œuf avant la période de maturation, c'est-à-dire avant les deux divisions successives qui donnent naissance aux globules polaires, et que dans l'élément mâle le maximum a lieu, au contraire, après la période de maturation.

Les spermatides ont primitivement, dans les ampoules testiculaires, la même disposition que les spermatocytes dont elles dérivent; lorsqu'elles commencent à s'allonger, elles s'orientent de telle sorte que les parties contenant le noyau se groupent toutes contre la paroi de l'une des extrémités de l'ampoule testiculaire, qui s'allonge en même temps que les spermatides. Ce groupement s'accentue de plus en plus à mesure que les spermatides deviennent de plus en plus longues, de telle sorte que, lorsque les spermatozoïdes sont complètement développés, ils sont disposés parallèlement en un faisceau, toutes les têtes étant accolées les unes aux autres à un même niveau, à l'une des extrémités de l'ampoule testiculaire, qui a pris la forme d'un long boyau. A cette extrémité se trouve une grosse cellule pourvue d'un noyau volumineux (voir fig. 604). Cette cellule se résorbe plus tard ainsi que les parois amincies du spermatocyste, et les spermatozoïdes sont mis en liberté (1).

Chromosome accessoire. — Nous avons indiqué, dans les spermatogonies et les spermatocytes de 1er ordre, l'existence, chez certaines espèces d'Insectes, d'un chromosome accessoire qui se présente sous forme d'un nucléole, mais nous avons négligé à dessein d'en parler à propos de l'évolution des spermatocytes, pour ne pas en compliquer le schéma général.

Henking (1890), le premier, reconnut, chez *Pyrrhocoris*, que, à la seconde division des spermatocytes, un des chromosomes passe sans se diviser à l'une des cellules-filles, de sorte que l'une des spermatides reçoit 12 éléments chromatiques, et l'autre seulement 11. Un fait semblable a été observé par Paulmier, Montgomery, Mc Clung et de Sinéty, mais ces auteurs ont pu constater que ce chromosome, qui ne se divise pas, n'est autre que le chromosome accessoire. Suivant de Sinéty, chez *Orphania*, à la première division des spermatocytes, on trouve ce chromosome situé excentriquement à l'équateur du fuseau et plus près de l'un des pôles; il va tout entier à l'une des cellules-filles. Dans celle-ci, il se divise comme un chromosome ordinaire, d'où il suit que, sur quatre spermatides formant la descendance d'un sper-

(1) Voir au sujet du groupement des spermatozoïdes, pour former des sortes de spermatophores, les observations de Ballowitz (p. 291) et celles de Giard (Sur la spermatogenèse des Diptères du genre *Sciara*. *C. R. Acad. d. Sc.*, t. CXXXIV, 20 mai 1902).

matocyte, deux se trouvent privilégiées et renferment plus de chromatine que les autres. Pour Montgomery, le chromosome accessoire jouerait un rôle dans la variation du nombre des chromosomes dans les espèces, grâce à l'inégalité qu'il introduit dans les spermatozoïdes.

Dimorphisme des spermatozoïdes. — L'inégalité entre les spermatozoïdes d'une même espèce résultant d'une plus grande quantité de chromatine dans les uns que dans les autres, ne peut se constater que pendant leur développement, lorsqu'ils sont encore à l'état de spermatides, et ne peut être reconnue pour les spermatozoïdes mûrs. Il existe cependant plusieurs espèces animales chez lesquelles on trouve normalement, dans le testicule, deux formes, quelquefois très différentes, de spermatozoïdes (1).

Chez les Insectes, Henking avait décrit des spermatides plus grosses que les autres et qu'il considérait comme résultant d'une division incomplète des spermatocytes de 1er ordre. Wilcox en a retrouvé de semblables chez *Cicada*. Paulmier, chez *Anasa*, a observé également des spermatides deux et quatre fois plus grosses que les spermatides normales, présentant deux à quatre filaments axiles en rapport avec des centrosomes accolés au noyau. Montgomery a constaté que, chez *Pentatoma*, il y a des spermatocystes qui renferment des spermatocytes doubles de ceux des autres ampoules testiculaires; mais ces éléments contiennent la même quantité de chromatine que les autres et suivent la même évolution. Moi-même, j'ai observé souvent, chez les Orthoptères (*Locusta*, *Gryllus*, *Caloptenus*), des spermatocytes géants mélangés aux éléments normaux, mais ces spermatocytes m'ont paru généralement subir une dégénérescence chromatolytique; cependant, chez *Caloptenus*, j'ai vu des spermatides et des spermatozoïdes déjà assez avancés, dont le noyau était deux fois plus gros qu'à l'état normal, et pourvus de deux filaments axiles distincts. Toutes ces observations prouvent que, chez beaucoup d'Insectes, il y a une tendance à la production de deux sortes de spermatozoïdes de dimensions différentes. Mais il est probable que les spermatozoïdes géants n'arrivent pas généralement au terme de leur développement.

Meves (1902) a découvert récemment un dimorphisme très remarquable des spermatozoïdes chez les Lépidoptères (*Pygæra bucephala*, *Gastropacha rubi*, *Bombyx mori*, *Harpyia vinula*). Dans le testicule de ces espèces, on trouve deux sortes de faisceaux de spermatozoïdes, les uns formés de spermatozoïdes normaux, pourvus d'une tête provenant du noyau de la spermatide : ce sont les *spermatozoïdes eupyrènes* (de εὖ et πυρήν, noyau); les autres renferment des spermatozoïdes quatre ou cinq fois plus courts et dépourvus de tête, c'est-à-dire de noyau, d'où le nom de *spermatozoïdes apyrènes* que Meves leur a donné. Les spermatozoïdes apyrènes proviennent de cellules séminales qui, jusqu'à la première division de maturation, ne présentent rien de particulier. A la fin de cette division, les chromosomes, au lieu de se réunir en un seul noyau, restent isolés et constituent comme autant de petits noyaux.

---

(1) Les principales espèces chez lesquelles on a constaté jusqu'ici un dimorphisme dans les spermatozoïdes sont : parmi les Crustacés, *Tanais dubius*, *Asellus aquaticus*, *Oniscus murarius*; parmi les Myriapodes, *Cryptops miliaris* et certains Iulides; parmi les Rotifères, *Notommata Sieboldi*; parmi les Gastéropodes, *Paludina vivipara*, *Janthina*, *Murex brandaris*, *M. trunculus*, *erinaceus*, *Cerithium vulgatum*, *Nassa mutabilis*, *Fusus syracusanus*, *Columbella rustica*, *Aporrhais pes pelicani*, *Cassidaria echinophora*, *Dolium galea*, *Tutonium cutaceum*, *T. parthenopeum*, *Vermetus gigas*, etc.

Ceux-ci se répartissent, lors de la deuxième division, entre les deux spermatides qui, au lieu d'avoir un seul noyau, en renferment plusieurs petits indépendants, d'aspect vacuolaire. La spermatide possède un centrosome avec un filament axile qui ne se met en rapport avec aucun des petits noyaux, mais auquel s'accole le corps mitochondrial, comme dans les spermatides normales. La queue du spermatozoïde apyrène se développe normalement, tout en restant plus courte que dans les spermatozoïdes eupyrènes, tandis que les petits noyaux de la spermatide, entraînés le long de la queue, subissent bientôt une dégénérescence chromatolytique. Finalement, le faisceau de spermatozoïdes apyrènes est formé de filaments terminés chacun antérieurement par un centrosome en forme de bâtonnet, représentant la tête du spermatozoïde.

Si, comme on l'admet généralement, c'est dans le noyau que résident les plasmas ancestraux, les spermatozoïdes apyrènes ne peuvent transmettre les caractères héréditaires. Suivant Meves, ils ne pourraient que déterminer la segmentation de l'œuf en lui apportant un centrosome qui dirigerait la division de son noyau.

Développement des organes génitaux accessoires.

Le développement de l'appareil génital accessoire (canaux déférents, oviductes, glandes annexes et organes copulateurs) chez les Insectes métaboliques a été jusqu'ici peu étudié. Weismann pensait que cet appareil devait provenir du cordon qui, à l'état larvaire, unit la glande génitale aux parois du corps. Nusbaum (1882-84), d'après ses recherches sur les Pédiculides et la Blatte, admit que les cordons postérieurs des glandes génitales ne donnent naissance qu'aux canaux déférents ou aux oviductes, et que les autres parties de l'appareil conducteur, utérus, vagin, vésicules séminales, conduit éjaculateur, pénis, etc., se développent aux dépens de l'hypoderme. Palmen arriva aux mêmes conclusions pour les Éphémères. Wheeler et Heymons (voir p. 396) ont montré que, chez les Orthoptères, une grande partie des conduits génitaux a pour origine des diverticules de la cavité cœlomique. Mais ces auteurs n'ont étudié que des embryons et n'ont pas suivi toute l'évolution des organes génitaux.

Lépidoptères. — Hatchett Jackson (1890) s'est occupé du développement de l'appareil génital de la *Vanessa Io*, chez la nymphe. Verson et Bisson (1895-96) ont suivi le développement des organes génitaux chez le *Bombyx mori*.

Chez le mâle, Herold (1815) avait décrit, dans la chenille de *Pieris brassicæ*, deux filaments grêles représentant les canaux déférents, qui unissent les testicules à un organe impair de forme triangulaire, situé sur la ligne ventrale, et qui est l'ébauche du canal éjaculateur et des vésicules séminales. Cet organe a été désigné sous le nom d'*organe de*

Herold. Chez le Ver à soie il est en rapport avec l'hypoderme, entre le 8e et le 9e segment abdominal ; VERSON et BISSON ont reconnu qu'il résulte d'une invagination de l'hypoderme et ne donne naissance qu'au pénis avec sa racine et sa gaine. Les téguments qui rattachent les testicules à l'organe de Herold sont d'origine mésodermique et sont d'abord constitués par un cordon plasmatique nucléé dont les deux extrémités sont renflées en bulbe. Le bulbe antérieur se transforme en vésicule qui devient le calice quadrilobé du testicule. Le cordon lui-même sera le canal déférent : quant au bulbe postérieur, il donne deux bourgeons qui se convertissent en tubes terminés par un cul-de-sac ; le tube antérieur est la glande accessoire, le tube postérieur le canal éjaculateur : la partie comprise entre les deux devient la vésicule séminale. Les canaux déférents, les vésicules séminales, les glandes accessoires et les canaux éjaculateurs sont des formations doubles, seuls les canaux éjaculateurs se réunissent en un canal unique vers le tiers de la vie nymphale. Dans le Ver prêt à filer, l'organe de Herold a la forme d'un sac ectodermique, comprimé d'avant en arrière, sur les parois internes duquel font saillie quatre replis ectodermiques, qui, se soudant deux à deux, constituent deux bourrelets concentriques dont l'un est l'extrémité du pénis et l'autre sa gaine. Deux ou trois jours avant l'éclosion du Papillon, le canal éjaculateur se met en communication avec la cavité du pénis, et l'extrémité proximale des canaux déférents s'ouvre dans les loges testiculaires, de sorte que toutes les voies génitales deviennent perméables. Les éléments musculaires des conduits génitaux et les muscles du pénis dériveraient des éléments du cordon testiculaire postérieur.

Chez la femelle, dès le premier âge larvaire, apparaissent dans les 8e et 9e segments abdominaux, deux paires de disques imaginaux ectodermiques, équivalents des quatre bourrelets de l'organe de Herold du mâle ; mais ces disques se replient et se développent dans la cavité somatique. Au cinquième âge, les disques se rapprochent de la ligne médiane ventrale et se rencontrent entre les 8e et 9e segments. Les disques antérieurs sont deux invaginations ectodermiques, en forme de vésicules elliptiques, parcourues dans leur longueur par un sillon rentrant ; arrivés au contact sur la ligne médiane, ces disques s'accolent par leurs bords internes et limitent un espace communiquant largement avec l'extérieur, comme celui qui serait compris entre les valves d'une coquille entrebâillée. Bientôt cet espace se subdivise en deux compartiments superposés, par coalescence de deux crêtes saillantes qui naissent à la surface interne des disques. Le compartiment situé plus dorsalement s'étend en avant et en arrière, sous forme de deux petites vésicules, représentant les rudiments de la poche copulatrice et du réceptacle séminal, qui s'ouvrent chacune par un orifice propre dans le compartiment inférieur.

Le compartiment inférieur de l'espace, résultant de la confluence des deux premiers disques imaginaux, est en rapport avec un double repli hypodermique, qui s'étend depuis ces disques jusqu'à l'origine des cordons génitaux ; ces replis se transforment en gouttières, qui, en s'affrontant par leurs bords, donnent naissance à un tube qui est l'utérus ; celui-ci est donc une formation ectodermique.

L'utérus, terminé en cul-de-sac, reçoit, en avant, les extrémités des cordons génitaux qui s'y abouchent; en arrière, il se continue avec l'espace encore ouvert, compris entre les deux disques partiellement fusionnés. Cet espace, à l'extrémité opposée, est circonscrit et fermé par la barre transversale d'un second système de replis tégumentaires en forme de H ; il se ferme ensuite par rapprochement de ses bords libres d'avant en arrière. C'est ainsi que prend naissance le vagin qui, ne se fermant pas complètement, présente deux orifices, l'orifice génital antérieur et l'orifice génital postérieur.

Le système de replis ectodermiques en forme de H constitue une espèce de pont, au niveau duquel les disques imaginaux de la première paire sont unis à ceux de la seconde paire. Mais les disques postérieurs ne se réunissent pas entre eux comme le font les disques antérieurs ; chacun d'eux donne seulement naissance au réservoir et aux tubes sécréteurs de l'une des glandes collétériques, qui débouchent ensuite chacune séparément dans la gouttière formée par la partie postérieure des replis disposés en H ; cette gouttière se transforme ensuite en conduit excréteur commun des glandes et se confond antérieurement avec l'ouverture de l'oviducte.

Au début, les orifices génitaux antérieur et postérieur s'ouvrent tous deux dans le vagin ; mais plus tard il se forme un tube latéral de communication entre la bourse copulatrice et l'ouverture génitale antérieure, qui perd en même temps ses relations avec le vagin.

Les deux extrémités de chaque cordon génital présentent, chez la femelle comme chez le mâle, une petite ampoule qu'on peut considérer comme des restes de cavités cœlomiques primitives. L'ampoule antérieure se confond avec le calice quadripartite de l'ovaire ; l'ampoule postérieure, à un stade avancé de la larve, se montre en rapport avec une courbe que décrivent les cordons génitaux un peu avant de s'insérer sur le bord postérieur du 7e segment abdominal.

Il n'y aurait pas, d'après Verson et Bisson, homologie entre les organes accessoires de l'appareil génital du mâle et ceux de la femelle ; ces organes étant en grande partie d'origine mésodermique chez le mâle, tandis que ceux de la femelle sont entièrement d'origine ectodermique, sauf leur tunique musculaire qui provient soit des cordons génitaux, soit du réseau musculaire interviscéral.

Hyménoptères. — SEURAT (1899) a étudié le mode de formation des organes génitaux chez les Hyménoptères entomophages, principalement chez *Doryctes gallicus*.

Les organes femelles existent de très bonne heure, mais ne commencent à se développer qu'après le filage du cocon ; ces organes sont primitivement pairs dans toutes leurs parties. Dans les larves âgées, les segments génitaux remontent vers l'avant, et une invagination de la région médiane postérieure du 11e sternite donne naissance à un vagin impair d'origine ectodermique, dans lequel viennent se jeter les oviductes ; le réceptale séminal et les glandes annexes sont également d'origine ectodermique. La glande tubuleuse et la glande à venin sont formées par des invaginations en doigt de gant de la paroi médiane ventrale du 12e sternite.

Le gorgeret et les valves de l'armure génitale ont une origine commune aux dépens d'une même paire de disques imaginaux situés à la face ventrale du 12e segment ; dans la jeune larve, les 11e et 12e segments portent chacun une paire d'appendices ; les appendices du 12e segment se dédoublent secondairement dans la suite du développement.

Les organes mâles, de même que les organes femelles, existent de très bonne heure. Dans une larve qui vient de filer son cocon, la limite ventrale des deux derniers segments du corps est marquée par un léger sillon de la cuticule ; l'ectoderme de la région ventrale postérieure du 12e segment s'est invaginé, formant une cavité médiane ventrale au fond de laquelle, et latéralement, sont situés deux disques imaginaux, ébauches des branches du forceps. Le fond de la cavité génitale est en contact avec deux canaux déférents, aveugles à leur extrémité, indépendants l'un de l'autre et en rapport avec les testicules. A un stade plus avancé, il se produit une dévagination des pièces de l'armure génitale ; deux paires de replis de la région ectodermique comprise entre les deux branches du forceps se sont formées et représentent les ébauches de la volselle et des crochets. Les canaux déférents sont réunis à leur extrémité distale en un pénis impair débouchant entre les deux crochets. Dans la nymphe, le 12e sternite se replie dans sa région postérieure et cette invagination forme la plaque basilaire. Les différentes pièces de l'armure génitale mâle sont donc formées aux dépens d'un même segment (voir aussi, pour le développement de l'armure génitale, chap. IV).

CHAPITRE XVII

DÉVELOPPEMENT POSTEMBRYONNAIRE (*Suite*)

Considérations générales sur les processus de la métamorphose.

L'exposé succinct des phénomènes observés jusqu'ici pendant la métamorphose des Insectes métaboliques et les interprétations différentes qu'en ont données les auteurs montrent que nous ne possédons encore, sur les processus de l'histolyse et de l'histogenèse, que des notions très incomplètes et très imparfaites. Bien que, depuis les recherches de Weismann, les progrès de la technique aient permis, surtout dans ces dernières années, de suivre avec plus de soin les modifications et les transformations des tissus larvaires en tissus de l'adulte, un trop petit nombre d'Insectes ont été étudiés, et certains d'entre eux d'une manière trop sommaire, pour qu'on puisse actuellement établir un schéma général des phénomènes intimes de la métamorphose ni en formuler les lois. Encore moins peut-on se prononcer sur l'origine et les causes de la métamorphose. Nous essaierons cependant de résumer l'état de nos connaissances actuelles sur la question.

Il existe une relation évidente entre la complexité des phénomènes internes de la métamorphose et le degré des modifications de forme extérieure que présentent les Insectes au sortir de l'état embryonnaire intraovulaire, pour arriver à l'état d'imago. Comme le démontre l'observation, c'est chez les Insectes à larves apodes et, parmi eux, chez les Muscides, que les phénomènes d'histolyse sont les plus marqués, tandis que chez les Insectes holométaboliques à larves hexapodes il n'y a souvent qu'un remaniement, une rénovation de certains tissus, et formation d'organes nouveaux en rapport avec des fonctions nouvelles.

Il est probable que l'on trouvera tous les stades de passage entre la simple évolution graduelle des tissus et des organes chez les Insectes paurométaboliques, et la néoformation d'organes chez les Holométaboliques, quand on aura observé ce qui se passe chez les Insectes à métamorphose graduelle, à hémimétabolie et à hypermétamorphose; malheureusement cette étude n'a pas été faite.

Ce sont surtout l'appareil locomoteur et l'appareil digestif qui subissent, pendant la métamorphose, les plus grandes modifications;

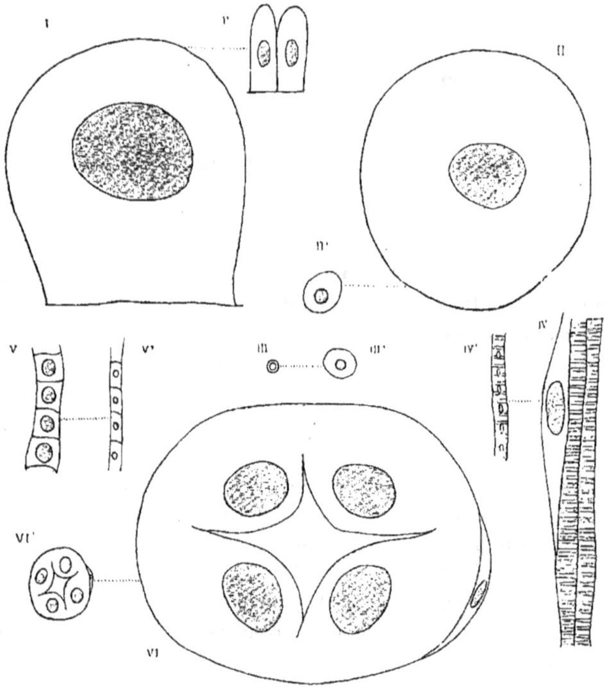

Fig. 622. — *Formica rufa*. Tableau indiquant les tailles comparées des cellules correspondantes de la larve et de l'imago. Les numéros accentués sont relatifs aux éléments imaginaux.

I, cellules épithéliales du ventricule chylifique; — II, œnocytes; — III, cellules nerveuses; — IV, fibres musculaires; — V, hypoderme; — VI, tubes de Malpighi. (Fig. empruntée à CH. PÉREZ.)

celles-ci sont en rapport avec les modes de locomotion et d'alimentation différents de la larve et de l'adulte. L'appareil respiratoire présente en général des transformations moins importantes, sauf chez les Insectes dont les larves mènent une vie aquatique. Les autres appareils, ceux de la circulation, de la reproduction et le système nerveux échappent au phénomène d'histolyse. Le corps graisseux, que l'on croyait autrefois être détruit durant la nymphose, persiste au contraire et paraît jouer un rôle important comme organe de nutrition.

Différence entre les cellules larvaires et les cellules imaginales. — Un fait qui paraît être général chez les Insectes holométaboliques, et sur lequel Ch. Pérez a justement attiré l'attention, c'est l'extraordinaire disproportion de taille entre les cellules des tissus homologues de la larve et de l'imago. La figure 622, dans laquelle les principales catégories d'éléments larvaires et imaginaux ont été dessinées au même grossissement, montre clairement que les cellules de l'imago sont beaucoup plus petites que les cellules correspondantes de la larve. Seules les cellules génitales et certaines cellules nerveuses font exception ; les premières, comme on l'a vu précédemment, suivent leur évolution normale sans être influencées par la métamorphose ; les secondes, qui paraissent être les cellules motrices ganglionnaires, s'accroissent pendant la nymphose.

Suivant Kulagin (1898), les cellules des disques imaginaux des Hyménoptères renfermeraient moitié moins de chromatine que les cellules larvaires hypodermiques. J'ai cherché à vérifier cette observation chez les Fourmis et les Muscides en essayant de compter le nombre des chromosomes dans les cellules en mitose des disques imaginaux et dans l'hypoderme larvaire ; mais je n'ai pu réussir à cause de la petitesse des éléments chromatiques ; il ne m'a pas paru cependant, au simple jugé, qu'il y ait une différence appréciable de nombre des chromosomes entre les deux sortes de cellules. Il est évident que les cellules imaginales étant beaucoup plus petites que les cellules larvaires contiennent moins de chromatine que ces dernières, mais elles semblent avoir le même nombre de chromosomes, ceux-ci étant naturellement plus petits.

HISTOLYSE

Relativement aux processus de l'histolyse, plusieurs manières de voir ont été successivement émises.

1. *Théorie des blastèmes.* — Weismann et Viallanes ont admis que les cellules larvaires se désagrégeaient pour donner des sortes de blastèmes aux dépens desquels se formaient des éléments plus petits, pour constituer les organes imaginaux. Les recherches récentes ont montré que cette opinion était erronée pour la plupart des organes, mais que, dans les muscles et le système trachéen, il peut y avoir fragmentation des noyaux cellulaires qui donnent des noyaux beaucoup plus petits, destinés aux organes correspondants de l'imago.

2. *Théorie de la phagocytose.* — Après les observations de Metchnikoff, Kowalevsky et Van Rees, la théorie de la phagocytose fut acceptée

sans contestation pour expliquer la destruction des tissus larvaires appelés à disparaître ou à être modifiés chez la nymphe. Les éléments libres de la cavité du corps, leucocytes, amibocytes ou phagocytes, posséderaient à la fin de la vie larvaire une activité plus grande qu'au début, attaqueraient les tissus encore intacts, pénétreraient dans leur intérieur pour les dissocier, puis engloberaient des fragments de ces tissus, qui seraient absorbés dans l'intérieur du corps protoplasmique des phagocytes par une véritable digestion intracellulaire. La phagocytose serait donc la cause même de l'histolyse. Il pourrait y avoir quelquefois autophagocytose, comme Metchnikoff l'a admis pour la queue des larves de Batraciens, c'est-à-dire que les éléments qui absorbent la substance contractile du muscle, par exemple, ne seraient pas des leucocytes, mais des cellules ayant pour origine la fibre musculaire elle-même, et se formant aux dépens du sarcoplasma et de ses noyaux.

L'importance du rôle des phagocytes dans le processus de l'histolyse a été considérablement amoindrie par les recherches récentes que nous avons exposées précédemment, et Berlese va jusqu'à nier, mais à tort, la phagocytose, du moins chez les Insectes.

En admettant le bien-fondé de la manière de voir de Metchnikoff et de Kowalevsky, on doit se demander pourquoi certains muscles seulement, ou certains organes, sont attaqués par les phagocytes, tandis que d'autres voisins, placés dans les mêmes conditions, restent intacts. Les défenseurs de la phagocytose sont bien obligés d'admettre que cette différence tient à ce que les éléments attaqués ont subi une modification. « Il peut paraître étrange, dit Ch. Pérez, de voir dans les métamorphoses des cellules être phagocytées, alors que peu avant les *mêmes* cellules étaient respectées par les *mêmes* globules blancs. Évidemment il y a quelque chose de changé dans l'organisme ; il n'est pas exact de dire que ce sont les *mêmes* cellules, les *mêmes* globules blancs ; mais il faut convenir aussi que les modifications intervenues sont de telle nature qu'elles peuvent n'affecter en rien l'apparence de l'identité. »

3. *Théorie de la crise génitale.* — Ch. Pérez admet que « la métamorphose consiste en une superposition d'histolyse et d'histogenèse ; ainsi envisagée, elle se présente comme un cas particulier de la lutte pour la vie entre les différentes cellules de l'organisme, à un moment où des conditions spéciales rompent la coordination qui résolvait en une harmonie l'antagonisme de leurs activités individuelles ».

La brusque prolifération d'une certaine catégorie de cellules, restées longtemps à l'état de vie ralentie, indifférenciées en quelque sorte, au milieu d'éléments spécialisés, serait la cause initiale dans la rupture de cette coordination. Chez les Insectes, la multiplication rapide des éléments des disques imaginaux rejetterait dans le milieu interne des substances capables d'intervenir dans les conditions de la lutte entre les divers éléments histologiques « stimulines pour les uns, toxines pour les autres, capables de modifier les chimiotactismes et de permettre aux leucocytes de détruire ce qui constituait un organisme nourricier, pendant que s'édifie un organisme surtout reproducteur ». C'est la prolifération des cellules reproductrices qui déterminerait celle des disques imaginaux. Nous avons déjà signalé (p. 415) les principales objections faites à la théorie de Pérez ; nous en ajouterons une autre qui nous paraît importante. Chez un grand nombre de Lépidoptères, entre autres *Bombyx mori*, *Hyponomeuta*, etc., le travail de la spermatogenèse est déjà achevé à la fin de la vie larvaire avant qu'il y ait trace d'histolyse ; on ne peut donc invoquer la prolifération des cellules sexuelles comme cause déterminante du processus histolytique, à moins d'admettre, ce qui semble peu vraisemblable, que cette prolifération ne produise son effet que longtemps après qu'elle a cessé.

4. *Théorie de la dégénérescence.* — Tous les auteurs, à l'exception de Pérez, qui ont repris récemment l'étude de l'histolyse chez les Insectes, Korotneff, de Bruyne, Rengel, Karawaiew, Terre, Anglas, Berlese, Kellogg, Vaney, aussi bien que ceux qui ont suivi la métamorphose des Batraciens, S. Mayer, Loos, Barfurth, Bataillon, Schæffer, etc., pensent que le début du processus histolytique est toujours marqué par une altération physico-chimique et partant physiologique des tissus. Les phagocytes, lorsqu'ils interviennent — leur intervention ne s'observe que chez un petit nombre d'Insectes — s'attaquent à des tissus déjà altérés, en voie de régression plus ou moins avancée.

Les premiers signes de l'altération des tissus, muscles, cellules épithéliales, cellules glandulaires, etc., sont un changement de colorabilité de la substance contractile et du protoplasma qui prend un aspect plus homogène, réfringent, et souvent se creuse de vacuoles. En même temps les noyaux présentent des phénomènes de chromatolyse ou de pycnose, la chromatine se condensant en masses compactes ou se désagrégeant en petits fragments ; souvent aussi les noyaux se fragmentent irrégulièrement.

Chez beaucoup d'Insectes, Coléoptères, Névroptères, Hyménoptères et partie des Diptères, les tissus larvaires altérés disparaissent par résorption, en subissant une dissolution dans le liquide cavitaire.

Suivant Anglas, le liquide cavitaire tirerait les ferments capables d'effectuer cette transformation des éléments larvaires restés vivants et principalement des leucocytes. Ceux-ci concourraient, en s'agglomérant autour d'un organe en histolyse ou en pénétrant dans son intérieur, à transformer le liquide ambiant en un dissolvant vis-à-vis des tissus mortifiés. Cette sorte de digestion extracellulaire constitue la *lyocytose* que l'auteur oppose à la phagocytose, caractérisée par la digestion intracellulaire de fragments tissulaires englobés.

L'hypothèse d'Anglas est ingénieuse, mais elle est difficile à vérifier, car il est impossible actuellement de mettre en évidence, au milieu des tissus des Insectes, les ferments sécrétés par les leucocytes.

Si la phagocytose, telle que la conçoivent Kowalevsky et Metchnikoff, ne peut être considérée comme la cause première de la destruction des tissus pendant l'histolyse, et si les phagocytes interviennent plus rarement qu'on ne le pensait pour faire disparaître les tissus déjà altérés, Berlese me paraît avoir été beaucoup trop loin en refusant aux leucocytes la faculté de digérer les fragments tissulaires qu'ils ont englobés. Suivant lui, les leucocytes n'ingéreraient que des matières déjà transformées, peptonisées par le liquide cavitaire du corps; ils transporteraient seulement ces matières au milieu des tissus pour les nourrir et, là, ils se chargeraient de produits uriques ou d'excrétion provenant de la nutrition de ces tissus.

Berlese prétend, en effet, que les sarcolytes ne subissent aucune modification après leur pénétration dans les leucocytes; si, dit-il, on provoque la plasmolyse des sphères de granules en ajoutant de l'eau au liquide cavitaire d'une nymphe, on voit les sarcolytes inclus reprendre les contours irréguliers qu'ils avaient avant d'être englobés, et leur striation primitive reparaître. Il se peut qu'il en soit ainsi lorsque les sarcolytes n'ont séjourné encore que peu de temps dans les sphères de granules, mais à la longue ces éléments subissent une diminution de volume et un changement de colorabilité vis-à-vis d'un même réactif colorant, ce qui indique une transformation chimique de leur substance. Lorsqu'on examine, en effet, une coupe de nymphe de Mouche, au moment de l'histolyse musculaire, on constate que les sphères de granules, situées dans le voisinage des faisceaux musculaires fragmentés, renferment de gros sarcolytes se colorant par l'hémalun, la fuchsine acide et l'orange en rouge violacé; les sphères de granules situées au milieu du corps adipeux, ou dans les régions où les muscles ont disparu, contiennent des sarcolytes beaucoup plus petits et ne se colorant plus qu'en rouge orange; à un stade plus avancé, on ne trouve plus dans les sphères de granules que de petites inclusions, de forme arrondie, restes des sarcolytes primitivement absorbés.

J'admets donc, avec la grande majorité des auteurs, que les leucocytes jouent le rôle de phagocytes pendant la nymphose, chez les Muscides (peut-être aussi chez quelques autres Insectes, bien que certains faits ne me paraissent pas encore suffisamment démontrés), mais qu'ils ne s'attaquent qu'à des tissus déjà dégénérés. Ils ne font qu'activer la disparition de ces tissus qui peuvent se résorber sans l'intervention des phagocytes. Je pense, avec Korotneff, Karawaiew et Giard (1900), contrairement à Pérez, que la phagocytose apparaît nettement dans la métamorphose comme un processus cœnogénétique, de même que la métamorphose est elle-même une modification cœnogénétique de l'ontogénie.

La phagocytose n'est pas un processus général de destruction des organes internes disparaissant pendant la métamorphose, elle n'est qu'un processus spécial qui ne s'observe que dans les cas d'histolyse intense et rapide (1).

Qu'il y ait ou non intervention des leucocytes dans l'histolyse, les tissus larvaires destinés à disparaître présentent une altération qui porte d'abord en général sur les produits de différenciation cellulaire, puis sur le cytoplasma et principalement sur le noyau de leurs éléments constituants. Dans les muscles, par exemple, la striation des fibrilles devient moins nette; celles-ci se résorbent dans le sarcoplasma, ou bien leurs faisceaux se fragmentent pour donner des sarcolytes; puis, le sarcoplasma devient granuleux, se condense, tandis que les noyaux perdent leur forme plus ou moins arrondie, que leur chromatine se ramasse en masses irrégulières qui seront mises plus tard en liberté dans le sarcoplasma. Dans d'autres organes, tels que les glandes salivaires, la dégénérescence se traduit par l'apparition de vacuoles dans la cellule, dont le cytoplasma présente une plus grande affinité pour les couleurs basiques qu'à l'état normal; le noyau subit la chromatolyse.

Souvent, c'est le noyau qui est le siège des premiers signes de dégénérescence avant que le cytoplasma présente des signes d'altération. Ces modifications ne peuvent s'observer que sur des tissus bien fixés et convenablement colorés. Or, comme une bonne fixation des nymphes est généralement difficile à obtenir, on comprend que les modifications intimes des noyaux et du cytoplasma aient passé inaperçues pour beau-

---

(1) Pérez invoque contre cette manière de voir une observation de Kellogg (1901) qui, étudiant comparativement la métamorphose de deux Diptères, *Holorusia rubiginosa* et *Blepharocera capitata*, a constaté qu'il n'y a pas de phagocytose chez la première espèce dont la nymphose ne dure que 12 jours, tandis que la phagocytose est très intense chez la seconde, dont la nymphose dure 18 jours. Cette différence de processus ne tient pas ici à la rapidité de la nymphose, mais bien, comme le fait remarquer Pérez lui-même, à ce que, dans le premier cas, le passage de la larve à l'imago se fait surtout par additions de parties nouvelles (muscles de la tête et des appendices) et non par destruction de parties préexistantes; dans le second cas, l'adaptation aberrante de la larve à une vie aquatique très spéciale entraîne, pendant la nymphose, un remaniement très profond des organes. L'observation de Kellogg me paraît donc, au contraire, corroborer mon opinion.

coup d'observateurs, qui n'ont constaté que les derniers stades de l'altération des tissus.

Si les tissus qui subissent l'histolyse ne sont attaqués par les phagocytes que lorsqu'ils sont déjà dégénérés, ou ne disparaissent par résorption qu'après avoir perdu leur vitalité, quelle est la cause de l'altération primitive de ces tissus ?

5. *Théorie de l'asphyxie.* — Bataillon, à la suite de ses recherches sur la métamorphose des Batraciens anoures (1891) et de celles sur la nymphose chez le Ver à soie (1893), a admis que la métamorphose est un ensemble de phénomènes asphyxiques; pour lui, l'asphyxie serait la cause immédiate de la dégénérescence des tissus.

Nous avons déjà indiqué (p. 533) les résultats des observations de Bataillon sur les changements qui s'opèrent dans l'activité respiratoire et dans la circulation pendant la nymphose du Ver à soie : l'activité respiratoire de la larve atteint son maximum la veille du filage du cocon, puis la quantité d'acide carbonique excrétée diminue notablement chez la chrysalide, tandis que la consommation d'oxygène reste sensiblement la même. Il y a donc accumulation d'acide carbonique dans le milieu intérieur. Terre (1898) a constaté le même fait chez d'autres Insectes, entre autres *Lina tremulæ*.

En même temps, d'après les mêmes auteurs, la transpiration cutanée, très active chez la larve, se ralentit chez la nymphe; la pression interne diminue également; il y a, pendant les premiers jours de la nymphose, accumulation considérable de glycogène, puis production de plus en plus notable de glucose. Enfin on observe les troubles du rythme de la circulation énumérés p. 533.

Les faits mis en lumière par Bataillon et Terre prouvent qu'il y a des troubles de la nutrition, ou plutôt une modification dans le processus normal de la nutrition, pendant la nymphose, ce qui était à prévoir puisque, d'une part, il y a altération et disparition de certains tissus, tandis que, d'autre part, des cellules qui étaient restées jusque-là pour ainsi dire à l'état de vie latente, entrent en activité; mais ces faits ne démontrent pas que l'asphyxie soit la cause de l'histolyse.

Parmi les objections plus ou moins bien fondées qui ont été faites à la théorie de Bataillon, la suivante, formulée par Metchnikoff (*Année biologique*, 1897) et par Pérez, me paraît la plus sérieuse. S'il y a accumulation d'acide carbonique dans le sang de l'Insecte pendant la nymphose, la teneur en gaz carbonique doit s'égaliser uniformément en tous les points de la cavité générale. « S'il y avait un mauvais état causé dans les cellules par des conditions asphyxiques, le mauvais état devrait être généralisé, comme ces conditions elles-mêmes. Or, si certains tissus (tube digestif, tubes de Malpighi, glandes salivaires) disparaissent brusquement, histolysés simultanément dans toutes leurs régions, on en voit au contraire subir, comme les muscles, les uns après les autres, une histolyse complète ou une transformation progressive. Le processus se répète, le même pour tous les muscles, mais il affecte chacun d'eux successivement, comme si, successivement pour chacun d'eux, se produisait à un moment donné la cause individuelle de sa métamorphose. Enfin il y a des éléments de même catégorie qui, tout proches d'éléments résorbés, persistent au contraire jusqu'à l'organisme définitif. La disposition topographique des éléments, leur rapport de situation avec la forme de l'organisme nouveau qui se constitue, paraissent intervenir d'une manière prépondérante dans la nature et l'époque des phénomènes dont ils sont le siège. »

Cette objection est la même que celle que nous avons déjà adressée à la théorie de la phagocytose, considérée comme cause d'histolyse. Elle peut être aussi faite à la manière de voir formulée récemment par J. Dewitz (1902) qui prétend que les phénomènes de la métamorphose sont dus, chez les Insectes, à l'action de diastases oxydantes. Qu'il y ait des oxydases dans le sang des Insectes, comme cela paraît avoir été démontré, en effet, récemment, et que ces oxydases interviennent dans l'histolyse, c'est possible ; mais pourquoi agissent-elles sur certains tissus en respectant les autres ?

Giard (1900) fait observer qu'on ne peut objecter que l'asphyxie devrait être générale dans l'organisme d'un animal métabole et non limitée à certains organes ; car nombreux, dit-il, sont les faits qui démontrent que le besoin d'oxygène varie avec les tissus et le degré d'évolution des cellules. On ne peut nier cependant que, s'il y a accumulation d'acide carbonique dans le milieu intérieur, la composition de ce milieu ne soit la même dans toute l'étendue de la cavité générale. Si donc le manque d'oxygène détermine la dégénérescence de certains faisceaux musculaires, alors que les faisceaux voisins ne seront altérés que plus tard ou ne le seront pas du tout, c'est qu'il existe déjà entre eux une différence qui fait qu'ils ne se trouvent pas exactement dans les mêmes conditions physiologiques. Les uns ont besoin de plus d'oxygène que les autres pour conserver leur intégrité physiologique et histologique ; l'asphyxie peut donc être la cause déterminante de leur dégénérescence, mais elle n'en est pas la cause première.

Aucune des causes invoquées jusqu'ici pour expliquer le phénomène de l'histolyse ne nous paraissant acceptable, nous en sommes amené à admettre, avec Anglas, que les tissus et les organes qui subissent l'histolyse sont ceux qui ont cessé de fonctionner, qui sont réduits à l'inaction, qui ne peuvent plus servir à l'animal dont le mode d'existence change plus ou moins brusquement. Le défaut de fonctionnement met les organes dans des conditions de nutrition défavorables et crée pour eux une infériorité physiologique vis-à-vis des autres tissus, infériorité qui fait qu'ils subissent les actions nocives du milieu interne, accumulation d'acide carbonique, oxydases, etc., qui n'exercent pas d'influence sur les organes qui continuent à fonctionner. On est alors conduit à se demander pourquoi la larve change de mode d'existence, c'est-à-dire à se poser le problème de l'origine des métamorphoses. Nous verrons plus loin les solutions qui ont été proposées pour résoudre cette question, qui, disons-le de suite, est loin d'être élucidée.

HISTOGENÈSE

Les processus de l'histogenèse sont mieux connus et moins discutés que ceux de l'histolyse.

On sait aujourd'hui que la plupart des tissus de nouvelle formation de l'imago proviennent de la multiplication et de la différenciation des cellules des disques imaginaux ou histoblastes. Ces cellules, qui présentent les caractères des cellules embryonnaires, paraissent être des éléments dont l'évolution s'est arrêtée de bonne heure, qui cessent de se multiplier et de s'accroître, puis tombent dans une sorte de vie latente, pour entrer de nouveau en activité au moment de la nymphose. A ce point de vue, elles pourraient être comparées aux cellules génitales qui, apparues chez certains animaux dès le début du développement embryonnaire, ne commencent à évoluer que tardivement lors de la maturation sexuelle (1).

Les histoblastes, chez un grand nombre d'Insectes, apparaissent déjà chez l'embryon et existent par conséquent dans la larve au moment de l'éclosion. Certains d'entre eux, tels que les histoblastes hypodermiques de l'abdomen, ne se forment que tardivement; ils proviennent alors de la multiplication rapide de quelques cellules hypodermiques qui reprennent le caractère embryonnaire. Au moment de la nymphose, les cellules des histoblastes se multiplient activement par mitose, tandis que les cellules larvaires se résorbent par dégénérescence.

La formation des histoblastes n'est pas limitée à l'hypoderme, comme

(1) On comprend que cette ressemblance, au point de vue de l'évolution, ait amené certains biologistes à considérer l'imago comme une sorte de nouvel individu se substituant à la larve. Semblable opinion est insoutenable, attendu qu'il y a continuité morphologique et physiologique entre la larve et l'imago.

le pensaient les premiers observateurs qui ont étudié les phénomènes intimes de la métamorphose; il s'en forme aussi pour les différentes régions du tube digestif, pour les trachées et les muscles. Tantôt ce sont des amas de petites cellules, tantôt des cellules isolées, ou cellules de remplacement, situées entre les cellules larvaires (intestin moyen).

Les histoblastes qui donneront les appendices de l'adulte sont constitués par deux sortes de cellules : des cellules hypodermiques et des cellules mésodermiques. Il est peu probable que ces dernières dérivent des premières, comme le veulent Ganin et Vaney; les cellules mésodermiques ont une origine embryonnaire; elles donneront naissance, chez l'imago, à des muscles et à du tissu conjonctif, par conséquent à des tissus dérivant du feuillet moyen comme les tissus correspondants de la larve. Les cellules de remplacement de l'intestin moyen doivent être considérées comme des cellules de l'épithélium intestinal larvaire, qui conservent aussi le caractère embryonnaire, de même que les cellules des histoblastes hypodermiques. L'épithélium intestinal de l'adulte provenant de la multiplication de ces cellules de remplacement, il en résulte que cet épithélium est d'origine ectodermique comme celui de la larve (voir, pour le développement de l'intestin moyen, page 374 et suivantes).

Lorsque les histoblastes se forment dès la période embryonnaire, ce qui est le cas le plus fréquent, ils continuent généralement à s'accroître pendant la vie larvaire, de telle sorte que, après chaque mue, ils se trouvent dans un état de développement plus avancé. Cela est très net, par exemple, pour la formation des appendices (pattes, ailes, etc.). Il n'est donc pas tout à fait exact de dire, comme nous l'avons fait plus haut, que les cellules des histoblastes tombent dans une sorte d'état de vie latente; leur évolution est seulement ralentie et elles ne récupèrent leur activité embryonnaire qu'au moment de la nymphose.

Les histoblastes représentant les organes de l'adulte, on peut dire que ceux-ci existent déjà dans l'embryon des Insectes métaboliques, à l'état rudimentaire, comme dans les embryons des Insectes paurométaboliques. Mais, tandis que chez ces derniers, les rudiments d'organes continuent à évoluer graduellement pour arriver à leur forme définitive, chez les Insectes à métamorphose complète, certains rudiments d'organes s'arrêtent en totalité ou seulement en partie dans leur développement. Les parties de rudiments d'organes qui continuent à évoluer s'accroissent beaucoup plus rapidement qu'à l'état normal, c'est-à-dire que chez les Insectes sans métamorphose, et arrivent à constituer des organes larvaires, adaptés à la vie spéciale que mènera l'embryon après sa sortie de l'œuf. Ces organes transitoires sont alors constitués par des éléments cellulaires moins nombreux et de plus grande taille que ceux qui constitueront les organes de l'imago; ils renferment, mélangés à leurs éléments, ou groupés par amas, pour ainsi dire à l'état d'inclusion, les éléments embryonnaires arrêtés dans leur évolution, les histoblastes, rudiments des organes de l'adulte.

L'apparition précoce des rudiments des organes de l'adulte, chez l'embryon ou chez la jeune larve, caractérise la métamorphose des Insectes et la différencie de celle de beaucoup d'autres Invertébrés, des Échinodermes et des Némertiens par exemple, chez lesquels les ébauches des organes de l'adulte ne se montrent dans la larve que lorsque celle-ci a déjà mené une vie libre de durée plus ou moins longue.

Un autre fait important à retenir dans la métamorphose des Insectes, mais qui s'observe aussi dans celle de la plupart des autres animaux, c'est que les phénomènes d'histolyse et d'histogenèse sont concomitants. Les anciens observateurs, Aristote et Harvey (voir p. 6), pensaient que la larve perdait toute trace d'organisation et revenait pour ainsi dire à l'état d'œuf dans la nymphe. Weismann et Viallanes admettaient aussi que les tissus larvaires subissaient une dégénérescence complète, puis qu'aux dépens des éléments dégénérés se formaient des éléments embryonnaires nouveaux, destinés à constituer les organes de l'adulte. Les recherches plus récentes, analysées dans le chapitre précédent, ont montré que cette manière de voir était erronée. Lorsque commencent, au début de la nymphose, les processus histolytiques des organes larvaires destinés à disparaître ou à se transformer, l'activité des histoblastes entre en jeu et l'on voit s'édifier petit à petit les organes de l'adulte, en même temps que ceux de la larve dégénèrent et s'atrophient. Il y a donc en général transformation graduelle des organes larvaires en organes de l'imago, et il n'y a de nouvelles formations ou plutôt d'évolution histogénétique simple des histoblastes, que pour les organes propres à l'adulte.

Histogenèse chez les Muscides. — Nous n'avons considéré jusqu'ici que les phénomènes d'histogenèse tels qu'on les observe dans la majorité des Insectes holométaboliques; il convient cependant d'examiner séparément le cas des Muscides. D'après Berlese (voir p. 584 et 583), l'histogenèse du tissu musculaire imaginal se ferait, en effet, chez ces animaux, par un processus tout à fait spécial : les noyaux musculaires larvaires, après avoir subi une dégénérescence chromatolytique complète donneraient naissance, après fragmentation, à des éléments cellulaires ou *sarcocytes*, qui se transformeraient ensuite en *myocytes*, pour former en se groupant les faisceaux musculaires imaginaux. Si les observations de Berlese étaient exactes, on aurait affaire ici à une véritable formation libre de cellules aux dépens d'un blastème, telle que la concevaient SCHLEIDEN, SCHWANN et ROBIN. Or, les recherches cytologiques faites depuis près de trente ans ont montré que ce mode de genèse des cellules n'existe pas, et que tout élément cellulaire provient, soit par division directe ou indirecte, soit par bourgeonnement, d'une cellule préexistante. Tout au plus pourrait-on comparer le processus décrit par BERLESE à la formation des spores chez les organismes inférieurs; mais, dans ce mode de genèse de cellules, on ne voit pas le noyau de la cellule-mère dégénérer avant de se fragmenter, encore moins voit-on un fragment de noyau s'entourer d'une membrane et produire du protoplasma, entre lui et cette membrane, comme le prétend l'auteur italien pour les noyaux larvaires libres. Enfin, suivant BERLESE (v. p. 600), les sarcocytes non employés à la formation des muscles imaginaux donneraient naissance au tissu graisseux imaginal; il y aurait donc non seulement rénovation des noyaux musculaires larvaires qui, après dégénérescence, produiraient des éléments ayant tous les caractères des cellules embryonnaires, mais encore ces nouveaux éléments pourraient se différencier ultérieurement en deux sortes de tissus bien distincts, en fibres musculaires ou en cellules graisseuses.

Ainsi que je l'ai dit plus haut (p. 585), j'ai pu observer, chez les nymphes de Mouches, les noyaux musculaires larvaires dans les sphères de granules, suivre leur dégénérescence, leur fragmentation et la formation de petits corps chromatiques qu'on trouve ensuite à l'état libre dans la cavité générale du corps, au milieu des leucocytes et des jeunes myocytes; mais je n'ai pu constater la transformation de ces fragments de noyaux dégénérés en cellules. Je suis porté à croire que ces fragments finissent par être résorbés soit directement dans le liquide cavitaire, soit dans l'intérieur des leucocytes. Il s'agirait donc d'un processus chromatolytique, tel que FLEMMING l'a décrit pour la première fois dans l'épithélium des follicules ovariens des Mammifères. Quant à l'origine des myocytes, elle me paraît être dans les éléments mésodermiques embryonnaires qui entrent dans la constitution des disques imaginaux, et qui se multiplient activement par karyokinèse, au moment de la nymphose. A ces myocytes s'en joindraient d'autres, provenant de certains noyaux musculaires larvaires qui n'ont pas dégénéré, mais se sont divisés en fragments par amitose, comme chez les Hyménoptères, dans le sarcoplasma. L'histogenèse des muscles imaginaux des Muscides rentrerait donc, d'après ma manière de voir, dans le schéma général de l'histogenèse chez les autres Insectes, tandis que, si les observations de BERLESE étaient confirmées, on se trouverait en présence d'un processus histogénétique tout à fait nouveau et renversant toutes nos connaissances en cytologie.

Origine des métamorphoses.

Nous avons déjà dit (p. 25 et 439) que l'on doit considérer la plupart des Insectes à métamorphoses incomplètes comme plus anciens que les Insectes holométaboliques, et que les formes larvaires éruciformes et vermiformes ne sont que des formes acquises, dues à une adaptation spéciale au milieu. Il en serait de même de la métamorphose qui, d'après FRITZ MÜLLER, serait un processus secondairement acquis; mais les biologistes ne sont pas d'accord sur la cause de cette acquisition, ni sur la manière dont elle s'est faite; ils ont émis à ce sujet des hypothèses diverses plus ou moins ingénieuses, mais insuffisantes pour expliquer ce phénomène si intéressant.

LUBBOCK (1873) résume ainsi sa manière de voir sur l'origine des métamorphoses :

1° Les métamorphoses proviennent de ce que certains animaux ne sortent pas de l'œuf dans un état de complet développement;

2° La forme de la larve de l'Insecte dépend beaucoup des conditions dans lesquelles elle vit. Les forces extérieures qui agissent sur elle diffèrent de celles qui s'exercent sur la forme adulte. De la sorte, les changements que subit le jeune sont déterminés par ses besoins immédiats plutôt que par sa forme finale;

3° Les métamorphoses peuvent donc se diviser en deux classes : celles de développement et celles d'adaptation ;

4° La soudaineté apparente des changements que subissent les Insectes provient en grande partie de la dureté de leur peau. Cette dureté s'oppose à une altération graduelle de la forme ; mais elle est nécessaire, car c'est grâce à elle que les muscles trouvent un support suffisant;

5° L'immobilité de la nymphe ou chrysalide résulte de la rapidité des transformations qui s'y effectuent.

Ces conclusions ne sont que des constatations de faits, et la première, à savoir que la métamorphose résulterait de l'état incomplet de développement de l'animal au sortir de l'œuf, n'est pas exacte, car beaucoup d'animaux qui naissent à l'état de larve subissent des transformations et non des métamorphoses (voir p. 415).

Suivant MIALL (1895), la métamorphose des Insectes doit être rapprochée de celle des Amphibiens anoures parce qu'elle a lieu, comme chez ces derniers, à la fin de la période de croissance. Elle est amenée par l'apparition des ailes, nécessaire à la dissémination de l'espèce. C'est grâce à la transformation de l'adulte que les Insectes et les Anoures sont capables d'émigrer de leur lieu de naissance, de chercher des conjoints dans d'autres familles et de pondre leurs œufs dans des emplacements nouveaux. Ainsi que le fait justement remarquer Ch. Pérez, la métamorphose des Anoures est loin de se placer à la fin de la croissance, et il est difficile d'admettre que la nécessité de dissémination, qui peut se faire par des moyens très divers, ait provoqué le développement des ailes et entraîné la métamorphose. Miall reconnaît du reste que le développement des ailes ne peut être la seule cause de la métamorphose, puisqu'il y a des Insectes ailés sans métamorphose, et que certains Aptères peuvent se métamorphoser; il avoue enfin qu'il est, en somme, difficile de saisir la cause des métamorphoses.

Boas (1897) (1) constate que, tandis que chez les Insectes à métamorphose graduelle les différences morphologiques entre la larve et l'imago vont en s'atténuant progressivement pendant la vie larvaire, chez les Insectes holométaboliques, il y a opposition tranchée entre la forme de l'adulte et celle de la larve dont la croissance ne s'accompagne, à aucun moment, d'une évolution morphologique pouvant être considérée comme une approximation vers l'imago. C'est cette opposition totale qui a nécessité entre les existences larvaire et imaginale un stade de repos, où l'organisme, sans préoccupation de recherche de nourriture ou autre, puisse à loisir traverser la période des modifications considérables qui doivent avoir lieu. « Étant donnée cette refonte de l'organisme pendant le repos nymphal, les larves et les imagos des Insectes métaboliques ont pu, dans l'évolution phylétique des espèces, prendre des voies séparées et arriver chacun pour son compte à des séries de formes indépendantes. » Les formes larvaires des Insectes holométaboliques présentent, par rapport à leur point de départ ancestral (larves des Hémimétaboliques), un état régressif du type Insecte, caractérisé en particulier par l'atrophie des appendices et la minceur des téguments. La cause de la différence profonde entre la larve et l'imago serait la présence des ailes chez ce dernier. Les ailes étant, à leur état fonctionnel définitif, des appendices dépourvus de vitalité, ne peuvent apparaître sous cette forme qu'après la dernière mue. « Si un Insecte avec ses ailes muait, il n'aurait plus d'ailes après la mue. Il est, par suite, impossible que l'Insecte développe ses ailes avant la dernière mue, et la métamorphose est ainsi de toute nécessité repoussée jusqu'après la fin de la croissance. »

Il convient de remarquer que Boas, de même que Miall, ne fait que

(1) Cité d'après Pérez (1902).

noter la différence entre les Insectes holométaboliques et les Insectes hémimétaboliques et rattacher la métamorphose tardive, ayant lieu après la croissance larvaire, à la présence des ailes, mais ne donne pas la cause de cette différence, puisque l'existence des ailes n'entraîne pas naturellement celle de la métamorphose complète.

PACKARD (1898), après avoir rappelé que les Insectes aptères (Thysanoures et Collemboles) sont amétaboliques, et que seuls les Ptérygotes présentent des métamorphoses, admet, avec FRITZ MÜLLER, que la métamorphose complète est un processus acquis secondairement par les Insectes. Dès que les ailes ont apparu et que les Insectes se sont adaptés à vivre dans un nouveau milieu, l'air, un commencement de métamorphose s'est manifesté à l'approche de l'état adulte, au moment de la maturité des organes reproducteurs (1).

Au début, les nymphes différaient surtout des adultes par l'absence des ailes, mais avaient les mêmes habitats; chez les Insectes holométaboliques, les larves se sont de plus en plus adaptées à des habitats tout à fait différents et sont devenues très différentes de l'imago. Les Insectes amétaboliques et hétérométaboliques existaient seuls jusqu'à la période mésozoïque et n'étaient représentés que par un petit nombre de genres et d'espèces. Durant la période mésozoïque et depuis lors, le nombre des espèces, des genres, des familles et des ordres a considérablement augmenté, et les Insectes sont devenus de plus en plus métaboliques. Cette augmentation rapide du nombre et de la variété des types d'Insectes est en relation évidente avec les changements géologiques qui ont marqué la fin de la période palæozoïque, formation de grandes masses continentales ouvrant de nouvelles régions à la dissémination. De même l'apparition des plantes à fleurs a dû provoquer la genèse de nouvelles structures adaptatives, telles que la transformation des pièces buccales et des ailes.

Les processus de la métamorphose, tout au moins dans les régions subtropicales, tempérées et polaires, dépendent en grande partie du changement de saison, de l'été en hiver, et sous les tropiques du passage de la saison pluvieuse à la saison sèche...

Si la sélection naturelle n'est pas la cause initiale de la métamorphose, elle en est un des principaux facteurs; les causes fondamentales sont les mêmes que celles qui interviennent pour l'origine des espèces

(1) PACKARD semble admettre que les Ptérygotes proviennent d'Insectes aquatiques, ce qui n'est pas démontré et paraît peu probable, les Orthoptères terrestres étant plus anciens que les Amphibiotiques.

et des grands groupes d'animaux en général. Par suite de la lutte pour l'existence, due à la victoire, les premiers Insectes ont été forcés de se réfugier dans l'air en acquérant des ailes, ce qui leur a permis d'échapper aux attaques des Insectes rampants et courants. Finalement, par suite de l'acquisition des ailes et l'établissement d'une métamorphose compliquée, les Insectes sont devenus, au point de vue du nombre, le type d'animal le plus favorisé pour l'existence, le nombre des espèces, disparues et actuelles, étant d'environ un million.

Tous les Insectes aquatiques sont évidemment des descendants de formes terrestres et les nombreuses dispositions en organes larvaires temporaires, particulièrement des larves de Diptères, sont des adaptations nécessaires des Insectes durant leur vie aquatique, et qui ont été rejetées lors du passage de l'animal dans un autre milieu. L'apparition soudaine ou tachygénique de structures temporaires, telles que les épines servant à l'éclosion, les différentes soies, épines, organes respiratoires si caractéristiques des larves de Diptères, les couleurs et dessins protecteurs des chenilles, et qui sont rejetées au moment de la nymphose ou de la transformation en imago, est évidemment due à l'action de *stimuli* extérieurs, les facteurs primaires néolamarckiens; les caractères propres à chaque stade larvaire, ainsi qu'aux stades de nymphe et d'imago, caractères acquis probablement pendant la période d'existence de l'individu, se sont finalement fixés par hérédité homochrone.

Lameere (1899) reconnaît que actuellement, l'interprétation définitive des origines d'un phénomène biologique, entre autres de l'origine des métamorphoses des Insectes, ne peut être donnée, « mais, quelle que soit la solution, réservée à l'avenir, de la manière dont se sont modifiés les êtres vivants, il reste un fait accepté par toutes les écoles transformistes, c'est que la raison d'être d'un caractère est due à l'*utilité* que ce caractère a présenté pour l'organisme *dans des conditions d'existence déterminées.* »

Lameere oppose l'*anamorphose* ou développement direct, dans lequel la naissance et la différenciation vont droit au but, à la *métamorphose*, qui n'est qu'un écart momentané de l'anamorphose. La métamorphose se présente lorsqu'un animal embryonnaire ou adolescent acquiert des organes provisoires par adaptation temporaire à un milieu qui n'est pas celui de l'adulte ni celui de ses ancêtres. La métamorphose n'est donc jamais un rappel phylogénétique.

Les Insectes à véritable métamorphose, ou holométaboliques, ont une origine monophylétique; ils sont tous dérivés des Névroptères. On peut les considérer comme ayant des ancêtres adaptés primitivement dans le jeune âge à un parasitisme interne. C'est donc à tort qu'on admet souvent la métamorphose complète comme étant la manifestation d'une dilatation embryogénique. En réalité, les caractères de la Chenille et de la larve de la Mouche sont des caractères d'adaptation et non des caractères embryonnaires. L'auteur se fonde pour admettre le parasitisme primitif des larves Holométaboliques sur la brièveté de leurs appendices et l'existence d'yeux latéraux conformés pour la vision à courte distance. Le milieu originel de la larve des Holométaboliques devait être tel qu'il y avait utilité pour celle-ci à avoir de très courts appendices et des yeux à vue également très courte. Ce milieu ne pouvait être un milieu découvert, ni aquatique, ni souterrain, car dans ces milieux on voit les appendices larvaires avoir une tendance à s'allonger; il ne reste donc qu'une seule hypothèse, à savoir que l'holométabolisme est dû à la pénétration de l'Insecte dans l'intérieur des tissus végétaux. La larve primitive adaptée ainsi au parasitisme interne des plantes a dû être du type vermiforme ou du type éruciforme; les autres types de larve se sont différenciés secondairement, en même temps que se produisaient des variations dans le genre de vie de ces animaux. Lorsqu'un Insecte métabolique présente une larve campodéiforme, il ne faut pas y voir un rappel ancestral, mais une seconde forme cœnogénétique, qu'une similitude d'adaptation aurait fait ressembler à l'imago, comme la Baleine ressemble aux Poissons.

Ce qui caractérise l'holométabolisme des Insectes, c'est que la larve différenciée en vue de l'adaptation au milieu, subsiste telle quelle et se trouve dans les conditions les plus favorables à la croissance de l'individu. « Cette croissance terminée, le stade de repos nymphal s'impose; l'animal n'ayant pas accompli de différenciation et étant loin d'offrir les caractères de l'adulte, est fortement en retard au point de vue de sa morphologie définitive. Il rattrape le temps perdu en évoluant rapidement aux dépens de la nourriture qu'il a accumulée; toute manifestation éthologique pendant cette période lui serait inutile, lui serait même nuisible, puisqu'il offrirait des structures inadaptatives entre celle de la larve et celle de l'imago; la nymphe reste par conséquent inactive. »

L'hypothèse de Lameere, à savoir que l'holométabolisme est dû à l'adaptation à la vie parasitaire, est certainement ingénieuse, mais elle me semble passible d'une sérieuse objection. On sait que le parasitisme amène chez les autres animaux une dégradation progressive qui se manifeste surtout sur l'adulte, la larve conservant au contraire les caractères ancestraux; chez les Insectes, un phénomène absolument inverse se serait passé, puisque c'est chez les types les plus élevés en organisation à l'état adulte, que la larve offre les caractères de régression les plus marqués. LAMEERE répondra sans doute qu'il ne s'agit, pour les Insectes, que d'une régression passagère due à une adaptation temporaire de l'individu à la vie parasitaire; mais comment se fait-il que les Insectes soient à peu près les seuls animaux chez lesquels cette régression soit passagère et ne se soit pas fixée pour la forme adulte?

CH. PÉREZ (1902), dans son mémoire sur les métamorphoses des Fourmis, expose avec plus de détails sa théorie de la crise de maturité génitale. Il formule une série de vues générales qui, comme celles de MIALL et de BOAS, ne sont que des constatations de faits et peuvent être par conséquent acceptées. « La larve des Insectes métaboles, dit-il, est un organisme exclusivement adapté, par des modifications cœnogénétiques, aux fonctions de nutrition et de croissance individuelle; elle grandit en restant presque semblable à elle-même: et, en l'absence d'une dépense intensive, elle accumule en réserve dans ses tissus la majeure partie de ses aliments surabondants. L'imago est au contraire essentiellement un individu reproducteur; toutes ses fonctions sont subordonnées à la formation des produits sexuels, à l'accouplement, à la ponte, et pour ainsi dire vieilli au moment même où il se constitue; cet organisme meurt après l'accomplissement de ces fonctions prépondérantes. On peut donc penser que la métamorphose a été liée phylétiquement à la séparation dans l'ontogenèse de deux périodes, l'une de nutrition intensive, l'autre d'épuisement reproducteur. La nourriture abondante de la larve l'a spécialisée de plus en plus vers un développement sommaire transitoire, et on peut penser que le retard dans l'apparition de la sexualité, amenant le retard d'apparition de tous les caractères de l'adulte reproducteur, ait ainsi rendu possible la variété adaptative des formes larvaires..... Quant à l'immobilité nymphale, généralement considérée par les auteurs comme un perfectionnement utile, comme un repos nécessaire à l'organisme, pendant la période où il subit des transformations considérables, il faut y voir, à mon sens, une inhibition plus ou moins complète des fonctions de relation résultant des phénomènes histolytiques eux-mêmes. La pupe est plus ou moins immobile, non parce qu'un mouvement lui serait inutile ou préjudiciable, mais simplement parce que ses muscles se détruisent; elle est immobilisée dans la mesure même de cette destruction, c'est la cause actuelle de son immobilité; ce fut sans doute historiquement la cause qui amena le repos nymphal. »

Il est certain que chez les Insectes la période d'accroissement est nettement séparée de celle pendant laquelle l'animal est apte à se reproduire, c'est-à-dire de l'état adulte. Mais cette particularité n'est pas propre aux Insectes métaboliques; elle s'observe également chez ceux qui ne subissent pas de métamorphose et qui doivent être considérés comme les ancêtres des premiers. Il n'y a là, en somme, qu'une exagération d'un fait normal dans l'évolution de la plupart des animaux, et cette exagération paraît être plutôt une conséquence de la métamorphose qu'en être la cause.

Aucune des hypothèses émises jusqu'ici pour expliquer l'origine de la métamorphose ne me paraît résoudre ce problème dont la solution, comme celle de toutes les questions relatives à la phylogénie, ne pourrait être donnée que par une étude approfondie des documents fournis par la paléontologie. Ces documents manquant absolument pour les stades larvaires des Insectes, il est à craindre que nous ne soyons de longtemps fixés sur ce point si intéressant d'embryogénie générale. Nous pouvons nous consoler de notre impuissance à trancher certaines questions, en pensant qu'il nous reste encore beaucoup à chercher et à découvrir dans le vaste domaine de l'anatomie, de l'histologie, de l'embryologie et de la physiologie des Insectes.

INDEX BIBLIOGRAPHIQUE[1]

A

1890. ADELUNG (N. v.). — Beiträge zur Kenntnis des tibialen Gehörapparates der Locustiden. Inaug. Diss. Leipzig.

1877. ADLER (H.). — Legeapparat und Eierlegen der Gallwespen. *Deutsche Entom. Zeitschr.* Bd. XXI.

1877. — Beiträge zur Naturgeschichte der Cynipiden. *Deutsche Entom. Zeitschr.* Bd. XXI.

1877. — Auszug in : *Entom. Nachricht.* 3 Jhg.

1877. — Heterogeny in the Gallflies (Abstr.) in : *Popul. Sc. Review.* N. ser., vol. I.

1881. — Ueber den Generationswechsel der Eichen-Gallwespen. *Zeitschr. f. wiss. Zool.* Bd. XXXV, Hft 2.

1880. ADOLPH (G.-E.). — Ueber das Flügelgeäder des *Lasius umbratus* Nyl. *Verh. d. naturhist. Ver. d preuss. Rheinlande und Westfalens.* Bd. XXXVII.

1880. — Ueber Insektenflügel. *Nova Acta Leop. Carol. deutschen Acad. d. Naturf.* Bd. XLI.

1881. — Berichtung. *Zool. Anz.*

1880. — Ueber abnorme Zellenbildungen einiger Hymenopterenflügel. *Zool. Anz.* — *Nova Acta Leop. Carol. deutschen Acad. d. Naturf.*

1883. — Zur Morphologie der Hymenopterenflügel. *Nova Acta Leop. Carol. Acad. d. Naturf.* Bd. XLVI.

1884. — Die Dipterenflügel, ihr Schema und ihre Ableitung. *Nova Acta Leop. Carol. Acad. d. Naturf.* Bd. XLVII.

1882. — Vorläufige Mitteilung darüber in : *Zool. Anz.* 5 Jahrg.

1889. — Ueber die Änderung der Flügeldecken der Käfer. *Zool. Anz.*

1849. AGASSIS (Louis). — On the circulation of the fluids in Insects. *Proceed. Americ. Associat. for the Advanc. of Science.* 2 Meet.

1851. — Note sur la circulation des fluides chez les Insectes. *Annal. d. Scienc. nat. Zool.* Sér. 3, vol. XV.

1851. — The classification of Insects from embryological data. *Smithsonian Contr. II. Washington.*

1478. ALBERT LE GRAND. — De Animalibus, lib. XV. Roma.

1706. ALBRECHT (J.-P.). — De Insectorum ovis sine prævia maris cum fœmella conjunctione nihilominus nonnunquam fecundis. *Miscellanea curiosa s. Ephem. Acad. Cæs. Leop. nat. curios.* Déc., III, Années IX et X.

1638. ALDROVANDUS (U.). — De animalibus insectis libri septem cum singularum iconibus ad vivum expressis. *Denuo impress. : Bonon. apud Clementem Ferronium.* (1re éd. en 1602).

1881. AMANS (P.). — Recherches anatomiques et physiologiques sur la larve de l'*Æschna grandis.* *Revue d. Sc. natur. Montpellier.* 3e sér., t. I.

1883-84. — Essai sur le vol des Insectes. *Revue d. Sc. nat. Montpellier.* 3e sér., t. II et III.

1884. — Étude de l'organe du vol chez les Hyménoptères. *Revue d. Sc. nat. Montpellier.* T. III.

1885. — Comparaison des organes du vol dans la série animale. Des organes du vol chez les Insectes. *Annal. d. Sciences nat. Zool.* 6e sér. t. XIX, art. no 2.

1888. — Comparaison des organes de la locomotion aquatique. *Ann. d. Sc. nat. Zool.* 7e sér., t. VI.

1859. AMICI. — Sulla fibra muscolare. *Nuovo Cimento.* Vol. IX.

1789. AMOREUX (P.-J.). — Notice des Insectes de la France, réputés venimeux, etc. Paris.

1873. ANDREWS (W. v.). — Controling of sex of Butterflies. *Entomologist.* Vol. VI.

1898. ANGLAS (J.). — Sur l'histolyse et l'histogenèse du tube digestif des Hyménoptères pendant la métamorphose. *C. R. Soc. Biologie.* Déc.

1899. — Sur l'histolyse et l'histogenèse des muscles des Hyménoptères pendant la métamorphose. *C. R. Soc. Biologie,* 25 nov. et 2 déc. — *Bull. Soc. entomologique de France.*

1900. — Note préliminaire sur les métamorphoses internes de la Guêpe et de l'Abeille. La lyocytose. *C. R. Soc. Biol.* Janv.

1900. — Sur la signification des termes phagocytose et lyocytose. *C. R. Soc. Biol.* Mars.

1900. — Observations sur les métamorphoses internes de la Guêpe et de l'Abeille. *Thèse de Paris.* — *Bulletin Sc. France et Belgique.* T. XXXIV.

1. Cet index renferme les titres des travaux dont il est question dans l'ouvrage, et en outre ceux de plusieurs mémoires qui n'ont pas été cités.

1901. ANGLAS (J.).— Quelques remarques sur les métamorphoses internes des Hyménoptères. *Bull. Soc. entomologique de France*. N° 4.

1901. — Quelques caractères essentiels de l'histolyse pendant la métamorphose. *Bull. Soc. entomologique de France*. N° 17.

1902. — Nouvelles observations sur les métamorphoses internes. *Archiv. d'Anat. microsc.* T. IV.

1902. — Les phénomènes des métamorphoses internes. 1 vol. Coll. Scientia, n° 17. Paris.

1878-79. ANONYM. — Die Rückbildung der Sehorgane bei im Finstern lebenden Insekten, Spinnen und Krebsen. *Kosmos*. Bd. IV.

1872. ANTHONY (J.). — The markings on the battledore scales of some of the Lepidoptera. London.

1872. — Structure of battledore scales. *Month. Microsc. Journ.* Vol. VII.

1783. ARISTOTE. — Histoire des animaux. Trad. par Camus. 2 vol. in-4°, Paris.

1887. — Traité de la génération des animaux. Trad. de Barthélemy Saint-Hilaire. 2 vol. in-8°, Paris.

1879. ARNHART (L.). — Secundäre Geschlechtscharaktere von *Acherontia atropos*. *Verh. d. K. K. zool. bot. Ges. Wien*. Bd. XXIV.

1892. ASH (C.-D.). — Notes on the larva of *Danima Banksii* Lewin. *Ent. Month. Mag.* Sept.

1853. AUBERT. — Ueber die eigentümliche Struktur der Thoraxmuskeln der Insekten. *Zeitschr. f. wiss. Zool.* Bd. IV.

1858. AUBERT (Herm.) u. WIMMER (F.). — Die Parthenogenesis bei Aristoteles. Geschlechts-u. Zeugungsverhältnisse der Bienen. *Zeitschr. f. wiss. Zool.* Bd. IX.

1837. AUBÉ (C.). — Note sur une sécrétion fétide d'*Eumolpus pretiosus*. *Ann. Soc. Ent. Fr., Bull.*

1824-32. AUDOUIN (J.-V.). — Recherches anatomiques sur le thorax des Animaux articulés et celui des Insectes hexapodes en particulier. *Annales d. Sc. nat.* T. I et T. XXV.

1824. — Recherches anatomiques sur la femelle du Drile jaunâtre et sur le mâle de cette espèce. *Ann. Sc. nat.* T. II.

1824. — Lettre sur la génération des Insectes. *Ann. d. Sc. nat.* Sér. 1, t. II.

1836. — Calculs trouvés dans les canaux biliaires d'un Cerf volant. *Ann. sc. nat.* 2e sér., t. V.

1821. AUDOUIN (J.-V.) et LACHAT. — Observations sur les organes copulateurs mâles des Bourdons. *Annal. général. d. Sc. phys.* Vol. VIII.

1893. AUERBACH (Leopold). — Ueber merkwürdige Vorgänge am Sperma von *Dytiscus marginalis*. *Sitz. Ber. Akad. Berlin.*

1893. — Zu dem Bemerkungen des Herrn Dr. Ballowitz betreffend das Sperma von *Dytiscus marginalis*. *Anat. Anzeiger*. Bd. VIII.

1880. AURIVILLIUS (Christopher). — Ueber sekundäre Geschlechtscharaktere nordischer Tagfalter. *Bihang till K. Svenska Vet. Akad. Handlingar*. Bd. V. Nr. 25. Stockholm.

1880. — Des caractères sexuels secondaires chez les Papillons diurnes. *Ent. Tidskrift.*

1884. — Anteckningar om nagra skandinaviska fjärilarter. *Ent. Tidskr.* IV. Arg.

1884. AYERS (H.). — On the development of *Œcanthus niveus* and its parasite *Teleas*. *Mem. Boston Soc. Nat. Hist.* T. III.

B

1856. BACH (M.). — Studien und Lesefrüchte aus dem Buche der Natur. Köln.

1863. BAER (K.-E. von). — Bericht über eine neue von Prof. Wagner in Kasan an Dipteren beobachtete abweichende Propagationsform. *Bull. Acad. imp. Saint-Pétersbourg*. T. VI.

1866. — Ueber Prof. Nic. Wagner's Entdeckung von Larven, die sich fortpflanzen, Herrn Ganin's verwandte u. ergänzende Beobachtungen u. über die Pædogenesis überhaupt zu Hrn. Ganin's Beobachtungen. *Bull. de l'Acad. imp. St-Pétersbourg*. T. IX.

1882. BAILEY (James S.). — Femoral tufts or pencils of hair in certain Catocalæ. *Papilio*. Vol. II. — *Stettin. Ent. Zeitung*. Bd. XLIII.

1866. BALBIANI (E.-G.). — Note sur les antennes servant aux Insectes pour la recherche des sexes. *Annales d. la Soc. ent. France*. 4e sér., t. VI. Bull.

1866. — Sur la reproduction et l'embryogénie des Pucerons. *Compt. rend. Acad. d. sc.* T. LXII.

1867. — Études sur la maladie psorospermique des Vers à soie. *Mem. Soc. Biol.*, 4e série, t. IV. — *Journ. Anat. et Physiol.* T. IV.

1867. — Sur un moyen très simple de constater la présence et l'absence des corpuscules chez les Papillons de Ver à soie. *C. R. Acad. d. Sc.* T. LXV.

1869. — Sur le mécanisme de la fécondation chez les Lépidoptères. *C. R. Acad. d. Sc.* T. LXVIII.

1869. — Mémoire sur la génération des Aphides. *Ann. sc. nat. Zool.* 5e sér. T. XI.

1870. — Id. *Ann. sc. nat.* 5e sér. T. XIV. Art. 2 et 9.

1872. — Id. *Ann. sc. nat.* T. XV. Art. 1 et 4.

1870-71. — Id. *Biblioth. de l'école des Hautes-Études. Sect. sc. nat.* T. III et IV.

1874. — Observations sur la reproduction du Phylloxéra du Chêne. *Ann. d. Sc. nat. Zool.* 5e sér., t. XIX.

1874. — Mémoire sur la reproduction du Phylloxéra du Chêne. *Mém. presentés par divers savants à l'Acad. d. Sc.* T. XXII, n° 14.

1875. — Sur l'embryogénie de la Puce. *C. R. Acad. d. Sc.* T. LXXXI.

1876. BALBIANI (E.-G.). — Sur la parthénogenèse du Phylloxéra comparée à celle des autres Pucerons. *C. R. Acad. d. sc.* T. LXXXII.

1878. — La Parthénogenèse. *Journ. de microgr.* 2e année.

1881. — Sur la structure du noyau des glandes salivaires chez les larves de *Chironomus*. *Zool. Anz.*, n° 99.

1882. — Sur la signification des cellules polaires des Insectes. *C. R. Ac. Sc.* T. XCV.

1883. — Sur l'origine du follicule et du noyau vitellin de l'œuf des Géophiles. *Zool. Anz.*, n° 155.

1884. — Le Phylloxéra du Chêne et le Phylloxéra de la Vigne. Paris, Gauthier-Villars.

1885. — Contribution à l'étude de la formation des organes sexuels chez les Insectes. *Recueil zool. Suisse*. T. II.

1890. — Études anatomiques et histologiques sur le tube digestif des *Cryptops*. *Arch. de zool. expér.* 2e série, t. VIII.

1898. — Sur les conditions de la sexualité chez les Pucerons. Observations et réflexions. *Intermédiaire des Biologistes*. Vol. I.

1867. BALBIANI (E.-G.) et SIGNORET. — Sur la reproduction du Puceron brun de l'Erable. *C. R. Acad. d. Sc.* T. LXIV.

1880. BALFOUR (Francis-M.). — A. Treatise on comparative embryology. I-II. London.

1885. — 2e édit. London.

1886. BALLOWITZ (E.). — Zur Lehre von der Struktur der Spermatozoen. *Anat. Anzeiger*. 1 Jahrg.

1890. — Untersuchungen über die Struktur der Spermatozoen, zugleich ein Beitrag zur Lehre vom feineren Bau der kontraktilen Elemente. Die Spermatozoen der Insekten. I. Coleopteren. *Zeitschr. f. wiss. Zool.* Bd. L.

1893. — Zu der Mittheilung des Herrn Professor L. Auerbach in Breslau über merkwürdiger Vorgänger am Sperma von *Dytiscus marginalis*. *Anat. Anzeiger*. Bd. VIII.

1895. — Die Doppelspermatozoen der Dyticiden. *Zeitschr. f. wissench. Zool.* Bd. LX.

1894. BALLOWITZ (K.). — Zur Kenntniss der Samenkörper der Arthropoden. *Intern. monatschr. f. Anat. u. Physiol.* Bd. XI.

1864. BALTZER (A.). — De anatomia Sphingidarum. Diss. zool. Bonnæ.

1864. — Zur Anatomie und Physiologie der Dämmerungsfalter (Sphingidæ). *Archiv f. Naturgesch.* 23 jahrg.

1873. BAR (C.). — Sur un genre nouveau de Lépidoptères de la tribu des Bombycides, dont la chenille est aquatique (*Palustra Laboulbeni*). Note pour servir à l'hist. nat. de la Guyane franç. *Ann. Soc. ent. de Fr.* 5e série, t. III.

1874. BARBER (M.-E.). — Notes on the peculiar habits and changes which take place in the larva and pupa of *Papilio nireus*. *Trans. Ent. Soc.*

1874. — Bemerkungen dazu von Meldola. *Proceed.*

1870-72. BARCA (V.). — Prove autunnali. *Boll. com. agr. di Bergamo.*

1897. BARFURTH. — Die Rückbildung des Froschlarvenschwanzes und die sogenannten Sarkoplasten. *Arch. f. mikr. Anat.* Bd. XXIX.

1855. BARLOW (W.-F.). — Observations of the respiratory movements of Insects. *Philosoph. Transact. of the Royal Soc. of London*. Vol. CXLV.

1892. BARRETT (C.-G.). — Scent of the male *Hepialus humuli*. *Ent. Month. Mag.* Sér. 2, vol. III. (Aries from the curiously aborted and altered hind tibiæ).

1879. BARROIS (J.). — Développement des Podurelles. *Assoc. franç. p. l'avancement des sciences*. 7e session.

1859. BARTHÉLEMY (L.-A. de). — Études et considérations générales sur la Parthénogenèse. *Ann. sc. nat., Zool.* 4e sér. T. XII.

1858. BASCH (S.). — Untersuchungen über das chylopoetische und uropoetische System von *Blatta orientalis*. *Sitzungsber. d. math. naturwiss. Classe d. Akad. d. Wissensch. Wien*. Bd. XXXVI.

1865. — Skelett und Muskeln des Kopfes von *Termes*. *Zeitschr. f. wiss. Zool.* Bd. XV.

1870-71. BASSETT (H.-F.). — Note on Dimorphism of American Cynipidæ, etc. *Entomologist's Month. Mag.* Vol. VII.

1873. — On the habits of certain gall Insects of the genus Cynips. *Canad. Entomologist*. Vol. V. — *Amer. Naturalist*. Vol. VIII. 1874.

1844. BASSI (C.-A.). — Studi sulle funzioni degli organi genitali degl'Insetti da lui osservati più specialmente nella *Bombyx mori*. *Atti della 5a Riun. d. Scienze ital. Lucca.*

1847. — Rapporto alla sezione di zoologia, anatomia comparata e fisiologia del congresso di Venezia, sul passaggio delle materie ingerite nel sistema tracheale degli Insetti. *Gazetta di Milano*. T. II.

1851. — Rapport relatif au passage des substances introduites dans le système trachéen des Insectes. *Ann. Sciences nat. Zool.* 3e sér., vol. XV.

1890. BATAILLON (E.). — Lettre à M. Gal à propos de ses « Études sur les Vers à soie. » *Bull. Soc. d'Et. des Sciences nat. Nîmes.* T. XXVI.

1891. — Rech. anat. et expér. sur la métamorphose des Amphibiens anoures. *Thèse. Paris.* — *Ann. univ. Lyon.*

1893. — La métamorphose du Ver à soie et le déterminisme évolutif. *Bull. sc. France et Belgique*. T. XXV.

1893. BATAILLON (E.). — Nouvelles recherches sur les mécanismes de l'évolution chez le *Bombyx mori*. *Revue bourg. de l'Ens. sup.* T. IV, n° 3.

1892. — A propos du dernier travail de M. Metchnikoff sur l'atrophie des muscles pendant la métamorphose des Batraciens. *C. R. Soc. Biologie*. N° 9.

1892. — Quelques mots sur la phagocytose musculaire, à propos de la réponse de M. Metchnikoff à ma critique. *C. R. Soc. biol.* N° 13.

1900. — La théorie des métamorphoses de M. Ch. Pérez. *Bull. Soc. entomol. de France*. N° 3.

1900. — Le problème des métamorphoses. *C. R. Soc. Biol.* Mars.

1891. BATELLI (ANDREA). — Di una particolarità nell'integumento dell'*Aphrophora spumaria*. *Monitore Zool. ital.* Anno II.

1892. BATESON (W.) and BRINDLEY (H.). — On some cases of variation in secondary sexual characters statistically examined. *Proceed. Zool. Soc. London*.

1868. BAUDELOT (E.). — Du mécanisme suivant lequel s'effectue chez les Coléoptères la rétraction des ailes inférieures sous les élytres au moment du passage à l'état de repos. *Bull. Soc. d. Sciences nat. Strasbourg*. 1re année.

1872. — Contributions à la physiologie du système nerveux des Insectes. *Revue des Sciences nat.* T. I.

1884. BEAUREGARD (H.). — Structure de l'appareil digestif des Insectes de la tribu des Vésicants. *Comptes rend. Acad. d. Sc.* T. XCIX.

1888. — Note sur la spermatogenèse chez la Cantharide. *Comptes rend. Soc. biol.* Sér. 8, t. IV.

1890. — Les Insectes vésicants. Paris. 1 vol. in-8°.

1882. BECHER (E.). — Zur Kenntnis der Mundteile der Dipteren. *Denkschr. Akad. d. Wissensch. Wien*. Bd. XLV.

1858. BÉCLARD (J.). — De l'influence des divers rayons colorés du spectre sur le développement des animaux. *C. R. Acad. d. Sc.*

1894. BECQUEREL (H.) et CH. BRONGNIART. — La matière verte des Phyllies, Orthoptères de la famille des Phasmides. *C. R. Acad. d. Sc.* T. CXVIII.

1835. BEHN (W.). — Découverte d'une circulation de fluide nutritif dans les pattes de plusieurs Insectes hémiptères. *Ann. Sc. natur. Zool.* Sér. 2, t. IV.

1896. BEILLE (L.). — Étude anatomique de l'appareil urticant des Chenilles processionnaires du Pin maritime (*Cnethocampa pityocampa*). *C. R. Soc. de Biologie*.

1880. BEIJERINK (M.-W.). — Ein Beleg zu der von Dr. Adler entdeckten Heterogonie von Cynipiden. *Zool. Anzeiger*. 3 Jhg.

1896. — Sur la cécidiogenèse et la génération alternante chez le *Cynips calicis*. Observations sur la galle de l'*Andriscus circulans*. *Arch. néerland.* Vol. XXX.

1878. BELA-DEZSÖ. — Ueber den Zuzammenhang des Kreislaufs- und der respiratorischen Organe bei den Arthropoden. *Zool. Anzeiger*. 1 Jahrg.

1894. BELLATI (M.) e E. QUAJAT. — Esperienze sullo schiudimento estemporaneo delle uova del Baco da seta. *Atti d. R. Istit. veneto d. Sc. lett. ed Arti*. Ser. 7, t. III.

1882. BELLONCI. — Nuove ricerche sulla struttura del ganglio ottico della *Squilla mantis*. *Accad. d. Sc. di Bologna*.

1886. — Intorno al ganglio ottico degli Artropodi superiori. *Intern. Monatschrift*. Bd. III.

1889. BEMMELEN (J.-F. VAN). — Ueber die Entwickelung der Farben und Adern auf den Schmetterlingsflügeln. *Tijdschrift der nederland Dierkundige Vereeniging*. Sér. 2.

1898. BENDA (C.). — Ueber die Spermatogenese der Vertebraten und höheren Evertebraten. *Arch. f. Anat. u. Physiol., Physiol. Abth.*

1899. — Weitere Mitteilungen über die Mitochondria. *Arch. f. Anat. u. Physiol., Physiol. Abth.*

1895. BENEDICENTI (A.). — Recherches histologiques sur le système nerveux central et périphérique du *Bombyx mori*. *Arch. ital. de Biologie*. T. XXIV.

1867. BERCE. — Faune entomologique française. Lépidoptères. Paris.

1878. BERGER (EMIL). — Untersuchungen über den Bau des Gehirns und der Retina der Arthropoden. *Arbeiten d. zool. Instit. Wien und Triest*. Bd. I.

1852. BERLEPSCH (AUG. VON). — Apistische Briefe an Herrn Pfarrer Dzierzon. *Eichstädt. Bienen Ztg.* Bd. VIII.

1853. — II. ebd., Bd. IX.

1854. — III. ebd.; IV. ebd.; V. ebd; VI. ebd.; VII. ebd.; VIII. ebd.; IX. ebd.; X. ebd. Bd. X.

1855. — Sind die Drohneneier befruchtet? (Ein Sendschreiben an C. Th. Siebold). *Eichstädt. Bienen Ztg.* Bd. XI.

1882. BERLESE (A.). — Osservazioni sulla anatomia del *Gryllus campestris* L. *Att. Soc. Veneto-Trent. Padova*. Vol. VII.

1882. — Ricerche sugli organi genitali degli Ortotteri. *Atti della R. Accad. dei Lincei*. Ser. 3, t. XI.

1896. — Le Cocciniglie italiane viventi sugli agrumi. Firenze.

1899-1900-1901. — Osservazioni su fenomeni che avvengono durante la ninfosi degli Insetti metabolici. *Riv. di Patologia vegetale*. Vol. VIII, X, XI.

1900. — Considerazioni sulla fagocitosi negli Insetti metabolici. *Zool. Anz.* Bd. XXIII.

1900. — Intorno alle modificazioni di alcuni tessuti durante la ninfosi della *Calliphora erythrocephala*. *Bull. Soc. Entomologica italiana*. Vol. XXXII.

1901. — Vorgänge, welche während d. Nymphosis d. metabolischen Insecten vorkommen. *Zool. Anz.* Bd. XXIV.

1892. BERNARD (HENRY-M.). — An endeavour to show that the tracheæ of the Arthropoda arose from setiparous sacs. *Spengel's Zool. Jahrbuch. Morph. Abth.* Bd. V.

1772. BERNOULLI. — Observatio de quorundam Lepidopterorum facultate ova sine progresso coitu fœcunda excludendi. *Nouv. Mém. de l'Acad. roy. d. sc. et belles lettres. Berlin.*

1869. BERT (P.). — Sur la question de savoir si tous les animaux voient les mêmes rayons lumineux que nous. *Archives de Physiologie.* Vol. II.

1870. — Leçons sur la respiration. Paris.

1885. — Sur la respiration du Bombyx du mûrier à ses différents âges. *C. R. Soc. de Biol.*

1878. BERTÉ (F.) — Contribuzione all' anatomia ed alla fisiologia delle antenne degli Afanitteri. *Atti R. Accad. d. Lincei. Roma.* Ser. 3. Vol. I; vol. II.

1831. BERTHOLD. — Beiträge zur Anatomie, Zoologie und Physiologie. Göttingen.

1879. BERTKAU (PHILIPP). — Duftapparat an Schmetterlingsbeinen. *Ent. Nachrichten.*

1880. — Ergänzung (Duftvorrichtungen bei Lepidopteren). *Ent. Nachr.*

1882. — Ueber den Stinkapparat von *Lacon murinus* L. *Archiv f. Naturgesch.* Bd. XLVIII.

1882. — Ueber den Duftapparat von *Hepialus hectus* L. *Archiv f. Naturgesch.* Bd. XLVIII. — *Biol. Centralblatt.* Bd. II.

1884. — Entomologische Mizellen. I. Ueber Duftvorrichtungen einiger Schmetterlinge. *Verh. d. naturhist. Ver. d. preuss. Rheinlande und Westf.*

1888. — Duftapparate heimischer Lepidopteren. *Verhandl. d. naturhist. Ver. preuss. Rheinl.* Bd. XLIV. — *Entom. Nachr.*

1867. BESSELS (E.). — Studien über die Entwicklung der sexual Drüsen bei den Lepidopteren. *Zeitschr. f. wiss. Zool.* Bd. XVII.

1891. BEYER (O. W.). — Der Giftapparat von *Formica rufa* ein reduziertes Organ. *Jena. Zeitschr. Naturw.* Bd. XXV.

1868. BIBIAKOFF (PAUL VON). — Zur Muskelkraft der Insekten. *Natur.* Bd. XVII.

1895. BICKFORD (ÉLISABETH). — Ueber die Morph. u. Phys. d. Ovarien d. Ameisen-Arbeiterinnen. Inaug. Diss Freiburg. — *Zool. Jahrb. Syst. Abth.* Bd. IX.

1891. BIDERMANN. — Ueber den Ursprung und die Endigungsweise der Nerven in den Ganglien wirbelloser Tiere. *Jenaische Zeitschrift f. Naturwiss.* Bd. XXV.

1877. BIEDERMANN (W.). — Zur Lehre vom Bau der quergestreiften Muskelfaser. *Sitzungsber. Kais. Akad. d. Wissensch. Wien Math. Naturwiss. Classe.* 3 Abt. Bd. LXXIV.

1894. BINET (A.). — Contribution à l'étude du système nerveux sous-intestinal des Insectes. *Journ. d'anat. et phys.* Vol. XXX.

1876-77. BIRCHALL (E.). — On Melanism in Lepidoptera. *Ent. Monthly. Magaz.* Vol. XIII.

1891. BISSON (E.) e VERSON. — Cellule glandulari ipostigmatiche nel *Bombyx mori. Pubblicazioni della stazione zool. di Padova.*

1892. BIZZOZERO (G.). — Sulle ghiandole tubulari del tubo gastro-enterico e suoi rapporti coll'epitelio di rivestimento delle mucose. *Atti Accad. di Torino.* Vol. XXVII.

1893. — Ueber die schlauchförmigen Drüsen d. Magendarmkanals u. d. Beziehungen ihres Epithels z. d. Oberflächenepithel d. Schleimhaut. *Arch. f. mikr. Anat.* Bd. XLIII.

1831. BLACKWELL (J.). — Remarks on the Pulvilli of Insects. *Transact. Linn. Soc. London.* Vol. XVI.

1822. BLAINVILLE (M.-H.-D.). — Principes d'anatomie comparée. Strasbourg.

1889. BLANC (LOUIS). — Étude sur la sécrétion de la soie et la structure du brin et de la bave dans le *Bombyx mori.* Lyon.

1889-90. — La tête du *Bombyx mori* à l'état larvaire, anatomie et physiologie. *Extrait des Travaux du Laboratoire d'Études de la Soie.* Lyon.

1696. BLANCARDUS (STEPH.) cit. in HANNEMANNI Observatio de usu Aranearum innoxio. *Ephem. Acad. Leop.* Anno III.

1846. BLANCHARD (E.). — Recherches anatomiques et zoologiques sur le système nerveux des Animaux sans vertèbres. Du système nerveux des Insectes. *Annales des Scienc. nat.* 3 sér. vol. V.

1848. — De la circulation chez les Insectes. *Ann. Scienc. natur.* Sér. 3. t. IX.

1849. — Du Système nerveux chez les Invertébrés dans ses rapports avec la classification de ces Animaux. Paris.

1849. — Sur la circulation du sang chez les Insectes et sur la nutrition. *Compt. rend. Acad. Scienc.* T. XXVIII.

1851. — Nouvelles observations sur la circulation du sang et la nutrition chez les Insectes. *Annal. d. Scienc. natur. Zool.* Sér. 3. vol. XV.

1858. — Du grand sympathique chez les animaux articulés. *Ann. d. Scienc. natur.* 4e série, vol. X.

1866. — Les Insectes. Métamorphoses, mœurs et instincts. 1 vol. Paris. — 2e édition 1876.

1897. BLATTER (P.). — Étude histologique des glandes annexes de l'appareil mâle de l'Hydrophile. *Arch. d'Anat. microsc.* T. I.

1884. BLOCHMANN (F.). — Ueber eine Metamorphose der Kerne in den Overialeiern und über den Beginn der Blastodermbildung bei den Ameisen. *Verh. Nat. Med. Ver. Heidelberg.* Bd. III.

1884. — Ueber die Reifung der Eier bei Ameisen und Wespen. *Festschr. d. Naturw. Med. Ver. Heidelberg.*

1887. — Ueber die Geschlechtsgeneration von *Chermes abietis* L. *Biol. Centralbl.* Bd. VII. Nr. 14.

1887. BLOCHMANN (F.). — Ueber die Richtungskörper bei Insekteneiern. *Morph. Jahrb.* Bd. XII.

1887-88. — Id. *Biol. Centralbl.* 7 Jhg (15 April 1887).

1888. — Ueber die Richtungskörper bei unbefruchtet sich entwickelnden Insecteneirn. *Verh. nat. med. Heidelberg.* Bd. IV.

1889. — Ueber die regelmässigen Wanderungen der Blattläuse speziell über den Generationscyklus von *Chermes abietis* L. *Biol. Centralbl.* Bd. IX. Nr. 9.

1889. — Ueber die Zahl der Richtungskörper bei befruchteten und unbefruchteten Bieneneiern. *Verh. d. nat. med. Ver. Heidelberg.* N. F. Bd. IV. Hft. 2. — *Morph. Jahrb.* Bd. XV. Hft. 1.

1892. BOAS (J. E. V.). — Organe copulateur et accouplement des Hannetons. *Oversigt over det K. Danke Vidensk. Selskab Forhandl.*

1899. — Einige Bemerkungen über die Metamorphose der Insecten. *Zool. Jahrbücher Spengel. Syst.* Bd. XII.

1878. BOBRETZKY (N.). — Ueber die Bildung des Blastoderms und der Keimblätter bei Insecten. *Zeitschr. f. wiss. Zool.* Bd. XXXI.

1891. BOHLS (J.). — Die Mundwerkzeuge der Physapoden. Dissertation Göttingen.

1884. BOITEAU (P.). — Sur les générations parthénogénésiques du Phylloxéra. *C. R. Ac. d. Sc.* T. LXXXVII.

1878. BOLLE (G.). — La schiusura estemporanea del seme del Baco da seta col mezzo di agenti chimici e del calorico. *Atti e mem. dell'I. R. Soc. agrar. di Gorizia.*

1871. BOLT. — Beiträge zur physiologischen Optik. *Archiv f. Anat., Phys. u. wissenschaftl. Medizin.*

1748. BONNET (CH.). — Traité d'Insectologie ou Observations sur quelques espèces de Vers d'eau douce et sur les Pucerons. Paris.

1780. — Édit. nouv. Amsterdam.

1755. — Mémoire sur une nouvelle partie commune à plusieurs espèces de Chenilles. *Mém. mathém. d. Savants étrangers.* Paris. Vol. II.

1768. — Recherches sur la respiration des Chenilles. *Mém. math. des Savants étrangers.* Paris. Vol. V.

1779-1783. — Œuvres complètes. *Contemplation de la nature.* Ch. III.

1779. — Mémoire sur la grande Chenille à queue fourchue du saule, dans lequel on prouve que la liqueur, que cette Chenille fait jaillir, est un véritable acide, et un acide très actif. *Mém. math. des Savants étrang.* Vol. VII.

1890. BONSDORFF (A. VON). — Ueber die Ableitung der Skulpturverhältnisse bei den Deckflügeln der Coleopteren. *Zool. Anz.* 13 Jahrg.

1894. BORDAS (L.). — Anatomie des glandes salivaires des Hyménoptères de la famille des Ichneumonides. *Zool. Anz.*

1894. BORDAS (L.). — Glandes salivaires des Apides, *Apis mellifica. Comptes rendus Acad. Sc.* T. CXIX. — *Bull. Soc. Philomath.*

1894. — Sur l'appareil venimeux des Hyménoptères. *C. R. Acad. d. Sc.* T. CXVIII. — *Zool. Anzeiger.* XVII Jahrg.

1894. — Appareil glandulaire des Hyménoptères. *Ann. Sc. Nat. Zool.* T. XIX.

1897. — Description anatomique et étude histologique des glandes à venin des Insectes hyménoptères. Paris.

1895. — Les glandes défensives ou anales des Coléoptères. *Ann. Fac. des Sc. Marseille.* T. IX.

1891. BORGERT (H.). — Die Hautdrüsen der Tracheaten. Jena.

1885. BOS (HEMMO). — Bijdrage tot de kennis von den lichaamsbouw der roode Boschmier (*Formica rufa*). Groningen.

1851. BOUCHARDAT (A.). — De la digestion chez le Ver à soie. *Revue et Mag. de Zool.* Sér. 2, t. III.

1834. BOUCHÉ. — Naturgeschichte der Insecten. Berlin.

1833. BOWERBANK (J. S.). — Observations on the Circulation of the Blood in Insects. *Entom. Mag.* Vol. I.

1834. — Id. *Muller's Archiv f. Physiolog.* Bd. I.

1837. — Observations on the Circulation of the Blood and the Distribution of the Tracheæ in the Wing of *Chrysopa perla. Entom. Mag.* Vol. IV.

1670. BOYLE (R.). — New pneumatical Experiments about Respiration. *Philos. Transact.* Vol. V. Nr. 63.

1855. BRÆM (F.). — Was ist ein Keimblatt? *Biol. Centralbl.* Bd. XV.

1858. BRANDES (G.). — Germinogonie, eine neue Art der ungeschlechtlichen Fortpflanzung. *Zeit. Naturw. Halle.* Bd. III.

1869. BRANDT (A.). — Beiträge zur Entwicklungsgeschichte der Libelluliden und Hemipteren. *Mém. Acad. Sciences Saint-Pétersbourg,* 7e série, t. XIII.

1874. — Ueber die Eiröhren der *Blatta orientalis. Mém. Acad. Sciences de Saint-Pétersbourg.* 7e sér., t. XXI.

1876. — Vergleichende Untersuchungen über die Eiröhren und die Eier der Insekten. *Nachr. d. Gesellsch. d. Freunde d. Naturwiss. Moskau.* Bd. XXII.

1877. — *Ibid.* Bd. XXIV.

1878. — Das Ei und seine Bildungsstatte. Ein vergleichender morphologischer Versuch mit Zugrundelegung des Insecteneies. Leipzig.

1880. — Commentare zur Keimbläschen Theorie des Eies. I. Die Blastodermelemente und Dotterballen der Insecten. *Arch. f. mikr. Anat.* Bd. XVII.

1875. BRANDT (E.). — Recherches anatomiques et morphologiques sur le système nerveux des Insectes hyménoptères. *Compt. rend. de l'Acad. d. Scienc.*

1876. — Ueber das Nervensystem der Apiden. *Sitzungsber. d. Naturf. Gesellsch. in Petersburg.* Bd. VII.

1877. — Ueber das Nervensystem der Schmetterlingsraupen. *Verhandl. der Russ. Ent. Gesellsch.* Bd. X.

1877. — Anatomie von *Telephorus fuscus*. *Horæ Soc. Ent. Ross.* Bd. X.

1879. — Ein offener Brief an Herrn Prof. Fr. Leydig. Ueber *Evoina appendigaster*. Saint-Pétersburg.

1879. — Ueber das Nervensystem der Wespen (*Vespa*). *Horæ Soc. Ent. Ross.* Bd. XIV. Sitzungsber.

1879. — Ueber das Nervensystem der Fächerflügler (Strepsiptera). *Sitzber. d. Horæ Soc. Ent. Ross.* Bd. XIV.

1879. — Ueber das Nervensystem der Laufkäfer (Carabidæ). *Horæ Soc. Ent. Ross.* Bd. XIV.

1879. — Ueber das Nervensystem der Blatthörner (Lamellicornia). *Horæ Soc. Ent. Ross.* Bd. XIV.

1879. — Ueber die Metamorphose des Nervensystems der Insekten. *Horæ Soc. Ent. Ross.* Bd. XV.

1879. — Vergleichend-anatomische Untersuchungen über das Nervensystem der Käfer (Coleoptera). *Horæ Soc. Ent. Ross.* Bd. XV.

1879. — Vergleichend-anatomische Skizze des Nervensystems der Insekten. *Horæ Soc. Ent. Ross.* Bd. XV.

1879. — Vergleichend-anatomische Untersuchungen über das Nervensystem der Zweiflügler (Diptera). *Horæ Soc. Ent. Ross.* Bd. XV.

1879. — Vergleichend-anatomische Untersuchungen über das Nervensystem der Hemipteren. *Horæ Soc. Ent. Ross.* Bd. XIV.

1879. — Vergleichend-anatomische Untersuchungen über das Nervensystem der Hymenopteren. *Horæ Soc. Ent. Ross.* Bd. XV.

1879. — Vergleichend-anatomische Untersuchungen über das Nervensystem der Lepidopteren. *Horæ Soc. Ent. Ross.* Bd. XV.

1879. — Untersuchungen über das Nervensystem der Dipteren. *Horæ Soc. Ent. Ross.* Bd. XIV. *Sitzungsber.*

1879. — Zur Anatomie des *Hepialus humuli*. *Sitzber. Horæ Soc. Ent. Ross.* Bd. XV.

1882. — Beiträge zur Kenntnis des Nervensystems der Dipterenlarven. *Zool. Anzeiger.*

1835. BRANDT (J.-F.). — Bemerkungen über die Mund, Magen oder Eingeweidenerven der Evertebraten. *Mém. Acad. d. Scienc. de Saint-Petersbourg.* 4ᵉ sér., t. III. 2 part.

1827-34. BRANDT (J.-F.) et RATZEBURG. — Medicinische Zoologie. 2 Bde. Berlin.

1840. BRANTS (A). — Beitrag zur Kenntnis der einfachen Augen der gegliederten Tiere. *Isis.*

1843. — Over het gezigtswerktuig der gelede dieren. *Tijdschr. v. natuurl. Geschied. en Physiol.* D. X.

1845. — Over de luchtuizen in het zamengestelde oog der gelede dieren. *Tijdschr. v. natuurl. Geschied. en Physiol.* D. XII.

1855. — Over het beeld dat zich in het zamengestelde oog der gelede dieren vormt. *Versl. en Meded. k. Akad. Amsterdam.* D. III.

1883. BRASS (Arn.). — Das Ovarium und der Eibildung und der ersten Entwicklungsstadien bei viviparen Aphiden. Halle. — *Zeits. f. Naturwiss. in Halle.* Jahrg. 1882.

1884. — Beiträge zur Zellphysiologie. Halle a.d.S.

1892. — Zur Kenntniss der männlichen Geschlectsorgane der Dipteren. *Zool. Anzeiger.*

1852. BRAUER (F.). — Beobachtungen in Bezug auf den Farbenwechsel bei *Chrysope vulgaris*. *Verhandl. k. k. zool. botan. Gesellsch. Wien.*

1852. — Verwandlungsgeschichte der *Mantispa pagana*. *Arch. f. Naturg.* 18ᵉ jahrg.

1854. — Beobahctungen über die Entwicklungsgeschichte der *Chionea araneoides* (von J. Egger et G. Frauenfeld) nebst Anatomie des Inscktes und der Larve. *Verhandl. d. zool.-bot. Ver. Wien.* Bd. IV.

1854. — Beiträge zur Kenntnis des inneren Baues und der Verwandlung der Neuropteren. *Verhdl. zool.-bot. Ver. Wien.* Bd. IV.

1855. — *Ibid.* Bd. V.

1863. — Beiträge zur Kenntnis der Panorpiden Larven. *Verhd. d. k. k. zool.-bot. Gesellsch. Wien.* Bd. XIII.

1863. — Beitrag zur Kenntnis des Baues und der Funktion der Stigmenplatten der *Gastrus*-Larven. *Verhdl. d. k. k. zool.-bot. Gesellsch. Wien.* Bd. XIII.

1869. — Beschreibung der Verwandlungsgeschichte der *Mantispa styriaca*, und Betrachtung über die sogenannte Hypermetamorphose Fabre's. *Verh. d. zool. bot. Ges. Wien.* Bd. XIX.

1869. — Betrachtung über die Verwandlung der Insekten im Sinne der Descendenz-Theorie. *Verhandlung d. k. k. zool.-bot. Gesell. Wien.* Bd. XIX.

1883. — Ueber das Segment médiaire Latreille's. *Sitzb. K. Akad. d. Wiss. Wien.* Bd. LXXXV, 1 Abt.

1883. — Die Zweiflügler des Kaiserlichen Museums zu Wien. III. Systematische Studien auf Grundlage der Dipterenlarven nebst einer Zusammenstellung von Beispielen aus der Litteratur über dieselben und Beschreibung neuer Formen. *Denkschr. math.-naturwiss. Cl. K. Akad. Wiss. Wien.* Bd. XLVII.

1885. — Systematisch-zoologische Studien. *Sitzunsber. Kais. Akad. d. Wissensch. Wien.* Bd. XCI.

1886. BRAUER (F.). — Ansichten über die paläozoischen Insekten und deren Deutung. *Annal. d. K. k. natur. hist. Mus. Wien.* Bd. I.

1887. — Beitrag zur Kenntnis der Verwandlung der Mantispiden Gattung *Symphrasis* Hg. *Zool. Anz.* Bd. X.

1888. BRAUER (F.) und REDTENBACHER (J.). — Ein Beitrag zur Entwicklung des Flügelgeäders der Insekten. *Zool. Anz.*

1880. BREHM (SIEGFR.). — Comparative structure of the reproductive organs in *Blatta germanica* and *Periplaneta orientalis. Horæ Ent. Soc. Rossicæ.* St-Pétersburg. Vol. VIII.

1877. BREITENBACH (W.). — Vorläufige Mitteilung über einige neue Untersuchungen an Schmetterlingsrüsseln. *Archiv f. mikroskop. Anatomie.* Bd. XIV.

1878. — Untersuchungen an Schmetterlingsrüsseln. *Archiv f. mikroskop. Anatomie.* Bd. XV.

1879. — Ueber Schmetterlingsrüssel. *Entomolog. Nachr.* 5 Jahr.

1880. — Ueber die Funktion der Saftbohrer der Schmetterlingsrüssel. *Entom. Nachr.* 6 Jahr.

1881. — Der Schmetterlingsrüssel. *Jenaische Zeitschr. f. Naturwiss.*

1886.—Ueber die Anatomie und die Funktionen der Benenzunge. *Archiv d. Naturgesch.* 52 Jahrg.

1862. BREYER. — Des espèces monomorphes et de la parthénogenèse des Insectes. *Ann. Soc. Ent. Belge.* T. VI.

1884. BRIANT (TRAVERS-J.). — On the Anatomy and Functions of the Tongue of the Honey-Bee (Worker). *Journ. Linn. Soc. London.* Vol. XVII.

1871. BRIGGS (THOS.) — Notes on the influence of food in determining the sexes of Insects. *Trans. Ent. Soc. London.*

1896. BROCADELLO (A.). — Il sesso nelle nova. *Boll. mens. Bachicolt. Padova.*

1881. BRONGNIART (CH.). — Sur la structure des oothèques des Mantes et sur l'éclosion et la première mue des larves. *C. R. Acad. d. Sc.* T. XCIII.

1890. — Note sur quelques Insectes fossiles du terrain houiller qui présentent au prothorax des appendices aliformes. *Bull. Soc. Philomat.* 8e série, t. II.

1835. BROWN (P.-J.) — A list of crepuscular Lepidopterous Insects and some of the species of Nocturnal ones, know to occur in Schwitzerland, etc. *Ann. of nat. Hist.* 1re sér., vol. VIII.

1887. BRUCE (ADAM-TODD). — Observations on the embryology of Insects and Arachnids. *A memorial volume.* Baltimore.

1866. BRÜCKE (E.). — Untersuchungen über den Bau der Muskelfaser mit Hilfe des polarisierten Lichts. *Denkschr. der. math. naturwiss. Cl. d. k. k. Akad. d. Wissensch. Wien.* Bd. XV.

1897. BRÜEL (L.). — Anatomie und Entwickelungsgeschichte der Geschlechtsausführwege sammt Annexen von *Calliphora erythrocephala. Zool. Jahrb. Abth. Morph.* Bd. X.

1816. BRUGNATELLI. — *Giornale di chimica.* Pavia ; cité par VERSON « Il Filugello ».

1840. BRULLÉ (A.). — Introduction à l'histoire naturelle des Insectes; Anat. et Phys. des Articulés. Paris.

1844. — Recherches sur les transformations des appendices dans les Articulés. *Ann. d. sciences nat.* 3e sér., Vol. II.

1899. BRUNN (VON). — Parthenogenese bei Phasmiden, beobachtet durch einer überswischen Kaufmann. *Jahrb. Wiss. Anat. Hamburg.* Bd. XV.

1879. BRUNNER VON WATTENWYL (K.). — Ueber ein neues Organ bei den Acridiodeen. *Verhandl. k. k. zool. bot. Gesells. Wien.* Bd. XXIX.

1898. BRUYNE (DR). — Recherches au sujet de l'intervention de la phagocytose dans le développement des Invertébrés. *Archives de Biologie.* T. XV.

1899. — La cellule folliculaire du testicule d'*Hydrophilus piceus. Anat. Anzeiger.* Bd. XVI. (Verh. Anat. Ges.)

1879. BUCKSON (C.-B.). — Monograph of the British Aphides. London.

1891. BUGNION (ÉDOUARD). — Recherches sur le développement postembryonnaire, l'anatomie et les mœurs de l'*Encyrtus fuscicollis. Recueil zool. Suisse.* Vol. V.

1876. BURGER (DION). — Ueber das sogenannte Bauchgefäss der Lepidopteren nebst einigen Bemerkungen über das sogenannte sympathische Nervensystem dieser Insektenordnung. *Niederländ. Archiv f. Zool.* Bd. III.

1878. BURGESS (E.). — The anatomy of the head and the structure of the maxilla in the Psocidæ. *Proceed. Boston Soc. Nat. Hist.* Vol. XIV.

1880. — Contributions to the anatomy of the Milk-Wed Butterfly (*Danais Archipus* F.) *Anniversary Memoirs Boston. Soc. Nat. Hist.*

1880. — The structure and action of a Butterfly trunk. *American Naturalist.* Vol. XIV.

1881. — Note on the aorta in Lepidopterous insects. *Proceed. Boston Soc. Nat.* Vol. XXI.

1832. BURMEISTER (HERMANN). — Handbuch der Entomologie. Berlin.

1836. — Anatomical observations upon the Larva of *Calosoma sycophanta. Trans. Entom. Soc. London.* Vol. I.

1848. — Beobachtungen über den feineren Bau des Fühlerfächers der Lamellicornien, als eines mutmasslichen Geruchswerkzeuges. *D'Alton u. Burmeisters Zeitung für Zool., Zoot. und Paläozool.* Bd. I.

1854. — Untersuchungen über die Flügeltypen der Coleopteren. *Abhandl. d. naturf. Ges. Halle.* Bd. II.

1870. — Ueber die Gattung *Euryades* Feld. *Stettin. Ent. Zeitung.*

1874. — Natchtrag dazu. *Ibid.*

1854. BURNETT (Waldo Irving). — Translation of Siebold's Anatomy of the Invertebrates. *Note on the osmeteria of Papilio asterias, which he regards as an odoriferous and defensive, rather than tactile, organ.*

1891. BUSGEN (M.). — Der Honigtau. Biologische Studien an Pflanzen und Pflanzenläusen. *Jenaische Zeitschr. f. Naturwiss.* Bd. XXV.

1869. BUTLER (A.-G.). — Remarks upon certain Caterpillars, which are unpalatable to their ennemies. *Trans. Ent. Soc. London.*

1870. BÜTSCHLI (O.). — Zur Entwicklungsgeschichte der Biene. *Zeitschr. f. wiss. Zool.* Bd. XX.

1871. — Vorläufige Mitteilungen über Bau und Entwicklung der Samenfäden bei Insekten und Crustaceen. *Zeitschr. f. wissensch. Zool.* Bd. XXI.

1871. — Nähere Mitteilungen über die Entwicklung und den Bau der Samenfäden der Insekten. *Zeitschr. f. wissensch. Zool.* Bd. XXI.

1874. — Ein Beitrag zur Kenntnis des Stoffwechsels, insbesondere der Respiration bei den Insekten. *Reichert's und du Bois-Reymond's Archiv f. Anatomie u. Physiologie.*

1888. — Bemerkungen über die Entwicklungsgeschichte von *Musca. Morph. Jahrb.* Bd. XIV.

1891. BÜTSCHLI (O.) u SCHEWIAKOFF (W.). — Ueber den feineren Bau der quergestreiften Muskeln von Arthropoden. Vorlaüf. Mitt. *Biolog. Centralbl.* Bd. XI.

C

1890. CAJAL (S.-R.). — Coloration par la méthode de Golgi des terminaisons des trachées et des nerfs dans les muscles des ailes des Insectes. *Zeitschr. f. wiss. Mikroscopie.* Bd VII.

1882. CAMERANO (Lor.). — Anatomia degli Insetti. Torino.

1878. CAMERON (P.). — On the larvæ of Tenthredinidæ, with special reference to protective ressemblance. *Trans. Ent. Soc. London.*

1878-1879. — On Parthenogenesis in the Tenthredinidæ, and alternation of generations in the Cynipidæ. *Entomologist's Monthl. Mag.* Vol. XV.

1880. — Notes on the Coloration and development of Insects. *Trans. Ent. Soc. London.*

1874. CANDÈZE (E.) — Les moyens d'attaque et de défense chez les Insectes. *Bull. Acad. royale de Belgique.* 2e sér., t. XXXVIII.

1880. CANESTRINI (J.). — Ueber ein sonderbares Organ der Hymenopteren. *Zool. Anzeiger.*

1876. CARLET (G.). — Sur l'anatomie de l'appareil musical de la Cigale. *C. R. Acad. d. Sc.* T. LXXXVI.

1877. CARLET (G.). — Mémoire sur l'appareil musical de la Cigale. *Ann. Sc. nat. Zool.* 6e série, t. V.

1879. — Sur la locomotion des Insectes et des Arachnides. *Comp. Rend. Acad. d. Sciences.* T. LXXXIX.

1884. — Sur les muscles de l'abdomen de l'Abeille. *Compt. Rend. Acad. d. Sc.* T. XCVIII.

1888. — Sur le mode de locomotion des Chenilles. *Compt. Rend. Acad. d. Sc.* T. CVII.

1888. — De la marche d'un Insecte rendu tétrapode par la suppression d'une paire de pattes. *Compt. Rend. Acad. d. Sc.* T. CVII.

1888. — Ueber den Gang eines vierfüssig gemachten Insekts. *Naturwiss. Rudschau.* 3 Jhrg.

1888. — Note sur un nouveau mode de fermeture des trachées « fermeture operculaire » chez les Insectes. *Comp. Rend. Acad. d. Sc.* T. CXVII.

1890. — Mémoire sur le venin et l'aiguillon de l'Abeille. *Ann. d. Sc. nat. Zool.* 7e sér., t. IX.

1890. — Sur les organes sécréteurs et la sécrétion de la cire chez l'Abeille. *Compt. Rend. Acad. d. Sc.* T. CX.

1890. — La cire et ses organes sécréteurs. *Le Naturaliste.*

1838. CARLIER. — Cité par Lacordaire.

1885. CARNOY (J.-B.). — La Cytodiérèse chez les Arthropodes. *La Cellule.* Vol. I, fasc. 2.

1884. CARRIÈRE (J.). — On the Eyes of some Invertebrata. *Quart. Journ. Microscop. Sc.* 2e ser., vol. XXIV.

1885. — Ueber die Arbeiten von Viallanes, Ciaccio und Hickson. *Biolog. Centralblatt.* Bd. V.

1885. — Die Sehorgane der Tiere vergleichend anatomisch dargestellt. München u. Leipzig.

1886. — Kurze Mitteilungen aus fortgesetzten Untersuchungen über die Sehorgane. Die Entwicklung und die verschiedenen Arten der Ocellen. *Zool. Anz.* 9 Jahrg.

1890. — Die Entwicklung der Mauerbiene (*Chalicodoma muraria* Fabr.) im Ei. *Arch. f. mikr. Anat.* Bd. XXXV.

1891. — Die Drüsen am ersten Hinterleibringe der Insektenembryonen. *Biol. Centralblatt.* Bd. XI.

1897. CARRIÈRE (J.) und BURGER (O.). — Die Entwickelungsgeschichte der Mauerbiene (*Chalicodoma muraria*), im Ei. *Nova Act. Acad. Leop. Car.* Bd. LXIX.

1827. CARUS (C.-G.). — Entdeckung eines einfachen vom Herzen aus beschleunigten Kreislaufes in den Larven netzflügliger Insekten. Leipzig.

1831. — Fernere Untersuchungen über Blutlauf in Kerfen. *Acta Acad. Leopold. Carol.* T. XV. Part. 2.

1849. CARUS (Jul.-Victor). — Zur näheren Kenntniss des Generationswechsels. Beobachtungen u. Schlüsse. Leipzig, Engelmann.

1857. — Icones Zootomicæ 1 Hälfte. Leipzig. Engelmann.

1795. CASTELLET (CONSTANS DE). — Sulle uova de vermi da seta fecondate senza l'accopiamento delle farfalle. *Opuscoli scelti sulle scienze e sulle arti.* Vol. XVIII.

1889. CATTANEO (G.). — Sulla morfologia delle cellule ameboidi dei Molluschi e Artropodi. *Bull. Scienc. Pavia.* Anno 11.

1881. CATTIE (J.-TH.). — Beiträge zur Kenntnis der Chorda supra-spinalis der Lepidoptera und des centralen, peripherischen und sympathischen Nervensystems der Raupen. *Zeitschr. für wissensch. Zool.* Bd. XXXV.

1820-21-22. CHABRIER (J.). — Essai sur le vol des Insectes. *Mém. du Mus. d'Hist. nat.* Vol. VI, VII, VIII.

1872. CHADIMA (J.). — Ueber die Homologie zwischen den männlichen und weiblichen äusseren Sexualorganen der Orthoptera Saltatoria Latr. *Mittheil. d. naturwiss. Vereins f. Steiermark.*

1873. — Ueber die von Leydig als Geruchsorgane bezeichneten Bildungen bei den Arthropoden. *Mittheil. d. naturwiss. Ver. f. Steiermark.*

1887. CHALANDE (J.). — Recherches sur le mécanisme de la respiration chez les Myriapodes. *Compt. rend. Acad. d. Scienc.* T. CIV.

1880. CHAMBERS (TOUSEY VICTOR). — Notes upon some Tineid larvæ. *Psyche*, III, July. (Certain retractile processes " from the sides of certain segments of the Larva ").

1881. — Further notes on some Tineid larvæ. *Psyche*, III. Feb. (Larva of *Phyllocnistis* has eight pairs of lateral pseudopodia on first eight abdominal segments.)

1870. CHAPMAN (TH.-A.). — The life history of *Rhipiphorus paradoxus*. *Trans. Woolhope Note's Field Club.*

1870. — On the parasitism of *Rhipiphorus paradoxus*. *Ann. Mag. Nat. Hist.* 4e serie, vol. V.

1870. — Some facts towards a life history of *Rhipiphorus paradoxus*. *Ann. Mag. Nat. Hist.* 4e serie, vol. VI.

1893. — On a Lepidopterous pupa (*Micropteryx purpurella*) with functionally active mandibles. *Trans. Ent. Soc. London.*

1853. CHAPUIS et CANDÈZE. — Catalogue des larves des Coléoptères, etc. *Mém. Soc. Scienc. de Liège.* Vol. VIII.

1877. CHATIN (J.). — Recherches pour servir à l'histoire du bâtonnet optique chez les Crustacés et les Vers. *Ann. d. Scienc. nat. Zool.* 6e sér. vol. V. Art. Nr. 9.

1878. — *Ibid.* 6e sér. vol. VII. Nr. 1.

1879. — Origine et valeur des différentes pièces du labium chez les Orthoptères. *C. R. Acad. d. Sc.*

1879. — Recherches histologiques et morphologiques sur le grand sympathique des Insectes. *Bull. de la Soc. philomathique.*

1879. — Les organes des sens dans la série animale. Paris.

1880. CHATIN (J.). — Sur la constitution de l'armature buccale des Tabanides. *Bull. de la Soc. philom.*

1882. — Note sur la structure du noyau dans les cellules marginales des tubes de Malpighi chez les Insectes et les Myriapodes. *Ann. d. Scienc. natur. Zool.* 6e sér., vol. XIV. No 3.

1883. — Structure et développement des bâtonnets antennaires chez la Vanesse Paon de jour. 1 vol. Paris.

1884. — Sur le maxillaire, le palpigère, le sous-galéa et la mâchoire chez les Insectes broyeurs. *C. R. Acad. d. Sc.*

1884. — Sur les appendices de la mâchoire chez les Insectes broyeurs. *C. R. Acad. d. Sc.*

1884. — Morphologie comparée des pièces maxillaires, mandibulaires et labiales chez les Insectes broyeurs. 1 vol. Paris.

1884. — Recherches sur les organes tactiles des Insectes et des Crustacés. 2 vol. Paris.

1885. — Morphologie analytique et comparée de la mâchoire chez les Hyménoptères. *C. R. Acad. d. Sc.*

1885. — Sur la mandibule des Hyménoptères. *C. R. Acad. d. Sc.*

1886. — Morphologie comparée du labium chez les Hyménoptères. *C. R. Acad. d. Sc.*

1886. — Sur le labre des Hyménoptères. *C. R. Acad. des Sc.*

1887. — Recherches morphologiques sur les pièces mandibulaires, maxillaires et labiales des Hyménoptères. 1 vol. Paris.

1891. — L'appareil buccal des Phryganes. *Bull. Soc. philomathique.*

1892. — Sur l'origine et la formation du revêtement chitineux chez les larves des Libellules. *C. R. Acad. d. Sc.*

1895. — Observations histologiques sur les adaptations fonctionnelles de la cellule épidermique chez les Insectes. *C. R. Acad. d. Sc.*

1895. — La cellule épidermique des Insectes; son paraplasma et son noyau. *C. R. Acad. d. Sc.*

1881. CHESHIRE (F.-R.). — Physiology and anatomy of the Honey Bee and its Relations to flowering Plants. London.

1886. — Bees and bee-keping. London.

1894. CHILD (CH.-M.). — Ein bisher wenig beachtetes antennales Sinnesorgan der Insekten, mit besonderer Berücksichtigung der Culiciden und Chironomiden. *Zeitschr. f. wissens. Zool.* Bd. LVIII — *Zool. Anzeiger.* XVII Jahrg. — *Annals and Mag. Nat. Hist.* Vol. XIII.

1891. CHABAUD (A.). — Mues et métamorphoses de *Emenadia flabellata* F. Insecte coléoptère de la famille des Rhipiphorides. *Ann. Soc. ent. France.* Vol. LX.

1880. CHOLODKOWSKY (N.). — Ueber die Hoden der Schmetterlinge. *Zool. Anzeiger.* 3 Jahrg.

1880. CHOLODKOWSKY (N.). — Ueber den Bau der Testikel bei Schmetterlingen. *Zool. Anzeiger*. 3 Jahrg.

1881. — Zur Frage über den Bau und über die Innervation der Speicheldrüsen der Blattiden. *Horæ Soc. Ent. Ross.* Vol. XVI.

1884. — Sur les vaisseaux de Malpighi chez les Lépidoptères. *Compt. rend. Acad. d. Scienc.* T. XCIX.

1884. — Ueber die Hoden der Lepidopteren. *Zool. Anzeiger*. Bd. VII.

1884. — Ueber den Hummelstachel und seine Bedeutung für die Systematik. *Zool. Anzeig.* Bd. VII.

1885. — Ueber den Geschlechsapparat von *Nematois metallicus*. *Zeitsch. f. wissens. Zool.* Bd. XLIII.

1886. — Zur Morphologie der Insektenflügel. *Zool. Anzeiger*. 9 Jahrg.

1887. — Sur la morphologie de l'appareil urinaire des Lépidoptères. *Archives de Biologie*. T. VI.

1888. — Ueber die Bildung des Entoderms bei *Blatta germanica*. *Zool. Anzeiger*. Bd. XI.

1889. — Studien zur Entwicklungsgeschichte der Insecten. *Zeitschr. f. wiss. Zool.* Bd. XLVIII.

1889. — Noch Einiges zur Biologie der Gattung Chermes L. *Zool. Anzeiger*. 12 Jhg. — *Entom. Nachricht.* 15 Jhg.

1889. — Weiteres zur Kenntnis der Chermes-Arten. *Zool. Anzeiger*. 12 Jhg.

1889. — Neue Mittheilungen zur Lebensgeschichte der Gattung Chermes. *Zool. Anzeiger*. 12 Jhg.

1890. — Zur Embryologie von *Blatta germanica*. *Zool. Anzeiger*. 13 Jahrg.

1890. — Zur Embryologie der Hausschabe (*Blatta germanica*). *Biol. Centralbl.* Bd. X.

1891. — Ueber die Entwicklung des centralen Nervensystems bei *Blatta germanica*. *Zool. Anzeiger*. 14 Jahrg.

1891. — Zur Embryologie der Insecten. *Zool. Anzeiger*. 14 Jahrg.

1891. — Die Embryonalentwicklung von *Phyllodromia* (*Blatta germanica*). *Mém. Acad. Saint-Pétersbourg*. T. XXXVIII.

1894. — Zur Frage über die Anfangsstadien der Spermatogenese bei den Insecten. *Zool. Anzeiger*. 17 Jahrg.

1896. — Beiträge zu einer Monographie der Coniferen Läuse. *Horæ Soc. ent. Rossicæ*. Vol. XXX et XXXI.

1897. — Entomologische Miscellen, V. Ueber Spritzapparate der Cimbiciden Larven.

1897. — Ueber das Bluten der Cimbiciden Larven. *Horæ Soc. ent. Rossicæ*. Vol. XXX.

1900. — Ueber den Lebenscyklus d. *Chermes*-Arten u. d. damit verbundenen allg. Fragen. *Biol. Centralbl.* Bd. XX.

1902. — Ueber d. Hermaphroditismus bei *Chermes*-Arten. *Zool. Anz.* Bd. XXV.

1875. CHUN (C.). — Ueber den Bau, die Entwicklung und physiologische Bedeutung der Rektaldrüsen bei den Insekten. Frankfurt a. M.

1896. — Leuchtorgane und Facetten-augen. *Biol. Centralbl.*

1882. CIACCIO (G.-V.). — Dell'anatomia minuta di quei muscoli che negl'Insetti muovono le ali. *Rend. Accad. Sc. Bologna.*

1884. — Figure dichiarative della minuta fabbrica degli occhi de' Ditteri disposte ed ordinate in 12 tavole. Bologna.

1886. — Della minuta fabbrica degli occhi de' Ditteri. Libri tre. *Mem. Accad. Bologna*. 4 ser., T. VI.

1887. — Dell'anatomia minuta di quei muscoli che negl'Insetti muovono le ali. Nuove osservazioni. *Mem. Accad. Bologna.* 4 sér., T. VIII.

1889. — Sur la forme de la structure des facettes de la cornée et sur les milieux réfringents des yeux composés des Muscides. *Journal Microscop.* Paris, 13e année.

1858. CLAPARÈDE (E.). — Sur les prétendus organes auditifs des antennes chez les Coléoptères lamellicornes et autres Insectes. *Ann. Scienc. nat. zool.* 4e sér., vol. X.

1859. — Zur Morphologie der zusammengesetzten Augen bei den Arthropoden. *Zeitschr. f. wissensch. Zool.* Bd. X.

1858. CLAUS (C.). — Generationswechsel und Parthenogenesis im Thierreiche. Ein bei Gelegenheit der Habilitation gehaltener Vortrag. Marburg, Elwert.

1861. — Ueber die Seitendrüsen der Larven von *Chrysomela populi*. *Zeitschr. f. wissensch. Zool.* Bd. XI.

1862. — Ueber Schutzwaffen der Raupe des Gabelschwanzes. *Würzburger Naturw. Zeitschr.* Bd. III; *Sitzgsber. am* 28 Juni.

1864. — Beobachtungen über die Bildung der Insekteneies. *Zeitschr. f. wissens. Zool.* Bd. XIV.

1866. — Ueber das bisher unbekannte Männchen von *Psyche helix*. *Marburger Sitzber.*

1867. — Ueber das Männchen der *Psyche helix* (*helicinella*) nebst Bemerkungen über die Parthenogenese der Psychiden. *Zeitschr. f. wiss. Zool.* Bd. XVII.

1867. — Ueber die wachsbereitenden Hautdrüsen der Insekten. *Marburger Sitzungsber.*

1884. — Traité de zoologie. 2e édit. franç., par Mocquin-Tandon. Paris.

1898. CLAYPOLE (A.-M.). — The oogenesis and embryology of *Anurida maritima*. *Journ. of Morphol.* Vol. XIV.

1862. COHN (FERD.). — Bemerkungen über Räderthiere, III. *Zeitschr. f. wiss. Zool.* Bd. XII.

1865. COHNHEIM. — Ueber den feineren Bau der quergestreiften Muskelfaser. *Virchow-Archiv f. Patholog. Anat. u. Physiol.*, etc. Bd. XXXIV.

1880. COLASANTI (G.). — Gli effetti del freddo sulla crisalide e la farfalla del *Bombyx mori* : esperienze. Roma.

1882-83. COLEMAN (N.). — Notes on *Orgyia leucostigma*. *Papilio*. November-December-Jan.

1769. COMPARETTI (A.). — De aure interna comparata. Patavii.

1887. COMSTOCK (J.-H.). — On the Homologies of the Wing-veins of Insects. *American Naturalist*. Vol. XXI.

1887. — Note on respiration of Aquatic Bugs. *American Naturalist*. Vol. XXI.

1899. COMSTOCK and NEEDHAM. — The wings of Insects. Ithaca U. S. A. — *Amer. Naturalist* 1898-1899.

1890. CONTEJEAN (C.). — Sur le mode de respiration du *Decticus verrucivorus*. *C. R. Acad. d. sc.* T. CXI.

1877. COOKE (N.). — On Melanism in Lepidoptera. *Entomologist*. Vol. X.

1850. COQUEREL (Ch.). — Note sur la prétendue poussière cryptogamique qui recouvre le corps de certains Insectes. *Ann. Soc. entom. de France.*

1850. — Note pour servir à l'histoire de l'*Aëpus Robini*. *Ann. Soc. entom. France*. 2e sér., vol. VIII.

1856. CORNALIA (E.). — Monografia del Bombice del gelso (*Bombyx mori*). *Memorie d. R. Istituto lombardo d. Sc., Lettere ed Arte*. Vol. VI.

1848. CORNELIUS (C.). — Beiträge zur näheren Kenntnis von *Palingenia longicauda* Ol. *Programm d. Real. u. Gewerbeschule zu Elberfeld.*

1876. CORNU (Maxime). — Études sur la nouvelle maladie de la Vigne (Phylloxéra). *Mém. présent. par divers savants à l'Acad. des Sc.* T. XXII.

1878. — Études sur le *Phylloxera vastatrix*. *Mém. prés. par div. sav. à l'Acad. des Sc.* T. XXVI.

1880. COQUILLETT (D.-W.). — On the early stages of some Moths. *Can. ent.* March, T. XII.

1890-91. COSTE (F.-H.-P.). — Contributions to the chemistry of Insect colours. *The Entomologist*. Vol. XXIII-XXIV. — *Nature*. Vol. XLV.

1899. CRAMPTON (H.-E.). An experimental study upon Lepidoptera. *Arch. f. Entwickelungsmech.* Bd. IX.

1885. CREUTZBURG (N.). — Ueber den Kreislauf der Ephemerenlarven. *Zool. Anz.*

1888. CUÉNOT (L.). Études sur le sang, son rôle et sa formation dans la série animale. 2e part. Invertébrés ; note préliminaire. *Arch. Zool. expériment.*. 2e sér., t. V.

1891. — Études sur le sang et les glandes lymphatiques dans la série animale. *Arch. Zool. expér. et gén.*

1892. — Moyens de défense dans la série animale. *Encycl. sc. d. Aides mém.* 1 vol. Paris.

1895. CUÉNOT (L.). — Études physiologiques sur les Orthoptères. *Arch. biol.* Vol. XIV.

1897. — Sur la saignée réflexe et les moyens de défense de quelques Insectes. *Arch. zool. expér.* 3e sér., vol. IV.

1897. — Les globules sanguins et les organes lymphoïdes des Invertébrés. *Arch. d'Anat. microsc.* T. I.

1899. — La détermination du sexe chez les animaux. *Bull. sc. France et Belgique*. T. XXXII.

1887. CUCCATI (Giov.). — Sulla struttura del ganglio supraesofageo di alcuni Ortotteri (*Acridium lineola, Locusta viridissima, Locusta sp., Gryllotalpa vulgaris*). Bologna.

1887. — Intorno alla struttura del cervello della *Somomya erythrocephala*. Nota preventiva. Bologna.

1888. — Ueber die Organisation des Gehirns der *Somomya erythrocephala*. *Zeitschr. f. wiss. Zool.* Bd. XLVI.

1870. CURO (A.). — Della partenogenesi fra i Lepidotteri. *Atti Soc. ital. Sc. nat.* Vol. XIII.

1871. — Cenni intorno ad alcuni sperimenti istituiti allo scopo di tentare la verificazione dei casi di partenogenesi presso il Bombice del moro. *Atti Soc. ital. Sc. nat.* Vol. XIV.

1800-1805. CUVIER (G.). — Leçons d'anatomie comparée. Paris.

1822-23. — Rapport sur les recherches anatomiques sur le thorax des animaux articulés et celui des Insectes en particulier, par M. V. Audouin. Paris. — Ref. *Isis*. I. — *Meckel. Archiv*. Bd. VII.

1836. — Le règne animal. Insectes. I. Edition accompagnée de planches gravées. Paris.

1839-1844. — Leçons d'anatomie comparée. Ed. 2. Paris.

D

1884. DAHL (F.). — Beiträge zur Kenntnis des Baues und der Funktionen der Insektenbeine. *Archiv f. Naturgesch.* 50 jahrg. — Vorläuf. Mitteil. *Zool. Anz.*

1885. — Die Fussdrüsen der Insekten. *Archiv f. mikroskop. Anat.* Bd. XXV.

1889. — Die Insekten können Formen unterscheiden. *Zool. Anz.* Bd. XII.

1877. DALLA TORRE (K. v.). — Entomologische Beobachtungen. *Entom. Nachricht.* 3 Jahrg.

1885. — Die Duftapparate der Schmetterlinge. *Kosmos*. Bd. XVII.

1818. DANDOLO (V.). — Storia dei Bachi da seta coi nuovi metodi. Milano.

1845. — Dell'arte di governare i Bachi da seta. Milano.

1873. DARESTE (C.). Note sur le développement du vaisseau dorsal chez les Insectes. *Arch. de Zoolog. exp. et gén.* T. II.

1868. DARWIN (CH.). — De la variation des animaux et des plantes sous l'action de la domestication. Trad. de Moulinié. 2 vol. Paris.

1870. — De la fécondation des Orchidées par les Insectes. Trad. de Rérolle. 1 vol. Paris.

1872. — De la descendance de l'Homme et la sélection sexuelle. Trad. de Moulinié. 2 vol. Paris.

1873. — De l'origine des espèces au moyen de la sélection naturelle, ou lutte pour l'existence dans la nature. Trad. de Moulinié. 1 vol. Paris.

1879. DAVIS (H.). — Notes on the pygidia and cerci of Insects. *Journ. R. microscop. Soc.* Vol. II.

1851. DAVY (J.). — On the effects of certain agents on Insects. *Transact. Entom. Soc. London.*

1846-1848. — Note on the Excrements of certain Insects, and on the Urinary Excrement of Insects. *Edinburgh N. Philos. Journ.* T. XL et t. XLV.

1854. — Some Observations on the Excrements of Insects, in a Letter addressed to W. Spencer. *Transact. Ent. Soc. London.* Sér. 2, vol. III.

1900. DEEGENER (P.). — Entwicklung der Mundwerkzeuge und des Darmkanals von *Hydrophilus. Zeitschr. f. wiss. Zool.* Bd. LXVIII.

1902. — Das Duftorgan von *Hepialus hectus* L. *Zeitschr. f. wiss. Zool.* Bd. LXXI.

1902. — Anmerkung zum Bau der Regenerationscrypter des Mitteldarmes von *Hydrophilus. Zool. Anz.* Bd. XXV.

1752-78. DE GEER. — Mémoires pour servir à l'histoire des Insectes. 8 vol. in-4°. Stockholm.

1780. — Observation sur la propriété singulière qu'ont les grandes chenilles à quatorze jambes et à double queue, du saule, de seringuer de la liqueur. *Mém. Soc. étrang.* Paris.

1774. — Gœtze und Bonnet, etc. Auserlesene Abhandlungen.

1890. DELBŒUF. — Nains et géants. Étude comparative de la force des petits et des grands animaux. Bruxelles.

1895. DE MEIJÈRE (J.-C.-H.). — Ueber zuzammengesetzte Stigmen bei Dipterenlarven, etc. *Tijd. Ent.* T. XXXVIII.

1890. DEMOOR (J.). — Recherches sur la marche des Insectes et des Arachnides. Étude expérimentale d'Anatomie et de Physiologie comparées. *Archives de Biologie.*

1888. DENHAM (CH.-S.). — The acid secretion of *Notodonta concinna. Insect Life.* Vol. I (hydrochloric acid).

1835. DESCHAMPS (B.). — Recherches microscopiques sur l'organisation des ailes des Lépidoptères. *Annales d. Sc. natur.* Sér. 2, t. III.

1845. — Recherches microscopiques sur l'organisation des élytres des Coléoptères. *Ann. Science nat.* Sér. 3. t. III.

1891. DEVAUX (H.). — Vom Ersticken durch Ertrinken bei den Tieren und Pflanzen. *Naturwiss. Rundschau*, 6 Jahrg. — *Compt. rend. Soc. de Biol.* Sér. 9, t. III.

1874. DEWITZ (H.). — Vergleichende Untersuchungen über Bau und Entwicklung des Stachels der Honigbiene und der Legescheide der grünen Heuschrecke. Dissertation. Königsberg.

1874. — Ueber Bau und Entwicklung des Stachels und der Legescheide einiger Hymenopterer und der grünen Heuschrecke. *Zeitschr. f. wissensch. Zoologie.* Bd. XXV.

1877. — Ueber Bau und Entwicklung des Stachels der Ameisen. *Zeitschr. f. wiss. Zoologie.* Bd. XXVIII. Hft. 4.

1878. — Beiträge zur Kenntniss der postembryonalen Gliedmassenbildung bei den Insecten. *Zeitschr. f. wiss. Zool.* Bd. XXX, suppl.

1881. — Die Mundteile der Larve von *Myrmeleon. Sitzungsber. d. Ges. naturforsch. Freunde zu Berlin.*

1881. — Ueber die Flügelbildung bei Phryganiden und Lepidopteren. *Berl. Ent. Zeitschr.* Bd. XXV.

1882. — Ueber die Führung an den Körperanhängen der Insekten speziell betrachtet an der Legescheide der Acridier, dem Stachel der Meliponen und den Mundteilen der Larve von *Myrmeleon*, nebst Beschreibung dieser Organe. *Berliner Entom. Zeitschr.* Bd. XXVI.

1882. — Wie ist es den Stubenfliegen und anderen Insekten möglich, an senkrechten Glaswänden emporzulaufen. *Sitzungsber. Ges. naturf. Freunde zu Berlin.*

1882. — Weitere Mitteilungen über den Kletterapparat der Insekten. *Sitzungsber. Ges. naturf. Freunde zu Berlin.*

1883. — Die Befestigung durch einen Klebenden Schleim beim Springen gegen senkrechte Flächen. *Zool. Anzeiger.*

1884. — Ueber die Fortbewegung der Tiere an senkrechten glatten Flächen vermittelst eines Sekretes. *Pflüger's Archiv. f. d. ges. Physiologie.* Bd. XXXIII. — *Zool. Anzeiger.*

1884. — Ueber das durch die Foramina repugnatoria entleerte Secret bei *Glomeris. Biol. Centralblatt.* Bd. IV.

1884. — Ueber die Wirkung der Haftläppchen toter Fliegen. *Entom. Nachr.* 10 Jahrg.

1885. — Weitere Mitteilungen über das Klettern der Insekten an glatten senkrechten Flächen. *Zoolog. Anzeiger.* 8 Jahrg.

1885. — Richtigstellung der Behauptungen des Herrn F. Dahl. *Archiv f. mikroskop. Anat.* Bd. XXVI.

1888. — Entnehmen die Larven der Donacien vermittelst Stigmen oder Atemröhren der Lufträumen der Pflanzen die sauerstoffhaltige Luft? *Berlin. Ent. Zeitschr.* 32 Jahrg.

1889. — Die selbständige Fortbewegung der Blutkörperchen der Gliedertiere. *Naturwiss. Rundschau, Braunschweig.* 4 Jahrg.

1889. DEWITZ (H.). — Eigenthätige Schwimmbewegung der Blutkörperchen der Gliedertiere. *Zool. Anzeiger.* 12 Jahrg.

1890. — Einiger Beobachtungen, betreffend das geschlossene Tracheensystem bei Insektenlarven. *Zool. Anzeiger.* Bd. XIII.

1901. DEWITZ (J.). — Verhinderung der Verpuppung bei Insektenlarven. *Arch. f. Entwicklungsmech.* Bd. XI.

1902. — Recherches expérimentales sur la métamorphose des Insectes. Sur l'action des enzymes (oxydases) dans la métamorphose des Insectes. *C. R. Soc. Biologie.*

1902. DICKEL (F.) — Ueber die Entwickelungsweise der Honigbiene. *Zool. Anz.* Bd. XXVI.

1833. DIERCKX (F.). — Etude comparée des glandes pygidiennes chez les Carabides et les Dytiscides. *La Cellule.* T. XVI.

1871. DIETL (M.-J.). — Untersuchungen über Tasthaare. *Wiener Sitzber. Math.-naturwiss. Cl.* Bd. LXIV, 1 Abt.

1872. — II. *Ibid.*, LXVI Bd., 3 Abt.

1874. — Beiträge zur vergleichenden Anatomie derselben. *Wiener Sitzber. Math. naturwiss. Cl.* Bd. LXVIII. 3 Abt.

1876. — Die Organisation des Arthropodengehirns. *Zeitschr. f. wiss. Zoologie.* Bd. XXVII.

1878. Die Gewebselemente des Centralsnervensystems bei wirbellosen Thieren. *Aus den Berichten des naturw-medic. Vereins in Innsbruck.* Innsbruck.

1881. DIMMOCK (G.). — The anatomy of the mouth-parts and of the sucking apparatus of some Diptera. Boston.

1882. — Organs, probably defensive in function, in the larva of *Hyperchiria varia* Walk (*Saturnia io* Harris). *Psyche.* Vol. III (Account of lateral eversible glands on Ist and 7th abdominal segments; they emit neither moisture nor odor).

1882. — On some glands which open externally on Insects. *Psyche.* Vol. III. (Treats of poison-glands, glandular hairs, eversible glands of *Cerura*, etc.).

1883. — The scales of Coleoptera. *Psyche.* Vol. IV.

1893. DIXEY (Fr.-A.). — On the phylogenetic significance of the variations produced by difference of temperature in *Vanessa atalanta. Trans. Ent. soc. London.*

1902. — Notes on some cases of sexual dimorphism in Butterflies, with an account of Experiments by M. G. A. K. Marshall. *Trans. Ent. Soc. London.* T. IV.

1897. DIXON (H. H.). — Preliminary note on the walking of some of the Arthropoda. *Proc. R. Dublin Soc.* Vol. VII.

1877. DOGIEL (Joh.). — Anatomie und Physiologie des Herzens der Larve von *Corethra plumicornis. Mém. Acad. imp. d. sc. Saint-Pétersbourg.* 7e sér., t. XXIV.

1865. DOHRN (A.). — De Anatomia Hemipterorum. Vratislaviæ.

1866. — Zur Anatomie der Hemipteren. *Stettin. Entom. Zeit.* 27 Jahrg.

1876. — Notizen zur Kenntniss der Insectenentwicklung. *Zeitschr. f. wiss. Zool.* Bd. XXVI.

1896. DOMINIQUE (J.). — Note orthoptérologique. La parthénogenèse chez le *Bacillus gallicus. Bull. Soc. sc. nat. de l'Ouest de la France.* T. VI.

1871. DŒNITZ (W.). — Beiträge zur Kenntniss der quergestreiften Muskelfasern. *Reicherts u. du Bois-Reymonds Archiv f. Physiol.*

1848. DOUBLEDAY (E.). — On the pterology of the Diurnal Lepidoptera, especially upon that of some genera of Heliconidæ. *Proceed. Linn. Soc. London.*

1861. DOR (H.). — De la vision chez les Arthropodes. *Archiv. Sc. Phys. et Natur.* T. XII.

1864. DORFMEISTER (Georg.). — Ueber die Einwirkung verschiedener, während der Entwicklungsperioden angewendeter Wärmegrade auf die Färbung und Zeichnung der Schmetterlinge. *Mitteilungen d. naturwiss. Vereins f. Steiermark. Graz.*

1880. — Ueber den Einfluss der Temperatur bei der Erzeugung der Schmetterlings-Varietäten. *Mitteilungen d. naturwiss. Vereins f. Steiermark Graz.*

1837. DOYÈRE (L.) — Observations anatomiques sur les organes de la génération chez la Cigale femelle. *Ann. Scienc. natur.* T. VII.

1839. — Note sur le tube digestif des Cigales. *Ann. des Scienc. natur. Zool.* 2e sér., t. XI.

1887. DREYFUS (L.). — Ueber Chermes. *Tagebl. d. 60. Vers. deutsch. Naturf. u. Arzte.*

1888. — Ueber neue Beobachtungen bei den Gattungen *Chermes* L. u. *Phylloxera* Boyer de Fonsc. *Tagebl. d. 61. Vers. deutsch. Naturf. u. Aerzte.*

1889. DRIEDZICKI (H.). — Revue des espèces européennes du genre *Phronia* Winn. *Horæ Soc. Ent. Ross.* Vol. XXIII.

1886. DUBOIS (R.). — Contribution à l'étude de la production de la lumière par les êtres vivants. Les Élatérides lumineux. *Bull. Soc. Zool. France.* 11e année.

1893. — Sur le mécanisme de la production de la lumière chez l'*Orya barbarica* d'Algérie. *Compt. rend. Acad. Scienc.* T. CXVII.

1895. — Sur le rôle de l'olfaction dans les phénomènes d'accouplement chez les Papillons. *Ass. fr. p. l'Av. d. sc.*

1898. — Leçons de physiologie générale et comparée. Paris.

1878. DUCHAMP (G.). — Observations sur la structure et le développement de la capsule ovigère de la Blatte orientale. *Rev. scienc. nat.* T. VII.

1869. DUCLAUX (E.). — Sur la respiration et l'asphyxie des graines du Ver à soie. *C. R. Acad. d. Sc.* — *Ann. sc. de l'École normale supér.*

1869. — De l'influence du froid de l'hiver sur le développement de l'embryon du Ver à soie et sur l'éclosion de la graine. *Lettre à M. Pasteur.*

1871. — Études physiologiques sur la graine de Ver à soie. *Ann. Chimie et Physique.* 4e série, t. IV.

1876. — De l'action physiologique qu'exercent sur les graines de Ver à soie des températures inférieures à zéro. *C. R. Acad. d. sc.* T. LXXXIII.

1811. DUFOUR (L.). — Mémoire anatomique sur une nouvelle espèce d'Insecte du genre *Brachinus. Annal. du Mus. d'Hist. natur.* T. XVIII.

1821. — Anatomie de la Ranâtre linéaire et de la Nèpe cendrée. *Ann. génér. d. Scienc. phys. Bruxelles.* T. VII.

1824-26. — Recherches anatomiques sur les Carabiques et sur plusieurs autres Coléoptères. *Ann. Scienc. nat.* T. II, III, IV, V, VI, VII.

1825. — Recherches anatomiques sur l'Hippobosque des Chevaux. *Ann. Scienc. natur. Zool.* T. VI.

1826. — Recherches anatomiques sur les Carabiques et sur plusieurs autres Insectes coléoptères. Du tissu adipeux splanchnique. Organes des sécrétions excrémentitielles. Organes de la respiration. *Ann. Scienc. natur. Zool.* T. VIII.

1827. — Mémoire pour servir à l'histoire du genre *Ocyptera. Annal. Scienc. natur. Zool.* T. X.

1828. — Recherches anatomiques sur les Labidoures, précédées de quelques considérations sur l'établissement d'un ordre particulier pour ces Insectes. Appareil de la génération. *Annal. Scienc. natur. Zool.* T. XIII.

1828. — Description et figure de l'appareil digestif de l'*Anobium striatum. Ann. Scienc. nat. Zool.* T. XIV.

1833. — Recherches anatomiques et physiologiques sur les Hémiptères. *Mém. des Savants étrang. à l'Acad. des Scienc.* T. IV.

1834. — Recherches anatomiques et considérations entomologiques sur quelques Insectes coléoptères de la famille des Dermestines, des Byrrhiens, des Acanthopodes et des Leptodactyles. Appareil génital. *Ann. Scienc. nat. Zool.* 2e sér., t. I.

1834. — Résumé des recherches anatomiques et physiologiques sur les Hémiptères. *Ann. Sc. nat. Zool.* 2e sér., t. I.

1835. — Recherches anatomiques et considérations entomologiques sur les Insectes coléoptères des genres *Macronychus* et *Elmis*. *Ann. Scienc. nat. Zool.* 2e sér., t. III.

1836-37. — Recherches sur quelques entozoaires et larves parasites des Insectes orthoptères et hyménoptères. *Ann. Scienc. nat. Zool.* 2e sér., t. VI et VII.

1840. DUFOUR (L.). — Mémoire sur les métamorphoses et l'anatomie de la *Pyrochroa coccinea*. Appareil digestif. Glande odorifique. Appareil génital. *Ann. Scienc. natur. Zool.* 2e sér., t. XIII.

1840. — Histoire des métamorphoses et de l'anatomie des Mordelles. *Ibid.* T. XIV.

1841. — Études anatomiques et physiologiques sur une Mouche dans le but d'éclairer l'histoire des métamorphoses et de la prétendue circulation chez les Insectes. *Ann. Scienc. natur. Zool.* 2e sér., t. XVI.

1841. — Recherches anatomiques et physiologiques sur les Orthoptères, les Hyménoptères et les Neuroptères. *Mém. des Savants étrang.* Paris, T. VII.

1842. — Histoire comparative des métamorphoses et de l'anatomie des *Cetonia aurata* et *Dorcus parallelipipedus*. Tissus adipeux splanchniques. Appareil digestif. *Ann. Scienc. natur. Zool.* 2e sér., t. XVIII.

1843. — Mémoire sur les vaisseaux biliaires ou le foie des Insectes. *Annal. Scienc. nat. Zool.* 2e sér., t. XIX.

1843. — Note anatomique sur la question de la production de la cire des Abeilles. *Compt. rend. Acad. Scienc.* T. XVII.

1844. — Anatomie générale des Diptères. Appareil génital. *Ann. Scienc. nat. Zool.* 3e sér., t. I.

1844. — Histoire des métamorphoses et de l'anatomie du *Piophila petasionis*. Appareil digestif. Appareil génital. *Ann. Scienc. nat. Zool.* 3e sér., t. I.

1844. — Nouvelles observations sur la situation des stigmates thoraciques dans les larves des Buprestides. *Ann. Soc. Ent. France.* 2e sér., t. II.

1844. — Note sur la prétendue circulation chez les Insectes. *Compt. rend. Acad. d. Sc.* T. XIX.

1845. — Études anatomiques et physiologiques sur les Insectes Diptères de la famille des Pupipares. Appareil digestif. Appareil respiratoire et génital. *Ann. Sc. nat. Zool.* 3e sér., t. III.

1846. — Études anatomiques et physiologiques sur une Mouche. *Mém. des Savants étrangers.* Paris. T. IX.

1847. — Description et anatomie d'une larve à branchies externes d'Hydropsyche. *Ann. Sc. nat. Zool.* 3e sér., t. VIII.

1848. — Recherches anatomiques sur la larve à branchies extérieures du *Sialis lutraria*. *Ann. Scienc. natur. Zool.* 3e sér., t. IX.

1848. — Recherches sur l'anatomie et l'histoire naturelle de l'*Osmylus maculatus*. Appareil digestif. Appareil génital. *Ann. Sc. nat. Zool.* 3e sér., t. IX.

1848. — Sur la respiration branchiale des larves des grandes Libellules comparée à celle des Poissons. *Compt. rend. de l'Acad. des Scienc.* T. XXVI.

1848. DUFOUR (L.). — Mémoire sur les vaisseaux biliaires ou le foie des Insectes. *Ann. Scienc. nat. Zool.* 2e sér., t. XIX.

1849. — Sur la circulation chez les Insectes. Bordeaux, 8°. — *Compt. rend. Acad. Scienc.* T. XXVIII.

1849. — De divers modes de respiration aquatique chez les Insectes. *Compt. rend. Acad. d. Scienc.* T. XXIX.

1850. — Quelques mots sur l'organe de l'odorat et sur celui de l'ouïe dans les Insectes. *Actes d. la Soc. Linn. Bordeaux.* T. XVII, liv. 3 et 4. — *Ann. Scienc. natur. Zool.* 3e sér., t. XIV.

1851. — Note sur le parasitisme. *Compt. rend. Acad. Scienc.* T. XXXIII.

1851. — De la circulation du sang et de la nutrition chez les Insectes. *Act. Soc. Linn. Bordeaux.* T. XVII, Livr. 4.

1851. — Recherches anatomiques et physiologiques sur les Diptères. *Mém. des Savants étrang.* Paris. T. XI.

1852. — Études anatomiques et physiologiques et observations sur les larves des Libellules. Appareils circulatoire, digestif et respiratoire. *Ann. Scienc. nat. Zool.* 3e sér., t. XVII.

1854. — Recherches anatomiques sur les Hyménoptères de la famille des Urocérates. Appareils génital, digestif et respiratoire. *Ann. Sc. nat. Zool.* 4e sér., t. I.

1857. — Sur l'appareil génital mâle du *Coræbus bifasciatus. Thomson's Archiv entomol.* T. I.

1857. — Fragments anatomiques sur quelques Élatérides. *Ann. Scienc. natur. Zool.* 4e sér., t. VIII.

1857-58. — Fragments d'anatomie entomologique. Sur l'appareil digestif du *Nemoptera lusitanica*. Sur les ovaires du *Nemoptera lusitanica. Ann. Sc. nat. Zool.* 4e sér., t. VIII et IX.

1858. — Recherches anatomiques et considérations entomologiques sur les Hémiptères du genre *Leptopus*. Appareil digestif. Appareil génital. *Ann. Sc. nat. Zool.* 4e sér., t. X.

1860. — Recherches anatomiques sur l'*Ascalaphus meridionalis*. Appareil digestif. Appareil génital. *Ann. Scienc. natur. Zool.* 4e sér., t. XIII.

1862. — Études sur la larve du *Potamophilus. Ann. Scienc. nat. Zool.* 4e sér., t. XVII.

1838. DUGÈS (A.). — Traité de physiologie comparée de l'Homme et des Animaux. Montpellier et Paris.

1847. DUJARDIN (F.). — Sur les yeux simples ou stemmates des Animaux articulés. *Compt. rend. Acad. Scienc.* T. XXV.

1849. — Mémoire sur l'étude microscopique de la cire, etc. *Ann. Scienc. nat. Zool.* T. XII.

1850. — Mémoire sur le système nerveux des Insectes. *Ann. Scienc. nat. Zool.* 3e sér., t. XIV.

1818. DUTROCHET (R.-J.-H.). — Mémoire sur les métamorphoses du canal alimentaire chez les Insectes. *Journ. de Phys.* T. LXXXVI.

1833. — Du mécanisme de la respiration des Insectes. *Ann. Scienc. nat. Zool.* T. XXVIII. — *Mem. Acad. Scienc.* T. XIV.

1833. — Observations sur les organes de la génération chez les Pucerons. *Ann. Scienc. nat. Zool.* T. XXX.

1840. — Recherches sur la chaleur propre des Êtres vivants à basse température. *Ann. Scienc. nat. Zool.* 2e sér., t. XIII.

1825. DUVAU (AUGUSTE). — Nouvelles recherches sur l'histoire des Pucerons. *Mem. du Mus. d'hist. nat.* T. XIII — *Ann. Scienc. nat. Zool.* T. V.

1839. DUVERNOY (G.-L.). — Résumé sur le fluide nourricier, ses réservoirs et son mouvement dans tout le règne animal. *Ann. Scienc. nat. Zool.* 2e sér., t. XII.

1848. DZIERZON (JOH.). — Theorie u. Praxis des neuen Bienenfreundes, oder : Neue Art der Bienenzucht mit dem günstigsten Erfolge angewendet u. dargestellt. Brieg, Schwartz.

E

1865-66. EATON (A.-E.) Parthenogenesis in *Orgyia antiqua. Entomologist's Monthl. Mag.* Vol. II.

1866. — Notes on some species of *Cloëon. Ann. Mag. Nat. Hist.* 3e sér., vol. XVIII.

1868. — Remarks upon the Homologies of the Ovipositor. *Transact. Entom. Soc. London.*

1883-87. — A revisional Monograph of recent Ephemeridæ or May-flies. *Transact. Linn. Soc. London.* 2e ser., vol. III.

1892. EBERLI (J.). — Untersuchungen an Verdauungstrakten von *Gryllotalpa vulgaris. Vierteljahresschr. d. Naturforsch. Gesellsch.* Zurich.

1888. EBNER (V. VON). — Spermatogenese bei den Säugethieren. *Archiv für mikr. Anat.* Bd. XXXI.

1882. EDWARDS (HENRY). — Fans on the feet of Catocaline moths. *Papillio.* Vol. II.

1857-81. EDWARDS (H. MILNE). — Leçons sur la physiologie et l'anatomie comparée de l'Homme et des Animaux. 14 vol. Paris.

1868. EDWARDS (WILLIAM H.). — Butterflies of North America. Vol. I. IV. Philadelphy.

1875. —. An abstract of Dr. Aug. Weismanns paper on « The Season-dimorphism of Butterflies », to which is appended a statement of some experiments made upon *Papilio Ajax. Canadian Entomol.* Vol. VII.

1878. — Notes on *Lycæna pseudargiolus* and its larval history. *Can. Ent.* Vol. X.

1878. — On the larvæ of *Lycæna pseudargiolus* and attendant Ants. *Can. Ent.* Vol. X.

1872. EIMER (Th.). — Bemerkungen über die Leuchtorgane der *Lampyris splendidula*. *Arch. f. mik. Anat.* Bd. VIII.

1884. — Untersuchungen über *Luciola italica*. *Zeitschrift f. wiss. Zool.* Bd. XL.

1887. EISIG (H.). — Die Capitelliden des Golfes von Neapel. *Fauna und Flora des Golfes von Neapel.* Berlin.

1886. ELWES (H.-J.). — On Butterflies of the Genus *Parnassius*. *Proceed. Zool. Soc. London.*

1884. EMERY (C.). — Fortbewegung von Tieren an senkrechten und überhängenden glatten Flächen. *Biolog. Centralbl.* Bd. IV.

1884. — Untersuchungen über *Luciola italica*. *Zeitschrift für wissensch. Zool.* Bd. XL.

1885. — La luce della *Luciola italica* osservata col microscopio. *Bull. Soc. Ent. Ital.* XVII.

1888. — Ueber den sogenannten Kaumagen einiger Ameisen. *Zeitschr. f. wiss. Zool.* Bd. XLVI.

1899. ENDERLEIN (G.). — Die Respirationsorgane der Gastriden. *Sitz. d. K. Acad. d. Wiss. Math.-natur. Cl. Wien.* Bd. CXVIII.

1899. — Beitrag zur Kenntnis des Baues der quergestreiften Muskeln bei den Insekten. *Arch. f. mikr. Anat.* Bd. LV.

1880. ENGELMANN (W.). — Zur Anatomie und Physiologie der Spinndrüsen der Seidenraupe. Nach Untersuchungen von Th. W. von Lidth de Jende. *Onderz. Phys. Lab. Utrecht* (3). 5 Deel.

1901. ENRIQUES (P.). — Sulla ninfosi nelle Mosche. *Anat. Anzeiger.* Bd. XX.

1902. — Sulla ninfosi nelle Mosche. *Anat. Anzeiger.* Bd. XXI.

1847. ERICHSON (W.-E.). — De fabrica et usu antennarum in Insectis. Berlin.

1896-97. ERLANGER (R. von). — Spermatogenetische Fragen. *Zool. Centralbl.* Bd. III und IV.

1892. ESCHERICH (K.). — Die biologische Bedeutung der Genitalanhänge der Insekten. *Verhandl. d. zool. bot. Ges. Wien.*

1894. — Anatomische Studien über das männliche Genitalsystem der Coleopteren. *Zeitschr. f. wissens. Zool.* Bd. LVII.

1820. ESCHSCHOLTZ (J.-F.). — Beschreibung des inneren Skeletts einiger Insekten aus verschiedenen Ordnungen. *Beiträge zur Naturkunde aus den Ostseeprovinzen Russlands. Dorpat.*

1875. EXNER (S.). — Ueber das Sehen von Bewegungen und die Theorie des zusammengesetzten Auges. *Sitzsber. d. math. naturwiss. Cl. Kais. Akad. d. Wiss. Wien.* Bd. LXXII. 3. *Abt. Physiol.*

1881. — Die Frage von der Funktionsweise der Fazettenauges. *Biol. Centralbl.* Bd. I.

1889. — Das Netzhautbild des Insektenauges. *Sitzgsber. k. Akad. d. Wissensch. Wien.* Bd. XCVIII. 3 Abt.

1889. EXNER (S.). — Durch Licht bedingte Verschiebungen des Pigmentes im Insektenauge und deren physiologische Bedeutung. *Sitzgsber. K. Akad. d. Wissensch. Wien.* Bd. XCVIII.

1891. — Die Physiologie der fazettierten Augen von Krebsen und Insekten. Wien, F. Deuticke.

F

1856. FABRE (J.-H.). — Etude sur l'instinct et les métamorphoses des Sphégiens. *Ann. des Scienc. nat. Zool.* 4ᵉ sér., t. VI.

1857. — Mém. sur l'hypermétamorphose et les mœurs des Méloïdes. *Ann. sc. nat. Zool.* 4ᵉ série, t. VII.

1858. — Nouvelles observations sur l'hypermétamorphose et les mœurs des Méloïdes. *Ann. sc. nat. Zool.* 4ᵉ série, t. IX.

1863. — Étude sur le rôle du tissu adipeux dans la sécrétion urinaire chez les Insectes. *Ann. Scienc. nat. Zool.* 4ᵉ sér., t. XIX.

1879. — Étude sur les mœurs et la parthénogenèse des Halictes. *Ann. Scienc. nat. Zool.* 6ᵉ sér., t. IX.

1775. FABRICIUS (G. Chr.). — Systema entomologiæ, etc. Altona.

1777. — Genera Insectorum, etc. Kilonii. Bartsch.

1778. — Philosophia entomologica, etc. Hamburgi et Kilonii.

1792-94. — Entomologia systematica, etc. Hafniæ.

1796-99. — Id. 2ᵉ édition.

1857. FAIVRE (E.). — Du cerveau des Dytisques considéré dans ses rapports avec la locomotion. *Annal. d. Scienc. natur. Zool.* 4ᵉ sér., t. VIII.

1857. — Etudes sur les fonctions et les propriétés des nerfs craniens chez le Dytisque. *Compt. rend. Acad. d. Sc.* T. XLV.

1858. — Etudes sur la physiologie des nerfs craniens chez le Dytisque. *Annal. d. Scienc. nat. Zool.* 4ᵉ sér., vol. IX.

1859-60. — De l'influence du système nerveux sur la respiration des Dytisques. *Annal. d. Scienc. natur. Zool.* 4ᵉ sér., vol. XIII.

1861. — Recherches sur les propriétés et les fonctions des nerfs et des muscles de la vie organique chez un Insecte, le *Dytiscus marginalis*. *Compt. rend. de l'Acad. d. Scienc.* T. LII. — *Annal. d. Scienc. natur. Zool.* 4ᵉ sér., t. XVII.

1864. — Recherches expérimentales sur la distinction de la sensibilité et de l'excitabilité dans les diverses parties du système nerveux d'un Insecte, le *Dytiscus marginalis*. *Annal. d. Scienc. nat. Zool.* 5ᵉ sér., vol. I.

1864. — Expériences sur le rôle du cerveau dans l'ingestion chez les Insectes et sur les fonctions du ganglion frontal. *Compt. rend. et Mém. Soc. de Biol.* 3ᵉ sér., t. V.

1871. FALLOU (J.). — Description de plusieurs Lépidoptères anormaux recueillis dans le Valais. *Annal. Soc. ent. France*, 5e sér., vol. I.

1883. — Note sur diverses variétés de Lépidoptères. *Ann. Soc. ent. France*, 6e série, vol. III.

1887. FAUSSEK (V.). — Beiträge zur Histologie des Darmkanals der Insekten. *Zeitschr. f. wiss. Zool.* Bd. XLV. — Vorläuf. Mitteil. im *Zool. Anz.* 10 Jahrg.

1863. FENGGER (H.). — Anatomie und Physiologie des Giftapparates bei den Hymenopteren. *Archiv f. Naturgesch.*

1897. FENARD (A.). — Recherches sur les organes complémentaires internes de l'appareil génital des Orthoptères. *Bull. sc. France-Belg.* T. XXIX.

1898. FERE (Ch.). — Expériences relatives aux rapports homosexuels chez les Hannetons. *C. R. de Biol.* 10e série, t. V.

1898. — Expér. relat. à l'instinct sexuel chez le Bombyx du mûrier. *C. R. Soc. de Biol.* 10e sér., t. V.

1890. FERNALD (Henry-T.). — Rectal glands in Coleoptera. *Amer. Naturalist.* Vol. XXIV.

1850-1852-1853. FILIPPI (F. de). Alcune osservazioni anatomico-fisiologiche sugl'Insetti in generale, ed in particolare sul Bombice del gelso. *Ann. della R. Accad. agric. Torino.* T. V. — *Ubersetzt von C. A. Dohrn, Stett. Ent. Zeit.* Bd. XIII-XIV.

1853. — Breve riasunto di alcune ricerche anatomico-fisiologiche sul Baco da seta comunicate alla società delle scienze biologiche di Torino nella tornata del 13 luglio.

1854. — Id. *Uebersetzt von C. A. Dohrn, Stett. Ent. Zeit.* Bd. XV.

1895. FISCHER (E.). — Transmutation der Schmetterlingen infolge Temperaturänderungen. Experimentelle Untersuchungen über die Phylogenese der Vanessen. In 8°. Berlin.

1846. FISCHER (L.-H.). — Mikroskopische Untersuchungen über die Käferschuppen. *Isis.* Vol. VI. — *Erichson Bericht.*

1862. FITCH (Asa). — Eighth report on the noxious and other Insects of... New-York. *Trans. N. Y. State Agric. Soc.* T. XXII.

1874. FLECHTER (J. E.). — Controling sex in Lepidoptera. *Entomologist.* Vol. VII.

1899. FLAMMARION (C.). — Action des diverses réactions lumineuses sur les êtres vivants. *C. R. Acad. d. sc.* T. CXXIX.

1901. — Influence des couleurs sur la production des sexes. *C. R. Acad. d. sc.* T. CXXXIII.

1878. FLÖGEL (J.-H.-L.). — Ueber den einheitlichen Bau des Gehirns in den verschiedenen Insekten-Ordnungen. *Zeitschr. f. wiss. Zoologie.* Bd. XXX. Suppl.

1890. FOCKE (W.) und LEMMERMANN. — Ueber das Schwermögen der Insekten. *Abhandl. d. Naturwiss. Ver. zu Bremen.* Bd. XI. — *Naturwiss. Wochenschrift. Red. Dr. H. Potonié.* Bd. V.

1880. FŒTTINGER (A.). — Sur la terminaison des nerfs dans les muscles des Insectes. *Archives de Biologie.* Vol. I.

1877-78. FORBES (W.-A.). — Melanism in Lepidoptera. *Entom. Monthl. Mag.* Vol. XIV.

1874. FOREL (A.). — Les Fourmis de la Suisse. *Neue Denkschriften der schweiz. naturforsch. Gessellsch.* Bd. XXVI.

1878. — Beiträge zur Kenntniss der Sinnesempfindungen der Insekten. *Mitteil. d. Münchener Entom. Verein.* 2 Jahrg.

1878. — Der Giftapparat und die Analdrüsen der Ameisen. *Zeitschr. f. wissensch. Zool.* Bd. XXX. Suppl.

1885. — Etudes myrmécologiques en 1884, avec une description des organes sensoriels des antennes. *Bull. Soc. vaud. d. Scienc. natur.* 9e sér. Lausanne. T. XX.

1886. — Les Fourmis perçoivent-elles l'ultra-violet avec leurs yeux ou avec leur peau? *Arch. Scienc. phys. nat.* Genève. 3e sér., t. XVI.

1886. — La vision de l'ultra-violet par les Fourmis. *Revue Sc.* Paris. T. XXXVIII.

1886-87. — Expériences et remarques critiques sur les sensations des Insectes. *Recueil zool. suisse.* T. IV.

1888. — Appendices à mon mémoire sur les sensations des Insectes. *Recueil zool. suisse.* T. IV.

1876. FREDERICQ (L.). — Note sur la contraction des muscles striés de l'Hydrophile. *Bullet. Acad. roy. Belgique.* 2e sér., t. XLI.

1881. FRENCH (G.-H.). — Larvæ of *Cerura occidentalis.* Lint. and *C. borealis.* Bd. *Can. Ent.* T. XIII.

1882. FRENZEL (J.). — Ueber Bau und Thätigkeit des Verdauungskanals der Larve des *Tenebrio molitor*, mit Berücksichtigung anderer Arthropoden. *Berlin. Entom. Zeitschr.*

1882. — Id. Inaug.-Diss. Göttingen.

1885. — Einiges über den Mitteldarm der Insekten, sowie über Epithelregeneration. *Archiv f. mikrosk. Anat.* Bd. XXVI.

1886. — Zum feineren Bau des Wimperapparates. *Archiv f. mikrosk. Anat.* Bd. XXVIII.

1891. — Die Verdauung lebenden Gewebes und die Darmparasiten. *Archiv f. Anat. Physiol. Phys. Abth.*

1882. FREUD (S.). — Ueber den Bau der Nervenfasern und Nervenzellen beim Flusskrebs. *Sitz. Acad. Wien.* Bd. LXXXV.

1887. FRICKEN (W. von). — Ueber Entwicklung, Atmung und Lebensweise der Gattung *Hydrophilus. Tagebl. 60. Versammt. deutscher Naturf. u. Aerzte.*

1888. FRITZE (A.). — Ueber den Darmkanal der Ephemeriden. *Berichte der Naturforsch. Gesellsch. zu Freiburg i. Br.* Bd. IV.

1889. — Id. *Naturwiss. Rundschau.* 4 Jahrg.

1880. FÜGNER (K.). — Duftapparat bei *Sphinx ligustri*. *Ent. Nachr.*

1872-74. FURLONGE (W.-K.). — On the internal Structure of the *Pulex irritans*. *Journ. Quekett. Microscop. Club*. Vol. III.

G

1886. GADEAU DE KERVILLE (HENRI). — Note sur l'albinisme imparfait, unilatéral, chez les Lépidoptères. *Ann. Soc. ent. France*. 6e sér., t. V.

1900. — L'accouplement des Coléoptères. *Bull. Soc. ent. France*.

1815. GAEDE (H.-M.). — Beiträge zur Anatomie der Insekten. Altona.

1821. — Physiologische Bemerkungen über die sogenannten Gallgefässe der Insekten. *Nova Acta Acad. Cæs. Leopold.-Carolin.* Vol. X, pars II.

1823. — Beiträge zur Anatomie der Insekten. *Acta Acad. Cæs. Leop. Carol.* Vol. XI, pars II.

1898. GAL (J.). — Études sur les Vers à soie. *Bull. Soc. d'Étude d. Sc. nat. Nîmes*.

1865. GANIN (M.). — Neue Beobachtungen über die Fortpflanzung der viviparen Dipterenlarven. *Zeitschr. f. wiss. Zool.* Bd. XV, Hft. 4.

1869. — Beiträge zur Erkenntniss der Entwicklungsgeschichte bei den Insecten. *Zeitschr. f. wiss. Zool.*

1869. — Ueber die Embryonalhülle der Hymenopteren-und Lepidopterenembryonen. *Mém. acad. St-Pétersbourg* (7). Vol. XIV.

1876. — Materialien zur Kenntniss der postembryonalen Entwicklungsgeschichte der Insecten (Russian). Warschau. Abdruck aus den *Arbeiten der 5e Versammlung russischer Naturf. und Aerzte in Warschau*. — Abdruck bei Hoyer in *Jahresber. der Anat. u. Phys. von Hoffmann und Schwalbe*. Bd. V, 1876, — und in *Zeitschr. f. wiss. Zool.* Bd. XXVIII.

1858-1860. GARNIER (J.). — De l'usage des antennes chez les Insectes. *Mém. Acad. Scienc. Amiens*. 2e sér., t. I.

1890. GARMAN (H.). — The mouth-parts of the Thysanoptera. *Bull. Essex. Inst.* Vol. XXII.

1891. — On a singular gland possessed by the male *Hadenœcus subterraneus*. *Psyche*.

1893. — Silk-spinning Dipterous larvæ. *Science*. T. XX.

1896. — The asymmetry of the mouth-parts of Thysanoptera. *Amer. Naturalist*. July.

1857. GASPARIN (de). — Rapport sur le Mémoire de M. André Jean, relatif à l'amélioration des races de Vers à soie. *Compt. rend. Acad. d. Sc.* T. XLIV.

1886. GAZAGNAIRE (J.). — Du siège de la gustation chez les Insectes Coléoptères. *Compt. rend. Acad. d. Scienc.* T. CII. — *Ann. Soc. Ent. France*. 6e sér., t. VI. Bull.

1886. GAZAGNAIRE (J.). — Des glandes chez les Insectes. *Compt. rend. Acad. Scienc.* T. CII. — *Ann. Soc. Ent. France*. Bull.

1878. GEGENBAUR (C.). — Grundriss der vergleichenden Anatomie. 2 Aufl. Leipzig.

1886. GEHUCHTEN (A. VAN). — Étude sur la structure intime de la cellule musculaire striée. *La Cellule*. T. II.

1890. — Recherches histologiques sur l'appareil digestif de la *Ptychoptera contaminata*. I. Etude du revêtement épithélial et recherches sur la sécrétion. *La Cellule*. T. VI.

1883. GEISE (O.). — Mundteile der Rhynchoten. *Archiv f. Naturg.* Bd. XLIV.

1762. GEOFFROY (E.-L.). — Histoire abrégée des Insectes qui se trouvent aux environs de Paris. 2 vol. Paris.

1873. GENTRY (TH.-G.) — Influence of nutrition on sex among the Lepidoptera. *Proc. Acad. nat. sc. Philad.*

1874. — Remarkable variations in coloration, ornementation, etc., of certain crepuscular and nocturnal Lepidopterous larvæ. *Canad. Entomol.* Vol. VI.

1832-1836. GEOFFROY SAINT-HILAIRE (ISIDORE). — Histoire générale et particulière des anomalies de l'organisation chez l'Homme et les animaux, ou Traité de Tératologie. Paris. 3 Vol. Avec atlas et 20 pl.

1861. GERSTAECKER (A.). — Ueber das Vorkommen von ausstülpbaren Hautanhängen am Hinterleibe von Schaben. *Archiv f. Naturgesch.* Bd. XXVII.

1863. — Arthropoden : in Handbuch der Zoologie von C.-H. PETERS, J.-V. CARUS und GERSTAECKER. Bd. II. Leipzig.

1865. — Ueber die Fortpflanzungsweise von *Miastor*. *Sitzber. d. Ges. Naturf. Freunde Berlin*, Mai.

1866-79. — Die Klassen und Ordnungen des Tierreichs. Bd.V. Gliederfüssler (Arthropoda). Ernährungsorgane. Leipzig u. Heidelberg.

1867. — Die Gattung *Oxybelus*. *Zeitschr. f. d. gesammten Naturwiss. Halle*. Bd. XXX.

1874. — Ueber das Vorkommen von Tracheenkiemen bei ausgebildeten Insekten. *Zeitschr. f. wissensch. Zoologie*. Bd. XXVI.

1877. — Morphologie der Orthoptera amphibiotica. *Festschrift zur Feier des hundertjhärigen Bestehens der Gesellschaft naturforschender Freunde zu Berlin*.

1853. GERSTFELD (GEORG.). — Ueber die Mundteile der saugenden Insekten. Dorpat.

1877. GIARD (ALFRED). — Principes de Biologie. *Préface de la traduct. des Élém. d'Anatom. comp. d. Invert. de Huxley*. Paris.

1887. — La castration parasitaire et son influence sur les caractères extérieurs du sexe mâle chez les Crustacés décapodes. *Bull. scientif. du Nord et de la Belgique*. T. XVIII.

1888. GIARD (ALFRED). — La castration parasitaire ; nouvelles recherches. *Bull. scientif. du Nord et de la Belgique.* T. XIX.

1889. — Sur la signification des globules polaires. *Compt. rend. et Mem. Soc. de Biol.* 9ᵉ sér., t. I. — *Bull. scientif. de la France et de la Belgique.*

1889. — Sur une galle produite chez le *Typhlocyba rosæ* par une larve d'Hyménoptère. *C. R. Acad. d. Sc.* T. CIX.

1889. — Sur la castration parasitaire du *Typhlocyba* par une larve d'Hyménoptère (*Aphelopus melaleucus* Dalm.) et par une larve de Diptère (*Atelenevra spuria* Meig.). *C. R. Acad. d. Sc.* T. CIX.

1892. — Sur un Diptère stratiomyde (*Beris vallata* Föster) imitant une Tenthrède (*Athalia annulata* Fab.). *C. R. Soc. de Biologie.* 9ᵉ sér., t. XLIV.

1902. — Sur la plaque membraneuse qui recouvre parfois les derniers segments de l'abdomen chez la femelle des *Dytiscus marginalis* et *latissimus*. *Bull. de la Soc. entom.* T. XLIV.

1893. — Sur l'organe appelé *spatula sternalis* et sur les tubes de Malpighi des larves de Cécidomyies. *Bull. Soc. Ent. France.* Vol. LXII.

1894. — Sur une Cochenille souterraine des vignes du Chili (*Margarodes vitium*, n. sp.). *C. R. Soc. de Biologie.* T. XLVI.

1894. — Convergence et pœcilogonie chez les Insectes. *Bull. Soc. entom.* T. XLIII.

1894. — Sur la transformation des *Margarodes vitium*. *C. R. Acad. d. Sc.* T. XLVI.

1894. — L'anhydrobiose ou ralentissement des phénomènes vitaux sous l'influence de la déshydratation progressive. *C. R. Soc. de Biologie.* T. XLVI.

1894. — Troisième note sur le genre *Margarodes*. *C. R. Soc. de Biologie.* T. XLVI.

1895. — Note sur l'accouplement du *Tipula rufina* Meig. *Bull. Soc. entom.* T. LXIV.

1895. — Quatrième note sur le genre *Margarodes* (en collaboration avec A. BUISINE). *C. R. Soc. de Biologie.* T. XLVII.

1899. — Parthénogenèse de la macrogamète et de la microgamète des organismes pluricellulaires. *Cinquantenaire de la Soc. de Biologie.* Vol. jubilaire. Paris.

1896. — Retard de l'évolution déterminé par anhydrobiose chez un Hyménoptère Chalcidien. *C. R. Soc. de Biologie.* 10ᵉ sér., t. III.

1897. — Transformation et métamorphose. *C. R. Soc. Biol.* Oct.

1900. — Sur le déterminisme de la métamorphose. *C. R. Soc. Biol.* Février.

1900. — La métamorphose est-elle une crise de maturité génitale? *Bull. Soc. Ent. de France.* Février.

1901. — Remarques critiques à propos de la détermination du sexe chez les Lépidoptères. *C. R. Acad. d. sc.*, t. CXXXIII.

1897. GIARDINA (A.). — Primi stadi embrionali della *Mantis religiosa*. *Monitore zool. italiano.* nº 12.

1901. — Origine dell'oocite e delle cellule nutrici nel *Dytiscus*. *Intern. Monatsschrift f. Anat. u. Phys.* Bd. XVIII.

1902. — Sui primi stadi dell'oogenesi e principalmente nelle fasi di sinapsi. *Anat. Anz.* Bd. XXI. Heft 10-11.

1885-86-88. GILSON (G.). — Étude comparée de la spermatogenèse chez les Arthropodes. *La Cellule, Recueil de Cytologie et d'Histologie générale.* T. I, II et IV.

1889. — The odoriferous apparatus of *Blaps mortisaga*. *Rep. 58 th. meeting Brit. Assoc. Adv. Sc.*

1889. — Les glandes odorifères du *Blaps mortisaga* et de quelques autres espèces. *La Cellule.* T. V.

1890. — Recherches sur les cellules sécrétantes. La soie et les appareils séricigènes. Lépidoptères. *La Cellule.* T. VI.

1893. — I. Lépidoptères (suite); II. Trichoptères. *Ibid.* T. X.

1896. — Studies in Insect morphology. *Proc. Linn. Soc. London.*

1897. — On segmentally disposed thoracic glands in the larvæ of the Trichoptera. *Journ. Linn. Soc. London.* V. XXV.

1897. GILSON (G.) and SADONES (J.). — Larval gills of Odonates. *Journ. Linn. Soc. London.*

1862. GIRARD (M.). — Notes sur diverses expériences relatives à la fonction des ailes chez les Insectes. *Ann. Soc. Ent. France.* 4ᵉ sér., t. II.

1861. — Recherches sur la chaleur animale des Articulés. *Ann. Soc. Ent. France.* 4ᵉ sér., t. I.

1862. — Suite. *Ibid.*, t. II.

1863. — Suite. *Ibid.*, t. III.

1862. — Des méthodes expérimentales pouvant servir à rechercher la chaleur propre des Animaux articulés et spécialement des Insectes. Paris.

1863. — Sur un fait intéressant de parthénogénie. *Ann. Soc. Ent. France.* 4ᵉ sér., t. III.

1869. — Études sur la chaleur libre dégagée par les Animaux invertébrés et spécialement les Insectes. *Ann. d. Scienc. nat., Zool.* 5ᵉ sér., t. XI.

1873-1885. — Les Insectes. Traité élémentaire d'entomologie. 3 vol. Paris.

1888. GIRSCHNER (E.). — Einiges über die Färbung der Dipterenaugen. *Berlin. Entom. Zeitschr.* Bd. XXXI.

1879. GISSLER (C.-F.). — The anatomy of *Amblychila cylindriformis*. *Psyche.* Vol. II.

1879. — On the repugnatorial glands in *Cleodes*. *Psyche.* Vol. II.

1890. — Odoriferous glands on the 5 th. abdominal segment in nymph of *Lachnus strobi*. *Fig. 273 of Packard's Report on Forest and Shade Tree Insects.*

1880-1881. GISSLER (C.-F.). — Sub-elytral Air-passages in Coleoptera. *Proceed. Americ. Assoc. f. Advanc. of Scienc.* 29. Meet.

1760. GLEICHEN (W.-Fr.). — Histoire de la Mouche commune des appartements. Nüremberg.

1897. GODDARD (Martha Freeman). — On the second abdominal segment in a few Libellulidæ. *Proc. Amer. Philos. Soc.* Vol. XXXV.

1667. GOEDART (Joh.). — Metamorphosis et historia naturalis Insectorum. Part. II.

1685. — Edit. II. — Joh. Gœdartius de Insectis, opera M. Sisteri. Londini.

1700. — Metamorphosis naturalis sive Insectorum historia. etc. — Amstelodami. Part. II.

1894. GONIN (J.). — Recherches sur la métamorphose des Lépidoptères. De la formation des appendices imaginaux dans la chenille du *Pieris brassicæ*. *Bull. Soc. Vaud. Scienc. nat.* Vol. XXX.

1883. GOSCH (C.-C.-A.). — On Latreille's Theory of « le segment médiaire ». *Naturhist. Tidsskrift.* (3). Bd. XIII.

1881. GOSSE (Ph.-H.). — The Prehensors of Male Butterflies of the Genera *Ornithoptera* and *Papilio*. *Proceed. Roy. Soc. London.* Vol. XXXIII.

1882. — On the Clasping-organs ancillary to Generation in certain Groups of the Lepidoptera. *Transact. Linn. Soc.* 2e ser. Zool. Vol. II.

1868. GOOSSENS (Th.). — Note sur les pattes membraneuses des Chenilles. *Ann. Soc. Ent. France.* 4e sér., t. VIII.

1869. — Sur un organe entre la tête et la première paire de pattes de quelques Chenilles. *Ann. Soc. Ent. France.* 4e sér., t. IX. Bull.

1876. — Expériences sur la reproduction consanguine de la *Lasiocampa pini*. *Ann. Soc. Ent. France.* 5e sér., t. VI.

1881. — Des Chenilles urticantes. *Ann. Soc. Ent. France.* 6e sér., t. I.

1886. — Des Chenilles vésicantes. *Ann. Soc. Ent. France.* 6e sér., t. VII.

1887. — Les pattes des Chenilles. *Ann. Soc. Ent. France.* 6e sér., t. VII.

1852. GOTTSCHE (C.-M.). — Beitrag zur Anatomie und Physiologie des Auges der Krebse und Fliegen. *Müller's Archiv f. Anat. u. Physiol.*

1843. GOUREAU. — Mémoire sur l'irisation des ailes des Insectes. *Ann. Soc. Ent. France.* 2e sér., vol. I.

1869. GRABER (V.). — Zur näheren Kenntnis des Proventriculus und der Appendices ventriculares bei den Grillen und Laubheuschrecken. *Sitzber. d. k. Akad. d. Wissensch. Wien. Mathem. naturwiss Cl.* Bd. LIX.

1870. — Die Aehnlichkeit in Baue der äusseren weiblichen Geschlechtsorgane bei den Lokustiden und Akridiern auf Grund ihrer Entwicklungsgeschichte. *Sitzber. k. Akad. d. Wissensch. Wien.* Bd. LXI.

1872. GRABER (V.). — Anatomisch-physiologische Studien über *Phthirius inguinalis* Leach. *Zeitschr. f. wiss. Zool.* Bd. XXII.

1871. — Ueber die Blutkörperchen der Insekten. *Sitzber. Akad. Wien. Math. nat. Cl.* Bd. LXIV. I Abteilg.

1872. — Bemerkungen über die Gehör-und Stimmorgane der Heuschrecken und Cikaden. *Wiener Sitzungsber. Math. naturw. Cl.* Bd. LXVI. 1 Abt.

1872. — Vorläufiger Bericht über den propulsatorischen Apparat der Insekten. *Sitzber. d. k. Ak. d. Wiss. Wien.* Bd. LXV.

1873. — Ueber den propulsatorischen Apparat der Insekten. *Archiv f. mikroskop. Anatomie.* Bd. IX.

1874. — Ueber eine Art fibrilloiden Bindegewebes der Insektenhaut und seine lokale Bedeutung als Trachealsuspensorium. *Archiv f. mikroskop. Anat.* Bd. X.

1871. — Ueber die Ernährungsorgane der Insekten und nächstverwandter Gliederfüssler. *Mittheil. d. naturw. Vereins für Steiermark. Graz.* Bd. II.

1875. — Verdauungssystem des Prachtkäfers. *Ibid.* Graz.

1876. — Ueber den pulsierenden Bauchsinus der Insekten. *Archiv f. mikroskop. Anat.* Bd. XII.

1876. — Die tympanalen Sinnesorgane der Orthopteren. *Denkschr. d. k. Akad. d. Wiss. Wien.* Bd. XXXVI. 2 Abt.

1876. — Die abdominalen Tympanalorgane der Cicaden und Gryllodeen. *Wiener Denkschr. Math. naturw. Cl.* Bd. XXXVI. 2 Abt.

1877-79. — Die Insekten. 2 Bd. München. R. Oldenbourg.

1878. — Ueber neue otocystenartige Sinnesorgane der Insekten. *Archiv f. mikroskop. Anat.* Bd. XVI.

1878. — Vorläufige Ergebnisse einer grösseren Arbeit über vergl. Embryologie der Insekten. *Archiv f. mikr. Anat.* Bd. XV.

1879. — Das unicorneale Tracheatenauge. *Archiv f. mikroskop. Anat.* Bd. XVII.

1881. — Ueber die stifteführenden und chordotonalen Sinnesorgane bei den Insekten. *Zool. Anzeiger.*

1882-83. — Die chordotonalen Sinnesorgane und das Gehör der Insekten. *Archiv f. mikroskop. Anatom.* Bd. XX und XXI.

1882. — Sir John Lubbock's Observations on Ants, Bees and Wasps. *Biol. Centralbl.* Bd. II.

1883. — Fundamentalversuche über die Helligkeits- und Farbenempfindlichkeit augenloser und geblendeter Tiere. *Sitzgs- Ber. Akad. Wiss. Wien.* Bd. LXXXVII.

1884. — Ueber die Mechanik des Insektenkörpers. *Biol. Centralbl.* Bd. IV. (I. Mechanik der Beine).

1884. GRABER (V.). — Grundlinien zur Erforschung des Helligkeits-und Farbensinnes der Tiere. Prag. u. Leipzig.

1885. — Vergleichende Grundversuche über die Wirkung und die Aufnahmestellen chemischer Reize bei den Tieren. *Biolog. Centralbl.* Bd. V.

1886. — Die äusseren mechanischen Werkzeuge der wirbellosen Tiere. Leipzig. G. Freytag. *Das Wissen der Gegenwart Deutsche Universal.* — *Biblioth. f. Gebildete.* Bd. XLV.

1887. — Neue Versuche über die Funktion der Insektenfühler. *Biolog. Centralbl.* Bd. VII.

1887. — Thermische Experimente an der Küchenschabe (*Periplaneta orientalis*). *Archiv f. Physiolog. von Pflüger.* Bd. XLI.

1888. — Ueber die Polypodie bei Insectenembryonen. *Morph. Jahrb.* Bd. XIII.

1888. — Ueber die Primäre Segmentirung des Keimstreifs der Insecten. *Morph. Jahrb.* Bd. XIV.

1888. — Vergleichende Studien über die Keimhüllen und die Rückenbildung der Insecten. *Denkschr. Acad. Wiss. Wien.* Bd. LV.

1889. — Ueber den Bau und die phylogenetische Bedeutung der embryonalen Bauchanhänge der Insecten. *Biol. Centralbl.* Bd. IX.

1889. — Vergleichende Studien über die Embryologie der Insecten und insbes. der Musciden. *Denkschr. Acad. Wiss. Wien.* Bd. LVI.

1890. — Vergleichende Studien am Keimstreif der Insecten. *Denkschr. Acad. Wiss. Wien.* Bd. LVII.

1891. — Ueber die embryonale Anlage des Blut- und Fettgewebes der Insecten. *Biol. Centralb.* Bd. XI.

1891. — Zur Embryologie der Insecten. *Zool. Anzeiger.* Bd. XIV.

1892. — Ueber die morphologische Bedeutung der ventralen Abdominalanhänge der Insekten-Embryonen. *Morph. Jahrb.* Bd. XVII.

1890. GRANDIS (V.). — Sulle modificazioni degli epitelii ghiandolari durante la secrezione. Osservazioni. *Atti Accad. Torino.* Vol. XXV. — *Archiv. Ital. Biol.* T. XIV.

1884. GRASSI (B.). — Intorno all' anatomia dei Tisanuri. Nota prelim. *Naturalista Sicil.* Anno 3. — *Archiv. Ital. Biol.* T. V.

1884. — Intorno allo sviluppo delle Api nell' uovo. *Atti Accad. Gioenia Scienc. nat. Catania* (3). T. XVIII.

1885. — I progenitori degli Insetti e dei Miriapodi. L'*Japyx* e la *Campodea. Atti dell' Accad. Gioenia d. Scienc. nat. Catania.* 3e ser., vol. XIX.

1885. — Breve nota intorno allo sviluppo degli *Japyx*. Catania, 1884. — Aussi in : I progenitori degli Insetti e dei Miriapodi. *Atti Acad. Gioenia. Scienc. nat. Catania* (3). T. XIX.

1885. — I progenitori dei Miriapodi e degli Insetti. Mem. III. Contribuzione allo studio dell' anatomia del genere *Machilis. Atti Accad. Gioenia. Scienc. Catania.* 3e ser., vol. XIX.

1886. GRASSI (B.). — I progenitori dei Miriapodi e degli Insetti. Mem. IV. Cenni anatomici sul genere *Nicoletia. Boll. Soc. Entom. Ital.* Anno. 18.

1887. — I progenitori dei Miriapodi a degli Insetti. Altre ricerche sui Tisanuri. Nota preliminare. *Boll. Soc. Ent. Ital.* Anno 19.

1888. — I progenitori dei Miriapodi e degli Insetti. Mem. VII. Anatomia comparata dei Tisanuri e considerazioni generali sull' organizzazione degli Insetti. *Atti R. Accad. dei Lincei d. Roma. Cl. sc. fis.*, etc. 4e ser., vol. IV.

1889. — Les ancêtres des Myriapodes et des Insectes. Anatomie comparée des Thysanoures et considérations générales sur l'organisation des Insectes. *Archiv. Italien. Biol.* Vol. XI.

1896-97. GRASSI and SANDIAS. — The constitution and development of the Society of Termites. *Quart. Journ. mic. Sc.* Vol. XXX.

1879. GRENACHER (H.). — Untersuchungen über das Sehorgan der Arthropoden insbesondere der Spinnen, Insekten und Crustaceen. Göttingen.

1889. GRIFFITHS (A.-B.). — On the Malpighian Tubules of *Libellula depressa. Proceed. Roy. Society. Edinburgh.* Vol. XV.

1892. — Recherches sur les couleurs de quelques Insectes. *C. R. Acad. Scienc.* Vol. CXV.

1888. GRIFFITHS (George-C.). — Experiments upon the colour-relation between the pupæ of *Pieris rapæ* and their immediate surroundings; described and summarised by William White. *Trans. Ent. Soc. London. Proceed.*

1870. GRIMM (Oscar). — Die ungeschlechtliche Fortpflanzung einer *Chironomus* u. deren Entwicklung aus dem unbefruchteten Eie. *Mém. Acad. imp. S.-Pétersbourg.* 7e sér., t. XV.

1875. GROBBEN (Carl). — Ueber bläschenförmige Sinnesorgane und eine eigenthümliche Herzbildung der Larve von *Ptychoptera contaminata* L. *Sitzb. k. Akad. Wiss. Wien.* Bd. LXXII.

1900. GROSS (K.). — Untersuchungen über das Ovarium der Hemipteren, zugleich ein Beitrag zur Amitosenfrage. *Zeitsch. f. wiss. Zool.* Bd. LXIX.

1880. GROSS (Wilh.). — Ueber den Farbensinn der Tiere, insbesondere der Insekten. *Isis. v. Russ.* 5 Jahrg.

1880. GROSSE (F.). — Beiträge zur Kenntniss der Mallophagen. *Zeitschr. für wiss. Zool.* Bd. XLII.

1883. GROTE (Aug.-R.). — Appendages of *Leucarctia acræa. Papilio.* Vol. III.

1843. GRUBE (A.-E.). — Beschreibung einer auffallenden an Süsswasserschwämmen lebenden Larve (*Sisyra*). *Wiegmann's Archiv f. Naturgesch.* Bd. IX.

1849. — Fehlt den Wespen-oder Hornissenlarven ein After oder nicht? *Müller's Archiv für Physiol.*

1844. GRUEL. — Mikroskopische Beobachtung. *Poggendorffs Annalen.* Bd. LXI.

1872. GRUNMACH (Emil). — Ueber die Struktur der quergestreiften Muskelfaser bei den Insekten. Berlin.

1867. GUENÉE (Achille). — D'un organe particulier que présente une Chenille de *Lycæna*. *Ann. Soc. Ent. de France.* 4e sér.

1836. GUÉRIN-MENEVILLE (F.-F.). — Organes semblables aux sacs branchiaux des Crustacés inférieurs trouvés chez un Insecte hexapode (*Machilis polypoda*). *C. R. Acad. d. sc.* T. II.

1865-69 et -70. GUYON. — Histoire naturelle et médicale de la Chique (*Rhynchoprion penetrans* Oken). Paris. 1870. Extrait de *Revue et Mag. de Zool.*

H

1884. HAASE (E.). — Das Respirationssystem der Symphylen und Chilopoden. *Zool. Beiträge, herausg. von A. Schneider.* Bd. I. — *Zoolog. Anzeiger.* 1883.

1884. — Das Respirationssystem der Chilopoden und Symphylen (Scolopendrellen) vergleichen mit dem der Hexapoden. *Zeitschrift f. Entomologie.* Neue Folge, 9. Heft. Breslau.

1884. — Ueber sexuelle Charaktere bei Schmetterlingen. *Zeitschr. f. Entom.* Neue Folge, Heft. 9. Breslau.

1886. — Die Prothorakalanhänge der Schmetterlinge. *Zool. Anzeiger.*

1886. — Duftapparate indo-australischer Schmetterlinge. I. Rhopalocera. *Correspondenz-Blatte d. Entom. Vereins « Iris » zu Dresden.* No 3.

1887. — II. Heterocera. *Ibid.* No 4.

1888. — III. Nachtrag und Uebersicht. *Ibid.* No 5.

1887. — Die Stigmen der Scolopendriden. *Zool. Anzeiger.* 10 Jahrg.

1887. — Holopneustie bei Käfern. *Biolog. Centralbl.* Bd. VII.

1887. — Der Duftapparate von *Acherontia*. *Zeitschr. f. Entom. Breslau.* N. F.

1888. — Dufteinrichtungen indischer Schmetterlinge. *Zool. Anz.*

1889. — Die Abdominalanhänge der Insekten mit Berücksichtigung der Myriapoden. *Morpholog. Jahrb.* Bd. XV.

1889. — Abdominalanhänge bei Hexapoden. *Sitzungsber. d. Gesell. naturf. Freunde.*

1889. HAASE (E.). — Die Zusammensetzung des Körpers der Schaben. *Sitz. d. Gesell. naturf. Freunde.*

1889. — Zur Anatomie der Blattiden. *Zool. Anzeiger.* 12 Jahrg.

1889. — Stinkdrüsen der Orthopteren. *Sitzg. Ges. Naturf. Freunde. Berlin.*

1852. HAGEN (H.-A.). — Die Entwicklung und der innere Bau von *Osmylus*. *Linnæa Entom.* Bd. VII.

1853. — Léon Dufour über die Larven der Libellen mit Berücksichtigung der früheren Arbeiten (Ueber Respiration der Insekten). *Stettin Entom. Zeit.* Bd. XIV.

1858. — Monographie der Termiten. Kapitel « Anatomie ». *Linnæa Entomol.* Bd. XII.

1861. — Insekten-Zwitter. *Stett. Ent. Zeit.* 22 Jahrg.

1862. — Zur Kenntnis der Anatomie von *Termes bellicosus*. In : Peters' Reise nach Mossambique. Zool. v. Insekten u. Myriapoden. Berlin.

1870. — Ueber rationelle Benennung des Geäders in den Flügeln der Insekten. *Stettin Ent. Zeitung.* Bd. XXXI.

1875. — La poche des femelles chez le genre *Euryades*. *Ann. Soc. Ent. Belgique.* C. R.

1880. — Beitrag zur Kenntniss des Tracheensystems der Libellenlarven. *Zool. Anzeiger.*

1880. — Kiemenüberreste bei einer Libelle ; Glatte Muskelfasern bei Insecten. *Zool. Anzeiger.* 3 Jahrg.

1881. — Einwürfe gegen Palmens Ansicht von der Entstehung des geschlossenen Tracheensystems. *Zool. Anzeig.*

1882. — On the Color and Pattern of Insects. *Proceed. of the American Acad. of Arts a. Sc.*

1886. — Kurze Bemerkungen über das Flugelgeäder der Insekten. *Wiener Ent. Zeit.* Bd. V.

1874. HAGENS (von). — Ueber die Genitalien der männlichen Bienen, besonders der Gattung *Sphecodes*. *Berlin. Entom. Zeitschr.*

1882. — Ueber die männlichen Genitalien der Bienengattung *Sphecodes*. *Deutsche Entom. Zeitschr.*

1857. HALIDAY (A.-H.). — Note on a peculiar form of the ovaries observed in a Hymenopterous Insect, constituting a new genus and species of the family Diapriadæ. *Natur. History Review.* T. V.

1889. HALL (C.-G.). — Peculiar odor emitted by *Acherontia atropos*. *Entomologist.* London. V. XVI.

1886. HALLER (B.). — Ueber die sogenannte Leydig'sche Punktsubstantz im Centralnervensystem. *Morph. Jahrb.* Bd. XI.

1878. HALLER (G.). — Die Stechmückenlarven (Kleinere Bruchstücke zur vergleichenden Anatomie der Arthropoden. I. Ueber das Atmungsorgan der Stechmückenlarven). *Archiv f. Naturg.* Bd. XLIV.

1885. HALLEZ (P.). — Orientation de l'embryon et formation du cocon chez la *Periplaneta orientalis*. *Compt. rend. Ac. Sc.* T. CI.

1886. — Sur la loi de l'orientation de l'embryon chez les Insectes. *Compt. rend. Ac. Sc.* T. CIII.

1879. HAMMOND (A.). — On the thorax of the Blowfly (*Musca vomitoria*). *Journal of the Linnean Soc. Zoology.* Vol. XV.

1892. HAMPSON (G.-F.). — On stridulation in certain Lepidoptera, etc. *Proc. Zool. Soc. London.* Vol. II.

1890. HANOW (Karl). — Ueber Kerfabsonderungen und ihre Benutzung im eigenem Haushalte. *Programm des Realprogymnasium zu Delizsch für das Schuljahr.* Delitzsch.

1883. HANSEN (H.-J.). — Fabrica oris Dipterorum : Dipterernes mund : anatomisk og systematisk henseende. I. Tabanidæ, Bombylidæ, Asilidæ. Thereva, Mydas, Apiocera. *Naturhist. Tidsskrift.* Bd. XIV.

1848. HARPE (J. de la). — Einwirkung der Temperatur und anderer Einflüsse auf die Farben der Schmetterlinge. *Verhandl. d. Schweiz. Naturforsch. Gesellsch.*

1840. HARTIG (Theodore). — Uber die Familie der Gallwespen. *Germar's Zeitschr. f. Entom.* Bd. II. Hft. 1.

1841. — Erster Nachtrag. *Ibid.* Bd. III.

1843. — Zweiter Nachtrag. *Ibid.* Bd. IV.

1877-78. HARTINGS. — Ueber den Flug. *Niederländ. Archiv f. Zoologie.* Bd. IV. Leiden.

1871. HARTMANN (Aug.). — Die Kleinschmetterlingen der Ungebung Münchens und eines Theiles der bayerischen Alpen. München.

1868-72. HARTUNG. — Gezigtszintuigen der gelede dieren. *Ausschnitt aus dem « Leerbock von de Grondbeginselen der Dierkunde ».*

1877. HATSCHEK (B). — Beiträge zur Entwicklungsgeschichte der Lepidopteren. *Jena. Zeitschr. f. Naturw.* Bd. XI.

1880. HAUSER (G.). — Physiologische und histologische Untersuchungen über die Geruchsorgane der Insekten. *Zeitschr. f. wiss. Zool.* Bd. XXXIV.

1880. — Recherches physiologiques et histologiques sur l'organe de l'odorat chez les Insectes. *Arch. d. Zool. exp.* T. VIII. N. et R.

1803. HAUSMANN (J.-F.-L.). — De animalium exsanguinum respiratione commentatio. Hannover, 4°.

1836. HEER (O.). — Einfluss des Alpenklimas auf die Farbe der Insekten. *Froebel u. Heer, Mitth. aus dem Gebiete der theoret. Erdkunde.*

1843. — Ueber *Trichopteryx* Kirby. *Stettin Entom. Zeitung.*

1847-53. — Die Insektenfauna der Tertiärgebilde von Oeningen und Radoboj. 3 Th. Leipzig.

1856. HEEGER (E.). — Naturgeschichte der *Aleurodes immaculata* Steph. *Wien. Stzungsber. Math. nat. Cl.* Bd. XVIII.

1820. HEGETSCHWEILER (J.-J.). — Dissertatio inauguralis zootomica de Insectorum genitalibus. Turici.

1885. HEIDER (K). — Ueber die Anlage der Keimblätter von *Hydrophilus piceus. Abh. K. Acad. Wiss. Berlin.*

1889. — Die Embryonalentwicklung von *Hydrophilus piceus* L. I. Theil. Jena.

1886. HEINEMANN (C.) Zur Anatomie und Physiologie der Leuchtorgane Mexikanischer Cucuyos, *Pyrophorus. Archiv f. mikroskop. Anat.* Bd. XXVII.

1876. HELM (F.-E.). — Ueber die Spinndrüsen der Lepidopteren. *Zeitschr. f. w. Zool.* XXVI.

1842. HELMHOLTZ (H.-L.-F.). — De fabrica systematis nervosi Evertebratorum. Diss. inaug. Berolini.

1878. HEMMERLING (Hermann). — Ueber die Hautfarbe der Insekten. Bonn.

1888. HENKING (H.). — Die ersten Entwicklungsvorgänge im Fliegenei und freie Kernbildung. *Zeitschr. f. wiss. Zool.* Bd. XLVI.

1888. — Ueber die Bildung von Richtungskörpern in den Eiern der Insekten und deren Schicksaal. *Nachr. Ges. Wiss. Göttingen.*

1890. — Ueber Reductionsteilung der Chromosomen in den Samenzellen von Insekten. *Internat. Monatsschr. f. Anat. und Phys.* Bd. VII.

1890-91. — I. Untersuchungen über die erste Entwicklungsvorgänge in der Eiern der Insekten. II. Über Spermatogenese und deren Beziehung zur Eientwickelung bei *Pyrrhocoris apterus. Zeitschr. f. wissens. Zool.* Bd. XLIX und LI.

1892. — III. Specielles und Algemeines. *Ibid.* Bd. LIV.

1882. HENNEGUY (L.-F.). — Sur l'œuf d'hiver du Phylloxéra. *C. R. Acad. d. Sc.* T. XCIV.

1882. — Sur le Phylloxéra gallicole. *C. R. Acad. d. Sc.* T. XCV.

1883. — Sur le Phylloxéra gallicole. *C. Acad. d. Sc.* T. XCVII.

1889. — Note sur la structure de l'œuf des Phyllies. *Bull. de la Soc. philomath.* 8e sér., t. II.

1891. — Contribution à l'embryogénie des Chalcidiens. *Bull. Soc. philomath.* 8e sér., t. III.

1891. — Rapport sur l'histoire naturelle de l'Anthonome du Pommier et sur les moyens proposés pour le détruire. *Bull. du Ministère de l'Agric.* Paris.

1892. — Contribution à l'embryogénie des Chalcidiens. *C. R. Acad. d. Sc.* T. CXIV.

1896. — Leçons sur la cellule, morphologie et reproduction. 1 v. gr. in-8°. Paris.

1897. — Note sur l'existence de calcosphérites dans le corps graisseux de larves de Diptères. *Arch. d'Anat. microsc.* T. I.

1898. HENNEGUY (L.-F.). — Sur le rapport des cils vibratiles avec les centrosomes. *C. R. Acad. d. Sc.* T. CXXVI. — *Arch. d'Anat. microsc.* T. I.

1899. — Les modes de reproduction des Insectes. *Bull. de la Soc. philomath.* 9e sér., t. I.

1900. — Le corps adipeux des Muscides pendant la métamorphose. *C. R. Acad. Sc.* T. CXXXI.

1892. HENNEGUY (L.-F.) et BINET (A.). — Structure du système nerveux larvaire du *Stratiomys strigosa*. *C. R. Acad. d. Sc.* T. CXIV — *Ann. Soc. entom.* T. LXI.

1866. HENSEN (V.). — Ueber das Gehörorgan von *Locusta*. *Zeitschr. f. wissens. Zool.* Bd. XVI.

1868. — Ueber ein neues Strukturverhältnis der quergestreiften Muskelfaser. *Arbeiten d. Kieler physiolog. Instituts.*

1896. HENSEVAL (MAURICE). — Étude comparée des glandes de Gilson. Organes métamériques des larves d'Insectes. *La Cellule*, t. XII.

1897. — Les glandes à essence du *Cossus ligniperda*. *La Cellule*. Vol. XII.

1897. — Recherches sur l'essence du *Cossus ligniperda*. *La Cellule*. Vol. XII.

1869. HEPPNER (C.-L.). — Ueber ein eigenthümliches optisches Verhalten der quergestreiften Muskelfaser. *Archiv f. mikroskop. Anat.* Bd. V.

1889. HERBST (CURT.). — Anatomische Untersuchungen an *Scutigera coleoptrata*. Ein Beitrag zur vergleichenden Anatomie der Articulaten. Dissert. Jena.

1875. HERMANN (E.). — Das Central-Nervensystem von *Hirudo medicinalis*. München.

1815. HEROLD (MORITZ-JOHANN-DAVID). — Entwicklungsgeschichte der Schmetterlinge anatomisch und physiologisch bearbeitet. In-4°, Cassel. u. Marburg.

1823. — Physiologische Untersuchungen über das Rückengefäss der Insekten. *Schriften d. Gesellsch. z. Beförderung d. Naturk. in Marburg.* T. I.

1881. HERTWIG (O. und R.). — Die Cœlomtheorie. Versuch einer Erklärung des mittleren Keimblattes. *Jena. Zeitschr.* Bd. XV.

1890. HEYMONS (R.). — Ueber die hermaphroditische Anlage der Sexualdrüsen beim Männchen von *Phyllodromia germanica* (*Blatta*). *Zool. Anzeiger.* Bd. XIII.

1891. — Die Entstehung der Geschlechtsdrüsen von *Phyllodromia* (*Blatta*) *germanica* L. Diss. Berlin.

1894. — Ueber die Bildung der Keimblätter bei den Insekten. *Sitzungsber. d. K. preuss. Akad. zu Berlin.*

1895. — Die Segmentirung des Insektenkörpers. *Anh. Abh. Akad. Berlin, Phys. Abth.*

1895. — Die Embryonalentwickelung von Dermapteren und Orthopteren unter besonderer Berücksichtigung der Keimblätterbildung. Monographisch bearbeitet. Gr. in-4°. Jena.

1896. HEYMONS (R.). — Ueber die Fortpflanzung und Entwickelungsgeschichte der *Ephemera vulgata* L. *Sitzungsb. Gesell. Naturf. Freunde, Berlin.*

1896. — Grundzüge der Entwickelung und des Körpersbaues von Odonaten und Ephemeriden. *Anhang zu den Abhandl. K. Akad. d. Wissens. Berlin.*

1896. — Ueber Flugelbildung bei der Larve von *Tenebrio molitor*. *Sitzber. Ges. Natf. Freunde. Berlin.*

1896. — Zur Morphologie der Abdominalanhänge bei den Insekten. *Morphol. Jahrb.* Bd. XXIV.

1897. — Entwicklungsgeschichtliche Untersuchungen an *Lepisma saccharina* L. *Zeitschr. f. wissens. Zoologie.* Bd. LXII.

1897. — Ueber die Organisation und Entwicklung von *Bacillus Rossii*. Fabr. *Sitz. Ber. Akad. wiss. Berlin.* Bd. XVI.

1899. — Beiträge zur Morphologie und Entwickelungsgeschichte der Rhynchoten. *Nov. Acta. Acad. Leop.-Car.* Bd. LXXIV.

1899. — Ueber blasförmige Organebei den Gespenstheuschrecker. Ein Beitrag zur Kenntnis des Eingeweidelnervensystems bei den Insekten. *Sitz. Ber. Akad. Berlin.*

1857. HICKS (BRAXTON). — On a new organ in Insects. *Journ. Linn. Soc. Zool. London.* Vol. I.

1857. — Further remarks on the organ found on the bases of the halteres and wings of Insects. *Transact. Linn. Soc. London.* Vol. XXII.

1857. — On a new structure in the antennæ of Insects. *Journ. Linn. Soc. Zool. London.* Vol. XXII.

1885. HICKSON (S.-J.). — The Eye and Optic Tract of Insects. *Quart. Journ. Microscop. Sc.* 2e ser., vol. XXV.

1863. HŒVEN (G. VAN DER). — Over een klein Hemipterum dat op de bladen van verschillende soorten van Acer gevonden wordt. *Tijdschr. v. Entom.* Deel VI.

1887. HOFER (B.). — Untersuchungen über den Bau der Speicheldrüsen und des dazu gehörenden Nervenapparates von *Blatta*. *Nova Acta d. Kais. Leop.-Carolin. Deutschen Akad. d. Naturf.* Bd. LI, Nr. 6.

1879. HOFMANN (GEORG.). — Ueber die morphologische Deutung der Insektenflügel. *Jahresber. d. Akad. naturwiss. Vereins Graz.* 5 Jahrg.

1859. HOFMANN (OTTMAR). — Ueber die Naturgeschichte der Psychiden. Inaug.-Diss. Med. Facult. Erlangen.

1869. — Beiträge zür Kenntniss der Parthenogenesis. *Stett. Entom. Ztg.* 30 Jhg.

1888. — Beiträge zur Kenntniss der Butaliden. *Stett. Entom. Zeit.*

1890. — Beiträge zur Kenntniss der Butaliden. *Stettin. Entom. Zeit.*

1892. HOLMGREN (Emil). — Histologiska studier öfver några Lepidopterlarvers digestionskanal och en del of deras Körtelartade bildningar. *Ent. Tidskr. Arg.* Vol. XIII.

1895. — Studier öfver hudens och de körtelartade hudorganens morfologi hos skandinaviska Macrolepidopterlarver. *K. Svenska Vetenskaps-Akad. Handl.* Vol. XXVII. Stockholm.

1895. — Die trachealen Endverzweigungen bei den Spinndrüsen der Lepidopterenlarven. *Anat. Anz.* Bd. XI.

1896. — Ueber das respiratorische Epithel der Tracheen bei Raupen. *Festschrift Lilljeborg.* Upsala.

1896. — Zur Kenntnis des Hauptnervensystems der Arthropoden. *Anat. Anz.* Bd. XII.

1901. HOLMGREN (Nils). — Ueber den Bau der Hoden und die Spermatogenese von *Staphylinus. Anat. Anz.* Bd. XIX.

1902. — Ueber das Verhalten des Chitins und Epithels zu den unterliegenden Gewebearten bei Insecten. *Anat. Anz.* Bd. XX.

1902. — Ueber die morphologische Bedeutung des Chitins bei den Insecten. *Anat. Anz.* Bd. XXI.

1903. — Ueber den Bau der Hoden und die Spermatogenese von *Silpha carinata. Anat. Anz.* Bd. XXII.

1903. — Ueber die Exkretionsorgane des *Apion flavipes* und des *Dacytes niger. Anat. Anz.* Bd. XXII.

1889. HOPKINS (F.-F.). — Uric acid derivatives functioning as pigments in Butterflies. *Proc. Chem. Soc. London — Nature.* Vol. XL.

1891. — Pigment in yellow Butterflies. *Nature.* Vol. XLV.

1894. — The pigments of the Pieridæ. *Proc. Roy. Soc. London.* Vol. LVII.

1896. — Id. *Phil. Trans. Roy. Soc. London.* Vol. CLXXXVI.

1892. HORWATH. — Sur l'existence des séries parallèles dans le cycle biologique des Pemphigiens. *C. R. Acad. d. sc.* T. CXIV.

1792. HUBER (F.). — Nouvelles observations sur les Abeilles.

1814. — Edition II. Paris et Genève.

1810. HUBER (Pierre). — Recherches sur les mœurs des Fourmis indigènes. Paris et Genève.

1861. — Édition II. Paris.

1890. HUDSON (G.-V.). — The habits and life-history of the New-Zealand Glowworms. *Trans. N. Zealand. Inst.* Vol. XVIII.

1792. HUNTER (J.). — Observations of Bees. *Philosoph. Transact. Ray Soc. London.* Vol. LXXXII.

1890. HURST (H.). — The post-embryonic development of a Gnat (*Culex*). Manchester.

1858. HUXLEY (Th.-H.). — On the organic reproduction and morphology of Aphis. Pt. I, pt. II. *Trans. Linn. Soc.* T. XXII.

1878. — Grundzüge der Anatomie der wirbellosen Tiere. Leipzig. Deutsch v. Dr.-J.-W. Spengel.

1890. HYATT (A.) and ARMS (J.-M.). — Insecta. *Bost. Soc. nat. Hist. Guides for science teaching,* VIII. Boston.

I

1886. IHERING (H. von). — Der Stackel der Meliponen. *Entom. Nachr.* 12 Jahrg.

1881. IMHOF (O.-E.). — Beiträge zur Anatomie der *Perla maxima* Scop. Aarau.

1893. INGENITZKY (J.). — Zur Kenntniss der Begattungsorgane der Libelluliden. *Zool. Anzeiger.* Bd. XVI.

1893. — On the fauna and organization of Dragon-flies of Russian Poland. (en Russe).

J

1889. JACKSON (W.-Hatchett). — Studies in the Morphology of the Lepidoptera, I. *Zool. Anzeiger.* 12 Jahrg.

1890. — Id. *Trans. Linn. Soc. Zool.*, London; 2 ser., vol. V, May.

1837. JAEGER. — Ueber die Entdeckung von einer Bewegung in den Schuppen des Schmetterlingsflügel. *Isis.*

1893. JANET (Ch.). — Études sur les Fourmis. Note 1. Sur la production des sons chez les Fourmis. *Ann. Soc. entom.* T. LXII.

1894. — Études sur les Fourmis. 5e note; sur la morphologie du squelette des segments post-thoraciques chez les Myrmicides. *Mém. Soc. acad. de l'Oise.* Vol. XV.

1894. — Études sur les Fourmis. Note 6. Sur l'appareil de stridulation de *Myrmica rubra. Ann. Soc. entomol.* T. LXIII.

1894. — Sur l'antenne et les organes chordotonaux chez les Fourmis. *C. R. Acad. d. Sc.* T. CXVIII.

1894. — Études sur les Fourmis. Note 7. Sur l'anatomie du pétiole de *Myrmica rubra. Mém. Soc. zool. de France.* T. VII.

1894. — Sur le système glandulaire des Fourmis. *C. R. Acad. d. Sc.* T. CXVIII.

1894. — Sur les nids de la *Vespa crabro;* ordre d'apparition des alvéoles. *C. R. Acad. d. Sc.* T. CXIX.

1895. — Études sur les Fourmis, 8e note; sur l'organe de nettoyage tibio-tarsien de *Myrmica rubra. Ann. Soc. ent. France.*

1895. JANET (Ch.). — Sur les muscles des Fourmis, des Guêpes et des Abeilles. *Comptes rend. Acad. d. Sc.* T. CXXI.

1895. — Études sur les Fourmis, les Guêpes et les Abeilles. Note 9. *Vespa crabro.* Histoire d'un nid depuis son origine. *Mém. Soc. zool.* T. VIII.

1895. — Études sur les Fourmis, les Guêpes et les Abeilles, 12° note. Structure des membranes articulaires des tendons et des muscles. Limoges.

1895. — Observations sur les Frelons. *C. R. Acad. d. Sc.* T. CXX.

1898. — Système glandulaire tégumentaire de la *Myrmica rubra*. Observations diverses sur les Fourmis. Paris.

1898. — Anatomie du corselet de la *Myrmica rubra* reine. *Mém. Soc. zool. de France.* T. XI.

1899. — Sur les nerfs céphaliques, les corpora allata et le tentorium de la Fourmi (*Myrmica rubra*). *Mém. Soc. zool. de Fr.* T. XII.

1899. — Essai sur la constitution morphologique de la tête de l'Insecte. Paris.

1902. — Anatomie du gaster de la *Myrmica rubra*. Paris.

1879. JAWOROVSKI. — Ueber die Entwicklung des Rückengefässes und speziell der Muskulatur bei *Chironomus* und einigen anderen Insekten. *Sitzsber. d. k. Wissensch. Wien. Math.-naturwiss. Cl.* Bd. LXXX.

1882. JOBERT. — Recherches pour servir à l'histoire de la génération chez les Insectes. *Compt. rend. Acad. d. Sc.* T. XLIII.

1855. JOHNSTON (Christopher). — Auditory apparatus of the *Culex mosquito*. *Quart. Journ. microsc. Sc.* Vol. III.

1890. JOLICŒUR (H.). — Les ennemis de la Vigne. Reims.

1892. JOLICŒUR (H.) et TOPSENT (E.). — Études sur l'Écrivain ou Gribouri (*Adoxus vitis*). *Mém. Soc. Zool. fr.* T. V.

1849. JOLY (N.). — Mémoire sur l'existence supposée d'une circulation péritrachéenne chez les Insectes. *Ann. Scienc. natur. Zool.* Sér. 3. t. XII.

1871. — Sur l'histoire naturelle et l'anatomie de la Mouche feuille (*Mantis siccifolia*) des Seychelles. Toulouse.

1888. JORDAN (Karl). — Anatomie und Biologie der Physopoden. *Zeitschr. f. wiss. Zool.* Bd. XLVII.

1884. JORDAN (R.-C.-R.). — On the European Species of Lepidoptera with apterous or subapterous femals. *Entom. Monthly Mag.* Vol. XX.

1877. JOSEPH (G.). — Zur Morphologie des Geschmacksorganes bei Insekten. *Amtlicher Bericht der 50 Versammlung deutscher Naturforscher und Aerzte in München.*

1880. JOSEPH (G.). — Vorläufige Mitteilung über Innervation und Entwickelung der Spinnorgane bei Insekten. *Zool. Anzeiger.*

1888. JOURDAIN (S.). — Sur le *Machilis maritima*, Latr. *C. R. Acad. d. sc.* T. CVI.

1861. JOURDAN. — Ponte d'œufs fécondés par des femelles de Ver à soie ordinaire, sans le concours des mâles. *C. R. Acad. d. Sc.* T. LIII.

1889. JOURDAN (E.). — Les sens chez les animaux inférieurs. 1 vol. Paris.

1876. JOUSSET de BELLESME. — Physiologie comparée. Recherches expérimentales sur la digestion des Insectes et en particulier de la Blatte. Paris.

1876. — Recherches sur les fonctions des glandes de l'appareil digestif des Insectes. *Compt. rend. Acad. d. Sc.* T. LXXXII.

1878. — Travaux originaux de Physiologie comparée. T. I. Insectes. Digestion, Métamorphoses. Paris, Ger.-Baillière.

1878. — Recherches expérimentales sur les fonctions du balancier chez les Insectes diptères. Paris.

1879. — Sur une fonction de direction dans le vol des Insectes. *Compt. rend. Acad. d. Sc.* T. LXXXIX.

1885-95. JUDEICH (J.-F.) und NITSCHE (H.). — Lehrbuch der mitteleuropäischen Forstinsekten. Als achte Auflage von J.-C.-T. Ratzeburg : die Waldverderder und ihre Feinde. 2 Bd. Wien.

1807. JURINE (L.). — Nouvelle méthode de classer les Hyménoptères et les Diptères. In-4°, Genève.

1820. — Observations sur les ailes des Hyménoptères. *Mém. acad. Turin.* T. XXIV.

K

1879. KADYI (H.). — Beiträge zur Vorgänge beim Eierlegen der *Blatta orientalis*. Vorläufige Mitteilung. *Zool. Anzeiger.* Bd. II.

1862. KANITZ (J.-C.). — Brutwärme und Temperatur im Bienenklumpen. *Preusz. Bienen-Zeitung.* Bd. V.

1862. — Die Wärmeproduktionskraft der Biene verglichen mit der anderer Tiere. *Preuss. Bienen-Zeitung.* Bd. V.

1893. KARAWAIEW (W.). — Zur embryonalen Entwicklung von *Pyrrhocoris apterus*. *Nachrichten der Naturforschergesellschaft in Kiew.* T. XIII.

1897. — Vorläufige Mitteilung über die innere Metamorphose bei Ameisen. *Zool. Anz.*

1898. — Die nachembryonale Entwicklung von *Lasius flavus*. *Zeitschr. f. w. Zool.* Bd. XLIV.

1899. — Ueber Anatomie und Metamorphose des Darmkanals der Larve von *Anobium paniceum*. *Biol. Centralblatt.* Bd. IX.

1848. KARSTEN (H.). — Harnorgane von *Brachinus complanatus*. *Müller's Archiv f. Anat. und Physiol.*

1848. Bemerkungen über einige scharfe und brennende Absonderungen verschiedener Raupen. *Archiv f. Anat. u. Physiol.*

1878. KATTER (F.). — Ueber Insekten speziell Schmetterlingsflügel. *Entom. Nachr.* 4 Jahrg.

1861. KEFERSTEIN (A.). — Ueber jungfräuliche Zeugung bei Schmetterlingen. *Stettin. Entom. Ztz.* 22 Jhg.

1883. KELLER (C.). — Zur Kenntnis der Pinien-Prozessionsraupe (*Gastropacha* seu *Cnethocampa pityocampa*) *Schweiz. Forstzeitung.*

1886. — Die brennenden Eigenschaften der Prozessionsraupen. *Kosmos.* Bd. XIII.

1887. — Die Wirkung des Nahrungsentzuges auf *Phylloxera vastatrix*. *Zool. Anz.*

1894. KELLOGG (Vernon-L.). — The taxonomic value of the scales of the Lepidoptera. *Kansas Univ. Quart.* Vol. III.

1895. — The mouth-parts of the Lepidoptera *Amer. Nat.* Vol. XXIX.

1901. — Phagocytosis in the postembryonic development of the Diptera. *Amer. Nat.* Vol. XXXV.

1891. KENNEL (J. von). — Die Verwandtschaftverhältnisse der Arthropoden. *Schriften herausgegeben von der Naturforscher Gesellschaft bei der Universität Dorpat.* Bd. VI Dorpat.

1896. KENYON (F.-C.). — The meaning and structure of the so-called « mushroom bodies » of the Hexapod brain. *Amer Natural.* Vol. XXX.

1896. — The brain of the Bee. *Journ. Comp. Neurology.* Vol. VI, fasc. 3.

1897. — The optic lobes of the Bee's brain in the light of recent neurological methods. *Amer. Nat.* Vol. XXXI.

1879. KESSLER (Fr.-H.). — Entwickelungsgeschichte von *Tetraneura ulmi*. *Entom. Nachricht.* 5e Jahrg.

1880. — Neue Beobachtungen u. Entdeckungen an d. auf *Ulmus campestris* verkommenden Aphiden-Arten. *Prog. Realschul.* 2 *Ord. Cassel.*

1881. — Die auf *Populus nigra* und *P. dilatata* vorkommende Aphidien-Arten, etc. *Bericht d. Vereins f. Naturf. z. Cassel.*

1885. — Die Entwickelungs-und Lebensgeschichte der Blutlaus (*Schizoneura lanigera*) und deren Vertilgung. Cassel.

1886. — Weitere Beitrag zur Kentniss der Blutlaus (*Schizoneura lanigera*) und deren Vertilgung. Cassel.

1860. KETTELHOIT (Th.). — De squamis Lepidopterorum. Bonnæ.

1883. KIRBACH (P.). — Ueber die Mundwerkzeuge der Schmetterlinge. *Zool. Anz.* 6 Jahrg.

1884. — Ueber die Mundwerkzeuge der Schmetterlinge. *Archiv f. Naturgeschichte.*

1828. KIRBY (W.-F.). — Fans on the far legs of *Catocala fraxini*. *Papilio.* Vol. II.

1815-28. KIRBY and SPENCE. — Introduction to entomology, etc. 4 vol. London.

1886-93. KLAPALEK (Fr.). — Untersuchungen über die Fauna der Gewässer Böhmens. I. Metamorphose der Trichopteren. *Archiv f. naturwissensch. Landesdurchforschung von Böhmen. Prag.* Bd. VI, nr 5; Bd. VIII, no 6.

1897. — Ueber die Geschlechtstheile der Plecopteren, mit besonderer Rücksicht auf die Morphologie der Genitalanhänge. *Sitzungsb. K. Akad. Wissens. Wien. Math.-Naturw. Cl.* Bd. CV.

1862. KLEINE (G.). — Zu den kleinen Beiträgen zur Bienenkunde von Herrn Pastor Schönfeld. *Bienen-Zeitung. Eichstädt.* 18 Jahrg.

1882. KLEMENSIEWICZ (Stan.). — Zur näheren Kenntnis der Hautdrüsen bei den Raupen und bei *Malachius*. *Verhdl. K. K. zool.-bot. Ges. Wien.* Bd. XXXII.

1883. KLEUKER (F.). — Ueber endoskelettale Bildungen bei Insekten. Dissert. Göttingen.

1895. KLUGE (Max.-H.-E.). — Das männliche Geschlechtsorgan von *Vespa germanica*. Inaug. Diss. Leipzig.

1886. KNATZ (L.). — Verwandtschaft und relatives Alter der Noctuæ und Geometræ. *Festschrift des Vereins f. Naturkunde zu Cassel.* — Vorläuf. Mitteilung im *Zool. Anz.*

1887. KNÜPPEL (A.). — Ueber Speicheldrüsen von Insecten. *Archiv für Naturgesch.* 52 Jahrg. — *Entom. Nachr.* 13 Jahrg. - Vorläuf. Mitteil. *Sitzgsber. Gesellsch. naturf. Freunde. Berlin.*

1854-57. KOCH (Ch.). — Die Pflanzenläuse, Aphiden, getreu nach dem Leben abgebildet und beschrieben. 9 Hefte. Nürnberg.

1882. KOLBE (H.-J.). — Das Flügelgeäder der Psociden und seine systematische Bedeutung. *Stettin. Entom. Zeitung.*

1883. — Beitrag zur Systematik der Lepidoptera. *Berlin. Entom. Zeitschr.* Bd. XXVII.

1886. — Die Zwischenräume zwischen den Punktstreifen der punktiertgestreiften Flügeldecken der Coleoptera als rudimentäre Rippen aufgefasst. *Jahresber. zool. Sektion d. Westfäl. Prov. Ver. f. Wiss. u. Kunst. Münster.*

1888. — Ueber den kranzförmigen Laich einer Phryganea. *Sitzungsber. d. Gesellsch. naturf. Freunde in Berlin.*

1893. — Einführung in die Kenntnis der Insekten. 1 vol. in-8°. Berlin.

1841. KÖLLIKER (A.). — Beiträge zur Kenntnis der Geschlechtsverhältnisse und der Samenflüssigkeit wirbelloser Tiere, nebst einem Versuch über das Wesen und die Bedeutung der sogenannten Samentiere. Berlin.

1842. — Observationes de prima Insectorum genesi, etc. Turici.

1847. — Die Bildung der Samenfäden in Bläschen als allgemeines Bildungsgesetz. *Neue Denksch. d. allg. Schweiz. Ges.* Bd. VIII.

1856. KÖLLIKER (A.). — Physiologische Studien über die Samenflüssigkeit. *Zeitschr. f. wissensch. Zool.* Bd. VII.

1857. Zur feineren Anatomie der Insecten. (Harnorgane, Epithel des Magens, Tracheenverästellungen im Innern von Zellen, Krystalle in der Chitinhaut, Entwicklung des Chorion.) *Verhandl. d. phys.-med. Gesellsch. Würzburg.* Bd. VIII.

1857. — Die Leuchtorgane von *Lampyris* : eine vorläufige Mitteilung. *Verhandl. d. phys.-medizin. Gesellsch. Würzburg.* Bd. VIII.

1883. — Entwicklung des Herzens bei *Gryllotalpa. Zool. Anzeiger.* 6 Jahrg.

1888. — Zur Kenntnis der quergestreiften Muskelfasern. *Zeitschr. f. wiss. Zool.* Bd. XLVII.

1885. KOROTNEFF (A.). — Die Embryologie der *Gryllotalpa. Zeitschr. f. wiss Zool.* Bd. XLI.

1892. — Histolyse und Histogenese des Muskelgewebes bei der Metamorphose der Insekten. *Biol. Centralblatt.* Bd XII.

1894. — Zur Entwicklung der Mitteldarmes bei den Arthropoden. *Biol. Centralblatt.* Bd. XIV.

1884. KORSCHELT (E.). — Ueber die eigentümlichen Bildungen in den Zellkernen der Speicheldrüsen von *Chironomus plumosus. Zool. Anzeiger.*

1885. — Zur Frage nach dem Ursprung der verschiedenen Zellenelemente der Insectenovarien. *Zool. Anzeiger.*

1886. — Ueber die Enstehung und Bedeutung der verschiedenen Elemente der Insectenovariums. *Zeitschr. f. wiss. Zool.* Bd. XLIII.

1887. — Ueber einige interessante Vorgänge bei der Bildung der Insecteneier. *Zeitschr. f. wiss. Zool.* Bd. XLV.

1887. — Ueber die Bildung der Eihüllen, Mikropylen, etc., bei der Insecten. *Nova acta Leop.-Carol.* Bd. LI.

1887. — Ueber die Bedeutung des Kernes für die tierische Zelle. *Naturwiss. Rundschau.* II Jahrg.

1889. — Beiträge zur Anatomie und Physiologie des Zellkerns. *Zool. Jahrb. Anat. Abth.* Bd. III.

1896. — Ueber die Structur der Kerne in den Spinndrüsen der Raupen. *Arch. f. mikr. Anat.* Bd. XLVII.

1891-1902. KORSCHELT (E.) und HEIDER (K.). — Lehrbuch der vergleichenden Entwicklungsgeschichte der wirbellosen Tiere. Jena.

1891. KOSCHEVNIKOV (G.). — Zur Anatomie der männlichen Geschlechtsorgane der Honigbiene. *Zool. Anzeiger.* Bd. XIV.

1892. — On a new compound dermal gland found in the sting of the Bee. *Journal of the zoological Section of the Society of the Friend of natural Science.* Moscow, II, n°s 1, 2. — *Preliminary notice* (en russe).

1900. — Ueber den Fettkörper und die Œnocyten der Honigbiene (*Apis mellifera*). *Zool. Anz.* Bd. XXIII.

1883. KOSTLER (M.). — Ueber das Eingeweidenervensystem von *Periplaneta orientalis. Zeitschr. f. wisench. Zool.* Bd. XXXIX.

KOULAGUINE. Voir KULAGIN.

1871. KOWALEVSKY (A.). — Embryologische Studien an Würmern und Arthropoden. *Mém. Acad. Saint-Pétersbourg* (7). T. XVI.

1886. — Beiträge zur nachembryonalen Entwicklung der Musciden. *Zool. Anzeiger.* Bd. VIII.

1886. — Zur embryonalen Entwicklung der Musciden. *Biol. Centralbl.* Bd. VI.

1886-87. — Zum Verhalten des Rückengefässes u. d. guirlandenförmigen Zellstranges der Musciden während die Metamorphose. *Biol. Centralbl.* Bd. VI.

1887. — Beiträge zur Kenntnis der nachembryonal Entwicklung der Musciden. *Zeitschr. f. wissens. Zool.* Bd. XLV.

1889-90. — Ein Beitrag zur Kenntnis der Excretionsorgane. *Biol. Centralbl.* Bd. IX.

1892. — Sur les organes excréteurs chez les Arthropodes terrestres. *Congrès internat. de zool.*, 2e session, à Moscou.

1892. — Einige Beiträge zur Bildung des Mantels der Ascidien. *Mém. Acad. Imp. Saint-Pétersbourg.* Vol. XXXVIII.

1899. — Imprégnation hypodermique chez l'*Haementaria costata. C. R. Acad. Sc.* T. CXXIX.

1894. — Sur le cœur de quelques Orthoptères. *C. R. Acad. d. Sc.* T. CXIX. — *Arch. Zool. exp.*, 3e sér., t. II.

1894. — Études expérimentales sur les glandes lymphatiques des Invertébrés. *Mélanges biol.* Pétersbourg, t. XIII.

1881. KRAATZ (G.). — Ueber die Wichtigkeit der Untersuchung des männlichen Begattungsgliedes der Käfer für die Systematik und Artunterscheidung. *Deutsche Entom. Zeitschr.* Bd. XXV.

1881. — Ueber das männliche Begattungsglied der europäischen Cetoniiden und seine Verwendbarkeit für deren scharfe spezifische Unterscheidung. *Deutsche Entom. Zeitschr.* Bd. XXV.

1873. KRÆPELIN (K.). — Untersuchungen über den Bau, Mechanismus und die Entwicklung des Stachels der bienenartigen Tiere. *Zeitschr. f. wissensch. Zoologie.* Bd. XXIII.

1882. — Ueber die Mundwerkzeuge der saugenden Insekten. *Zool. Anz.*

1883. — Ueber die Geruchsorgane der Gliedertiere. *Oster-Programm der Realschule des Johanneums.* Hamburg.

1884. — Zur Anatomie und Physiologie des Rüssels von *Musca. Zeitschr. f. wissensch. Zool.* Bd. XXXIX.

1884. — Ueber die systematische Stellung der Puliciden. *Festschrift z. 50 Jähr. Jubil. d. Realgymnas. Johanneum.* Hamburg.

1869. KRAMER (P.). — Beiträge zur Anatomie und Physiologie der Gattung *Philopterus*. *Zeitschrift f. wiss. Zool.* Bd. XIX.

1878. — Reflexionen über die Theorie, durch welche der Saison-Dimorphismus bei den Schmetterlingen erklärt wird. *Archiv f. Naturgesch.* 44 Jahrg, Bd. I.

1880. — Der Farbensinn der Bienen. *Schweiz. Bienenzeitung*. N. F. 3 Jahrg.

1880. KRANCHER (O.). — Das Atmen der Biene. *Deutscher Bienenfreund*. 16 Jahrg.

1882. — Die Töne der Flügelschwingungen unserer Honigbiene. *Deutscher Bienenfreund*. 18 Jahrg.

1888. — Der Bau der Stigmen bei den Insekten. *Zeitschr. f. wissensch. Zool.* Bd. XXXV. — Vorläuf. Mitt. im *Zool. Anz.*

1869. KRARUP-HANSEN (C.-J.-L.). — Beiträge zu einer Theorie des Fluges der Vögel, Insekten u. Fledermäuse. Copenhagen. u. Leipzig.

1869. KRAUSE (W.). — Die Querlinien der Muskelfasern in physiologischer Hinsicht. *Zeitsch. f. Biologie München*. Bd. V.

1870. — *Ibid.* Bd. VI.

1871. — *Ibid.* Bd. VII.

1890. KRAUSS (H.). — Die Duftdrüse der *Aphlebia bivittata* Brullé von Teneriffa. *Zool. Anzeiger*. Bd. XIII.

1893. KRAWKOW (N.-P.). — Ueber verschiedenartige Chitine. *Zeit. Biol.* Bd. XI.

1880. KRIEGER (K.-R.). — Ueber das Centralnervensystem des Flusskrebses. *Zeitschr. f. wiss. Zool.* Bd. XXXIII.

1899. KRÜGER (Edgar). — Ueber die Entwickelung der Flügel der Insekten mit besonderer Berücksichtigung der Deckflügel der Käfer. *Dissert. Göttingen.*

1880. KRUKENBERG (C.-Fr.-W.). — Versuche zur vergleichenden Physiologie der Verdauung und vergleichende physiologische Beiträge zur Kenntniss der Verdauungsvorgänge. *Untersuch. d. physiolog. Institut d. Universität*. Heidelberg, Bd. I.

1884. — Grundzüge einer vergleichenden Physiologie der Farbstoffe und der Farben. Heidelberg.

1877. KÜHNE (W.). — Eine Beobachtung über das Leuchten der Insektenaugen. *Untersuch. aus d. physiolog. Inst. d. univ. Heidelberg*. Bd. I.

1890. KULAGIN (N.). — On the development of *Platygaster*. *Journ. of Friends of nat. Sc. Moscow. Zool.* (en russe).

1892. — Notice pour servir à l'histoire du développement des Hyménoptères parasites. *Congrès internat. de zool.*, 2ᵉ session, à Moscou. — *Zool. Anzeiger*. Bd. XV.

1892. — Notice sur l'origine et les parentés des Arthropodes, principalement des Arthropodes trachéates. *Congrès internat. de zoologie*, 2ᵉ session, à Moscou.

1897. KULAGIN (N.). — Beiträge zur Kenntniss der Entwicklungsgeschichte von *Platygaster*. *Zeitschr. f. wiss. Zool.* Bd. LXIII.

1898. — Ueber die Frage der geschlechtlichen Vermehrung bei den Tieren. *Zool. Anz.* Bd. XXI.

1901. — Der Bau der weiblicher Geschlectsorgane bei *Culex* und *Anopheles*. *Zeitschr. f. wiss. Zool.* Bd. LXIX.

1866. KÜNCKEL d'HERCULAIS (J.). — Recherches sur les organes de sécrétion chez les Insectes de l'ordre des Hémiptères. *Compt. rend. Acad. Sc.* T. LXIII.

1867. — Id. *Ann. Soc. ent. France*, 4ᵉ sér., t. VII.

1872. — Sur le développement des fibres musculaires striées chez les Insectes. *Compt. rend. de l'Acad. d. Sc.* T. LXXV.

1875-78. — Recherches sur l'organisation et le développement des Volucelles, Insectes diptères de la famille des Syrphides, 1ʳᵉ part. Paris, 12 pl. — 1882. 2ᵉ part. Atlas, 15 pl.

1880. — Signification morphologique des appendices servant à la suspension des Chrysalides. *C. R. Acad. d. Sc.* T. XCXI.

1881. — Sur le développement postembryonnaire des Diptères. *C. R. Acad. d. Sc.* T. CIII.

1884. — Des mouvements du cœur chez les Insectes pendant la métamorphose. *C. R. Acad. d. Sc.* T. XCIXI.

1886. — La Punaise de lit et ses appareils odoriférants. — Des glandes abdominales dorsales de la larve et de la nymphe; des glandes thoraciques de l'adulte. *Compt. rend. Acad. Sc.* T. CIII. — *Ann. Mag. Nat. Hist.* (5), Vol. XVIII.

1890. — Mécanisme physiologique de l'éclosion des mues et de la métamorphose chez les Insectes orthoptères de la famille des Acridides. *C. R. Acad. d. Sc.* T. CX. — *An. de la Soc. entom. de France*, 6ᵉ sér., t. X.

1890. — Du rôle de l'air dans le mécanisme physiologique de l'éclosion des mues et de la métamorphose chez les Insectes orthoptères de la famille des Acridides. *C. R. Acad. d. Sc.* T. CX.

1892. — Le Criquet pèlerin (*Schistocerca peregrina*) et ses changements de coloration. — Rôle des pigments dans les phénomènes d'histolyse et d'histogenèse qui accompagnent la métamorphose. *C. R. Acad. d. Sc.* T. CXIV. — *Ann. de la Soc. entom. de France*. T. LXI.

1893. — Observation sur les Puces et en particulier sur les larves des Puces de Chat et de Loir. *Ann. Soc. entom. de France*. 5ᵉ sér., t. III.

1894. — Les Diptères parasites des Acridiens : les Bombylides. — Hypnodie larvaire et métamorphose, avec stade d'éclosion et de repos. *C. R. Acad. d. Sc.* T. CXVIII.

1894. — Observations sur l'hypermétamorphose ou hypnodie chez les Cantharidiens. — La phase dite de pseudo-chrysalide, considérée comme phénomène d'enkystement. *C. R. Acad. d. Sc.* T. CXVIII. — *Annales de la Soc. entom. de France.* T. LXIII.

1894. KÜNCKEL D'HERCULAIS (J.). — Mécanisme physiologique de la ponte chez les Insectes orthoptères de la famille des Acridides. Rôle de l'air comme agent mécanique et fonctions multiples de l'armure génitale. *Compt. rend. Acad. d. Sc.* T. CXIX.

1895. — Étude comparée des appareils odorifiques dans les différents groupes d'Hémiptères hétéroptères. *Comp. rend. Acad. Sc.* T. CXX.

1881. KÜNCKEL D'HERCULAIS (J.) et GAZAGNAIRE (J.). — Rapport du cylindre-axe et des cellules nerveuses périphériques avec les organes des sens chez les Insectes. *Compt. rend. Acad. Sc.* T. XCII.

1881. — Du siège de la gustation chez les Insectes diptères. Constitution anatomique et physiologique de l'épipharynx et de l'hypopharynx. *Compt. rend. Acad. d. Sc.* T. XCV.

1867. KUPFFER (KARL VON). — De embryogenesi apud Chironomos observationes, etc. Kiliæ.

1875. — Die Speicheldrüsen von *Periplaneta orientalis* und ihr Nervenapparat. *Beiträge zur Anatomie und Physiol.*

1815. KYBER (J. F.). — Einige Erfahrungen und Bemerkungen über Blattläuse. *Germar's Magaz. d'Entom.* 1 Jahrg.

L

1849. LABOULBÈNE (A.). — Études sur le genre *Æpus* de Koch, et description d'une nouvelle espèce française, *Trechus (Æpus) Robinii. Ann. soc. entom. France.* 2e série, t. VII.

1857. — Recherches sur les appareils de la digestion et de la reproduction du *Buprestis manca. Thomson's Archiv Entom.* T. I.

1858. — Notes sur les caroncules thoraciques du *Malachius. Ann. de la Soc. Ent. de France.* 3e sér., t. VI.

1864. — Recherches sur l'*Anurida maritima*, Insecte Thysanoure de la famille des Podurides. *Ann. soc. entom. France*, 4e sér., t. IV. — *C. R. Soc. d. Biol.*

1848. LABOULBÈNE (A.) et FOLLIN (M.). — Note sur la matière pulvérulente qui recouvre la surface du corps des *Lixus* et de quelques autres Insectes. *Ann. Soc. Ent. de France.*

1849. LACAZE-DUTHIERS (HENRI DE). — Recherches sur l'armure génitale femelle des Insectes. *Ann. d. Scienc. natur. Zool.* T. XII.

1850. — *Ibid.* T. XIV (Hyménoptères).

1852. — *Ibid.* T. XVII (Orthoptères).

1853. — *Ibid.* T. XIX (Neuroptères, Thysanoures, Coléoptères, Diptères, Lépidoptères, Aphaniptères en général).

1854. LACAZE-DUTHIERS (H. DE) et A. RICHE. — Mémoire sur l'alimentation de quelques Insectes gallicoles et sur la production de la graisse. *Ann. Scienc. natur.* 4e sér. T. II.

1819. LACHAT et AUDOUIN (V.). — Anatomie d'une larve apode trouvée dans l'abdomen d'un Bourdon (*Conops rufipes*). *Bull. scienc. soc. Philom.*

1823. — Anatomie d'une larve apode trouvée dans le Bourdon des pierres (*Conops rufipes*). *Mém. soc. d'hist. nat. de Paris.* T. I.

1834-1838. LACORDAIRE (TH.). — Introduction à l'Entomologie. 2 vol. in-8° et atlas. Paris.

1801. LAMARCK (G. B. P. ANT. DU MONNET). — Système des animaux sans vertèbres, etc. Paris.

1815-22. — Histoire naturelle des animaux sans vertèbres, etc. 11 vol. Paris.

1871. LAMBRECHT (A.). — Sämtliche Teile des Steckapparates im Bienenkörper und ihre Verwendung zu technischen und vitalen Zwecken. *Bienenwirtsch. Centralbl.* 7 Jahrg.

1871. — Das Atmungsgeschäft der Bienen. *Bienenwirtschaftl. Centralbl.* 7 Jahrg.

1871. — Luftverbrauch eines Biens und die damit zusammenhängenden Lebensprozesse der Glieder desselben. *Bienenwirtschaftl. Centralblatt.*

1872. — Der Verdauungsprozess der stickstoffreichen Nährmittel, welche unsere Bienen geniessen, in den dazu geschaffenen Organen derselben. *Bienenwirtschaftl. Centralbl.* 8. Jahrg.

1890. LAMEERE (AUG.). — A propos de la maturation de l'œuf parthénogénétique. Thèse couronnée au concours de l'enseignement supérieur pour 1880-1889. Bruxelles.

1899. — La raison d'être des métamorphoses chez les Insectes. *Ann. Soc. Entom. Belgique.* Vol. XLIII.

1860. LANDOIS (H.). — Ueber das Flugvermögen der Insekten. *Natur und Offenbarung.* Bd. VI.

1863. — Ueber die Verbindung der Hoden mit dem Rückengefäss bei den Insekten. *Zeitschr. f. wiss. Zool.* Bd. XIII.

1864. — Beobachtungen über das Blut der Insekten. *Zeitschr. f. wiss. Zool.* Bd. XIV.

1866. — Die Raupenaugen (Ocelli compositi mihi). *Zeitsch. f. wiss. Zool.* Bd. XVI.

1866. — Entwicklung der büschelförmigen Spermatozoiden bei den Lepidopteren. *Schultze's Archiv f. Anat. Physiol.*

1866. — Der Stigmenverschluss bei den Lepidopteren. *Reichert's u. du Bois-R. Archiv f. Anat.*

1866. — Der Tracheenverschluss bei *Tenebrio molitor* (Mehlwurm). *Reichert's u. du Bois-R. Archiv f. Anat.*

1867. — Ueber das Gesetz der Entwicklung der Geschlechter bei den Insekten (Vorl. Mitth.). *Zeitschr. f. wiss. Zool.* Bd. XVII. Hft. 2.

1868. LANDOIS (H.). — Das Gehörorgan des Hirschkäfers. *Archiv f. mikroskop. Anat.* Bd. IV.

1871. — Beiträge zur Entwicklungsgeschichte der Schmetterlingsflügel in der Raupe und Puppe. *Zeitschr. f. wiss. Zool.* Bd. XXI.

1865. LANDOIS (H.) und LANDOIS (L.). — Ueber die numerische Entwicklung der histologischen Elemente d. Insektenkörpers. *Zeitsch. f. wiss. Zool.* Bd. XV.

1867. LANDOIS (H.) und THELEN (W.). — Der Tracheenverschluss bei den Insekten. *Zeitsch. f. wiss. Zool.* Bd. XVII.

1867. — Zur Entwicklungsgeschichte der facettierten Augen von *Tenebrio molitor.* L. *Zeitschr. f. wiss. Zool.* Bd. XVII.

1864. LANDOIS (L.). — Anatomie des *Phthirius inguinalis* Leach. *Zeitschr. f. wiss. Zool.* Bd. XIV.

1864-65. — Untersuchungen über die auf dem Menschen schmarotzenden Pediculiden. *Zeit. f. wiss. Zool.* Bd. XIV.

1865. — Anatomie des *Pediculus vestimenti.* Nitzsch. *Zeitschr. f. wiss. Zool.* Bd. XV.

1865. — Ueber die Function des Fettkörpers. *Zeitschr. f. wiss. Zool.* Bd. XV.

1866. — Anatomie des Hundeflohs (*Pulex canis*). Dresden.

1866-67. — Anatomie des Hundeflohs (*Pulex canis*). *Nova Acta Acad. Leop. Carol.* Dresden. Bd. XXXIII.

1868-69. — Anatomie der Bettwanze (*Cimex lectularius* L.) mit Berücksichtigung verwandter Hemipterengeschlechter. *Zeitschr. f. wiss. Zool.* Bd. XVIII u. XIX.

1891. LANDON. — Einige Bemerkungen über die Processionsraupen und die Ætiologie der Urticaria endemica. *Arch. Path. Anat.* Bd. CXXV.

1888-94. LANG (Arnold). — Lehrbuch der vergleichende Anatomie. 1 vol. Jena.

1883. LANGENDORFF (O). — Studien über die Innervation der Atembewegungen. 6. Das Atmungszentrum der Insekten. *Archiv f. Anat. u. Physiol., Physiol. Abteil.*

1860. LANGER (K.). — Ueber den Gelenkbau bei den Arthrozoen. Vierter Beitrag zur vergleichenden Anatomie und Mechanik der Gelenke. *Denkschriften der Akad. d. Wiss. Wien. Physikalmathem. Cl.* Bd. XVIII.

1870. LANGERHAUSEN (L.). — Verteidigungsmittel der Insektenwelt. *Ausland.* Jahrg. XLIII.

1888. LANGHOFFER (August). — Beiträge zur Kenntniss der Mundtheile der Dipteren. Jena.

1894. LATASTE (F.). — Sur le *Margarodes vitium* Giard. *Act. Soc. scient. Chili.* T. IV.

1895. — Id. *Ibid.*

1897. — Le mâle des *Margarodes vitium. Feuill. des jeunes nat.*

1864. LATHAM (A.-G.). — The causes of the metallic lustre of the scale, on the wings of certain Moths. *Proceed. Lit. a. Philos. Soc. Manschester.* Vol. III. — *Quart. Journ. microsc. Scienc.* N. Ser., vol. IV.

1806. LATREILLE (P.-A.). — Genera Crustaceorum et Insectorum, etc. Paris.

1819. — De la formation des ailes des Insectes. *Mémoires sur divers sujets de l'histoire naturelle des Insectes*, etc. Paris, fasc. VIII.

1821. — De quelques appendices particuliers du thorax de divers Insectes. *Mém. du Musée d'Hist. nat.* T. VII.

1825. — Familles naturelles du règne animal. 2ᵉ édit.

1831. — Cours d'entomologie, etc. Paris.

1892. LATTER (Oswald). — The secretion of potassium hydroxide by *Dicranura vinula* and the emergence of the imago from the cocoon. *Trans. Ent. Soc. London.* Vol. XXXII. Prof. Meldola adds that the larva of *D. vinula* secretes strong formic acid and is the only animal known to secret a strong constital.

1895. — Further notes on the secretion of potassium hydroxide by *Dicranura vinula* (imago) and similar phenomena in other Lepidoptera. *Trans. Ent. Soc. London. Nat.*

1884. LATZEL (Robert). — Die Myriapoden der oestereichischungarischen Monarchie. Wien.

1874. LA VALETTE SAINT-GEORGE (A. v.). — Ueber die Genese der Samenkörper. III. Mitteilung. *Archiv f. mikroskop. Anat.* Bd. X.

1886. — Spermatologische Beiträge. II. Mitteilung. *Archiv f. mikrosk. Anat.* Bd. XXVII.

1886. — IV. Mitteilung. *Ibid.* Bd. XXVIII.

1887. — V. Mitteilung. *Ibid.* Bd. XXX.

1897. — Zur Samen-und Eibildung beim Seidenspinner. *Arch. f. mikr. Anat.* Bd. L.

1815. LEACH (W. Elfred). — A tabuler wiew of the external Characters of four Classes of Animals, which Linné arranged under Insecta; with the distribution of the genera composing three of these classes into order. etc. *Trans. lin. Soc. London.* Vol. XI.

1817. — On the genera and species of proboscideous Insects, etc. Edinburgh.

1819. — History of entomology. In-4°. Edinburgh.

1849. LEBERT. — Recherches sur la formation des muscles dans les Animaux vertébrés et sur la structure de la fibre musculaire dans les diverses classes d'animaux. *Ann. des Sc. natur. Zool.* Vol. XI.

1850. — *Ibid.* Vol. XIII.

1898. LECAILLON (A.). — Recherches sur l'œuf et sur le développement de quelques Chrysomélides. Thèse. Paris. — *Arch. d'Anat. micr.* T. II.

1900-1901. — Recherches sur la structure et le développement postembryonnaire de l'ovaire des Insectes. *Bull. de la Soc. entom. de France.*

1900. LÉCAILLON (A.). — Sur les rapports de la larve et de la nymphe du Cousin avec le milieu ambiant. *Bull. de la Soc. philom. de Paris*. 9e sér., t. I.

1901. — Recherches sur l'ovaire des Collemboles. *Arch. d'Anat. micr.* T. IV.

1902. — Sur le testicule d'*Anurophorus laricis*. *Bull. de la Soc. philom. de Paris*. 9e sér., t. IV.

1902. — Sur le testicule d'*Anurida maritima*. *Bull. de la Soc. entom. de France*.

1902. — Sur la disposition, la structure et le fonctionnement de l'appareil reproducteur mâle des Collemboles. *Comptes rendus de l'Assoc. des Anatomistes* 1902. — *Bull. de la Soc. philom. de Paris*, 9e sér., t. IV.

1856. LECOQ (H.). — De la génération alternante chez les Végétaux et de la reproduction de semences fertiles sans fécondation. *C. R. Acad. d. Sc.*, t. XLIII.

1862. — De la transformation du mouvement en chaleur chez les Animaux. *Compt. rend. de l'Acad. d. Sc.* T. LV.

1900. LE DANTEC (F.). — La sexualité. *Coll. Scientia*. Paris.

1883. LEE (BOLLES, A.). — Bemerkungen über den feineren Bau der Chordotonalorgane. *Archiv f. mikroskop. Anat.* Bd. XXIII.

1884. — Les organes chordotonaux des Diptères et la méthode du chlorure d'or (Observations critiques). *Recueil. Zool. Suisse*. T. II.

1885. — Les balanciers des Diptères, leurs organes sensifères et leur histologie. *Recueil zool. Suisse*. T. II.

1695. LEEUWENHOEK (A. VAN). — Arcana naturæ detecta ope microscopiorum. Delphis Batavorum.

1842. LEFÉBURE (A.). — Communication verbale sur la ptérologie des Lépidoptères. *Ann. Soc. Ent. France*. T. I. — *Revue Zool. Paris*.

1899. LÉGER (L.) et DUBOSCQ (O.). — Sur les tubes de Malpighi des Grillons. *C. R. Soc. de Biol.* 11e sér., t. I.

1899. LÉGER (L.) et HAGENMULLER (P.). — Sur la structure des tubes de Malpighi de quelques Coléoptères ténébrionides. *C. R. de la Soc. de Biol.* 11e sér., t. I.

1884. LEHMANN. — Die Farbe der Raupe von *Eriopus purpureofasciata*. Zur Biologie der Raupe von. *E. p. Zeit. Entom. Breslau*. Bd. IX.

1799. LEHMANN (M.-C.-G.). — De antennis Insectorum. Londini, Hamburgi.

1800. — Diss. posterior. Hamburg and London.

1847. LEIDY (J.). — History and Anatomy of the Hemipterous genus *Belostoma*. *Journ. Acad. Nat. Sc. Philadelphia*. Vol. 1. [N. S.]. Part. I.

1848. — Internal anatomy of *Corydalus cornutus* in its three Stages of Existence. *Journ. Amer. Acad. of Arts a. Sc.* T. 4.

1849. — Odoriferous glands of Invertebrata. *Proc. Acad. Philadelphia*. Vol. IV.

1850. — Id. *Ann. and Mag. Nat. Hit.* 2e sér.

1880. LELIÈVRE (ERNEST). — Note in *Le Naturaliste*, Juin 1880. Both sexes of *Thais polyxena* emit an odorous exhalation. Notes on exhalation from *Spilosoma fuliginosa*.

1882. LEMOINE (V.). — Recherches sur le développement des Podurelles. *Assoc. Franç. pour l'Avancement des Sciences*. Congrès de la Rochelle.

1888. — Évolution biologique d'un Hyménoptère parasite de l'*Aspidiotus* du Laurier-rose. *C. R. Soc. Biol.* 8e sér., t. V. — *Ann. Soc. ent. France*. 6e sér., t. VIII.

1881. LENDENFELD (R. VON). — Der Flug der Libellen. *Sitzgsber. K. Akad. d. Wiss. Wien*. Bd. LXXXIII. — *Zool. Anz.* Bd. II.

1898. LENHOSSEK (M. VON). — Untersuchungen über Spermatogenese. *Arch. f. mikr. Anat.* Bd. LI.

1888. LEON (N.). — Beiträge zur Kenntniss der Mundteile der Hemipteren. Jena.

1888. — Disposition anatomique des organes de succion chez les Hydrocores et les Géocores. *Bull. Soc. des Médec. et Natur. de Jassy*.

1892. — Labialtaster bei Hemipteren. *Zool. Anzeiger*.

1897. — Beiträge zur Kenntniss des Labiums der Hydrocoren. *Zool. Anzeiger*.

1855. LESPÈS (CH.). — Mémoire sur les spermatophores des Grillons. *Ann. Scienc. natur. Zool.* 4e sér., vol. III et IV.

1856. — Recherches sur l'organisation et les mœurs du Termite lucifuge. *Ann. Sc. Nat. Zool.* Vol. V.

1863. — Observations sur les Fourmis neutres. *Ann. Soc. Nat. Zool.* 4e sér., vol. XIX.

1848. LEUCKART (R.). — Ueber die Morphologie und die Verwandtschafsverhältnisse der wirbellosen Tiere. Braunschweig.

1851. — Ueber Metamorphose, ungeschlechtliche Vermehrung, Generationswechsel. *Zeitschr. f. wiss Zool.* Bd. III.

1852. — Anatomisch-physiologische Uebersicht des Tierreichs. Vergleichenden Anatomie und Physiologie. Stuttgart.

1853. — Art. Zeugung. *Wagner's Handwörterb. d. Physiol.* Bd. IV.

1855. — Bericht über Zergliederung einer unbefruchtet ein-und durchgewinterten Bienenkönigin. *Eichstädt. Bienen-Ztg.* Bd. XI.

1855. — Ueber die Mikropyle und feinerer Bau der Shalenhaut bei den Insekten. *Arch. f. Anat. u. Physiol.*

1857. — Sur l'arrhénotokie et la parthénogenèse des Abeilles et des autres Hyménoptères qui vivent en société. *Bull. Acad. roy. Bruxelles*. 2e sér., t. XII.

1858. — Die Fortpflanzung und Entwicklung der Pupiparen. Nach Beobachtungen an *Melophagus ovinus*. *Abhandl. Naturf-Gesell. Halle*. Bd. IV.

1858. LEUCKART (R.). — Zur Kenntniss des Generationswechsels und der Parthenogenesis bei den Insecten. Frankfurt a. M. Meidinger.

1859. — Die Fortpflanzung der Rindenläuse. Ein weiter Beitrag zur Kenntniss der Parthenogenesis. *Archiv f. Naturgesch.* 25 Jhg. Bd. I.

1865. — Die ungeschlechtliche Fortpflanzung der Cecidomyienlarven. *Archiv für Naturgesch.* 31 Jhg. Bd. I.

1865. — Ueber Bienenzwitter. *Amtl. Bericht.* 35. *Vers. deutsch. Naturf.* 1864.

1866. — On the asexual Reproduction of Cecidomyide Larvæ. *Ann. Mag. Nat. Hist.* 3e sér., vol. XVII.

1885. — Die Anatomie der Biene. Erläutender Text zu einer in Farbendruck ausgeführten Wandtafel. Cassel. u. Berlin.

1887. — Neue Beiträge zur Kenntniss des Baues und der Lebensgeschichte der Nematoden. *Abth. Sächs. Ges. wiss.* Bd. XXII.

1847. LEUCKART (R.) und FREY (H.). — Lehrbuch der Anatomie der wirbellosen Tiere. Leipzig.

1894. LEVANDER (K.-M.). — Einige biologische Beobachtungen über *Sminthurus apicalis* Reuter. *Act. Soc. Fauna Flora Fennica.* T. IX.

1848. LEYDIG (FRANZ). — Ueber die Entwicklung der Blattläuse. *Isis.* Bd. III.

1850. — Einige Bemerkungen über die Entwickelung der Blattläuse. *Zeitschr. f. wiss. Zool.* Bd. II.

1851. — Anatomisches und Histologisches über die Larve von *Corethra plumicornis*. *Zeitschr. f. wissenschaftl. Zool.* Bd. III.

1853. — Zur Anatomie von *Coccus hesperidum*. *Zeitschrift für wissensch. Zool.* Bd. V.

1855. — Zum feineren Bau der Arthropoden. *Müller's Archiv f. Anat. u. Physiol.*

1857. — Lehrbuch der Histologie des Menschen und der Tiere. Frankfurt a. M.

1859. — Zur Anatomie der Insekten. *Müller's Archiv f. Anatomie u. Physiol.*

1859. — Ueber die Explodierdrüse des *Brachinus crepitans*. vergl. « Zur Anatomie der Insekten ». *Reichert's und du Bois-Reymond's Archiv f. Anat. u. Physiol.*

1860. — Ueber Geruchs-und Gehörorgane der Krebse und Insekten. *Archiv f. Anatomie u. Physiologie.*

1862. — Das sogenannte Bauchgefäss der Schmetterlinge und die Muskulatur der Nervenzentren bei Insekten. *Archiv f. Anat., Physiol. u. wiss. Medizin.*

1863. — Einige Worte über den Fettkörper der Arthropoden. *Reichert u. du Bois-Reymond's Archiv f. Anat.*

1864. — Vom Bau des Tierischen Körpers. Tübingen.

1864. — Tafeln zur vergleichenden Anatomie. Tübingen.

1864. LEYDIG (FRANZ). — Das Auge der Gliedertiere. Neue Untersuchungen zur Kenntniss dieses Organs. Tübingen.

1867. — Der Eierstock und die Samentasche der Insekten. *Nova Acta Acad. Leop.-Carol.* Bd. XXXIII.

1876. — Bemerkungen über Farben der Hautdecke und Nerven der Drüsen bei Insekten. *Archiv f. mikroskop. Anatomie.* Bd. XII.

1883. — Untersuchungen zur Anatomie und Histologie der Tiere. Bonn.

1885. — Zelle und Gewebe. Neue Beiträge zur Histologie des Tierkörpers. Bonn.

1886. — Die Hautsinnesorgan der Arthropoden. *Zool. Anzeiger.*

1887. — Beiträge zur Anatomie und Histologie der Insekten.

1889. — Beiträge zur Kenntniss des thierischen Eies im unbefruchteten Zustande. *Spengel's Zool. Jahrbücher. Abth. f. Anat.* Bd. III.

1890. — Intra-und interzellulare Gänge. *Biol. Centralblatt.* Bd. X.

1890. — Ueber Bombardierkäfer (*Brachinus, Agonum*). *Biol. Centralblatt.* Bd. X.

1891. — Zu den Begattungszeichnen der Insekten. *Semper's Arbeiten.* Bd. X.

1877. LICHTENSTEIN (J.). — Anthogénésie chez les Pucerons souterrains des Graminées. *C. R. Acad. d. Sc.* T. LXXXIV.

1878. — Considérations nouvelles sur la génération des Pucerons. Paris.

1879. — Note sur le cycle biologique des Pemphigiens. *Ann. Soc. ent. France.* 5e série, t. IX.

1879. — Observations critiques sur les Pucerons des Ormeaux et les Pucerons du Térébinthe. *Ann. Soc. ent. France.* 5e série, t. X.

1880. — Métamorphose du Puceron des galles ligneuses du Peuplier noir (*Pemphigus bursarius*). *C. R. Acad. d. Sc.* T. XC.

1879. LICHTENSTEIN (J.) et MAYET (VALÉRY). — Étude sur le Gribouri ou Écrivain de la vigne (*Cryptocephalus vitis* Geoffroy ; aujourd'hui genre *Adoxus* Kirby). Montpellier.

1878. LIDTH DE JEUDE (TH. W. VON). — Zur Anatomie und Physiologie der Spinndrüsen der Seidenraupe. *Zool. Anzeiger.*

1872. LIEBE (OTTO). — Ueber die Respiration der Tracheaten, besonders über den Mechanismus derselben und über die Menge der ausgeatmeten Kohlensäure. *Inaug. Diss.* Chemnitz.

1873. — Die Gelenke der Insekten. Chemnitz. in-4.

1878. LIEGEL (HERMANN). — Ueber den Ausstülpungsapparat von *Malachius* und verwandten Formen. *Inaug. Diss.* Göttingen.

1880. LIÉNARD (V.). — Constitution de l'anneau œsophagien. *Archives de Biologie.* Vol. I.

1885. LIMBECK (R. von). — Zur Kenntniss des Baues der Insektenmuskeln. *Sitzb. Kais. Akad. d. Wiss. Wien.* Bd. XCI.

1777-1780. LINDENBERG. — Beschreibung des Brasilischen Russelkäfers *Curculio imperialis*. *Naturforscher.* Stück 10, Stück 14.

1864. LINDEMANN (C.). — Notizen zur Lehre vom äusseren Skelete der Insekten (Gelenke und Muskeln der Füsse). *Bull. Soc. imp. d. natur. Moscou.* T. XXXVII.

1875-77. — Vergleichend-anatomische Untersuchung über das männliche Begattungsglied der Borkenkäfer. *Bull. Soc. imp. nat. Moscou.*

1864. LINDEMANN (K.). — Zoologische Skizzen. 1. Struktur des Fettkörpers. *Bull. Soc. imp. d. natur. Moscou.*

1735. LINNÆUS (Carol.). — Systema naturæ, sive regna tria naturæ systematica preparata per classes, ordines, genera et species. Lugd. Batav.

1886. LIST (J.-H.). — *Orthezia cataphracta* Shaw. Eine Monographie. *Zeit. f. wiss. Zool.* Bd. XLV.

1884. LOCY (W.-A.). — Anatomy and Physiology of the Family Nepidæ. *Americ. naturalist.* Vol. XVIII.

1889. LŒV (Frz). — Zur Biologie der Gallenerzeugenden *Chermes*-Arten. *Zool. Anz.*

1841. LŒW (H.). — Beitrag zur anatomischen Kenntniss der inneren Geschlechtsteile der zweiflügligen Insekten. *Germar's Zeitschr. f. Entom.* Bd. III.

1843. — Ueber die Bedeutung des sogenanten Saugmagens bei den Zweiflüglern. *Stettin. Entom. Zeitung.*

1848. — Abbildungen und Bemerkungen zur Anatomie einiger Neuropterengattungen. *Linnæa Entom.* Bd. III.

1858. — Die Schwinger der Dipteren. *Berlin. Entom. Zeitschr.*

1864. — Die europäischen *Tipula*-Arten, deren Weibchen verkümmerte Flügel haben. *Wiener. Entom. Monatsschr.* Bd. VIII.

1814. LŒWE (C.-L.-W.). — De partibus quibus Insecta spiritus ducunt. Diss. inaug. Halae.

1839. LOISELEUR-DESLONGCHAMPS. — Nouvelles considérations sur les Vers à soie. Paris.

1887. LOMAN (J.-C.-C.). — Ueber die morphologische Bedeutung der sogenannten Malpighischen Gefässe der echten Spinnen. *Tijdschr. Nederl. Dierk. Ver.* (2), Dell. 1.

1887. — Freies Jodals Drusensekret (*Ceropterus 4-maculatus* Westw). *Tijdschr. Nederl. Dierkd. Vereein* (2). D. 1. Afl. 3/4.

1889. LOOS. — Ueber Degenerations Erscheinungen in Thierreiche, etc. *Presschriften gekrönt*, etc. Leipzig.

1869. LOWNE (B.). — Anatomy and physiology of the Blow-Fly *Musca vomitoria*. London.

1871. — On the so-called Suckers of *Dytiscus* and the Pulvilli of Insects. *Trans. R. Micr. Soc.*

1878. LOWNE (B.). — On the modifications of the simple and compound eyes of Insects. *Phil. Trans. Roy. Soc. London.* Vol. CLXIX.

1880-91. — Anatomy, physiology, morphology and development of the Blow-fly. 2 vol. London.

1883. — On the Structure and Functions of the Eyes of Arthropoda. *Proceed. Roy. Soc. London.* Vol. XXXV.

1884. — On the compound vision and the morphology of the eye in Insects. *Trans. Linn. Soc. London.*

1887. — On the Histology of the Muscles of the Fly and their Relation to the Muscles of Vertebrates. *Journ. Quekett Micr. Club.* 2e sér., vol. III.

1889. — On the Structure of the Retina of the Blowfly (*Calliphora erythrocephala*). *Journ. Linn. Soc. London.* Vol. XX.

1889. — On the Structure and Development of the Ovaries and their Appendages in the Blowfly (*Calliphora erythrocephala*). *Journ. Linn. Soc. London*, vol. XX.

1890. — On the Structure of the retina of the Blow-fly (*Calliphora erythrocephala*). *Journ. Linn. Soc. London. Zool.* Vol. XX.

1900. LOYEZ (Marie). — Sur la constitution du follicule ovarien des Reptiles. *C. R. Acad. d. Sc.* T. CXXX.

1857. LUBBOCK (John). — Parthenogenesis in the Articulata. *Philos. Trans. Roy. Soc. London.* Vol. CXLVII, part. 1.

1858. — Arrangement of cutaneous Muscles of the Larvæ of *Pygæra bucephala*. London.

1858. — On the Digestive and Nervous System of *Coccus hesperidum*. *Proceed. Roy. Soc.* Vol. IX.

1859. — Id. *Ann. Mag. Nat. Hist.* Sér. 3, vol. III.

1859. — On the Ova and Pseudova of Insects. *Philos. Trans. Roy. Soc. London.* Vol. CXLIX, part. 1.

1860. — Distribution of Tracheæ in Insects. *Transact. Linnean Soc. London.* Vol. XXIII.

1861. — On *Sphærularia Bombi*. *Nat. Hist. Review.*

1863. — On two aquatic Hymenoptera, one of which uses its wings in swimming. *Trans. Linn. Soc.* Vol. XXIV.

1863. — On the development of *Chloeon dimidiatum*. *Trans. Linn. Soc. London*, I. Vol. XXIII.

1866. — II. Vol. XXV.

1864. — Note on *Sphærularia Bombi*. *Nat. Hist. Review.*

1873. — Monograph of the Collembola and Thysanura. London. *Publ. of the Roy. Society.*

1873. — On the origin of Insects. *Journ. Linn. Soc. London.* Vol. XL.

1873. — Origin and metamorphoses of Insects. *Nature* (in book form., 1874).

1877. — On some Points in the Anatomy of Ants. *The Monthly Microscop. Journ.* Vol. XVIII.

1878. — Note on the colours of British Caterpillars. *Trans. Ent. Soc. London.*

1879. LUBBOCK (John). — On the Anatomy of Ants. *Trans. Linn. Soc. Ser. 2. Zool.* Vol. II.

1880. — De l'origine et des métamorphoses des Insectes. Trad. Grolous. Paris.

1883. — Ameisen, Bienen und Wespen. Autorisierte Ausgabe. *Internat. wissensch. Bibl.* Bd. LVII. Brockhaus, Leipzig.

1889. — Ants, Bees und Wasps : a Record of Observations on the Habits of the Social Hymenoptera. 9. Edit. London.

1889. — On the Senses, Instincts and Intelligence of Animals. With special Reference to Insects. *Internat. Scienc. Series.* Vol. XXXV. 3. Edit. London.

1857. LUCAS (H.). — Note sur les caractères que l'on peut tirer du développement des organes du vol pour distinguer l'état parfait ou non parfait des espèces composant le genre *Eremiaphila*. *Ann. Soc. Ent. France*, sér. 3, t. V.

1893. LUCAS (R.). — Beiträge zur Kenntniss der Mundwerkzeuge der Trichoptera. Inaug.-Dissert. Berlin. — *Archiv f. Naturgesch.*

1893. LUCIANI (L.) e LO MONACO (D.). — Sui fenomeni respiratori delle crisalide del Bombice del Gelso. *Atti d. R. Accad. dei Georgofili.* Vol. XV.

1895. — Sui fenomeni respiratori delle larve del Bombice del Gelso. *Atti d. R. Accad. dei Georgofili.* Vol. XVIII.

1874. LUDWIG (H.). — Die Eibildung in Thierreiche. *Arb. am den Zool. Inst. Würzburg.* Bd. I.

1883. LUKS (Konst.). — Ueber die Brustmuskulatur der Insekten. *Jena. Zeitschr. Naturwiss.* Bd. XVI.

1895. LUTZ (K.-G.). — Das Blut der Coccinelliden. *Zool. Anzeiger.*

1762. LYONET (P.). — Traité anatomique de la Chenille qui ronge le bois de Saule. II. Ed., Haag. La Haye.

1829-32. — Recherches sur l'anatomie et les métamorphoses de différentes espèces d'Insectes. *Mém. du Muséum d'Hist. nat. Paris.* T. XVIII, XIX et XX.

M

1899. MAC CLUNG (C.-E.). — A peculiar nuclear element in the male reproductive cells of Insects. *Zool. Bull.* Vol. II.

1900. — The spermatocyte divisions of the Acrididæ. *Bull. Univ. Kansas.* Vol. IX.

1901. — Notes on the accessory chromosome. *Anat. Anz.* Bd. XX.

1880. MAC COOK (H.-Ch.). — The natural history of the agricultural Ant of Texas. A monograph of the habits, architecture and structure of *Progonomyrmex barbatus*. Philadelphia.

1871. MAC INTIRE (S.-J.). — Notes on the minute structura of the scales of certain Insects. London.

1867. MAC LACHLAN (Robert). — Notes générales sur les variations des Lépidoptères. Traduit de l'anglais avec annotations par Maurice Girard et J. Fallou. *Ann. Soc. ent. France*, 4ᵉ sér., t. VII.

1872. — On the sexual apparatus of the male *Acentropus*. *Trans. Ent. Soc. London.*

1874-80. — A monographic Revision and Synopsis of the Trichoptera of the European Fauna. London.

1884. — Trichoptera from Unst, North-Shetland. *Entom. Monthl. Mag.* Vol. XXI.

1886. — On the existence of " scales " on the wings of the Neuropterous genus *Isoceliptеron* Costa. *Entom. Monthl. Mag.* Vol. XXII.

1825. MAC LEAY (W.-S.). — On the Structure of the Tarsus in the Tetramerous Coleoptera of the French Entomologists. *Trans. Linn. Soc. London.* Vol. XV.

1830-1832. — Explanation of the comparative anatomy of the thorax in winged Insects, with a review of the present state of the nomenclature of its parts. *Zool. Journal.* T. V. Trad. et annoté par Audouin. *Ann. Scienc. Nat.* T. XXV. — *Isis*, I.

1880. MAC LEOD (J.). — La structure des trachées et la circulation péritrachéenne. Bruxelles.

1883. MAC LOSKIE (G.). — Pneumatic functions of Insects. *Psyche.* Vol. III.

1884. — The structure of the tracheæ of Insects. *American Naturalist.* Vol. XVIII.

1884. — Kraepelins Proboscis of *Musca*. *Amer. Natur.* Vol. XVIII.

1887-88. — The poisonapparatus of the Mosquito. *Amer. Nat.* T. XXII. — *Science.*

1885. MAC MUNN (C.-A.). — Krukenberg's chromatological speculation. *Nature.* Vol. XXXI.

1886. — Researches on Myohæmatin and the Histohæmatins. *Proceed. Roy. Soc. London.* Vol. XXXIX.

1871. MADDOX (R.-L.). — Remarks on the " Lepidoptera, as bearing on the structure of the Test Scale " of *Lepidocyrtus curvicollis*. *Monthl. Microscop. Journ.* Vol. X.

1881. MAGRETTI (P.). — Intorno ad alcuni casi di albinismo negl'Invertebrati. *Bollettino scientifico Pavia*, nᵒ I.

1885. MAILLOT (E.). — Leçons sur le Ver à soie du Mûrier. 1 vol. in-8ᵒ. Montpellier.

1894. MALLOCK (A.). — Insect sight and the defining power of composite eyes. *Proc. Roy. Soc. London.* Vol. LV.

1669. MALPIGHI (M.). — Dissertatio epistolica de Bombyce, Societati regiæ Londini ad scientiam naturalem promovendam institutæ dicata. Londini.

1889. MARCHAL (P.). — L'acide urique et la fonction rénale chez les Invertébrés. *Mém. Soc. zool. de France*. Vol. III.

1889. — Contribution à l'étude de la désassimilation de l'azote. L'acide urique et la fonction rénale chez les Invertébrés. *Mém. Soc. zool. de France*. Vol. III.

1892. — Sur la motilité des tubes de Malpighi. *Bull. Soc. entom. de France*. T. LXI.

1893. — Étude sur la reproduction des Guêpes. *C. R. Acad. d. Sc.*

1894. — Sur le réceptacle séminal de la Guêpe. *Bull. Soc. entom. de France*. T. LXIII.

1892. — Sur la distribution des sexes dans les cellules du guêpier. *Arch. Zool. exp.* 3e sér., t. II.

1895. — Observations biologiques sur *Cecidomyia destructor*. *Bull. Soc. entom. de France*.

1895. — Étude sur la reproduction des Guêpes. *C. R. Acad. d. Sc.*

1896. — Remarques sur la fonction et l'origine des tubes de Malpighi. *Bull. Soc. entom. de Fr.*

1896. — La reproduction et l'évolution des Guêpes sociales. *Arch. zool. exper. et gén.*

1897. — La castration nutriciale chez les Hyménoptères sociaux. *C. R. Soc. Biologie*. Juin.

1897. — Note sur les réactions histologiques et sur la galle animale interne provoquée chez une larve de Diptère (*C. destructor*) par un Hyménoptère parasite (*Trichacis remulus*). *C. R. Soc. de Biol.*

1897. — Les Cécidomyies des céréales et leurs parasites. *Ann. Soc. entom. de Fr.* T. LXVI.

1897. — Contribution à l'étude du développement des Hyménoptères parasites. *C. R. Soc. de Biol.*

1898. — La dissociation de l'œuf en un grand nombre d'individus distincts et le cycle évolutif de l'*Encyrtus fuscicollis* (Hyménoptère). *C. R. Acad. d. Sc.*

1869. MAREY (E.-J.). — Note sur le vol des Insectes. *C. R. et Mém. Soc. Biol.* 4e sér., t. V.

1869. — Recherches sur le mécanisme du vol des Insectes. *Journ. de l'Anat. et de la Physiol.*, 6e année.

1869-72. — Mémoire sur le vol des Insectes et des Oiseaux. *Ann. Sc. nat. Zool.*, 5e sér., t. XII et XV.

1874. — La machine animale. Locomotion terrestre et aérienne. Paris, G. Baillière.

1862. MARGO. — Neue Untersuch. u. Entwick. Wachstum, Neubildung u. feineren Bau der Muskelfasern. *Denk. K. Akad. Wiss. Wien*. Bd. XX.

1876. MARK (E.-L.). — Beiträge zur Anatomie und Histologie der Pflanzenläuse, insbesondere der Cocciden. Diss. — *Archiv f. mikroskop. Anat.* Bd. XIII.

1879. — The nervous system of Phylloxera. *Psyche*. Vol. II.

1887. — Simple Eyes in Arthropods. *Bull. Museum of the Harward Coll.* Vol. XIII.

MARLATT cité par PACKARD.

1889. MARNO (E.). — Die Typen der Dipteren-Larven als Stützen des neuen Dipterer-Systems. *Verh. d. zool. bot. Ges. Wien*. Bd. XIX.

1898. MARSHALL (S. A. K.) — Seasonal dimorphism in Butterflies of the genus *Precis*. *Ann. Mag. Nat. Hist.*, 7e série, vol. II.

1882-83. MARSHALL and NICEVILLE. — Butterflies of India, Burmah and Ceylon. Vol. I in 2 parts. *Danainæ, Satyrinæ, Elymniinæ, Morphinæ, Acraeinæ*. Calcutta.

1811. MARSHAM (Th.). — Some account of an Insect of the genus *Buprestis* taken alive out of wood composing a derk which had been made above twenty years. *Trans. Linn. Soc. London*. Vol. X.

1893. MARTIN (Joanny). — Les trachées et la respiration trachéenne. *Bull. Soc. philomath. C. R. sommaire*. Décembre.

1896. MAYER (Alfred-G.). — The development of the wing-scales and their pigment in Butterflies and Moths. *Bull. Mus. Comp. Zool.* Vol. XXIX.

1897. — On the color and color-patterns of Moths and Butterflies. *Proc. Bost. Soc. Nat. Hist.* Vol. XXVII.

1874. MAYER (Alfred) and MARSHALL. — Researches in Acoustics, n° 5, 3. Experiments on the supposed auditory apparatus of the *Culex mosquito*. *Amer. Journ. Sc. and Arts*. Sér. 3, vol. VIII.

1875. MAYER (Alfred-M.). — Ueber das Gehörorgan bei den Gliedertieren. *Naturforscher*. 8 Jahrg.

1860. MAYER (F.-T.-Karl). — Staub der Schmetterlingsflügel. *Allgem. medizin. Cent. Zeitung*. Jahrg 29.

1874. MAYER (Paul). — Anatomie von *Pyrrhocoris apterus*. *Reichert's und du Bois-Reymond's Archiv f. Anat., Physiol.*, etc.

1876. — Ueber Ontogenie und Phylogenie der Insekten. *Jen. Zeitschr. f. Naturwissens.* Bd. X.

1879. — Zur Lehre von den Sinnesorganen bei den Insekten. *Zool. Anz.*

1879. — Sopra certi organi di senso nelle antenne dei Ditteri. *Atti d. R. Accad. Lincei di Roma*, ser. 3. — *Mem. Cl. Scienze fis., mat. e natur.* Vol. III.

1882. — Zur Naturgeschichte der Feigeninsecten. *Mitth. Stat. zu Neapel*. Bd. III.

1884. MAYER (S.). — Zur Histologie des quergestreiften Muskels. *Biol. Centralbl.*

1886. — Die sogenannten Sarcoplasten. *Anat. Anz.*

1887. — Einige Bemerkungen zur Lehre von der Ruckbildung quergestreifter Muskelfasern. *Zeitschz. d. Heilkunde*. Bd. VIII.

1880. MAYET (Valéry). — Sur l'œuf d'hiver du Phylloxéra. *C. R. Acad. d. Sc.* T. XCI.

1885. MAYET (Valéry). — Les Insectes de la vigne. 1 vol. Montpellier-Paris.

1896. — La Cochenille des vignes du Chili (*Margarodes vitium* Giard). *Ann. Soc. entom. France*. Vol. LXV.

1889. MAYNARD (C.-L.). — The defensive glands of a species of Phasma, *Anisomorpha buprestoides*. *Contributions to Science*. T. I, April.

1809. MECKEL (J.-F.). — Bruchstücke aus der Insekten-Anatomie. *Beiträge zur vergl. Anat.* Bd. I.

1815. — Ueber das Rückengefäss der Insekten. *Meckel's Archiv*. Bd. I.

1826. — System der vergleichenden Anatomie.

1826. — Ueber die Gallen-und Harnorgane der Insekten. *Meckel's Archiv*. Bd. I.

1846. MECKEL von HEMSBACH (Heinrich). — Mikrographie einiger Drüsenapparate der niederen Tiere. *Müllers's Archiv Anat. Phys. u. wiss. Med.*

1860. MEINERT (F.). — Bidrag til de danske Myrers Naturhistorie. Kjöbenhavn. *Danske Vidensk. Selsk. Skrifter*. 5 Raek, V Bind.

1861. — Bidrag til de danske Myrers Naturhistorie. *Kgl. Dansk. Vidensk.-Selsk. Skrifter. Kjöbenhavn*. 5 Raeke. *Naturvid. og math. Afd.* Bd. V.

1863. — Anatomia Forficulorum. Anatomisk undersogelse af de Danske Orentviste, I. *Naturhist. Tidssk.* 3 Raek, II Bind.

1864-65. — Campodeæ : en familie af Thysanurernes orden. *Naturhistorik Tidsskr.* 3 Raek. Bd. III.

1868. — Om dobbelte Saedgange hos Insecter. *Naturhist. Tidsskrift*. 3 Raekke. Bd. V.

1880. — Sur la conformation de la tête et sur l'interprétation des organes buccaux chez les Insectes, ainsi que sur la systématique de cet ordre. *Entom. Tidsskr.* 1. Arg.

1881. — Fluernes Munddele. Trophi Dipterorum. Kjöbenhavn.

1882. — Die Mundteile der Dipteren. *Zool. Anz.*

1882. — Spirakelpladen hos Scarabæ-Larverne. *Vid. Meddel. Nat. For.* Kjöbenhavn (4). Aarg. 3.

1884. — Noget mere om Spiracula cribraria og Os clausum. En Replik. *Vid. Meddel. Nat. For.* Kjöbenhavn (4). Aarg. 5.

1887. — Tungens Udskydelighed hos Steninerne, en Slaegt af Staphylinernes Familie. *Vidensk. Meddel. from den naturh. Foren.*

1886. — De encephale Myggelarver. Sur les larves encéphales des Diptères. *Vidensk. Selsk. Skrifter*. 6 Raekke. *Naturvid og mathem. Afd.* Kjöbenhavn. 3. Bd. IV.

1889. — Contribution à l'anatomie des Fourmillions. *Overs. Danske Vidensk. Selsk. Forhandl.* Kjöbenhavn.

1890. — *Ænigmatias blattoides*, Dipteron novum apterum. *Entomol. Meddel.* Bd. II, 5 Hft.

1890. MEINERT (F.). — Bidrag til de danske Myrers Naturhistorie. *Kjöbenhavn. Danske Vidensk. Selsk. Skrifter*. 5 Raek. Bd. V.

1855. MEISSNER (G.). — Beobachtungen über das Eindringen der Samenelemente in der Dotter. *Zeitschr. f. wiss. Zool.* Bd. VI.

1872. MELDOLA (K.). — The relationship between colour and edibility in larvæ. *Entom. Monthl. Mag.* Vol. IX.

1873. — On a certain Class of variable Protective Coloring in Insects. *Proceed. Zool. Soc. London*.

1869. MELNIKOW (N.). — Beiträge zur Embryonalentwicklung der Insecten. *Arch. f. Naturg.* Bd. XXXV.

1851. MENGE (A.). — Myriapoden der Umgegend von Danzig. *Neuste Schriften der naturforsch. Gesell. Danzig*.

1880. MENZBIER (M.-A.). — Ueber das Kopfskelett und die Mundwerkzeuge der Zweiflügler. *Bullet. Soc. Imp. Natural. Moscou*. T. V.

1901. MERCER (Wm. F.). — The development of the wings in the Lepidoptera. *Journ. New-York Ent. Soc.* Vol. VIII.

1726. MERIAN (M. Sibylla). — Dissertatio de generatione et metamorphosibus Insectorum Surinamensium, etc. Hagæ Com.

1872-73. MERKEL (F.). — Der quergestreifte Muskel. *Archiv f. mikroskop. Anat.* Bd. VIII-IX.

1890. MERRIFIELD (Fr.). — Systematic temperature experiments on some Lepidoptera in all their stages. *Trans. Ent. Soc. London*.

1891. — Conspicuous effects on the markings and colourings of Lepidoptera caused by exposure of the pupæ to different temperature conditions. *Trans. Ent. Soc. London*.

1891. — The effects of temperature on the colouring of *Vanessa urticæ* and certain other species of Lepidoptera. *Trans. Ent. Soc. London. Proceed.*

1893. — The effects of the temperature in the pupal stage on the colouring of *Pieris napi*, *Vanessa atalanta*. *Chrysophænus phlæas* and *Ephyra punctaria*. *Trans. Entom. Soc. London*.

1898. — The colouring of pupæ of *P. machaon* and *P. napi* by the exposure to coloured surroundings of the larvæ preparing to pupæ. *Trans. Ent. Soc. London*.

1899. MERRIFIELD (Fr.) and POULTON (E. B.). — The colour-relation between the pupæ of *Papilio machaon*, *Pieris napi* and many other species and the surroundings of the larvæ preparing to pupate, etc. *Trans. Entom. Soc. London*.

1900. MESNIL (F.). — Quelques remarques au sujet du déterminisme de la métamorphose. *C. R. Soc. Biol.* Février.

1896. METALNIKOFF (C.-K.). — Organes excréteurs des Insectes. *Bull. Acad. imp. Sc. Saint-Pétersbourg*. Vol. IV (en russe).

1866. METCHNIKOFF (ELIAS). — Embryologische Studien an Insecten. *Zeitschr. f. wiss. Zool.* Bd. XVI.

1883. — Untersuchungen über die intracelluläre Verdauung bei wirbellosen Tieren. *Arb. d. Zool. Instit. Wien.* Bd. V.

1883. — Untersuchungen über die mesodermalen Phagocyten einiger Wirbelthiere. *Biol. Centralbl.* Bd. III.

1892. — Atrophie des muscles pendant la métamorphose des Batraciens. *Ann. Inst. Pasteur.*

1892. — Réponse à la critique de M. Bataillon, au sujet de l'atrophie musculaire chez les Têtards. *C. R. Soc. Biol.*, n° 11.

1892. — Leçons sur la pathologie comparée de l'inflammation. Paris.

1897. MEVES (F.) — Ueber Centralkörper in den männlichen Geschlechtszellen von Schmetterlingen. *Anat. Anz.* Bd. XIV.

1897. — Zur Structur der Kerne in den Spinndrüsen der Raupen. *Arch. f. mikr. Anat.* Bd. XLVIII.

1899. — Ueber Structur und Histogenese der Samenfäden des Meerschweinchens. *Arch. f. mikr. Anat.* Bd. LIV.

1900. — Ueber den von v. La Valette St-George entdeckten Nebenkern (Mitochondrienkörper) der Samenzellen. *Arch. f. mikr. Anat.* Bd. LVI.

1902. — Ueber oligopyrene und apyrene Spermien und über ihre Entstehung nach Beobachtungen am *Paludina* und *Pygæra*. *Arch. f. mikr. Anat.* Bd. LXI.

1849. MEYER (HERMANN). — Ueber die Entwicklung des Fettkörpers der Tracheen und der keimbereitenden Geschlechtsteile bei den Lepidopteren. *Zeitschr. f. wissensch. Zool.* Bd. I.

1852. MEYER-DUR (R.). — Ueber klimatische und geognostische Einflüsse auf Farben und Formen der Schmetterlinge. *Verhandl. d. Schweiz. Naturforsch. Gesellsch.*

1891. MIALL (L.-C.). — Some difficulties in the life of aquatic Insects. *Nature.* Vol. XLIV. London.

1893. — *Dicranota* : Carnivorous Tipulid larva. *Trans. Ent. Soc. London.*

1895. — The Natural History of aquatic Insects. London.

1895. — Transformations of Insects. *Nature.*

1886. MIALL (L.-C.) and A. DENNY. — The structure and life history of the Cockroach (*Periplaneta orientalis*). London. (The section on embryology by J. Nusbaum.)

1892. MIALL (L.-C.) and HAMMOND (A.-R.). — The development of the head of *Chironomus*. *Trans. Linn. Soc. London.* 2 sér., vol. V.

1897. MIALL and N. SHELFORD. — The structure and Life history of *Phalacrocera replicata*. *Trans. Ent. Soc. London.*

1900. — The Structure and Life history of the Harlequin Fly (*Chironomus*). 1 vol. Oxford.

1858. MICHELET (G.). — L'Insecte. 1 vol. Paris.

1880. MICHELS (H.). — Nervensystem von *Oryctes nasicornis* im Larven-Puppen-und Käferzustande. *Zeitschrift f. wissensch. Zool.* Bd. XXXIV.

1809. MIGER (FÉLIX). — Mémoires sur les larves des Insectes coléoptères aquatiques. I. Mém. sur le grand Hydrophile. *Assoc. du Muséum d'hist. nat.* T. XIV.

1888. MINCHIN (EDW.-A.). — Note on a new-organ, and on the structure of the hypodermis, in *Periplaneta orientalis*. *Quart. Journ. Microscop. Sc.* Vol. XXIV.

1890. — Further observations on the dorsal gland in the abdomen of *Periplaneta* and its allies. *Zool. Anzeiger.* 13 Jahrg.

1889. MINGAZZINI (P.). — Ricerche sul canale digerente dei Lamellicorni fitofagi (Larve e Insetti perfetti). *Mittheil Zool. Station zu Neapel.* Bd. IX.

1882. MINOT (CH. SEDGW.). — Comparative Morphology of the Ear. *Americ. Journ. Otology*, vol. IV.

1863. MÖBIUS (K.). — Einige allgemeine Bemerkungen über die Körperwärme der Bienen. *Bienen-Zeitung Eichstädt.* 19 Jahrg.

1897. MÖBUSZ. — Ueber den Darmkanal der *Anthrenus* Larve, nebst Bemerkungen zur Epithelregeneration. *Archiv f. Naturgesch.*

1882. MOLEYRE (L.). — Recherches sur les organes du vol chez les Insectes de l'ordre des Hémiptères. *Comptes rend. de l'Acad. des Sc.* T. XCV.

1887. MONIEZ (R.). — Les mâles du *Lecanium hesperidum* et la parthénogenèse. *Comptes rend. Acad. d. Sc.* T. CIV.

1872. MONNIER. — Sur le rôle des organes respiratoires chez les larves aquatiques. *Compt. rend. Ac. di Sc.* T. LXXIV.

1898. MONTGOMERY (TH. H.) — The spermatogenesis up to the formation of the spermatid. *Zool. Jahrb. Anat. Abth.* Bd. XII.

1899. — Chromatin reduction in the Hemiptera. *Zool. Anz.* Bd. XXII.

1900. — A study of the Chromosomes of the germ cells of Metazoa. *Transact. Amer. Philos. Soc.* Vol. XX.

1901. — Further studies on the Chromosomes of the Hemiptera heteroptera. *Proc. Acad. Nat. Soc. Philadelphia.*

1892. MONTI (RINA) — Ricerche microscopiche sul sistema nervoso degli Insetti. *Rend. Ist. Lomb. Milano.* Vol. XXV.

1893. — Id. *Boll. sc. di Pavia.* Anno 15.

1896. MOORE (J. E. S.). — On the structural changes in the reproductive cells during the spermatogenese of the Elasmobranchs. *Quart. Journ. of Mic. Sc.* Vol. XXXVIII.

1895. MORDWILKO (ALEX.). — Zur Biologie und Systematik der Baumläuse (*Lachninæ* Pass. p.) des Weichselgebietes. *Zool. Anz.* 18e Jahrg.

1895. — Zur Anatomie der Pflanzenläuse, Aphiden (Gattungen *Trema* Hayden und *Lachnus* Illiger). *Zool. Anz.* 18e Jahrg.

1896. — Zur Biologie der Blattläuse aus den Subform. Aphididæ und Pemphigidæ (en russe), Warschau.

1836. MORREN (CH.-F.-A.). — Mémoire sur l'émigration du Puceron du Pêcher (*Aphis persicæ* et sur les caractères et l'anatomie de cette espèce. *Ann. Sc. nat. Zool.*

1874. MORRISON. — On an appendage of the male *Leucarctia acræa*. *Psyche.* Vol. I.

1871. MOSELEY (H.-N.). — On the circulation in the wings of *Blatta orientalis* and other Insects, etc. *Quart. Journal Microscop. Sc.* Vol. XI.

1878. — Origin of Tracheæ in Arthropoda. *Nature.* Vol. XVII.

1634. MOUFET (T.). — Insectorum sive minimorum animalium theatrum, etc. London.

1866. MÜHLHÄUSER (F.-A.). — Ueber das Fliegen der Insekten. 22 bis 24 *Jahresber. d. Pollichia.*

1901. MUHLMANN (M.). — Das Wachstum und das Alter. *Biol. Centralbl.* Vol. XXI.

1877. MUHR (J.). — Die Mundteile der Orthoptera. Ein Beitrag zur vergleichenden Anatomie. *Jahrbuch "Lobos".* Prague.

1882. — Die Mundtheile von *Scolopendrella* und *Polyzonium*. Prague.

1884. MÜLLENHOFF (K.). — Die Grösse der Flugflächen. *Pflüger's Archiv f. d. ges. Physiol.*, Bd. XXXV.

1885. — Die Ortsbewegungen der Tiere. *Wissensch. Beil. z. Programm. d. Andreas-Realgymnas.* Berlin.

1866. MÜLLER (A.). — Ueber die Entwicklung der Neunaugen. *Arch. Anat. Phys.*

1881. MÜLLER (A.). — Vergleichend-anatomische Darstellung der Mundtheile der Insekten. Villach.

1869. MÜLLER (FRITZ.). — Für Darwin. Facts and arguments for Darwin, trad. Dallas. London.

1875. — Beiträge zur Kenntniss der Termiten. *Jenaische Zeitschr. f. Naturwiss.* Bd. IX.

1877. — Ueber Haarpinsel, Filzflecke und ähnliche Gebilde auf den Flügeln männlicher Schmetterlinge. *Jenaische Zeitschr. f. Nat.* Bd. XI.

1877. — Beobachtungen an brasilianischen Schmetterlingen. I. Die Duftschuppen der männlichen Maracujafalter. *Kosmos.* Bd. I.

1877. — II. Die Duftschuppen des Männchens von *Dione vallinæ*. *Kosmos.* Bd. II.

1877. — Ueber Schmetterlingsdüfte. *Kosmos.* Bd. I.

1877. MÜLLER (FRITZ). — Duftwerkzeuge von *Epicalia acontius* und *Myscelia orsis*. *Arch. Mus. Nac. Rio-de-Janeiro.* Vol. II.

1877. — Duftwerkzeuge von den Beinen verschiedener Schmetterlinge. *Arch. Mus. Nac. Rio-de-Janeiro.* Vol. II.

1877-78. — Die « sexual spots » der Männchen von *Danae erripus* und *gilippus*. *Arch. Mus. Nac. Rio-Janeiro.* Vol. II.

1878. — Die Stinkkölbchen der weiblichen Maracujafalter. *Zeitschr. f. wissensch. Zool.* Bd. XXX.

1878. — Die Duftschuppen der Schmetterlinge. *Entom. Nachr.* 4 Jahrg.

1878. — Duftapparat an der Basis des Addomens von *Sphinx convolvuli, ligustri*, etc. *Proceed. Ent. Society, London.*

1878. — Wo hat der Moschusduft der Schwärmer seinen Sitz? *Kosmos.* Bd. III.

1878. — Duftwerkzeuge von *Antirrhæa archæa*. *Arch. Mus. Nac. Rio-Janeiro.* Vol. III.

1878. — Die Costal umschlag der Hesperiden. *Archivos do Museo Nac. do Rio-de-Janeiro.* Vol. III.

1881. — Verwandlung und Verwandtschaft der Blepharoceriden. *Zool. Anzeiger.* Bd. IV.

1883. — Der Anhang am Hinterleibe der Acræa-Weibchen. *Zool. Anz.* 6. Jahrg.

1888. — Larven von Mücken und Haarflüglern mit zweierlei abwechselnd thätigen Atemwerkzeugen. *Entom. Nachr.* 14 Jahrg.

1883. MÜLLER (FRITZ) und HAGEN (H. A.). — The color and pattern of Insects. *Kosmos.* Bd. XIII.

1891. MÜLLER (G.-ELIAS). — Theorie der Muskelkontraktion. I. T. Leipzig.

1873. MÜLLER (HERMANN). — Die Befruchtung der Blumen durch Insekten und die gegenseitigen Anpassungen beider. Leipzig, Engelmann.

1879-80. — Ein Käfer mit Schmetterlingsrüssel. *Kosmos.* Bd. IV.

1881. — Ueber die angebliche Afterlosikheit der Bienenlarven. *Zool. Anzeiger.*

1816. MÜLLER (J. G.). — De vasi dorsali Insectorum. 8° Berolini.

1825. MÜLLER (JOH.). — Ueber die Entwickelung der Eier im Eierstock bei den Gespensthenschrecken. *Nova Acta Acad. Leop. Carol.* T. XII.

1826. — Zur vergleichenden Physiologie dis Gesichtssinnes des Menschen und der Tiere. Leipzig.

1828. — Ueber ein eigentümliches, dem Nervus sympathicus analoges Nervensystem der Eingeweide bei den Insekten. *Nova Acta Acad. Cæs. Leop. Carol. Nat. Curios.*

1829. — Ueber die Augen des Maikäfers. *Meckel's Archiv f. Anat. u. Physiol.*

1829. MÜLLER (JOH.). — Sur la structure des yeux du Hanneton. *Annal. d. scienc. natur.* T. XVIII.

1849-1855. — Abandlungen über die Larven und Metamorphose der Echinodermen. *Abhandl. d. k. Akad. d. Wiss. zu Berlin.*

1772. MÜLLER (O. F.). — Pilelarven med dobbelt hale og dens Phalæne, etc. Kjöbenhavn.

1884. MÜLLER (WILH.). — Ueber einige im Wasser lebende Schmetterlingsraupen Brasiliens. *Archiv f. Naturgesch.* 50 Jahrg.

1887. — Duftorgane der Phryganiden. *Archiv f. Naturgesch.* Jahrg. 53.

1899. — Ueber *Agriotypus armatus*. *Zoolog. Jahr. Abt. f. Systematik.* Bd. IV.

1899. — Noch einmal *Agriotypus armatus*. *Ibid.* Bd. V.

1857. MURRAY (A.). — On Insect-vision and blind Insects. *Edinbourgh New Philosoph. Journal.* New. ser. Vol. VI.

1866. — On the Habits of the Prisopi. *Ann. Mag. Nat. Hist.* 3 ser., vol. VIII.

N

1892. NAGEL (WILIBALD). — Die niederen Sinne der Insekten. Tübingen.

1894. — Vergleichend physiologische und anatomische Untersuchungen über den Geruchs- und Geschmackssinne und ihre Organe mit einleitenden Betrachtungen aus der allgemeinen vergleichenden Sinnesphysiologie. *Bibliotk. zoologica.* 18 Heft.

1886. NANSEN (F.). — The structure and combination of the histological elements of the central nervous system. *Bergen's Museum tarsberetning for.*

1887. — Id. Bergen.

1887. NASSONOW (N.). — Études morphologiques sur les *Lepisma*, *Campodea* et *Podura*. *Mem. Soc. Imp. Anthropologie et d'Ethn. Moscou.* Vol. III.

1886. — Sur le développement postembryonnaire de *Lasius flavus* (en russe). *Société des amis des Sciences. Moscou.*

1887. — Id. *Société des Sc. Nat. Anthrop. Ethnogr. Moscou.*

1892. — *Xenos Rossii*, seine Anatomie und Entwicklungsgeschichte (en russe). *Bull. de l'Université de Varsovie.*

1892. — Position des Strepsiptères dans le système selon les données du développement postembryonnal et de l'anatomie. Varsovie.

1893. — Zur Morphologie von *Stylops melittæ*. *Entom. Untersuch. aus dem Jahr* 1893. Warschau (en russe).

1897. NEEDHAM (JAMES-G.). — The digestive epithelium of Dragon-fly Nymphs. *Zool. Bull. Boston.* Vol. I.

1856. NEWMANN (E.). — Memorandum on the Wing-Rays of Insects. *Trans. Ent. Soc. London.* Ser 2, vol. III.

1832-34. NEWPORT (G.). — On the nervous system of the *Sphinx ligustri* L. and on the changes wich it undergoes during a part of the metamorphoses of the Insects. *Philosoph. Transact. London.*

1836. — On the Respiration of Insects. *Philosoph. Transact. Roy. Soc. London.* T. CXXVI.

1837. — On the temperature of Insects (especialy Hymenoptera) and its connection with the functions of respiration and circulation in the class of invertebrated animals. *Philos. Transact.*

1839. — Insects. In Todd Cylopædia of Anatomy and Physiology. Vol. II. London.

1840. — On the Use of the Antennæ of Insects. *Transact. Entom. Soc. London.* Vol. II.

1843. — On the structure, relations, and development of the nervous and circulatory systems, and on the existence of a complete circulation of the blood in vessels, in Myriapoda and Macrourous Arachnida. *Philosoph. Transact.*

1844. — On the existence of branchiæ in the perfect state of a Neuropterous Insect, *Pteronarcys regalis* Newm. and other species of the some genus. *Ann. a Mag. Nat. Hist.* Bd. XII.

1845. — Monograph of the class Myriapoda, order Chilopoda. *Trans. Linn. Soc.* Vol. XIX.

1845. — On the Structure and Development of the Blood. First Series. The Development of the Blood-corpuscule in Insects and other Invertebrate, and its comparison with that of Man and Vertebrate. *Abstr. of. the Paper. Roy. Soc.* T. V. — *Ann. Mag. Nat. Hist.* Ser. 3, t. III.

1851. — On the Anatomy and Affinities of *Pteronarcys regalis* Newm. *Transact. Linn. Soc. London.* T. XX.

1851. — On the Natural History, Anatomy and Development of the Oil beetle (*Meloë*). II. *Transact. Linn. Soc. London.* T. XX.

1851. — On the formation and the use of the airsacs and dilated tracheæ in Insects. *Transact. Linn. Soc. London.* T. XX.

1852-53. — The Anatomy and Development of certain Chalciditæ and Ichneumonidæ. *Tr. Linn. Soc. London.* T. XXI a. XXII.

1879. NEWTON (E. T.). — On the Brain of the Cockroach, *Blatta orientalis*. *Quart. Journ. of Microscop. Science.* New ser., vol. XIX.

1879. — On a new method of constructing models of the brains of Insects, etc. *Journ. Quekett Microscopical Club.*

1847. NICOLET (H.). — Note sur la circulation du sang chez les Coléoptères. *Annal. Scienc. natur.* Série 3, t. VII.

1842. — Recherches pour servir à l'histoire des Podurelles. *Neuen Denkschr. d. Allg. Schweiz. Ges.* Bd. VI.

1808. NITZSCH (C. L.). — Commentatio de respiratione animalium. 4° Vitebergæ.

1811. — Ueber das Atmen der Hydrophilen. *Reil u. Autenrieth' Archiv f. Physiologie*. Bd. X.

1901. NOACK (W.). — Beiträge zur Entwicklungsgeschichte der Musciden. *Zeitschr. f. wiss. Zool.* Bd. LXX.

1895. NOETZEL (W.). — Die Rückbildung der Gewebe im Schwanz der Froschlarve. *Arch. f. mikr. Anat.* Bd. XLV.

1897. — Zur Kenntniss der Histolyse. *Arch. f. path. Anat.* Bd. CLI.

1832. NORDMANN cité par BURMEISTER.

1880. NOTTHAFT (JUL.). — Ueber die Gesichtswahrnehmungen vermittelst des Fazettenauges. *Abhandl. Senckenberg. naturf. Ges.* Bd. XII.

1886. — Die physiologische Bedeutung des fazettierten Insektenauges. *Kosmos*. Bd. XVIII.

1883. NUSBAUM (J.). — Zur Entwicklungsgeschichte der Ausführungsgänge der Sexualdrüsen bei den Insekten. *Zool. Anzeiger*. Bd. V.

1883. — Vorl. Mittheilung über die Chorda der Arthropoden. *Zool. Anzeiger*. 6ᵉ Jahrg.

1884. — Bau, Entwicklung und morphologische Bedeutung des Leydig'chen Chorda der Lepidopteren. *Zool. Anz.* 7 Jahrg.

1884. — Ueber die Entwicklungsgeschichte der Ausführungsgänge der Sexualdrüsen bei Insekten. « *Kosmos* », *Lemberg*. 9 Jahrg. (en polonais, avec résumé en langue allemande).

1888. — Die Entwicklung der Keimblätter bei *Meloë proscarabæus*. *Biol. Centralbl.* Bd. VIII.

1889. — Zur Frage der Segmentirung des Keimstreifs und der Bauchanhänge der Insectenembryonen. *Biol. Centralbl.* Bd. IX.

1890. — Zur Frage der Rückenbildung bei der Insectenembryonen. *Biol. Centralbl.* Bd. X.

1891. — Zur Embryologie des *Meloë proscarabæus* Marssham (en polonais, avec explic. des planches en latin). « *Kosmos* » *Lemberg*.

1884. — On the developmental history of the efferent passages of the sexual glands in Insects. Lemberg (en tchèque).

1898. NUSSBAUM (M.). — Zur Parthenogenese bei den Schmetterlingen. *Arch. f. mikr. Anat.* Bd. LIII.

1879. NÜSSLI (J.). — Ueber den Farbensinn der Bienen. *Schweiz. Bienenzeitung*. N. F. 2 Jahrg.

O

1807-1835. OCHSENHEIMER (F.). — Die Schmetterlinge von Europa. 10 Bd. Leipzig. (Dans le T. IV, p. 125, énumération des Papillons hermaphrodites.)

1890. OCKLER (A.). — Das Krallenglied am Insektenfuss. *Archiv f. Naturgesch.*

1823. ODIER (A. A.). — Mémoire sur la composition chimique des parties cornées des Insectes (lu dans la séance du 17 août 1821, de la *Soc. d'Hist. nat.*). In-4°. Paris.

1809. OKEN (L. V.). — Lehrbuch der Naturphilosophie. Jena.

1815. Lehrbuch der Naturgeschichte. 3ᵉ Bd. Lehrb. der Zoologie. Jena.

1862. OLFERS (E. v.). — Annotationes ad Anatomiam Podurarum. Berolini.

1849. ORMANCEY (P.). — Recherches sur l'étui pénial considéré comme limite de l'espèce dans les Coléoptères. *Ann. sc. nat. Zool.* 3ᵉ sér. T. XII.

1879-1880. OSBORNE (J.-A.). — Parthenogenesis in a Beetle. *Nature*. Vol. XV and XXII.

1880-1881. — Some facts in the life-history of *Gastrophysa raphani*. *Entomologist's Monthl. Mag.* Vol. XVII.

1881. — Further Notes on Parthenogenesis in Coleoptera. *Entomologist's Monthl. Mag.* Vol. XVIII.

1882. — Fernere Mittheilungen über Parthenogenesis bei Coleopteren. *Entomol. Nachricht.* 8 Jhg.

1864. OSTEN-SACKEN (C.-R. von). — Ueber den wahrscheinlichen Dimorphismus der Cynipiden-Weibchen. *Stettin. Entom. Ztg.* 25 Jhg.

1882. — Ueber das Betragen des kalifornischen flügellosen *Bittacus* (*apterus* Mc Lachl.). *Wiener Ent. Zeit.*

1884. — An Essay of comparative Chætotaxy, or the arrangement of characteristic bristels of Diptera. *Trans. Ent. Soc. London.*

1896. — Preliminary notice of a subdivision of the suborder Orthorrhapha Brachycera (Diptera) on chaetotactic principles. *Berlin. Ent. Zeitschr.*

1887. OUDEMANS (J.-T.) — Bijdrage tot de Kennis der Thysanura en Collembola. *Academ. Præfschrift. Amsterdam.*

1888. — Beiträge zur Kenntnis der Thysanura und Collembola. *Bijdragen tot de Dierkunde.* Amsterdam.

1898. — Falter aus castrirten Raupen, wie sie aussehen und wie sich benehmen. *Zool. Jahrb. Spengel. Abth. Syst.* Bd. XII.

1872. OULGANINE (W.-N.) ou ULJANIN. — Remarques sur le développement postembryonnaire de l'Abeille (en russe). *Soc. des Amis des Sc. nat. anthrop. ethnog. Moscou.*

1875. — Beobachtungen über die Entwicklung der Podurer (en russe). *Nachr. K. Gesellsch. Freunde Naturw. Anthrop. und Ethnogr.* Bd. XVI.

1875-1876. — Sur le développement des Podurelles. *Arch. Zool. Expér.* Vol. IV et V.

1869. OUSTALET (E.). — Note sur la respiration chez les nymphes des Libellules. *Annal. d. Scienc. natur. Zool.* Sér. 5, vol. XI.

1874. OVERZIER (L.). — Das Auge, seine Morphologie und physiologische Bedeutung in der einzelnen Tierklassen. *Gæa*. Bd. X.

1855. OWEN (R.). — Lectures on the comparative Anatomy and Physiology of the Invertebrate Animals. Ed. II. London.

P

1873. PAASCH (A.). — Von der Sinnesorganen der Insekten im Allgemeinen, von Gehör- und Geruchsorganen in Besondern. *Archiv für Naturgesch.* 39 Jahrg. Bd. 1.

1866. PACKARD (A.-S.). Observations on the Development and Position of the Hymenoptera with Notes on the Morphology of Insects. *Proceed. Boston Soc. Nat. Hist.— Ann. u. Mag. Nat. Hist.* 3 ser., vol. XVIII.

1868. — On the Structure of the Ovipositor and Homologous Parts in the Mole Insects. *Proceed. Boston Soc. Nat. Hist.* Vol. XI.

1868. — On the development of a Dragon-fly (*Diplax*) [*Æschna ?*]. *Proc. Bost. Soc. Nat. Hist.* Vol. XI.

1870. — Embryology of *Isotoma*, a genus of Poduridæ. *Proc. Bost. Soc. Nat. Hist.* Vol. XIV.

1871. — The caudal styles of Insects. Sense organs, i. e. Abdominal Antennæ. *American Naturalist.* Vol. IV.

1871-1872. — Embryological Studies on *Diplax* [*Æschna ?*] *Perithemis*, and the Thysanurous genus *Isotoma*. *Mem. Peabody Academy of Science. Salem.* Vol. I.

1872. — Embryological studies on hexapodous Insects. *Mem. Peabody Academy of Science, Salem.*

1873. — Our common Insects. Chapter on Ancestry of Insects. Salem.

1874. — On the distribution and primitive number of spiracles in Insects. *American Naturalist.* Vol. VIII.

1880. — The brain of the Locust. *Second Report of the U. S. Entom. Commiss.*

1881. — *Scolopendrella* and its position in nature. *Amer. Nat.*

1883. — The embryological development of the Locust. Ch. X. *Third Report U. S. Ent. Commission. Washington.*

1883. — The systematic position of the Orthoptera in relation to other orders of Insects. *Third Report of the Unit. Stat. Entom. Commiss.*

1886. — On the nature and origin of the so-called "spiral thread" of tracheæ. *American Naturalist.* Vol. XX.

1886. — The fluid ejected by Notodontian caterpillars. *American Naturalist.* Vol. XX.

1886. — An eversible "gland" in the Larva of *Orgyia*. *Amer. Naturalist.* Vol. XX.

1889. PACKARD (A.-S.). — On the occurence of organs probably of taste in the epipharynx of the *Mecaptera* (*Panorpa* and *Boreus*). *Psyche.* Vol. V.

1889. — Note on the epipharynx and the epipharyngeal organs of taste in mandibulate Insects. *Psyche.* Vol. V.

1889. — On the epipharynx of the Panorpi. *Psyche.* Vol. V.

1890. — Notes on some points in the external structure and phylogeny of Lepidopterous larvæ. *Proceed. Boston Soc. Nat. Hist.* Vol. XXV.

1890. — Insects injurious to forest and shade trees. *Fifth Rep. U. S. Ent. Comm.*

1890. — Hints on the evolution of the bristles, spines and tubercles of certain caterpillars. *Proceed. Boston Soc. Nat. Hist.* Vol. XXV.

1894. — A study of the transformations and anatomy of *Lagoa crispata*, a bombycine Moth. *Proc. Amer. Phil. Soc.* Vol. XXXII.

1895. — The eversible-repugnatorial scent glands of Insects. *Journ. N. Y. Ent. Soc.* Vol. III and IV.

1897. — The number of Moults in Insects of different Orders. *Psyche.* Vol. V.

1898. — Text book of Entomology. 1 vol. in-8°. London.

1864. PAGENSTECHER (Alex.). — Die ungeschlechtliche Vermehrung der Fliegenlarven. *Zeitschr. f. wiss. Zool.* Bd. XIV.

1864. — Die Häutungen der Gespenstheuschrecke, *Mantis religiosa*. *Arch. f. Naturg.* 30 Jhg.

1865. — Ueber die Entwicklung der Gespensheuschrecke. *Verh. Naturhist. Medic. von Heidelberg.* Bd. III.

1881. — Allgemeine Zoologie oder Grundgesetze des tierischen Baues und Lebens. Berlin.

1877. PALMÉN (J. A.). — Zur Morphologie des Tracheensystems. Leipzig.

1883. — Zur vergleichenden Anatomie der Ausführungsgänge der Sexualorgane bei den Insekten. *Morph. Jahrbuch.* Bd. IV.

1884. — Ueber paarige Ausführungsgänge der Geschlechtsorgane bei Insekten. Eine morphologische Untersuchung. Helsingfors.

1886. PANETH (G.). — Die Entwick. von quergestreiften Muskelfasern aus Sarkoplasten. *Sitzbr. d. Wien. Akad. Math. Naturn.* Bd. XCII.

1887. — Die Frage nach der Natur der Sarkoplasten. *Anat. Anz.* Bd. II.

1890. PANKRATH (O.). — Das Auge der Raupen und Phryganidenlarven. *Zeitsch. f. wissensch. Zool.* Bd. XLIX.

1884. PANCRITIUS (P.). — Beiträge zur Kenntnis der Flügelentwicklung bei den Insekten. *In. Diss.* Königsberg.

1898. PANTEL (J.). — *Thrixion Halidayanum* Rend. Essai monographique sur les caractères extérieurs, la biologie et l'anatomie d'une larve parasite du groupe des Tachinaires. *La Cellule.* Vol. XV.

1890. PARKER (G.-H.). — The histology and development of the Eye in the Lobster. *Bull. Mus. Harvard Coll.* Vol. XX.

1891. — The compound Eyes in Crustaceans. *Bull. Mus. Harvard Coll.* Vol. XXI.

1881. PASSERINI (N.). — Sopra i due tubercoli addominali della larva della *Porthesia chrysorrhæa. Bollet. Soc. Ent. ital.* Anno XIII.

1870. PASTEUR (L.). — Étude sur la maladie des Vers à soie. 2 vol. Paris.

1884. PATTEN (W.). — The development of Phryganids, with a preliminary note on the development of *Blatta germanica. Quart. Journ. Micr. Sc.* T. XXIV.

1887. — On the Eyes of Moluscs and Arthropods. *Zool. Anzeiger.* 10 Jahrg.

1887. — Eyes of Moluscs and Arthropods. *Journal of Morphol. Boston.* Vol. I. — *Mitteil. Zool. Stat. Neapel.* Vol. VI.

1888. — Studies on the Eyes of Arthropods. 1. Development of the Eyes of Vespa, with observations on the Ocelli of some Insects. *Journ. of Morphol. Boston.* — 2. Eyes of Acilius. *Ibid.* Vol. II.

1890. — Is the ommatidium a hair-bearing sense-bud? *Anatom. Anzeiger.* Vol. V.

1891. PATTON (W.-H.). — Scent-glands in the larva of *Limacodes. Canad. Ent.* Vol. XXIII.

1899. PAULCKE (W.). — Zur Frage der parthenogenetischen Entstehung der Drohnen (*Apis mellifica*). *Anat. Anz.* Bd. XVI.

1900. — Ueber die Differenzierung der Zellelemente im Ovarium der Bienenkönigin. *Zool. Jahrb. Abt. f. Anat.* Bd. XIV.

1898. PAULMIER (F.-C). — Chromatinreduction in the Hemiptera. *Anat. Anz.* Bd. XV.

1899. — The Spermatogenesis of *Anasa tristis. Journ. Morph.* Suppl. Vol. XV.

1895. PAWLOWA (Mary). — Zum Bau des Eingeweide Nervensystems der Insekten. *Zool. Anzeiger.* Bd. XVIII.

1895. — Ueber ampullenartige Blutcirculationsorgane im Kopfe verschiedener Orthopteren. *Zool. Anzeiger.* Bd. XVIII.

1887. PECKHAM (G.-W. and E.-G.). — Some observations on the special senses of Wasps. *Proceed. Nat. Hist. Soc. of Wisconsin.*

1891. PEDASCHENKO (D.). — Sur la formation de la bandelette germinative chez *Notonecta glauca* (en russe). *Revue Sc. naturel. Saint-Pétersbourg.* Vol. I.

1889. PEKARSKI (J.). — Sur les cellules péritrachéales des Insectes. *Société des Naturalistes. Odessa.* Vol. XIV.

1885. PERACCA (Marius-H.). — Sur un cas d'albinisme observé dans une femelle de *Melitæa didyma. Zoolog. Anzeiger.*

1879. PERAGALLO (A.). — Les Insectes Coléoptères du dép. des Alpes-Maritimes, avec indication de l'habitat, des époques d'apparition et des mœurs de ces Insectes, etc. Nice.

1899. PÉREZ (Ch.). — Sur la métamorphose des Insectes. *Bull. Soc. Entomologique de France.*

1900. — Sur l'histolyse musculaire chez les Insectes. *C. R. Soc. Biologie.*

1901. — Sur quelques points de la métamorphose des Fourmis. *Bull. Soc. Entomol. France.*

1901. — Histolyse des tubes de Malpighi et des glandes séricigènes chez la Fourmi. *Bull. Soc. Entomol. France.*

1901. — Sur les œnocytes de la Fourmi rousse. *Bull. Soc. Entomol. France.*

1901. — Sur quelques phénomènes de la nymphose chez la Fourmi rousse. *C. R. Acad. Sc.*

1902. — Contribution à l'étude des métamorphoses. *Bull. Sc. de la France et de la Belgique.* T. XXXVII.

1878. PÉREZ (J.). — Mémoire sur la ponte de l'Abeille reine et la théorie de Dzierzon. *Ann. Sc. nat. Zool.* 6e sér., t. VII.

1878. — Observations sur la parthénogenèse de l'Abeille reine, infirmant la théorie de Dzierzon. *Act. Soc. Linn. de Bordeaux.* 4e sér., t. XXXII.

1878. — On the oviposition of the Queen-Bee and Dzierzon's Theory. *Ann. Mag. Nat. Hist.* 5e ser., vol. II.

1878. — Sur les causes de bourdonnement chez les Insectes. *Comptes rend. Acad. des Sc.* Vol. LXXXVII.

1884. — Les Apiaires parasites au point de vue de la théorie de l'évolution. Bordeaux.

1882. — Notes d'apiculture. *Bull. Soc. d'Apic. de la Gironde.* Bordeaux.

1886. — Sur l'histogenèse des éléments contenus dans les gaines ovigères des Insectes. *C. R. Acad. d. Sc.* T. CII.

1889. — Des effets du parasitisme des *Stylops* sur les Apiaires du genre *Andrena. Soc. Linn. Bordeaux.* Vol. XL.

1894. — Sur la formation de colonies nouvelles chez le Termite lucifuge (*Termes lucifugus*). — Sur les essaims du Termite lucifuge. *C. R. Acad. d. Sc.* T. CXIX.

1894. — De l'organe copulateur mâle des Hyménoptères et de sa valeur taxonomique. *Ann. Soc. Ent. France.* Vol. LXIII.

1895. — Sur la prétendue parthénogenèse des Halictes. *Actes de la Soc. linnéenne de Bordeaux.* Vol. XLVII.

1897. PERRIER (Edm.). — Traité de Zoologie. Fasc. III. Arthropodes et Vers. Paris.

1898. — Développement, métamorphose et tachigenèse. *C. R. Soc. de Biol.* 10e série, t. V.

1850-1851. PERRIS (E.). — Mémoire sur le siège de l'odorat dans les Articulés. *Ann. Scienc. nat.* 3e sér., t. XIV.

1899. PETER (K.). — Die Bedeutung der Nährzelle im Hoden. *Arch. f. mikr. Anat.* Bd. LIII.

1841. PETERS (W.). — Ueber das Leuchten der *Lampyris italica. Müller's Archiv f. Anatomie.*

1891. PETERSEN (WILHELM).— Die Entwicklung des Schmetterlings nach dem Verlassen der Puppenhülle. *Deutsch. Ent. Zeitschr.* 2e Lepid. Heft.

1901. PETRUNKEWITSCH (A.).— Die Richtungskörper und ihr Schicksal im befruchteten und unbefruchteten Bienenei. *Zool. Jahrb. Abth. f. Anat. u. Ontog.* Bd. XIV.

1868. PETTIGREW (J. B. BELL). — On the mechanical appliances by which Flight is attained in the Animal Kingdom. *Transact. Linn. Soc.* Vol. XXIV. Pt. I.

1871. — On the Physiology of Wings. *Transact. Roy. Soc. Edimburgh.* Vol. XXVI.

1875. — Die Ortsbewegungen der Tiere. Autoris. deutsche Ausg. Leipzig. *Internat. wissensch. Bibl. v. J. Czermak u. J. Rosenthal.* Bd. X.

1793. PETZHOLD (C.-P.). — Lepidopterologische Beiträge. *L. G. Scriba's Beiträge zu der Inscktengeschichte. Frankfurt am Mein.* Heft 3.

1886. PEYRON (J.). — Sur l'atmosphère interne des Insectes comparée à celle des feuilles. *Compt. Rend. Acad. Sc. Paris.* T. CII.

1895. PEYTOUREAU (S.-A.). — Contribution à l'étude de la morphologie de l'armure génitale des Insectes. Bordeaux.

1902. PICTET (A.). — Influence des changements de nourriture sur les chenilles et sur la formation du sexe de leurs Papillons. *C. R. Soc. Phys. H. N. Genève.*

1832. PICTET (F.-J.). — Mémoires sur les larves des Némoures. *Annal. Scienc. natur.* T. XXVI.

1834. — Recherches pour servir à l'histoire et à l'anatomie des Phryganides. Genève.

1841-1842. — Histoire naturelle générale et particulière des Insectes Neuroptères. I. Monographie : Famille des Perlides. Genève.

1843-1845. — II. Monographie : Famille des Éphémérides. Genève.

1889. PIEPERS (M.-C.). — Over den zoogenaamden haarn der Sphingiden-rupsen. *Tydschr. voor Entom.* 32 deel. Versl.

1868. PLANCHON (J.-E.). — Nouvelles observations sur le Puceron de la vigne (*Phylloxera vastatrix* nuper *Rhizaphis* Planch.). *C. R. Acad. d. Sc.* T. LXVII.

1888. PLANTA (A. VON). — Ueber den Futtersaft der Bienen. *Zeitschr. f. Phys. Chem.* Bd. XII.

1865-1866. PLATEAU (FÉLIX). — Sur la force musculaire des Insectes. *Bull. Acad. Roy. Belgique.* 2e sér., vol. XX et XXII.

1868. — Études sur la Parthénogenèse. *Thèse inaug.* Gand.

1871. — Qu'est-ce que l'aile d'un Insecte? *Stett. Ent. Zeit.* Jahr 32.

1871. PLATEAU (FÉLIX). — Recherches physico-chimiques sur les Articulés aquatiques. I. Part. — Action de sels en dissolution dans l'eau. — Influence de l'eau de mer sur les Articulés aquatiques d'eau douce. — Influence de l'eau douce sur les Crustacés marins. *Mém. cour. et Mém. d. savants étrang. de Belgique.* T. XXXVI.

1872. — II. Part. — Résistance à l'asphyxie par submersion, action du froid, action de la chaleur, température maximum. *Bull. Acad. roy. de Belgique*, Série 2, t. XXXIV.

1872. — Recherches expérimentales sur la position du centre de gravité chez les Insectes. *Archiv. d. Scienc. phys. et natur. d. Genève.* Nouvelle période. T. XLIII.

1872. — Ueber die Lage des Schwerpunktes bei den Insekten. Auszug. *Naturforscher v. Sklarck.* 5 Jahrg.

1872. — Recherches physico-chimiques sur les Articulés aquatiques. *Bull. d. l'Acad. Roy. Belg.* Vol. XXXIV.

1873. — L'aile des Insectes. *Journal d. Zool.* T. II.

1873. — Recherches sur les phénomènes de la digestion chez les Insectes. *Mém. Acad. roy. de Belgique.* 2e série, t. XLI. 1 Part.

1876. — L'instinct chez les Insectes mis en défaut par les fleurs artificielles? *Association française pour l'avancement des sciences*, Congrès de Clermont-Ferrand.

1876. — Note sur une sécrétion propre aux Coléoptères Dytiscides. *Annal. Soc. Entom. Belgique.* T. XIX.

1877. — Note additionnelle au Mémoire sur les phénomènes de la digestion chez les Insectes. *Bull. Acad. roy. de Belgique.* 2e sér., t. XLIV.

1878. — Communication préliminaire sur les mouvements et l'innervation de l'organe central de la circulation chez les animaux articulés. *Bull. Acad. roy. de Belgique.* Sér. 2. t. XLVI.

1884. — Recherches expérimentales sur les mouvements respiratoires des Insectes. *Mém. Acad. Belg.* T. XLV.

1884. — Recherches sur la force absolue des muscles des Invertébrés. *Bull. Acad. Belg.* T. VII.

1885. — Recherches expérimentales sur la vision chez les Insectes. Les Insectes distinguent-ils la forme des objets? *Bull. Acad. Belg.* 3e sér., t. X.

1885. — Expériences sur le rôle des palpes chez les Arthropodes maxillés. I. Palpes des Insectes broyeurs. *Bull. Soc. Zool. France.* T. X.

1886. — Une expérience sur la fonction des antennes chez la Blatte (*Periplaneta orientalis*). *Comptes Rend. Soc. Ent. Belg.*

1886. — Recherches sur la perception de la lumière par les Myriapodes aveugles. *Journ. Anat. Physiol.* 22e année.

1887. — Recherches expérimentales sur la vision chez les Insectes. 1. Part. *a.* Résumé des travaux effectués jusqu'en 1887 sur la structure et le fonctionnement des yeux simples. *b.* Vision chez les Myriapodes. *Bull. Acad. Belg.* 3e sér., t. XIV.

1887. PLATEAU (Félix). — 2. Part. Vision chez les Arachnides. *Bull. Acad. Belg.* 3e sér., t. XIV.

1888. — 3. Part. *a.* Vision chez les Chenilles. *b.* Rôle des ocelles frontaux chez les Insectes parfaits. *Ibid.* 2e sér., t. XV.

1888. — 4. Part. Vision à l'aide des yeux composés. *a.* Résumé anatomo-physiologique. *b.* Expériences comparatives sur les Insectes et sur les Vertébrés. *Mém. cour. et autres Mém. Acad. Belg.* T. XLIII.

1888. — 5. Part. *a.* Perception des mouvements chez les Insectes. *b.* Additions aux recherches sur le vol des Insectes aveugles. *c.* Résumé général. *Bull. Acad. Belg.* 3e sér., t. XVI.

1889. — Recherches expérimentales sur les Arthropodes. *Mém. couronn. et autres Mem. pub. p. l'Acad. roy. d. Scienc., etc., de Belgique.* 8e série, t. XLII.

1890. — Les Myriapodes marins et la résistance des Arthropodes à respiration aérienne à la submersion. *Journ. de l'anatomie et de la physiologie.* Vol. XXVI.

1844. PLATNER (E.-A.). — Mitteilungen über die Respirationsorgane in der Haut bei der Seidenraupe. *Müller's Archiv f. Physiol.*

1888. PLATNER (G.). — Die erste Entwicklung befruchteter und parthenogenetischer Eier von *Liparis dispar. Biol. Centralbl.* Bd. VIII.

1889. — Samenbildung und Zelltheilung im Hoden der Schmetterlinge. *Arch. f. mikr. Anat.* Bd. XXXIII.

1766. PLINE. — Historiæ naturalis libri XXXVII. Accedit chrestomathia indicibus aliquot copiosissimis exposita curante J.-P. Millero. 6 vol. Berolini.

1849. PLIENINGER (Th.-W.-H.). — Superfœtation bei Insecten. *Württemb. Jahresheft.* 4 Jhg.

1844-1848. POKARSKY-JORAVKO (L. von). — Quelques remarques sur le dernier article du tarse des Hyménoptères. *Bull. Soc. Imp. Natural. Moscou.* T. XVII.

1879. POLETAJEFF (N.). — Du développement des muscles des ailes chez les Odonates. *Horæ Soc. Ent. Ross.* Vol. XVI.

1880. — Die Flügelmuskeln der Lepidopteren und Libelluliden. *Zool. Anz.*

1881. — Ueber die Flügelmuskeln des Rhopaloceren (en russe). *Arbeiten der Russ. Entom. Gesellsch.* Bd. XIII.

1884. — Ueber die Ozellen und ihr Sehvermögen bei den Phryganiden (en russe). *Horæ Soc. Ent. Ross.* T. XVIII.

1885. — Ueber die Spinndrüsen der Blattvespen. *Zool. Anz.*

1880. POLETAJEWA (Olga). — Quelques mots sur les organes respiratoires des larves des Odonates. *Horæ Soc. Ent. Ross.* Vol. XV.

1886. — Du cœur des Insectes. *Zool. Anzeiger.* 9 Jahrg.

1887. POLLACK (W.). — Duftapparate der *Hadena atriplicis* und *Litargyria. XV Jarhb. Westphäl. Prov. Ver. Münster.*

1888. POPPIUS (Alfred). — Ueber das Flügelgeäder der finischen Dendrometriden. *Berl. Entom. Zeitschr.*

1883. PORTER (C.-J.-A.). — Experiments with the Antennæ of Insects. *American Naturalist.* Vol. XVII.

1878. POTT (Rob). — Chemical experiments on the Respiration of Insects. *Psyche.* Vol. II.

1870-1871. POUCHET (Ch.-H.-G.). — De l'influence de la lumière sur les larves des Diptères privées d'organes extérieurs de la vision. *C. R. Acad. d. Sc.*

1872. — Id. *Revue et Mag. de Zool.*

1872. — Note sur les Coléoptères aveugles (Anophtalmes). *C. R. Soc. de Biol.*

1872. — Développement du système trachéen de l'Anophèle (*Corethra plumicornis*). *Arch. de Zool. expérimentale.* Vol. I.

1884. POUJADE (G.-A.). — Note sur les attitudes des Insectes pendant le vol. *Ann. Soc. Ent. France,* 6e sér., vol. IV.

1885. POULTON (E.-B.). — Further notes upon the markings and attitudes of Lepidopterous larvæ. *Transact. Ent. Soc. London.*

1884-1885. — The essential nature of the colouring of phytophagous larvæ and their pupæ. *Proc. Roy. Soc. London.* Vol. XXXVIII.

1886. — Notes in 1885 upon Lepidopterous larvæ and pupæ, including an account of the loss of weight in the freshly-formed Lepidopterous pupæ. *Trans. Ent. Soc. London.*

1887. — Notes in 1886 upon Lepidopterous larvæ. *Transact. Entom. Soc.*

1887. — An inquiry into the cause and extent of a special colour-relation between certain exposed Lepidopterous pupæ and the surfaces which immediately surround them. *Phil. Trans. Roy. Soc. London.* Vol. CLXXVIII.

1888. — Cause and extent of colour-relation between Lepidopterous pupæ and surrounding surfaces. *Proceed. Roy. Soc. London.* Vol. XLII.

1888. — Notes in 1887 upon Lepidopterous larvæ, etc. *Trans. Ent. Soc. London.*

1893. PRATT (Henry S.). — Beiträge zur Kenntniss der Pupiparen. *In.-Diss.* Berlin.

1893. — Id. *Archiv f. Naturgesch.*

1897. — Imaginal discs in Insects. *Psyche.* Vol. VIII.

1899. — The anatomy of the female genital tract of the Pupipara as observed in *Melophagus ovinus. Zeitschr. f. wiss. Zool.* Bd. LXVI.

1900. — The embryonic history of imaginal discs in *Melophagus ovinus* L. together with an account of the earlier stages in the development of the Insect. *Proceed. of the Boston Soc. of Nat. Hist.* Vol. XXIX, n° 13.

1899. PRENANT (A.). — Terminaison intra-cellulaire réellement cytoplasmique des trachées chez la larve de l'Œstre du Cheval. *C. R. Soc. de Biol.*

1900. — Notes cytologiques : cellules trachéales des Œstres. *Arch. d'Anat. micr.* T. III.

1877. PREST (W.). — On Melanism and Variation in Lepidoptera. *Entomologist.* Vol. X.

1895. PREUSSE. — Ueber die amitotische Kerntheilung in den Ovarien der Hemipteren. *Zeitschr. f. wiss. Zool.* Bd. LIX.

1891. PREYER (W.). — Zur Physiologie des Protoplasma ; II. Die Funktionen des Stoffwechsels. Die Saftströmung. *Naturwiss. Wochenschr. von Dr. H. Potonié.* Bd. VI.

1855. PRITTWITZ (O. P. W. v.). — Bemerkungen über die geographische Farbenverteilung unter den Lepidopteren. *Stett. Entomol. Zeit.* Bd. XVI.

1901. PROWAZEK (S.). — Spermatologische Studien. *Arb. a. d. zool. Instit. d. Univ. Wien u. d. zool. Stat. in Triest.* Bd. XIII.

Q

1899. QUERTON (L.). — Du mode de formation des membranes cellulaires. Que faut-il entendre par membrane cellulaire? *Trav. Stat. zool. d. Wimereux.* T. VII.

R

1900. RABES. — Zur Kenntnis der Eibildung bei *Rhizotrogus solstitialis. Zeitschr. f. wiss. Zool.* Bd. LXVII.

1898. RABITO (L.). — Sull'origine dell'intestino medio della *Mantis religiosa. Natur. Sicil.* Anno 2.

1875. RABL-RÜCKHARD. — Studien über Insektengehirne. *Reichert u. du Bois-Reymond's Archiv f. Anatomie.*

1877. RADAN (R.). — La force musculaire des Insectes. *Revue des Deux Mondes.* 2e sér., vol. LXIV.

1876. RADE (E.). — Die westfälischen Donacien und ihre nächsten Verwandten. *Vierter Jahresber. d. westfäl. Prov.-Vereins f. Wiss. u. Kunst. Münster.*

1884. RADOSZKOWSKI (O.). — Revision des armures copulatrices des mâles du genre *Bombus. Bull. Soc. Nat. Moscou.* T. XLIX.

1885. RADOSZKOWSKI (O.). — Revision des armures copulatrices des mâles de la tribu des Philérémides. *Bull. Soc. Natur. Moscou.* T. LXI.

1885. — Revision des armures copulatrices des mâles de la famille des Mutillidæ. *Horæ Soc. Ent. Ross.* T. XIX.

1890. — Revision des armures copulatrices des mâles de la tribu des Chrysides. *Horæ Soc. Ent. Ross.* T. XXIII.

1875. RAJEWSKY. — Ueber die Geschlechtsorgane von *Blatta orientalis*, etc. *Nachr. d. k. Gesellschaft d. Moskauer Universität.* Vol. XVI.

1811. RAMDOHR (K.-A.). — Abhandlungen über die Verdauungswerkzeuge der Insekten. Gr. in-4°. Halle.

1885. RANKE. — Beiträge zu der Lehre von den Uebergangssinnesorganen, das Gehörorgan der Acridier und das Sehorgan der Hirudineen. *Zeitschr. f. wissensch. Zoologie.* Bd. XXV.

1880. RANVIER (L.). — Leçons d'anatomie générale sur le système musculaire. 1 vol. in-8°. Paris.

1887. RASCHKE (E.). — Die Larve von *Culex nemorosus*. Ein Beitrag zur Kenntnis der Insekten-Anatomie und Histologie. *Archiv f. Naturgesch.* 53 Jahrg. - *Zool. Anz.* 10 Jahrg.

1886. RATH (O. vom). — Die Sinnesorgane der Antennen und Unterlippe des Chilognathen. *Arch. f. mikroskop. Anat.* Bd. XXVII.

1887-1888. — Ueber die Hautsinnesorgane der Insekten. *Zeitsch. f. wissensch. Zoologie.* Bd. XLVI. — *Zool. Anzeiger.*

1892. — Zur Kenntnis der Spermatogenese von *Gryllotalpa vulgaris. Arch. f. mikr. Anat.* Bd. XL.

1832. RATHKE (H.). — Miscellanea anatomico-physiologica. Fasc. I. De Libellularum partibus genitalibus. Regiomonti.

1835. — Zur Entwickelungsgeschichte der Maulwurfsgrille (*Gryllotalpa vulgaris*). *Müller's Archiv.* Bd. II.

1860. — Anatomisch-physiologische Untersuchungen über den Atmungsprozess der Insekten. *Schriften d. k. phys.-ökon. Ges. Königsberg.* 1 Jahrg.

1832. RATZEBURG (F.-T.-C.). — Ueber Entwickelung des fusslosen Hymenopteren-larven, mit besonderer Rücksicht auf die Gattung *Formica. Nova Acta Natur. Curios.* Vol. XVI.

1839-1844. — Die Forsinsekten, etc. Berlin.

1846. — Ueber entomologische Krankeiten. *Stettiner Ent. Zeit.* Bd. VII.

1876. — Die Waldverderber und ihre Feinde. 7 Aufl. in vollständig neuer Bearbeitung herausg. von J. T. Judeich. Berlin.

1705. RAY (J.). — Methodus Insectorum, seu Insecta in methodum aliqualem digesta. Londini.

1734-1742. RÉAUMUR (R.-A.-F. de) — Mémoires pour servir à l'histoire naturelle et à l'anatomie des Insectes. 6 vol. in-4°. Paris.

1668. REDI (FRANC.). — Esperienze intorno alla generazione degl' Insetti fatte, etc., e da lui scritte in una lettera all Carlo Dati. In-8°. Napoli.

1671. — Experimenta circa generationem Insectorum ad C. Dati. Amstelodami.

1900. REDIKORZEW (W.). — Untersuchungen über den Bau der Ocellen der Insekten. *Zeitschr. f. wiss. Zool.* Bd. LXVIII.

1884. REDTENBACHER (JOSEF). — Uebersicht der Myrmeleonidenlarven. *Denkschrift. math.-naturwiss. Cl. k. Akad. Wiss. Wien.* Bd. XLVIII.

1886. — Vergleichende Studien über das Flügelgeäder den Insekten, *Annalen d. k. k. naturhist. Hofmuseums zu Wien*, Bd. I.

1884. REES (J. VAN). — Over intra-cellulaire spijsverteering en over de beteekenis der witte bloedlichampjes, *Maandblad voor Naturwetenschappen*. XI. Jaarg.

1885. — Over de post-embryonale ontwikkeling van *Musca comitoria*. *Maandblad voor Naturwetenschappen.*

1888.— Beiträge zur Kenntniss der inneren Metamorphose von *Musca comitoria*. *Zool. Jahrb. Abth. f. Anat. u. Ontog.* Bd. III.

1901. REGAUD (CL.) — Variation de la chromatine nucléaire au cours de la spermatogenèse. *C. R. Soc. de Biol.* T. LIII.

1865. REGENER (E.). — Erfahrung über den Nahrungsverbrauch u. s. w. der grossen Kiefernraupe. In-8°. Magdeburg.

1877. RÉGIMBART (M.). — Recherches sur les organes copulateurs et sur les fonctions génitales dans le genre *Dytiscus*. *Ann. Soc. entom. France.* 5e sér., t. VII.

1849. REGNAULT et REISET. — Recherches chimiques sur la respiration des animaux. *Ann. de Chim. et de Phys.* 3e sér., t. XXVI.

1886. REHBERG (A.). — Ueber die Entwickelung des Insectenflügels (*Blatta germanica*). *Marienwerder.*

1867. REICHE (L.). — Notes sur un fait d'organisation remarquable dans la femelle du *Dytiscus marginalis*. *Ann. Soc. ent. de France.* 4e sér., t. III. Bull.

1880. REICHENAU (W. v.) — Die Duftorgane des männlichen Ligusterschwärmes. *Kosmos.* Bd. VII.

1880. — Der Duftappparat von *Sphinx ligustri*. *Ent. Nachr.*

1880. REICHENBACH (H.). — Wie die Insekten sehen. *Daheim.* 16 Jahrg.

1760. REIMARUS (H. S.). — Allgemeine Betrachtung über die Triebe der Thiere hauptsächlich ihre Kunsttriebe (Instinct). Hambourg.

1812. REIMARUS (J. A. H.). — Ueber das Atmen, besonders über das Atmen der Vögel und Insekten. *Reil u. Autenrieth Archiv f. Physiologie.* Bd. II (XI).

1865. REINHARD (H.). — Zur Entwicklungsgeschichte des Tracheensystems der Hymenopteren mit besonderer Beziehung auf dessen morphologische Bedeutung. *Berlin. Entom. Zeitschr.* 9 Jahrg.

1865. — Die Hypothesen über die Fortpflanzungsweise bei den eingeschlechtlichen Gallwespen. *Berlin. Entom. Zeitschr.* Bd. IX.

1856. REISSIG. — Ueber das Herauskommen der Tachinen aus ihrer Tönneben und aus dicht verschlissenen Orter, an welchen diese oft sich befinden. *Archiv f. Naturg.* 2 Jahrg.

1843. REMAK. — Ueber d. Inhalt d. Nervenprimitivröhren. *Archiv f. Anat. u. Phys.*

1896. RENGEL (C.). — Ueber die Veränderungen des Darmepithels bei *Tenebrio molitor* während der Metamorphose. *Zeitschr. f. w. Zool.* Bd. LXII.

1898. — Ueber die periodische Abstossung und Neubildung des gesammten Mitteldarmepithels bei *Hydrophilus*, *Hydrous* und *Hydrobius*. *Zeitschr. f. wiss. Zool.* Bd. LXIII.

1817. RENGGER. (J. R.). — Physiologische Untersuchungen über die tierische Haushaltung der Insekten. Tübingen.

1818. — Ausz. *in Germar's Mag. f. Entom.* Bd. III.

1881. RETZIUS (G.). — Zur Kenntnis der quergestreiften Muskelfaser. *Biologische Untersuchungen.* Stockholm.

1898. — Biologische Untersuchungen. Neue Folge I. Muskelfibrille und Sarcoplasma. Stockholm.

1888. REUTER (ENZIO). — Ueber "Basalfleck" auf den Palpen der Schmetterlinge. *Zool. Anzeiger.*

1896. — Ueber die Palpen der Rhopaloceren, etc. Helsingfors. — *Acta Soc. Sct. Fennicæ.* Vol. XXII.

1880. REUTER (O.). — Sur la fonction du tube ventral des Collemboles. *Entom. Tidskr.*

1880. — Sur l'accouplement chez deux espèces de l'ordre des Collemboles. *Entom. Tidskr.*

1873. RILEY (V.). — Controlling sex in Butterflies. *Amer. Naturalist.* Vol. III.

1879. — The nervous system and salivary glands of Phylloxera. *Psyche.* Vol. II.

1885. — The song notes of the periodical *Cicada*. *Proc. Amer. Assoc. Adv. Science.* Vol. XXXIV. — *Kansas city Rev.*

— Notes on the eversible glands of larvæ of *Orgyia* and *Parorgyia leucophæa* and *P. Clintonii* (*Achatina*). *5th Rep. U. S. Entom. Comm.*

1878-1879-1880. RILEY (CH.), A. S. PACKARD and C. THOMAS. — Second Report of the United States Entomological Commission for the years 1878 and 1880, relating to the Rocky Mountain Locust and the Western Cricket. Washington.

1885. RIS (Fr.). — Die Schweizerischen Libellen. Schaffhausen. *Beiheft der Mitteil. d. Schweiz. Ent. Ges.* Bd. VII.

1896. — Untersuchung über die Gestalt des Kaumagens bei den Libellen und ihren Larven. *Zool. Jahrb. Abth. Syst.* Bd. IX.

1876. RITSEMA (Cz. D.). — *Acenthropus niveus* Oliv., in zijne levenswijze en verschillende toestanden. *Tijdschr. voor Entom.* Bd. XXI.

1890. RITTER (R.). — Die Entwicklung der Geschlechtsorgane und des Darmes bei *Chiromus*. *Zeitsch. f. wiss. Zool.* Bd. LI.

1862. ROBIN (Ch.). — Mémoire sur la production des cellules du blastoderme chez quelques Articulés. *C. R. Acad. d. Sc.* T. LVI. — *Journ. de la Physiol.* T. V.

1842. ROBINEAU-DESVOIDY (A. J. B.). — Sur l'usage réel des antennes chez les Insectes. *Ann. Soc. Entom. de France.* T. XI. *Bull.*

1886. ROEDEL (H.). — Ueber vitale Temperatur-Minimum wirbelloser Tiere. *Zeitschrift für Naturwiss.* Halle. Bd. LIX. — *Samml. naturwiss. Vorträge von E. Huth.* IV.

1746-1761. RŒSEL VON ROSENHOF (A. J.). — Insektenbelustigungen. In-4°. Nürnberg.

1761-1794. — Beiträge zur Natur- und Insektengeschichte. 1 Th. von Ch. F. C. Kleemann (1761). 2 Bd. fortges. von Chr. Schwarz. Nürnberg.

1875. RŒSLER (K.) — Die *Phylloxera vastatrix*. *Œsterr. landwirth. Wochenbl.* 1 Jahrg.

1862. ROGENHOFER (Aloïs). — Drei Schmetterlingsmetamorphosen. *Verhandlungen der k. k. zoolog.-bot. Gesellschaft. Wien.* Bd. XIII.

1875. ROGER (Otto). — Das Flügelgeäder der Käfer. Erlangen.

1809. ROLANDO. — Observations anatomiques sur la structure du *Sphinx nerii* et quelques autres Insectes. *Mém. Acad. d. Turin.* T. XVI.

1894. ROLLAT (V.). — Expériences sur les œufs du Ver à soie du mûrier, race annuelle. *C. R. Acad. d. Sc.* T. CXIX.

1871. ROLLET (A.). — Zur Kenntnis der Verbreitung des Hämatins. *Sitzungsber. d. k. Akad. d. Wiss. Wien.* Bd. LXIV.

1885. — Untersuchungen über den Bau der quergestreiften Muskelfasern. I. Teil. *Denkschr. Akad. Wien.* Bd. XLIX.

1886. — II. Teil. *Ebenda.* Bd. LI.

1887. — Beiträge zur Physiologie der Muskeln. *Denkschr. Akad. Wien.* Bd. LIII.

1891. — Untersuchungen über Contraction und Doppelbrechung der quergestreiften Muskelfasern. *Denkschr. Akad. Wiss. Wien.*

1891. — Ueber die Streifen N (Nebenscheiben), das Sarkoplasma und Kontraktion der quergestreiften Muskelfasern. *Archiv f. mikroskop. Anat.* Bd. XXXVII.

1873. ROLPH (W.-H.). — Beitrag zur Kenntniss einiger Insektenlarven. *Inaug.-Dissertat.* Bonn.

1839. ROMAND (B.-E. de). — Tableau de l'aile supérieure des Hyménoptères. *Revue zool.* Paris.

1883. ROMBOUTS (J.-E.). — De la faculté qu'ont les Mouches de se mouvoir sur le verre et sur les autres corps polis. *Archiv Museum Teyler.* Harlem. 4 Part.

1884. — Ueber die Fortbewegung der Fliegen an glatten Flächen. *Zool. Anzeiger.*

1880. ROSSI (A.). — Sul modo di terminare dei nervi nei muscoli dell' organo sonoro della Cicala commune (*Cicada plebeja*). *Mem. Accad. Sc. Bologna.* 4 ser. Vol. I.

1860. ROSSMÆSSLER (E. A.). — Das Bein der Insekten. *Aus der Heimath.* Jahrg. 1860.

1879. ROUGEMONT (Ph. de). — Observations sur l'organe détonant du *Brachinus crepitans* Oliv. *Bull. Soc. Scienc. natur. Neuchatel.* T. XI.

1860. ROUSSEL (C.). — Recherches sur les organes génitaux des Insectes Coléoptères de la famille des Scarabéides. *Comptes rend. Acad. d. Sc.* T. L.

1900. ROUVILLE (E. de). — Du tissu conjonctif comme régénérateur des épithéliums. *Thèse de doct. ès Sc. de Paris.* Montpellier.

1884. ROVELLI (G.). — Alcune ricerche sul tubo digerente degli Atteri, Ortotteri e Pseudoneurotteri. Como.

1828. RUDOLPHI (C. A.). — Beschreibung einer seltenen menschl. Zwitterbildung, nebst vorangeschickten allgem. Bemerkungen über Zwitter-Thiere (Aus den *Abhand. d. Berliner Akad.* 1824). Gr. in-4°. Berlin.

1861. RÜTE. — Ueber die Einheit des Prinzips im Bau der Augen bei verschiedenen Tierklassen und besonders über das Sehen der Insekten mit polyedrischen Augen. Leipzig.

1898. RUHMER (S. W.). — Die Uebergänge von *Araschnia levana* L. zu var. *prorsa* L. und die bei der Zucht anzuwendende Kältemenge. *Ent. Nachr.* 24 Jahrg.

1898. — Wie entsteht *Araschnia levana* ab. *porima* in der Natur? *Ent. Nach.* 24 Jahrg.

1888. RULAND (F.). — Beiträge zur Kenntnis der antennalen Sinnesorgane der Insekten. *Zeitschr. f. wissensch. Zool.* Bd. XLVI.

1880. RYDER (John B.). — Scolopendrella as the type of a new order of Articulates (Symphyla). *Amer. Nat.* May. Vol. XIV.

1881. — The structure, affinities and species of *Scolopendrella*. *Proc. Acad. Nat. Soc. Phil.*

1886. — The development of *Anurida maritima*. Guérin. *Amer. Naturalist.* T. XX.

1886. — The origin of the Amnion. *American Naturalist.* T. XX.

1877-1878. RYE (E. C.). — Secretion of water-beetles. *Entomologist's Monthl. Mag.* Vol. XIV.

S

1888. SABATIER (A.). — Sur la morphologie de l'ovaire chez les Insectes. *C. R. Acad. d. Sc.* T. CII.

1890. — De la spermatogenèse chez les Locustides. *C. R. Acad. Sc.* T. CXI.

1890. — De la spermatogenèse chez les Crustacés décapodes. *Trav. de l'Inst. de Zool. de Montpellier et de la Stat. marit. de Cette.* Mém. n° 3.

1896. SADONES (J.). — L'appareil digestif et respiratoire larvaire des Odonates. *La Cellule.* T. XI.

1889. SAINT-RÉMY. — Sur la structure du cerveau chez les Myriapodes et les Arachnides. *Revue biologique du Nord de la France.*

1890. — Contribution à l'étude du cerveau chez les Arthropodes trachéates. *Thèse Faculté d. Scienc. Paris.*

1867. SAULCY (F. DE). — Remarque sur la note de REICHE (*Dytiscus marginalis*). *Ann. Soc. ent. de France.* 4e série, t. III. Bull.

1878. SAUNDERS (ED.). — Remarks on the hairs of some of our British Hymenoptera. *Trans. Entom. Soc. London.*

1884. — Further notes on the terminal segments of Aculeate Hymenoptera. *Transact. Entom. Soc. London.*

1878. SAUNDERS (WILLIAM). — Notes on the larva of *Lycæna Scudderi. Can. Ent.* Vol. X.

1860. SAUSSURE (HENRI DE). — Recherches zoologiques de l'Amérique centrale et du Mexique. (6e partie. Études sur les Myriapodes et les Insectes. Paris.)

1863. — Mémoires pour servir à l'histoire naturelle du Mexique. 3e et 4e livr. Orthoptères. Blattides.

1879. — Études sur l'aile des Orthoptères. *Ann. Scienc. natur.* 6e sér., t. X.

1879. — Spicilegia entomologica genovensia. 1. Genre *Hemimerus. Mem. Soc. de Physique et d'Hist. nat. de Genève.* Vol. XXVI.

1816. SAVIGNY (JULES-CÉSAR). — Mémoires sur les Animaux sans Vertèbres. 1re partie. 1. Description et classification des Animaux invertébrés et articulés. 1er fascicule. Théorie des organes de la bouche des Crustacés et des Insectes. Paris.

1884. SAZEPIN (BASIL). — Ueber den histologischen Bau und die Verteilung der nervosen Endorgane auf den Fühlern der Myriapoden. *Mém. Acad. Petersbourg.* T. XXXII. Nr. 9.

1789. SCARPA (ANT.). — Anatomicæ disquisitiones de auditu et olfactu. Ticini.

1891. SCHÆFER (E. A.). — On the minute structure of the Muscle Columns or Sarcostyles which forms the Wing-Muscles of Insects. *Proceed. Royal Soc. London.* Vol. XLIX. Part IV.

1889. SCHÆFFER (C.). — Beiträge zur Histologie der Insekten. I. Die Bauchdrüsen des Raupen. II. Ueber Blutbildungsherde bei Insektenlarven. *Zool. Jahrbücher von Prof. Spengel. Abth. f. Anat. u. Ontogenie.* Bd. III.

1890. — Ueber die Bauchdrüsen der Raupen. *Zool. Anzeiger.*

1752. SCHÆFFER (J.-CH.). — *Apus pisciformis.* Insecti aquatici species noviter detecta. Norinbergæ.

1754. — Neuentdeckte Teile an Raupen und Zweyfaltern nebst des Verwandlung der Hanswurzraupe zum schönen Tagvogel mit Augenspiegeln (*Parnassius Apollo*). Ragensburg.

1893. SCHAFFER (J.). — Beiträge zur Histologie und Histogenese der quergestreiften Muskelfasern der Menschen und einiger Wirbelthiere. *Abhandl. d. k. Akad. d. Wissensch. in Wien.* Bd. CII.

1861. SCHAUM (H.). — Die Bedeutung der Paraglossen. *Berlin. Entom. Zeitschr.* Bd. V.

1863. — Ueber die Zusammensetzung des Kopfes und die Zahl der Abdominalsegmente bei den Insekten. *Archiv f. Naturgesch.* 29 Jahrg. Bd. I.

1885. SCHATZ (E.). — Die Familien und Gattungen der Tagfalter systematisch und analytisch bearbeitet. Zweiter Theil von: *Exotische Schmetterlinge von Dr. O. Staudinger und Dr. E. Schatz.* 1. Liefer.

1860-1862. SCHEIBER (S. H.). — Vergleichende Anatomie und Physiologie der Œstriden-Larven. *Sitzungsber. d. k. Akad. d. Wiss. Wien. Math. naturwiss. Kl.* Bd. XLI-XLV.

1862. — Vergleichende Anatomie und Physiologie der Œstriden-Larven. Respirationssystem. V. Das chilo- und uropoetische System. *Sitzungsber. d. k. Akad. d. Wissensch. Wien. Math.-naturw. Cl.* Bd. XLV. 1 Abt.

1798. SCHELVER (F. J.). — Versuch einer Naturgeschichte der Sinneswerkzeuge bei den Insekten und Würmern. Göttingen.

1883. SCHIEMENZ (PAULUS). — Ueber das Herkommen des Futtersaftes und die Speicheldrüsen der Biene nebst einem Anhänge über das Riechorgan. *Zeitschr. f. wissensch. Zoologie.* Bd. XXXVIII.

1885. SCHIMKEWITSCH (W.). — Ueber die Identität der Herzbildung bei den Wirbel- und wirbellosen Tieren. *Zool. Anz.* 8 Jahrg.

1885. — Noch Etwas über die Identität der Herzbildung bei den Metazoen. *Zool. Anz.*

1878. SCHINDLER (C.). — Beiträge zur Kenntniss der Malpighi'schen Gefässe der Insekten. *Zeitschr. f. wiss. Zool.* Bd. XXX.

1864. SCHINER (J. R.). — Ueber das Flügelgeäder der Dipteren. *Verhdl. k. k. zool.-bot. Ges. Wien.*

1844. SCHIŒDTE (J. G.). — Bemerkungen über Myrmecophilen. Ueber den Bau des Hinterleibes bei einigen Käfergattungen. *Germar's Zeits. f. Ent.*

1855-1856. — Om nogle hidtil oversete Bygningsvorhold i Insekternes Thorax, der vire sig at vaere af giennem gribende Belydning for et naturligt Familie System. *Oversigt k. Dansk. Selsk. Forhandl.*

1862-1883. — De metamorphosi Eleutheratorum. Bidrag til Insekternes Udviklingshistorie *Kröyer's Naturhist. Tidsskrift. Kjöbenhavn.* 12 Teile.

1883. — Spiracula cribraria — os clausum : lidt om naturvidenskabelig Methode og Kritik. *Nat. Tidsskrift* (3). Bd. XIII.

1857. SCHLOSSBERGER. — Untersuchungen über das chemische Verhalten der Krystalle in den Malpighi'schen Gefässen der Raupen. *Archiv f. Anat. u. Physiol.*

1887. SCHMIDT (E.). — Ueber Atmung der Larven und Puppen von *Donacia crassipes. Berlin. Ent. Zeitschr.* 31 Jahrg.

1889. SCHMIDT (F.). — Die Bildung des Blastoderms und des Keimstreifs der Musciden. *Sitz. Naturf. Ges. Dorpat.* Bd. VIII.

1854. SCHMIDT (E. Oscar). — Lehrbuch der Zoologie. Wien.

1875. — Die Gehörorgane der Heuschrecken. *Archiv f. mikroskop. Anat.* Bd. XI.

1878. — Die Form der Krystallkegel im Arthropodenauge. *Zeitschr. f. wissensch. Zool.* Bd. XXX. Suppl.

1885. — Metamorphose und Anatomie des männlichen *Aspidiotus nerii. Archiv f. Naturgesch.* 51 Jahrg.

1894. SCHMIDT (P.). — Ueber das Leuchten der Zuckmücken (Chironomidæ). *Zool. Jahrb. Morph., Abth.* Vol. VIII.

1895. — Id. *Ann. and Mag. Nat. Hist.* T. XV.

1895. — Beiträge zur Kenntnis der niederen Myriapoden. *Zeitschr. f. wiss. Zool.* Bd. LIX.

1883. SCHNEIDER (Anton). — Das Ei und seine Befruchtung. Breslau.

1883. — Ueber die Entwicklung der Geschlechtsorgane der Insekten. *Zool. Beiträge herausg. v.* A. Schneider. Bd. I.

1883. — Ueber die Entwickelung der *Spherularia bombi. Zool. Beiträge.* Bd. I.

1885. — Die Entwicklung der Geschlechtsorgane bei den Insekten. *Zool. Beiträge. Breslau.* Bd. I.

1885. — Ueber die Anlage der Geschlechtsorgane und die Metamorphose des Herzens bei den Insekten. *Zool. Beiträge.*

1887. — Ueber den Darm der Arthropoden, besonders der Insekten. *Zool. Anzeiger.* 10 Jahrg.

1887. — Ueber den Darmkanal der Arthropoden. *Zool. Beiträge.* Bd. II.

1878. SCHNEIDER (R.). — Die Schuppen aus den verschiedenen Flügel- und Körperteilen der Lepidopteren. *Zeitschr. f. d. gesamten Naturwiss.* Bd. LI.

1880. SCHOCH (G.). — Zucht von *Euprepia caja* in gefärbtem Licht. *Mitth. Schweiz. Entom. Ges.* Bd. V.

1889. — Miscellanea entomologica. I. Das Geäder des Insektenflügels. II. Prolegomena zur Fauna Dipterorum Helvetiæ. *Wissenschaftl. Beilage z. Programm d. Kantonsschule. Zürich.*

1862. SCHŒNFELD. — Kleine Beiträge zur Bienenkunde. I. Wärme. *Bienen-Zeitung. Eichstädt.* 18 Jahrg.

1863. — Kleine Beiträge zur Bienenkunde. IV. Noch einmal Wärme. *Bienen-Zeitung. Eichstädt.* 19 Jahrg, V. Nachtrag.

1866. — Die Muskelthätigkeit der Biene in Bezug auf Wärmeentwicklung. *Bienen-Zeitung. Eichstädt.* 22 Jahrg.

1886. — Die physiologische Bedeutung des Magenmundes der Honigbiene. *Archiv f. Anat. u. Physiol. Physiol. Abt.*

1896. SCHRŒDER (Chr.). — Experimentelle Untersuchungen bei den Schmetterlingen und deren Entwicklungszuständen. *Illustr. Wochenschr. f. Entom.* 1 Jahrg.

1896. — Was schutzt den Falter? *Illustr. Wochenschr. f. Entom.* 1 Jahrg.

1845. SCHRŒDER van der KOLK (J. L. G.). — Mémoire sur l'Anatomie et la Physiologie du *Gastrus equi. Nieuwe Verhandl. d. k. Nederl. Instit. Amsterdam.* T. IV.

1897. SCHULTZ (Osk.). — Ueber den inneren Bau gynandromorpher Macrolepidopteren. *Illustr. Zeitschr. f. Entomologie.* Bd. II.

1878. SCHULTZE (Hans). — Die fibrilläre Structur der Nervenelemente bei Wirbellosen. *Arch. f. mikr. Anat.* Bd. XVI.

1864. SCHULTZE (Max). — Ueber den Bau der Leuchtorgane der Männchen von *Lampyris splendidula. Sitzber. d. niederrhein. Gesellsch. f. Natur- u. Heilkunde zu Bonn.*

1865. — Zur Kenntnis der Leuchtorgane von *Lampyris splendidula. Archiv f. mikroskop. Anat.* Bd. I.

1868. — Untersuchungen über die zusammengesetzten Augen der Krebse und Insekten. Bonn.

1877. SCHULZ (H.). — Ueber das Abhängigkeitsverhältnis zwischen Stoffwechsel und Körpertemperatur bei Amphibien und Insekten. Bonn.

1839. SCHWANN (Th.). — Mikroskopische Untersuchungen über die Uebereinstimmung in der Struktur und dem Wachstum der Tiere und Pflanzen. Berlin.

1899. SCHWARTZE. — Zur Kenntnis der Darmentwicklung bei Lepidopteren. *Zeitschr. f. wiss. Zool.* Bd. LXVIII.

1791. SCHWARZ (C.). — Neuer Raupenkalender. Nürenberg. Abt. I.

1865. SCHWEIGGER-SEIDEL. — Ueber die Samenkörperchen und ihre Entstehung. *Arch. f. mikr. Anat.* Bd. I.

1863. SCOTT (W.). — Description of a ovo-viviparous Moth, belonging to the genus *Tinea*. *Trans. Ent. Soc. N.-South Wales*. Vol. I (1866).

1868. — Id. *Nat. Hist. Rev.*

1868. SCUDDER (S. H.). — Notes on the stridulation of Grosshopers. *Proc. Bot. Soc. Nat. Hist.* Vol, XI.

1868. — The songs of the Grosshopers. *Amer. Naturalist*. Vol. II.

1876. — Odoriferous glands in Phasmidæ. *Psyche*. Vol. I. Jan. 14. — *Amer. Nat.* T. X. April.

1876. — Prothoracic tubercles in Butterfly caterpillars. *Psyche*. Vol. I.

1877. — Antigeny or sexual dimorphism in Butterflies. *Proc. Amer. Acad. Arts and Sc.* Vol. XII.

1882. — Fragments of the coarser anatomy of Diurnal Lepidoptera. Cambridge. *Abdruck aus der "Psyche"*. Vol. III.

1882. — Organs found near the anus of the female pupa of *Danais*, which recall the odoriferous organs mentioned by Burnett, transl. Siebold's Comp. Anat. as occuring in *Argynnis* and other genera. *Psyche*. Vol. III.

1888. — Glands and extensile organs of larvæ of blue Butterflies. *Proc. Bost. Soc. Nat. Hist.* T. XXXIII.

1889. — Butterflies of Eastern United States. Vol. I-III.

1893. — New light on the formation of the abdominal pouch in *Parnassius*. *Trans. Ent. Soc. London for* 1892. January.

1871. SCUDDER (S. H.) and E. BURGESS. — On Asymetry in the appendages of Hexapod Insects. especially as illustrated in the Lepidopterous genus *Nisoniades*. *Proceed. Boston Soc. Nat. Hist.* Vol. XIII.

1881. SELVATICO (D. S.). — Sullo sviluppo embrionale dei Bombicini. *Boll. Bachicoltura*. Vol. VIII.

1887. — L'aorta nel corsaletto e nel capo della farfalla del Bombice del gelso. Padova.

1887. — Die Aorta im Brustkosten und im Kopfe des Schmetterlings von *Bombyx mori*. *Zool. Anzeiger*. 10 Jahrg.

1840. SELYS-LONGCHAMPS (E. DE). — Monographie des Libellulidées d'Europe. In-8°, Paris.

1857. SEMPER (CARL). — Beobachtungen über die Bildung der Flügel, Schuppen und Haare bei den Lepidopteren. *Zeitschrift f. wissensch. Zoologie*. Bd. VIII.

1891. SERGI (G.). — Ricerche su alcuni organi di senso nelle antenne delle Formiche. *Riv. Filos. scient. Milano*.

1813. SERRES (MARCEL DE). — Mémoires sur les yeux composés et les yeux lisses des Insectes. Montpellier.

1818-1819. — Observations sur les usages du vaisseau dorsal dans les animaux articulés. *Ann. du Mus. d'Hist. nat.* T. IV et V.

1826. SERRES (MARCEL DE). — Ueber die Augen der Insekten. Aus dem Französischen von Dr. J. F. Dieffenbach. Berlin.

1869. SEURAT (L.-G.). — Contribution à l'étude des Hyménoptères entomophages. *Ann. Sc. nat., Zoologie*. 8e série., t. X.

1877. SHARP (D.). — Observations on the respiratory action of the carnivorous Water-Beetles. *Journ. of the Linn. Soc.* XIII. *Zoology*.

1890. — On the structure of the terminal segment in some male Hemiptera. *Trans. Ent. Soc. London*.

1897-1899. — Insects; in the Cambridge natural History. Vol. V and VI. London.

1836. SIEBOLD (C. TH. E. VON). — Ueber die Spermatozoen der Crustaceen, Insekten, Gasteropoden und einiger anderer wirbellosen Tiere. *Müller's Archiv f. Anatomie*.

1836-1837. — Fernere Beobachtungen über die Spermatozoen der wirbellosen Tiere. *Müller's Archiv f. Anat.*

1837. — Ueber die viviparen Musciden. *Froriep's Notizen*. Bd. III.

1838. — Ueber die weiblichen Geschlechtsorgane der Tachinen. *Wiegmann's Archiv f. Naturgesch.* Bd. IV.

1839. — Ueber die inneren Geschlechtswerkzeuge der viviparen und oviparen Blattläuse. *Froriep's Notizen*. Bd. XII.

1839. — Lange Lebensdauer der Spermatozoen bei *Vespa rufa*. *Wiegmann's Archiv f. Naturgesch.* Bd. V.

1840. — Ueber die Fortpflanzungsweise der Libellulinen. *Germar's Zeitschr. f. Entom.* Bd. II.

1843. — Ueber das Receptaculum seminis der Hymenopteren-Weibchen. *Germar's Zeitschr. f. Entom.* Bd. IV.

1844. — Ueber das Stimm- und Gehörorgan der Orthopteren. *Wiegmann's Archiv für Naturgesch.* Bd. X.

1845. — Ueber die Spermatozoiden der Locustinen. *Nova Acta Acad. Leop.-Carol.* T. XXI.

1848. — Lehrbuch der vergleichenden Anatomie der wirbellosen Tiere. Berlin.

1850-1851. — Ueber den taschenförmigen Hinterleibsanhang der weiblichen Schmetterlinge von *Parnassius*. *Zeitschr. f. wissensch. Zool.*, Bd. III. — *Stett. Ent. Zeit.*

1850. — Bemerkungen über Psychiden. *Arb. d. schles. Ges. f. vaterl. Cultur*.

1851. — Ueber die Grenzen der Zeugung durch wechselnde Generationen. *Tagebl d.* 28 *Vers. Naturf. u. Aerzte*.

1851. — Bemerkungen über die Lebensweise und den Haushalt der Bienen. *Arbeit. d. schles. Ges. f. vaterl. Cultur*. Bd. XXIX.

1854. — Zergliederung einer vom Begattungsausfluge heimgekehrten Bienenkönigin. *Eichstädt Bienen Ztg*. Bd. X.

1856. SIEBOLD (C. Th. E. von). — Wahre Parthenogenesis bei Schmetterlingen und Bienen. Ein Beitrag zur Fortpflanzungsgeschichte der Thiere. Leipzig.

1862. — "Ueber Parthenogenesis" Vortrag, gehalten in *der k. Akad. der Wissenschaften* am 28 März. München.

1862. — Id. *Stettin. Entom. Ztg.* 23 Jahg.

1869. — Ueber Parthenogenesis der *Polistes gallica. Tagebl. d.* 42 *Ver. deutsch. Naturf.*

1869. — Ueber Pädogenesis bei Strepsipteren. *Tagebl. d.* 42 *Ver. deutsch. Naturf.*

1870. — Id. *Stettin. Ent. Ztg.* 31 Jahrg.

1870. — Id. *Zeitschr. f. wiss. Zool.* Bd. XX. Heft 2.

1871. — Beiträge zur Parthenogenesis bei der Arthropoden. Leipzig.

1869. SIGNORET (V.). — Phylloxera vastratrix, Hémiptère-homoptère de la famille des Aphidiens, cause prétendue de la maladie actuelle de la vigne. *Ann. Soc. Ent. France.* 4e sér., t. IX.

1878. SIMROTH (H.). — Ueber den Darmkanal der Larven von *Osmoderma cremita* mit seinen Anhängen. *Giebel's Zeitschr. f. d. ges. Naturwiss.* Bd. LI.

1878. — Einige Bemerkungen über die Verdauung der Kerfe. *Zeitschr. f. d. gesammten Naturwiss.* Bd. LI.

1884. SIMMERMACHER (G.). — Untersuchungen über Haftapparate an Tarsalgliedern von Insekten. *Zeitschr. f. wissensch. Zoologie.* Bd. XL.

1884. — Vorläufige Mitteilung darüber im *Zoolog. Anzeiger.* 7 Jahrg.

1884. — Antwort an Herrn Dr. H. Dewitz. *Zeitschr. f. wissensch. Zoologie.* Bd. XL.

1899. SINÉTY (R. de). — Remarques sur le système nerveux viscéral, le vaisseau dorsal et les organes génitaux des Phasmides. *Ann. Soc. ent. France.* Bull. n° 21.

1901. — Recherches sur la biologie et l'anatomie des Phasmes. Parthénogenèse. Mues. Tubes de Malpighi. Prétendus ganglions sympathiques de la 1re paire. Membranes trachéolaires. — Appareil génital (spermatogenèse spécialement d'après les principales familles d'Orthoptères). Thèse de Paris. *La Cellule.*

1858. SIRODOT. — Recherches sur les sécrétions chez les Insectes. *Ann. Scienc. natur.* 4e sér. *Zool.* Vol. X.

1848. SLATER (J. W.). — Ueber die Funktion der Antennen bei den Insekten. *Froriep's Notizen.* III. Bd. VIII. Nr. 155.

1877. — On the Food of Gaily-coloured Caterpillars. *Trans. Ent. Soc. London.*

1887. — On the presence of Tannin in certain Insects and its influence on their colours *Trans. Ent. Soc. London.* T. III. *Proceed.*

1886. SMITH (John B.). — *Cosmosoma omphale. Entomologica Americana.*

1886. — Scent organs in some Bombycid moths. *Entomologica americana.* Vol. II. N° 4.

1888. — Notes on odors and odoriferous structure of various moths and a note by L. O. Howard on odor of *Dynastes. Proc. Ent. Soc. Washington.* Vol. I.

1892. — The structure of the Hemipterous mouth. *Science.* April.

1892. — Epipharynx and hypopharynx of Odonates. *Proc. Amer. Assoc. Adv. Sc.* 40 *Meeting.* (1891).

1892. — The mouth-parts of *Copris carolina* with notes on the homology of the mandibles. *Proc. Amer. Ass. Adv. Sc.* 40 *Meeting.*

1896. — A contribution toward a knowledge of the mouth-parts of the Diptera. *Trans. Amer. Ent. Soc.* Vol. XVII.

1896. — An essay on the developpement of the mouth-parts of certain Insects. *Trans. Amer. Philosophical Soc.* Vol. XIX.

1892. SOGRAFF (Nicolas). — Note sur l'origine et les parentés des Arthropodes, principalement des Arthropodes trachéates. *Congrès internat. de Zool.* 2e session à Moscou.

1863. SOLLMANN (A.). — Der Bienenstachel. *Zeitschr. f. wissensch. Zool.* Bd. XIII.

1884. SOMMER (Albert). — Ueber *Macrotoma plumbea.* Beiträge zur Anatomie der Poduriden. Göttingen.

1885. — Id. *Zeitschr. f. wiss. Zool.* Bd. XLI.

1805. SORG (F. L. A. W.). — Disquisitiones physiologicæ circa respirationem Insectorum et Vermium. Rudolstadt. Part. II.

1882. SOLMS-LAUBACH. — Die Herkunft, Domestication und Verbreitung des gewöhnlichen Feigenbaumes (*Ficus carica*). *Abhandl. d. k. Ges. der Wiss. zu Göttingen.*

1871. SORBY (H. C.). — On the colouring matter of some Aphides. *Quart. Journal of microscop. sc.* N. Ser. Vol. XI.

1846-1847. SOULIER. — Quelques considérations sur les fonctions des antennes des Insectes. *Congrès scientif. de France.* Session 14. Marseille.

1887. SPALLANZANI (L.). — Œuvres complètes, trad. par Sennebier. 3 vol. Paris.

1883. SPEYER (A.). — Die Raupe von *Acronycta alni.* Ein biologisches Rätsel. *Stettiner Entom. Zeitung.* 44 Jahrg.

1883. — Bemerkungen über den Einfluss des Nahrungswechsels auf morphologische Veränderungen, insbesondere bei den Arten der Gattung *Eupithecia. Stettiner Entom. Zeitung.* 44 Jahrg.

1843. SPEYER (O.). — Untersuchung der Beine der Schmetterlinge. *Isis.*

1886. SPICHARDT (C.). — Beitrag zur Entwickelung der männlichen Genitalien und ihrer Ausfuhrgänge bei Lepidopteren. *Verhandl. d. naturwiss. Vereins zu Bonn.* 43 Jahrg.

1815. SPRENGEL (C.). — Commentarius de partibus quibus Insecta spiritus ducunt. Lipsiæ. In-4°.

1892. SPULER (Arnold). — Zur Phylogenie und Ontogenie des Flügelgeäders der Schmetterlinge. *Zeitschr. f. wissens. Zool.* Bd. LIII.

1895. — Beiträge zur Kenntniss des feineren Baues und der Phylogenie der Flügelbedeckung der Schmetterlinge. *Zool. Jahrb. Abt. f. Anat. u. Ontog.* Bd. VIII.

1896. — Ueber das Vorhandensein von Schuppenbalg bei den Schmetterlingen. *Biol. Centralblatt.* Bd. XVI.

1829. STADELMAYER (L.). — Ansichten vom Blutlauf nebst Beobachtungen über das Rückengefäss der Insekten. *Diss. München.*

1894. STANDFUSS (M.). — Die Beziehungen zwischen Färbung und Lebensgewohnheit bei den paläarktischen Grossschmetterlingen. *Vierteljahrssch. Nat. Ges. Zürich.* 39 Jahrg.

1895. — On the causes of variation and coloration in the imago stage of Butterflies, with suggestion on the etablissement of new species *Entomologist.* Vol. XXVIII.

1896. — Handbuch der palæarctischen Grossschmetterlingen, für Forscher und Sammler. 2e Aufl. Jena.

1898. — Sur une série d'expériences faites sur des Lépidoptères. *C. R. Trav. 81e sess. Soc. Helv. Sc. nat.*

1899. — Experimentelle zoologische Studien mit Lepidopteren. *N. Denkschr. Schw. Ges. Naturw.* Bd. XXXVI.

1900. — Études zoologiques expérimentales sur les Lépidoptères ; résultats principaux obtenus jusqu'à la fin de 1898. *Ann. Soc. ent. de France.* Vol. LXIX.

1890. STEFANOWSKA (M.). — La disposition histologique du pigment dans les yeux des Arthropodes. *Recueil Zool. Suisse.*

1847. STEIN (F.). — Vergleichende Anatomie und Physiologie der Insekten. I. Die weiblichen Geschlechtsorgane der Käfer. Berlin.

1879. STEIN (Rich. von). — Ein neuer Fall von Parthenogenesis bei den Blattwespen. *Entom. Nachricht.* 5 Jahrg.

1889. STEINER (J.). — Die Funktionen des Centralnervensystems der wirbellosen Tiere. *Sitzungsber. d. k. Akad. d. Wiss. Berlin.*

1893. STOKES (Alfred C.). — The structure of Insect tracheæ, etc. *Science.*

1878. STRASSER (H.). — Mechanik des Fluges. *Arch. f. Anat. u. Entwicklungsgesch.*

1880. — Ueber die Grundbedigungen der aktiven Locomotion. *Abhandl. d. naturf. Gesellsch. Halle.* Bd. XV.

1828. STRAUS-DURKHEIM (H. E.). — Considérations générales sur l'anatomie comparée des animaux articulés, auxquelles on a joint l'anatomie descriptive du Hanneton vulgaire. Paris.

1842. — Traité pratique et théorique d'anatomie comparative. Paris.

1883. STREETCH (R. H.). — Anal appendages of *Leucarctia acræa. Papilio.* Vol. III.

1882. STRÖBELT (O.). — Anatomie und Physiologie von *Hæmatopinus tenuirostris* Burm. Düsseldorf.

1873. STUDER (Th.). — Ueber Nervenendigung bei Insekten. *Berner Mitteil.*

1874. — Ueber Nervenendigung bei Insekten. Kleine Beiträge zur Histologie der Insekten. *Mitteil. d. naturf. Gesellsch. Bern. Abhandl.*

1886. STUHLMANN (F.). — Die Reifung des Arthropodeneies nach Beobachtungen an Insecten, Spinnen, Myriapoden und Peripatus. *Ber. Freib. Naturf.-Gesellsch.* Bd. I. Hft. 5.

1828. SUCKOW (F. W. L.). — Geschlechtsorgane der Insekten. *Heusinger's Zeitschr. organ. Physik.* Bd. II.

1828. — Respiration der Insecten, insbesondere über die Darm-Respiration der *Aeschna grandis. Zeitschrift f. d. organ. Physik, von Heusinger.* Bd. II.

1819. — Verdauungsorgane der Insecten. *Heusinger's Zeitschr. f. organ. Physik.* Bd. III.

1761. SULZER (J. H.). — Die Kenntzeichen der Insecten. Zürich.

1861. SUNDEVALL (C.). — Om Insekternas extermiteter samt derus hufoud och munddelar *Kongl. Vetenskaps Akad. Handlingar.* Vol. III. N° 9.

1874. SUSANI (G.). — Se nel fenomeno delle nascite dei Bachi da seta, procurate collo strofinamento, possa o no tenersi per accertata l'azione dell' elettricità. *Atti d. R. Istit. Lomb.* Vol. VII.

1876. SUSANI (G.) e E. BETTONI. — Della partenogenesi del Baco da seta. *Bollett. di bachicolt. Padova.*

1900. SUPINO (Fel.). — Osservazioni sopra fenomeni che avvengono durante lo sviluppo postembrionale della *Calliphora erythrocephala. Bull. Soc. ent. ital.* Anno 32.

1896. SWALE (H.). — Odor of *Olophrum piceum. Ent. Month. Mag.* Jan.

1737-1738. SWAMMERDAMM (John). — Bijbel der nature, of historie der Insecten. *Biblia naturæ, sive Historia Insectorum, in classes certas redacta.* Accedit præfatio in qua vitam auctoris descripsit Hermannus Boerhave, Med. Prof. Leydæ, Severin. 2 Bde. Fol.

1758. — Deutsche Ausgabe. Leipzig. Gleditsch.

1877. SWINTON (A. H.). — Sound produced in *Ageronia* by a modification of the hood and bristle of the wings. *Ent. Month. Mag.*

T

1867. TARGIONI-TOZZETTI (A.). — Studii sulle Cocciniglie. *Mem. d. Soc. ital. di Sc. natural.* Milano. T. III. N° 3.

1867. — Sur la cire qu'on peut obtenir de la Cochenille du figuier (*Coccus caricæ*). *Comptes rend. Acad. Sc.* T. LXV.

1892. TASCHENBERG (O.). — Historische Entwickelung der Lehre von der Parthenogenesis. Halle.

1876. TATIN (V.). — Expériences sur le vol mécanique. *École prat. d. Haut. Études. Physiol. expér.* — *Trav. du laborat. de Marey.*

1877. — Expériences physiologiques et synthétiques sur le mécanisme du vol. *École prat. d. Haut. Étud. Physiol. expérim.* — *Trav. du laborat. de Marey.*

1870. TEICH (C. A.). — Klima und Schmetterlinge. *Correspond. Bl. d. Naturf. Ver. Riga.* 18 Jahrg.

1878. TENANT (W. G.). — The green field-cricket, *Acrida viridissima. The Entomologist.* Vol. XI.

1898. TERRE (L.), — Sur les troubles physiologiques qui accompagnent la métamorphose des Insectes holométaboliens. *C. R. Soc. Biologie.*

1899. — Contribution à l'étude de l'histolyse et de l'histogenèse du tissu musculaire chez l'Abeille. *C. R. Soc. Biologie.*

1900. — Sur l'histolyse musculaire des Hyménoptères. *C. R. Soc. Biologie.*

1900. — Contribution à l'étude de l'histolyse du corps adipeux chez l'Abeille. *Bull. Soc. entomologique de France.*

1900. — Métamorphose et phagocytose. *C. R. Soc. Biologie.*

1900. — Sur l'histolyse du corps adipeux chez l'Abeille. *C. R. Soc. Biologie.*

1883. TETENS (Hermann). — Ueber das Vorkommen mikroskopischer Formenunterschiede der Flügelsschuppen in Korrelation mit Farbendifferenzen bei dichromen Lepidopterenarten. *Berliner Entom. Zeitschrift.*

1893. THOMAS (M. B.). — The androconia of Lepidoptera. *Amer. Nat.* Vol. XXVII.

1859. THOMSON (Allen). — Article "Ovum" in *Todd's Cyclopædia.* Vol. V.

1857. THOMSON (C. G.). — Några anmärkningar öfver arterna of slägtet *Carabus. Thomson's Opuscula entomologica.* Bd. VII.

1879. TICHOMIROFF (A.). — Ueber die Entwicklungsgeschichte des Seidenwurms. *Zool. Anzeiger.* 2 Jahrg.

1880. — Ueber das Köpfchen von *Bombyx mori. Nachricht. d. Gesellsch. Naturwiss. Moskau.* Bd. XXXVII.

1880. — Ueber den Bau der Sexualdrüsen und die Entwickelung der Sexualprodukte bei *Bombyx mori. Zool. Anzeiger.* 3 Jahrg.

1882. TICHOMIROFF (A.). — Zur Entwicklungeschichte des Seidenspinners (*Bombyx mori*) im Ei. *Arb. Laborat. Zool. Mus. Moskau.* Bd. I.

1882. — Le développement du Ver à soie dans l'œuf. *Soc. des Amis des Sc. Nat. Anthrop.-Ethnog. Moscou.*

1885. — Studien Chemische über die Entwicklung der Insecteneier. *Zeitschr. f. physiol. Chemie.* Bd. IX.

1886. — Die künstliche Parthenogenesis bei Insekten. *Arch. f. Anat. u. Physiol. Phys. Abt.*

1887. — Sullo sviluppo delle uova del Bombice del gelso. *Bollet. mens. di Bachicolt.*

1888. — Nochmals über Parthenogenesis bei *Bombyx mori. Zool. Anzeiger.* 11. Jahrg.

1889. — Zur Biologie des Befruchtungsprozess. *VIII Kongress russich Naturf. u. Aertzte.* 3 *Sitz.* (12 janvier 1890). 31 déc.

1890. — Id. *Biol. Centrallbl.* Bd. X. N° 13 et 14.

1890. — Ueber die Entwicklung der *Calandra granaria. Biol. Centralbl.* Bd. X.

1890. TICHOMIROWA (O. O.). — Zur Embryologie von *Chrysopa. Biol. Centralbl.* Bd. X.

1889. TIEBE. — Plateau's Versuche über die Fähigkeit der Insekten, Bewegungen wahrzunehmen. *Biolog. Centralbl.* Bd. IX.

1895. TOSI (Alessandro). — Osservazioni sulla valvola del cardias in varii generi della famiglia delle Apidi. *Ricerche Lab. Anat. R. Univ. Roma.* Vol. V.

1893. TOYAMA (K.). — On the spermatogenesis of the Silkworm. *Bull. II. N° 3. Coll. Agric. Imp. Univ. Tokyo.*

1873. TREAT (Mary). — De la production des sexes dans les Lépidoptères. *Petites nouvelles entom.* T. V. — *Amer. Naturalist.* T. VII.

1802-1822. TREVIRANUS (G. R.). — Biologie oder Philosophie der lebenden Natur, für Naturforscher und Aerzte. 6 Bände. Göttingen.

1809. — Resultate einiger Untersuchungen über den inneren Bau der Insekten (Verdauungsorgane von *Cimex rufipes*). *Annal. d. Wetteran. Gesellsch.* Bd. I.

1812. — Ueber das Saugen und das Geruchsorgan der Insekten. *Annal. d. Wetteran. Gesellsch.* Bd. III. Heft. I.

1814. — Id. *Ibid.* Heft 2.

1816. — Beiträge zur Anatomie und Physiologie der Tiere und Pflanzen. Göttingen.

1816-1817. — Vermische Schrifte anatomischen und physiologischen Inhalts. Bd. I u. II. Göttingen.

1831. — Das organische Leben. Bremen.

1831-1833. — Die Erscheinungen und Gesetze des organischen Lebens. 3 Vol. Bremen.

1832. — Versuche über das Atemholen der niederen Tiere. *Zeitschr. f. d. Physiologie, von F. Tiedemann, G. R. u. L. C. Treviranus.* Bd. IV.

1832. TREVIRANUS (G. R.). — Ueber das Herz der Insekten, dessen Verbindung mit den Eierstöcken und ein Bauchgefäss der Lepidopteren. *Zeitschr. f. d. Physiologie, von F. Tiedemann. G. R. u. L. C. Treviranus.* Bd. IV.

1832. — Ueber die Bereitung des Wachses durch Bienen. *Zeitschr. für Physiologie*, etc. Bd. III.

1835. — Ueber die organischen Körper des tierischen Samens und deren Analogie mit den Pollen der Pflanzen. *Zeitschr. f. d. Physiologie. von F. Tiedemann, G. R. und L. C. Treviranus.* Bd. V.

1839. — Beobachtungen aus der Zootomie und Physiologie. Bremen.

1885. TRIMEN (Rob.). — Protective ressemblance in Insects. *Entomologist.* Vol. XVIII.

1870. TROSCHEL (H.). — Ueber das Geruchsorgan der Gliedertiere. *Verhandl. d. naturhist. Vereins d. preuss. Rheinlandes u. Westfal.* 27 Jahrg. *Sitzber.*

1877. TROUVELOT (L.). — The use of the antennæ in Insects. *American Naturalist.* Vol. XI. — *Naturforscher.* 10 Jahrg.

1872. TULLBERG (Tycho). — Sveriges Podurider. *Kongl. Svenska Vetensk. Akad. Handl.* Bd. X. Nr. 10.

1877. TURSINI (G. F.). — Un primo passo nella ricerca dell' assorbimento intestinale degli Artropodi. *Rend. d. R. Accadem. di Sc. fis. e matemat. di Napoli.* Vol. XVI.

U

1775. UHLIG. — Zur Borkenkäferfrage. *Tharand. forsk. Jahrb.* Bd. XXV.

ULJANIN (Voir Oulganine).

1889. UNGERN-STERNBERG (von). — Betrachtung über die Gesetze des Fluges. *Zeitschr. d. Deutschen Vereins z. Förderung d. Luftschifffahrt. — Naturwissensch. Wochenschrift v. Potonie.* Bd. IV.

1891-1892. URECH (F.). — Beobachtungen über die verschiedenen Schuppenfarben und die zeitliche Succession ihres Auftretens. *Zool. Anzeiger.* Bd. XIV u. XV.

1893. — Beiträge zur Kenntniss der Farbe von Insektenschuppen. *Zeitschr. f. wiss. Zool.* Bd. LVII.

1895. UZEL (Heinrich). — Monographie der Ordnung Thysanoptera. Königgrätz.

1897. — Verläuf. Mitth. über die Entwicklung der Thysanuren. *Zool. Anz.* 20 Jahrg.

1897. — Beiträge zur Entwickl. von *Campodea staphylinus. Zool Anz.* 20 Jahrg.

1898. — Studien über die Entwickelung der apterygoten Insekten. Berlin.

V

1837. VALENTIN (G.). — Ueber die Organisation des Hautskelettes der Krustaceen. *Repertor. f. Anat. u. Physiol.* Bd. I.

1867-1878. VALETTE-St-GEORGE (A. von La). — Ueber die Genese der Samenkörper. *Arch. f. mikr. Anat.* Bd. I. III, X, XII u. XV.

1885-1887. — Spermatologische Beiträge. *Arch. f. mikr. Anat.* Bd. XXV, XXVII, XVIII u. XXX.

1897. — Zur Samen- und Eibildung beim Seidenspinner. *Arch. f. mikr. Anat.* Bd. L.

1700. VALLISNERI (Ant.). — Dialoghi fra Malpighi e Plinio intorno alla curiosa origine di molti Insetti. In-8°. Venezia.

1713. — Esperienze ed osservazioni spettanti all' istoria naturale e medica, etc. In-4°. Padova.

1900. VANEY (C.). — Contribution à l'étude des phénomènes de métamorphose chez les Diptères. *C. R. Acad. Sc.* T. CXXXI.

1902. — Contribution à l'étude des larves et des métamorphoses des Diptères. Thèse de Lyon. — *Ann. de l'Univ. de Lyon.* Nouv. sér. I. Sciences méd., fasc. 9.

1901. VANEY (C.) et CONTE (A.). — Sur des phénomènes d'histolyse et d'histogenèse accompagnant le développement des Trématodes endoparasites de Mollusques terrestres. *C. R. Acad. Sc.* Vol. CXXXI.

1896. VANGEL (E.). — Beiträge zur Anatomie, Histologie und Physiologie des Verdauungapparates des Wasserkäfers, *Hydrophilus piceus* (Ungarisch-Deutsch). *Termesz. Füzet.* Bd. X.

1882. VAYSSIÈRE (A.) — Recherches sur l'organisation des larves des Éphémérides. *Ann. d. Sc. nat. Zool.* 6e sér., t. XIII.

1890. — Monographie zoologique du genre *Prosopistoma.* Latr. *Ann. d. Sc. nat. Zool.* Série 7, t. IX.

1888. VENUS (C. Ed.). — Ueber Varietäten-Zucht. *Corresp.-Bl. d. entomol. Vereins Iris zu Dresden.* Bd. I.

1894. VERHOEFF (C.). — Zur vergleichenden Morphologie der "Abdominalanhänge" der Coleopteren. *Ent. Nachr.* Bd. XX.

1894. — Vergleichende Untersuchungen über die abdominal Segmente der weiblichen Hemiptera-heteroptera und homoptera. *Verh. Nat. Ver. Bonn.* Bd. L.

1895. — Beiträge zur vergleichenden Morphologie des Abdomens der Coccinelliden, etc. *Arch. f. Naturg.* Bd. LXI.

1895. — Cerci und styli der Tracheaten. *Ent. Nachr.* Vol. XXI.

1895. — Vergleichend- morphologische Untersuchungen über das Abdomen der Endomychiden, etc., und über die Musculature des Copulationsapparates von *Triplax*. *Archiv. f. Naturg.* Bd. LXI.

1847. VERLOREN (C.). — Mémoire en réponse à la question suivante : Éclaircir par des observations nouvelles le phénomène de la circulation dans les Insectes, en recherchant si on peut la reconnaître dans les larves de différents ordres de ces animaux. *Mém. couronn. et Mém. d. savants étrang. de l'Acad. roy. d. Belgique.* T. XIX.

1868. VERSON (A.). — Zur Insertionsweise der Muskeln. *Sitzungsber. k. Akad. d. Wiss. Math.-naturw. Cl. Wien.* Vol. LVII. 1 Abt.

1870. — Beiträge zur Anatomie der *Bombyx Yama Maï. Sitzungsber. k. k. Akad. d. Wiss. math.-naturw. Klasse. Wien.* 1 Abt.

1873. — Sulla partenogenesi del Bombice del gelso. *Annuario R. Staz. bacol. sperim. Padova.*

1887. — Il meccanismo di chiusura negli stimmati di *Bombyx mori. Atti Istit. Veneto Sc.*

1887. — Der Bau der Stigmen von *Bombyx mori. Zool. Anzeiger.* 10 Jahrg.

1888. — Ueber Parthenogenesis bei *Bombyx mori. Zool Anzeiger.* 11 Jahrg.

1889. — Del grado di sviluppo che sogliono raggiungere le uova non fecondate del Filugello. *Boll. Soc. ent. ital.* Anno 21. — *Boll. mens. di bachicol.*

1889. — Zur Spermatogenesis. *Zool. Anzeiger.* 12 Jahrg.

1889. — La Spermatogenesi nel *Bombyx mori.* Padova.

1890. — Di una serie di nuovi organi escretori scoperti nel Filugello. *Publ. R. Stazione Bacologica di Padova.* Vol. V.

1890. — Hautdrüsensystem bei Bombyciden (Seidenspinner). *Zool. Anzeiger.*

1890. — Der Schmetterlingsflügel und die sogen. Imaginalscheiben desselben. *Zool. Anzeiger.* Bd. XIII.

1890. — La formazione delle ali nella larva del *Bombyx mori. Publ. R. Staz. Bacol. Padova.*

1890. — Zur Parthenogenesis beim Seidenspinner. *Zool. Anzeiger.* 13 Jahrg.

1892. — Altre cellule glandulari di origine postlarvale. *Publ. R. Stazione Bacologica di Padova.* Vol. VII.

1892. — Note sur une série de nouveaux organes excréteurs découverts dans le *Bombyx mori. Arch. ital. de Biol.* T. XVIII.

1894. — Zur Spermatogenesis bei der Seidenraupe. *Zeitschr. f. wissens. Zool.* Bd. LVIII.

1896. — La borsa copulatrice nei Lepidotteri. *Atti e Mem. Acad. Sc. Lett. ed Arti. Padova.* T. XII.

1898. — Zur Entwicklung des Verdauungscanals beim Seidenspinner. *Zool. Anz.* Bd. XXI.

1897-1898. — La evoluzione del tubo intestinale nel Filugello. *Atti Ist. Veneto Sc.*

1898. VERSON (A.). — L'évolution du tube intestinal chez le Ver à soie. *Arch. Ital. Biol.*

1899. — Sur la fonction de la cellule géante dans les follicules testiculaires des Insectes. *Arch. ital. de Biol.* T. XXXII.

1891. VERSON ed E. BISSON. — Cellule glandulari ipostigmatiche nel *Bombyx mori. Publ. R. Stazione Bacologica di Padova.* Vol. VI.

1895. — Sullo sviluppo postembrionale degli organi sessuali accessori nel maschio del *B. mori. Publ. R. Staz. Bacol. sper. Padova.*

1897. — Sullo sviluppo postembrionale degli organi sessuali accessori nella femina del *B. mori. Publ. R. Staz. Bacol. sper. Padova.*

1896. VERSON (E.) ed E. QUAJAT. — Il Filugello e l'arte sericola. In-8°, Padova-Verona.

1880. VIALLANES (H.). — Sur l'appareil respiratoire de quelques larves de Diptères. *C. R. Acad. d. Sc.*

1882. — Recherches sur l'histologie des Insectes et sur les phénomènes histologiques qui accompagnent le développement post-embryonnaire de ces animaux. *Ann. d. Scienc. Natur.* 6e sér., t. XIV.

1882. — Notes sur les terminaisons nerveuses sensitives des Insectes. *Bull. Soc. Philomath. Paris.* Série 7, t. VI.

1884. — Études histologiques et organologiques sur les centres nerveux et les organes des sens des animaux articulés. — 1er Mémoire. Le ganglion optique de la Langouste (*Palinurus vulgaris*). *Ann. d. Scienc. Natur. Zool.* 6e sér., t. XVII. Art. 3.

1885. — 2e Mémoire. Le ganglion optique de la Libellule (*Æschna maculatissima*). *Ibid.* 6e sér., t. XVIII. Art. 4.

1886. — 3e Mémoire. Le ganglion optique de quelques larves de Diptères (*Musca, Eristalis, Stratiomys*). *Ibid.* 6e sér., t. XIX. Art. 4.

1886. — 4e Mémoire. Le cerveau de la Guêpe (*Vespa crabro* et *vulgaris*). *Ibid.* 7e sér., t. IX.

1888. — 5e Mémoire. 1. Le cerveau du Criquet (*Œdipoda cærulescens* et *Caloptenus italicus*). 2. Comparaison du cerveau des Crustacés et des Insectes. 3. Le cerveau et la morphologie du squelette céphalique. *Ibid.* 7e sér., t. IV.

1885. — Sur la structure interne du ganglion optique de quelques larves de Diptères. *Bull. Soc. Phil. Paris.* 7e sér., t. IX.

1886. — Sur la structure de la substance ponctuée des Insectes. Paris.

1886. — La stucture du cerveau des Hyménoptères. *Bull. Soc. Philomat. Paris.* 7e série, t. X.

1886. — La structure du cerveau des Orthoptères. *Bull. Soc. Philomat. Paris.* 7e série, t. XI.

1887. — Sur la morphologie comparée du cerveau des Insectes et des Crustacés. *C. R. Acad. Scienc.* T. CIV.

1887. VIALLANES (H.). — Études histologiques et organologiques sur les centres nerveux et les organes des sens des animaux articulés. *Annales d. Sc. natur., Zoologie.* 7e série, t. IV.

1890. — Sur quelques points de l'histoire du développement embryonnaire de la Mante religieuse. *Rev. biol. du Nord de la France.* T. II.

1891. — Id. *Ann. Sc. nat., Zool.* T. XI.

1888. VIGNAL (W.). — Recherches histologiques sur les centres nerveux de quelques Invertébrés. *Arch. de Zool. expér.* T. XI.

1891. VISART (O.). — Contribuzione allo studio del tubo digerente degli Artropodi. *Atti Soc. Toscana Scient. Natur.* VII.

1872. VLAKOVICH (G. P.) ou VLACOWITZ. — Sulla presenza dell' acido urico nella cute del Baco da seta. *La Sericoltura austriaca.* 4° anno. — *Annuar. Soc. Naturalisti. Modena* 6° anno.

1889. VŒLTZKOW (A.). — Entwicklung im Ei von *Musca vomitoria. Arb. Zool. Zoot. Inst. Würzburg.* Bd. IX.

1889. — *Melolontha vulgaris;* ein Beitrag zur Entwicklung im Ei bei Insecten. *Arb. Zool. Zoot. Inst. Würzburg.* Bd. IX.

1878. VOGES. — Beiträge zur Kenntniss der Juliden. *Zeitschr. f. wissensch. Zool.* Bd. XXXI.

1887. VOGLER. — Die Tracheenkiemen der Simulien-Puppen. *Mitteil. Schweiz. Entom. Gesellsch.* Bd. VII.

1898. VOINOV (D. N.). — Sur le tube digestif des Odonates. *Bull. Soc. de Roumanie.* Bucarest.

1902. — La spermatogenèse chez le *Cybister Rœselii. C. R. Acad. d. S.* T. CXXV.

1889. VOLKMANN. — Weiteres zum Nigrismus der Spanner. *Entom. Zeitschrift. Guben.* 3 Jahrg.

1867. VOOD (T. W.) — Remarks on the coloration of Chrysalides. *Proceed. Ent. Soc. London.* 2e ser., vol. II.

1890. VOSSELER (J.). — Die Stinkdrüsen der Forficuliden. *Archiv f. mikroskop. Anat.* Bd. XXXVI.

1891. — Untersuchungen über glatte und unvoll. kommen quergestreifte Muskeln der Arthropoden. Tübingen.

W

1872. WAGENER (G. R.). — Ueber die Querstreifen der Muskeln. *Sitzungsber. d. Ges. z. Beförderung d. ges. Naturw. Marburg.* N° 2.

1863. WAGNER (A.). — Ueber die Muskelfaser der Evertebraten. *Archiv f. Anat. u. Physiologie.*

1862. WAGNER (NICOLAS). — Spontane Fortpflanzung bei Insectenlarven. *Denkschrift d. kais. Kasan'schen Univers.*

1863. — Beitrag zur Lehre von der Fortpflanzung der Insectenlarven. *Zeitschr. f. wiss. Zool.* Bd. XIII. Hft. 4.

1865. — Ueber die viviparen Gallmückenlarven. (Aus einem Schreiben an Prof. C. TH. VON SIEBOLD). *Zeitschr. f. wiss. Zool.* Bd. XV. Hft. 1.

1865-1866. — Influence de l'électricité sur la formation des pigments et sur la forme des ailes chez les Papillons. *C. R. Acad. d. Sc.* T. LXI. — *Ann. Soc. Ent. de France.* 4e sér., t. XVII.

1832. WAGNER (RUDOPLH). — Beobachtungen über den Kreislauf des Bluttes und den Bau des Ruckengefässes bei den Insekten. *Iris.* Bd. III und VII.

1835. — Einige Bemerkungen über den Bau der zusammengesetzten Augen. *Archiv f. Naturgeschichte.* 1 Jahrg.

1835. — Ueber Blutkörperchen bei Regenwürmen, Blutegeln und Dipterenlarven. *Müller's Archiv f. Anatomie u. Physiologie.*

1836. — Prodromus historiæ generationis Hominis atque animalium, sistens scenes ad illustrandam ovi primitivi, imprimis vesiculæ germinativæ et germinis in ovario inclusi genesim atque structuram, per omnes animalium classes multosque ordines indagatam. Lipsiæ.

1838. — Nachträge zur vergleichenden Physiologie des Blutes. *Archiv f. Anat. u. Physiologie.*

1890. WAGNER (W. A.) — Ueber die Form der körperlichen Elemente des Blutes bei Arthropoden, Würmern und Echinodermen. *Biolog. Centralbl.* Bd. X.

1901. WAHL (B.). — Ueber die Entwicklung der hypodermalen Imaginalscheiben im Thorax und Abdomen der Larve von *Eristalis. Zeitschr. f. wiss. Zool.* Bd. LXX.

1863. WALDEYER (W.). — Untersuchungen über die Ursprung und den Vorlauf des Axencylinders bei Wirbellosen- und Wirbeltieren, sowie über dessen Endverhalten in den quergestreiften Muskelfaser. *Zeitschr. f. rat. Medic.* 3 Theile. Bd. XX.

1870. — Eierstock und Ei. Leipzig.

1903. — Die Geschlechtszellen : in *Handbuch d. vergleich. u. exper. Entwickelungsgeschichte d. Wirbelthieren, Her. v.* O. HERTWIG. Jena.

1865-1867. WALLACE (ALFRED K.). — Dislike of Birds for certain Insectlarvæ. *Trans. Ent. Soc. London.* 3 ser., vol. V. *Proceed.*

1867. — Ueber die Färbung der Lepidopteren. *Proceed. Entom. Soc. London.*

1863-1864. WALSH (BENJ. D.) — On Dimorphism in the Hymenopterous genus Cynips ; with an Appendix containing hints for a new classification of Cynipidæ, etc. *Proc. Ent. Soc. Philad.* Vol. II.

1884. WALTER (Alfred). — Palpus maxillaris Lepidopterorum. *Jenaische Zeitschrift f. Naturwiss.* Bd. XVIII.

1885. — Beiträge zur Morphologie d. Schmetterlinge. I. Mundteile. *Jenaisch. Zeitschr. f. Naturwiss.* Bd. XVIII.

1863. WALTER (Geo.). — Mikroskopische Studien über das Centralnervensystem wirbellosen Thiere. Berlin.

1890. WASMANN (E). — Ueber die verschiedenen Zwischenformen von Weibchen und Arbeiterinnen bei Ameisen. *Stettin. Entom. Zeits.* 51 Jahrg.

1891. — Parthenogenesis bei Ameisen durch künstliche Temperaturverhältnisse. *Biol. Centralbl.* Bd. XI. Nr. 1.

1891. — Die Fühler der Insekten. *Stimmen aus Maria Laach. Freiburg i. B.*

1890. WATASE (S.). — On the morphology of the compound eyes in the Arthropoda. *Studies from the biolog. laborat. of the John's Hopkins University.* — *Insect Life*, II. — *Ann. a. Mag. Nat. Hist.* 6e ser., vol. VI.

1865. WATSON (John). — On the microscopical Examination of Plumules. *Entom. Monthly Magaz.* Vol. II.

1865-1868. — On certain Scales of some Diurnal Lepidoptera. *Memoirs of the Literat. and Philosoph. Society of Manchester.* Ser. 3, vol. II.

1869. — Further Remarks on the Plumules or Battledoor Scales of some of the Lepidoptera. *Memoirs of the Literat. and Philosoph. Soc. of Manchester.* Ser. 3, vol. III.

1869. — On the plumules or battledoore scales of Lycænidæ. *Mem. Lit. and Phil. Soc. Manchester.* Ser. 3, vol. III.

1867-1868. WANFOR (T. W.). — On certain Butterfly scales characteristic of sex. London.

1874. WEALE (J. F. Monsel). — Notes on the habits of *Papilio Merope*, with a description of its larva and pupa. *Trans. Ent. Soc. London.*

1877. — On the variation of Rhopalocerous forms in South Africa. *Trans. Ent. Soc. London.*

1882. WEBER (M.). — Ueber eine Cyanwasserstoffsäure bereitende Drüse. *Archiv f. mikroskop. Anatomie.* Bd. XXI.

1885. WEDDE (Hermann). — Beiträge zur Kenntnis des Rhynchotenrüssels. *Archiv f. Natur.* 51 Jahrg. Bd. I.

1855. WEDL (C.). — Ueber das Herz von *Menopon palladium*. *Sitzungsber. der kais. Akad. d. Wissensch. Wien.* Bd. XVII.

1883. WEED (Clarence M.). — Appendages of *Leucartia acræa*. *Papilio.* Vol. III.

1889. — Contribution to a knowledge of the autumn life-history of certain little-known *Aphididæ*. *Psyche.* Vol. V.

1890. — Second contribution, etc. *Psyche.* Vol. V.

1890. WEED (Clarence M.). — Third contribution, etc. *Bull. Ohio Agricult. Exper. Stat.* Vol. II.

1891. — Fourth contribution, etc. *Bull. Ohio Agricult. Exper. St.* Techn. ser. Vol. I.

1891. — Fifth contribution, etc. *Insect Life.* Vol. III.

1892. — Sixth contribution, etc. *Bull. Illin. Stat. Labor. nat. Hist.* N° 3.

1870. WEIJENBERGH (H.). — Quelques observations de parthénogenèse chez les Lépidoptères. *Arch. néerl. Sc. exact. et nat.* T. V.

1878. — Sobre el apendice al abdomen de las hembras del género *Euryades* Feld. *Periódico zoológ.* T. II.

1890. WEINLAND (E.). — Ueber die Schwinger (Halteren) der Dipteren. *Zeitschr. f. wissensch. Zoologie.* Bd. LI.

1890. — Beitrag zur Kenntniss des Baues des Dipterenschwingers. *Inaug.-Dissert. Berlin.*

1865. WEIR (J. Jenner). — Are the colours of Lepidoptera influenced by Electricity? *Entomologist.* Vol. IX.

1869. — On Insects and Insectivorous Birds, and especially on the relation between the colour and the edibility of Lepidoptera and their Larvæ. *Trans. Ent. Soc. London.*

1870. — Further observations on the relation between the colour and edibility of Lepidoptera and their Larvæ. *Trans. Ent. Soc. London.*

1863. WEISMANN (A.). — Die Entwicklung der Dipteren im Ei, nach Beobachtungen an *Chironomus sp.*, *Musca vomitoria* und *Pulex canis*. *Zeitschr. f. wiss. Zool.* Bd. XIII.

1864. — Zur Embryologie der Insecten. *Archiv f. Anat. u. Physiol.*

1864. — Die nachembryonale Entwicklung der Musciden nach Beobachtungen an *Musca vomitoria* und *Sarcophaga carnaria*. *Zeitschr. f. wiss. Zool.* Bd. XIV.

1866. — Die Metamorphose von *Corethra plumicornis*. *Zeitschr. f. wiss. Zool.* Bd. XVI.

1876. — Studien zur Descendenztheorie. I. Ueber den Saison-Dimorphismus der Schmetterlinge. Leipzig.

1876. Studien zur Descendenz-Theorie. II. Die Entstehung der Zeichnung bei den Schmetterlings-Raupen. Leipzig.

1878. — Ueber Duftschuppen. *Zool. Anzeiger.* Bd. I.

1882. — Beiträge zur Kenntnis der ersten Entwicklungsvorgänge im Insektenei. *Festschrift für J. Henle.* Bonn.

1886. — Richtungskörper bei parthenogenetischen Eiern. *Zool. Anzeiger.* 9 Jahrg.

1887. — Ueber die Zahl der Richtungskörper und ihre Bedeutung für die Vererbung. Jena. G. Fischer.

1900. — Ueber die Parthenogenese der Bienen. *Anat. Anz.* Bd. XXI.

1887. WEISMANN (A.) und ISHIKAWA (CH.). — Ueber die Bildung der Richtungskörper bei thierischen Eiern. *Ber. d. Naturf. Ges. Freiburg.* Bd. III. Hft. 1.

1894. WELTNER (W.). — Note on *Sisyra. Ent. Nachr.*

1868-1869. WENFAR (F. W.). — On certain Butterfly Scales. caracteristic of sex. *Quart. Journ. of Microscop. Sc.* New ser., vol. VIII and IX.

1864. WERNEBURG (A.). — Beiträge zur Schmetterlingskunde. Kritische Bearbeitung d. wichtigsten entomol. Werke d. 17 u. 18 Jahrhund. bezüglich d. darin abgehandelten europäischen Schmetterlinge. 2 Bd. Erfürth.

1894. WERNER (R.). — Ueber Nigrismus einiger Geometridenarten. *Entom. Zeitschrift. Guben.* 2 Jarhrg.

1887. WERTHEIMER (L.). — Sur la structure du tube digestif de l'*Oryctes nasicornis. Compt. Rend. Soc. Biol. Paris.* 8e sér., t. IV.

1861. WEST (TUFFEN). — The Foot of the Fly; its Structure and Action; elucidated by comparison with the feet of other Insects, etc. Part I. *Trans. Linn. Soc. London.* Vol. XXIII.

1862. — On certain Appendages to the Feet of Insects subservient to holding or climbing. *Journ. of the Proc. London. Zoology.* Vol. VI.

1882. WESTHOFF (F.). — Ueber den Bau des Hypopygiums der Gattung *Tipula* Meig. Münster.

1830. WESTWOOD (J. O.). — On the Thorax of Insects. *Zool. Journal.* Vol. V.

1838. — On the comparative structure of the Scutellum and other terminal dorsal parts of the Thorax of winged Insects. *Entom. Magaz.* Vol. V.

1838-40. — An Introduction to the modern classification of Insects; comprising an account of the habits and transformations of the different families; a sinopsis of all the British, and a notice of the more remarkable forcing genese. 2 vol., London, Longman and Co.

1857. — Notes on the wing veins of Insects. *Trans. Ent. Soc. London.* Ser. 2, t. IV.

1878. — Descriptions of some minute Hymenopterous Insects. *Transac. Linn. Soc. London.* Ser. 2, vol. I.

WEYENBERGH. Voir WEIJENBERGH.

1889. WHEELER (W. M.). — Ueber drüsenartige Gebilde im ersten Abdominalsegment der Hemipterenembryonen. *Zool. Anzeig.* Bd. XII.

1889. — The embryology of *Blatta germanica* and *Doryphora decemlineata. Journ. of Morph. Boston.* Vol. III.

1890. — On the appendages of the first abdominal segment of the embryo Cockroach (*Blatta germanica*). *Proceed. Wisc. Acad. Sciences, Arts and Letters.* Vol. VIII.

1890. WHEELER (W. M.). — Ueber ein eigenthümliches Organ im Locustidenembryo (*Xiphidium ensiferum*). *Zool. Anzeiger.* Bd. XIII.

1890. — New glands in the Hemipterous embryo. *Amer. Nat.* Feb.

1890. — Hydrocyanic acid secreted by *Polydesmus virginiensis* Drury. *Psyche.* Vol. V.

1890. — On the appendages of the first abdominal segment of embryo Insects. *Trans. Wis. Acad. Sc.* Vol. VIII.

1891. — Neuroblasts in the Arthropod embryo. *Journ. Morph. Boston.* Vol. IV.

1892. — Concerning the blood tissue of the Insecta. *Psyche.* Vol. VI.

1893. — A contribution to Insect embryology. *In. Diss. — Journ. of Morphol.* Vol. IV.

1893. — The primitive numbers of Malpighian vessels in Insects. *Psyche.* Vol. VI.

1876. WHITE (F. BUCHANAN). — On the male genital Armature in the Rhopalocera. *Trans. Linn. Soc.* 1 ser. *Zool.* Vol. I.

1876-1877. — On Melanochroism and Leucochroism. *Entomologist. — Entom. Monthl. Mag.* Vol. XIII.

1877-1878. — Melanochroism in Lepidoptera. *Entomologist.* Vol. X. *Entom. Monthl. Mag.* Vol. XIV.

1882. WIELOWIEJSKI (H. VON). — Studien über die Lampyriden. *Zeitschr. f. wissensch. Zool.* Bd. XXXVII.

1883. — Ueber den Fettkörper von *Corethra plumicornis* und seine Entwicklung. *Zoolog. Anzeiger.* 6 Jahrg.

1885. — Zur Kenntnis der Eibildung bei der Feuerwanze (*Pyrrhocoris apterus*). *Zool. Anzeiger.*

1886. — Ueber das Blutgewebe der Insekten. Eine vorläufe Mitteilung. *Zeitschr. f. wissens. Zool.* Bd. XLIII.

1886. — Observations sur la spermatogenèse des Arthropodes. *Archiv. Slav. de Biologie.* T. II.

1886. — Zur Morphologie des Insektenovariums. *Zool. Anzeiger.* 6e Jahrgang.

1889. — Beiträge zur Kenntnis der Leuchtorgane der Insekten. *Zool. Anzeiger.* 12 Jahrg.

1895. WILCOX (E. V.). — Spermatogenesis of *Caloptenus femur rubrum* and *Cicada tibicen. Bull. Mus. Comp. Zool.* Vol. XXVII.

1896. — Further studies on the spermatogenesis of *Caloptenus femur rubrum. Bull. Mus. Comp. Zool.* Vol. XXIX.

1877. WILDE (K. F.). — Untersuchungen über den Kaumagen der Orthopteren. *Archiv f. Naturgesch.* 48 Jahrg.

1901. WILKINSON (J. J.). — The pharynx of the *Eristalis* larva. London.

1848. WILL (F.). — Beitrag zur Kenntnis der einfachen Augen mit fazettierter Hornhaut. Leipzig.

1844. WILL (F.). — Vorläufige Mitteilung über die Struktur der Ganglien und den Ursprung der Nerven der wirbellosen Tiere. *Müller's Archiv f. Anatomie u. Physiologie.*

1885. — Das Geschmacksorgan der Insekten. *Zeitschr. f. wissensch. Zool.* Bd. XLII.

1887. WILL (F.) et A. FOREL. — Sur les sensations des Insectes. *Ent. Nachr.* 13 Jahrg.

1882-1883. WILL (LUDWIG). — Zur Bildung des Eies und des Blastoderms bei den viviparen Aphiden. *Arbeiten Zool. Inst. Univ. Würtzburg.* Bd. VI.

1884. — Ueber die Enstehung des Dotters und Epithelzellen bei den Amphibien und Insekten. *Zool. Anz.*

1885. — Bildungsgeschichte und morphologischer Werth des Eies von *Nepa cinerea* und *Notonecta glauca. Zeitschr. f. wiss. Zool.* Bd. XLII.

1886. — Oogenetische Studien I. Die Enstehung des Eies von *Colymbetes fuscus. Zeitschr. f. wiss. Zool.* Bd. XLIII.

1888. — Entwicklungsgeschichte der viviparen Aphiden. *Spengel's Zool. Jahrbücher. Abth. f. Anat. und Ont.* Bd. III.

1900. WILLEM (V.). — Recherches sur les Collemboles et les Thysanoures. *Mém. cour. Acad. Sc. de Belgique.* N° 3.

1897. WILLEM (V.) et SALBE (H.). — Le tube ventral et les glandes céphaliques des *Sminthurus. Ann. Soc. Ent. Belg.* Vol. XLI.

1852-1857. WILLIAMS (TH.). — On the Mechanism of aquatic Respiration and on the Structure of the Organs of Breathing in Invertebrate Animals. *Ann. Mag. Nat. Hist.* Ser. 2, t. XII, XIII, XIV, XVI, XVII, XIX.

1884. WILLISTON (S. A.). — Protective secretion of *Eleodes* ejected from anal gland. *Psyche.* T. IV.

1896. WILSON (EDMUND B.). — The cell in development and inheritance. New York.

1900. — Seconde édition.

1853. WINNERTZ (J.). — Beiträge zu einer Monographie des Gallmücken. *Linnæa Entomol.* Bd. VIII.

1890. WISTINGHAUSEN (C. VON). — Ueber Tracheenendigung in den Sericterien der Raupen. *Zeitschr. f. wissensch. Zool.* Bd. XLIX.

1882. WITLACZIL (E.). — Zur Anatomie der Aphiden. *Arbeiten a. d. Zool. Inst. d. Univers. Wien.* Bd. IV. — *Zool. Anzeiger.*

1884. — Entwicklungsgeschichte der Aphiden. *Zeitschr. f. wiss. Zool.* Bd. XL.

1885. — Die Anatomie der Psylliden. *Zeitschr. f. wiss. Zool.* Bd. XLIII.

1885. — Zur Morphologie und Anatomie der Cocciden. *Zeitsch. f. wiss. Zool.* Bd. XLIII.

1886. — Der Saugapparat der Phytopthiren. *Zool. Anzeiger.*

1873. WOCKE (M. F.). — Ueber Albinismus bei Schmetterlingen. 50 *Jahresber. d. Schlesischen Ges. f. vaterländ. Kultur.*

1877. WOOD-MASON (J.). — On the final stage of development of the organs of flight in the homomorphous Insects. *Ann. a. Mag. nat. Hist.* 4e ser., vol. XIX. — *Proceed. Asiat. Soc. Beng.*

1878. — Preliminary Notice of a Species of Phasmidæ apparently possessing all the structural arrangements needed both for terrial and aquatic respiration. *Ann. Mag. Nat. Hist.* Ser. 5, vol. I.

1879. — Morphological notes bearing on the origin of Insects. *Trans. Ent. Soc. London.*

1883. — Notes on the structure postembryonic development and systematic position of *Scolopendrella, Annals and Mag. Nat. Hist.*

1876. WOLF (O. J. B.). — Das Riechorgan der Biene nebst einer Beschreibung des Respirationswerkes der Hymenopteren, des Saugrüssels und Geschmacksoganes der Blumenwespen. *Nova Acta d. kais. Leop.-Carol. Akad. der Naturf.* Bd. XXXVIII.

1774. WOLFF (C.-F.) — Theoria generationis. Halæ ad Salam.

1883. WOLTER (MAX). — Die Mundbildung der Orthopteren mit spezieller Berücksichtigung der Ephemeriden. Greifswald.

1898. WOLTERECK. — Zur Bildung und Befruchtung des Ostracodeneier. *Zeitschr. f. wiss. Zool.* Bd. LXIV.

1889. WOODWORTH (C. W.). — Studies on the embryological development of *Euvanessa antiopa.* Cambridge.

1818. WURZER. — Chemische Untersuchungen des Stoffes in den Gallgefässer von *Bombyx mori. Meckel's Archiv f. Physiol.* Bd. IV.

Y

1853. — YERSIN (A.). — Observations sur le *Gryllus campestris. Bull. Soc. Vaudoise Scienc. natur.* Vol. III.

1856-1857. — Recherches sur les fonctions du système nerveux dans les animaux articulés. *Bull. Soc. Vaudoise Scienc. Nat.* Vol. V.

1861. — Sur la neurophysiologie du Grillon. *C. R. d. l.* 45e *Sess. d. Soc. suisse d. Sc. nat. Lausanne.*

1862. — Mémoire sur la physiologie du système nerveux dans le Grillon champêtre. *C. R. Acad. d. Sc.* T. LIV.

1879. YUNG (E.). — Recherches sur la structure intime et les fonctions du système nerveux central chez les Crustacés décapodes. *Arch. de Zool. exp.* T. VII.

1880. YUNG (E.). — De l'influence des lumières colorées sur le développement des animaux. *Mitth. Zool. Stat. Neapel.* Bd. II.

1881. — De l'influence de la nature des aliments sur la sexualité. *C. R. Acad. d. Sc.* T. XCXI.

1882. — De l'influence des milieux physico-chimiques sur les êtres vivants. *Arch. d. Sc. phys. et nat.* Genève, 3e sér., t. VII.

1892. — Influence des lumières colorées. *C. R. Acad. d. Sc.* T. CXV.

Z

1854. ZADDACH (G.). — Untersuchungen über die Entwicklung und den Bau der Gliederthiere. I. Die Entwicklung des Phryganideneies. Berlin.

1867. — Ueber die Entwicklung der Insecten. *Schrift d. k. phys.-œkon. Gesell. Königsberg.* VIII Jahrb. *Sitzb.*

1897. ZANDER. — Vergleichende und kritische Untersuchungen zum Verständnisse der Jodreaction des Chitins. *Pflüger's Arch. f. Phys.* Bd. LXVI.

1900. — Beiträge zur Morphologie der männlichen Geschlechtsanhänge der Hymenopteren. *Zeitschr. f. wiss. Zool.* Bd. LXVII.

1901. — Beiträge zur Morphologie der männlichen Geschlechtsanhänge der Trichopteren. *Zeitschr. f. wiss. Zool.* Bd. LXX.

1852. ZELLER (P. C.). — Revision der Pterophoriden. *Linnæa Ent.* Bd. VI.

1897. ZIMMER (CARL). — Die Facettenaugen der Ephemeriden. *Zeitschr. f. wiss. Zool.* Bd. LXIII.

1880. ZIMMERMANN (O.). — Ueber eine eigentümliche Bildung des Rückengefässes bei einigen Ephemeridenlarven. *Zeitschr. f. wissensch. Zool.* Bd. XXXIV.

TABLE DES NOMS D'AUTEURS[1]

A

B

1. Les chiffres en caractères gras indiquent les pages où se trouvent des figures empruntées aux auteurs.

G

H

I

J

K

L

P

Q

R

S

T

U

V

W

Y

Z

TABLE ANALYTIQUE DES MATIÈRES[1]

A

1. Les chiffres en caractères gras indiquent les pages où se trouvent des figures.

B

D

E

F

G

I

M

N

O

P

S

T

U

V

X

Y

Z

Paris. — Imp. E. Capiomont et Cie, rue de Seine, 57.

Paris. — Imp. E. CAPIOMONT et Cie, rue de Seine, 57.

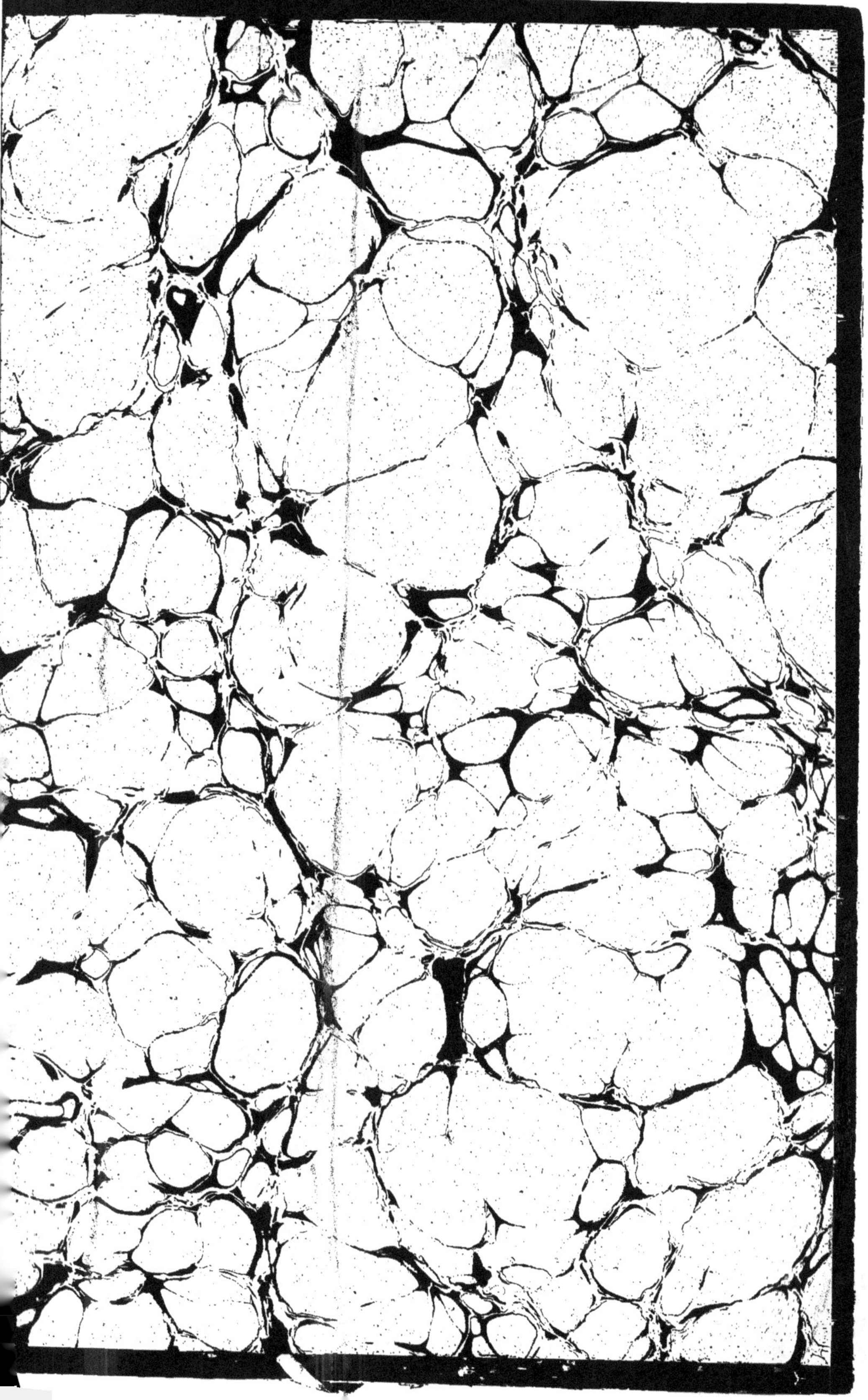